中国石油科技进展丛书（2006—2015年）

天然气管道建设与运行技术

主　编：王卫国　闵希华
副主编：王冰怀　张　平

石油工业出版社

内 容 提 要

本书详细介绍了中国石油在2006—2015年期间天然气管道建设与运行的关键技术和取得的成果。主要内容包括天然气管道勘察设计技术、材料技术、施工技术、自动控制技术、无损检测技术、优化运行技术和管道建设与站场关键装备等；同时还介绍了海洋管道建设、储气库建设和天然气管道节能环保等内容；最后给出了中国石油重大标志性管道工程建设运行案例以及技术展望。

本书可供天然气管道设计人员、工程技术人员、运行管理人员以及维抢修人员阅读参考，也可供高等院校相关专业师生使用。

图书在版编目（CIP）数据

天然气管道建设与运行技术 / 王卫国，闵希华主编.
—北京：石油工业出版社，2019.6
（中国石油科技进展丛书.2006—2015年）
ISBN 978-7-5183-3201-4

Ⅰ.①天… Ⅱ.①王…②闵… Ⅲ.①天然气管道–管道工程 Ⅳ.①TE973

中国版本图书馆CIP数据核字（2019）第044716号

出版发行：石油工业出版社
（北京安定门外安华里2区1号 100011）
网　　址：www.petropub.com
编辑部：（010）64523687　图书营销中心：（010）64523633
经　　销：全国新华书店
印　　刷：北京中石油彩色印刷有限责任公司

2019年6月第1版　2019年6月第1次印刷
787×1092毫米　开本：1/16　印张：39.25
字数：930千字

定价：300.00元
（如出现印装质量问题，我社图书营销中心负责调换）
版权所有，翻印必究

《中国石油科技进展丛书（2006—2015年）》
编委会

主　任：王宜林

副主任：焦方正　喻宝才　孙龙德

主　编：孙龙德

副主编：匡立春　袁士义　隋　军　何盛宝　张卫国

编　委：（按姓氏笔画排序）

于建宁　马德胜　王　峰　王卫国　王立昕　王红庄
王雪松　王渝明　石　林　伍贤柱　刘　合　闫伦江
汤　林　汤天知　李　峰　李忠兴　李建忠　李雪辉
吴向红　邹才能　闵希华　宋少光　宋新民　张　玮
张　研　张　镇　张子鹏　张光亚　张志伟　陈和平
陈健峰　范子菲　范向红　罗　凯　金　鼎　周灿灿
周英操　周家尧　郑俊章　赵文智　钟太贤　姚根顺
贾爱林　钱锦华　徐英俊　凌心强　黄维和　章卫兵
程杰成　傅国友　温声明　谢正凯　雷　群　蔺爱国
撒利明　潘校华　穆龙新

专家组

成　员：刘振武　童晓光　高瑞祺　沈平平　苏义脑　孙　宁
　　　　高德利　王贤清　傅诚德　徐春明　黄新生　陆大卫
　　　　钱荣钧　邱中建　胡见义　吴　奇　顾家裕　孟纯绪
　　　　罗治斌　钟树德　接铭训

《天然气管道建设与运行技术》编写组

主　　编：王卫国　闵希华
副 主 编：王冰怀　张　平
编写人员：（按姓氏笔画排序）

丁英利	于　超	马金凤	王　飞	王小东	王平国
王付京	王　乐	王关祥	王　虎	毛静丽	勾东梅
方正旗	田珍辉	白港生	冯　斌	西之华	朱言顺
乔　宁	伍　奕	刘　宇	刘全利	刘利威	刘金生
刘科慧	刘艳辉	刘瑞宇	闫　臣	江　勇	祁永春
许小蓓	孙　超	孙学军	苏　鑫	杨云兰	杨国锋
杨泽亮	李　庆	李　苗	李　岩	李　彦	李　维
李　锐	李　鹏	李加平	李国栋	李和庆	李育忠
李建忠	李彦民	李晓鹏	李德权	肖　连	吴益泉
吴锦强	邱姝娟	邹　峰	汪开雄	汪　凤	张　锋
张文生	张文伟	张永江	张宏亮	张金权	张振永
张瑞鹏	陈　涛	陈崇祺	苗永青	范玉然	周广言
单慕晓	赵　岩	赵　恺	赵　峰	赵忠刚	胡卫军
钟继斌	姜修才	姜焕勇	洪险峰	姚登樽	袁欣然
贾会英	夏国发	徐　磊	徐笑伟	高　睿	高秋玲
高剑锋	高锐强	郭　戈	郭长滨	郭庆楠	唐立志
黄　凯	黄　琳	黄水祥	黄留群	常连庚	康煜媛
鹿钦鹤	章仲怡	隋永莉	董　帅	董平省	焦如义
谢　萍	靳海成	甄宏昌	詹胜文	廖宇平	樊继欣
薛　岩	霍　峰	魏丽燕	魏衍斌		

序

习近平总书记指出，创新是引领发展的第一动力，是建设现代化经济体系的战略支撑，要瞄准世界科技前沿，拓展实施国家重大科技项目，突出关键共性技术、前沿引领技术、现代工程技术、颠覆性技术创新，建立以企业为主体、市场为导向、产学研深度融合的技术创新体系，加快建设创新型国家。

中国石油认真学习贯彻习近平总书记关于科技创新的一系列重要论述，把创新作为高质量发展的第一驱动力，围绕建设世界一流综合性国际能源公司的战略目标，坚持国家"自主创新、重点跨越、支撑发展、引领未来"的科技工作指导方针，贯彻公司"业务主导、自主创新、强化激励、开放共享"的科技发展理念，全力实施"优势领域持续保持领先、赶超领域跨越式提升、储备领域占领技术制高点"的科技创新三大工程。

"十一五"以来，尤其是"十二五"期间，中国石油坚持"主营业务战略驱动、发展目标导向、顶层设计"的科技工作思路，以国家科技重大专项为龙头、公司重大科技专项为抓手，取得一大批标志性成果，一批新技术实现规模化应用，一批超前储备技术获重要进展，创新能力大幅提升。为了全面系统总结这一时期中国石油在国家和公司层面形成的重大科研创新成果，强化成果的传承、宣传和推广，我们组织编写了《中国石油科技进展丛书（2006—2015年）》（以下简称《丛书》）。

《丛书》是中国石油重大科技成果的集中展示。近些年来，世界能源市场特别是油气市场供需格局发生了深刻变革，企业间围绕资源、市场、技术的竞争日趋激烈。油气资源勘探开发领域不断向低渗透、深层、海洋、非常规扩展，炼油加工资源劣质化、多元化趋势明显，化工新材料、新产品需求持续增长。国际社会更加关注气候变化，各国对生态环境保护、节能减排等方面的监管日益严格，对能源生产和消费的绿色清洁要求不断提高。面对新形势新挑战，能源企业必须将科技创新作为发展战略支点，持续提升自主创新能力，加快构筑竞争新优势。"十一五"以来，中国石油突破了一批制约主营业务发展的关键技术，多项重要技术与产品填补空白，多项重大装备与软件满足国内外生产急需。截至2015年底，共获得国家科技奖励30项、获得授权专利17813项。《丛书》全面系统地梳理了中国石油"十一五""十二五"期间各专业领域基础研究、技术开发、技术应用中取得的主要创新性成果，总结了中国石油科技创新的成功经验。

《丛书》是中国石油科技发展辉煌历史的高度凝练。中国石油的发展史，就是一部创业创新的历史。建国初期，我国石油工业基础十分薄弱，20世纪50年代以来，随着陆相生油理论和勘探技术的突破，成功发现和开发建设了大庆油田，使我国一举甩掉贫油的帽子；此后随着海相碳酸盐岩、岩性地层理论的创新发展和开发技术的进步，又陆续发现和建成了一批大中型油气田。在炼油化工方面，"五朵金花"炼化技术的开发成功打破了国外技术封锁，相继建成了一个又一个炼化企业，实现了炼化业务的不断发展壮大。重组改制后特别是"十二五"以来，我们将"创新"纳入公司总体发展战略，着力强化创新引领，这是中国石油在深入贯彻落实中央精神、系统总结"十二五"发展经验基础上、根据形势变化和公司发展需要作出的重要战略决策，意义重大而深远。《丛书》从石油地质、物探、测井、钻完井、采油、油气藏工程、提高采收率、地面工程、井下作业、油气储运、石油炼制、石油化工、安全环保、海外油气勘探开发和非常规油气勘探开发等15个方面，记述了中国石油艰难曲折的理论创新、科技进步、推广应用的历史。它的出版真实反映了一个时期中国石油科技工作者百折不挠、顽强拼搏、敢于创新的科学精神，弘扬了中国石油科技人员秉承"我为祖国献石油"的核心价值观和"三老四严"的工作作风。

《丛书》是广大科技工作者的交流平台。创新驱动的实质是人才驱动，人才是创新的第一资源。中国石油拥有21名院士、3万多名科研人员和1.6万名信息技术人员，星光璀璨，人文荟萃、成果斐然。这是我们宝贵的人才资源。我们始终致力于抓好人才培养、引进、使用三个关键环节，打造一支数量充足、结构合理、素质优良的创新型人才队伍。《丛书》的出版搭建了一个展示交流的有形化平台，丰富了中国石油科技知识共享体系，对于科技管理人员系统掌握科技发展情况，做出科学规划和决策具有重要参考价值。同时，便于科研工作者全面把握本领域技术进展现状，准确了解学科前沿技术，明确学科发展方向，更好地指导生产与科研工作，对于提高中国石油科技创新的整体水平，加强科技成果宣传和推广，也具有十分重要的意义。

掩卷沉思，深感创新艰难、良作难得。《丛书》的编写出版是一项规模宏大的科技创新历史编纂工程，参与编写的单位有60多家，参加编写的科技人员有1000多人，参加审稿的专家学者有200多人次。自编写工作启动以来，中国石油党组对这项浩大的出版工程始终非常重视和关注。我高兴地看到，两年来，在各编写单位的精心组织下，在广大科研人员的辛勤付出下，《丛书》得以高质量出版。在此，我真诚地感谢所有参与《丛书》组织、研究、编写、出版工作的广大科技工作者和参编人员，真切地希望这套《丛书》能成为广大科技管理人员和科研工作者的案头必备图书，为中国石油整体科技创新水平的提升发挥应有的作用。我们要以习近平新时代中国特色社会主义思想为指引，认真贯彻落实党中央、国务院的决策部署，坚定信心、改革攻坚，以奋发有为的精神状态、卓有成效的创新成果，不断开创中国石油稳健发展新局面，高质量建设世界一流综合性国际能源公司，为国家推动能源革命和全面建成小康社会作出新贡献。

2018年12月

丛书前言

石油工业的发展史，就是一部科技创新史。"十一五"以来尤其是"十二五"期间，中国石油进一步加大理论创新和各类新技术、新材料的研发与应用，科技贡献率进一步提高，引领和推动了可持续跨越发展。

十余年来，中国石油以国家科技发展规划为统领，坚持国家"自主创新、重点跨越、支撑发展、引领未来"的科技工作指导方针，贯彻公司"主营业务战略驱动、发展目标导向、顶层设计"的科技工作思路，实施"优势领域持续保持领先、赶超领域跨越式提升、储备领域占领技术制高点"科技创新三大工程；以国家重大专项为龙头，以公司重大科技专项为核心，以重大现场试验为抓手，按照"超前储备、技术攻关、试验配套与推广"三个层次，紧紧围绕建设世界一流综合性国际能源公司目标，组织开展了50个重大科技项目，取得一批重大成果和重要突破。

形成40项标志性成果。（1）勘探开发领域：创新发展了深层古老碳酸盐岩、冲断带深层天然气、高原咸化湖盆等地质理论与勘探配套技术，特高含水油田提高采收率技术，低渗透/特低渗透油气田勘探开发理论与配套技术，稠油/超稠油蒸汽驱开采等核心技术，全球资源评价、被动裂谷盆地石油地质理论及勘探、大型碳酸盐岩油气田开发等核心技术。（2）炼油化工领域：创新发展了清洁汽柴油生产、劣质重油加工和环烷基稠油深加工、炼化主体系列催化剂、高附加值聚烯烃和橡胶新产品等技术，千万吨级炼厂、百万吨级乙烯、大氮肥等成套技术。（3）油气储运领域：研发了高钢级大口径天然气管道建设和管网集中调控运行技术、大功率电驱和燃驱压缩机组等16大类国产化管道装备，大型天然气液化工艺和20万立方米低温储罐建设技术。（4）工程技术与装备领域：研发了G3i大型地震仪等核心装备，"两宽一高"地震勘探技术，快速与成像测井装备、大型复杂储层测井处理解释一体化软件等，8000米超深井钻机及9000米四单根立柱钻机等重大装备。（5）安全环保与节能节水领域：

研发了 CO_2 驱油与埋存、钻井液不落地、炼化能量系统优化、烟气脱硫脱硝、挥发性有机物综合管控等核心技术。(6)非常规油气与新能源领域：创新发展了致密油气成藏地质理论，致密气田规模效益开发模式，中低煤阶煤层气勘探理论和开采技术，页岩气勘探开发关键工艺与工具等。

取得15项重要进展。(1)上游领域：连续型油气聚集理论和含油气盆地全过程模拟技术创新发展，非常规资源评价与有效动用配套技术初步成型，纳米智能驱油二氧化硅载体制备方法研发形成，稠油火驱技术攻关和试验获得重大突破，井下油水分离同井注采技术系统可靠性、稳定性进一步提高；(2)下游领域：自主研发的新一代炼化催化材料及绿色制备技术、苯甲醇烷基化和甲醇制烯烃芳烃等碳一化工新技术等。

这些创新成果，有力支撑了中国石油的生产经营和各项业务快速发展。为了全面系统反映中国石油2006—2015年科技发展和创新成果，总结成功经验，提高整体水平，加强科技成果宣传推广、传承和传播，中国石油决定组织编写《中国石油科技进展丛书（2006—2015年）》（以下简称《丛书》）。

《丛书》编写工作在编委会统一组织下实施。中国石油集团董事长王宜林担任编委会主任。参与编写的单位有60多家，参加编写的科技人员1000多人，参加审稿的专家学者200多人次。《丛书》各分册编写由相关行政单位牵头，集合学术带头人、知名专家和有学术影响的技术人员组成编写团队。《丛书》编写始终坚持：一是突出站位高度，从石油工业战略发展出发，体现中国石油的最新成果；二是突出组织领导，各单位高度重视，每个分册成立编写组，确保组织架构落实有效；三是突出编写水平，集中一大批高水平专家，基本代表各个专业领域的最高水平；四是突出《丛书》质量，各分册完成初稿后，由编写单位和科技管理部共同推荐审稿专家对稿件审查把关，确保书稿质量。

《丛书》全面系统反映中国石油2006—2015年取得的标志性重大科技创新成果，重点突出"十二五"，兼顾"十一五"，以科技计划为基础，以重大研究项目和攻关项目为重点内容。丛书各分册既有重点成果，又形成相对完整的知识体系，具有以下显著特点：一是继承性。《丛书》是《中国石油"十五"科技进展丛书》的延续和发展，凸显中国石油一以贯之的科技发展脉络。二是完整性。《丛书》涵盖中国石油所有科技领域进展，全面反映科技创新成果。三是标志性。《丛书》在综合记述各领域科技发展成果基础上，突出中国石油领先、高端、前沿的标志性重大科技成果，是核心竞争力的集中展示。四是创新性。《丛书》全面梳理中国石油自主创新科技成果，总结成功经验，有助于提高科技创新整体水平。五是前瞻性。《丛书》设置专门章节对世界石油科技中长期发展做出基本预测，有助于石油工业管理者和科技工作者全面了解产业前沿、把握发展机遇。

《丛书》将中国石油技术体系按15个领域进行成果梳理、凝练提升、系统总结，以领域进展和重点专著两个层次的组合模式组织出版，形成专有技术集成和知识共享体系。其中，领域进展图书，综述各领域的科技进展与展望，对技术领域进行全覆盖，包括石油地质、物探、测井、钻完井、采油、油气藏工程、提高采收率、地面工程、井下作业、油气储运、石油炼制、石油化工、安全环保节能、海外油气勘探开发和非常规油气勘探开发等15个领域。31部重点专著图书反映了各领域的重大标志性成果，突出专业深度和学术水平。

《丛书》的组织编写和出版工作任务量浩大，自2016年启动以来，得到了中国石油天然气集团公司党组的高度重视。王宜林董事长对《丛书》出版做了重要批示。在两年多的时间里，编委会组织各分册编写人员，在科研和生产任务十分紧张的情况下，高质量高标准完成了《丛书》的编写工作。在集团公司科技管理部的统一安排下，各分册编写组在完成分册稿件的编写后，进行了多轮次的内部和外部专家审稿，最终达到出版要求。石油工业出版社组织一流的编辑出版力量，将《丛书》打造成精品图书。值此《丛书》出版之际，对所有参与这项工作的院士、专家、科研人员、科技管理人员及出版工作者的辛勤工作表示衷心感谢。

人类总是在不断地创新、总结和进步。这套丛书是对中国石油2006—2015年主要科技创新活动的集中总结和凝练。也由于时间、人力和能力等方面原因，还有许多进展和成果不可能充分全面地吸收到《丛书》中来。我们期盼有更多的科技创新成果不断地出版发行，期望《丛书》对石油行业的同行们起到借鉴学习作用，希望广大科技工作者多提宝贵意见，使中国石油今后的科技创新工作得到更好的总结提升。

孙龙德

2018年12月

前 言

全球天然气占全球一次消费的比例已达到27%左右,而绝大部分的天然气都是依靠管道输送,天然气管道已经成为国家经济发展和民生改善的重要生命线。2000年以西气东输工程为标志,我国天然气管道建设进入了规模化和大型化的高速发展新阶段。

2006年以来,随着我国国民经济的快速发展,国家对天然气的需求量持续加大,天然气对外依存度逐年攀升,超过90%的进口天然气均以液化天然气(LNG)形式通过海上运输。根据国家能源规划和总体布局要求,中国石油"十一五"开始建设与西北中亚、东北俄罗斯、西南缅甸相连的三大陆上油气通道,打通陆上天然气供应通道,充分利用周边国家天然气资源,统筹国内外资源与市场,优化能源供应格局,形成连通海外、覆盖全国的大型油气管网,保障国家能源安全。在面临管道工程建设发展机遇的同时,其技术挑战也前所未有。

挑战一:我国每年从中亚进口 $300 \times 10^8 m^3$ 天然气,若沿用西气东输一线X70钢管技术,需双管敷设,投资巨大、占地翻倍、输送效率低,必须攻克新一代(X80)钢管制造及应用难题。

挑战二:油气通道建设面临极为复杂多样的地质地貌环境,必须建立新的设计方法和标准,研发高效施工技术及装备,将建设速度由2500km/a提升至7500km/a。

挑战三:大功率电驱压缩机组、高压大口径全焊接球阀核心技术长期为欧美少数国家垄断,我国长期依赖进口,受制于人,必须攻克设备研制关键技术,实现国产化。

挑战四:由三大天然气主干管道、众多支干线天然气管道和若干支线天然气管道组成的 $5 \times 10^4 km$ 大型复杂油气管网,其资源精准调配之复杂,运营管理风险之突出,安全保障任务之艰巨,成为管网集中调控和风险预控必须要解决的难题。

面对上述挑战，中国石油联合国内产学研各方优势资源开展了一系列的科技攻关，逐步形成了新一代我国天然气战略通道建设与运行关键技术系列，突出体现在：

（1）高钢级管材技术领域，建立我国 X80 钢管止裂韧性关键指标，创新大口径厚壁焊管及管件制造技术，X80 钢管全部实现国产化。成功建设全球规模最大的输气管道——西气东输二线（长度 4800km、压力 12MPa、口径 1219mm、输量 $300 \times 10^8 m^3/a$），节省投资 130 亿元，节约土地 21.6 万亩。使我国 X80 钢管制造技术及应用规模领先于国际。

（2）大型管道建设技术领域，建立了强震断裂带、高山峡谷、江河湖海、多年冻土等特殊地区管道设计施工方法，研发 4 类 22 种施工机具，形成以数字设计、高效施工、非开挖穿越为核心的新一代建设技术，实现了 3 年突破 $2.5 \times 10^4 km$ 天然气骨干管道的建设任务，节约投资 86 亿元。其中：创建多约束因子自识别算法，通过设计标准、地理信息、环境因素等约束因子数据库，建立基于约束因子数据驱动的多专业协同数字设计方法及平台，实现了管道数字化和智能化选线设计的突破；创建了针对地震、滑坡等地质灾害的管道应变设计方法及标准；建立基于失效弹坑和故障树模型的管道并行敷设间距确定方法及标准等；实现了管道通过高风险和高后果区设计理念和设计技术的突破。

在大口径高钢级管道施工技术创新上，构建完成了高效施工技术体系，研发新型八焊炬内焊机、双焊炬外焊机、自调式对口器等装备，形成了以自动焊为核心的，适应不同地形地貌和特殊环境的机械化流水施工方法；通过创新复杂地质条件定向钻穿越技术，研制高抗拉抗扭扩孔钻杆和轻量化扩孔机具，采用磁信号精控对接技术，将定向钻穿越大口径管道长度扩大到 2454m 和 2630m，2 次刷新世界纪录。

（3）管道关键设备国产化领域，研发具有自主知识产权的 20MW 级高速直联变频电驱压缩机组，研发 7 种叶轮模型，实现大型天然气压缩机国产化；1219.2mm 高压全焊接球阀，研发三角形阀座密封替代圆形密封，楔紧式多密封阀颈替代分段式焊接阀颈，确保零泄漏；研制 20MW 级高速变频防爆电动机，采用双回路旋转整流盘励磁机，保证电动机无滑环防爆起动，全转速（0～5040r/min）范围励磁稳定；研制世界上同类装置容量最大的 25MVA 电压源型变频器，采用串联多电平结构，大幅削减电压电流谐波。其主要性能指标达到国际先进水平，打破了国际垄断，实现全面替代进口产品。

（4）天然气管网控制调度和安全运行技术领域，创立了单管道控制权互锁和主备中心实时同步技术，自主开发油气管网管控一体化平台，攻克了天然气骨干管网集中调控关键技术，实现占全国63%的主干管道实时监测和集中调控；创建以风险预控为核心的管道完整性技术，创立管网和单管道独立运行的物理模型，应用管道内壁摩阻及管输效率自修正方法，研发在线仿真系统，响应时间达到秒级，预测精度99%，提高管网应急能力和运行效率；通过建立地质灾害、第三方损坏和管道本体缺陷3类危害的监测、检测及评价方法，研发9类仪器设备和高清漏磁检测器，建立螺旋焊缝内检测信号与缺陷对应关系模型，解决了螺旋焊缝缺陷检测评价世界级难题，实施5×10^4km管道完整性管理，高后果区风险控制率100%，从而使管道失效频率从2006年0.87次/10^3km降到2012年0.32次/10^3km。

从"十一五"到"十二五"，天然气管道建设与运行技术有了质的飞跃，获国家各项专利87件（其中发明专利29件），技术秘密54件，形成各类技术标准103件，软件著作权24件；编撰各类专著6部，发表各类技术论文37篇。多项成果获得国家级、省部级科技进步奖。

应用这些技术，我国建成天然气干线管道近8.5×10^4km，天然气主干管网已覆盖除西藏外全部省份，初步形成了以西气东输系统（西气东输一线、西气东输二线、西气东输三线）、川气东送、陕京系统（陕京线一线、陕京二线、陕京三线、陕京四线）、中缅天然气管道等天然气管道、沿海LNG外输系统为主干线，以兰银线、淮武线、冀宁线为联络线的国家基干管网，同时川渝、华北、长江三角洲等地区已经形成相对完善的区域管网，"西气东输、海气登陆、就近供应"的供气格局基本形成。为持续促进我国大气污染治理、提升人民生活质量、提高天然气利用水平、保障国家能源安全提供了重要的资源支撑。

十几年来大型天然气管道工程的建设与运行关键技术的应用实践，完成了大口径高压力天然气管道设计与施工、运营与维护管理、天然气管道关键设备国产化技术、储气库建设技术、以自动焊为核心的大口径管道机械化施工装备、管道完整性管理、天然气管道维抢修、管道防腐和防护、地下储气库建设和海洋管道等天然气管道建设与运行的完整技术体系；形成了天然气输送工艺与控制、天然气储存、管道工程建设、运行维护以及材料装备国产化等关键技术；高钢级管线钢应用技术、特殊复杂地段的管道设计和敷设施工技术、大型天然气骨干管网运行调度和远程控制技术等已进入世界先进水平。

为适应新时代大口径高压力大输量长距离天然气管道建设和运行管理的新要求，持续推动天然气管道建设与运行的技术进步，中国石油天然气集团公司科技管理部组织编写《中国石油科技进展丛书（2006—2015年）·天然气管道建设与运行技术》，该书具体由中国石油管道局工程有限公司和中石油管道有限公司西北分公司联合组织编写。

本书编写遵循"突出技术的先进性和完整性，先进技术应用与成熟技术整合并重，工程建设与运行管理结合，管道线路与站场工程技术配套，数据结论准确可靠方便阅读"的原则。反映了近10年中国石油大口径高钢级天然气管道建设和运行管理经验、天然气管道高速发展过程中的巨大技术进步、自主创新和在工程建设中形成的管理模式、技术标准、施工工法等。本书将对转变天然气管道建设与运行管理理念，推动我国天然气管道建设与运行技术进步，提高管道建设与管理人员的技术素质，整体提升我国天然气管道建设与运行管理水平，促进推进天然气管道本质安全发挥重要作用。

《天然气管道建设与运行技术》分为20章。第一章至第十三章全面总结介绍了"十一五"和"十二五"期间天然气管道建设的最新技术成果，包括：天然气管道勘察设计技术进展、天然气管道工程材料技术进展、天然气管道焊接技术与装备、天然气管道特殊地区施工技术与装备、天然气管道非开挖施工技术与装备、天然气管道防腐技术、天然气管道无损检测技术进展、天然气管道站场承压设备技术进展、天然气管道压力元件技术进展、天然气管道自动控制技术进展、海洋管道建设技术进展以及储气库建设技术进展等。第十四章至第十八章全面介绍了天然气管道运行的最新技术进展，包括：天然气气质保障技术、天然气管道投产及验收技术、天然气管道运行优化技术进展、天然气管道完整性管理技术进展、天然气管道检测/监测技术与装备、天然气管道维抢修技术与装备、天然气管道节能环保技术进展、天然气管道运行信息技术进展等。最后两章主要介绍重大标志性管道建设运行关键技术应用实例和展望。

参与本书编写的单位共有18家，作者100多人，主要来自近20年来参加国家天然气管道骨干管网建设和运行管理的技术精英和资深专家，他们在承担繁重的项目和日常工作的同时，克服种种困难，精心编写。编写过程中多次组织行业内外专家参加各阶段的书稿校审，最后由崔红昇、张对红和罗凯审核定稿。各参编单位领导对本书的编写给予了大力支持和鼎力帮助。值此，对所有关心、支持和参与本书编写工作的领导、专家、工程技术人员致以最诚挚的谢意。

本书内容涉及专业范围宽、技术性强，因编者经验和水平有限，书中如有错误、纰漏和不妥之处，恳请读者不吝指正。

目 录

第一章　天然气管道勘察设计技术　1
第一节　天然气管道测量及勘察技术　1
第二节　天然气管道线路设计技术　10
第三节　天然气管道穿越、跨越设计技术　27
第四节　天然气管道工艺设计技术　49
第五节　天然气管道应力及振动分析设计技术　64
第六节　天然气管道数字化设计技术　81
第七节　天然气管道节能设计技术　86
第八节　天然气管道风险评估技术　92

第二章　天然气管道工程材料技术　104
第一节　高钢级管线钢应用技术　104
第二节　大变形管线钢应用技术　113
第三节　高寒低温服役环境用管材开发及应用技术　117
第四节　深海管道用管材开发及应用技术　123
第五节　非金属管道和复合增强管道超前储备技术　129
参考文献　139

第三章　天然气管道焊接技术与装备　141
第一节　高钢级管线钢管环焊缝综合评价技术　141
第二节　X80钢管环焊缝焊接性研究及应用　145
第三节　抗大变形钢管环焊缝焊接技术　153
第四节　高 H_2S 介质低合金钢管道环焊缝焊接技术　156
第五节　不锈钢复合管环焊缝焊接技术　158
第六节　LNG 储罐用 9%Ni 钢焊接技术　164
第七节　管道自动焊工艺及装备　169

第四章　天然气管道特殊地区施工技术与装备　176
第一节　山区施工技术与装备　176
第二节　沙漠施工技术与装备　178

第三节　水网沼泽地区施工技术与装备 …………………………………… 180
　　第四节　高寒地区管道施工技术与装备 …………………………………… 183
　　第五节　带水大开挖穿越河流施工技术 …………………………………… 186

第五章　天然气管道非开挖施工技术与装备　187
　　第一节　盾构穿越技术与装备 ……………………………………………… 187
　　第二节　顶管穿越技术与装备 ……………………………………………… 188
　　第三节　定向钻穿越技术与装备 …………………………………………… 189
　　第四节　直接敷管法穿越技术与装备 ……………………………………… 190

第六章　天然气管道防腐技术　192
　　第一节　天然气管道的涂层保护 …………………………………………… 192
　　第二节　钢管涂装生产技术 ………………………………………………… 205
　　第三节　管道防腐补口技术 ………………………………………………… 226
　　第四节　热煨弯管防腐技术 ………………………………………………… 246
　　第五节　站场涂层防腐技术 ………………………………………………… 254
　　第六节　阴极保护技术 ……………………………………………………… 256
　　第七节　管道防腐技术的发展和展望 ……………………………………… 263

第七章　天然气管道无损检测技术　268
　　第一节　射线检测技术（RT） ……………………………………………… 268
　　第二节　超声波检测（UT） ………………………………………………… 287
　　第三节　渗透检测（PT）与磁粉检测（MT） ……………………………… 316
　　第四节　金属磁记忆（MMM）检测技术 …………………………………… 321

第八章　天然气管道站场承压设备技术　328
　　第一节　天然气过滤分离设备 ……………………………………………… 328
　　第二节　天然气组合式分离器国产化 ……………………………………… 334
　　第三节　安全自锁型快开盲板 ……………………………………………… 336
　　第四节　清管器收发装置 …………………………………………………… 341
　　第五节　天然气放空装置 …………………………………………………… 343
　　参考文献 ……………………………………………………………………… 346

第九章　天然气管道压力管道元件技术　347
　　第一节　高钢级弯管、管件 ………………………………………………… 347
　　第二节　无缝热压封堵三通 ………………………………………………… 354
　　第三节　整体式绝缘接头 …………………………………………………… 357
　　参考文献 ……………………………………………………………………… 359

第十章　天然气管道自动控制技术 … 360
第一节　概述 … 360
第二节　管道 SCADA 系统软件国产化 … 361
第三节　STDC 4000 PLC 控制系统 … 370
第四节　工业控制通信网关系统 … 379
第五节　管道截断阀远程监控系统 … 382

第十一章　海洋管道建设技术 … 386
第一节　海底管道关键设计技术 … 386
第二节　海洋管道施工技术 … 396

第十二章　储气库建设技术 … 416
第一节　概述 … 416
第二节　储气库规模确定及综合布站 … 418
第三节　储气库地面工艺设计技术 … 419
第四节　储气库用关键设备设计及国产化技术 … 424
第五节　储气库发展技术展望 … 425

第十三章　天然气管道投产及验收技术 … 426
第一节　概述 … 426
第二节　新建管道检测及评价技术 … 427
第三节　天然气管道投产技术 … 431

第十四章　天然气管道运行优化技术 … 444
第一节　概述 … 444
第二节　天然气管网稳态优化方法 … 445
第三节　天然气管网瞬态优化方法 … 449
第四节　天然气压缩机组优化运行 … 455
第五节　天然气管廊运行分析方法 … 460
第六节　天然气管网运行控制方法 … 464
第七节　管网储气、调峰及调峰分析 … 471
第八节　天然气管道综合能耗分析技术 … 473

第十五章　天然气管道内检测技术与装备 … 483
第一节　新建管道验收检测技术与装备 … 483
第二节　天然气管道的清管技术与装备 … 484
第三节　天然气管道的漏磁内检测技术与装备 … 485
第四节　天然气管道的裂纹内检测技术与装备 … 491

第十六章　天然气管道完整性管理技术 ………………………… 493
　　第一节　概述 ………………………………………………………… 493
　　第二节　天然气管道风险评价技术 ………………………………… 494
　　第三节　天然气管道完整性评价技术 ……………………………… 498
　　第四节　天然气管道站场完整性评价技术 ………………………… 507
　　第五节　储气库完整性评价技术 …………………………………… 519
　　参考文献 ……………………………………………………………… 522

第十七章　天然气管道维抢修技术与装备 …………………… 523
　　第一节　大管径高钢级管道在役维修技术与装备 ………………… 523
　　第二节　大管径高钢级管道抢险技术及装备 ……………………… 527
　　第三节　海底天然气管道维抢修技术及装备 ……………………… 536

第十八章　天然气管道节能环保技术 …………………………… 548
　　第一节　气质波动对压缩机设施和运营的影响 …………………… 548
　　第二节　燃气轮机热能综合利用技术 ……………………………… 549
　　第三节　天然气管道减阻新技术 …………………………………… 551
　　第四节　站场降噪及放空（回收）技术 …………………………… 551
　　第五节　天然气管道余压利用技术 ………………………………… 557

第十九章　重大标志性管道工程建设运行案例 ……………… 559
　　第一节　西气东输二线天然气管道 ………………………………… 559
　　第二节　中国—中亚C线天然气管道 ……………………………… 568
　　第三节　中缅天然气管道（缅甸段） ……………………………… 580
　　第四节　中卫—贵阳联络线 ………………………………………… 586
　　第五节　江都—如东天然气管道 …………………………………… 594
　　第六节　坦桑尼亚海底天然气管道 ………………………………… 597

第二十章　天然气管道建设及运行技术展望 ………………… 605

第一章 天然气管道勘察设计技术

随着大规模的油气管道建成投产，油气管道取得了一系列的辉煌成就。首先，以油气管道建设工程为依托，管道的设计理念和设计技术有了全面的提升，研发了多项专有技术，如基于应变的设计方法、管道基于可靠性设计及评价方法、并行管道设计技术、多年冻土区管道设计技术及数字化管道设计技术等，设计技术的发展推进了管道用大型设备及高钢级管材与管件的研制及应用。其次，进行了管道施工技术攻关及装备研制，提高了管道施工能力，促进了管道焊接技术和管道腐蚀防护技术的发展，掌握了大口径天然气管道、复杂地区管道敷设的设计及施工等关键技术，建立了定向钻、盾构、顶管等多种穿越技术体系，攻克了多项管道建设领域的难题，这些技术的发展将成为管道建设的宝贵经验，为以后的管道建设及管道业的发展打下基础。

第一节 天然气管道测量及勘察技术

一、测量技术

1. 地面工程测量技术

工程测量技术通常是指在工程建设的勘察设计、施工和运营阶段中运用的各种测量理论、方法和技术的总称。近20年以来，地面工程测量技术经历了从以经纬仪为代表的光学时代到以全站仪为代表的电子时代乃至GNSS卫星定位时代两次大的技术进步，如图1-1所示。

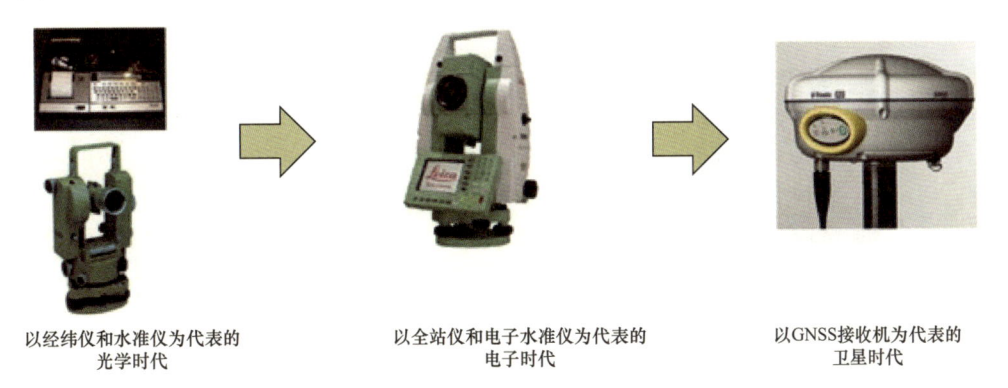

图1-1 地面工程测量技术的两次技术进步

现代工程测量已经是各种测量技术的综合，它不仅涉及工程的静态、动态几何与物理量测定，而且包括对测量结果的分析，甚至对物体发展变化的趋势预报。目前我们在天然气管道工程测绘工作中主要使用的设备是GNSS接收机，全站仪等已经退化为辅助手段。

1）GNSS 卫星测量技术

近年来重点发展了网络 RTK 技术和基于连续运行参考站的静态解算技术。其中，网络 RTK 技术解决了目前地形测图效率低、占用设备多的问题。如果工程所在地 CORS 网已经覆盖，首选利用 CORS 网完成管道工程的地形图测绘工作。这样不但能省掉架设基准站的时间，同时也省掉了基准站设备，只要单台 GNSS 接收机就能进行测量工作，大大提高了测量工作的效率。

2）精密工程测量技术

管道大型穿跨越及桥梁、隧道施工测量时，对测量精度要求比较高，需要进行精密工程测量。如在某管道大型跨越工程施工中，由于桥梁钢架安装精度要求较高，必须达到毫米级，就要求整个施工控制网的精度高于钢构件安装精度，为此项目组合理规划、设计控制网布设方案，并采用 0.5s 级高精度全站仪和 0.3mm 电子水准仪完成控制测量，保证了施工的整体精度。

3）水下测量技术

实际工程中经常采用 GNSS+ 测深仪进行水下地形测量，可以实时地得到水深和平面位置。如果辅以浅剖仪和侧扫设备，则可获取水底和地下一定深度范围内的地层信息，丰富水下测量的成果。

4）地下管线探测技术

近年来随着国家工程建设的发展，地下管线探测任务逐渐增多，除采用地下管线探测仪外，还应用了探测深度较大、可探测多种管道的地质雷达等设备，能够精确定位地下金属和非金属管线的位置、埋设深度等。

2. 航空与遥感测量技术

航空摄影测量与卫星遥感测量的共同特征是对非接触传感器系统获得的影像及其数字表达进行记录、量测和解译，从而获得自然物体和环境可靠信息的一项科学技术。遥感技术侧重于提取观测对象的物理信息，航空摄影测量技术侧重于提取观测对象的几何信息，如图 1-2 所示。

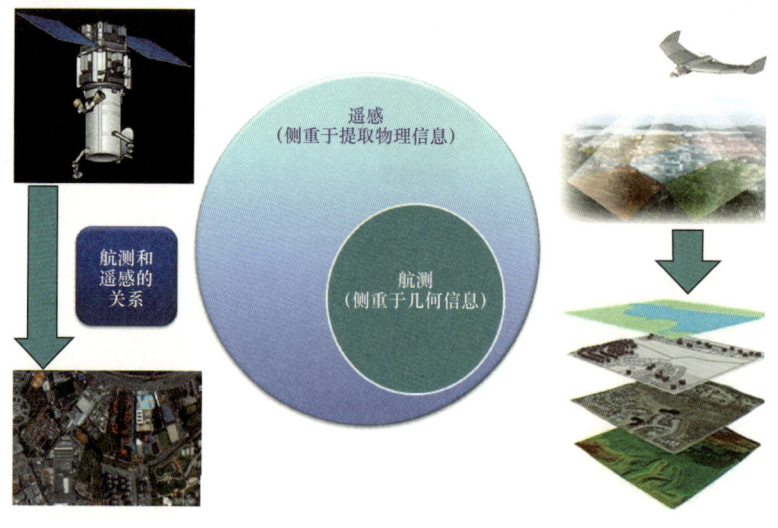

图 1-2　航测与遥感的区别

1）遥感技术

遥感技术发展的最大特征是空间分辨率不断提高，从 1999 年 Ikonos 卫星的 1m 分辨率，到 2014 年后美国发射的 World View 3、World View 4 卫星已经将全色波段的分辨率提高至 0.31m。其立体像对可以部分满足 1∶2000 地形图测量的需要，也在一些地形简单的管道线路测量中得到了推广应用。2016 年 12 月以来，中国航天科技集团公司也陆续落实国产高景卫星星座的建设，计划建设全自主的商业遥感卫星星座"16+4+4+X"系统，它是由 16 颗 0.5m 分辨率光学卫星、4 颗高端光学卫星、4 颗微波卫星以及若干颗视频、高光谱等微小卫星组成的 0.5m 级高分辨率商业遥感卫星系统。从这些遥感卫星提供的高清数据中可以读出更多、更清晰的信息，可用于工程测量、地质条件解译分析、地面监测等。

2）航测（含无人机航测）技术

航空摄影测量是通过对影像数据几何计算，获取以地物空间位置为主的信息的测量技术。航空摄影测量是一项既老又新的技术。一方面有着将近 160 年的发展历史，同时又是一个非常具有活力而且快速发展的技术，这些变化和生机是源于其技术的不断进步。

航空摄影测量的平台包括航天飞机、普通飞机、无人机和飞艇等，只要能提供一个清晰视野的方式均可以。而传感器上可以是胶片相机、大型专用航测相机、单反相机甚至是普通的卡片相机。航空摄影测量产品的丰富多样性，通常包括数字线划图（DLG）、数字高程模型（DEM）、数字正射影像图（DOM）、数字表面模型（DSM）、点云模型、三维模型（VR）等，如图 1-3、图 1-4 所示。相对于传统测量方法，其优势是覆盖宽、信息量大、数据及成果质量稳定及由以上特点带来的高效率等。

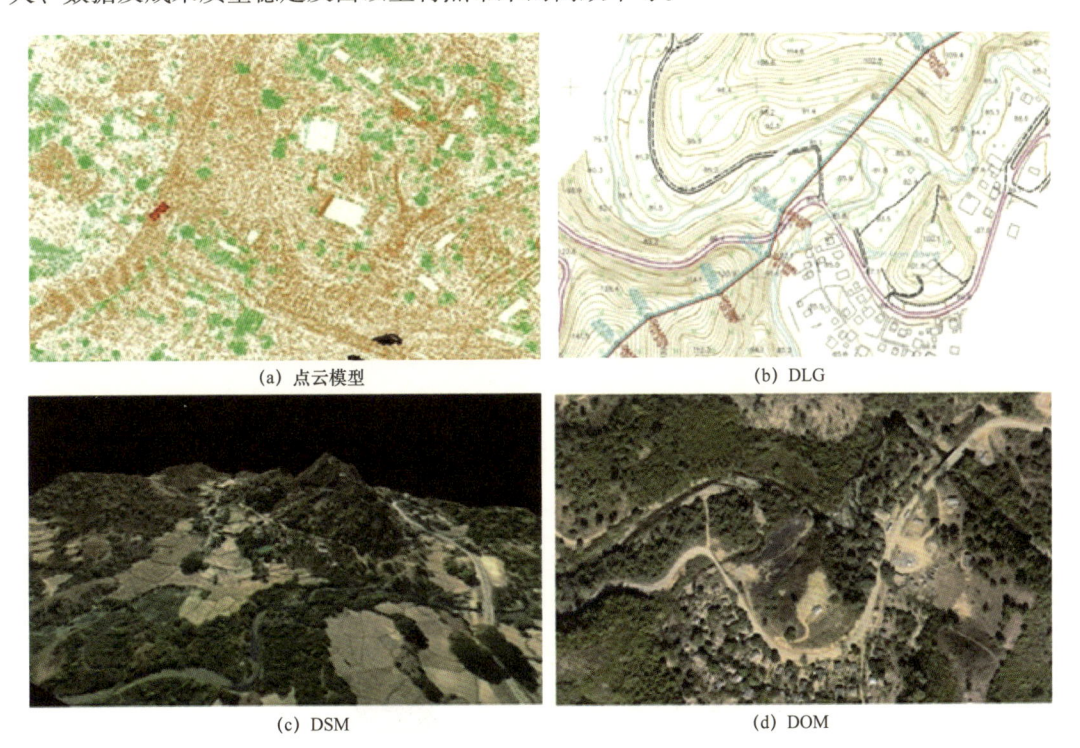

(a) 点云模型

(b) DLG

(c) DSM

(d) DOM

图 1-3　航测丰富的产品

图 1-4　忠县—武汉输气管道木龙河跨越倾斜摄影 Smart 3D 模型（VR）

航空摄影测量凭借以上优势和技术上的不断进步已经成为测量工作的主要手段，目前主要表现以下几个方面：

（1）光束法区域网空中三角测量取代解析法区域网空中三角测量。

（2）广泛使用 GNSS 和 POS 辅助手段减少外方位计算和提高空三精度。

（3）不断涌现出新的自动化程度更高、效率更高的软件，降低了航空摄影测量的技术门槛，甚至有的软件可以实现相机的免检校。

（4）无人机平台呈现百花齐放、百家争鸣的发展势态。旋翼机、垂直起降固定翼、普通固定翼等机型各有优缺点，国家对低空管制政策的放开将进一步推动无人机航测的蓬勃发展。

3）激光扫描测量技术

激光扫描技术（Light Detection and Ranging，LIDAR）是一种发射激光束并接收回波获取目标三维信息的系统。按照其安置扫描设备平台的不同可以分为地面激光扫描和机载激光扫描。其中地面激光扫描仪以静态测量为主，并通过设置的固定测站对目标区域进行扫描获取点云信息，并进一步处理制作其他产品，如图 1-5 所示。

图 1-5　激光扫描仪

机载激光雷达以飞机为平台，将激光测量、GNSS、IMU、数码航测技术相结合获取地面激光点云、影像，并进一步加工处理得到 3D 地理数据（DOM、DEM、DLG）和其他产品，如图 1-6 所示。

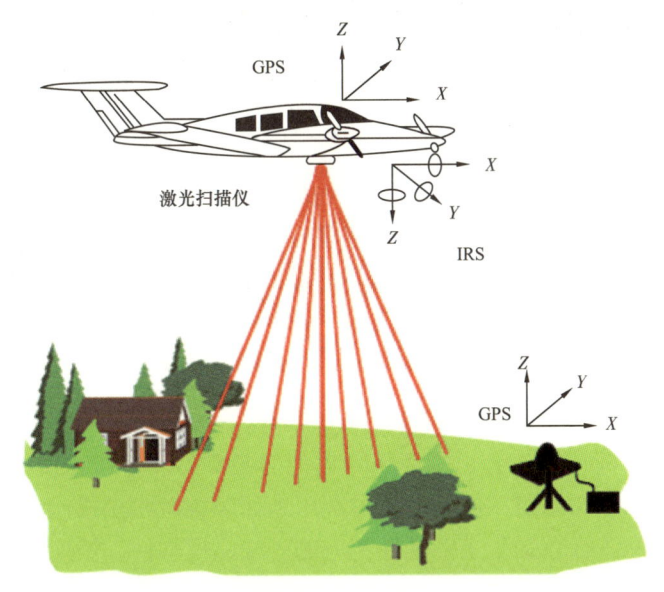

图 1-6　机载激光 LiDAR 点云测量原理

机载激光雷达测量技术是一个典型的综合多种技术的系统。其核心的点云测量技术属于大地测量系统；以其为核心，纳入了 GNSS 测量技术，可以实时定位；纳入了惯性导航测量技术，可实时定姿态；其影像获取和处理方式又属于全数字摄影测量技术。综合后的机载激光雷达测量技术有精度高、效率高、植被穿透能力强、主动测量、产品线丰富等显著优势。

4）虚拟现实技术（三维建模）

虚拟现实技术是一种创建和体验虚拟世界的计算机仿真系统，通过生动的视觉形象达到空间或空间关联问题的展示和分析。如图 1-7、图 1-8 所示是管道工程站场和线路部分虚拟现实案例。

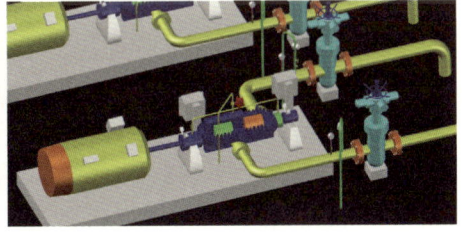

图 1-7　虚拟站场三维模型

虚拟现实构建的核心是地理环境、建筑物（构筑物）、工艺设施和地下管网等目标物的三维建模。构建这些模型数据主要依赖卫星遥感影像、机载激光雷达、航空摄影测量、无人机倾斜摄影、地面三维激光扫描以及地下管道探测等技术。并进一步附加属性数据，以支持三维环境下的浏览、分析。

图 1-8　虚拟管道

虚拟现实技术广泛应用于管道工程生命周期的各个阶段，如在投标和初步设计阶段，可利用卫星遥感影像制作线路三维场景；可利用地面三维激光扫描以及地质雷达探测技术对工艺区、地下管网进行数据采集，利用相应的三维建模软件，快速构建地下管网及工艺区精细模型。

虚拟管道的应用具有以下特点：

（1）充分采用国家空间数据基础设施数据，通过航空摄影测量和遥感影像等获得最新的地形、环境数据，内容更丰富，更新速度更快，数据描述和表达更加完整、直观。

（2）GIS 技术提供了地理信息服务，可集成管道周围一定范围内的地理、人口、环境、植被、经济等各类资源数据，利用空间分析功能进行叠加分析、缓冲区分析、最短路径分析等操作，可以进行线路总体规划、评估，为决策和管理提供重要依据。

（3）采用 CAD 和网络技术，实现设计图纸、施工数据、人员资料、管道文档等数字化管理，通过数据库，将各专业不同数据融为一体，实现信息共享和协同工作。

（4）采用数据库对数据进行存储。在建设期每个环节，都建立相应的数据库，以使得每个阶段的数据成果相互衔接。

5）地理信息技术（GIS）

地理信息系统（Geographic Information System 或 Geo-Information System，GIS）是在计算机软、硬件系统支持下，对整个或部分地球表层（包括大气层）空间中的有关地理分布数据进行采集、储存、管理、运算、分析、显示和描述的技术系统，包括空间定位数据、图形数据、遥感图像数据、属性数据等，用于分析和处理在一定地理区域内分布的各种现象和过程，解决复杂的规划、决策和管理问题。

地理信息技术的核心是"3S"技术，包括地理信息系统（GIS）、遥感系统（RS）、全球定位系统（GNSS）。地理信息技术的应用，不仅仅是一种单一技术的应用，常常是两种或多种技术的综合应用。

地理信息技术在油气管道工程中的应用主要表现在：

（1）建立管道路由优化选线系统：以地理信息系统为平台，结合遥感、计算机科学、实现将基础地理信息、环评数据、地质信息数据与管道设计数据集成，提供二维与三维地图的同步展示，使得线路选线及优化更直观、合理，工程量统计更准确、便捷；同时，统一的数据库结构，保证了数据的一致性与可传递性，为管道全生命周期建设的实现打下了基础。

（2）建立管道运营与管理系统：综合利用GIS、GNSS、SCADA系统、数据库等技术，集成地理空间数据、管体数据、运营数据等，对相关信息快速、准确检索、分析，实现管道运行参数动态显示、智能分析，可以为管道日常管理、维护和对突发事故处理提供详尽的数据，对管道的异常情况及时预警，提高管网的安全性和易维护性。

（3）建立地质灾害监测预警系统：基于三维GIS、无人机航测、物联网技术等，以管道为主体，构建管道专题数据、基础地理信息、地质灾害数据、监测数据等组成的数据库，结合区域地质灾害调查、分布发育与规律研究成果，重点对管道周边地质灾害（如滑坡、崩塌、泥石流、地面塌陷等）进行监测预警，降低地质灾害对管道的危害，从而保障管道建设及运营的安全。

二、勘察技术

天然气管道勘察包括线路、穿越、跨越、站场等分项工程的勘察，其勘察工作内容不尽相同，所用勘察技术方法各有侧重。总体来说勘察工作分为外业和内业两个方面，外业工作常常应用工程地质测绘和调查、工程钻探、挖探、原位测试、工程物探等方面的勘察技术，内业工作包括土工试验、分析计算、绘制成果图件等方面，所用技术主要有各种分析技术、计算与成图软件、数字化信息化技术等。下面重点介绍几项常用勘察技术。

1. 工程钻探技术

工程钻探是工程勘察重要勘探方法之一，也是管道工程勘察中不可缺少的技术手段，它的本质是通过钻探、取样、样品分析、钻孔内现场工程地质测试来获得工程地质、水文地质资料和岩土层参数，对提取岩土、分析岩土内部结构具有重要作用，尤其对于较复杂的地层能保证勘察资料的准确性和快速性，可为工程后期的设计规划和施工提供全面、准确的施工依据和参考数据。

管道工程勘察所用工程钻探多属于工程地质钻探，有以下几个主要特点：

（1）工程地质钻探主要是在覆盖层中，因此孔深较浅，一般都在100m以内，隧道勘察钻探最深达到几百米。孔径变化范围较小，一般在50~210mm。

（2）长输管道地域跨度大，地质条件变化大，勘察对象分散，因此钻探钻进条件变化大，钻探技术要求较高，一般采用可拆装钻机，以利于搬迁。

（3）在钻进过程中，不仅是要查明岩土的种类和性质、岩土的层位和厚度等一般地质及岩土方面的特征，而且还要查明岩土的原状性，要连续地或间隔地用取土器采取原状样品。

（4）孔内要进行各种原位测试或试验工作，占用的时间较多，往往比钻进的时间还要长。

（5）管道工程勘察钻探多采用旋转钻进，岩心采取率是衡量钻探质量的重要指标之一，现在重要工程多采用双管单动岩心管取心，配合反循环技术，或采用绳索取心技术，有时需要采用SM植物胶+双管单动钻探工艺，如图1-9、图1-10所示。

（6）钻探结束后要严格按技术要求封孔。

图 1-9　普通钻探岩石破碎带钻探岩心　　　　图 1-10　SM 植物胶 + 双管单动钻探岩心

2. 工程物探技术

工程地球物理勘探（简称"工程物探"）是以地下岩土层（或地质体）的物性差异为基础，通过仪器观测自然或人工物理场的变化，确定地下地质体的空间展布范围（大小、形状、埋深等），并可测定岩土体的物性参数，达到解决地质问题的一种物理勘探方法。工程物探具有大面积测试、快速经济、非开挖的优点，结合工程钻探和地质调绘，采用综合工程勘察技术手段，成为管道工程勘察发展的必然方向。

在管道工程的初步勘察和详细勘察阶段常常采用工程物探方法，主要应用在站场、线路工程、管道穿（跨）越工程及地质灾害勘察等单项工程中，多采用高密度电法、电磁法（EH4）、浅层地震折射法、反射法、面波法等方法（一般采用两种以上方法对比），目的是探测场区岩土层连续性；查明覆盖层、基岩面的起伏形态；查明隐伏断层、破碎带及裂隙密集带分布；查清地面塌陷、采空区、滑坡等地质灾害的工程地质特征。根据工程需要，探测深度几十米到几百米不等。

管道工程勘察中常用的工程物探方法主要有高精度浅层地震勘探、电（磁）法勘探，以及少量的测井技术。

1）高精度浅层地震勘探

地震勘探是以介质弹性差异为基础，研究弹性波场变化规律的地震勘探，是近代发展变化最快的地球物理方法之一。由于研究对象的差异、观测条件的限制和研究精度的不同要求，需要采取不同的观测方式和资料处理方法，由此在工程物探中形成了几种不同的勘测方法与技术，常用的有反射波法、折射波法、面波法、CT 成像法等。某管道工程隧道浅层地震折射层析成像图如图 1-11 所示。

2）电（磁）法勘探

电（磁）法勘探是以介质电性差异为基础，研究天然或人工电场（或电磁场）的变化规律，它是通过仪器观测人工的、天然的电场或交变电磁场，分析、解释这些场的特点和规律达到找矿勘探的目的。

电（磁）方法包含的种类很多，因工程与环境中勘测深度不大，要求的分辨率较高，在管道工程勘察工作中，最常用的电（磁）法有高密度电法、瞬变电磁法、音频大地电磁测深法（图 1-12）、地质雷达等。

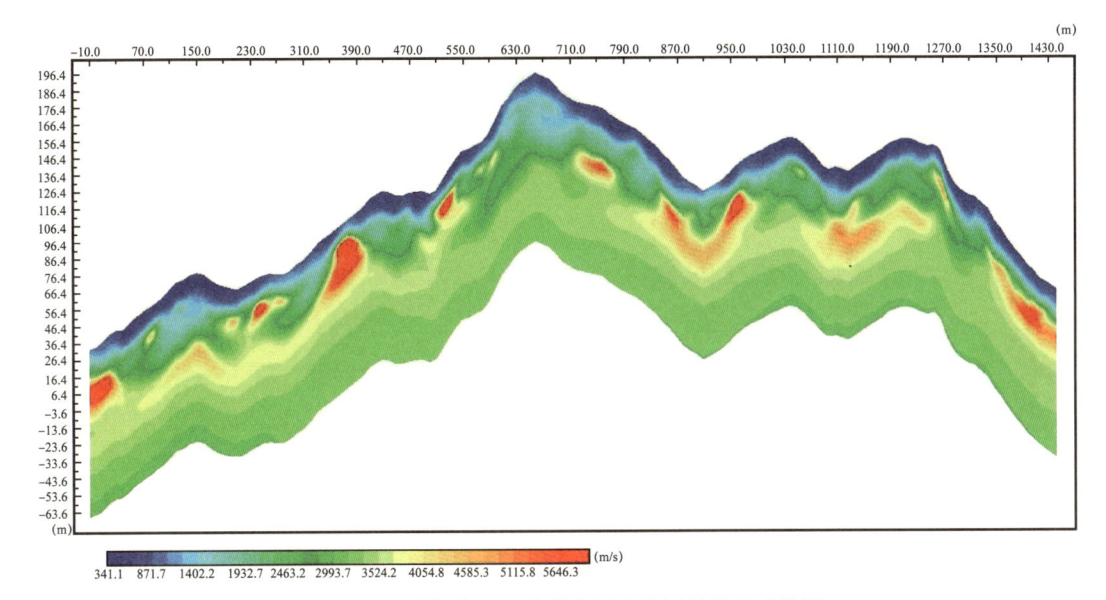

图 1-11 某管道工程隧道浅层地震折射层析成像图

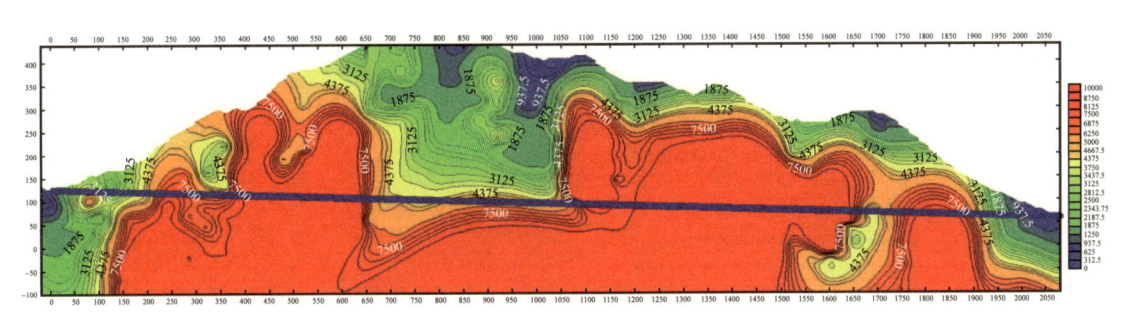

图 1-12 某管道工程隧道勘察音频大地电磁（EH4）成果图

3. 勘察数字化信息化技术

1）野外数据采集数字化信息化技术

勘察野外数据采集数字化信息化技术是一项以现行规范、规程及行业要求为标准，以确保数据安全有效为前提，以实际工作流程为思路，以提高工作效率为目的而开发的专业系统软件硬件结合技术。一般包括 PAD 客户端和 PC 服务器两部分。

此项技术利用智能终端采集并实时或离线上传勘察外业获取的各种数据，在服务器端生成统一格式的原始记录单及勘察数据处理软件所需的数据文件。该技术的应用改变了纸笔记录勘察数据的陈旧工作模式，显著地提高了勘察外业信息化水平，大大降低了技术人员的工作强度，提高了工作效率，为管道数字化设计提供了基础数据。

2）室内数据处理数字化信息化技术

室内数据处理数字化信息化技术主要是利用数据处理软件，使工程勘察数据处理信息化、智能化；工程勘察图表生成自动化；勘察报告模块化、数字化。

3）成果输出数字化信息化技术

勘察成果输出数字化信息化技术是通过建立完整的工程勘察数据库及信息系统，实现工程的一体化、信息化管理。将勘察成果数据按照一定的规则形成标准格式数据，给下游专业或数据存储平台提供数据。这些数据平台实现了勘察报告结构化数字化、各专业协同作业、资料累积，达到了自动化、半智能化水平，具有前瞻性与先进性。

第二节　天然气管道线路设计技术

一、基于地理信息系统的管道选定线和优化设计技术

1.GIS 辅助选线和优化设计技术

随着卫星遥感技术与地理信息系统的发展，国外进行了大量油气管道线路选线技术研究，基于 GIS 开发的油气管道选线软件可以实现线路规划、经济性比选、专题图制作等功能。国内卫星遥感技术和数字航空摄影技术在近几年建设的多条大型管道工程中得到了广泛应用。由于遥感影像图具有直观、信息量丰富、可读性强的优点，基于该图调整线路，能够合理避让水塘、经济作物、不良地质地段，合理选择公路、铁路、河流穿（跨）越位置，使定线和改线工作可以在室内完成，大大减轻了劳动强度，提高了工作效率。更为有益的是，采用数字摄影测量技术，可用正摄影像图代替施工图设计中的平面图，并和纵断面图对应，方便设计和施工，更利于今后的管线数字化运营管理。基于地理信息系统的选定线流程如图 1-13 所示。

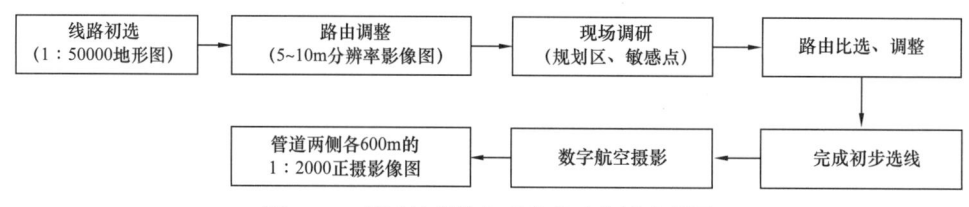

图 1-13　基于地理信息系统的选定线流程图

基于地理信息系统的管道选线及优化技术以长输管道线路工程设计内容为依据，将线划图、扫描地形图、数字高程模型、遥感影像图、环境专题数据以及管道专业数据等多尺度、多来源的综合共享数据库作为基础，实现管道路线设计、管线对象布置、工程量统计、成果输出以及基础数据管理等功能，在管道线路的可研和初设期间，为线路的优化选线、现场踏勘、内业工程量统计提供全方位的信息服务和实用的操作功能，提高线路工程设计的效率和质量，优化和完善线路工程设计的方法。该系统提出了基于可靠性和安全性的多约束因子智能化选线模型。通过预设管道路径，并通过逐步细化的循环往复约束因子识别机制，形成管道多方案线路路由。构建多约束因子数据库，将约束因子按照约束和影响程度进行分类和分层，通过确定多约束因子的安全指数、可靠性指数和经济性指数，建立多目标判别指数的公式，确定权重系数，集成概算软件中造价指标，对路由进行综合定量评价。

该技术在中缅油气管道工程、西气东输三线管道工程等项目中进行了应用，利用地理信息系统进行了线路优化选线，提高了设计精细程度和设计质量，开创了数字化设计的先河。与传统设计手段相比，该系统使效率平均提高 40% 以上，并且积累了大量基础地理信息数据、环境敏感数据、管道设计数据。图 1-14 为西气东输三线高程里程自动解析应用示例。

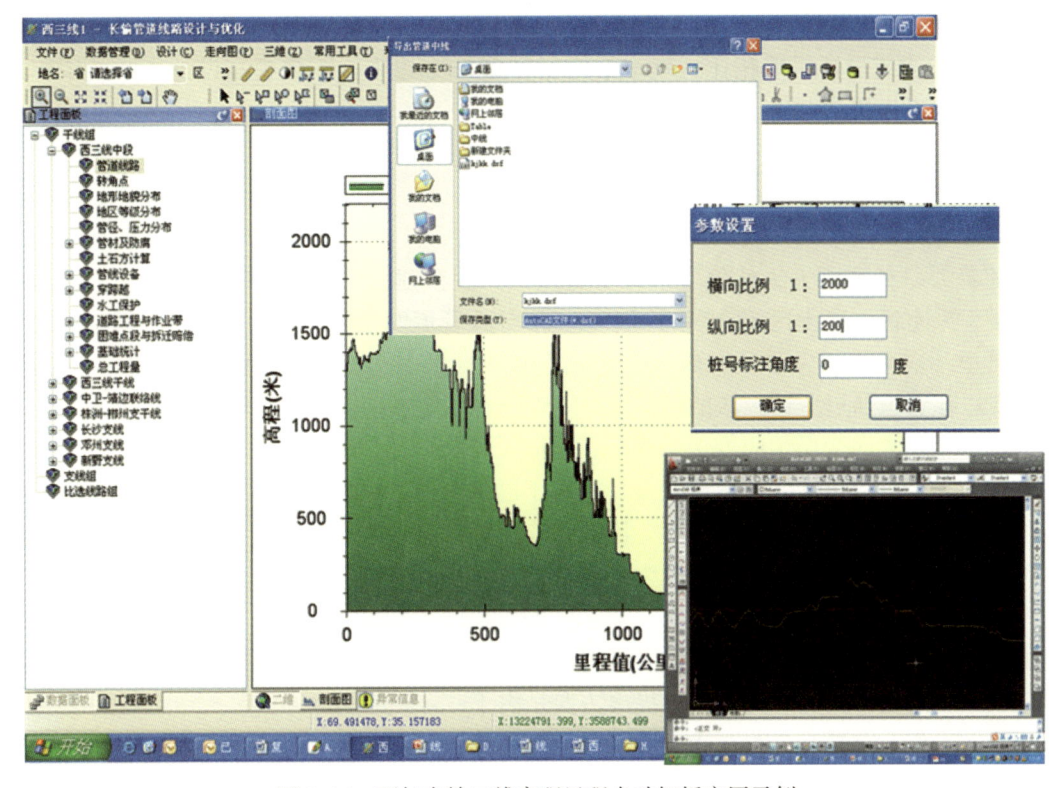

图 1-14 西气东输三线高程里程自动解析应用示例

2. 基于数据库的线路施工图设计技术

为了实现勘察测量数据、施工图设计数据的统一管理和积累，实现工程量的自动统计和计算，实现管道的整体设计、标准化设计以及多专业的协同设计，结合数据库技术，自主研发了基于数据库的线路施工图设计技术。基于数据库的线路施工图设计技术核心在于建立基础数据库、图库和计算规则。

基于该技术开发的施工图软件将线路专业、水工保护专业、穿跨越专业、通信专业和防腐专业的基础数据及设计成果以数据库形式进行存储与管理，实现了线路施工图整体设计、自动分幅出图和工程量自动统计等功能。并在传统纵断面设计基础上开发了线路横断面设计、扫线、劈方设计和平面改线设计功能。

该软件改变了传统线路施工图设计基础文件的松散管理模式，实现了真正意义上的数据库管理。设计中实现了整体、连续的线路设计，将一条管道作为一个整体设计，突破了传统施工图逐千米人为分割连续地物的局限性，实现了管道整体浏览和连续设计。该软件搭建专业标注设计符号库，将每个符号的统计算法和开料指标以数据库形式进行管理，同时在客户端实现了半自动标注设计，根据标注实际情况自动统计工程量和材料表，将设计人员从大量重复工作中解放出来，真正意义上实现了设计的标准化和自动化。开发的横断面管线设计和扫线劈方技术，可根据离散点数据绘制出作业带真实地面，开创性地将线路设计由二维拓展为三维，通过研究扫线劈方算法，最终实现了劈方量自动计算统计。该软件还实现了各专业间协同施工图设计，线路、穿跨越、水工保护、防腐、通信五大专业的施工图设计都在一个平台上完成。

该技术目前已经应用于中卫—贵阳联络线工程、中缅油气管道工程和中亚天然气管道工程等,与传统设计手段相比,效率平均能提高30%以上,不仅提高设计生产效率,还提高了设计工作的信息化、自动化水平。

二、管道应变设计技术

1. 管道应变设计方法的提出

随着大口径高压力天然气管道骨干管网的大规模建设,管道面临通过强震区、活动断裂带、采空区、冻土区等众多周围土壤变形导致管道发生位移的安全风险,其特征表现为:管道环向需要正常承压,轴向会受到因地面变形引起的拉伸、压缩及弯曲等应力变形。所以在管道通过上述区域的设计中需要保证在一定轴向变形下的管道完整性。

这种基于轴向变形(应变)的设计,不同于目前设计规范中基于环向应力的设计,就是常说的基于应变设计,简称应变设计。对于已建管道,在地面变形地段同样需要基于应变的判定准则来保证管道的完整性。因此,应变设计方法不仅能有效地解决新建管道通过地面变形地段的建设难题,而且能为已建管道的完整性提供保障。

应变设计方法是近几十年针对日益恶劣的管道施工和服役环境,如海洋管道、极地冻土区管道、地震引起的砂土液化、滑坡等地段管道、活动断层段管道、采空区段管道等,而提出的新的设计方法。此方法的提出主要是由于:

(1)人们对材料和各种受力状态下管道破坏形式认识的加深,即发现在不同状态下某个方向上的管道应变即使超过0.5%(最小屈服强度所对应的应变)也不会发生破坏,尤其是当管道受到温差、位移等形式荷载作用时。如管道工程中最常见的冷弯管,其应变远大于0.5%,但是没有发生破坏。

(2)在恶劣环境下,管道施工和维护的费用很高,如果按常规的应力设计标准来控制施工过程管道受力(变形)或确定运行过程的维护周期,势必会降低施工速度或增加维护次数,项目费用将显著增加。如海洋管道,可以充分利用管道的纵向变形能力来适应更恶劣的海况,减少海上作业时间,从而节省施工费用。

(3)由管材的应力—应变曲线可知,当应力超出屈服强度之后,应力变化量小,而应变的变化量较大,采用应变为标准更便于衡量和控制。

国外开展应变设计始于20世纪60年代,主要应用于北美的诺曼井原油管道、阿拉斯加原油管道等工程,解决管道通过多年冻土地段、不稳定边坡、河流穿越、地震区和活动断裂带所面临的技术挑战。但对管道应变设计方法比较集中的研究还是在近10年,目前已经构建了管道应变设计的整体框架,开发了大应变管材,研究了配套的现场焊接工艺,提出了管道应变能力的预测模型,规范了配套的试验验证方法,国际管道研究协会(PRCI)正在通过可形成基于应变的设计标准的5年计划项目,同时,相应的应变设计地段的管道完整性管理研究也正在进行。

国内应变设计方法研究和应用最早的是西气东输二线工程的强震区和活动断裂带。之后又开展了通过采空区和冻土地区的基于应变设计方法和应用研究,经过多年的研究和实践,基本构建了应变设计方法的理论、构架,明确了相关的技术要求,形成了适用于地震区、活动断裂带、冻土地区和矿山采空区的企业标准《油气管道线路工程基于应变的管道设计技术标准》(Q/SY 1603—2013)。

应变设计是在位移控制为主或部分以位移控制为主的状态下，为了保证管道在塑性变形下（应变大于0.5%）能够满足特定目标而进行的设计。这里的目标主要指管道要正常的运行和提供服务。为了保证管道正常运行和提供服务，就必须保证管道在拉伸状态下实际应变不能超出管道本身的抗拉伸能力；同样，对于压缩状态管道也要满足类似的要求。所以，应变设计内容主要包括：

（1）在不同状态下，管道设计应变的确定；
（2）在相应状态下，管道极限应变能力的确定；
（3）安全系数的确定。

应变设计准则，可以按下式来表达：

$$\varepsilon_d \leqslant \varepsilon_a = \varepsilon_{cr} / F \tag{1-1}$$

式中 ε_d——不同设计状态下的设计应变；
ε_a——不同设计状态下管段的容许应变；
ε_{cr}——不同设计状态下管段的极限应变，如压缩极限应变、拉伸极限应变等；
F——安全系数，≥1。

当管道设计应变大于容许应变时，失效；而管道实际应变小于容许应变时，安全。

对于管道的设计应变，要解决的是选择合理的管道应变计算模型的问题，涉及不同环境下地层变形预测模型，管土作用模型，材料强化能力等方面；对于管道的容许应变能力，要解决的是管道容许应变的保证问题，包括材料的性能要求（屈强比、硬化指数、均匀延伸率等），几何尺寸要求（D/t、椭圆度、壁厚公差等），焊接接头性能要求（高强匹配），焊缝容许缺陷大小（CTOD，宽板拉伸试验等），应变时效等方面的要求等。

应变设计技术的构成包括设计应变和容许应变的确定，材料、防腐、施工技术要求，以及配套的试验验证。

基于应变设计方法的流程如图1—15所示。

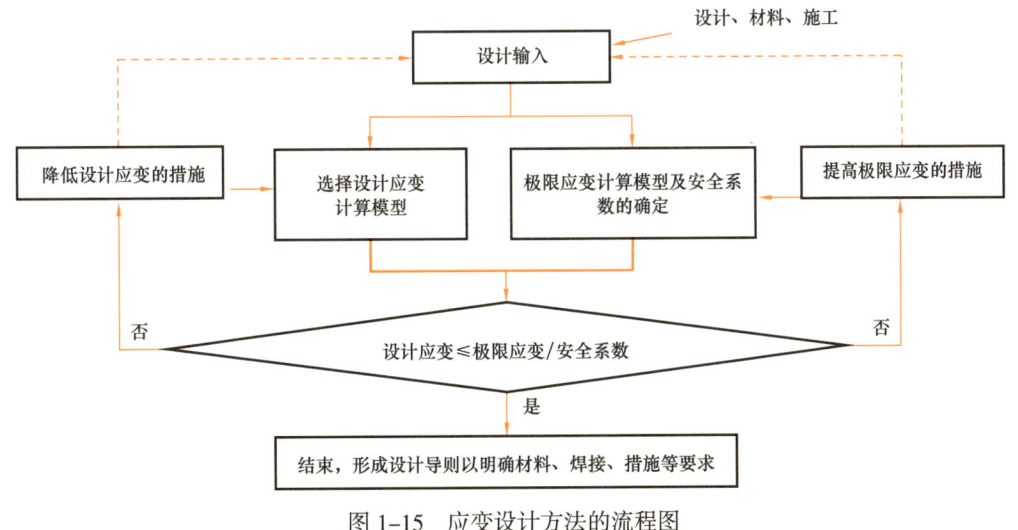

图1—15 应变设计方法的流程图

2. 设计应变和容许应变确定

1）设计应变的确定

设计应变的确定需要开发地面位移预测模型、管土作用模型和管道应变计算模型。

（1）地面位移预测模型。

① 地震动，地震动参数需要通过发震构造调查，确定浅源方案，然后根据概率积分法，进行管道沿线的地震动区划，并明确各区的地震动参数。最后再根据场地类型和设防标准进行调整后用于计算。

② 活动断裂带，活动断裂带的位移预测，需要对断层的产状和活动参数进行现场调查，估计重现期，并采用类比法来获取未来100年预测值。对于重要地段采用预测的最大值进行计算，对于一般地段采用预测的平均值进行计算。

③ 多年冻土地区，冻胀和融沉量受管道输送温度、气温、土壤类型等因素影响，需要进行冻土分布勘察、温度场计算等过程，预测的位移量一般需要采用有限元计算模型来进行计算。

④ 矿山采空区，采空区地表变形情况与矿体大小、埋藏深度、开采方式、上部覆盖地层等因素有关，其变形类型可以分为连续型和非连续型，通常采用概率积分法进行预测地表位移。

（2）管土作用模型。

管土作用常用的模型包括《埋地钢制管道设计指南》（ALA 2001）和《油气管道线路工程抗震设计规范》（GB 50470—2008）等规定的模型。这些模型都把土壤约束视为三向的土弹簧，并通过大量的试验确定了土弹簧的参数。

（3）应变计算模型。

管道的应变一般采用有限元来计算。在选择单元时需要考虑管道结构的局部屈曲或截面椭圆化，优先选用壳单元或实体单元来模拟管道。模型的边界可以采用固定、梁单元、含等效土弹簧等来模拟。管材的性能上要考虑材料的非线性，并采用实际的应力应变曲线。在加载时应考虑内压的影响。

2）容许应变的确定

容许应变一般考虑拉伸和压缩两种极限状态，包括极限应变和安全系数的确定模型。

（1）极限应变的确定。

近年来开发的拉伸容许应变评价模型主要有5种：DNV-RP-F108、ExxonMobil、CSA Z662-07（CRES第一代模型）、University of Ghent 和 Sintef。这些模型的整体思路是一致的，但是考虑的因素不完全一致。国内大都采用 CSA Z662-07 的模型。

管道的压缩极限应变常用的预测方程有：Murphey-Langner 方程（API 1111 和 BS 8010）、Gresnigt 方程、CSA 方程、C-FER 方程、DNV 方程、Dorey 方程等。2014年的国际管道会议上 CRES 提出了由 US DOT 资助的项目成果，即通过收集和分析已有的全尺寸试验数据，建立了新的压缩极限应变模型，经过对比验证，此模型已被国内的相关标准采纳。

（2）安全系数。

容许应变为上述的极限应变除以安全系数。关于安全系数目前只有在 CSA Z662-07 中给出了推荐值，但是其分析基础目前尚不明确。

3. 应变设计对管材、防腐和焊接的特殊要求

应变设计涉及管材、防腐和焊接等方面的内容，需要根据设计项目的具体情况提出相应的要求。

1）材料要求

应变设计地段宜采用直缝埋弧焊钢管，并具有足够强度和变形能力，即常说的大应变钢管。在大应变直缝埋弧焊管用热轧钢板、钢管补充技术条件中，至少应该增加以下要求：

（1）对钢板和钢管的纵向拉伸性能的要求，除了常规的指标外，还需要应力应变全曲线形状、均匀延伸率、不同的应力比等明确的指标。

（2）对钢管时效后力学性能的要求。

（3）对钢管的尺寸偏差要求。

（4）当开发或采用新产品时应进行全尺寸试验验证。目前 X70、X80 大应变钢管已实现了国产化。

2）防腐要求

应变设计地段防腐层的补充要求主要是两个方面：

（1）表面光滑度，以便降低管土作用，减少设计应变。

（2）防腐层的涂敷温度，涂敷温度超过 200℃ 就会影响管材的应变能力。

3）焊接要求

在制定环焊缝焊接工艺中应进行焊缝金属的拉伸试验，并提供拉伸全曲线。焊缝金属拉伸曲线宜高于母材的拉伸曲线（焊缝金属的抗拉强度应为母材抗拉强度的 1.05～1.15 倍），否则应采用补强覆盖等方式，保证环焊缝的"高强匹配"；应进行焊缝金属/HZA 硬度试验，控制软化带宽度和软化程度；应进行焊缝金属/HZA 断口的韧性试验；应规定焊缝错边量以及焊缝缺陷验收标准。

4）施工要求

为了保证施工质量，干线焊接的两条环焊缝之间的间隔必须不小于 3D，弯管的过渡焊接焊缝的间距不小于 D；必须量化施工前和施工期间的管道椭圆度、不圆度、管壁厚度、环焊缝错边等参数；必须控制管道曲率或弯曲半径、地面上的管道吊起高度、总的过渡段长度、挠度和挠度间隔以限制施工期间的纵向应变；必须严格执行百口磨合期的破坏性试验，当允许返修时，也需要进行破坏性试验等。

4. 应变设计在国内天然气管道中的应用

国内的工程应用主要在地震区、活动断裂带、矿山采空区等区段，详见表 1-1。

表 1-1 国内应变设计方法应用的案例

工程名称	工程描述
西气东输二线工程	用在峰值加速度不小于 0.2g 地段以及活动断裂带
西气东输三线工程	同西气东输二线工程
中缅油气管道工程	峰值加速度不小于 0.2g，甚至大于 0.4g 地段，以及活动断裂带；煤矿采空区

1）西气东输二线工程

应变设计的首次应用为国家西北能源通道上的西气东输二线工程。该工程是国内首次

大规模应用X80的工程。管道途经300km的强震区和11条活动断裂带。为了解决高钢级管道通过上述地表位移地段的设计难题，采用了国际上先进的应变设计方法和X80大应变钢管，保证了工程的顺利实施，节约工程投资1000万元以上，推动了X80大应变钢管制造的国产化进程。

2）中缅油气管道工程

中缅油气管道工程是国家能源西南通道，途经横断山脉和云贵高原，地震活跃、地灾频繁，矿区密布，是世界上建设难度最大的管道工程之一。应变设计不仅成功地指导了此工程长约484km的强震区、5条活动断裂带的设计，还将此技术延伸到煤矿采空区，解决了13处煤矿采空区的设计难题，节约工程投资1200万元以上。首次应用了国产的X70大应变钢管，带动了国内炼钢制管技术的发展。

三、并行管道设计技术

1. 国内并行管道的建设需求

随着国内油气主干网和下游管道网络的建设，面临着多条管道并行敷设和联合运行的新挑战。一方面城市综合规划，交通走廊和综合城市管廊建设使得油气管道的路由选择受到限制；另一方面节约土地资源，保护生态环境的基本国策，对并行管道的安全设计和工程建设提出了新的要求。

国外油气管道并行敷设的研究可追溯到20世纪末，1999年PRCI委托Battelle Memorial Institute根据完整性损失情况，确定天然气管道的合理间距，使一条管道破裂时另一条还可以保证安全可靠地运行。2002年4月，PRCI发布了"管线断裂和并行管道间距"报告（Line Rupture and the Spacing of Parallel Lines），给出了并行管道的推荐间距。英国IGEM TD-1标准从避免天然气管道失效下不影响相邻管道而给出并行天然气管道（8MPa以下）在不同管径和土壤类型的最小推荐间距。在役管道附近的施工问题是国外关注焦点，美国PRCI协会、美国矿业部等对在役管道可承受爆破振动值进行了研究并取得了相关成果，API协会编制了《并行已建管道施工的推荐做法》（API RP1172），但是目前国外还没有针对管道并行敷设的专门标准。

国内系统开展管道并行敷设研究始于2008年，针对西二线与西三线、西二线与西一线，以及兰成线与中贵线等并行情况，开展了中国石油重大科技专项项目的课题研究，重点研究了管道并行间距及安全措施。2009年以课题研究成果为基础，总结了中国石油近10年来关于油气管道并行敷设方面的建设经验，编制了油气管道并行敷设设计规范，用于指导中国石油天然气集团公司内部并行管道的建设。2010年该文件正式成为了中国石油天然气集团公司企业标准《油气管道并行敷设技术规范》（Q/SY 1358—2010），并得到了整个行业的普遍认可。

2. 并行管道的失效模式和关键技术

并行管道中不同管道的失效模型不同。起决定作用的管道的失效模型分为泄漏和破裂，其中泄漏又可以分为小孔泄漏和大孔泄漏，小孔泄漏一般不会影响到周围敷设的管道，所以起决定作用的管道的失效模型需要考虑大孔泄漏和破裂两种模式。受影响的管道的失效模型有：

（1）起决定作用管道破裂扩展直接碰撞引起的失效；

（2）起决定作用管道破裂产生的压力波导致的径向屈曲；

（3）暴露在起决定作用管道大孔泄漏或破裂形成弹坑中，且泄漏的气体被点燃，在其热辐射作用下破裂。

在确定并行管道合理间距中需要考虑众多因素，包括避免并行管道其中的1条管道失效引起的邻近管道失效的间距分析、近距离敷设管道的风险分析及其措施、施工和运行维护的操作空间需求分析、当需要加热输送的管道并行时的热影响分析等，其中避免并行管道其中的1条管道失效引起的邻近管道失效的间距分析的关键技术包括：

（1）起决定作用管道大孔泄漏的临界尺寸的确定。

（2）起决定作用管道破裂的扩展空间分析。

（3）泄漏／破裂释放的气体的流体动力学特征。

（4）周围土壤对泄漏／破裂气流的反应。

（5）邻近管道在超压下的径向失稳。

（6）喷出气体的引燃条件。

（7）气体燃烧对被揭开的相邻管道的辐射。

（8）相邻管道对传来的辐射热的反应。

3. 并行管道设计及施工技术要求

基于并行管道关键技术的研究成果，形成了系统的并行管道设计和施工技术要求，包括：

（1）设计原则。提出线路走向相同的管道宜并行敷设；并行管道的间距确定应尽可能避免一条管道失效引起其他并行管道同时，还应考虑共用设施、施工作业带、阴极保护和施工效率的问题；明确同期建设并行管道宜共用隧道、跨越、涵洞等设施，阀室宜相邻布置，宜共用供电、通信、道路等设施。

（2）并行间距。对于新建管道与已建管道，以及同期建设的新建管道，考虑地形条件、管径、输送介质、地质条件和敷设地段（一般线路段或穿越段）等因素，对管道的并行间距提出了针对性的要求，如对不受地形、规划等条件限制的区段，规定并行间距应满足起决定作用的管道失效而不造成其他并行管道破坏的要求，并不应小于6m，当起决定作用的管道的口径为1422mm时，间距不应小于8m。

（3）管道强度设计。对并行管道的设计系数进行明确，要求并行管道的设计系数应符合现行国家标准，当需要调整穿跨越段、隧道内和同沟敷设段等局部地段的设计系数时，应经过分析比较后确定。

（4）管道敷设。提出相邻管道的空间位置应根据地形、地质、水文条件及其他限制要求合理布置，包括同沟敷设地段的平面转向、采用弹性敷设时的曲率半径，以及一般敷设地段和隧道及涵洞内并行管道之间的隔离、限位措施等。

（5）防腐设计。对同期建设并行管道的防腐层类型、级别、防腐层颜色以及阴极保护设置等提出要求。

（6）管道标识。对并行管道的标志桩、警示牌的设置原则和位置进行了明确，如要求并行管道的标志桩、警示牌应分别设置，同沟敷设段、穿跨越段的标识宜设置在同一地点等。

（7）管道施工。结合并行管道的施工特点，对施工组织方案、已建管道的位置探查、并行管道的施工顺序、管沟爆破开挖、布管、无损探伤、管道试压、下沟回填、地貌恢复和交工验收资料等提出了针对性的要求。

4. 技术应用及效果情况

国内同沟并行的管道工程应用主要见表1-2。

表1-2 国内同沟并行管道工程应用案例

工程名称	工程描述
西气东输二线、三线工程	两条φ1219mm输气管道并行或同沟，共用隧道，箱涵
兰成线与中贵线工程	一条φ1016mm输气管道，一条φ610mm原油管道并行或同沟，共用隧道
中缅油气管道工程	一条φ1016mm、一条φ813mm、一条φ406mm三条管道同沟或并行，共用隧道，箱涵

基于西二线与西三线、兰成线与中贵线等工程开发的并行管道敷设技术，不仅指导了这些项目的建设，同时为后续的管道建设提供支撑。其中最为典型的工程为中缅油气管道工程。中缅油气管道沿线地形条件复杂，地质灾害发育，矿产资源丰富，风景名胜、自然保护区众多。平坦的地带大多被城镇和村庄占据，管道与高速公路、铁路、输电线路等线形工程频繁交叉。这些自然及社会因素大大地制约了管道线位，基于以上原因，中缅天然气管道与中缅原油管道采用并行敷设模式，并与成品油管道局部并行。并行敷设不仅发挥了节约土地、资源共享、减少运行维护费用等优点，而且减少了对社会的干扰，降低了对环境的影响。图1-16和图1-17分别是三管并行和共用箱涵的照片。

图1-16 两管同沟和第三管并行　　图1-17 三管同用箱涵

四、0.8设计系数的引入

1. 国外0.8设计系数管道的应用情况

1）国外规范对设计系数的规定

美国、加拿大、英国、澳大利亚及国际标准化组织的天然气管道设计规范，都是利用管道的壁厚来保证天然气管道的承压能力。即管道的基本壁厚需求都是通过将内压引起的管道环向应力限制在管道许用应力范围内而确定的，许用应力为管材的最小屈服强度乘以设计系数。上述内容可以用巴洛方程（Barlow equation）来表示，见式（1-2）：

$$\sigma_h = \frac{pD_{code}}{2t_{code}} \leqslant [\sigma] = \phi_{code}\sigma_y \quad (1-2)$$

式中　σ_h——管道承受的环向应力；
　　　p——管道操作压力；
　　　$[\sigma]$——管材许用应力；
　　　σ_y——管材的最小屈服强度；
　　　D_{code}——管道直径；
　　　t_{code}——管道壁厚；
　　　ϕ_{code}——设计系数。

由于不同标准对式（1-2）中的管道直径和壁厚定义不同，为了横向比对各标准设计系数的异同，通过式（1-3）转换可以到一个等效设计系数：

$$\phi_{equiv} = \phi_{code}\frac{t_{code}}{t_{nom}}\frac{D_{nom}}{D_{code}} \quad (1-3)$$

式中　ϕ_{equiv}——等效设计系数；
　　　ϕ_{code}——各标准中规定的设计系数；
　　　D_{nom}——公称直径；
　　　t_{nom}——公称壁厚。

对于一级地区各标准的等效设计系数，加拿大 CSA Z662 和美国 ASME B31.8 标准为 0.8，ISO 13623 标准为 0.78，英国 IGE/TD/1 标准为 0.73，澳大利亚 AS2885.1 标准为 0.72。设计系数的大小不等，反映了各标准对管道运行安全裕度的不同考虑。

2）0.8 设计系数在美国和加拿大的应用情况

1990 年，0.8 设计系数被正式纳入美国的天然气管道设计规范 ASME B31.8 中。但是，从 1953 年起，美国就开始在部分天然气管线上采用 0.72 以上的设计系数，并以这些管段作为试验段，研究较高设计系数对输气管道安全可靠性的影响。1953—1971 年，美国 7 家主要的天然气运营公司采用 0.73~0.87 的设计系数运行管线，钢管的水压试验基于 90% 以上最小屈服强度进行。1953—1971 年，采用 0.72 以上设计系数运行的管线总长度为 8952.9km。1971—1979 年，还有 1093.5km 的输气管线也是在 0.72 以上设计系数运行。采用 0.72 以上设计系数运行的管线总长度为 10046.4km。其中，采用 0.8 以上设计系数的输气管线长度为 1953.9km。

天然气管道采用较高设计系数的另一个具有代表性国家是加拿大。以加拿大 TransCanada 公司为例，该公司运营加拿大近 40%（长度）的输送管线（气体和液体）。早在 20 世纪 70 年代，TransCanada、Alberta 天然气公司和相关部门达成协议，在钢管上进行 100%SMYS 试压，并采用 0.8 设计系数运行。

可以看出，在较高设计系数的应用方面，美国和加拿大走在了世界的前列，采用 0.72 以上设计系数运行的输气管线长达数万千米，并没有引发严重的管道安全事故，应力水平的高低不是管道能否安全运行的关键。

2. 0.8 设计系数引入的意义和面临的技术挑战

随着国民经济发展和清洁能源需求的提高,天然气的需求与日俱增。在不影响管道安全可靠性的前提下,最大限度地降低管道建设成本和提高管道输送效率,一直是管道建设投资者和运营企业长期关注的问题。提高输气管道的强度设计系数是国际上发达国家降低管道成本、提高输送效益的发展趋势之一。提高强度设计系数减小了管道壁厚、增大了管道应力,使管道的可靠性水平与风险水平发生变化。如何保证输气管道在较高强度设计系数下安全运行,是业界研究的热点。

《输气管道工程设计规范》(GB 50251—2015)自 1994 年首次颁布到 2015 年版,一直沿用了一级地区 0.72 的设计系数。加拿大 20 世纪 70 年代在管道设计规范中引入 0.8 设计系数并应用于实际工程。美国在 20 世纪 50 年代开始在部分输气管道上采用 0.72 以上的设计系数,并于 20 世纪 90 年代把 0.8 设计系数纳入输气管道设计规范 ASME B31.8。目前,美国有上万千米输气管道在 0.72 以上设计系数下运行。对于建设新的管道,提高设计系数可以减少管材用量,降低建设成本;对于在役管道,提高设计系数则可以挖掘管道潜力,提高输送效率。以西气东输二线为例,一级地区使用的管材大约为 195×10^4 t,若设计系数由 0.72 提高到 0.8,则可以节省建设成本 10 亿元左右。

0.8 设计系数的应用,可以显著降低管道建设成本、提高输送效率,促进了我国管道设计和建设水平进一步提高,对落实节能环保以及自主创新的国家战略具有重要意义。为使我国输气管道工程上成功应用 0.8 设计系数,需要重点攻关解决如下关键技术问题:

(1) 断裂控制方案。提高设计系数降低壁厚,管道应力水平提高,裂纹扩展的驱动力增大,对天然气管道断裂控制提出更高的要求,即要求管道延性断裂的抗起裂能力、长程扩展的抗止裂能力有一定程度提高。

(2) 管材技术要求和质量评价方法。提高设计系数降低壁厚,对钢管缺陷容限、刺穿抗力、应力腐蚀开裂敏感性等都会产生不同程度影响,因此对管材的性能要求更加严格,需要制定新的管材技术条件。

(3) 0.8 设计系数输气管道设计及焊接、施工技术。开展管道设计计算校核,改进焊接、下沟和水压试验等现场施工技术。

(4) 0.8 设计系数输气管道完整性管理程序。针对 0.8 设计系数管道,需要建立更高要求的完整性管理措施方案,包括管道设计、焊接质量控制、现场施工、监/检测、完整性评价和维护措施等方面。

(5) 示范工程安全可靠性评估及风险分析技术。实施可靠性评估和风险分析,切实保证 0.8 设计系数管道安全运行。

3. 0.8 设计系数主要研究内容和成果

(1) 输气管道提高强度设计系数可行性研究。通过国内外应用情况调研和钢管质量对比,分析了采用较高设计系数对管道安全可靠性的影响,完成了输气管道提高强度设计系数安全可行性研究报告,获得住建部 0.8 设计系数示范工程建设批准。

(2) 0.8 设计系数用管材技术条件及管材生产技术研究。开展 0.8 设计系数管材关键技术指标研究,编制了 0.8 设计系数钢管技术条件并开发出适用于示范工程的钢管。

(3) 0.8 设计系数管道现场焊接工艺及环焊缝综合评价技术研究。开展了环焊缝热影响区软化分析、焊接工艺研究及评定、环焊缝表面缺陷应力分析、环焊接头缺陷容限分析,编制焊接工艺规程8项,确定了0.8设计系数管道环焊接头的无损检测标准及验收指标。

(4)西三线0.8设计系数示范工程设计与施工技术研究。通过0.8设计系数示范工程设计校核、吊装下沟研究和高强度水压试验技术研究,形成了0.8设计系数设计与施工技术,编制了管道设计与施工技术规范。

(5)提高强度设计系数管道完整性管理措施研究。基于已有的研究成果以及国外调研与合作,在管道风险识别和评估的基础上,提出了0.8设计系数输气管道完整性管理措施。

(6)西三线西段0.8设计系数示范工程服役安全可靠性评估及风险分析。通过设计建造资料和管材性能统计分析,以及应力腐蚀开裂和失效评估图研究,开展了示范工程服役安全可靠性评估和实际运行风险分析,形成了示范工程安全可靠性及风险评估报告。

4. 0.8设计系数在西气东输三线西段的应用

0.8设计系数成功应用于西三线西段鄯善—哈密段,具体位置为27#阀室—烟墩压气站,管道长度261km,管径1219mm,设计压力12MPa,地区等级均为一级。采用0.8设计系数相比0.72设计系数,节省管材约12500t,节省管材费用约1亿元。另外间接降低了运输、焊接等费用,经济效益显著。西三线西段0.8设计系数示范工程自2014年4月份运行以来,状态良好。该技术已纳入国家标准《输气管道工程设计规范》(GB 50251—2015)中。

五、天然气管道线路可靠性设计和评价技术

1. 可靠性设计和评价方法需求

随着国民经济的迅速发展,人们对天然气的需求量不断加大,如何保障天然气管道的运行安全可靠意义重大。设计作为工程建设的先导,设计方案的优劣直接决定着管道的固有可靠度水平。就管道设计方法而言,目前国内外普遍采用的是基于应力的安全设计系数法,该方法无法科学量化管道的安全可靠度水平,不能避免采用同一安全系数导致的不同管道风险水平的不一致或不明确,尤其是对于新材料、新工艺的应用,由于缺少工程实践,其管道安全可靠度更是无法证实。

国外早在几十年前已开始了对油气管道可靠性的研究,苏联早在20世纪70年代就提出了一些天然气管道可靠性的评价指标,但不够完整。近20年来国外在油气管道可靠性方面的研究主要集中在北美地区,以加拿大C-fer公司为代表,该公司利用国家管道协会(PRCI)、美国交通运输部能源办公室等项目资助,并联合国际多家油气公司开展了联合工业项目,完成了油气管道可靠性方面的众多研究,通过近20年来的工作,已建立了较为完整的技术体系,可指导天然气管道的可靠性设计和评价工作。

基于已取得的研究成果,国外近10年来也形成了一些重要的管道可靠性标准。2006年,国际标准化组织(ISO)发布了标准《石油天然气工业-管道输送系统-基于可靠性的极限状态方法》(ISO 16708—2006);2007年,加拿大标准协会发布的标准《油气管道系统》(CSA Z662—2007)将陆上非含硫天然气输送管道的基于可靠性设计与评估方法作为附件O列入该标准。在这两项标准中,对于可靠度计算、目标可靠度确定和可靠性评估方法等方面给出的规定均是框架性的,尚难以直接用于管道的可靠性设计和评价工作。

2. 方法构成和关键技术

与国内外目前广泛应用的基于应力的安全系数设计方法相比,管道线路可靠性设计是针对管道所受实际荷载情况进行的极限状态设计,采用应力—强度分布干涉理论计算管

道的失效概率，并与管道目标可靠度规定的最大容许失效概率进行比对。对于天然气管道而言，管道的目标可靠度主要取决于管道的可接受风险水平（包括个体风险和社会风险），在满足目标可靠度的前提下再进行经济性分析，如果管道目标可靠度或经济性不满足要求时，需要调整相关设计参数，包括提高管道壁厚、增加管道埋深或改进管材性能指标等，至于调整哪一些参数，需要通过参数的敏感性分析决定。

天然气管道线路可靠性设计和评价工作流程见图1-18，该方法的关键技术主要包括如下：

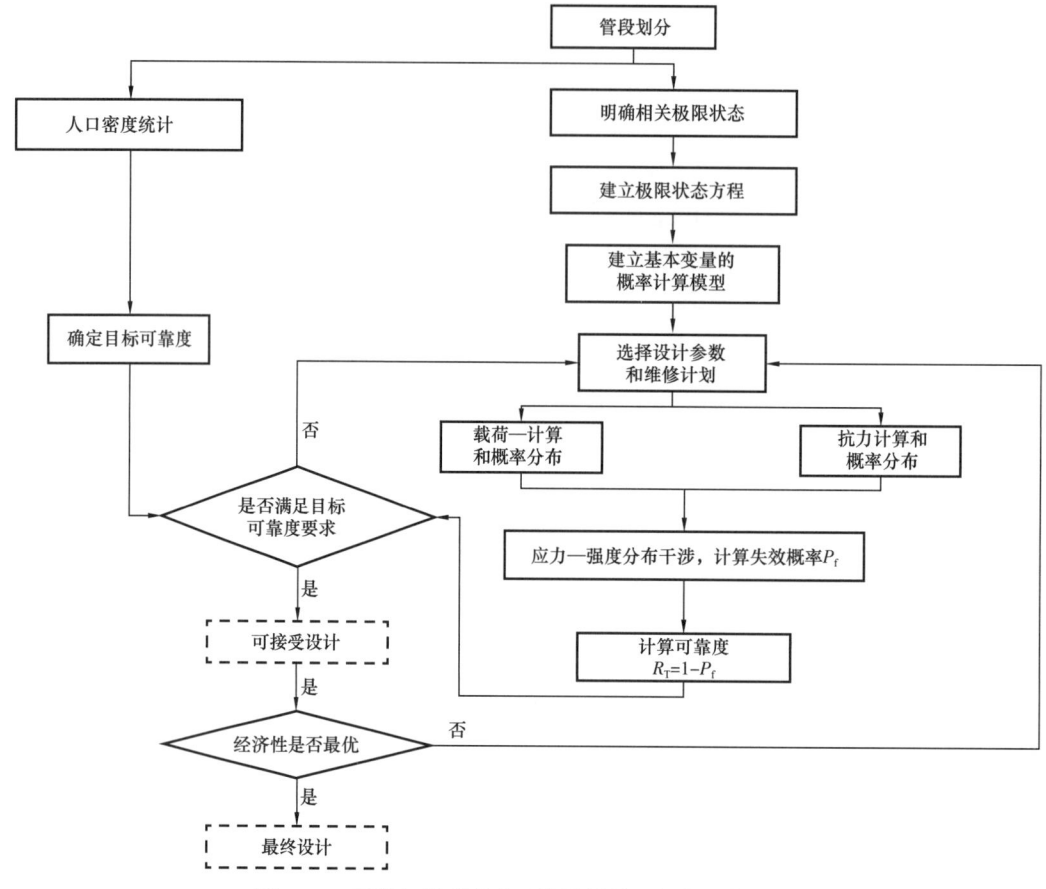

图1-18 天然气管道线路可靠性设计和评价工作流程

（1）天然气管道的目标可靠度构建；
（2）管道极限状态识别和极限状态方程开发；
（3）极限状态方程中的基本变量和不确定参数分布模型确定；
（4）管道失效计算模型构建。

为满足国内更大规模天然气管道的输送需要，尤其是为解决提高管道输送效率而采用新材料（X90/X100）、新工艺（提高设计系数到0.8、增大管径到1422mm）带来的管道可靠性问题，中国石油在"十二五"期间开展了天然气管道线路基于可靠性的设计和评价方法研究，围绕其关键技术开展了系列攻关。

3. 关键技术的研究和开发

通过中国石油"十二五"期间的重大科技专项技术攻关，攻克了天然气管道线路可靠性设计和评价的关键技术。

1）国内天然气管道目标可靠度

为确定天然气管道目标可靠度，首先应确定管道的风险水平，管道的风险包括个体风险和社会风险，根据国内 3×10^4 km 天然气管道的风险计算和国家、行业社会风险统计，并适当考虑社会发展因素，综合确定国内天然气管道可接受社会风险为 2.3×10^{-5} 人/（km·a），个体风险一级地区为 10^{-4} 人/（km·a）、二级地区为 10^{-5} 人/（km·a）、三四级地区为 10^{-6} 人/（km·a）。

天然气管道的安全风险主要决定于管道的极端极限状态（破裂），基于可接受社会风险和个体风险水平，通过大量拟合回归，确定了国内天然气管道极端极限状态的目标可靠度。如图 1-19 所示。

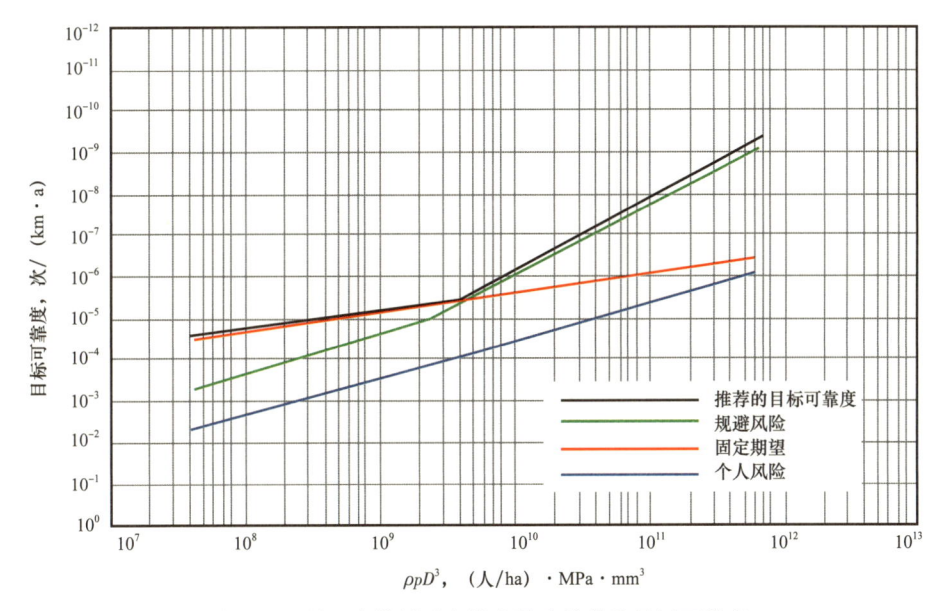

图 1-19　基于个体风险和社会风险推荐的目标可靠度

天然气管道极端极限目标可靠度计算见下式：

$$R_T = \begin{cases} 1 - \dfrac{775}{\left(pD^3\right)^{0.63}} & (p=0) \\ 1 - \dfrac{9.96}{\left(\rho pD^3\right)^{0.59}} & \left(\rho pD^3 \leqslant 4.7\times10^9\right) \\ 1 - \dfrac{9.3\times10^{10}}{\left(\rho pD^3\right)^{1.65}} & \left(\rho pD^3 > 4.7\times10^9\right) \end{cases} \quad （1-4）$$

式中　R_T——目标可靠度，次/（km·a）；

　　　ρ——人口密度，人/ha❶；

　　　p——管道设计压力，MPa；

---

❶ 1ha=10^4m²。

D——管道外直径，mm。

结合国内统计数据并参照国外标准，综合确定管道的泄漏极限状态和服役极限状态目标可靠度分别为 10^{-3} 次/(km·a) 和 10^{-1} 次/(km·a)。

2）极限状态和极限状态方程

管道极限状态的确定一般考虑运输、施工、运行阶段所承受的主要荷载和荷载效应及其产生的管道失效，管道的极限状态可划分为极端极限状（ULS）、泄漏极限状态（LLS）和使用极限状态（SLS）三类。埋地管道一般线路段常见荷载状况及极限状态见表1-3。

表1-3 埋地管道一般线路段常见荷载状况及极限状态

全生命周期阶段		荷载状况	伴随载荷工况	极限状态	极限状态类型	荷载类型		可靠性设计	可靠性评价
						应力控制	应变控制		
施工	1	水压试验①		过度塑性变形	SLS		√	√	
				无缺陷管道破裂	SLS	√		√	
				管体及焊接缺陷破裂	SLS	√		√	
操作	2	内部压力		过度塑性变形	SLS 或 ULS②		√	√	√
				腐蚀缺陷破裂	ULS	√		√	√
				腐蚀缺陷小漏洞	LLS	√		√	√
				制造缺陷破裂	ULS	√		√	√
				制造缺陷小漏洞	LLS	√		√	√
	3	覆盖层与表面荷载	2	焊接缺陷破裂	ULS	√		√	√
				焊接缺陷小漏洞	LLS	√		√	√
				塑性破坏	SLS 或 ULS②	√		√	√
				椭圆化	SLS	√		√	√
	4	地面位移（地震断裂带、采空沉陷和冻土）	2, 5	局部屈曲	SLS 或 ULS②		√	√	√
				环焊缝拉伸断裂	ULS		√	√	√
	5	受限热膨胀	2	局部屈曲	SLS 或 ULS②		√	√	√
				隆起屈曲	SLS 或 ULS②			√	√
	6	第三方挖掘机械破坏	2	凹痕	SLS	√		√	√
				穿刺	ULS	√		√	√
				破裂	ULS	√		√	√

① 适用于管道施工期间采用高强度试压（强度试压产生的环向应力不小于100%钢管最小屈服强度）；
② 开始为正常使用极限状态，但可能发展成为最大极限状态。

对于表1-3中所列极限状态对应的极限状态方程,在广泛参考CSA Z662附录O、附录C-FER L177报告和国外其他研究成果的基础上,对极限状态方程进行了核实和重建,在确定的21个极限状态方程中,直接采用11个、新建7个和修订3个。新建的极限状态方程主要包括地面移动情况下的应变需求和管道抗力等方程;修订的方程主要包括管道的腐蚀缺陷和焊缝缺陷破裂方程,并把管道的适用范围拓宽至X80、X100钢级,例如对于X80及以上钢级的腐蚀爆裂极限状态方程,采用的基本模型为LPC模型,修订后的极限状态如下:

$$g = B_1 p_b + (1-B_1) p_0 - B_2 \sigma_u - p \qquad (1-5)$$

$$p_b = \frac{2\sigma_u t}{D_0} \left[\frac{1-d/t}{1-\left(\dfrac{d}{tQ}\right)} \right]$$

$$Q = \sqrt{1 + 0.31 \left(\frac{L}{\sqrt{D_0 t}} \right)^2}$$

式中　p_b——腐蚀管道的预测失效压力,MPa;

　　　Q——鼓胀系数;

　　　B_1——模型误差系数,为1.036;

　　　B_2——模型误差系数,均值为-0.00169,标准偏差为0.00163(正态分布)。

3)不确定性参数分布

管道可靠性设计和评价需要的参数众多,包括管材外观尺寸及性能指标、环焊缝外观尺寸及性能指标、焊接缺陷类型和尺寸分布、腐蚀缺陷大小及生长速率和第三方挖掘频率及斗齿参数等。这些参数需要通过大量的调研和资料收集,数据获得后需运用SPSS、Matlab等数理统计软件进行处理、分析和检验,找出最佳分布类型和特征参数,并通过横向比对,最终确定可靠性设计和评价所用的不确定性参数。不同钢级管材屈服强度和抗拉强度见表1-4。

表1-4　不同钢级管材屈服强度和抗拉强度

钢级	屈服强度,MPa				抗拉强度,MPa			
	分布类型	平均值	标准偏差	API 5L 和 GB/T 9711	分布类型	平均值	标准偏差	API 5L 和 GB/T 9711
X80	正态分布	600	30	≥555	正态分布	688	25	≥620
X70	正态分布	556	31	≥485	正态分布	654	23	≥570
X65	正态分布	489	22	≥450	正态分布	596	26	≥535
X60	正态分布	490	32	≥415	正态分布	594	26	≥520
X52	正态分布	438	30	≥360	正态分布	539	24	≥460

4）管道失效计算模型构建

要计算管段的失效概率，应先计算每一种极限状态的失效概率，然后再按类型分别累计。对于单一极限状态的失效概率计算，可选用的方法有一次二阶矩法（FOSM）、二次二阶矩法（SORM）和蒙特卡洛（Monte Carlo）模拟方法。由于管道的极限状态方程和每种方程中的不确定参数较多，参数的分布类型又有多种，一次二阶矩法（FOSM）、二次二阶矩法（SORM）计算较难，目前常用的还是蒙特卡洛方法。如对于管体焊缝缺陷失效概率计算，其流程如图1-20所示。

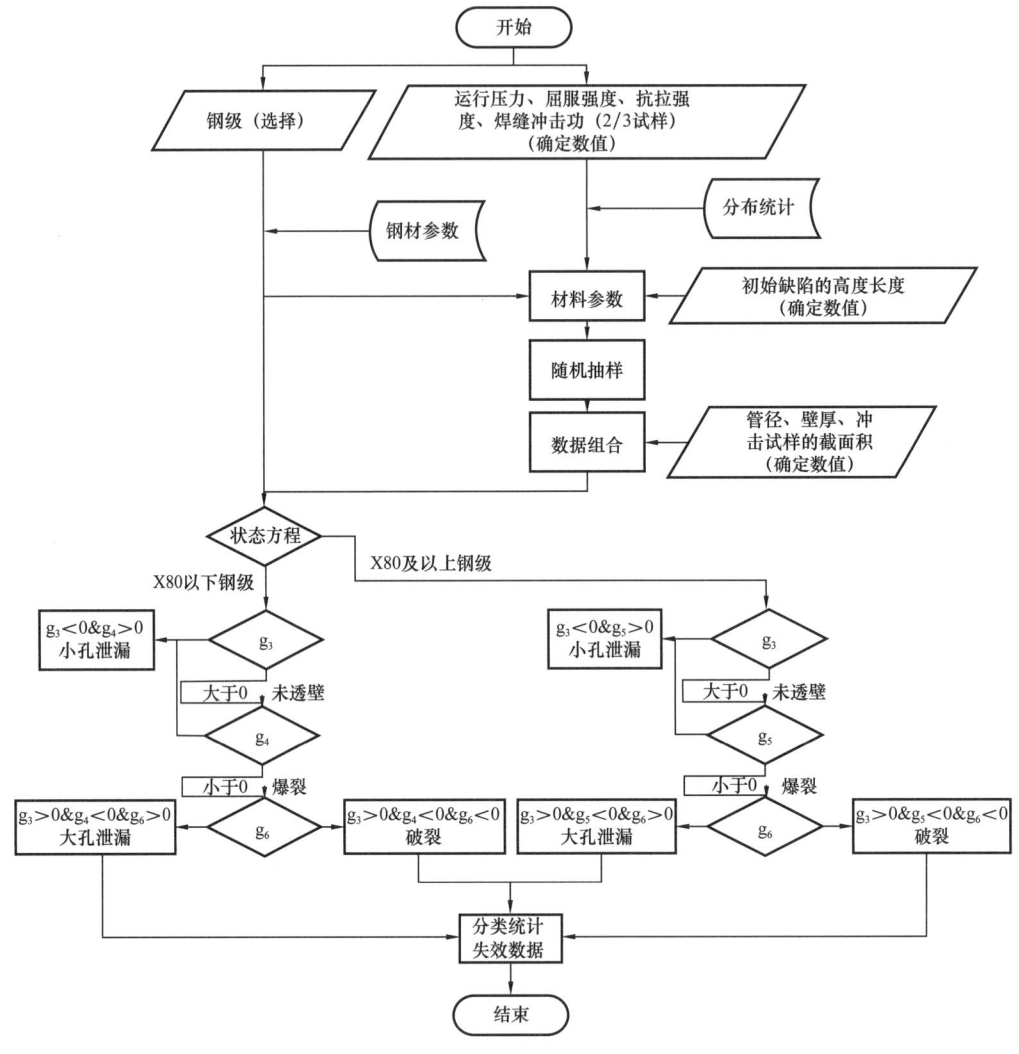

图1-20 管体焊缝缺陷失效概率计算流程

对于管道的失效概率，尤其是大口径、高压力天然气管道，其失效概率一般较低，需要大量的模拟计算，对于 ϕ1219mm 的管道，模拟次数高达上亿次，需要在对每种极限状态在构建失效模型和计算流程基础上，对计算机的编程和算法等进行大量的优化，以提高计算的效率和稳定性。根据管道失效计算模型，攻关组建立了蒙特卡洛模拟抽样计算方法和路程，利用频次统计建立累计概率，通过 KS/AOV 概率分布拟合技术，优化计算方法，提高计算效率。

4. 技术应用及效果情况

天然气管道基于可靠性的设计和评价技术已应用于西二线典型地段的可靠性评估、西三线 0.8 系数段可靠性评估、X90 管材性能指标优化，以及中俄 ϕ1422mm 管道前期设计系数论证中，为工程方案优化和管理运行提供了科学指导。

从西二线干线中分别选取了 3 个典型地段：西段为哈密压气站至烟墩压气站，长度 178km；中段为高陵分输压气站至潼关压气站，长度 138km；东段为武穴分输压气站至南昌分输压气站，长度 146km。通过对二线西段、中段和东段三个典型地段的评估，在不进行 8 年一次内检测情况下，管道分别运行至 14 年、12 年和 30 年时，各有 2 段超过目标失效概率值，腐蚀是失效的主要影响因素，建议按 GB 32167—2015《油气输送管道完整性管理规范》及时进行相关检测和维护。

第三节　天然气管道穿越、跨越设计技术

一、定向钻设计技术

1. 定向钻钻具受力分析技术

钻具受力分析技术，就是基于现代 CAE 技术，建立钻具系统力学模型，根据地层条件建立钻具与孔洞作用模型，考虑钻孔结构、钻具组合、服役环境、力学参数、工艺参数、孔径缩小等因素，对定向钻穿越钻具在"钻导向孔、扩孔、回拖输送管线"三种工况下的载荷（受力）、变形、应力变化规律进行动力学模拟分析。

1）钻杆变形情况与孔道特征分析

定向钻穿越结构受力模型如图 1-21 所示，在钻杆和扩孔器重力的作用下，扩孔器下端 G 段在扩孔过程中切削面积大于上端 F 段面积（图 1-22），地层越软此现象将越明显，在此作用过程中，由于扩孔器的切刃与岩土作用过程中受到岩土的反作用力 $F_{反}$，所以扩孔器工作过程中会出现向一侧偏移的现象，在重力和反作用力的作用下，会导致连续扩孔后，孔的截面形成一定偏移的水滴型，如图 1-23 所示。

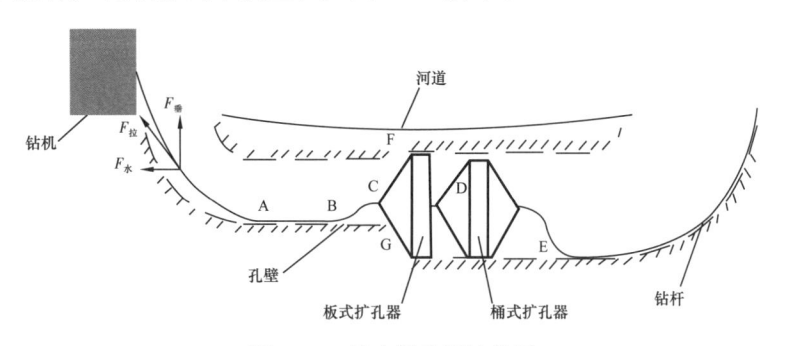

图 1-21　静力学分析结构图

2）扩孔器与地层相互作用分析

图 1-24 所示为水平定向穿越轨道设计图，其中 1 点为入土点，6 点为出土点。整段轨道在水平方向上分为 5 段，以 $L_1 \sim L_5$ 标示。钻进方向如图中箭头所示，从 6 点至 1 点。

$L_1\sim L_5$ 各段，扩眼器在各点之间钻进时与地层接触方式有所差别，故其受力状态亦不尽相同，具体如图 1-25 所示。

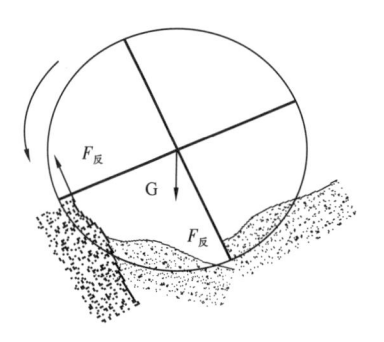

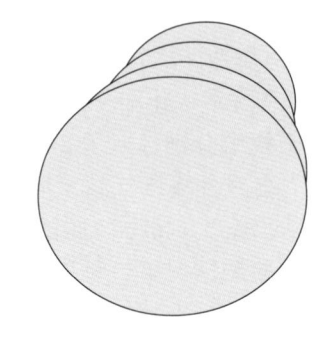

图 1-22 扩孔器切削时与岩土的相互作用　　图 1-23 连续扩孔后可能的孔道截面图

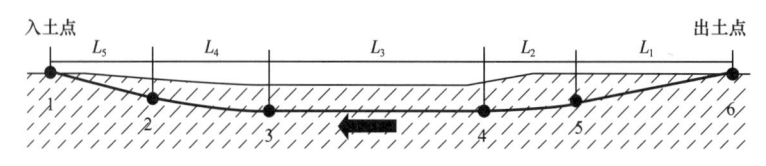

图 1-24 水平定向穿越设计轨道示意图

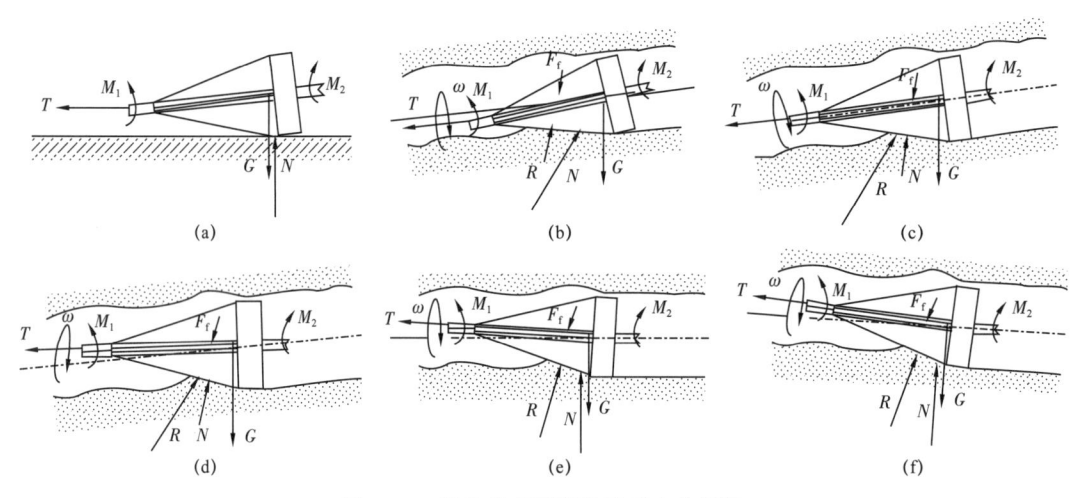

图 1-25 特定状态下扩孔器受力分析图

图 1-25（a）～（f）是按扩孔先后顺序对不同工况下扩孔器的受力分析。T 为钻进过程中钻机所提供拉力，G 为扩孔器重力，N 为固壁提供支反力，M_1 和 M_2 是扩孔器前后连接端钻杆弯曲所产生的弯矩。

3）钻具力学分析

（1）基本假设。

① 扩孔器各向切削能力相同；

② 岩石处于表面破碎阶段；

③ 扩孔器对地层作用力位于地层剖面内；

④ 各向异性地层在其走向上均质、连续。

（2）模型的建立及分析。

扩孔器组合受拉力和重力的情况如图1-26所示，钻具组合与地层接触的受力分析模型如图1-27所示，分析结果如图1-28所示。

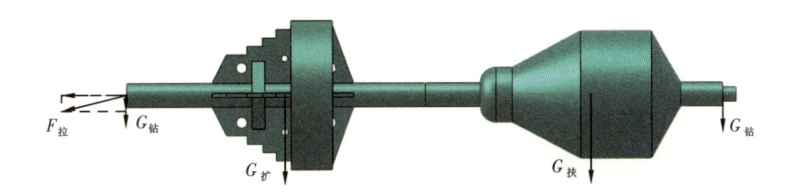

图1-26　扩孔器组合受拉力与重力情况

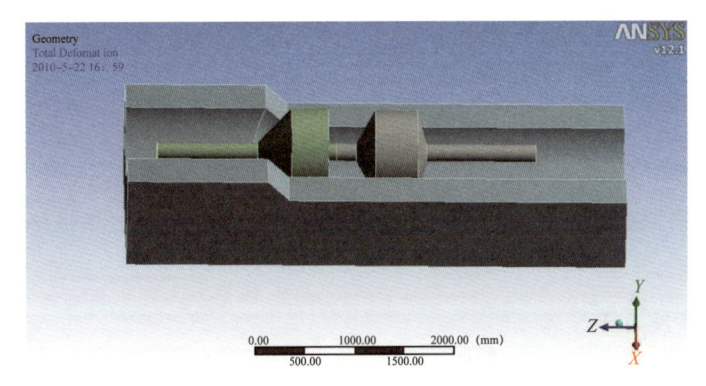

图1-27　钻具组合与地层接触的受力分析模型

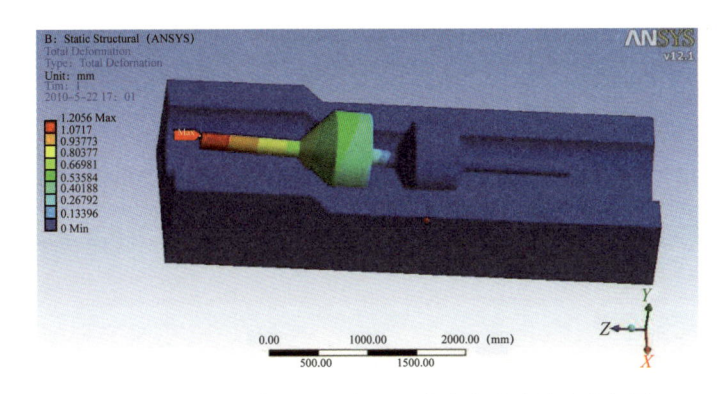

图1-28　多种力作用下的钻具组合在井眼中状态分析图

2. 定向钻管道受力分析技术

目前在国际上应用比较普遍的两个方法分别是美国燃气协会提供的AGA方法（美国PRCI协会定向钻设计指南采用）和荷兰管道标准NEN3651提供的方法（德国DCA协会定向钻技术指南采用）。

国外流行的两种回拖力计算方法考虑的因素较多，计算过程复杂，计算量大，可实施性较差。我国主要采用了以估算为主的计算公式，计算简便，应用非常广泛。

在定向钻计算软件HDDCal中（图1-29），提供了我国的回拖力估算方法以及夯管计算、径向屈曲校核、抗震校核、管道强度校核和管道应力分析等定向钻设计过程中用到的各种分析计算功能。

图 1-29　定向钻分析软件界面图

3. 定向钻钻井液压力计算

对于实践过程中，钻孔塌孔或者泥浆溢出等事件偶尔出现，追究原因，是因为泥浆的供给压力选取不够恰当。

1）最大允许泥浆压力

在钻孔竣工后，泥浆垂直压力会叠加到孔壁处，当泥浆混合体垂直压力值趋于标定值时，地层将产生塑性变形，在塑性形态的土壤在基孔壁部附近产生塑性区域，塑性区域外围的土壤将处在弹性状态。当垂直压力持续扩大直到大于此值时，产生塑性变形的土地周围将会继续增大，当塑性变形周围边界扩大到一定区域时，将产生塌孔事故。为了防止出现塌孔或冒浆，就得把钻孔周围的塑性地层稳定在安全区域内。因而，最大允许泥浆压力与地层条件相关。

2）最小需要泥浆压力

流变性是泥浆的重要属性，最小需要泥浆压力是保证泥浆在钻孔中携带钻屑并可以流动的最小压力。在定向钻施工过程中，最需要防止高度差所引起的静压力。对于不同的施工阶段，泥浆垂直受力突变的特点是泥浆流动突变。泥浆是水和膨润土的混合体，归属非牛顿流体，此流动突变状态属于宾汉姆模型，就是泥浆运动所需要克服混合体初始状态的剪切摩擦力。泥浆在钻孔内部流动经过环空时，需求的流动垂直压力也和泥浆流动特点、环空区大小与流动速度相关。

3）冒浆计算

在定向钻施工过程中，当钻孔里的泥浆压力大于地层所能承受的泥浆压力时，泥浆会沿着土层中的裂缝形成的通道流动，最后在地表冒出来。常见的产生冒浆的因素主要有以下几个方面：

（1）地层因素。当钻孔中充满泥浆后，泥浆会向土层施加一定的压力。当压力足够大时，土层发生塑性变形，初期仅出现在孔壁附近。当压力继续增加，土层塑性区随之增大，当塑性区达到地表，表现形式为发生冒浆。由于不同地层的岩土性质不尽相同，所能够承受的最大泥浆压力也不一样。同样的泥浆压力情况下，经过的地层较为软弱时，也容易冒浆。

（2）泥浆性能因素。当泥浆失水量过大时，容易引起塌孔，造成局部泥浆压力增大，当泥浆黏度过大时容易造成泥浆泵压增高，这些都容易引起冒浆。

（3）人为因素。操作人员的不规范操作也会引起冒浆。

以上3个因素中，泥浆性能因素可通过要求泥浆性能进行规避，人为因素也可以通过管理制度进行规范，地层因素受需要根据地层条件对每个穿越项目区别对待，且对冒浆的影响最大，故需要设计进一步研究。为了防止出现冒浆事故，把泥浆压力值控制在安全范围内，可运用土力学、弹塑性力学原理分析计算出不同地层条件下的最大泥浆压力。采用定向钻岩土分析软件（如 D-GEO-Pipeline，图 1-30）提供的泥浆压力计算功能，可分别对不同施工阶段（导向孔、扩孔、回拖）的最大泥浆压力进行计算。

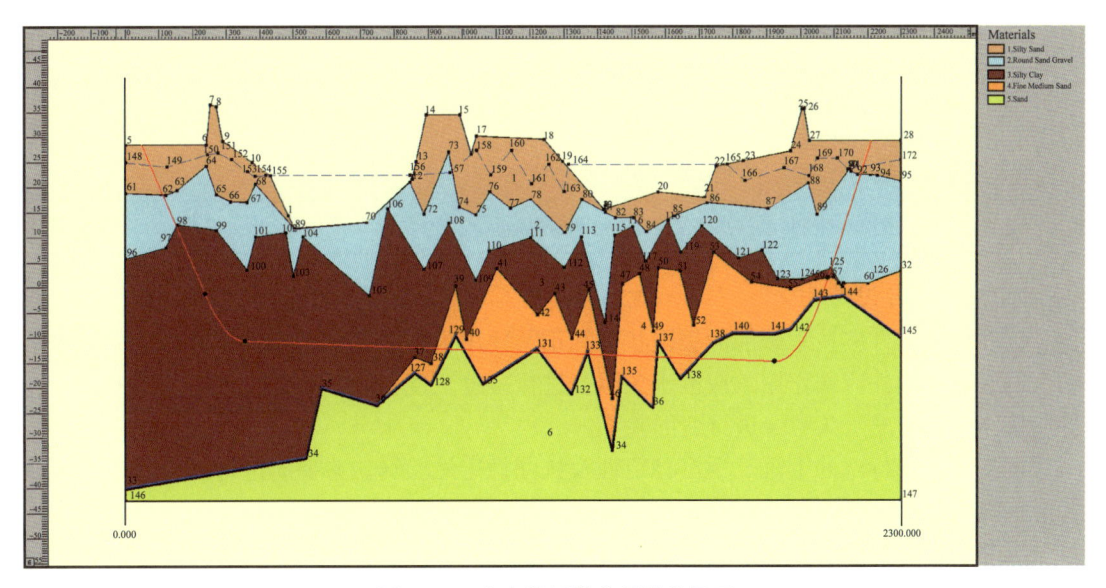

图 1-30　定向钻冒浆分析软件界面

二、顶管、盾构设计技术

1. 复杂地质条件下竖井设计技术

就竖井施工技术而言，管道行业常用的施工方法有沉井工法、钢筋混凝土地下连续墙工法、逆作工法等。借鉴交通行业的新技术，近年来大力推广采用盾构刀具直接切削井壁的进井、出井技术，在竖井井壁的盾构进出部位，在保证正常井壁功能及不损伤刀具寿命的前提下，可以直接切削。一般采用两种方法：（1）进出井部位的井壁采用可以直接切削的新材料制作，如玻璃纤维筋；（2）利用电蚀效应溶解井壁中的钢筋，使其劣化达到可用盾构机刀具直接切削的程度。

1）竖井结构形式

确定竖井结构形式时，应综合考虑竖井的净空尺寸、深度、竖井用途、选址条件、土质条件、地下水、埋设物等，见表 1-5。

表 1-5 常用竖井结构形式一览表

竖井施工法	特点
沉井	墙体止水效果好； 墙体刚度大，整体性强，可用于软基和大深度（通常小于 30m）竖井施工； 存在噪声、振动问题； 周围地层沉降影响大； 对含巨砾石的砂砾层、黏土等地层，施工难度大，竖井存在突沉、倾斜等风险
地下连续墙	墙体刚度大，整体性好，可用于软基和大型竖井施工； 基本可用于任何地基； 一般费用高； 需进行泥水处理，且需要作业空间； 粉砂地层易引起槽壁坍塌、渗漏等问题； 墙体具有良好的抗渗能力，井内降水时对井外的影响较小； 除作为维护结构外，还可作为永久结构使用； 噪声、振动问题少，对环境影响小； 有利于紧接施工； 常采用内衬； 在深大竖井中，有很多成功实例
逆作	适用于对支护结构水平位移有严格限制的工程

2）沉井竖井设计

沉井结构构件应按承载能力极限状态和正常使用极限状态分别进行计算，对受弯构件和大偏心受拉构件应按作用效应准永久组合进行裂缝宽度验收，对需要控制变形的结构构件应按作用效应准永久组合进行变形验算。

沉井均应进行沉井下沉、下沉稳定性及抗浮稳定性验算，必要时进行沉井结构的倾覆和滑移验算。

沉井的工作特征设计系数见表 1-6。

表 1-6 沉井的工作特征设计系数

工作特征	设计系数
下沉	≥1.05
下沉稳定	0.8～0.9
抗滑动	≥1.3
抗倾覆	≥1.5
抗上浮	≥1.0（不计侧壁摩阻力） ≥1.15（计侧壁摩阻力）

（1）沉井尺寸估算。根据使用功能要求，拟建场地的工程地质、水文地质及施工条件，进行沉井结构布置，确定沉井平面、剖面、井壁厚度等各构件的截面尺寸及埋深。

（2）下沉系数计算。根据竖井沉井下沉施工的要求，进行下沉的有关计算。

（3）抗浮系数计算。为控制封底及底板的厚度，进行沉井抗浮验算。

（4）荷载计算。计算外荷载，包括地面活荷载（地面堆积荷载和地面车辆荷载两者中的较大值）、沉井外周的地下水、土压力。

（5）施工阶段强度计算。沉井平面框架内力计算及截面设计；刃脚内力计算及截面设计；井壁竖向内力计算及截面设计；沉井抗浮计算；水下封底混凝土厚度计算；钢筋混凝土底板厚度确定及配筋设计等。

（6）使用阶段强度及裂缝计算。沉井结构在使用阶段各构件的强度验算；竖井抗浮、抗滑移、抗倾覆稳定性验算；裂缝验算等。

3）地下连续墙竖井设计

作为挡土结构，主要基于强度、变形和稳定性三个方面对地下连续墙进行设计和计算，强度主要指墙体的水平和竖向截面承载力；变形主要指墙体的水平变形；稳定性主要指竖井结构的整体稳定性、抗倾覆稳定性、坑底抗隆起稳定性、抗渗稳定性等。

地下连续墙厚度一般为 0.6～1.2m，随着挖槽设备大型化和施工工艺的改进，地下连续墙厚度可达 2.0m 以上。具体工程中地下连续墙的厚度应根据成槽机的规格、墙体的抗渗要求、墙体的受力和变形计算等综合确定。地下连续墙的常用厚度为 0.6m、0.8m、1.0m 和 1.2m。

管道工程竖井一般为圆形或矩形，确定单元槽段的平面形状和槽段宽度需考虑众多因素，如墙段的结构受力特性、槽壁稳定性和施工条件等。一般来说，一字型槽段宽度宜取 4～6m，L 形、折线形等槽段各肢宽度总和不宜大于 6m。

一般工程中地下连续墙入土深度在 10～50m 范围内，最大深度可达 150m。地下连续墙既作为承受侧向水土压力的受力结构，同时又兼有隔水作用，因此地下连续墙的入土深度需考虑挡土和隔水两方面的要求。作为挡土结构，地下连续墙的入土深度需满足各项稳定性和强度计算要求，作为隔水帷幕，地下连续墙入土深度需根据地下水控制要求确定。

地下连续墙作为基坑围护结构的内力和变形计算，目前应用最多的是平面杆系结构弹性支点法（图 1-31），根据结构具体形式，可将整个结构分解为挡土结构（地下连续墙）、锚拉结构或内支撑结构分别进行分析。对于复杂的竖井工程需采用有限元法进行计算。

根据工程具体情况，合理确定支撑标高和竖井分层开挖深度等计算工况，并按基坑内外实际状态选择计算模式，考虑基坑分层开挖和支撑分层设置，基坑周边水平荷载不对等，以及拆撑、换撑等工况，进行各种工况下的设计计算。

根据各工况内力计算包络图对地下连续墙进行截面承载力验算。一般需进行地下连续墙正截面受弯、斜截面受剪承载力验算，对于圆形地下连续墙还需进行环向受压承载力验算。

地下连续墙竖井应按照承载能力极限状态进行配筋计算和正常使用极限状态进行裂缝控制验算。

支护结构与主体结构相结合一般采用逆作法，从上而下开挖，随着开挖，分层设置内支撑，最后

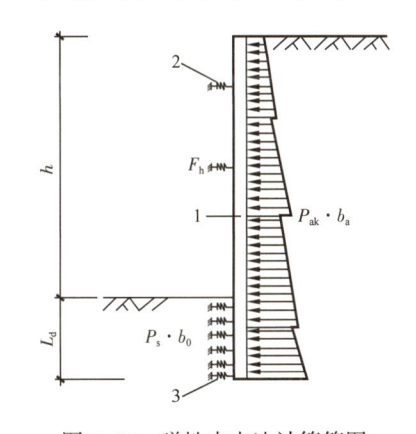

图 1-31　弹性支点法计算简图

1—地下连续墙；2—由锚杆或支撑、环梁简化而成的弹性支座；3—计算土反力的弹性支座

进行混凝土封底。

中俄东线某盾构穿越工程，盾构竖井采用地下连续墙+内环梁工法，地层从上而下分别为粉质黏土、卵石、全风化流纹岩、强风化流纹岩。该竖井地下连续墙作为主体结构使用，内环梁提供内部侧向支撑，取消混凝土内衬，具有良好的技术经济效果。竖井基本结构如图1-32所示。

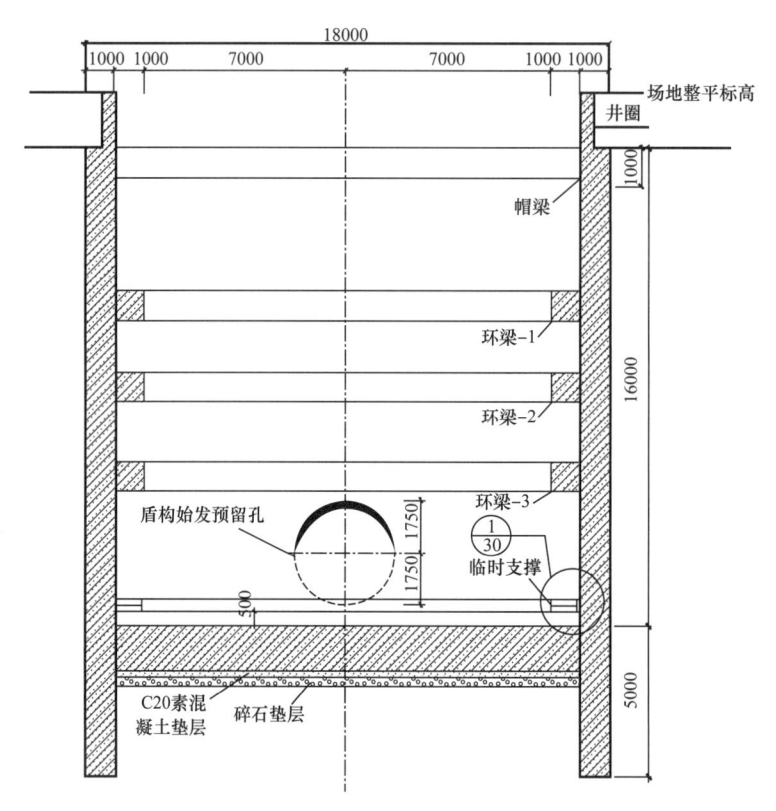

图1-32 中俄东线某盾构穿越工程竖井结构图（单位：mm）

4）逆作法竖井设计

逆作法一般定义为利用主体地下结构的全部或一部分作为支护结构，自上而下施工地下结构并与基坑开挖交替实施的施工工法。

逆作法适用于支护结构水平位移有严格限制的基坑工程。根据工程具体情况，可采用全逆作法、半逆作法、部分逆作法。

逆作法竖井的设计应包含下列内容：临时支护和钢筋混凝土衬砌的结构分析计算；土方开挖及外运；施工作业程序、混凝土浇筑及施工缝处理；结构节点构造措施等。

竖井的临时支护一般采用挂网锚喷、灌注桩排桩或地下连续墙等作为围护结构，混凝土内衬采用逆作法，随着分层土方开挖，从上而下分节制作井壁。为避免逆作法建造的竖井在下部地层掏空时井壁下沉，需在竖井顶部设计钢筋混凝土锁口盘，锁口盘和井壁实现可靠连接，锁口盘结构示意如图1-33所示。

2. 盾构进出洞设计技术

盾构施工通常分3个阶段，即盾构出洞段（始发）、正常掘进段和盾构进洞段（接收）。

盾构出洞（始发）是指盾构由工作井出来从加固土体进入原状土区段的过程，主要包括：始发前竖井端头和地层加固、安装盾构始发基座、盾构组装及试运转、安装反力架、凿除洞门临时墙和维护结构、安装洞门密封、盾构姿态复核、拼装负环环片、盾构灌入作业面试掘进等工序。盾构进洞（到达）是指盾构由原状土进入加固土体区段并进入工作井的过程，主要包括到达端头地层加固、到达洞门凿除、盾构接收架准备、靠近洞门最后部分环片拉紧、洞门防水装置安装及盾构推出隧道、洞门注浆堵水处理等工序。

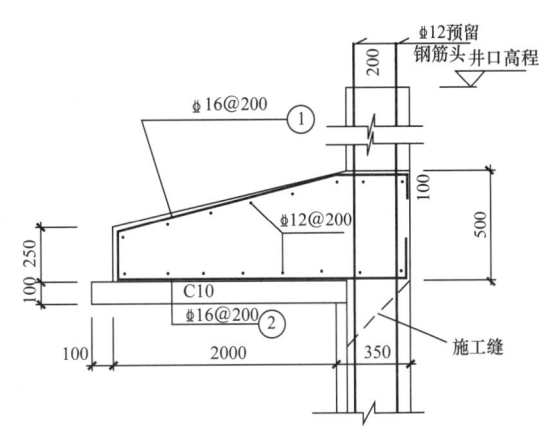

图 1-33　锁口盘结构图（单位：mm）

盾构进出洞段最核心的问题是对地下水的控制，尤其软黏土、砂性土地区，当渗水通道形成后即带动附近区域水土流失，因此在短时间内即会对工程本身和周围建构筑物造成大的危害。在设计过程中，设计人员主要采用如下辅助工法做好对地下水的控制，主要包括合理进行两端头地层加固、洞门密封、注浆加固、进洞一定范围内环片处理、带水进洞方案等。

1）地层加固止水

（1）加固方法的选择。

当前常用的土体加固技术有注浆法、高压旋喷桩、深层搅拌桩或 SMW 工法、冻结法、降水法等。在盾构工程中最常用的是深层搅拌桩、高压旋喷桩加固，逆作法竖井由于地层本身条件较好，也常采用降水法。有时根据特定条件可能需要注浆或冻结法，SMW 工法尚未在油气管道盾构工程中采用过。上述土体加固工法的特点对比见表 1-7。

表 1-7　加固工法综合性能对比表

加固工法	适用性	安全性	工期	造价
注浆法	① 施工设备简单，规模小，占地面积小，对交通影响小；② 加固质量的可靠性不高；③ 常配用其他工法一起使用	加固质量可靠性相对较差，单独使用风险较大	较短	较低
深层搅拌桩或 SMW 工法	① 对土体扰动较小；② 水泥与土得到充分搅拌，且桩体止水性好	土体强度抗渗性能较好	较短	相对较低
高压旋喷桩	① 可调节注入参数；② 注浆部位和范围可控；③ 适合大部分地层	加固土体强度高，桩身强度高，抗渗性好	较短	较高
冻结法	① 土体加固强度高，止水性能好；② 施工周期长、造价高；③ 对地面沉降有一定影响	土体强度和抗渗性能很好	最长	最高
降水法	① 井点布置灵活；② 施工速度快；③ 费用低	降低地下水位，配合其他工法可提高工程安全性	贯穿施工全过程	较低

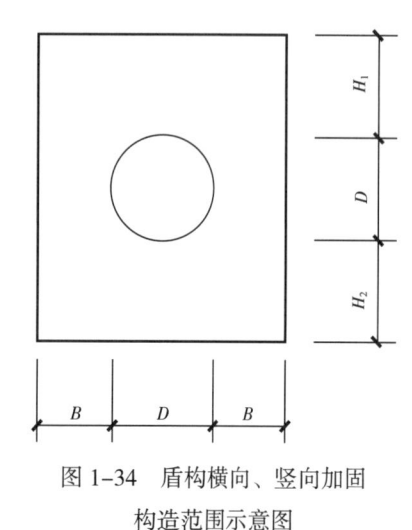

（2）加固范围的确定。

盾构穿越加固区长度大于盾构主机长度时，盾尾进入洞圈并开始注浆后，盾构机刀盘尚未脱离加固区土体。这样，加固区前方地层的水土完全被加固土体及隧道背衬注浆所隔断，不至于产生水土流失从而引起地层损失造成地表沉降。根据油气管道盾构施工的成功经验，建议加固区长度一般大于盾构主机长度 1.5～2m。

盾构横向、竖向加固构造范围如图 1-34 所示。软土地段盾构始发端头横向加固长度主要起止水和稳定地层的作用，考虑横向加固区可以和盾壳共同作用抵抗周围水土压力，根据国内盾构软土地层施工经验，构造上横向加固长度可参考表 1-8 提供的值取用。

图 1-34 盾构横向、竖向加固构造范围示意图

表 1-8 土体横向加固构造长度经验值　　单位：m

D	$1.0 \leq D < 3.0$	$3.0 \leq D < 5.0$	$5.0 \leq D < 8.0$	$8.0 \leq D < 12.0$	$12.0 \leq D < 15.0$
B	1.0	1.5	2.0	2.5	3.0
H_1	1.5	2.0	2.5	3.0	3.5
H_2	1.0	1.0	1.5	2.0	3.0

（3）加固设计中的关键点。

在具体设计中，应根据预留洞深度、地层特性、地下水情况等综合比较后确定加固方法，同时应考虑以下几方面的问题：

① 地层加固深度。根据国内文献和工程实际情况，单轴搅拌桩在合适的地层条件下加固深度一般不超过 15m，通常认为 15m 以下加固效果便不理想。单管高压喷射注浆法在合适的地层条件下通常认为 20m 范围内的加固效果是有保证的。当搅拌法和旋喷法采用多轴（管）时，能提高加固深度。例如钱塘江接收井位于砂层中，预留洞深度距地面 27m，采用三轴搅拌桩加固，经检验，加固效果良好。在具体设计时，若加固区域较深，当地层适合搅拌或旋喷法时，应考虑多轴（管）设备。

② 加固顺序。采用沉井法施工时，一定要等待沉井下沉到位，封底混凝土强度达到设计要求后再进行地基加固。

③ 若采用搅拌桩进行加固，则必须在加固端头与井壁接触的范围内采用高压旋喷桩补充加固处理。

④ 加固效果的要求。盾构工程土体加固有两个目的，一是止水，二是提高强度，防止坍塌。针对上述两个目的，建议对加固后地层按如下两个指标进行控制：渗透系数 $<10^{-6}$cm/s，土体无侧限抗压强度为 1.5MPa。

2）洞门密封止水

盾构机通过洞口时，由于洞口环形钢板和盾构机外壳或衬砌管片外壁之间存在环形间隙，若不进行密封，则外面土体和水极容易从间隙流入工作井内，长时间会使得洞外土体严重流失，导致土体沉降，造成盾构始发失败及周边建筑物、构筑物受损的后果，因此，

需在进、出洞洞口安装洞门密封装置。

（1）帘布橡胶板常规洞门密封止水。帘布橡胶板是目前运用较多的盾构法施工进、出洞密封装置，整套装置包括帘布橡胶板、圆环板、扇形翻板及相应的连接螺栓和垫圈止水橡胶板（图1-35）。安装顺序为帘布橡胶板—圆形板—扇形翻板。安装完成后，圆形板通过连接螺栓迫使帘布橡胶板紧贴洞门，盾构推进过程中，帘布橡胶板随盾构前进方向翻转，并且帘布橡胶板下缘被拉伸而紧贴盾构外壁，形成密封止水。此时，扇形翻板翻转后会顶住帘布橡胶板，防止出现前方因水土压力过大而导致帘布橡胶板逆向翻转的情况出现；橡胶板在前方水土压力的作用下还会紧靠扇形翻板，这种密封状态是较为可靠的。

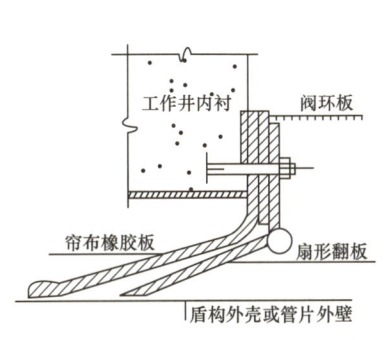

图1-35　帘布橡胶板（袜套法）密封装置

（2）非常规洞门密封止水。盾构始发、接收时在某些特定条件下可采取其他止水措施：如始发时可采用环板减小设备与动圈间隙，环板装置还有衍生措施，如添加盾尾刷、海绵、海带等（图1-36）。这些止水措施在国内并没有广泛推广，只是在某些特定工程中试验尝试过，还有许多需要总结之处。技术进步从不是一蹴而就的，我们需要密切关注这些新技术的进展情况。

图1-36　非常规止水方式图

3）注浆止水

注浆止水包含两部分：一是在盾构始发接收过程段通过提高盾构同步注浆的注浆压力、加大同步注浆的注浆量来提高环片与地层间的填充效果，从而起到防水止水的作用；二是通过在竖井井壁上预埋注浆管，在盾构始发、接收过程中通过预埋在井壁上的注浆管从地表向井壁范围内地层注浆，能快速地起到加固地层、止水的作用。盾构在较复杂地层

（如钱塘江盾构、北江盾构等，在砂层中始发接收，且预留洞比较深）下始发、接收施工时，常在井壁上预留注浆管。注浆管的布置如图1-37所示。

4）带水进洞

盾构水中进洞，就是在盾构机即将到达的工作井内注入一定量的泥水，使盾构进洞时处在泥水中。当盾构破洞门后，刀盘受到一定的水压力，通过盾构机本身，转换为千斤顶对管片的挤压作用，使进洞段的管片连

图1-37　井壁预埋注浆管

接更加密实、可靠，提高隧道的稳定性，并通过井内的水土压力平衡地层的水土压力，避免涌水涌砂发生。通常做法是井内填砂到一定高度后灌泥水（泥水平衡盾构）到地下水位高程。带水进洞施工图如图1-38所示。

图1-38　带水进洞施工图

盾构在带水进洞前需进行一系列准备工作，包括场地布置、盾构进洞地基加固、接收基座布置、可结硬浆液的试验、特殊管片的生产以及盾构进洞前的方位测量。然后，进行盾构进洞推进，并在盾构进入工作井之前在井内加水，水位控制在地下水位标高附近。最后，盾构机刀盘切削混凝土洞门，进入工作井内，停靠在预制的砂浆接收基座上，待盾尾完全脱出工作井内衬结构后，边抽水边进行洞门的封堵。

5）进洞前环片特殊处理措施

（1）通过预埋钢板将50环环片连成整体措施。为了防止地表沉降引起隧道局部沉降或破碎，后50环可安装预埋钢板的管片，拼装完成后，采用12#槽钢分别在1点、3点、6点、10点和11点位置连接5处，连接位置的焊缝焊角尺寸不得小于10cm，并采用双面焊，每两片之间采用10mm厚的钢板焊接连接，焊缝尺寸为10cm，同样采用双面焊。使环与环之间形成一个整体，防止局部隧道环片沉降造成整个隧道破坏，如图1-39所示。

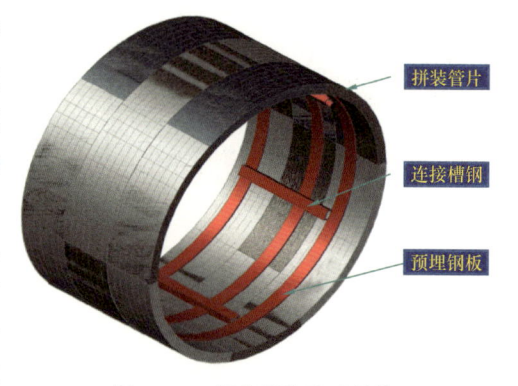

图1-39　部分管片连成整体

（2）通过预埋钢板封堵空隙的措施。在接收井隧道井壁内的环片中预埋钢板，通过环向钢板将环片与钢套筒中的水土流通通道彻底封死，具体如图1-40所示。

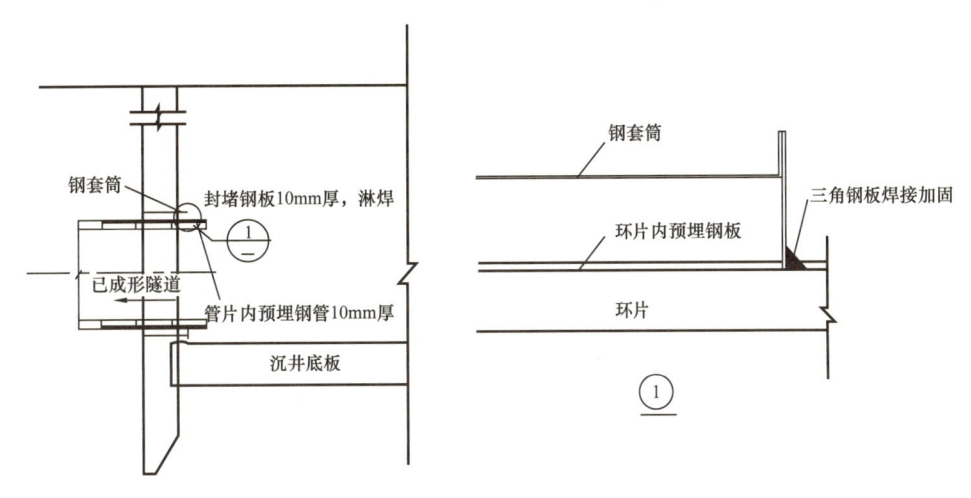

图 1-40　管片预埋钢板封堵空隙

3. 盾构环片计算技术

目前对盾构环片的计算方法已经由单一的均质圆环法，发展到铰接圆环法、地基梁—弹簧法以及二维及三维的数值模拟计算方法，由原来的单一的荷载结构模型发展到现在考虑土体、水压、地震、渗流等多维计算模型，如图 1-41、图 1-42 所示。

图 1-41　盾构环片荷载内力计算模型 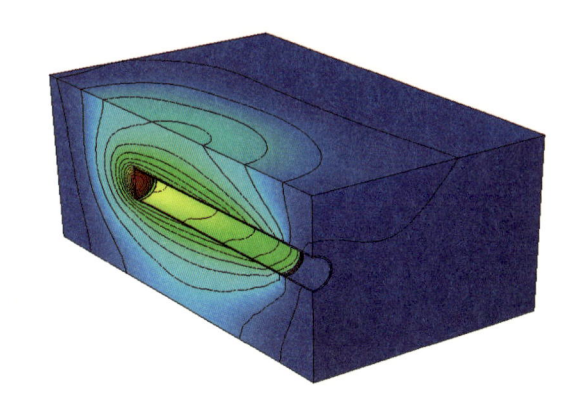　　图 1-42　盾构隧道地层结构模型

三、大跨度柔性跨越设计技术

1. 大跨度悬索跨越抗风设计技术

管道悬索跨越工程作为大跨度结构型式之一，其结构抗风性能也制约着工程的设计。随着中缅管道工程的建设，悬索跨越工程的跨度不断突破，目前国内最大跨度已经达到 320m，风洞试验技术的引入，为管道悬索跨越抗风设计提供了新的思路。

1）静力节段模型风洞试验

静力三分力系数是表征各类结构断面在平均风作用下受力大小的无量纲系数，它反映了风对桥梁的定常气动作用。试验的目的是通过主梁静力节段模型试验，测试主梁在不同攻角下的三分力系数，为静风响应计算、抖振响应计算、静风稳定性计算及施工监控等提供计算参数，并可初步评价主梁发生驰振的可能性。

考虑管道直径和桥面结构尺寸，静气动力试验模型一般缩尺比为1：10～1：15，模型长度：L=1200～1500mm，同时要求长宽比L/B>2.0，试验攻角α=-12°～12°，间隔1°，攻角α为风速矢量与横桥方向的夹角（图1-43）。

图1-43 主梁节段模型静力三分力系数试验

2）主梁节段模型颤振稳定性试验

颤振属于发散性的自激发散振动，当来流达到临界风速时，振动的桥梁通过气流的反馈作用不断从风中吸取能量，从而使振幅逐步增大，直至结构破坏。抗风设计要求桥梁的颤振风速必须高于相应的检验风速。

考虑管道直径和桥面结构尺寸，静气动力试验模型一般缩尺比为1：10～1：15，模型长度：L=1200～1500mm，同时要求长宽比L/B>2.0，试验攻角α=-5°～5°，间隔1°，攻角α为风速矢量与横桥方向的夹角。试验采用弹簧悬挂二元刚体节段模型试验方法，试验装置为外支架式，试验装置具有改变模型与来流之间相对攻角的变换机构以及模型运动状态的约束机构（图1-44）。

图1-44 主梁节段模型涡振与气动稳定性试验

3）涡激共振试验

当气流绕过物体时在物体两侧及尾流中会产生周期性脱落的漩涡，这种周期性的激励会使物体发生周期性的限幅振动，这种振动称为涡激振动，它通常发生在较低的风速下，对于主梁，振动形式通常为竖向振动和扭转振动。本试验目的是通过主梁节段模型试验测定涡激振动的发振风速、振幅以及主梁截面的斯脱罗哈数,并根据中国《公路桥梁抗风设计规范》以及英国相关抗风规范对主梁的涡激振动特性作出评价。

4)全桥气动弹性模型风洞试验

全桥气动弹性模型风洞试验简称全桥风洞试验,全桥气动弹性模型能较真实地模拟结构的动力特性,较准确地反映结构与空气的动力相互作用,主要用于检验桥梁结构在均匀来流下的静风稳定、涡振、颤振、驰振等气动性能,以及在紊流条件下的抖振性能等。

试验段可通过安装尖塔、锯齿板和粗糙元等装置模拟大气边界层。粗糙元在风洞底部覆盖长度大约为25m(通常为保证产生合理的紊流区域,覆盖长度为尖塔高度的6倍),可以模拟出《公路桥梁抗风设计规范》所要求的风速剖面、湍流度、风速谱。风速测量采用四通道热线风速仪。风洞试验时,在模型前方桥面高度处安放有一个热丝探头,用以测量风场特性及桥面高度处的试验风速。位移测量采用的测量仪器为激光位移测量传感器和加速度传感器。安装模型后模型在风洞中的空气阻塞度小于3%(一般情况,风洞试验模型在风洞中的空气阻塞度应小于5%)。

风洞试验中气弹模型由很多段桁架组成,在试验中,可以利用加速度计或者位移计来测量模型的位移响应,利用贴在桥塔芯梁上的应变片来检测模型的内力。

为保证质量的相似性,模型主梁采用铝制弦杆、塑料斜杆,每段主梁之间由U形扣相连。主梁全长范围内由27段组成,每段之间留有2mm的缝隙。为了保持质量相似,采用铅块分别对成桥状态模型和施工状态模型进行配重,配重块置于石油和天然气管道模型内部,以使质量及质量惯矩达到缩尺刚度要求。桥塔由钢芯梁提供其刚度,优质木材板提供气动外形,为了各节梁段互不影响,节段之间留有2mm间隙。配重由铅块提供,置于外模内侧(图1-45)。

图1-45 全桥气弹模型构造图

2. 大跨度柔性跨越动力影响分析技术

1)有限元数值模型及动力特性分析

有限单元法的基本思想是把具有无限个自由度的连续体,理想化为有限个自由度的单元集合体,使问题简化为适合于数值解法的结构型问题。因此,只要确定了单元的力学特性,就可按结构分析的方法来求解,使分析过程大为简化。

目前进行有限元数值模拟的方法很多，在进行悬索跨越动力响应分析时，一般采用ANSYS进行模拟。

由于管道悬索桥中各部分的受力特性不同，在建模中需根据它们各自的特性选择合适的单元类型。其中加劲桁架槽钢部分采用BEAM44单元模拟，通过自由度释放模拟与吊杆相连。主塔和加劲梁其他部分采用BEAM4单元模拟。主缆、吊杆、抗风索以及风索吊杆采用LINK10单元模拟，通过指定单元选项设定其为受拉单元。管道采用BEAM4单元模拟，管道支座采用MASS21质量单元模拟。

根据各部件的材料特性，给各结构单元赋予相应的材料属性（表1-9），在非线性静力分析和模态分析时，只考虑结构的恒荷载，其中，桁架自重5kN/m，笆子板及附属重2kN/m，管道滚动支座重6kN/个。

表1-9 结构的材料特性表

结构类型	弹性模量，MPa	泊松比	密度，kg/m³
主缆	2×10^5	0.3	8005
吊杆	2×10^5	0.3	8005
加劲梁	2.06×10^5	0.3	7850
管道	2.06×10^5	0.3	7850
桥塔	3.25×10^4	0.2	2600

根据管道悬索桥结构特点及工程实际，选取结构有限元模型约束条件如下：

（1）主缆、抗风索的锚固端采用固结的方式；

（2）桁架两端限制移动和$z-y$、$x-z$面的转动；

（3）塔底固结，塔顶与主索按同位移约束来考虑，采用耦合6个自由度；

（4）主索与主吊索、风索与风系索、主吊索与桁架、风系索与桁架均采用铰接；

（5）管道与其固定墩采用固结，约束沿桥垮的方向，与桁架桥支座耦合纵向自由度。

取加劲桁架中心为坐标原点，根据相对位置坐标，建立全桥各关键点的位置。主缆各关键点坐标值按立面二次抛物线布置输入，抗风索按立面和水平面两侧二次抛物线输入。根据悬索桥的结构特点，作合适的简化，建立全桥的有限元模型（图1-46）。一阶对称侧弯和一阶反对称侧弯分别如图1-47、图1-48所示。

2）柔性悬索跨越抖振分析

由于柔性悬索跨越与一般的交通桥梁具有很大的不同，因此采用了两种不同的方法进行抖振分析。

（1）频域方法。

为确定横桥向风作用下桥梁的动力风荷载，按抖振反应谱理论进行主梁抖振分析。首先分析单个模态的抖振根方差响应，然后将各阶模态的抖振响应组合得到总的抖振根方差响应和抖振惯性力。其基本原理如下：在忽略背景响应分量的情况下，只考虑一个固有模态的竖向弯曲、扭转及侧向弯曲的抖振根方差响应，可以用抖振反应谱公式分别表示为：

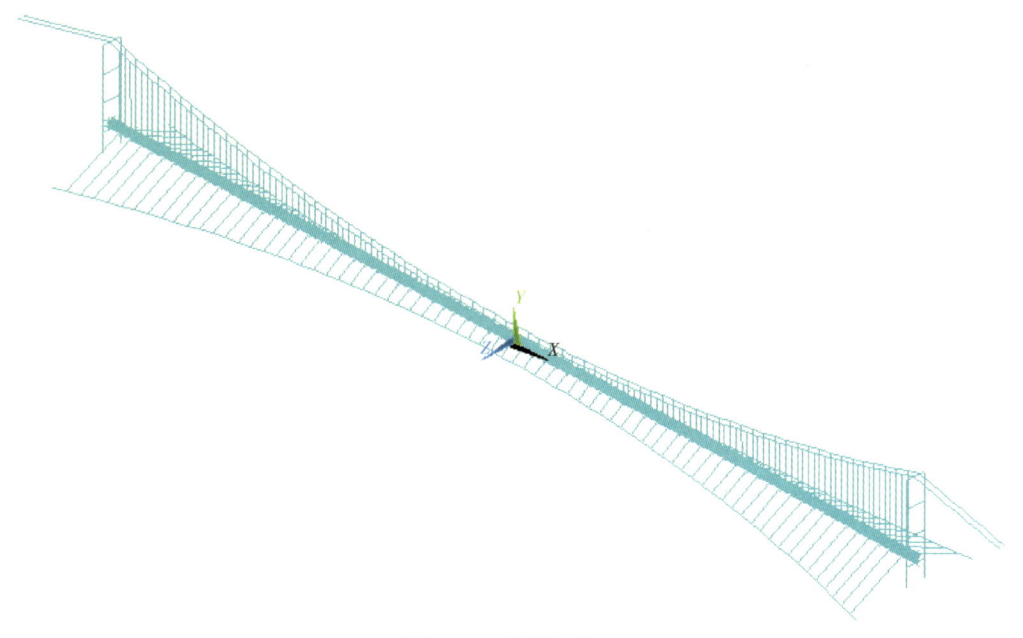

图 1-46 有限元模型

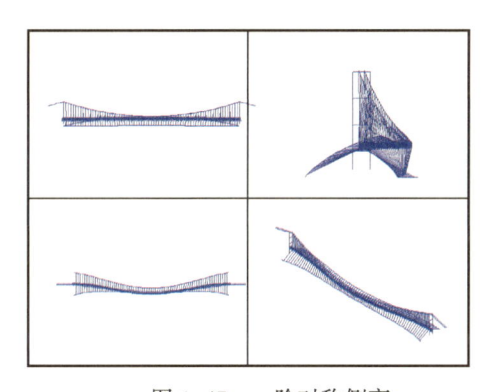

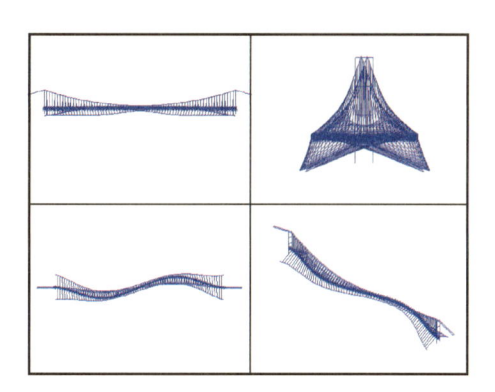

图 1-47 一阶对称侧弯　　　　图 1-48 一阶反对称侧弯

$$\begin{cases} R_{\mathrm{v}}(\omega_{\mathrm{v}},\zeta_{\mathrm{v}}) = \rho VB \dfrac{|q(x)|_{\max}}{\omega_{\mathrm{v}}^2} \sqrt{\dfrac{\pi\omega_{\mathrm{v}}}{4\zeta_{\mathrm{v}}}|J_{\mathrm{v}}(\omega_{\mathrm{v}})|^2 S_{F_{\mathrm{V}}}(\omega_{\mathrm{v}})} \\ R_{\mathrm{t}}(\omega_{\mathrm{t}},\zeta_{\mathrm{t}}) = \dfrac{1}{2}\rho VB^3 \dfrac{|r(x)|_{\max}}{\tilde{\omega}_{\mathrm{t}}^2} \sqrt{\dfrac{\pi\tilde{\omega}_{\mathrm{t}}}{4\tilde{\zeta}_{\mathrm{t}}}|J_{\mathrm{t}}(\tilde{\omega}_{\mathrm{t}})|^2 S_{M_{\mathrm{T}}}(\tilde{\omega}_{\mathrm{t}})} \\ R_{\mathrm{l}}(\omega_{\mathrm{l}},\zeta_{\mathrm{l}}) = \rho VB \dfrac{|s(x)|_{\max}}{\omega_{\mathrm{l}}^2} \sqrt{\dfrac{\pi\omega_{\mathrm{l}}}{4\tilde{\zeta}_{\mathrm{l}}}|J_{\mathrm{l}}(\omega_{\mathrm{l}})|^2 S_{F_{\mathrm{H}}}(\omega_{\mathrm{l}})} \end{cases} \quad (1-6)$$

式中　$R_{\mathrm{v}}(\omega_{\mathrm{v}}, \zeta_{\mathrm{v}})$、$R_{\mathrm{t}}(\omega_{\mathrm{t}}, \zeta_{\mathrm{t}})$、$R_{\mathrm{l}}(\omega_{\mathrm{l}}, \zeta_{\mathrm{l}})$——结构竖弯、扭转、横弯抖振响应根方差；
　　　ρ——空气密度；
　　　V——平均风速；
　　　B——截面宽度；

$|q(x)|_{\max}$、$|r(x)|_{\max}$、$|s(x)|_{\max}$——结构竖弯、扭转、横弯振型函数幅值；
ω_v、ω_t、ω_l——结构竖弯、扭转、横弯有效圆频率；
ζ_v、ζ_t、ζ_l——结构竖向、扭转、横向阻尼比；
$\tilde{\zeta}_v$、$\tilde{\zeta}_t$、$\tilde{\zeta}_l$——结构竖向、扭转、横向气动阻尼比；
$|J_v(\omega_v)|^2$、$|J_v(\tilde{\omega}_t)|^2$、$|J_l(\omega_l)|^2$——竖向、扭转、横向联合接收函数；
$S_{FV}(\omega_v)$、$S_{MT}(\tilde{\omega}_t)$、$S_{FH}(\omega_l)$，——竖向、扭转、横向抖振响应功率谱密度函数。

按上述方法计算出该桥成桥状态的等效静阵风荷载和抖振力，并进行组合，可以得到设计基准风速下结构的风荷载内力极大值和极小值。

（2）时域方法。

Davenport 和 Scanlan 给出了如图 1-49 所示风轴坐标系下，单位桥长的抖振力计算公式：

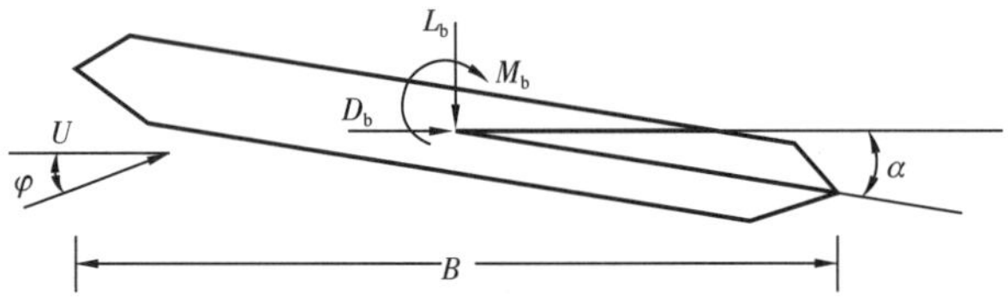

图 1-49 桥梁所受抖振力

$$\begin{cases} L_b(t) = \frac{1}{2}\rho U^2 B\left[2C_L\chi_L\dfrac{u(t)}{U} + (C_L' + C_D)\chi_L'\dfrac{w(t)}{U}\right] \\ D_b(t) = \frac{1}{2}\rho U^2 B\left[2C_D\chi_D\dfrac{u(t)}{U} + C_D'\chi_D'\dfrac{w(t)}{U}\right] \\ M_b(t) = \frac{1}{2}\rho U^2 B^2\left[2C_M\chi_M\dfrac{u(t)}{U} + C_M'\chi_M'\dfrac{w(t)}{U}\right] \end{cases} \quad (1\text{-}7)$$

$$C_L = \frac{F_L}{\frac{1}{2}\rho U^2 B}$$

$$C_D = \frac{F_D}{\frac{1}{2}\rho U^2 D}$$

$$C_M = \frac{M}{\frac{1}{2}\rho U^2 B^2}$$

$$C_L' = \frac{dC_L}{d\alpha}$$

$$C_D' = \frac{dC_D}{d\alpha}$$

$$C_M' = \frac{dC_M}{d\alpha}$$

式中 $L_b(t)$、$D_b(t)$、$M_b(t)$——抖振升力、抖振阻力、抖振升力矩；

ρ——空气密度；

U——平均风速；

B——截面宽度；

$u(t)$、$w(t)$——u 和 w 方向的脉动风速；

χ_L、χ'_L、χ_D、χ'_D、χ_M、χ'_M——气动导纳，是无量纲折算频率的函数，这里均取 1；

C_L、C_D、C_M——截面的三分力系数，由风洞实验测得；

C'_L、C'_D、C'_M——三分力系数对攻角的导数。

结构的振动与风场存在着耦合关系，振动会改变结构周围的气流力，而气流力的变化会反过来作用于结构，使之产生新的变形和振动。这种关系可以表示为自激力。在低风速下，自激力往往表现为阻碍、抑制结构的振动，忽略自激力会导致偏大的计算结果。在高风速下，结构可能发生单自由度扭转颤振或多模态耦合颤振，是发散的灾害性振动，忽略自激力将使结构不安全，故自激力是一个抖振响应分析中需要考虑的因素。

大气中的脉动成分是引起抖振的原因，目前一般将脉动风近似地处理为平稳的高斯随机过程，而功率谱密度函数是平稳随机过程的主要数字特征，脉动风的功率谱密度反映了紊流中各频率成分的贡献大小。为了进行结构抖振时域分析，必须要根据目标功率谱函数人工模拟出空间脉动风场。在实际的大气边界层紊流中，脉动风速不仅是时间的函数，而且随空间位置（x, y, z）而变化，但脉动风在三个方向上的相关性较弱，故实际应用中一般不考虑三个方向脉动风速相互间的相关性。20m/s 平均风速下跨中节点水平脉动风速时程和竖向脉动风速时程分别如图 1-50、图 1-51 所示。

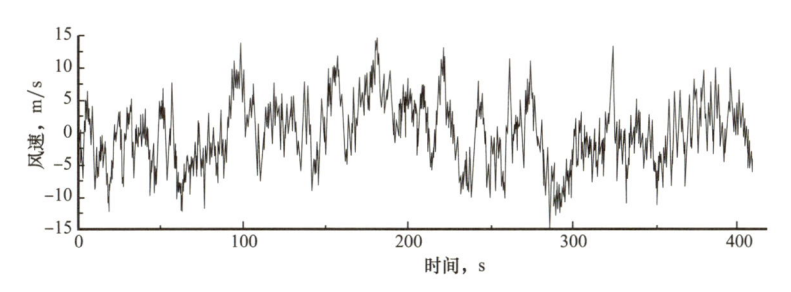

图 1-50 20m/s 平均风速下跨中节点水平脉动风速时程

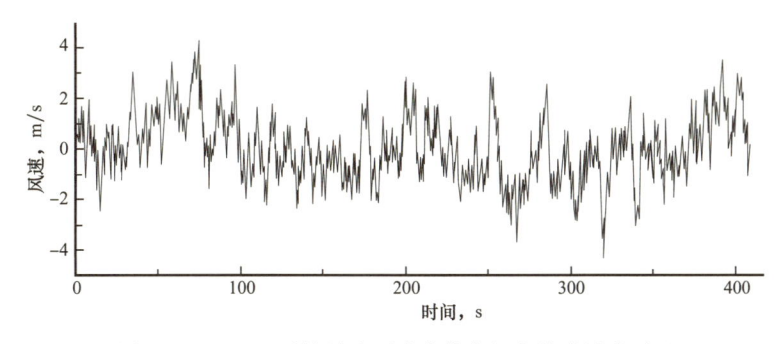

图 1-51 20m/s 平均风速下跨中节点竖向脉动风速时程

3）抗震时程分析方法

时程分析方法在大跨度结构抗震分析中的应用越来越广泛，而选择合适的地震波是实施时程分析的基础。研究表明，地震波的输入不同，所得到结构的位移和内力反应则相差甚远。

国内外研究主要认为地震记录的输入，既可以选用人工加速度记录，也可以采用实际检测到的地震记录，而且人工加速度记录的反应谱最好比规范弹性反应谱更优才较为合适。地震动的大小应该与地震持续时间和其他相关参数一致才行，实测的地震记录应与震源的发震机制特征和场地条件相接近。地震波的数量原则上应不少于5条较为适宜，且整个时程计算的均值谱以不低于弹性反应谱对应值的10%较为合适。针对一些外形不规则、结构较为复杂的建筑和桥梁，以及一些特别重要的建筑，应对这些建筑或结构进行抗震的时程分析计算。在时程分析法中选择地震记录的原则上，基本达成共识，即所采用的地震记录的时程应该和设计反应谱相兼容。但是对于反应谱拟合程度的控制方面，尚存有争议。

按照相关地震波时程曲线进行分析，地震三个方向取值方法为：桥纵向加速度和竖向加速度采用横向加速度数值的0.5倍；未考虑行波效应。为了分析结构固有阻尼对计算结果的影响，采用高、中、低三种阻尼比（0.05、0.02、0.002）进行计算对比，计算时间40s。图1-52为中缅某江悬索跨越结构在th71地震波下结构内力、加速度以及变形时程曲线。

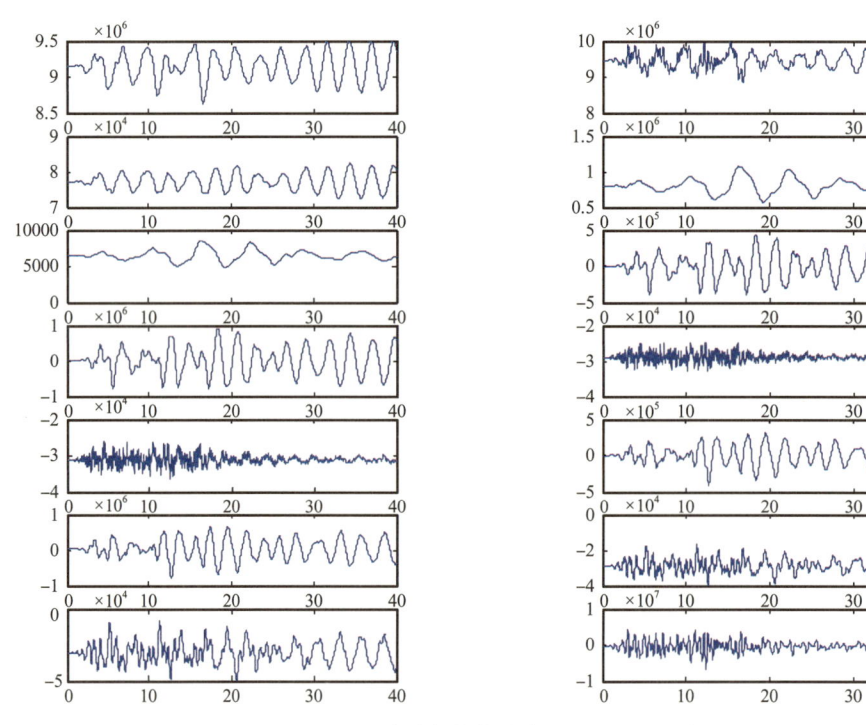

图1-52 悬索跨越结构内力（0.05阻尼比）

4）抗震时程分析方法

在清管状态下，管桥变形较大，因而采用大位移、小应变的非线性有限元方法进行分析，采用的有限元法位移模式为：

$$\delta y = N(x)\delta w(t) \quad (1-8)$$

式中　$N(x)$——形状函数矩阵；
　　　$w(t)$——节点位移向量。

y 对 t 微分时，有：

$$\frac{\partial y}{\partial t} = N(x)\delta w(t)\frac{\partial^2 y}{\partial t^2} = N(x)\delta \ddot{w}(t)\frac{\partial^2 y}{\partial t^2} = N''(x)\delta w(t)$$

$$\frac{\partial^2 y}{\partial x \partial t} = N'(x)\delta \dot{w}(t) \qquad \frac{\partial}{\partial y}(\delta y) = N'(x)\delta w(t)$$

通过有限元离散化，得到单元运动方程：

$$M^e \ddot{w} + \left(C_b^e + C_a^e\right)\dot{w} + \left(K_b^e + K_a^e\right)w = f^e$$

式中　M^e——单元质量矩阵；
　　　C_b^e——单元阻尼矩阵；
　　　K_b^e——单元刚度矩阵；
　　　f^e——单元节点力向量；
　　　C_a^e——单元固液耦合阻尼矩阵；
　　　K_a^e——单元固液耦合刚度矩阵。

将单元运动方程叠加可以得到管道振动方程：

$$M\ddot{w} + (C_b + C_a)\dot{w} + (K_b + K_a^e)w = f$$

式中　M——管道质量刚度矩阵；
　　　C_b——管道阻尼矩阵；
　　　K_b——管道刚度矩阵；
　　　C_a——管道固液耦合阻尼矩阵；
　　　K_a——管道固液耦合刚度矩阵。

一般情况下，以上各矩阵都为时间和位移的隐式函数，采用 Newmark 方法来求解增量有限元平衡方程非线性问题的解。通过定义载荷随时间变化的数组参数施加时间—历程载荷并进行求解，施加载荷后规定终止时间和积分时间步长就可以对动力响应进行求解分析。按照移动载荷—时间历程的特性，采用载荷步在管桥上施加动载荷，从而实现清管动力特性的分析。

对于计算工况，不考虑输油管道和输气管道同时进行清管，清管时计算条件：清管器质量 500kg，模态阻尼比 0.01，移动速度分别为 2m/s 和 5m/s，图 1—53 为 5m/s 速度下主梁位移时程、加速度时程和管道内力。

3. 大跨度柔性跨越健康监测技术

管道悬索跨越结构造价昂贵，投资规模大，运行或使用期长，在其长达几十年甚至上百年的服役期间，环境侵蚀、材料老化和荷载的长期效应、疲劳效应与突变效应等不利因素的耦合作用将不可避免地导致结构和系统的损伤积累和抗力衰减，从而抵抗自然灾害甚至正常环境作用的能力下降，极端情况下可能引发灾难性的突发事故。健康监控系统可以较全面地把握桥梁结构建造与服役全过程的受力与损伤演化规律，是保障大型桥梁的建造和服役安全的有效手段之一。

健康监控系统需对结构所承受的荷载、动力特性、内力和变形进行监测。在跨越结构健康监测系统中，根据其所处的环境、承受荷载以及结构响应，监测项目有：风荷载、结构温度、结构加速度响应、大缆索力、结构位移和桥塔倾角6个方面。

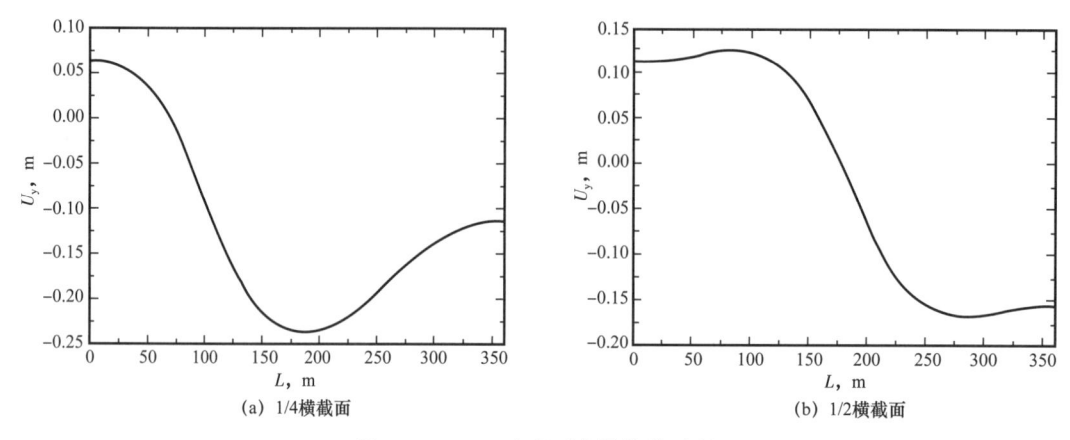

(a) 1/4横截面

(b) 1/2横截面

图1-53　5m/s速度下主梁位移时程

为实现在运营过程中跨越结构的安全预警和状态评估，整个系统分为两个部分，即硬件系统和软件系统。其中硬件系统包括传感器和数据采集与传输子系统。传感器子系统是完成对结构响应数据的直接收集任务，数据采集与传输子系统完成传感器数据的采集、信号转换与数据传输；软件系统的实现是基于智能客户端的软件开发技术进行的。智能客户端能够统筹使用本地资源和网络资源，并支持偶尔连接，使用户可以在脱机或连接时断时续等情况下继续高效地工作；同时还能够提供智能安装和更新。

软件系统包括两个子系统，即服务器子系统和智能客户端子系统，其中服务器子系统放置在跨越结构现场附近，是用户访问数据的平台。由数据处理与控制模块和中心数据库模块两部分组成，前者是完成监测数据的校验、临时存储、管理以及对监测采样的控制等工作；后者包括对数据的存储、维护、交互使用等。智能客户端子系统安装在本地计算机上，即运营方相关管理部门计算机上，可以通过网络访问远端的服务器子系统。由数据分析与预警和用户界面两部分组成，前者通过对测得的数据进行降噪和特征提取，得到结构响应的特征值，并通过将这些值与设计值或各种规定限值的比较，以验证设计或评估结构状态；后者包括数据展示、查询、维修以及管理等常见的用户操作界面。

健康监测系统组成如图1-54所示。

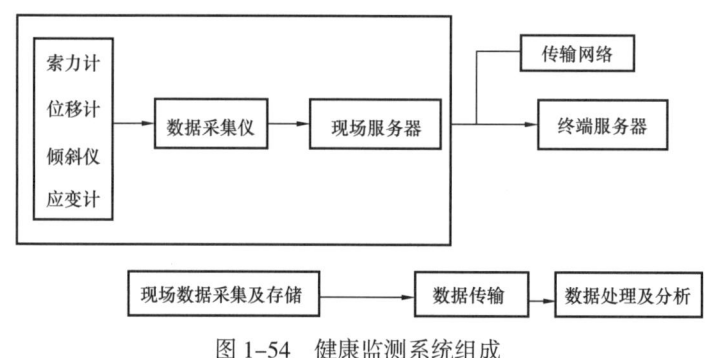

图1-54　健康监测系统组成

第四节　天然气管道工艺设计技术

一、大型天然气管道/管网系统分析技术

1. 压缩机组等负荷率布站技术

天然气管道压气站布站方案是管道在完成任务输量的前提下，实现节能降耗、经济运行的关键因素。通过西气东输一线、涩宁兰输气管道增压工程、西气东输二线管道等工程的设计实践，积累了大量国内外压缩机组的性能资料，对各厂商管道用压缩机组的工作范围、性能及机械特点有全面的认识，这些经验资料是实现压气站布站及压缩机组合理配置的设计基础。

西气东输一线管道在设计中采用了国内外常用的等压比布站方案，各站压缩机压比保持一致，简化了设计过程，同时也可保持全线压缩机组型号基本统一。基于对压缩机组的深入了解，在工程设计中不断总结经验，并不断优化创新，提出了按等负荷率布站的工艺设计方法。所谓等负荷率布站，是指工艺布站过程中，结合站场的实际高程和环境温度，考虑机组的实际性能，按相同的机组负荷率设置压气站。

等负荷率工艺布站更好地结合了站场所在区域的环境因素，能够最大限度地发挥机组的能力，确保机组的高效运行。等负荷率工艺布站是对输气管道设计经验的深刻总结，是在以往工程等间距工艺布站、等压比工艺布站基础的一次创新。

采用等负荷率布站，各站机组的富裕能力相近，在输量出现变化或发生波动情况下，管道不会出现大的瓶颈。为今后天然气长输管道，特别是跨区域大落差管道设计提供了模型和样板，具有显著的工程设计指导意义。

2. 压缩机组驱动方案比选技术

压缩机组是输气管道的心脏，为天然气输送提供动力。离心压缩机常用驱动方案主要有两种方式：燃气轮机驱动和电动机驱动，其中电动机驱动又包括高速电动机驱动和普通电动机驱动两种方式。压缩机组的驱动方式是影响压气站投资以及输送成本的主要因素之一。目前，已形成了一套完整的输气管道压缩机组的驱动方案比选技术。

在美国，绝大部分机组采用燃气轮机驱动，而在欧洲，除燃气轮机外，电驱机组也有较多的应用。无论采用何种驱动方式，都需对两种驱动方案进行详尽的技术经济比较确定。

驱动方案比选是否准确的关键是压缩机组燃气消耗量和电力消耗损失的计算是否准确。管道设计院在开展压缩机组计算参数选取的专题研究的基础上，结合大量工程实践，掌握了基础参数的选取方法，积累了驱动比选的丰富经验和方法。

通过对管道逐年输量台阶进行工艺系统分析，并考虑逐年高月、低月、年均运行工况的影响，细化工艺计算作为经济比较基础。并充分考虑管道沿线地区电价、气价波动情况，对驱动方案比选的影响程度，分析得出各压气站临界电价、气价，为驱动方式决策提供重要依据。此外，考虑不同驱动方式下压缩机组配置，采用可用率分析方法，结合工艺系统失效降量分析，得出全线各站采用不同驱动方案下的损失比较。作为驱动方式比选的另一方面支撑。

在上述经济分析基础上，结合站场外电情况、地方环保要求以及运行单位对运行维护性要求，最终综合确定管道沿线各站的驱动方式。未来，根据节能的要求和热能综合利用技术的进步，需要把余热利用也作为驱动比选的一个因素。

3. 基于可用率分析方法的备用压缩机组定量分析技术

压缩机组备机设置方案是天然气长输管道系统能够经济、平稳运行的关键，合理设置备用机组有利于提高管道的安全可靠性、节省工程建设投资、减少运行维护费用等。

西气东输二线东段工程初步设计中，首次引入系统可用率的概念，形成了一套分析压缩机组配置合理性的定量分析方法（图1-55）。西气东输三线西段工程初步设计阶段，又将可用率分析方法进行了细化及改进。系统可用率分析方法是一套系统的计算方法，包括管道系统分析的失效降量分析，机组和系统可用率计算和经济评价三大方面内容。本方法在西二线和西三线设计中已进行初步试用，并取得了良好的效果。

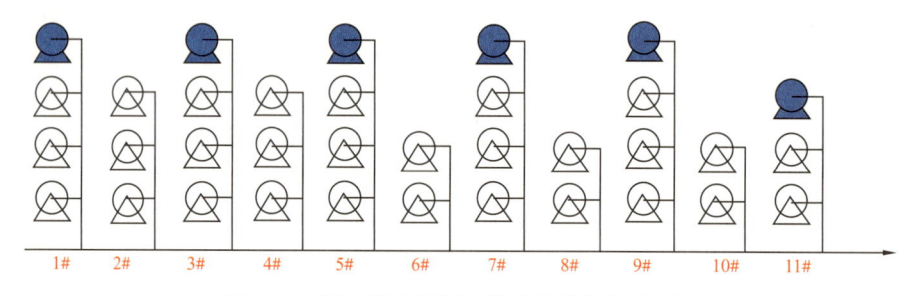

图1-55 西二线东段隔站设置备机方案示意图

可用率是结合机组性能和工程实际情况的综合可靠性指标，压缩机组可用率的计算公式如下：

$$可用率 = \frac{考核期总时间 - 计划停机时间 - 故障停机时间}{考核期总时间} \times 100\% \quad (1-9)$$

可用率分析可采用经典概率法、蒙特卡洛方法进行计算。经典概率法即采用可用率定义的计算公式，由压缩机组可用率计算，推广应用至压气站可用率、全线系统可用率。蒙特卡洛（Monte-Carlo）方法又称随机模拟法或统计试验法，它是以概率统计理论与方法为基础，以计算机为模拟手段的一种数值计算方法。该方法人为地构造出一种数学概率模型，使它的某些数字特征恰好重合于所需模拟的随机变量，通过对有关随机变量的抽样试验进行随机模拟，用统计方法求出它们的估计值，将这些估计值作为工程技术问题的近似解。可用率分析技术路线如图1-56所示。

该技术实现了天然气长输管道压缩机组备机设置由"定性"到"定量"设计的转变，从而更加合理地确定管道系统压气站机组备用方案，从而实现天然气管道压缩机组配置的优化设计。为西二线与西三线西段并行管道运行提供了指导，保障了运行可靠性，节省了大量建设投资。

4. 天然气管廊优化设计和运行技术

结合工程实际，经过不断改进和创新，管道设计院形成了一整套以并行管道输送技术、合建压气站场不同压缩机组负荷分配控制技术、合建站场跨接联络管线设计技术、枢纽站场ESD设计技术、并行管线跨接联络阀室设计技术为核心的天然气管廊带工艺设计技术。天然气管廊带工艺设计是随着我国西部战略能源通道的开通而初步形成的，是一项崭新的、具有一定开创意义的工作，在西气东输二线、西气东输三线、中亚输气管道等工程中得以应用，节约了大量设备投资、提高了设计安全水平、降低了运行能耗，经济效益明显。对未来西四线、西五线、西六线形成的管廊带及中俄东线输气管道与哈沈线、秦沈线形成的管廊带设计工作，都有很高的借鉴指导意义。

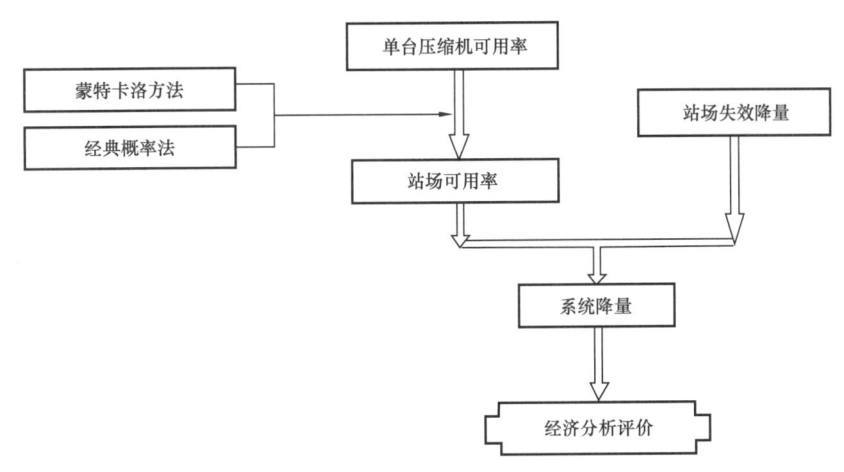

图 1-56　可用率分析技术路线图

1）并行管道输送技术

在西三线西段初设中，首次提出了西二线西段与西三线西段联合运行输送方案（图1-57），根据输量台阶，对西二线、西三线 2 条管线各自独立运行与联合运行进行能耗对比分析，根据对比结果得出在低输量工况下，并行管道联合运行方案能耗指标明显低于每条管道各自独立运行方案。通过对西二线独立运行、西三线独立运行和两条管道联合运行3 种方案每座站场的失效降量比例对比分析，联合运行方案失效降量比例低于独立运行方案（表 1-10）。

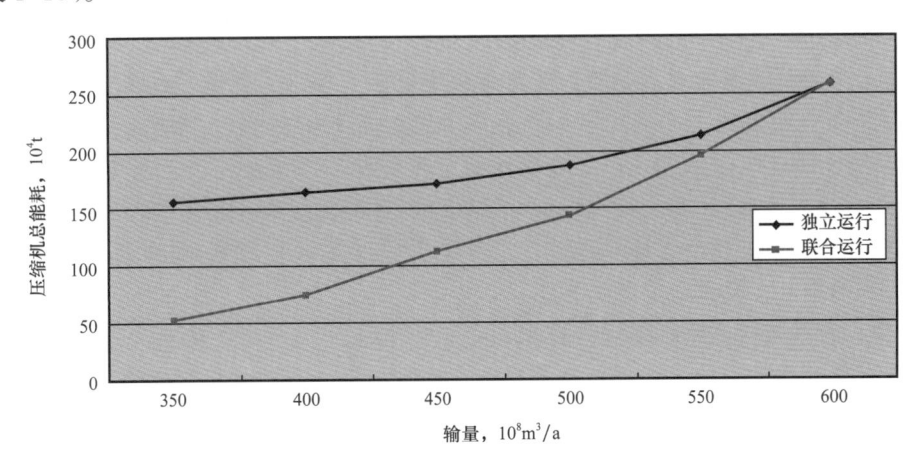

图 1-57　西二线、西三线西段联合运行与西三线西段独立运行能耗对比图

（1）工况 1：1 座站场发生 1 台运行机组失效（其他站场均可用）；
（2）工况 2：1 座站场同时 2 台运行机组失效（其他站场均可用）；

（3）工况3：2座站场同时1台运行机组失效（其他站场均可用）。

表1-10 站场失效降量比例　　　　　　　　　　　　　　　　　单位：%

序号	失效站场	西二线独立运行			西三线独立运行			西三线、西二线联合运行		
		工况1	工况2	工况3	工况1	工况2	工况3	工况1	工况2	工况3
1	典型电驱站	1.3	15	17.1	5.0	16.2	7.7	0.4	4.0	3.5
2	典型燃驱站	14.6	14.6	14.6	15.7	15.7	15.7	2.7	15.1	2.7
3	电燃混合站	12.2	12.2	12.2	3.5	14.4	7.5	1.3	13.2	2.1

联合运行方案是在每条管道独立运行的基础上推出的又一种新的运行方式，各条管道既可独立运行又可联合运行，该方案充分地发挥了管道的潜在能力，节约了运行成本，降低了失效降量比例，同时也避免了某条管道站场未完成施工，而整条管线无法运行的影响。

2）合建站场跨接联络管线设计技术

合建压气站压缩机进出口汇管连接时，首次采用站内环网设计理念，即西三线压缩机进口汇管末端与西二线压缩机进口汇管末端相连，西三线压缩机出口汇管末端与西二线压缩机出口汇管末端相连，使西二线、西三线的压缩机入口和出口处分别形成2个独立环路，气体能够在西二线、西三线压缩机进出口自由匹配，避免了偏流造成的压缩机、空冷器负荷过重或过剩的问题。且西三线西段站场压缩机进出口汇管、进出站处均已为西四线合建站场预留跨接联络阀门，为将来的3管联合运行奠定了基础。

3）枢纽站场ESD设计技术

大型枢纽站场中卫联络压气站ESD系统首次提出为4级设置方案，分别为单台压缩机组ESD、压缩机厂房ESD、各条管线站场ESD、合建站场ESD。与此同时，跨接联络阀门设置ESD功能，当某条管线站场发生ESD后，跨接联络阀门连锁执行ESD关断功能，这样避免了单条管线事故对其余管线正常输气的影响，保证了系统平稳供气。站场运行人员可根据单条管线事故大小而决定是否触发合建站场ESD系统。同时，为避免站场各区域ESD误报，ESD按钮采用3选2表决机制，按钮输出3组触点，当按钮按下后同时输出3组信号，ESD PLC只有接收到至少2组信号时才能触发下一步连锁程序。

大型枢纽站场ESD设置原则的确定，为后续枢纽站场合理规划站场区域，提高现场ESD系统的稳定性，具有重要的指导意义。

4）并行管线跨接联络阀室设计技术

国内有关并行管道的设计规范几乎是空白；国际上，有关并行管道跨接设计的规范也不多，各国的实际做法也各不相同。根据工程需要，对跨接设置进行了深入研究，形成了系统的分析方法，可以指导国内并行管道的设计，并为并行输气管道设计规范的制定提供参考。

在研究中，以西气东输系统为研究对象，假定后续还有并行建设多条管道，对于不同数量的并行管道，在不同跨接设置的条件下，降量结果如图1-58所示。

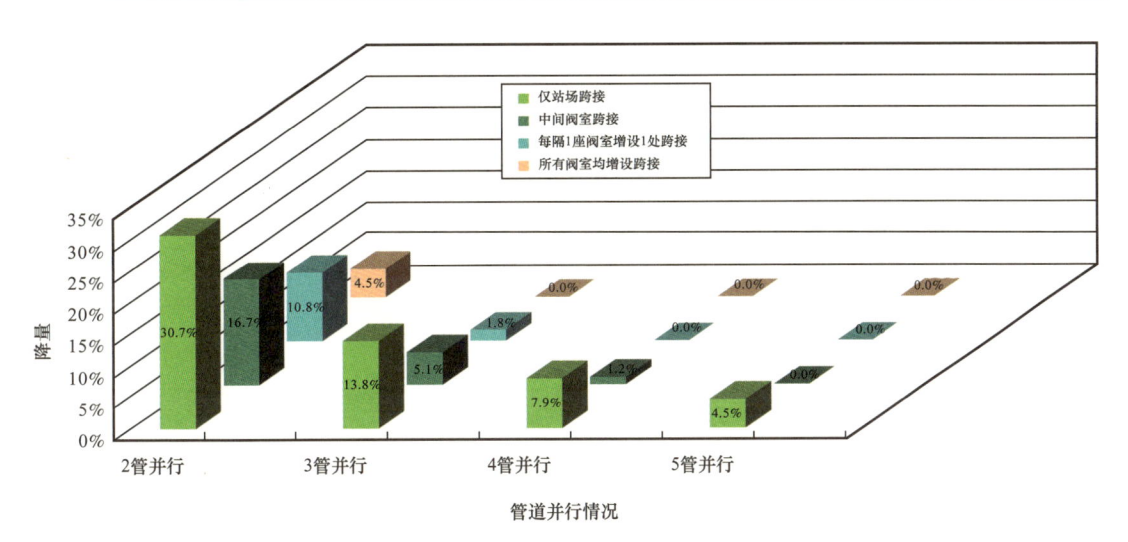

图 1-58 不同数量并行管道不同跨接设置方案系统降量对比图

增加跨接，在可以减少事故输量损失的同时，新增管线、阀门等增加了投资，额外增加了跨接处可能的泄漏导致的输量损失。

根据失效降量计算和失效频率分析，可得出不同跨接设置方案挽回的输量损失；对于不同的跨接设置，可分析出额外增加的输量损失以及增加的投资。对于西气东输不同数量的并行管道，在不同的跨接设置方案条件下，事故降量和增加投资对比如图 1-59 所示。

在西三线初步设计中，结合研究成果和国外工程案例，提出了西三线跨接阀室设置方案，即 2 座压气站中间设置 1 座跨接阀室增加的投资较少，通过单位增加投资可挽回的降量最多的方案。本方法的形成和在西三线工程中的应用，可为后续并行管道的跨接设计提供指导。

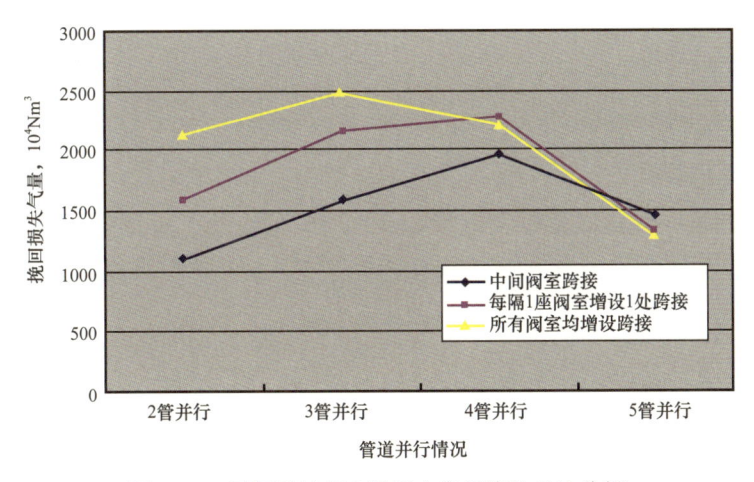

图 1-59 不同跨接阀室设置方案经济性对比分析

5. 天然气管网优化及调峰技术

天然气管网优化及调峰技术包括两部分内容：管网系统的可用率分析技术和天然气管网优化设计技术。管网系统的可用率分析用于确定压缩机组的备用方式，在管网系统中，结合同一压气站压缩机组不同配置方案，通过管网系统的失效降量分析、机组可用率和系统可用率进行经济性对比分析，确定压气站机组备用方式，通过这一技术可以进行管网中压气站压缩机组不同备用方式的优化。该技术还编制形成了站场及管道系统的可用率计算软件。

应用输气管网优化设计与调峰技术可对中国石油现役以及在建的天然气管网进行系统分析，针对市场分布，对管网系统进行适应性分析，对管网的流向进行优化分析，确定管网的瓶颈，提出管网扩容改造的方案；对天然气管网系统调峰进行分析，提出调峰解决方案（图1-60）。

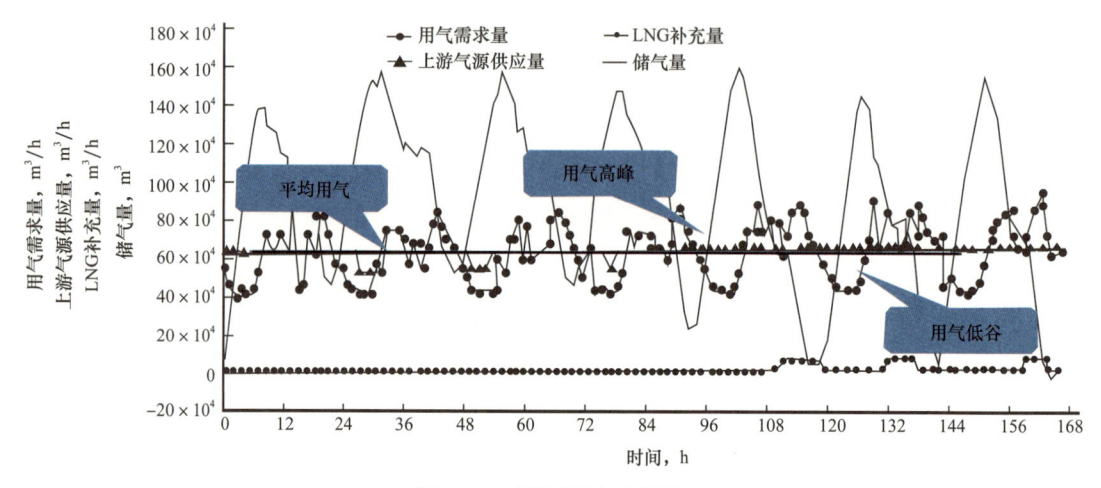

图1-60　用气调峰示意图

该技术实现了"管道"设计理念到"管网"设计理念的转变，和传统的天然气管道系统分析及优化相比，改变了以往计算压气站的系统可用率、管道系统的可用率，拓展到计算管网系统的可用率，从而更加合理地确定管网系统压气站机组备用方案；进一步确立了管网设计的理念，规范了管网设计的方法，管道系统分析不再仅限于单条管道，而是考虑到周边相连管道，将单条管道置于管网的环境中进行分析，全面评价单条管道与既有管网之间的调配、联运以及事故保安等相互关系，从而实现天然气管道的最优化设计，并为管网优化运行提供指导。

该技术在西三线西段优化压气站布置及压缩机组的配置、节省管道站场压缩机组投资、减少潜在的机组失效造成的输气损失等方面起到了关键性的作用，节约了运行成本，提高了管网运行的可靠性。

二、大型压气站设计技术

1. 基于安全和节能的流程设计技术

伴随着涩宁兰线、忠武线、西气东输一线、西气东输二线、西气东输三线等管道工程的陆续建设，形成了一批新的基于安全和节能的压气站场流程设计技术。

1）基于安全的设计技术

（1）增设干气密封处理装置，提高压缩机组运行可靠性。改进了压缩机组技术要求，增设干气密封处理装置，提高了干气密封的压力和温度，大大降低了干气密封面产生液相的可能性，提高了干气密封和压缩机组运行的可靠性。

（2）提出新的收发球操作原则，降低了收球操作的安全性。在国内工程中首次提出了新的收发球操作原则，即在收发球过程中，进出站管线上的球阀和旁通管线上的球阀均处于全开状态。按此方式操作，收球难度降低，同时减小了收球操作对压缩机组运行的影响。

（3）压气站工艺流程实现了标准化，方便了远期站场的扩建。利用压缩机进出口汇管两端进气的方式，解决了压气站扩建增加压缩机组后，汇管流速过高的难题，方便了压气站的远期扩建，也使一期压气站的备用机组可作为二期工程的备用机组，降低了二期工程的工程投资。

2）基于节能的流程设计技术

（1）优化天然气冷却流程、减少后冷器数量。在西气东输二线、三线、中亚管道等多条管道设计中，相对原来的设计，进一步对降低管道的设计温度进行了比选，并确定了出站温度为50℃的优化温度，相比55℃的出站温度，单条管道费用可节约数千万元。

（2）燃气轮机余热回收利用。在西二线工程中，首次对燃气轮机的余热进行了回收利用。在各燃驱压气站增设余热锅炉，利用燃气轮机排放的高温烟气的热量换热产生热水，热水可以用来采暖和站内自用气伴热。后续工程中，针对可能的更高级别的燃机余热利用，如余热发电等，在压缩机组的流程和布置上，都做了预留。如中亚管道C线工程，采用了高温烟气侧排的布置方案。

（3）移动式压缩机天然气转运。在西三线、中亚管道等管道阀室采用了"移动压缩机组天然气转运技术"，即通过在线路截断阀旁通管线上设置移动压缩机预留管线及操作阀门，并设置移动压缩机组，实现天然气从事故管段转运至相邻上游或者下游的安全管段。通过此项技术，实现对输气干线管道事故计划放空管段天然气的有效回收，将放空损失降低到最小。

以某计划检修管段为例，管径为1016mm，管段长度为20km，管内天然气起始压力为7MPa。采用4台750kW车载移动压缩机进行作业，其运行参数如图1-61所示。经计算，本系统可在21h内将管段压力抽到0.6MPa，节省天然气约$110 \times 10^4 m^3$。

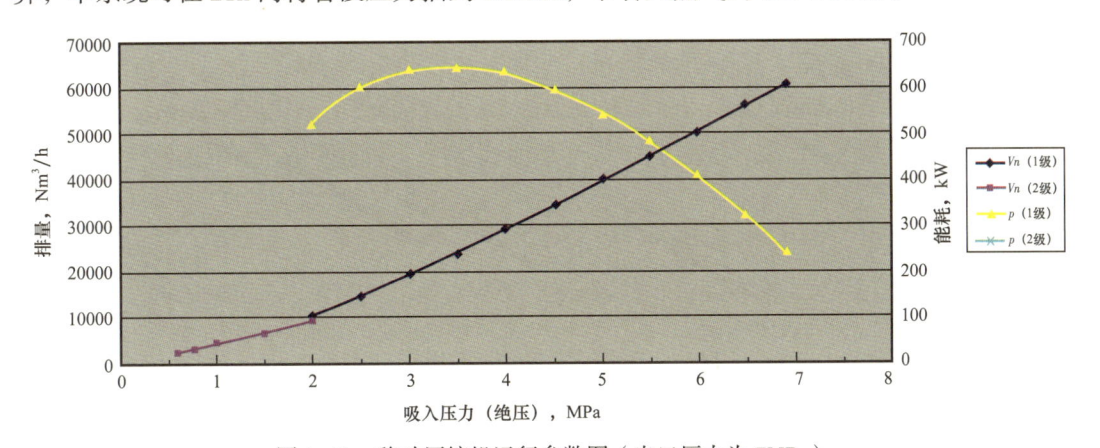

图1-61 移动压缩机运行参数图（出口压力为7MPa）

2. 压缩机组负荷分配控制技术

当并行管道联合运行时，合建压气站场压缩机组联合运行，不同管线的压缩机组功率大小、驱动形式、机组供货商都有可能不同。以西二线与西三线合建压气站场为例，西二线西段有6座30MW燃驱压气站场与西三线6座18MW电驱压气站场合建，如何保证各管线压缩机组不偏流是2条管线联合运行方案顺利实施的重要保障。为了实现机组的联合运行控制，避免发生压缩机偏流和过载等现象，提出了西二线和西三线站场压缩机组进行统一负荷分配技术。

机组负荷分配由机组UCP进行控制，机组UCP由西三线压缩机厂家供货，并将负责同一站场多台压缩机组的负荷分配。控制系统确保压缩机安全操作，每台压缩机距喘振区有足够的余量；使压缩机的回流量减到最小，从而最大限度地提高效率；使所有压缩机的操作点与喘振控制线的距离相同；根据出口汇管压力设定值，调节各台压缩机负荷百分比相同，同时保证压缩机进口压力不低于设定值等。

在西三线与西二线合建的各站场，单独设置一面压缩机负荷分配控制系统盘，控制不同管线的压缩机转速，使两条管线的压缩机运行点偏离喘振线，既避免了西二线、西三线压缩机组的偏流，也保证了各条管线的压缩机组均在高效区运行。该项技术对未来合建站场或有不同压缩机组的站场均有指导意义。

3. 基于应力分析的复杂管系配管设计技术

随着长输管道朝着大口径、高压力、大输量的方向发展，对压气站的管道应力和管嘴受力控制越来越困难，主要表现在：（1）压气站汇管管径大，限制汇管位移和推力极为困难；（2）压气站管系复杂，对配管技术要求高；（3）压气站气体压力和温度较高，布尔登效应和热膨胀效应作用明显。

中亚天然气管道工程通过"基于本质安全的复杂管系配管设计技术"和CAESAR Ⅱ应力分析软件的模拟计算，对压气站配管方案进行了优化，首次提出了汇管从中间部位断开，形成一个π型的管道补偿的配管方案。原配管方案与π型配管方案如图1-62、图1-63所示。

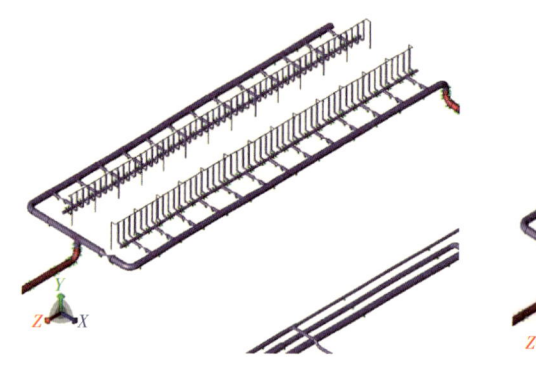

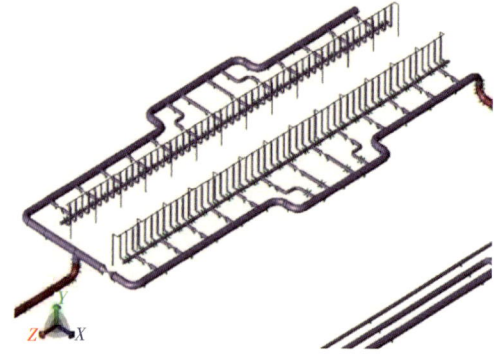

图1-62 原配管方案　　　　　图1-63 π型配管方案

通过CAESAR Ⅱ应力分析软件进行模拟，π型配管方案的计算结果明显小于原配管方案的计算结果，管道应力和管嘴受力与允许值之比基本上全部低于95%，此配管方案提高了压气站复杂管系配管设计技术的本质安全。

该项技术已经在中亚天然气管道D线、西气东输三线\四线等压气站配管设计中得到了推广使用，并不断地被证明能很好地解决压气站的配管技术难题，确保了站场的安全运行，为后续同类型站场设计积累了一定的工程设计经验。

三、危险识别和风险评价技术

1. 危险与可操作分析（HAZOP）

危险与可操作性分析，通常简称为 HAZOP 分析。它是一种通过使用"引导词"分析工艺过程中偏离正常工况的各种情形，从而发现危害源和操作问题的一种系统性方法，该方法的本质就是通过系列的会议对工艺图纸和操作规程进行分析。在这个过程中，由各专业人员组成的分析组按规定的方式系统地研究每一个单元（即分析节点），分析偏离设计工艺条件的偏差所导致的危险和可操作性问题。HAZOP 分析组通过分析每个工艺单元或操作步骤，识别出那些具有潜在危险的偏差，这些偏差通过引导词引出，使用引导词的一个目的就是为了保证对所有工艺参数的偏差进行分析。分析组对每个有意义的偏差都进行分析，并分析它们的可能原因和后果。

HAZOP 分析常用的部分偏差见表 1–11。

表 1–11 HAZOP 分析常用的部分偏差

序号	偏差	引导词	参数
1	流量偏高	高	流量
2	流量偏低/无流量	高	流量
3	流向相反	相反	流量
4	压力偏高	高	压力
5	压力偏低	低	压力
6	温度偏高	高	温度
7	温度偏低	低	温度
8	液位偏高	高	液位
9	液位偏低	低	液位
10	气质异常	异常	气质
11	运行/维护风险	风险	运行/维护

HAZOP 分析方法已在西气东输二线工程、西气东输三线工程、哈尔滨—沈阳天然气管道工程等项目中得到了应用。

2. 安全完整性等级评估（SIL 评估）

安全完整性等级评估，通常简称 SIL 评估或者 SIL 定级。它是指根据风险分析结果，针对站场所涉及的安全相关系统，对每一个控制回路的安全完整性等级进行评定。评估重点是典型流程中的安全控制回路，其研究分析结果对冗余系统的适用性在得到 SIL 分析小组的共同认可后，可以用于冗余系统的设计。

常用的 SIL 评估方法主要有：风险矩阵法、风险图法和保护层分析法，目前较为常用的是风险图法和保护层分析法（LOPA）。

1）风险图法

风险图是一种定性的确定仪表安全功能的安全完整性等级的方法，该方法使用4种参数共同描述了当安全仪表系统失效或不可用时的危险情况的种类。从每4个一组中选择一个参数，然后把选择的这些参数组合起来，从而决定分配给仪表安全功能的安全完整性等级（图1-64）。

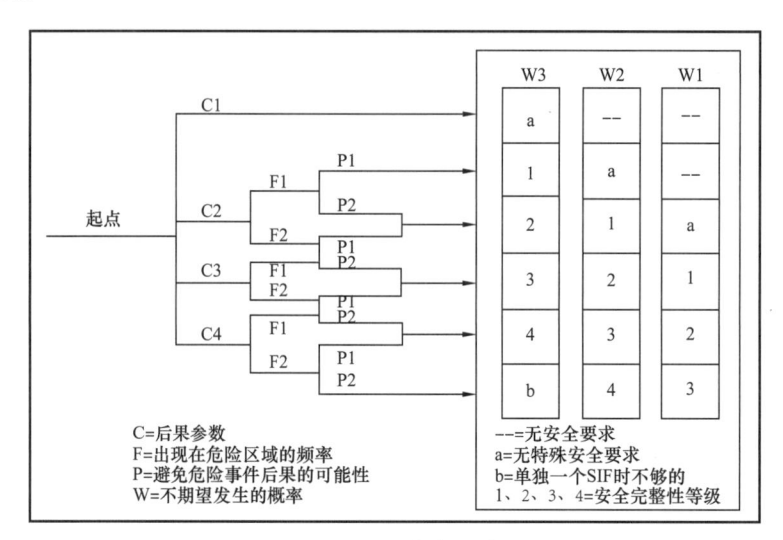

图1-64 人员安全风险图

风险图中定义的4个风险参数如下：

危险事件的后果（C）；

出现在危险区域的频率与暴露时间的乘积（F）；

避免危险事件后果的可能性（P）；

不期望发生的概率（W）（安全仪表系统不到位的情况下）。

2）保护层分析（LOPA）

保护层分析（Layer of protection analysis，简称LOPA）是在定性危害分析的基础上，进一步评估保护层的有效性，并进行风险决策的系统方法，其主要目的是确定是否有足够的保护层使过程风险满足企业的风险可接受标准。LOPA是一种半定量的风险评估技术，通常使用初始事件频率、后果严重程度和独立保护层（IPL）失效频率的数量级大小来近似表征场景的风险。

3. 定量风险评价（QRA）

定量风险评价是对某一设施或作业活动中发生事故频率和后果进行定量分析，并与风险可接受标准比较的系统方法。定量风险评价技术可为线路路由确定、总图选址时与各方协调提供新方法，结果可为决策提供参考。

采用PHAST RISK软件包，对西气东输二线工程、西气东输三线工程和中缅油气管道工程等工程的典型站场进行了定量风险评价计算，典型站场定量风险评价计算结果如图1-65和图1-66所示。

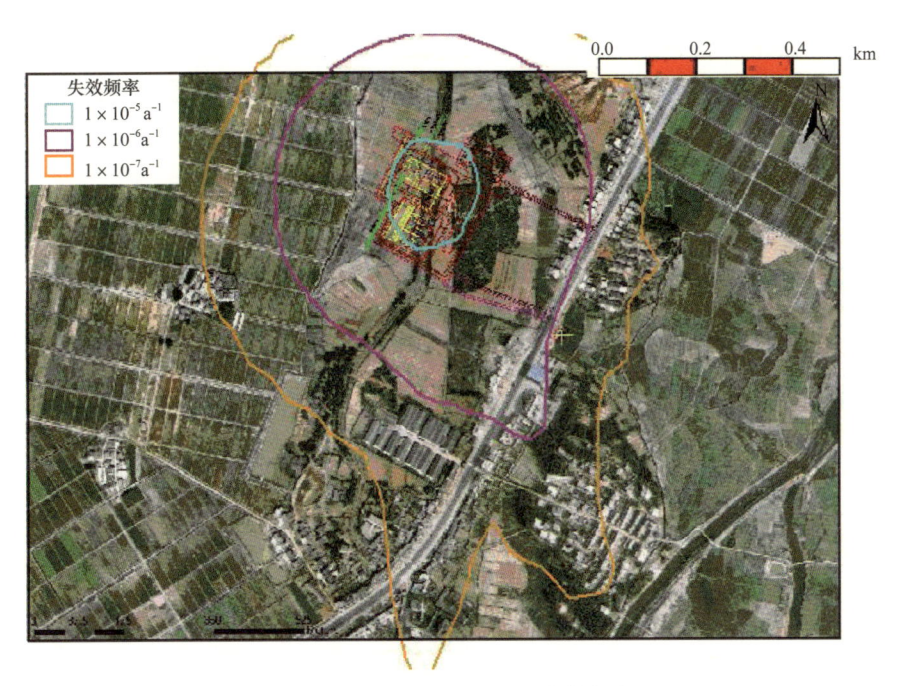

图 1-65　典型站场个人风险等高线

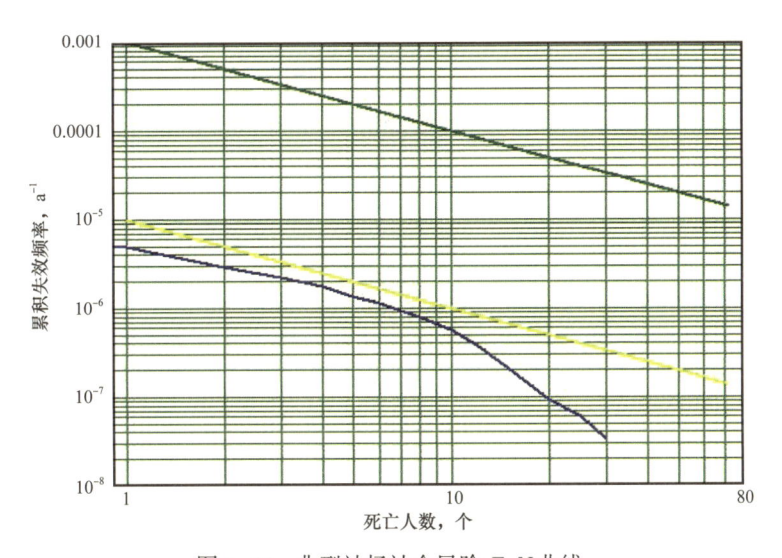

图 1-66　典型站场社会风险 F-N 曲线

四、基于后果的设计方法

1. 天然气扩散计算和控制方法

在进行站场放空或线路放空时，通常需要进行天然气扩散计算或火灾计算。进行扩散计算时，通常采用水力软件计算线路段最大放空流量和站内紧急放空流量，再进行扩散计算。排放设施的可燃气体限制区域应满足可燃气体浓度要求，应不低于100%可燃气体爆炸下限（10s平均浓度），若计算不能评估瞬时扩散量，应不低于50%可燃气体爆炸下限

（600s平均浓度）。

天然气放空扩散计算在西气东输二线工程、西气东输三线工程、哈尔滨—沈阳天然气管道工程和中缅天然气管道工程等工程中都得到了应用，采用的计算软件是PHAST软件，典型站场放空扩散计算结果如图1-67所示。

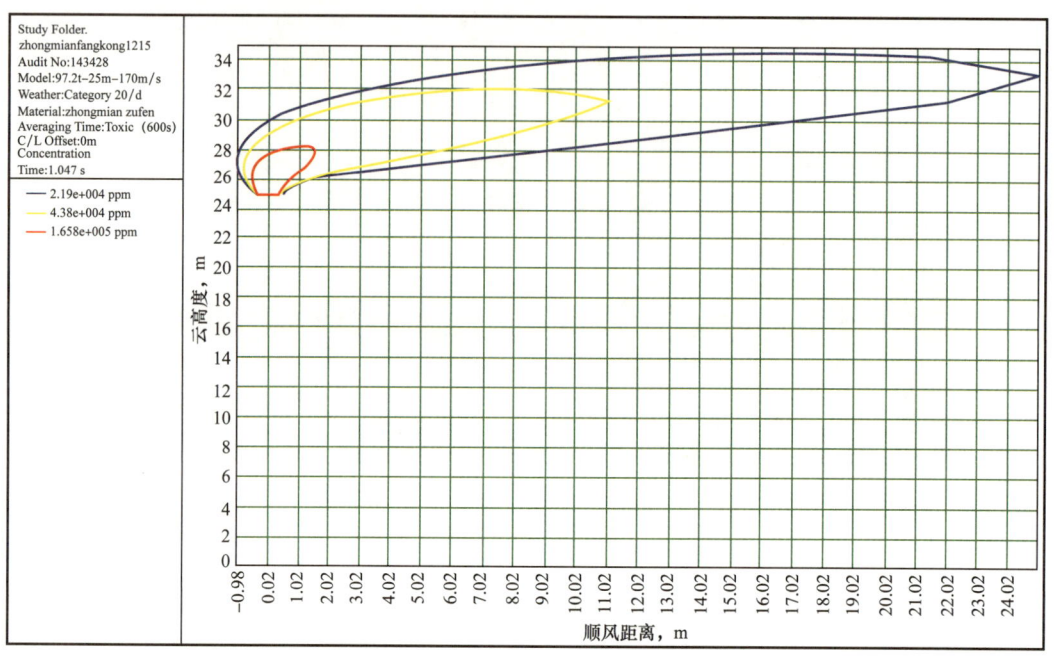

图1-67 典型站场放空扩散结果（侧视图）

2. 火灾爆炸后果定量分析方法

对于带点火功能的放空立管，通常要进行热辐射计算。允许的热辐射强度见表1-12。

表1-12 带点火功能的放空立管设计的允许热辐射强度

允许辐射热强度，kW/m²	条件
1.58	操作人员需要长期暴露的任何区域
3.16	原油、液化石油气、天然气凝液储罐或其他挥发性物料储罐
4.73	没有遮蔽物，但操作人员穿有合适的工作服，在紧要关头需要停留几分钟的区域
6.31	没有遮蔽物，但操作人员穿有合适的工作服，在紧要关头需要停留1min的区域
9.46	有人通行，但暴露时间必须限制在几秒钟之内能安全撤离的任何场所，如火炬下地面或附近塔、设备的操作平台。除挥发性物料储罐以外的设备和设施

通常，周边建构筑物承受的热辐射强度应不小于4.73kW/m²热辐射强度。采用PHAST软件计算得到的典型站场放空热辐射强度影响范围如图1-68和图1-69所示。

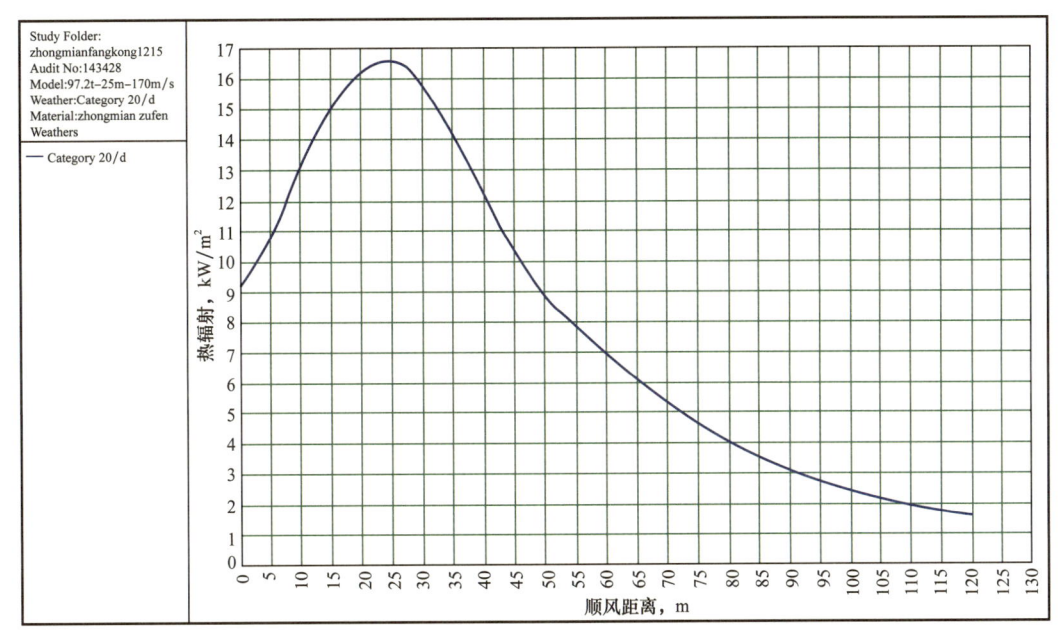

图 1-68 放空竖管基础水平方向热辐射强度随距离的变化

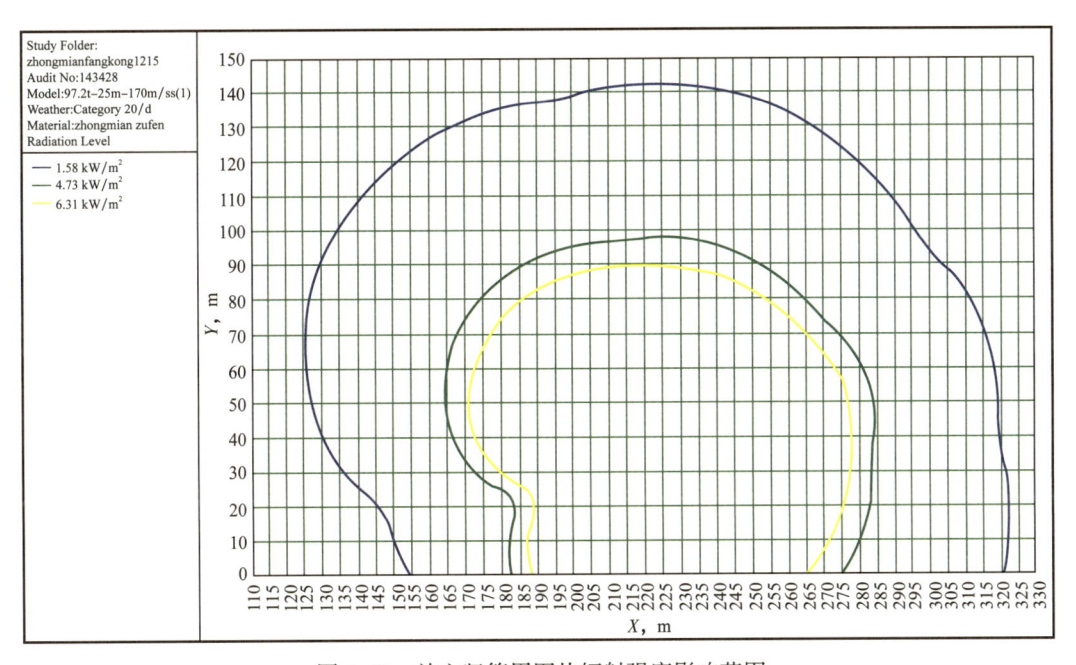

图 1-69 放空竖管周围热辐射强度影响范围

五、主要设备的国产化

1. 压缩机组的国产化

压气站的投资占输气管道总投资的 20%～25%，而管道压缩机组的投资占压气站投资的一半以上。国内设备厂家在产品开发应用上受技术水平、设计制造经验等限制，无相关成套产品，天然气长输管道压缩机组长期被国外产品垄断。

依托西气东输二线工程建设，在国家能源局、中国石油天然气集团公司和中国机械工业会组织下，中国石油西气东输管道公司联合中国石油管道局管道设计院以及国内其他多家研制企业，于 2009 年 4 月启动了天然气长输管道关键设备"30MW 级燃驱压缩机组国产化及工业性应用研究"及"20MW 级电驱压缩机组国产化及工业性应用研究"项目，对管道燃驱机组及高速直联电驱机组进行国产化研制。2011 年 12 月 6 日，国家能源局组织通过对首批 2 台套 20MW 级电驱压缩机组新产品进行出厂技术鉴定和验收；2011 年 10 月，国产燃驱机组产品一通过国家能源局组织的新产品出厂鉴定。2014 年 9 月，国产燃驱机组产品二通过国家能源局组织的新产品出厂鉴定；2014 年 12 月 8 日，国家能源局组织通过对高陵站首台套 20MW 级电驱压缩机组新产品进行工业性试验专家技术鉴定。国产化燃驱机组也已于 2016 年完成现场安装，开始工业性运转。国产化燃驱及电驱机组的应用及验收，标志着中国制造业具备了高质量的高速电机、大功率变频装置、管道压缩机、管道燃机的大批量生产能力，结束了中国输气管道压缩机组完全依赖进口的历史。

其中 30MW 级燃驱机组主要实现了以下技术指标：

（1）压缩机在设计流量时的喘振裕量至少为 25%，压缩机最小喘振裕度≥10%；

（2）压缩机设计点的多变效率不小于 86%；

（3）压缩机设计压头、流量下的转速 $-5\%\leqslant N\leqslant 0$；

（4）压缩机在规定的运行转速下，每个轴承处未经滤波的峰—峰振幅小于 40μm（依 API 617 计算）；

（5）开发了机组控制系统和机组成套技术，与站内其他机组的负荷分配及控制技术；

（6）燃机在 ISO 条件下，功率 26700kW，效率不小于 36%；

（7）燃机在 0.8~1.0 工况范围内 NO_x 排放量不高于 39ppmvd（干气下体积浓度）。

其中 20MW 级高速直联电驱机组主要实现了以下技术指标：

（1）采用功率单元串联多电平电压型变频器，优化功率单元配置，开发了冷却系统、励磁控制系统；

（2）变频器容量达到 25MW；

（3）研制了防爆变频高速同步电动机，功率等级 20MW、额定转速为 4800r/min；

（4）流量调节范围 43%~150%。

2. 大型球阀的国产化

1）NPS40/NPS48，Class600/Class900 全焊接球阀研制

2009 年，全世界在线运行的 Class 900，NPS48 的管线阀门仅 13 台（包括 1 台降级 Class600 使用），西二线、西三线工程中应用的最大管线球阀为 NPS48 Class900。此间，以西气东输二线东段为主要依托工程，启动了天然气长输管道关键设备"高压大口径全焊接球阀"国产化项目。在国家能源局、中国石油天然气集团公司和中国机械工业联合会组织进行了大量前期工作和安排的基础上，中国石油西气东输管道公司和国内的阀门研制企业，对国家级项目"天然气长输管道关键设备高压大口径全焊接球阀"进行研制。2010 年 7 月，国家能源局及中国石油天然气集团公司于组织了对成都成高、上海耐莱斯、浙江五洲研制的 30 台天然气长输管道高压大口径全焊接球阀的出厂鉴定、验收会，并通过产品鉴定。2011 年 3 月完成工业性考核实验，标志着中国阀门制造业具备了高质量的高压

大口径全焊接管线球阀（NPS40 Class600/ NPS48 Class600/NPS48 Class900）的大批量生产能力，结束了中国高压大口径全焊接管线球阀完全依赖进口的历史。

高压大口径全焊接球阀主要实现了以下技术指标：

（1）满足连续运行30年以上，相关性能长期满足工况要求；

（2）阀门任何一侧能够承受全压差（10MPa/12MPa）；

（3）压缩机出口阀门应在93℃时能承受10MPa压力；

（4）阀体采用锻钢，与过渡段连接的阀体材料屈服强度不低于415MPa；

（5）球体、阀座支撑、阀杆和其他内件表面应化学镀镍，涂层厚度不小于75μm（0.003in），均匀厚度；

（6）阀座软密封材料在使用寿命内满足各种工况下密封良好；

（7）阀门适应现场环境条件，执行机构最小扭矩能保证阀门灵活开启；

（8）所有阀门均为防火安全型，且能满足API 6FA/API 607的要求；

（9）所有的焊缝有消除焊接应力的措施和方案；

（10）阀座软密封材料采用橡胶类材料有保证不产生释压破裂的措施。

2）NPS56，Class900全焊接球阀研制

我国已建成的最大输气管道是西气东输二线和西气东输三线，管道规格为$\phi1219mm$、12MPa，其输量范围为$(200\sim300)\times10^8m^3/a$，所需球阀规格为NPS48，Class600/Class900。随着国民经济发展和能源战略的实施，以及受土地、环保、建设与运营等因素制约，发展年输气量$400\times10^8m^3$以上大输气量管道工程迫在眉睫。$\phi1422mm$、12MPa的管道，其经济输量范围为$(280\sim420)\times10^8m^3/a$，最大输气量可达$500\times10^8m^3/a$，节省建设时间、减少管道占地和投资，适应性较强，在输气量从$300\times10^8m^3/a$递增到$500\times10^8m^3/a$期间，可以通过灵活增加中间压气站增输，以适应天然气市场增长变化的需要，从而将输气管道建设期延缓，改变目前管道建设接踵而至的被动局面，同时中国石油着手启动管道规格为$\phi1422mm$、12MPa的中俄输气管道。而能够用于管道的Class900 56in球阀国外产品业绩较少，只有德国舒克公司具有Class900 56in全焊接球阀的少量业绩，国内尚无厂家试制。

2012年，中国石油启动《第三代大输量天然气管道工程关键技术及设备国产化研究》，对Class900 56in全焊接球阀启动研制工作。2013年8月，中国石油西部管道分公司与上海电气阀门有限公司、成都成高阀门有限公司、五洲阀门有限公司签订了"NPS56，Class900全焊接管线球阀国产化研制开发协议"。

本次研发的球阀有桶形和球形两种结构，各有优缺点。球形结构：单焊缝、受力状态好、制造要求高，重量轻；筒形结构：双焊缝，结构成熟、制造容易，重量较重。本次研发中均采用有限元分析方法，分别进行了阀体强度应力分析、内压+弯曲应力分析、内压+挤压应力分析、内压+拉伸应力分析等，确保阀门设计安全合理。

本次研发除了满足技术条件中规定的技术要求外，还具有以下创新点，并且形成了多项专利技术：

（1）部分阀门厂家采用轻量化设计，球形阀体代替筒形；

（2）在采用球形阀体（重量轻、强度好的优点）的同时，阀杆为纯扭剪的设计，保护

阀杆密封；

（3）部分厂家的球形阀门采用单焊缝结构，无下阀杆，因此少下阀杆处焊缝；

（4）采用自紧式阀杆密封专利设计；

（5）设计均按照 ASME《锅炉和压力容器》标准进行计算，并用有限元方法对阀门强度和刚度进行了校核；

（6）部分厂家采用防擦伤阀座结构设计，实现复合密封阀座在高压下安全可靠持久地运行，可实现工厂内脱开密封面进行清洗；

（7）采用复合密封全焊接双球型排污放空球阀；

（8）部分厂家在干线阀上采用新型阀腔自动安全泄压专利技术，使阀门在全开运行时可能产生的阀腔超压向管道内泄放，而不是排向大气。

2016年，三家经过工厂鉴定合格的产品在西部管道阀门试验场进行了现场工业性试验。在进行工业性试验的过程中，部分厂家的产品通过试验，但是尚有部分厂家试验结果不合格。从目前的成果看，国产厂家已具备生产 56in CL900 全焊接球阀的技术能力，但是尚有不足，需要根据解体结果分析泄漏原因后，继续改进。

第五节　天然气管道应力及振动分析设计技术

一、概述

管道应力分析是对管道的力学计算与评定。通过管道应力分析获得内力、位移和应力等力学物理量，并将它们纳入一定的评定标准得出管道是否安全合理的判断。

管道应力分析是管道设计的重要内容和必要步骤。一方面，通过管道应力分析可提高管道设计的可靠性，保证管道安全；另一方面，进行管道应力分析可优化管道设计，降低工程造价和成本。实际上管道总会受到一种或多种荷载的作用，常见的如重力、压力等，温度变化也可能引起应力。部分管道还可能受到脉动压力、流体瞬时冲击、两相流非稳流等荷载的作用。在有些地方还可能出现强风或地震。所有这些因素均有可能导致出现管壁破裂或法兰泄漏，或设备发生有害变形而不能正常运转或管道出现振动。因此对管道进行应力分析是十分必要的。通过管道应力分析能够比较准确地测评和掌握管道的安全裕度，采取有效措施避免上述情况发生。与此同时还能够有助于合理地布置管道；有效地设置支承，做到经济可靠。

具有不同特征的荷载对管道的影响很不相同，需相应地采用不同的分析方法。根据荷载随时间变化特点，管道应力分析可划分为静力分析和动力分析。荷载不随时间发生变化或变化缓慢的分析归属静力分析；与之相对应，荷载随时间快速变化使管道产生惯性力的分析归属动力分析。静力分析中又根据应力特点包括多种计算，常见静力分析包括压力荷载作用下的强度计算；压力荷载和持续外荷载共同作用下的强度计算；管道在热胀冷缩以及其他附加位移作用下的柔性计算。动力分析中又可根据荷载特点区分出冲击振动、周期振动和随机振动。最常遇到的是往复式压缩机管道的振动，其动力分析包括往复式压缩机气柱自振频率分析、往复式压缩机压力脉动分析、管道自振频率分析以及响应分析。管道应力分析涉及管道对设备作用力的计算，支吊架的受力计算以及法兰泄漏计算等。

管道设计规范中采用了两种分析理论，即弹性分析和安定分析。对于持续荷载，采用弹性分析理论；对于热位移荷载，采用安定分析理论。在弹性分析中，应力与应变呈现线性关系，即符合虎克定律，变形属于小变形范畴，失效准则为一点屈服即表示整个截面失效。安定分析理论认为应力满足安定条件则材料仍处在安全范围内。所谓安定是指材料不发生塑性循环，也就是在反复加卸载过程中不出现塑性累积。安定分析理论认为对于延性很好的材料，初次加载所引起的应力可以超过材料屈服极限，反复卸载与加载数次之后，如果应力不再超出材料屈服极限，那么仍不会导致材料失效。对于在温度恒定条件下机械荷载引起应力循环的情况，安定条件为应力变化范围小于2倍材料屈服极限；对于由温度变化引起应力循环的情况，安定条件为应力变化范围小于材料在常温下和高温下的屈服极限之和。

除对于形状特定、问题特定的管道仍可利用简单经验判定公式或图表算法进行判断外，复杂的应力问题均趋于采用管道应力分析专用计算机软件进行分析以获得精确、可靠的数据。目前计算机技术已得到突飞猛进的发展，市面上有多种管道应力分析软件可供选择，一些专门程序方便、实用，可以解决管道应力分析中的常见问题。对于复杂问题如局部应力问题或管道振动问题则可运用多种分析软件综合解决。

二、管道所受荷载及失效形式

1. 管道所受荷载

荷载是导致管壁内产生应力的基本原因之一，重力、压力、温度变化等均能引起管道应力。在管道中，重力、压力以及温度变化引起的热位移荷载是最为常见的荷载，除此以外，对于一些管道在特定的条件下还可能承受其他荷载。表1-13列出了作用于管道的不同荷载。

表 1-13　作用于管道的荷载

荷载		来源
重力	变化荷载	管内输送介质的重量、测试的介质重量、由于环境或操作条件产生的雪/冰荷载等
	固定荷载	管道重量、保温重量及阀门（含执行机构）、法兰等管道组成件重量
压力		操作压力、试验压力
温度		热胀、冷缩
附加位移		设备管口热位移
		基础沉降、潮汐运动、风等作用下在管道连接处产生的位移
		支撑结构的变形
		压力延长效应产生的位移
冲击荷载		安全阀泄放、柱塞流、风、波浪、地震、水/汽锤等
循环荷载		压力循环、温度循环、转动设备简谐振动、涡流、压力脉动等

实际管道工程中存在多种荷载，各具不同特征，这种区别造成相应的具有不同的应力，所造成的材料破坏形式和机理也存在差异。通常将管道承受的荷载分为静力荷载和动力荷载。

静力荷载是指那些不会使管道产生惯性力的荷载。长期存在、恒定不变的荷载是静力荷载，而加载缓慢的荷载（如积雪荷载）也是静力荷载，它们不会使管道产生振动。

动力荷载是指那些会使管道产生惯性力的荷载。此类荷载的明显特征是随时间快速改变，这种变化可以是周期性的、也可以是随机的或瞬时的，总之，这类荷载会导致管道产生不同程度的振动，所产生的应力、应变等都是随时间变化的。风荷载、地震荷载、安全阀泄放、涡流和压力脉动等荷载均属于此类荷载。

2. 管道的失效形式

管道应力分析的主要目的是防止管道失效，因此了解管道的失效形式非常重要。在不同荷载的作用下，管道可能以不同的机理以多种形式失效，常见的管道失效形式大致可以分为韧性断裂、脆性断裂、疲劳断裂、蠕变断裂、腐蚀断裂、失稳、泄漏等。

1）韧性断裂

在压力等荷载作用下，产生的应力值达到或接近材料的强度极限而发生的断裂。压力管道韧性断裂的主要原因是壁厚过薄（设计壁厚不足和厚度因腐蚀而变薄）、内压过高或选材不当、安装不符合安全要求。

韧性断裂主要发生在裂纹缺陷处或形状不连续处，随着载荷增加，材料屈服并产生塑性变形直至破坏。断裂前的伸长量可达到25%，可见韧性材料的能量吸收能力。能量吸收能力对于静态载荷的影响较小，但对于抵抗冲击载荷的影响较大。如果没有较大的能量吸收能力，非常小的冲击载荷都可能产生破坏性的应力。

2）脆性断裂

脆性断裂通常是脆性材料的断裂或塑性材料当温度低于某一限定值时的断裂。当发生脆性断裂时，管道没有明显的塑性变形，且管壁中的应力值远远小于材料的强度极限甚至低于材料的屈服极限而发生的断裂。脆性断裂的主要原因在于材料的脆化（材料选择不当、材料加工工艺不当、应变时效、运行环境恶劣）和材料本身的缺陷。

3）疲劳断裂

疲劳断裂指压力管道在低于材料强度的交变应力作用下的突然断裂。压力管道受到交变荷载的长期作用，材料本身含有裂纹或经一定循环次数后产生裂纹，裂纹扩展使管道没有经过明显的塑性变形而突然发生的断裂。疲劳断裂过程可分为裂纹萌生、扩展和断裂3个阶段。通常循环次数低于10^5的疲劳称为低周疲劳，循环次数高于10^7的疲劳称为高周疲劳，如图1-70所示。

4）蠕变断裂

碳钢在300~350℃以上，合金钢在400~450℃以上的高温下，当拉伸试件中的应力超过了一定限度时，就可发现在应力保持不变的情况下，应变会随时间的增加而不断增加，直至破坏。当荷载卸去后，这部分应变不会消失，属于非弹性应变。在高温情况下，温度和应力保持不变而应变不断增加的现象称为蠕变。

天然气管道的设计温度较低，不会发生蠕变断裂。

图 1-70 疲劳曲线

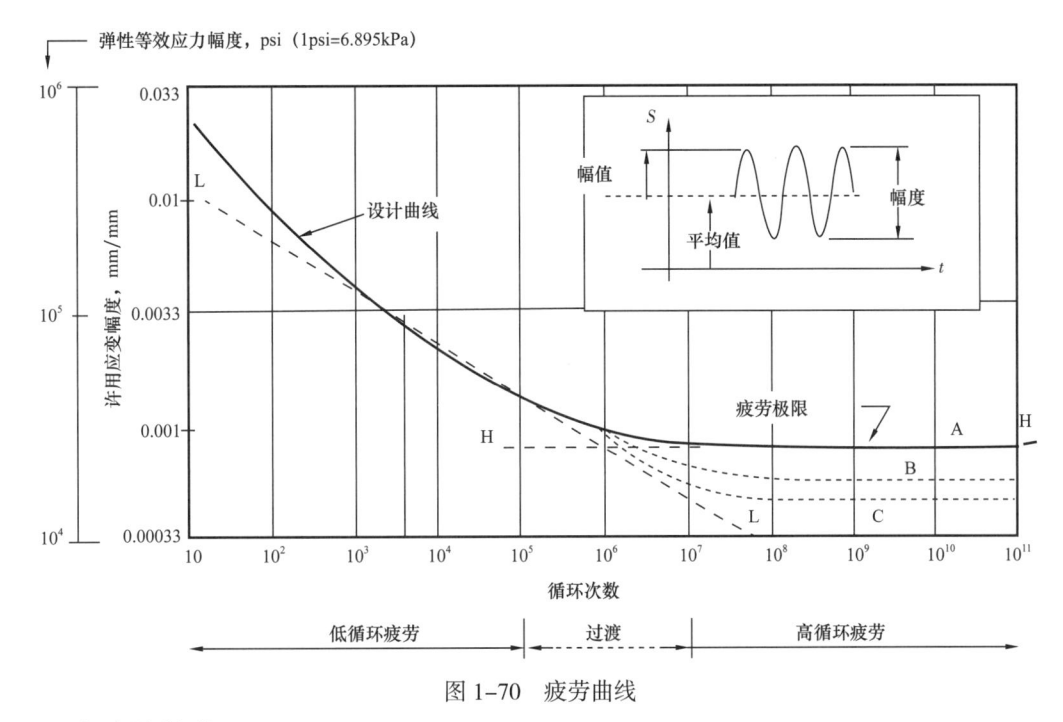

5）腐蚀断裂

压力管道材料在腐蚀介质作用下，因均匀腐蚀导致壁厚减薄及材料组织结构改变或局部腐蚀造成的凹坑，使材料力学性能降低，管道承载能力不足而发生的断裂。压力管道腐蚀机理有化学腐蚀和电化学腐蚀。腐蚀形态有均匀腐蚀、孔蚀、晶间腐蚀、应力腐蚀、缝隙腐蚀、氢腐蚀、双金属腐蚀等。

6）失稳

在压力作用下，管道突然失去其原有的几何形状而引起的失效。压力管道失稳失效的重要特征是弹性挠度和荷载不成比例，且临界压力与材料的强度无关，而主要取决于管道的尺寸和材料的弹性性质。管道失稳主要出现在大直径薄壁管道，深水环境中的厚壁管也可能出现失稳。常见的管道失稳形式如图 1-71 所示。

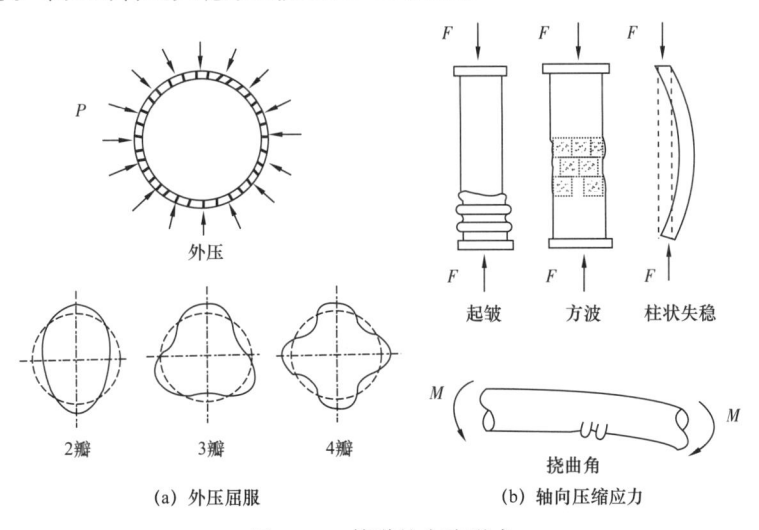

图 1-71 管道的失稳形式

7）泄漏失效

管道的各种接口密封面失效或管壁出现穿透性裂纹发生泄漏而引起的失效，泄漏介质可能引起燃烧、爆炸和中毒事故，并造成严重的环境污染。压力管道泄漏的原因是多方面的，受压部件受到频繁的振动而产生裂纹，胀接管口松动，管壁局部腐蚀变薄穿孔，局部鼓包变形及密封面失效等，都会造成压力管道因泄漏而失效。

三、管道应力分析评定

管道的设计应具有足够的强度和合适的刚度以避免以下情况发生：

（1）管道的应力过大或疲劳引起管道或与其相连接的支吊架连接处破坏；

（2）管道连接处泄漏；

（3）管道作用在设备上的荷载过大，影响设备正常运行；

（4）管道作用在支吊架上的荷载过大，引起支架破坏；

（5）管道位移量过大，引起管道自身或其他管道的非正常运行或破坏；

（6）机械振动、声学振动、流体锤、压力脉动、安全阀泄放等动荷载造成的管道振动及破坏。

为保证管道自身和与其相连的机器、设备的安全，就必须使管道布置满足相应的安全评定条件。当这些条件不能得到满足时，就必须通过改变管道布置及支吊架的形式和位置，最终达到安全评定条件的要求。

1. 应力分类

管道应力的校核主要是为了防止管壁内应力过大造成管道自身的破坏。各种不同荷载引起不同类型的应力，不同类型的应力对损伤破坏的影响各不相同，如果根据综合应力进行应力校核可能导致过于保守的结果，因此管道应力的校核采用了将应力分类校核的方法。应力分类校核遵循的是等安全裕度原则，也就是说，对于危险性小的应力，许用值可以放宽；危险性大的应力，许用值要严格控制。应力分类是根据应力性质不同人为进行的，它并不一定是能够实际测量的应力。

虽然在压力管道的相关标准中没有明确给出应力分类的定义，但根据其应力校核准则可以看出，实际上在管道应力校核中，根据产生应力的荷载不同，将应力划分为一次应力和二次应力两大类。二者的区别如下：

一次应力是由压力、重力和其他外力荷载所产生的应力。它必须满足外部、内部力和力矩的平衡。一次应力的基本特征是非自限性的，它始终随所加荷载的增加而增加，超过屈服极限或持久强度将使管道发生塑性破坏或者总体变形。管道承受内压和持续外载而产生的应力属于一次应力。管道承受风荷载、地震荷载、水击和安全阀泄放荷载产生的应力也属于一次应力，但这些荷载属于偶然荷载。

二次应力是由于热胀、冷缩、端点位移等位移荷载的作用所产生的应力。它不直接与外力相平衡。二次应力的特点是具有自限性，即局部屈服或小量变形就可以使位移约束条件或自身变形连续要求得到满足，从而变形不再继续增大。一般在管系初次加载时，二次应力不会直接导致破坏，只有当应变在多次重复交变的情况下，才会引起管道疲劳破坏。但也应该注意，当位移荷载极大，局部屈服或小量变形不足以满足位移约束条件或自身变形连续要求时，管道也可能在一次加载过程中就发生破坏。

2. 天然气管道应力校核标准

天然气管道工程管道应力分析校核标准通常采用 ASME B31.3 工艺管道和 ASME B31.8 输气配气系统。ASME B31.3 主要用于站场内的工艺管道，ASME B31.8 主要用于线路管道，也可用于站内管道。

（1）ASME B31.3 工艺管道。

ASME B31.3 工艺管道规范关于管道应力分析的评价准则如下：

① 持续载荷应力限值。

ASME B31.3 要求由重量、内压和其他持续载荷所产生的纵向应力之和 S_L 不超过在操作温度下材料的基本许用应力 S_h，但 ASME B31.3 2010 年以前的版本并没有明确给出纵向应力的计算公式。ASME B31.3 在 1985 年 5 月 8 日的释义 4-10 中，要求计算纵向应力时考虑轴向力的作用。因此，一般认为管道纵向应力由附加轴向外力、弯矩和内压引起，计算公式为：

$$S_L = F_{ax}/A_m + \left[(i_i M_i)^2 + (i_o M_o)^2\right]/2Z + PD_o/4t \leqslant S_h \tag{1-10}$$

式中　S_L——由于重力、内压和其他持续载荷作用产生的纵向应力；
　　　F_{ax}——由于持续（一次）载荷产生的轴向力；
　　　A_m——管道横截面积；
　　　M_i——由于持续（一次）载荷产生的平面内的弯矩；
　　　M_o——由于持续（一次）载荷产生的平面外的弯矩；
　　　Z——抗弯截面模量；
　　　i_i，i_o——平面内、平面外应力增强系数；
　　　P——设计压力；
　　　D_o——平均直径；
　　　t——壁厚；
　　　S_h——操作温度下材料的基本许用应力。

ASME B31.3 2010 版给出了纵向应力的计算公式，详细如下。

诸如内压、重量产生的持续载荷应力 S_L，持续弯曲应力 S_b 的公式如下：

$$S_L = \sqrt{(|S_a| + S_b)^2 + (2S_t)^2}$$
$$S_b = \frac{\sqrt{(I_i M_i)^2 + (I_o M_o)^2}}{Z} \tag{1-11}$$

式中　I_i——平面内持续力矩系数（在没有可用数据的情况下，I_i 取 $0.75i_i$ 或 1.00 之间大者）；
　　　I_o——平面外持续力矩系数（在没有可用数据的情况下，I_o 取 $0.75i_o$ 或 1.00 之间大者）；
　　　M_i——持续载荷产生的平面内力矩；
　　　M_o——持续载荷产生的平面外力矩；
　　　Z——截面模量。

持续扭转力矩产生的扭转应力 S_t 为：

$$S_t = \frac{I_t M_t}{2Z} \qquad (1-12)$$

式中　I_t——持续扭转力矩系数（在没有可用数据的情况下，I_t 取 1.00）；
　　　M_t——持续载荷产生的扭转力矩。

持续轴向力产生的应力 S_a 为：

$$S_a = \frac{I_a F_a}{A_p} \qquad (1-13)$$

式中　I_a——持续轴向力系数（在没有可用数据的情况下，I_a 取 1.00）；
　　　A_p——管道截面积；
　　　F_a——持续载荷产生的轴向力。

ASME B31.3 2014 版要求应对不同支撑条件（支撑有效和支撑无效）下的纵向应力进行校核。

② 许用位移应力范围。

该状况考虑温度对管道的热膨胀影响所产生的应力和载荷。

$$S_E = \left[(|S_a| + S_b)^2 + 4S_t^2 \right]^{1/2} \leqslant S_A = f(1.25 S_C + 0.25 S_H)$$

当 $S_H > S_L$ 时，它们之间的差可加到 $0.25 S_H$ 项上，则 $S_A = f(1.25 S_C + 1.25 S_H - S_L)$。

式中　S_E——由于温度、周期变化的位移等引起的应力范围；
　　　S_A——允许的循环应力范围；
　　　f——应力循环次数；
　　　S_C——冷态（安装）温度下材料的基本许用应力；
　　　S_H——热态（安装）温度下材料的基本许用应力。

③ 偶然载荷应力限值。

由于压力、重量和其他持续载荷所产生的纵向应力，以及诸如风或地震等偶然载荷所产生的应力之和，可以是附录 A 中给出的许用应力的 1.33 倍。不需考虑风和地震同时发生。

由于试验条件产生的应力不受此限制，不需要考虑临时性载荷会与试验载荷同时发生。

（2）ASME B31.8 输气和配气管道系统。

① 管道的约束条件。

ASME B 31.8 输气和配气管道系统将管道分为完全受约束（restrained）和非完全受约束（unrestrained）两种情况，可以根据以下情况区分管道属于完全受约束还是非完全受约束。

非完全约束的管道指管道横向和轴向能够自由移动。非完全约束的管道包含以下但不限于以下方面：

能够吸收温度膨胀和支撑移动的地上管道系统；

敷设在软质或非固结土壤中的弯头及与其相邻的管道；

埋地管道的未回填段（能够横向变形或包含弯头）；

未锚固段。

完全约束的管道包含以下但不限于以下方面：

远离弯头部分的埋地管道；

靠近刚性支撑、两端及方向改变处锚固的地上管道；

敷设在坚硬或固结土壤中的弯头及与其相邻的管道。

② 应力校核。

对于完全受约束的管道（restrained）：

B31.8 中对纵向应力的要求为：

$$S_L = S_P + S_X + S_B < 0.9ST \tag{1-14}$$

式中　S_L——纵向应力；

　　　S_P——内压产生的轴向应力；

　　　S_X——除内压和温度外产生的轴向应力；

　　　S_B——由于重力和其他外部载荷引起的弯曲应力；

　　　S——管道材料的最小屈服强度；

　　　T——温度折减系数。

B31.8 中对完全约束管道组合应力的要求：

操作工况管线的两向组合应力按式（1-15）或式（1-16）计算：

许用值为 kS_YT，S_Y 为管道材料的最小屈服强度。

对于非完全受约束的管道（unrestrained）：

B31.8 中对纵向应力的要求为：

$$S_L = S_P + S_X + S_B < 0.75ST \tag{1-15}$$

对于非完全受约束管道，B31.8 还要求对温度膨胀、周期性载荷引起的应力（二次应力）进行校核：

$$S_E < S_A$$

$$S_A = f[1.25(S_C + S_H) - S_L] \tag{1-16}$$

式中　S_E——由于温度、周期变化的位移等引起的应力范围；

　　　S_A——允许的循环应力范围；

　　　S_C——管道材料的冷态许用应力（$S_C = 0.33S_UT$）；

　　　S_H——管道材料的热态许用应力（$S_H = 0.33S_UT$）；

　　　S_U——最小抗拉强度；

　　　S_L——纵向应力（$S_L = S_P + S_X + S_B$）；

　　　f——应力循环系数，$f = 6N - 0.2$（N：寿命期内循环次数，$N \leqslant 7000$，$f=1$；$7000 < N \leqslant 14000$，$f=0.9$；$14000 < N \leqslant 22000$，$f=0.8$）。

ASME B31.8 管道系统的应力许用值见表 1-14。

表 1-14 ASME B31.8 管道系统的应力许用值

位置	膨胀应力 S_E	轴向应力 S_L	组合应力
完全约束的管道	—	$0.9S_YT$	kS_YT[①]
非完全约束的管道	S_A	$0.75S_YT$	—

注：（1）T——温度折减系数，当温度小于 121℃时取 1；
　　（2）S_Y——管道材料的最小屈服强度，MPa；
　　（3）k——对于持久荷载，k 值不应大于 0.9，对于非周期的偶然荷载，k 值不应大于 1.0 分。
① 上述组合应力的评定准则仅适用于直管道。

3. 设备管口荷载评定

天然气管道工程常见的设备主要包括离心式压缩机和空冷器。当管道受到膨胀或收缩的影响时，对其所连接的设备将产生作用力。对于转动设备，当管道作用于设备的荷载过大时，将造成转动轴的不对中、转子与定子之间的间隙改变，引起机器磨损和振动，影响机器正常运行。对于静设备，当管道对其作用力过大时，可能造成设备变形和局部应力过大。因此必须对管道作用于设备的荷载加以限制。

本节将对离心式压缩机、空冷器的允许受力要求进行介绍。对于容器（例如旋风过滤器、卧式过滤器）与管道连接开孔处的局部应力校核属于压力容器设计的内容，不属于管道应力分析的工作范围，设计中通常的做法是管道应力分析专业将计算得到的容器管口荷载提交容器设计专业，由容器设计专业进行应力校核。

1）离心式压缩机的管口受力限制

离心式压缩机组是天然气长输管线的核心设备，结构精密复杂，对外界应力反应敏感。当压缩机进出口管线受热膨胀时，对压缩机将产生作用力，一旦作用力过大，可能使压缩机和驱动设备（燃气轮机或电动机）的驱动轴发生扭转、偏移，从而使压缩机发生震动、报警、紧急停车，造成运行的安全隐患。因此，压缩机组配管的详细设计是保证压缩机组长期安全运行的基础。

由于离心式压缩机转速很高，因转动轴不对中引起的微小振动也可能影响正常运行，所以压缩机的允许受力限制非常严格。压缩机进出气管道在热态时所产生的力和力矩必须小于压缩机进出口允许的力和力矩值，该值一般由机器制造厂提供。根据以往工程，天然气长输管道压缩机进出口允许受力值一般是美国电气制造商协会标准 NEMA SM23 允许值的 8~15 倍。在机器制造厂未提出允许受力限制时，一般参照美国石油协会标准 API 617 对受力加以限制，API 617 允许的力和力矩值是 NEMA SM23 规定值的 1.85 倍。

2）空冷器管口受力限制

对于空冷器，如果制造商未提供管口许用荷载，管口所承受的荷载应满足 API 661 标准的要求。API 661 关于管口坐标约定如图 1-72 所示，所承受的荷载

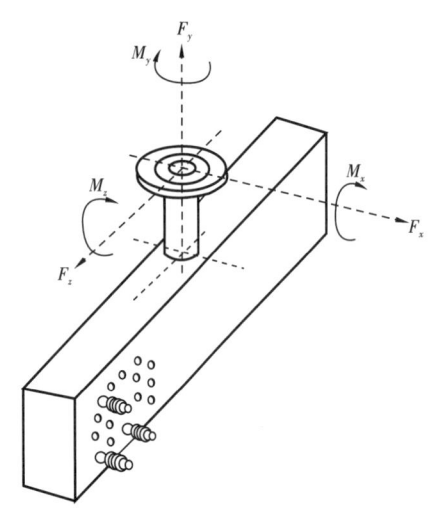

图 1-72　作用力和力矩的方向

的要求见表 1-15 和表 1-16。API 661 给出的受力限制具有较大的保守性，通常可与制造商协商放宽允许受力限制。

表 1-15 空冷器管口允许荷载

管口直径 mm	作用力，N			作用力矩，N·m		
	F_x	F_y	F_z	M_x	M_y	M_z
40	670	1020	670	110	150	110
50	1020	1330	1020	150	240	150
80	2000	1690	2000	410	610	410
100	3340	2670	3340	810	1220	810
150	4000	5030	5030	2140	3050	1630
200	5690	13340	8010	3050	6100	2240
250	6670	13340	10010	4070	6100	2550
300	8360	13340	13340	5080	6100	3050
350	10010	16680	16680	6100	7120	3570

表 1-16 单个固定管箱上允许受力总和

作用力，N			作用力矩，N·m		
F_x	F_y	F_z	M_x	M_y	M_z
10010	20020	16680	6100	8130	4070

4. 位移评定

相关标准规范对管道的位移量未作明确要求，设计时主要考虑管道的位移不能导致以下情况发生：

（1）管道自身应力超标；

（2）管道上的连接件泄漏；

（3）管道支吊架的损坏；

（4）发生位移后与其他管道相碰撞；

（5）影响工艺、安装、操作等方面。

对于天然气管道工程，随着大口径、高压力及高强钢的采用，需要关注位移的部位主要是站场进出站管道和线路穿跨越管道。

5. 法兰校核

法兰连接是天然气站场中应用最普遍的一种可拆式连接，其受力较为复杂。在纯压力工况下，螺栓荷载、垫片反力和介质内压力的合成力矩会引起法兰产生变形（转角）而导致密封失效。在管道运行过程中管道应力分布不均匀、带来了附加外力及力矩。法兰接头除承受内压外还要承受上述附加载荷。法兰在力矩作用下，如果刚度不足，就会形成对垫片压紧力的不均匀，从而导致在垫片一侧压紧力较小不能形成有效密封，而在垫片另一侧压力过大导致垫片压溃，这就引起了法兰接头密封的失效即泄漏（图1-73）。工程设计中如忽视外载荷对法兰的影响，法兰则有可能泄漏失效。

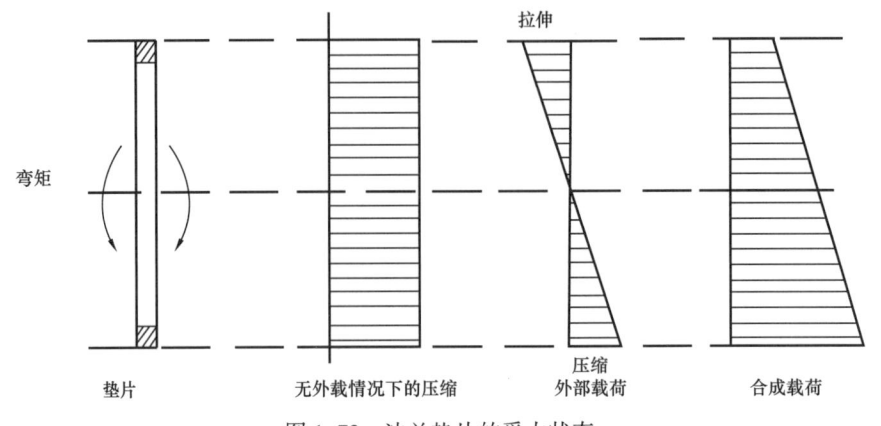

图1-73 法兰垫片的受力状态

原则上管道上的法兰及与设备相连的法兰均应进行校核，通常采用的校核方法是当量压力法。当量压力法是一种简化的校核方法，将法兰承受的轴向力和外弯矩转换成当量压力，再将当量压力与法兰最大操作压力相加的和与法兰的最大许用压力进行比较。

当采用当量压力法不能满足校核时（$p_{eq} + p > p_{ASME}$），应通过改变法兰位置、增加或调整法兰附近的支撑、改变管道路由等方式优化管道设计。当优化管道设计后法兰校核仍不满足，应依据 ASME BPVC VIII Division 1 进行校核。

当依据 ASME BPVC VIII Division 1 法兰校核仍不满足且无法对管道设计进行优化时，应提高法兰的等级。

四、管道振动分析

管道振动引起的疲劳失效会导致安全、产量降低、整改费用及环境影响等方面的问题，振动疲劳失效越来越受到石油化工、电力等行业的重视。英国安全与健康部发布的关于海上工业的数据显示，英国北海区域碳氢化合物泄漏事故超过20%是由于管道振动和疲劳失效导致的。尽管没有陆上工业的全部统计数据，但石油化工厂的统计数据显示，在西欧10%~15%的管道疲劳失效是由于管道振动导致的。

导致管道振动的因素通常是多方面的，可能是管道结构设计不合理，也可能是施工质量差降低了管道的刚度或者运行操作不当导致。国外经验表明，减小或消除管道振动最好的办法是在设计阶段进行管道振动分析、在施工阶段保证良好的施工质量、在运营阶段将管道振动监测作为投产运行测试的一部分。在设计阶段进行大量的分析非常复杂且问题较多，目前除 API 618 往复式压缩机管道外，很少有项目在设计阶段进行系统的管道振动分析。这主要有两方面原因：一方面是管道规范关于管道振动方面的要求通常只是一些原则性的，这些原则性的要求在项目执行过程中可操作性差，从而导致管道振动被认为是一种特殊的、通常被忽视的情况；另一方面是管道振动分析技术涉及机械振动、材料力学、流体力学、声学、数值分析等多个学科的知识及工程经验，一般设计人员较难掌握。

从管道振动的振源进行划分,管道振动的原因可以分为两方面:设备振动引起的管道振动和流体引起的管道振动。

1. 设备振动引起的管道振动

泵和压缩机的振动某种程度上可能引起管道的振动。通常情况下,此类振动发生在设备附近的管道,随着管道与设备距离的加大,管道振动很快衰减。此类振动一般分为两种情况:一种情况是设备自身的振动带动管道振动;另一种情况是设备的振动引起其基础的振动,而管道支吊架的生根部位与基础相连,从而导致管道振动。上述两种情况是由设备本身或其基础的设计、施工缺陷造成的。要从根本上解决问题,应从设备及其基础的设计、施工方面寻找原因,并制定相应的解决方案。

对于设备振动引起的管道振动,可以通过振动频率查找原因,见表1-17。例如,如果转动设备不平衡,它的振动频率是旋转轴的转动频率,如果转动设备地脚螺栓松动,它的振动频率也是旋转轴的转动频率。

表 1-17 管道振动原因、主要振动频率和振动方向

原因	频率	方向
动平衡差	1 倍转速	径向
旋转轴轴向不对中	2 倍转速	径向
旋转轴角向不对中	1 倍和 2 倍转速	径向和轴向
地脚螺栓松动	1 倍转速	径向
底座开裂	2 倍转速	径向
轴承间隙大	1/2 转速的倍数	径向

分析时要综合考虑以下三个原则:

(1)管道柔性越大、振动的位移幅值往往越大。

(2)如果管道刚性较大,即使管道发生共振,其振幅通常也是很小的,特别是固有频率大于 50Hz 的管道。

(3)如果管道通过柔性接头(如波纹管或编织软管等)连接到设备管嘴,相连管道的振动受设备振动的影响则较小。

2. 流体引起的管道振动

流体引起的管道振动(流致振动)是由于流体的连续扰动产生了周期性的压力脉动,该压力脉动在管道方向改变(弯头、三通处)或流通面积变化处(阀、孔板)产生不平衡力,从而导致管道振动。天然气站场管道的振动大多数属于流致振动。

(1)叶片和活塞运动。

泵、压缩机以平均压力 p 输送流体,在平均压力上会有一个小的正弦压力波动 $dp(t)$。该压力脉动是由于离心机的叶片每次经过出口或往复机活塞每次完成一个冲程导致,其频率见表1-18。

泵、压缩机出口周期变化的压力 $p+dp$ 沿着管道向下游传播,在管道方向改变或横截面积变化处,会产生不平衡力。通常情况下,离心机出口的压力脉动很小,不会导致明显

的管道振动，只有在启动时，由于转速从 0 到运行转速，旋转频率扫掠了出口管道的固有频率，如果压力脉动频率与管道固有频率接近，将使管道在极短的时间内发生共振。

表 1-18 压力脉动频率

振动原因	主频率	振动方向
叶片通过	叶片数 $\times r$ ①	径向的
活塞运动	活塞数 $\times T$ ②	任意的

① r 为每分钟的转数；
② T 为每分钟活塞冲程周期数。

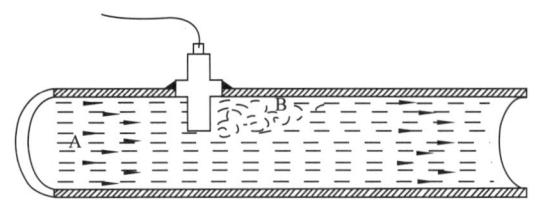

图 1-74 管道外流流过障碍物

（2）湍流引起的振动。

对于管道内流，靠近壁面的流体流速低、远离壁面的流体流速高，当流体流过分支位置时剪切层流体发生剥离，从而形成涡流。对于管道外流，稳态流动的流体流过障碍物时，障碍物后也将形成涡流（图 1-74）。涡流会引起压力波动，压力脉动足够大或引起流体声学共振时，将导致管道振动。压力脉动频率可以通过有限元流体分析确定，也可通过以下经验公式估算：

$$f_{HS} = nSv / D \tag{1-17}$$

式中　f_{HS}——由于涡流脱落引起的压力脉动频率，Hz；
　　　n——垂直于流动方向为 1，平行于流动方向为 2；
　　　S——斯特劳哈尔数（雷诺数在 $10^3 \sim 10^5$ 之间，$S=0.2$；雷诺数在 $10^5 \sim 2 \times 10^6$ 之间，$S=0.2 \sim 0.5$；雷诺数在 $2 \times 10^6 \sim 10^7$ 之间，$S=0.2 \sim 0.3$）；
　　　v——流速，m/s；
　　　D——障碍物直径，m。

（3）声学共振。

当压力脉动从激振源（如泵或压缩机进出口）向管道上下游传播时，在不连续处（关闭的阀门、孔板等）或体积变大处（罐、汇管等）会发生反射，入射波和反射波的叠加在管道系统内将形成驻波。当压力脉动频率与管道系统的声学频率接近时，便会发生声学共振。

对于两端为开口的管段（例如两汇管之间的支管）或两端为闭口的管段，气柱声学频率计算如下：

$$f_{AP} = na / (2L) \tag{1-18}$$

式中　f_{AP}——气柱声学频率，Hz；
　　　n——整数 1，2，3…；
　　　a——流体中的声速，m/s；
　　　L——管道长度，m。

对于一端为开口，一端为闭口的管段，气柱声学频率计算如下：

$$f_{AP}=(2n-1)a/(4L)$$

在天然气站场，分支管道阀门关闭时在分支处极易产生涡流（图 1-75），是声学共振的典型案例。当涡流脱落频率与流体声学固有频率相同或接近时，流体便发生共振，此时支管内随时间变化的峰值压力远大于主管内的稳态压力，从而导致管道振动。若分支管道阀门是安全阀，当支管长度一定时，这个峰值压力足以间歇性地使安全阀打开，并导致阀门内件过早磨损。此类问题可以通过改变分支管长度解决，使涡流激振频率避开管内流体固有频率，但更好的方案是加大分支内倒角，从而削弱或消除涡流。

对于往复式压缩机，应依据 API 618 的要求进行详细地声学分析，以避免产生声学共振。

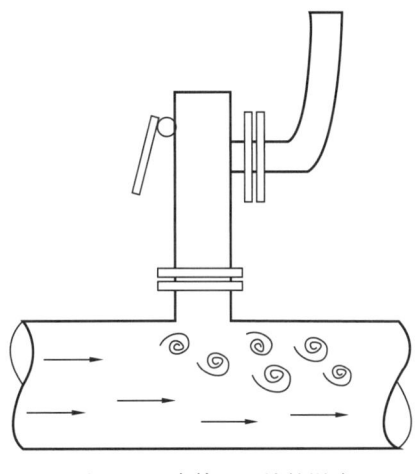

图 1-75 支管入口处的涡流

（4）管壁振动。

压力脉动可以导致管路系统产生两种类型的振动：不平衡力引起的梁弯曲振动和管壁径向振动。管壁振动通常发生在高频率下，特别是大直径薄壁管（直径与壁厚比值 D/t 大于 100），其周向呈叶状振型。

圆形管道管壁振动的第一阶固有频率的扩展模态是管道在圆周形状附近的径向延伸。对于无限长管道管壁振动的固有频率为：

$$f=\frac{1}{2\pi R}\sqrt{\frac{E}{\rho(1-v^2)}} \quad (1-19)$$

式中　R——管道半径，in；

　　　ρ——管材密度，lb/in^3；

　　　v——管材泊松比；

　　　E——管材杨氏模量，psi。

圆形管道的前两阶屈曲模态的振型如图 1-76 所示：两叶椭圆形和三叶齿轮形。如图 1-76（a）所示的屈曲模态的第一阶固有频率为：

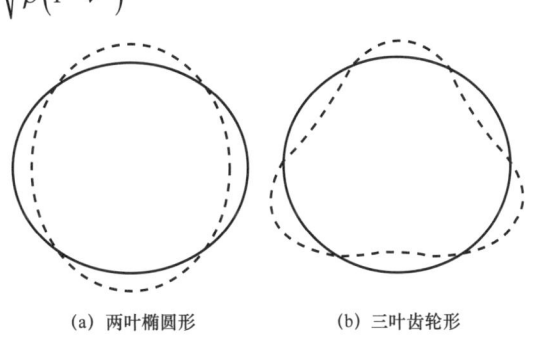

(a) 两叶椭圆形　(b) 三叶齿轮形

图 1-76 管壁屈曲模态

$$f=1.15\frac{t}{R}\frac{1}{2\pi R}\sqrt{\frac{E}{\rho(1-v^2)}} \quad (1-20)$$

式中　t——管壁粗糙度，in。

（5）阀门噪声。

除了机械振动外、压力变化也会产生噪声（在 20～20kHz 范围的振动）。声压水平可按式（1-21）计算：

$$L_p = 20\lg(p_{\text{measured}} / 0.0002) \quad (1-21)$$

式中 L_p——声压等级,dB;

p_{measuerd}——实测压力变化幅值,10^{-6}bar。

人类能够承受的噪声大约是 145dB（压力脉动幅值 0.004atm）。在美国，噪声水平是由职业安全与健康管理局（OSHA）来规定的。除了职业安全问题，有报告指出在 130dB 时，钢制阀门可能出现疲劳裂纹。通常，流致振动常伴随着阀门噪声，这是压力脉动产生的一个现象。

阀门噪声可能是由以下 3 个原因产生：① 阀门压力波动导致内部部件发出声音；② 压力下降到蒸汽压以下出现气蚀；③ 在高流速和大压降下的紊流。

高频压力波动引起的阀门内的高频噪声，易激发管壁高频的呼吸模态，导致直管和分支管连接处失效。

3. 管道振动测试

管道振动测试主要有以下方法：

1）目视检查方法

目视检查方法适用于振动不显著的管道系统的测试。目视检查方法允许利用感官（如触摸）来确定振动量级是否可接受。例如，凭借经验通过触摸可以准确地感觉到频率为 2~30Hz 的管道振动，低频振动的幅值可以用千分尺来估计。

目视方法的目的是确认振动是否可接受，如果不能确定振动量级可接受，那么在目视检查之后，需要用峰值速度或交变应力测试的方法进行评估。

2）振动速度测试

对于瞬态振动速度的测量，需选择合适的传感器，传感器应具有足够的量程和频率响应，以测量冲击载荷下的管道响应。

初始测量应在管道上目视最大位移点处进行。在管线上不同点对振动速度进行连续测量，确定出最大峰值振动速度所在位置。在每一测点上，沿管道圆周进行测量以找出最大振动速度的方向，测量应该在该点垂直于管道轴线的方向上进行，位置确定后进行最大峰值振动速度的最终测量。

最大峰值振动速度从实际速度时域信号中得到，应确保有足够长时间的信号，以保证统计精度，确保测量结果的可靠性。

3）振动应变测试

进行管道系统的应变测量时，在直管段上靠近可能发生最大应力部位（如焊缝、支管连接处等）应布置足够多的应变片，记录管道系统的动态应变。测定管道的名义弯矩，应变片应布置于非应力集中部位。

4. 管道振动评价

1）经验图表

评估振动的最简单方法是测量最大位移、振动速度或加速度，然后将测量值与振动等级图表中的数值进行比较。转动设备的国际标准（ISO 2372、ISO 3945）将振动等级定义为频率在 10~1000Hz 之间速度幅值均方根的最高值。一些标准提供了振动等级图表，这些标准见表 1-19。

表 1-19　设备及其参考标准

标准	设备
API 610	泵
API 612	蒸汽轮机
API 613	齿轮机构
API 617	离心式压缩机
API 619	容积式压缩机
API 541	电动机
Hydraulic Institute	卧式泵
Compressed Air and Gas Institute	离心式压缩机
ISO 2954	旋转式和往复式机器

一些机械振动限定值见表 1-20，当超出这些值时，有必要进行机械振动分析。

图表方法的简单易用决定了其广泛的应用，但实际应用中要注意：不要将设备振动准则应用到管道系统或管线振动上。管道振动准则往往不如机械振动准则苛刻，如果使用机械振动等级图表来评估管道振动，会造成原本可以接受的振动不能接受。

表 1-20　机械振动限定值

设备	速度，in/s
电动机	0.1~0.3
离心式压缩机	0.2~0.3
风机	0.2~0.4
往复式压缩机	0.5~0.7

在很多情况下，机器刚刚启动，转速提升到额定转速过程中振动幅值相对较大。这种启动振动通常危害不大，因为这样状态的时间很短，但是这种情况有可能触动振动开关，导致机器停机。为了避免这种情况，可以将振动开关设置 1~20s 的延迟。

管道振动等级图表是基于管道尺寸、管道布置形式和支撑条件制定的。在 ASME 操作和维护标准第 3 部分（ASME OM3）中，提供了电厂启动时用于检查管道振动的图表方法。值得关注的管道振动问题应该基于计算机软件进行分析，而不是通过图表进行评判。

2）管道振动分析

管道振动分析的最简单方法是采用静态方法，这种方法只能应用在振动振型已知，低频大振幅的振动情况，对于高频小振幅的振动不适用。对于低频大振幅的振动，管道的振动振型是基于现场数据的。将测量的最大振幅施加到管道系统的应力分析模型的各个点上，并考虑应力增大系数，得出由此产生的弯曲应力，并与疲劳应力极限进行比较：

$$iM/Z < S_{el}/S_F \qquad (1-22)$$

式中　i——管件应力增大系数；
　　　M——振动力矩，in·lbf；
　　　Z——管件截面系数，in³；
　　　S_{el}——ASME疲劳曲线的疲劳极限，psi；
　　　S_F——安全系数。

对于复杂管系或想获得更为准确的分析数据，应进行管道动力分析。管道动力分析可以采用谱分析或时程分析方法。由于成本、时间、复杂性及结果对于模型假设的敏感性，时程分析通常很少在管道系统的振动分析验证中应用。

5.管道振动预防和缓解措施

（1）合理的布局和支撑。

柔性大的管道系统，如有弹簧支撑的系统，将会产生较大振幅的振动。为防止过大的振动，有必要在管道系统中设置刚性导向。特别是在管线上的大质量处（如大阀门处）。对于热态管道系统，导向的设置同时要满足管道的膨胀。

避免长跨度管道的主频率在转动设备频率的20%以内。

易振动的管道系统在设计时，应避免振动导致疲劳失效的应力集中，如无加固的分支管处。采用轮廓平滑的整体锻造三通管件代替管与管直角连接的焊接分支，以避免流体中涡旋的形成。

焊接管台频繁疲劳失效使得人们广泛研究机械振动对焊接管台疲劳寿命的影响，潜在的振动引起的焊接管台处的疲劳泄漏或断裂可以通过以下途径最小化：

① 放空或排污管道在反力方向要固定到管道上；
② 采用厚壁管；
③ 避免使用滑套接头；
④ 采用全焊透焊接；
⑤ 保证焊接质量，尤其是第一道角焊缝；
⑥ 主管的焊角尺寸尽量是支管焊角尺寸的两倍。

在易于产生振动的管道系统中，尽量避免不必要的方向改变。必要时可采用缓冲罐。

使用专门设计的减振装置以达到减振。缓冲器旨在抑制管道对大的速度或加速度的响应，比如由于地震或水锤导致的振动，他们通常不用于减轻高频低幅的振动。

（2）试运行测试。

在所有预防和缓解措施中，对首次运行或改造后重新运行的管线进行监控是最为有效的。如果有必要，应进行目视检查或对不寻常的噪声进行判定。

（3）减少湍流和气蚀。

减少或消除气蚀首先必须依靠合理的管道系统的水力计算及泵、压缩机和阀门的选型。减少涡流脱落引起的脉动的方法之一是：在弯头或曲折流到的阀门内使用导流叶片，将流通面积分成多个窄的通道，如图1-77所示的大口径弯头和球阀。

（4）脉动衰减器。

通过减少流量和转速可以减小容积式设备引起的压力脉动，但实践中这并非可行的解决方案。常见的解决方案是根据所关心的压力脉动在压缩机上游或下游设置脉动衰减器。设置脉动衰减器的一些原则如下：

① 脉动衰减器的体积至少为 15 倍压缩机行程的体积；

② 脉动衰减器可以在远离三通出口的位置放置；

③ 脉动衰减器距离压缩机不应超过 40 倍管径；

④ 三通和脉动衰减器之间的管道应该直且短，最好不超过 15 倍管径，且应有全尺寸的汇管。

（5）阻尼。

振动的幅值可以通过增加管道系统的阻尼来减小。这可以通过在管道可调支撑处增加薄橡胶垫片或其他减振材料，或通过使用专门设计的阻尼器。将振动幅值从 R_0 减少到 R 所需的阻尼为：

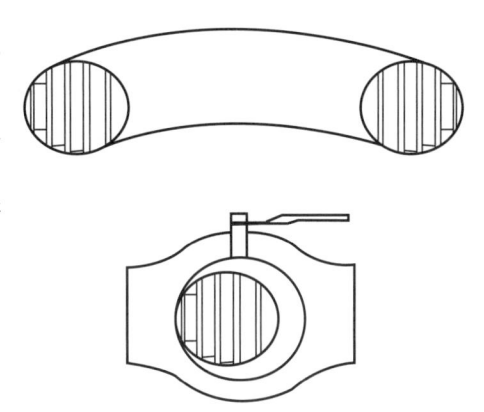

图 1-77　弯头和球阀处的导流片

$$\zeta = \frac{1}{2} \frac{1-\left(\dfrac{w}{w_\mathrm{n}}\right)^2}{\dfrac{w}{w_\mathrm{n}}} \sqrt{\left(\dfrac{R_\mathrm{o}}{R}\right)^2 - 1} \qquad (1-23)$$

式中　ζ——阻尼系数；

w_n——激发频率，s^{-1}；

w——固有频率，s^{-1}；

R_0——没有阻尼时振动幅值；

R——阻尼系数为 ζ 时的振动幅值。

注意，除非频率 w 与 w_n 接近，否则实际中很难实现阻尼 ζ 减少 R/R_0 的振动。这意味着黏性阻尼只有在频率 w 约等于 w_n 时才起作用。

（6）柔性连接。

柔性软管、编织软管、金属波纹管和法兰连接的橡胶波纹管通常设置在泵进口和出口，用来保护泵的轴线对中并使管道与泵的振动分离。柔性连接件比管道薄弱，因此不应支持重量或荷载。这些元件的安装应遵循供货商的程序，应与管道系统的设计压力一致，并考虑安全系数来满足管道规范的要求。材料应符合流体、环境和操作温度的要求，应该定期进行检查并根据需要进行更换。

第六节　天然气管道数字化设计技术

一、国内外天然气管道数字化设计技术发展现状

在管道线路选择方面，20 世纪 90 年代中后期美国等国家就已经开始了利用遥感和 GIS 选择最低成本的管道线路研究，提出了较为完善的利用计算机自动或半自动选线的方法，并在实际工程中得到应用。国外已经出现用于油气管道选线的软件，进行油气管道选

线的规划和对线路的走向进行决策，解决长距离输油气管道线路设计问题。

在遥感技术应用方面，国外利用遥感技术形成试验样区的专题图，包括滑坡分布、滑坡危险区划、土地利用、岩性生成等，结合GIS空间技术将这些栅格图层数据转化为成本专题图层，根据专家知识经验估计线路建设施工、运营管理和维护的成本。

同样在管道的站场建设方面，世界各国都在积极推动工程建设领域信息化进程。目前发达国家在建设项目策划与设计阶段，利用网络进行业主、设计、咨询之间的信息交流与沟通；在招投标阶段，业主和项目管理单位利用网络进行招投标，施工单位利用基于网络平台的项目管理信息系统和项目信息门户试行施工管理信息化；在竣工验收阶段，各类竣工资料集中存储，并为运维管理积累大量管理信息。

我国的管道设计企业，在信息化建设中有快有慢，程度不同，但建成一体化企业级的信息集成平台，实现上下信息畅通和数据共享是共同发展的趋势。首先，在国内卫星遥感技术和数字航空摄影技术已在西气东输管道工程之后的多条大型管道工程中得到应用。这种选定线方式是先在小比例尺地形图（1:50000以上）上初选出大的线路走向，再根据大的线路走向获取线路沿线实时的、最新的卫星遥感影像图（5~10m分辨率或更大分辨率的1:50000比例尺或更大比例尺影像图），用目视和航空立体镜进行解译，或用立体成图仪成图，从中获取有关信息，根据遥感图上的信息进行线路调整，到现场了解图上反映不出的规划等情况，再次调整线路，完成初步选线工作。再利用数字摄影测量技术，在调整后的线路走向上进行数字航空摄影，并形成覆盖管道中线两侧各600m的范围的1:2000比例尺正摄影像图。设计人员可根据正摄影像图，在管道中线两侧各600m范围内进行线路、站场优化，即进行线路微调并利用数字摄影测量的数字高程模型功能，使微调后线路的纵断面即时成图，方便设计。由于影像图具有直观、信息量丰富、可读性强的优点，在其上调整线路，能够合理避让水塘、经济作物、不良施工地段，合理选择公路、铁路、河流穿（跨）越位置，使定线和改线工作可以在室内完成，大大减轻了劳动强度，提高了工作效率。更为有益的是：采用数字摄影测量技术，可使施工图设计中的平面图用正摄影像图代替，并和纵断面图对应，方便设计和施工，更利于今后的管线数字化运营管理。

随后，根据流程工厂及建筑信息化的建设，油气管道站场的数字化设计也加快了步伐，利用一体化的解决方案，通过多专业的协同，将站场的三维模型设计与站场工艺流程及仪表控制等进行数据的充分利用和共享，设计人员可从不同的设计阶段得到需求信息。利用三维模型将建设的站场形象地展示在设计人员面前，通过碰撞检查及智能的规则判断，保证站内管线及建筑的布置合理以及选材正确；通过一体化的数据平台，得到翔实的数据信息，提供准确的工程物资材料报表；通过站场内的二维工艺及仪表的智能设计，将各物资属性及物料信息准确传递给三维模型，简化设计之间的沟通，增强复杂场站的设计错误和遗漏。减轻了设计符合，提高设计质量。在此基础上完成的数字化站场设计，可使物资采购、施工更加节约和准确，为管道站场施工建设提供形象化指导，降低施工的错误和简化施工组织安排，并利用产生的物料及物资数据等为站场的设备设施数字化运营及维抢修管理提供有力的支持。

数字化设计的基础是管道信息化的基础以及源头，需要进行标准的编制先行，才能进行后期的信息化有效利用。我国在相关的标准编制上不断加强，油气管道的相关信息化标准也在不断完善和补充，针对天然气管道线路部分，国家发布了《油气输送管道完整性管理规范》（GB 32167—2015），其中规定了油气输送管道完整性管理的内容、方法和要求，包括数据采集与整合、高后果区识别、风险评价、完整性评价、风险消减与维修维护、效能评价等内容。同时，为规范油气输送管道勘察测量、设计和施工阶段数字化系统的业务架构、功能架构和数据架构，保证数据传递的通畅，提高管道全生命周期内的安全性，发布了行业标准《油气管道工程数字化系统设计规范》（SY/T 6967—2013），站场部分发布《工业自动化系统与集成流程工厂》（GB/T 18975.1—2003），这些标准支持在工厂生命周期的各个阶段，流程工业对信息的要求以及所有实体间的信息共享和集成。可用于数据库或数据仓库的实现，以便于在流程工厂的生命周期内不同参与者之间的数据集成和共享。同时，《2012年工程建设标准规范制定修订计划》（建标【2012】5号）启动了《油气管道工程信息模型应用统一标准》等5项国家标准的制定工作，《2013年工程建设标准规范制定修订计划》（建标【2013】6号）又包括了《油气管道工程施工信息模型应用标准》1项国家标准。

在油气管道企业中，也逐步加强对信息化的相关规定的制定，可见这些工作对引导油气管道行业应用，提升数字化设计的应用水平和规范应用行为都起到了积极的指导和推动作用。

综述，发达国家在建筑信息化方面的发展已经走在了我们的前面，但面向整合行业资源和整合协同平台的现实应用中，还有诸多方面的问题需要解决，同时又具有很大的挑战。虽然，我们与发达国家还有一定的差距，但差距就是机遇，差距就是目标，也是鼓舞我们追赶的动力。

二、管道设计综合信息数据库的建设和积累

针对管道设计所面临的地理数据与专业数据的模型不统一和数据孤岛问题，基于空间数据管理技术，借鉴 PODS、APDM 等国际管道数据模型，结合国内管道设计、施工、运营的实际数据应用情况，建立了管道设计的基础地理数据模型与专业数据模型，搭建了管道空间数据库，对管道数据实现了高效管理。集中了地理信息数据、勘察测量数据和各专业设计数据的管道设计综合信息数据库不仅为设计提供了数据基础和数据仓储，也随着项目的积累成为管道设计的宝藏，随时准备为新、老项目服务。

三、ArcGIS 空间分析技术的应用

空间分析是基于地理对象的位置和形态的空间数据的分析技术，其目的在于提取和传输空间信息。数字化协同设计集成系统利用空间分析技术，对综合信息库中的地理数据、管道设计数据结合设计规则进行空间分析，包括空间位置分析，通常借助空间坐标，反映出管道的准确位置；空间分布分析，管道地区等级、地形地貌等对象的定位、分布、趋势、对比内容；空间形态分析，管道的曲线几何形态；空间距离分析，管道与周边地理对象的接近关系，能描述管道与周边对象的连通性、邻近性和区域性等。一些常用的具体分析方法包括叠加分析、缓冲分析、三维分析等。

通过空间技术，在设计管道线路过程中，能及时得到管道线路长度、管道拐点坐标、管道任意点里程三维坐标信息；通过对周边人居环境进行缓冲分析，能自动划分管道地区

等级；通过与铁路、公路、河流等对象的关系分析，能迅速得到管道穿越河流的定量、定位、定性统计；而一旦管道距敏感区域过近或直接交叉，系统将自动进行空间分析，判断并给出提示警告信息；在管道通过山区时，能解析得到高程里程，又能通过一定算法，判断管道沿线地形地貌。

空间分析技术对管道设计的作用是多方面的，通过赋予一定的规则、算法，能帮助设计人员很好地掌握管道与周边环境的关系，通过计算的统计结果进行定量评价，能帮助管道专家判断管道线路设计的优劣，以便推荐最优方案开展详细设计，用于现场施工。

四、标准化设计

基于基础地理数据库的数字化协同设计集成系统通过利用将设计标准的相关规定形成的规则、算法能及时得到管道线路长度、管道拐点坐标、管道任意点里程三维坐标信息；通过对周边人居环境进行缓冲分析，能自动划分管道地区等级；通过与铁路、公路、河流等对象的关系分析，能迅速得到管道穿越河流的定量、定位、定性统计；而一旦管道距敏感区域过近或直接交叉，系统将自动进行空间分析，判断并给出提示警告信息；在管道通过山区时，能解析得到高程里程，又能通过一定算法，判断管道沿线地形地貌。具体分析方法包括叠加分析、缓冲分析、三维分析等。这些将设计标准和地理信息、数据属性数据项融合的设计手段能帮助管道设计人员判断管道线路设计的优劣，以便推荐最优方案开展详细设计。

面向设计过程的导航流程，根据固化在系统内部的标准设计流程，自动将工程参数、所需的专业设计工具和设计参数推送给设计人员，利用设备材料库自动进行工程量和材料的统计，最后利用标准设计模板自动生成设计文件和图纸，在整个设计流程形成智能化的设计作业管理模式，有效地提高设计质量和效率。

标准化设计的一个优势是提高设计效率。规范的设计流程和固化的设计方法减少了设计人员查询工程参数、查找参数指标、选择设计工具以及手工统计等一系列工作。标准化设计保证了人为不同对设计成果的影响，提高了设计的标准化同时大大加快了设计速度。

另一个优势是提高设计质量，规范的设计流程和固化的设计方法不仅提高了设计核心基础知识的积累水平，也从本质上保证了设计质量。

五、工艺流程的多维度设计

天然气管道数字化设计中工艺及仪表采用智能的P&ID设计及仪表逻辑相结合，将原有的P&ID的CAD图纸真正"活化"，将CAD上的线条及图例真正的定义为管道和设备数据模型，不仅具有管线的上下游逻辑关系，同时具有管线上的各类数据模型的物资属性，如图1-78所示。可多维度地向仪表逻辑、数据单及三维布置设计的数据衔接，多专业的协同设计。

智能的P&ID设计带来了传统的"图纸"设计的改变，将传统的P&ID、数据单及专业提资均整合在智能的P&ID

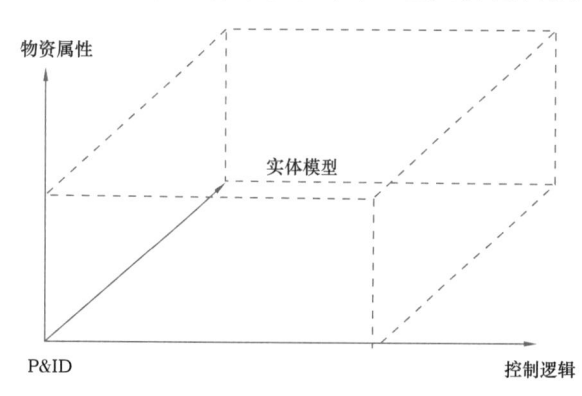

图1-78 工艺流程的多维度视图

中，通过一个工作程序来满足仪表、采购及三维布置的共同需求。但同时也增加了设计人员的能力，具备智能 P&ID 设计的设计人兼备物资选择、操作控制、工艺流程及管线及设备布置等多方面技能。

六、三维的协同数字化设计

三维的数字化设计是在原有的二维数字化设计基础发展而来，带有明显的真实世界的模拟化，能够看到天然气管道建成后的效果。如图 1-79 所示的三维模型设计，可以支持可持续设计、冲突检测、施工规划和建造，同时能够将设计人员与承包商及业主之间更好地沟通协作。设计过程中的所有变更都会在相关设计与文档中自动更新，实现更加协调一致的流程，获得更加可靠的设计文档。

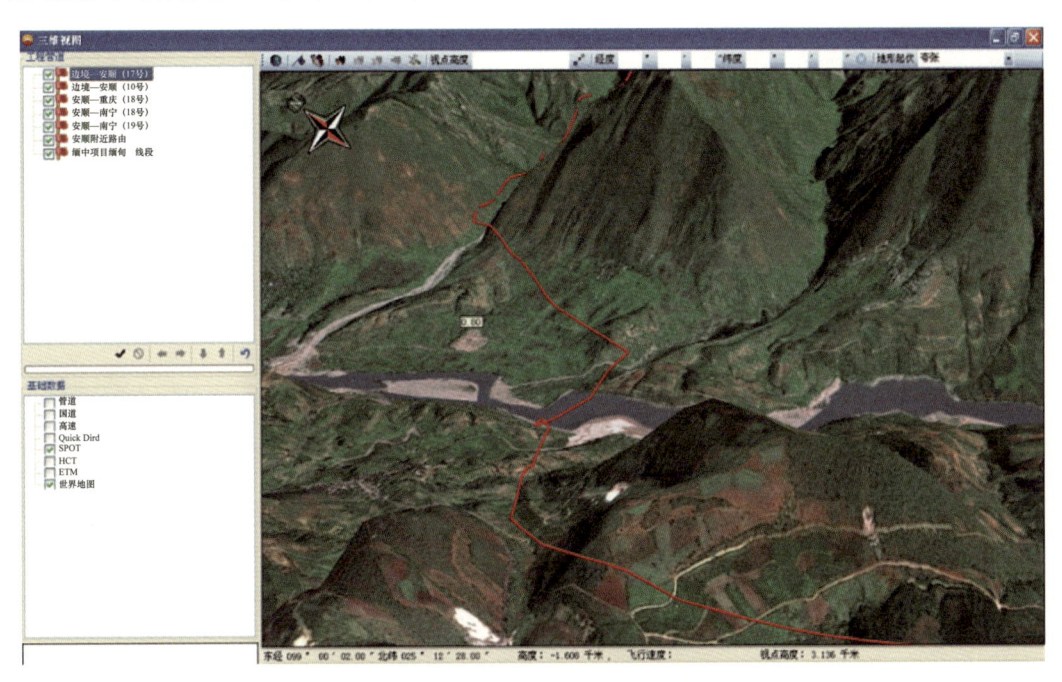

图 1-79 三维下的山区地段管线敷设

通过三维可视化模型，施工单位可以更直观地获取建设项目的准确信息，为项目的标准化建设提供保障。能够在施工的过程中，对数据模型进一步地调整、补充录入数据。业主将最终得到一个完整的项目建设信息文件。相比以往的设计、施工，数据将更有效地传递，更能承载项目建设过程的数据。

二维图纸仅作为后期的设计成果之一，均来源于协同设计的三维数据模型，并在设计初期，各专业将完成本专业设备与管线的方案布置，通过碰撞检查工作，有效避免设计交叉中，多专业之间的设计误差。与传统设计比较，传统的设计为二维平面设计，而三维数字化设计相对二维设计是三维可视化的，并且所有的设计均是直观的呈现。在三维数字化设计过程中，所有专业均在同一个设计平台下，进行三维协同设计，设计更为顺畅，更有利于设计人员整体考虑本专业与其他专业的设计关系，是与实际更为接近的一种设计形式。在设计模型数据完成后，二维图纸根据最终的成果模型抽取出来的，保证了二维图纸的准确性，提高了设计质量。

在三维的线路设计中，由特殊地段的各类土石方由原来的标准定额公式进行计算，改为真实区域横坡劈方的实际工程量计算。计算结果更加准确。

七、数字化设计下的经济概算及数据分析

数字化设计通过计算机的数据库的数据存储，将各类原有分散在个人计算机的项目数据集中进行存储，数据的集中存放利用计算机的分析功能，使得数字化设计较以往的设计方式有了更加清晰的数据对比能力，如图1-80所示。同时，通过数字化的计算分析，将工程的经济概算等更加精细化，对于数字化设计的工程经济进度有了很好的掌控。

图1-80 工程经济概算统计

第七节 天然气管道节能设计技术

一、工艺系统节能技术

1. 输气温度优化选择

降低管道的输送温度，可以提高管道的平均运行压力，减少管道的沿程摩阻，降低压缩机组的能耗，因此输气站场需要设置空冷器以降低管道输送温度。影响空冷器选型的主要因素包括环境温度和空冷器出口温度。

空冷器合理配置为空冷器出口温度至少高于空冷器选型计算环境温度10~15℃。根据空冷器设计：环境温度采用历年平均不保证5天的日平均温度，该温度一般比极端最高温度低3~5℃，在昼夜温差较大的地区，该温度与极端最高温度的差值更大。

为降低管道的输送温度，空冷器的投资和耗电均增加。如果管道因降低输送温度所节

约的能耗费用，比增设空冷器所增加投资和空冷器耗电所增加运行费用之和还高，则管道降温输送是经济的。为确定合理的输气温度，按 60℃、55℃、50℃的出站温度配置空冷器，按运行日输量计算管道总的耗电量、耗气量，开展经济比较，以确定最优的空冷器出口温度，即出站温度。

2. 优化压缩机驱动方案

天然气长输管道大功率压缩机主要采用燃气轮机和变频电动机驱动，无论是采用电动机驱动还是燃气轮机驱动方案，在技术上均可以满足本工程天然气输送工况的要求，但这 2 种驱动方式各有优缺点，详细比较如下。

电驱和燃驱相比，具有运行维护简单、节省管道耗气、可把更多的天然气输向下游等优点，但采用电驱，受电网条件、电价、供水条件等制约。驱动方案的确定，需根据调研结果，对具备电网条件的压气站，结合电价、气价、外电长度等，进行经济比选，得出推荐的驱动方案。

在设计过程中，驱动方案的比选，通常采用费用现值法，该种经济方法得到了业界的广泛认可。采用费用现值法，最重要的是各计算参数的选取。当前，驱动比选主要参数选取方法如下：

1）外电投资

按照不同的驱动方案，与电力部门洽谈，确定电驱和燃驱的外电接入方案，根据线路长度、地形条件、地方补偿标准等，测算外电部分投资。

2）电价

电价包含基本电价和电度电价，在比选中，电驱方案电价通常选取站场所在地的大工业电价，而燃驱方案电价为一般工业电价；在比选中，考虑以上两部分的电力运行费用。

3）气价

比选采用的气价是最关键的经济参数之一。从不同角度考虑，有多种不同的比选气价，这也是存在争议的主要问题所在。根据《经济评价方法与参数》中有关燃料消耗费用的计算规定，对于管道而言，比选价格应为管道进口气价加上到各压气站的管输成本。目前，考虑到天然气资源的紧缺，常采用进口气价作为比选基础。

3. 管网运行方案优化

天然气管网系统的优化包括管网的布局规划、设计、运行管理以及后期的改扩建等阶段，每个阶段的设计又是相互制约和联系的，所以天然气管网系统的优化是一项复杂的系统工程。管网的优化设计通常是指在管网的布局规划已经确定的条件下，主要解决管径最优组合问题，即通过管网的水力计算来确定有关的技术参数，通过优化设计寻求系统造价最低的设计方案。一般来说，管网的优化设计就是要使管网（包括管道和压缩机站）的建设投资费用及运行能耗费用达到最小。

4. 内涂层应用

目前，长输天然气管道干线管道广泛采用了减阻内涂层，例如西一线、西二线、西三线、陕京二线、陕京三线、陕京四线、涩宁兰线等，使用减阻内涂层后，可以降低管道压气站能耗，提高管道输气能力。

二、燃机热能综合利用

1. 燃机热能发电技术

该技术为将燃机排出的高温烟气，通过换热器与介质进行换热，将烟气部分余热转化为介质的蒸汽热量，介质蒸汽进入蒸汽轮机或膨胀机做功，驱动发电机并网发电。

该技术的能量利用路径如图1-81所示。

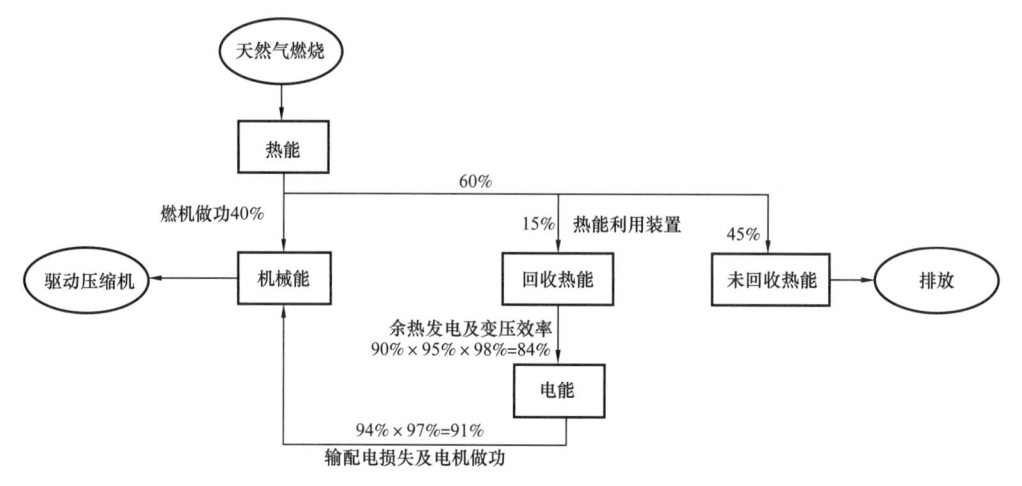

图1-81 热能发电再回购方案能量利用路径

该技术的优点在于：

（1）对热能利用率较高；

（2）投资回收期较短；

（3）通过热能发电可减少煤发电燃烧排放。

该技术的缺点在于：

（1）因余热发电受到电网等外部条件限制，需要在电网侧增加许多电力调节设备，且一般作为调峰机组参与电网调峰，往往不能满负荷运行，经济效益受到影响；

（2）需消耗大量水，并且需设置水处理及较多电力系统，系统较复杂，管理较复杂，且需增加电力等系统运行人员。

目前西二线部分站场开展了燃机余热发电项目的建设，基本采用管道企业销售余热热能，电力企业根据其使用的热能量，对站场部分用电进行降价抵偿的方式。根据其项目可行性研究报告，项目投资内部收益率约为15%，投资回收期约为7年。

2. 燃机热能驱动压缩机组技术

该技术是通过换热器与介质进行换热，将烟气余热转化为介质的蒸汽热量，介质蒸汽进入膨胀机做功，膨胀机驱动管道压缩机用于管道输气，其热能回收方式与热能发电基本相同，主要区别是驱动设备的不同（余热发电方案是驱动发电机发电，而余热驱动机组方案是确定膨胀机后带动管道压缩机，参与管道输气），其可回收利用的热能功率一般为燃机功率的20%～25%。

该技术的能量利用路径如图1-82所示。

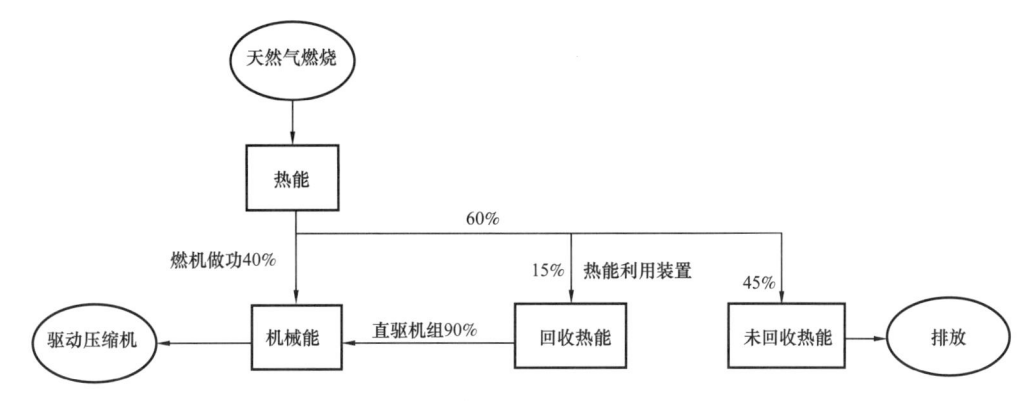

图 1-82　热能直驱机组方案能量利用路径

目前输气管道常用的燃机可利用的功率见表 1-21（余热发电及余热驱动压缩机组方案采用的余热回收方式基本相同，因此余热系统可回收的余热功率可基本相同）。

表 1-21　常用燃机烟气可利用余热功率（标况，燃机 100% 负荷下）

常用燃机型号	燃机功率，MW	燃机效率，%	可回收利用的热能，MW
PGT25	23.3	37.7	6.9
PGT25+	31.4	41.1	7.9
RB211	29.6	38.9	6.5

该技术的优点在于：
（1）对热能利用率较高；
（2）投资回收期最短；
（3）节能减排效果最好；
（4）管理较简单，基本可不增加运行人员。

该技术的缺点在于：系统较热能锅炉供热、制冷方式复杂。

3. 燃机热能供热

该技术通过余热锅炉回收燃气轮机排放的高温烟气余热，通过高温烟气与水换热产生 95℃ 的热水，提供站场生活和生产用热，约有站场排放的 1/40 烟气热能得到了利用。

此种热能综合利用方式在中国石油部分管道中已有应用。

4. 燃机热能制冷

该技术为利用燃机烟气余热与介质换热，介质驱动制冷机制冷。

此种热能综合利用方式对热能利用率仍较低，且需站场周边有需要冷能的用户，应用受到外部条件的限制，适用性不高。

该技术的优点在于：对热能利用率较热能锅炉供热高。
该技术的缺点在于：受外部条件制约，需有外部冷能需求。

三、天然气管道站场节能设计技术

1. 工艺流程节能设计技术

为更好地节约能源，在设计中采用先进、成熟可靠的节能新工艺；对工艺流程、操作条件及控制方案应进行系统节能优化；选用节能新技术、新设备和新材料，以提高工艺过程中能源的利用率，降低能源消耗；对节能措施的采用同时应考虑投资效益。

（1）选用高效设备。

① 压缩机选型。采用效率较高的燃机压缩机，其中压缩机采用离心式压缩机，其压缩机效率可达 86%，燃驱压气站燃机 ISO 功率下，效率可达 38%～41%。采用高效设备有利于减少耗电量和耗气量，从而达到节能的目的。

② 设置清管器收（发）设备。项目建成运行后，定期进行清管操作，减少管壁杂质的附着，降低管输时的摩阻，减少能量损失。

③ 设置过滤分离设备。压气站在工艺流程上考虑设置过滤分离设备，不仅保证压气站气体气质的高质量净化，从而保护压缩机的转子部分不受到磨损，提高管输效率，而且与其他过滤设备相比还减少了压降损失，从而降低了能耗。

④ 优化出站温度。在压气站设置后空冷器，减少压气站出站压力损失；合理选择空冷器负荷，减少空冷器电耗量。

为确定合理的输气温度，按 60℃、50℃、55℃ 的出站温度配置了空冷器，按管道总的耗电、耗气，开展经济比较，确定了最优的空冷器温度（出站温度）。经比较，采用 50℃ 出站温度，综合能耗在各方案最低。

⑤ 优化压气站工艺管路和设备布置。通过合理优化站内线路及设备布置，减少站内局部阻力，降低进出站压降损失。

⑥ 空压机选型。采用无油螺杆空气压缩机，干燥系统采用无热再生吸附装置，具有操作方便、效率高、更节能的优点。再生吸附装置采用无热再生，在保证下游的工艺流程及最终压缩空气质量的前提下，无需额外耗电，极大节省能耗。

⑦ 阀门选型。选择密闭性能好，使用寿命长，能耗低的阀门，避免和减少天然气的漏失。

（2）减少事故或维修时天然气的放空量。

① 设置紧急截断阀，一旦站场发生紧急事故，可将站场隔离越站输送，站场内天然气排放、进行维护修理等对天然气越站输送不受任何影响。

② 设置线路截断阀，一旦站场发生紧急事故，可以通过下游压缩机将管道中的气体继续抽往下游用户，当管道中的压力降到一定程度后截断事故管段两端紧邻的线路截断阀，从而减少管道天然气放空损失。

③ 设置全越站流程：站内设置全越站流程，当站内设备检修或发生事故时，天然气可经旁通管线越过整座站场输往下游站场，有利于减少天然气放空损耗。

2. 电力节能设计技术

（1）采用变频调速装置驱动压缩机组，适用压气站变工况运行；

（2）合理确定供配电线路导线和电缆的截面，降低线路损耗；

（3）选用节能型低损耗变压器，合理选择变压器容量，降低损耗；

（4）选用静电电容器，自动进行无功补偿，以提高系统的功率因数；

（5）选择高效节能型的光源和灯具，户外照明路灯采用光电集中控制；

（6）自备发电机组充分利用管输天然气。

3. 建筑节能设计技术

依据《公共建筑节能设计标准》(GB 50189—2015)，采取以下建筑节能措施：

（1）采用规则的平面形式，合理控制建筑的体形系数和窗墙比。

（2）监控阀室设备间，在±0.00地坪以下的垂直外墙面、地下部分顶板以及周边直接接触土壤的地面，加设挤塑聚苯外板外保温（燃烧性能为B1级）。地上部分钢结构单体采用彩钢夹芯板围护结构，内设玻璃丝棉隔热层，达到良好的保温隔热效果。

（3）压缩机厂房墙体及屋面板采用现场复合，内设保温降噪板，达到良好的保温隔热效果。

（4）除压缩机厂房外，其他建筑单体均采用塑钢双层单玻推拉窗，使其气密性不低于《建筑外门窗、水密、抗风压性能分级及检测方法》(GB/T 7106—2008)规定的4级。

4. 暖通节能设计技术

（1）采暖系统室外及不采暖房间管道均做保温，散热器安装温控阀，节约热能。

（2）优先选用自然通风方式节能。

（3）消除余热设备尽量选择通风设备，节约电能。

（4）选用符合国家标准的高能效比空调设备。

（5）发电机散热水箱散热直接采用风管有组织排至室外，散发到室内的热量采用通风降温，这样大大降低排热能耗，节约电能。

（6）高低压配电室、UPS间等有温度要求和设备散热的房间，采用通风措施能解决的优先采用通风措施，节约电能。

（7）优化通风系统，减少通风阻力，在发电机房、UPS间和高低压配电间等通风房间采用自然补风，降低通风系统能耗。

（8）选择高效节能的热水炉，并采用全自动燃烧机，进一步提优化锅炉的燃烧系统。

（9）生活热水系统设置生活热水循环泵，防止系统末端出冷水，以节约水。

（10）循环水泵选用高效水泵，效率高于《清水离心泵能效限定值及节能评价值》(GB 19762—2007)中的能效限定值。

（11）余热锅炉用引风机，效率高于《通风机能效限定值及能效等级》(GB 19761—2009)中的能效限定值。

（12）站场生活用天然气、水等均设置计量表，强化运行中的管理，节省能源。

（13）室内架空热力管道采用硅酸铝管壳保温；室外热力管道直埋敷设，采用聚氨酯泡沫塑料预制保温管，减少了热力管道的表面散热损失，节约能源，改善环境，提高了经济效益。

（14）室外管网进行严格的水利平衡计算，使各环路之间的计算压力损失相对差额满足规范要求，且各站供热管网进入各采暖单体前，设置入户井，内设入户流量调节装置，平衡各单体供热，节约能源。

5. 节水设计技术

输气站场所在地区，多处于水资源匮乏区域，因此节约用水的经济和社会效益及合理选择给水系统、设备及材料，减少损耗极为重要。

各站根据不同用水需求，合理确定其给水管材及管径，降低管路损耗。

6. 能耗数据采集及分析技术

针对站场主要及辅助能耗点配备计量器具及调节控制装置，并装设有相配套的温度、压力仪表；且能源计量器具的配备符合 GB 17167 及 Q/SY 1212 等的规定。

同时，将能耗计量数据自动采集到 SCADA 系统中，有利于能耗数据的监测与统计，为项目节能降耗工作的进一步开展提供了数据支持与依据。

设计过程中按照最新发布的 CDP 文件《能耗数据采集技术规定》（CDP-G-GUP-IS-046-2012-1）进行能耗数据采集设计，对站场的主要耗能设备和辅助耗能设备的能耗数据进行采集，通过 SCADA 系统将数据传送到北京油气调控中心能耗数据分析处理系统，使其对输气站场生产过程的能耗状态进行监视和评估，以便及时分析仪表设备，管道运行效率下降的原因，提出改进方案。

能耗数据采集参数主要包括：
（1）站场总耗气计量；
（2）站场总耗电计量；
（3）燃驱站场单台压缩机耗气计量；
（4）电驱站场单台压缩机耗气计量。

根据管道现场运行实际情况，对不同的能耗数据采取定额估算、理论计算和数据采集 3 种统计方式。其中，站场主要能耗数据通过 SCADA 系统采集到北京油气调控中心，辅助能耗数据（生活和生产辅助系统的耗气和耗电量，阀室的耗气、耗电量，以及各级管理机关的耗能量；管道施工及维抢修的放空量、站场日常放空量、站场蒸汽用量等），将通过管道生产管理系统（简称 PPS 系统）以数据填报的方式采集到北京油气调控中心。在主要耗能点均设置计量设备，并将计量数据采集到站控系统，在站控系统对计量数据进行组态、调试。

在北京油气调控中心设置能耗数据采集统计分析系统（包括硬件、软件等），调控中心通过对各站场组态、调试后，现场的能耗数据便可采集到调控中心，供统计、分析、评价和存储，从而实现管道运行能效数据采集、分析与评价的系统化与自动化。通过采集真实的能耗基础数据，对运营管道能效进行正确的分析与评价，寻找到更为适当的节能措施，降低天然气在运输过程中的能源消耗，从而达到控制、降低运营成本的目的。

第八节　天然气管道风险评估技术

按照《压力容器压力管道设计许可规则》（TSG R1001—2008），长输天然气管道划分为 GA1 级和 GA2 级，GA1 级是指最高工作压力大于 4.0MPa 的管道，GA2 级是指 GA1 级之外的天然气管道。

天然气管道具有如下突出特点：
（1）管道所经区域广、环境多变、组成复杂、现场施工和维护条件差异大，影响管道安全因素多；
（2）输送介质为天然气，具有易燃、易爆性，管道发生泄漏和破裂时，将会引起爆炸和火灾事故，对沿线人民生命财产安全造成重大影响；

（3）为提升天然气管道输送效率，国内管道将进一步向大口径、高压力的方向发展，管道的高后果区影响半径将进一步增大，失效后的后果将进一步加重；

（4）受制于土地资源的紧缺，沿线地区发展规划和管道的冲突日益加重，管道沿线地区升级和管道与周围建筑间的安全问题日益突出，管道的占压现象时有发生。

目前，我国的高压天然气管道建设进入了一个高速发展时期，正逐渐形成比较完整的输气管网，由于天然气管道的特点所致，其安全性备受社会各方关注，对天然气管道进行安全性分析及评价，对于消除事故隐患，改善管道安全性具有重大意义。

一、管道风险评估技术发展现状

国外在管道的安全风险评价和分析方面已进行了近 30 年的研究，并取得了一定的成果，实现了由安全管理到风险管理的跨越，从定性风险分析转变为定量风险分析。1985 年，美国 Battelle Columbus 编写的《风险调查指南》，在管道安全风险分析方面首次应用了评分法；1992 年，W.Kent.Muhlbauer 撰写的《管道风险管理手册》详细论述了管道风险评估模型以及评价方法，它总结了美国前 20 年油气管道风险评价技术研究的成果，为开发风险评估软件提供了依据，目前已成为油气管道安全风险评价的重要文献。加拿大自 20 世纪 90 年代初开始进行油气管道风险评价方面的研究，1994 年，加拿大成立了能源管道风险评价指导委员会，以促进管道风险评价和风险管理技术应用于其管道运输业。英国在管道风险管理研究中，率先研制出了 MISHAP 软件包，应用于计算管道的失效风险，此外，英国煤气公司开发出了 TRANSPIPE 软件包来评估其管道系统风险，在输入运行数据后能够评估出该地区的个体风险和公共风险。1995 年，我国管道技术专家开始将国外关于管道风险技术的研究成果介绍到国内，此后，风险分析在管道安全评价中的应用研究才开始得到部分油田企业的重视。1995 年 12 月，四川石油管理局编译的《管道风险管理》重点介绍了 W.Kent.Muhlbauer 的方法。

管道安全风险评价技术在历经 30 多年发展后，已经有许多管道公司形成了自己的风险分析方法，并有不少相关的文献。总的说来，这些方法可以分为三类：定性风险分析、半定量风险分析以及定量风险分析。定性风险评价主要是要确定管道所存在的事故危险和易诱发管道事故的因素，并评价这些因素的影响程度，最终决策出控制管道事故的措施。其特点是不必建立精确的数学模型，评价的精确性取决于所分类的层次性和专家经验，具有直观、快速、实用性强等特点。传统的定性风险评价主要有安全检查表、预先危害性分析、危险和操作性分析等。定性法可根据专家的观点提供高、中、低风险的相对等级，但是危险性事故的发生频率和事故损失后果均不能量化。半定量分析以风险的数量指标为基础，对管道事故损失和事故发生概率按权重值分配指标，然后将两个对应事故概率和后果严重度的指标进行组合，从而形成一个相对风险指标。最常用的是专家打分法，其中最具代表性的是《管道风险管理手册》。定量评价法是一种定量事故概率的统计学方法，它基于失效概率和失效结果进行直接评价。其预先给各种事故的发生概率和事故损失都约定一个具有明确物理意义的单位。通过综合评鉴管道失效的单个事件，计算出事故最终的发生概率和事故损失。定量法的评估结果还可以用于风险、成本、效益的分析之中，这是前两类方法都做不到的。

二、天然气管道的半定量风险评价

1. 现有常用半定量方法介绍

20世纪80年代，美国Battelle Columbus研究院就组织力量对管道风险评价方法进行研究。自1992年W Kent Muhlbauer出版《管道风险管理手册》第一版以来，该书先后出版了第二版、第三版。书中提出的指数评价方法（Index method）是一种半定量的风险评价方法，该方法将发生管输介质意外泄漏的原因分为第三方影响、设计、腐蚀、误操作4大类，以此为基础建立了评分体系。指数评价方法是将管道分成若干段，采用统一评分指标体系得出独立的影响因素后，求指数和，再分析介质的危险性和影响系数，求出泄漏影响系数，最后求取指数和与泄漏系数的比值，即得到此项风险数的大小。

该方法的特点是能够把造成管道失效的影响因素综合考虑，它在全世界管道行业风险评价中使用广泛，是管道运行公司进行管道风险评价，制定维护决策的一种有效方法。

《管道风险管理手册》前3版基本模型如图1-83所示。

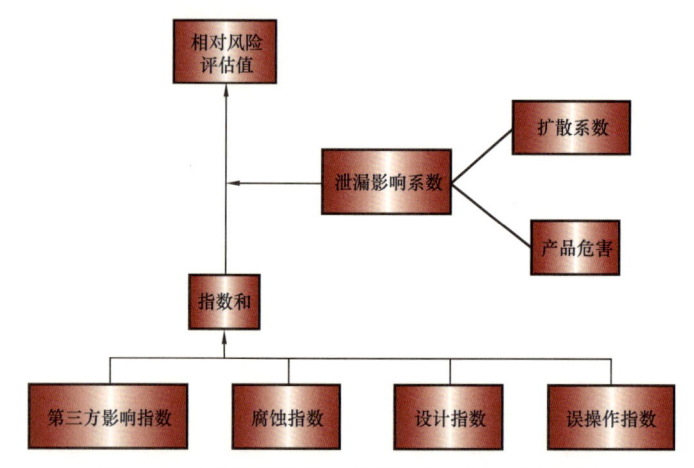

图1-83 《管道风险管理手册》前3版基本模型图

《管道风险管理手册》基本模型公式如下：

相对风险数 = 指数和 / 泄漏影响系数

指数和 = 第三方指数 + 腐蚀指数 + 设计指数 + 误操作指数

泄漏影响系数 = 产品危害 / 扩散系数

近年来，随着政府、公众对管道公司进行风险评价有关要求的变化，相关技术（如基于可靠性设计方法）的发展，W Kent Muhbauer以及世界各地的管道公司均对原来的模型进行了一定修改，使评价模型具有如下特点：

（1）考虑了管道运行阶段所有的失效模型，考虑了所有风险因素，突出最关键因素；

（2）可反映任何类型的失效，将风险因素适当地组合起来；

（3）将各专业专家的判断变成具体数字，如每年每千米发生的次数，或者采取某种缓解措施可能降低管道暴露在危险中的幅度为20%，而不是简单的高、中、低；

（4）对失效模式既可以分别单独考虑，也可以综合考虑，后果因素可以从概率因素中分离出来；

（5）可根据结果去掉结果中偏差非常大的数；
（6）可与固定的或浮动的标准或基准进行对比；
（7）评价结果也从原来的相对值，变成了绝对的风险值，不仅可以把失效频率和后果分别给出，还可以分辨考虑各失效原因发生的绝对频率。
（8）最安全状态为 0 分，最危险状态为 1 分，与 2 版、3 版方向相反，容易理解；
（9）风险 = 失效可能性 × 失效后果。

半定量风险评价新方法基本模型如图 1-84 所示。

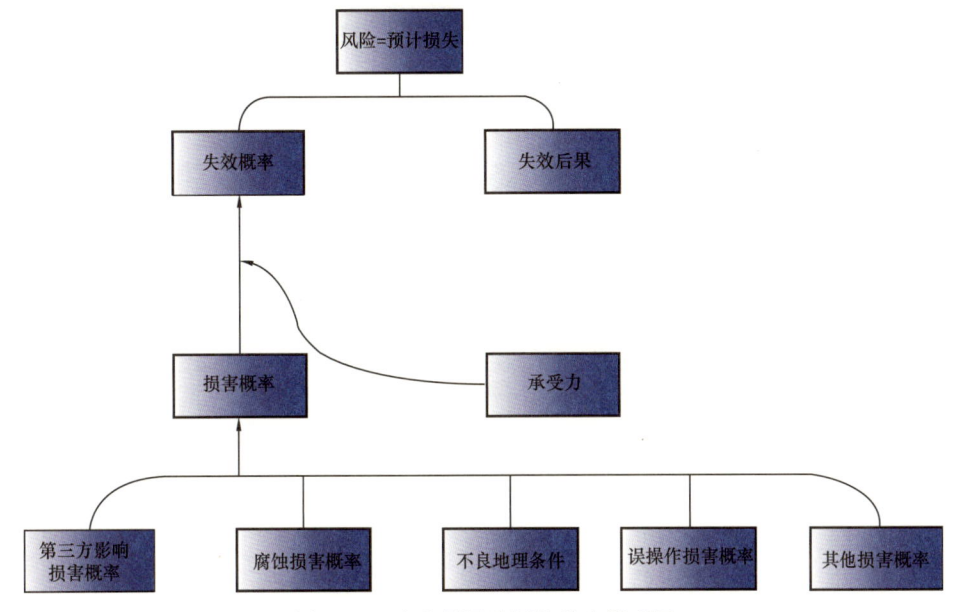

图 1-84　半定量风险评价基本模型图

2. 半定量风险评价的工作流程和要点

油气管道半定量风险评价的基本工作流程如下：

（1）管道数据的收集与整理。

① 不同阶段，不同管道进行半定量风险评价需要的数据有所不同。但主要包括管道设计建设数据、管道运行维护数据、管道沿线环境数据、管道事故数据、输送介质危害信息等；

② 应将收集到的单项数据整合，利用多种渠道获取数据，提高数据的完整性和可靠性，对于带有多种参考系统、来源不同的数据需要转换并与一个统计始终不变的参考系统（如管道里程）对应起来，以便数据的结构能与同时发生的事件特征对应起来并定位。

（2）管道危害识别。

① 危害因素识别应考虑所有影响被评价管道风险的因素，并对识别出的危害因素进行充分描述，以确定对其分析和评价的深入程度；

② 对危害因素进行合理的分类，不同的危害因素在导致管道失效发生的概率和后果等方面有所差异；

③ 主要的危害因素包括：外腐蚀、内腐蚀、应力腐蚀开裂、制造缺陷、施工缺陷、设备失效、第三方破坏、误操作、地质灾害等。

（3）管道区段划分。

管道分段主要可按照管道压力、规格、使用年数、输送介质腐蚀性、人口密度、地形地貌、地质、土壤腐蚀性、沿线杂散电流及高压电状况、管道埋深、管道穿跨越等关键因素进行分别分段，再进行分段交叉，二次分段（图1-85）。

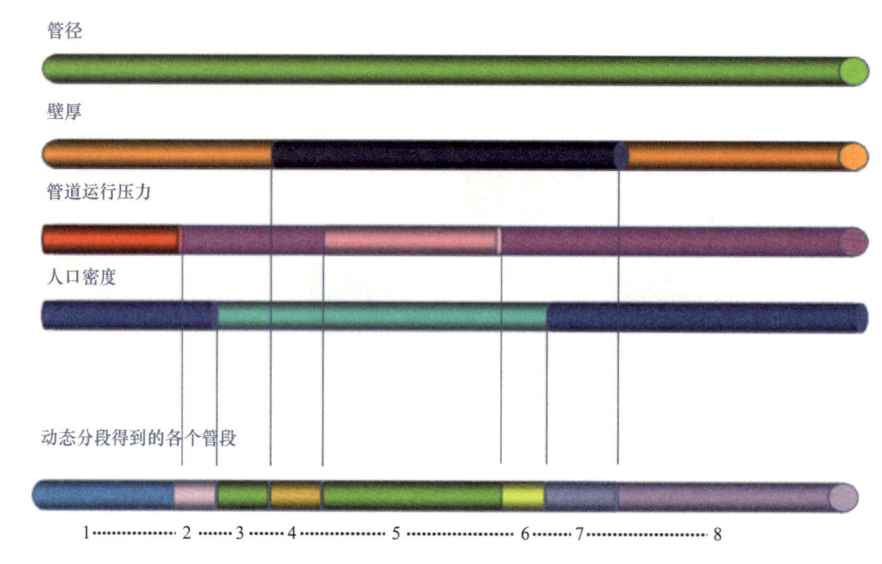

图1-85 管道分段示意图

（4）对每一区段管道，确定失效可能性得分。

①应采取最坏的假设，一些未知的因素应给予较差得分；

②应保证评分的一致性，特别是多段管道，多人打分情况下；

③必要情况下增加备注信息，保证评分的可追溯性。

（5）对每一区段，确定失效后果得分。

①失效后果从安全角度考虑，主要应包括人员伤害及环境影响，如果正对重要的干线管道，还应考虑财产损失（包括泄漏、维修、停输等），周边重要设施等因素。

②泄漏影响扩散系数主要考虑介质的危险性及泄漏速度/量。

（6）对每一区段管道，确定风险值。风险值＝失效可能性×失效后果。

（7）对每一区段管道，确定风险等级。

（8）对高风险区段管道，给出降低风险的减缓措施与建议。

半定量风险评价流程如图1-86所示。

半定量风险评价主要技术要点：

（1）独立性假设：影响风险的各个失效事件是相互独立的，每个失效事件是否发生对其他事件发生的概率没有影响；各失效事件独立影响风险的状态，总风险是各独立因素的总和。这个假设在各类别下的各级影响因素也成立。

（2）主观性：半定量风险评价给定的缺省值虽然参考了国内外相关资料，但有些参数最终还是人为确定，

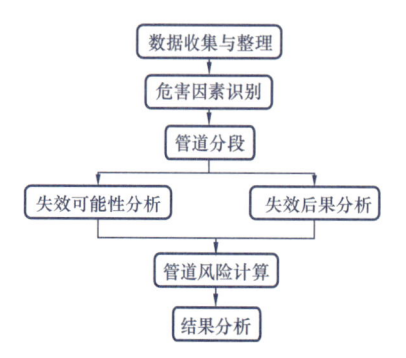

图1-86 半定量风险评价工作流程图

因而难免有主观性。评价时，应由专业经验丰富的人员参与，并结合国家、国际公开发表的可信统计数据以尽量减小主观性。

（3）有效零：描述"从来"没有发生过或者"不可能发生"时，用有效零标识，发生频率 1×10^{-12}。

（4）引入概率论方法：半定量风险评价中，管道失效事件均为相互独立，根据概率论方法，因此：

$$POF=1-(1-POF_{thdpty}) \times (1-POF_{corr}) \times (1-POF_{geohaz}) \times (1-POF_{incops})$$

式中　POF（Possibility of Failure）——总的失效概率；

　　　POF_{thdpty}——第三方造成的失效概率；

　　　POF_{corr}——腐蚀造成的失效概率；

　　　POF_{geohaz}——地质灾害造成的失效概率；

　　　POF_{incops}——其他因素造成的失效概率。

3. 半定量风险评价技术的应用

油气管道半定量风险评价技术主要应用在管道的完整性评价与管理中，是管道完整性评价与管理工作的核心内容。管道半定量风险评价方法容易掌握，便于推广。可由专家、工程技术人员、管理人员、操作人员共同参加评分，综合各方面意见。它避开了定量评价需要大量数据支持的要求，便于在各种条件的管道上应用。国内外大多数管道风险评价软件系统都是基于它所提出的基本原理和指导思想进行开发，并应用在管道运行管理，特别是持续的完整性评价与管理中去。

目前国内中国石油管道公司开发的 Risk Score TP 软件，以及管道设计院开发的油气管道风险评价软件均按上述理论与方法进行了一定的改变，并应用到现有国内大多数在役管道、设计管道的风险评价中。

三、天然气管道定量风险评价技术

定量风险评价（Quantitative Risk Assessment，QRA）方法是管道风险评价的高级阶段，它将管道的失效概率和事故后果进行定量计算，实现了对管道风险的精确描述，通过数值表明所评价对象的危险程度。通过与国家行业规定的风险可接受标准进行对比，科学地确定风险防控和削减措施，最大限度地减少事故发生所造成的经济损失、人员伤亡和对环境的破坏。因此天然气长输管道定量风险评价具有十分重要的意义。

定量风险评价需要大量管道信息和数据资料收集，其评价结果的精度取决于数据资料的完整性和精度、数学模型以及分析方法的合理性。管道的定量风险评价方法主要包括数据收集、风险因素的识别、管道管段的划分、失效概率和失效后果计算、风险计算、风险评价和风险决策等（流程图如图1-87所示），其核心是管道失效概率和失效后果的计算。

1. 现有常用定量方法介绍

国外通过近30年的研究，在天然气长输管线的定量风险评价已取得了一定的成果，定量评价方法已逐步规范化。目前管道企业及研究机构常用的定量风险评价技术见表1-22。

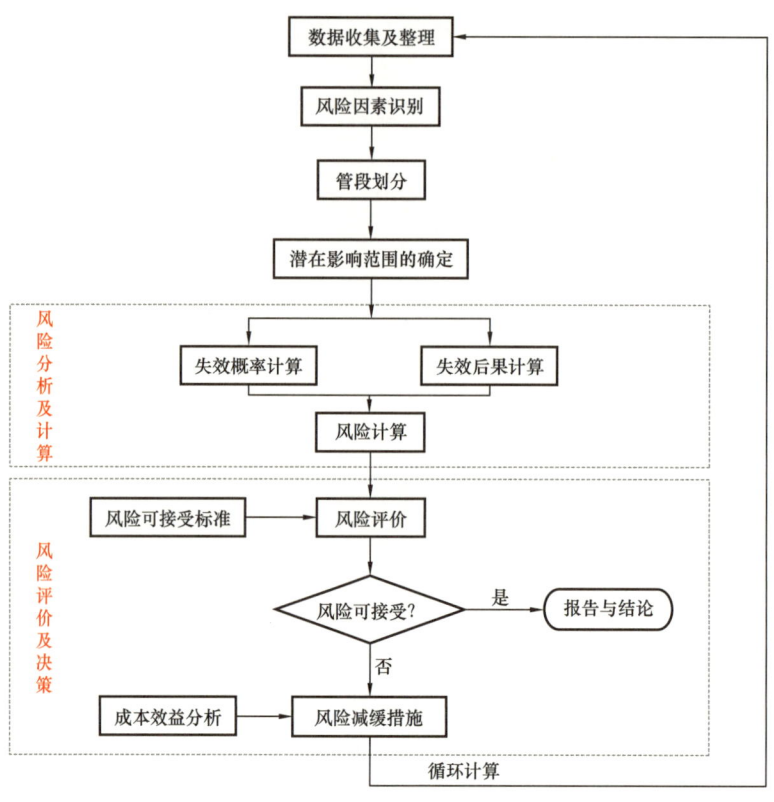

图 1-87 定量风险评价流程图

表 1-22 管道企业及研究机构常用的定量风险评价技术

序号	方法名称	方法类别	主要用途
1	基于失效统计的定量风险评价技术	定量方法	综合风险评价
2	基于可靠性的定量风险评价技术	定量方法	综合风险评价
3	故障树分析	定性方法或定量方法	危害因素识别、失效可能性分析
4	事件树分析	定性方法或定量方法	失效后果分析
5	数值模拟	定量方法	失效后果分析
6	荷兰应用科学研究组织出版的 Yellow Book 和 Green Book	定量方法	失效后果分析

2006 年《管道风险管理手册》修订到第四版，风险评价方法从定性、半定量的打分法发展到更加精确的定量风险评价方法——肯特加强指数量化风险评价模型。肯特加强指数量化评价模型是以肯特评分法为基础，综合历史数据、专家经验和概率风险建立的，在管道风险评价中具有显著优势。该模型的基本原理与概率风险评价相似，即"风险值＝失效概率 × 失效后果"，模型中的失效事件或场景基本与肯特评分法相同。计算中由暴露、减缓措施和承受力共同构成失效概率函数，将所有失效机理分为与时间无关和与时间相关两种类型；绝对失效后果用成本损失来表示，其主要计算步骤依次为确定各种泄漏孔径概

率，划分危险区域临界距离，确定并统计危险区域内受体的破坏类型和失效概率。

基于失效统计的定量风险评价技术是通过对国内外管道失效事故统计分析，建立基线失效概率，并根据待评价管道的实际情况分配不同的修正因子，以此来计算管道的失效概率。目前世界现有主要管道事故数据库有：（1）天然气采集和输送系统、有害液体管道系统事故数据库，由美国运输部（Department of Transportation，DOT）管理；（2）管道事故的统计，由加拿大国家能源部（National Energy Board，NEB）管理；（3）天然气管道事故，由欧洲天然气管道事故数据组织（European Gas Pipeline Incident Data Group，EGIG）管理；（4）管道故障数据库，由英国陆地管道经营者协会（United Kingdom Onshore Pipeline Operator's Association，UKOPA）管理；（5）开发中的管道事故数据库，由澳大利亚管道工业协会（the Australian Pipeline Industry Association Ltd，APIA）管理。

基于可靠性的天然气管道定量风险评价技术实质是针对天然气管道评价管段，通过对管道沿线环境和荷载状况进行分析，确定可能导致管道失效的主要极限状态和状态方程，采用应力—强度分布干涉理论计算管段失效概率，然后结合建立的管道大泄漏和破裂失效后果模型计算管道风险。在管道失效概率估计中，应该包括管段各种可能的风险因素引起的失效概率的计算，例如：外部和内部腐蚀、设备撞击、应力腐蚀开裂、制造裂纹、凹坑和沟槽类缺陷、第三方破坏以及地震等。在失效概率计算中需要建立相应的极限状态方程，对管道材料、第三方机械破坏以及运行维护等不确定参数进行统计分析，采用蒙特卡洛仿真算法计算。失效后果模型考虑了在一定的泄漏频率、泄漏量、立即点燃情景下，热辐射引起管道周围人员伤亡的程度。

故障树分析、事件树分析数值模拟，以及荷兰应用科学研究组织出版的Yellow Book和Green Book常用来做失效后果的专项分析。

2. 基于可靠性评价方法的工作流程和要点

基于可靠性的定量风险评价方法主要包括数据收集、风险因素的识别、管道管段的划分、失效概率和失效后果计算、风险计算、风险评价和风险决策等。其中失效概率计算和失效后果计算是评价方法的核心，数据资料的完整性和精度、数学模型和分析方法的合理性决定了评价的精度。工作流程图如图1-88所示。

（1）数据收集与整理：收集待评价管道的基本设计参数（管壁、钢级、壁厚、最大操作压力、地区等级、埋深、防护措施等）、管道周围土壤腐蚀参数、管材性能参数、人口变化信息、第三方活动频次及碰撞概率、管道的运行维护参数、内检测数据，以及气象、水文等参数；

（2）风险源识别：分析管道潜在风险的原因，包括外部腐蚀、内部腐蚀、设备撞击、应力腐蚀开裂、制造裂纹、凹坑和沟槽类缺陷、第三方破坏以及地震、地质灾害等，确定管道的失效模式；

（3）潜在影响范围的确定：潜在影响半径可根据《油气输送管道完整性管理规范》（GB 32167—2015）规定的输气管道潜在影响半径计算公式计算：

$$r = 0.099\sqrt{d^2 p}$$

式中　d——管道外径，mm；

　　　p——管道最大允许操作压力（MAOP），MPa；

r——受影响区域的半径，m。

也可以根据 ASME B31.8S 规定的公式计算：

$$r = 0.00315d\sqrt{p}$$

式中　d——管道外径，mm；

　　　p——管道最大允许操作压力（MAOP），kPa；

　　　r——受影响区域的半径，m。

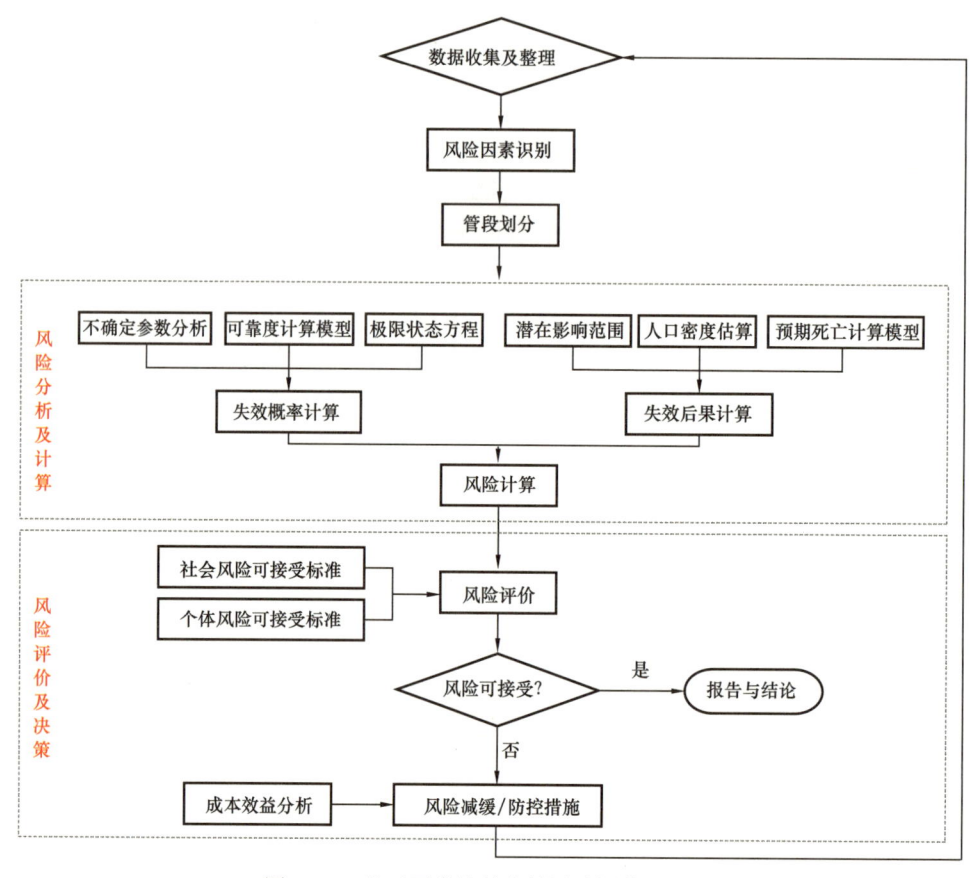

图 1-88　基于可靠性的定量风险评价流程图

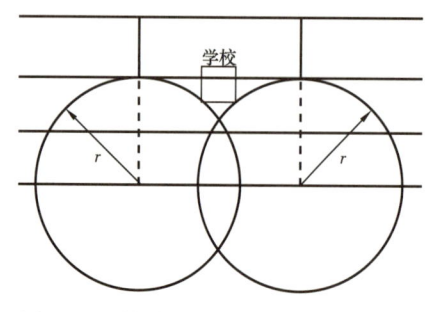

图 1-89　管道失效潜在影响区域示意图

根据潜在影响半径，进一步确定潜在影响范围（面积），如图 1-89 所示，虚线围成的矩形区域即为潜在影响区。

（4）管段划分：根据管道管径、壁厚、压力、人口密度、潜在影响范围等重要属性，将管道划分为多个管段，分段进行评价；

（5）失效概率的计算：针对管道可能的失效形式，对不同极限状态的荷载和抗力不确定因素进行定量分析，选取相对应的极限状态方程，根据荷载和抗力的分布规律，采用蒙特卡洛模拟仿真方法进行失效概率的计算。

极端极限状态（大孔泄漏和破裂）失效概率计算公式为：

$$P_{ULS} = 7.5 \times 10^5 P_{LL} / D^3 + P_{RU} + P_{FR}$$

式中　P_{ULS}——极端极限状态失效概率；
　　　P_{LL}——泄漏失效概率；
　　　P_{RU}——破裂失效概率；
　　　P_{FR}——无缺陷管道破裂失效概率；
　　　D——管道直径，mm。

（6）失效后果的计算：根据天然气研究协会（Gas Research Institute，GRI）研究成果，采用其已有失效后果模型，预期死亡人数的计算公式为：

$$N = a_h \rho \tau$$

式中　N——失效事故造成的预期死亡人数；
　　　a_h——失效事故影响范围；
　　　ρ——人口密度；
　　　τ——实际占有概率（失效事故发生时，公众出现在事故影响范围内的概率，根据国内相关天然气管道的数据调研成果，人员在位的频率取40%）。

假定破裂是失效后果的主要控制因素，因为它造成的失效后果远大于泄漏的后果，因此考虑管道破裂所造成的预期死亡人数计算公式为：

$$N_{rup} = 8.27 \times 10^{-7} \rho P D^2$$

式中　ρ——管道潜在影响范围内人口密度，人 $/10^5 m^2$；
　　　P——操作压力，MPa；
　　　D——管道直径，mm。

（7）风险计算：根据计算所得评价段失效概率和失效后果计算评价段的风险。位于管道危险区内的个人因管道事故年致死概率的个体风险可以按下式计算：

$$r_{id} = p p_i L_{ir} \tau$$

式中　p——失效概率；
　　　p_i——点燃概率；
　　　L_{ir}——相互作用长度，该长度定义为事故有可能影响所考虑位置的管段长度，计算方法如图1-90所示；
　　　τ——占用概率。

（8）风险评价：将风险计算结果分别与个人可容许风险标准和可容许社会风险标准（F—N）曲线进行比较，确定评价段在地区等级变化前后的风险程度。

风险评价采用《油气输送管道风险评价导则》（SY/T 6859—2012）规定的可容许风险标准：社会风险可接受标准（F—N）曲线如图1-91所示，直线上方为不可接受区，下方为可接受区；个体风险分别以 1×10^{-4} 和 1×10^{-6} 为界分为三个区域（图1-92），即不可接受区、可接受区（即最低合理可行区 ALARP）和广泛接受区。

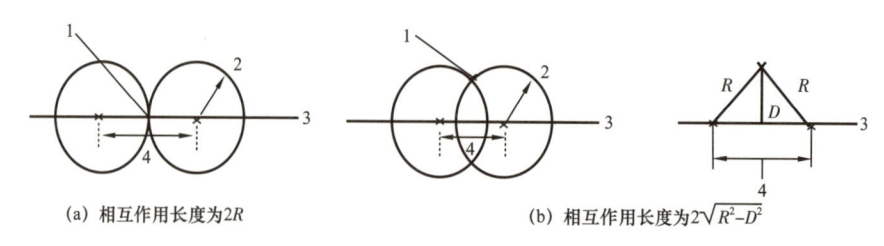

(a) 相互作用长度为2R   (b) 相互作用长度为$2\sqrt{R^2-D^2}$

图 1-90 相互作用长度计算示意图
1—观察点位置；2—环向影响半径；3—管道；4—相互影响长度

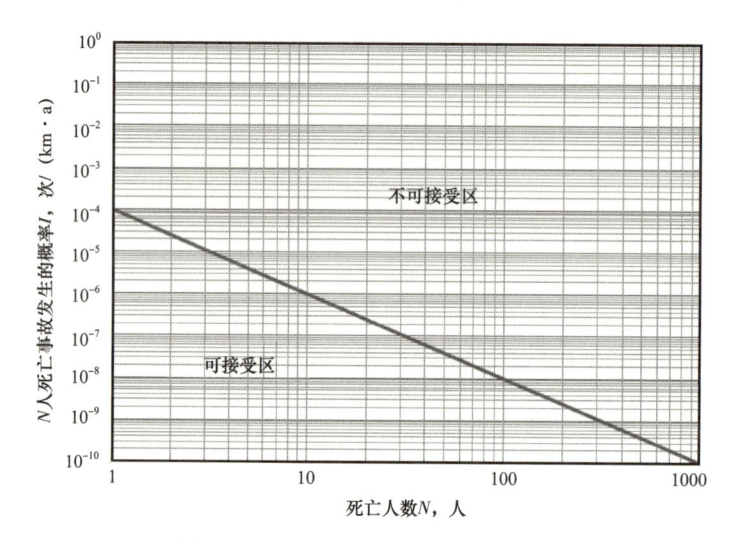

图 1-91 社会风险可接受标准曲线

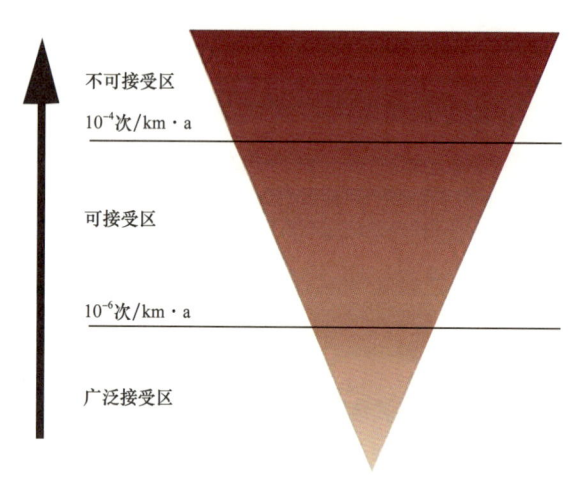

图 1-92 个体风险可接受标准推荐值

若风险处于可接受区，说明风险水平很低，则该风险是可以被接受的，无需采取安全改进措施；若风险落在不可容许区，除特殊情况外，该风险无论如何不能被接受，应根据管道实际情况提出风险减缓/防控措施。

（9）风险减缓/防控措施：一旦风险评价结果显示为风险不可接受，则采取风险减缓措施（如增加第三方防护措施、降低运行压力、缩短内检测间隔、改变路由等），对采取不同措施后的风险重新进行评估，并进行成本效益的横向对比，确定最终的措施，并形成报告。

3. 基于可靠性评价技术的工程应用

本技术已成功应用于忠武输气管道和西二线等在役管道的风险评价中，在忠县—武汉输气管道潜江—长沙—湘潭支线青山村人口密集区段评价中，通过定量分析评价表明：青山村评价段的年最大事故频率为 2.07×10^{-8} 次/（km·a）、个体风险值为 2.53×10^{-6}，风险水平位于 SY/T 6859—2012《油气输送管道风险评价导则》标准规定的社会风险和个体风险的可接受区，风险可接受，不需要采取降压运行等措施；对于西二线高陵—潼关压气站 138km 管道（划分为 80 个评价段），通过 30 年内管道失效概率计算，得到管道运行 10 年后，个别管段失效概率超过容许失效概率，分析腐蚀是主要影响因素，建议及时进行相关检测和维护。上述两个工程通过该技术的应用，科学量化和判定了管道风险水平，为天然气管道运行维护和风险治理提供了科学依据。

第二章 天然气管道工程材料技术

在过去的几十年里，长输油气管道发展迅猛，输送压力不断提高，从 20 世纪 60 年代的 6.3MPa 上升到了目前的 15～20MPa。同时，长输油气管道通常位于环境比较恶劣的地区，为保证管道的结构稳定性、安全性和经济性，对管线钢的性能提出了更高的要求。通过高钢级管材的开发和应用，可减小钢管的壁厚，减轻钢管的自重，缩短焊接时间，并降低管道建设成本。有关文献介绍，采用 X80 管线钢会比采用 X65 管线钢节省 7% 的建设费用。因而高钢级管线钢的应用逐渐成为油气管道特别是天然气管道建设的发展趋势。与此同时，随着油气开发向极地环境进展，地震、滑坡、冻胀、融沉会导致地形运动，故深入研究了应变设计用大变形管线钢应用技术，并针对高寒低温服役环境及深海管道用管材进行了开发及应用技术的研究。同时，随着油气用量的迅猛增长，管道的输量、压力、管径越来越大，X100、X120 等高强度钢质管材的延性要求高，管材止裂性能差，高钢级管线钢的应用将会受到一定的限制。而非金属管材由于防腐性好、韧性和挠性优异、成本低、内阻小等优点，在国内外市政、海工、建筑、低压燃气等许多工程领域发展迅猛。热塑增强复合非金属管材既克服了钢管和塑料管分别存在的不足，又融合两者优点，大大拓宽了管材的应用领域，是大口径、高压力、抗腐蚀油气长输管道发展的方向。

第一节 高钢级管线钢应用技术

随着石油天然气工业的不断发展，油气资源的开发也逐渐转向高寒、极地以及深海或超深海地域，而冶金工业尤其是管线钢生产技术的进步又推动了这一趋势，管线钢管工业不断增长的需求将钢管制造厂家吸引到了高强钢的开发。钢管既需高强度化，还应有优良的低温韧性、高变形性能及耐酸性。从近几年世界管线的发展看，尤其是美国和中国等已经建成了数百万米的 X80 管道，X80 钢级正在逐步取代 X70 钢级成为高压输气管线主流的钢级，对于 X80 钢管的研究还在进一步深入，如抗大变形钢管，同时 X100 目前仍然是研究的热点，X120 的报道则明显减少，而 X90 则少有报道。至今已经建成了数条 X100 试验段，其中大多数为直缝埋弧焊管，并且最近的 X100 试验段采用了基于应变设计。另外就是适用于极地或深海的特殊要求管线管的开发，包括酸性服役条件钢管、抗大变形钢管等，如北美阿拉斯加管线、墨西哥湾超深水海底管道等。

一、高钢级管线钢成分及性能

国内外高钢级管线钢成分均为超低碳微合金化。通过降低 C 的含量，改善钢的低温韧性、断裂抗力、延展性及成型性；增加 Mn 的含量，以弥补管线钢因降低 C 含量而损失的屈服强度；同时控制 V、Nb、Ti 等微合金化元素的含量，使管线钢获得最佳的韧性和焊接性。国内外相关标准所规定的 X80、X100 及 X120 管线钢化学成分指标要求见表 2-1。

表 2-1　高钢级管线钢的化学成分指标

标准	钢级	化学成分质量分数最大值，%									
		C	Si	Mn	P	S	V+Nb+Ti	Cu	Ni	Cr	Mo	B
API SPEC5L—2007	X80	0.12	0.45	1.85	0.025	0.015	0.15	0.50	1.00	0.50	0.50	
	X100	0.10	0.55	2.10	0.020	0.010	0.15	0.50	1.00	0.50	0.50	0.004
	X120	0.10	0.55	2.10	0.020	0.010	0.15	0.50	1.00	0.50	0.50	0.004
GB/T 21237—2007	L555	0.12	0.40	2.00	0.020	0.010	0.15					
	L690	0.10	0.40	2.10	0.020	0.010	0.15					

注：标准 GB/T 21237—2007 中的 L555、L690 钢级牌号分别相当于 API SPEC5L—2007 中的 X80 及 X100。

二、国内外高钢级管线钢的研究现状

1. 国外高钢级管线钢的研究现状

1）X80 管线钢

国外 X80 管线钢的研究开发工作始于 20 世纪 80 年代，1985 年，德国的 Mannesmann 公司（后并入欧洲钢管公司）成功研制了 X80 管线钢，同年 X80 钢级被列入了 API 标准中。从 20 世纪 90 年代开始，X80 管线钢得到了批量化使用，日本、加拿大、欧洲的生产厂家均有批量供货记录。目前国外主要生产厂家情况见表 2-2，德国、日本、加拿大等国 X80 管线钢研究开发处于国际领先地位，生产技术趋于成熟[2]。

表 2-2　国外主要 X80 钢及钢管生产厂家

序号	国别	钢厂、管厂	生产能力及产品特点
1	德国	欧洲钢管（Europipe）	生产宽厚板、UOE 钢管，最大壁厚 33.2mm，已成功供货 X80 管线钢超过 50×10^4t
2	英国	克鲁斯（Corus）	生产宽厚板、UOE 钢管
3	意大利	Dillinger	生产宽厚板、已成功供货 X80 管线钢近 4×10^4t
4	加拿大	IPSCO	生产热轧板卷、螺旋焊管，在螺旋焊管的制造技术和产品质量方面一直处于国际一流水平
5	美国	Oregan Steel	生产热轧板卷
6	日本	新日铁	生产热轧板卷、宽厚板，可生产管径 1219mm、最大壁厚 35mm 的 UOE 直缝埋弧焊管
7	日本	住友	生产热轧板卷、宽厚板、UOE 钢管，X80 钢管管径范围：609～1524mm，壁厚范围：6.4～31.8mm
8	日本	JFE	生产热轧板卷、宽厚板、UOE 钢管、HFW 钢管、SMLS 钢管
9	韩国	浦项制铁（POSCO）	生产热轧板卷

经过20多年的发展，目前国外在X80管线钢的冶炼与轧制、钢管制造、焊接工艺、管道防腐、管道设计及运营维护等方面已积累了丰富的经验，在工业应用方面已不存在技术问题。如今X80管线钢已得到广泛应用，加拿大Trans Canada等管道公司将X80管线钢作为新建大型天然气管道的首选钢级。

2）X90管线钢

X90钢级是2007年版API SPEC 5L新增加的钢级。对于X90钢级管线钢管，国外开展的研究工作很少，仅Europipe公司进行过少量的X90管线钢的开发，并进行过两次X90全尺寸气体爆破试验。目前国际上还没有X90试验段及示范段的建设实践。但是，一些国内外专家认为X90是X80和X100强度之间的一个理想的连接点。X80钢级提升至X100的跨越较大，一些关键技术，如断裂控制、环缝焊接未能彻底解决，而从X80钢级提升至X90钢级与X80钢级提升至X100钢级相比，技术难度相对较小，应用的成功性较大，同时，应用X90比X80具有较好的经济效益。因此，有必要开展X90管线钢的应用研究工作。

3）X100管线钢

有关X100管线钢的最早研究报告发表于1988年，但当时并没有实际的应用需求，直到20世纪90年代中期钢管公司对X100管线钢的研发工作才开展起来。1994年欧洲钢管公司开始研究开发X100管线钢。20世纪90年代末期，英国Advantica公司、壳牌、BP阿莫科和英国天然气公司曾对X100级管线钢进行历时5年之久的联合研制，研究重点是希望在管线钢的抗裂特性和有效止裂上取得突破。

进入21世纪，对高性能X100管线钢的研究依然活跃。截至2002年，欧洲钢管公司已采用热机械控制（TMCP）工艺生产出数百吨X100管线钢，并进行了数次全尺寸爆破试验。日本新日铁成功地开发了具有划时代意义的热影响区细晶粒超高强韧技术（HTUFF），生产了具有高HAZ韧性型和高均匀延伸率型的X100钢管。2006年，日本住友金属公司投资100亿日元，在鹿岛厂建立X100及以上级别超高强度管线钢的生产体系，预计投产后年生产能力可达50×10^4t。

经过多年发展，X100管线钢的标准也逐步完善起来。2002年，新版CSZ245-1-2002首次将X100钢级列入了加拿大国家标准。之后，X100钢级被列入了ISO3183草案中，并由ISO和API联合工作组完成了标准的修订。2007年，X100钢级正式被列入APISPEC5L标准中。

4）X120管线钢

1993年，埃克森美孚公司开始研究X120管线钢，在1996年分别与日本新日铁和住友金属签订了X120管线钢研究合作协议，开展了X120管线钢钢板开发、X120管线钢焊接工艺多方面的研究。2000年，埃克森美孚利用新日铁生产的X120钢管进行了全尺寸爆破试验。2006年，新日铁投资40亿日元，在君津厂建立X100和X120级超高强度管线钢钢管的生产体系，并于2008年3月实现了X120级UOE钢管的商业化生产[3]。

目前国外掌握X120管线钢生产技术的仅有日本新日铁、住友金属和韩国的浦项制铁等少数几家，且生产X120钢级钢管均采用了UOE成型工艺。X120管线钢相关技术尚需进一步完善，如X120管线钢的止裂性能、焊缝强度匹配性问题等还需要深入的研究。

2. 国内高钢级管线钢研究现状

1）X80 管线钢

虽然国内 X80 管线钢研究起步较晚，但由于西气东输一线、二线等重大工程的推动，X80 钢生产技术发展十分迅速。宝钢、武钢、鞍钢等国内大型钢企已相继成功开发了 X80 级热轧板卷和宽厚钢板。并具备了批量生产能力。宝鸡、华油、巨龙等钢管公司也已成功开发了 X80 级螺旋缝埋弧焊管和直缝埋弧焊管。国产 X80 管线钢在技术标准、检测手段、试验方法上都实现了重大突破，质量达到国内外同类产品先进水平。西气东输二线用钢基本实现了国产化。

2）X90 管线钢

2007 年，中国石油集团渤海石油装备制造有限公司与宝山钢铁股份有限公司合作开发了 X90/X100 钢级 $\phi 813mm \times 16mm$ JCOE 直缝埋弧焊管。采用圆棒试样测得的 X90 钢级 JCOE 直缝埋弧焊管的拉伸性能比较理想，其屈强比仅为 0.90，优于 X100 钢级。X90 钢级的韧性水平显著高于 X100 钢级。试制的 X90 钢级钢管管体具有足够的韧性，有可能依靠自身韧性实现延性断裂的止裂。

首钢也研制出高强度低屈强比的 X90 热轧钢板。

2014 年 9 月 27 日，宝鸡石油钢管有限责任公司（简称宝鸡钢管）成功试制出 X90 钢级 $\phi 1219mm \times 16.3mm$ 螺旋缝埋弧焊管。该品种由宝鸡钢管下属的石油输送管分公司与钢管研究院共同合作，在石油输送管分公司制管三厂实施，采用了预精焊工艺。对所试制钢管的检验结果表明，其质量良好，符合 API Spec 5L—2012 标准要求。

3）X100 管线钢

与国外相比，我国 X100 管线钢管的开发研究起步较晚。2005 年，我国开始 X100 管线钢管的研发工作，2010 年，在中国石油天然气集团公司西气东输二线重大科技专项二期"X100 高强度管道焊管应用技术及国产化新产品开发"课题的支持下，中国石油集团石油管工程技术研究院、中国石油规划总院、中国石油管道局等研究机构与国内钢铁厂、钢管厂共同对 X100 的应用可行性、关键技术指标、焊管试制、质量评价及焊接施工技术进行研究。经过多年的积累和大量的研究工作，2012 年立项的重大专项课题"X90、X100 高强度管线钢管技术开发及应用"正向着 X90、X100 高强度管线钢管的工程应用逐步迈进。

目前，我国在 X100 管线钢基础研究方面，对 X100 金相组织和强韧化机理、钢管性能测试、关键技术性能、焊接性、环焊缝组织、性能及缺陷控制、钢管断裂行为等方面进行了系统研究。中国石油已制定了 X100 管线钢及钢管的产品标准，包括 Q/SY 1283—2010《X100 钢级直缝埋弧焊管用热轧钢板技术条件》、Q/SY 1284—2010《X100 钢级直缝埋弧焊管技术条件》、Q/SY 1403—2011《X100 钢级螺旋缝埋弧焊管用热轧板卷技术条件》及 Q/SY 1404—2010《X100 钢级螺旋缝埋弧焊管技术条件》。以科研成果为基础，我国在 X100 产品开发方面进行了卓有成效的工作，2006 年，鞍钢（鞍山钢铁集团公司）成功研制出 X100 管线钢板，成为国内首家掌握 X100 管线钢生产技术的钢铁企业；2007 年，宝钢（宝山钢铁（集团）公司）成功开发出 X90、X100、X120 系列管线钢板，武钢［武汉钢铁（集团）公司］成功开发出 X100 卷板；之后，南钢（南京钢铁集团公司）、本钢［本溪钢铁（集团）有限责任公司］、湘钢（湘潭钢铁集团有限公司）、首钢（首钢股份有限公司）等先后开发出 X100 管线钢；2008 年，太钢［太原钢铁（集团）有限公司］成功轧制了X120卷板。宝鸡石油钢管公司、渤海装备公司与多家钢厂联合开发出X90、X100钢管，钢管关键性能指标接近国外X100钢管实物水平。同时，在现场施工焊接方面，中国石油管道局已初步掌握环焊缝焊材及焊接工艺技术。

2007年华油钢管厂成功研制出X100钢级直缝埋弧焊管。直径813mm、壁厚12.5mm，其质量达到国际同类钢管实物水平。巨龙钢管公司采用JCOE工艺，成功制造了直径813mm、壁厚15mm的直缝埋弧焊钢管。2010年宝鸡钢管公司成功研制了X100螺旋埋弧焊管，管径1219mm、壁厚15.3mm。

4）X120管线钢

宝钢于2005年启动了X120管线钢的前期研发，2006年10月，宝钢在新投产的5000mm宽厚板轧机上成功试制出超高强度X120管线钢宽厚板，成为国内第一家、全球第四家具备X120管线钢试生产能力的企业。2008年3月，太钢在2250mm热连轧生产线上成功轧制了X120板卷，成为全球首家实现X120管线钢卷板试生产的企业。巨龙钢管有限公司采用宝钢研制的X120钢级管线钢钢板成功研制出直径914mm、壁厚16mm直缝埋弧焊钢管，钢管成型采用JCOE工艺。管体和焊缝的强度、冲击韧性和硬度等力学性能均较为理想，达到了国外同类钢管实物水平。

5）ϕ1219mm钢管的研究开发

2007年5月，华北石油钢管厂采用宝钢研制的HTP X80级钢板首次进行了西气东输二线工程用ϕ1219mm×22mm直缝埋弧焊管的试制。钢管成型采用JCOE成型工艺。试制钢管于2007年7月通过了中国石油管材研究所按西气东输二线标准进行的评定。

中国石油集团渤海石油装备制造有限公司经多次试验，确定了减少Mo元素、适当增加Nb元素的新型合金成分设计，以及OHTP独特的控制轧制和控制冷却工艺技术，保证了钢管产品实物性能：屈服强度为580MPa左右，冲击韧性稳定在300J以上，且焊缝质量优良。在钢管制造工艺技术研发中，开发了适合X80钢的特种焊丝、焊剂及焊条，以独特的合金配方和良好的工艺性，总结出减小热输入量、改善坡口等工艺方法，保证了焊缝和热影响区优异的机械性能、美观的焊缝形貌。通过成型工艺的优化，使钢管外表美观，尺寸精度高。2008年1月，顺利完成X80钢级ϕ1219mm×22mm小批量试制，标志着西气东输二线X80钢级ϕ1219mm×22mm钢管顺利实现国产化。截至2010年2月，该公司已为西气东输二线提供X80钢级ϕ1219mm×22mm，直缝埋弧焊管$15×10^4$t。

2009年，中国石化江汉石油管理局沙市钢管厂小批量试制了用于西气东输二线工程的X80钢级、ϕ1219mm×22mm直缝埋弧焊管和X80钢级、ϕ1219mm×18.4mm螺旋埋弧焊管。根据工艺评定结果确定：X80级、ϕ1219mm×22mm直缝埋弧焊管采用钝边7mm、坡口角度37°(对称X型坡口)，预焊焊丝为CHW60C(3mm)、内外焊采用MK-680(4mm)焊丝与神剑SJ101G焊剂匹配以及相应的焊接规范；X80钢级、ϕ1219mm×18.4mm螺旋埋弧焊管采用钝边7mm、上坡口角度35°、下坡口角度40°(X型坡口)，内外焊采用H08C焊丝与锦州SJ101G焊剂匹配，符合相应的焊接规范。试制结果均符合APISPEC5L管线钢管规范和《西气东输二线管道工程用直缝埋弧焊管技术条件》的要求。比较发现X80钢级、ϕ1219mm×22mm直缝埋弧焊管的屈服强度、屈强比相对钢板原料显著上升，伸长率显著下降；X80钢级、ϕ1219mm×18.4mm螺旋埋弧焊管的屈服强度、屈强比相对卷板原料略有上升，伸长率显著下降，抗拉强度变化不明显。

2011年，华油钢管有限公司先后使用了国内5家主要钢厂生产的X80钢级热轧板卷，进行ϕ1219mm×18.4mm螺旋埋弧焊管的生产，并进行了热影响区夏比冲击韧性和维氏硬度的统计分析。结果表明：X80螺旋埋弧焊管热影响区具有优良的力学性能，不同钢厂产品之间性能差异较小；热影响区夏比冲击功低于管体母材130J；硬度低于母材15～24 HV10，存在明显的热影响区"软化"现象。

2014年7月15日，宝鸡石油钢管有限责任公司（简称宝鸡钢管）试制了X80钢级ϕ1219mm×22mm螺旋缝埋弧焊管，顺利通过了中国石油集团石油管工程技术研究院（简称钢管研究院）对产品性能、中国石油天然气管道科学研究院廊坊开发区中试基地对环焊缝的第三方检测评价试验。X80钢级ϕ1219mm×22mm螺旋缝埋弧焊管作为建设管线工程的主要产品之一，国内焊管生产企业已经陆续开展了对其的研制开发，此种规格的螺旋缝埋弧焊管原料在国内尚属首次开发，宝鸡钢管进行了多轮试制检验，优化调整卷板合金成分，研究不同规格和不同生产工艺对钢管残余应力的影响规律，以及不同工艺参数、不同焊材与ϕ1219mm×22mm螺旋缝埋弧焊管原料焊接适用性与匹配性，并优化调整成型、焊接及水压试验工艺参数。

2015年，渤海装备华油钢管公司进行了X80级ϕ1219mm×22.0mm螺旋埋弧焊管小批量试制，共计投料11炉28卷（884.177t），生产焊管109根，按标准试验频次要求对钢管进行组批力学性能试验。检测了试制钢管实物水平，其各项性能指标均满足Q/SY GJX 130—2014《OD 1219mm×22.0mm X80螺旋缝埋弧焊管技术条件》的要求。

西气东输二线全长9102km，管线设计采用X80钢级，工作压力12MPa，年输送能力$300×10^8m^3$，需用钢管总量约$439.3×10^4t$。其中，X80螺旋埋弧焊管$277.9×10^4t$，最大管径1219mm，壁厚18.4mm。

6）ϕ1422mm钢管的研究开发

2012年1月，渤海装备华油钢管有限公司成功试制出国内首根X80钢级、ϕ1422mm×21.4mm螺旋缝埋弧焊管。经检测，其各项理化性能指标和无损检测数据均达到了API Spec 5L及西气东输二线技术条件的标准要求。其中，-10℃管体横向母材、焊缝及热影响区夏比冲击试验平均冲击功分别达到340J、179J、218J；0℃管体横向母材落锤撕裂试验平均剪切面积百分比达到100%。这是渤海装备华油钢管有限公司在油气输送管道生产技术上取得的又一突破，填补了国内X80钢级大直径、大壁厚螺旋缝埋弧焊管研制的空白。研究成果可用于西气东输四线、五线等国家重点管道建设项目。

南京巨龙钢管有限公司成功研制开发X80，D 1422mm×20.4mm/25.7mm/30.8mm直缝埋弧焊钢管。

2015年9月，渤海装备华油钢管公司（简称华油公司）完成了中俄东线天然气管道工程X80钢级ϕ1422mm×22.4mm螺旋缝焊管小批量试制工作。经检测，首批生产的X80钢级ϕ1422mm×22.4mm螺旋缝焊管的各项性能指标均符合中俄东线天然气管道工程技术条件的要求。该批螺旋缝焊管的成功试制，标志着华油公司在高钢级、超大壁厚螺旋缝焊管生产技术上又取得了新突破，具备了批量生产条件，为中俄东线天然气管道工程后续生产形成技术储备。

同年，南京巨龙钢管有限公司批量试制了中俄东线X80，D 1422mm×21.4mm直缝埋弧焊钢，同时，单炉试制了中俄东线X80M D 1422mm×25.7mm/30.4mm直缝埋弧焊钢管。

三、高钢级管线钢应用现状

国内外对X80及以上管线钢的开发和应用已经进行了多年的研究,在20世纪90年代初,自利用钢板和直缝埋弧焊管专门铺设了第一条X80级管线以来,世界各地使用X80钢级螺旋焊管的愿望也不断增强。而在天然气长输管线大量采用X80钢是前几年才开始的,首次大规模采用X80钢的长输管线为美国2004年建成投产全长612km的夏延平原管线(Cheyenne Plains Gas Pipeline),干线钢管为ϕ914mm×11.9mm。在夏延平原管线建成后,2009年,美国又建成投产全长2702km的洛基输气管线(Rockies Ex-press Pipeline),管径包括ϕ914mm与ϕ1067mm。

2011年6月,我国西气东输二线管道工程干线已经完工,该管线全长8704km(其中干线全长4978km,8条支干线全长约3726km),是目前世界上最长的天然气管道工程。干线的钢管为X80钢级ϕ1219mm×18.4mm/22.0mm/26.4mm,其中螺旋管壁厚18.4mm,输送压力西段为12MPa,东段为10MPa[4]。

2012年10月,西气东输三线工程正式开工,全线包括1条干线,8条支线,3座储气库,1座LNG应急调峰站。干支线沿线经过新疆、甘肃、宁夏、陕西、河南、湖北、湖南、江西、福建和广东共10个省、自治区,干线、支线总长度为7378km。干线设计压力12~10MPa,管道直径1219mm/1016mm,设计输量$300\times10^8m^3/a$。主干线全部采用大壁厚X80,其中,306km一级荒漠无人区管道的设计系数确定为0.8。这是中国管道建设史上首次将设计系数从0.72提高到0.8。陕京四线输气管道工程于2016年7月开工,干线西起陕西省榆林市靖边县靖边首站,东至北京市境内高丽营末站,另铺设4条支干线,新建14座站场、54座阀室、12座线路阴极保护站,线路总长度为1114km。其中,干线为靖边—高丽营干线,线路长度约1083km;支干线为高丽营—西沙屯联络线,线路长度约31km。设计年输气能力$300\times10^8m^3$。从建成的和在建的天然气长输管线看,随着螺旋焊管技术的进步,螺旋埋弧焊管正在得到更大的应用,使用比例大幅提高,西气东输二线管道工程干线X80级螺旋焊管的比例达到了72%,这主要是因为相对于直缝埋弧焊管,螺旋焊管的成本要低一些。

陕京四线输气管道工程包括1条干线和4条支线,总长1274.5km,起自陕西省靖边首站,途经内蒙古、河北,止于北京市高丽营末站。干线为靖边—高丽营;4条直线分别为马坊—香河—宝坻支干线、香河—西集联络线、高丽营—西沙屯联络线、榆林站联络线,长度分别为80km、25km、35km、14.5km。陕京四线输气管道工程途经了陕西、内蒙古、河北、北京、天津5个省、自治区、直辖市。管道口径1219mm,设计压力靖边—延庆段12MPa,延庆—高丽营段10MPa,建成后年输气能力可达$250\times10^8m^3$。

中缅油气管道项目分为中缅原油管道以及中缅天然气管道。中缅原油管道由中国石油公司和缅甸油气公司合资成立的东南亚原油管道公司(SEAOP)建设,起点位于缅甸西海岸的马德岛,全长771km。原油管道国内全长1631km。管径ϕ813mm,钢管材质X70,采用3LPE外防腐,管道最大设计压力14.5MPa,中缅原油管道在缅甸境内的设计年输量为2200×10^4t,缅甸下载量为200×10^4t。中缅天然气管道由"四国六方"共同出资成立的东南亚天然气管道有限公司(SEAGP)建设,起点位于若开邦皎漂兰里岛,全长793km,天然气管道国内全长1727km。管径ϕ1016mm,钢管材质X70,采用3LPE外防腐,管道最大设计压力10MPa，缅甸下载点设计输量120×10⁸m³，占管输量的20%。

中卫—贵阳天然气管道北起宁夏回族自治区中卫市，沿线途经宁夏、甘肃、陕西、四川、重庆、贵州6个省、自治区、直辖市，南至贵州省贵阳市，线路长约1613km，设计输气能力150×10⁸m³/a，设计压力为10MPa，采用X80钢级，管径为1016mm。全线设线路截断阀室72座（其中监控阀室31座）。沿途主要地貌单元为黄土高原、秦巴山区、四川盆地丘陵区和云贵高原山区，管道沿线地形条件复杂多变，线路整体施工难度较大。中贵线的建成通气，实现了中亚天然气和缅甸天然气南北互通。

1. X80管线钢应用现状

国外近20多年的使用经验证明，X80钢级应用于高压输气管道已经是一项比较成熟的技术，其主要用户有加拿大的TransCanada、德国的Ruhrgas、英国的Transco、中国的中国石油等。至今具有代表性的X80管线钢输气管道有德国Schluechtern-Werne管道、美国Cheyenne Plains管道和中国西气东输二线管道等工程。

（1）德国Schluechtern-Werne管道。管道全长259km，设计压力10MPa，管径1219mm，壁厚18.3mm和19.4mm，全部采用X80直缝埋弧焊管。这条管道的意义在于它是全世界第一条成功应用X80管线钢的大型高压输气管道，展示了X80管线钢在高压、大流量输气管道上应用的广阔前景，有很强的示范作用。

（2）美国Cheyenne Plains输气管道。从俄亥俄州首府夏延市（Cheyenne）到堪萨斯州的格林斯堡（Greensburg），全长611.55km，最高运行压力为11.1MPa，日输气量0.48×10⁸m³，总投资4.25亿美元。所用钢管为加拿大IPSCO公司生产的螺旋管和美国NAPA公司生产的UOE直缝管。这是美国建设的第一条X80钢级长距离输气管道，也是第一次大规模应用HTP轧制工艺生产的管线钢管道[5]。

（3）中国西气东输二线管道。西气东输二线管道引进中亚地区的天然气，西起新疆霍尔果斯口岸，南至广州，东达上海，管道干线长4843km，直径1219mm，壁厚18.4mm及以上，西段设计压力12MPa，管道年输气量将达到300×10⁸m³。西气东输二线管道是我国首次大规模采用X80建设的长距离输气管道，其长度超过了国外所有X80管道的总长，标志着我国高钢级管线钢技术已达到了国际领先水平[6]。

目前，全球已建X80管线钢管道统计概况见表2-3。

表2-3 国内外已建X80管线钢管道工程概况

序号	建设年份	国家	工程名称	长度 km	直径 mm	壁厚 mm	钢管厂
1	1985	德国	Megal Ⅱ	3.2	1118	13.6	Mannesmann
2	1986	斯洛伐克	第四输油管道	1.5	1422	15.6	Mannesmann
3	1990	加拿大	Nova Express East	26	1067	10.6	NKK
4	1992—1993	德国	Schlueehtern-Werne	259	1219	18.3／19.4	欧洲钢管
5	1994	加拿大	Nova Matzhivian	54	1219	12.0	IPSCO
6	1995	加拿大	East Albeaa System	33	1219	12.0	IPSCO

续表

序号	建设年份	国家	工程名称	长度 km	直径 mm	壁厚 mm	钢管厂
7	1997	加拿大	Central Alberta System	91	1219	12.0	IPSCO
8	1997	加拿大	East Alberta System	27	1219	12.0	IPSCO
9	2001	英国	Cambridge M.G	47.1	1219	14.3／20.6	欧洲钢管
10	2002	英国	H.S.Wilbughby	42	1219	15.1／21.8	欧洲钢管
11	2003	澳大利亚	Roma Looping	13	406		Blue Scope Steel
12	2004	英国	Aberdeen-lochside	80.47	1219	15.1	
13	2004—2005	意大利	Sham Rete Gas	10	1219	16.1	
14	2005	美国	Cheyenne Plains	611	914	11.9／17.2	IPSCO，NAPA
15	2005	中国	西气东输冀宁线	7.93	1016	14.6／18.4	华油钢管厂等
16	2006—2009	美国	Rocky Express	2676	1067		
17	2007	英国	National Grid	690	1219	14.3／22.9	
18	2008—2011	中国	西气东输二线	4843	1219	18.4	华油钢管厂等

2. X100/X120管线钢应用现状

在X100管线钢应用方面，国外已有多条试验段建成。2001年英国BP公司与日本钢铁公司和德国的欧洲钢管进行合作，在美国阿拉斯加气田开发中使用X100管线钢。加拿大Trans Canada公司是X100管线钢应用的积极推动者，该公司已建设了多条X100管线钢试验段[7]。

2004年埃克森美孚公司与Trans Canada公司合作，在加拿大-30℃冻土地带建成了世界第一条长1.6km的X120级输气管道试验段，这也是目前全球唯一一条X120级管道。在该管道的施工过程中，研究人员重点关注了X120钢管的氢致断裂，并对焊接预热和焊接过程的温度进行严格监控。

目前国内尚未建成X100／X120管线钢试验段，但据相关文献报道，尚处于设计阶段的西气东输三线主干线拟建设X100／X120级管线钢的试验段，如能实现，必将大大推动国内高钢级管线钢的发展。

国外高钢级管线钢的开发与应用已有20余年的历史，在X80管线钢的冶炼与轧制、钢管制造等方面积累了丰富的经验，生产技术趋于成熟；X100管线钢的开发生产也已积累了一定的经验，并建成了多条试验段工程；X120管线钢的生产技术仅掌握在少数几个钢铁企业，相关技术尚需完善。

国内对高钢级管线钢的研究起步较晚，但近几年发展迅速。随着西气东输二线等重大工程的开展，我国已跃居X80钢管道总长度第一位，生产与应用均达到了国际领先水平。

X100 与 X120 管线钢国内生产厂商也已开发出来，性能已达到国外实物产品同等水平，但尚未进行试验段建设，同时相关标准仍需进一步完善。

对于 X80 管线钢，相关技术发展已趋于成熟，势必会成为今后大口径、高压力油气管道，尤其是天然气管道用钢的趋势。对于 X100、X120 钢级的工程应用。需在提高 X100/X120 管线钢止裂韧性、改善焊缝强度与母材强度匹配性等方面进行更为深入的研究。

第二节　大变形管线钢应用技术

随着油气开发向极地环境的进展，地震、滑坡、冻胀、融沉等导致的地形运动，对油气输送管线的设计、施工、运营维护提出了新的挑战。尤其是在极地或次极地环境的不连续冻土地带，要求管线用钢具有抵抗大的拉伸应变和压缩应变的能力。此外，中国油气长输管线面临的地震和地质灾害问题目前也引起了高度关注。地震和地质灾害对管线造成的损害是通过过量塑性变形引起的，主要预防措施有两个方面。首先，在敷设方式上，可以采取一系列措施，例如尽量避开产生大位移的地层不稳定区域；管线的走向应使其承受拉伸应变，因为管线承受轴向拉伸应变的能力远大于承受压缩、弯曲的能力；采用大曲率半径弹性敷设方式，增加管线活动能力等。其次，则需要从提高管线钢材料本身的抗变形能力着手。因此开发能承受大的变形而不发生破裂的抗大变形管线钢，进一步提高其抗变形性能是高性能管线钢的一个重要发展方向，对于输油气管线在地震、海底等敏感地带的安全使用具有重要意义。

一、国外大变形管线钢的发展概况

1. 应变设计理念的提出

传统的管线设计是基于应力设计原则，即当钢管强度不足，管内介质不断升压，以致环向应力作用超过钢管比例极限时，随着介质压力上升，钢管继续产生环向变形而最终导致爆破。这种情况属于以应力为基础的设计范畴。然而由于管线运行环境复杂多变，在地震和地质灾害多发区，管线将承受较大的位移及应变，这时管线的失效不再由应力控制，而是由应变控制。

2003 年 10 月 8 日，美国正式颁布了《管线以应变为基础的设计》文件。该文件由美国管线安全部门及矿业管理部门联合主编，许多著名的专家、学者和研究部门共同参与了此项工作，在管线发展史上具有划时代的意义。该文件认为，当应力—应变关系曲线超过比例极限后继续变形，其峰值设计载荷反而减弱时，应采取以应变为基础的设计，最大应变值允许达到 10%。属于应变设计的有埋地管线的抗震设计、温差引起的轴向应力、管线经过土壤滑坡地区、管线的冷弯、管线经过永冻层以及海底管线敷设过程等[8]。

2. 大变形管线钢的应用

管线的安全性越来越引起人们的关注，基于应变设计理念，管线钢生产厂家也在开发大变形的管线钢。这种大变形管线钢管要求具有低的 D/t（外径/壁厚）值。这是由于地形运动带来的大塑性变形，要求钢管具有大变形性能，主要是抗压缩应变和拉伸应变。而钢管压缩变形的失效表现为弯折，其临界压曲应变量又随着 D/t 的减小而增大。因此，采用低的 D/t 值，管线更加安全。

大变形管线钢的首次应用是用于在地震敏感带敷设管线。日本已在这方面开展了较多的研究工作，并取得了一些研究进展。日本作为一个屡遭强烈地震的国家，其高压输气管线始终没有发生严重事故的经验值得借鉴。这种抗大变形管线钢与常规管线钢的不同在于：（1）屈强比（YS/TS）低，一般 YS/TS≤0.85；（2）应力—应变曲线呈圆屋顶形，没有明显的自然屈服点；（3）加工硬化系数 n 值较常规管线钢高，一般 n≥0.10，而常规管线钢一般 n<0.10；（4）具有较高的均匀塑性变形延伸率，一般在 10% 以上。

近年来，国外在地震带、水下、冰棚等地质特殊地区敷设输送管线时，仍然以最高钢级为 X65、低 D/t 值（≤45）的管线为主。中国在西气东输二线管道工程的强震区和全新世活动断层及中缅油气输送管道工程中的特殊地段，如断裂带、9 度区、矿山沉陷区等采用了大变形钢管。

二、大变形管线钢的基本组织特征

大变形管线钢既要有足够的强度，又必须有足够的变形能力，其组织状态一般为双相组织或多相组织，硬相提供必要的强度，软相保证足够的塑性。通过控制轧制管线钢板的工艺参数，重点调整加热、开轧和终轧温度以及在线加速冷却等，可获得致密的复相组织，使其具有低的屈强比和较高的拉伸均匀延伸率，从而可提高管线钢的变形能力。目前，抗大变形管线钢常见的显微组织有两种，一种是（铁素体 + 贝氏体）双相显微组织，另一种是（贝氏体 + 马氏体/奥氏体岛）组织。这些组织类型的管线钢对于因地面运动而引起的大应变具有较高的抗弯折和抗断裂能力[9]。

1. 铁素体—贝氏体（F-B）双相组织

通过控制化学成分和热机械控制加工（TMCP）工艺参数，可以获得（铁素体 + 贝氏体）双相显微组织，即是（多边形铁素体 + 贝氏体铁素体）组织，从而使管线钢达到高强度、高加工硬化系数和低屈强比之间的平衡。

在这种显微组织基础上，日本发展出了 X65~X120 系列强度级的大变形管线钢，具有高的应变硬化性能和低屈强比。对所制成钢管进行压缩和弯曲试验，表明其抗挤毁性能良好。大变形管线钢具有圆屋顶形的应力—应变曲线，加工硬化系数 n 值都不小于 0.10，屈强比都低于 0.80[10]。

2. 贝氏体—马氏体/奥氏体岛（B-M/A）复相组织

为了生产这种高强度高性能的 B-M/A 型管线钢，JFE 在西日本钢铁厂的福山厚板厂安装了 HOP（在线热处理工艺）装置。这是一种螺线管型感应加热设备，在生产线上临近热矫机，位于加速冷却设备之后。与超级在线加速冷却相结合，通过 HOP 可获得传统的 TMCP 工艺达不到的独特效果。

图 2-1 是 JFE 应用 HOP 技术生产 B-M/

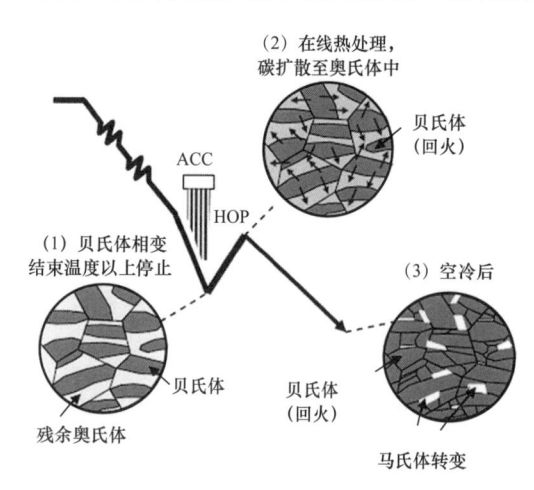

图 2-1 JFE 应用在线热处理工艺获得 B-M/A 型组织示意图

A 型组织管线钢的示意图。如图 2-1 所示,当加速冷却在贝氏体相变结束温度以上停止时,组织为贝氏体 + 残余奥氏体;加速冷却后马上进行在线热处理时,贝氏体中的碳会扩散到残余奥氏体中,使奥氏体具有较高的碳含量;在热处理后的空冷过程中,富碳的残余奥氏体转变为 M/A。当 M/A 组元的体积分数大于 5% 时,可获得 0.80 以下的低屈强比管线钢[11]。

沿用 TMCP 工艺再进行 HOP 发展起来的由贝氏体和弥散 M/A 岛组成的双相钢,也称之为多相钢,具有优异的变形性能和较高的抗应变时效性能。JFE 通过这种工艺发展了强度级别为 X70~X100 的 B-M/A 型管线钢,通过对管线钢管实物进行压缩和弯曲试验,显示其具有良好的抗挤毁性能。

三、国内外大变形管线钢的研究进展

1. 高强度大变形钢管

作为高强度管线钢管发展的热点之一,基于应变设计管线逐渐发展起来,在地震多发及不连续冻土带等地区应采用基于应变设计的大变形钢管,要求钢管须有能耐高压缩及拉伸应变的耐高变形性能,具体为较低的屈强比、足够的均匀伸长率以及圆屋顶型(Roundhouse)的应力—应变曲线,通常要求时效后进行试验。从微观看,X65 以上的大变形钢管,其显微组织通常为双相组织,如 F-B、B-MA 等,双相组织能有效地提高变形能力,细小弥散的双相组织还能有效提高塑性变形与低温韧性。

在大变形钢管的开发方面,国际上起步较早,如新日铁公司、JFE 公司以及欧洲钢管公司等均已经研发出适用于基于应变设计的 X60~X100 高钢级抗大变形管线管,并已经应用于管道建设。新日铁公司已实现壁厚 15mm、16mm 和 22mm 的 X80 钢级,壁厚 14mm、16mm 和 20mm X100 钢级的管线钢的工业生产。欧洲钢管公司为北部中央通道(North Central Corridor)输气管线项目生产了 2500m 的 ϕ1219mm × 14.3mm 的 X100 级钢管[12]。

中国的西气东输二线管线已经批量采用了 X80 大变形钢管,钢管均为国外钢管企业提供。

中国的中缅油气管道(国内段)X70 大变形钢管(ϕ1016mm × 17.5mm 直缝埋弧焊管)及制管用热轧钢板的使用,标志着中国高钢级大变形钢管生产技术获得重大突破,实现了国产化,并达到国际先进水平。目前管线采用的大变形钢管基本上为直缝埋弧焊管,依据部分管线技术规范,只要能够达到技术要求,大变形钢管并不排斥采用螺旋埋弧焊管,因此有必要开发具有大变形能力的螺旋缝埋弧焊管。需要注意的是,目前部分统计数据表明,螺旋焊管管体纵向的屈强比通常比较高并且明显高于横向,这与热轧板卷的各向异性与制管过程的包辛格效应有关。

2. 应变时效方面的研究

基于应变设计的管线钢管通常要求应变时效后的性能,通常为管体纵向。这是因为,目前的油气输送钢管一般均要求进行防腐处理,而防腐工序要求对钢管进行短时的加热,一般在 200~240℃,大量的研究表明,该工艺对于钢管的性能有明显影响。应变时效行为主要包括增加屈服强度、抗拉强度、屈强比、硬度并降低塑性以及韧性。常见于汽车板,用于提高强度,近年来对于微合金管线钢尤其是高强度钢也进行了大量研究。对于钢管,主要焦点是对于屈服强度、屈强比以及应力应变行为的影响,因为这些指标对于基于应变设计管线非常重要[13]。

浦项制铁公司的研究发现，从奥氏体单相区冷却制成的 X80 钢管相对从 γ+α 双相区冷却制成的 X80 钢管，具有更高的应变时效抗力。在低于马氏体起始转变温度的终冷温度下制成的 X80 钢管，即使在 250℃进行涂层模拟之后，仍表现为圆屋顶型屈服及很低的屈强比。

新日铁公司的 Kensuke NAGAI 等也发现了类似的规律，对于 UOE 与 ERW 钢管，应力应变曲线对于纵向和横向是不同的，对于 UOE 钢管，管体横向与纵向相比更容易出现 Lüders 应变，甚至在 240℃时，高强度 UOE 钢管的管体纵向的应力应变曲线仍然保持圆屋顶形状，对于钢管纵向，钢级越高，时效后的应力应变曲线越倾向于保持圆屋顶形状。这与钢管的制造工艺有关，对于 UOE 钢管，要经过扩径工序，而螺旋焊钢管通常则没有该工序，ERW 钢管则要经过定径工序，钢管的横向为压应变，纵向为拉伸应变。成品 UOE 管在管体纵向上具有优异的形变强化行为，但是被证明对于时效更敏感。

四、国内大变形钢的应用

1. 西气东输二线工程的应用

西气东输二线西起新疆的霍尔果斯，东至广州和上海，途经新疆、甘肃、宁夏、陕西、河南、湖北、江西、广东、广西、浙江、上海、江苏、湖南、山东等 14 个省、自治区、自辖市，总长 8485km，是一条连接中亚进口气源、国内塔里木气田、准噶尔气田、吐哈气田、长庆气田和沿线中西部地区、华东、华南、长三角、珠三角等用气市场的重要管道项目[14]。

干线管径为 1219mm，压力为 12MPa（中卫以东 10MPa），采用 X80 钢级，管道沿线经过相当长的强震区（地震峰值加速度为 0.2g 的地段约 844km，0.3g 的地段约 276km）和 11 条全新世活动断层。这些地区如果发生地震，管道将产生较大的应变，而 X80 钢管道的变形能力有限，如果没有相应的防护措施极易遭受破坏，为了保证管道安全，需对这些地区的管道进行合理设计。

国内管道主要依据文献所列规范开展抗震设计，首先进行抗拉伸和压缩校核，如果校核结果满足规范要求，就可以不采取对策，直接埋设通过；如果校核结果不满足规范要求，就必须采取必要的抗震措施。在采用规范开展抗震设计时，存在一些问题[15]。

国外在解决大地变形地段的管道设计问题，例如在强震区、活动断层、地震液化、冻土地区等区段，一般采用基于应变的设计方法。尽管目前尚无成熟的经验可以上升为标准或规范，但由于对相应的设计方法、材料、施工流程等都进行了系统研究，因此可以较好地指导这些地段的管道设计。

2. 中缅油气管道工程的应用

中缅油气管道工程是我国实施能源战略的重点项目之一，是我国能源进口的西南大通道。该工程由原油和天然气 2 条管道组成。油气管道分别起自缅甸西海岸马德岛和皎漂岛，从云南瑞丽市入境，并行敷设，途经云南的德宏州、保山市、大理州、楚雄州、昆明市、曲靖市，之后进入贵州，经过六盘水市、黔西南州、安顺市，在安顺市油气管道分离。原油管道向东北，经过贵阳市、遵义市，进入重庆市，最后到达终点重庆炼厂，全长约 1629km；天然气向西南，在贵阳市与中贵线连接，之后经过黔南州，进入广西壮族自治区。在广西境内经过河池市、柳州市、来宾市，最后达到贵港市的贵港压气站，并与西气东输二线南宁支干线连接，全长约1728km[16]。

原油管道设置1条支线，分输点位于楚雄市的禄丰县禄丰分输站，向昆明市的安宁炼厂分输，支线长度约43km；

天然气管道设置8条支线，总长度856km，分别给云南的丽江市、玉溪市，贵州的都匀市，广西的河池市、桂林市、钦州石化炼厂、北海市、防城港市供气。

天然气管道干线设计压力10MPa，管径ϕ1016mm，一般地段选用X80级高强管线钢，壁厚范围从12.8～20.2mm；特殊地段，如断裂带、9度区、矿山沉陷区等，采用X70大变形钢管，壁厚范围在14.6～21mm之间。

原油管道干线均选用X70级高强管线钢，管道设计压力、管径及壁厚分布情况见表2-4。特殊地段，将和天然气管道一样，采用X70大变形钢管[17]。

表2-4 管道设计压力、管径、管长及壁厚分布

管径，mm	设计压力，MPa	壁厚，mm	管长，km
813	8～14.7	9.5～22.6	606
610	8～14.6	7.9～16.9	873
559	9～10.6	7.9～11.2	150

中缅管道将在特殊地段使用X70大变形钢管，这些特殊地段主要包括：活动断裂带、9度地震区（按50年超越概率5%的设防标准）、矿山沉陷区、地质灾害区。根据设计提供的资料，输气干线使用大变形钢管总长约为127km（规格为ϕ1016mm×17.5mm、ϕ1016mm×21mm）；输油干线使用大变形钢管总长约为80km（规格为ϕ813mm×14.7mm、ϕ813mm×17.2mm、ϕ610mm×12.8mm、ϕ559mm×10.3mm）。

在中缅管道的设计中，已将冷弯管加入到断裂带应变计算模型中，因此特殊地段使用X70大变形冷弯管[18]。

中国石油天然气管道科学研究院系统研究X70大变形冷、热弯管的制作工艺，对比评价其综合性能，指导X70大变形冷、热弯管在工程中的应用。

第三节 高寒低温服役环境用管材开发及应用技术

一、高寒低温服役环境管材市场需求

2014年，中国石油与俄气公司签署了《中俄东线管道供气购销协议》。《购销协议》约定：从购销协议正式生效的第4年起，俄罗斯开始通过中俄东线向中国供气，气量逐年增长，最终达到$380 \times 10^8 m^3$，累计合同期30年。俄气公司负责气田开发、天然气处理厂和俄罗斯境内管道的建设。中国石油负责中国境内输气管道和储气库等配套设施建设。

中俄东线天然气管道起于黑龙江黑河市中俄边境，途经黑龙江、吉林、内蒙古、辽宁、河北、天津、山东、江苏、上海9个省、自治区、自辖市，止于上海市。其中入境点——黑河首站、黑河首站—长岭段、长岭—沈阳段管道直径1422mm，钢级X80，部分管段设计压力12MPa。管道沿途经过的黑龙江省、吉林省、辽宁省均位于我国东北寒冷地

区，冬季漫长而寒冷，最冷月平均气温 –14～–24℃，极端最低温度 –48.1℃，部分寒冷地区站场地上钢管、管件的设计温度将达到 –45℃（表 2-5、表 2-6）[19]。

表 2-5 中俄东线站场低温钢管需求情况

序号	钢管种类	材质	钢管规格	适用压力	站场位置	极端最低温度，℃
1	直缝埋弧焊钢管	X80M	D 1422mm × 30.8mm	12.0MPa	黑河首站	–44.5
					五大连池分输压气站	–44.5
					明水分输压气站	–40.1
					肇源分输压气站	–40.6
					长岭分输站	–39.8
2	直缝埋弧焊钢管	X70M	D 1016mm × 25.2mm	12.0MPa	黑河首站	–44.5
					五大连池分输压气站	–44.5
					明水分输压气站	–40.1
					肇源分输压气站	–40.6
					长岭分输站	–39.8

表 2-6 中俄东线站场低温弯管、三通需求情况

序号	管件种类	材质	管件规格	适用压力	站场位置	极端最低温度，℃
1	清管三通	X80	DN 1400mm × 1200mm	12.0MPa	黑河首站	–44.5
					五大连池分输压气站	–44.5
					明水分输压气站	–40.1
					肇源分输压气站	–40.6
					长岭分输站	–39.8
2	普通三通	X70	DN 1000mm × 1000mm	10.0MPa	长岭分输站	–39.8
3	清管弯管	X80	DN 1400mm（R=5D）	12.0MPa	黑河首站	–44.5
					五大连池分输压气站	–44.5
					明水分输压气站	–40.1
					肇源分输压气站	–40.6
					长岭分输站	–39.8
4	清管弯管	X70	DN 1000mm（R=6D）	12.0MPa	长岭分输站	–39.8

目前国内管径 1016mm 以上的 X80、X70 三通实物水平仅能满足设计温度不低于 –30℃ 的环境使用，感应加热弯管实物水平也仅能满足设计温度不低于 –20℃ 的环境使用。已建的西二线、西三线西段工程部分站场环境温度也低于 –40℃，但都采取了保温伴热措施来

解决环境温度的影响，站内钢管、管件和焊接工艺技术要求都是按照操作温度和维温温度来制定的。因此，国内管径 1016mm 以上的 X80、X70 站内钢管、三通、感应加热弯管的加工制造能力和管道环焊缝焊接工艺还不能覆盖到 –45℃，无法满足中俄东线管道的供货需求。

虽然保温伴热措施可以解决环境温度的影响，但是中俄东线途经的黑龙江省、吉林省冬季寒冷而漫长，采取保温伴热措施一方面能耗高，另一方面需要经常巡检和维护。同样位于寒冷地区的俄罗斯境内，许多输气站场的钢管和管件都没有采取保温伴热措施，同样可以达到标准规定的韧性指标，因此，取消保温伴热在技术上是可行的，但需要对钢管、三通、感应加热弯管的材料成分、热加工技术、关键控制技术指标、焊接材料、焊接技术及质量控制方法等进行研究，开发出满足中俄东线设计条件的低温钢管、管件产品和管道环焊缝焊接工艺，为中俄东线输气管道建设提供技术和物资保障。

二、国内研究现状分析

1. 第三代大输量天然气管道工程关键技术研究情况及成果

"第三代大输量天然气管道工程关键技术研究"开展了多个方面的研究。"ϕ1422mm X80 管线钢管应用技术研究""1422mm X80 板材、焊管、热煨感应加热弯管、管件试制及质量综合评价"，X80 ϕ1422mm × 21.4mm 螺旋/直缝埋弧焊管的小批量试制，X80 ϕ1422mm × 25.7mm/30.8mm 直缝焊管，X80 ϕ1422mm × 25.7mm/30.8mm/33.8mm 弯管的单炉（单件）试制，此外采用 52mm 厚 X80 钢板进行了 ϕ1400mm × 1200mm 三通（单件）试制。材料韧性评价情况如下：

（1）钢管。钢管要求的 CVN 试验温度为 –10℃，DWTT 试验温度为 0℃，在试验温度下材料的 CVN 和 DWTT 指标均满足技术条件要求。CVN 指标在 –50℃试验温度下亦可满足技术条件的要求，DWTT 指标在 –10℃试验温度下亦可满足技术条件的要求，试验温度为 –20℃时不能满足技术条件的要求。

（2）管道环焊接头。管道环焊接头的 CVN 以 –10℃进行评定，CVN 指标满足技术条件的要求，未开展更低温度下的焊接工艺评定和研究。

（3）感应加热弯管。感应加热弯管要求的 CVN 试验温度为 –20℃，在试验温度下 CVN 指标满足技术条件要求。试验温度低于 –20℃时管体焊缝 CVN 指标不能满足技术条件的要求。

（4）三通。采用 52mm 厚 X80 钢板进行了 ϕ1400mm × 1200mm 三通的工艺可行性试制，–30℃下的材料力学性能指标达到技术条件的要求。

2. 站内低温钢管

目前国内还没有针对油气管道站场工程使用的高强度碳钢和低合金钢低温钢管标准和产品。在现有标准和产品体系中可供选择的低温钢管只有 GB 6479—2013《高压化肥设备用无缝钢管》中的 Q345E，最低允许使用温度 –40℃；GB 150.2—2011《压力容器 第 2 部分：材料》中的 09MnD 和 09MnNiD，最低允许使用温度 –50℃和 –70℃，但最大允许使用壁厚≤8mm，国标 GB 18984—2016《低温管道用无缝钢管》也列出了 5 个牌号的低温钢管，最低允许使用温度均在 –45℃以下。但以上这些低温钢管的屈服强度相对较低，最高不超过 345MPa，不能满足高压力、大口径输气管道的建设需求。

国内已建的高压大口径输气管道的站内低温钢管主要还是采用 GB/T 9711—2017《石油天然气工业 管线输送系统用钢管》规定的管线钢，该标准未对钢管的最低允许使用温度进行规定，因此在选用时设计部门结合使用工况对其低温韧性指标进行相应的规定。由于管线钢的合金体系及轧制工艺的限制，目前国内 X80、X70 级管线钢在 -30℃以下时低温韧性较难保证。

国内制管企业依托集团公司第三代大输量天然气管道工程关键技术研究项目在 OD 1422mm X80 级螺旋/直缝埋弧焊管的生产制造方面具备了一定的供货能力和技术积累，但试制钢管在低温韧性方面还不能满足中俄东线低温（-45℃）条件下裸露使用要求，尤其是厚壁钢管的焊接接头的低温韧性距离低温服役环境要求差距较大。

3. 三通

西气东输三线西段工程所采用的 12MPa ϕ1200mm×1200mm X80 等径三通采用设计验证试验的方法进行壁厚设计，确定的最小设计壁厚为 49mm，可以满足 -30℃以上使用工况。

"ϕ1422mm X80 管线钢管应用技术研究"课题采用 52mm 厚 X80 钢板进行了 ϕ1400mm×1200mm 三通（单件）工艺可行性试制。材料性能指标满足 -30℃使用工况。当大口径高压三通厚度为 50～60mm 时，材料壁厚方向淬透性差，质量不稳定，制造工艺难度大。

三通壁厚设计方面，目前国内高压力、大口径、大开孔率热挤压三通的壁厚设计主要采用 SY/T 0609—2016《优质钢制对焊管件的规定》第 6 章规定的设计验证试验方法或该标准附录 A 规定的极限分析设计方法确定壁厚。采用极限分析设计方法确定三通壁厚在工程使用上较为方便，免去验证试验产生的费用和工期，但确定的三通壁厚一般比验证试验的方法所得壁厚 3～5mm。此外，目前业内普遍认为进行验证试验时与三通相连接的接管壁厚对三通爆破压力有较大的影响，但影响水平的量化指标各方意见分歧较大。

4. 感应加热弯管

西气东输三线西段工程所采用的 ϕ1200mm X80 感应加热弯管最小设计壁厚为 32mm，可以满足 -20℃以上使用工况。

"ϕ1422mm X80 管线钢管应用技术研究"完成了 X80 ϕ1422mm×25.7mm/30.8mm/33.8mm 弯管的单炉（单件）试制，可以满足 -20℃以上使用工况。在 -20℃试验温度下，感应加热弯管样品的母材部位均具有良好的冲击韧性，冲击功主要集中在 300J 左右，最高达到 500J 左右，弯管的焊缝和热影响区冲击功值偏低，是制约感应加热弯管低温韧性的瓶颈。

5. 钢管、管件环焊接头

针对国内小批量试制 ϕ1422mm X80 螺旋/直缝埋弧焊管已经开展了自保护药芯焊丝半自动焊、焊条电弧焊和自动焊焊接工艺验证及适用性评价试验，其中 CVN 试验在 -10℃下进行，冲击功可满足 50J（38J）的要求，未在更低温度下进行韧性测试及质量评价。站场建设涉及的钢管、管件材料种类繁多，冶金成分复杂，焊接结构型式多样，并且很多材料经过反复热处理，环焊接头的低温韧性很难保证，给焊接工艺制定及环焊接头质量控制带来很大难度。目前尚未开展 -45℃设计温度下站场低温钢管、管件的环焊工艺研究及质量评价工作。

三、国外技术现状

1. 国外 ϕ1422mm X80 天然气管道现状

目前国外已投入运行的低温地区 ϕ1422mm 天然气管道只有俄罗斯的巴法连科—乌恰天然气管道。该管道陆上段为 2×1420mm，K65（X80）。管道地处严寒地区，基于该项目对钢管、管件材料的低温性能要求，相关制造企业开展了钢管、管件产品的研发和标准的制订。要求直缝钢管试验温度在 -40℃时，焊缝 CVN 值为 70J/cm^2，管体 CVN 值为 250J/cm^2，试验温度在 -20℃时，DWTT 不小于 80%。要求管件试验温度在 -60℃时，CVN 值为 59J/cm^2。钢管和管件环焊接头试验温度在 -40℃时，CVN 值为 50J/cm^2。俄罗斯境内寒冷地区站场钢管、管件大多未采用保温伴热措施。

2. 站内低温钢管的选择

国外输气管道站内钢管、管件的最低设计金属温度的选取与国内一致，都是采用环境最低温度作为最低设计金属温度。温度较低时，低压力、小口径钢管一般采用 ASTM A333 相应等级的低温钢管，该标准给出的钢管最低允许使用温度均低于 -45℃，对于高压力、大口径钢管一般采用 API 5L PSL2 相应等级的钢管，并对钢管的低温冲击韧性提出具体的订货要求。例如 Alliance 管道，部分低温站场的钢管设计温度为 -45.6℃，12in 及以下的管道均选用 Sch.80 ASTM A333 Gr.6 低温钢管。

3. 感应加热弯管、三通

国外 X70、X80 管线钢的开发虽然领先于我国，但是 X80 管线钢的工程应用无论在数量上还是规格上都相对较少。目前能够了解到的日本 BENKAN 公司、意大利 Basilug 公司及 KT 公司拥有 X70 强度级别三通的供货记录。意大利 Basilug 公司为沙特某输气管道提供了设计压力 7MPa ϕ1400mm×1400mm X70 等径三通，三通最大壁厚 60.4mm，三通设计标准 MSS SP-75（国内 SY/T 0609—2016《优质钢制对焊管件规范》与之等效），三通母材符合 ASTM A860 WPHY 70。该项目 ϕ1400mm X70 级弯管均由法国苏伊士集团旗下科菲利（COFELY）能源公司提供。

国外铺设的 X80 管道大多长度较短，有关 X80 弯管、管件及站场管的设计、选材及热加工技术由于受专利保护限制，目前尚无公开文献报道。俄罗斯博—乌管道所采用的 ϕ1400mm X80 三通和弯管均由本国企业生产，大口径三通采用热冲压成型，壁厚设计采用等面积补强的方法，并结合制造工艺对部分参数进行了规定。

四、开发应用情况

1. 12MPa ϕ1422mm X80 三通壁厚设计

目前国内高压力、大口径、大开孔率热挤压三通的壁厚设计主要采用 SY/T 0609—2016 第 6 章规定的设计验证试验方法或该标准附录 A 规定的极限分析设计方法确定壁厚。采用极限分析设计方法确定三通壁厚在工程使用上较为方便，免去验证试验产生的费用和工期，但确定的三通壁厚一般比验证试验的方法所得壁厚 3~5mm。此外，目前业内普遍认为进行验证试验时与三通相连接的接管壁厚对三通爆破压力有较大的影响，但影响水平的量化指标各方意见分歧较大。

根据中俄东线设计条件 12MPa ϕ1400mm×1200mm X80 三通按照极限分析设计方法设

计，壁厚将达到 57mm，若要满足 -45℃ 的使用工况，将对三通基材和热加工技术提出更高的要求。因此，本课题以极限设计方法和重大专项的研究成果为基础通过验证试验的方法进行三通壁厚设计，同时分析接管厚度对三通极限承压能力的影响情况，确定合理的爆破压力。

2. X80、X70 低温（-45℃）管件专用板材成分设计及热加工技术

目前国内寒冷地区油气管道站场均采用保温伴热的措施解决环境温度对钢管和管件的影响。站场弯管、管件材料设计、加工制造工艺以及质量评定都是以 -30℃ 为标准。-30℃ 以下及更低环境用高强度大口径站场弯管、管件的材料设计、热加工工艺等研究工作基本为空白。

低温专用板材和适用于多次热循环加热焊材的成分设计是低温管件产品研发的基础，足够数量的强淬透性元素可以确保管件调质处理后达到高的强度，但合金元素的增加会使材料焊接性和低温抗脆性起裂能力显著下降，因此，必须结合高强度管件热成型特点和现场焊接施工需要，在确保管件焊接性的同时，对材料中 C、Mn、Cr、Mo、V 等强淬透性元素种类及数量进行合理控制。通常高强度管件需加热到奥氏体温度以上，通过热成型的方式进行加工，不良的工艺可能会使其强韧性失配或性能恶化，研究二次加热对材料组织及力学性能的变化规律，形成低温管件热加工成套技术对低温服役管件产品研发十分必要。

3. X80、X70 低温（-45℃）感应加热弯管母管成分设计及热煨制技术

感应加热弯管的综合性能主要是由其化学成分和热煨制工艺决定的，为了满足强度设计要求，受热煨制特定的工艺条件制约，需要 C、Mn、Cr、Mo 等强淬透性元素，提高材料的淬透性以获得足够的强度。但材料淬透性的提升是以牺牲其韧性和焊接性为前提条件的，因此必须对专用母管材料中合金元素的种类及数量进行科学、合理的控制，实现其强度、韧性和焊接性的良好匹配。另外，开展热煨感应加热弯管热煨制模拟研究，掌握热煨制加热温度、冷却速度等主要工艺参数对强韧性指标影响规律，形成低温服役热煨感应加热弯管成套加工技术。

4. 站场用低温（-45℃）钢管关键技术指标控制技术及新产品开发

现阶段，国内站场管的质量控制还是简单地采用试验海选方法控制其低温断裂韧性，技术控制方案不严密，有关 -30℃ 以下及更低环境用高强度大口径站场管的选材、设计研究工作基本为空白。

韧脆转变温度在 -45℃ 以下的 X80、X70 钢管的化学成分、组织结构、综合性能设计极其重要，需要含碳量和合金元素达到最佳配比，并匹配适应非热处理和热处理工艺的不同低温焊材成分和焊接工艺、焊管宏观尺寸控制及高精度成型工艺。基于目前国内钢管的制造水平，低温环境用的 X80、X70 钢管的化学成分设计、制板、制管、焊接等技术是对目前冶金工业和制造工业的挑战。

5. X80、X70 弯管、管件低温（-45℃）焊材研发

对于低温弯管、管件的管体焊接一直是阻碍低温管件成型和性能达标的难题。大口径热挤压成型管件的制管特点，管件在成型过程中管体焊缝需要经过多次的焊后热处理过程，对于低温管件的管体埋弧自动焊接本身就很难达到，在经过数次的焊后热处理过程，更加增加了管体焊缝指标达标的难度。弯管管体焊缝在经过高频感应加热后韧性指标下降严重，是制约弯管低温性能的瓶颈。因此，研发低温弯管、管件的管体专用焊丝和焊接工

艺的难度甚至远高于低温管件对接环焊的难度，同时该项技术也是制约低温管件发展的关键技术因素之一。

6. X80、X70低温（-45℃）钢管、感应加热弯管、三通工业化试制及性能评价

目前国内满足-45℃低温条件的站内钢管、弯管、管件产品尚属空白。就目前管件母材钢板的合金体系而言，要满足-45℃的工况对管件的韧性要求，需要对管件制造的设备能力、制造工艺、过程控制等提出更高的要求。需要通过产品试制有效地验证管件制造的设备能力、制造工艺和过程控制要求。

7. 低温（-45℃）管道现场焊接技术及质量控制方法

环焊接头是整个管道系统中较为薄弱的部位。低温工况不但对钢管、管件母材提出了较高的技术要求，同时也对环焊接头性能提出更高的要求，尤其是低温韧性。在低温工况下，使用目前的钢管、管件环焊工艺会使环焊接头性能存在很大的不合格风险，导致整个管道系统的安全性降低。另外，站场建设涉及的钢管、管件种类多，性能差别大，并且有些泵、阀造价很高，要保证低温（-45℃）环焊接头性能要求，就需要对母材特性、焊接材料、焊接工艺、环焊接头性能进行深入研究工作，采用科学的质量控制方法，保证焊接质量。针对中俄东线天然气管道工程用钢管、管件，开展研究工作，着重解决以下关键技术问题：（1）线路用ϕ1422mm X80钢管环焊工艺优化；（2）X80、X70钢管、管件低温（-45℃）环焊工艺及质量控制方法；（3）低强度（X60/L415-Gr.B/L245）低温站场钢管、管件现场焊接工艺优化[20]。

第四节　深海管道用管材开发及应用技术

随着海洋石油、天然气开采从近海向深海区域发展，特别是水深达到1500m以后，海底管线的抗压溃性能变得越来越重要，钢管的壁厚增加，管径壁厚比减小，制管难度加大，且保证其具有良好的低温断裂韧性成为严峻的挑战，而如何改善特厚规格管线钢的低温断裂韧性一直是管线钢开发的技术难题。同时，由于海底管线钢需要承受很大的内压、外压和暗流冲击，还必须具有较高的强度、刚度和优异的变形能力，而随着强度的提高，实现强、塑、韧性良好匹配的难度急剧上升。此外，海底管线钢使用环境恶劣，铺设成本极高，一旦出现油气泄漏，带来的环境污染和经济损失难以估量，因此，对产品质量的稳定性有极为苛刻的要求。目前，国外仅有住友金属等极少数钢企有过厚规格海底管线钢的供货记录，且均对生产制造技术严格保密。我国自2000年以来先后建设了多条海底管道，以推动海洋能源资源的开发，但截至目前，受勘探、开采、管道铺设设备、技术和管线钢原材料开发水平的限制，尚没有在超过300m的水深进行管道铺设，已经完工的海底管道铺设水深和管道内外承压小，原材料主要采用薄规格的热连轧开平板。

一、开发深海管线用钢的前景及意义

1. 海底管道管材类型

按照材料组成划分，海底管道管体一般分为碳钢管、耐腐蚀合金复合管两大类。对于具有强腐蚀性油气田的开采，添加缓蚀剂、采用塑料内涂层、采用耐蚀合金等传统单一的防腐技术和材料，在耐蚀可靠性、经济性指标上都难以平衡，难以满足油气田发展的需

要。为了降低开采成本，延长管道使用寿命，使用双金属复合管是解决高 H_2S/CO_2 油气田腐蚀问题相对安全和经济的途径之一。

双金属复合管以耐腐蚀合金管（包括不锈钢和镍基合金）作为内衬层，以碳钢管作为外部基管。内衬层具有良好的耐腐蚀性能，基管具有优异的机械力学性能，从而使双金属复合管达到与内衬层管材相当的耐蚀性能，提高了管道安全级别，延长了管道寿命。由于耐腐蚀合金管降低了耐腐蚀合金材料用量，管材成本只有纯耐蚀合金的 1/5～1/2。

1) 碳钢管

碳钢管道按制造工艺不同可分为无缝钢管（SML）、高频电阻焊钢管（HFW）、埋弧焊钢管（SAW）等 3 种。无缝钢管以热成型工艺制造，有正火态和调质态两种热处理方式，在热成型后可以通过定径或冷加工获得所要求的尺寸。管径范围一般为 101.6～762mm，钢材等级一般在 API 5L PSL2 X70 以下，壁厚范围一般在 5～50mm 之间。

高频电阻焊钢管由钢带成型制造，有一条由无填充焊接金属的焊接过程形成的纵向焊缝。纵向焊缝由感应或传导产生的高频电流（最小 100kHz）形成。焊接区域或整根钢管要进行热处理。管径范围一般为 101.6～660.4mm，钢材等级一般在 API 5L PSL2 X80 以下，壁厚范围一般在 5～16mm 之间。

埋弧焊钢管由钢带或钢板成型制造，有一条纵向焊缝，该焊缝由埋弧焊工艺形成，在管内、外至少各焊一条，允许用气体金属弧焊进行连续的或间断的单道定位焊。根据成型工艺的不同，又分为 UOE、RBE 和 JCOE 等，管径范围一般为 609.6～1016mm，钢材等级一般在 API 5L PSL2 X80 以下，壁厚范围一般在 8～25mm 之间。

无缝钢管、高频电阻焊钢管、埋弧焊钢管在海底管道工程中均有大量应用。目前工程应用中对海底管道用碳钢管的品质排序大致为无缝钢管、埋弧焊钢管、高频电阻焊钢管。

2) 耐腐蚀合金复合管

耐腐蚀合金复合管按制造工艺的不同可分为机械复合管和冶金复合管两类。机械复合管是指通过液压扩充法、弹性体挤压法或燃爆法等机械制造工艺将两种不同金属管结合在一起的一种新型管材。它充分结合了基管高强度的特性和内衬管优异的抗腐蚀性能。机械复合管的制造原理：将耐腐蚀合金钢管插入碳钢管中，两管同轴叠加，通过液压扩充法或燃爆法等方法，使内管和外管同时膨胀，内管发生较大塑性变形，外管发生较小弹性变形，压力释放后，内外管弹性变形恢复，两管紧密结合在一起。海底管道管端一般采用堆焊的方式将内衬和碳钢管焊接起来，使层间形成密闭空间，使管道内部形成完整的防腐面[21]。冶金复合管制作分为两种：一种是将碳钢材料和耐腐蚀性合金钢材料通过热轧工艺结合在一起制成复合钢板，然后将复合钢板制成无缝管或直缝焊管；另一种是将耐腐蚀性合金钢材料通过堆焊的方式直接与碳钢管材料结合，形成耐蚀冶金复合管。

机械复合管和冶金复合管各有优缺点，具体如下：

（1）机械复合管生产工艺相对简单，成本低，但结合力小，在管道承受过大弯曲或高温情况下易发生分离，导致复合管失效；冶金复合管具有较高的结合强度，但成本较高，生产工艺复杂。

（2）机械复合管加工弯管工艺困难，易产生鼓包、气泡等缺陷；冶金复合管生产相对容易，且结合强度更好。

（3）机械复合管运输到施工场地后，切割只能在堆焊区域内进行，在堆焊区域外切割无法加工坡口；冶金复合管可随意切割。

（4）机械复合管适合大批量生产，堆焊方式制成的冶金复合管生产效率较低，仅适合小批量生产；钢板热轧工艺制成的冶金复合管生产效率高，但工艺要求高，目前国内尚未达到批量生产条件。

2. 海底管道管材设计及制造标准

目前海底管道管材的设计与制造均采用国际标准。

1）碳钢管设计和制造标准碳钢管的设计和制造标准

一般采用如下两个规范：

（1）美国石油协会《管线钢管规范》（API SPEC 5L Specification for Line Pipe）；

（2）挪威船级社规范《海底管道系统》（DNV-OS-F101 Submarine Pipeline Systems）。

2）耐腐蚀合金复合管设计和制造标准

机械复合管和冶金复合管的基管和碳钢管的设计制造标准相同。机械复合管的内衬管，其设计和制造标准一般采用美国石油协会《耐腐蚀合金管线钢管》（API 5LC Specification for CRA Line Pipe）。

机械复合管和冶金复合管的设计和制造一般采用美国石油协会《内覆或衬里耐腐蚀合金复合钢管规范》（API SPEC 5LD Specification for CRA Clad or Lined Steel Pipe）。

3. 碳钢管和耐腐蚀合金复合管的主要技术要求

海底管道管材的主要技术要求包括：力学性能、化学组分、尺寸公差、酸性工作条件下的补充要求、止裂特性方面的补充要求、塑性变形的补充要求。

在这些技术要求基础上，耐腐蚀合金复合管还需做一些特殊试验，包括复合效果检验、塌陷试验（仅针对机械复合管）、四点弯曲试验（仅针对机械复合管）和腐蚀试验。

1）力学性能

力学性能是指标准条件下钢材的屈服强度、抗拉强度、伸长率、冷弯性能和冲击韧性等。碳钢管的力学性能试验主要包括拉伸性能试验、夏比冲击试验、硬度试验、压扁试验（仅针对高频电阻焊钢管和埋弧焊钢管）、导向弯曲试验（仅针对高频电阻焊钢管和埋弧焊钢管）。耐腐蚀合金复合管的力学性能试验包括拉伸性能试验、夏比冲击试验、硬度试验、压扁试验、导向弯曲试验（仅针对基管为高频电阻焊钢管和埋弧焊钢管的耐腐蚀合金复合管）。

耐腐蚀合金复合管的拉伸试验、夏比冲击试验、导向弯曲试验和硬度试验时试样应去除耐腐蚀合金层。压扁试验应保留耐腐蚀合金层。

2）化学组分

无缝钢管的化学组分需满足 DNV-OS-F101 Submarine Pipeline Systems 的要求。高频电阻焊钢管和埋弧焊钢管需满足 DNV-OS-F101 Submarine Pipeline Systems 的要求。

耐腐蚀合金复合管的化学组分需满足 API SPEC 5LD Specification for CRA Clad or Lined Steel Pipe。

3）复合效果检验

复合效果一般通过黏结力测试和结合强度测试进行检验。按照 API SPEC 5LD Specification for CRA Clad or Lined Steel Pipe，使用应变片测量耐腐蚀合金层前后的环向、轴向应力变化，要求不小于20MPa。

结合强度试验包括基管钢管推移法和衬管推出法两种。给试样施加压力，使试样的外层钢管与内层耐腐蚀合金层分离，要求最小结合力不小于 0.5MPa。

4）塌陷试验

海底管道通常采用 3 层 PE 涂层（聚乙烯防腐涂层）和 3 层 PP 涂层（聚丙烯防腐涂层），在涂敷过程中，需要将管材加热至 220℃并保持约 5min，然后进行冲水冷却。如果复合管层间存在大量杂质和空气，在加热过程中，层间气体受热膨胀，加之衬管壁厚较薄，一般只有 3mm，很容易出现鼓包、褶皱等现象。机械复合管需做塌陷试验，而冶金复合管无此要求。

根据 DNV-OS-F101 Submarine Pipeline Systems，机械复合管生产管的前 10 根中要抽出 1 根用于塌陷试验。根据海底管道的实际涂覆温度，塌陷试验温度推荐为 250℃，保温时间 15min，记录保温曲线，自然冷却，目视检查复合管内衬，确定无鼓包、褶皱、弯曲等缺陷。

5）机械复合管四点弯曲试验

海底管道铺设安装及入海过程中，会经历 2 次不同方向的弯曲，可能造成基衬分离或衬管起皱现象。为避免此问题，机械复合管需模拟实际安装条件进行全尺寸四点弯曲试验，测试复合管弯曲性能指标，而冶金复合管无此要求。

目前各规范尚未提出针对四点弯曲试验的试验方法和接受标准，各个厂家都是各自制定试验方法和准则。

实验内容一般包括正向纯弯曲试验、正反弯曲试验、极限弯曲试验。

（1）正向纯弯曲试验：将复合管进行四点纯正向加载试验，加载至材质允许的最大应变值。根据 DNV-OS-F101 Submarine Pipeline Systems 安装动态载荷条件下简化应变校核准则中，X70 材质许用最大应变为 0.325%，X65 材质许用最大应变为 0.305%；

（2）正反弯曲试验：将复合管进行正反弯曲加载，加载的最大载荷为材料最小屈服强度的 87%，加载周期为 30 次；

（3）极限弯曲试验：将复合管进行四点纯弯曲正向加载直到内衬起皱为止，记录最大应变。

通过四点弯曲试验来验证复合管在弯曲载荷工况下内衬是否完整，即内衬有无起皱现象。

6）腐蚀试验

316L 奥氏体不锈钢的腐蚀试验方法包括模拟环境下的电化学腐蚀试验、晶间腐蚀试验、抗氯化物应力腐蚀开裂试验。

模拟环境下的电化学腐蚀试验，按 JB/T 7901—2001《金属材料实验室均匀腐蚀全浸试验方法》，模拟现场试验条件，试验时间 168h，要求均匀腐蚀速率≤0.025mm/a，且不能有任何点蚀迹象。晶间腐蚀试验，按照 ASTM A262 Standard Practices for Detecting Susceptibility of Intergranular Attack in Austenitic Stainless Steels 方法 E，试验时间为 24h，要求在 100 倍显微镜下观察，无晶间裂纹或表面开裂。

抗氯化物应力腐蚀开裂试验，模拟现场试验条件，试验时间 720 h，四点弯曲加载应力 100%Rt0.5（总伸长率达 0.5% 时的应力），要求试样无裂纹。按 YB/T5362—2006《不锈钢在沸腾氯化镁溶液中应力腐蚀试验方法》的 U 型弯曲法进行试验，42%$MgCl_2$ 溶液，

$T=143\pm1$℃，试验时间为 20h，要求试样无裂纹。

镍基合金 625 堆焊层采用点腐蚀试验，按照 ASTM G48 Standard Test Methods for Pitting and Crevice Corrosion Resistance of Stainless Steels and Related Alloys by Use of Ferric Chloride Solution 方法，试验温度为 40℃，时间为 24h，要求放大 20 倍观察无点蚀，且失重不超过 $4.0g/m^2$。

4. 海底管道管材选用原则

NORSOK M-001 材料选择标准规定，当输送介质为腐蚀性介质时，碳钢管道的最小内腐蚀裕量为 3mm，最大腐蚀裕量为 10mm。当腐蚀速率很高时，缓蚀剂不一定能有效降低腐蚀速率，采用"碳钢 + 缓蚀剂"的防腐方案失效风险较高，当内腐蚀风险较大时，不使用碳钢，需采用耐腐蚀合金材料。

因此，当内腐蚀裕量不超过 10mm 时，海底管道管材推荐选用碳钢管。海底管道用碳钢管等级通常为 API 5L PSL 2 X65 和 X70，主要取决于对海底管道的力学性能要求。

二、深海管道用管材应用

1. 南海荔湾项目

南海荔湾项目是我国第一个世界级大型深水天然气项目，该项目对钢板的横纵向强度、低温冲击、落锤撕裂性能均有非常严格的要求，尤其是深海段用钢板要求 -20℃ DWTT SA≥85%，横、纵向屈强比≤0.85。此类管线钢国内尚无开发成功的先例。此外，南海荔湾海底管道由于铺设深度达到 1500m，且为国内首条深水海底管道，出于安全性和社会影响力的考虑，设计系数较低，因而对钢板的厚度，钢管的管径壁厚比、表面、内在质量、性能稳定性有十分严格的要求。目前，世界范围内尚没有全面满足该项目技术条件要求的厚规格海底管线钢开发成功的报道。

为满足该项目用钢需求，开展了厚规格海底管线钢的开发。通过合理的成分设计和精确控制保证钢的强度、淬透性和焊接性能等要求；采用洁净钢冶炼、连铸技术，创造良好的板坯条件；通过革新传统的控轧控冷工艺，获得理想的产品组织和性能；通过合理的生产组织和精细化管理，保障产品质量的稳定性。所开发深海和浅海用 X65（X70）直缝埋弧焊管主要力学性能指标达到：$R_{t0.5}$：460～560MPa（X70：$R_{t0.5}$：485～605MPa）；R_m：580～685MPa（X70：$R_{t0.5}$：640～740MPa）；$R_{t0.5}/R_m$≤0.85；-20℃ KV2≥250J；-20℃ DWTT SA≥90%，产品实物质量和整体技术达到国际先进水平。

（1）首创双相组织特厚规格海底管线钢生产技术，所开发的钢板/钢管具有优异的低温断裂韧性、抗变形性能等，实现了 300～1500m 深海管线用 X65、X70 钢板、钢管的国产化；

（2）开发了洁净钢冶炼和连铸技术、奥氏体超细化控制专用轧制模型和双相组织控制的专用控冷模型，成功解决了深海用厚规格管线钢低温断裂韧性指标高和钢管应具有抗变形性能等技术难题；

（3）开发了空心辊、压缩空气吹扫管装置和温度均匀性控制技术，有效控制了厚规格海底管线钢的板型、表面质量和组织性能的均匀性；

（4）自主开发了高强度、高韧性、高塑性厚规格海底管线钢专用焊丝和制管、焊接工艺，首次解决了深海管线钢成型难度大、焊缝低温断裂韧性差的问题。

本项目所开发厚规格海底管线钢已成功应用于我国第一个世界级深水天然气项目——南海荔湾海底管道工程，目前，已承接并完成该项目供货合同 6.9 万余吨，实现了大批量、稳定生产。经中国船级社、中国石油西安管材研究所等多方监理的全面理化性能检验，武钢、番禺珠江钢管有限公司合作开发的厚规格海底管线钢板、钢管各项性能指标全面达到南海荔湾海底管线工程技术条件的要求，且有较大富余量，能够保证海底管道原材料正常使用 100 年。本项目所开发的厚规格海底管线钢及其制造技术适用于为深海和浅海区域提供管道铺设必须的管线钢原材料及其制造方法。该项目研制的厚规格海底管线钢新试产品属于武钢常规管线钢产品的延伸品种，其化学成分只是元素含量的增减，生产工艺的变化只是工艺参数数值和控制水平的不同，没有产生新污染和新的三废的排放，不会对环境产生新的影响。经制管单位、监理方中国石油西安管材研究所和中国船级社进行全面理化性能检验，结果表明：武钢所供南海荔湾项目用厚规格海底管线钢板化学成分、力学性能、组织类型、晶粒度、夹杂物等级等各项理化性能指标优异，且板形、表面质量良好、尺寸精度高，均满足南海荔湾项目用厚规格海底管线钢的技术条件要求；采用武钢提供的厚规格海底管线钢板，由番禺珠江钢管有限公司生产的直缝埋弧焊管各项理化性能、表面质量、管形等均符合南海荔湾项目用厚壁管线钢管的技术条件要求。各项检验结果表明，本项目所生产的厚规格海底管线钢板及其制成的厚壁直缝埋弧焊管无论在技术指标还是在使用性能上，均达到国外同类产品的领先水平。

2."北溪"天然气项目

俄罗斯到德国穿越波罗的海的两条平行的"北溪"（Nord Stream）天然气管道，48in 的海底穿越管段全长 1220km，设计年输送能力为 $550\times10^8m^3$ 天然气，可以满足欧洲 2500 万户家庭的需求。管道起点在俄罗斯的维堡（Vyborg）压气站，有 1.5km 壁厚 41.0mm 的陆上管道，建有天然气计量装置和清管器发送装置。管道接收站在德国格里斯沃德（Greifswald），有 0.5km 壁厚 30.9mm 的陆上管道，还建有天然气计量装置和压缩机站。

"北溪"天然气项目第一条管道是 2011 年建成的，第二条管道是 2012 年建成的，它是目前世界上建成的最长的海底输气管道。

"北溪"天然气管道设计寿命为使用 50 年。

（1）管道设计标准。

"北溪"海底天然气管道由意大利埃尼集团下属的 Saipem Energy Services 公司按照 DNV-OS-F101 Submarine Pipeline System 标准设计，参照的其他 DNV 标准包括：

① RP F102 Pipeline Field Joint Coating and Field Repair of Line Pipe Coating（《管道现场焊缝防腐层补与干线管道防腐层现场修补》）；

② RP F103 Cathodic Protection of Submarine Pipelines by Galvanic Anodes（《海底管道用牺牲阳极实施阴极保护》）；

③ RP F105 Free Spanning of Pipelines（《管道的自由跨越》）；

④ RP F106 Factory Applied External Pipeline Coatings for Corrosion Control（《工厂预制的管道外防腐涂层》）；

⑤ RP F107 Assessment of Pipeline Protection Based on Risk Principles（《管道防护的风险评价》）；

⑥ RP F110 Global Buckling of Submarine Pipelines(《海底管道的整体屈曲》);

⑦ RP F111 Interference Between Trawl Gear and Pipelines(《拖网渔船与管道的相互干扰》);

⑧ RP E305 On-bottom Stability Design of Submarine Pipelines(《海底管道在海床上的稳定性设计》)。

(2)管道技术参数。

海底管道为 SAWL 485IFD 碳钢管,即采用埋弧焊接的单道焊缝的直缝焊管,规定最小屈服应力为 485MPa,Ⅰ等级无损探伤,抗断裂特性,强化尺寸要求。海底管道设计温度 -10~60℃,海底管道操作温度 -10~40℃。输送的天然气是经过脱水脱硫处理的干气,没有腐蚀性[22]。

整条 48in 海底管道钢管内径始终维持在 1153mm。考虑到管道全程存在压力损失,从起点开始最初 1/3 管段设计压力 22MPa,钢管壁厚为 34.6mm;中间 1/3 管段设计压力 20MPa,钢管壁厚为 30.9mm;最后 1/3 管段设计压力 17MPa,钢管壁厚为 26.8mm。这样,生产出的钢管单位长度重量在 780~1200kg/m 之间不等。根据铺管船能力,海底管道长 12m,陆上管道长 18m,可减少现场焊接工作量 25%。大直径管子加工过程中,控制管子几何形状是很大的挑战。"北溪"项目管道制造中,1219.2mm 海底管道的不圆度控制在最大 5.0mm 的高水平。单根管子的笔直度高于 DNV OS F101 标准规定值 50%。出厂前,钢管取样进行了严格的机械性能试验。

第五节 非金属管道和复合增强管道超前储备技术

非金属管材由于自防腐性好、韧性和挠性优异、成本低、内阻小等优点,在国内外市政、海工、建筑、低压燃气等许多工程领域发展迅猛。热塑增强复合非金属管材既克服了钢管和塑料管分别存在的不足,又融合两者优点,大大拓宽了管材的应用领域,是大口径、高压力、抗腐蚀油气长输管道发展的方向。

热塑增强复合非金属与传统钢质管道相比有所不同,在管材结构、抗疲劳性能、长短期承压能力、连接方式、设计系数、适用温度范围等方面存在很大的差别,现有油气管道管材性能检测、管道设计、施工标准无法适用于热塑增强复合非金属油气长输管道[23]。

一、聚乙烯(PE)管道

在"以塑代钢"的变革发展中,PE 管道备受青睐。一方面是由于用 PE 材料制作管道具有非常独到的技术经济优势,另一方面是由于 PE 管道的原料性能、管材、管件制造工艺、连接方法、连接机具以及运行中的维修手段等在多年的实践中,已形成完善的配套系统。时至今日,PE 管道被广泛应用于燃气输送、给水、排污、农业灌溉、矿山细颗粒固体输送,以及油田、化工和电力通信等领域,其中最重要的是在城市燃气输送领域,无论对于新铺设或旧管道的修复更新,PE 管道都是主要选择之一。

1. 国外应用技术发展历程和现状

管道用 PE 的发展经历大致可分为 3 个阶段:第一阶段从 20 世纪 50 年代至 20 世纪 70 年代,称为第一代 PE,相当于现在的 PE63 以下等级的 PE 材料,在这阶段中 PE 仅仅考虑了50年的承压能力，对耐裂纹慢速增长没有要求，对快速开裂性能等还没有形成概念。第二阶段自20世纪80年代初至20世纪90年代，称为第二代PE，相当于现在的PE80级材料，第二代高密度PE于1980年出现，由于PE80考虑到了50年寿命期内应不出现脆性破坏，较好地满足了输气管道特性的要求，因此它较快占领了燃气管道市场，其特征是通过引入共聚单体来满足高环境应力开裂性能（ESCR）和综合的柔韧性和长期强度性能，较好地满足了输气管道特性的要求，因此它较快占领了燃气管道市场；如法国自1970年使用PE管，从1980年以后除2MPa城市干线外，PE管在燃气输配管网的建设中完全取代了钢管。英国从1969年开始使用PE燃气管，到1991年英国已铺设16～500mm的燃气PE管$18.5×10^4$km。第三阶段自20世纪90年代初至今。在20世纪80年代末研制出用双峰共聚工艺生产的PE100材料，称为第三代PE。1989年，第一种具有双峰结构的PE100引入压力管道市场，它是用丁烯作为共聚单体合成的。1997年，第一次引入了用己烯作为共聚单体的双峰PE100，具有更高的耐慢速裂纹增长性能和抗快速裂纹扩展性能。近年来，引入了性能更优异的耐慢速裂纹增长的PE100-RC材料、低流垂的PE100材料等。第三代PE为性能更加优异的PE100材料，在50年寿命、承压能力、耐快速开裂、耐慢速开裂等方面适时满足了市场的需求，而且大大推进PE管材在燃气输配领域的应用，使PE管材在燃气输配系统的应用迈上一个新的台阶。

回顾近半个世纪以来，人们对PE管材的认识、实践、再认识的过程，也就是在天然气产业发展的推动下，以PE原料研发为核心，管材管件制造工艺、连接形式和PE输配系统的设计、施工、运行的不断发展和完善的过程。国际上自1965年敷设第一条PE燃气管道以来，PE燃气管道取代其他材料管道得到了广泛的应用。美、英、法敷设的PE管道达到几十万千米。德国、荷兰、丹麦、加拿大、日本等国也都大量使用PE燃气管。

2. 国内应用技术发展历程和现状

我国燃气用PE管道起步于20世纪80年代初。1987年国家科学技术委员会把"PE燃气管专用料研制和加工应用技术开发"列为国家"七五"科技攻关项目，从专用原料—管材—管件加工—工程应用—标准规范制定进行系统研究，为我国开发应用PE燃气管道拉开了序幕。整个研究开发阶段大致经历了十余年。在该阶段中，1982年美国菲利普公司在上海曹阳三村试铺了440m用于低压人工煤气的PE管道，1987年香港中华煤气开始使用PE管，1988年英国和1989年法国在北京分别建设了PE工程示范小区。与此同时，国家建设部也在成都、深圳对输送天然气、液化石油气的PE管道布点试验。为论证比较应用效果，1992年，上海把1982年敷设的输送人工煤气的PE管挖出重新测试，结果发现使用了11年的PE管材，其力学性能、短期静液压性能都变化不大，取得了PE管道输送人工煤气的宝贵经验，成都、深圳、北京的实践应用均取得了良好效果，这些都大大推动了我国PE燃气管道的应用。1995年，国家技术监督局、建设部分别颁发了PE燃气管材、管件的国家标准GB 15558.1—1995、GB 15558.2—1995和工程技术的行业规程CJJ 63—1995。1999年，国家建设部在推广优选化学产品文件中，将PE管道作为唯一的城市燃气塑料管来推广选用。目前，PE燃气管正在国内迅速推广使用，在这些因素推动下，国内已基本掌握PE工程管道的生产与使用技术，引进了相当数量的国际一流生产线，形成了相当规模的生产能力，这对PE燃气管道的发展奠定了坚实基础。

3. 技术发展趋势

经过半个多世纪的不断发展，PE 管道已成为最成熟的非金属管道品种，突出表现在以下几个方面：

（1）PE 管材原料不断发展。20 世纪 80 年代末第三代 PE 树脂（PE100）的出现，使大口径管的使用也具有了优势，也使得次高压燃气输配系统采用 PE 管道成为可能。

（2）建立严谨科学的管道性能指标体系。

（3）多品种的配套管件与管材同步发展，管件、阀门、钢塑转换等产品质量和配套性不断提升。

4. 管道适用性分析

PE 管道主要用于输送天然气、液化气、煤气和水，其中煤气的成分较复杂，内含芳烃，对 PE 的侵蚀会促进其应力开裂，因而对其要求很严格。PE 管树脂的选用非常重要，尤其对于控制大口径管材的质量性能更为重要。

二、聚氯乙烯（PVC）管道

1. 国内外应用技术现状与发展趋势

PVC 是最早工业化的塑料品种之一。它是氯乙烯在引发剂作用下，通过一般的游离基型聚合反应聚合而得到的线型聚合物。PVC 管道普遍具有以下优点：

（1）强度高。

（2）密度小，搬运、装卸、安装方便。

（3）绝缘性能好。

（4）优异的阻燃性能。

（5）高环刚度。

（6）具有优异的耐候性和耐蚀性。

（7）内壁光滑，流体阻力小，输送能力大。

（8）不影响水质。

（9）水密性良好。

（10）施工简便。

由于自身材料结构特点，PVC 管道存在明显的性能缺陷，主要表现在：

（1）韧性差。

（2）存在环境污染，PVC 管材中含有氯元素，在焚烧处理时释放有害物质，污染环境。

与其他塑料品种相比，PVC 具有难燃、抗化学药品性、优良的电绝缘性和较高的强度等特点，而且采用增塑和共聚的办法，能使 PVC 性质发生非常广泛的变化。在塑料管道中，PVC 是用量最大的塑料管道，其次是聚乙烯管道。

2. 应用现状

PVC 管道已经有近 70 年的历史，因为模量高、强度高和价格低，一直是全世界应用量最大的塑料管道系统。在国外，从 20 世纪 50 年代开始就把 UPVC 制品用于建筑工程中，之后在欧洲、北美、日本等国家和地区迅速推广应用，品种呈现多样化发展。PVC 管道在国外的应用领域主要为输水、排水管道。PVC 作为压力管道应用在国外仍有严格的限制。加拿大和美国标准（AWWA C900、AWWA C905、ASTM D2241 和 CSA B137.3）对用于压力管道的PVC管进行了严格要求，应用领域仅限于输水管道和液体输送管道。

3. 发展趋势

近十年国际上在不断探索提高PVC管道性能和拓宽PVC管道系统应用，取得了显著的成果，主要表现在以下三个方面：

（1）通过改性提高韧性，开发抗冲击、抗开裂性能好，同时保持高强度的改性PVC管道，如PVC-M（PVC-A）；

（2）通过改变加工工艺，开发具有高强度和高韧性的PVC管材，例如：通过管材加工过程中的双向拉伸，使分子取向，形成具有高强度、高韧性、抗冲击、抗疲劳，性能远优于普通UPVC的新型PVC管材，如PVC-O；

（3）扩大应用领域：在北美地区，PVC管道已经进入非开挖铺设和修复市场；在南非等地区，已应用于矿山深井等恶劣环境中，输送水和压缩空气。

4. 管道适用性分析

PVC管道经过近70年的发展已经形成了一系列完整的技术。目前PVC管道的应用领域主要为输水、排水管道，输送介质主要为水和液体，输送压力≤1.4MPa，管径可达ϕ1219mm。

三、钢塑复合管道

1. 国内外应用技术现状与发展趋势

钢塑复合管（钢骨架塑料复合管）最早发源于美国，到了20世纪70年代后期，钢塑复合管已经广泛应用到给水、排水、消防、化工等领域。钢塑管的最大口径可以做到ϕ600mm。由于管材中间层的钢带是密闭的，所以这种钢塑管同时具有阻氧作用，可直接用于饮水工程；而其内外层又是塑料材质，具有非常好的耐腐蚀性。钢塑复合管用途非常广泛，在石油、天然气输送、工矿用管、饮水管、排水管等领域均有应用。钢塑复合管继承了金属管和塑料管的优点，又克服了它们各自的缺点，是集金属管和塑料管优点为一体的管材，具有以下特点：

（1）优良的物理力学性能。作为供水、输气管道的钢塑复合压力管具有超过塑料管的较高强度、刚性、抗冲击性，具有类似钢管的低膨胀系数和抗蠕变性能，埋地管可以承受大大超过全塑管的外部压力。

（2）优异抗腐蚀性能。采用专利封口工艺，解决了管材整体的防腐效果不受端面腐蚀的影响，杜绝了类似的复合黏结管材因切断端面防腐效果差，形成"撕布效应"而影响整个系统防腐和流体输送的重大缺陷。

（3）膨胀系数小。钢塑复合管线性膨胀系数小，有利于作为主干输水管道使用，可以大大克服塑料管材线性膨胀系数大，不能做输水主立管的缺陷。

（4）阻力系数小。管壁光洁，流体阻力小，不结垢，在同等管径和压力条件下比金属管材损失低30%。

（5）承压性能稳定。

（6）优异的管件性能。

（7）具有自示踪性。

（8）可挠性好。

（9）温度适应范围广可在 –40～95℃范围内使用。

（10）导热系数低，保温性好。

（11）重量轻，便于运输保管。

（12）使用寿命长。

（13）绝缘性能好。

2. 钢塑复合管道设计技术

钢塑复合管管材是由低碳钢丝缠绕焊接成管状钢丝网作为增强骨架，镶嵌在热塑性聚乙烯塑料管壁中间构成的。

工业用钢塑复合管及管件均采用内定径方式定径，其主要原材料有低碳钢丝和聚乙烯。

（1）钢丝材质采用Q235A，表面镀铜、镀层均匀、不脱落、无漏镀、镀层厚度1~3μm，钢丝表面光滑平整，不得有任何凹凸、刀刃等缺陷及油污、灰垢等污染，钢丝直径公差 ±0.05mm。

（2）聚乙烯密度不小于 0.93g/cm^3、熔体流动速率（0.4~0.6）g/10min（190℃，5kg）、挥发分含量小于 350mg/kg、炭黑含量在 2.0%~2.5% 之间、热稳定性（210℃）超过 20min、慢速裂纹扩展不小于 165h、长期静液压强度不小于 8MPa。

3. 钢塑复合管管材及管件制造工艺及配套设备

（1）管材。

钢塑复合管的原料由两种成分组成：

① 作为基体的塑料（聚乙烯、聚丙烯）；

② 作为增强相的骨架钢丝。钢丝经过缠绕、焊接而成为一个固定的网状结构，然后使其充分地融合在塑料内部，这样既有效的承受管材的应力，又有利于制约塑料的蠕变性，从而增强了复合管的强度和刚性。

（2）管件。

管件是采用注射成型技术，是将粒料或粉料塑料从注射机的料斗送进加热的料筒，经过热剪切熔化呈流动状态后，依靠柱塞或螺杆的推动通过喷嘴注入合紧的模具中；充满模腔的熔料在受压的情况下，经冷却固化后即可保持模腔所赋予的型样，最后打开模具从中取出注塑制品。

四、铝塑复合管道

1. 国内外应用技术现状与发展趋势

铝塑复合管道是我国 20 世纪 90 年代初期引进国外技术研制开发的一种新型管道，它主要用于冷热自来水、酸碱盐等各种液体，燃气、氧气、压缩空气等各种气体的输送。与金属管道和塑料管道相比，它在机械性能、化学性能以及在综合性能价格比等各方面都具有优势，是一种具有广阔市场前景的高新技术产品。

2. 铝塑复合管道的设计理论和方法

铝塑复合管是由五层材料复合构成，由内向外五层材料分别为高密度聚乙烯或交联高密度聚乙烯、黏结剂、铝箔、黏结剂、高密度聚乙烯或交联高密度聚乙烯。

3. 管材及管件制造工艺及配套设备

铝塑复合管生产是在高度自动化的计算机控制的生产线上进行，目前其主要生产工艺有两种，即搭接法工艺和对接法工艺，区别在于铝管的焊接方式不同。

4. 管道适用性分析

目前铝塑复合管技术较成熟，但管径较小，通常在 $\phi63mm$ 以下，另外强度也不够，使其使用范围受到很大限制。

五、玻璃钢管道

1. 国内外应用技术现状与发展趋势

玻璃钢管（FRP）在20世纪50年代由美国和意大利最早生产及使用的，美国20世纪60年代开始用低压玻璃钢管输送石油，同时，将高压玻璃钢管应用于二次采油和注水领域。目前玻璃钢管主要用于含 H_2S、CO_2 的天然气输送管道、集输管道、油水分离后的污水输送管道、注水管道、炼化厂腐蚀介质的输送管道等。近几年，美国新铺设的输油管线半数以上是玻璃钢管，累计应用各类玻璃钢管 $100×10^4$ 余千米，且每年以5%～10%的速度递增。瑞典使用的玻璃钢管道已占管道总长度的40%，日本25%以上的大中口径供水管道使用玻璃钢管道。

我国从20世纪70年代开始小批量生产玻璃钢管，最早应用于民用的玻璃钢管道以手糊及布带卷绕为主，这样生产的管道防渗性能差，质量不稳定，虽经多次试验，也未能在大范围内推广使用。20世纪80年代末，缠绕玻璃钢管道首次应用于青海油田和胜利油田注水和污水处理工程，而后在大庆、长庆、辽河等油田用于输油、输水和输气管道。近几年，中原、吉林等油田在强腐蚀性地区新疆的中低压管线中，开始大量应用玻璃钢管替代钢管，减轻了埋地管道的腐蚀。目前国内油田使用的低压玻璃钢管已有几千千米，其选用的直径多介于50～700mm之间，输送介质最高达78℃左右，压力一般为0.1～1.6MPa，高压管道压力等级一般介于5～30MPa之间，管径在50～200mm范围内。

2. 玻璃钢管道的连接方式

玻璃钢管主要有以下几种连接方式：螺纹连接、法兰连接、胶结、承插口连接。

3. 管道适用性分析

玻璃钢管道主要有酸酐固化环氧树脂玻璃钢管道和胺固化环氧树脂玻璃钢管道两种。

六、增强热塑性塑料复合管道（RTP）

1. 国内外应用技术现状与发展趋势

增强热塑性塑料复合管道（Reinforced Thermoplastic Pipes，RTP）出现的历史只有15年，由于技术、经济等因素，产品一开始只作为钢质管道衬里零星使用。1995年6月，世界上第一条连续生产的RTP管通过Shell公司在英国投入使用，经过一年的试运行，1996年底，Shell公司决定在阿曼的一个油田的输油管线正式使用一条通径6in、长7km的RTP管，用于解决该地输油管线的严重腐蚀、泄漏问题。在此之后，RTP管作为油气集输管线大量应用于油气田，并作为耐腐蚀、耐高压的长输管道在其他领域迅速推广。1998年，英国纽卡斯尔大学、英国石油公司、壳牌石油公司、巴西石油公司、法国天然气公司以及一些RTP制造商等多家单位发起了JIP联合工程项目，JIP组织的主要工作职责是对RTP在油气工业领域的应用进行试验及论证，并制定RTP产品的国际标准，以将RTP管全面推广应用于陆上油气开发、陆上燃气输送及海上油气开发等领域。2000年，阿曼石油发展公司将 RTP 应用于输油管线，管道的设计输送压力为 6MPa，在随后的两年间，荷兰、科威特、沙特阿拉伯等国的一些石油公司也开始在油气管网中应用，在地处寒冷的俄罗斯 Gaspro 石油公司成功地将 RTP 应用于冻土地带的天然气管线和油田的集输管线，德国 Veenker 公司还将 RTP 成功地引入天然气输送工程和管道修复工程。2000 年德国就铺设了一条长 1km，PN 100 输送非干性含硫天然气的 RTP 管道，到 2004 年底德国已经铺设 4.5km（DN 125，PN 25，PE 100）燃气管，德国给水和燃气协会 DVGW 2004 年公布了最早的 RTP 标准——VP642（2004）《运行压力在 16bar 以上用于天然气的纤维增强 PE 管（RTP）和附带的连接件》。2006 年，ISO 138/SC3 技术委员会已经制定出燃气输送 RTP（最大工作压力 40bar）的标准 ISO 18226。根据欧洲经验，采用 RTP 代替钢管输送燃气大约可以节约费用 25%。

RTP 管现在主要应用在石油和天然气的开采领域，例如用在石油和天然气的集输管（从油井到集油计量站的管道）和注水管道（从注水泵站到油井的管道）。在这些应用中替代钢管的 RTP 直径范围约在 3（DN 75mm）～6in（DN 150mm），压力范围在 16～90bar 之间。更大直径的 RTP 虽然在技术上是可行的，但是没有足够的柔韧性，不能够盘成可以道路上运输的盘卷。截止到 2003 年底，RTP 管道在世界范围内已经铺设了超过 300km。

我国生产 RTP 管的历史并不长，目前国内产品尚无统一的正式名称，有的使用"RTP 管"的名称，有的则根据产品特点自行命名，如"柔性复合高压输送管""连续增强塑料复合管"等。国内各生产厂家的情况也是各异，有的引进国外成熟的生产技术，有的则是自行设计研制生产工艺；有的选用高性能材料生产高档产品，有的则选用相对低档的材料走经济型路线；市场上的产品可谓是品种多样、性能各异。目前国产的 RTP 管已在陆上油气田，如大庆油田、长庆油田、塔里木油田等使用，主要用于输水管线、注醇管线以及油气的集输管线，而适用于长输管线以及海上油气田的高端产品目前国内尚在研制中。

2. RTP 管道设计技术

RTP 管是一种高压塑料复合管道，由三层结构组成：内外层是塑料管，中间层为增强材料复合而成的增强带。外层根据需要可选择不同的颜色（一般为白色或黑色），并可采用专用的外管材料来抵抗紫外线的侵蚀；中间层的增强材料可选聚脂纤维、芳轮纤维、钢丝等。芳纶纤维强度非常高（和防弹衣用的纤维相同），耐压能力超过 100bar（取决于流体、温度、安全系数和管材结构）。聚酯纤维的强度不及芳纶纤维，但是比较便宜，耐压可以达到 25bar。这类管材的特点是强度高且可曲挠，在天然气行业常称其为"挠性管"（Flexible Pipe）。

3. RTP 管道的安全性分析

在设计塑料结构承受负载时，不仅要考虑长期强度，还要考虑工作温度、流体、负载和其他可能有的特殊因素的影响。2003 年，德国的 AG 公司确定安全系数值（safety value）介于 2.0～3.2 之间，符合德国 PE 管安全系数值 2.0 的要求。

4. RTP 管制造技术与配套设备

RTP 管制造工艺主要包括制带过程和制管过程，如图 2-2 所示。

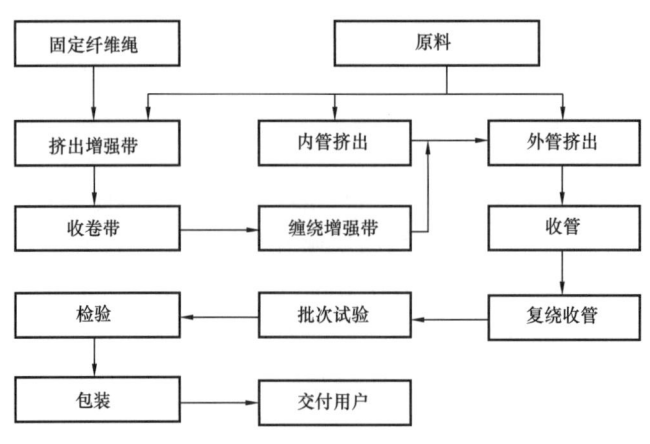

图 2-2 RTP 管制造工艺流程图

（1）制带过程。

RTP 制带生产线由集中供料系统、冷却水循环系统、压缩空气供应系统、放线系统、摩擦辊、干燥箱、上游牵引机、定向辊、挤出机、模头及模具、下游牵引机、辅助牵引机、储带系统、双工位收卷与切割机等构成。

（2）制管过程。

制管生产线由集中供料系统、冷却水循环系统、压缩空气供应系统、内管生产线、两工位绕带及加热系统、外管生产线、喷码机、切管机、翻转台、绕管机组成。整条生产线采用全自动化生产，利用计算机协调控制挤出机螺杆转速、牵引速度、绕带速度，以保证管材的连续生产。内管挤出机挤出物料，通过内管模具之后形成管胚，管胚在通过内管真空定径水箱冷却定型，在牵引机的作用下通过吹干机干燥。

干燥内管在牵引机的作用下通过第一台加热器，使得表面成熔化状态，在第一台绕带机作用下缠绕上第一层增强带，以同样的方式通过第二台加热器与绕带机，缠绕上第二层增强带。待生产的 RTP 管检测合格后，开启收管机收 RTP 管卷。

缠好增强带的内管通过外管模头后，启动外管挤出机，方法与内管类似。

目前国内用的生产线主要是德国 KUHNE 生产线（Krauss–Maffei），一条挤出生产线制造纤维增强带（用聚乙烯/芳纶纤维复合单向带），功率 350kW；一条挤出内层管—缠绕增强带—挤出外护套层的生产线。生产中由一台挤出机挤出内层聚乙烯，缠绕纤维复合带同时熔融焊接到一起；然后再通过另外一台挤出机挤出覆盖外保护层，冷却定型后盘卷起来，功率 800kW。国内现在有些机械企业在开发这种生产线，广州励进新技术有限公司已经领先自主开发成功"柔性热塑性增强塑料管复合管生产线"，管径范围 $\phi 75 \sim 200$ mm，生产速度 $0.5 \sim 3.0$ m/min。

5. 管道适用性分析

根据德国威肯公司资料显示，与碳钢管道比较，RTP 管道可节约成本（材料+施工）25% 以上。

RTP 管材目前主要应用于工业领域，特别是石油开采业。已经在炎热的中东沙漠地区、酷寒的西伯利亚及海上油井作业中应用。管径最大可做到 200mm，近年国外对采用 RTP 高压输送油气进行了大量试验研究，并且取得了较大进展，前后发布了压力最高到

4MPa 的 RTP 的技术规范。国内目前由于规范的要求只能达到 1.6MPa[24]。

七、复合增强钢管道（CRLP）

1. 国内外应用技术现状与发展趋势

复合增强钢管道（Composite Reinforced Line Pipe，CRLP）是近几年来国内外重点研究的一种复合管道。该类型管道采用传统钢质管道外缠玻璃纤维等增强层技术，钢的厚度主要考虑轴向荷载和弯曲荷载的要求，而环向荷载由钢管与玻璃纤维增强层共同承担。CRLP 能从本质上解决大口径、高压力管道所需的高强度、D/t 大的要求。

目前主要有缠绕干玻璃纤维和热固玻璃纤维两种加强形式。缠绕干玻璃纤维管道又称"Fiber Augmented Steel Technology Pipe"，简称"FAST-PIPETM"。缠绕热固玻璃纤维的管道又称"不锈钢—碳钢—玻璃钢复合管道"。

FAST-PIPETM 主要由加拿大 TransCanada 公司提出，在进行概念论证后，按照行业技术鉴定指导（DNV RP A2003 和 API 17N）中的关键要素进行了 15 个设计、施工、运行参数的鉴定。由于是一种新技术，目前的行业规范还没有纳入这一概念。规章管理机构（如 NEB 和 USDOT-PHMSA）、标准化组织（如 API）和协会（如 PRCI）早期都约定要关注和评论相关问题。

不锈钢—碳钢—玻璃钢复合管道国内主要由天津市雪琰管业有限公司生产制造，并编制了企业标准《不锈钢—碳钢—玻璃钢复合管管道工程技术规程》（QB/XYGY01—2008）、《内衬不锈钢复合钢管》（CJ/T192—2004）等，目前已在大港油田、冀东油田、华北油田、天津港、黄华港等采用。

2. 不锈钢—碳钢—玻璃钢复合管道的安全性分析

目前为止，各种类型的不锈钢—碳钢—玻璃钢管道研究制造取得了数 10 个技术专利，相关研究部门也进行了鉴定，已经在大港油田、华北油田、辽河油田、长庆油田、海南福山油气田、营口港、天津港、天津南港工业区、黄骅港等地区采用。但如果在长输油气管道领域大量推广应用尚需进行进一步的研究。

3. 管道适用性分析

CRLP 管道能够节约大量的管线用钢，且防腐性能好，工程经济性好。对于 FAST—PipeTM 管，TransCanada 研究表明，总体节省费用 7%~8% 左右，输送流量增加 5% 左右。

八、非金属管适用性分析

1. 技术性分析

通过对国内外非金属管材制造技术、设计技术与方法、施工技术及装备的调研分析，现对各非金属管道（PE 管、PVC 管、钢塑、铝塑、玻璃钢管、RTP 管和复合增强钢管）的应用条件和范围进行分析可以看出：

（1）PE、PVC、钢塑、铝塑及玻璃钢等管材，由于受管材及结构的限制，其强度较低，很难满足大口径、高压力油气长输管道的设计要求。

（2）RTP（热塑性复合管）由内层（PE、PP 等）、增强层（聚酯纤维/芳纶纤维或高强钢丝）及外部耐磨层（PE）组成，韧性好，强度高（最大管径 200mm，最大压力 32MPa），技术上经过攻关可以做到 600mm 管径，工作压力 10MPa。

（3）复合增强钢管利用普通管线钢（如X70、X80）作为内层，外缠玻璃纤维作为增强层，钢管满足管道轴向应力和刚度要求，钢管和外缠纤维共同满足管道的环向受力要求，管道的口径、压力不受严格限制，管材和结构能够满足大口径、高压力输气管道的设计要求，可适用于各种长输油气管道。目前处在概念设计阶段，需进一步研究论证。

2. 经济性分析

通过对各种非金属管道（纯非金属和复合管道）材质和结构分析，结合油气长输管道的设计要求，根据德国威肯公司资料显示，与碳钢管道比较，RTP管道可节约成本（材料＋施工）25％以上。

九、技术瓶颈及科研攻关方向

1. RTP管道

RTP管道目前最大生产直径为200mm，管道工作压力可达32MPa，主要用于海洋输水、石油天然气开采集输及城乡输水管网等，可盘卷运输，整盘长度200～400m不等，接口少，现场施工方便。但用于DN 600mm以下（DN 600mm以上可能存在刚度不足的问题）存在油气长输管道领域，尚有如下技术瓶颈问题：

（1）标准问题。目前，国内外尚未颁布成套的设计、生产制造、施工检验、维抢修等标准规范。

（2）时效性问题。塑料管道强度、韧性等长期的稳定性是尚未解决的问题，目前相关厂家根据1000h循环试验，只确定了20年的有效期，以后相关性能因老化问题会递减，对于油气长输管道的长久安全运营不利，合理设计系数的选择可能是解决此问题的一个思路，但如何选取设计系数都需要进一步研究。

（3）生产设备问题。目前国际上RTP管道生产线最大直径为200mm，这无法满足油气长输管道的使用要求，需进一步研发直径400～600mm的生产线。

（4）原材料供应问题。RTP管道生产最重要的原材料是增强层，目前一般是芳纶纤维，美国杜邦公司和日本帝人公司两家生产，价格极其昂贵，不利于大规模工业化生产，应对增强材料进一步筛选和研究。

（5）运输问题。目前的RTP管道采用盘卷运输，ϕ150mm管道每盘长度400m，ϕ200mm管道每盘长度200m，管道直径增大到一定程度，盘卷可能不适应，或者每盘长度较短失去意义。

（6）连接问题。目前RTP管道连接采用电熔连接、法兰连接和钢塑连接头。管道直径增大后，每根管道长度减短，管道接头增多，法兰连接不适合长输管道连接要求，钢塑连接头造价高，连接可靠性、连接方式需进一步研究确定。

（7）检测技术。目前RTP管道除制管时在线检测壁厚外，尚没有其他质量检测、控制手段，管道焊接完成后也进行水压试验，但没有统一的规程，应进一步研究制管质量控制技术和施工质量监控技术。

（8）工业性应用问题。目前采用的RTP管道长度一般比较短，仅数千米至数十千米，且口径小，压力低，跟油气管道要求差距较大，如要大规模应用，必须开展工业性应用研究。

2. 复合增强钢管道

正在研究的复合增强钢管目前以北美的Transcanada为主要代表，最大生产直径为

ϕ1422mm，管道运营压力可达18MPa，据文献显示，已在阿拉斯加管道上试验应用，长度为37km。这种管道尚有如下技术瓶颈问题：

（1）标准问题。目前，国内外尚未颁布成套的设计、生产制造、施工检验、维抢修等标准规范，设计系数的选取应按钢质管道考虑，但增强塑料层的强度、设计系数没有明确的规定，研究者采用爆破试验确定增强塑料纤维的厚度。

（2）时效性问题。纤维增强层的长期稳定性是尚未解决的问题，随着时间的增长，相关性能因老化问题会递减，对于油气长输管道的长久安全运营不利，合理设计系数的选择可能是解决此问题的一个思路，设计系数的确定需要进一步研究。

（3）生产设备问题。目前通常在钢质管道生产完成后，工厂化缠绕增强纤维层，管端预留，现场焊接完成后进行现场缠绕补口。目前的管材生产商需进行大量的技术改造，管道现场补口设备需要进一步研究落实。

（4）钢管防腐问题。目前复合增强钢管道在裸管外面直接缠绕加强层，防腐层能否与加强层一体设置和阴极保护如何设置目前尚未开展研究，应进一步探讨。

（5）检测技术。钢质管道的焊接、检验可以按照相关规范要求进行，但对于主体管缠绕层和补口的质量控制、产品保证没有严格的标准体系，应进一步研究制管质量控制技术和施工质量监控技术。

（6）工业性应用问题。目前，该管道尚处于研究、试验阶段，尚未开展工业性应用试验。

参考文献

[1] 孙宏,王庆强.国际高强度管线钢管的研究进展[J].压力容器,2012,29（1）:32-38.

[2] 陈福来,帅健,祝宝利.高钢级输气管线钢的止裂设计判据研究[J].压力容器,2010,27（8）:1-5.

[3] 徐进桥,郭斌,郑琳.超高强度X120管线钢的发展现状[J].冶金信息导刊,2010（3）:11-15.

[4] 王茂堂,何莹,王丽,等.西气东输二线X80级管线钢的开发和应用[J].电焊机,2009,39（5）:6-14.

[5] Jan ongYoo, Seong-SooAhn, Dong-HanSeo, et al. New Development of High Grade X80 to X120 Pipeline Steels [J].Materials andManufacturingProcesses, 2011, 26（1）: 154-160.

[6] 孙宏.西气东输二线用国产X80钢级螺旋埋弧焊管性能分析[J].焊管,2010,33（2）:13-16.

[7] 张斌,钱成文,王玉梅,等.国内外高钢级管线钢的发展及应用[J].石油工程建设,2012,38（1）:1-4.

[8] 王伟,严伟,胡平,等.抗大变形管线钢的研究进展[J].钢铁研究学报,2011,23（2）:1-6.

[9] 樊学华,李向阳,董磊,等.国内抗大变形管线钢研究及应用进展[J].油气储运,2015,34（3）:237-243.

[10] 朱丽霞,何小东,仝珂,等.一种抗大变形管线钢的微观组织与拉伸性能的相关性研究[J].材料导报,2011（11）:556-559.

[11] 李振华,张骁勇,高惠临,等.终冷温度对大变形管线钢力学性能的影响[J].材料热处理技术,2011,40（16）:164-166.

[12] 李鹤林,李霄,吉玲康,等.油气管道基于应变的设计及抗大变形管线钢的开发与应用[J].焊管,2007,30（5）:5-11.

[13] 赵鹏翔,左秀荣,陈康,等.X80大变形管线钢的腐蚀行为[J].材料热处理学报,2013,34（增刊）:221-226.

[14] 余志峰, 史航, 佟雷. 基于应变设计方法在西气东输二线的应用 [J]. 油气储运, 2010, 29 (2): 143-147.

[15] 王旭, 罗超, 陈小伟, 等. 我国抗大变形管线管的研制进展 [J]. 焊管, 2013, 36 (6): 5-11.

[16] 李少坡, 查春和, 李家鼎, 等. 首钢中缅线抗大变形 X70 管线钢的开发 // 第九届中国钢铁年会论文集 [M]. 北京: 冶金工业出版社, 2013.

[17] 赵连玉, 张志军, 史显波, 等. X70 级抗大变形管线钢的组织与性能 [J]. 钢铁, 2013, 48 (7): 65-69.

[18] 吉玲康, 李鹤林, 赵文轸, 等. X70 抗大变形管线钢管的组织结构和形变硬化性能分析 [J]. 西安交通大学学报, 2012, 46 (9): 108-113.

[19] 张宝惠, 李效华. 高钢级低温无缝管线管的开发 [J]. 中国冶金, 2012, 22 (4): 26.

[20] 周廷鹤. 天然气低温运行的危害分析及应对措施 [J]. 煤气与热力, 2013, 33 (6): 22.

[21] 胡春红, 朱绍宇, 赵娜, 等. 海底管道管材的类型及选用原则 [J]. 石油和化工设备, 2015, 18 (4): 31-34.

[22] 牛爱军. 深海用高强厚壁直缝埋弧焊管开发技术难点分析 [J]. 焊管, 2015, 38 (11): 15.

[23] 张蕾, 何小东, 陈宏达. 国内外石油管材发展趋势及质量现状浅析 [J]. 石油工业技术监督, 2016, 32 (8): 18.

[24] 韩方勇, 丁建宇, 孙铁民, 等. 油气田应用非金属管道技术研究 [J]. 石油规划设计, 2012, 23 (6): 5.

第三章　天然气管道焊接技术与装备

我国油气管道焊接经历了几次大的技术进步，20世纪70年代及以前采用传统低氢型焊条电弧焊上向焊方法，20世纪80年代开始推广使用焊条电弧焊下向焊方法，如纤维素型焊条和低氢型焊条下向焊等，至20世纪90年代初自保护药芯焊丝半自动焊工艺的应用发展最为迅速。随着我国对能源需求的不断增长，天然气管道建设主要使用了X65及以上钢级、813mm及以上管径的管线钢管，油气管道干线管网和城市间支干线管网日益向高钢级、大口径、高压力的方向发展，同时在低温储存和输送技术、耐腐蚀管道建设等方向取得了很大的进展，这对环焊接头性能、管道焊接技术和自动焊装备提出了越来越高的要求。为提高环焊接头的使用性能和安全性，中国石油在"十二五"期间进行了高钢级管道环焊缝综合评价、X80钢管环焊缝焊接性研究及应用、抗大变形钢管焊接技术、高H_2S介质低合金钢焊接技术、不锈钢复合管焊接技术、LNG储罐用9%Ni钢焊接技术和管道自动焊工艺及装备等研究工作，形成的科研成果推动了我国天然气管道建设的技术进步，提出为保证现场焊接质量，提高效率，降低劳动强度的环焊缝自动焊方法。

第一节　高钢级管线钢管环焊缝综合评价技术

一、油气管道环焊缝韧性指标

1. 国内外钢管环焊接头韧性指标的确定原则及方法调研

1996年以前的管道项目，对于环焊缝没有提出夏比冲击韧性试验要求。1996年陕京线管道工程建设时，考虑到应用的钢管强度等级更高（X60），应用了自保护药芯焊丝半自动焊等新型环焊工艺，提出环焊缝的夏比冲击韧性指标要求，为50J（试验温度为-30℃）。2000年西气东输管道工程建设时，针对首次应用的X70管线钢管，在工程前期的技术准备中确定环焊缝韧性指标为76J（试验温度为-20℃）（钢管止裂韧性要求为190J，取其40%）。2008年西气东输二线管道工程建设，针对首次应用的X80管线钢管，在工程前期的技术准备中确定环焊缝韧性指标为80J（试验温度为-20℃）。同时期的国外管道工程建设中，均对环焊接头提出了夏比冲击韧性指标要求。其中对整个管道建设环焊缝韧性指标制定有较大影响的工程包括陕京线输气管道工程、西气东输、西气东输二线、加拿大阿兰斯管道、美国夏延管道等，具体要求见表3-1。

对整个管道建设环焊缝韧性指标制定有较大影响制管标准包括API 5L—2007、ISO 3183、GB 9711—2017及中国石油管道建设项目经理部编制的Q/SY GJX 101—2010、Q/SY GJX 102—2010、Q/SY GJX 103—2009、Q/SY GJX 104—2010四个企业标准。整体来看，我国的管道环焊接头起裂韧性控制指标大都依据经验制定，无理论基础，且与国外相比指标偏于保守，这将增加管道整体的建设成本。

表 3-1 典型管道工程环焊缝冲击功要求

工程名称	钢管等级	管径，mm	设计压力，MPa	冲击吸收功，J 单值最小	冲击吸收功，J 平均值最小
陕京输气管线	X60	660	6.4	38（-30℃）	50（-30℃）
西气东输工程	X70	1016	10	56（-20℃）	76（-20℃）
西气东输二线	X80	1219	12	60（-10℃）	80（-10℃）
阿兰斯输气管道	X70	1016	10	—	37（-10℃）
夏延输气管道	X80	914	6.4	—	33（-5℃）

2. 环焊缝不起裂韧性指标理论计算

GB/T 9717—2011 和 API Spec 5L 都对不同几何参数下，不同等级钢的冲击功进行了规定。材料的裂纹扩展驱动力可以有效表征其抵抗断裂能力的强弱。对于韧性较好的油气管线材料，可采用 J 积分参数来描述管线环焊缝的裂纹扩展驱动力。当结构所承受的 J 积分达到材料的起裂韧度 J_c，焊接缺欠开始起裂扩展。因而，为了保证管道服役安全性，管道设计时必须保证焊接接头的断裂韧性大于外加裂纹扩展驱动力。据此，构建了管道环焊缝几何模型、材料模型和管道有限元模型，如图 3-1 所示。典型断裂分析管道有限元网格如图 3-2 所示。

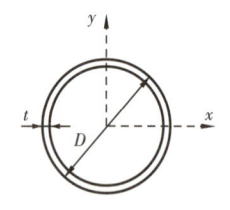

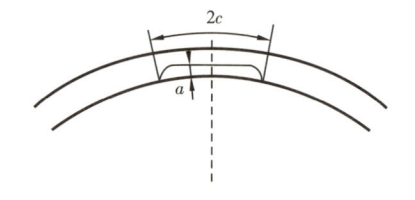

(a) 含焊接缺欠的管道截面示意图　　(b) 管道内表面焊接缺欠放大图

图 3-1　含有环焊缝的管道断裂分析几何模型

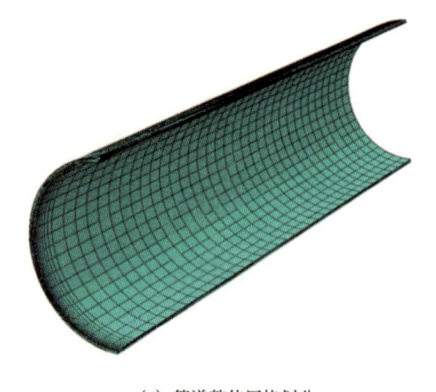

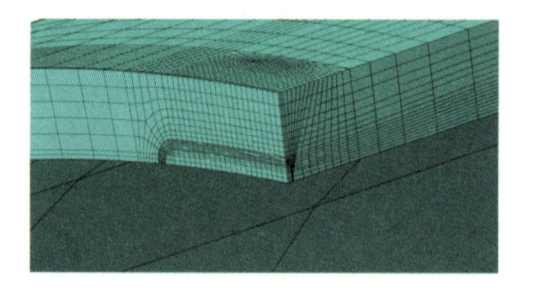

(a) 管道整体网格划分　　(b) 焊接缺欠前缘局部放大图

图 3-2　典型断裂分析管道有限元网格

假设材料单轴拉伸应力—应变曲线服从 Ramberg-Osgood 应变硬化模型，见下式：

$$\frac{\varepsilon}{\varepsilon_0} = \frac{\sigma}{\sigma_0} + \alpha \left(\frac{\sigma}{\sigma_0}\right)^n \tag{3-1}$$

$$\varepsilon_0 = \sigma_0 / E$$

式中　σ_0——屈服强度；
　　　ε_0——参考应变；
　　　E——弹性模量；
　　　n——应变硬化指数；
　　　α——材料常数。

二、焊接缺欠容限

假定无限大宽板中间具有穿透焊接缺欠，则夏比冲击功与临界焊接缺欠长度关系见下式：

$$E_{\text{cvn}} = \frac{2}{3} \frac{\sigma_f^2 A_c}{\pi E} \ln \sec \frac{\pi M \sigma_h}{2\sigma_f} a_c \tag{3-2}$$

$$\sigma_f = (\sigma_s + \sigma_b)/2$$

$$M = \left(1 + 1.16 a^2 / R_t\right) 0.5$$

$$\sigma_h = 0.9\sigma$$

式中　E_{cvn}——冲击吸收功；
　　　σ_f——钢管屈服强度和抗拉强度的平均值；
　　　A_c——Charpy 试样缺口处截面积；
　　　E——弹性模量；
　　　M——与钢管直径、壁厚和焊接缺欠长度相关的系数因子；
　　　σ_h——环焊缝承受的最大载荷；
　　　a_c——临界裂纹长度。

最大理论临界焊接缺欠尺寸，见下式：

$$\frac{\sigma_h}{\sigma_f} = \left[1 + 1.255 \frac{2a^2}{Dt} - 0.0135 \frac{4a^4}{(Dt)^2}\right]^{0.5} \tag{3-3}$$

$$\sigma_h = 0.9\sigma_s$$

$$\sigma_f = (\sigma_s + \sigma_b)/2$$

式中　σ_h——环焊缝承受的最大载荷；
　　　σ_f——钢管屈服强度和抗拉强度的平均值；
　　　a——临界焊接缺欠长度的一半；
　　　D——钢管直径；

t——钢管壁厚。

钢管容忍临界焊接缺欠尺寸取 90% 最大理论尺寸，由临界焊接缺欠尺寸确定起裂韧性，见下式：

$$E_{cvn} = \frac{2}{3} \frac{\sigma_f^2 A_c}{\pi E} \ln \sec \frac{\pi \left(1+1.16\frac{a^2}{Rt}\right)^{0.5} \sigma_h}{2\sigma_f} a \qquad (3-4)$$

$$\sigma_f = (\sigma_s + \sigma_b)/2$$

$$\sigma_h = 0.9\sigma_s$$

式中　E_{cvn}——冲击吸收功，J；

　　　σ_f——钢管屈服强度和抗拉强度的平均值；

　　　A_c——Charpy 试样缺口处截面积，mm²；

　　　E——弹性模量，MPa；

　　　a——一半的焊接缺欠长度，mm；

　　　R——钢管半径，mm；

　　　t——钢管壁厚，mm；

　　　σ_h——环焊缝承受的最大载荷。

计算得到的 X80 管道夏比冲击功与焊接缺欠长度关系如图 3-3 所示，其中 150mm 长焊接缺欠的夏比冲击功为 50J。

三、环焊接头宽板拉伸验证试验

为验证提出的环焊接头韧性指标的安全性，采用环焊接头宽板拉伸试验作为验证手段，对 ϕ1219mm×18.4mm X80 钢管的自保护药芯焊丝半自动焊环焊接头进行试验验证工作。根据钢管管体和焊缝性能，采用 API 1104 应力设计方法，对焊缝的临界缺陷尺寸进行了计算。据此给出了半自动焊宽板拉伸试验的缺陷加工尺寸。

图 3-4 给出了 4.5mm×45mm 半自动焊焊缝中心缺陷的断裂韧性测试结果。可以看出焊接缺欠临界起裂韧性为 $\delta_{0.2BL}$=0.444mm（裂纹扩展量为 0.2mm 时的焊缝 CTOD 韧性值，CTOD 为裂纹尖端张开位移），$J_{0.2BL}$=456.39kJ/m²（裂纹扩展量为 0.2mm 时的焊缝 J 积分韧性值），对应相应的起裂应力分别为 666MPa 和 632MPa，4.5mm×45mm 焊接缺欠起裂应力远大于 449.5MPa（0.9σ_0，σ_0 为屈服强度），证明了环焊接头韧性指标是合理性的。但由于自保护药芯焊丝半自动焊工艺得到的环焊缝金属的夏比冲击韧性值离散较大，因此建议在 X70、X80 及更高强度等级的管道上减少或限制使用该种焊接方法。

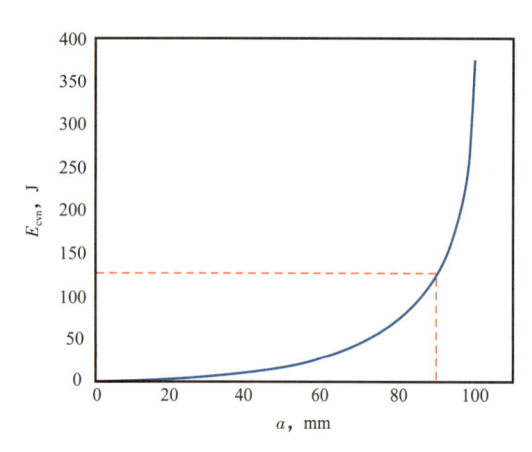

图 3-3　X80 管道夏比冲击功与焊接缺欠长度关系

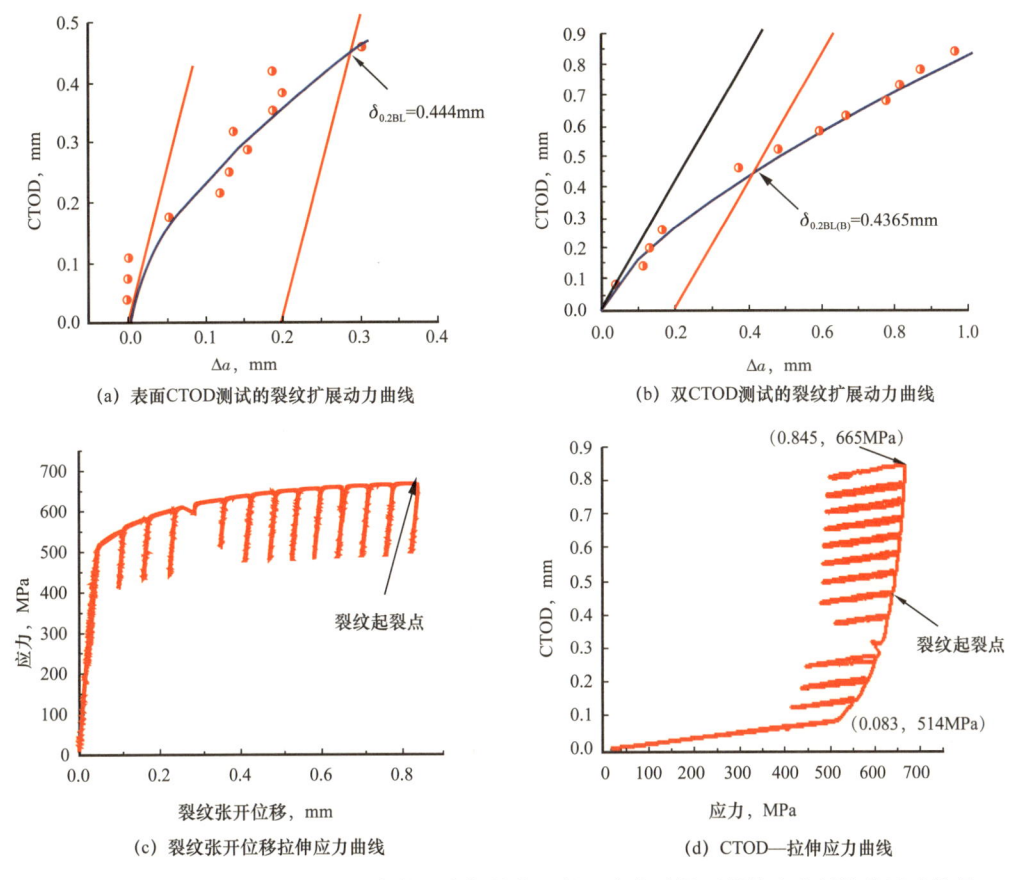

(a) 表面CTOD测试的裂纹扩展动力曲线

(b) 双CTOD测试的裂纹扩展动力曲线

(c) 裂纹张开位移拉伸应力曲线

(d) CTOD—拉伸应力曲线

图 3-4　4.5mm×45mm 人工缺欠条件下自保护药芯焊丝半自动焊环焊接头宽板拉伸试验结果

第二节　X80 钢管环焊缝焊接性研究及应用

一、X80 管线钢抗裂性试验

1. 冷裂纹判据及预热温度分析计算

X80 管线钢管的冷裂纹判据依据裂纹敏感指数 P_c 和 P_w 进行计算，该计算是以化学成分为基础，考虑了扩散氢含量和拘束条件而建立的根部裂纹敏感性的关系公式。该判据是以 $R_b=500\sim1000\text{N/mm}^2$ 的钢种为研究对象，其适用范围为 C 含量 =0.07%～0.22%，Si 含量≤0.60%，Mn 含量 =0.40%～1.40%，Cu 含量≤0.50%，Ni 含量≤1.20%，Cr 含量≤1.20%，Mo 含量≤0.70%，V 含量≤0.12%，Ti 含量≤0.05%，Nb 含量≤0.04%，B 含量≤0.005%，$\delta=19\sim50\text{mm}$，$R=5000\sim33000\text{N/mm}^2$，焊接热输入量 $E=17\sim30\text{kJ/cm}$，试件为斜 Y 型坡口。其中 P_w 可用于 [H] 含量大于 5mL/100g 的情况，计算方法见下式：

$$P_w = P_{cm} + 0.075\lg V_{[H]} + \frac{R}{400000} \tag{3-5}$$

式中　P_{cm}——合金元素的裂纹敏感系数，%；

$V_{[H]}$——扩散氢含量，mL/100g；

R——拘束度，N/mm^2。

P_{cm} 的计算可根据公式（3-6）进行，该公式适用于评价控轧钢、高强管线钢等细晶粒钢种的焊接冷裂敏感性。

$$P_{cm} = C + \frac{V_{Si}}{30} + \frac{V_{Mn}+V_{Cu}+V_{Cr}}{20} + \frac{V_{Ni}}{60} + \frac{V_{Mo}}{5} + \frac{V_V}{10} + 23V_{B^*} \quad (3-6)$$

式中　V_{B^*}——硼的有效当量，%。

V_{B^*} 计算公式：

$$V_{B^*} = V_B - \frac{10.8}{14.1}(V_N - V_{Ti}/3.4)$$

$$当 N'' \frac{V_{Ti}}{3.4} 时，V_{B^*} = V_B \quad (3-7)$$

R 的计算：

$$R = \frac{E\delta}{L} \quad (3-8)$$

式中　E——弹性模量，MPa；
　　　δ——板厚，mm；
　　　L——斜Y型坡口焊缝长度，mm。

焊前预热可以有效地防止冷裂纹，但预热温度并不是越高越好，应合理选择。预热温度选得过高，一方面恶化了劳动条件，另一方面在局部预热的条件下，由于产生附加应力，反而会加剧产生冷裂。关于合理的预热温度，多年以来已进行了许多研究，并建立了一些确定预热温度的计算公式：

$$T_0 = 1600P_w - 480 \quad (3-9)$$

2. 斜Y型坡口焊接裂纹试验

根据油气管道工程焊接施工常用的根焊焊接方法，选择纤维素型焊条，低氢型焊条和实心焊丝进行斜Y型坡口焊接裂纹试验，试验温度结合预热温度计算结果选择给出。考虑到长输管道焊接施工时采用流水作业的施工方式，管口不稳定的固定状态和应力集中影响，认为为确保不发生裂纹应采取裂纹率近于0的验收要求。据此，得到进行X80管线钢管根部焊接时的预热温度值，纤维素型焊条的最低预热温度为150℃，低氢型焊条的最低预热温度为20℃，实心焊丝的最低预热温度为20℃。考虑实际焊接环境情况条件下应去除钢管表面的冷凝水，焊口预热温度的选择宜为100℃左右。

3. 插销冷裂纹试验

根据斜Y型坡口焊接裂纹试验结果，以及长输管道野外焊接施工的预热经验，确定插销冷裂纹试验分为20℃室温焊接和100℃预热焊接两部分。采用与斜Y型坡口焊接裂纹试验时相同的焊接材料、焊接方法、焊接设备和极性等，图3-5、图3-6所示为不同含氢量焊接材料插销断裂的应力—时间曲线。

根据断裂判据，预热100℃时低氢型焊条、实心焊丝和纤维素型焊条的临界断裂应力 σ_{cr} 都高于常温20℃条件下的临界断裂应力 σ_{cr}，但采用纤维素焊条进行X80钢的根焊不能有效地避免焊接冷裂纹。低氢焊条和实心焊丝进行X80钢的根焊时，预热至100℃可避免焊接冷裂纹。

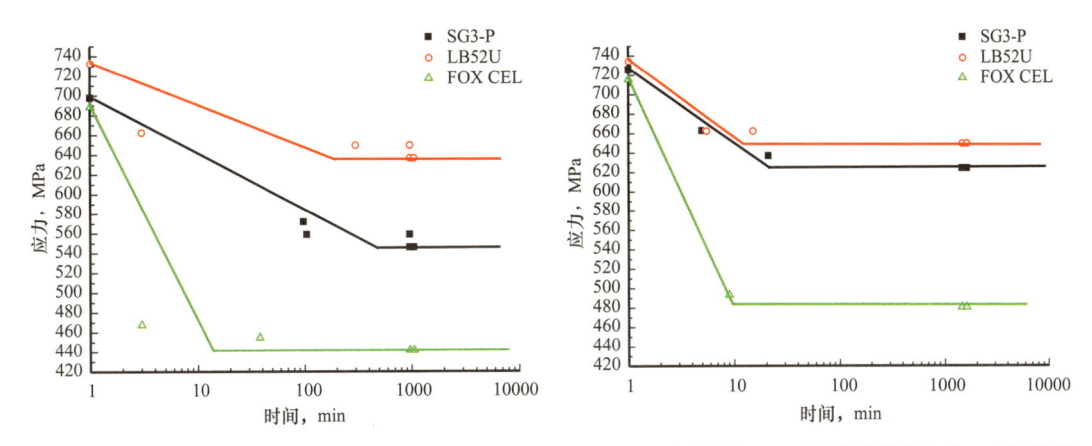

图 3-5　不同焊材 20℃插销断裂的应力—时间曲线　　图 3-6　不同焊材 100℃插销断裂的应力—时间曲线

二、X80 管线钢管焊接热循环过程及焊接接头显微组织

1. 焊接热循环曲线参数的计算

焊接热循环是指焊接热源沿焊件移动时，焊件上某点温度随时间的增长由低而高，达到最高峰值温度后，又由高到低的变化过程。其中的高温停留时间 t_H 和冷却时间 $t_{8/5}$ 等热循环参数对管线钢焊件的组织状态、力学性能、氢扩散以及焊接冷裂纹产生重要的影响。距焊缝越近的点，其加热速度越大，峰值温度越高，冷却速度也越大，焊接这一不均匀的加热和冷却过程，造成了焊缝 HAZ 组织和性能的不均匀性。

决定焊接热循环特征的主要参数有加热速度 v_H、峰值温度 T_p、高温停留时间 t_H、在某一温度区间的冷却时间（如 800℃冷却至 500℃的冷却时间 $t_{8/5}$、800℃冷却至 300℃的冷却时间 $t_{8/3}$ 以及从峰温冷至 100℃的冷却时间 t_{100}）及冷却速度 v_C 等。高强钢焊接时，焊缝从 800℃冷却至 500℃的冷却时间计算，采用乌威尔（D. Uwer）提出的高强钢焊接区的 $T_{8/5}$ 计算法：

"厚板"公式（三维热传导条件下）：

$$T_{8/5} = \left(0.67 - 5 \times 10^{-4} T_0\right) \eta E \left(\frac{1}{500-T_0} - \frac{1}{800-T_0}\right) F_3 \qquad (3\text{-}10)$$

"薄板"公式（二维热传导条件下）：

$$T_{8/5} = \left(0.043 - 4.3 \times 10^{-5} T_0\right) \frac{\eta^2 E^2}{h^2}\left[\left(\frac{1}{500-T_0}\right)^2 - \left(\frac{1}{800-T_0}\right)^2\right] F_2 \qquad (3\text{-}11)$$

式中　E——焊接热输入量，J/cm；

　　　h——板厚，mm；

　　　T_0——母材的初始温度，℃；

　　　η——相对热效率。低氢焊条电弧焊为 0.8，自保护药芯焊丝半自动焊为 0.9；

　　　F_3、F_2——分别为三维和二维传热时的接头系数。

V 形坡口的根焊道：$F_3=1.0\sim1.2$，$F_2 \approx 1.0$；

V形坡口的填充焊道：$F_3=0.8\sim1.0$，$F_2\approx1.0$；
V形坡口的盖面焊道：$F_3=0.9\sim1.0$，$F_2\approx1.0$。

"临界板厚"的计算：

$$h'=\eta E\sqrt{\frac{0.043-4.3\times10^{-5}T_0}{0.67-5\times10^{-4}T_0}}\left(\frac{1}{500-T_0}+\frac{1}{800-T_0}\right) \quad （3-12）$$

由于X80管线钢管壁厚 $h=18.4mm$ 大于"临界板厚"，因此应按照公式（3-10）的"厚板"公式来计算焊接区800℃冷却至500℃的冷却时间。根焊焊接时，取形状系数 $F_3=1$，相对热效率 $\eta=0.8$，焊接热输入量 $E=16kJ/cm$，计算得到根焊道800℃冷却至500℃的冷却时间 $t_{8/5}$ 为8.53s。填充、盖面焊接时，取形状系数 $F_3=0.9$，相对热效率 $\eta=0.9$，焊接热输入量 $E=16kJ/cm$，计算得到根焊道800℃冷却至500℃的冷却时间 $t_{8/5}$ 为8.64s。

2. 焊接热循环曲线的测定

采用热电偶测温的方法对X80管线钢的焊接热循环进行测定。在测量焊缝的背面钻 $\phi2.0mm$ 的盲孔，将热偶丝点焊在孔底，另一端接在温度—时间记录仪上，然后按照拟定的X80管线钢焊接工艺进行焊接。焊接过程中，温度—时间记录仪自动采集温度—时间数据，并绘制出不同焊层的温度和时间的关系曲线。图3-7给出了X80管线钢管环焊缝焊接过程的热循环曲线。

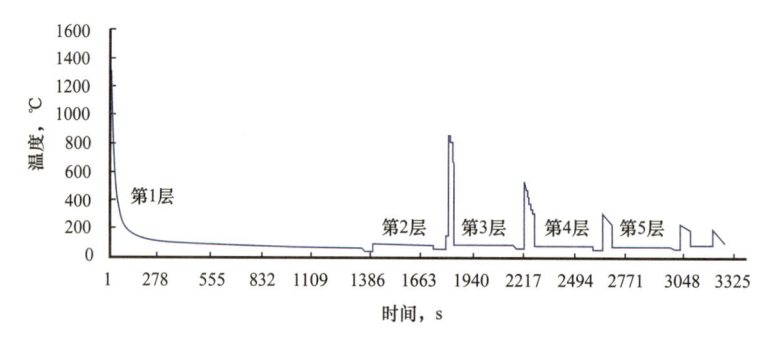

(a) 根焊层的焊接热循环曲线

(b) 填充层的焊接热循环曲线

(c) 盖面层的焊接热循环曲线

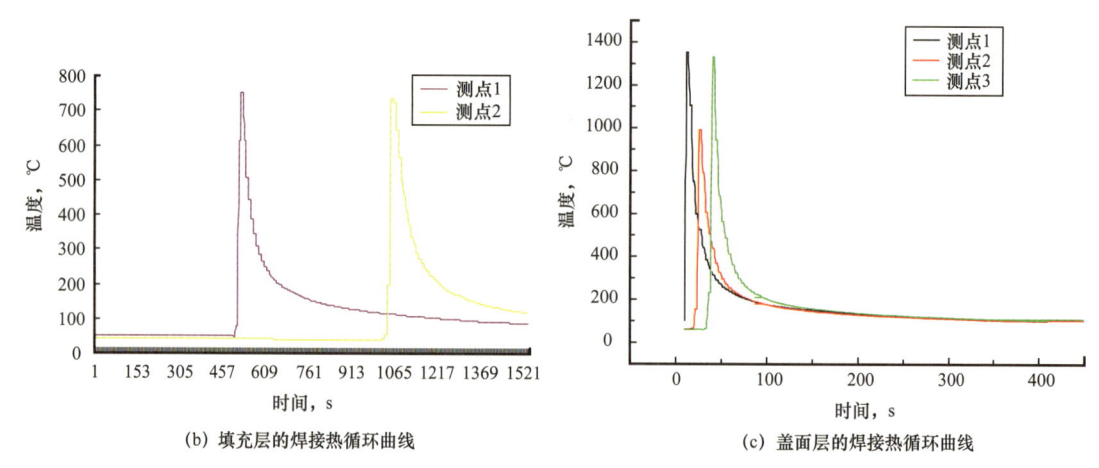

图3-7 X80管线钢管环焊缝焊接过程热循环曲线

得到的焊接过程热循环曲线可用于指导焊接热模拟试验的热过程,进一步分析焊接热影响区的组织、强度、硬度和韧性,以及连续冷却转变曲线,并据此得到适合的环焊缝焊接工艺的热输入范围。

3. 焊接接头显微组织

焊接接头包括焊缝金属、HAZ 和母材三个部分。为形成不均匀的组织和性能,通过对 X80 管线钢管焊接过程热循环参数的计算和热循环曲线的测定,已经掌握了 X80 管线钢管焊接的热过程,通过光学显微镜和扫描电镜对 X80 焊接接头的显微组织进行分析。

X80 管线钢属针状铁素体管线钢,是通过 TMCP 工艺得到的,即利用变形和相变相结合的原理来细化最终的显微组织,将热变形细化的组织保持到随后的冷却相变过程中,为相变细化组织创造条件,从而最终获得细化的显微组织。图 3-8(a)为 X80 管线钢管原始组织的光学金相照片,类型为针状铁素体(呈针状片条形态),图 3-8(b)为与其对应的组织扫描电镜照片。

(a)光学金相照片　　(b)扫描电镜照片

图 3-8　X80 管线钢管母材组织

图 3-9(a)、(c)和(e)是不同焊层的包含 HAZ 和焊缝金属的光学金相照片,右上角是焊缝金属,左下角是 HAZ 和母材,可明显地区分熔合区、粗晶区、细晶区和不完全重结晶区,组织为先共析铁素体、针状铁素体和粒状贝氏体。图 3-9(b)、(d)和(f)是不同焊层的 HAZ 粗晶区的扫描电镜照片,可以分辨出铁素体基体上无序排列和平行排列的 M-A 小岛。

图 3-10 为根焊层、填充层和盖面层的焊缝金属组织的光学金相照片及其对应的组织扫描电镜照片。焊缝金属的组织主要为针状铁素体和粒状贝氏体,可以清晰地辨别柱状晶以及晶粒内部的针状铁素体交错分布。其中图 3-10(c)是先后两个焊道的填充层焊缝金属,下部是没有被后续焊道热处理到的焊缝金属,呈柱状晶特征,焊缝金属为先共析铁素体和针状铁素体。图 3-10(c)的上部是被后续焊道热处理过的焊缝金属部分,由于受到再次加热,发生了完全相变,柱状晶特征消失,是晶粒细小的针状铁素体。

三、X80 管线钢管的焊接工艺

1. 根焊焊接技术特点分析

根焊的主要任务是快速完成环焊缝的第一层焊道,并保证焊缝的内部成型质量,不产生裂纹、内咬边、未熔合、未焊透、内凹和内余高超标等缺陷。因此，焊接材料的选择主要考虑工艺性能优良、有利于单面焊双面成型、具有一定的抗冷裂性等方面，而对强度和韧性的指标方面不做具体的要求。

目前管道根焊技术常用的焊接工艺如图3-11所示。其中，焊条电弧焊有下向焊接的纤维素型焊条电弧焊和上向焊接的低氢型焊条电弧焊。熔化极气保护电弧焊有下向焊接的表面张力过渡STT和RMD的气保护半自动焊和气保护短路过渡自动焊（内焊机或外焊机单面焊双面成型），焊接材料为实心焊丝或金属粉芯焊丝。

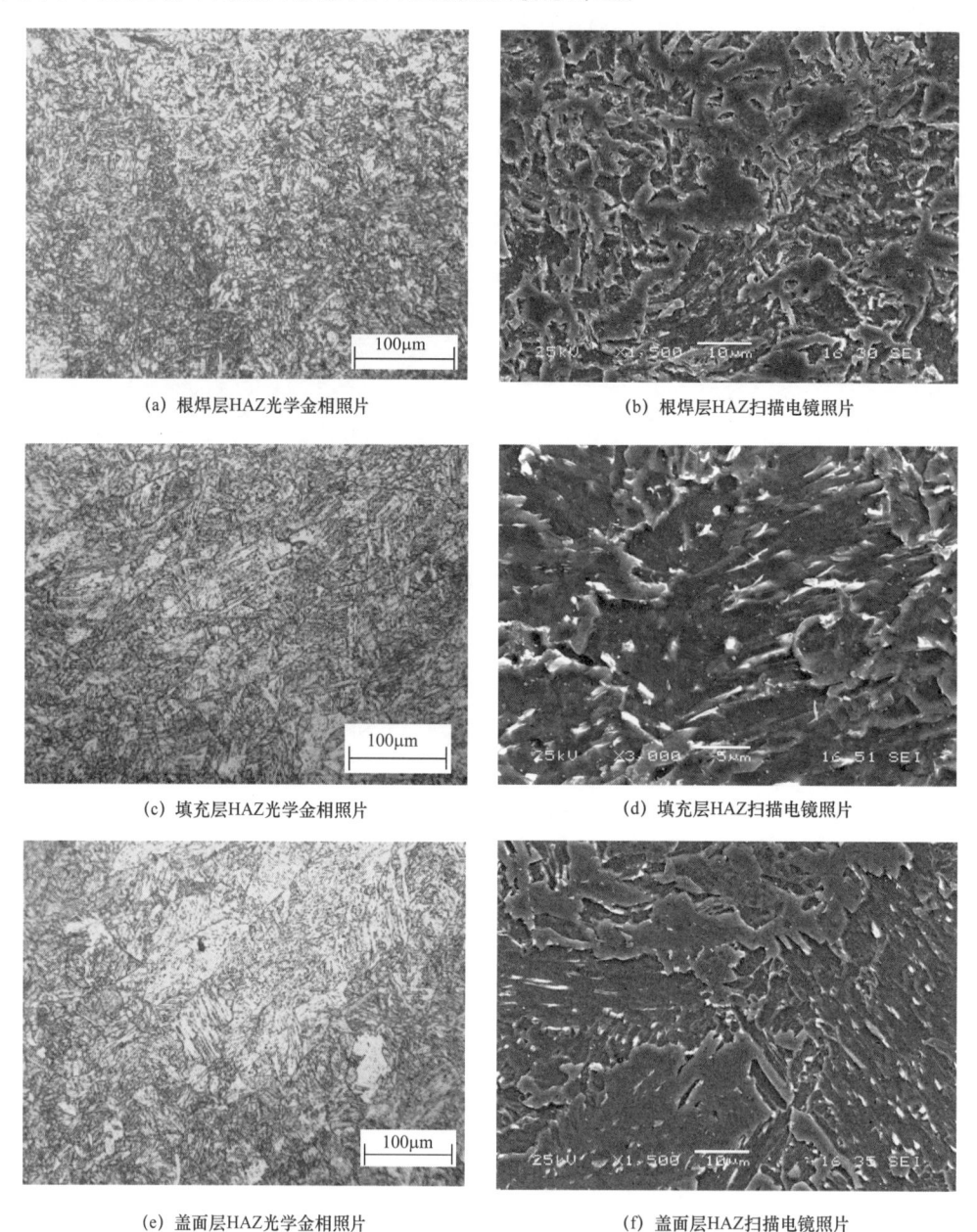

(a) 根焊层HAZ光学金相照片

(b) 根焊层HAZ扫描电镜照片

(c) 填充层HAZ光学金相照片

(d) 填充层HAZ扫描电镜照片

(e) 盖面层HAZ光学金相照片

(f) 盖面层HAZ扫描电镜照片

图3-9 根焊层、填充层和盖面层的HAZ组织

(a) 根焊层焊缝光学金相照片

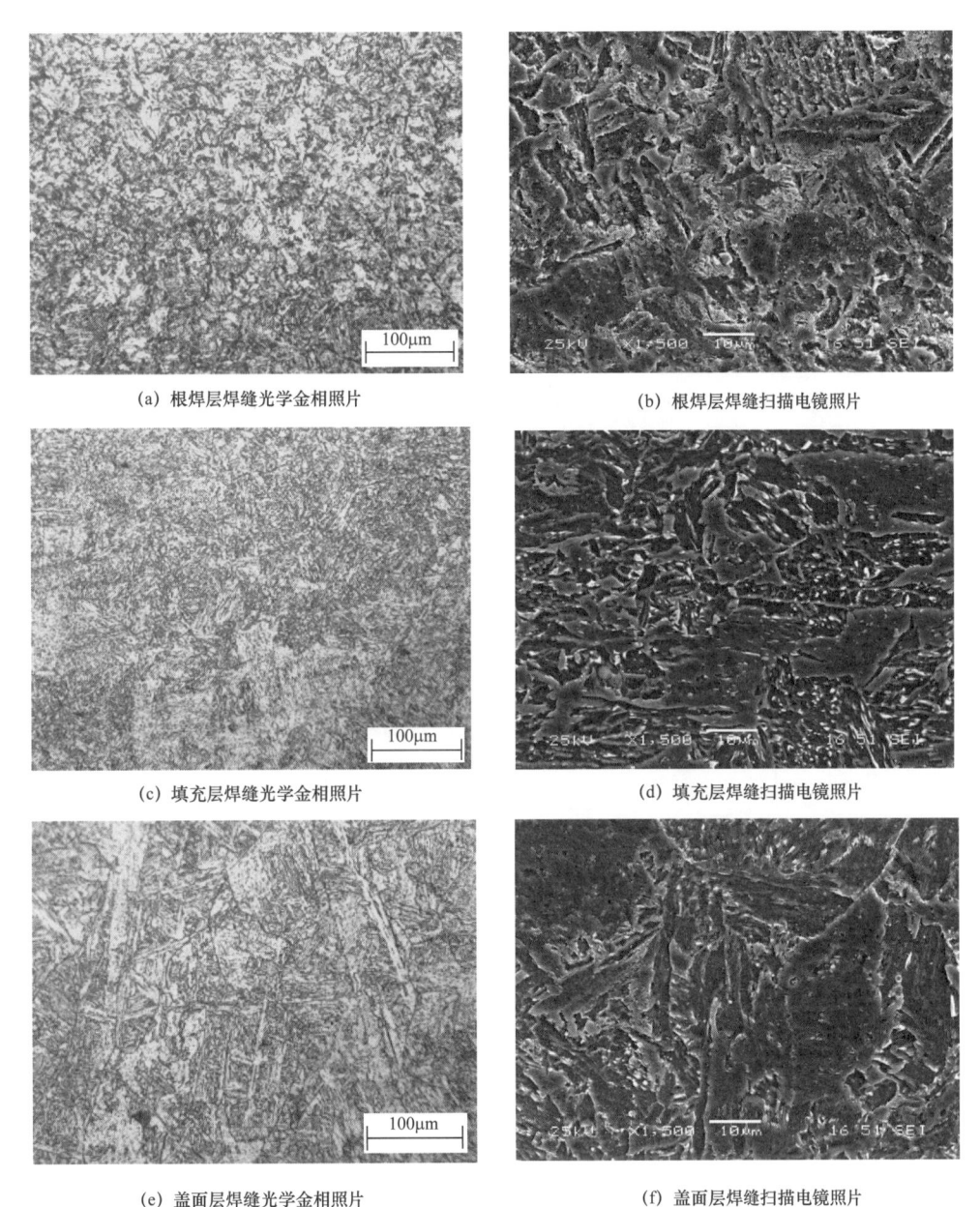

(b) 根焊层焊缝扫描电镜照片

(c) 填充层焊缝光学金相照片

(d) 填充层焊缝扫描电镜照片

(e) 盖面层焊缝光学金相照片

(f) 盖面层焊缝扫描电镜照片

图 3-10 根焊层、填充层和盖面层的焊接金属组织

2. 填充、盖面焊接技术特点分析

填充、盖面焊的主要任务是完成环焊缝除根焊外的全部焊道的焊接，并保证焊接接头具有与母材相匹配的力学性能、优异的焊接质量和良好的外观成型。因此，焊接材料的选择主要考虑强度、韧性、硬度、抗腐蚀性等与母材匹配，并具有良好的全位置焊接工艺性能和较高的熔敷效率。

目前填充、盖面焊技术常用的方法有下向或上向焊接的低氢型焊条电弧焊，下向焊接的自保护药芯焊丝半自动焊、下向焊接的气保护实心焊丝自动焊和上向焊接的气保护药芯焊丝自动焊，如图 3-12 所示。

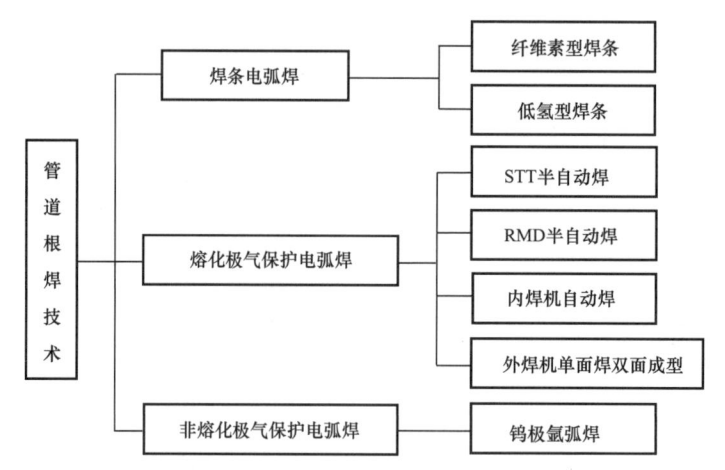

图 3-11 管道根焊技术常用的焊接工艺

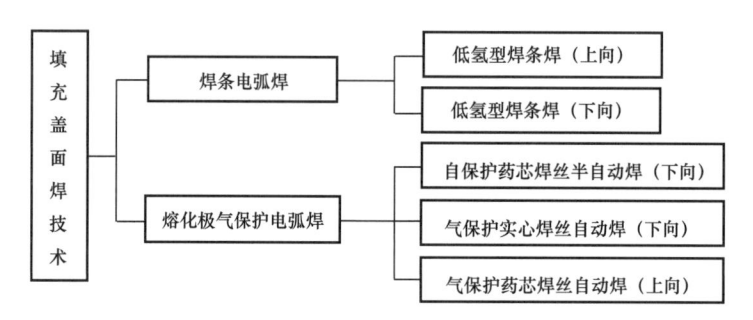

图 3-12 管道填充盖面焊技术常用的焊接工艺

焊接方向的选择主要是与焊接材料的工艺性能相适应。管道焊接施工中大多选择使用下向焊接的材料和方法，这主要是由于下向焊的焊层薄，完成单层焊接时间短，一方面有利于实现机组的流水作业，另一方面因产生的缺欠尺寸小而有利于提高焊接合格率。但对于厚壁、大口径的钢管，由于焊接坡口较宽，焊接过程中的附加应力较大，较薄的焊层有可能在承受较高的应力时开裂。因此，开始鼓励使用上向焊的焊接材料和焊接方法。

3. 管道施工用焊接工艺

我国管道焊接施工广泛采用的焊接工艺主要有：纤维素焊条根焊和自保护药芯焊丝半自动焊填充盖面的组合工艺，内焊机根焊和气保护自动焊填充盖面的组合工艺，外焊机单面焊双面成型根焊和气保护自动焊填充盖面的组合工艺，以及纤维素焊条根焊和低氢焊条填充盖面的组合工艺 4 种类型。

随着管线用钢管强度等级的不断提高（如 X80 管线钢管），若仍采用纤维素焊条进行根焊施工，就需要进行较高温度的焊前预热（不低于 150℃）。这一方面增加了现场焊接施工和质量管理的难度，另一方面也将对高强度管线钢管（如 X80 及以上强度级别的钢管）的性能造成影响，如因热时效造成屈强比升高、拉伸曲线形状改变等。因此，对于 X80 及以上强度级别的管线钢管，纤维素焊条的使用开始受到限制，被抗冷裂纹性能更好的根焊专用低氢焊条，以及其他的 STT、RMD 等低氢型根焊方法所取代。

自保护药芯焊丝半自动焊的组合工艺对各种不同施工环境的适应能力很强，熔敷效率高，焊接质量好，配套机具设备的施工占地面积小，是目前我国管道施工中应用最广泛的焊接工艺。随着管线建设用钢管强度级别的不断提高，由于焊缝金属韧性的离散性较大，这种焊接工艺的使用将会受到限制。

自动焊的组合工艺焊接效率高，焊接质量好，劳动强度小，焊接过程受人为因素影响小，在大口径、厚壁管道建设的应用中具有很大潜力。由于配套机具设备的施工占地面积较大，特别适合于地势平坦、气候环境恶劣、有效施工时间短的地区的大机组施工作业。

第三节 抗大变形钢管环焊缝焊接技术

抗大变形钢管也称为大变形钢管、大应变钢管和抗大应变钢管等。基于应变设计方法在要求钢管具有足够的抗变形能力的同时，还要求焊缝接头高强匹配，使得土壤移动引起的管道变形主要由管体来承受。因为管体的变形能力远高于焊缝金属，在环焊缝接头高强匹配的情况下，由管体来承受外力作用下产生的变形，更有利于管道的安全，可保障管道受到较大的地质灾害作用时发生变形而焊缝不破裂，有足够的抢修维护时间。

2009年在西气东输二线管道工程西段建设过程中，经过的20处活动断裂带地区采用了基于应变设计方法和X80抗大变形钢管。2012年在中缅原油天然气管道工程国内段的建设过程中，经过的强震区和活动断裂带地区采用了基于应变设计方法和X70抗大变形钢管。西气东输三线管道工程西段也在活动断裂带地区采用了基于应变设计方法和X80抗大变形钢管。这些管道建设中应用抗大变形钢管小部分为进口，大多数为我国自主研发的产品。

一、我国对抗大变形钢管应用的相关要求

抗大变形管线钢能承受较大的变形，在组织和性能上都有一些特点。如DNV2000对管线钢的要求：实测的屈服强度不高于标准规定值100MPa，实测的屈强比≤0.85，总延伸率≥25%，应变时效后的屈强比≤0.97，应变时效后的总延伸率≥15%。

中国石油企业标准《油气管道线路工程基于应变设计规范》对抗大变形钢管的要求包括基本要求和补充要求。基本要求规定：抗大变形钢管应满足GB/T 9711—2017或API SPEC 5L的要求，应为直缝埋弧焊钢管，并保持轧制状态，不应进行热处理。补充要求对管体纵向拉伸性能、管体焊缝力学性能及环焊缝力学性能提出了要求。

1. 管体纵向拉伸性能

管体纵向拉伸试验采用全壁厚矩形试样，试样标距内宽度为38.1mm，标距长度50.8mm，试样制备过程中不允许展平。试验包括常规试验和（200±5）℃保温5min的时效试验。应提供全应力—应变曲线，包括屈强比在内的多种应力比。

典型的抗大变形钢管应力应变关系曲线有Luders elongation型及Round house型两种，如图3-13所示。研究表明，Round house型管线钢的变形能力优于Luders elongation型管线钢，其屈曲应变远高于Luders elongation型

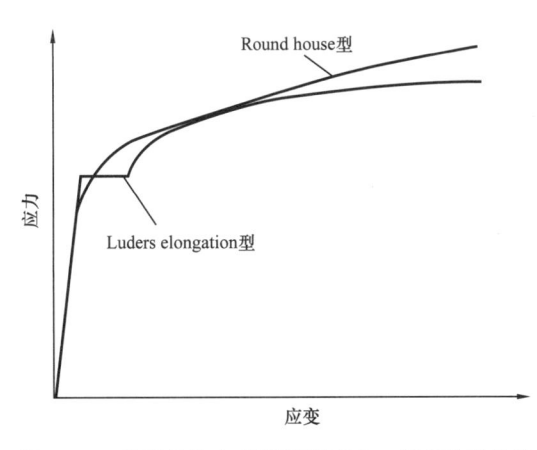

图3-13 典型的抗大变形钢管应力—应变关系曲线

管线钢。屈服平台的出现使得管线管变形能力对内压及几何缺陷非常敏感，在较高内压条件下，随着屈服平台的增长，压缩应变容限提高，然而较低内压时，压缩应变容限将减小。

2. 管体焊缝力学性能

应进行管体焊缝的全焊缝金属拉伸试验，提供全应力—应变曲线，拉伸试样应采用圆棒试样，该试验数据将作为管道设计过程中的参考数据。

3. 环焊缝力学性能

应进行环焊缝的焊接接头横向拉伸试验，拉伸试样不应断裂在焊缝和热影响区处，该判据是评价焊接工艺是否满足工程要求的重要依据之一。

应进行环焊缝的全焊缝金属拉伸试验，提供全应力—应变曲线。焊缝金属拉伸曲线宜高于母材的拉伸曲线，焊缝金属的抗拉强度宜为母材抗拉强度的1.05～1.15倍。应通过试验测定焊缝和热影响区（HAZ）最大力裂纹尖端张开位移CTOD值。该试验数据将作为管道设计过程中的参考数据。

二、抗大变形钢管环焊缝的性能要求

抗大变形钢管环焊缝的性能应符合相关焊接工艺评定标准的规定，如GB/T 31032—2014，SY/T 0452—2012和具体管道工程的企业标准等，还应符合相应管道工程基于应变设计文件的规定。表3-2列出了中缅原油天然气管道工程（国内段）X70抗大变形钢管和西气东输二线管道工程X80抗大变形钢管对于环焊缝性能的具体要求。

表3-2 抗大变形钢管环焊缝的性能要求

钢级	全焊缝金属拉伸试验（参考值）			焊接接头横向拉伸试验			−10℃夏比冲击吸收功，J		−10℃ CTOD（参考值）mm	最大硬度值（HV10）
	屈服强度MPa	伸长率%	应力—应变曲线	抗拉强度MPa	应力—应变曲线	断裂位置	单值	平均值		
X70	475～635	≥15	绘制拉伸全过程曲线	≥570	绘制拉伸全过程曲线	远离焊缝的母材	≥40	≥50	0.1	275
X80	560～750	≥15	绘制拉伸全过程曲线	≥625	绘制拉伸全过程曲线	远离焊缝的母材	≥60	≥80	0.1	300

其中，全焊缝金属拉伸试验和焊接接头断裂韧性试验的数据主要用于管道设计过程中的应变校核，可作为焊接工艺是否满足工程要求的参考依据。焊接接头横向拉伸试验、夏比冲击试验和硬度试验，以及相关焊接工艺评定标准规定的试验内容，主要用于评价焊接接头的性能，是评价焊接工艺是否满足工程要求的判据。

三、抗大变形钢管环焊缝焊接工艺的选择

强震区、活动断裂带等地质灾害地区的地形地貌条件较为复杂特殊，由于自动焊技术

的限制，在以往的工程实践中基于应变设计地区使用的抗大变形钢管，其焊接工艺的选择以自保护药芯焊丝半自动焊（FCAW-S）或焊条电弧焊（SMAW）工艺为主。在现场焊接施工过程中，由于SMAW工艺劳动强度大，合格率低，故在大管径、厚壁钢管的管道建设中应用较少，FCAW-S成为主要的焊接工艺。

四、抗大变形钢管现场焊接的技术难点

（1）环焊接头高强匹配要求。

管线钢是低碳微合金控轧及加速冷却的产物，有着良好的综合力学性能。焊缝是电弧熔化凝固的"铸态"组织，其强韧性匹配远远不如管线钢管。由于高强度高韧性焊接材料的制造难度越来越大，实现高强度管线钢管环焊接头高强匹配越来越困难。

在抗大变形钢管制造过程中，为了确保屈强比满足要求，钢厂通常采取的措施是提高钢板的抗拉强度，使得抗大变形钢管的实物水平接近或达到标准规定值的上限，这给后续的环焊缝焊接造成困扰，也给X80抗大变形钢管及部分X70抗大变形钢管的环焊接头实现高强匹配带来了难度。

（2）抗大变形钢管环焊接头近缝区软化较为严重。

抗大变形钢管受其冶金特点的影响，易在焊接接头近缝区产生软化带。图3-14所示为抗大变形钢管环焊接头硬度试验结果显示的软化情况。

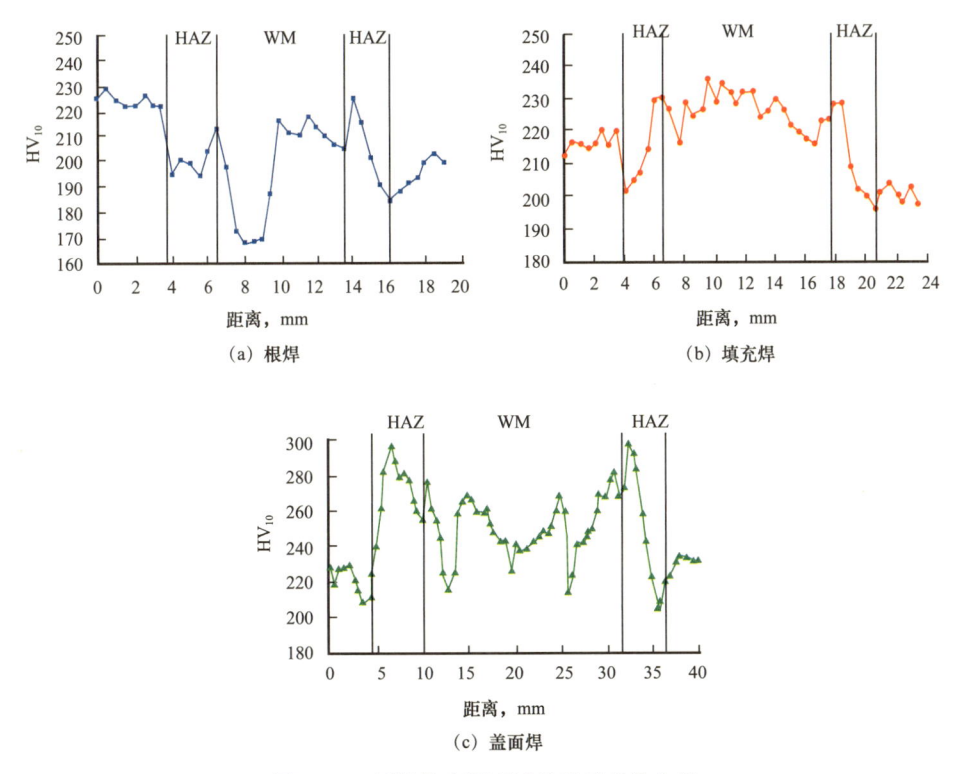

(a) 根焊

(b) 填充焊

(c) 盖面焊

图3-14 环焊接头硬度试验显示的软化带

五、补强覆盖焊接技术

由于焊接材料强度不足及环焊接头近缝区软化，难以实现焊接接头高强匹配。为此在采用自保护药芯焊丝半自动焊焊接工艺时，增加了盖面焊缝的宽度和余高，即采用补强的方法使得环焊接头的整体强度高于母材。这种方法在 Q/SY GJX 0111—2009 中被定义为补强覆盖焊接法（Welds with Overbuild），其焊缝形状及焊道顺序如图 3-15 所示。其中，盖面焊缝增加的宽度至少为 $\delta/2$，盖面焊缝的余高至少为：$\delta \times$ 软化率。

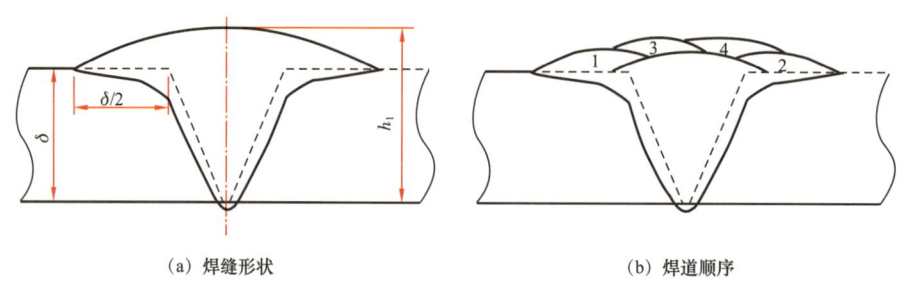

（a）焊缝形状　　　　　　　　（b）焊道顺序

图 3-15　补强覆盖焊接法的焊缝形状及焊道顺序示意图

采用补强覆盖焊接法时，应严格要求盖面焊缝的外观质量，尤其要确保余高与母材的圆滑过渡及盖面焊缝上相邻焊道间的圆滑过渡。为保证盖面焊的良好成形，填充焊道宜填充（或修磨）至距离管外表面 1～2mm 处，可根据填充情况在立焊部位增加立填焊。多道焊盖面时，后续焊道宜至少覆盖前一焊道 1/3 的宽度，保证相邻焊道间的沟槽底部也满足余高的高度要求，且焊道间的沟槽深度（焊道与相邻沟槽的高度差）不超过 1.0mm，其他的焊缝外观要求与普通钢管相同。

采用补强覆盖焊接法能够解决 X80 抗大变形钢管焊接材料强度不足以达到高强匹配的问题，能够减弱 X70 抗大变形钢管和 X80 抗大变形钢管的近缝区软化造成的应力集中。但对于抗拉强度过高，或近缝区软化较为严重的抗大变形钢管，补强覆盖焊接法仍不能完全实现环焊接头整体高强匹配的目的。因此，抗大变形钢管在制造过程中严格控制抗拉强度上限值，降低焊接软化程度和软化宽度，将更有利于实现环焊缝的高强匹配。

第四节　高 H_2S 介质低合金钢管道环焊缝焊接技术

一、焊接的主要问题

1. 硫化物应力腐蚀开裂（SSC）

SSC 是指金属材料在拉应力或残余应力和酸性环境腐蚀的联合作用下，易发生低应力且无任何预兆的突发性断裂。在酸性环境中，SSC 是破坏性和危害性最大的一种腐蚀形态。

SSC 是在外加应力和腐蚀环境双重作用下所发生的破坏。其开裂必须在敏感材料、酸性环境和拉伸应力三个条件的共同作用下才会发生。近年来的研究指出对 H_2S 应力腐蚀开裂的敏感性随着母材强度级别的提高而增高，且焊接接头对 SSC 敏感性远远大于母材，因此，对高 H_2S 介质低合金钢管道来说，现场焊接的一大难点就是降低焊接接头的 SSC 敏感性。

2. 氢致开裂（HIC）

HIC 是指酸性环境中的钢材因吸收腐蚀生成的氢使钢材内部产生的裂纹。氢鼓泡是 HIC 的一种腐蚀形式。当金属在含硫天然气介质中发生电化学腐蚀后，在金属中产生从几到几十毫米直径的空泡，有时鼓泡表面的金属发生龟裂或脱层。

HIC 是输气管线主要失效模式之一。如果在湿 H_2S 环境中的材料处于无应力或不具备拉应力状态，且氢分子的压力超过材料的起裂条件，就会造成裂纹的扩展。如果裂纹残存在管壁的表面，就会在管壁形成台阶状的裂纹，平行于管壁的表面，此时形成的裂纹就是 HIC。所以 HIC 是管道材料与湿 H_2S 环境综合作用的结果。

二、焊缝性能要求

无论采用何种焊接方法，对高 H_2S 介质低合金钢管道环焊缝来说，首要的要求就是要防止 SSC 与 HIC 的产生。一般来说，针对高 H_2S 介质，在进行焊接工艺评定时焊缝及热影响区除按 GB/T 31032—2014、SY/T 0452—2012 等焊接工艺评定标准进行试验和评定外，还得要增加 HIC 和 SSC 试验评定。抗氢致开裂（HIC）试验一般要求按照 NACE TM0284—2003 标准规定对焊接接头进行取样并进行 HIC 试验。试验溶液为 A 溶液，试验时间为 96h。抗氢致开裂试验样品经 96h 浸泡，试样表面应未发生氢致鼓泡现象。抗硫化物应力开裂（SSC）试验一般采用四点弯曲试件。采用四点弯曲试件，且施加 90% 屈服强度的应力，在 A 溶液中浸泡 720h，在放大 10 倍的显微镜下检查根焊面，无开裂或任何表面破坏裂纹。

另外，焊接接头热影响区中的硬化、粗晶及不均匀组织都会增加腐蚀的敏感性。在硫化物介质中的腐蚀大多出现在材料硬度比较高的情况下，硫化物介质中运营的管线材料的腐蚀行为与它们的组织及硬度有很密切的关系。为了避免或防止焊接热影响区的腐蚀，应该尽量保证不产生硬化组织；防止晶粒粗化；力求焊接热影响区组织均匀。

三、焊接材料的选择

焊接过程本身是在一定介质保护下的一个由固态向液态，再由液态向固态，进而在固态下相变控制的转变过程。在由较高温度时的固态奥氏体（一般 700℃ 以上）向趋向常温的铁素体的转变过程中，氢在这两种组织中的溶解度和扩散速度差别很大，且组织本身的变形能力差别也很大。焊接时如果上述固态相变过程中高温奥氏体阶段（1000℃ 左右）的存留时间过短，焊缝中大量的氢来不及扩散析出，就会造成常温下铁素体焊缝中扩散氢大量存在并迅速扩散，并在该过程中容易在焊缝中的夹渣和微气孔处汇聚结合成为氢分子，从而加大从焊缝中析出的难度，导致"鱼眼"或"白点"的形成。

镍是一种强烈的奥氏体化元素，焊缝中一定镍含量的存在（如超过 1%）并和其他合金元素共同作用，会使焊缝金属相变过程中由奥氏体向铁素体转变的临界温度趋于更低，所以上述现象会更明显。这就是所谓的镍对氢的吸附作用，也是 NACE MR0175 等标准中要求限制母材以及焊接材料中镍含量的原因。综上所述，焊接材料中镍含量应低于 1%。

另外，为保证焊接质量，减少焊材中扩散氢含量，焊条电弧焊应选择超低氢型碱性焊条，由于熔渣属于碱性，并且氧化性极低，对于去氢和脱硫有良好的效果，不易在焊缝中形成残留物，焊缝组织良好，综合力学性能优越。此外，还可选择钨极氩弧焊丝、药芯焊丝和金属粉芯焊丝。

四、焊接技术要求

由于钢管管端的尺寸误差，管道组装焊接时不可避免地需经手工或胀口工具进行整形，母材受到冷锻、冷胀、冷拉的变形。在建设高H_2S天然气管道时尤应慎重对待这个问题，管口冷变形应控制在规范允许范围内，必要时进行热处理来消除残余应力。SY/T 0599—2006 中 5.4 条规定了使碳钢和低合金钢获得满意的抗 SSC 性能的冷加工要求。

焊口在组对时，必须保证自由状态，不得形成拉应力、压应力、剪切应力等。管道内部焊缝的未焊透和错口，是高速气流容易形成的原因，也是容易积液的部位。在固相颗粒的冲刷下，加速了该部的腐蚀。组对时，间隙控制在 2.5~3.5mm，钝边控制在 0.5~1.5mm，错边量控制在 1.0mm 以内，保证组对工艺要求后，可以得到较好的焊接接头。

管道焊接必须按照经批准的焊接工艺规程的要求或按照相关标准的有关规定进行母材焊前预热，焊接道间的温度不得低于预热温度。

在焊接过程中，应严格按照焊接工艺规程规定焊接参数施焊，避免较大的线能量输入，避免焊缝组织性能发生变化。因为母材中的硫在液态下几乎可以全部过渡到焊缝中去，因此需要采用较为缓慢的焊接速度，便于焊接熔池中的硫等有害杂质能充分析出。

焊缝特别是熔合线部位存在很大的残余应力，组织分布不均匀，容易产生淬硬组织。同时焊缝热影响区晶粒粗大，此区域明显出现脆化现象，硬度明显升高。而 H_2S 应力腐蚀敏感性与钢材的硬度有关，硬度越高，敏感性越大，从而使焊缝及其热影响区成为 H_2S 应力腐蚀的薄弱环节。焊后热处理是指在焊接完成检测合格之后，对焊口进行加热，以实现消氢、消除焊接应力、改善焊缝组织和综合性能。热处理工艺能强烈的影响碳钢和低合金钢的 SSC 敏感性，SY/T 0599—2006 中 5.4 条规定了使碳钢和低合金钢获得满意的抗性能的热处理要求。

热处理完成后，应按现行的相关标准或设计文件对母材、焊缝及热影响区的硬度进行检测，检测结果应符合设计文件的要求。

第五节 不锈钢复合管环焊缝焊接技术

一、不锈钢复合管的类型及性能

不锈钢复合管是一种结构复合材料，由不锈钢和碳素结构钢两种金属材料采用无损压力同步复合成的。复合管兼具不锈钢抗腐蚀耐磨性，以及碳素钢良好的抗弯强度及抗冲击性。不锈钢复合管通常基材（内层）采用碳素钢钢带，覆材（外层）采用不锈钢钢带，紧密包覆连续焊接成型的钢管。覆材采用牌号为 06Cr19Ni10、12Cr18Ni9、12Cr8Mn9Ni5N、12Cr17Mn6Ni5N 等的不锈钢。基材主要采用牌号为 Q195、Q215、Q235 等的碳素结构钢。

与不锈钢管相比，其屈服强度高，纯不锈钢的屈服强度约为 190MPa，而不锈钢复合管的屈服强度达到 280MPa 以上。在使用时可适当降低厚度。成本价格低，由于基层的价格远远低于不锈钢，合理使用复合管，可使成本降低 40%。

复合管制造工艺主要分为冶金结合、机械结合两种方法。冶金复合管是指两层金属的界面之间原子相互发生扩散而形成的结合，通常采用非塑性成型的方法，获得高品质的复合管。机械复合管是采用热镀锌钢管、焊管、碳钢无缝钢管、石油管道等为基层管，以国产优质不锈钢作为复合层管，经过特殊工艺复合而成。这种新型复合管材可以是一般普通碳钢与不锈钢、一般不锈钢与高品质不锈钢的复合，也可以是任何钢种与镍、铬、钼合金的复合，还可以根据用户要求或实际需求实现多种金属的多层复合。

二、不锈钢复合管的焊接性分析

1. 不锈钢复合管的焊接性

不锈钢复合管不能用单一的焊接材料和焊接工艺进行焊接，而应该将基层和覆层区别对待。作为覆层的不锈钢有着异与碳钢的性能。其中不锈钢的热导率约为低碳钢的 1/3，线胀系数比低碳钢大 50%，并随着温度的升高，线胀系数也相应地提高。由于不锈钢特殊的物理性能，在焊接过程中会引起较大的应力与变形，残余应力的存在易产生焊接热应力裂纹和应力腐蚀开裂。如果焊接材料或焊接工艺不正确，会出现晶间腐蚀或热裂纹等缺陷。

考虑到不锈钢复合管的异种钢熔合在一起带来的尖锐矛盾，在焊接工艺试验及实践中，都力求将基层的焊接尽可能同覆层的焊接区分开来，尽量减少两种材料的熔合。为保证质量，在焊接时必须考虑焊缝金属的稀释、碳迁移形成扩散层、接头残余应力等几种情况。

焊接金属受到母材金属的稀释作用，会在焊接接头过渡区产生脆性马氏体组织，即在珠光体一侧熔合区附近形成低塑性高硬度狭窄区域带，虽然焊后回火可能使硬度有所降低，如果焊接接头在高温下长期工作，脆性带还会发展，硬度还会上升。在熔池边缘部位，由于搅拌不足，母材稀释作用比焊缝中心还突出，铬、镍含量会低于母材中心平均值，即形成所谓的过渡区。这一区域很可能是硬度很高的马氏体或奥氏体加马氏体组织，而这种淬硬组织正是导致焊接裂纹的主要原因。

复合管在焊接、热处理或使用中长期处于高温时，珠光体与奥氏体钢界面附近发生反应扩散而使碳迁移。又因为碳在液态铁中的溶解度大于在固态铁中的溶解度，焊接时基体母材中的碳向熔化态焊缝金属中扩散。同时奥氏体焊缝中含有更多的碳化物形成元素，其中铬是强碳化物形成元素。正是由于上述因素的影响，使碳由珠光体向奥氏体扩散过程中，大量的滞留在薄薄的过渡层，使该区域性能恶化。结果在珠光体钢一侧形成脱碳发生软化，奥氏体一侧形成增碳层发生硬化。由于两侧性能相差悬殊，接头受力可能发生应力集中，降低接头的承载能力。

除了焊接时因局部加热引起焊接应力外，由于珠光体与奥氏体不锈钢的导热系数和线膨胀系数有较大差异，且由于奥氏体钢的导热性差，奥氏体的导热系数较低，热膨胀系数较大，膨胀变形较大。接头在冷却时，奥氏体比珠光体收缩变形大，而基层金属却强力束缚着过渡层金属的收缩。在焊缝方向上，使过渡层受拉应力作用。所以焊后冷却时的收缩量不同必然导致这类焊接接头产生焊接残余应力，而且这部分焊接残余应力很难通过热处理方法消除。这类残余应力必然影响接头性能，特别是当焊接接头工作在交变温度下，由于形成热应力或疲劳而可能沿着珠光体钢与奥氏体钢焊接界面产生裂纹，最终导致焊缝金属的剥离。如果过渡层存在脆硬的马氏体组织，在热应力的作用下，很容易产生裂纹，马氏体组织越多，焊缝裂纹敏感性越强。

2. 不锈钢复合管焊接存在的主要问题

在不锈钢复合管焊接中，主要存在的问题有焊缝易产生结晶裂纹、热影响区易产生液化裂纹、熔合区脆化、焊接接头耐腐蚀性能等。

结晶裂纹是焊缝金属在结晶过程中冷却到固相线附近的高温时，液态晶界在焊接应力作用下产生的裂纹。影响结晶裂纹的因素有稀释率和结晶区。焊接奥氏体复合管时，由于基层钢的碳含量高于覆层，覆层要受到基层的稀释作用，使焊缝中奥氏体形成元素减少，含碳量增多，焊接结晶时产生裂纹。奥氏体结晶区很大，熔池结晶时在枝晶的界面上存在硫、磷、硅等低熔点共晶物呈现薄膜状，这种液态膜在拉应力作用下产生裂纹。

液化裂纹是焊接时热影响区由于受热循环影响，低熔点杂质熔化，在焊接应力作用下产生的裂纹。为了防止热影响区产生结晶裂纹和液化裂纹的主要措施为：指定正确的焊接工艺；合理的选用焊接材料；严格遵守焊接工艺规程。

熔合区出现脆化主要有基层焊接的影响和覆层焊接的影响两方面的原因。焊接基层时，由于焊接热作用使覆层局部熔化，合金元素渗入焊缝，在熔合线附近的狭小区域中，搅拌作用不充分而产生马氏体组织，使硬度和脆性增加。焊接覆层时，容易熔化基层钢板，使焊缝覆层焊缝金属迁移，因此在基层和覆层交界处形成高硬度的增碳层和低硬度的脱碳层，引起熔合区脆化。

不锈钢复合管覆层的耐腐蚀作用主要是由于不锈钢材料表面的钝化作用，奥氏体不锈钢的钝化膜主要是铬、钼、铁的氧化物等复合相组成，所形成的非静态膜，以阻止对金属有腐蚀作用的化学介质的侵入，使金属不会发生腐蚀。只有这层钝化膜被破坏后，在腐蚀介质及拉应力等作用下，才有条件发生腐蚀。焊接覆层采用奥氏体不锈钢焊材时，焊缝中熔化的基层金属将对覆层金属的合金产生稀释作用，同时由于基层焊缝对覆层焊缝的稀释作用，将降低覆层金属中的铬镍含量，增加覆层焊缝的含碳量，易导致覆层焊缝中产生马氏体组织，从而降低焊接接头的塑性和韧性，影响到耐蚀性。

因此不锈钢复合管在焊接时应注意焊接材料选择、层间温度控制、焊前准备、焊接操作要点等几个问题。

焊接通常采用与母材化学成分相似的焊接材料，及要求按"等成分原则"选择焊材，以满足奥氏体不锈钢接头的耐蚀性等使用性能。填充材料的选择主要是考虑所获得的熔敷金属的显微组织。选择焊接材料时应注意坚持"适用性原则"。通常是根据材质、具体用途和服役条件（工作温度、接触介质），以及对焊缝金属的技术性能要求选用焊接材料，使焊缝金属的成分与母材相近或相同。考虑具体应用的焊接方法和工艺参数可能造成的熔合比的变化，有时还需要考虑凝固时的负偏析对局部合金化的影响，根据技术条件规定的全面焊接性要求来确定合金化程度，即采用同质焊接材料，还需是超合金化焊接材料。不仅要重视焊缝金属合金系，而且要注意具体合金成分在该合金系中的作用；不仅考虑使用性能的要求，也要防止焊接缺陷的工艺焊接性的要求。为此要综合考虑，特别要限制有害杂质，尽可能提高纯度。

由于不锈钢导热系数仅为碳钢的 1/3 左右，且不锈钢高温时间过长时容易产生晶间渗碳现象从而导致晶间腐蚀，所以焊接时不但要采用小参数进行焊接，而且要将层间温度控制在 150℃以下。对于全不锈钢管，每道焊缝完成后可以用水直接冷却，但复合管如果直接冷却会造成碳钢的淬硬。当基层厚度较大而环境温度又比较高时，如果直接空冷，既降低了生产效率又使焊缝金属高温停留时间过长，所以，采用焊缝两侧水冷的冷却方法。所谓两侧水冷法，就是将湿毛巾包裹在距焊缝 80mm 以外的两侧钢管上，并适当浇水，将焊缝及热影响区温度尽快降到 150℃以下。

焊前清理：焊前清除焊接区钢材表面的油污、油脂和杂质；表面氧化皮较薄时，可用酸洗清除；氧化皮较厚时，可用钢丝刷、打磨或喷丸等机械方法清理。

控制焊接参数，避免接头产生过热现象。奥氏体钢热导率小，热量不易散失，焊接所需的热输入比碳钢低 10%～20%。过高热输入会造成焊缝开裂，降低抗蚀性，变形严重。采用小电流、窄道焊、快速焊可以使热输入减少。此外，应避免交叉焊缝，并严格控制层间温度。控制焊接工艺稳定以保证焊缝金属成分稳定，因为焊缝性能对化学成分的变动有较大的敏感性，为保证焊缝成分稳定，必须保证熔合比稳定。控制焊缝成形，表面成形是否光整，是否有易产生应力集中之处，会影响到接头的工作性能，尤其对耐点蚀和耐应力腐蚀开裂有重要影响。例如，采用不锈钢药芯焊丝时，焊缝呈光亮银白色，飞溅小，比不锈钢焊条、实芯焊丝更易获得光整的表面成形。防止焊件工作表面的污染，要重视焊前清理油污、油脂和杂质，保证焊接接头的耐蚀性，否则这些有机物在电弧高温作用下分解，会引起焊缝出现气孔或者增碳，降低耐蚀性。控制焊缝施焊程序，保证接触腐蚀介质的焊缝。

三、不锈钢复合管的焊接工艺

1. 焊接方法

不锈钢复合管的焊接方法较多，通常根据复合管的材质、厚度、坡口机施工条件等确定。国内外常用的焊接方法有：焊条电弧焊、埋弧焊、二氧化碳气体保护焊、氩弧焊和等离子焊。基层的焊接推荐采用焊条电弧焊、二氧化碳气体保护焊。覆层和过渡层的焊接方法，推荐采用钨极氩弧焊和焊条电弧焊。

覆层焊接材料的选用应保证熔敷金属的合金元素的含量不低于覆层材料标准规定的下限值。过渡层的焊接材料宜选用 25%Cr-13%Ni 型，以补充基层对覆层的稀释；对含钼的不锈钢复合管，应该用 25%Cr-13%Ni-Mo 型焊接材料。

由于不锈钢导热系数小，且焊接时高温停留时间不宜太长。覆层的焊接质量是整个焊接过程中最为重要的，焊接覆层时，应选择热输入量小的焊接方法。手工钨极氩弧焊是复合管覆层最为理想的焊接方法。采用焊条电弧焊时，尽量采用小电流、快速焊、窄道焊，焊接电流比低碳钢低 10%～20%，以减少晶间腐蚀及热裂纹。由于受生产工艺和技术的限制，目前复合钢管的基层和覆层之间并没有紧密接触，接触面会存在或多或少的空气、水分和油污等杂质，给焊接造成了难度。所以在组对前必须首先进行封焊。封焊应选用热输入量小的焊接方法。对于封焊，优先采用手工钨极氩弧焊。对于过渡层，其熔敷金属成分十分复杂，为了使合金浓度梯度不至于太大，应选择热输入稍微大一些的焊接方法，可以选择焊条电弧焊进行焊接。由于基层材质为常见的材质，焊接工艺也十分成熟，所以对于基层的焊接，仍然采用焊条电弧焊，以提高焊接施工效率。

为保证打底焊层不被烧穿，应降低热输入，尽量采用直径较小的焊条进行过渡层的焊接。填充、盖面层焊条的选用由于基层材质为碳钢，所以选择与之匹配的低氢型焊条最为合适，可以保证焊缝金属的强度，得到很好的塑韧性。过渡层的熔敷金属由于存在合金被稀释的问题，为保证过渡层中铬镍合金的比例，过渡层焊接材料的铬镍含量应比母材偏高。盖面层采用直径较大的焊条，可以提高焊接效率。所有焊条在使用前应按说明书进行烘烤，并做到妥善保管，随取随用。

2. 焊接工艺措施

焊接覆层一般不需要焊前预热和后热，如果没有应力腐蚀或结构尺寸稳定性等特别要求时，也不需要焊后热处理。但为了防止焊接热裂纹、热影响区晶粒粗化及碳化物析出，保证焊接接头的塑性与耐蚀性，应控制较低的层间温度。

氩气纯度不低于99.99%，如果焊接时发现焊道表面无金属光泽，颜色呈灰色或黑色，说明氩气纯度不够，应及时更换。

坡口采用坡口机或车床进行加工，封焊前用角向砂轮机（不锈钢专用砂轮片）进行除锈，加工时应注意不要伤及覆层。在正式组焊前用角向砂轮机对覆层进行整形打磨，并除去管端的铁锈、油污和水分。管端内壁用内磨机打磨平整，露出金属光泽，加工量不宜过大。

组对应在坡口加工及坡口清理干净后进行，组对应符合相关标准的要求。组对时应注意背面保护，应尽量设置内部保护装置。并且在焊接前测定进行氩气置换，置换进行一定时间后，用测氧仪检测保护气体纯度，当氧含量低于$150mL/m^3$时，即可开始焊接。

3. 焊接工艺

无论采取何种焊接方法，不锈钢复合管焊接时通常分为3个层次的焊接，即基层的焊接、覆层的焊接和过渡层的焊接。

覆层焊接是复合管焊接质量要求最高的工序，焊工必须具有过硬的技术水平和高度的责任感。如果覆层出现焊接问题，返修时将会十分困难。为了保证根部质量，采用钨极氩弧焊进行焊接，焊接前将封焊层焊道打磨平整。焊接顺序由下到上，对称焊接，注意观察熔池成形和铁水是否到位，并注意钝边是否被完全熔化。焊接电流应合适，过小的电流容易造成未焊透，过大的电流容易造成根部内凹。在焊完一段焊缝后，用手电筒观察根部焊道表面颜色，若呈灰色和黑色，说明根部保护不佳，应检查内保护器密封性能是否良好。焊接时，若风速超过4m/s，应尽量使用防风棚，以保证焊接质量。

过渡层是复合管熔敷金属合金成分最为复杂的焊层，焊接过渡区用的焊接材料应按照异种金属焊接特点来选用，必须考虑基层焊缝对过渡区焊缝的稀释作用，为了减小基层对过渡区的稀释，应尽量采用小直径焊条或合金含量高的焊接材料。焊接时选择合适的焊接参数，如果焊接参数选择不当，容易造成熔敷金属合金浓度梯度过大，从而影响接头的防腐蚀性能。在收弧处应让熔化的铁水填满弧坑，否则易出现裂纹。

封焊层的焊接是机械复合管焊接的关键工序，是焊接质量的重要保证。由于机械复合管的基层和覆层实际上只是通过内挤外压达到紧密接触，接触面存在空气、水分和油污等杂质。焊接时杂质受热会分解为水蒸气和CO_2气体，在熔池内产生大量气体，严重时发生爆裂破坏熔池。所以，焊接之前应仔细清理接触层，必要时用丙酮清洗坡口表面。焊接时，注意观察熔池，如果发现熔池由里往外冒气泡，或是发生爆裂时，应立即停止焊接，将接头处打磨干净后重新开始焊接。焊接时，电流不宜过大，以防止覆层被烧穿，摆幅不宜过大，焊接速度应稍大一点，焊道不宜太厚太宽，以免增加坡口加量并给打底焊增加难度。焊接完成后焊道表面应呈银白、金黄或蓝色，焊道成形均匀、美观。

四、不锈钢复合管主要焊接缺陷及返修措施

1. 不锈钢复合管主要焊接缺陷

主要存在的焊接缺陷有根部未焊透和内凹、过渡层气孔、层间未熔合。

根部未焊透和内凹产生的主要原因是氩弧焊时焊工操作不当，焊接时应仔细观察熔池形状，注意两侧钝边是否完全熔化，铁水是否到位。正常情况下，这两种缺陷是不容易出现的，但是，如果坡口间隙过小或钝边过大，就容易造成未焊透。焊接时，如果产生磁偏吹，也容易造成单边未焊透和内凹。所以在焊接过程中，遇到上述2种情况，就应立即停止焊接进行处理后再继续施焊。

过渡层气孔是复合管常见缺陷，产生的主要原因是过渡层焊接时，电弧将封焊层熔化，同时由于覆层和基层之间存在的杂质在受热后分解，产生大量气体，不能及时逸出，从而形成气孔。过渡层气孔一般呈不规则状，且尺寸较大，或是呈连续分布状。为了避免气孔的产生，首先应注意封焊层的焊接质量。焊接过程中，如果感觉到熔池中有气泡冒出或是发生爆裂，应立即停下，用砂轮机将接头打磨干净后重新施焊。焊接过渡层时，也应仔细观察熔池，若发现熔池中有大量气泡冒出，一定不要以为靠熔池运动就能将气体排出，应立即停止焊接，此时通常会看到深度较大的贯穿性气孔，将缺陷清理干净后继续施焊。

层间未熔合也是由于覆层和基层之间存在的杂质在受热后分解造成的，杂质分解产生的气体吸走了热量，并在瞬间形成气膜，熔池不能将上一层焊道表面熔化，从而导致层间未熔合。所以，层间未熔合一般存在于过渡层，少部分存在于过渡层与碳钢填充层之间。面积较大，呈不规则块状。对于这种缺陷的防止措施，和过渡层气孔的方法一样。以上两种缺陷，由于其深度接近于根部，返修时经常要将焊道磨穿才能将缺陷完全清理干净，即使不磨穿，所剩焊道厚度也不大，返修焊时很容易将根部烧穿或烧塌，返修难度相当大。所以焊接时应小心仔细，尽量避免这两类缺陷的产生。填充盖面层缺陷填充盖面层焊接是指对基层的焊接，所以，填盖层的焊接缺陷通常有气孔和夹渣。

2. 不锈钢复合管根部缺陷的返修方法

对于根部缺陷，通常需要将焊道磨穿才能彻底将缺陷清除干净，而根部材质为不锈钢，所以，返修时难度很大。由于焊道两端通常已连接了相当长的钢管，已不能进行根部氩气保护，而只能用不锈钢焊条进行打底焊接。焊接前，将坡口加工成形，然后用超低碳不锈钢焊条进行打底焊，打底焊完成后，将焊道表面焊渣清理干净，然后用相应的焊条进行过渡焊接，最后用碳钢焊条进行填充和盖面。返修焊工应选择技术全面、过硬、责任心强的焊工进行操作。

第六节　LNG 储罐用 9%Ni 钢焊接技术

一、9%Ni 钢的发展现状与应用

9%Ni 钢是 1944 年开发的含 Ni 量为 9% 左右的中合金钢，使用温度最低可达 -196℃，一般都将其称为铁素体钢，以区别于奥氏体钢，实际上它是一种低碳调质钢，组织为马氏体+贝氏体。这种钢材由于其具有良好的极低温度下的优良韧性和高强度，而且与奥氏体不锈钢和铝合金相比具有热胀系数低，经济性好，使用温度最低可达 -196℃，自 1960 年通过研究证明不进行焊后消除应力热处理亦可安全使用以来（其在液化天然气温度条件下有阻止和抑制钢材龟裂的特性），9%Ni 钢就成为用于制造大型 LNG 储罐的主要材料之一。

这种低温储罐用钢于 1956 年初列入 ASTM 标准，1977 年被列入 JIS 标准。在此期间，美国、法国、日本及阿联酋等国先后用该钢种建造了不少储罐和容器。到目前为止，9%Ni 钢在 LNG 设备中的应用已有 50 多年的历史。作为一种具有优良低温韧性的低温结构钢，9%Ni 钢在欧美许多国家中已被广泛使用。

我国 1980 年曾从法国引进 7 台 9%Ni 钢制作的 10000m³ 球罐，并于 20 世纪 80 年代末开始进行 LNG 装置的实践。1982—1991 年，我国已建成国产及引进的容量大于 1000m³ 的各种球罐 52 台。1993 年 11 月，在大庆石化总厂 1500m³ 乙烯球罐建成投产。1994 年，大庆石化总厂乙烯球罐国产化科技攻关完成后，我国已具备了建立公称容积在 2000m³ 以下乙烯球罐的能力，并达到了发达国家的技术水平。1995 年，首次建造 10000m³ 的大型低温储罐。1997 年，上海金山石化公司建造 10000t 乙烯低温储罐，是国内建造的最大的乙烯低温储罐。2004 年，国内首个大型低温液化气项目——广东 LNG 工程开工，共有大型储罐 3 台，单台容积达到 160000m³，被称为"远东之最"。

9%Ni 钢的主要特点是高镍含量、高纯净度、较高强度、高的低温冲击韧性、良好焊接性能。通过研发，9%Ni 钢可以达到以下性能指标：$R_{eH} \geqslant 585MPa$，$R_m=680\sim820MPa$，$A \geqslant 18\%$，温度为 -196℃ 下，$A_{Kv}(T) \geqslant 150J$，$A_{Kv}(T) \geqslant 80J$（欧盟标准）。表 3-3 为 9%Ni 钢在世界不同标准的牌号。

表 3-3　9%Ni 钢不同标准的牌号

GB/T 24510—2017	EN 10028-4-2003	JIS G3127-2005	CCS-2007	ASME
9%Ni490	X8Ni9+NT640	SL9N520	9%Ni	SA-353
9%Ni590A	X8Ni9+QT680	SL9N590		SA-553-1
9%Ni590B	X7Ni9+QT680			

9%Ni 钢有 3 种热处理供资状态，分别为双正火+回火（NNT）、淬火+回火（QT）和两相区淬火+回火（IHT）。其中，NNT 的第一次正火为 900℃ 空冷，第二次正火 790℃ 空冷，回火温度为 550~580℃，回火后急冷，经双正火和回火后的组织为回火马氏体与贝氏体。QT 的淬火温度为 800℃，水冷或油冷，回火温度为 550~580℃，经双淬火和回火后的组织为低碳马氏体。IHT 一般为 800℃ 空冷，670℃ 水淬，回火温度为 550~580℃，

经两相区淬火和回火后的组织为低碳马氏体。在3种热处理制度中,经NNT处理的9%Ni钢,其低温韧性最差,经IHT处理的9%Ni钢低温韧性最好。

国内对9%Ni钢的生产始于2007年,国内太钢、鞍钢、济钢、宝钢、南钢、莱钢等大型钢铁公司相继攻克了9%Ni钢的生产技术难关,打破了9%Ni钢长期依赖进口的局面,填补了我国9%Ni钢生产的空白。

二、LNG储罐用9%Ni钢面临的主要焊接难题

1. 焊接接头的低温韧性

焊接接头的低温韧性问题包括焊缝金属、熔合区和粗晶区的低温韧性问题。焊接9%Ni钢时,焊接接头的这三个区域的低温韧性都有可能降低。

有资料表明用与9%Ni钢成分相同的焊接材料焊接9%Ni钢时,焊缝金属的低温韧性很差,这主要是因为焊缝金属中的含氧量太高,有时可达600mL/m³。所以,铁素体型焊接材料仅限于TIG与MIG焊接方法。因此,9%Ni钢的焊接材料主要采用Ni基(如含Ni约60%以上的Inconel型)、Fe-Ni基(如含Ni约40%的Fe-Ni基型)和Ni-Cr(如Ni13%-Cr16%)奥氏体不锈钢这三种类型,Ni基和Fe-Ni焊接材料的低温韧性良好,终胀系数与9%Ni钢相近,但成本高,强度偏低。Ni13%-Cr16%奥氏体不锈钢型焊接材料的强度稍高,但低温韧性较差,线胀系数与9%Ni钢相差较大,而且易在熔合区出现脆性组织。

熔合区的低温韧性主要与所出现的脆性组织有关,当采用异质焊接材料焊接时,焊道的合金元素含量高,而母材含量低,形成焊道后,在熔合线附近焊接金属的合金元素被稀释(冲淡),而母材中的碳则向熔合线和焊道迁移,其结果可能在熔合线附近形成马氏体或马氏体+奥氏体组织,促使熔合线的韧性下降。如采用Ni13%—Cr16%型奥氏体不锈钢焊接9%Ni钢时,熔合区的化学成分既非奥氏体钢也非9%Ni钢的成分,而是含Cr、Mn、W的含量比9%Ni钢高,碳也在熔合区偏聚。熔合区的硬度(363~380HV)明显地比焊缝金属的硬度(207HV)和热影响区的硬度(308~332HV)高,而且熔合区内的硬度又随所处位置而不同,熔合区焊缝侧的硬度最高,说明熔合区焊缝侧存在一个硬脆层。电镜分析确认该硬脆层的组织是由板条马氏体和孪晶马氏体组成的富合金马氏体。

粗晶区的韧性主要取决于焊接线能量与焊后的冷却速度。首先,逆转奥氏体随焊接热循环峰值温度的提高而减少。如经1270℃热循环后,逆转奥氏体的数量可能降到1%以下。其次,在冷却速度小时,在粗晶区会出现粗大的贝氏体组织。逆转奥氏体的减少与贝氏体组织的出现,均将使低温韧性降低。多层焊时,由于后续焊缝的回火作用,能使逆转奥氏体的数量有所增加。

2. 焊接热裂纹

采用Ni基、Fe-Ni基或Ni13%-Cr16%奥氏体不锈钢焊接9%Ni钢时,都可能产生热裂纹。如用25Cr16Ni13Mn8W3焊条焊接9%Ni钢时,可能产生弧坑裂纹、高温失塑裂纹、液化裂纹,也可能在熔合区中产生显微疏松。

无论是高镍型或中镍型,还是低镍高锰型焊条,在焊接9%Ni钢时都存在热裂纹问题,其中以高镍型最严重。其原因是合金中S、P等元素极易与Ni形成低熔点共晶物Ni-Ni3S2(644℃)、Ni-Ni3P2(880℃),造成晶间偏析,导致结晶裂纹。另外C和Si还会促

使S、P等偏析，其易产生于打底焊缝或定位焊缝中。如果夹渣较多时，也能从夹渣处产生裂纹。定位焊时在起弧处可能产生裂纹，焊接9%Ni钢时更容易产生弧坑裂纹。例如，大庆石化乙烯球罐，材质为日本产的经QT处理的9%Ni钢，有良好的力学性能，焊条是西德THyseen公司的TH17/15TTW型焊条，在焊接中有较大的弧坑裂纹倾向，特别是打底焊及其附近的几层中，弧坑裂纹的发生率相当高，尤其当背面清根不合理，产生过深过窄的背面坡口时，裂纹几率也可能达100%，随着焊接层数的增加，坡口增宽，收缩应变减小，开裂几率下降。裂纹倾向还与焊接位置有关。在立、仰、横与平4个焊接位置中，横焊与平焊的裂纹倾向最大，立焊与仰焊较小。

在9%Ni钢焊缝上除产生弧坑裂纹外，还发现有高温失塑裂纹和液化裂纹。关于在9%Ni钢焊缝上产生高温失塑裂纹的原因还不很清楚。液化裂纹的产生是由于9%Ni钢焊缝的晶界上偏析着S、P等杂质元素，在后续焊道的高温作用下，低熔点的晶界首先液化而形成的。

这种缺陷主要产生在熔合区。这种缺陷一般很小，要放大100倍以上才能看清楚。有的把这种显微疏松叫折叠中的显微裂纹。所谓折叠是焊接过程由于电弧的搅动，把部分母材带入焊缝中造成的。带入焊缝中的这部分母材虽经熔化，但未与焊条金属相混合，其成分基本上是原9%Ni钢的成分。因为焊缝金属的合金元素比9%Ni钢高得多，所以熔点低于9%Ni钢。因此陷入折叠之中的焊缝金属的凝固晚于周围的折叠金属，因而在它凝固时得不到周围液体金属的补充而产生裂纹，实际上是显微疏松。

消除以上几种裂纹最根本的办法是减少有害杂质元素，采用正确的收弧技术并配合适当打磨，是可以避免出现热裂纹的。

3. 焊接冷裂纹问题

9%Ni钢本身与同等强度水平的其他低合金钢相比有较好的抗冷裂的能力。在低氢条件下一般不会产生冷裂纹。但高氢下也有一定冷裂敏感性。特别是当施焊第一层焊缝时，由于根部附近冷却快，拘束应力较大，如果焊条烘干不足或环境潮湿时，仍有可能出现近缝区冷裂纹。尤其是当采用低镍高锰型奥氏体焊条时，因母材的稀释作用在熔合区处会出现高硬度的马氏体带，对氢脆敏感。该马氏体带内的残余奥氏体的稳定性不高，在应力和低温作用下容易转变成马氏体，从而增加了氢脆敏感性。另外，熔合区处的马氏体相变又滞后于母材热影响区，能促使氢向熔合区马氏体带聚集，对熔合区的冷裂产生重要影响。只要严格执行现行焊接工艺规程，特别是焊条烘干、焊接环境温度、焊接规范等，可以避免冷裂。

4. 电弧的磁偏吹问题

电弧磁偏吹会造成焊缝熔合不良，严重影响焊接质量。9% Ni钢具有高的导磁率和较高的剩余磁感应强度，所以焊接中电弧的磁偏吹现象较易产生，通常在轧钢厂内经最后一次奥氏体化之后的9% Ni钢板严禁使用电磁吊铁袋，并在出厂前进行退磁处理。

另外在施焊过中，由于焊接电流，尤其是碳弧气刨的大电流通过罐体，会造成罐体剩磁显著增大，进而导致焊接时发生电弧的磁偏吹。如大庆球罐施工中在焊接坡口间测量，磁场一般为$(6\sim80)\times10^{-4}T$，最高达到$2\times10^{-3}T$，使焊接操作无法正常进行（德国焊接学会规定，9%Ni钢焊接时磁场应小于$6\times10^{-4}T$），只得采用添加永久磁铁抵消坡口内磁场的方法，来进行焊接操作。再有燕山球罐规定采用砂轮打磨进行清根，以避免碳弧气刨的大电流通过罐体造成大量剩磁,虽然增大了劳动强度,但有效地避免了磁偏吹。施工中实测,仅有个别点磁场达 4×10^{-4}T。

因此为消除磁偏吹,有资料介绍应控制9%Ni钢母材的剩磁在 5×10^{-3}T 以下,但随着焊接的进行,磁场强度增大,有时高达 2×10^{-2}T 以上。因此,焊接时应尽量采用交流焊接,避免用大电流的碳弧气刨清根。采用磁铁进行排磁也是有效的方法。

5. 焊接应力和变形大

焊接材料和母材异质,焊道和母材的导热系数与膨胀系数也有差异,焊接时由于两者膨胀收缩不同,这必然导致有较大的应力和变形。另外,这类构件就是焊后热处理也不能完全消除残留应力,而只能引起应力重新分布。

三、LNG 储罐用 9% Ni 钢焊接方法

目前,在 LNG 储罐的建造过程中,9% Ni 钢的主要焊接方法是焊条电弧焊(SMAW)、埋弧焊(SAW)、钨极惰性气体保护焊(GTAW)、熔化极惰性气体保护焊(GMAW)和 TIG 热丝焊。

SMAW 是 9% Ni 钢现场焊接的一种适合各种焊接位置且非常灵活可行的焊接方法。该焊接方法可以获得很高的合金过度系数,甚至高达 170%,但是 SMAW 的焊接效率太低。SAW 是熔敷速率最高的一种焊接方法,特别是在横焊缝焊接时,由于使用了埋弧横焊机,埋弧焊的优点表现得更加突出,埋弧焊几乎适于焊接所有横焊缝和水平位置焊缝。GTAW 能得到具有窄坡口的高质量的焊接接头。由于能够分别控制焊接电流和送丝速度,容易控制稀释率而得到满意的焊缝形状。但是 GTAW 的焊接效率太低,在工程中选择这种焊接方法不太经济,且不易在户外使用。只是在特定的场合下才选择使用钨极氩弧焊,比如采用低镍型焊接材料焊接 9% Ni 钢时,GTAW 是非常好的焊接方法。GMAW 的熔敷速率大,主要问题是焊缝质量,容易产生熔合不良和气孔,为了防止熔合不良缺陷的产生,通常要采用脉冲电流来焊接 9% Ni 钢。TIG 热丝焊目前只有在日本的储罐焊接中得到应用。

虽然现在已经开发出了气电立焊设备,且自动化程度很高,但是由于气电立焊的线能量偏大且不易控制,所以不适合用来焊接 9%Ni 钢立式储罐的纵焊缝,立焊缝仍然用焊条电弧焊焊接。生产实践证明,SMAW 和 SAW 是 9%Ni 钢储罐现场焊接效率最高且最实用的两种焊接方法。目前,仍然以手弧焊和埋弧焊为主,其次是钨极氩弧焊和熔化极气体保护焊。

四、LNG 储罐用 9% Ni 钢焊接材料

9% Ni 钢具有高的 Ni 含量,电弧焊常用的焊接材料有四种,即与 9%Ni 钢成分相似的含 Ni11% 的铁素体型,含 Ni13%、Cr16% 的奥氏体不锈钢型,含 Ni 约 60% 以上的 Ni 基型(Ni、Cr-Mo 系合金)和含 Ni 约 40% 的 Fe-Ni 基型(Fe-Ni、Cr 系合金)。焊接过程中,焊接材料的选择需要考虑低温韧性、热膨胀、电弧磁偏吹等问题。

9%Ni 钢主要用来建造低温设备,焊缝要在低温下工作,在选择焊接材料时一定要考虑焊缝的低温韧性问题。

9%Ni 钢的线膨胀系数较大,在 $-196 \sim 20$℃ 之间线膨胀系数为 8.05×10^{-6}/℃。为了减少接头的焊接应力,在选择焊接材料时,必须使焊缝金属与母材的膨胀系数相接近,不能产生过大的差异。用 9%Ni 钢所建造的低温设备在服役过程中要发生热胀冷缩。母材和焊

接接头要经历严峻的温度变化的考验。如果焊缝金属的热膨胀系数和9%Ni钢的热膨胀系数相差太大，而引起较高的交变内应力，最终导致焊接接头疲劳寿命的缩短。因此，焊缝金属的热膨胀系数应该尽可能地接近9%Ni钢的热膨胀系数。

由于9%Ni钢是一种强磁性材料，极易被磁化，采用直流电源时，易产生磁偏吹现象，影响焊接工艺的稳定性，直接影响到接头的质量，尽量选用适应交流电源施焊的焊条或焊丝、焊剂。

铁素体焊接材料成本低，但是并不适于用来焊接现代工业所要求的大尺寸的容器。该种焊接材料与9%Ni钢具有相似的成分。用该材料焊接9%Ni钢所得焊缝如果不进行焊后热处理，其低温韧性要低于母材。这除了与焊缝的铸态组织有关外，主要与焊缝金属中的含氧量有关，焊缝中的含氧量有时可达600mL/m³。因此，与9%Ni钢同质的11%Ni铁素体焊接材料，只有在GTAW焊时才能获得良好的低温韧性，因为只有此时才能使焊缝的含氧量降到50mL/m³。由于该工艺效率太低，目前还不能广泛应用于大型储罐的焊接。铁素体型焊接材料可以成功地应用于9%Ni钢管的SAW焊生产中，但为了使焊缝得到符合要求的力学性能，需要进行焊后热处理。焊后热处理在大型储罐施工现场环境下很难实现，甚至是不可能实现的。所以，铁素体型焊接材料仅限于生产效率较低的GTAW焊接方法和能够实现焊后热处理的SAW焊接方法。

奥氏体不锈钢型焊接材料Ni13%，Cr16%奥氏体不锈钢型焊接材料的强度稍高，但低温韧性较差，线胀系数与9%Ni钢相差较大，而且易在熔合区出现脆性组织。采用Ni13%-Cr16%型奥氏体不锈钢焊接9%Ni钢时，熔合区的化学成分既非奥氏体钢也非9%Ni钢的成分，而且Cr、Mn、W的含量比9%Ni钢高，碳在熔合区偏聚。熔合区的硬度（363~380HV）明显比焊缝金属的硬度（260HV）和HAZ的硬度（308~332HV）高，而且熔合区内的硬度又随所处位置的不同而不同，熔合区焊缝侧的硬度最高，电镜分析确认该硬脆层的组织是由板条马氏体和孪晶马氏体组成的富合金马氏体。熔合区生成的高硬度马氏体带，在扩散氢作用下，就会产生冷裂纹。此外由于奥氏体钢焊缝金属的线膨胀系数较大，易导致HAZ的残余应力高，引起HAZ的韧性降低。

Ni基和Fe-Ni基焊接材料的低温韧性良好，线胀系数与9%Ni钢相近。但是使用这种焊接材料成本高，并且这类高镍焊接材料所得焊缝金属均为奥氏体，焊缝强度略低于母材。镍基合金焊接材料由于含镍量较高，加上奥氏体焊缝结晶特点，焊接过程中热裂敏感性很强，更容易出现弧坑裂纹。Ni基合金焊缝金属的熔点一般要比母材低100~150℃，焊接时熔深较浅，且流动性较差，往往会形成未焊透缺陷。

在工程实践中，为稳妥可靠起见，通常选用镍基合金焊接材料来焊接低温储罐和压力容器。对于某些工作条件不太苛刻的焊件，也可选用Cr-Ni奥氏体钢焊接材料，但必须充分评估奥氏体钢焊缝金属较高的线膨胀系数可能产生的各种不利影响。

五、LNG储罐用9% Ni钢焊接设备

目前，大型LNG储罐的焊接根据焊接方法的不同，其采用的焊接设备也不尽相同。为了减少直流焊接电源给9%Ni钢板的磁化作用，焊接设备尽量采用交流焊接设备。

焊条电弧焊用的交流焊机市面上较多，都可以应用。埋弧横焊工艺所采用的焊接电源最好为交流焊接电源或方波焊接电源，目前国内已建和在建的LNG储罐多采用Miller

1250 交流焊接电源和京奥特电器有限公司生产的 SummitARC 1250 交直流、方波、变频可调埋弧焊电源。钨极氩弧焊焊接设备市面上较多，都可以应用。

六、LNG 储罐用 9% Ni 钢焊接措施

镍基合金的导热性差，焊接时容易过热引起晶粒长大，焊接时不需要预热，应选用较小的电流，焊条不宜摆动过大，收弧时应注意填满弧坑，保持较低的层间温度，一般控制在 150℃以下。镍非常容易被硫、磷及铅脆化，形成热裂纹。所以，除必须严格控制焊条的硫、磷、铅等杂质含量外，焊前应认真清理，去除母材表面的氧化物及油污、油漆、灰尘等脏物。镍基合金焊接时气孔敏感性强，焊条中含有适量的铝、钛、锰、镁等脱氧剂，操作时应注意控制弧长，短弧施焊。熔融金属具有高的黏稠度、流动缓慢且熔深浅。这些问题不能简单地依靠增大焊接电流来解决，可适当摆动焊条，但摆幅不宜超过焊条直径的 3 倍。由于镍基合金的金相组织都是纯奥氏体，很容易产生热裂纹，因此角焊缝焊道必须做成凸形，因为凹形焊道容易开裂，这一点与其他种类的焊条不同。最优的焊接材料应具备的性能：R_{ep}（0.2）≥400MPa，R_m≥700MPa，A≥35%，A_{KV}（-196℃）≥60J。

综合以上分析及国内 LNG 储罐建设调研，国内已建 LNG 储罐用焊条主要为伊萨 ESAB OK 92.45，埋弧焊丝主要有 SMC INCOFLUX 9×INCONEL Filler Metal 625 和 INCOFLUX 7×INCONEL Filler Metal 625，林肯电气公司生产的 LNSNiCro 60/20 焊丝和 P7000 焊剂；伯乐蒂森公司生产的 UTP UP6222 Mo 焊丝和 UTP UP FX 6222 焊剂；瑞典伊萨集团生产的 OK Autrod 19.82 焊丝和 OK Fluxl 0.16 焊剂。伯乐蒂森公司生产的熔化极气保护焊用药芯焊丝 UTP AF 6222 Mo。

第七节 管道自动焊工艺及装备

相比传统的管道手工焊和半自动焊，管道自动焊具有焊接速度更快、焊接质量更好、一次焊接合格率更高、有效摒除手工焊和半自动焊中人为因素的影响、降低焊工的劳动强度等优势。特别是在长距离、大管径、厚壁油气管道的高钢级焊接施工中，自动焊技术的优势更为显著。

由中国石油管道局科学研究院研发的 CPP900-W 系列管道全位置自动焊机，曾成功应用于"西气东输""西气东输二线""西气东输三线""印度东气西送""中俄原油管线"等国内外重大管道工程建设中，累计焊接施工里程超过 1200km。经工程应用证明：与手工焊相比，管道全位置自动焊系统因其自动化的实现排除了人为因素的影响，使其焊接效率提高 2～3 倍，焊接质量好，一次焊接合格率高，有效降低了焊工的劳动强度。

管道自动焊配套装备主要包括：坡口机、对口器、内焊机及单双焊炬自动焊机。管道全位置自动焊可保证环焊缝焊接接头的强度、韧性等综合性能，以提高焊接效率、焊接质量，保证管道运行的稳定性。

一、管道坡口机技术及装备

1. 简介

管道坡口机主要用于长输油气管道焊接时现场坡口加工，是管道施工建设中采用全

自动焊接技术的关键配套设备。中国石油天然气管道科学研究院生产的CPP900-FM系列管道坡口机如图3-16所示，切削部件采用远端弹性支撑浮动刀座和复合切削刀杆，实现跟踪仿形加工，保证坡口的形状和尺寸均匀一致性，可在2min内完成单边复合坡口加工。液压系统采用闭式回路、油门自动调节技术可实现加工速度与怠速互换。CPP900-FM管道坡口机整机性能稳定、自动化程度高、定位取心准确、切削速度快、坡口加工精度高、断屑效果好，可加工复杂的复合坡口、有效降低工人劳动强度。

图3-16　CPP900-FM管道坡口机

2. 主要参数

（1）规格型号：CPP900-FM24/28/32/36/40/48/56；

（2）适应管径：610～1422mm；

（3）适应壁厚：≤30.8mm；

（4）坡口形式：U型、V型、X型及复合型坡口；

（5）坡口表面光洁度：≥Ra12.5；

（6）进给速度：0.1～0.4mm/r；

（7）切削盘旋转速度：30～40r/min；

（8）张紧力：≤380kN。

二、对口器技术及装备

1. 简介

气动内对口器主要用于长输管道焊接施工中管口的校圆和组对。中国石油天然气管道科学研究院生产的CPP900-PC系列遥控式管道气动内对口器如图3-17所示，扩张装置的2套张管器可实现管端准确定位张紧；简化的独立气控系统，能提高装备的整体稳定性；双侧四轮驱动系统，可提升爬坡能力；逆向连杆刹车系统，可提高制动的可靠性和安全性；无线遥控系统，能使操作更加简单、便捷，有效提升管口组对精度和质量，降低工人劳动强度。CPP900-PC对口器整体性能稳定、可靠，对口精度高，爬坡能力强，环境适应能力强。

图 3-17　CPP900-PC 系列遥控式管道气动内对口器

2. 主要参数

（1）规格型号：CPP900-PC20/24/28/32/36/40/48/56；
（2）适应管径：508～1422mm；
（3）张靴数量：≤24×2 组（因设备规格而异）；
（4）行走速度：0～65m/min；
（5）张紧力：≤120kN（因设备规格而异）；
（6）爬坡能力：≤20°；
（7）气源压力：≤1.5MPa；
（8）遥控系统电源电压：DC 24V；
（9）遥控控制距离：≤100m；
（10）适应环境温度：-40～40℃。

三、管道内焊机技术及装备

1. 简介

管道内环缝自动焊机是结合最先进控制技术和重大结构创新而研发的新一代系列高效管道内根焊设备。主要用于长输油气管道焊接施工过程中管口的组对和内根焊的自动焊接。中国石油天然气管道科学研究院生产的 CPP900-IW 系列管道内环缝自动焊机如图 3-18 所示，其行走驱动系统保证了设备的定位和爬坡能力；独立气控系统及专用焊接单元实现了焊枪快速定位，保证焊接过程稳定、流畅。可在 90s 内完成整道内焊缝焊接，真正实现了快速高效的管口组对及根焊。目前，该系列设备的整体性能已达到国外先进技术水平，部分指标优于国外同类产品。

图 3-18　CPP900-IW 管道内环缝自动焊机

2. 主要参数

（1）规格型号：CPP900-IW32/36/40/48/56；
（2）适用管径：813～1422mm；
（3）张靴数量：≤24×2组（因设备规格而异）；
（4）张紧力：≤120kN（因设备规格而异）；
（5）行走速度：0～60m/min；
（6）爬坡能力：≤30°；
（7）焊炬数量：4～8个（因设备规格而异）；
（8）焊接时间：≤90s；
（9）焊丝直径：ϕ0.9mm；
（10）气源压力：≤1.5MPa；
（11）输入电源：AC 380V 50Hz；
（12）控制系统电源电压：DC 24V；
（13）适应环境温度：-40～40℃。

四、单焊炬外焊机技术及装备

1. 简介

单焊炬外焊机是管道环缝焊接的专用设备。CPP900-W1单焊炬管道全位置自动焊机主要用于长输油气管道环焊缝的自动焊接，可进行单焊炬叠焊和排焊，特别适用于野外环境下ϕ400mm以上的各种不同管径的焊接，是实现管道高效焊接的先进设备之一。

焊接小车主要由焊枪横向摆动机构、行走驱动轮、焊枪垂直调整机构、小车把手、线缆固定架、夹紧机构等构成，如图3-19所示。工作原理是通过控制系统及手持盒控制焊接小车的动作，控制系统发出控制命令驱动器接收，直接带动相应的电机进行动作，通过机械结构传动完成左右、上下、行走、送丝等命令。CPP900-W1自动焊机的导向轨道为侧齿式钢质柔性轨道，其刚度小、重量轻、装拆方便。随着科学技术的发展、电子技术的进步、国内外管道工程建设的要求，单枪自动焊技术的发展逐渐向管道专业化、一机多能、低成本、高效率的方向发展。

图3-19 CPP900-W1自动焊机

2. 主要参数

（1）适应工作环境温度：-25～55℃；

（2）适应空气相对湿度：≤90%；

（3）适应海拔高度：0～3500m；

（4）适应管径：610～1422mm；

（5）最大适应壁厚：26mm；

（6）适应错边量：≤3mm；

（7）焊丝直径：标配 ϕ1.0mm（可定制 ϕ0.9mm、ϕ1.2mm）；

（8）焊接速度：300～1200mm/min；

（9）送丝速度：0～15000mm/min；

（10）焊炬上/下、左/右调整范围：±19mm；

（11）可选项：

跟踪功能：左右跟踪；

跟踪精度：0.1mm。

五、双炬焊外焊机技术及装备

1. 简介

CPP900 管道全位置双枪自动焊机是管道环缝焊接的专用设备，特别适用于野外环境下 ϕ400mm 以上的各种不同管径的焊接。CPP900-W2 管道双焊炬全位置自动焊机主要用于长输油气管道环焊缝的自动焊接，可进行双焊炬叠焊和排焊，是实现管道高效焊接的先进设备之一。双焊炬管道全位置自动焊机系统主要由焊接小车、焊接专用轨道、控制系统、焊接电源、送丝系统、焊枪等组成，如图 3-20 所示。

图 3-20 CPP900-W2 自动焊机

管道双焊炬全位置自动焊接的基本特点：整个焊接过程是一个从平焊状态到立焊状态再到仰焊状态的平滑过度过程，焊接小车各部机构的运动控制必须满足上述的基本要求。

因此，管道双焊矩全位置自动焊机的焊接速度、送丝速度、摆动宽度、摆动速度、焊接电压和焊接电流都要随着状态的变化而变化。圆周各点参数均由计算机程序自动控制完成，实现焊接工艺参数的连续变化。双焊炬全位置外自动焊机曾荣获集团公司科技进步奖，西二线工程应用表明，该机焊接一次合格率97%以上，提高了现场焊接的效率，深受用户的好评。

2. 主要参数

（1）适应工作环境温度：–25~55℃；
（2）适应空气相对湿度：≤90%；
（3）适应海拔高度：0~3500m；
（4）适应管径：610~1422mm；
（5）最大适应壁厚：26mm；
（6）适应错边量：≤3mm；
（7）焊丝直径：1.0mm；
（8）焊接速度：300~1200mm/min；
（9）送丝速度：2200~14200mm/min；
（10）焊炬上/下、左/右调整范围：±20mm；
（11）位置控制精度：1°；
（12）可选项：
　　焊缝跟踪：左右跟踪；
　　跟踪精度：0.1mm。

六、激光/电弧复合自动焊技术及装备

管道全位置激光/电弧复合自动焊是中国石油天然气管道科学研究院在"十二五"期间所取得的一项技术成果。管道全位置激光/电弧复合自动焊结合了激光焊接与电弧焊接的技术优点。

该焊接装备具有焊接搭桥能力强、焊接速度快、一次性焊层厚度大、焊缝成型好、焊接效率高等特点，主要用于完成管道的根焊工序，与传统的焊接技术相比，单层焊接厚度可达4~8mm，可提高2倍以上；焊接速度可提升50%以上，大幅减少填充的焊接层数，减少焊缝金属的填充量，节省耗材，大幅提高单台设备的工效，是目前国际管道焊接领域研究的热点和重点。

目前已开展管道全位置激光/电弧复合焊接系统试验样机研制，完成了激光电弧复合焊接系统的控制系统、焊接执行机构、轨道等开发设计，满足了焊接工艺系统焊接试验要求。实验室已完成工艺试验，但还需要解决设备稳定性、环境适应性等问题。

七、管道自动焊工艺及质量控制措施

1. 管道自动焊工艺

自动焊接实心焊丝气体保护自动焊工艺常用的焊接坡口形式如图3-21所示，内焊机根焊时采用图3-21（a）坡口，外焊机根焊时多采用图3-21（b）坡口，由于自动焊设备系统参数预先设定，对坡口一致性要求高，因此坡口加工采用坡口机在施工现场进行加工。

第三章 天然气管道焊接技术与装备

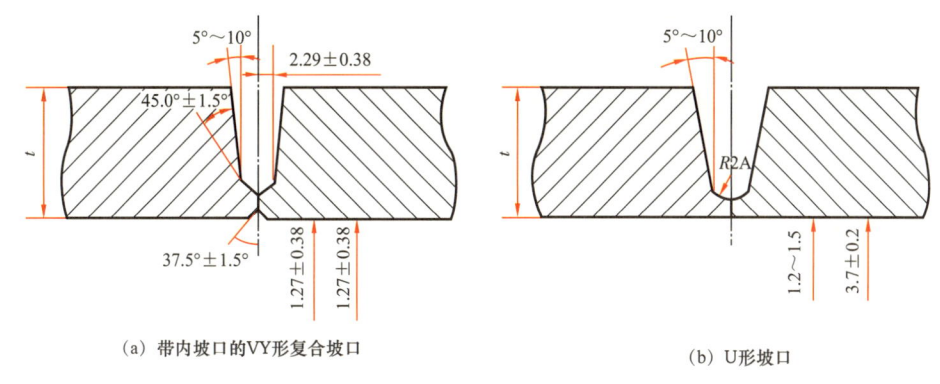

(a) 带内坡口的VY形复合坡口　　(b) U形坡口

图 3-21　全自动焊工艺常用的坡口形式

管口组对前,应依据 AUT 检测要求画好检测基准线。应使用轨道定位器辅助进行焊接小车轨道的安装,应确保焊炬在整个管周对准焊接坡口中心。焊接作业应在全封闭的防风棚内进行。每道焊口宜连续完成。当日不能完成的焊口应完成50%钢管壁厚的焊接且不少于三层焊道。次日焊接前,应预热至焊接工艺规程要求的最低层(道)间温度。当焊缝余高超高时,宜进行打磨,若打磨伤及母材,打磨后钢管的壁厚不应低于规定的最小壁厚。

2. 自动焊适用地形环境及对设计理念的影响

根据近年来全自动焊接工艺使用情况和内焊机设备能力特点,建议在下列地形相对平缓地段考虑使用全自动焊接,并在设计中应考虑下列因素对自动焊施工效率和成本的影响:

(1) 适用于全自动焊接地段,施工作业带宽度根据管道直径计算确定。适用于全自动焊接的地形起伏地段,施工作业带宽度还应对坡度大于10°的单一坡体进行局部削方处理,削方坡体应进行扫线的横断面设计,作业带宽度还应考虑削方弃渣的占地。

(2) 全自动焊接地段的管道线路尽可能取直,减少水平转角,如必须发生转向时应充分结合前后转角,尽量选用冷弯管或者弹性敷设进行转向,最大限度减地少热煨弯头的使用。

(3) 为了保证环焊缝接头力学性能稳定,钢管的化学成分应进行严格控制,合理缩小主要化学成分的波动范围。应严格控制钢管管端周长和直径的尺寸偏差。

3. 自动焊对现场施工方法的要求

施工作业带扫线完成后应根据地基承载力,考虑是否进行地面硬化处理,以减少地面沉陷对管道组对、焊接精度的影响。布管过程中对于钢管的支撑应采用袋装土或者枕木等物体,减少或避免钢管移动或支墩下沉造成的焊接过程中的坡口尺寸变化。坡口加工工序应与自动焊接工序紧密跟近,不得提前加工坡口,对于现场加工完成的坡口不得与其他物体接触。

4. 自动焊对无损检测要求

自动焊应采用全自动超声检测,并应确保能够及时反馈焊接质量信息给自动焊机组。当对全自动超声波检测结果进行射线方法复验时,射线检测宜仅对全自动超声波检测的工艺执行情况进行判定。

第四章 天然气管道特殊地区施工技术与装备

随着国家天然气管网建设的推进，管道延伸的区域也越发广阔，涉及的地质情况、气候条件也呈多样性、复杂性，施工难度随之增加。由于设备能力和施工技术的局限，路由的选择受到制约，施工效率有待提高。"十二五"期间，中国石油针对山地、沙漠、水网沼泽、高寒、河流等特殊地区，就施工技术及装备研发应用做了大量卓有成效的工作，形成了一系列特殊地区施工装备，提升了设备施工能力及作业稳定性。研制的系列垂直液压冷弯管机，在保证大口径高钢级冷弯管加工质量稳定的前提下，较"十一五"期间同类设备生产效率也有大幅提高。在大型站场建设方面也实现了多项零的突破。

第一节 山区施工技术与装备

山地管道施工技术及装备，主要围绕施工的 4 个重点环节展开，即作业带清理、管沟开挖、运布管及组对焊接。研发了一系列山地施工特种设备，并在国内外重点工程中成功应用，提高了山区陡坡地段施工安全系数和工效。将管道机械化顺序施工的适用坡度提高到了 35°，改变了以往超过 25° 坡道，就需要降坡或修"之"字形路的状况，大幅度降低了对自然地貌及植被的破坏。在超过 35°～55° 坡道，采用沟下组对滑橇进行管材运输和管口组对，替代了传统的轨道发送法。

山地特种设备主要是通过提高设备的爬坡能力和坡道作业的稳定性，来提高管道机械化顺序施工的坡度上限。重点开展了提高挖掘机山地施工适应性研究、多功能电—液内对口器、爬行设备助推装置、ϕ1422mm 山地运布管设备和陡坡段管口组对滑橇研制等多项课题。

一、提高挖掘机山地施工适应性研究

在对挖掘机坡道作业的稳定性分析的基础上，对普通挖掘机进行了加装附属装置的改造，研发了牵引式挖掘机、支腿式挖掘机等山地挖掘机。牵引式挖掘机，可实现伴行牵引和驻车牵引功能；支腿式挖掘机可利用挖斗助推，步进式行走，支腿进行保护。山地挖掘机均加装了调平装置，挖掘机在 30°～40° 陡坡地段作业时，可将上车部分与水平面夹角降至 25° 以下，保证发动机稳定工作，降低上车部分的回转惯性力，降低倾翻风险。

牵引式挖掘机主要借助伴行牵引功能进行作业带清理，通过在坡顶设置地貌，在牵引的状态下，在 40° 以内坡道进行作业带清理。驻车牵引时，可牵引自重 20t 以下的设备、翻越 40° 以下陡坡。

支腿式挖掘机最大爬坡度为 35°，挖掘机到达作业位置后，放下支腿进行作业，大大提高了作业的稳定性和安全性，加装支腿的挖掘机主要用于陡坡地段的作业带清理和管沟开挖。

二、多功能电—液内对口器研制

多功能电—液内对口器,是针对内对口器无法通过弯管,折点较多的山区段通常采用外对口器组对,操作难度大、工效低而开发的,采用液压驱动,能实现自动整圆管端和对口间隙。动力舱与张紧装置采用柔性连接技术,能在曲率半径 $6D$ 的弯管内行走,可实现直管与弯管、弯管与弯管的组对;采用 PLC 控制和传感测试等技术,可实现故障自检显示等;可实现设备姿态的自动调整。

多功能电—液内对口器在山区沟下焊施工中,代替了外对口器,一方面提高了对口精度,另一方面能减少焊道的断点,可提高管道组装焊接的工效和质量。由于能在弯管中行走,也减少了施工中留头数量。

三、爬行设备助推装置研制

在动力满足的情况下,设备的爬坡能力取决于设备与地面的附着系数。研究人员设计了步进式和三角履带式两种助推装置,安装在设备的尾部,以增加设备与地面的附着系数,提高设备的最大爬坡角度。

步进式助推装置固定在设备底盘上,共有 4 个支腿(分成两组),模仿人体向前推物体的动作,两组支腿交替运动向前助推设备,可实现连续行走。行进过程中,支腿的动作通过 PLC 控制,位移传感器实时监测,保证了动作的准确性和协调性。采用联动控制系统,爬行设备行进期间,至少有 1 组锚齿着地,起到防止设备下滑的作用。

三角履带助推装置是融合了轮胎与履带行走机构的优点而研发的新型行走机构,最大的特点是全地形行走,通过性强,在大陡坡地段给设备提供强劲稳定的推动力,提高设备的爬坡能力和作业的稳定性。采用负载敏感控制系统,能提供恒定且大小适度的助推力。液压系统独立,采用驱动轮直接驱动,可实现单独控制或联动控制;通过变幅控制,能在坡度变化时有很好的适应性。

四、ϕ1422mm 山地运布管设备研制

目前国内油气管道最大管径为 1422mm,国内已研制成功应用于 35° 以内陡坡地段的运布管设备,包括山地多功能运管机和山地吊管机,两种设备均采用了变轨距履带结构设计,在保证设备运输宽度不大于 3.2m 的同时,能夹持 1422mm 钢管稳定行驶。

山地多功能运管机能同时运输 2 根 1422mm 钢管,自带能调平的起重装置,具备自行吊装和 35° 以下陡坡地段的沟下布管、组对的功能。改变了原来需 2 台大型设备配合,在牵引状态下实施沟下布管作业的状况,可实现陡坡段管道安装流水作业。

山地吊管机能夹持 1 根 1422mm 钢管,实现 35° 以下陡坡地段的沟下布管、组对的功能。与运管机相比,吊装回转半径更大,更适用于连头作业。陡坡作业时,上车通过调平机构减小吊机工作角度,增加回转稳定性。

五、陡坡段管口组对滑橇研制

35°以上陡坡段施工,管材无法通过爬行设备进行运输,陡坡段管口组对滑橇的研制,成功解决了35°以上陡坡管道运布管及组对难题。

该装置主要由滑动箱体、管夹、管夹托架、底座及举升和左右位移机构组成。滑橇整体结构采用前后分体设计,对于水平、垂直方向有转角的陡坡同样适用;管夹可在垂直方向自由旋转,可搭载直管和弯管;通过举升和左右位移机构,实现管材上下、左右位置调节,满足管口组对要求;通过预先设置在坡顶的牵引设备牵引,搭载钢管、土沙等,在管沟内行走、爬坡,实现陡坡段安全运管、组对、细土回填等施工作业。

该装置能在35°~55°坡道安全施工,目前应用最大坡度为50°。

第二节 沙漠施工技术与装备

一、沙丘段沟槽开挖技术

在起伏频繁的小坡度沙丘地段,为减少作业带整体降坡的工程量和冷弯管安装数量,在完成坡面和坡顶表层作业带平整后,利用推土机、挖掘机沿管道中心线位置开挖一条沟槽,将纵向管位取平或减缓坡度,在沟槽内管道通过弹性敷设穿越沙丘地段,降低施工难度(图4-1、图4-2)。

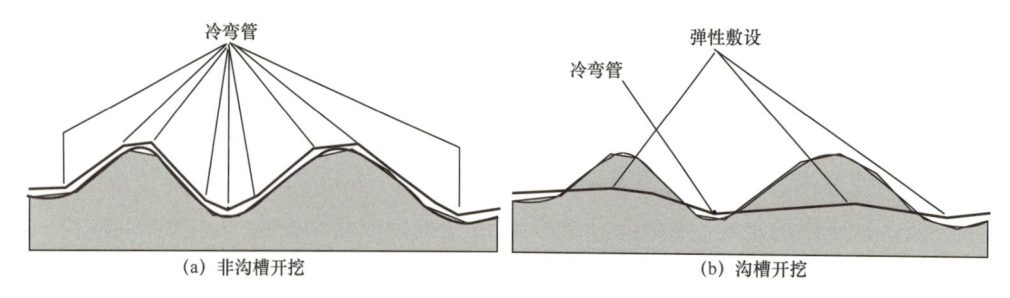

图4-1 非沟槽开挖和沟槽开挖对比图

图4-2 沟槽开挖现场示意图

二、双侧沉管施工技术

双侧沉管施工技术即在管道两侧距管道 200mm 左右的地方采用两台挖掘机同时进行管沟开挖，管段因自身重量自然下沉，挖掘机边开挖边后退，直到整个管段全部沉到沟底，满足埋深要求。采用双侧沉管施工技术前应先建立模型图（图 4-3）并通过式（4-1）、式（4-2）、式（4-3）进行力学分析，保证管道承受的弯曲应力符合标准要求。对于一次沉管不能满足埋深要求的，应进行二次沉管作业，以确保管道埋深满足设计要求。

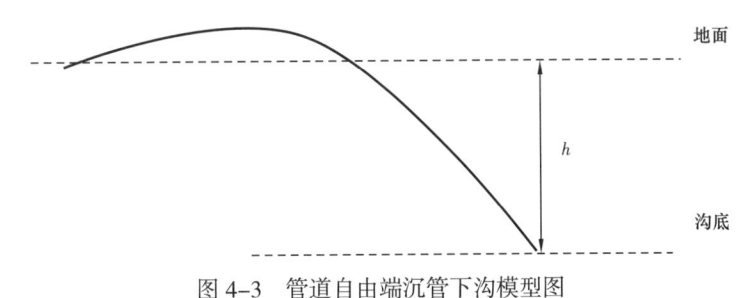

图 4-3 管道自由端沉管下沟模型图

$$\sigma_{\max} \approx 0.5073 KD\sqrt{\frac{qhE}{I}} \tag{4-1}$$

$$q = \frac{\pi c g (D^2 - d^2)}{4} \tag{4-2}$$

$$I = \frac{\pi (D^4 - d^4)}{64} \tag{4-3}$$

式中　$\sigma_{\max}$——管道下沟过程中的最大应力，MPa；
　　　q——单位长度管道的自重，N/m；
　　　I——管道的惯性矩，mm^4；
　　　D——管道外径，mm；
　　　d——管道内径，mm；
　　　E——管道材料的弹性模量，MPa；
　　　h——挖沟深度，m；
　　　c——管道材料密度，kg/m^3；
　　　g——重力加速度，m/s^2，取 9.8；
　　　K——由接触应力产生的应力集中系数，K 的取值范围见表 4-1。

表 4-1　接触应力集中系数

t/D	K
<0.02	1.2
>0.02	1.05

注：t 为管道壁厚，mm；D 为管道外径，mm。

第三节 水网沼泽地区施工技术与装备

一、螺旋地锚管道压载技术

1. 螺旋地锚管道压载原理

螺旋地锚管道压载技术是采用多点具有优良抗拔力的螺旋锚加装高强度的带状物，将已安装在管沟内的管道固定在规定的位置，防止管道受地下水影响造成埋深不够而影响管道运营安全。螺旋地锚管道压载技术示意图如图4-4所示。

2. 螺旋地锚管道压载施工技术

螺旋地锚安装施工流程如图4-5所示，螺旋地锚现场安装示意图如图4-6所示。在安装螺旋地锚时应按设计要求的间距进行安装。安装导入锚杆时，应使导入锚杆螺旋盘边缘距管道侧壁不小于100mm，并应在管道与锚杆中间设立防护板，防止损伤防腐层。安装过程中如安装扭矩无法达到设计扭矩，通过增加延长杆加深地锚安装深度，直至达到扭矩要求。

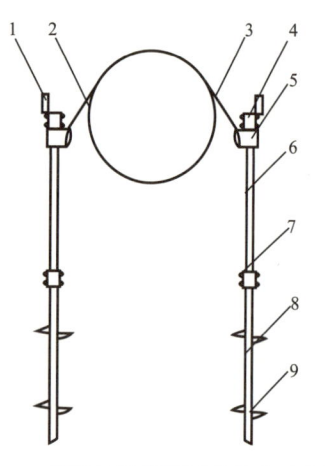

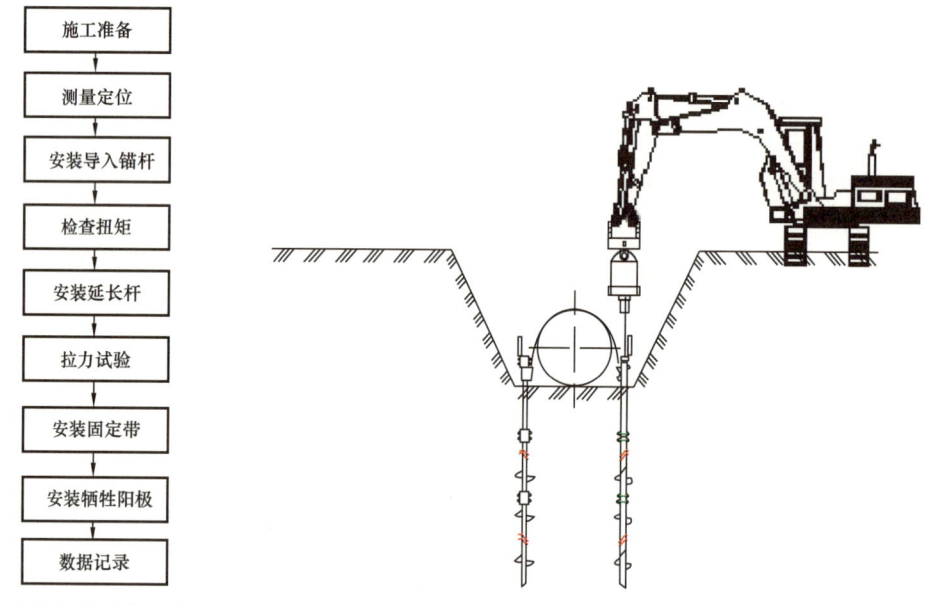

图4-4 螺旋地锚管道压载技术示意图
1—牺牲阳极；2—固定带；3—钢管；4、7—延长杆连接件；5—固定带连接件；6—延长杆；8—导入锚杆；9—螺旋盘

图4-5 螺旋地锚管道压载安装流程图

图4-6 螺旋地锚现场安装示意图

螺旋地锚的安装扭矩与安装后可承受的拉力可根据经验公式（4-4）进行估算。

$$Q_u = K_t \times T \tag{4-4}$$

式中 Q_u——计算拉力，N；

K_t——扭矩与拉力之间的经验系数,取 30~60m^{-1};

T——安装扭矩,N·m。

3. 螺旋地锚管道压载施工主要设备配备

采用螺旋地锚进行管道压载施工时可以参照表 4-2 进行主要施工设备配备。

表 4-2　螺旋地锚压载施工主要设备配备推荐表

序号	设备名称	型号或规格	备注
1	挖掘机	卡特 320D	螺旋地锚安装驱动
2	地锚安装机	扭矩 30000N·m	螺旋地锚旋进
3	拉力计	量程范围 0~30kN	拉力测试

二、水网地区气囊式管道组对施工技术

1. 气囊式管道组对施工原理

由于水网地带地基承载力低,大型起重设备无法进入施工现场。气囊式管道组对施工是利用气压顶升的原理,将气囊先放入待组对焊接的钢管下面和侧面,通过对气囊充放压缩空气将钢管顶升、下放或侧向移动,当满足管口组对要求时,采用外对口器将钢管进行对口并实施定位焊接,待定位焊接完成后,撤除外对口器完成整个管口的全部焊接。图 4-7 为气囊安装示意图。

2. 气囊式管道组对施工技术

根据待组对钢管重量以及钢管起升高度和左右移动的距离准备符合使用要求的气囊。管道在沟上组对时可以只在钢管底部安装气囊。管道在沟下组对时,可采取在钢管两侧和底部同时安装气囊,根据两钢管高度差可铺垫两层或多层气囊,侧向移动气囊如无支撑面,可在气囊一侧增加承重面积的钢板或木条,如图 4-8 所示。通过气囊充放气将两钢管的管口错边量调整到标准范围并采用外对口器组对和管口定位焊接。组对焊接完成后,缓慢放气回收气囊。

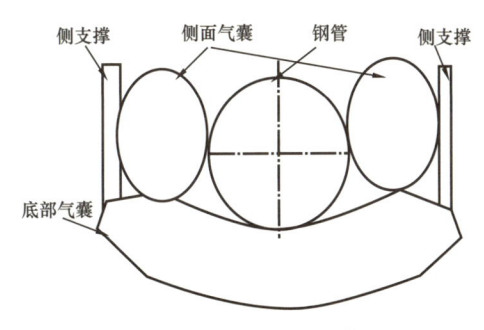

图 4-7　气囊安装示意图

图 4-8　气囊安装现场

气囊直径和数量可根据气囊起升重量和变形量表进行选择,见表4-3。

表4-3 气囊起升重量和变形量表

类别	序号	气囊直径 m	工作压力 MPa	承载力,kN/m			
				工作高度为直径的50%	工作高度为直径的40%	工作高度为直径的30%	工作高度为直径的20%
高压气囊	1	0.8	≤0.25	157	188	218	250
	2	1.0	≤0.2	157	188	220	250
	3	1.2	≤0.166	156	188	220	250
	4	1.5	≤0.134	158	189	220	252
超高压气囊	1	0.8	≤0.4	251	302	352	—
	2	1.0	≤0.3	236	283	330	—
	3	1.2	≤0.25	236	283	330	—
	4	1.5	≤0.21	247	297	346	—

3.气囊式管道组对施工主要设备配备

采用气囊式管道组对施工时所需的主要设备配备推荐见表4-4。

表4-4 气囊式管道组对施工设备配备推荐表

序号	设备名称	规格型号	备注
1	对口气囊	—	钢管顶升
2	空气压缩机	0.8MPa	气囊充气
3	外对口器	—	钢管对口
4	单斗挖掘机	CAT320D	配合施工

注:对口气囊、外对口器规格型号根据管径确定。

三、管道穿越河渠吸淤充填筑坝施工技术

1.河渠吸淤充填筑坝技术原理

在河渠截流筑坝施工中,采用滤水型土工织物制作大型充填编织袋,利用泵往袋内充填河道中的淤泥,充填编织袋具有透水性,在持续注入淤泥时产生由内向外的压力下,泥浆经过不断挤压,水分从充填编织袋中渗透分离,泥浆脱水固结形成坝体。充填后的坝体如图4-9所示。

2.河渠吸淤充填筑坝施工技术

施工前对管道穿越河流的中心位置进行测量定位,由潜水员对河床基础进行外观检查,保证河床平整。根据河流宽度、水流速度、水体深度及河床承载力选择编织袋的尺寸及码放层数。编织袋码放时,由潜水员检查充填编织袋的码放情况,杜绝编织袋错层或虚

搭。采用泵吸取淤泥充填到编织袋内,待充填层泥浆排水固结后才能继续下一层的充填。为防止坝顶充填袋损坏,在坝顶码放袋装土并压实确保设备通行顺畅。

3.河渠吸淤充填筑坝施工主要设备配备

河渠吸淤充填筑坝施工所需的主要设备配备推荐见表4-5。

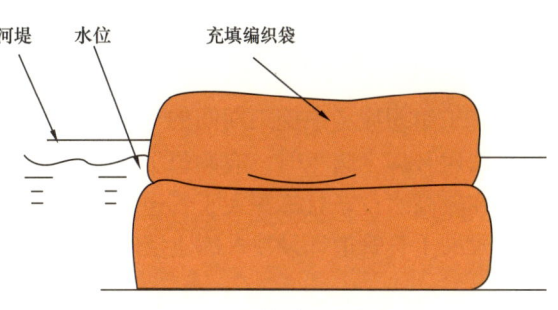

图4-9 充填筑坝示意图

表4-5 吸淤充填筑坝设备配备推荐表

序号	名称	规格、型号	备注
1	泵	2DN-6/3	充填泥浆
2	自制浮桶		安装泵
3	高压水枪		充填泥浆
4	土工布袋	25×4×1	形成坝体
5	土工布袋	25×6×1	

四、沉管施工技术

在水网地区土壤地耐力低,作业面狭窄,在无法采用吊管机吊装管道下沟的情况下,通常采用沉管施工技术。沉管施工包括单侧沉管和双侧沉管。在作业通道狭窄,管道无法采用双侧沉管下沟时,可采用单侧沉管下沟,单侧沉管下沟的原理是将管道在距设计中心线一侧位置进行布管、焊接,下沟时利用挖掘机沿设计中心线开挖管沟,挖掘机边挖边退,使已焊接完成的钢管在自身重量下侧向逐渐滑向沟底。双侧沉管是将管道在设计中心线位置进行布管、焊接。在管道两侧距管道200mm左右的地方采用2台挖掘机同时进行管沟开挖,管段因自身重量自然下沉,挖掘机边开挖边后退,直到整个管段全部沉到沟底,满足埋深要求。采用沉管施工技术前应先建立模型图进行力学分析,保证管道承受的弯曲应力符合标准要求。对于一次沉管不能满足埋深要求的,应进行二次沉管作业,以确保管道埋深满足设计要求。沉管下沟力学分析参见本章第二节。

第四节 高寒地区管道施工技术与装备

高寒地区是指由于高纬度或高海拔形成的特殊气候区域,特点是高纬度或高海拔、常年低温、冻土常年不化的地区。我国长输管道建设南北纬度差异大,特别是从俄罗斯和中亚进入我国的管道,难以避免在低温条件下施工。

由于高寒地区的上述特点,管道施工中需要克服一系列由于低温、冻土等带来的困难。因此,与常温环境下长输管道施工相比,低温环境下管道施工组织计划、施工方法和施工机具都有不同。

一、施工组织计划

施工组织应考虑施工期间的气温情况。一般地段，尽量在土壤冻结前完成施工；当工期无法避开冻土施工时，应调整工序，并做好设备改进和维护，保证正常施工。当施工地段存在较高水位，且冻深大于管道埋深时，应在土壤或水体完全冻结后施工。当施工地段存在永冻土且管道埋设在永冻土层时，应当在地段完全冻结时组织施工。

二、施工方法

（1）测量放线。

高寒地区测量放线时应根据地表情况，选择适当的标记物对测量中线、边线进行标记。测量设备应当满足低温使用条件。目前，常用的测量设备为高精度GPS和全站仪。

（2）作业带施工。

如果作业带修筑过程中需要填方，每层铺土的厚度应比常温施工时增加20%~25%，预留沉陷量也应适当增加。

（3）管沟开挖。

常温环境下施工，如果地质是土层，可以先布管、焊接，再进行管沟开挖；若地质是岩石层，则先爆破，再开挖管沟。低温环境下则无论土层还是岩石层，都必须先爆破，再开挖管沟，而且在爆破完成后，必须立即挖沟，否则土壤被冻结在一起，还需要二次爆破。

降雪后，作业带清扫和管沟开挖应根据需要进行。不应当将作业带上的积雪完全清除。积雪可以起到一定的保温作用，能有效降低冻深，减小管沟开挖的难度。

冻土层较浅时，可采用单钩挖掘机，先将表层冻土破坏，然后用单斗挖掘机清理冻土并开挖下层未冻土壤。

管沟开挖后若不能及时完成下沟回填作业，可将开挖出的土壤先回填在管沟内，防止土壤冻结，影响回填。

管沟边的堆土，应根据土壤冻深情况确定堆土与管沟边缘的距离，确保堆土安全。

（4）运布管。

低温环境下，钢管两端的管帽在组对前不应取下。防止雪、冻土进入管内，给焊接造成不利影响。在运布管过程中，应保护好钢管管帽，发现丢失应及时补上。

运布管胶轮车辆，应加装防滑链。坡度较大时，可采用山地运管机运布管。条件许可时，可采用爬犁运布管。

（5）焊接。

高寒地区低温环境下焊接施工，必须满足焊接工艺要求。只有采取完善的技术保障措施，才能满足焊接工艺的需要，保证施工质量。一般情况下，当环境温度低于−5℃时，焊接作业应当在防风保温棚内完成。而环境温度在−15℃以下时，防风保温棚应当增加加热保温功能，保证焊接层间温度，防止热量散失过快。焊道完成后，应根据工艺要求，立即用保温带包裹焊道，以降低焊道冷却速度，防止裂纹产生。

焊前的预热温度应取焊接工艺规程要求的较高温度。

全自动工艺、STT焊接工艺、PWT焊接工艺等均可用于高寒地区管道焊接。

（6）防腐。

高寒地区低温条件下，防腐施工应在防风保温棚内完成施工作业。这样可以减少热量损失，节约防腐补口加热的时间，保证防腐补口的质量。

（7）下沟。

管道下沟前，要确保沟底平整，无大的冻土块。

低温环境下，由于钢材和防腐材料的热膨胀系数不一致，防腐材料的韧性减小明显，因此，应适当增大管线下沟时的曲率半径，防止防腐层与钢管分离。

管道下沟包括周期性和连续性2种施工方式。为了下沟安全，一般采用周期性施工方式。施工时，为防止吊管机侧滑，吊管机行走地带应做好防滑处理（去冰或铺沙）。环境温度低于-35℃时，不宜进行下沟作业。

（8）回填。

回填时，应按照规范要求分层回填。由于冻土非常坚硬，很容易硌伤、划伤防腐层，因此，回填土粒径和比例应严格按照规范要求执行，并且应考虑回填的方式。

大回填时，先回填5~10cm的小颗粒，土块厚度为20~30cm；然后再回填不超过30cm的较大土块。回填后，沉降垄应高于地表1m。

（9）土壤含水率较高地区的施工。

在土壤含水率较高的高寒地区施工时，应当将施工季节安排在土壤有一定的冻深时期进行。一方面，地表土壤冻结，有较大的承载力，可以减少作业带修筑和维护的费用；另一方面，土壤冻层不深，挖沟时不需要爆破，只需破坏表层冻土即可正常开挖作业。开挖后，管沟壁由于低温冻结而不易坍塌。这样的安排，在高寒地区沼泽地段施工时优点非常突出。

三、施工机具

在低温环境下进行野外管道施工，必须做好施工人员和设备的防冻保护工作，满足施工人员的保暖需要和设备正常运转。

为保证作业人员休息和取暖，防止施工人员冻伤，应在工地配备暖房或取暖车，并提供具有足够防护能力的皮、棉马甲、护膝、护腰等防寒、防风用品。

施工设备应选择低温启动性能良好、具有防冻设施的设备。低温条件下，机械设备工效低，易发生油路堵塞、燃油结蜡、部件冻裂等故障。对于非低温环境设备用于高寒地区时，必须加以改造，来保证机械设备的正常运转。

（1）提前安装低温启动或冷启动系统，使机械设备在低温条件下也能迅速启动；

（2）配备耐低温的胶管、电缆、密封等部件，保证设备性能正常发挥；

（3）更换防冻液、液压油、润滑剂和燃油，以适应低温环境条件；

（4）对液压系统、油料箱进行保温或伴热，避免凝固后阻塞油路；

（5）压缩空气供应系统应安装干燥装置，防止对口器等气动部件低温运行时产生的水汽凝结产生冻堵，妨碍设备正常运转；

（6）设备维护作业应在保暖棚内进行。

第五节　带水大开挖穿越河流施工技术

带水大开挖成沟、控制负浮力牵引管道穿越技术，可在江河不断航的前提下，完成管道敷设。特别是控制负浮力的方法，既保证了施工安全，又经济合理，达到了技术可行和经济实用的双赢。适用于砂土、黏土、卵石或者砂夹卵石的地质，河道中心线流速一般不超过 1.5m/s。该技术需要具备穿越段管道预制条件，预先在一侧岸上完成管道焊接及配重的安装。带水开挖成沟后，由预先安装在河对岸的牵引设备，将管道牵引就位。要实现管道按设计轴线平稳就位，并且日后能安全运行，关键是管沟开挖成型控制、牵引过程中的负浮力控制以及牵引设备的选择。

一、带水开挖成沟技术

根据河流水位和地质情况，开挖设备可选择自落式抓斗、液压挖（抓）斗、绞吸船、链斗等。在有水流动的状态下，进行管沟开挖，达到一定深度后，侧壁会自然坍塌。上下游坡比控制如图 4-10 所示，以使沟壁达到自稳状态，反复开挖，并采用 RTK 和声呐设备配合，完成管沟轴线、深度、宽度等质量控制，直至管沟成型。

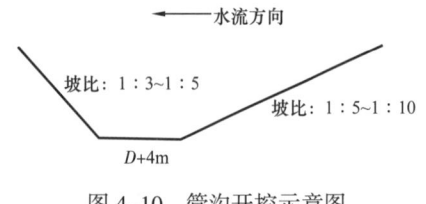

图 4-10　管沟开挖示意图

二、管道负浮力控制技术

负浮力值是指在管道入水后单位长度内的重力和浮力差值。在管道连同压重块的重量基本保持不变的情况下，在管道上方安装浮筒，通过调整浮筒所产生的净浮力值控制负浮力，保证管道在牵引过程紧贴管沟底部移动，浮筒的形式如图 4-11 所示。

图 4-11　浮筒结构示意图

浮筒需要预先进行抗拉、严密试验，以保证能够承受入水后的内外压力差。浮筒安装前要进行充压，压力控制在比水压高 0.4MPa 左右。

三、定点设备牵引技术

牵引过程中，最关键的是要平稳。牵引设备选用摩擦式绞车，依靠绞车沟槽辊筒与钢丝绳之间的摩擦力产生拉力，点对点直线牵引穿越管道前进。牵引绞车配备有液压马达提供动力的储绳筒，单独盘绕收回的钢丝绳。储绳筒收绳速度与绞车同步，同时还要求绞车和储绳筒之间有一定的拉力，确保辊筒上缠绕的钢丝绳始终保持紧绷状态，使摩擦力稳定。绞车与储绳桶安装在现场浇筑的基础上，基础整体浇筑，保证牵引过程中牵引系统的稳定及抗倾覆能力足够。牵引设备根据管道规格长度不同，可以单台，也可以多台。在采用多台模式时，整个牵引系统应能实现联动，绞车卷绳速度为 0~5m/s。

第五章 天然气管道非开挖施工技术与装备

在能源管道建设中，管道需要穿江、过河、跨海时，通常采用盾构、顶管、定向钻等非开挖技术完成穿越施工。"十二五"期间，我国针对松散地层高水压环境下盾构施工、长距离高水压曲线顶管、定向钻对接穿越、直接铺管等施工技术及装备，做了大量卓有成效的研发工作。研究成果为能源通道控制性工程的顺利实施提供了强有力的支撑，为非开挖穿越提供了多种备选方案，拓宽了管道路由选择范围，也更好地保护了自然环境。

第一节 盾构穿越技术与装备

油气管道以4.25m以下的小断面盾构穿越江河施工为主，截至目前，盾构穿越主要形成了全地质（包括黏土、砂、砾、卵石、硬岩、断层破碎带、小型溶洞等）盾构隧道施工关键技术、瓦斯地层下盾构施工、高水压松散地层盾尾密封技术、盾构机主轴承密封在施工中维修技术、2700m长距离盾构施工技术、盾构隧道水下贯通技术、不同地层的背填注浆施工技术等20余项关键技术成果，以及油气管道泥水平衡盾构穿越河流施工工法、富含水易坍塌地段盾构穿越施工工法、隧道内大口径、双管道安装施工工法、0.5～0.65MPa水压松散地层小断面盾构穿越施工工法等13项工法，形成技术专利7项。

一、高水压松散地层下盾构施工技术

0.65MPa水压松散地层下盾构施工，是截至目前管道穿越施工遇到的最高水压的盾构施工。利用自主研发的盾构始发装置和盾尾密封系统，高水压松散地层中实现安全始发，解决了盾构施工过程中易出现的涌水涌砂和盾尾渗水、漏水的难题；基于不同地层的刀具配置技术，能结合实际工况，确定合理的刀盘配置方案，在南京盾构工程中，实现了在0.65MPa水压下2000m隧道连续掘进不换刀的刀具；盾构推进系统配置方案，使原设计适应0.5MPa水压的盾构机，通过改造在水土压力达0.65MPa的松散地层中顺利地完成了掘进施工。

二、高寒地区盾构施工技术

设备的正常运转和人员的安全是高寒地区施工面临的两大难题。目前，管道盾构穿越施工已具备在最低温度–40℃环境下的施工能力。

一方面对设备、工具进行高寒地区适应性改造，保证吊装设备、器具安全系数；另一方面采用在始发井顶部安装能自行开合的保温棚顶等手段，对施工环境增加保温措施，以避免盾构设备内循环水冻结、液压油冻结，保证设备的低温运转和钻井液、流体管路正常循环。

通过对生活区及生产区规划搭建保温板房及大棚，以区域各功能需要及设备外形尺寸为依据，以紧凑合理为原则进行构建，在室内敷设供暖基础设施，配合以附属设备保温技术，有效提高室内环境温度，解决了人员冻伤及施工设备工效降低的难题。

目前正在施工的中俄原油管道二线嫩江和额木尔河盾构工程，处于我国东北部极寒地区，施工最低温度 -39℃，在国内尚属首次。通过采取有效的保温防冻措施，实现了安全始发和掘进。

三、盾构水下贯通技术

盾构法隧道在松散强渗透粉砂层贯通，地下水封堵不当会造成接收井洞门涌水涌砂，导致地面沉降、管片错位变形，甚至隧道变形塌陷等重大危害。水下贯通技术有效降低该地层贯通风险。

水下贯通是向接收竖井内回灌水，利用井内水压力与地下水土压力保持平衡的原理，将盾构进洞工况转变成类似盾构常规掘进工况，改善进洞与注浆环境，也从根本上解决了以往贯通后地层反力不足的问题。为确保贯通万无一失，同时配合贯通段地质改良、洞门安装密封装置、利用钢结构连接隧道管片等辅助工艺，最终依靠隧道管片背填注浆达到封堵洞门的目的。

粉砂层中采用水下接收贯通法与填井法、接收罐法等相比具有投入设备少、操作简单、安全性高等特点。盾构水下贯通技术有效解决了管片渗漏水、洞门涌水涌砂等问题，该技术在西气东输二线钱塘江盾构、西气东输二线北江盾构等工程中加以应用，取得了良好效果，施工中控制了风险保障了盾构在粉砂层等松散地层水下顺利贯通。

同时该方法的成功应用填补了小盾构粉砂层水下贯通施工领域的技术空白，也为同行业在粉砂层等软地层贯通积累了宝贵的经验。

第二节 顶管穿越技术与装备

顶管穿越因其施工周期短、工程费用低、较为安全环保而被广泛应用，截至目前，顶管穿越主要形成了不良地质小口径顶管施工技术、强渗透系数松散地层小口径泥水顶管施工技术、顶管穿越江河掘进面封堵止水技术、市政工程狭小场地多区段顶管技术等10余项，形成工法2项，形成技术专利7项，近几年主要在以下方面取得了突破：

一、复合地质长距离高水压多曲线顶管施工装备与技术

常规顶管为直线顶管或水平曲线顶管，且一般情况下会避开长距离的岩石层、卵石层或者复合地质。西气东输一线黄河顶管是国内采用顶管法在较复杂的砂卵砾层进行长距离穿越江河施工的首个成功案例，而其他复合地层长距离顶管大部分以失败告终，如西二线江西段5条河流顶管均顶进失败或延长工期1年，业主不得不采用了备用方案。

采用大坡度纵向曲线顶管施工方法可以节省项目投资，缩短竖井工期，带来较大的经济效益和社会效益。杭州天然气利用富春江顶管工程作为国内首个集成了高水压、大坡度、长距离、复合地质、双曲线等技术难点的项目，成功应用了大坡度纵向曲线顶管施工技术，为顶管施工创新发展提供了新的思路。

复杂地层条件下长距离纵向曲线顶管施工技术，是一项综合性技术，它集成了中继间技术、润滑注浆技术、不通视曲线测量技术，以及带压进仓技术。应用该技术，实现了单条长度超过500m的顶管隧道依次穿越淤泥质粉质黏土、粉质黏土、中粗砂、中粗砂圆砾、卵石和各种风化的岩石等各种地层。而且成功完成坡度14.53%顶管隧道施工，400m

水平长度内隧道落差29m，属国内首次顶管施工最大坡度，且达到世界先进水平。同时，顶管施工最大水压达到0.4MPa，属于高水压顶管施工。解决了卵石易坍塌、砂层易抱管、高水压条件下更换刀具、长距离复杂地质条件下润滑减阻、大坡度顶管始发和接收、富含水砂卵石地层顶管水下贯通，以及地层上软下硬、频繁交错的复杂地质条件下顶管施工的控向困难等技术难题。

二、全断面硬岩顶管施工技术

全断面硬岩顶管施工主要难点在于顶进过程刀具磨损速度极快，必须定期开舱检查更换刀具，开舱作业容易造成润滑浆液流失，影响隧道润滑减阻效果，同时岩石在刀盘切削的过程产生类似于石粉的沉渣，沉渣长时间堆积于隧道底部容易固结，固结后隧道轴线受沉渣影响不断在抬高，不利于纠偏，管节顶部碰壁增加摩阻力，如控制不当极易造成管节抱死、卡管等现象，导致工程失败。

除了中国石油鞍大原油管道青云河顶管一次性施工506m外，目前国内在该领域尚未有200m以上的成功案例。但随着非开挖领域的竞争日趋激烈，也有中铁等单位在尝试突破世界长距离硬岩顶管的极限。

三、盾顶一体化施工装备与技术

顶管法一般应用于700m以内的隧道施工，效率较高，但地层、隧道长度受限较大；盾构法具有掘进距离长、适应地质能力强等特点。盾顶一体化施工装备与技术有效结合盾构与顶管的优势，隧道可先顶后盾，也可单独应用顶管法或盾构法，提高隧道的施工效率与设备利用率，降低施工成本，增加了非开挖设计施工的选择范围。

该技术以盾构设备为基础，增加顶管施工功能模块，实现盾顶互换。国内已经有盾构机改为顶管模式完成隧道建设的工程案例。盾构顶管模式项目转换的技术正在深入研究阶段。

四、填海区不良地质小口径顶管施工装备与技术

填海区地质一般以人工回填石和回填土为主，由于早年施工规范标准化程度不高，地层中掺杂建筑垃圾、编织袋、钢筋等异物，均非原状土，地层渗透系数高，在顶管隧道施工中属于不良地质，此类地层中小口径顶管主要有海水腐蚀设备、Cl$^-$含量过高使润滑浆液失效、小口径设备动力小抗倾覆力矩小、非原状土地层杂物多而容易塌方，如碰到大粒径抛石非常容易卡机，无法继续顶进，传统小口径设备不具备开舱作业条件，因而工程容易失败。

发达国家（尤其以德国海瑞克设备为代表）对于该类地层有较好的适应性，但目前国内尚处于起步阶段。

第三节　定向钻穿越技术与装备

水平定向钻穿越是管道非开挖施工中的一种工艺方法，具有工期短、精度高、安全环保、成本低等特点。在管道建设的高峰期，水平定向钻穿越工艺被大范围推广，其施工技术日臻成熟，在紧随世界前沿技术基础上，通过自身不断创新发展，在大口径管道穿越、超长距离穿越、复杂地质穿越等方面取得突破。已掌握世界先进的对接穿越、正扩施工工艺，开发专用钻杆及钻具等装备，建立优质高效泥浆体系，熟练运用多种解卡方案，及时

解决了管道建设快速发展过程中遇到的技术难题。

一、对接穿越工艺

对接穿越工艺是两台钻机分别就位于入土点侧和出土点侧，分别从两侧向中间水平段钻进，利用磁场分量测量原理实现两钻头在地下对接，完成长距离穿越导向孔作业。对穿技术，是控向技术发展的一个里程碑，解决了超长距离或两端为不稳定地层穿越工程的导向孔施工难题。

二、正扩施工工艺

正扩施工工艺是从入土点向出土点方向推进扩孔的工艺，包括非动力正扩和动力正扩两种方式。动力正扩比非动力正扩增加了孔底泥浆马达装置，钻机提供推力，通过旋转钻杆传递推力至扩孔器，孔底泥浆马达向扩孔器提供切削所需的扭矩和转速，通过控制泥浆排量、压力、钻杆转速和推力等参数，优化孔底泥浆马达工作效率，将导向头、扩孔器、泥浆马达和扶正器优化组合进行扩孔。正扩施工可大大提高小口径管道岩石地层扩孔作业效率，解决出土点场地受限或环保要求高的地区施工难题。

三、双钻机同步扩孔工艺

双钻机同步扩孔工艺是两台钻机分别就位于入土点侧和出土点侧，同时连接钻杆和扩孔，输出的扭矩叠加，主钻机的拉力和辅钻机的推力叠加，利用两种合力作用进行扩孔。该工艺有效解决了单一钻机施工时遇到扭矩力不足甚至卡钻和断钻杆问题。

四、专用钻杆及钻具装备

国内钻杆厂商与施工企业联合，针对定向钻施工特点，研制 $6^5/_8$in V150 钻杆、$7^5/_8$in S135 钻杆，整体性能提升 30% 以上；设计轻量化扩孔器、桶式扶正器、大口径岩石扩孔器、中心定位器、正扩钻具、夯管卡具等定向钻专用钻具和装备，保障了大口径、长距离、复杂地质穿越工程对钻具、装备的高性能要求。

五、泥浆体系

建立 CMC 和正电胶两套泥浆体系，形成技术手册，提出检测和维护标准，提高泥浆的流变性和悬浮能力，有效解决了低流速下大颗粒钻屑携带困难的问题。

第四节　直接敷管法穿越技术与装备

直接敷管法穿越技术属于非开挖施工技术的一种，其原理是利用与顶管施工相同的隧道掘进机进行隧道开挖，掘进机尾部与管道焊接连接，随着隧道不断向前开挖，管道不断地被后方的推管机推入地层，当隧道开挖完成，管道安装同时完成。

直接敷管法的技术与设备具有以下技术与设备优势：

（1）具有广泛的地质适应性：适用于淤泥、粉土、软土、砂层、砾石、卵石等单一或者复合的强透水地层，强度 30MPa 以内的岩石层。

（2）一台（套）设备适用多种口径管道施工：推管机的夹具具有可更换性，而且可以更换为不同口径的夹具。

（3）设备具有多重利用性，可与顶管、定向钻设备、工艺相结合。

当作为顶管机使用，与顶管工法所需的其他设备组合后，实现顶管隧道施工。

推管机具在定向钻施工中，可以为其回拖时，提供强大的推力，也可以在定向钻无法回拖又无法取出管道时，提供强大的拉力，将管道回拉至回拖场地。

（4）具备大坡度施工的能力，施工速度快。

由于直接敷管法具有最大可达到15°坡度以及曲线施工的能力，可以降低两岸竖井的深度或者无需竖井。

直接敷管法在国际上已经应用近10年，国内首次成功应用于2016年，并完成了直接敷管法设计、施工的企业标准规范的编制。

2017年3月，陕京四线无定河直接铺管工程顺利实现贯通。该工程位于内蒙古乌审旗，在乌审旗无定河镇水清湾村附近穿越无定河。管道穿越入土点为矩形发送基坑，采用钢板桩法制作，尺寸为长24m×宽6.5m×深4m，出土点为矩形接收基坑，采用明挖+拉森钢板桩支护的方式制作，尺寸为长9.5m×宽4.5m×深13m（其中上部4m为明挖，下部9m为拉森钢板桩）。工程于2016年12月20日开工，2017年3月30日竣工，穿越管道直径1219mm，管道实长423m，入土角度6°（10.5%坡度），出土角度0°，曲率半径1800m。该项目主要有以下特点：

（1）轴线落差大：穿越施工的管道从一侧山上直接穿越至河谷下13m位置出土，落差超过40m，施工中泥水压力0.4MPa，开挖面泥水压力控制难度大；

（2）穿越地质复杂：穿越位于毛乌素沙漠，轴线全程为细砂，细砂受施工扰动极易对管道造成抱管，施工风险大；

（3）施工温度低：项目所在地内蒙古乌审旗冬季最低温度低于-20℃，对于施工中的泥水系统、液压系统等都需要特殊处理方能满足施工要求。

无定河直接铺管项目管道穿越施工7d，管道推进平均速度约为60m/d，无定河直接铺管穿越纵断面如图5-1所示。直接铺管技术解决了穿越管道42m大落差、富含水松散细砂地层、-20℃低温施工条件下施工等诸多技术难题。该项目的成功实施为国内细砂层直接铺管施工积累了经验。

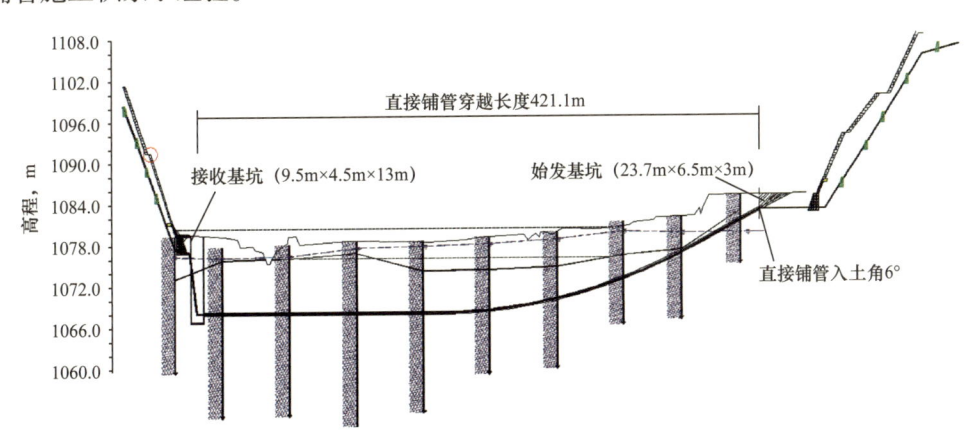

图5-1 无定河直接铺管穿越纵断面图

第六章　天然气管道防腐技术

油气管道常采用埋地敷设的方式，管道的防腐采用涂层防腐和阴极保护联合保护，天然气管线通常压力较大，管线破坏将会引起大的经济和人员损失，因此防腐的要求更为严格。随着我国天然气消费的大幅度增加，天然气管道工业得到迅速发展，地下天然气管道日益增多，这些管道和附属设施在土壤环境和其他环境中常可能发生腐蚀，严重的腐蚀穿孔可能造成燃气泄漏和管线破坏，不但造成直接经济损失，而且可以引起爆炸、起火、环境污染等灾害，产生巨大的经济损失和人员生命损失。因此，根据管线腐蚀的影响因素，采用有效的防腐技术和措施，确保天然气输送安全，具有十分重要的意义。

埋地管道需要采用涂层防腐和阴极保护的联合保护方式，天然气管道还需要关注应力腐蚀的防护。涂层是金属腐蚀防护的最基本和最常用的方法。管道防腐层最基本的作用就是隔离腐蚀介质接触钢管表面，防腐层应具有抵抗土壤对钢管、对防腐层自身的腐蚀的能力。阴极保护是埋地钢质管道腐蚀防护的必要措施，能够防范防腐层局部破损、老化与失效导致的腐蚀性介质对钢管的侵蚀。由于阴极保护反应通常可能会产生阴极保护沉积物（通常呈碱性），某些情况下也可能产生氢气，都会破坏防腐层和钢管的粘接性能，也可能破坏防腐层的稳定性，所以，埋地管道防腐层还应具备耐阴极保护的作用影响的能力。

第一节　天然气管道的涂层保护

一、防腐层的保护作用

埋地管道防腐层的基本作用是隔离腐蚀介质同被保护金属的接触。防腐涂层在被保护物体表面形成惰性隔离层，将金属管道与环境隔离，遏制环境中的 H_2O、O_2、H_2S、Cl^-、H^+ 和 OH^- 等腐蚀介质与金属的接触，从而阻止或减缓腐蚀反应的发生。

涂层的这种隔离作用取决于涂层的厚度、致密性、物理及化学稳定性。

1. 厚度

合理的涂层厚度是涂层保持完整的重要因素，涂层过厚或过薄都可能导致涂层保护失效。首先，过薄的涂层不能够完全覆盖被保护基材表面，产生涂层不连续缺陷；其次，即使是连续的涂层，腐蚀介质渗透涂层的行程很短。过厚的涂层则可能因为成膜时形成的涂层内部应力，涂层和基材热膨胀系数的差异等，导致涂层裂纹与涂层粘接失效；某些涂层过厚时，涂层本身的脆性更容易显现。

2. 致密性

涂层是否致密是判断一种涂层隔离腐蚀介质性能好坏的重要依据之一。如果涂层中存在微孔、气隙，这就相当于涂层中存在一段段开放性通道，腐蚀介质将能够借助这些通道迅速通过涂层。很多时候，涂层的外观可能很重要：高固体成分涂料能够形成致密的漆膜，漆膜表面有光；涂料黏度太大，可能导致涂刷不均匀，对基地的润湿不良，或者喷涂成膜性能下降，漆面出现麻点。

3. 稳定性

涂层的稳定性是涂层抵抗环境中各种因素对涂层产生影响的能力。涂层的稳定性是一个比较大的概念，可以细分为涂层的物理稳定性、化学稳定性、生化稳定性（抗细菌侵蚀、海洋环境防污）、大气稳定性和光化学稳定性等。

在一定的使用条件下，环境中的腐蚀介质接触涂层表面或渗透到涂层之中，将可能接触到涂层中不稳定的物质并产生化学作用，生成更稳定的物质，这些化学反应可能对涂层的物理形态造成损坏，不断削弱和破坏涂层对腐蚀介质的隔离作用。

二、主要管道防腐层

早期的管道防腐层主要采用燃料化工的副产物作为主要材料，如石油沥青、煤焦沥青，这类防腐层的基本特点是防腐层机械强度低、低温冷脆、高温流淌，但材料费用低。随着塑料化工技术的发展，合成材料成为管道防腐层的主流材料，从起初较为容易涂敷的聚乙烯胶粘带，到加热涂敷的聚乙烯粉末、环氧粉末，再到热熔挤出包覆的聚乙烯与聚丙烯，现代技术则采用二层与三层环氧粉末、三层聚乙烯与三层聚丙烯等复合结构，防腐层综合性能更好。

1. 煤焦油瓷漆

煤焦油瓷漆是由煤焦油或其重质成分，蒽油、洗油等（化学成分为不同分子量的稠环和杂环芳烃），添加板石粉等矿物粉熔炼而成，通过热熔淋涂在钢管表面，通常在瓷漆中还要缠绕加入一层或多层的玻璃毡，形成煤焦油瓷漆防腐层。煤焦油瓷漆防腐层化学性质稳定，防腐寿命可达30～100年，主要问题是高温变形、低温冷脆，抗机械损伤和土壤应力能力有限。

在欧美，从20世纪初开始在管道建设中就大量使用煤焦油瓷漆，煤焦油瓷漆用量在20世纪四五十年代达到高峰，曾经长期占据管道防腐层用量的首位，至今虽仍有使用，但主要用于新建海洋管道的保护；在我国，1995年后才开始批量生产和应用煤焦油瓷漆，并在随后几年的多个大中型油气管线工程上应用，一时成为最主要的管道防腐层。此后，煤焦油瓷漆用量迅速下滑并停止使用。煤焦油瓷漆涂装时产生大量有害烟气，需要专用处理设施，不符合不断提高的环保要求。

2. 石油沥青/瓷漆

石油沥青的主要化学成分为不同分子量的脂肪族链烃和环烷烃，沥青瓷漆是由添加板石粉等矿物粉熔炼而成，通过热熔淋涂在钢管表面，通常在防腐层中还要缠绕加入一层或多层的玻璃毡。石油沥青/瓷漆防腐层的防腐性能相对要差一些，设计寿命可达30年，主要问题是高温变形、低温冷脆，抗机械损伤和土壤应力能力有限，且有微生物腐蚀的风险。

北美在20世纪四五十年代曾大量使用石油沥青/瓷漆，先期采用加石棉毡结构，后期由于石棉毡的致癌性才改用玻璃毡；石油沥青曾是我国最重要的管道防腐层，我国沿用苏联的施工方法，采用电动钢丝刷除锈，使用沥青加玻璃布增强及塑料布外护的结构，但随着20世纪90年代新防腐层材料的使用和普及，石油沥青防腐被迅速取代。

3. 聚乙烯胶粘带

聚乙烯胶粘带是由聚乙烯带材复合压敏胶而制得,分为有底漆与无底漆两类,通过连续螺旋缠绕形成防腐层。压敏胶常用聚丁烯、聚异丁烯等高分子和一些合成或天然的大分子材料复配而成,压敏胶性能可决定防腐层的性能。聚乙烯胶粘带防腐层施工简便,既可以机械化缠绕作业,也可手工工具缠绕,成本低且技术也趋于完备。现代聚乙烯胶粘带防腐层体系包括:底漆、填料带、共挤型内缠绕防腐带及外缠绕保护带。通常认为PE胶粘带防腐层的使用寿命在10~30年之间,抗机械损伤与抗土壤应力的能力较弱。

聚乙烯胶粘带在管道防腐上已有近60年应用历史,用量达300000km,其中加拿大在20世纪60—80年代的管线普遍采用胶带防腐,应用成功与失败的例子都很多。我国在20世纪80年代防腐胶粘带的应用获得很大发展,复合和共挤的胶带产品技术条件达到国际标准要求,但由于聚乙烯胶粘带天然的局限,在长输天然气管道上没有获得应用。胶粘带在小口径管道防腐层、现场管道防腐中占有一定地位。

聚乙烯胶粘带的失效可导致天然气管道应力腐蚀开裂(SCC)。加拿大调查表明,采用聚乙烯胶粘带防腐的埋地管线出现SCC,有高pH应力腐蚀开裂(H-pH SCC,或称典型SCC)和近中性应力腐蚀开裂(或称L-pH SCC)两种类型。一些事件中,应力腐蚀裂纹生长、结合,进而引发泄漏或爆管事故。

4. 挤出聚乙烯(Extruded PE)

挤出聚乙烯防腐层一般是指二层结构聚乙烯(英文缩写2LPE)。2LPE的底层为黏结剂(一般为沥青丁基橡胶或乙烯基共聚物),面层为聚乙烯,通常两层全部采用挤出成型。防腐层的粘结性能取决于胶黏结剂的性质,沥青丁基橡胶是传统黏结剂,靠材料的黏弹性质与钢表面结合;含有极性基团的乙烯基聚合物,如聚醋酸乙烯酯,和聚乙烯外层的相容性很好,和钢表面能够形成更强的结合,现在成为二层结构聚乙烯最主要黏结剂。2LPE的特点是:极为优异的机械性能,搬运及安装过程中损伤极少;水汽渗透率极低;耐环境应力的破坏;柔韧性好、有良好的低温性能。但聚乙烯同黏结剂的黏结力还不是很理想,尤其是在较高温度时,抗水汽渗透能力也被削弱;防腐层易于失去黏结性,并对电流产生屏蔽。

20世纪50年代初期2LPE技术问世,随后逐步在世界各地得到发展和应用,尤其是在欧洲(如德国等),长期作为管道防腐层首选,20世纪一直是管道聚乙烯防腐层的最主要品种。在我国,二层结构的使用在20世纪80年代开始,在一些油田管线、市政管线中使用。

5. 熔结环氧粉末

环氧树脂和酸酐等高温固化剂,加上颜填料,通过熔融挤出、压片、破碎、磨粉处理,获得环氧粉末涂料;钢管加热后,把粉末涂料喷涂到钢管表面,涂料熔融、流平和固化而形成防腐层(FBE)。FBE和钢管的粘结力极强,这是其防腐性能的基础,失效防腐层对阴极保护没有屏蔽,被称为"失效安全"的防腐层,其弱点是抗机械损伤能力较弱、抗渗透性较差。

FBE防腐层应用于管道工业的历史已经近50年,有的使用30多年仍然有效。20世纪50年代后期,FBE被引入管道涂装业,初期只能用于小口径管道,20世纪70年代完成了大批量材料生产和涂装技术的开发,随后数千公里的管线采用了FBE,特别是在中东、英国和北美。20 世纪 80 年代早期，磷酸清洗和铬酸盐预处理被引入到了 FBE 管道涂装。20 世纪 90 年代期间 FBE 连续多年占据管道涂敷年用量的首位。我国在 20 世纪 80 年代初期，完成管道防腐用环氧粉末涂料开发，20 世纪 80 年代后期研制出了大口径管道熔结环氧粉末外涂敷作业线，并开始用于河流穿越管道的防腐，近年来，熔结环氧粉末在我国油气管道防腐使用逐步增长。

双层粉末结构（DPS）技术是在 FBE 基础上发展起来的。即在 FBE 涂装的同时，在其表面再涂装特殊的环氧粉末，这种粉末涂料在制备过程中加有部分塑性材料，可有效提高涂层的抗冲击能力，涂层的硬度也得到提高，抗划伤性能得到改善。DPS 防腐层主要应用于穿越、石方或砾石地段和运行温度较高的管道，在我国长输管道上主要用于热煨弯管的防腐。

6. 三层结构（3LPE）

三层结构特指底层为环氧涂层、中间层为黏结剂、外层为聚烯烃的防腐层。环氧底层包括液态环氧涂料和环氧粉末涂料，面层为挤出或粉末涂敷的聚乙烯层与聚丙烯，中间为挤出或粉末涂敷的黏结剂层。这种结构克服了二层聚烯烃防腐层的缺点，和钢管表面的黏结力极强。三层结构防腐层综合了聚烯烃和 FBE 两种防腐层的优点，采用挤出成型聚烯烃可以获得更厚的防腐层，更好的抗机械损伤性能；采用聚烯烃粉末喷涂的防腐层则可以避免挤出缠绕在焊缝两侧夹杂气泡、焊道防腐层减薄的问题，并消除保护电流屏蔽潜在风险。20 世纪 80 年代初，Mannesmann 发明了底层为 FBE 的 3LPE 专利，取代了底层用双组分液体环氧的地位，并迅速在欧洲和加拿大得到广泛应用。目前，在世界管道防腐层年用量排名中，聚乙烯防腐层用量已名列前茅，这归功于三层结构技术的成功应用。我国从 1994 年陕京天然气管线建设开始，引进了三层结构涂敷技术和装备，侧向挤出缠绕技术和 3LPE 开始在我国大口径、长输管线上应用，并开始占据重要位置，以 2001 年开始建设的西气东输一线工程全线 4000km 采用三层结构防腐层为标志，3LPE 已成为我国长输天然气管线最主要的防腐方式。

目前，三层结构聚乙烯（3LPE）应用最为广泛，三层结构聚丙烯（3LPE）主要用于大口径管线、海洋管线等要求防腐层抗机械损伤能力更强、介质输送温度更高的管线。钢管涂装生产要求机械化、高效率、经济且环保。在经济高度发展的今天，要求严控涂敷生产中的有害物质，尽量使用对环境友好的材料。例如，煤焦油和沥青类产品的使用逐渐受到限制，石棉毡在发达国家早已禁止使用，石英砂喷砂在有些国家受到禁止。

三、钢管车间防腐涂装

钢管的车间防腐涂装具有机械化程度高、生产速度快、防腐质量易于控制等优势，同时，劳动卫生条件和环境保护也便于控制。

钢管的涂装生产过程总体上可以分为 3 个部分：表面处理、防腐层涂敷和防腐管后处理。图 6-1 显示了钢管 3PE 防腐层车间涂装工艺流程。此外，车间设备还包括动力源设备，如配电间与发电机房、空压机和液压站、水冷却塔、粉尘吹扫及捕集回收所用的除尘器等。

1. 表面处理

管道防腐生产时，表面处理包括了下列几道或全部工序：

1）清洗除盐

经过海洋运输或在海洋大气环境存放过的钢管有可能受到盐的沾污，应对管子表面进行可溶盐的检测（GB/T 18570.2—2009《涂装前钢材表面处理 表面清洁度的评定试验 第2部分：清理过的表面上氯化物的实验室测定》），如果盐浓度超过$2\mu g/cm^2$，应采用清水或含有清洁剂的清水进行清洗。

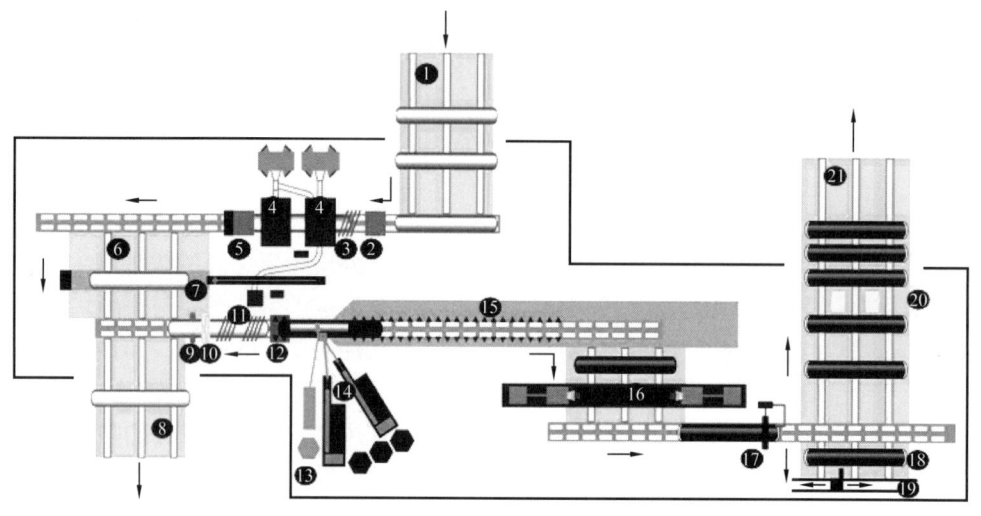

图6-1 钢管3PE防腐层车间涂装工艺流程示意图

1—上管：把钢管放上进管管架；2—清水清洗：用清水清洗钢管表面可溶盐；3—除锈前预热：彻底清除钢管表面的潮气；4—抛丸除锈：除去钢管表面所有铁锈、氧化皮；5—磷化和漂洗：彻底清除盐分，得到磷化表面；6—表面处理质量检测；7—管子内吹扫：吹除管内的磨料、锈尘；8—不合格管退出平台；9—微尘清除：真空吸尘或洁净压缩空气吹扫；10—铬酸盐钝化处理；11—涂敷前预热：采用感应加热钢管；12—在喷涂室喷涂环氧粉末底层；13—黏结剂挤出、缠绕（或包覆）到钢管上；14—PE/PP的挤出、缠绕（或包覆）到钢管上；15—水冷却；16—端头清理；17—针孔检测；18—检验：在管架上进行外观、厚度等检验；19—管段截取：在作业台截取测试用管段；20—标识制作：制作防腐管标识；21—出管：防腐管出车间

2）除油

如果钢管表面粘有油污，则需要在除锈前予以清除。可采用有机溶剂清除油污，常用的溶剂有汽油、酒精、丙酮及二甲苯等，对零星油渍常采用蘸溶剂揩擦去除，普遍性的油污则需要采用浸泡法作业去除。

去除普遍性油污也可采用热碱液法，常用碱液有：5%～10%烧碱水溶液，或者烧碱、纯碱和磷酸三钠各5%的水溶液，再加入2%的水玻璃。碱液常需加热至80～90℃，工件浸泡10～20min，而后要用稀酸中和，再用清水洗净。此外有乳化液清洗与水蒸气清洗的除油方法。

3）除湿

按规范要求，管体温度应大于露点温度3℃以上。一般要求将钢管温度加热到40～60℃，去掉钢管表面的潮气，也有利于疏松锈皮。加热常采用中频感应加热，也可采用火焰加热，但要求加热对钢管表面不产生污染。需要注意的是，水汽的蒸发有一个过程，钢管受热后需要经过一定的时间，才能使管表面的潮气完全蒸发，然后钢管才能进入除锈室。

4）除锈

目前普遍采用喷/抛射除锈，去除金属表面的锈蚀及氧化皮，并获得一定的粗糙度和金属光泽，利于提高涂层的附着力，形成涂层对钢表面的锚固作用。

（1）喷砂/喷丸除锈。

喷砂/喷丸除锈设备一般由压缩空气源（或空压机）、油水分离器、砂/丸贮罐、喷嘴及管子组成。压缩空气高速通过管路时，形成负压，从旁接管路将贮罐内的磨料带出，从喷嘴高速喷出，击打到金属表面，将铁锈、轧制氧化皮等除去，完成表面处理。工厂喷砂/喷丸除锈通常配备磨料回收循环利用及除尘设备。

（2）抛丸除锈。

抛丸除锈装置由抛丸器、清理室、磨料供给及循环使用设备、抽风除尘等设备组成。其中，抛丸器是核心设备，磨料进入抛丸器后，经过分丸轮进入高速转动的叶片之间，并被带动，在瞬间之内获得巨大能量，在离心力的作用下从抛丸器出口高速射出，击打到金属表面，将铁锈、轧制氧化皮等除去，并留下需要的表面粗糙度。钢管连续通过抛丸机的进出口时，为防止弹丸外飞，常采用多层可换式密封毛刷，实现对弹丸的封闭。

喷/抛射除锈可获得需要的钢管表面锚纹深度，提高涂层和金属的黏结力，清理效率高。尤其是抛丸处理，用过的钢砂被收集起来，并通过分选，循环利用；采用除尘器将除锈粉尘完全捕集和滤除，同时将钢管表面的粉尘清理干净。

喷砂和抛丸使用的金属磨料有铸钢丸、铸铁丸、铸钢砂和铸铁砂，其尺寸范围为0.4~1.4mm，抛丸除锈也可用钢丝段作磨料；喷砂除锈使用的非金属磨料有石英砂、燧石等天然磨料，熔渣、炉渣等副产物磨料，硅碳、氧化铝等人造磨料，分为粗（不能通过孔径850μm的筛孔）、中等（不能通过孔径355μm的筛孔，但能通过孔径710μm的筛孔）、细（能通过孔径355μm的筛孔）三种粒径规格。

现代管道涂装工业通常采用抛丸除锈的表面处理方法，要求除锈质量达到Sa2.5级，甚至更高。抛丸除锈与电动钢丝刷等除锈方法相比，不仅能够彻底清除钢管表面的铁锈和氧化皮，而且能够提供比较理想的表面粗糙度，还有助于消除应力腐蚀潜在风险；与喷砂除锈相比，作业效率更高，更为经济。

应注意，除锈前钢管的温度必须高于露点温度3℃以上；同时，环境相对湿度应小于80%。否则，表面处理质量会受到影响，而且除锈后的钢管表面也容易出现浮锈，影响涂装质量。

5）管子内吹扫

除锈后，钢管内会存留一些磨料、锈尘，一般采用压缩空气吹扫进行清除，在管端采用除尘器抽吸。如不清除，在钢管传送时这些物质会不断散落，污染传送轮和钢管表面；在环氧粉末涂装中，如掉入喷粉室，会影响回收粉末的质量。

6）微尘清除

在钢管离开除锈清理室后，采用真空吸尘、压缩空气吹扫等方法去除钢管表面的残余灰尘。不使用毛刷，因为毛刷的作用更多是把微尘分散到钢管表面。灰尘在钢管表面的残留应符合表面清洁度规定等级的要求。

7）铬酸盐处理

在管子涂装预热之前，可以采用铬酸盐溶液对管子表面进行进一步的处理。如果采用了磷化处理，应在磷酸洗涤和漂洗之后涂布铬酸盐溶液。铬酸盐处理后能够使钢表面形成一层钝化膜，并产生额外的表面能，有助于 FBE 粉末的吸附和保持。

铬酸盐处理要点如下：

（1）采用专用于管道表面处理的铬酸盐材料，使用纯净的去离子水或者逆向渗析水进行混配。混配比例应得到铬酸盐生产厂家的认可。

（2）采用滴流或刷涂的方式将铬酸盐涂到螺旋送进的管子表面。用刷子、橡胶刮子或不会造成沾污的抹布清除管表面多余的铬酸盐溶液。

（3）应把铬酸盐溶液薄薄地涂到管子表面，管子表面最后应呈浅金黄色的外观。

（4）将钢管适当加热后进行钝化处理效率高、效果更好。

由于铬酸盐废料会产生重金属污染，应当严格控制废弃物的数量，并严格按照法规交由有处理资质的机构处理。目前，无铬钝化处理技术正在兴起，不断取代铬酸盐的使用。

8）表面处理质量控制

表面处理质量需进行检验并做好记录，以备后查，包括下列工作内容：

（1）首先要对进入车间的钢管进行外观检查，对检查结果和光管信息进行记录。

（2）采用测温仪对钢管除锈前的温度进行检测，钢管表面温度应不低于露点温度以上 3℃；进行除湿预热时，无论采用何种预热方式，钢管表面温度一般应达到 40~60℃。

（3）采用相应的照片或标准样板进行目测比较，逐根检验钢管除锈质量，要求达到 Sa 2.5 级；用锚纹深度测试仪或拓印纸测量表面锚纹深度，应达到 40~90μm，要求每班至少要检测 2 次；钢管在进入中频加热和涂装之前，用胶带粘接法对表面清洁度进行抽检，灰尘度达到 2 级以上质量标准。

此外，要再次目测检查管体外观是否存在各种机械损伤、管材缺陷或严重锈蚀等不合格的情况。对不合格钢管或除锈不合格的钢管，应通过反馈线退出作业线。

2. 涂敷

目前，主要天然气管道防腐层的车间涂敷方式有液体涂料刷涂与喷涂、粉末涂料喷涂、塑料挤出缠绕或挤出包覆等。

1）涂敷工艺评定

在防腐管正式生产前，需要完成工艺评定试验。工艺评定试验是指：在涂敷生产线上，按照拟出的涂敷生产作业规程，采用防腐管生产待用的钢管、防腐材料，按照正常生产工艺进行防腐管涂装试验，并对试涂的防腐层性能进行全面的检测。工艺评定试验的检测结果合格后，应依据工艺试验结果确定最终的涂敷生产作业规程，才可开展正式的防腐管生产。

当防腐材料生产厂、牌（型）号改换，管径改变或壁厚增大时，需重新进行工艺评定试验。

2）液体涂料涂敷

（1）液体涂料喷涂。

常见液体涂料喷涂有下列 3 种方法：

① 空气喷涂。

空气喷涂是利用压缩空气高速通过管路产生的负压,将漆壶里的涂料带至空气出口——喷嘴,涂料随气流一道喷出、雾化并涂布到基底上。漆雾飘散量大,造成涂料利用率低和劳动卫生问题,而且只能喷低黏度的涂料,溶剂消耗大。

② 静电喷涂。

静电喷涂是利用高压静电场的作用,通常是由高速旋转的喷头产生的离心力使涂料分散成微小液滴而喷出,带有电荷的涂料雾滴能够被吸附、沉积到带相反电荷的金属表面。需将一个高压静电发生器的正极和负极分别接到喷枪头和工件上。涂料利用率可达80%～90%,改善了劳动卫生条件,涂层质量好,生产效率提高。

此外,静电喷涂法还有采用高压静电和空气喷涂或无气喷涂相结合的两种方法。

③ 高压无气喷涂。

高压无气喷涂利用压缩空气(0.4～0.8MPa)驱动高压泵,吸入涂料并将涂料压力增至15～50MPa,然后将涂料输送到喷嘴喷出,由于压力突然释放,涂料剧烈膨胀、与空气高速撞击,从而雾化并喷射到金属表面。

双组分高压无气喷涂成套设备的组成如图6-2所示,原理示意图如图6-3所示。

高压无气喷涂优点如下:

a. 涂料黏结力提高,涂层成膜好;

b. 涂料利用率高,涂敷工效快(每支喷枪可喷涂3～15m²/min);

c. 改善了劳动条件,没有空气喷涂法喷出的气流与漆雾一起飘散的问题,漆雾少;

d. 涂料雾化好,适用于高固体分或无溶剂、高黏度涂料的涂敷,一次成膜厚度大。

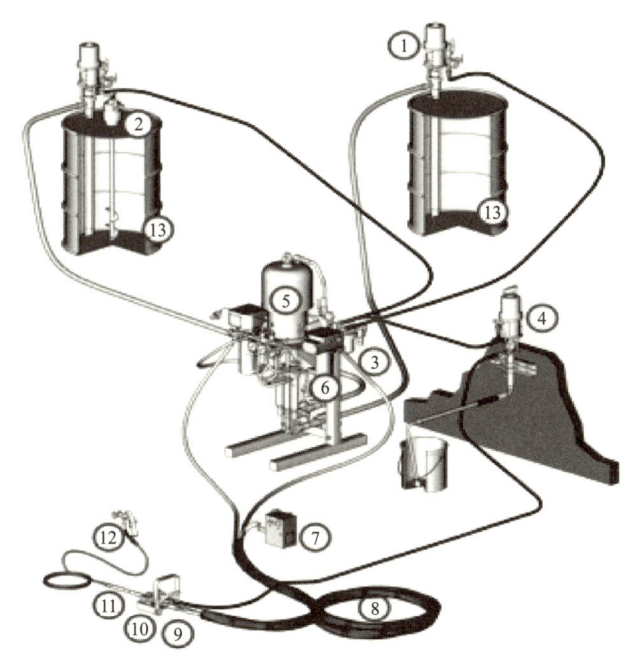

图6-2 单喷枪双组分高压无气喷涂机组成

1—供料泵;2—搅拌器;3—空气分配器件;4—溶剂泵;5—比例泵;6—主加热器(需外接电源);7—伴热控制器件;8—伴热管;9—流体温度传感器;10—远端混合管汇;11—静态混合器;12—喷枪;13—加热带

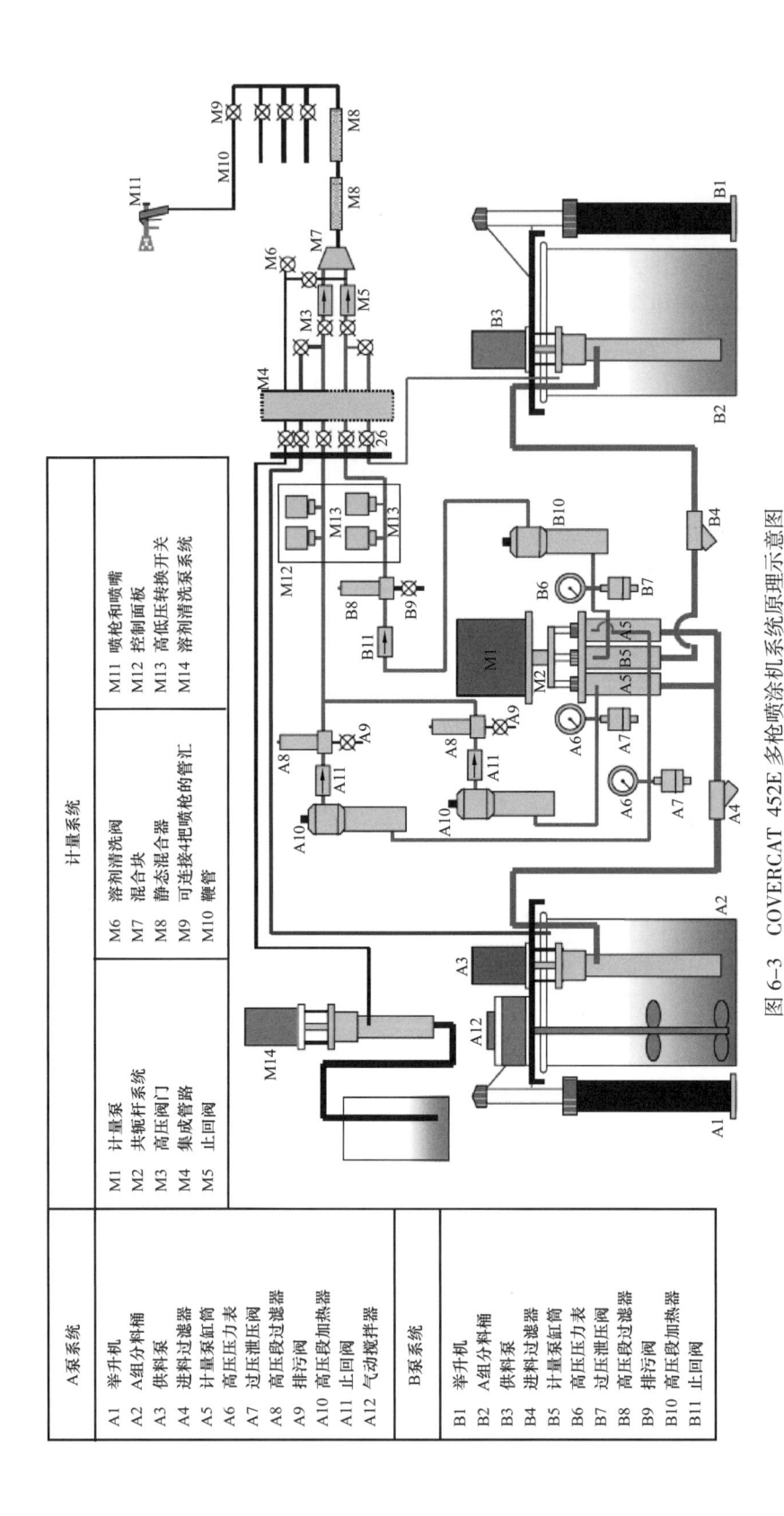

图 6-3 COVERCAT 452E 多枪喷涂机系统原理示意图

（2）手工涂装。

手工涂装最为常见，管道防腐车间生产中主要用于弯管等管件或者设备的防腐。

① 刷涂。

刷涂的优点是省涂料，施工不受场地、物件的形状及尺寸大小限制，通用性强；缺点是工效低，涂料黏度不可太大，漆膜外观及厚度不均匀，容易存在针孔，涂层质量的好坏很大程度取决于作业人员的经验。

刷涂首先讲究涂刷力度要恰当，以保证对基底的充分润湿；然后是用刷子顺漆膜表面，以赶除气泡，形成平整的外观。通常需要进行多道涂装，才能完全消除涂层针孔。

② 刮涂或镘涂。

刮涂或镘涂是采用刮刀、镘刀等刮具涂敷涂料的方法。要求涂料的黏度足够大，成黏稠胶液或膏状，适用于厚涂或对焊缝类高出表面的部位的涂装，作业效率低，对人员的作业技艺要求更高。这种方法一般只用于局部涂装。

3）粉末静电喷涂

粉末静电喷涂采用液体涂料静电喷涂相同的静电吸附原理，只是固体粉末涂料是随压缩空气仪器从粉末喷枪中射出，通过静电场极针放电给电或摩擦起电，使粉末带上和钢管相反的电荷。通常要对工件进行预热，这样粉末附着到管道上时能够随即熔化，"烧结"到钢管上，增大一次成膜的厚度。FBE和DPS采用钢管加热后再静电粉末喷涂的方法涂装，成膜速度快，工效高，但能耗大。粉末静电喷涂的涂料利用率高，涂敷散落的涂料还可以回收利用，理论利用率可以达到100%；安全上主要是需要防止粉尘着火和爆炸，劳动卫生方面则需要防止粉尘吸入人体。

主要设备包括：

（1）供粉箱。

供粉箱底部有一夹层，夹板是由多孔材料制成的流化板，压缩空气从底部进入，经过流化板使箱内的粉末流化。粉箱面板上安装有多个粉泵（文丘里管），压缩空气气流高速经过粉泵，将流化的粉末吸入管路，粉末和气流一起被送入喷枪。

（2）静电喷枪。

静电喷枪上安装有高压静电发生器，含粉气流通过喷枪时，枪内的极针向粉末释放电荷，静电发生器的另一极和钢管连通，这样喷枪喷出的带电粉末被带相反电荷的钢管表面吸引，吸附到钢管表面。高压静电发生器也可以不装在喷枪上，避免了因空气纯度不够，粉末在高压包上黏结的问题，喷枪的使用更可靠，但需要使用高压电缆将高压静电引到极针上。

（3）压缩空气。

粉末喷涂需要使用纯净的压缩空气，气源设备应包括空压机、冷干机、储气罐和过滤器。只是用冷干机脱水是不够的，需要使用（三级）过滤器彻底除去空气中的油和水，才能保证控制柜元器件和粉末通路的正常工作。

（4）引风、除尘和粉末回收。

引风使喷涂室处于负压，避免粉末逸出；引出的含粉空气，一般经过一级除尘器（旋风除尘器）将粉末回收利用，通过二级除尘器（布袋或滤芯式除尘器）滤除微粒粉尘，使空气被净化并达到排放要求。

（5）控制柜。

控制柜上设置有引风除尘、供粉和粉末短缺报警、静电控制等功能开关和旋钮，粉末喷涂的工艺条件都在控制柜上进行控制。

供粉控制：供粉量控制采用粉量气（也叫一次风）进行控制，粉量气的参数值一般为1.5～2.0kg；采用匀粉气（也叫二次风）控制粉末的分散状态，控制在喷粉达到均匀的最小气流量，一般设定在中间值偏下；第三种气流是清洁气（也叫三次风），通常关闭，只在停止喷粉时开启，用于吹除管路中的残留粉末。

静电控制：静电控制器包括静电发生器开关（常为红色开关），也是电源指示灯；常用绿色指示灯指示静电状态，用红色指示灯指示静电电流异常和对地短接报警，用黑色旋钮调节静电电压，控制粉末带电，从左至右旋转，静电随之从小到大变化，绿色指示灯亮，通常绿灯的亮域设定在7～8格之间。

4）挤出涂敷

现代PE管道防腐层的涂装普遍使用塑料挤出机。塑料挤出机的作用是对防腐料进行塑化，塑化后的防腐料通过直形膜口，以片状挤出，缠绕到螺旋送进的钢管上（侧向挤出或称T型挤出）；如采用和管道同心的环形膜口挤出，防腐料将包覆到沿轴向直线送进的钢管上。

一套完整的挤出系统包括下列设备：

（1）烘干斗（料斗）：料斗安装在挤塑机进料口上方，防腐专用料加入其中，料斗底部有进风口引入干热空气，上部有出风口，从而自下而上带出物料中吸附的水分。干热空气的温度应低与物料的软化点。

（2）上料机：上料机的作用是将物料从地面的料仓输送到料斗中，常用上料机有两种类型：真空上料机和机械式上料机。

（3）塑料挤出机：塑料挤出机也称挤塑机或挤出机，常用挤出机一般是单螺杆挤出机和双螺杆挤出机。挤塑机分为几个部分：进料口、挤塑机机身（包括机筒、螺杆、加热元器件）、机头、电动机和变速齿轮箱。

（4）挤塑机进料口一般装有多根永磁钢棒，用以吸住物料中的铁渣。料筒的加热元件按照多个独立的加热区段进行控制，大型挤出机的加热分区达到10个以上，物料从机筒获得热量并软化、熔化；螺杆则给予物料以剪切作用和挤压作用，从而在较短的时间内，较低的加热温度下，使物料实现均质，并在压力作用下具有流动性，称为塑化。塑化的物料在机头经过滤网，滤除物料中的固体杂质，然后经料管被送入膜具而挤出。

（5）膜具：膜具由金属制成，防腐料在膜具中狭窄的缝隙间流过，塑料分子沿流动方向逐渐取向，最终从膜口挤出，形成膜片（或环形膜片）。这样挤出的膜片的拉伸强度显著提高。料管、膜具均为高耐压，并采用电加热。

（6）压辊：压辊的作用是对缠绕或包覆到钢管上的物料进行碾压，排除膜下的气泡，并使胶粘剂和PE之间、防腐料层与层之间实现融合。压辊的材质一般是硅橡胶物料，硬度适中。

除上述3种涂敷方式外，还有冷缠带的涂敷，几种涂装方法所需的机具、设备见表6-1。

表 6-1 常用管道涂装方法的涂敷器具、设备及操作注意事项

涂层材料类别	涂装方法	涂敷器具、设备及操作注意事项
液体涂料	手工涂敷	毛刷，涂漆滚子，油灰刀、牛角刀、橡皮刮具等
	空气喷涂	空气压缩机、空气油水分离器、空气调节器、喷枪、喷漆室、排风设施等；空气压力宜控制在 0.3~0.5MPa，喷距约 25cm
	静电喷涂	静电发生器、静电喷枪、输漆泵及其他设备。注意喷距、电压高低和旋杯转速等
	高压无气喷涂	高压泵、蓄压器、调压阀、过滤器、喷枪及高压软管等。双组分涂料宜采用双组分喷涂设备，注意调节好两组分的比例。无溶剂涂料的黏度大，喷涂机的气源压力为 0.6~0.8 MPa，压缩比为 45：1 以上；机上可以安装加热器，料管也可以加伴热
粉末涂料	粉末静电喷涂	高压静电发生器、供粉系统、喷粉枪、粉末回收系统、空压机、除尘设施及加热与冷却设备。注意调节气压和静电电压、喷距、出粉量、加热温度等
塑料	挤出缠绕/包覆	真空或机械式上料机、烘干斗（料仓）、永磁钢棒、塑料挤出机、膜具、压辊等。物料必须干燥，否则防腐层表面和内部出现大量微孔；应注意机筒各段温度的设置，以获得最佳的工作效果；压辊对膜片的压力应适中，才能获得最好的排除气泡效果
胶粘带	缠绕	手工缠绕机；机械缠绕机。缠绕时应对缠带保持一定的张力，保持压边宽度的均匀，避免出现皱褶，防止膜下形成永久性气泡

5）冷却

熔结粉末和聚烯烃等加热涂装的防腐层涂覆后，需要随即进行水冷定型。未定型的防腐层会受到传送轮组的挤压而损坏，要把 200~230℃钢管冷却到 60℃以内，需要大量的冷却水和足够的冷却长度，冷却水经冷却塔后循环使用。防腐管口径越大，壁越厚，热容量就越大，冷却水量和冷却段都要加大。

3. 后续处理

管道防腐层涂装后，还需要进行下列后续的处理：

1）预留段清理

所有管道的端部都预留出一段距离，不得有防腐层。预留段的目的是防止焊接热量损伤防腐层，所以，所有在作业线上连续涂装的管道防腐层都需要进行预留段的相应操作，除去预留段上的防腐层，将管体防腐层的断面处理成斜坡。

通常，在涂敷前用合适宽度的纸贴在钢管两端，这样可将涂层和管体隔离开，便于预留段的清理。也可采用其他方式，如选用对钢管黏结力小的涂料进行刷涂，漆膜应快速干燥、能够耐受中频加热高温。

2）小缺陷修补

在规范规定容许修补范围内的小缺陷可以修补。这些小缺陷不对管体防腐层总体质量构成影响，一般是个别的漏点、局部厚度不足和局部外观缺陷。

3）标识

防腐管的标识应采用和防腐层结合比较好的涂料，标识应有较好的耐久性，标识不会被常规接触所损坏。防腐管的标识通常需要标明下列内容：

(1) 工程代号或编码；
(2) 钢管规格；
(3) 钢管编号、炉批号；
(4) 钢管生产厂名称或代号；
(5) 防腐层种类和等级；
(6) 防腐编号和防腐日期；
(7) 防腐厂名称或代号。

4. 防腐层检验

防腐管常规检验通常包括外观、漏点、厚度、黏结力（及结构）的检验。但不同管体防腐层还有特定的质量检验项目，在各管道防腐层施工及质量检验时将会得到介绍。

1）外观检查

应对防腐管逐根进行外观检查。挤出聚烯烃类防腐层表面应平整，无气泡、无压痕、无凸瘤；液体涂料涂层表面一般应有光泽，色泽均匀，平整，无流挂；烘烤和烧结涂层则要求涂层色泽均匀，无变黄等颜色变化；缠带涂层以及有外保护带（塑料膜）的防腐层其表面应无皱褶，缠绕均匀，压边15~25mm，防腐层下不得有空鼓，无分层现象。

管体防腐层端面应整齐，预留段长度符合设计规定，厚防腐层的端面为规则的斜面。

2）漏点检测

应对防腐管逐根进行漏点检查，以无漏点为合格。管道防腐层一般采用电火花针孔检漏仪进行检测，探头由导电金属丝或导电橡胶等制作，检测时，探头需接触涂层表面，以20cm/s左右的速度移动，通过击穿缺陷位置的空气及过薄的涂层，产生电火花，或辅以仪器声光报警，探测出缺陷位置。

通常，检漏电压按照SY/T 0063—1999《管道防腐层检漏试验方法》中B方法确定，防腐层的检漏电压按下列公式计算并取整：

$$U = Kt^{1/2} \tag{6-1}$$

式中　U——检漏电压，V；
　　　K——系数，K=7843；
　　　t——涂层厚度，mm。

在特定防腐层的规范中，FBE等厚度低于1.0mm的管道防腐层的检漏电压按5V/μm确定，3LPE厚涂层采用25kV的检漏电压。

3）厚度检查

通常每20根防腐管抽检1根（不足20根时也应抽检1根）。若不合格，再抽查两根管，其中1根仍不合格时，应全部进行检查。

按照SY/T 0066—1999《管道防腐层厚度的无损测量方法（磁性法）》规定，防腐层厚度采用无损厚度测量仪进行检测，在每根管子两端和中间共测3个截面，每个截面测上、下、左、右4点，最薄点的厚度应不低于标准规定的最小厚度。

4）黏结力和结构检查

一般规定每班至少抽查1根管。如果防腐材料批次改变，应对改变后的第一根防腐管进行检查。如果检测结果不合格，再抽查2根管，其中1根仍不合格时，应判废。检测一一般在涂装现场进行，视防腐层种类不同，分别采用刀挑法、划格法、拉拔法等；聚乙烯防腐层则是用刀具划开一定长度和宽度的防腐层，将条状防腐层拉起，测量剥离强度。

对于有层间结构的防腐层（石油沥青、煤焦油瓷漆、胶粘带、DPS 和 3PE 等），需要检查涂层的结构和各层的厚度。

对采用热固性涂层的防腐层，通常还要进行固化程度的检测。

第二节 钢管涂装生产技术

一、三层结构聚乙烯（3LPE）防腐层技术

三层结构聚乙烯防腐层是大口径管道最主要的防腐层，也是我国天然气长输管道最常采用的防腐层，国内的主要标准为 GB/T 23257—2017《埋地钢质管道聚乙烯防腐层》。

1. 3LPE 防腐层结构、等级及材料要求

1）防腐层结构

三层结构聚乙烯（3LPE）的底层为环氧涂层，可用熔结环氧粉末（FBE）或液态环氧涂料，中间层为胶粘剂，面层为聚乙烯（图 6-4）。三种涂层组合在一起，利用了不同材料各自的优点，底层环氧粉末对钢有良好的附着力，中间层胶粘剂起到了把底层和面层粘接在一起的作用，面层聚乙烯起着隔离腐蚀介质和机械保护的作用，从而具有优良的防腐蚀和抗机械损伤的双重能力。

2）防腐层等级

钢管外防腐 3LPE 分为普通级和加强级，其防腐层最小厚度规定见表 6-2。

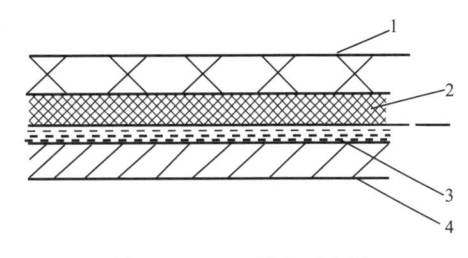

图 6-4 3LPE 结构示意图
1—聚乙烯层；2—胶粘剂层；
3—环氧粉末层；4—钢管

表 6-2 防腐层的厚度

钢管公称直径 DN	环氧涂层厚度 mm	胶粘剂层厚度 mm	防腐层最小厚度，mm 普通级（G）	防腐层最小厚度，mm 加强级（S）
DN≤100	≥120	≥170	1.8	2.5
100<DN≤250			2.0	2.7
250<DN<500			2.2	2.9
500≤DN<800			2.5	3.2
800≤DN≤1200	≥150		3.0	3.7
DN>1200			3.3	4.2

注：焊缝部位的防腐层厚度不应小于表中规定值的 80%。

焊缝顶部的防腐层厚度通常只有规定管体防腐层厚度的 70% 左右，要满足该部位的厚度规定，需要增加管体防腐层厚度，在材料预算中需要特别注意这一点。

3）防腐材料的要求

首先要对 3LPE 防腐层使用的 3 种防腐材料，即环氧粉末、胶粘剂和聚乙烯进行查验，各种防腐材料应具有出厂质量证明书、国家认证机构的检验报告、使用说明书、出厂合格证、生产日期及有效期。这些资料要齐全，作为产品验收的资料。

3 种原材料均应包装完好，应存放在阴凉干燥处，严防受潮，防止日光直接照射，并要隔绝火源，远离热源。对于环氧粉末涂料，还要求在夏天存放在 25℃室温条件下。各种原材料应有离地面 100mm 以上的隔垫，保证通风，而且地面应加防潮物，如油毡或塑料布等。特别应注意防腐原材料在运输过程中包装受损与受潮的情况。

防腐材料在投入防腐生产前，要根据标准或工程规范的要求，由国家认证的检验机构对其性能逐项检测，按规定进行防腐涂装工艺评定试验，并达到工程规定要求。

（1）环氧粉末涂料。

环氧粉末、实验室制取涂层的样本的性能测试结果应满足表 6-3 和表 6-4 的要求。

表 6-3　环氧粉末的性能指标

项目	性能指标	试验方法
粒径分布，%	150μm 筛上粉末≤3.0 250μm 筛上粉末≤0.2	GB/T 6554—2003
不挥发物含量（105℃），%	≥99.4	
密度，g/cm³	1.30～1.50 且符合厂家给定值 ±0.05	GB/T 4472—2011
胶化时间，s	≥12 且符合厂家给定值 ±20%	GB/T 6554—2003
固化时间，min	≤3	GB/T 23257—2017
热特性 ΔH，J/g	≥45	
热特性 T_{g2}，℃	≥98	

注：环氧粉末涂料胶化时间和固化时间的测试温度为产品说明书指定的涂敷温度。未指定时，常温涂敷粉末试验温度为 200℃，低温涂敷粉末试验温度应低于 200℃。

表 6-4　熔结环氧涂层的性能指标

项目	性能指标	试验方法
附着力，级	1	GB/T 23257—2017
阴极剥离（65℃，48h），mm	≤5	
阴极剥离（65℃，30d），mm	≤15	
抗弯曲（−20℃，2.5°）	无裂纹	

注：实验室喷涂试件的涂层厚度应为 300～400μm，涂敷温度为产品说明书指定的温度。未指定时，常温涂敷粉末涂敷温度为 200℃，低温涂敷粉末涂敷温度应低于 200℃。

（2）胶粘剂。

3LPE 胶粘剂的性能应满足表 6-5 所列指标。

表 6-5　三层结构用胶粘剂的性能指标

项目	性能指标	试验方法
密度，g/cm³	0.920～0.950	GB/T 4472—2011
熔体流动速率（190℃，2.16kg），g/10min	≥0.7	GB/T 3682.1—2018
维卡软化点（A_{50}，9.8N），℃	≥90	GB/T 1633—2000
脆化温度，℃	≤-50	GB/T 5470—2008
氧化诱导期（200℃），min	≥10	GB/T 23257—2017
含水率，%	≤0.1	HG/T 2751—1996
拉伸强度[①]，MPa	≥17	GB/T 1040.2—2006
断裂标称应变[①]，%	≥600	

① 拉伸速度为 50mm/min。

（3）聚乙烯防腐料。

聚乙烯防腐专用料（颗粒）的性能应满足表 6-6 各项指标，压片的性能应满足表 6-7 各项指标的要求。

表 6-6　聚乙烯专用料的性能指标

项目	性能指标	试验方法
密度，g/cm³	0.940～0.960	GB/T 4472—2011
熔体流动速率（190℃，2.16kg），g/10min	≥0.15	GB/T 3682.1—2018
炭黑含量，%	≥2.0	GB 13021—1991
含水率，%	≤0.1	HG/T 2751—1996
氧化诱导期（220℃），min	≥30	GB/T 23257—2017
耐热老化（100℃，4800h）[①]，%	≤35	GB/T 3682.1—2018

① 耐热老化指标为试验前与试验后的熔体流动速率偏差。

表 6-7　聚乙烯防腐料的压制片材性能指标

项目	性能指标	试验方法
拉伸屈服强度[①]，MPa	≥15	GB/T 1040.2—2006
拉伸强度[①]，MPa	≥22	
断裂标称应变[①]，%	≥600	
维卡软化点（A_{50}，9.8N），℃	≥110	GB/T 1633—2000

续表

项目		性能指标	试验方法
脆化温度，℃		≤−65	GB/T 5470—2008
电气强度，MV/m		≥25	GB/T 1408.1—2016
体积电阻率，Ω·m		≥1×10^{13}	GB/T 1410—2006
耐环境应力开裂（F50）时间，h		≥1000	GB/T 1842—2008
压痕硬度，mm	23℃	≤0.2	GB/T 23257—2017
	60℃或80℃[2]	≤0.3	
耐化学介质腐蚀（浸泡7天）[3]，%	10%HCl	≥85	GB/T 23257—2017
	10%NaOH		
	10%NaCl		
耐紫外光老化（336h），%[2]		≥80	

① 拉伸速度为50mm/min；
② 常温型，试验条件为60℃；高温型，试验条件为80℃；
③ 耐化学介质腐蚀及耐紫外光老化指标为试验后的拉伸强度和断裂标称应变的保持率。

（4）工艺评定试验。

工艺评定试验结果应符合表6-8聚乙烯层性能指标（从工艺评定试验管上割下的聚乙烯皮）、表6-9防腐层的性能指标（从管体上取试件）要求。

表6-8 聚乙烯层的性能指标

项目		性能指标	试验方法
拉伸强度[1]	轴向，MPa	≥20	GB/T 1040.2—2006
	周向，MPa	—	
	偏差[2]，%	≤15	
断裂标称应变[1]，%		≥600	
压痕硬度，mm	23℃	≤0.2	—
	60℃或80℃[3]	≤0.3	GB/T 23257—2017
耐环境应力开裂（F$_{50}$），h		≥1000	GB/T 1842—2008
热稳定性 |ΔMFR|[4]，%		≤20	GB/T 3682.1—2008

① 拉伸速度50mm/min；
② 偏差为轴向和周向拉伸强度的差值与两者中较低者之比；
③ 常温型，试验条件为60℃；高温型，试验条件为80℃；
④ 聚乙烯挤出前后熔体流动速率变化率。

表 6-9 防腐层性能指标

项目		性能指标		试验方法
		二层结构	三层结构	
剥离强度，N/cm	（20±5）℃	≥70	≥100（内聚破坏）	
	（60±5）℃	≥35	≥70（内聚破坏）	
阴极剥离（65℃，48h），mm		≤15	≤5	
阴极剥离（最高运行温度，30d），mm		≤25	≤15	
环氧粉末底层热特性：玻璃化温度变化值 $|\Delta T_g|$，℃		—	≤5	GB/T 23257—2017
冲击强度，J/mm		≥8		
抗弯曲（-30℃，2.5°）		聚乙烯无开裂		
耐热水浸泡（80℃，48h）		翘边深度平均值≤2mm 且最大值≤3mm		

2. 3LPE 防腐层涂装

钢管 3LPE 外防腐生产应配备完善的钢管外涂装生产作业线、成套的生产过程检测及产品质量检验仪器，并配置钢管倒运设备和吊装设备，具备光管和防腐管的堆放场地。

3LPE 钢管外防腐涂装工艺流程如图 6-5 所示。

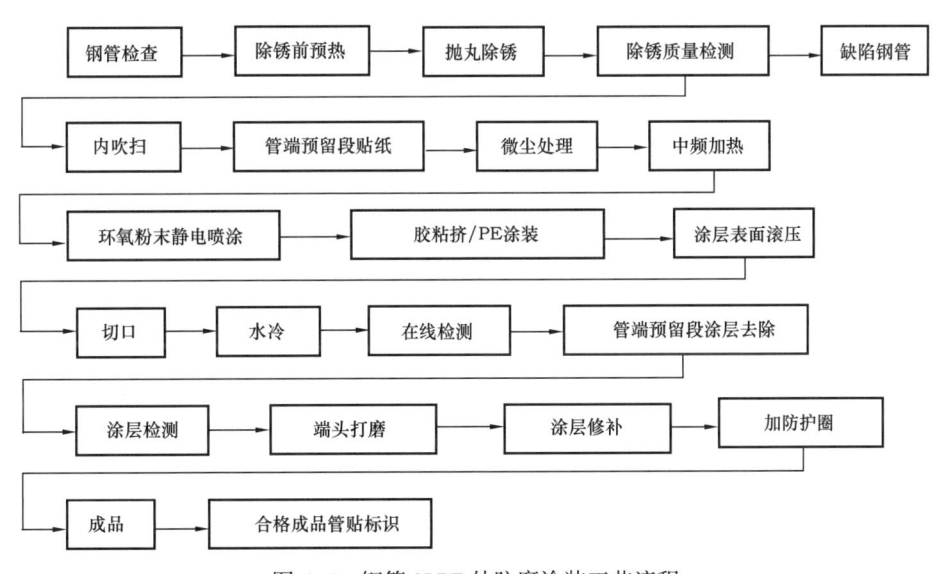

图 6-5 钢管 3LPE 外防腐涂装工艺流程

1）除锈质量控制

钢管管体除锈等级应达到 Sa 2.5 级，锚纹深度达到 40～90μm，表面灰尘度达到 2 级以上质量水平。

2）涂敷过程控制

（1）涂敷前预热：钢管预热通常按照 200℃ 左右控制，具体温度由粉末固化温度和工艺评定试验结果确定。

（2）环氧粉末固化：环氧粉末层的固化度应达到95%以上。环氧粉末的固化温度和固化时间均应满足产品说明书的要求。

根据粉末固化时间，可用下列公式计算确定钢管的行进速度：

$$v = S/t \tag{6-2}$$

式中　v——钢管行进直线速度，m/min；

　　　S——固化段（从粉末喷涂终点到水冷段的距离），m；

　　　t——固化时间（可从固化曲线查取或实测），min。

（3）胶粘剂和聚乙烯的涂敷：胶粘剂和聚乙烯缠绕涂敷通常采用侧向缠绕，分为下挤出和上挤出两种型式（图6-6、图6-7）。

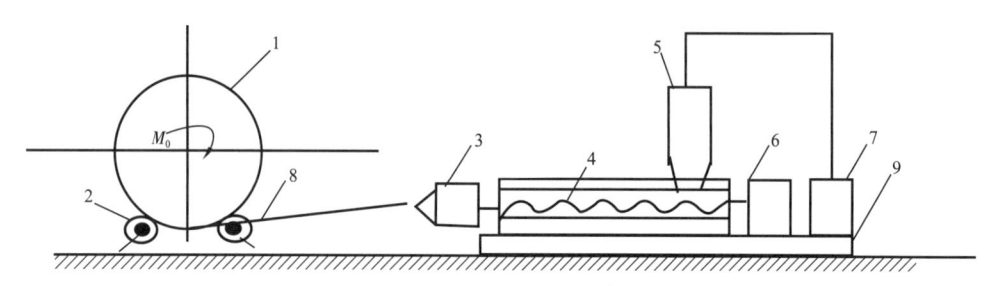

图6-6　胶粘剂/聚乙烯侧向下挤出示意图
1—钢管；2—传动轮；3—胶粘剂/PE机头；4—单螺杆挤出机；5—上料罐；
6—直流调速电机；7—上料装置；8—挤出片材；9—前后移动机构

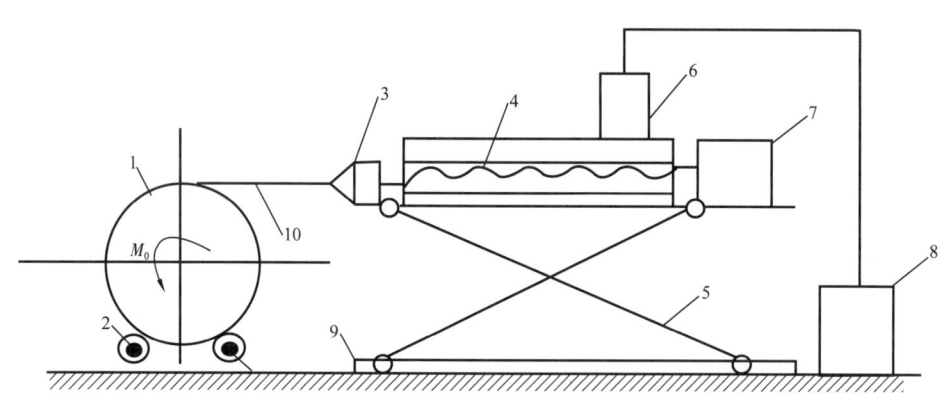

图6-7　胶粘剂/聚乙烯侧向上挤出示意图
1—钢管；2—传动轮；3—胶粘剂/PE机头；4—单螺杆挤出机；5—起降架；6—上料罐；
7—直流调速电机；8—上料装置；9—前后移动轨；10—挤出片材

上挤出，有利于涂装操作，减少废料，但挤出机需要随管径变化作上下、前后的调整，调节机构较为复杂；下挤出，在不同管径涂敷时管底高度基本不变，挤出机只需作前后移动的调整，弊端是涂装作业不方便，废料略多。

胶粘剂涂装时，要在环氧粉末胶化过程中、完全固化前进行缠绕，这样胶粘剂和粉末涂料可形成有效的化学粘接；聚乙烯涂装时，压边宽度由缠绕层数确定，如缠绕要求三层，则压边宽度需要达到膜片宽度的1/3，挤出量越大、缠绕层数越多，聚乙烯层的厚度越大。

（4）涂层表面滚压：通过滚压将缠绕的各层塑化物料挤压融合，排出片材下裹夹的气泡，压平搭边处。压辊应具有一定弹性和硬度，常采用耐热硅胶辊；通常用气缸控制滚压力度。

（5）切口：钢管3LPE外防腐是连续涂装的，涂装后需要把每根钢管分开并对预留段上的涂层进行切断。可采用机械或人工进行切割分离，采用三刃刀，中间一刃对准钢管管端连接处，其他两刃位于比预留段长度略小处，刀随钢管前行，钢管转动切开防腐层。

（6）水冷：防腐钢管通过水冷，要冷却到60℃以内。

防腐管刚进入水冷室时，要求冷却水缓流到管壁上，避免PE表面产生水击点。通常加装开孔的海绵块，防腐管从孔中通过，冷却水从海绵渗出（图6-8）。

（7）管端预留段涂层去除：防腐管脱离传送线后，递送到管架上排布，由工人将钢管端部切断的防腐层切开、剥除。

（8）端头打磨：防腐钢管在转台上转动，采用高速转动圆盘钢刷贴紧钢管预留段表面，沿管轴线方向整体移动打磨小车，对钢管两端同时进行打磨，将预留段内的涂层清理干净，并把防腐层端面打磨成斜角（角度按照标准或工程规定）。预留段边缘宜保留20~50mm宽的环氧粉末底层，有助于保持防腐层端部对钢管的粘接（图6-9）。

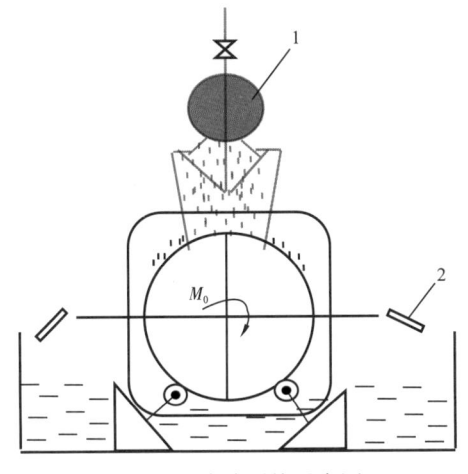

图6-8 水冷系统示意图
1—专用水冷管结构；2—侧喷水头

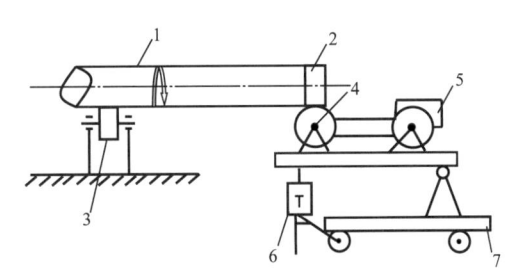

图6-9 端头打磨示意图
1—钢管；2—预留段；3—圆周转动轮；4—圆盘钢刷；
5—驱动电机；6—打磨上下气缸；7—移动小车

（9）涂层修补：对检出的漏点，根据标准和工程规范，对允许修补的漏点采用聚乙烯补伤棒、聚乙烯粉末进行修补。修补后，再用电火花检漏仪25kV进行检查，要求无漏点。

3. 3LPE防腐层质量检验

1）涂敷过程检验

（1）采用非接触式测温仪、测温笔或测温纸检测钢管涂装预热温度（管体温度通常需要达到200~230℃）。

（2）检测在工艺规定温度参数条件下的固化度，其值应达到95%以上。

（3）检测胶粘剂和聚乙烯两层各自的厚度和防腐层总厚度。

（4）逐根目测聚乙烯层外观。

（5）采用在线火花检漏仪检查防腐管的漏点，电压为25kV，无漏点为合格，如有漏点做好标记，待后续处理。

2）防腐管产品检验

防腐管产品检验包括下列项目：

（1）防腐层的外观检验采用目测方法，逐根检查，要求聚乙烯外层要平滑，无暗泡、麻点、皱折、裂纹，而且色泽应均匀，防腐管端应无翘边。

（2）防腐层总厚度检验按每连续生产批至少检第1、5、10根钢管的防腐层厚度，之后每10根至少测1根，保证防腐层厚度在连续生产中的稳定，并应注意对焊缝部位厚度的检测。

（3）防腐管漏点检验用25kV进行全面的电火花检漏，无漏点为合格，如1根管出现2处或2处以下漏点时，可按标准或工程规范进行修补；单管有2个以上漏点或单个漏点沿轴向尺寸大于300mm时，该防腐管为不合格，应重涂。

（4）防腐层的黏结力检验是在表6-9规定的2个温度下，分别进行剥离强度检验，使用剥离强度试验仪或弹簧拉力器测量。通常每50根检测1根，若不合格，应加倍检验，加倍后全部合格，该批管为合格，否则此批管为不合格品。

（5）三层结构防腐管的环氧粉末层厚度及热特性每班（不超过12h）至少应测量一次，结果应满足表6-2、表6-3和订货的规定。

（6）每连续生产的第10km、第20km、第30km的防腐管均应进行一次48h、65℃阴极剥离试验，之后每50km进行一次，结果应符合表6-9的规定。

（7）每连续生产50km防腐管应截取聚乙烯层样品，按GB/T 1040.2—2006《塑料　拉伸性能的测定　第2部分：模塑和挤塑塑料的试验条件》检验其拉伸强度和断裂标称应变，结果应符合表6-8的规定。

4. 堆放和搬运

防腐管检验合格应喷有标志，吊运和存放是应防止防腐层被损坏，合格管与非合格管、不同规格防腐管均要分别堆放。

1）存放

防腐管在防腐厂内堆放时，管底部应有垂直管轴线的两组以上支垫垫起，两组支垫间距4~8m，支垫最小宽度为100mm，防腐管离地面不得少于100mm，支垫与防腐管之间以及防腐管相互之间应垫上柔性隔离物，也可采用细沙袋作支垫。码放层数按照表6-10的要求。

表6-10　挤压聚乙烯防腐管的允许堆放层数

公称直径 DN，mm	$DN<200$	$200 \leqslant DN <300$	$300 \leqslant DN <400$	$400 \leqslant DN <600$	$600 \leqslant DN <800$	$800 \leqslant DN \leqslant 1200$	$DN>1200$
堆放层数	≤10	≤8	≤6	≤5	≤4	≤3	≤2

3LPE外防腐管露天存放时间不宜超过6个月，防止曝晒。在工厂长期存放应采用苫布遮盖；在施工现场露天存放时间不应超过3个月；否则，也应采用不透明遮盖物进行

遮掩。

2）搬运

在吊装或倒运时要防止损坏聚乙烯防腐层。应采用尼龙吊带。如采用钢丝绳，钢丝绳必须套有胶皮管或绑扎橡胶皮，防止任何硬质材料接触防腐层，吊具应采用专用吊具，防止管口损伤。在运输时，车上要使用专用管架，管架与防腐管接触面，应垫有橡胶板之类软质材料，并用尼龙带捆绑固定。

5. 补伤

钢管防腐层生产形成缺陷或机械损伤，应按照标准和工程规范进行修补。

1）补伤作业

对于直径小于或等于10mm且损伤深度不超过管体防腐层厚度50%的损伤，可用管体聚乙烯供应商提供的配套的聚乙烯粉末或热熔修补棒修补。

对于不大于30mm的损伤，采用聚乙烯补伤片进行修补，先去除损伤部位的污物，再将该处的管体聚乙烯边缘修切成钝边，表面打毛，清理干净后，往损伤面充填与补伤片配套的胶粘剂，然后贴上补伤片，补伤片的大小必须保证其边缘距管体聚乙烯层孔洞边缘大于100mm，补伤时应边加热边用棍子或戴耐热手套，挤出内在的空气，直到补伤片四周的胶粘剂均匀溢出即可。

对于直径大于30mm的损伤，按照上述补伤片修补方法进行修补，最后在补伤处包覆一条热收缩带，包覆带的宽度应比补伤片两边多50mm。

2）补伤检验

补伤后应进行外观、漏点、黏结力三项检验。

（1）补伤后要逐个检验补伤处外观，表面平整，无皱折、气泡及烧焦炭化等现象，补伤片四周胶粘剂均匀溢出，不合格的应重补。

（2）每一个补伤处用电火花检漏仪进行漏点检查，检测电压为15kV，若不合格，重新修补并检漏，直到无漏点为止。

（3）补伤后的黏结力按标准或工程规范要求进行检漏验，15～25℃的剥离强度应大于50 N/cm。涂敷厂生产过程的补伤，每班（不超过8h）应抽测一处补伤的黏结力，如不合格，加倍抽查；如加倍抽查仍有一个不合格，该班的补伤全部返工。现场施工过程的补伤，每20个补伤处抽查一处剥离强度，如不合格，应加倍抽查；如加倍抽查仍有一个不合格，则该段管线的补伤应全部返修。

二、熔结环氧粉末防腐层技术

在我国，熔结环氧防腐管生产目前主要执行SY/T 0315—2013《钢质管道熔结环氧粉末外涂层技术规范》。

1. 熔结环氧粉末外涂层结构及材料要求

1）涂层结构

熔结环氧粉末防腐层分为单层和双层两种结构，最小厚度见表6-11的规定。单层熔结环氧粉末外涂层（FBE）为一次喷涂成膜；双层熔结环氧粉末外涂层（DPS）由内、外两种环氧粉末涂料前后分别喷涂、一次成膜而构成。

表 6-11　熔结环氧粉末防腐最小厚度　　　　　　　　　　　　单位：μm

涂层类型	FBE 厚度	DPS		
^	^	内层厚度	外层厚度	总厚度
普通级	300	250	350	600
加强级	400	300	500	800

2）材料要求

（1）环氧粉末涂料。

环氧粉末涂料各项指标应符合表 6-12 要求。

表 6-12　环氧粉末涂料的性能指标

序号	项目		性能指标			试验方法
^	^		单层环氧粉末涂料	双层环氧粉末涂料		^
^	^		^	内层	外层	^
1	外观		色泽均匀，无结块	色泽均匀，无结块		目测
2	固化时间 [(230±3)℃][1] min		固化时间≤2h 且符合粉末生产商给定范围	固化时间≤2h 且符合粉末生产商给定范围	固化时间≤1.5h 且符合粉末生产商给定范围	SY/T 0315—2013
3	胶化时间 [(230±3)℃][1] s		胶化时间≤30h 且符合粉末生产商给定范围	胶化时间≤30h 且符合粉末生产商给定范围	胶化时间≤20h 且符合粉末生产商给定范围	GB/T 6554—2003
4	热特性	ΔH, J/g	$\Delta H \geq 45$，且符合粉末生产商给定特性	$\Delta H \geq 45$，且符合粉末生产商给定特性		SY/T 0315—2013
^	^	T_{g2}, ℃	≥最高使用温度 +40	≥最高使用温度 +40		^
5	不挥发物含量 %		≥99.4	≥99.4		GB/T 6554—2003
6	粒度分布 %	150μm 筛上粉末	≤3.0			^
^	^	250μm 筛上粉末	≤0.2			^
7	密度，g/cm³		1.3~1.5 且符合粉末生产商给定值 ±0.05	1.3~1.5 且符合粉末生产商给定值 ±0.05	1.4~1.8 且符合粉末生产商给定值 ±0.05	GB/T 4472—2011
8	磁性物含量，%		≤0.002	≤0.002		JB/T 6570—2007

[1] 对于低温固化环氧粉末涂料，试验温度应根据产品特性确定。

双层环氧粉末涂层的内、外层环氧粉末涂料应使用同一生产商的配套产品，并有明显色差。防腐厂应按照环氧粉末涂料生产商推荐的温度和干燥条件储存环氧粉末涂料，且在装运过程中保持干燥、清洁。

（2）实验室涂敷试件。

应按照产品说明书和相关技术要求进行实验室涂敷试件的制备并进行检测，检测结果应符合表 6-13 的要求。

表 6-13　实验室涂敷试件的涂层质量指标

序号	项目		性能指标		试验方法
			单层涂层	双层涂层	
1	外观		平整、色泽均匀、无气泡、无开裂及缩孔，允许有轻度桔皮状花纹		
2	热特性	T_{g_2}，℃	≤5	≤5（内层、外层）	
		固化百分率，%	≥95	≥95（内层、外层）	
3	阴极剥离（65℃，48h），mm		≤6.5	≤6.5	
4	阴极剥离（65℃，28d），mm		≤15	≤15	
5	抗弯曲（订货规定的最低试验温度 ±3℃）		3°弯曲，无裂纹	2°弯曲，无裂纹	SY/T 0315—2013
6	抗冲击		1.5 J（-30℃），无漏点	10J（23℃），无漏点	
7	断面孔隙率，级		1～4	1～4	
8	黏结面孔隙率，级		1～4	1～4	
9	附着力（24h），级		1～3	1～3	
10	附着力（28d），级		1～3	1～3	
11	耐划伤（30kg），μm		—	≤350，无漏点	SY/T 4113—2007
12	耐磨性（落砂法），L/μm		≥3	—	SY/T 0315—2013
13	电气强度，MV/m		≥30	≥30	GB/T 1408.1—2016
14	体积电阻率，Ω·m		$\geq 1 \times 10^{13}$	$\geq 1 \times 10^{13}$	GB/T 1410—2006
15	弯曲后涂层耐阴极剥离（28d）		2.5°，无裂纹	1.5°，无裂纹	SY/T 0315—2013
16	耐化学腐蚀		合格	合格	

2. 环氧粉末外涂层涂敷

1）工艺评定试验

应按照表 6-14 的项目对工艺试验制作的防腐层进行检测并达到合格。

表 6-14 涂层检验项目及性能指标

序号	项目	性能指标 单层涂层	性能指标 双层涂层	试验方法
1	热特性 $|\Delta T_g|$，℃	≤5	≤5（内层、外层）	SY/T 0315—2013 附录 B
2	耐阴极剥离（65℃，24h），mm	≤8	≤8	SY/T 0315—2013 附录 C
3	抗弯曲（订货规定的最低试验温度 ±3℃）	2.5°，无裂纹	普通级：2°，无裂纹；加强级：1.5°，无裂纹	SY/T 0315—2013 附录 D
4	抗冲击，J	−30℃下：1.5，无漏点	普通级（23℃）10，无漏点；加强级（23℃）15，无漏点	SY/T 0315—2013 附录 E
5	断面孔隙率，级	1～4	1～4	SY/T 0315—2013 附录 F
6	黏结面孔隙率，级	1～4	1～4	SY/T 0315—2013 附录 F
7	附着力（24h），级	1～3	1～3	SY/T 0315—2013 附录 G
8	耐划伤，μm	—	普通级（30kg）≤350，无漏点；加强级（50kg）≤500，无漏点	SY/T 4113—2007

2）防腐管生产

熔结环氧粉末钢管外涂装工艺流程如图 6-10 所示。

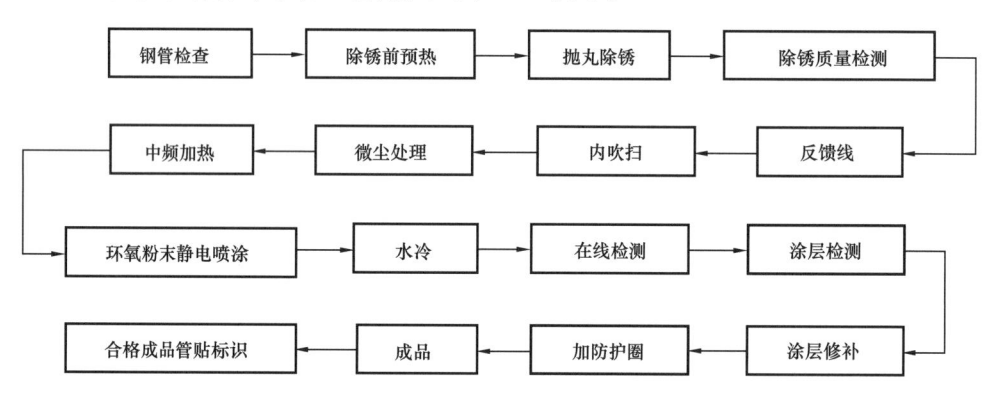

图 6-10 熔结环氧粉末钢管外涂装工艺流程

钢管熔结环氧粉末防腐层外涂装生产车间的设备布置和 3PE 防腐层相近，区别在于没有挤出机，粉末喷涂能力较大；DPS 涂装需要 3 套供粉系统，对应布置 3 组喷枪，第一组喷涂第一层粉末，第二组喷涂回收粉末，第三组喷涂外层粉末。

生产作业中，钢管表面处理、中频加热等和 3LPE 的作业相同，粉末喷涂和 3LPE 的底层喷涂作业总体相同，此处不再赘述。

（1）涂敷前中频加热：通常环氧粉末涂敷时的管体温度应达到 225℃ 左右，具体加热温度要根据产品性质、固化段长度和涂敷结果确定，保证固化度达到 95% 以上。

（2）环氧粉末静电喷涂：采用多枪成行成列摆布，喷枪喷嘴距管体 150~170mm，钢管螺旋前进，完成整个表面的均匀喷涂（图 6-11）。

DPS 防腐层的涂装工艺和 FBE 基本相同，不同的是双层喷涂用 3 组喷枪喷涂不同的粉末。粉末既可以一起回收，也可以单独回收。一起回收粉末的工艺如图 6-12 所示。

（3）水冷：防腐管温度冷却到 60℃以下，冷却水应流淌散布在钢管表面，充分交换热量。

（4）在线漏点检测：采用在线电火花检漏仪对在作业线运动中的防腐钢管进行检测，要求探头宽度大于钢管行走螺距。检漏电压按照涂层厚度、以 5V/μm 计算确定，如果有漏点或薄点会产生击穿报警，人工随即在钢管上打上标记以待后续检查与处理。

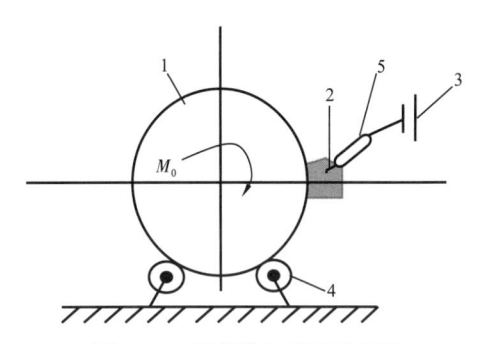

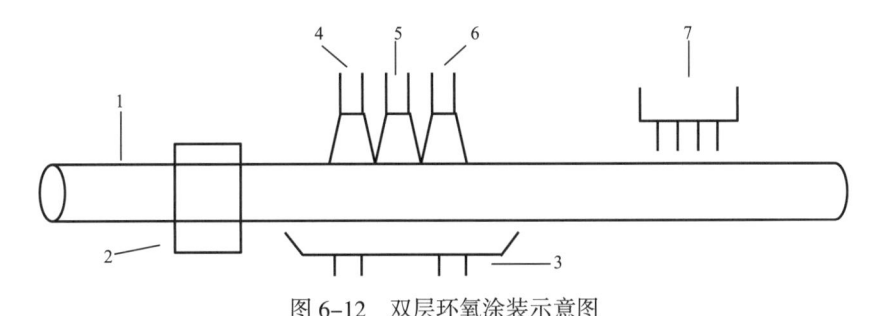

图 6-11　钢管静电喷涂示意图
1—钢管（接地正极）；2—电极（负极）；
3—电源；4—传动轮；5—喷枪

图 6-12　双层环氧涂装示意图
1—钢管；2—中频加热；3—回收系统；4—底层；5—回收粉；6—面层；7—冷却水

3. 熔结环氧粉末防腐管质量检验

1）涂敷过程检验

（1）采用非接触式测温仪、测温笔或测温纸检测钢管涂装前预热温度，至少应每小时记录一次温度值。

（2）检测涂层厚度和固化度，固化度应达到 95% 以上。固化度和粉末层厚度每 4 小时至少检测一次。DPS 的外层涂敷应在内层胶化完成前进行，且应保证外层需要的固化温度。

（3）采用在线电火花检漏仪对在作业线运动中的防腐钢管进行检测，要求探头宽度大于钢管行走螺距。检漏电压按照涂层厚度、以 5V/μm 计算确定，检出漏点需打上标记以待后续检查与处理。

2）防腐管成品检验

防腐管成品检验的项目包括防腐层外观、厚度、漏点的检验。

（1）防腐层的外观。

涂层外观检测，逐根目测检查，外观要平整、色泽均匀、无气泡、无开裂及缩孔，允许有轻度桔皮状花纹。钢管两端预留段的长度应逐根进行测量，结果应满足订货要求。

（2）漏点检测。

按照 5V/μm 电压对防腐管进行全面的漏点检测，检漏仪应至少每班校准一次。

防腐管漏点检测时，当钢管外径小于325mm时，平均每米管长漏点数不超过1.0个；当钢管外径等于或大于325mm时，外表面漏点数平均不超过0.7个/m^2，可按标准进行修补，经过修补的防腐层应对修补处进行漏点检测；当漏点超过上述规定时，或个别漏点的面积不小于2.5×10^4mm^{2}时，应重涂。

（3）厚度检测。

钢管连续涂敷时，每班涂敷的前5根钢管应逐根测量，之后每20根至少测量1根涂层厚度并记录。对于焊接管，应有1个测量点在焊缝上。涂层测厚仪应至少每班校准1次。

FBE厚度检测结果和DPS总厚度检测结果应符合表6-11的要求。

应进行DPS的内、外层厚度检测。每班生产的第1根防腐管，应使用多层测厚仪在钢管端部涂层上任取1点测量内、外层的厚度并记录；连续生产时，应至少每20根钢管检测1次内、外层的厚度并记录。内、外层厚度应符合表6-11要求。当总厚度符合要求，内层或外层厚度小于规定的最小厚度值50μm以上时，应重涂。测量后应对涂层的损坏处按要求及时进行修补。

（4）固化度检验。

应每班至少抽取1根成品管，按规范要求进行涂层固化度检验，玻璃化转变温度的变化值（ΔT_g）应不大于5℃。双层环氧粉末涂层应分别检测内层、外层的固化度。当涂层固化度不合格时，应加倍抽检。若仍有不合格，应对当班涂敷的钢管进行逐根检验，涂层固化度不合格的钢管应予以重涂。

（5）型式检验。

连续生产时，每种管径、壁厚环氧粉末外涂层直管应每班（最多间隔12h）截取1根长度为500mm左右的管段或同等生产工艺条件下的试验管段，按表6-14中的各项指标进行测试。

若检验结果不符合表6-14的要求，则在该不合格检测钢管与前一合格检测钢管之间，追加2个试件，重新检验。当2个重做的试件均合格时，则该区间内涂敷的涂层为合格。若仍有1个不合格，则该区间的所有涂层均视作不合格。

4. 成品管存放和搬运

熔结环氧粉末防腐管在堆放时，防腐管底部应采用2道以上柔性支撑垫起，支撑的最小宽度为200mm，其高度应高于地面150mm；各层之间应加柔性隔离垫，避免损伤涂层。

成品管的堆放层数应符合表6-15的要求。

表6-15 直管成品管堆放层数

管径 DN，mm	$DN<200$	$200 \leqslant DN <300$	$300 \leqslant DN <400$	$400 \leqslant DN <500$	$500 \leqslant DN <600$	$DN \geqslant 600$
最大堆放层数	10	7	6	5	4	3

环氧粉末防腐管的存放期间和搬运时的保护要求和3LPE防腐管相同。

5. 涂层的修补

熔结环氧粉末防腐层局部修补的作业应符合下列要求：

（1）缺损部位的所有锈斑、鳞屑、裂纹、污垢和其他杂质及松脱的涂层必须清除掉。
（2）将缺陷部位打磨成粗糙面，打磨及修复搭接宽度不小于10mm。
（3）用干燥的布和刷子将灰尘清除干净。
（4）直径不超过25mm的缺陷部位，应用环氧粉末生产厂推荐的热熔修补棒或双组分液体环氧树脂涂料进行局部修补。
（5）直径大于25mm且面积小于$2.5 \times 10^4 mm^2$的缺陷部位，应采用环氧粉末涂料生产商推荐的双组分无溶剂液体环氧树脂涂料进行局部修补。
（6）修补材料应按照厂家推荐的方法贮存和使用。
（7）所修补涂层厚度应满足表6-11的要求。修补情况应予以记录。

三、无溶剂内减阻涂层技术

管道内涂层技术是提高输量的有效手段，同时可以防止管道内腐蚀的发生，对于干线输气管道尤为重要。减阻内涂层技术可降低管道内壁粗糙度，减小流动摩擦阻力从而增加输量，在设计输量一定时可以降低输送压力、扩大加压站的间距、降低动力消耗。实际检测表明，内涂层能够使管道的输气量提高4%～8%。目前，干线输气管道上常采用的内涂涂料为液体环氧涂料与环氧粉末涂料。

1. 应用现状

基于减阻为主要目的管道内涂层技术自20世纪60年代以来发展极为迅速。输气管道内减阻涂料技术最早应用于欧美国家，经过几十年的应用发展，欧美国家管道内减阻涂料生产和施工技术非常成熟。在进入20世纪80年代后，国外大口径长输天然气管道已普遍采用内涂层减阻技术来提高输气压力，增加输量。目前，内减阻涂层主要用于长输天然气管道。

相对于欧美等发达国家而言，我国内涂层减阻技术在天然气管道上的应用比较晚，2001年西气东输工程之前，国内的天然气管道内壁并没有采用内减阻涂料。西气东输工程正式立项后，西气东输工程项目部围绕着整个工程先后组织了有关单位和部门完成了一大批科研项目。为了减小输送阻力、调高输送效率，西气东输工程决定在国内天然气管道上第一次采用内减阻涂层，由此开创了国内天然气管道内减阻涂层技术的工程应用历程，目前国内干线管道已经普遍采用该技术。

2. 涂料的技术指标

目前，管线内减阻涂料的主要品种是液体环氧涂料，包括溶剂型和无溶剂型，通常为双组分。内减阻涂料的技术指标见表6-16、表6-17。

表6-16　内减阻涂料性能

序号	试验项目	技术指标	执行标准
1	颜色及外观	色泽均匀、有光泽	目测
2	细度，μm	≤80	GB/T 1724—1979
3	表干（25℃），h	≤2	GB/T 1728—1979
4	实干（25℃），h	≤8	

表 6-17　内减阻涂层性能（涂层厚度≥65μm）

序号	试验项目	技术指标	执行标准
1	外观	Cardiner60°光泽仪测取的涂层光泽不小于 50	ASTM D523
2	剥离	涂层不应被以条状刮去，而应成片剥落，搓捻时，剥落片应成粉状颗粒	API RP 5L2 附录 C
3	布霍尔茨硬度	25℃时，最小 94	DIN 53 153
4	磨损系数	≥23	ASTM D968 方法 A
5	弯曲	弯曲圆柱直径 13mm，目视检查，试片涂层应无剥落或开裂	ASTM D522
6	附着力	除切口外任何材料均无脱落	API RP 5L2 附录 D
7	气压起泡	无起泡	API RP 5L2 附录 E
8	水压起泡	无起泡	API RP 5L2 附录 F
9	耐盐雾（500h）	涂层无起泡，用干净胶带撕裂涂层包括划线在内最多 3.2mm	ASTM B117
10	耐水与甲醇等容量混合溶液（100% 浸泡，室温，5d）	在距边缘 6.3mm 范围内无水泡	API RP 5L2
11	饱和碳酸钙蒸馏水溶液（100% 浸泡，室温，21d）	在距边缘 6.3mm 范围内无水泡	API RP 5L2

3. 涂敷工艺

管道无溶剂内减阻涂层的涂敷可在钢管外防腐前或完成后进行，但通常采用"先外后内"的涂装方式，主要基于以下两点考虑：

若采取"先内后外"的方式，要求内减阻涂料具有短期的耐热性（30min，250℃），这对涂料性能提出了更高的要求，要求内涂层的固化时间段，造成涂料成本增加。

由于采取了良好的外防腐层保护措施，内涂时管道转动、内喷砂和内喷涂均不会对三层 PE 等外涂层造成破坏。

无溶剂内减阻涂料涂敷工艺流程为：

钢管预热（除湿）→除锈→除锈检验→喷涂→送入固化室→涂层固化→检验修补。

1）除锈

管内壁除锈一般采用抛丸除锈。除锈作业线由内抛丸除锈机、伸臂和转台组成。

伸臂通过轨道小车的带动在钢管里做直线往复运动，将抛丸器送入管内，并在到达管道远端后将抛丸器匀速回撤，抛丸器在此过程中工作、完成管子轴向的内抛丸处理；同时，转台上的两组轮子带动钢管做旋转运动，实现钢管 360°的内抛丸处理。

内抛丸除锈机由抛丸器、供砂系统、回砂及除尘系统等组成。内抛丸器、供砂系统和外喷砂类似，但磨料需要通过传送带输送到抛头上。轨道移动式封罩将管端罩住，以压缩空气从管底部进行吹扫实现回砂，钢丸、钢砂通过运砂皮带和提升机回收、分选而重复利用；在引风作用下实现粉尘的捕集，粉尘经过除尘器而被清理。

2）喷涂

管道内壁的喷涂采用高压无气喷涂，涂敷作业线由内喷涂机、伸臂和转台组成，如图6-13所示。

图6-13 工厂内涂作业设备

伸臂和转台的工作方式和喷砂除锈一样。喷涂时，转台带动钢管做匀速旋转运动，喷涂轨道车带动伸臂在钢管里做直线运动，在到达钢管的一端后，喷嘴在返回过程中进行喷涂。

内喷涂机由喷涂泵、喷枪架、料罐和料罐管、吸尘封罩等构成。通过远端封罩的引风和除尘器的过滤实现对逸散漆雾的捕集。

3）固化

内减阻涂层需要进入封闭的固化室内进行固化。溶剂型内涂层需要经过强制风干，然后才能进入固化炉进行高温固化。燃烧器产生的热量通过风机吹入固化室，燃烧器的数量应该根据固化温度和固化室的大小确定。应该保证固化室的温度大于50℃，且不高于80℃，从而缩短涂层的固化时间，提高作业效率。

4. 无溶剂型与溶剂型内减阻涂料技术的对比

1）工艺性对比

因此，溶剂型涂料需要配置风干设备、溶剂气体吸收装置，以应对大量溶剂气体的挥发，否则将导致车间作业环境条件恶化。

无溶剂涂料则可以在喷涂完成后，内涂层直接进入固化炉固化。但无溶剂涂料的喷涂对喷涂设备也有一定的要求：

（1）A、B料筒带加热及保温功能，能在涂料预热温度下恒温，喷涂管路带保温功能；

（2）A、B组分在远端靠近喷枪的位置混合；

（3）使用不大于21号的喷嘴；

（4）喷枪速度应能保证喷出湿膜厚度不大于120μm的涂层。

2）技术经济性对比

由现场试验所得数据核算得出无溶剂内减阻涂料与溶剂型涂料的费用，见表6-18。

表 6-18 溶剂型与无溶剂型内减阻涂料及涂层价格对比

涂料种类	干膜厚度，μm	喷涂时间，min	涂料用量，kg	涂料单价，元/kg	涂料价格，元/m²
溶剂型	65	5.3	0.27	19.8	5.35
ZF–PRI–FC 无溶剂型	85～110	2	0.17	34	5.78

可见，无溶剂内减阻涂料每平方米需要的涂料费用略高于溶剂型。

研究结果显示，输送压力 15MPa 的管线，输送介质腐蚀性轻微，运行 30 年，与无内涂管线相比，采用常规内减阻涂层可节约费用为 7%～14%；如果输送介质腐蚀性较强，采用无溶剂内减阻涂层，此时，节约成本将达到 15%～25%。

四、穿越段管道防腐层技术

管线工程中，大部分管线是通过开沟埋设，还有部分管道需要穿越河流、道路和大型障碍物等。在地质条件良好的地段，管道防腐层可以满足定向钻穿越抗磨损的需要，其中 3LPE 耐磨性较好，而 DPS 抗划伤能力较强；但在多石、鹅卵石、成孔性差的穿越地段，管道防腐层就需要额外的防护层进行保护。

此处仅参考 SY/T 7368—2017《穿越管道防腐层技术规范》进行相关技术介绍。

1. 管体防腐层及外护层

穿越管道常用外涂层结构及厚度见表 6-19。

表 6-19 穿越段管道外涂层结构及厚度

外防腐层复合结构		总厚度 mm
防腐层	防护层	
加强级三层结构聚乙烯	—	≥（3LPE 加强级厚度）
加强级双层熔结环氧粉末	—	≥（DPSE 加强级厚度）
加强级三层结构聚乙烯	环氧玻璃钢	≥（3LPE 加强级厚度 +1.2）
加强级双层熔结环氧粉末	环氧玻璃钢	≥2

环氧玻璃钢由环氧树脂或环氧涂料和玻璃布组成，一般采用二布五胶的环氧玻璃钢，设计单位可根据工程需要适当增加玻璃布层数和玻璃钢厚度。

环氧玻璃钢的材料性能应符合下列要求。

1）玻璃纤维布

应选用符合 JC/T 170—2012《E 玻璃纤维布》标准的无碱玻璃布，两侧锁边，无蜡，性能应符合表 6-20 的要求。

表 6-20 玻璃纤维布技术指标

序号	项目	性能	试验方法
1	单位面积质量，g/m²	200～300	GB/T 9914.3—2013
2	含水率，%	≤0.30	GB/T 9914.1—2013

续表

序号	项目		性能	试验方法
3	碱金属氧化物含量，%		≤0.8	GB/T 1549—2008
4	可燃物含量，%		≤0.20	GB/T 9914.2—2013
5	拉伸断裂强力 N/25mm	经向	190	GB/T 7689.5—2013
		纬向	180	
6	织物密度 根/cm	经向	16±1	GB/T 7689.2—2013
		纬向	12±1	

2）环氧材料

环氧树脂材料及固化剂性能应符合表6-21的要求，并由同一材料生产商配套供应。

表6-21 环氧涂层材料树脂技术指标

环氧材料	序号	项目		性能	试验方法
环氧树脂或环氧涂料	1	不挥发物含量，%		≥95	GB/T 1725—2007
	2	密度（23℃），g/cm³		1.40~1.53	GB/T 6750—2007
	3	黏度（23℃），mPa·s		5000~10000	GB/T 2794—2013
固化剂	5	密度（23℃），g/cm³		1.02~1.05	GB/T 6750—2007
	6	黏度（23℃），mPa·s		300~3000	GB/T 2794—2013
涂层	7	凝胶时间（23℃），min		≥15	GB/T 12007.7—1989
	8	干燥时间（23℃）h	表干	≤2	GB/T 1728—1979
			实干	≤8	
	9	抗1°弯曲（23℃）[①]		无裂纹、无漏点	SY/T 6854—2012 附录D
	10	抗冲击（23℃）[①]，J		≥8	SY/T 0315—2013 附录E
	11	邵氏硬度（23℃），HD		≥80	GB/T 2411—2008

① 涂层厚度为（500±50）μm。

3）环氧玻璃钢

环氧玻璃钢防护层的性能应符合表6-22的要求。

表6-22 环氧玻璃钢防护层技术指标[①]

序号	项目	指标	试验方法
1	拉伸强度（23℃），MPa	≥190	GB/T 1447—2005
2	巴氏硬度（23℃）	≥30	GB/T 3854—2017

续表

序号	项目	指标	试验方法
3	耐划伤（50kg，23℃），μm	≤500	SY/T 4113—2007
4	耐磨性（23℃），L/μm	≥3	SY/T 0315—2013 附录 J
5	抗 1° 弯曲（23℃）	无裂纹	SY/T 6854—2012 附录 D
6	对 PE 黏结强度[②]，MPa	≥3.5	SY/T 6854—2012 附录 A
7	对环氧涂层黏结强度[②]，MPa	≥7	SY/T 6854—2012 附录 A

① 涂层的厚度为（1200±50）μm（二布五胶）；
② 将环氧玻璃钢涂敷在带有 3PE 防腐层的管试件上，3PE 防腐层表面应进行粗糙化处理和极化处理。

2. 补口防腐层及外护层

穿越段管道补口防腐层的保护应结合管体防腐层类型结构和地质条件进行选择，可选用表 6-23 所示的结构。

表 6-23 穿越段管道外涂层补口结构

外涂层类型	补口结构
加强级三层结构聚乙烯	纤维增强型热收缩带（定向钻穿越）
	普通型热收缩带 + 牺牲带（定向钻穿越）
	普通型热收缩带（顶管穿越或盾构穿越）
	液体聚氨酯或液体环氧涂料（一般穿越）
加强级三层结构聚乙烯防腐层 + 环氧玻璃钢防护层	普通型热收缩带 + 环氧玻璃钢
	液体聚氨酯或液体环氧涂料 + 环氧玻璃钢
加强级双层熔结环氧粉末	无溶剂环氧涂料
加强级双层熔结环氧粉末防腐层 + 环氧玻璃钢防护层	无溶剂环氧涂料 + 环氧玻璃钢

这其中，定向钻穿越专用补口材料有聚乙烯热收缩带，补口防腐层的保护实际只有牺牲带和环氧玻璃钢两种，其中牺牲带专用于热缩带补口的附加保护。

穿越用热收缩带的性能和使用见本章第三节"三、热收缩带材料补口"部分。

3. 玻璃钢防护层施工及检验

环氧玻璃钢防护层的涂敷宜在现场补口防腐层安装完成后进行。

1）环氧玻璃钢防护层的涂敷

（1）正式涂敷施工前，应在一根防腐管上进行环氧玻璃钢涂敷工艺试验并经检验合格。

（2）按照工艺评定所确定的工艺规程进行环氧玻璃钢的涂敷。

（3）涂敷时，首先将管体防腐层表面打毛；然后，涂刷一道液体环氧，要求充分润湿管体防腐层表面；待第一道环氧表干，进行第二道液体环氧的涂刷，并随即缠绕玻璃布，同时在玻璃布表面涂敷第三道液体环氧；可以待第三道液体环氧表干后或者随即缠绕第二层玻璃布并涂刷第四道液体环氧。如此进行，在最后一道液体环氧涂刷时，前面涂刷的涂层应达到表干。应掌握好第一道和倒数第二道的干燥程度，以保证第一层玻璃布和防腐管之间的液体环氧层厚度，保证最后一道玻璃布上面的液体环氧的连续性。

2）环氧玻璃钢防护层质量检验

（1）外观检验：应进行全面目测检查，表面应平整，无开裂、皱褶、空鼓、流挂、脱层、发白以及玻璃纤维外露，压边和搭接均匀且黏结紧密，玻璃布网孔为液体环氧所灌满。

（2）厚度检验：环氧玻璃钢实干后，对每班至少抽1根进行厚度检验，沿钢管轴向随机取三个位置，测量每个位置圆周方向均匀分布的任意4点的防护层厚度并记录，其厚度不小于1.2mm。

（3）固化度检验：环氧玻璃钢固化后应逐根进行固化度检验。沿每根管子轴向测量平均分布的3个点，采用巴氏硬度计进行玻璃钢防护层硬度检验，检测结果应不小于30。

（4）黏结强度检验：对连续涂敷的100根钢管长度内至少抽测一根（不足100根时以100根计），按照SY/T 6854—2012《埋地钢质管道液体环氧外防腐层技术标准》附录A规定的黏结强度测试方法进行。环氧玻璃钢防护层对防腐层的黏结强度应不低于3.5MPa，若不合格，应加倍检验，并应及时调整外护层涂敷工艺。黏结强度检验应在环氧玻璃钢防护层固化后进行。

4. 防腐层检测与评价

水平定向钻穿越施工完毕后，应检查出土端外涂层的完整性，观察防腐层损伤状况，特别要注意是否存在贯穿性损伤等；按照SY/T 7368—2017《穿越管道防腐层技术规范》附录A规定的方法，对穿越段外防腐层进行电导率测试，测试宜在穿越完成15天后与主管线连接前进行。

穿越段外防腐层电导率检测结果按照表6-24进行评价。新建管线穿越段防腐层标称电导率λ（即土壤电阻率为1000$\Omega \cdot cm$时的防腐层电导率）应不大于200$\mu S/m^2$或防腐层绝缘电阻R不小于5000$\Omega \cdot m^2$，若测试结果λ大于200$\mu S/m^2$或R小于5000$\Omega \cdot m^2$时，应对穿越段管道增设适当的阴极保护措施，保证本穿越段管道阴极保护有效。

表6-24 防腐层标称电导率λ与防腐层质量比照表

标称电导率λ $\mu S/m^2$	防腐层绝缘电阻R $\Omega \cdot m^2$	防腐层质量评价
$\lambda \leqslant 100$	$R \geqslant 10000$	优
$100 < \lambda \leqslant 200$	$5000 \leqslant R < 10000$	良
$200 < \lambda \leqslant 1000$	$1000 \leqslant R < 50000$	一般
$\lambda > 1000$	$R < 1000$	差

第三节　管道防腐补口技术

一、管线补口防腐层类型和作业特点

管线在现场安装时，防腐管对接焊结之后，对环焊缝及其两边工厂预留无防腐层的部位进行防腐涂装，称为防腐补口，简称补口。由于现场补口防腐作业环境条件、作业装备条件和材料技术条件的限制，补口防腐层的质量往往和管体防腐层存在差距，历来是管线防腐工程的薄弱点，管线防腐失效往往是从补口防腐失效开始。

最理想的管线防腐层体系要求补口防腐层和管体防腐层采用相同材料、相同结构，使用相同作业工艺，具有相同质量，管线所有防腐层形成均匀一致的整体。但是，聚乙烯防腐层，尤其是三层结构防腐层的补口，由于作业装备和费用的制约，通常不能够采用管体防腐层同样的材料和结构。

1. 补口防腐层类型

理论上，任何在管线工程现场进行施工的管道防腐层都可以作为补口防腐层，ISO 21809《埋地或水下油气管线补口防腐层标准》将补口防腐层归纳为 8 大类共 22 种，见表 6-25。

表 6-25　ISO 21809 标准对补口涂层的最新分类

代码	补口涂层种类		代码	补口涂层种类	
10		热涂沥青带涂层	17A	熔结环氧涂层	单层熔结环氧涂层
11A	石油制品防腐带	石油脂带涂层	17B		双层熔结环氧涂层
11B		石蜡带涂层	18A		液体环氧涂层
12		冷缠聚合物胶带涂层	18B	液体涂料涂层	液体聚氨酯涂层
13A	"黏弹体"	"黏弹体"+冷缠胶带	18C		玻纤增强环氧涂层
13B		"黏弹体"+热缩带	18D		玻纤增强乙烯酯涂层
14A		聚乙烯热缩带涂层	18E		灌注聚氨酯涂层
14B	热缩带	液体环氧或FBE+聚乙烯热缩带	19A	热涂聚烯烃涂层	环氧底层+火焰喷涂聚丙烯粉末
14C		液体环氧或FBE+增强背材（混合）热缩带	19B		环氧底层+热涂聚丙烯带或膜片
14D		液体环氧或FBE+聚丙烯热缩带	19C		环氧底层+注塑聚丙烯
15		热涂微晶蜡涂层	19D		环氧底层+火焰喷涂聚乙烯粉末
16A	弹性涂层	氯丁橡胶弹性涂层	19E		环氧底层+热涂聚乙烯带或膜片
16B		乙丙橡胶弹性涂层	20	热喷铝涂层	

补口防腐材料虽然很多，但不仅要能够保护钢管本身，还需要和管体防腐层良好结合，在阴极保护的要求上达到平衡，即所谓匹配性。和管体涂层相匹配的部分补口材料可参见表6-26。

表 6-26 防腐涂层与管体的匹配

序号	补口防腐层技术	适用管体防腐层
1	煤焦油瓷漆及其热涂防腐带	煤焦油瓷漆
2	石油沥青及其热涂防腐带	石油沥青
3	冷缠及热缠胶带	通用
4	冷缠及热缠石蜡防腐带	
5	热涂与冷涂马蹄脂涂层	
6	FBE	FBE
7	DPS	DPS
8	环氧液体涂料	通用
9	聚氨酯液体涂料	
10	热缩材料防腐制品	
11	粉末二层结构（FBE+乙烯共聚物粉末）	3PE
12	粉末三层结构（FBE+乙烯共聚物粉末+PE粉末）	
13	挤出二层结构（FBE+挤出乙烯共聚物）	
14	挤出三层结构（FBE+粉末或挤出共聚物胶粘剂+挤出PE）	

补口防腐材料的选用不仅要依据其和管体防腐层的粘接，更应依据补口防腐材料的物理性能、化学性能是否和管体防腐层相匹配，还有另一个重要因素就是补口材料的施工方式。

2. 补口防腐作业的特点

现场补口防腐层的涂装工艺、涂装过程及质量控制与车间涂装没有本质的区别。但是，由于受到现场作业条件的限制，很多设备无法使用，一些表面处理措施、一些工艺条件无法实施，因此，现场补口防腐更多采用简便易行的技术，具有下列特点。

（1）工装简单。

过去现场补口常采用工具除锈，液体涂料、防腐带和热缩材料等大都采用手工涂敷，施工的工具很简单。

现在，表面处理质量得到了充分重视，所以喷砂除锈成为热固性液体涂料涂敷前的必要措施，并且已成为其他补口材料涂敷前表面处理的首选。喷砂设备力求紧凑、轻便，一般安装在滑橇或小拖车上，便于在现场移动；液体涂料手持喷涂的使用也越来越多，可以将喷涂泵与喷砂罐装在一起。

较复杂的是环氧粉末补口的装备，但也日益轻型化，FBE、DPS 防腐管补口也常采用和管体防腐层相同的材料和结构，液体涂料自动喷涂补口、多层粉末喷涂补口和挤出 PE 补口装备更为复杂，更多地用于重要的管线和海洋管线。

（2）作业效率低。

手工作业的传统补口方式作业效率低。例如液体涂料补口，需要多道涂刷，每道漆都需要一定的干燥时间，如果气温低，每个补口需要的时间就更加拉长；热缩带补口需要加热钢管到 60℃ 以上才涂敷底漆，涂底漆、装热缩带、热缩带收缩和熔胶加热，需要的时间很长，特别是大口径、厚壁管的作业，需要耗费大量时间进行火焰加热。在补口作业上追求效率和效益，往往导致补口质量出现问题。

现在，机械化补口作业越来越多，补口作业效率受焊管速度制约，如热缩带补口的工艺复杂，机械化作业对效率的提升也有限，因效率的原因也常导致机械化补口成本比较高。

（3）受自然条件影响大。

在雨、雪、风沙等气候条件下均不能进行露天补口施工。如果环境气温、钢管表面温度达不到涂装工艺要求，又没有有效的手段进行加热，也不能施工。液体涂料在涂覆、固化过程中不仅要预防气候因素的影响，夏秋季节还要提防虫子对漆膜的破坏。

机械化补口可以显著提高补口效率，提供有效地应对环境影响的措施，但设备投资和作业成本均相应增加。

二、补口部位表面处理

补口部位表面处理不仅要对焊道及两侧进行除锈处理，也需要对管体防腐层搭接部位进行清理，包括下列工作：

（1）离地高度清理：补口作业前，需要检查补口部位管道离地高度的情况，对高度不足的地方进行开挖清理。手持喷砂和人工涂敷需要 350mm 以上、机械化喷砂和自动喷涂补口需要 450～550mm 的离地高度。

（2）表面清理：在喷砂除锈之前，要检查焊道及其附近表面的毛刺、焊渣，用电动纸砂片清理；检查管体防腐层搭接面和防腐层端面的缺陷和损伤，按照规范进行处理；将补口部位的污物清除，油脂、油渍用溶剂擦拭干净。

（3）除湿预热：喷砂除锈前，如果钢管表面潮湿，或者钢管表面温度不足露点温度以上 3℃，需要对钢管温度加热到 40～60℃，加热除潮，使除锈前钢管表面处于干燥状态。

（4）表面处理：根据补口材料的不同，采用磨料喷射或抛射或电动钢丝刷进行补口部位钢表面的除锈以及管体防腐层搭接面的处理。

（5）灰尘清除：表面处理后，宜采用压缩空气吹扫将补口部位钢管表面和管体防腐层搭接面上的砂粒、尘埃、锈粉等清除干净。

（6）除锈质量要求：补口部位表面处理质量要求见表 6-27。

表面处理后应随即进行补口涂装，间隔时间应不超过 2h。表面处理后至喷涂前不应出现浮锈，如出现返锈或表面污染时，应重新进行表面处理。

表 6-27 补口部位表面处理质量要求

补口类型	最小除锈等级	锚纹深度 μm	灰尘度	管体防腐层搭接面处理
热熔胶型热收缩带	Sa 2.5 级	50～90	2 级以上质量等级	（1）处理宽度大于涂敷宽度 20mm； （2）表面粗糙，清洁，呈现防腐层本体颜色
液体聚氨酯涂料		50～90		
液体环氧涂料		50～110		
玛蹄脂型热收缩带	St 3 级			
聚乙烯冷缠胶带				
黏弹体	St 2 级			钢丝刷拉毛

三、热收缩带材料补口

聚乙烯热收缩材料是管线补口的主要类型，多年来热收缩带补口完全依赖人工操作，作业方式粗放，工作效率较低，施工过程不可避免地受到人员素质和操作的影响，许多防腐补口的外观、厚度、漏点及剥离强度都存在不均匀、欠规范、有气泡等技术缺陷，补口防腐层后期质量问题较多。近年来国内数条重点长输油气管道普查和检测发现，由于热收缩带补口位置失效导致的管道整体防腐质量降低的问题凸显。

为满足生产实际需求，中国石油自主开发了热收缩带机械化补口技术及装备。在表面处理、管口预热、热收缩带加热收缩及熔胶等重要工序上，采用程控式设备完成。热收缩带机械化补口可消除人为因素对补口质量重要环节的影响，工艺参数可控，各工序质量和效率明显提升，降低了劳动强度，对环境友好，具有对现场条件及冬季低温等良好的适应性。

目前，主要采用下列两种机械化作业工艺：

全部采用中频加热的工艺，即机械自动除锈、中频预热（涂底漆前预热及安装热收缩带前预热）、中频加热熔胶（热收缩带收缩完成后加热以完成胶粘剂的熔化）的工艺；

采用中频加热与红外加热结合的工艺，即机械自动除锈、中频预热（涂底漆前预热及安装热收缩带前预热）、红外加热收缩带及熔胶（热收缩带就位后加热完成热收缩带的收缩及胶粘剂的熔化）的工艺。

以下着重介绍第二种施工工艺。

1. 热收缩带防腐材料及补口要求

管线补口热收缩材料的主要类型是热熔胶型，包括常用热收缩带和纤维增强热收缩带，后者主要用于穿越管道的防腐补口。

（1）补口热收缩材料应按管径选用配套的规格，产品的基材边缘应平直，表面应平整、清洁、无气泡、裂口及分解变色。热收缩材料的厚度应符合表 6-28 的规定。热收缩带的周向收缩率应不小于 15%；热收缩套的周向收缩率不小于 50%。

表 6-28 热收缩材料的厚度

单位：mm

热收缩材料类型	使用管径	基材厚度	胶层厚度
带配套环氧底漆的聚乙烯热缩带	≤400	≥1.2	≥1.0
	>400	≥1.5	≥1.0
带环氧底漆的高密度聚乙烯热缩带	—	≥1.0	≥1.5
带环氧底漆的聚丙烯	—	≥1.0	≥1.5
纤维增强聚乙烯	—	≥1.8	≥1.2

（2）带有配套底漆的热熔胶型聚乙烯热收缩材料性能应满足表 6-29 的要求；带有配套环氧底漆的聚丙烯热收缩材料性能基材应满足表 6-30 的要求；纤维增强型聚乙烯热收缩材料性能应满足表 6-31 的要求。

（3）安装后的热收缩材料补口防腐层性能应满足表 6-32 的要求。

表 6-29 热熔胶型聚乙烯热收缩材料性能指标

性能	项目		性能指标	试验方法
基材[①]性能	拉伸强度，MPa	中低密度型	≥17	GB/T 1040.2—2006
		高密度型	≥20	GB/T 1040.2—2006
	断裂标称应变，%		≥400	GB/T 1040.2—2006
	维卡软化点温度（A_{50}, 9.8N），℃	中低密度型	≥90	GB/T 1633—2000
		高密度型	≥100	GB/T 1633—2000
	脆化温度，℃		≤−65	GB/T 5470—2008
	电气强度，MV/m		≥25	GB/T 1408.1—2016
	体积电阻率，Ω·m		≥1×10^{13}	GB/T 1410—2006
	耐环境应力开裂（F50），h		≥1000	GB/T 1842—2008
	耐化学介质腐蚀（浸泡 7d）[②]，%	10%HCl	≥85	GB/T 1040.2—2006
		10%NaOH	≥85	
		10%NaCl	≥85	
	耐热老化（150℃，21d）	拉伸强度，MPa	≥14	GB/T 1040.2—2006
		断裂标称应变，%	≥300	
	热冲击（225℃，4h）		无裂纹、无流淌、无垂滴	GB/T 23257—2017
胶层性能	软化点温度，℃		≥最高设计温度+40	GB/T 15332—1994
	搭接剪切强度[③]，MPa	23℃	≥1.0	GB/T 7124—2008（速率 10mm/min）
		T_{max}[④]	≥0.07	
	脆化温度，℃		≤−20	GB/T 23257—2017

续表

性能	项目		性能指标	试验方法
底漆性能	不挥发物含量，%		≥95	GB/T 1725—2007
	搭接剪切强度[3]，MPa		≥5.0	GB/T 7124—2008（速率 2mm/min）
	阴极剥离[5]，mm	65℃，48h	≤8	GB/T 23257—2017
		23℃，30d	≤15	GB/T 23257—2017

① 除热冲击外，基材性能需经过（200±5）℃（5min）自由收缩后进行测定，拉伸试验速度均为 50mm/min；
② 耐化学介质腐蚀指标为试验后的拉伸强度和断裂标称应变的保持率；
③ 搭接剪切强度试验采用产品胶层厚度；
④ T_{max} 为最高设计温度，即设计确定的补口防腐层承受的持续最高温度；
⑤ 底漆阴极剥离试验的防腐层厚度为 300～400μm。

表 6-30 聚丙烯热收缩材料性能指标

性能	项目		性能指标	试验方法
基材[①]性能	拉伸强度，MPa		≥28	GB/T 1040.2—2006
	断裂标称应变，%		≥400	GB/T 1040.2—2006
	维卡软化点（A_{50}，9.8N），℃		≥130	GB/T 1633—2000
	脆化温度，℃		≤-20	GB/T 5470—2008
	电气强度，MV/m		≥25	GB/T 1408.1—2016
	体积电阻率，Ω·m		≥1×10¹³	GB/T 1410—2016
	耐化学介质腐蚀（浸泡 7d）[②]，%	10%HCl	≥85	GB/T 1040.2—2006
		10%NaOH	≥85	
		10%NaCl	≥85	
	耐热老化（130℃，100d），%	拉伸强度保持率	≥75	GB/T 1040.2—2006
		断裂标称应变保持率	≥75	
	热冲击（225℃，4h）		无裂纹、无流淌、无垂滴	GB/T 23257—2017
胶层性能	软化点温度，℃		≥设计温度+40	GB/T 15332—1994
	搭接剪切强度[③]，MPa	23℃	≥3.0	GB/T 7124—2008（速率 10mm/min）
		T_{max}[④]	≥0.5	
	脆化温度，℃		≤-20	GB/T 23257—2017
底漆性能	不挥发物含量，%		≥95	GB/T 1725—2007
	搭接剪切强度[④]，MPa		≥5	GB/T 7124—2008（速率 2mm/min）

续表

性能	项目	性能指标	试验方法
底漆性能	阴极剥离[5]，mm	95℃，48h	≤8	GB/T 23257—2017
		23℃，30d	≤15	GB/T 23257—2017

① 除热冲击外，基材性能需经过（200±5）℃（5min）自由收缩后进行测定，拉伸试验速度均为50mm/min；
② 耐化学介质腐蚀指标为试验后的拉伸强度和断裂标称应变的保持率；
③ 搭接剪切强度试验采用产品胶层厚度；
④ T_{max}为最高设计温度，即设计确定的补口防腐层承受的持续最高温度；
⑤ 底漆阴极剥离试验的防腐层厚度为300~400μm。

表 6-31 纤维增强型聚乙烯热收缩材料性能指标

性能	项目	性能指标	试验方法
基材[①]性能	顶破强度，N	≥2000	GB/T 20027.1—2016
	维卡软化点（A_{50}，9.8N），℃	≥100	GB/T 1633—2000
	脆化温度，℃	≤-65	GB/T 5470—2008
	体积电阻率，Ω·m	≥1×10¹³	GB/T 1410—2006
	耐化学介质腐蚀顶破强度（浸泡7d），N 10%HCl	≥1700	GB/T 20027.1—2016
	10%NaOH	≥1700	
	10%NaCl	≥1700	
	耐热老化（150℃，168h）顶破强度，N	≥1700	GB/T 20027.1—2016
	热冲击（225℃，4h）	无裂纹、无流淌、无垂滴	GB/T 23257—2017
	硬度（shore D）	≥50	GB/T 2411—2008
	耐环境应力开裂（F_{50}）时间，h	≥1000	GB/T 1842—2008
胶层性能	软化点（环球法），℃	≥设计温度+40	GB/T 15332—1994
	搭接剪切强度[②]，MPa 23℃	≥1.8	GB/T 7124—2008（速率10mm/min）
	T_{max}[③]	≥0.3	
	脆化温度，℃	≤-20	GB/T 23257—2017
底漆性能	不挥发物含量，%	≥95	GB/T 1725—2007
	搭接剪切强度[②]，MPa	≥5	GB/T 7124—2008（速率2mm/min）
	阴极剥离[④]，mm	65℃，48h	≤8	GB/T 23257—2017
		23℃，30d	≤15	GB/T 23257—2017

① 除热冲击外，基材性能需经过（200±5）℃（5min）自由收缩后进行测定，拉伸试验速度均为50mm/min；
② 搭接剪切强度试验采用产品胶层厚度；
③ T_{max}为最高设计温度，即设计确定的补口防腐层承受的持续最高温度；
④ 底漆阴极剥离试验的防腐层厚度为300~400μm。

第六章 天然气管道防腐技术

表6-32 热收缩材料补口防腐层性能指标

序号	项目		性能指标			试验方法
			聚乙烯热缩带	聚丙烯热缩带	纤维增强热缩带	
1	抗冲击，J/mm		≥5	≥8	≥5	GB/T 23257—2017
2	阴极剥离（65℃，48h），mm		—	—	—	GB/T 23257—2017
3	阴极剥离（23℃，28d），mm		≤8	≤8	≤8	GB/T 23257—2017
4	阴极剥离（T_{max}，28d），mm		≤15	≤15	≤15	GB/T 23257—2017
5	剥离强度 （对钢管/搭接区防腐层），N/cm	23℃	≥50（内聚）	≥100（内聚）	≥50（内聚）	GB/T 23257—2017
		T_{max}	≥5（内聚）	≥40（内聚）	≥5（内聚）	
6	剥离强度 （T_{max} 热水浸泡28d，23℃），N/cm	对钢管	≥50 且保持率≥75%	≥50 且保持率≥75%	≥50 且保持率≥75%	GB/T 23257—2017
		对搭接区防腐层	≥50 且保持率≥75%	≥50 且保持率≥75%	≥50 且保持率≥75%	
7	剥离强度 （T_{max} 热水浸泡120d，23℃），N/cm	对搭接区防腐层	≥50 且保持率≥75%	≥50 且保持率≥75%	≥50 且保持率≥75%	GB/T 23257—2017
		对钢管/底漆	≥50 且保持率≥75%	≥50 且保持率≥75%	≥50 且保持率≥75%	
8	热老化（T_{max}+20℃，100d） 剥离强度保持率，%	P_{100}/P_0	≥75	≥75	≥75	GB/T 23257—2017
		P_{100}/P_{70}	≥80	≥80	≥80	

注：T_{max} 高于95℃时，高温阴极剥离和热水浸泡的试验温度为95℃。

（4）热收缩材料验收应符合下列要求：

① 每一牌号的热收缩材料及其配套环氧底漆，使用前且使用过程中每年至少应由有资质的第三方检验机构按相应规定进行一次全面检验。

② 使用过程中，每批（不超过 5000 个）到货，应由有资质的第三方检验机构对热收缩材料的基材（耐环境应力开裂除外）、胶层、配套底漆和安装系统（耐热水浸泡 120d 和热老化性能除外）的性能进行复检，性能应达到规定的要求。

2. 热收缩带补口涂敷

热收缩带补口传统作业方式为手工作业，补口工序主要分为管口喷砂、预热、底漆涂装、热收缩带安装定位、收缩、回火等工序，其中除锈、预热、收缩回火工序为关键工序。采用自动喷砂、中频加热和红外加热进行机械化施工，可降低收缩带安装过程中的人为影响因素、降低工人的劳动强度、确保管口的加热温度，提高收缩带的黏结质量稳定。

1）机械化补口工艺流程

热收缩带机械化补口的工艺流程如图 6-14 所示。

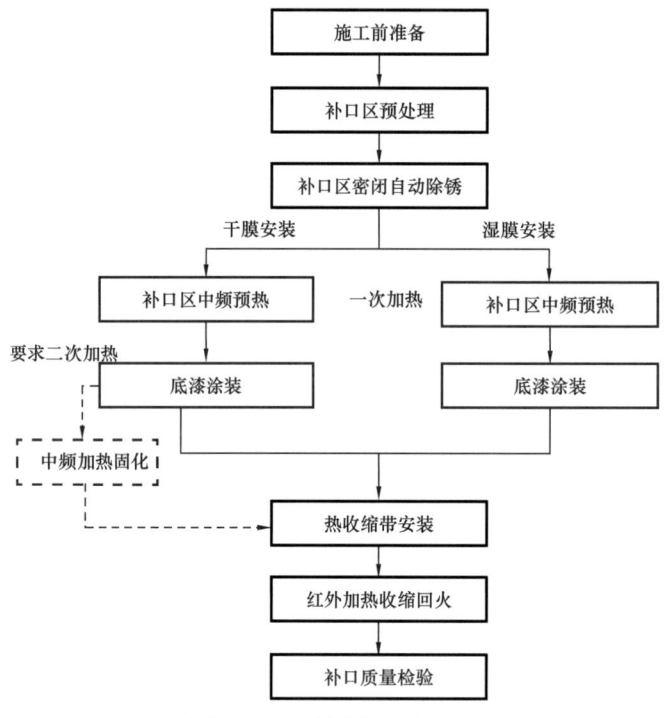

图 6-14 机械化补口流程图

热收缩带安装补口的工艺条件如下：

（1）中频加热器加热补口部位，钢管表面温度达到 50～80℃；

（2）底漆涂刷均匀，涂刷厚度：湿膜安装厚度≥200μm，干膜安装厚度≥400μm；

（3）中频加热钢管，使干膜安装底漆达到实干，并在安装热收缩带前使钢管温度达到 100～110℃；

（4）人工将热收缩带安装在补口部位，用火焰烘烤完成热收缩带对接和固定片安装，然后用红外加热从热收缩带中部往两边顺序收缩；

（5）继续进行红外加热，热收缩带表面温度达到150～170℃，保持5～7min，可见热收缩带两边均匀溢胶，手指按下热收缩带表面出现的小坑可快速回弹并恢复平整；

热收缩带补口的质量检验按照《西气东输三线防腐补口技术要求》的规定执行。

2）机械化补口设备

机械化补口的主要设备为喷砂除锈装置、中频加热装置、红外加热装置及随车吊履带车。

（1）喷砂除锈作业车。

喷砂除锈作业车由履带工程车（自带发电系统）、空气压缩机、喷砂系统、自动除锈执行与控制系统、磨料回收及除尘系统等组成（图6-15）。自动控制系统控制除锈装置做横向与轴向运动，完成整道管口的自动除锈。同时，钢砂及粉尘经回收管到达分离系统，钢砂进入回收仓以供循环利用，粉尘进入回收箱。工作一段时间后，滤芯表面会吸附大量粉尘，继而影响滤芯的过滤效果，需开启反吹系统进行清理。

(a) 自动除锈执行装置　　(b) 喷砂系统（含自动控制系统）

图6-15　环保型自动除锈工作站关键组成

喷砂除锈采用的是双枪循环回收方式，对ϕ1219mm管口除锈时间为13min，除锈等级达到了Sa 2.5级，锚纹深度50～100μm。适用管径为219～1422mm；除锈宽度≤600mm（连续可调）；控制方式为PLC脉冲控制；开合方式为液压开合。

（2）中频加热作业车。

中频加热作业车主要由履带工程车（自带发电系统）、中频电源、中频加热线圈组成（图6-16）。中频加热线圈在中频电源的作用下产生交变磁场，继而在被加热管道中产生同频率的感应电流，利用感应电流分布不均的集肤效应，使管道表面迅速加热。中频电源频率可调，并可依靠时间或温度控制启停，继而自动完成管道表面预热。

中频加热装置适用管径为219～1422mm；加热宽度为650mm；电源功率为80～200kW（可根据工件尺寸选择）；开合方式为液压开合；工作效率：温升≥20℃/min。

（3）红外加热作业车。

红外加热作业车主要由履带工程车（自带发电系统）、控制系统、红外加热线圈组成（图6-17）。红外加热工作站利用热辐射传导原理，以直接方式传热而达到加热聚乙烯材料的目的。在触摸屏中设置加热时间、温度等参数，控制系统自动控制红外加热线圈以梯度加热方式对热收缩带进行收缩及回火。

(a) 中频加热线圈　　(b) 中频电源

图 6-16　中频加热工作站关键组成

(a) 红外加热线圈　　(b) 控制系统

图 6-17　红外加热工作站关键组成

红外加热装置适用管径为 219～1422mm；加热宽度为 650mm；电源功率为 80～200kW（可根据加热工件尺寸具体选择）；开合方式为液压开合；加热方式为梯度加热。

3）工业应用

经大量室内外试验及中贵线、广南线现场中试，热收缩带机械化补口机组装备已规模应用于西气东输三线西段、鞍大线等管道工程，并创下日补口 66 道的最高纪录。全中频加热安装热收缩带补口技术在西二线洛阳支干线完成了 3km 试验段，在西三线西段完成 170km 应用；中频结合红外加热安装热收缩带补口技术完成中贵广南管道工程试验段，在西三线西段完成 25km 应用。机械化补口技术实现了油气长输管道热收缩带防腐补口机械

— 236 —

化的从无到有，取得了浮动驱动、自动控制、中频软启动、红外梯度加热等重要创新。机械化补口施工现场如图 6-18 所示。

图 6-18 机械化补口施工现场

热收缩带机械化补口是一项集合了环保型自动喷砂、中频加热、红外收缩加热等技术的集成化技术。该技术采用流水作业方式，补口过程中的每道工序都可进行有效检查，从而严格控制各施工工序，有效提高并保证了 3PE 管道热收缩带的补口质量。

四、液体涂料补口

液体涂料补口的应用历史很长，曾大量用于传统防腐层管线的补口，随着高性能无溶剂涂料技术的开发，在 FBE、3LPE 等现代防腐层管线上的补口应用也较为普遍。

现在，地下管线防腐最常用的液体涂料是液体环氧和液体聚氨酯两种热固性涂料。这两种材料的成膜物都是极性材料，颜料通常为无机化合物，防腐层允许阴极保护电流渗透通过，对阴极保护没有屏蔽作用，在补口防腐层失效后阴极保护系统可有效发挥作用，避免钢管腐蚀风险，属于"失效安全"涂层；可方便地采用现有地面检测技术，及时探测补口防腐层是否失效，不必依赖管内检测器的检测。

1. 液体环氧涂料

液体环氧防腐层黏结力好、防腐层坚牢、耐腐蚀和耐溶剂性，防腐层的修复也比较容易，抗阴极剥离和阴极保护配套性好，但其抗冲击损伤能力有限，吸水率较大，耐湿热性较差。无溶剂液体环氧涂料已有 40 多年的管道防腐应用历史。

在发达国家，无溶剂液体环氧主要用于 FBE 防腐管线的补口；在我国，近年来中国石化榆济线等管线采用液体环氧作 3LPE 的补口防腐。

2. 液体聚氨酯涂料

液体聚氨酯和环氧涂料有很多相似之处，防腐层黏结强度虽然略逊于环氧防腐层，但耐磨性能、抗冲击性能、柔韧性和耐温变循环性能则更优。聚氨酯涂料的优势还在于固化速度比环氧涂料更快，固化温度更低，用于防腐补口有 40 多年历史。1985 年无溶剂聚氨酯涂料技术问世，并随着高压无气加热喷涂技术的引入，在现场防腐中取得优势地位。

液体聚氨酯补口主要应用于 3LPE 防腐管线。聚氨酯涂层与 PE 的物理性能接近，在 PE 搭接面上的附着形态能够长期保持，也可以厚涂（可超过 3mm）。在国外，3LPE 管线采用液体聚氨酯防腐补口已有 30 多年的成功经验，机械化喷涂补口已有 20 多年历史；经过中国石油几年来的技术攻关，机械化喷涂补口技术从无到有，并且以二代喷涂补口机为标志，实现了全机械喷涂补口作业，施工能力可满足 1422mm 等口径大型管线工程的补口，还完成了高性能无溶剂液体聚氨酯涂料产品技术开发，全面满足管道补口防腐的要求。

1）液体涂料防腐材料及补口要求

（1）补口结构。

液体涂料补口防腐层的结构见表 6-33 的规定。表中，热固性涂层是指聚氨酯类或环氧类管体防腐层，聚烯烃涂层是指聚乙烯或聚丙烯管体防腐层。

表 6-33 液体涂料补口防腐层结构

序号	等级		补口涂层厚度，μm		搭接宽度，mm	
			液体环氧涂料	液体聚氨酯涂料	对热固性涂层	对聚烯烃涂层
1	普通级	非穿越段	≥600	≥1000	≥20	≥50
		穿越段	≥1000	≥1500		
2	加强级	非穿越段	≥1000	≥1500		
		穿越段	≥1400	≥2000		

注：在管体防腐层上搭接的补口防腐层其边缘厚度宜逐渐减薄过渡。

（2）补口材料性能。

双组分无溶剂环氧涂料和双组分无溶剂聚氨酯涂料性能应满足表 6-34 的要求。

表 6-34 液体涂料性能指标

序号	项目			性能指标		试验方法
				液体环氧涂料	液体聚氨酯涂料	
1	细度，μm			≤100	≤100	GB/T 1724—1979
2	不挥发物含量，%			≥98	≥98	SY/T 0457—2010
3	干燥时间 [(23±1)℃]，h	喷涂型	表干	≤1	≤0.5	GB/T 1728—1979
			实干	≤4.5	≤2	
		刷涂型	表干	≤2	≤1.5	
			实干	≤6	≤6	

液体环氧、液体聚氨酯其涂层其性能应分别满足表 6-35、表 6-36 的要求。

表 6-35 液体环氧涂层性能指标

序号	项目	性能指标	试验方法
1	外观	平整、光滑、无漏涂、无流挂、无气泡、无色斑	目视检查
2	抗冲击 [(25±2)℃]，J	≥6	SY/T 0442—2010

续表

序号	项目		性能指标	试验方法
3	硬度（邵氏），HD		≥75 且符合生产厂要求	GB/T 2411—2008
4	附着力 [（23±2）℃]，MPa	对钢管	≥10	SY/T 6854—2012
		对管体聚烯烃防腐层	≥3.5	
		对管体环氧类防腐层	≥5	
5	附着力 [T_{max}热水浸泡28d, （23±2）℃]①，MPa	对钢管	≥7	SY/T 6854—2012
		对管体烯烃防腐层	≥2	
		对管体环氧类防腐层	≥3.5	
6	柔韧性[（23±2）℃，抗1°弯曲]		无裂纹、无漏点	SY/T 6854—2012
7	体积电阻率，Ω·m		$≥1×10^{12}$	GB/T 1410—2006
8	电气强度，MV/m		≥25	GB/T 1408.1—2016
9	吸水率，%		≤0.6	SY/T 6854—2012
10	阴极剥离，mm	48h，$T_{max}±2$℃	≤8	GB/T 23257—2017
		28d，（23±2）℃	≤8	
		28d，$T_{max}±2$℃	≤15	

注：（1）试件的涂层厚度为设计防腐层等级最小厚度±200μm；
（2）涂层在常温条件至少放置7d，达到完全固化后方可进行性能测试；
（3）当涂层厚度达到1mm及以上时，试验孔直径为6.4mm。
① 28d浸泡后的附着力试验应在4h内完成测试柱的粘接，并在48h内完成测试。

表6-36 液体聚氨酯涂层性能指标

序号	项目		性能指标	试验方法
1	外观		平整、光滑、无漏涂、无流挂、无气泡、无色斑	目视检查
2	抗冲击，J	（23±2）℃	≥5	GB/T 23257—2017 （8kV 检漏无漏点）
		（-5±2）℃	≥3	
3	压痕	（23±2）℃下压痕 深度，mm	≤0.2	GB/T 23257—2017
		T_{max}（%DFT）①	≤30	
4	硬度（邵氏），HD		≥70 且符合生产厂要求	GB/T 2411—2008
5	附着力 [（23±2）℃]，MPa	对钢管	≥10	SY/T 6854—2012
		对管体聚乙烯防腐层	≥3.5	
		对管体环氧类防腐层	≥5	

续表

序号	项目		性能指标	试验方法
6	附着力 [T_{max} 热水浸泡 28d, (23±2)℃][2], MPa	对钢管	≥7	SY/T 6854—2012 附录 C
		对管体聚乙烯防腐层	≥2	
		对管体环氧类防腐层	≥3.5	
7	柔韧性 [(23±2)℃, 抗 1° 弯曲]		无裂纹、无漏点	SY/T 6854—2012
8	吸水率, %		≤0.6	SY/T 6854—2012
9	耐绝缘电阻, Ω·m²	(23±2)℃[3], Rs_{100}	≥10⁶	附录 D
		$T_{max}±2$℃, Rs_{30}	≥10⁴	
10	耐阴极剥离[4], mm	48h, $T_{max}±2$℃	≤8	GB/T 23257—2017
		28d, (23±2)℃	≤8	
		28d, $T_{max}±2$℃	≤15	

注：(1) 试件的涂层厚度为设计防腐层等级最小厚度 ±200μm；
(2) 涂层在常温条件至少放置 7d，达到完全固化后方可进行性能测试；
(3) 试验孔直径为 6.4mm。
① %DFT 是压痕深度和试件涂层原始厚度的比值；
② 28d 浸泡后的附着力试验应在 4h 内完成测试柱的粘接，并在 48h 内完成测试；
③ Rs_n 为 n 天后的涂层绝缘电阻；
④ 阴极剥离试验的剥离区域按金属表面颜色变深的区域判定。

2) 液体涂料补口施工

开工前，应进行补口工艺评定试验（PQT）和施工前试验（PPT），并按规定检验合格。

(1) 补口施工技术要求。

液体涂料补口工艺全过程如图 6-19 所示。

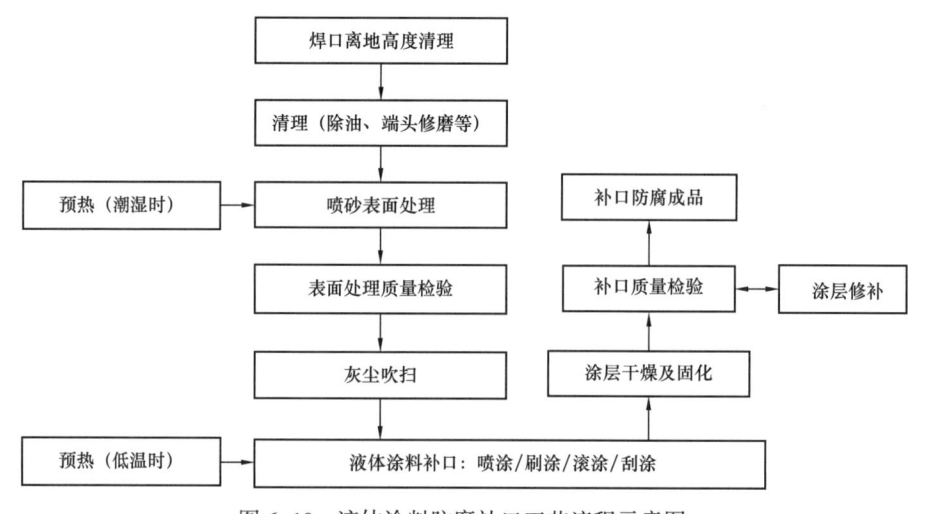

图 6-19 液体涂料防腐补口工艺流程示意图

液体涂料的涂敷工艺条件要求如下：

① 涂敷前预热。

涂敷前，如钢管温度低于产品说明书的规定，应对钢管进行加热升温，应采用中频加热等无污染的热源。对无溶剂液体环氧而言，可将钢管温度加热到30～60℃；对液体聚氨酯可将钢管温度提高到20～80℃。

② 液体涂料涂敷。

涂料开桶后，应将含填料的组分搅拌均匀。涂料组分应及时加盖，特别是使用液体聚氨酯时，应注意异氰酸酯组分的密闭。

采用喷涂方式补口：按照产品使用说明书规定设定喷涂机的输送比例，并对涂料进行预热、保温，确保涂料喷涂良好雾化。采用机械自动喷涂时，应将支架上的喷枪正对补口焊缝，按照设定的涂敷时间和旋转速度进行喷涂补口（图6-20）；采用手持喷涂作业时，需保持喷嘴和管表面垂直且距离约300～400mm。首先，应将补口部位整个表面均匀喷涂一遍，不应有漏涂；然后往复移动喷枪，逐步加厚，补口涂敷一次完成。

图 6-20 液体聚氨酯机械喷涂补口

每道口喷涂前，应将混合管路中的溶剂全部排空，待喷出的涂料不含溶剂时，方可开始涂料的喷涂；每道口喷涂结束后，或中途停顿，应随即用溶剂将喷嘴和混合料管路冲洗干净。

采用手工刷涂方式时：应指定专人负责涂料的配制，并在适用期内使用涂料；涂敷时，应采用多道涂敷，注意赶除气泡，并按照产品说明书规定的漆膜干燥程度、涂敷间隔时间进行下一道漆的涂敷；涂敷过程中，应采用湿膜测厚仪对涂层厚度进行监控，及时对薄点进行补涂，以获得均匀防腐层。

补口防腐层的涂敷应均匀、连续，防止流挂、漏涂。

③ 补口涂层干燥和固化。

涂敷完成后，应采取有效措施避免水泡、雨雪、砂土或飞虫等影响未固化的补口防腐层，并避免触碰；应依据钢管温度和现场环境温度条件，保证补口防腐层的固化时间。如固化时间过长，可采用中频加热等方式加速固化。补口防腐层未完全固化不得下沟回填（可潮湿与水下固化的液体环氧涂料涂层除外）。

④ 修补。

补口防腐层漏点、附着力检测破坏点以及小面积机械损伤均应进行修补，可用壁纸刀清理损伤和缺陷，将创面修切规整，并将其周围25mm范围内的防腐层表面打磨粗糙，然后用刷涂型液体聚氨酯涂料补涂，修补涂料应充满创面，并覆盖5mm宽的搭接区。

（2）机械自动喷涂补口设备。

中国石油开发的机械化自动喷涂补口技术的核心设备是液体涂料机械自动喷涂补口作业车，装备由喷涂泵系统、喷涂补口机及控制系统、配套空压机和发电机动力源设备、随车吊履带车等构成。液体涂料自动喷涂机组如图6-21所示。

图6-21　液体涂料自动喷涂机组

① 喷涂泵系统：喷涂泵系统通常安装在集装箱内，并在集装箱内留有操作空间。配置有1台双组分无气喷涂泵、2个加热料罐、1套加热循环装置以及3台杆式上料泵。

② 喷涂补口机：喷涂补口机包括回转喷涂架、静态混合器（实现涂料双组分瞬时混合）、喷枪及阀门组件、电气控制单元、配套管束和线缆等。第二代喷涂补口设备如图6-22所示。

图6-22　第二代喷涂补口设备

第二代补口机的回转喷涂架采用3瓣式开合结构，喷嘴距离钢管表面在250~350mm范围内可调。

③ PLC控制系统：采用可编程逻辑编辑器控制技术，全自动顺序完成混合段管路排空、多道回转喷涂、混合段管路及喷嘴清洗的作业过程；程序控制喷涂搭接部位和搭接长度，实现补口防腐层厚度均匀，并有效避免流挂。

机械自动喷涂补口技术可高效、高品质地完成液体涂料补口作业，特点见表6-37。

表 6-37　液体聚氨酯自动喷涂补口技术特点

项目	自动喷涂工艺特点
防腐层厚度均匀性	自动喷涂确保每一个补口涂层的厚度一致。喷枪始终保持正确的距离和角度，涂覆层数预先设定，涂料排量和喷头行进速度的关系（即成膜速度）预先设定并保持不变
涂料配比与混合质量	配比由精密计量泵控制，混合质量由静态混合器实现，确保涂料配比准确、混合充分和均匀，保证了涂层性能
健康与安全	集装箱内的设备确保在完全密封情况下进行材料的处理；自动喷涂几乎完全避免了漆雾的弥散；异氰酸酯可造成呼吸过敏等劳动伤害，但机械喷涂将人员接触风险降到了最小。使用GMD方法现场检测表明，在作业人员呼吸区域内未检测到异氰酸酯
固化时间（关系涂层损伤、回填延迟）	涂料、基材温度都可预先加热调节，显著加快固化过程。比手工涂敷补口用时短、固化更快。快速固化大大减少了现场补口涂层受环境影响和沾污的风险
补口作业效率（关系补口成本）	通常，每套自动喷涂补口设备操作只配备 4~5 人，可每天完成上百道补口。补口速度和补口宽度、口径大小关系不大，完成 1 个补口通常需要不到 3min 的时间
气候适应性	高湿度：一次喷涂成膜，能够在高达 95% 高湿度条件下可靠应用。寒冷：如果气温过低，则可对钢管进行预热，在极端寒冷地区正常使用。雨雪、风沙：需要合理安排作业时间，避开恶劣天气。否则，需要采取防风棚等措施

3）机械化液体涂料补口技术工业应用

液体聚氨酯自动喷涂技术于 2011 年 10 月完成西二线轮南—吐鲁番 1016mm 口径支干线 60km 试验段工业应用，创下日补口 134 道的纪录，工期日平均工效 84 道；2013 年 12 月完成西三线西段 1219mm 口径管道 400km 的规模化工业应用，日补口最高工效达到 88 道；2017 年 3 月末，二代装备在鞍大 711mm 口径原油管线上完成工业应用；2017 年 12 月，二代自动补口装备完成中俄东 1422mm 口径天然气管道试验段二期工程任务，实现了高寒环境下的快速作业，喷涂单口时间只需要 5min，创下了质量和效率的新纪录。

目前，液体聚氨酯补口技术已形成成套的标准和规范：

（1）CDP-G-OGP-OP-034-2011-1《埋地钢质管道液体聚氨酯补口防腐层技术规定》；

（2）Q/SY 1694—2014《埋地钢质管道液体聚氨酯补口防腐层技术规范》；

（3）GB/T 51241—2017《管道外防腐补口技术规范》。

五、黏弹体材料补口

国内石油和天然气行业所用的重防腐大修材料大部分为刚性材料，在施工和应用过程中不可避免地会在材料内部积聚残余应力，可能降低涂层附着力、加速涂层剥离。此外，刚性防腐材料在施工时，对基材表面处理要求较为严格。冷缠带防腐结构易出现搭接部位密封失效、高温流淌、低温黏性不足等问题。

近年来，中国石油天然气管道科学研究院自主研发的黏弹体防腐材料（图 6-23）已成功用于西气东输二线站场管道及异形件的防腐。该产品专门针对埋地管道及异形设备的防腐研制，是一种永不固化的黏弹性聚合物，具有独特的冷流特性，可自我修复，具有较强的黏结力和良好的耐化学性能，无阴极保护剥离现象，可以有效地杜绝水分侵入和微生物腐蚀。无需涂刷底漆，施工简单方便，所用材料环保无脱落、无开裂、无硬化，黏弹体防腐材料凭借优秀的密封效果和黏结长效性等特点，在埋地管道三层聚乙烯补口中优势明显。国内近2年现场试验表明，其对聚乙烯黏结性能优异，现场补口施工方便，因此黏弹体防腐材料可作为三层聚乙烯补口材料，应用前景广阔。

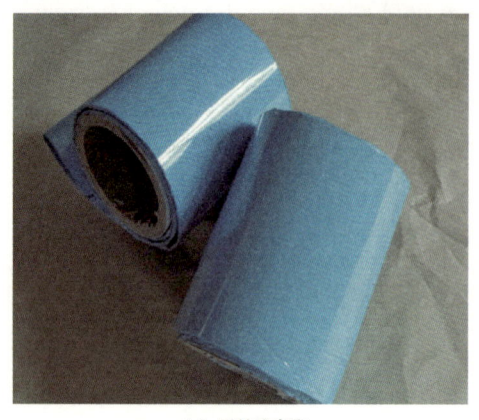

(a) 柔性防腐带　　(b) 柔性防腐膏

图6-23　中国石油天然气管道科学研究院研制的柔性防腐带和防腐膏

1. 产品生产工艺

1) 生产工艺流程

黏弹体防腐材料生产工艺流程为：捏合配料→挤出成型→离型纸贴合→加强网与保护膜黏合→成品收卷。在捏合时，要确保捏合机锅内干净无杂质，设置捏合机加热温度160℃，物料温度130℃。将基体树脂与抗氧化剂加入捏合机中捏合40min，待基体树脂捏合完全后，添加粉料继续捏合约50min，待粉料与基体树脂充分混合后添加颜料，捏合40min即可出料。将挤橡机温度设置为50℃、60℃和80℃。将捏合好的材料搓成条状，并依次加入挤橡机中（图6-24），与聚乙烯膜、防黏膜和网布复合挤出成形。

因生产过程中螺杆的剪切热无法及时散离，故柔性材料在挤出成形时处于高温状态，需要在模头前螺套加设冷却套，以保证黏弹体在低温状态下流出模头，这是黏弹体成形的关键。

图6-24　黏弹体防腐材料生产所用挤出机

2) 性能评价

NTD/NTDH型黏弹体防腐材料使用时，钢管温度为环境温度，推荐除锈等级St 2。黏弹体产品的宽度为50mm、100mm、200mm与300mm，通常胶带厚度大于1.8mm，胶带长度10～30m。为了明确黏弹体防腐材料性能，根据GB/T 4472—2011、DIN 30670—91、SY/T 0414—2017、ISO 21809—2008和GB/T 23257—2017相关标准，对NTD/NTDH型黏弹体防腐材料各方面性能进行了跟踪测试（表6-38）。

表 6-38　NTD/NTDH 型黏弹体防腐材料性能参数

黏弹体	阴极剥离，mm		热水浸泡剥离强度（70℃，120d），N/cm		23℃剥离强度，N/cm		
	23℃，24h，−3.5V	65℃，30d，−1.5V	PE	钢	PE	钢	FBE
NTD	1	5	3	3	4	5	6
NTDH	1	4	6	7	10	15	17

黏弹体	剪切强度，MPa	绝缘电阻率（100d）$\Omega \cdot m^2$	冲击强度，J	密度，g/cm^3	吸水率，%
NTD	0.04	10⁸	15	1.41	0.03
NTDH	0.07	10⁸	15	1.44	0.03

2. 现场应用

1）安装工艺

（1）除锈：补口部位清理后，采用手工除锈并达到 St 2 级以上的表面质量。

（2）黏弹体带缠绕：采用火焰加热方式，将待钢管表面和管体聚乙烯防腐层表面均匀预热至 30～40℃，同时，用钢丝刷对搭接部位聚乙烯防腐层进行拉毛；与此同时，对黏弹体带进行烘烤加热，确保两侧温度同步上升且最终保持一致。将黏弹体缠绕于钢管表面，黏弹体胶带无褶皱、与钢管之间无空隙。沿圆周方向用压辊均匀、反复碾压黏弹体胶带，使整个黏弹体胶带与钢管表面充分接触以达到完全黏结。

（3）异形件涂敷：在黏弹体带对异形设备完成包覆之后，用黏弹体膏对孔洞或边角等部位进行填充。最后完全包裹后，用辊轮碾压，使其与设备表面充分粘结（图 6-25）。

(a) 阀门防腐　　(b) 弯头防腐

图 6-25　黏弹体防腐材料现场应用情况

2）性能测试

根据 ISO 21809—2008 标准规定和 GB/T 23257—2009 相关试验方法，对西气东输二线站场管道及异形件安装的黏弹体进行了性能测试（表 6-39）。

上述测试数据表明，西气东输二线使用的黏弹体防腐材料的主要性能指标能够满足标准要求，具有良好的防腐性能。

表 6-39　西气东输二线站场管道及异形件黏弹体防腐材料性能

性能	目测外观	体积电阻率 $\Omega \cdot m$	吸水率 %	剥离强度（23℃对钢）N/cm	30d 抗阴极剥离 mm	滴垂情况
标准要求	—	$\geqslant 1 \times 10^{12}$	$\leqslant 0.1$	$\geqslant 5$（内聚破坏）	$\leqslant 25$	85℃不滴垂
实测值	平整光滑无褶皱		0.03	5	5	85℃不滴垂

第四节　热煨弯管防腐技术

热煨弯管管体有较大的弯曲角度，因而不能在直管防腐生产线上进行涂装，在搬运和安装过程中弯管防腐层遭受机械损伤的概率更大，因此，热煨弯管防腐层技术有其相应的特点，就是机械化程度不高、作业效率低、成本高。手持喷涂液体涂料和手持喷涂粉末是两种最普遍采用的弯管防腐技术。FBE、DPS 弯管涂装生产线在 20 世纪 90 年代由中国石油管道科学研究院在率先开发出之后，FBE、DPS 机械化涂装成为我国弯管防腐的主流技术。此外，弯管防腐也还有聚乙烯热收缩带搭接包覆防腐层、聚乙烯复合带防腐层、二层或三层聚烯烃粉末涂层等外防腐方式，其中，聚烯烃二层或三层粉末涂层是目前 3LPE 防腐管线最先进的弯管防腐技术。

一、弯管表面处理

热煨弯管的表面处理和直管的表面处理方法及质量要求是相同的，包括加热除湿、水洗除盐、去除油污以及除锈处理。

液体涂料、熔结环氧粉末、聚烯烃粉末以及聚乙烯热收缩带等弯管防腐层都需要钢管表面处理质量达到 Sa 2.5 级，应采用抛丸或喷砂的表面处理方法。但弯管的喷砂或抛丸作业需要专门的措施和设备。

1.喷砂或喷丸表面处理

热煨弯管进行喷砂或喷丸处理时，可以用钢丝绳穿过弯管将其吊起，或者将弯管放置在地面或作业台架上，后者通常需要对弯管上下两边分别进行表面处理。喷砂或喷丸通常在密闭空间内进行，配置除尘器，便于对表面处理产生的颗粒物和粉尘进行收集。

以手持喷砂或喷丸作业居多，因此，作业效率较低，工人劳动强度大，有时局部表面处理质量达不到要求，需要补充处理。

2.抛丸表面处理

抛丸除锈通常在专用弯管作业线上进行，具有效率高、环保控制好的优势。弯管除锈线的专用设备为环形辊道和抛丸室，其他的除锈相关设备和直管除锈相同。抛丸除锈作业线技术的主要特点为：

（1）辊道送进。辊轮相互间按照一定的夹角进行排布形成环形辊道，辊道的内侧设置立轮，立轮排列形成的圆弧和弯管的内侧角度匹配（图 6-26）。

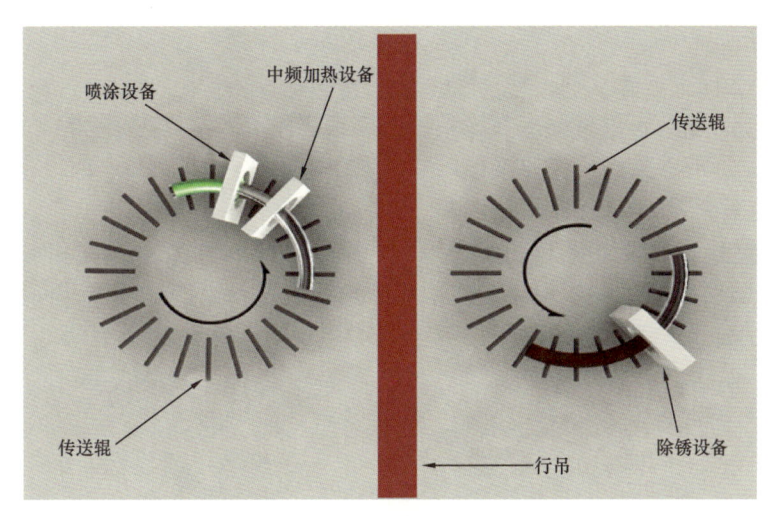

图 6-26 弯管防腐生产线示意图

由于辊轮之间存在角度，因此弯管能够按圆弧轨迹行进；当弯管向内侧偏转时，由辊道内侧的立轮对其运行轨迹进行导向。

（2）抛丸器采用圆周形式布置（图 6-27）。多个抛丸器安设在除锈机的几个角度，抛射出的弹丸可以 360° 覆盖弯管圆周。如果抛头到钢管表面的距离基本相同，清理效果最为均匀、效率最高。但通常抛头的数量和位置是固定的，因此，处理小口径弯管时的经济性就比较低。

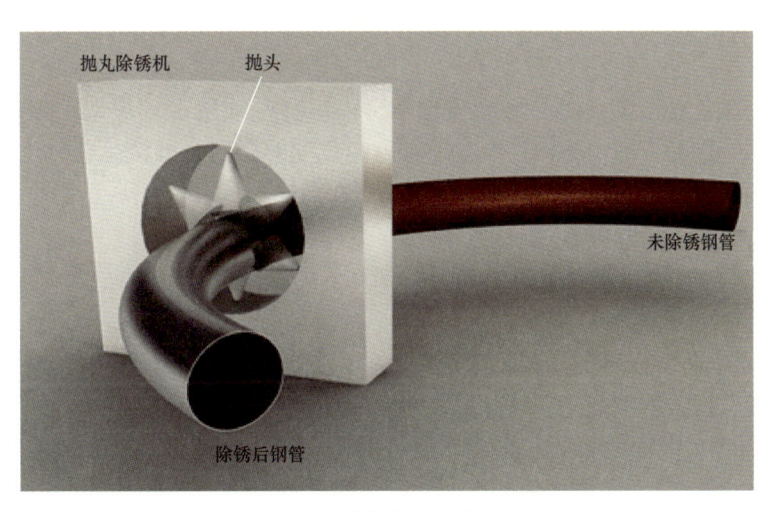

图 6-27 弯管表面处理示意图

弯管表面处理质量要求为 Sa 2.5 级，表面锚纹深度应达到 40～90μm，灰尘应达到 2 级及以上等级要求。表面处理后应随即进行涂装，间隔时间不宜超过 2h。

二、熔结环氧粉末防腐涂敷

弯管 FBE 或 DPS 外防腐层的防腐材料、涂层等级、质量检验和损伤修补等要求和直管完全一样，弯管 FBE 或 DPS 外涂层的涂装和直管大同小异（参见本章第二节"二、熔结环氧粉末防腐层技术"部分）。

1. 涂装

1）涂敷工艺评定试验

在涂敷生产开始前，供货商应在涂敷厂完成工艺评定试验并达到合格，用试验确定的涂敷工艺参数，形成涂敷生产作业规程，并应用在弯管涂敷生产中。

2）弯管防腐涂装

弯管 FBE 防腐层涂装主要工序为：中频预热、粉末静电喷涂、固化和水冷却等。

弯管 DPS 防腐层涂装主要工序为：中频预热、底层粉末静电喷涂、面层粉末静电喷涂、固化和水冷却等（图 6-28）。

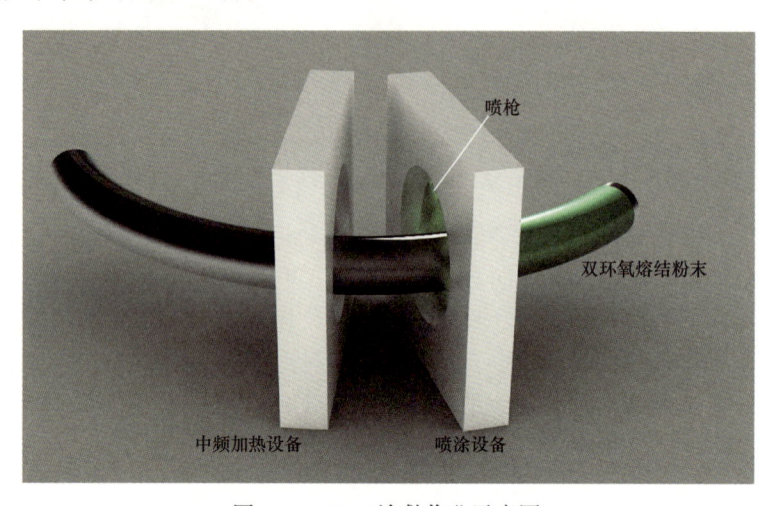

图 6-28 DPS 涂敷作业示意图

弯管 FBE 的涂敷需要专用的环形喷枪架，一组静电喷枪在环形架子上均匀排布，喷涂扇面和弯管的轴向平行，喷枪组要作周向一定角度的摆动，以使涂层厚度均匀；DPS 的喷涂需要先后通过底层粉末和面层粉末两组喷枪位置进行喷涂，第一组静电喷枪喷涂底层粉末，第二组静电喷枪随后喷涂面层粉末。

在弯管 DPS 防腐涂装中，散落的底层粉末和外层粉末也是同时回收，但禁止使用。

2. 涂敷生产质量检验

熔结环氧粉末防腐弯管的质量检验项目和直管防腐一致，但检验频次提高：

（1）在生产过程质量检验中，表面处理后的锚纹深度至少每 10 根弯管检测 1 次；每 4 小时至少检测 2 次弯管的表面灰尘度；逐根监测弯管表面的涂敷前预热温度，从生产开始起至少应每小时记录 1 次温度值。

（2）在防腐弯管质量检验中，每班至少抽取 1 根弯管进行防腐层固化度检验，玻璃化转变温度的变化值（ΔT_g）应不超过 5℃；沿每根弯管轴向随机取 3 个位置，测量每个位置圆周方向均匀分布的任意 4 点的防腐层厚度并记录；DPS 防腐层内、外层厚度检验频率为每涂敷 20 根弯管，使用多层测厚仪在管端防腐层边缘随机测量内、外层厚度 1 次并记录。

（3）电火花检漏以无漏点为合格。漏点数量在规定范围内时，可进行修补：当弯管外径小于 325mm 时，平均每米管长漏点数不超过一个；当弯管外径不小于 325mm 时，平均每平方米外表面漏点数不超过 0.7 个。

（4）在弯管外防腐层型式检验中，每种管径、壁厚环氧粉末外涂层弯管，应在连续生产的 50 根、100 根、400 根内各抽取 1 根弯管或同一生产工艺条件下的弯管样管，在以后的每 300 根抽取 1 根，按本章表 6-14 中的各项指标进行型式检验。

3. 防腐弯管堆放和运输

1）存放

成品防腐弯管应按规格分开堆放。成品管露天堆放时间不宜超过 6 个月，超过 6 个月应采用不透明遮盖物覆盖。堆放时，弯管底部应采用 2 道以上柔性支撑垫，支撑的最小宽度为 200mm，其高度应高于自然地面 100mm。成品防腐弯管的堆放层数应符合表 6-40 的要求。

表 6-40 弯管成品管堆放层数

管径 DN, mm	DN<400	400≤DN<600	600≤DN<800	DN≥800
最大堆放层数	4	3	2	1

2）装运

成品防腐弯管运输时，应对每根成品防腐弯管采取防护措施，应符合以下要求：

（1）成品管装卸时应使用柔性吊带，轻吊轻运，避免互相撞击而损伤管口及涂层；

（2）每根成品管都应加装隔离垫圈，避免彼此间接触。垫圈的尺寸和位置应以堆放时涂层不受损坏为原则；

（3）成品管运输时，各成品管管体之间、管口之间、管体与管口之间以及成品管与车厢底部和侧面厢体之间，均应放置柔性隔离垫，同时用捆绑带扎紧，以免涂层在运输中受损；

（4）成品弯管应采用适宜的运管车运输，运管车宜采用专用支架，单管长度方向捆绑不应少于 2 道，并加带橡胶的木制垫块、楔块等防滑。

三、液体涂料防腐涂敷

弯管防腐使用的液体涂料主要是无溶剂液体环氧与无溶剂液体聚氨酯两类。

热煨弯管液体涂料防腐的材料、涂敷施工、质量检验和损伤修补等要求可参见本章第三节"四、液体涂料补口"相关内容。

1. 防腐层等级与厚度

热煨弯管防腐层的厚度可参考表 6-41。

表 6-41 弯管液体涂料防腐层厚度

序号	等级	补口涂层厚度，μm	
		液体环氧涂料	液体聚氨酯涂料
1	普通级	≥600	≥1000
2	加强级	≥1000	≥1500

2. 防腐层涂装

弯管用液体涂料防腐时，常采用手持喷涂的作业工艺，也可采用人工涂刷。

通常，将除锈后的弯管用钢丝绳穿起并吊挂在钢架上，这样弯管外表面没有和任何物体接触，可以进行全位置的涂敷。如果将弯管放置在地面或支架上进行涂敷，弯管与地面或支撑点的接触位置需要在第一次涂敷的防腐层固化后补涂。

（1）在喷涂时，还需注意以下几点：

① 喷枪尽量正对弯管表面，距离保持在 300～500μm，以均匀的速度移动喷枪；

② 喷涂时可能需要频繁起、停枪，起喷和停喷均要在移动中进行；

③ 用湿膜规随时监测漆膜厚度。

（2）当采用刷涂作业时，应秉持"多道涂敷"和"湿碰湿"的原则，并采用湿膜规监测，以提供防腐层厚度均匀性，减少针孔的产生。

（3）弯管防腐层的固化：防腐层涂敷完成后，通常采用静置的自然固化方式，涂层弯管需要一定的固化场地。液体环氧防腐层的固化温度条件大致在 10～50℃之间，液体聚氨酯防腐层的固化温度宜保持在 0℃以上。

3. 涂敷生产质量检验

防腐弯管的生产质量检验项目和试验内容应符合下列规定：

1）生产过程质量检验

应逐根检验弯管表面除锈质量，表面处理质量级应达 Sa 2.5 级；应至少每 10 根弯管检验外表面锚纹深度 1 次，锚纹深度 40～100μm；应每 4 小时至少检测 2 次弯管的表面灰尘度，应满足灰尘度 2 级以上质量要求。

涂敷过程中，用湿膜规监测漆膜厚度，避免涂敷过厚，并及时对厚度不足部位进行补涂。

2）防腐弯管成品检验

（1）应逐根对防腐层外观进行目测检查，外观要求平整、光滑、色泽均匀、无气泡、无漏涂。

（2）应采用电火花检漏仪逐一对弯管防腐层进行漏点全面检查，以无漏点为合格。液体环氧防腐层检漏电压应为 5V/μm，液体聚氨酯防腐层检漏电压为 8 kV/mm，按照设计厚度进行计算，对检测出的漏点进行补涂。

（3）沿每根弯管轴向随机取 3 个位置，测量每个位置圆周方向均匀分布的任意 4 点的防腐层厚度：12 个点厚度平均值应不小于设计厚度，最薄点读数值应不低于设计值的 80%。

（4）采用邵氏硬度计对防腐弯管逐一检测，每个弯管的防腐层应至少测量 2 点，宜在弯管防腐层的两端选择测点，测试值应符合产品说明书的规定，且液体环氧补口硬度（邵氏）不低于 75HD，液体聚氨酯不低于 70HD。

（5）应采用拉拔测试仪进行附着力的测量，抽查频率为每小时生产抽查 1 根防腐弯管。可在弯管两端和中间随机选择 3 点进行附着力测试。对钢管的附着力应不小于 10MPa。

（6）按照 SY/T 0315—2013《钢质管道熔结环氧粉末外涂层技术规范》附录 C 规定试验方法，对每连续生产的第 1 根、第 50 根，之后每 100 根防腐弯管抽测 1 根，进行防腐层 48h 阴极剥离试验，试验温度为最高设计运行温度，以剥离距离不大于 8mm 为合格。

4. 防腐弯管堆放和运输

液体涂料防腐弯管堆放、运输和本节"二、熔结环氧粉末防腐涂敷"的要求一样。

四、外保护层涂敷

弯管熔结环氧和液体涂料防腐层均容易在搬运过程中受到机械损伤，因此，除了对防腐弯管用保护绳进行捆扎保护外，设计常采用外护层对弯管防腐层进行保护。几种保护层中，聚丙烯胶粘带的抗损伤能力有限，容易破损；环氧玻璃钢由于需要多层涂敷，在弯管缠绕、涂敷的难度大，尚未批量采用；塑料网格很早就在国外使用，但国内尚没有应用先例。

1. 聚丙烯胶粘带外护层

1）材料验收及检验

聚丙烯外护带原材料验收及质量检验应按照订货技术条件或技术规格书规定执行，或采用表 6-42 的技术条件。

表 6-42 聚丙烯胶粘带的技术指标

项目	指标	备注
基膜材料	聚丙烯网状增强编织纤维	GB/T 6672—2001
基膜颜色	黑色	
基膜厚度，mm	0.3 ± 0.05	
防腐胶层组成	丁基橡胶改性沥青	
胶带整体厚度，mm	≥1.1	
基膜拉伸强度，MPa	≥60	GB/T 1040.3—2006
对有底漆钢材的剥离强度，N/cm	≥45	GB/T 2792—2014
对背材的剥离强度，N/cm	≥25	
电气强度，MV/m	≥30	GB/T 1408.1—2016
吸水率，%	<0.35	SY/T 0414—2017 附录 B
体积电阻率，$\Omega \cdot m$	$>1 \times 10^{12}$	GB/T 1410—2006
耐热老化试验（168h），%	<25	SY/T 0414—2017 附录 A
耐紫外线老化	≥80	GB/T 23257—2017 附录 I
水蒸气渗透率（24h），mg/cm^2	<0.45	GB 1037—1988

2）涂装

（1）涂刷底漆：在检验合格的防腐弯管表面涂刷配套底漆，弯头两端防腐层外露 40~60mm 不涂。底漆应涂刷均匀，无漏涂、凝块和流挂等缺陷，厚度应不小于 30μm。

（2）聚丙烯胶粘带缠绕：待底漆表干后，采用胶带手动缠绕机或电动缠绕机缠绕，缠绕前调整好胶带搭边宽度及张力，缠绕时应绷紧胶带，保证其具有足够的张力，避免出现扭曲、皱折、破损、搭边翘边和夹裹气泡；各圈间搭接宽度应符合规定，聚丙烯胶粘带通常搭边为50%～55%，在弯管首末两端处0～50mm内为单层聚丙烯胶粘带（即不搭边）。

3）质量检验

聚丙烯外护带防腐层质量检验应符合表6-43的要求。

表6-43 聚丙烯外护质量检验指标

检验项目		质量要求	检验频次	试验方法或仪器
外观检查		外观应平整，搭接均匀，无永久性气泡、皱折和破损	逐根检验	目测
漏点检查		防腐层+防护层全面检测，检漏电压15 kV，无漏点为合格	逐根检验	电火花检漏仪
总厚度检测		符合设计要求	逐根检验	磁性测厚仪
外护带剥离强度，N/cm	（20±10）℃	≥100（内聚破坏）	每班抽取1根	GB/T 23257—2017
	（50±5）℃	≥70（内聚破坏）		

4）损伤修补

聚丙烯胶粘带的损伤按照下列要求进行：

（1）应先修整损伤部位，并清理干净。防腐层本体有损伤，应先修补防腐层；

（2）聚丙烯防护层修补时，应在防腐层本体补伤完全固化后进行；

（3）宜使用与管体相同的胶粘带进行修补，应采用缠绕法。如征得设计确认，可使用专用胶粘带，用贴补法修补。缠绕和贴补宽度应超出损伤边缘至少50mm。

2. 环氧玻璃钢外护

弯管玻璃钢外防护层的材料、结构、施工和检验的内容和本章第二节"四、穿越段管道防腐层技术"中环氧玻璃钢外护层的要求全部一样。

弯管环氧玻璃钢防护层涂敷时，宜采用托架支撑防腐弯管，1根弯管至少需要3个支撑位置，支撑高度便于液态环氧涂刷和玻璃布缠绕作业；在玻璃钢涂层涂敷完成并完全固化之后，将弯管底部朝上，对支撑位置没有涂敷的部位进行补涂。

也可采用将防腐弯管用钢丝绳悬挂起来进行玻璃钢的涂敷，可以一次完成整根弯管的外护层涂敷，但作业难度更大。

玻璃钢外护层的涂敷和固化需要的时间较长，需要大量场地，要防止风沙、雨雪和飞虫等的影响，最好在室内进行涂敷。

五、热收缩带防腐涂敷

采用热收缩带进行弯管防腐涂装和热收缩带补口防腐涂装的防腐材料、涂层结构、涂敷施工及质量检验的要求总体是一样的（参见本章第三节"三、热收缩带材料补口"部分内容），只是在弯管防腐时，热收缩带是首尾相互搭接，逐个安装在弯管表面。

1. 底漆涂刷

应按每安装一个热收缩带，涂刷一段（对应所包覆的热收缩带长度）底漆的工序施工。下一段底漆涂敷应待钢管表面温度冷却至底漆涂敷要求时方能进行。

2. 热收缩带的搭接

热收缩带的搭接应注意下列几点：

（1）热收缩带搭接部位必须打毛。热收缩带收缩后，热收缩带间搭接长度外弧应为50～70mm，每个弯管只允许有一个搭接长度超过70mm。

（2）热煨弯管的管端预留长度（钢管裸露部分）应为：140～150mm。

3. 质量检验

热收缩带防腐弯管的质量检测宜在安装24h后进行，质量检验包括外观、搭接宽度、漏点和黏结力的检验。其中，搭接宽度要求外弧应为50～70mm，每个弯管只允许有一个搭接长度超过70mm；每10根热煨弯管应至少抽测一个端头部位的热收缩带的黏结力，如不合格，应加倍抽测，若加倍抽测中仍有一个不合格，则该施工批次的热煨弯管防腐层应全部返修。

六、粉末聚乙烯与粉末聚丙烯防腐涂敷

粉末喷涂成型二层或三层PE与PP（以下简称粉末PO）和三层结构防腐管道有更好的防腐层性能匹配，机械损伤能力优于单层或多层热固性涂层体系，在国外已大量用于弯管的防腐，我国也已对这项技术进行了多年的研究开发，且已经具备了工厂化弯管防腐生产的能力。

1. 粉末PO防腐层结构及其性能

1）粉末PO防腐层结构

以三层粉末结构为例，防腐层由FBE底层、化学改性聚乙烯黏结剂中间黏结层和PE外层组成，三层材料均为粉末喷涂成型。各层的厚度如图6-29所示。

材料	厚度，μm
PE外层	500
FBE/黏结剂中间层	125
FBE底层	125
总厚度	750

图6-29 三层粉末结构示意图

图6-29中，黏结层底部是黏结剂和FBE的混合物，由下至上，FBE含量逐步下降，使得黏结层和FBE底层形成无界面结合；黏结剂分子性质和面层PO相似，所以二者之间融合很好，分子互相缠结。所以，这种结构中层与层之间形成牢固的"互锁"，具有良好的整体特征。

粉末2PO和粉末3PO的区别在于，粉末2PO采用改性PO粉末代替第二层和面层粉末，可以达到3PO同等厚度和抗损伤能力，且简化了涂装设备和工艺。

2）防腐层性能

粉末PO和钢管表面的黏结优异，特有高抗剪切性能、抗冲击性能、抗阴极剥离性能和很低的潮气渗透性，最高运行温度可达85℃，最低安装温度达到-40℃。

优化研究表明，三层粉末结构中，厚度达到150μm的FBE底层是良好腐蚀保护性能的基础，FBE层厚度更大，超过250μm，则被用到要求高的地区，特别是海洋环境。FBE厚度加大，防腐层成本，包括涂装费用都显著增加。黏结层厚度设计为125～150μm。一般情况下，外层最小厚度500μm就能够起到足够的保护作用，特殊需要时建议增加外层厚度。

2. 涂敷工艺

粉末PO的喷涂工艺流程如图6-30所示。

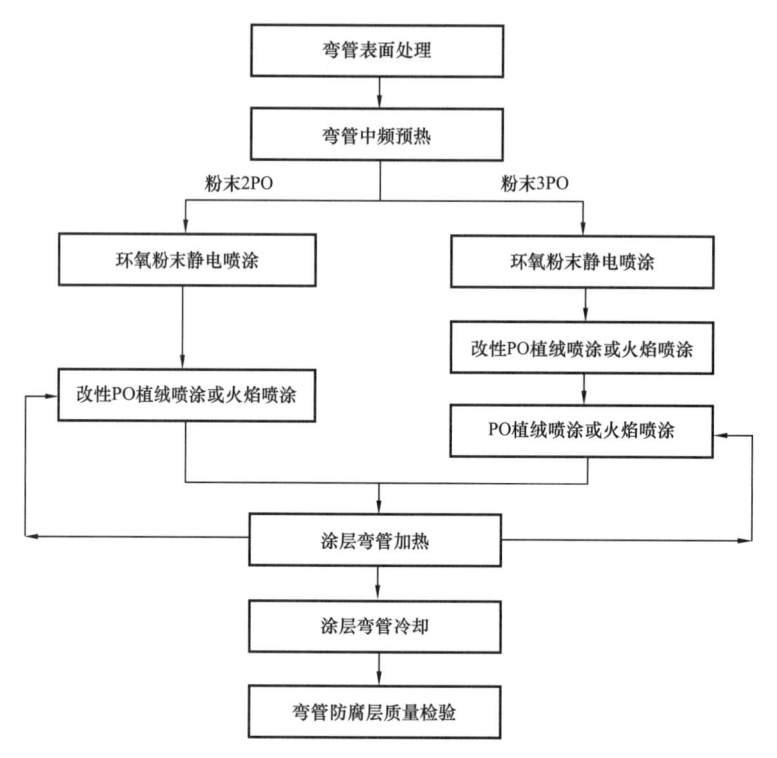

图6-30　粉末PO的喷涂工艺流程示意

图6-30中，PO粉末或改性PO粉末的喷涂常采用植绒喷涂，这是由于PO粉末的带电能力较差，植绒喷涂可以提高PO粉末的上粉率，喷涂也较为均匀。每道喷涂完成后，需要进行烘烤，对PO粉末或改性PO粉末加热熔化，多道喷涂直到达到涂层厚度的要求；也可采用火焰喷涂，火焰喷涂时燃气和粉末同时从喷枪喷出，粉末在燃气燃烧热力作用下瞬时熔化，但涂层的均匀性控制相对困难一些，且粉末涂料需要添加抗高温氧化的助剂，火焰温度也需要准确地控制，但涂敷相对简单，可以较方便地达到防腐层厚度要求。

粉末2PO和粉末3PO是目前先进的弯管防腐层技术，特别是二层或三层粉末聚丙烯防腐层的硬度高，抗机械损伤能力更强，将会在热煨弯管防腐领域获得更多的应用。

第五节　站场涂层防腐技术

输气管道站场内管道设施的腐蚀控制与干线管道相比，在外腐蚀检测、防腐层维护、修复、更换等方面，都更加困难。站内埋地管道、异型管件、金属设施等其防腐层需现场制作，质量难以达到线路管道在工厂预制的防腐层质量。从西二线开始，"十二五"期间所建设的管道项目吸取了以往站场防腐的经验，尝试采用不少防腐涂装新技术，同时还研发了新的防腐材料，如无溶剂液态环氧涂料、黏弹体防腐胶带、热缩压敏带、聚氨酯、聚丙烯增强编织纤维防腐胶带等。这些材料广泛应用在后来的中国石油新建的所有管道项目的站场工程中，明显提高了工程的防腐质量，取得了显著的防腐效果，确保了站场安全运行。

一、地下管道及设备涂层防腐

长输天然气管道站场一般数量多、分布地域广，所处位置在地下水位、土壤含盐量和土质类型等腐蚀性环境方面存在较大差异。站内埋地管道具有管径规格多、长短各异。同时站内埋地管道又具有维护不便，金属构筑物密集、相互交错的特点，存在阴极保护不易完全保护的可能。因此，在选择外防腐层时应综合考虑站内埋地管道的特点、环境条件和防腐材料的性能等影响因素，合理选用。

可供选择的外防腐层种类有三层结构聚乙烯防腐层（简称三层PE）、无溶剂型液体环氧（100%固体成分环氧涂料）、聚乙烯粘胶带和聚氨酯4种。其中，三层PE的性价比最高，缺点是预制生产及调运麻烦；液体环氧具有黏结性能优异，能满足涂装在站内各种形状的异型管件、设备表面上的特点；性能优良的无溶剂型液体环氧涂料，在抗冲击性能和一次性喷涂厚度方面目前都有了较大改善，缺点是施工质量受环境温度、湿度和施工人员责任心的影响较大；聚乙烯粘胶带的特点是现场施工方便、防腐层完整性较好、吸水率低，但防腐层黏结性能逊于前两者。比较各种防腐材料特点，输气管道站场地下管道和金属设施采用如下防腐方案：

（1）对站场内与干线管径一致的进站、出站和越站旁通管道，采用三层PE外防腐层，对于$DN \geqslant 300mm$以上的地下管道尽量采用三层PE防腐层。三层PE的等级和耐温要求与附近的干线管道一致。

（2）对于站场内其他非三层PE防腐的金属管道，包括封头采用无溶剂型液体环氧防腐，实干后再外缠聚丙烯增强编织纤维防腐胶带加强防腐，以提高抗水气渗透和保证防腐层的完整性，同时又不会屏蔽站场区域的阴极保护电流。

立管出土管段地面上下各（200±20）mm范围内，在应采用无溶剂环氧防腐后，进行热收缩带包覆处理，或在无溶剂环氧涂层上缠绕一层铝铂胶带，作耐紫外线处理。

对于埋地的不锈钢管道，为了防止站场区域阴极保护电流通过裸露的不锈钢管道流失，因此，对不锈钢埋地管道缠绕聚丙烯网状增强编织纤维防腐胶带进行对地绝缘。

（3）对于站场的阀门（包括气液联动阀）、凸台、三通等异构件埋地部位的防腐，先采用黏弹体防腐膏填充，平滑过渡后再采用黏弹体防腐胶带+聚丙烯外带进行防腐。黏弹体膏为泥状物，不硬化、不固化，具有优异的柔性和可塑性，能够填充在凹槽处，改善不规则形状管件的外形，用来做阀门、法兰等异型件防腐所用；黏弹体防腐胶带是具有优异的柔性和可塑性，缠绕在阀门表面。配套的PVC外保护带用来提高机械保护强度和电绝缘性。

（4）对于排污罐的防腐采用无溶剂液态环氧涂料防腐。

二、地上管道及设备涂层防腐

输气管道站场内地上管道及设备防腐涂层应具有与金属表面良好的黏结力、防水防大气腐蚀、耐紫外线老化、耐候性好，同时还应具有良好的装饰性。

在选择涂料时，应根据露空设备和管道的运行温度、所处环境条件，以及涂料的性能特点、使用寿命和适应性、配套性，进行综合考虑，选择合理的配套方案。一般推荐的涂层结构和配套方案为复合型防腐涂料，其组成与结构为：环氧富锌底漆（底层）—环氧云铁防锈漆（中间层）—氟碳面漆（面层）。

第六节 阴极保护技术

一、管线阴极保护

为了延长管道的使用寿命，线路管道在采取防腐层防腐的基础上，还应采取阴极保护措施，长输油气管道阴极保护通常采用强制电流法，"十二五"期间，国内所有新建天然气管道都实施了阴极保护技术。最新的阴极保护准则为 ISO 15589-1：2015 Petroleum, petrochemical and naturalgasindustries — Cathodic protectionof pipeline systems — Part 1：On-land pipelines，具体为：

（1）无 IR 降阴极保护电位 E_{IRfree} 应满足下述公式要求：

$$E_l \leqslant E_{\text{IRfree}} \leqslant E_p \tag{6-3}$$

式中 E_l——限制临界电位；

E_p——金属腐蚀速率小于 0.01mm/a 时的最小保护电位；

E_{IRfree}——无 IR 降阴极保护电位。

（2）阴极保护电位宜满足表 6-44 要求。

表 6-44 金属材料在土壤、水中的自然电位、最小保护电位和限制临界电位

金属或合金	环境条件	自然电位 （参考值）E_{COR}（V）	最小保护电位 （无 IR 降）E_p, V	限制临界电位 （无 IR 降）E_l, V
碳钢、低合金钢和铸铁	一般土壤和水环境	−0.65～−0.40	−0.85	①
	40℃<T<60℃的土壤和水环境	—	②	①
	T>60℃的土壤和水环境③	−0.80～−0.50	−0.95	①
	T<40℃，100<ρ<1000Ω·m 含氧的土壤和水环境	−0.50～−0.30	−0.75	①
	T<40℃，ρ>1000Ω·m 含氧的土壤和水环境	−0.40～−0.20	−0.65	①
	存在硫酸盐还原菌腐蚀风险的缺氧的土壤和水环境	−0.80～−0.65	−0.95	①

续表

金属或合金	环境条件	自然电位（参考值）E_{COR}（V）	最小保护电位（无IR降）E_p, V	限制临界电位（无IR降）E_l, V
PREN＜40的奥氏体不锈钢	环境温度下，中性和碱性的土壤与水环境	−0.10～+0.20	−0.50	④
PREN＞40的奥氏体不锈钢		−0.10～+0.20	−0.30	—
马氏体和双相不锈钢		−0.10～+0.20	−0.50	应由文献或实验确定
不锈钢	环境温度下的酸性土壤和水	−0.10～+0.20	应由文献或实验确定	应由文献或实验确定
铜	环境温度下，土壤和水环境	−0.20～0.00	−0.20	—
镀锌钢		−1.10～−0.00	−1.20	

注：（1）所有电位无IR降的，且相对于铜/饱和硫酸铜参比电极（CSE）；
（2）管道寿命期内，应考虑管道周围介质电阻率变化。
① 对于高强度非合金钢和屈服强度超过550N/mm² 的低合金钢，临界限制电位值应有文件证明或实验确定；
② 温度为40～60℃时，最小保护电位值可在40℃的电位值（−0.65V，−0.75V，−0.85V 或 −0.95V）与60℃的电位值（−0.95V）之间通过线性插值法确定；
③ 高pH值应力腐蚀开裂风险随温度升高而增加；
④ 如果存在马氏体和铁素体相，应有文件证明或通过实验确定氢脆危害风险。

（3）管道防腐层的限制临界电位 E_l 不应小于 −1.20V（CSE），并防止防腐层出现阴极剥离、起泡、管体氢脆现象。

（4）当表6-44的阴极保护准则无法达到时，也可采用阴极电位负向偏移最少100mV这一准则。

ISO 15589—1 标准中的各项阴极保护准则在我国标准GB/T 21448—2017《埋地钢质管道阴极保护技术规范》中得到全部体现，因而也是我国油气管道阴极保护工程中必须遵守的。

"十二五"期间建设的天然气管道在阴极保护技术上的进步另一体现就是自动化管理水平的全面提高。不仅将阴极保护电源（变压器整流器或恒电位仪）与SCADA系统连接起来，实现阴极保护站数据实时读取，并通过SCADA系统对阴极保护站进行实时控制。而且，通过新研发的阴极保护电位智能采集单元实现了管道沿线阴极保护数据的监测和读取。电位采集单元由长效电池或太阳能电池板提供电能，可适时读取包括阴极保护电位、电流、极化电位、IR降、管道上感应的交流电位、实时腐蚀速率等数据，并将采集的这些数据通过光纤、卫星、GSM公共移动信号等媒介传输到管道的控制中心。阴极保护参数如果不需要实时传递，也可在采集单元内部储存起来，以便人工定期前往读取。基于GIS/GPRS/SDH技术阴极保护远程在线监控系统拓扑图如图6-31所示。

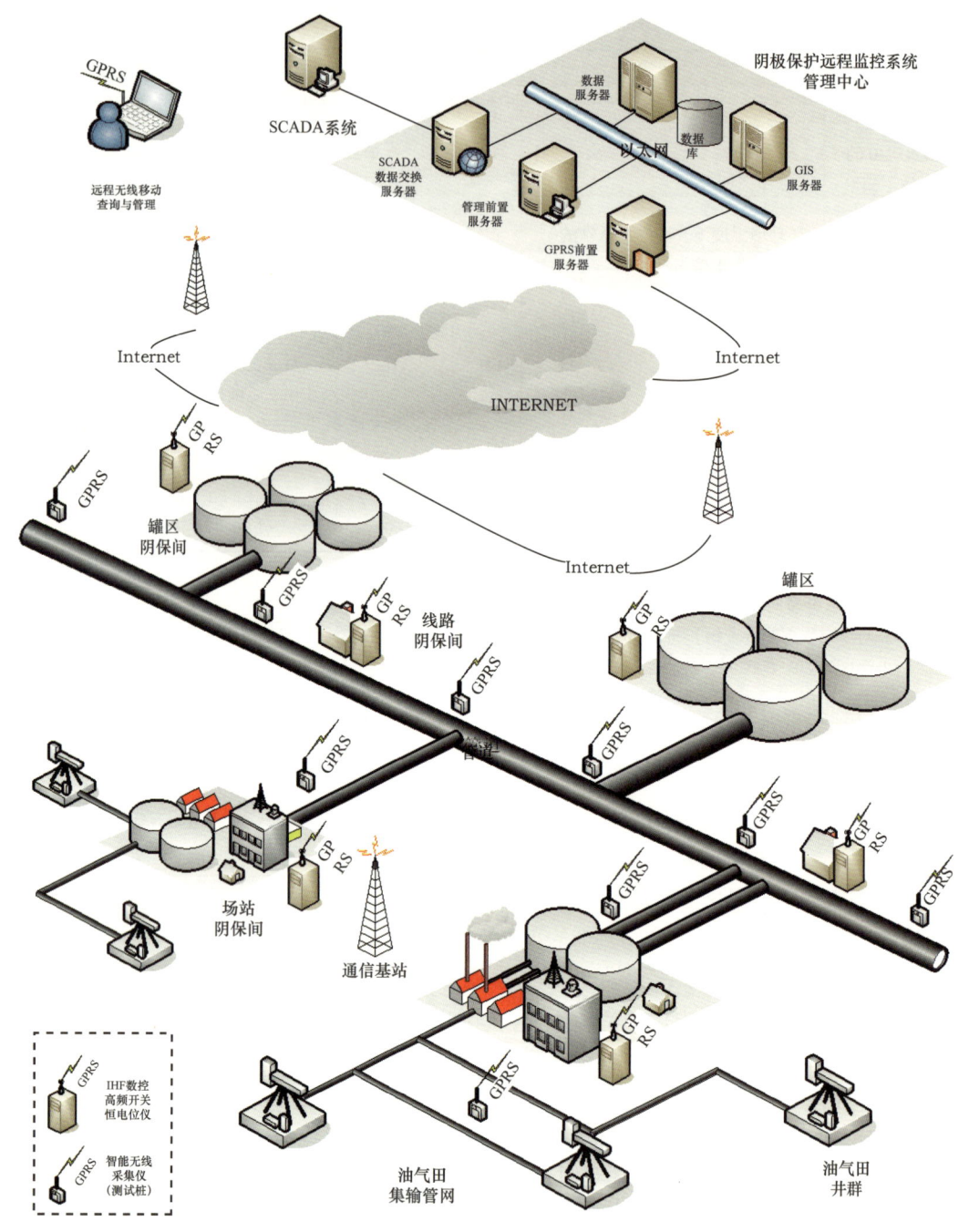

图 6-31　基于 GIS/GPRS/SDH 技术阴极保护远程在线监控系统拓扑图

二、站场阴极保护

在国际上，区域阴极保护早已普及，相应的国际标准有欧盟的《Cathodic protection of complex structures》(BS EN 14505：2005)、澳大利亚的《Cathodic protection of metals – Compact buried structures》(AS2832.2–2003)，此外还有伊朗的《Engineering for Cathodic Protection》(IPS-E-TP-820（1）-2010)。在这些国际标准中，管道站场区域阴极保护范

围涵盖了站内所有埋地金属构筑物。

"十二五"之前，国内建设的天然气管道包括西气东输一线、忠武输气管道项目、涩宁兰管道、陕京一线/二线等所有项目在设计阶段因技术原因都没有实施站场阴极保护技术。

与保护对象单一的管道干线阴极保护系统相比，站场阴极保护技术是对集中在站场区域内的多个埋地金属结构进行统一的保护，其特点见表6-45。

表6-45 站场区域阴极保护与线路阴极保护特点比较

项目	线路管道阴极保护	站场区域性阴极保护
保护对象	单一管线	管网、排污罐等
保护回路	简单	非常复杂
接地系统	管道本身	除管道、混凝土基础外，还有避雷防静电接地系统
安全需求	管道通常在野外埋地，安全要求相对较低	易燃易爆场所，属一级防火区，安全要求高
保护电流需求	保护电流主要消耗于涂层针孔或破损处，一般只需较小电流即可达到充分保护	大部分电流通过设备底座、接地系统漏失，只有小部分电流消耗在管网上，通常保护电流需求较大
阴保站设置	沿管线分散布置，相距数十甚至上百千米	在站场内，相对集中
阳极地床设计	采用非常简单的单一形式阳极床，安装位置选择余地较大	一般采用2种或2种以上地床形式，安装受空间到很大限制
对外部干扰	较少且容易控制	较多且难以控制
屏蔽影响	主要是剥离涂层等导致管道保护屏蔽	金属结构密集排布，管道之间、混凝土墩、接地系统等都会导致对保护电流的屏蔽
运行调试	运行调试简单容易	保护回路复杂，需要反复调试，有时需要调整设计

站场区域阴极保护技术的上述特点为该技术的应用带来了一系列的困难和挑战，为了克服这些困难，推动阴极保护技术在站场区域的应用，阴极保护技术人员在工作中不断地研究总结。

自西二线建设开始，管道设计单位借鉴包括俄罗斯西伯利亚—太平洋管道等诸多海外项目的区域阴保经验，同时吸收包括美国克罗尼尔（Colonial）公司、德国ILF公司、英国PENSPEN、美国海湾公司等多家公司的技术成果，在"十二五"期间的所有天然气管道项目上，都应用了站场区域阴极保护技术并取得了成功。与此同时，相应的标准化建设也取得了不少成果：2012年，中国石油储运专标委通过了《区域性阴极保护技术规范》（Q/SY 29）；2014年4月，《石油天然气站场阴极保护技术规范》（SY/T 6964—2013）也发布实施。目前国内的区域阴极保护技术已经在中国石油、中国石化等进行全面推广，效果明显。不仅如此，鉴于站场区域阴保的必要性，国家安全生产监督管理总局牵头，由中国石油、中国石化、中国海油共同起草的国标《石油天然气安全规程》（AQ 2012—2017）明确强制要求输油气管道站场的埋地管道必须实施阴极保护。

在设计手段方面，国内最近几年也取得了显著的进步，体现在数据模拟技术上的成就尤为明显。较早时候，国内外技术人员尝试运用计算机辅助阴极保护设计。对于区域内埋地管网阴极保护设计来说，被保护结构上合理的电位分布是决定阴极保护系统有效性的一个重要参数，欠保护和过保护都是不可取的，因此，电位分布计算方法变得尤为重要。电位分布可通过有限元法、有限差分法和边界元法等数值方法利用计算机求解，另外还可借用现成的计算程序软件包如FLUENT、ANSYS、MATLAB进行数值计算，目前，最常用的为BEASY专业模拟计算软件，通过设计、建模，然后模拟，再根据模拟结果，不断调整阴极保护地床布设以及汇流点位置，图6-32、图6-33为模拟的电位分布云图。

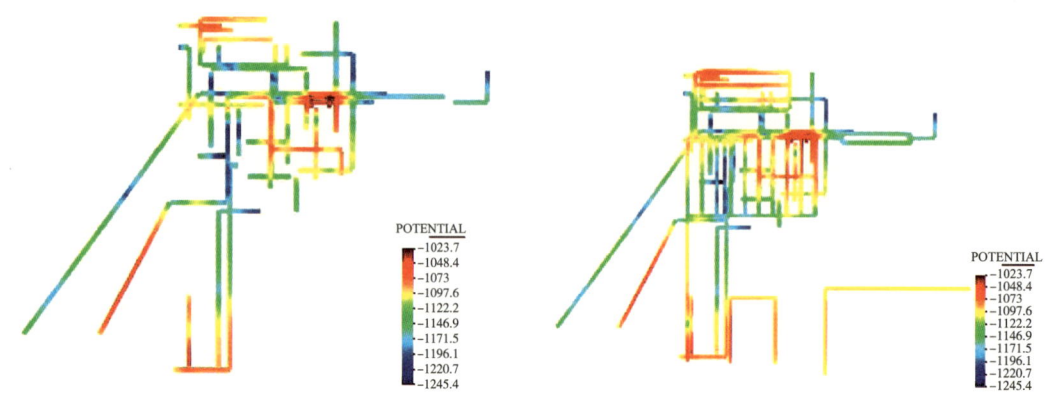

图6-32　站场管道模拟阴极保护电位分布云图　　图6-33　站场接地系统模拟阴极保护电位分布云图

虽然国内站场区域阴极保护技术取得了很大进展，但与国际先进水平相比仍有不足之处，突出体现在站场阴极保护与电力接地的矛盾处理方面，这个矛盾在我国一直存在着，以前在国外也成为一个问题，但国际上通过大量的理论推导与实验室和工程现场研究，提出了消除这种影响的措施，这些措施体现在标准《National electrical code》（NFPA 70-2005）中：如果电力接地保护的金属构筑物采取了阴极保护，或与阴极保护构筑物相连接，为了防止阴极保护电流通过电力接地系统流失，应采用去耦合设施阻止直流电流的流失。美国腐蚀工程师协会标准NACE SP0169、NACE SP0177、澳大利亚标准《密集埋地结构的阴极保护》（AS 2832.2-2003）、ISO15589等都要求采用去耦合器或隔离器将阴极保护的设施与电力系统隔开。管道局参与建设的印度东气西送工程的站场区域阴极保护、泰国天然气管道工程等都是这种做法，美国管道研究委员会PRCI的研究报告也是采用的这种解决办法。

上述的这些解决措施目前在国内还很难推广，由此给站场阴极保护的实施带来了一定的难度。

三、交/直流干扰防护技术

1. 交流干扰防护

交流干扰危害有三种，一是潜在威胁操作人员的人身安全；二是强电干扰能冲击沿途监控阀室的电动执行机构和工艺站场的电气仪表自动化设施，包括阴极保护站的恒电位仪；三是交流感应电压能引起交流腐蚀，而且这种腐蚀是阴极保护所不能完全有效控制的。这些影响在10多年来所建的管道中普遍存在，如西一线东段和河西走廊与电气化铁路并行段，感应电压为 15~20V；忠武输气管道与三峡/葛洲坝外输线路共用走廊带感应电压超过 65V；大西南成品油管道在广西河池地区管段的感应电压高达 132V；永唐秦管道感应的最大电压超过 150V；广东 LNG 管道与大亚湾外输线路并行段以及陕京二线太行山至石家庄北站的管段也都存在严重干扰。

干扰防护措施，若干年以前，由于缺乏有效的设计手段和干扰防护手段，管道工程在设计建设阶段不考虑交流干扰的影响。"十二五"以后，随着管道建设项目和高压输电线路建设项目的不断增多，以及输电线路等级越来越高，共用线路走廊用地越来越受到限制，使管道遭受交流干扰的影响及安全问题越发突出。为此，参照国外相关权威标准，如欧洲技术委员会标准《埋地阴极保护管道交流腐蚀可能性评估》（CEN/TS 15280）、美国腐蚀工程师协会标准《减轻交流电和雷电对金属构筑物和腐蚀控制系统影响的措施》（NACE SP0177-2007）、加拿大国家标准《管线和输电线路两者间电协调的原则和应用》（CSA-C22.3 NO.6-M91）、德国腐蚀问题工作协会标准《高压三相电流装置和交流路轨设备影响范围内的管线安装和操作措施》（AFK NO.3-82）、壳牌 DEP 标准《阴极保护》（DEP 30.10.73.10-Gen）等标准的做法，在"十二五"期间，管道设计单位首次在西二线项目设计中实施了交流干扰防护措施。目前，相关技术已经成熟化，相应的防护设备在引进的基础上，国内已有多家研发机构开发出了需要的产品，不仅如此，管道设计单位与中国电科院一起编制了相应的防护标准《埋地钢质管道交流干扰防护技术标准》（GB/T 50698—2011）。目前，无论中国石油还是中国石化，国内所有长输管道项目上都在设计阶段实施了交流干扰防护技术。与此同时，借助计算机模拟技术，设计手段也取得了明显的进步，CDGES 设计工具已经在管道专业设计单位得到应用，使得设计更加精准，防护效果更加明显，工程费用也显著降低。

2. 直流干扰防护

直流干扰广泛存在于长输管道工程中，干扰源主要为直流输电系统，直流轨道运输系统、金属电解生产化工厂、附近的阴极保护系统等。美国腐蚀工程师协会权威资料 Cathodic Protection Technologist Course Manual、PRCI 相关研究报告，以及 PENSPEN、海湾公司、克罗尼尔公司等设计的国际管道项目如缅甸—泰国天然气管道、泰国第四天然气管道、沙特水管道、印度东气西输管道等，其直流干扰防护措施与国内做法具有类似之处，即也分预防护措施和后期防护措施。"十二五"期间，无论是国内的西气东输二线/三线等项目，还是管道系统承建的上述海外项目也都是在管道投运后再进行干扰评价，然后确定是否防护和相应的直流防护措施；在直流干扰防护技术标准体系建设方面，"十二五"期间管道系统主编了《埋地钢质管道直流干扰防护技术标准》（GB 50991—2014）。

直流杂散电流从管道上流出位置为阳极区，能够发生腐蚀。而杂散电流流入管道的区域，为阴极区，虽不会发生腐蚀，但常伴随着出现管/地电位负偏移过大，有超出管道防腐层析氢电位，产生过保护的可能。因此，无论阳极区还是干扰程度较大的阴极区，都应进行防护控制。但是相对于交流干扰，直流干扰程度更难模拟计算预测、干扰位置随防腐层缺陷点的位置而定，因而也更难确定。

一般将高压直流输电线路接地极干扰源称为"HVDC 接地极干扰源"，其余直流干扰源归类为"常规直流干扰源"。前者是目前工程中遇见的直流杂散电流干扰程度最为严重、干扰影响范围最广、单一防护措施有效性较差的干扰源。

（1）对于常规直流干扰源的防护，根据《埋地钢质管道直流干扰防护技术标准》（GB 50991—2014），对于已采用强制电流阴极保护的管道，应首先通过调整现有的阴极保护系统抑制干扰。当调整被干扰管道的阴极保护系统不能有效抑制干扰影响时，应采取排流保护及其他防护措施。管道方应根据调查与测试结果，选择排流保护、阴极保护、防腐层修复、等电位连接、绝缘隔离等措施。其中常用的排流保护包括接地排流、直接排流、极性排流和强制排流。

（2）HVDC接地极极址干扰源，随着我国大量直流输电工程和油气管道工程的建设并投入运行，直流接地极入地电流对油气管道及其附属设施影响的防护问题，成为油气管道建设和安全运行中的难题之一。高压直流接地极放电时对管道干扰影响的剧烈程度和影响范围，已引起石油天然气和电力两大行业的高度关注。HVDC接地极是对管道影响最为强烈的直流干扰源。HVDC接地极的直流干扰是由于输电线路在故障状态下以单极大地方式运行时，会有巨量电流入地，在大地中形成电位梯度分布，而对外部设施造成干扰影响。HVDC接地极对管道影响的主要特点是：① 直流干扰腐蚀速率大；② 干扰时间短，入地电流大，电位偏移剧烈；③ 干扰是在单极运行（故障或检修）期间发生，时间不确定；④ 接地极放电工作时对管道产生干扰。HVDC接地极对管道影响危害主要表现在：① 小部分电流进入管道即会引起管道电位发生严重偏移，危害管道操作人员及其他人员的安全；② 电流流出管段电位偏正，管道遭受非常强的电化学腐蚀，容易造成管道短时间内穿孔，导致天然气泄漏爆炸；③ 影响管道附属设施，如电气仪表设备、气液联动阀误操作或被烧坏破坏；④ 大电流入地时，在大地中形成电位梯度分布，可能导致不同管段大地电位不同，使得它们之间存在较高的电压差，造成相互靠近的两部分金属间发生放电或绝缘接头烧毁，放电电流过大可能烧蚀金属管道，引起爆炸起火等非常严重的安全事故。

HVDC接地极极址直流干扰防护，改善直流接地极入地电流在地中形成的电磁干扰的方案主要有两类：第一类是从源头采取措施，优化直流接地极选址位置，设法降低地中的电位梯度；第二类是在被影响的系统中采取防护措施，优化管道路由，设法采取措施排流缓解。但是，减轻直流干扰影响最有效的方法是采取避让措施，尽可能地增大管道与HVDC接地极之间的间距。《高压直流输电大地返回系统设计技术规范》（DL/T 5224—2014）提出，在一般情况下（额定电流不大于3000A，等效土壤电阻率不大于1000Ω·m）下，当接地极与地下金属设施的距离大于10km时，地下金属构件（相对于自然腐蚀）几乎不受电腐蚀影响。《高压直流接地极技术导则》（DL/T 437—2012）规定，为防止高压直流接地极的地电流对换流站的腐蚀和干扰，高压直流输电系统中接地极与换流站间的直线距离宜不小于10km。尽管DL/T 5224—2014和DL/T 437—2012认为HVDC接地极与地下金属设施的距离大于10km可以防止管道发生腐蚀，但是在管道运行管理中，发现HVDC接地极的作用范围超过10km，接地极对管道的影响也与管道、接地极所处外部环境有相关。《埋地钢质管道直流干扰防护技术标准》（GB 50991—2014）规定了管道侧可采取的直流干扰防护措施，适用于HVDC系统干扰的措施主要有排流保护、阴极保护、防腐层修复、绝缘隔离、绝缘装置跨接、屏蔽等。这些防护措施的优缺点比较见表6-46。

表 6-46 适用于 HVDC 系统的管道侧直流干扰防护措施比较

防护措施名称	优点	缺点
排流保护	有多重方式可选，包括接地排流、直接排流、极性排流、强制排流等，防护效果显著	设施结构较复杂
阴极保护	防护效果可调整，可利用现有设备，不需要增加投资	设施结构复杂，防护效果容易受限于现有阴极保护系统的容量和分布
防腐层修复	适用于静态干扰防护，可减少流入管道的杂散电流量、减少腐蚀发生的概率	常需要与其他干扰防护措施一起使用
绝缘隔离	可将干扰限制在一定范围内	会在绝缘装置两端产生新的干扰点，且会隔断阴极保护电流，常需要与其他干扰防护措施一起使用
绝缘装置跨接	设施结构简单，可消除绝缘装置两端形成干扰区	易导致干扰范围扩大
屏蔽	适用于静态干扰防护	影响作为干扰源的阴极保护系统的电流分布

直流干扰防护工程实践证明，排流保护是一种有效的干扰防护措施，防护效果显著，可应用于多种直流干扰场合，在干扰严重或干扰状况复杂的场合，排流保护一般作为主要防护措施使用，其他防护措施配合排流保护，使排流保护达到最优效果。

最近新研发的智能自动合闸装置直流干扰防护技术也逐渐得到应用。对于在干扰区域内的每座阀室在其管道/设备与接地系统之间安装智能自动合闸装置，在 HVDC 接地极放电排流期间自动及时合闸，使管道/设备与接地系统导通；在放电排流结束后自动及时分闸，使管道/设备与接地系统断开，最大限度减少管道在正常保护状态下的接地时间。

另外，建立电力/管道双方的协调机制也很重要。根据 GB 50991—2014 要求，油气管道运行管理方应与 HVDC 运行管理方组成干扰协调机制或机构，对 HVDC 接地极干扰进行统一测试和评价。当 HVDC 发生故障单极运行时或进行其他可能会对管道产生严重影响的 HVDC 测试或检测时，HVDC 运行管理方应及时告知管道运行管理方，以便各方采取相应的处置措施。

第七节 管道防腐技术的发展和展望

油气管道防腐主要采用防腐层和阴极保护相结合的联合保护，近年来，国内油气长输管道管体防腐层技术仍然以三层结构聚乙烯防腐层（3LPE）为主，部分管道采用熔结环氧粉末防腐层（FBE），基本不使用其他种类的防腐层。管道防腐层技术的进展主要体现在三个方面：一是结合大输量天然气管道工程需要及高寒环境管道建设特点，对管体防腐层结构和性能作了针对性研究与设计调整；二是在管道防腐补口方面完成了补口材料多样化、施工作业机械化的大量技术开发和工程应用；三是站场区域阴极保护大量采用计算机模拟设计技术，新型线性阳极材料得到大量应用。

一、钢管涂层防腐技术

钢管涂层防腐技术与国外水平大体相近，但防腐层技术多样性、高性能防腐层应用与国外相比有较多差距。比如在国外，三层结构聚丙烯防腐层（3LPP）在大输量管道、海洋管道等工程中大量应用，粉末聚乙烯/聚丙烯三层结构防腐层不仅应用于热煨弯管的防腐，也规模化用于直管的防腐；环氧粉末涂装技术也向更低涂装温度、更多功能层的结构发展。

1. 管体防腐层技术

1）3LPE 防腐层

近年来，我国在 3LPE 技术上的主要技术进步包括：

（1）结合大口径、大厚壁管道的需要，开展了标准研究，开始根据管道单位长度质量确定防腐层结构厚度的方法，提高了防腐层抗损伤能力；

（2）根据高寒环境施工特点，开展了针对性的测试研究，在标准中增加了高低温冻融循环等低温特性指标，保证了防腐层抗开裂、抗翘边的能力；

（3）随着高钢级管道和大应变管道工程的建设，开展了管道受热时效研究、防腐层低温涂装技术开发，满足了 X70\X80 大应变管道、X90 钢级管道防腐管生产的需要。

2）FBE 防腐层

主要技术进步是低温固化环氧粉末的开发，固化温度已经低至 175℃，满足了管道低温涂装 FBE、3LPE 的需要，获得规模化应用。

3）热煨弯管防腐层

开展了三层粉末聚乙烯、三层粉末聚丙烯涂装技术的研究。三层粉末聚乙烯/聚丙烯特有高抗剪切性能、抗冲击性能、抗阴极剥离性能和很低的潮气渗透性，最高运行温度可达 85℃，最低安装温度达到 -40℃，可减少弯管防腐层的损伤、满足管线防腐层均一性的要求。研究采用了静电喷涂、植绒喷涂和火焰喷涂技术，形成了热煨弯管三层结构防腐技术。现处于研究成果阶段，尚没有进行工业应用。

4）穿越管道防腐层

针对定向钻穿越管道多次出现防腐层损伤的情况，开展了穿越段防腐层、外护层的研究试验，制定了防腐层损伤馈电评价方法，提高了穿越段管道防腐水平。

2. 内减阻无溶剂涂料技术

国产化无溶剂减阻涂料产品技术和涂装技术开发已经全面完成，并已经投入工业规模化应用。无溶剂内减阻涂料减少了溶剂用量，涂层耐久性提高、表面粗糙度降低。根据测算和测量，减阻效率提高 50% 以上。

二、管道防腐补口技术及装备

我国在补口材料多样化、施工技术机械化上取得了重大进展：完成了液体聚氨酯自动喷涂补口技术开发和规模化应用；完成了热收缩带机械化安装技术开发并不断完善，并进行了大规模的工业应用；液体环氧、黏弹体等补口材料均获得了规模应用。这些成绩显著提升了管线防腐补口的技术水平。目前，我国补口通用技术和国外处于相同的技术水平，但在高端补口防腐层技术方面，如火焰喷涂、挤出缠绕与注塑成型的三层结构补口、注塑聚氨酯补口等，我国尚未进行相应的技术开发，存在一定差距。

1. 聚乙烯热收缩带机械化补口

3LPE 防腐管线传统上采用热收缩带人工补口（手持喷砂、手工火焰烘烤），易出现除锈后钢管表面加热返锈、热熔胶不充分熔化等问题，大口径管道及冬季作业质量更难控制。

中国石油管道局近年来加快了机械化密闭喷砂技术的完善和应用，开发了中频和红外2种补口加热设备，形成了2种机械化补口新工艺（图6-34）。

(a) 作业现场

(b) 密闭喷砂除锈　　(c) 中频加热　　(d) 红外加热

图 6-34　热收缩带机械化补口

（1）中频加热补口。

采用中频加热设备，在涂底漆前对补口部位进行预热，热缩带收缩后进行熔胶加热，仍采用手工涂刷底漆、安装和收缩热收缩带、封边胶条和赶除气泡。

（2）中频+红外加热补口。

用中频对补口部位管体进行预热，用红外加热器烘烤热收缩带聚乙烯基材，使热收缩带从中心往两边顺序收缩，涂底漆、上带、封边及赶气泡仍采用手工作业。

热收缩带中频及红外加热补口最大限度减少了人工烘烤作业，大幅度提高了热收缩带补口施工作业质量，得到了广泛应用。

（3）干膜安装。

同期，热收缩带干膜安装工艺逐步推广，底漆的防腐功能得到强化。在干膜热收缩带产品开发基础上，对底漆层防腐质量的要求也在提高，如要求进行漏点和厚度的检测，近年来这种要求从中等口径管线工程推广到大口径管线工程。

2. 液体聚氨酯自动喷涂补口

液体聚氨酯补口防腐层对保护电流无屏蔽，属于"失效安全防腐层"，采用现有地面检测和判别技术即可确定补口是否失效；补口采用全机械化作业，补口工艺条件、喷涂过程全部由机械自动完成，质量控制可靠，作业效率高（ϕ1016mm管道，每天可补上百口），如图6-35所示。

(a) 作业现场

(b) 喷涂补口作业车　　(c) 一代喷涂机　　(d) 二代喷涂机

图6-35　液体聚氨酯自动喷涂补口

中国石油管道局开展了液体聚氨酯补口涂料、补口工艺和补口施工装备的成套技术开发，形成了液体涂料自动喷涂补口施工技术和高性能液体聚氨酯产品技术，并已获得规模化应用。为满足ϕ1422mm大口径管道建设的需要，第二代自动喷涂补口设备的开发也已经完成，自动化程度更高，喷涂更稳定，不需人工辅助作业。

3. 简易补口技术

近年来，手工补口的多样化方面也取得了其他一些进展，如：黏弹体（低黏度、非结晶聚烯烃聚合物），其形态为无定型，可复合在塑料膜上制成带材，可采用工具除锈，手工包覆补口，常采用冷缠带或热收缩带作为外护，国内主要应用在水封隧道。光固化材料，补口材料分子中含有丙烯酸等可光固化的基团，通过紫外光触发基团的聚合反应、实现固化，施工作业过程较为简单，在高寒环境用于应对液体涂料难以固化的问题。

三、站场防腐层技术

在油气管道输送站场防腐层技术方面也有一些技术进步，主要体现在：

（1）用预制高质量的防腐管取代现场防腐管涂敷，如尽可能采用3LPE防腐管；

（2）复合防腐层体系趋于完善。防腐层结构中的各功能层性能更好，如面层氟碳涂料技术耐久性、保色性远远优于传统材料。

（3）环境友好的涂料技术和涂装技术受到推崇。无溶剂涂料技术、高压无气喷涂施工技术、罐板防腐层预制技术等得到了更大的发展和应用，获得了质量和安全双重效益。

四、未来技术发展与攻关方向

在未来几年，国内管道防腐层技术发展主要是机械化补口施工技术完善与推广、管道防腐层技术性能提升研究两个方面。

1. 机械化补口技术的完善和推广应用

热收缩带机械化补口技术的完善，应在设备优化、机械化程度提高、设备和人员投入降低等方面开展技术攻关，在机械化补口效率、费用等方面进行科学测算，做好机械化补口扶持和工程投入控制两个方面工作。

液体涂料机械化补口技术具有全机械化、作业效率高、质量控制可靠、费用低、补口防腐层使用安全等特点，是补口技术发展方向之一，需要在推广应用和应用跟踪上加大力度。

2. 管道防腐层技术性能提升研究

补口防腐材料技术提升的研究包括：适合机械喷涂的热缩带底漆研究，液体环氧防腐层加外护层复合结构的研究（设计、质量控制和工程费用等），热收缩套耐久性指标的研究（某些新增指标对管线工程造成影响，需要结合产品技术和性能特点开展研究）。

管体防腐材料技术提升的研究与应用，应在产能建设、标准制定、设计采用等方面加快推进，完成热煨弯管三层结构防腐层技术的工业化；推进三层结构聚丙烯管体防腐技术的工业应用；持续在钢管表面处理技术、环氧粉末材料质量提升和固化温度降低等方面开展工作，提升防腐管质量水平。

第七章　天然气管道无损检测技术

无损检测技术在天然气管道施工质量检查中应用已经非常广泛，形式、方法多种多样。近年来，随着无损检测技术的进一步发展，除了射线检测、手工超声波检测、磁粉检测、渗透检测等传统检测技术外，新的检测技术如衍射时差法（TOFD）、数字射线（DR/CR）、相控阵（PAUT）、全自动超声波（AUT）、金属磁记忆（MMM）、电磁超声（EMAT）、激光超声等也得到了应用。结合我国长输管道施工逐渐由低钢级不断向高钢级发展，焊接方式由传统的手工焊、半自动焊逐步向全自动焊发展，新的高效检测技术和手段在天然气管道无损检测中应用越来越广泛，检测速度、检测准确性和检测质量有了很大的提高。

本章主要介绍了天然气管道建设和运行过程中所能用到的常规检测方法和检测新技术，并对每一种方法的工作原理、检测方法、专用设备和优缺点作了介绍。

第一节　射线检测技术（RT）

一、射线胶片照相检测

从粒子角度看，射线是高速运动的光子束，具有穿透物质的能力，当穿透物质时，其强度将会逐渐减弱，减弱的量与被透照物质的厚度和密度有关，物质密度越大厚度越厚，对射线的吸收越强。物质对射线存在吸收和散射现象，主要有：（1）由光电效应引起的吸收；（2）康普顿效应引起的散射；（3）电子对效应引起的散射。入射到物质中的射线会被物质吸收，其能量转变成电子的动能或者荧光 X 射线能，还有一部分则转变为热能。

放射线能使物质电离，作用于生物体时能造成电离辐射，这种电离作用能造成生物体的细胞、组织、器官等损伤，引起病理反应，称为辐射生物效应。电离辐射产生的各种生物效应对人体造成的损伤称为辐射损伤，因此在应用射线检测中必须特别注意辐射防护安全。

1. 射线检测原理和装置

（1）射线检测原理。

射线具有很强的穿透能力，能穿透钢制工件，在工件背后放置能对射线敏感的胶片，当射线穿过工件达到胶片上时，由于无缺陷部位和有缺陷处的密度或厚度不同，射线在这些部位的衰减不同，因而射线透过这些部位照射到胶片上的强度不同，致使胶片感光程度不同，对射线敏感的照相胶片能记录透射的射线能量差异构成潜像，经暗室处理后就产生了不同黑度差的影像，显示出工件中缺陷的平面投影图像，评片人员借助观片灯即可判断缺陷情况并评价工件质量，如图 7-1 所示。

（2）射线检测装置。

工业用的普通 X 射线机一般由控制系统、X 射线管及冷却系统 3 大部分组成。

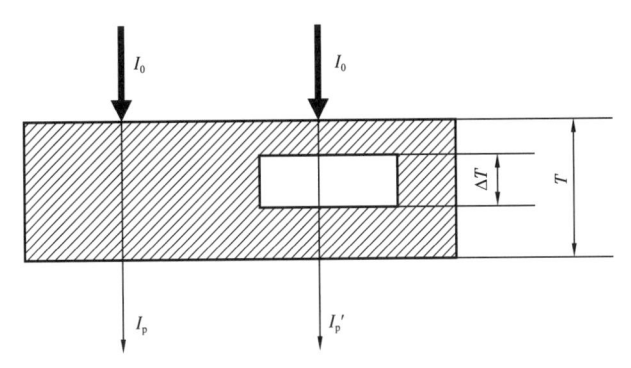

图 7-1　射线检测基本原理示意图

X射线管灯丝产生的自由电子被高压发生器产生的高压而加速，电子流高速撞击阳极靶时，有很大一部分动能转变为热能，一小部分转化为X射线高能光子，石油工业无损检测用射线机的效率一般只有不到3%。

2. 射线检测方法

X射线照相检测的基本操作工艺程序为：

（1）试件的放置：X射线照相检测是利用射线能量的衰减在照相胶片上形成感光程度的差异，如图7-2所示。通过底片上的对比度差异而显示出来，因此应该尽量使射线的投射方向与试件中缺陷的延伸方向平行，使得射线有最长的衰减路径以提高射线能量衰减的差异，在这点上正好与超声脉冲反射法的要求相差90°。试件距离X射线焦点的位置一般应使紧贴在试件背面的胶片落在X射线束的焦距上，以获得适当的几何不清晰度，保证胶片上获得清晰的影像。

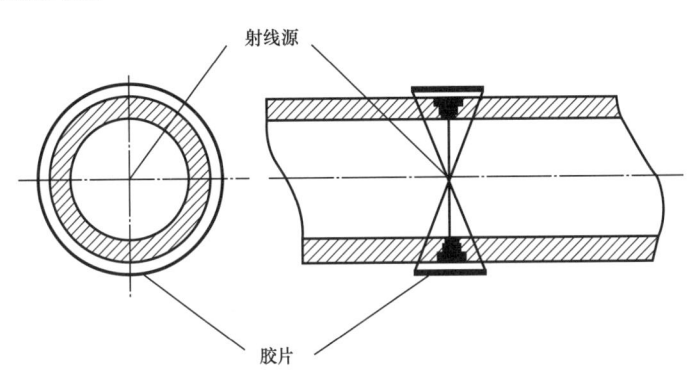

图 7-2　X射线照相检测时试件的放置方法

（2）照相胶片的放置：在暗室中将未感光的X射线照相胶片装入暗带或暗盒，或者直接用黑纸包裹（不能漏光），为了提高照相的感光度和成像清晰度，常常需要在胶片单面或双面紧贴放置增感屏（最常用的是铅箔增感屏），然后把包装好的胶片紧贴试件背面放置，为了防止透射X射线的背散射对胶片影像形成干扰，往往还需要在胶片背后铺设薄铅板作为被衬。

（3）X射线照相检测规范的确定。

① 胶片种类（型号）的确定：不同型号的胶片具有不同的银粒粗细，有不同的感光速度，所形成的影像对比度和分辨率也不同，适用于不同的应用需求，因此要根据被检试

件的具体情况和检测要求选择适当型号的射线照相胶片。

②曝光曲线的绘制与曝光条件的确定：照相胶片上的曝光量主要与 X 射线机的管电压和管电流以及曝光时间有关，当然也与焦距的大小有关，并且在相同的曝光条件下，不同材料所能获得的曝光量也不相同。因此，一般需要首先通过实际试验绘制对应某种材料的曝光曲线（在一定的焦距和一定的暗室处理工艺下，以一定的底片黑度为标准，管电压、曝光时间与管电流以及穿透厚度之间的关系曲线），然后在实际检测中根据试件的具体尺寸和形状，按照曝光曲线选择最佳的曝光条件（管电压、管电流与曝光时间），以获得符合质量要求的底片。

③透度计（像质指示器）的放置：透度计是用不同直径的与被检试件材料相同的金属丝，或者用与被检试件材料相同的金属阶梯试块（含有不同直径的柱孔）等方式制成，一般放置在被检试件的射线源侧，与试件同时经受射线辐照（曝光），根据底片上透度计的可识别程度来判断射线照相检测的灵敏度。

（4）实施曝光：按照既定的射线照相检测规范的工艺参数对被检试件实施曝光。

（5）胶片处理：按照既定的射线照相检测规范的工艺参数对试件实施曝光后，把胶片在暗室中按照规定的程序进行显影、停显、定影、水洗、干燥，可以是手工洗片，也可以是使用专门的胶片自动处理机进行自动洗片，得到可供观察评定的射线照相底片。

（6）评片：将底片置于专用的底片观察灯上观察，根据底片上黑度变化的影像情况判断存在的缺陷种类、大小、形状、数量、在试件中的平面位置、分布状态等，并按检验标准分类评级。最新型的底片评定已经能通过专用扫描仪将底片影像扫描输入电脑，然后运用专门的评定软件在电脑中进行分析评定。

3. 射线检测的优缺点

它的检测对象是各种熔化焊焊接对接接头。也适用于检测薄壁工件，也可用于检测角焊缝或其他一些特殊结构件，不适用于锻件等大厚度工件的检测。

射线照相法易检出那些形成局部厚度差的体积型缺陷，如气孔和夹渣之类缺陷有很高的检出率，而裂纹类面积型缺陷的检出率则受透照角度的影响。它不能检出垂直照射方向的薄层缺陷，例如钢板、钢管和锻件的检测。有底片可查，直观，易于定性，易于存档。

射线照相法检测成本较高，检测速度较慢。射线对人体有害，需要采取防护措施。

还需要特别指出的是，射线照相检测与超声波检测都是检测试件内部缺陷的，但其评定标准不同，因而把两者的检测结果直接进行对比比较是不合适的。常常有人把射线照相检测结果用于验证超声波检测结果，或者反验证，这在事实上是不可能一一对应的。应该说，射线照相检测适合检测有一定体积的缺陷（尤其是密度变化较明显的缺陷），而超声检测适合检测面积型缺陷，其反射率大小与两种介质声阻抗差异大小相关，并且两者的检测结果因评定标准不同而无法作出相同的结论。

二、X 射线数字成像检测（DR）

1. 管道环焊缝数字射线（DR）检测装备

管道环焊缝数字射线（DR）检测装备由面阵探测器、X 射线机和管内爬行器、焊缝扫查器及检测处理软件几部分构成，数字射线检测设备检测焊缝时，把可开合的爬行轨道从焊逢一侧固定到管道上，装有射线探测器的扫查器在伺服电机的驱动下沿焊缝扫查，管内有同步工作的恒电位 X 射线机，射线探测器将接收的射线转化为电信号，经电子扫查、数据采集和分析软件处理得到与焊缝射线扫查相一致的图像，用于焊接质量评判和电子档案存储。

1）面阵探测器

国内引进的面阵探测器有 GE、瓦里安（VARIAN）等公司产品，图 7-3 是美国瓦里安公司平板射线实时成像装置 PaxScan 1313。

美国瓦里安公司作为世界上最大的射线机和 X 射线管开发制造企业，推出了商品化平板式射线实时成像装置 Paxscan 系列产品，它将目前世界上多项高尖端技术集于一身，包括非晶硅探测器阵列，辐射转换材料，低噪声高速数字图像采集和处理技术，特制的 ASCI 控制和处理芯片等。PaxScan 1313 是世界上第一个具有实时成像功能的非晶硅平板探测器，图像采集速度可达 30 帧 /s。

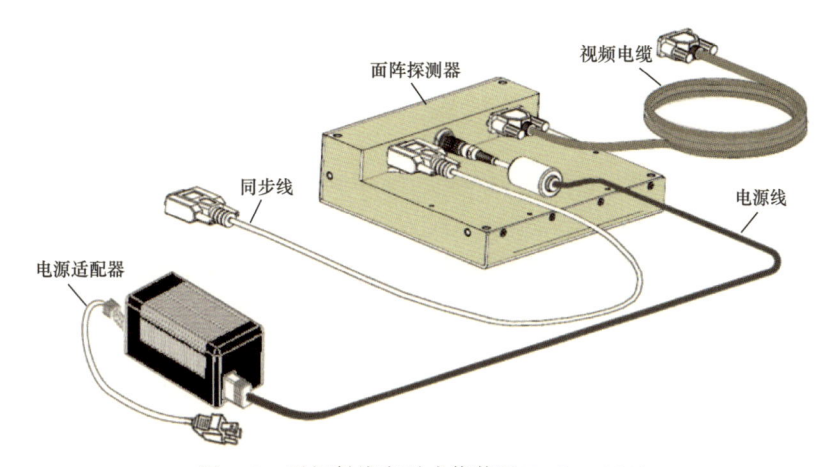

图 7-3 平板射线实时成像装置 PaxScan1313

平板探测器成像过程分为两步：

（1）把入射 X 射线光子转换为电荷：在一定时间内（像元照射饱和之前）把一定数量的 X 射线光子转换为一定数量的电荷，照射在像元上的 X 射线光子数量与像元转换的电荷数近似存在线性关系。平板探测器采用直接和间接两种方式来实现第一步转换：① 间接方式先把 X 射线光子转换为可见光光子，再把可见光光子转换为电荷；② 直接方式是把 X 射线光子直接转换为电荷。美国瓦里安公司生产的 PaxScan 1313 平板探测器属于间接转换方式。

（2）进行读出操作，读出每个像元的数字信号：读出每个像元的数字信号，所有像元的数字信号组成一幅射线数字图像；像元积累的电荷被释放，像元重新开始下一次电荷积累过程。

平板探测器采用直接方式或间接方式把 X 射线光子转换为电荷，这两种转换方式在构造上有所不同。间接方式比直接方式多了一层闪烁体，用来把入射 X 射线光子转换为可见光光子。直接方式采用光电导体把 X 射线光子转换为电荷，间接方式采用光电二极管把可见光光子转换为电荷。PaxScan 1313 的构造如图 7-4 所示。

最上层为闪烁体，闪烁体在受到 X 射线照射后发出 550nm 波长的可见光，恰好是光电二极管光电效应的最佳波长。下一层是非晶体面阵，由非晶硅像素以行列方式排列组成，一个像素就是一个像元，在电路上表现为一个光电二极管和一个电容串联。PaxScan

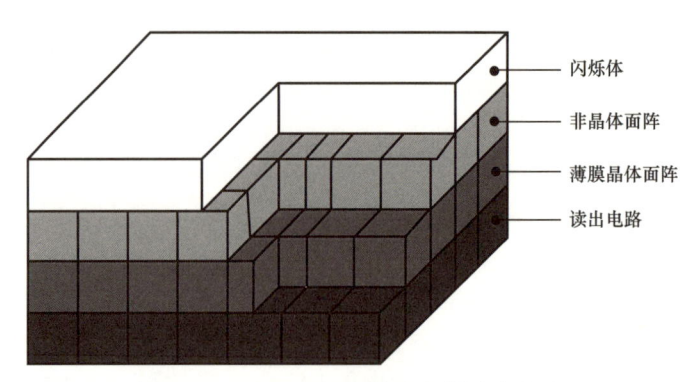

图7-4 PaxScan1313平板探测器内部构造

1313平板探测器的像素间距为0.127mm。倒数第二层是薄膜晶体管面阵，每个像元都拥有一个薄膜晶体管，与非晶体面阵的光电二极管相连。这里的薄膜晶体管实际上就是薄膜结型场效应管。最底层是读出电路，包括放大器、ADC等集成电路芯片。

2）X射线机

用于实时成像的射线机与普通X射线机有所不同，它需有以下特点：

（1）小焦点：由于数字X射线成像系统设备的特性和成像方法决定了检测图像是放大图像。如果射线机的焦点较大，则随着放大倍数的增大，图像几何不清晰度也将增大，影响图像的质量。

（2）恒电位：由于计算机处理要求恒定的图像，且要求重复性好，射线源的稳定性非常重要，普通的半波整流X射线机已不能适应，因此，要求采用恒电位X射线机，管电压峰差不超过1%。

目前国内长输管道环焊缝DR系统均采用依科视朗小焦点、便携式空冷周向金属—陶瓷管为射线源，可以满足数字射线成像系统要求，如图7-5所示。

3）管内爬行器

管内爬行器要求行走平稳、定位准确、电池容量大，具有同步发射/接收装置，由计算机控制爬行器的前进、后退及射线机的曝光开始、曝光停止，控制电路原理图及样机如图7-6所示。

管内可行走的爬行器具有行走平稳、焊缝准确定位和可控X射线发射的功能，施工时在管道内爬行到焊缝位置时停止行走，安装在管内爬行小车上的X射线机与沿管壁外轨道爬行的X射线探测器同时曝光和对焊缝进行扫查。射线机用于产生一定能量的X射线，穿透管壁，连同工件内部的缺陷信息被探测器接收，射线机以连续方式工作。

4）图像显示和处理

通过软件编程，用简洁的操作界面对X射线扫查结果进行显示、分析处理和电子存档。数字图像处理技术对改善X射线图像至关重要，是必不可少的。X射线影像处理主要应用增强技术与感兴趣区的定量估值，完成在线处理和图像后处理，包括滤波平滑、对比度增强、边缘增强、灰度测试、感兴趣区域灰度直方图测试和灰度信息显示、尺寸和面积测量、图像存储等。

（1）软件功能。

数字射线成像系统软件功能可分为四个部分：第一部分是参数设置，可根据实际检测情况设置相关参数，并进行存储。第二部分是硬件设备控制软件，可根据设置参数对相应的面阵探测器及 X 射线管进行操控；第三部分为数据处理显示软件，可根据硬件设备采集到的信号对所检测管道焊缝进行实时显现，并可以对显示图像进行各种处理，如滤波平滑、对比度增强、边缘增强、灰度测试等。第四部分为生成缺陷评判报告部分，根据检测的图像，可以生成相应的缺陷评判报告。软件功能框图如图 7-7 所示。

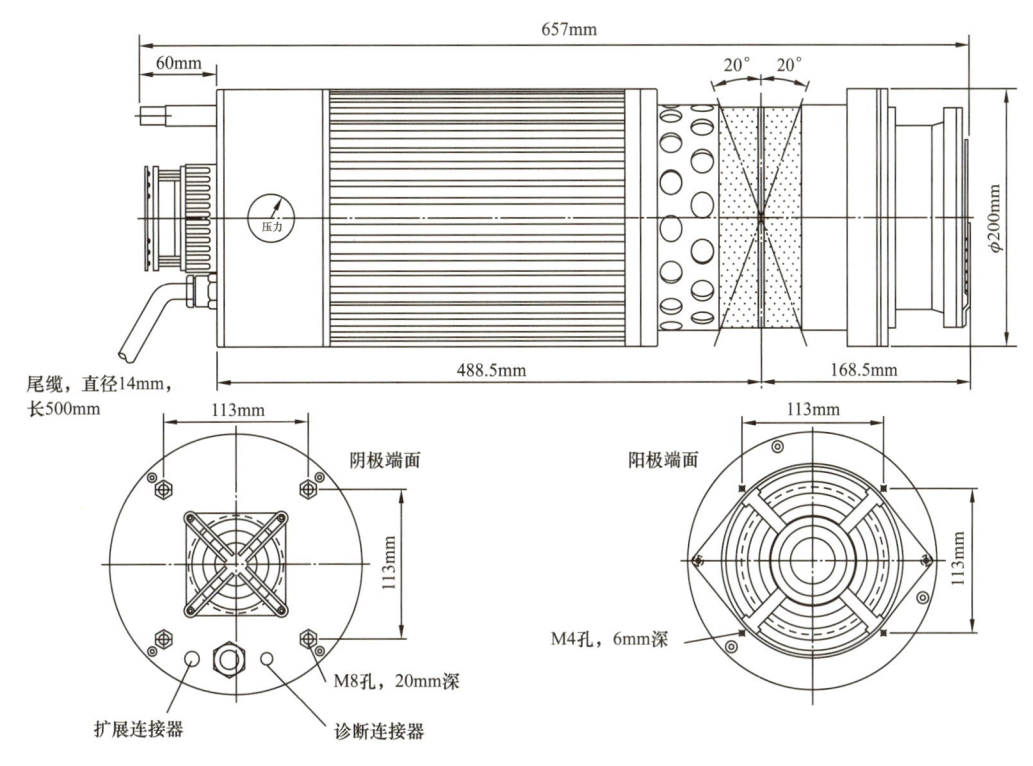

(a) 结构图

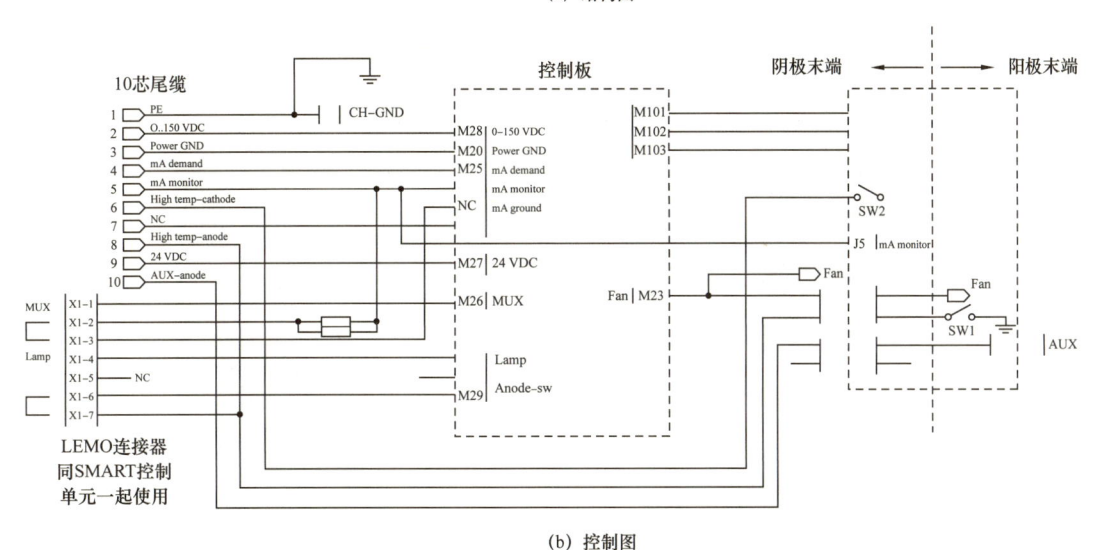

(b) 控制图

图 7-5 依科视朗 300CTH 射线源结构及控制图

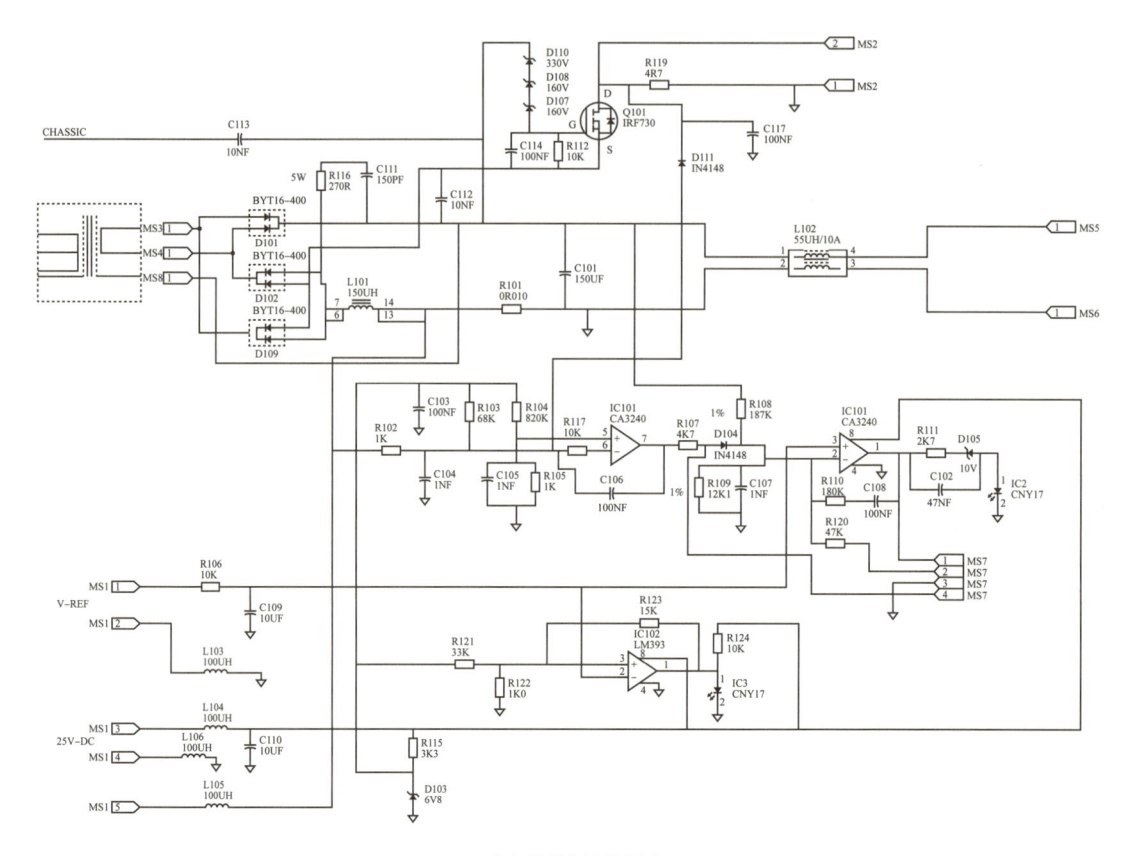

(a) 控制电路原理图

(b) 样机

图 7-6　可计算机控制的 X 射线管内爬行器

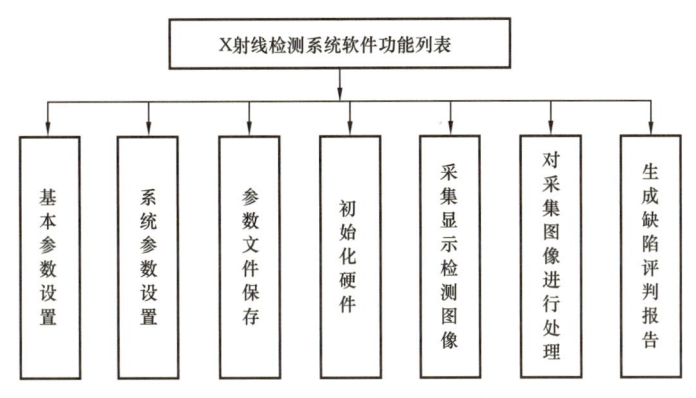

图 7-7　X 射线检测系统软件功能列表

（2）平板探测器的成像校正。

尽管平板探测器具备优良的成像特性，但由于工艺所限，其多达数百万的像元，对射线的响应能力不可能实现完全一致，这就是像元响应不一致性，是指在均匀射线强度照射下，探测器像元响应的不均匀程度，它与像元从射线强度到像素值转换的整个过程有关。一方面，各像元对应的射线—可见光转换、光电转换及电荷放大程度各不相同；再者，探测器中用到的电荷放大器因工艺所限不可能做得很宽，所以只能将多片小规模的集成放大器拼接在一起，于是就产生了不同放大器模块之间放大程度的差异。

另外探测器还存在坏点，坏点是指不能根据射线强度的变化而做出正常变化响应的像元。在生成的原始图像上，可以明显地看到星星点点散布着的亮点和黑点，甚至整条的黑线和白线，这些都是典型的坏点。像元响应不一致性和坏点均需通过图像校正。

（3）图像数字处理技术。

图像数字处理技术对改善 X 射线图像至关重要，是必不可少的。X 射线影像处理主要应用增强技术与感兴趣区的定量估值，完成在线处理和图像后处理，包括滤波平滑、对比度增强、边缘增强、灰度测试、感兴趣区域灰度直方图测试和灰度信息显示、尺寸和面积测量、图像存储等。

X 射线图像处理在整个系统中具有很高的重要性，将计算机图像处理技术引入到无损检测领域，可以通过数字图像处理消除噪声、提高对比度、突出缺陷，使处理以后的图像符合无损检测的要求，达到提高检测灵敏度的目的。

图像增强理论目前尚无统一的权威性的定义，因为还没有衡量图像增强质量的通用标准。从增强处理的作用域出发，图像增强可分为空间域法和频率域法两大类。空间域处理时直接面对图像灰度级作运算。频率域处理是在图像的某种变换域内，对图像的变换系数值进行运算，即作某种修正，然后通过逆变换获得增强图像，这是一种间接增强的方法。如图 7-8 所示为图像增强方法概况示意图。

① 灰度变换。

针对图像某一部分或整幅图像曝光不足而使用的灰度级变换，其目的是增强图像灰度对比度。

灰度变换可以增强某一设定灰度区间的对比度，但对于该区间之外的像素进行了抑制，因此变换区间的正确选择至关重要，要保证感兴趣的目标包含在灰度拉伸的范围之

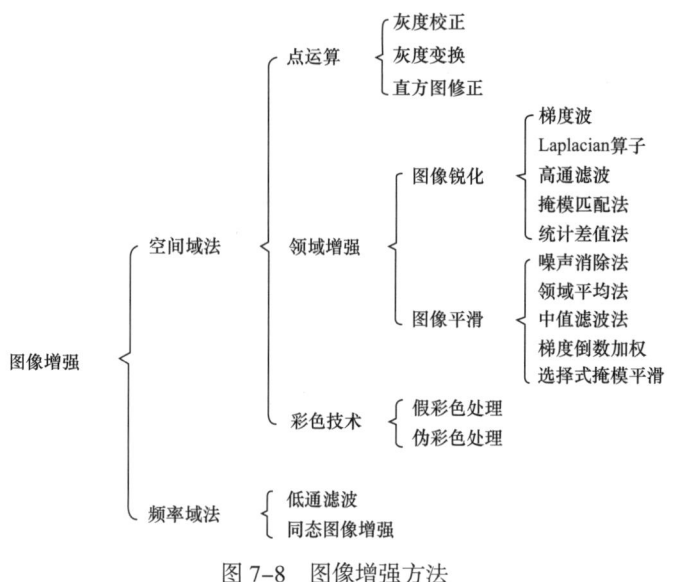

```
                              ┌ 灰度校正
                    ┌ 点运算 ┤ 灰度变换
                    │        └ 直方图修正
                    │                      ┌ 梯度波
                    │                      │ Laplacian算子
                    │           ┌ 图像锐化┤ 高通滤波
                    │           │          │ 掩模匹配法
                    │           │          └ 统计差值法
         ┌ 空间域法┤ 领域增强 ┤
         │          │           │          ┌ 噪声消除法
         │          │           │          │ 领域平均法
         │          │           └ 图像平滑┤ 中值滤波法
图像增强┤          │                      │ 梯度倒数加权
         │          │                      └ 选择式掩模平滑
         │          │        ┌ 假彩色处理
         │          └ 彩色技术┤
         │                   └ 伪彩色处理
         │          ┌ 低通滤波
         └ 频率域法┤
                    └ 同态图像增强
```

图 7-8　图像增强方法

内，否则就会造成重要细节的丢失。对于整体灰度范围狭窄的图像，可以统计出其主要灰度所在的范围，并将其作为灰度变换区间；但对于整体灰度较宽而感兴趣的目标区域灰度狭窄的图像，变换区间的设定一般需要人工参与。至于灰度变换公式，还可以根据需要采用分段线性或非线性形式。

② 直方图修正。

直方图均衡化算法是空域图像增强处理中最常用、最重要的算法之一。它以概率理论作基础，运用灰度点运算来实现直方图的变换，从而达到图像增强的目的。

设具有 n 级灰度的图像，其第 i 级灰度出现的概率为 P_i，则它所含的信息量为：

$$I(i) = P_i \lg \frac{1}{P_i} = -P_i \lg P_i \tag{7-1}$$

相应整幅图像的信息量为：

$$H = \sum_{i=0}^{n-1} I(i) = -\sum_{i=0}^{n-1} P_i \lg P_i \tag{7-2}$$

可以证明，具有均匀分布直方图的图像，其信息量 H 最大，即当 $p_0=p_1=p_2\cdots\cdots=p_{n-1}=\frac{1}{n}$ 时，式（7-2）有最大值 H_{max}。将图像的原始直方图变换为接近均匀分布的直方图，就称为直方图均衡化。

图像实施均衡化后的图像概率密度大致服从均匀分布，这就意味着各个像元灰度的动态范围扩大了，即整幅图像的对比度得到了增强，而这种动态范围的扩大是建立在合并相近灰度级图像元素的灰度级基础上的，因而它降低了图像的分辨率，使一些细节产生了模糊。

对于整体灰度范围狭窄的图像，直方图均衡处理效果明显。但是如果图像整体灰度范围宽而局部灰度范围狭窄，对整幅图像实施直方图均衡处理可能会造成局部细节的大量损失，在这种情况下，有必要人工参与，在灰度变化不大的局部进行均衡化处理。

从灰度变换和直方图均衡的应用来看，灰度级修正一般需要人工参与来选择适当的灰度变换区间和变换公式，或者是选择适当的处理区域。虽然有上述局限，但如果应用得当，这类处理方法对于图像质量的改善效果是非常显著的。

③ 图像平滑处理。

任何一幅未经处理的原始图像，都存在着一定程度的噪声干扰。噪声恶化了图像质量，使图像模糊，甚至淹没图像特征，给分析带来困难。

一般在图像处理技术中常见的噪声有：加性噪声、乘性噪声、量化噪声等。消除图像噪声的工作称为图像平滑或滤波。平滑的目的有两个：改善图像质量和抽出对象特征。

图像平滑处理方法视其噪声图像本身的特性而定，可以在空间域也可以在频率域采用不同的措施。在空间域里一类方法是噪声去除，即先判断某点是否为噪声点，若是，重新赋值，若不是按原值输出。另一类是平均，即不依赖与噪声点的识别和去除，而对整个图像进行平均运算。在频率域里是对图像频谱进行修正，一般采用低通滤波方法，而不像在空间域里直接对图像像素点灰度级进行运算。

2. DR 系统在长输管道环焊缝检测中的应用

DR 系统在国内长输管道环焊缝领域已开始了推广应用工作，在 $\phi 813mm$ 江津—纳溪集输气管道工程中采用中心透照／双壁单影检测口数 400 余个，检测效率见表 7-1、表 7-2。在 $\phi 457mm$ 长福北区孝感线高压燃气管道整体迁改工程中采用双壁单影检测口数 603 个。探测器源内中心曝光图像如图 7-9 所示，检测现场如图 7-10 所示。

表 7-1 射线源在外现场检测效率

检测方式	布置时间，min	曝光时间，min	曝光次数	转移时间，min	每道焊口检测时间，min
数字化检测	3	4.5	1	3	10.5
胶片检测	8	3	3	3	36

表 7-2 射线源在内现场检测效率

检测方式	布置时间，min	曝光时间，min	曝光次数	转移时间，min	每道焊口检测时间，min
数字化检测	1.5	4.5	1	1	7
胶片检测	1.5	1	1	1	4.5

目前，DR 检测技术已在中俄东线大规模应用，并逐步完善 DR 质量控制体系。

三、射线管道爬行器

在管道建设行业，管道对接环形焊缝需要进行无损检测，主要方法包括射线照相检测和超声波检测。在 1998 年以前，国内管道射线照相检测实行抽查制，采用定向 X 射线机外曝光方式照相，但是随着管道的大规模建设和质量要求的提高，100% 射线照相的全面推广，常规的 X 射线照相在工作效率方面已经很难适应管道检测需求。目前通用的方法是使用管道专用的射线管道爬行器进行照相检测。

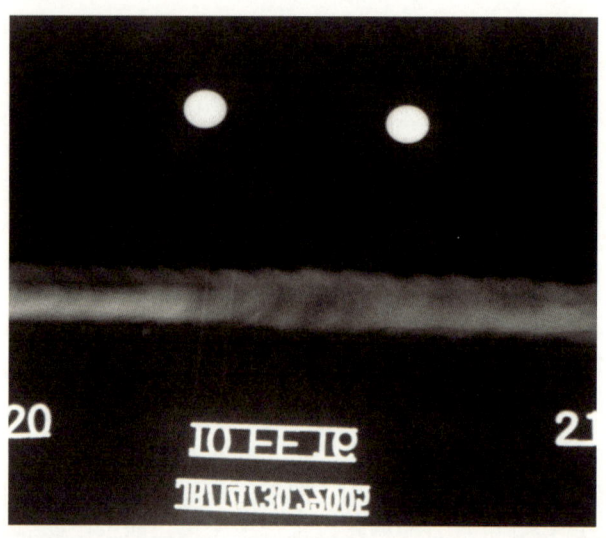

图 7-9　探测器源内中心曝光图像（灵敏度为 JBT 4730—2005 单丝 13 号）

(a) 设备安装　　　　　　　　　　　　　(b) 过程检测

图 7-10　DR 系统检测现场

管道爬行器是一个专门在管道内部自行行走的工业机器人，主要由机械行走部分、射线发生部分、定位传感器、逻辑控制器、电源及管道外部的遥控定位用指令器等组成，它是一种自动化射线产生装置，由机械行走部分带动射线发生装置在管道内部行走，在管道外对接焊缝处贴 X 射线专用胶片和标记，通过管道外部遥控装置的配合，可以在管道内定位及曝光，从而对管道对接环焊缝进行 X 光透照，实现管道对接环焊缝的无损检测，可以在管道外部对其进行随意遥控，包括管内精确定位、前进、后退、原地休息、曝光等。

20 世纪 70 年代初，英国 BIX 公司推出用高性能航空铅酸蓄电池供电的、可自动在管道内行驶的现代型爬行器，该仪器可在管道内连续作业 2km，每班可拍照管道焊口 100 道以上，前进后退运行自如，可随意抽查任何焊口，这种爬行器在管道施工中得到了广泛的应用。随着计算机技术的发展和高性能阀控密封蓄电池的出现，新一代数字化、智能化、高性能爬行器相继问世。美国、比利时、法国等世界发达国家也先后研制出了各式爬行器，主要爬行器生产厂家有：英国 BIX、比利时 AIG 公司卫星系列、英国 JME 公司的 JME 系列（图 7-11）、法国 IPSI 公司的 IRIS 系列。比利时 AIG 公司的用于管线连续拍摄作业的爬行器，效率非常高，采用三点支撑，能适合大坡度（±45°）作业。在国外，爬行器应用达到长输管道检测量的80%，在中国除中国石油管道局下面的几个检测单位采用进口管道爬行器对长输管道进行检测外，其余均采用常规射线检测方法进行检测，检测效率低，成本高。

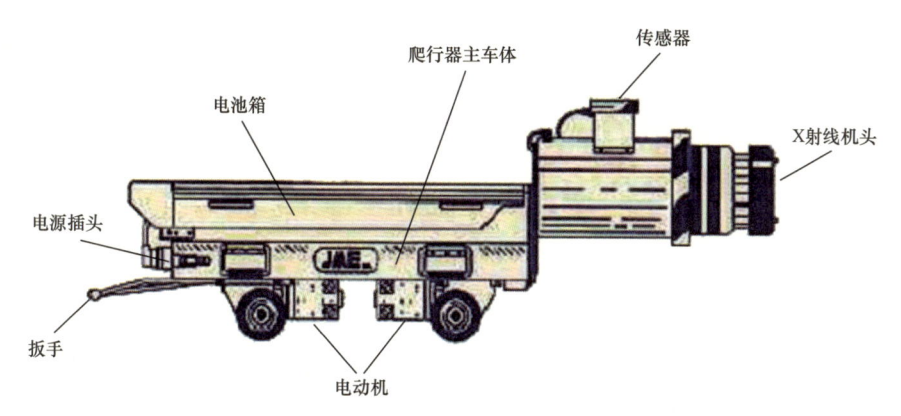

图7-11 英国JME 10/60型X射线管道爬行器

自20世纪80年代末起，国内开始分析比利时爬行器和英国爬行器，并开始研制国产爬行器，丹东仪表研究所研制出国内第1台X射线管道爬行器，采用了8031单片机控制，于1990年在中洛输油管道试验运行成功。因受当时的电子及计算机发展水平的限制，比利时卫星系列和英国JME公司产品都是采用数字电路控制。受到当时国内管道建设规模小和产品成本高等原因，该爬行器未能大范围推广应用。

自国内1996年开始建设陕京线，860km的管道射线检测量接近50%，一直采用伽马射线或定向X射线机外曝光照相，工作效率十分低下。当时的管道局一公司（今廊坊北检）于1997年开始在管道局立项研究，在充分吸收比利时卫星系列爬行器和英国生产的JME爬行器产品的优点的基础上，结合多年现场应用经验，大幅度简化机械结构，并将全数字电路控制改为可编程逻辑控制器（PLC）控制，这也是国内首次采用PLC控制的管道爬行器，首先研制成功的ZP1型γ射线管道爬行器，于1997年在陕京输气管道后期进行了推广使用，透照了约60km的管道环焊缝，体现了经济、实用、高效的特点。后来，在1999年的苏丹输油管道工程中，又研制了ZP2型X射线管道爬行器，在国内首次采用了直流供电的一体化X射线机，采用放射性同位素和机械棘轮定位，该型号爬行器获得大范围的应用，工作量达到1600km。

但因种种原因，管道局爬行器并没有实现设备的生产与销售，仅仅停留在自产自用的阶段，在局内进行了少量的推广应用。而从2000年开始，国内以丹东华日为代表的专业射线机生产厂家开始仿造并进一步独立创新而大规模生产爬行器，国内陆上长输管道对接环焊缝实现了100%射线照相。国内爬行器市场一片繁荣，后又相继有通广、中意、阳光等多家企业开始改进并生产各种不同类型的爬行器产品。2001年开始在西气东输工程、涩宁兰等为代表的各个大型管道工程中，爬行器成为射线照相的绝对主力设备。

此时，管道爬行器的定位与控制技术还都是采用放射性指令源，随着国际国内对安全环保要求的提高，对放射性物质管理力度的加大，放射性指令源的运输、储存、使用都受到很多限制，手续繁杂、周期长、费用高、风险大。国外出现了采用微型X射线机控制方法，国内出现了采用微波摄像头视频定位方法，操作方便性都不如原来的放射性同位素指令源。2007年，管道局北检研究成功了非放射性方式代替原放射性同位素针对爬行器进行定位及遥控的技术，并在国内率先申请了发明专利，国内首次采用低频交变磁场对爬行器进行可靠的定位及指令传输控制，也开辟了国内管道爬行器行业的非放射性控制的新纪元。

1. 射线管道爬行器的分类

（1）按射线种类分类：

① 伽马射线爬行器；

② X射线爬行器；

③ 一体化直流供电爬行器；

④ 普通机头外置直流驱动爬行器；

⑤ 普通机头逆变交流驱动爬行器。

（2）按控制电路分类：

① 单片机计算机控制爬行器；

② PLC控制（三菱FX系列、西门子S7系列、国产PLC）爬行器。

（3）按供电来源分类：

① 电缆供电型爬行器；

② 发电机供电型爬行器；

③ 电池供电型爬行器；

④ 阀控免维护铅酸电池爬行器；

⑤ 锂电池爬行器。

（4）按控制方式分类：

① 放射性同位素控制爬行器；

② 脉冲X射线机控制爬行器；

③ 根焊道棘轮定位爬行器；

④ 视频定位爬行器；

⑤ 有线视频爬行器；

⑥ 微波视频爬行器；

⑦ 电磁遥控爬行器；

⑧ 电动恒磁场爬行器；

⑨ 电磁线圈发射爬行器。

（5）按驱动方法分类：

① 三角支撑三轮驱动爬行器；

② 前驱或后驱双轮驱动爬行器；
③ 前后全驱四轮驱动爬行器；
④ 磁力履带爬行器；
⑤ 其他。
（6）按工作环境分类：
① 陆地管道爬行器；
② 海洋专用管道爬行器（短故障保护、耐高温、软件可靠性高）。

2. 射线管道爬行器工作原理

射线管道爬行器主要由机械行走部分、射线发生部分、传感器、中央控制器、声音报警器、电源及管道外部的遥控定位用遥控器等组成。爬行器示意图如图7-12所示，工作原理如图7-13所示。

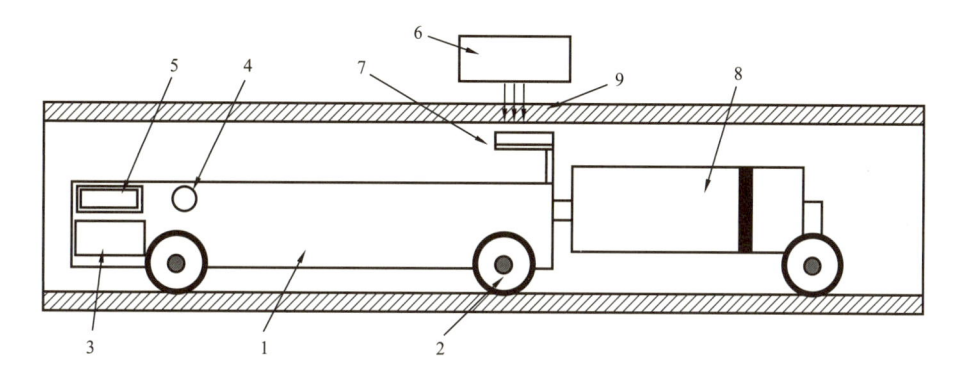

图7-12 爬行器示意图
1—车架；2—车轮；3—电动机；4—声音报警器；5—中央控制器；6—遥控器；
7—接收传感器；8—射线发生器；9—信号传输路径

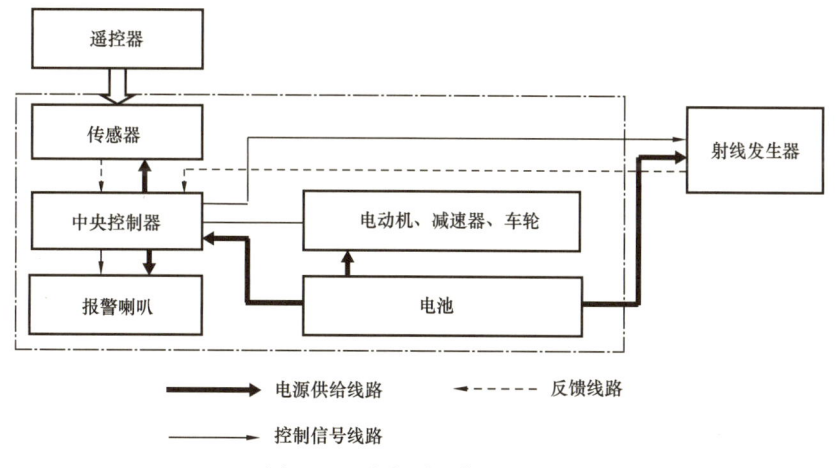

图7-13 爬行器工作原理框图

爬行器电池同时为爬行器主车体及射线源供电，当爬行器和X射线机主电源开关打开后，中央处理器自动对按钮、传感器、射线机、喇叭进行连接状态自检测，自检通过会通过报警喇叭鸣叫一短声，表示自检通过，否则应检查相应各个部位的故障。自检后爬行器处于开机等待指令状态，使用遥控器发出遥控指令，传感器接收到信号后将信号传给中央控制器，中央控制器根据遥控信号判断需要的动作，动作包括：前进、回退、曝光、调整曝光时间等。

当接到前进指令后，爬行器启动向前沿着管道内爬行，在需要透照的焊缝外表预先贴上胶片，当爬行器前进后，操作人员将遥控器放置在下一个待曝光焊缝附件的定位点上，当爬行器爬行到焊缝处时，遥控器发射的信号将透过钢管壁进入到管道内部，被位于爬行器主车体上的传感器接收到后，爬行器转入定位停机状态，会根据遥控器发射的信号时间判断下一步的动作，当判断为曝光时，爬行器将驱动报警喇叭发出10s左右的曝光前预警声音，提示人员撤离，10s后中央控制器发送射线机打开信号，射线机开始发射射线，对管道焊缝进行照相检测，曝光完毕后，为保证射线机灯丝的冷却，爬行器等待3s后继续向下一个待检焊缝爬行，反复重复本过程，就可以对所有焊缝进行照相检测。电池检测电路会在每次曝光过程中检测电池电压，如果发现电压过低，则允许本次曝光完毕后禁止下次曝光，并通过报警喇叭的不同声音向操作者报告。

当完成最后一个焊缝的照相后，通过遥控器将爬行器停止后发出回退指令，爬行器将沿着原路退出管道完成检测任务。

采用工业PLC作为爬行器的中央控制单元，利用梯形图编程，用来分析传感器接收器送来的数据信息，防止各种干扰引起的误动。

在抗干扰方面，采用了硬件与软件相结合的技术。

软件程序编制了传感器防抖动、数字滤波、时间窗口等技术，对各种干扰信号进行容错处理。长期无人照顾超时回退功能，遇到水、电机过电流、电机及射线机超温度等处理程序，遥控调节射线曝光时间程序。

在传感器保护方面：

防抖动程序：小于1s以内的抖动间隔被取消。

对所有开关量信号采取了延迟0.5s后再确认处理，这样可以进一步防止误动作发生。为防止错误曝光，对小于2s以内的信号仅定位，不曝光。

当传感器长时间无信号时，如30min后，停机1s后转可控后回退。当传感器长期接通30min后，则转强制不可遥控回退。

上电1s后取传感器信号，射线机工作后禁止传感器信号。

电机过流保护：当电机过流超过1s后，全机复位至停机状态。

射线机头过流则暂时切断射线机供电，为避免偶尔的高压放电，对射线机的供电可以等待30s后再次上电继续工作。

此外，还编制了工程模式程序，用以方便维护人员了解爬行器工作状态，实现了无传感器控制、原地测试曝光、查询曝光时间、行走时间等功能。

软件流程如图7-14所示，某型号爬行器主要技术指标见表7-3。

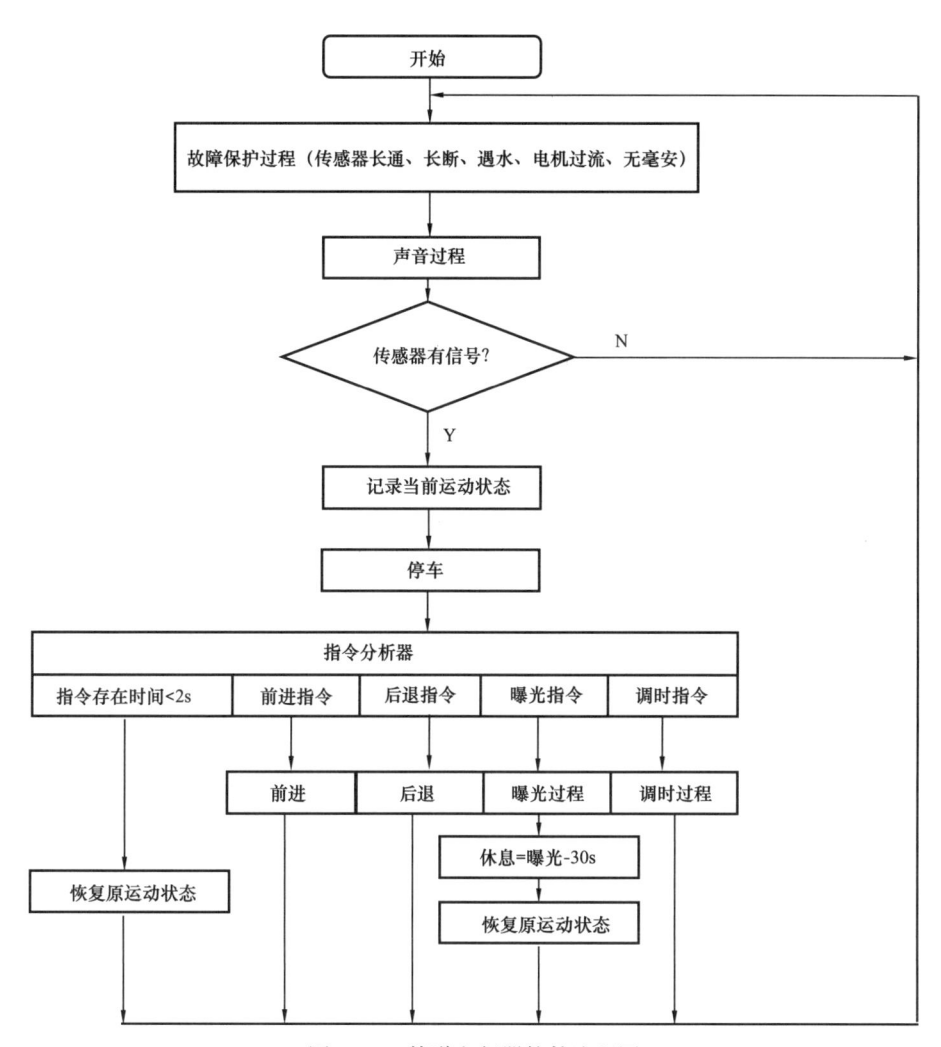

图 7-14 管道爬行器软件流程图

表 7-3 某型号爬行器主要技术指标

技术项目	技术指标
适用管道直径	600～1400mm
运行速度	>12m/min
爬行距离	>5km
爬坡能力	±15°
定位精度	<±2.5cm
工作温度	-20～60℃
X 射线参数	300kV/3mA
可曝光时间	>50min

3. 射线管道爬行器研究现状

随着电子技术的进步，爬行器的机械继电器被电子调速控制器取代，爬行速度平稳可调，对电动机的保护也更加智能，原先经常烧坏继电器触点的问题也得到了彻底地解决，一个新型的爬行器电路图如图7-15所示。

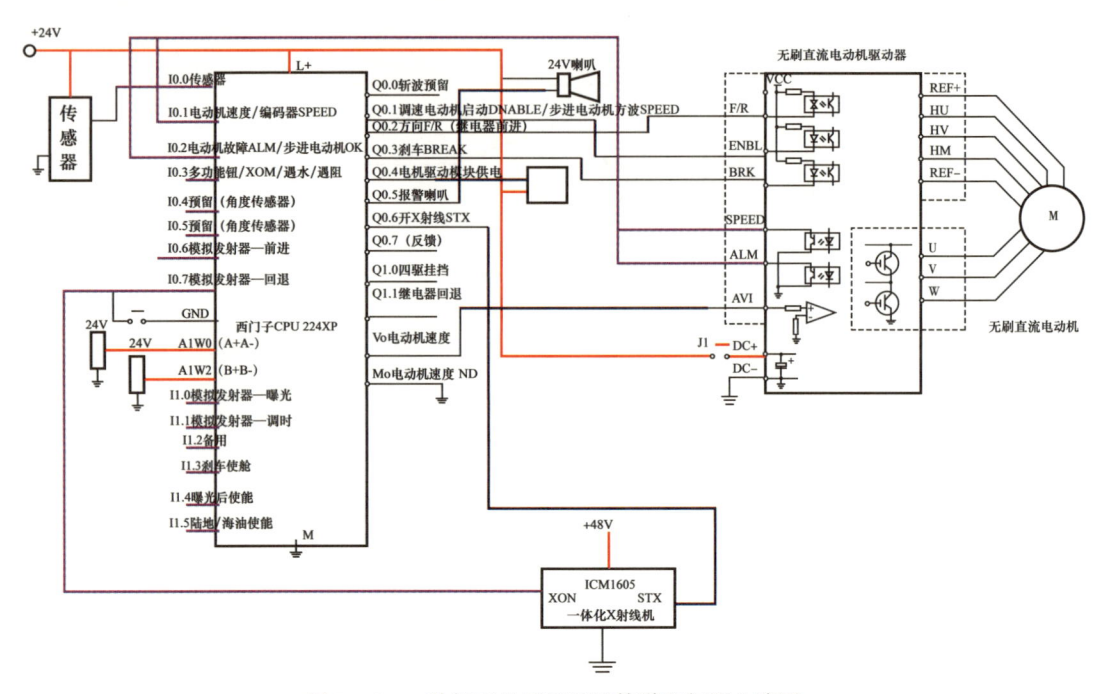

图7-15 一种新型的无级调速管道爬行器电路图

在2008年以前，爬行器遥控器基本上都是通过铯137同位素指令源进行定位及遥控，采用放射性指令源控制具有电路简单，定位精度高，但安全性差，操作中人员也将受到一定程度的射线照射。放射性指令源的购买、储存、保管、运输、使用手续多，费用高，不得不采用其他替代方法，先后出现了机械星轮法、微波视频法、静磁场法、小型脉冲X射线机法等，但都存在某些致命缺欠。如：微波视频控制法需要人工视觉跟踪，稍不注意容易造成曝光位置错乱，容易误操作，对贴片人员有辐射危险。早期清华大学等单位研究成功的静磁场控制法，对磁环境要求高，不适合于有剩磁的管道检测等，透射壁厚小，抗干扰问题难以解决。

自2009年以来，国内研究成功了新型磁控制爬行器传感器，采用了交变磁场的技术路线，即在管道外部设计了一个能产生一定磁场强度的交变磁场，在管道外部对钢制管壁进行反复磁化，产生低频涡流，利用低频涡流穿透钢管壁并产生感应磁场的原理，在管道内部爬行器车体上设计一个高灵敏度的磁场接收装置，将接收到的微弱磁场信号滤波、放大、采样分析、去干扰、解调出控制信号对爬行器进行定位及控制。国内最早的电磁遥控器及接收器如图7-16所示，各种定位及控制方法的对比见表7-4。

为了满足直径不大于140mm管道检测的特殊需要，国内有厂家研究出了特种爬行器，它整体采用了圆形截面结构设计，分主机车体、供电系统、X射线发生器、无线遥控器4部分，整体结构如图7-17所示，无线遥控器如图7-18所示。

(a)电磁遥控器　　　　　　　　　　　(b)接收传感器

图 7-16　电磁遥控器及接收传感器

表 7-4　爬行器定位及控制方式对比

定位及控制方式	放射性指令源方式	机械星轮法	微波视频方式	静磁场方式	脉冲射线机方式	低频涡流方式
优点	电路简单几乎无各种工业干扰	制作简单	对人体无害；定位精确，可视化	对人体无害；定位精度一般；电路简单；程序简单	定位精度与指令源方式相同，原爬行器传感器不需要改造	对人体无害；定位精度较高，满足工程需要；电路稍复杂；PLC程序极其复杂
缺点	对人体有害，运输存储管理程序复杂，费用高	不耐磨，受焊缝根部成型影响，可靠性差，经常丢失曝光或无效曝光，更不适合抽检	受管径限制、距离限制，受内对口器限制，必须人工高度集中注意力控制每道口的检测	易受钢管剩磁影响，易受地磁干扰，透射壁厚小	对人体有害；体积大，重量大，故障率高，发射器耗电量大，难以操作，价格昂贵	发射器耗电量稍大，易受到工业及环境干扰

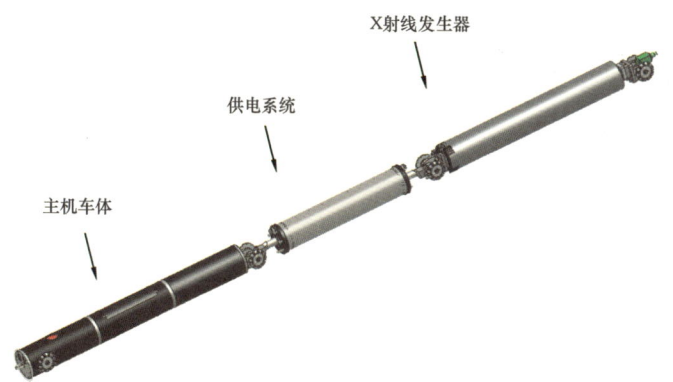

图 7-17　超小型 X 射线管道爬行器　　　　　图 7-18　无线遥控器

4. 射线管道爬行器应用实例

以西气东输管道为例：管道直径 1219mm，壁厚 14～26mm，以 17mm 为标本进行计算，焦距 1369mm，采用人工 X 射线机（280kV、5mA）外部曝光，根据横向裂纹检出角 θ 计算出有效透照长度 765mm，曝光 5 次，每次曝光时间约 14min，又因为射线机不能长时间连续工作，必须按 50% 负载率分次曝光，则每张片需要 28min 的曝光时间，则整道口的曝光时间是 140min，加上布置底片、移动设备、车辆等的时间等综合考虑，一道焊口所需总时间约为 180min（3h），即使一天按 12h 工作计算，每天也只可检测 4 道焊口。如采用爬行器内曝光，使用相同的射线条件，每道焊口曝光 1 次，使用 1 张底片，曝光时间约 3min，加上布置底片、爬行等时间，约 10min 可检测一道焊口，去除回退所需时间，每天至少可检测 50 道焊口，可见其检测能力至少是人工的 18 倍以上。北检研制的非放射性传感控制管道爬行器及其在西气东输二线管道内部运行状态分别如图 7-19、图 7-20 所示。

图 7-19 北检研制的非放射性传感控制管道爬行器

图 7-20 爬行器在西气东输二线管道内部运行状态

5. 射线管道爬行器的优缺点

（1）优点：

① 工作效率高，所需曝光量小，与外曝光相比，其工作效率提高 8～10 倍，适合于统一规格的大量焊口的快速拍照。

② 射线成像质量好，采用中心法透照，有效透照长度范围内 K 值为 1，采用单壁透照，灰度灵敏度高。

③ 安全环保，由于操作时间短，距离大，容易躲避，操作人员接受的辐射剂量很少。

④ 劳动强度低，与外曝光相比，现场不需要每道焊口都搬运设备，人员劳动强度大幅度降低。

⑤ 不需要额外的发电机配套。

（2）缺点：

① 爬行器必须进入管道才能拍照，对于陡坡、弯头的适应能力不足，部分地段不适合爬行器进入管道内，导致不能拍照。

② 重量较大，现场搬运劳动力较大，不适合远距离人工搬运。

③ 如果出现机械故障可能导致焊口割口。

6. 射线管道爬行器的发展趋势

全新的智能化管道爬行器将由手工作坊生产的产品变为智能化管道内部运输载体，像其他工业机器人与先进汽车一样，会有更多的微机电传感器（MEMS）大量应用在爬行器上，如速度与姿态传感器配合全时四驱，能使爬行器在管道内部行走时实现自动平衡、极小的转弯半径，车轮的打滑与遇阻都能被及时探测出来并采取对策；完善的软件配合传感器能实现设备的故障自诊断，当发现任何部位出现故障时，可以自诊断出来，提示操作人员进行维修或更换；先进的定位技术，使定位距离与上下坡角度无关，与管道壁厚、管道直径无关。定位不再受到遥控器电池影响，也不再受到遥控器提离高度的影响，机器或人工视觉辅助精确定位能让拍照的定位绝对精确；高级的遥控方式，可以遥控调节爬行器的一切参数（包括射线能量、强度、曝光时间、各种保护参数等）；模块化的设计使维修变得简单而快捷，不再影响现场的施工。操作人员的操作也将是可视化的，爬行器内部的各种参数都可以直观地看到，甚至是内置照相机拍摄的影像。优化的轻量化的设计，便于现场运输与搬运。特种化的爬行器将有多种驱动方式，爬行能力更强的，能垂直上下爬行的智能爬行器也会出现；适应更小管径、转弯半径更小、爬坡能力更强的特种爬行器已经起步；无线充电使爬行器更加可靠，电源管理软件使爬行器操作者知道还可以拍照多少焊口；射线机部分发展方向为恒电位、高频、轻量。自动训机功能将会出现，射线机工作会更加可靠。

第二节　超声波检测（UT）

一、常规脉冲反射法超声波检测（PE）

1. 超声波简介

声波是指人耳能感受到的一种纵波，其频率范围为 16Hz～20kHz。当声波的频率低于 16Hz 时就叫做次声波，高于 20kHz 时则称为超声波。一般把频率在 20kHz～25MHz 范围的声波叫做超声波。它是由机械振动源在弹性介质中激发的一种机械振动波，其实质是以应力波的形式传递振动能量，它能透入物体内部并可以在物体中传播。利用超声波在物体中的多种传播特性，例如反射与折射、衍射与散射等的变化，可以发现物体表面与内部的缺陷，超声波检测是一种应用广泛的无损检测技术。

超声波具有如下特性：

（1）超声波可在气体、液体、固体等介质中有效传播。

（2）超声波可传递很强的能量。

（3）超声波会产生反射、干涉、叠加和共振现象。

（4）超声波在液体介质中传播时，达到一定程度的声功率就可在液体中的物体界面上产生强烈的空化现象，造成的冲击波可用于超声波清洗等超声波加工。

（5）利用强功率超声波的振动作用，还可用于某些材料的超声波焊接。

工业无损检测技术中应用的超声波检测（Ultrasonic Testing，简称 UT）是无损检测技术中发展最快、应用最广泛的无损检测技术。在超声波检测技术中用以产生和接收超声波的方法是利用晶体的压电效应和逆压电效应实现的。

2. 超声波波型

超声波在弹性介质中传播时，根据介质质点的振动方向与超声波的传播方向的关系，可以把超声波分为以下几种波型：

（1）纵波（Longitudional Wave，简称 L 波，又称作压缩波、疏密波）：特点是传声介质的质点振动方向与超声波的传播方向相同。

（2）横波（Shear Wave，简称 S 波，又称作 Transverse Wave，简称 T 波，也称为切变波或剪切波）：特点是传声介质的质点振动方向与超声波的传播方向垂直。

（3）表面波（Surface Wave）：在工业超声检测中应用的表面波主要是指超声波沿介质表面传递，而传声介质的质点沿椭圆形轨迹振动的瑞利波（Rayleigh Wave），瑞利波在介质上的有效透入深度只有 1~2 个波长的范围，因此只能用于检查介质表面的缺陷，不能像纵波与横波那样深入介质内部传播，从而可以检查介质内部的缺陷。

（4）兰姆波（Lamb Wave）：这是一种在具有平行表面的工件中由纵波与横波反复混合而形成的波，传播速度与声波频率有关。在工业超声检测中，主要用于超声导波检测。

3. 超声波检测原理

超声波检测主要是基于超声波在工件中的传播特性，如声波在通过材料时能量会损失，在遇到声阻抗不同的两种介质分界面时会发生反射等。最常采用的是超声脉冲反射法。

超声波探伤仪的高频脉冲电路产生高频脉冲振荡电流施加到超声换能器（探头）中的压电晶体上，由探头产生超声波通过楔块耦合进入工件，超声波在被检工件中传播时，若在声路上遇到缺陷时，将会在界面上产生反射，反射回波被探头接收转换成高频脉冲电信号，输入探伤仪的接收放大电路，经过处理后在探伤仪的显示屏上显示出与回波声压大小成正比的回波波形，根据显示的回波幅度大小可以评估缺陷大小，显示屏上的水平扫描线（时基线）可以调整为与超声波在该介质中传播时间（距离）成正比（俗称"定标"），然后就可以根据回波在显示屏水平扫描线上的位置判定缺陷在工件中的位置。利用工件底面回波在水平扫描线上的位置，还可用于测定工件的厚度。

在超声检测中为了能根据回波幅度大小评估缺陷大小，需要预先制作的距离—波幅曲线（称作 AVG 法或 DGS 法）来确定检测灵敏度以及评定缺陷的当量大小。

目前，利用超声检测对缺陷进行定性尚未很好解决，目前还主要是依靠检测人员的实践经验、技术水平以及对被检工件的材料特性、加工工艺特点、使用状况等的了解来综合判断。

4. 超声检测方法

超声检测方法分类：

（1）按原理分有脉冲反射法、穿透法和共振法，目前用得最多的是反射法。

（2）按显示方式分有 A 型显示、B 型显示、C 型显示、D 型显示。

（3）按波型分有纵波、横波、表面波、板波、衍射波等。

（4）按探头数目分有单探头、双探头、相控阵等。

（5）按接触方法分有直接接触法和水浸法。

5. 超声波试块

为了保证检测结果的准确性、可重复性和可比性，必须用一个具有已知固定特性的试样对检测系统进行校准。这种按一定用途设计制作的具有简单几何形状人工反射体或模拟缺陷的试样，通常称之为试块。试块的用途包括：

（1）确定合适的探伤方法。

（2）确定探伤灵敏度和评价缺陷的大小。

（3）校验仪器和测试探头性能。

6. 检测的基本操作

以脉冲式 A 显示超声波探伤为例，检测的基本操作如下：

（1）根据要达到的检测目的，选择最适当的探伤时机；

（2）根据工件的情况选定探伤方法；

（3）根据探伤方法及工件情况，选定能够满足要求的探伤仪；

（4）由缺陷的种类和方向来确定扫查方向；

（5）根据工件的厚度和晶粒的大小来选择探头频率；

（6）根据探伤的对象和目的选择晶片直径、折射角；

（7）探伤面的修整；

（8）耦合剂和耦合方法的选择；

（9）确定探伤灵敏度；

（10）进行粗探伤和精探伤；

（11）出具检验报告。

7. 超声脉冲反射法检测工艺

（1）超声检测面的选择：当超声束与工件中缺陷延伸方向垂直，或者说与缺陷面垂直时，能获得最佳反射，此时缺陷检出率最高。因此，在被检工件上应选择能使超声束尽量与可能存在的缺陷其延伸方向垂直的工件表面作为检测面。

（2）检测方法的选择及检测面的制备：超声波是通过被检工件表面进入工件内部的，检测面光洁度的优劣影响声能的透射效果并可能产生干扰，因而对超声检测结果的准确性与可靠性有很大影响。表 7-5 给出了不同超声检测方法对检测面粗糙度的一般要求。

表 7-5　不同超声检测方法对检测面粗糙度要求表

方法	检测面表面粗糙度 Ra，μm
接触法纵波检测	Ra≤3.2
水浸法纵波检测	Ra≤6.3
接触法横波检测	Ra≤3.2
接触法瑞利波（表面波）检测	Ra≤0.8
接触法兰姆波（板波）检测	Ra≤1.6

（3）耦合方法的确定：超声探头与被检工件之间存在空气时，超声波将被反射而无法进入被检工件，因此在它们之间需要使用透声性能好的耦合介质，视耦合方式的不同，可以分为：接触法——超声探头与工件检测面直接接触，其耦合剂以机油、工业胶水、化学浆糊等作为耦合剂，或者是商品化的超声检测专用耦合剂；水浸法——超声波探头与工件检测面之间有一定厚度的水层，水层厚度视工件厚度、材料声速以及检测要求而异，对水的要求是对工件有润湿能力，其温度应与被检工件相同，否则会对超声波检测造成较大干扰，水质必须清洁无杂质、无气泡，以防止这些微小的悬浮体成为超声波的散射体造成干扰，或者附着在探头辐射面上阻碍超声波的发射与接收，附着在被检工件的表面上阻碍超声波的透射。

（4）检测条件的准备：选择适当的超声探伤仪及调试、探伤频率、超声探头选择测试、参考标准试块确定，以及在检测前对仪器的校准。

（5）检测扫查：在被检工件的检测面上使用超声探头进行扫查，应确保超声束能覆盖所有被检查的区域，在检测中还需考虑灵敏度补偿。

① 耦合补偿：在检测和缺陷定量时，应对由表面粗糙度引起的耦合损失进行补偿。

② 衰减补偿：在检测和缺陷定量时，应对材质衰减引起的检测灵敏度下降和缺陷定量误差进行补偿。

③ 曲面补偿：对探测面是曲面的工件，应采用曲率半径与工件相同或相近的试块，通过对比试验进行曲率补偿。

（6）缺陷评定：对发现的缺陷进行定位（缺陷在工件中的埋藏深度与水平位置）、定量（缺陷大小、面积、长度）的评定并作出标记，必要时还需要判定缺陷的性质或种类，亦即定性评定。

（7）记录与判断：记录检测结果，对照技术条件和验收标准作出合格与否的判断，得出检测结论，签发检测报告。

（8）处理：将检测发现问题的工件作出标记，隔离待处理，对合格工件给予合格标记转入下道生产工序或周转程序。

8. 超声波探伤优点和局限性

1）优点

与其他无损检测方法相比，其优点有：

（1）适用于金属、非金属和复合材料等多种制件的无损检测；

（2）穿透能力强，可对较大厚度范围内的工件内部缺陷进行检测；

（3）缺陷定位较准确；

（4）对面积型缺陷的检出率高；
（5）灵敏度高，可检测工件内部尺寸很小的缺陷；
（6）检测成本低、速度快，设备轻便，对人体及环境无害，现场使用方便等。

2）局限性

（1）对工件中的缺陷进行精确的定性、定量仍需做深入研究；
（2）对具有复杂形状或不规则的工件进行超声波检测有困难；
（3）工件材质、晶粒度等对检测有较大的影响；
（4）缺陷的位置、取向和形状对检测结果有一定的影响；
（5）常用的手工A型脉冲反射法检测时结果显示不直观，检测结果无直接见证记录。

二、衍射波时差法超声波检测（TOFD）

衍射是波在传输过程中与传播介质的交界面发生作用而产生的一种有别于反射的物理现象。当超声波与有一定长度的裂纹缺陷发生作用，在裂纹两尖端将会发生衍射现象。另外还会在裂纹表面产生反射波，但是衍射信号要远远弱于反射波信号，而且向四周传播，没有明显的方向性，如图7-21所示。

衍射时差法（Time of Flight Diffraction，简称TOFD）是一种依靠从待检试件内部结构（主要是指缺陷）的"端角"和"端点"处得到的衍射能量来检测缺陷的方法。衍射波向各个方向传播，能量低，衍射方向不取决于入射角。因此TOFD检测不受缺陷角度的影响，检测灵敏度高。

1. 探头配置

与常规脉冲反射技术使用的超声探头不同，TOFD技术所使用的探头不要求小的扩散角和好的声束方向性。恰恰相反，由于TOFD检测利用的是波的衍射，在实际探测中衍射信号与反射信号相比方向性弱得多，所以在TOFD技术中我们往往使用小尺寸的晶片，大扩散角的探头有利于衍射信号的捕捉。

典型的探头结构如图7-22所示，选择具有宽频带和短脉冲长度的压电探头可以得到更高的深度分辨率。为了在金属工件内形成纵波，楔块典型角度一般为45°、60°和70°。

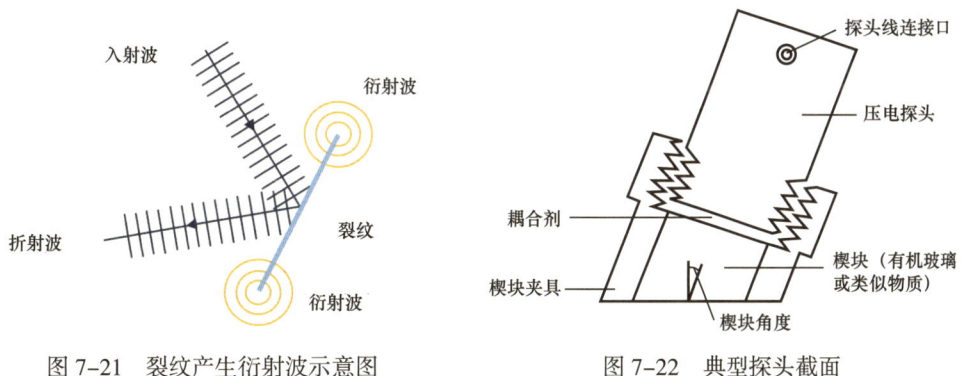

图7-21 裂纹产生衍射波示意图　　图7-22 典型探头截面

1）探头角度选择

图7-23为典型的TOFD配置图，显示了TOFD检测信号的传播路径。

直通波和底面回波信号的时间区间是重要的记录区域，该时间范围可以简单地表示为两个信号声程之差，即：

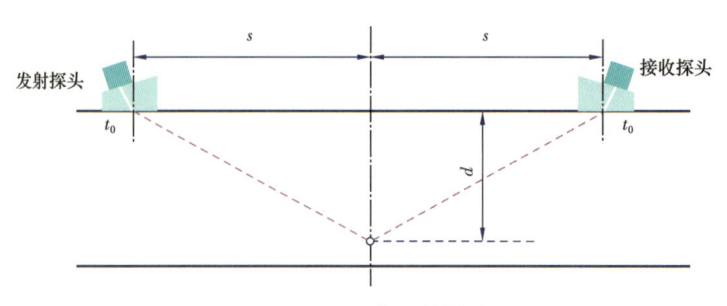

图 7-23 TOFD 信号传播路径

s—探头间距（PCS）的一半；d—缺陷深度；t_0—楔块延时

$$\Delta t = 2\left(s^2 + D^2\right)/c - 2s/c \tag{7-3}$$

式中　Δt——声程之差，mm；

　　　s——探头间距（PCS）的一半，mm；

　　　D——壁厚，mm；

　　　c——波的传播速度，m/s。

表 7-6 给出一些壁厚 40mm 且探头聚焦在 2/3 壁厚处的例子。

表 7-6　直通波和底面回波信号的时间区间

项目	工件中的角度		
	45°	60°	70°
探头中心间距（PCS），mm	48.0	83.2	132.0
直通波时间，μs	8.1	13.0	22.2
底面回波时间，μs	15.7	19.4	25.9
时间范围，μs	7.6	5.42	3.8

根据表 7-6 可以看出，探头角度越小，直通波与底面波的时间差越大，那么沿时间轴的信号清晰度也越好，深度测量也越精确。

探头角度的选择还必须考虑其他两个因素：（1）衍射的最佳角度是 60°~70°；（2）对于厚壁试样，大角度下的探头中心距（PCS）很宽，信号的波幅将因传播距离增大而衰减，从而使检测变得困难。

表 7-7 为探头角度变化所带来的影响。

表 7-7　探头角度变化对检测的影响

减小探头角度	增大探头角度
分辨率提高	分辨率降低
深度误差减小	深度误差增大
波束扩散减小	波束扩散增大
PCS 减小	PCS 增大
衍射信号波幅增大	衍射信号波幅减小

2）探头频率选择

表 7-8 列出推荐的探头选择。在母材或焊缝中衰减高于正常值时，选择的探头频率可能需要降低。

表 7-8　TOFD 检测中推荐的探头选择

壁厚 D，mm	中心频率，MHz	名义探头角度，(°)	晶片单元尺寸，mm
D<10	10～15	50～70	2～6
10～30	5～10	50～60	2～6
30～70	2～5	45～60	6～12

2. 超声波类型

对于常用的脉冲反射法探伤来说，大多数情况下使用的超声脉冲都是横波。在 TOFD 检测中不使用横波而选择使用纵波，其主要目的也是为了避免回波信号难以识别的困难。任意一种波都可能通过折射或衍射转换成为其他种类的波。因此在 TOFD 检测时，被测工件中会存在多种波。首先是发射探头发射出的纵波和横波；其次，波在传播过程中遇到一些缺陷或者底面时，也会发生波型转换，即由纵波转换出横波以及由横波转换出纵波。由此，接收探头得到的信号包括所有纵波、所有横波、波型转换后的一部分纵波和横波。

3. TOFD 技术的 A 扫波

如图 7-24 所示，TOFD 技术的 A 扫波通常包括：

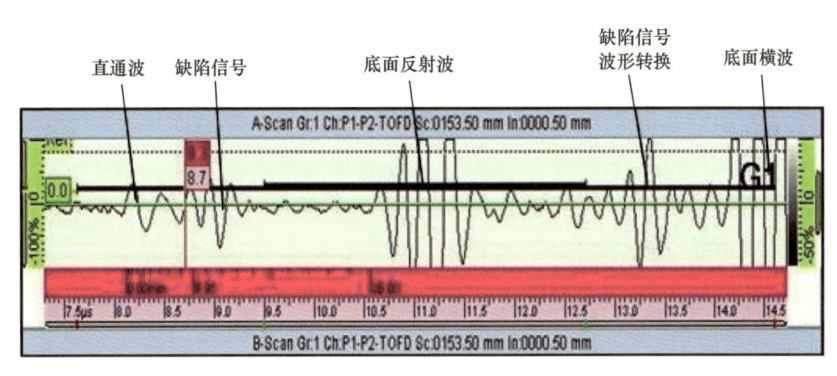

图 7-24　TOFD A 扫波

（1）直通波。通常，在 TOFD 中最先观察到的是微弱的直通波，它在两个探头之间的最短路径以纵波速度传播，即使探头之间的金属表面弯曲，它依然在两探头之间直线传播。总之它遵守 Fermat 原理，即在两点之间直线传播费时最少。对于表面有覆层的材料，其直通波基本上都在覆层下的材料中传播，覆盖层本身对直通波并没有太大影响。直通波不是真正的表面波，而是在声束边缘产生的体积波。直通波的频率往往是比声束中心处波的频率低（声束扩散与频率相关，对于较宽的声束扩散存在较低的频率成分）。对于真正的表面波，其波幅随着检测面的距离增加呈指数衰减。对于较大的探头间距，直通波可能非常微弱，甚至不能识别。

（2）缺陷信号。若被测工件中存在一个裂纹缺陷，则超声波在缺陷上部和下部尖端都将产生衍射信号，这两个信号在直通波之后底面反射波之前出现，而且信号强度都比直通波要强，比底面回波弱。若缺陷高度较小，则通常这两个信号会发生重叠，为了能很好地辨别这两个信号，通常采取减小信号周期的方法。

（3）底面反射波。底面反射波的传播距离较大，所以在直通波和缺陷衍射波之后出现。

（4）波型转换信号以及底面横波信号。TOFD探伤检测中，对这些信号一般不做观察。

图7-25为包含直通波及底波信号的A扫描记录。高阻抗介质中的波在低阻抗介质界面处反射，会产生180°的相位变化（如钢到水或钢到空气）。这意味着如果到达界面之前波形以正循环开始，在到达界面之后它将以负循环开始。

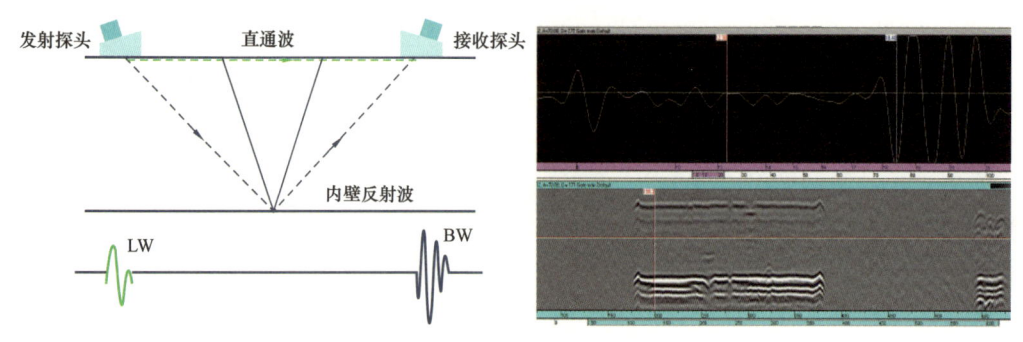

图7-25 无缺陷时TOFD A扫信号

当存在缺陷时，将出现图7-26所示情形。缺陷顶端的信号类似底面反射信号，存在180°相位变化，即相位像底波一样从负周期开始。然而，缺陷底部波信号如同绕过底部没有发生相变，相位如直通波，以正周期开始。理论研究表明，如果两个衍射信号具有相反的相位，它们之间必定存在连续的裂纹，而且只在少数情况下上下衍射信号不存在180°相位变化，大多数情况下，它们都存在着相位变化。因此，对于特征信号和更精确的尺寸测量，相位变化的识别是非常重要的。例如试样中存在两个夹渣而不是一个裂纹时，可能出现两个信号。在这种情况下信号没有相变。夹渣和气孔通常太小一般不会产生单独的顶部和底部信号。信号可观察到的周期数很大程度上取决于信号的波幅，但相位往往难以识别。对于底面回波更是如此，它由于饱和无法测出相位。在这种情况下，首先将探头放置在被测试样或校准试块上，调低增益，使底面回波或其他难以识别相位的信号调整到像缺陷信号一样具有相同的屏高，然后增大增益，记录信号如何随相位变化，这种变化往往集中在第2个、第3个周期中。

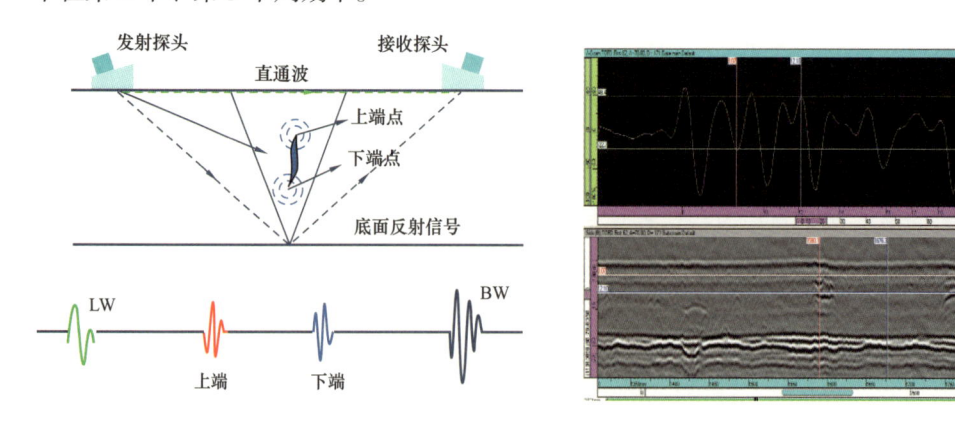

图7-26 有缺陷时TOFD A扫信号

4. 灰度图像和 B 扫

扫查后显示的 A 扫是数字采样后得到的信息，它是由一组表示数字化样本的点绘制而成的。屏幕的纵坐标表示幅度（-100%～100% 全屏幕高度），而横坐标表示从发射脉冲开始，超声信号传输的时间。使用光标从显示的 A 扫中可以进行幅度和时间测量。

连续不断的 A 扫波可以显示成 D 扫或者 B 扫图像。D 扫的意思是沿着焊缝的扫查，B 扫的意思是垂直于焊缝的扫查。两种扫查图像都是由一系列 A 扫波组成的。使用 D 扫或者 B 扫图像的优点是能够又快又准地发现缺陷。衍射信号非常弱，在一个独立的 A 扫波中可能不易被发现，但是在连续的 A 扫波组成的 D 扫图或者 B 扫图中则很容易被识别。

在灰度码中，振幅的范围从纯白色到纯黑色，其中纯白色表示 100% 满屏信号，经过在 0% 位置的中间灰色，到纯黑色表示 -100% 满屏，如图 7-27 所示。TOFD 检测图形数据显示如图 7-28 所示。

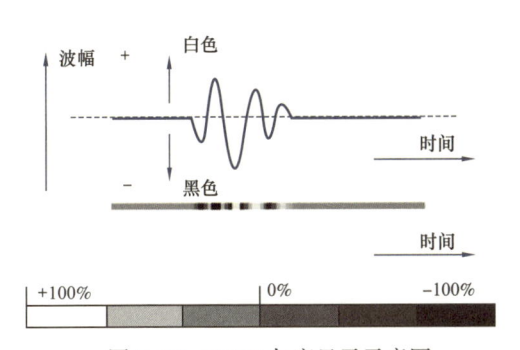

图 7-27　TOFD 灰度显示示意图 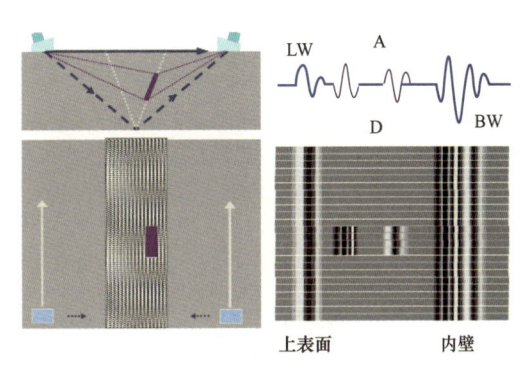　　　　图 7-28　TOFD 检测图形数据显示

由此可知一个 A 扫信号可以转换为由许多淡灰色和深灰色的色点交替组成的一行，色点的数量取决于采样频率，色点的灰度取决于采样点的幅度。我们可以采用增强对比度来提高信号振幅，这依赖于一些算法。其中最简单的方法就是使用一个刻度从 -100%～100% 全屏高度的线性振幅来计算。在一个很小的振幅刻度范围内使用全灰度等级，使灰度级别黑色变为白色，从而实现对比度增强。例如在 -50%～50% 全屏高度范围内使用全灰度等级，振幅超出 50% 显示为纯白，低于 -50% 显示为纯黑，这样可以使信号的微小变化也很容易被发现。

正常情况下 TOFD 扫查图像的横坐标代表扫查方向和探头相对位置，纵坐标是声波传输时间，代表工件厚度方向，如图 7-29 所示。

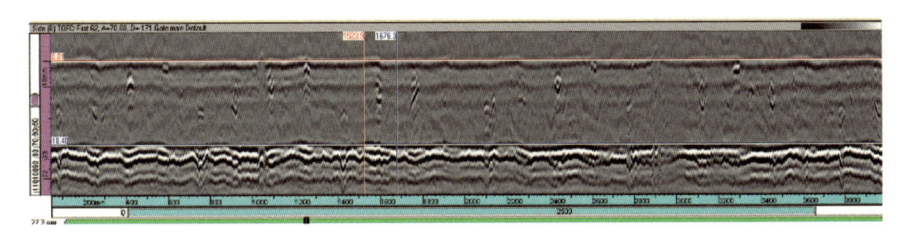

图 7-29　TOFD 图像（横坐标代表扫查方向，纵坐标代表工件厚度）

A扫信号的波幅在成像的过程中会转换成对应的灰度，图像中信号显示由一些白色和黑色的条纹构成。条纹的白与黑次序与信号的相位有关，可根据信号相位的关系来判断扫查图像中的直通波、底面反射波以及缺陷的上下端点信号。在测量信号的传输时间、深度值或缺陷的高度值时，通常测点选在条纹的白—黑交界或者黑—白交界处。

一幅合格的TOFD图像需要满足的条件是：

（1）由直通波可以判断其A扫波幅在40%～90%之间，增益选择恰当；

（2）直通波没有被干扰，扫查速度适当均衡，耦合良好；

（3）缺陷信号清晰明显；

（4）底面面反射波很直而且下表面变形波显示正常。

5. 信号分析与处理

1）去除直通波

在对TOFD扫查图像进行处理的时候，会出现近表面缺陷信号隐藏在直通波信号之下无法处理的情况，我们可以通过图像处理的方法来解决。因此TOFD软件都会提供一个"去除直通波"（差分）的功能，可以去除指定地方的掩盖了近表面缺陷信号的直通波。

图7-30就是一个直通波去除的例子。

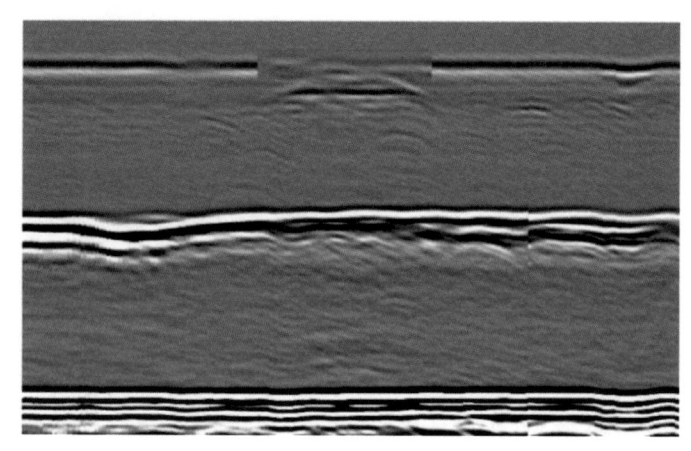

图7-30 直通波去除例图

2）图像拉直

在TOFD检测实际操作中，经常会出现信号弯曲的现象，导致这个现象的原因可能是耦合层厚度不均匀，工件表面不平整等原因，所以很多情况下我们需要对图像进行拉直处理，以方便我们对缺陷信号的识别以及缺陷长度的测量等。"拉直"是数字信号处理的一种简单方式，以直通波或者底面反射波作为参照，使弯曲的图像变直，看上去就像耦合层是稳定的一样。

3）抛物线拟合指针

在扫查图像的分析和处理中，抛物线指针主要用于缺陷的定位和定量。

A扫有一个很大的缺陷就是信号的识别性不好。而TOFD技术通过连续的扫查将大量的A扫信号集中起来组成连续的一幅图像，因此在TOFD扫查结果中，不管是B扫还是D扫，缺陷的识别都比在A扫中容易得多。

在TOFD扫查图像中，由于声束的衍射、扩散等，缺陷会呈现特殊的形状，但是只要掌握TOFD信号显示的特点和规律，对于缺陷的识别也是不难的。只是在TOFD图像的识别中，测量信号的深度和缺陷的尺寸都需要借助特别的工具——抛物线指针，用来与缺陷的特征弧线进行拟合，这样才可以保证缺陷位置、高度和长度的测量准确性。

在TOFD扫查过程中，由于缺陷衍射信号的传输时间随着探头位置的变化而变化，所以不管是B扫还是D扫，无论是点状缺陷还是线性缺陷，缺陷的端点都会形成一个TOFD技术特有的、向下弯曲的特征弧形显示。

我们拿均匀厚度试块上的单个点来举例。当这个点位于由探头声束中心线所在的垂直平面上并且到两探头的距离相等时，信号传输时间最短。如果探头装置向任何一方移动一点，信号仍然会存在，因为这个点仍然在探头发出的声场范围内。但是由于距离的增加，信号传输的时间就会变长，显示屏上信号出现的位置也就会出现一定的延时。这样的话，通过连续的扫查就会产生一幅具有向下弯曲特性的显示图像。图7-31就是一个典型的点状缺陷在TOFD扫查中的成像，通过调校后的抛物线可以很好地拟合起来。

但是对于线性缺陷来说，如果其处于同焊缝水平的位置，而且探头装置移动方向与缺陷方向一致，那么移动过程中始终有位于探头声束中心线所在的垂直平面上的点的衍射信号最先被接收。虽然由于波束扩散，较远一点的衍射信号能够被接收到，使得单个信号的图形表现成弧形，但是整个条形缺陷所得到的信号是沿缺陷长度方向的所有弧线曲线的综合，各信号可以产生互相抵消性干涉，使得缺陷中部各点衍射信号所表现出来的A扫组合信号呈直线，只是在两端会呈弧线形状。如图7-32所示就是一个条状缺陷。

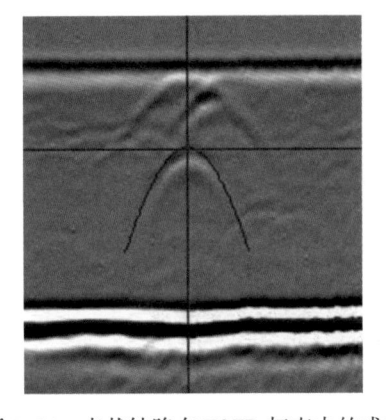

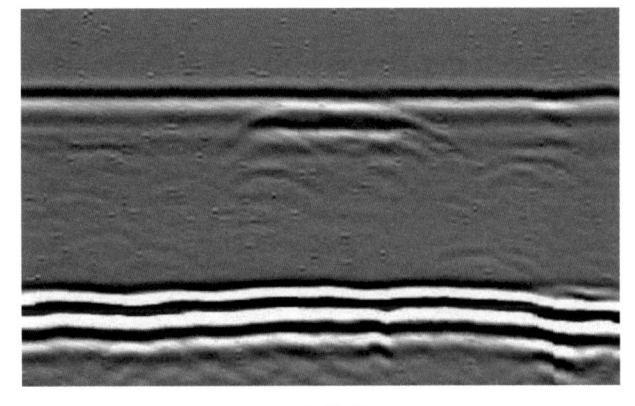

图7-31 点状缺陷在TOFD扫查中的成像　　图7-32 条状缺陷

6. TOFD典型数据分析

1）气孔和夹渣

由于平面型缺陷（裂纹）会产生更加严重的后果，因此从体积型缺陷中分辨出平面型缺陷是非常重要的。体积型缺陷的典型实例是气孔和夹渣。小块夹渣和气孔自身长度和高度都很小，D扫描中产生的信号看上去像弧形。如果夹渣有一定长度，信号会产生一段与渣长度对应的平坦区域（图7-33）。这些缺陷一般不写入报告，需要将这些信号从记录中除去。通常其形状特定，很容易被识别。如果有一串气孔，则有必要测量其体积，如果超出标准的规定需要报告它的大小。

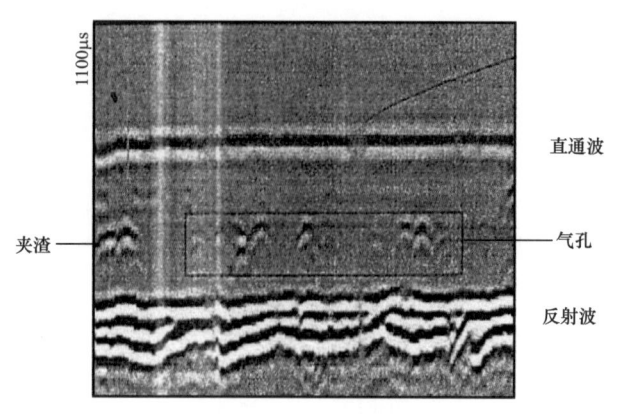

图 7-33 气孔和夹渣

长条夹渣可能是在焊接过程留下的，产生类似的回波，但它们要更长一些。这些缺陷通常断成几节。一般来说，它们高度很小，不可能有明显的上尖端和下尖端信号。很少有气孔或夹渣能有可分辨的深度，表现出独立的上尖端和下尖端信号。这两个信号有相位差，不过这可能很难看到，因为从圆形体（如气孔和夹渣）顶部反射的信号较弱，得不到较大振幅的衍射信号，只有下尖端衍射产生的回波。

2）上表面开口缺陷

上表面开口缺陷会使直通波信号变形（图7-34）。扫查时，探头可能受到工件表面粗糙程度或耦合剂厚度变化的影响，导致直通波上下跳动，影响缺陷的识别。这时需要使用软件对直通波进行拉直处理。为了保存掩盖在直通波下的缺陷信号，应该采取拉直图像的底面波信号，而不是拉直直通波信号。

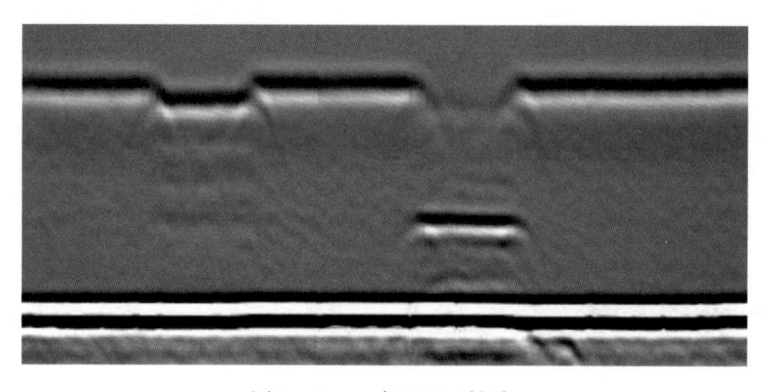

图 7-34 上表面开口缺陷

有时比较大的裂纹缺陷在表面的开口却很小，表面检测难以判断，这时可以用爬波探头来检测验证，或者通过使用横波斜探头的二次波寻找角反射来验证。

3）下表面开口缺陷

下表面开口的缺陷有两个主要的特征：

（1）底面回波消失或者下沉（传播时间迟到）；

（2）只有上尖端衍射信号。

而且，靠近底面的缺陷信号有很多可能，可以是夹渣或表面开口裂纹。通常夹渣比裂纹产生的信号振幅更强。当缺陷边缘相对于底面来说相当陡峭时，衍射过程的效率将下降,边缘衍射的回波可能不能自始至终延伸到底面,如图7-35所示。只要是下表面开口缺陷,不论是什么类型,其衍射信号都不会延伸到底波以下的区域。

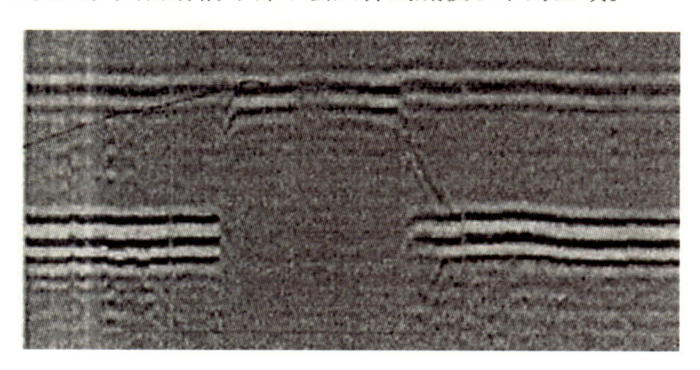

图7-35 下表面开口缺陷

7. TOFD 技术的优点和局限性

(1) TOFD 技术优点。

① 可靠性好,由于利用的是波的衍射信号,不受声束角度的影响,缺陷的检出率比较高;

② 定量精度高;

③ 检测过程方便快捷。一般一人就可以完成 TOFD 检测,探头只需要沿焊缝两侧移动即可;

④ 拥有清晰可靠的 TOFD 扫查图像,与 A 型扫描信号比起来,TOFD 扫查图像更利于缺陷的识别和分析;

⑤ TOFD 检测使用的都是高性能数字化仪器,记录信号的能力强,可以全程记录扫查信号,而且扫查记录可以长久保存并进行处理;

⑥ 除了用于检测外,还可用于缺陷变化的监控,尤其对裂纹高度扩展的测量精度很高。

(2) TOFD 技术局限性。

① TOFD 技术对近表面缺陷的检测可靠性不够。对上表面缺陷,因为缺陷可能隐藏在直通波下而漏检,该区域缺陷即使被检出其测量精度也不高。对下表面,因为存在轴偏离底面盲区,位于热影响区或者熔合线的缺陷信号有可能被底面反射信号淹没而漏检;

② 对缺陷定性比较困难,TOFD 技术比较有把握区分上表面开口、下表面开口及埋藏缺陷,但难以准确判断缺陷性质;

③ TOFD 图像识别和判读比较难,数据分析需要丰富的经验;

④ 对粗晶材料,例如奥氏体焊缝检测比较困难,其信噪比比较低;

⑤ 横向缺陷检测比较困难;

⑥ 复杂几何形状的工件检测有一定困难,需要在实验的基础上制定专门工艺;

⑦ 点状缺陷的尺寸测量不够准确。

三、相控阵超声波检测(PA)

超声相控阵检测技术的应用始于 20 世纪 60 年代,目前已广泛应用于医学超声成像领域。由于该系统复杂且制作成本高，因而在工业无损检测方面的应用受到限制。近年来，超声相控阵技术以其灵活的声束偏转及聚焦性能越来越引起人们的重视。在国外，相控阵技术发展十分迅速，尤其在医学诊断和工业检测方面的研究非常活跃。一些公司（如 R/D TECH、SIMENS 及 IMASONIC）还推出了商品化相控阵超声工业检测系统。由于压电复合材料、纳秒级脉冲信号控制、数据处理分析、软件技术和计算机模拟等多种高新技术在超声相控阵成像领域中的综合应用，使得超声相控阵检测技术得以快速发展，逐渐应用于工业无损检测，如对气轮机叶片检测和涡轮圆盘的检测、石油天然气管道焊缝检测、火车轮轴检测、核电站检测和航空材料的检测等领域。在国内，超声相控阵技术上的研究应用尚处于起步阶段，主要集中于医疗领域，在工业检测方面，主要的设备都依赖于进口。

1. 超声相控阵技术原理

超声相控阵换能器的工作原理是基于惠更斯—菲涅耳原理。当各阵元被同一频率的脉冲信号激励时，它们发出的声波是相干波，即空间中一些点的声压幅度因为声波同相叠加而得到增强，另一些点的声压幅度由于声波的反相抵消而减弱，从而在空间中形成稳定的超声场。超声相控阵换能器的结构是由多个相互独立的压电晶片组成阵列，每个晶片称为一个单元，按一定的规则和时序用电子系统控制激发各个单元，使阵列中各单元发射的超声波叠加形成一个新的波阵面；同样，接收反射波时，按一定的规则和时序控制接收单元并进行信号合成和显示。因此可以通过单独控制相控阵探头中每个晶片的激发时间，从而控制产生波束的角度、聚集位置和焦点尺寸。超声波相控阵换能器实现电子聚焦和波束偏转示意图如图 7-36 所示。

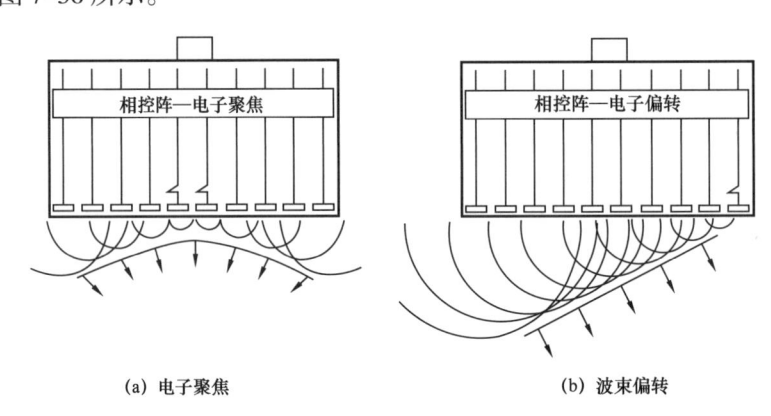

(a) 电子聚焦　　　　　　　　(b) 波束偏转

图 7-36　超声波相控阵换能器实现电子聚焦和波束偏转示意图

2. 扇形扫查

扇形扫查是使用同一组晶片发射不同的聚焦延时，通过适当控制在发射晶片组内的发射时间，改变超声波入射角，使阵列中相同晶片发射的声束，对某一聚焦深度在扫描范围内移动，而对其他不同焦点的深度，可增加扫描范围。扇形扫查有能力扫查完整的工件截面，而不需要移动探头。在检测空间受限或工件结构复杂时尤其有用。

在相控阵应用中，每个扇形扫查或线性扫查是由许多 A 扫描构成的。每个 A 扫描是通过常规脉冲发生器处产生一个脉冲，然后被分成许多个相位脉冲依次激发探头阵列。超声能量传播到材料中，反射的能量会被阵列探头接收。阵列探头每个激活晶片会从接收的超声波前上产生一个电压，众多电压聚集到相控阵分配电路，形成一个脉冲返回到常规

UT模块。然后脉冲建立一个A扫描数据。每个扇形扫查或线性扫查的角度增量或步进都在重复以上过程，直到全部扫查完成。如果实现30°~70°的扫查，1°的分辨率，那么需要41个A扫描。

3. 脉冲重复频率（PRF）与扫查速度的关系

脉冲重复频率PRF是从脉冲发生器向探头发射电压脉冲的频率，不要和探头频率相混淆。如果采集分辨率是1mm采集一次，每个扇形包含41个A扫描，扫查速度是150mm/s，那么脉冲发生器的速度最小是150mm/s×41=6150个脉冲/s，此时的PRF为设置的最小值。

当脉冲重复频率过低时会导致成像中数据线丢失（图7-37）。单个数据线丢失是可以接受的，但持续的数据丢失表明脉冲发生器不能跟上数据采集的步伐。

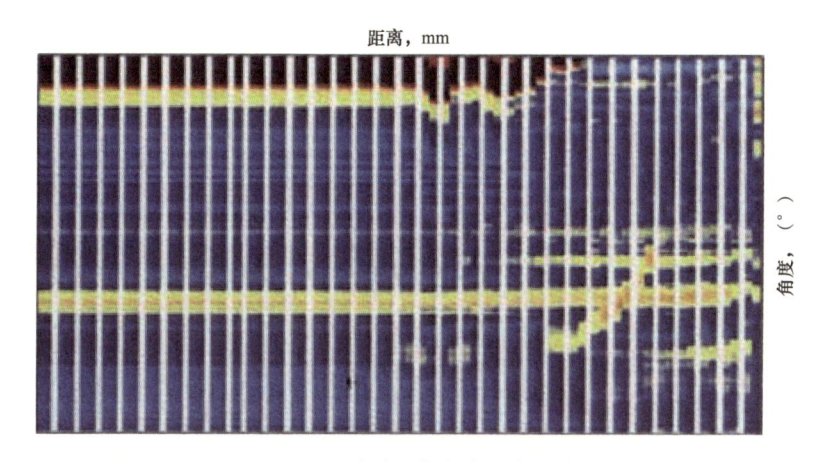

图7-37 脉冲重复频率过低成像

如果PRF过高会导致另一个问题的产生。这就是众所周知的幻影回波（图7-38）。超声能量是一个压力波，它会来回穿过工件。材料中可以存在多个压力波，彼此交叉会有一些小的干扰。可是在某些合声学中，声波与其他波干扰，形成了直立波。这些超声响应，展示了良好波幅和足够的可重复性。判断是否为幻影回波的方法很简单，只需要降低脉冲重复比率（PRF）。当PRF降低时，伪信号会消失，而真实信号依然存在。

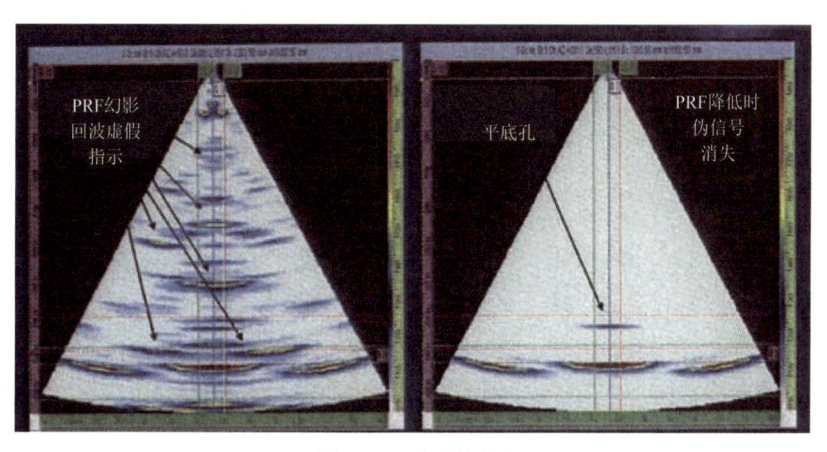

图7-38 幻影回波

4. 超声波相控阵检测技术的应用及局限性

超声波相控阵检测系统可以是手动、半自动或者全自动工作。相对于常规的单探头超声波检测方法，超声波相控阵检测技术的特点在于：简单手工操作，具有多种扫描方式，检测效率高，适应性强。

超声波相控阵检测技术已被成功应用于各种焊缝探伤，如航空薄铝板摩擦焊缝的微小缺陷探测。用超声波相控阵探头对焊缝进行横波斜探伤时，无需像普通单探头那样在焊缝两侧频繁地前后来回移动，焊缝长度方向的全体积扫查可借助于装有超声波相控阵探头的机械扫查器，沿着精确定位的轨道滑动完成，以实现高速探伤。图7-39为用于检测图7-40所示焊缝（厚为15～40mm）的超声波相控阵探头。其探头频率为3 MHz，阵元数为64，阵元尺寸为1.2mm×12mm，阵元间隙为0.05mm，整个晶片尺寸为80mm×12mm，楔块角度为34°。一组8个阵元产生的声束可以随着入射角和焦距的改变产生偏转，该阵元组能沿着阵列长度方向进行电子移位，通过激活阵元、断开阵元和激活阵元，断开阵元的一系列变化促使声波真正地沿着检测表面移动。

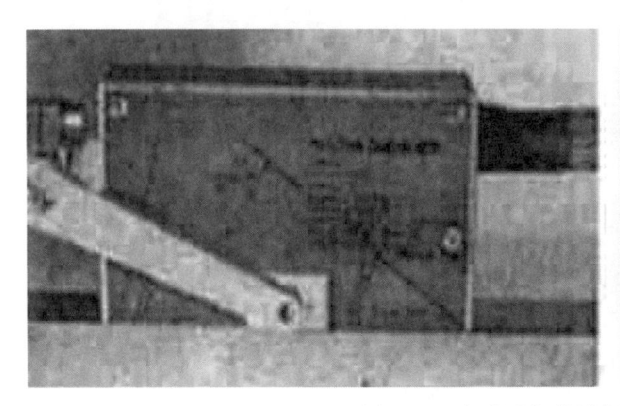

图7-39 超声波相控阵探头

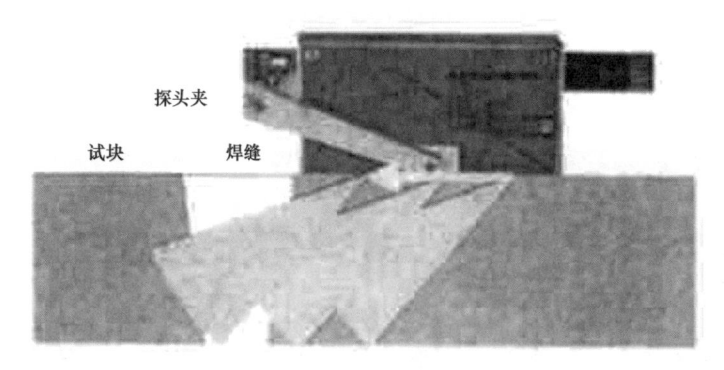

图7-40 使用超声波相控阵探头检测焊缝

对100%焊缝检测只需平行于焊缝扫描，即垂直于焊缝的机械扫描运动可以省略。超声波相控阵允许使用衍射波时差法（TOFD技术），选择邻近的阵元形成阵元组，一组发射，一组接收。保持两组压电元件间隔一定，控制阵元组在被检结构的表面沿着相控阵方向进行实时扫描。图7-41为该技术应用到薄壁管道环焊缝的检测实例，通过改变入射角α_E和接收角α_S检测焊缝缺陷。

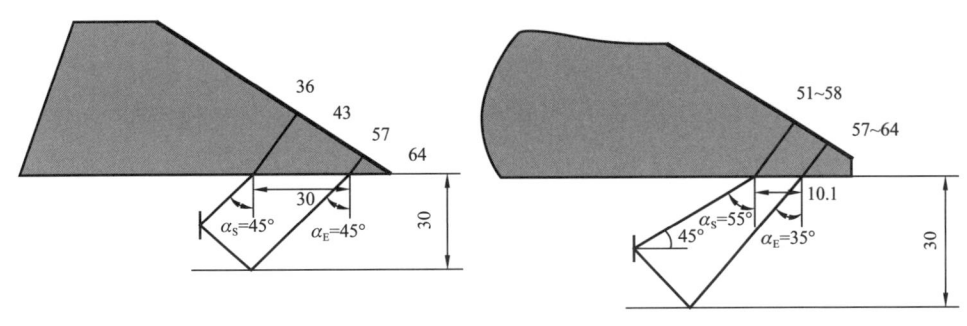

图 7-41 超声波相控阵探头

四、电磁超声检测技术

超声检测的原理是换能器在被测试件中激发出沿一定方向传播的超声波，当超声波进入物体遇到缺陷时，一部分声波会产生反射并被超声波探头接收，对反射波进行分析，就能精确地测出缺陷来，并且能显示内部缺陷的位置和大小，测定材料厚度等。传统超声检测通常需要耦合剂才能实现压电换能器与被测件之间的良好耦合，且对被测件的表面质量要求较高，因而难以用于高温、高速和粗糙表面的检测环境。

电磁超声换能器（Electromagnetic Acoustic Transducer, EMAT）是利用电磁感应原理激发超声波。在靠近被测金属表面的线圈中通以高频电流，被测金属中会感生出一个相同频率的涡流场，感生涡流场在外加磁场的作用下，产生相同频率的洛伦兹力，作用于金属的晶格上，使晶格产生周期性的振动，从而激发超声波。相对于传统压电式超声波检测，电磁超声检测具有以下优点：

（1）对于被测物体表面要求不高，而且可对高温物体和表面有锈垢及油漆层的物体直接检测；

（2）通过改变磁铁的结构和形状，改变信号发射和接收线圈的排列方式，可以产生不同模式的波，特别是可以高效地激发出表面波和水平偏振横波（Shear Horizontal Wave, SH 波）；

（3）电磁超声借助位于电磁场中的被测试件作为发送和接收超声波的介质，所以不需要油、水之类的耦合剂；

（4）由于不需要耦合剂，不存在接触压力变化问题，探伤灵敏度稳定，可以使检测速度得到很大提高。但电磁超声技术只能对良好的电导体进行检测。

由于具备以上优点，电磁超声检测技术具有应用在在线测厚、炼钢、管道、板材以及铁路等特殊检测领域的潜力，近年来受到国内外学者的广泛关注。对电磁超声技术进行深入研究，了解电磁超声的激发原理和接收处理，将电磁超声无损检测技术应用到高温、高速等无损检测领域，对于提高原材料质量，改进生产效率，保证设备可靠运行，保障人员安全等方面具有重要意义。

1. EMAT 的基本原理

电磁超声的发射和接收是基于电磁物理场与机械波动场之间的相互转化，两个物理场之间通过力场联系在一起。正确的理解 EMAT 的基本原理是利用 EMAT 技术进行无损检测的基础。

电磁超声的发射和接收有3种机制：洛伦兹力机制、磁致伸缩力机制和电磁力机制。在非铁磁性材料的检测过程中，洛伦兹力机制起主要作用，在铁磁性材料的检测过程中，还会受到磁致伸缩力和电磁力的作用。大多数情况下，电磁力的绝对值比前两者的绝对值小很多，因此在实际分析过程中暂不讨论，下面分别介绍洛伦兹力机制 EMAT 和磁致伸缩力机制 EMAT 的工作原理。

1）洛伦兹力方式

洛伦兹力 EMAT 的发射和接收是基于电磁感应原理，是电磁学、力学和超声学的综合体现。在金属试件表面放置一个通有高压窄脉冲或时谐电流源激励的曲折线圈，线圈会在试件中感生出交变的电磁场（磁场强度为 H），交变的电磁场能够在试件内部激发出感应电流，即涡流 $J=\nabla \times H$。如果同时施加一个稳定磁场，（磁场强度为 B），金属内部涡流在外部稳定磁场的作用下，会产生洛伦兹力 $F=JB$。这个力通过电子作用于试件的晶格，使晶格产生弹性振动，具有位移 U 和速度 U' 的晶格振动在金属弹性体内传播，从而产生沿一定方向辐射或沿试件表面传播的超声波。这就是电磁超声的发射原理，发射超声的频率等于交变电磁场 H 的频率，即激励线圈中电流的频率。

电磁超声的接收是发射的逆过程。当被测物体表面有超声自内部投射时，质点发生位移 U，带正电荷的晶格阵点具有速度 U'。由于稳定磁场 B 的作用，晶格将受力 $U'B$，从而产生电流密度为 J 的交变电流，交变电流将导致被测试件的表层出现磁场，在接收线圈中感生出电动势，如图 7-42 所示，这就是电磁超声的收发原理。

根据 EMAT 的组成可以将其划分为 3 个相互联系的部分：磁铁、线圈和被测试件，电磁超声的接收和发射可以看作是这 3 个部分之间的相互作用，其作用过程如图 7-43 所示。磁铁为被测试件提供稳定磁场，发射线圈和接收线圈通过电磁感应定律在被测试件中感生和接收涡流。被测试件是磁场作用的主体，磁铁和线圈的感生场在被测试件中相互作用，在被测试件中激发出电磁声，并利用电磁超声对试件进行无损检测，试件既是检测对象，也可以被看是电磁超声的声源。

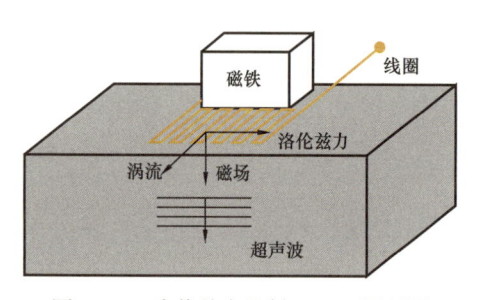

图 7-42　洛伦兹力机制 EMAT 原理图

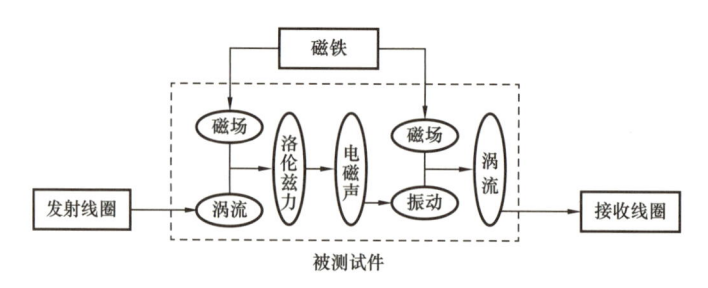

图 7-43　EMAT 组成部分间的相互作用

2）磁致伸缩力方式

当铁磁材料或亚铁磁材料在居里点温度以下，在磁场中被磁化时，会沿磁化方向发生微量伸长和缩短，称为磁致伸缩效应，又称焦耳（Joule）效应。磁致伸缩的产生是由于铁磁材料在居里点温度以下发生自发磁化，形成大量磁畴。在每个磁畴内，晶格发生形变。在未加外磁场时，磁畴的磁化方向是随机取向的，不显示宏观效应；在外磁场中，大量磁畴的磁化方向转向外场，其宏观效应即是材料在磁力线方向的伸长或缩短。长度为 L 的磁性材料在外加磁场作用下，相对伸缩率的值为：

$$\lambda = \Delta L / L \tag{7-4}$$

式中　λ——磁致伸缩常数；
　　　ΔL——伸缩量。

晶体磁致伸缩一般是各向异性的。相反，由于形状变化，致使磁化强度发生变化的现象，称为磁致伸缩逆效应（Villary）。铁磁性材料中电磁超声的产生和接收一般通过磁致伸缩原理来实现。当线圈中通过交变电流时，产生交变磁场。根据磁致伸缩原理，由于磁场的交变作用使磁性材料体积发生变化，从而形成材料内部的振动，并最终以声波形式将振动向外传播。

电磁超声无损检测过程中，电磁超声的发射和传播都是在被测试件中实现的，可以把被测试件看作是电磁超声的声源，因此 EMAT 无损检测过程中不需要超声耦合剂作为传播介质，也可以做到非接触检测，能够实现高速检测。根据 EMAT 的工作原理，被测试件必须是电导体，才能激发出电磁超声进行检测。

2. 电磁超声检测系统的组成

由于电磁超声检测技术起步较晚，EMAT 系统机理复杂，目前国内外都没有实用的适用于所有被测物体的基于洛伦兹力机制的电磁超声换能器，但另一方面，适用于铁磁性导体的基于磁致伸缩力的电磁超声换能器，由于其信号较强，无论是在实验室研究还是应用实践上都取得了一定的进展。但对铁磁性导体的磁致伸缩效应研究仍不够深入，很多情况下往往通过实验和经验来决定工作点磁化强度等参数的选择。

电磁超声检测系统由电磁超声激发电路、换能器、接收电路、控制系统和数据显示装置等部分组成。其中换能器包括被测导体，即被测导体也是电磁超声检测系统的一部分，这是 EMAT 与其他超声检测装置相比最大的特点，EMAT 系统如图 7-44 所示。

由脉冲发生器产生一个个数和频率都可调的正弦脉冲串，经过功率放大电路后将信号电流加载到发射线圈上，在偏置磁场的作用下，在被测导体表面产生超声波。在靠近 EMAT 的接收线圈处，反射或衰减的超声波将在置于磁场中的导体内产生振动，就会在接收线圈中产生可供检测的电压。EMAT 接收到裂纹回波信号后进行放大滤波等信号处理，经 A/D 采集后将数据上传到 PC 机，用于数据显示和后续操作等。由此可见，EMAT 检测系统总体可分为激发系统、换能器和接收系统三大部分。

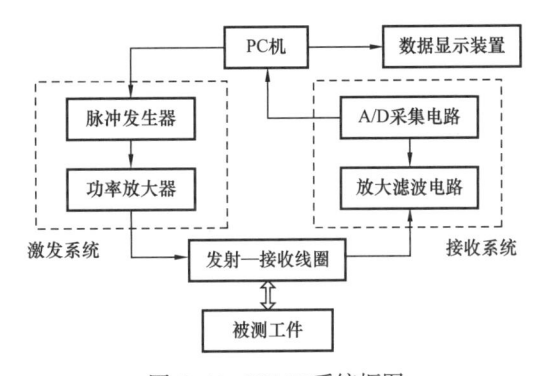

图 7-44　EMAT 系统框图

1）电磁超声换能器

换能器是检测系统的核心部件，它能实现电能到机械能的转换，其性能的优劣都直接影响到无损探伤的可靠性。由电磁原理分析可知，当改变激励线圈中的电流方向，或者将线圈放在不同取向的偏置磁场中，其受力方向都会发生改变，从而在被测导体中激发不同类型的超声波。因此，电磁超声换能器的设计主要包括偏置磁场和激励线圈两个部分。

2）激发系统

EMAT检测系统通常采用猝发式正弦脉冲串激励，并经过功率放大器，以加大超声波的强度。猝发脉冲串要求频率可调、脉冲个数可调，一般脉冲频率在几千赫兹到几兆赫兹之间，脉冲个数在一个到几十个之间，功率放大后，要求脉冲瞬间输出电压达到几百伏，电流达到几十安培，并且具有低输出阻抗。在实际应用中，单脉冲激励常用于测量厚度，但其信号效率低，接收困难，很少用于无损检测。脉冲串工作方式具有窄带特性，可使激励信号在有限的时间段内（通常是微妙级）工作，其余时间处于停止状态，这种激励方式易于分辨发射波和缺陷回波，并且能使能量集中于所需的频谱范围内，可达到较高的能量转换效率。

为实现EMAT检测系统激励信号的频率和脉冲个数可调，可由一个频率可调的正弦信号经高速模拟开关控制产生。激励信号频率的选取应综合考虑被测对象的物理性能、EMAT的工作环境、检测需要达到的精度等条件。由电磁超声的产生机理可知，电磁超声的频率等于激励频率，当采用高频激励信号时，所产生的超声波波长短，扩散角小，能量集中，因此检测缺陷的精度高、分辨力好、缺陷定位准确。但同时高频的超声波在被测导体中的衰减大、穿透能力差、传播距离短。因此高频的激励信号适合检测微小缺陷或靠近EMAT探头、深度较小的缺陷。当采用低频激励信号时就正好相反，虽然检测不如高频时准确，但在被测导体中衰减小、穿透能力强、传播距离长，当进行远距离探测时宜选择较低的激励频率。材料物理特性的不同对激励频率也有一定的影响，当材料的晶粒较粗时，超声波在其中衰减也比较大，且易产生晶粒反射波。因此，实际应用过程中需根据实际情况选择相应的激励频率，来获得最佳的检测效果。表7-9给出了一些被测导体适合的激励频率。

表7-9 不同被测导体适合的激励频率

被测导体	激励频率，MHz	被测导体	激励频率，MHz
大型锻钢件	1～3	钢板	2～5
小型锻钢件	2～5	钢管	2～15
大型铸钢件	0.4～3	焊缝	1～4
小型铸钢件	0.5～5	铝及其合金	3～10
铸铁件	0.4～1	钛或铜合金	1～3

激励信号的脉冲宽度对系统的工作性能也有较大的影响，在频率和振幅一定的情况下，脉冲宽度越大，所包含的单脉冲个数就越多，携带的能量也就越大，产生的超声波传播的也越远，但同时分辨力会下降。若脉冲宽度太窄，因为脉冲宽度与信号所含有的频率分量成反比，信号所含频率分量就太多，要求检测系统具有比较宽的通频带，否则会引起检测信号失真，但通频带的加宽同时会带来大量的噪声，影响信号的接收。因此，脉冲宽度也应根据检测对象的实际情况而定，一般情况下可选择单脉冲个数为3～8个。

产生猝发式脉冲串激励的技术已经比较成熟,可以由晶体管、运放集成电路等通用器件制作,更多的则是用专门的函数信号发生器集成电路产生。早期的函数信号发生器集成电路功能较少,精度不高,频率上限只有300kHz,无法产生更高频率的信号,调节方式也不够灵活,频率和占空比不能独立调节,两者互相影响。也有采用集成电路MAX038为基础设计电磁超声检测系统的激励信号发生器的。MAX038能精确地产生各种频率的正弦波、三角波、锯齿波、方波、脉冲波信号,占空比和频率均单独可调,波形失真小。但是由于MAX038的参数与外围的电阻电容有关,而分散的电阻电容将严重影响单片函数发生器的频率稳定度、精度和抗干扰能力,同时必须增加复杂的外围电路对信号进行调解。

3)接收系统

经接收线圈接收的被检测信号通常很微弱,电压信号幅度一般只有几百微伏数量级范围,而来自空间、激励磁场和被测导体等方面的噪声和干扰却很强,微小的声波信号与各种干扰信号混杂在一起,使测试信号的信噪比较低。为了达到适合于显示、观察和读数的水平,需要对被检测信号进行放大和滤波处理,以消除或减小通带以外的噪声和干扰,提高信号的信噪比。EMAT的接收系统为了避免放大倍数过大引起信号失真和自激现象,通常采用多级放大,且放大倍数是可调的。一个完整的EMAT接收系统,通常包括前置放大器、滤波器、主放大器、检波器和视频放大器等,在数字设备里还需要A/D转换电路等,检波器和视频放大器不是必须的,视系统需要而定。

五、激光超声检测技术

传统的超声技术多采用接触式换能器,为保证有高的灵敏度和可靠性,通常还使用各种超声耦合剂,目前绝大多数耦合剂的使用温度都在100℃以下,常用的超声换能介质PZT,其工作温度一般不能高于300℃,即使换成其他高温材料,工作温度也很难超过700℃。对于像钢铁制造这样的行业,工作温度常在1000℃以上,因此传统的超声检测法无法实现在线检测。

激光超声技术能较好地解决这些问题,它是传统超声检测技术的进一步发展,克服了近场盲区的缺点,检测时无需耦合剂,产生超声波的频带宽,可检测更为微小的缺陷。激光超声技术是超声学和激光技术结合而形成的一门新兴交叉学科,检测时利用高能量的脉冲激光作用于被测对象表面,表面局部温度发生变化,从而引起被测对象表层发生热膨胀,激发出超声波,超声波将携带材料表面和内部的有用信息,用探测器接收超声信号,对其进行数据处理分析从而来判断被检对象有无缺陷。近年来,激光超声技术已在超声信号传播、媒质特性研究、无损检测和评估研究等技术领域得到广泛应用。

1. 激光超声检测技术的发展历程及研究现状

激光超声技术是研究激光超声在介质中的传播特性,激光超声的接收原理、方法及激光超声检测技术的应用,是目前无损检测新技术以及材料特性评价研究领域中的热门课题之一。自20世纪80年代以来,这方面的工作一直没有停息过,国内外众多学者主要从3个方面做了大量的研究工作,即激光超声的理论研究(包括数学模型、理论分析、数值模拟及实验验证等),激光超声的接收方法的研究以及激光超声技术的应用研究。

最早使用的零差或是外差干涉仪对表面位移敏感,而工业现场不可避免的扰动会造成固体表面的振动,会影响探测的效果。后来,发展为时间延迟(自参考)干涉仪,例如,共焦 Fabry-Perot 干涉仪，对固体表面的速度敏感，对周围环境的振动有很强的抑制能力，而且可以同时接收多个散射光斑，有较强的聚光能力，适合于工业现场对粗糙表面振动的探测，不受低频振动的影响。然而，共焦 Fabry-Perot 干涉仪需要具有良好的整体性和稳定性，需要相对稳定的干涉距离，因此增加了干涉仪的复杂性和设计成本。此外，在频率低于 1 MHz 时响应的灵敏度急剧下降。

近年来，出现了很多基于适应性参考光束干涉仪相干探测的激光超声接收器。它能够处理由于机械扰动而引起波形的散斑。这些接收器是基于自泵浦相位混合、双波混合、双相位混合或是在光折射晶体中光诱导连续探测的基础之上。与被动参考光束干涉仪相比，例如，Michelson 干涉仪和 Mach-Zehnder 干涉仪，适应性参考光束干涉仪有很多优点：不需要光程的稳定性；本身的聚光率很高；脉宽很宽；由于扰动或是机械干扰引起的低频率波形有补偿作用。

2. 激光超声的激发机理

当脉冲激光入射到固体介质表面时，与表面作用发生了反射、散射和吸收现象，被吸收的热能在介质中进行传导，同时还与环境间存在着热对流、热辐射作用。热传导导致固体内部形成不同的温度梯度，从而产生了热应力，激发出超声波。

1）热弹激发机理

热弹激发机理原理如图 7-45 所示。

当脉冲激光入射到固体表面，固体浅表面吸收光能，并迅速转化为热能，使样品表面产生瞬间局部温升现象，浅表面由于温升现象发生体积膨胀而产生表面切向力，从而激发出超声信号。如果入射激光的光功率密度低于固体表面的损伤阈值（金属材料一般为 $10^7 W/cm^2$），则产生的热能不会熔化固体表面，表层的局部温升没有导致材料的任何相变，此时主要是热弹激发起主要作用。热弹激发效应对材料表面不会产生损伤，其不仅符合严格无损检测的特点，且能产生各种声波。因此，目前的研究热点主要集中在热弹激发。

2）烧蚀激发机理

当入射激光的功率密度大于样品表面的损伤阀值时，表面材料汽化，对样品产生法向冲力，从而激发超声波，称为烧蚀激发机理。烧蚀激发机理的原理如图 7-46 所示。

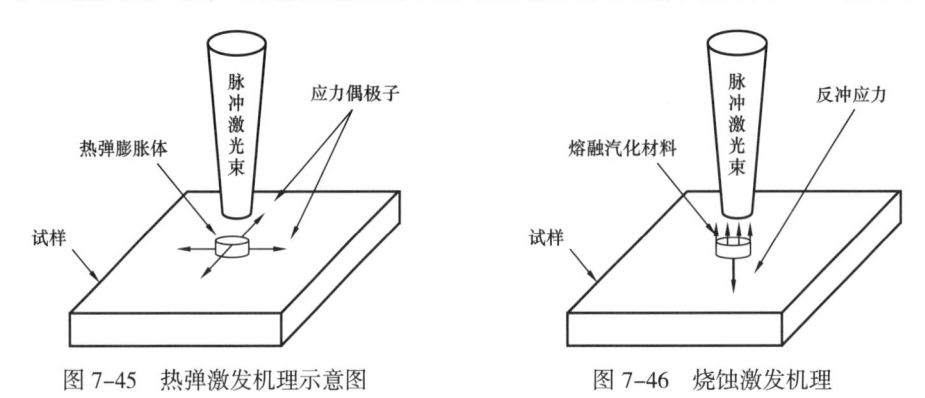

图 7-45 热弹激发机理示意图

图 7-46 烧蚀激发机理

激光脉冲对于金属，当入射激光脉冲功密度大于 $10^7 W/cm^2$ 时，其表面因吸收光能导致温度急剧升高，当温度超过材料的熔点时，会有约几微米深的表层材料发生烧蚀，部分原子脱离金属表面，并在表面附近形成等离子体。这一过程可产生很强的垂直于表面的反作用力脉冲，相当于给表面施加一个时间为冲击函数 $\delta(t)$ 的法向力。从而激发出幅值较大的超声波，这种波源形式也可激发出所有类型的超声波。

这种机制的超声激发效率比热弹机制高 4 个数量级，可以获得大幅度的纵波、横波和表面波。但由于它每次对表面产生约 0.3μm 的损伤，所以只能用于某些场合，且通常用来产生较大幅值的纵波。

3）其他激发机理

随着激光脉冲宽度的进一步压缩（压缩至皮秒、甚至飞秒量级）及激光探针技术的发展，在脉宽为微秒级脉冲激光激发超声机理的基础上，形成了一些新的超声波产生方法，如热栅法激发、热应变激发、电子应变激发以及非热机制—反压电效应激发等方法。

现在，这些技术已能在频率为几百吉赫（已达 440 GHz）时，成功地以 1~10nm 的空间分辨率在室温测量超声衰减和速度，使得激光超声能测材料的微结构，并求出微结构中不同组分的力学性质和界面质量，这是其他方法不能与之比拟的。

3. 激光超声检测系统及方法

激光超声检测系统一般由激发系统和超声接收系统组成，包括检测激光、光学干涉仪、光电探测器、信号放大处理电路等组成。激发系统主要由一台高能脉冲激光器构成，用以在被检测材料上产生高热量，从而产生脉冲信号。目前最常用的激光超声激发技术是用脉宽约 10ns 的 Nd：YAG 脉冲激光束照射材料表面。如果激光束通过球面透镜聚焦到材料表面，就可以形成很好的点源。如果通过柱面透镜聚焦，就可以形成线源。当检测激光照射到样品表面时，超声振动会对它的反射光进行调制，使超声振动信息转变为光信息。同时干涉仪能够测量细微的光程或光频率变化，它把光信号携带的超声振动信息解调出来。光电探测器通常是由光电二极管构成的，它的作用是将光信号中的超声信号转变成电信号。光电探测器的输出信号一般很小，而且有噪声，所以需要信号放大处理电路对电信号进行放大，提高信噪比。

激光超声检测原理如图 7-47 所示。

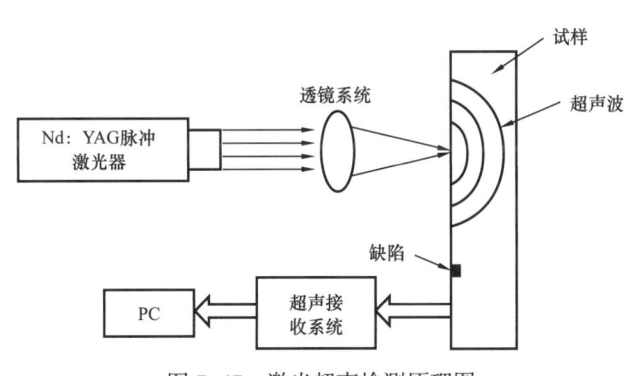

图 7-47 激光超声检测原理图

目前，激光超声检测技术主要有传感器检测和光学检测两大类。传感器检测必须与样品接触，或者非常接近样品表面，才能获得高的检测灵敏度。光学法是真正意义上的非接触、宽带的超声检测方法。

光学法检测技术主要分为非干涉法和干涉法两类。前者已发展的较完善，但应用有局限性，而后者更具有普遍性，是目前积极发展的目标。光干涉法又可分为线性和非线性光干涉仪。

1）线性干涉检测技术

（1）外差干涉检测技术。

激光外差干涉是激光超声主要的光学探测方法之一。光外差干涉法将激光超声加载到高频范围内处理，避开了低频的 1/f 噪声的干扰。

如图 7-48 所示，激光器发射的脉冲激光束被分成两路：一路经聚焦后入射样品表面，被样品表面反射、再被分束镜反射后进入探测器；另一路被反射镜反射后也送入探测器。进入探测器的两路光将发生干涉。通过检测其相位，即可确定样品表面的振动位移。若在其一臂中插入 Bragg 声光调制器，使其一路光束产生射频范围内的频移，即构成光外差干涉仪。对于光外差干涉仪，探测器接收到的光强 I_D 为：

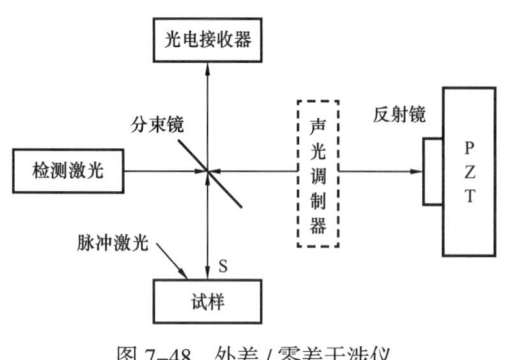

图 7-48　外差/零差干涉仪

$$I_D = I_L \left\{ R + S + 2\sqrt{RS} \cos\left[2\pi f_B t + \phi(t)\right] + \left[4\pi\delta(t)/\lambda\right] \sin\left[2\pi f_B t + \phi(t)\right] \right\} \quad (7-5)$$

式中　I_L——入射光的功率；

R，S——分别为参考束和反射信号束的有效传输系数；

f_B——Bragg 声光调制器的频率；

$\delta(t)$——表面位移；

λ——激光波长；

$\phi(t)$——取决于干涉路径的相位因子。

若不插入 Bragg 声光调制器，则构成零差干涉仪。此时，探测器接收到的光强 I_D' 为：

$$I_D' = I_L \left\{ R + S + 2\sqrt{RS} \cos\left[4\pi\delta(t)/\lambda - \phi(t)\right] \right\} \quad (7-6)$$

（2）速度干涉检测。

速度（或时延）干涉检测是基于来自振动着表面的散射光与其自身经历了时间延迟后的散射光相干涉的原理。可以应用于粗糙表面的检测，且不受低频振动的影响。这类干涉仪有双波束干涉和多波束干涉两种。典型的速度（或时延）干涉仪原理如图 7-49 所示。一束激光射到传播着声波的表面，被表面反射。来自多个散斑的反射光会聚至光分束镜，一束光（称为 S 光）直接投射至光电探测器，另一束光（称为 R 光）投至反射镜经时延 I_d，然后与 S 光束相干涉进入光电探测器。S 光与 R 光之间的时延 I_d 与光路配置

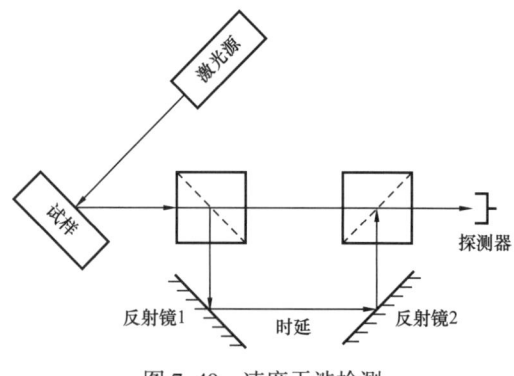

图 7-49　速度干涉检测

有关。令表面位移引起 R 光的相移为 $\dfrac{2\pi u(t)}{\lambda}$，则 S 光的相移为 $\dfrac{4\pi u(t-\tau_d)}{\lambda}$，此时检测到的光信号的强度为：

$$i(t) = \eta p_i \left\{ 1 + \cos\left[\dfrac{2\pi u(t)}{\lambda} - \dfrac{4\pi u(t-\tau_d)}{\lambda} + 2\pi\upsilon\tau_d + \varphi \right] \right\} \qquad (7-7)$$

式中 ϕ——一臂中引入的位移。

为了保证干涉仪相位平方律检测条件：

$$2\pi\upsilon\tau_d + \varphi = \pm\dfrac{\pi}{2} + m\pi \qquad (7-8)$$

当 $u(t) \ll \lambda$ 时，上式的交流分量为：

$$i(t) = \eta p_i \sin\left[\dfrac{4\pi u(t)}{\lambda} - \dfrac{4\pi u(t-\tau_d)}{\lambda} \right] \approx \eta p_i \dfrac{4\pi}{\lambda}\left[u(t) - u(t-\tau_d) \right] \qquad (7-9)$$

（3）共焦 Fabry-Perot 干涉检测。

Fabry-Perot 干涉检测技术是通过检测散射光的多普勒频移来测量试样超声振动的多波束干涉，如图 7-50 所示。当波长为 λ 的激光束入射到振动速度 v 与表面发现成 β 角的表面时，与入射光束之间有 α 角的散射光的多普勒频移 Δf 为：

$$\Delta f = \dfrac{2v}{\lambda}\cos\beta\cos\left(\dfrac{\alpha}{2}\right) \qquad (7-10)$$

共焦球面 F-P 腔是由两个相距为 d、内壁对波长 λ 的光束反射率为 R 的两球面共焦同轴放置而构成。当光强为 I_o 的激光傍轴入射 F-P 腔时，由于光束在腔内多次反射、相干，在非入射光束边球面镜上的透射光强 I_ϕ 与入射光波频率 f 之间形成响应。于是，利用 PZT 压电管来伺服控制镜面间的距离 d，使 F-P 腔工作在稳定点处，当入射光束的频率有一多普勒频移 Δf 时，就立即得到相应的输出信号，实现激光超声的检测。由于共焦 F-P 干涉仪是检测散射光束的多普勒频移，因此，当入射角与散射光的夹角 $\alpha \neq 0$ 时，它还可以同时进行表面法向和切向振动的检测。

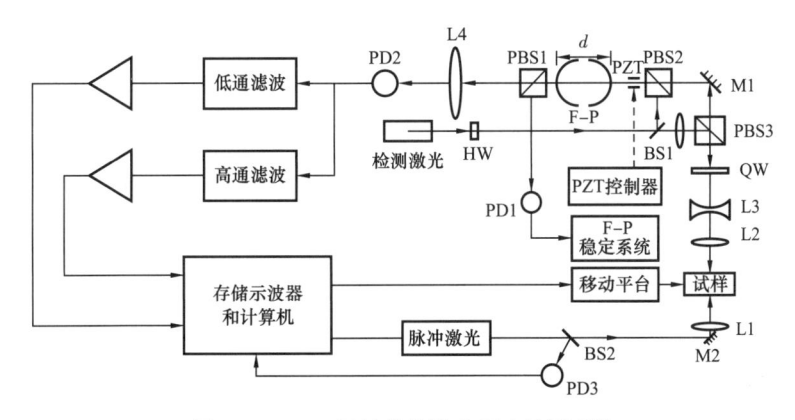

图 7-50 F-P 干涉仪的激光超声检测系统
L—透镜；PD—光电探测器；PBS—分光镜；M—反射镜；BS—分束镜；QW—四分之一波片；HW—二分之一波片

2）非线性干涉检测技术

（1）双波混频干涉检测。

双波混频即晶体内的双光束耦合如图7-51所示。由试样表面反射的信号光束与参考光束在一些非线性光学晶体（如BSO等）内相干形成干涉条纹，此干涉条纹因晶体的光折变效应而被以折射率调制的方式记录在晶体中，形成动态光栅结构，参考光束通过该光栅而衍射为波前"畸变"的参考光束，并与"畸变"的信号光束相干涉，则超声波所引起的振动将被以光强度的形式解调出来，从而达到测量试样表面振动的目的，同时可以在晶体上外加高压电场提高耦合效率。由原理可以看出，即便是波前严重畸变的散射光也可以检测，使其更加适用于粗糙表面；此外，由于光折变晶体能截止低频噪声，可抗空气扰动对测量的影响。但由于存在光栅形成和读取等过程，其响应速度不够快。

（2）光生电动势干涉检测。

光生电动势干涉仪是利用像GaAS这类晶体的非线性干涉仪，这类晶体能形成和贮存一个内电场，这个内电场的分布与入射光束的空间强度分布相对应。当空间光强分布作横向移动时，贮存的空间电荷场会激发时变的电流输出，所以，它不需要外加的光电探测器，如图7-52所示。它可像普通的半导体器件一样进行集成，有较高的截止频率，且由于省略了光栅形成、读取等过程，其响应速度大大提高，是一种极有应用前景的激光超声干涉检测方法。

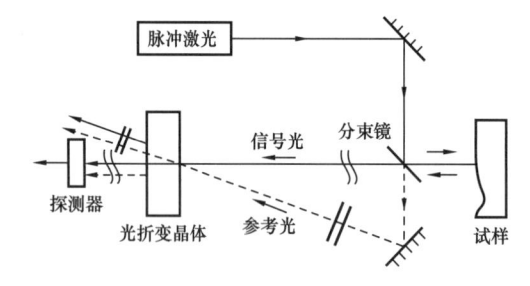

图7-51 双波耦合检测原理图 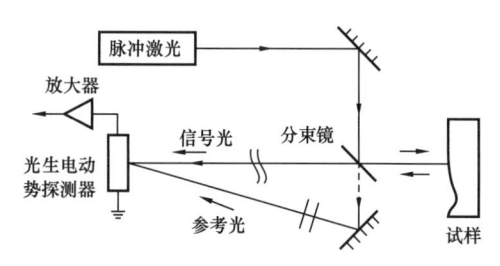　　图7-52 光生电动势干涉检测系统

4. 激光超声技术在无损检测中的应用

（1）高精度的缺陷检测。激光超声的脉冲宽度很窄，可达1ns，频率可达几千兆赫，相应的波长只有几微米，大大提高了探测微小缺陷的能力，广泛应用于高精度的无损检测。如检测固体中数十微米量级的缺陷、微裂纹。

（2）恶劣环境下的材料特性测量。激光超声的非接触式激发与接收，以及无损、非侵入性等特点，使得其特别适合于在恶劣的环境下（如高温、高压、高湿、有毒、酸、碱及检测环境或被测工件存在核辐射、强腐蚀性和化学反应等），对工件进行在线检测。1993年，德国M.Paul等人利用激光超声实现了对铝、陶瓷和钢在高温下（1400℃）的材料特性测量。

（3）快速超声扫描成像。由于超声波的产生与接收均不需要耦合剂，而且激光的扫描速度也比机械式快许多，因此利用激光超声系统很容易实现快速超声扫描成像。J.P.Monchalin等把激光Fabry-Perot系统安装在飞机维修仓库中，对飞机上的各个部件进行了定位检测和成像，一次扫描面积为674mm×390mm。

5. 激光超声检测技术存在的问题

（1）激光超声的光声转化效率低。由于不同的材料对激光的吸收程度不同，意味着激发的超声波也将不同。实际中转化效率低会使在被检件中激发的超声波较弱，从而不能接收到缺陷信号，无法进行探伤检测。研究学者提出通过提高激光的聚焦性、延长激光照射时间以及增加材料对光的吸收等方面来增加光声转换率。在聚焦性上可选用聚焦好的干涉仪实现，同时可通过在空间调制光束以增加激发效率。在光吸收方面可考虑在对表面要求不高时，可通过在表面涂抹液体涂层增加光的吸收率等方式。

（2）超声检测灵敏度问题。由于激光超声技术是依靠热激发超声，与常规超声相比超声信号稍弱，所以对超声检测灵敏度要求较高。目前光学干涉检测法与换能器相比可接收的超声波频带宽，更适合窄脉冲激光激发，对微小缺陷检测更加有利，所以被广泛研究中。

六、全自动超声检测技术（AUT）

全自动超声检测基于"分区扫查法"检测原理，这种方法是将焊缝沿垂直方向划分成若干个分区，利用复杂的波束参数设置，从焊缝两侧完成整个焊缝及热影响区的一次性检测。该技术能够满足压力容器及压力管道无损检测 ASME 相关标准的要求。

在自动焊焊接工艺成为人们首选的管道环焊缝焊接方法时，人们发现，那些传统手动超声检测在自动焊焊缝检测中的效率很低。主要问题就在于：自动焊焊缝的主要缺陷是未熔合，使用 45° 和 60° 横波很难检测小角度坡口熔合面上的缺陷。同时，通过大量试验验证了射线检测技术很难检测热焊区和根部区域坡口熔合面上的缺陷，其缺陷检出率低，容易对危害性缺陷漏检。因此，优化超声波波束角度变得尤为重要。自动焊焊缝的坡口熔合面首先会受到多个角度波束的照射，其中填充区角度很多几乎为直角（仅有 5°），需要采用串列的方法进行这种近乎垂直的坡口未熔合缺陷的检测。

在人们能够使用相控阵探头之前，为了确保对整个焊缝的一次性检测，需通过串列法使用多个探头以保证焊缝全厚度方向上的整体覆盖。直到 20 世纪 90 年代末后，随着相控阵探头的发展，人们才考虑使用串列法进行动态扫查，利用一对相控阵探头实现焊缝的全覆盖检测，可以在一次线性移动过程中同时实现焊缝的串列扫查和脉冲回波扫查。

1. 分区扫查基本原理

如图 7-53 所示，通常可将焊缝沿垂直方向划分成 2~3mm 高度的不同区域，同时可以选择合适的波束角度以实现焊缝坡口熔合面的最佳反射信号。

全自动超声波扫查器装有一对相控阵探头沿着轨道移动扫查，闸门区域内的信号波幅和渡越时间都会被记录。闸门长度的设置原则一般是焊缝坡口熔合面前 3mm，至焊缝中心线后 1mm 止。输出结果（包括时间、波幅和选定的波形）都会被数字化，并以带状图形式显示。检测人员会依据相应规范评估带状图结果，并决定焊缝是否合格。

全自动超声检测能够检测和识别的主要缺陷和几何结构如图 7-54 所示。

图 7-54 左侧按照编号标出了焊缝不同分区，这些区域并非始终与前面标出名字的焊道完全一致。例如，交叉未焊透（LCP）区域跨越根部和热焊区，而热焊区由两个区域覆盖。同样的，上部填充（第 2 填充）和盖帽都位于同一区域中。

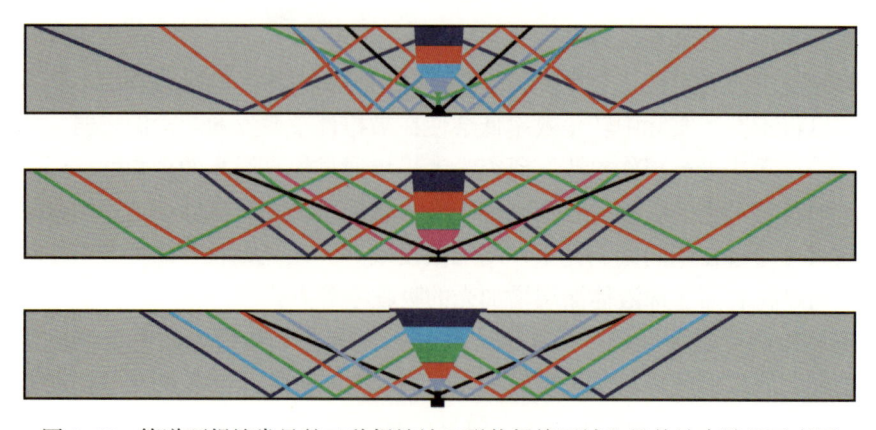

图7-53 管道环焊缝常见的三种焊缝坡口形状焊接区域和最佳波束路径示意图

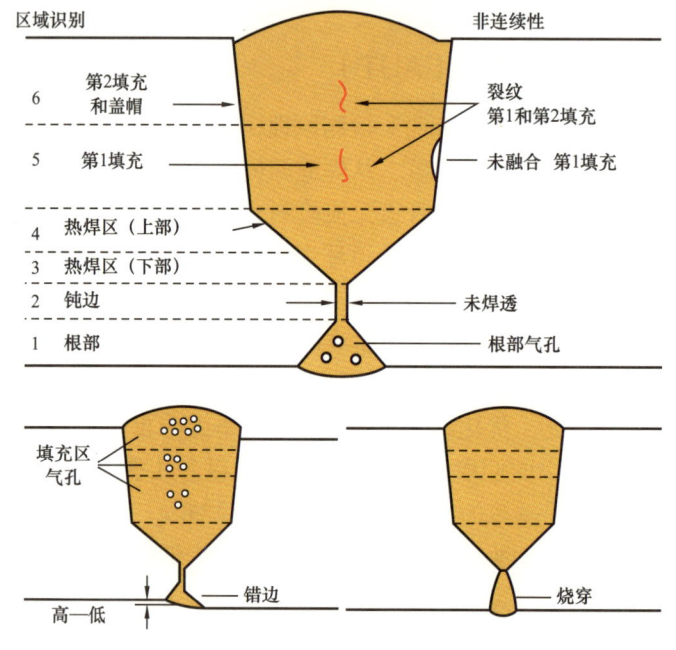

图7-54 自动焊常见缺陷和几何结构

由于AUT检测速度较快,能够跟上焊接速度,所以AUT具有自动焊接进程控制反馈功能。自动焊与手动焊接工艺相比,参量更容易得到控制,所以只有在使用自动焊时才有可能进行焊接参数反馈控制,AUT能够在此过程中发挥更大的作用。

将焊缝从壁厚垂直方向分成若干个超声分区,超声分区能够用于确定缺陷所处位置,为避免缺陷定位误差,分区高度不应过大。同时由于超声波束直径的影响,分区高度不应过小,否则会导致某一分区的波束对相邻分区造成影响。

2. 全自动超声波检测校准试块

对于不同管径、不同壁厚、不同的坡口形式必须有单独不同的校准试块。AUT技术与射线检测的发展时间大约相同,该方法的优势和局限性被人们所熟知。通过将目标设计加工成已知深度和角度,可以预算出该工艺的声束覆盖范围,这使得校准试块成为焊缝检测前AUT工艺的检验工具。从每个目标反射体处获得的信号能够帮助识别各分区的界定,由于系统的灵敏度会受到目标反射体位置、尺寸、表面质量和角度的影响,所以必须要求目标反射体具有严格的公差，进行校准试块检查是否根据规定公差加工是检测工艺的一部分。

试块设计时通常从根部开始，沿坡口依次向上设计，完成一侧后进行另一侧。人工反射体分布应该为：根部人工反射体、热焊区人工反射体、填充区人工反射体、盖面槽、体积通道人工反射体、中心通孔或槽，另外还可以加入一些附加人工反射体。

影响校准试块质量的一个重要因素是表面状态，一般检测规范中会有要求，要求管道表面应无影响超声耦合的飞溅或其他影响物。在部分检测项目中，管道表面存在少量"锈迹"，这种细粉尘影响不大，随着重锈迹聚积，锈可能会刮破探头，引起明显损害。这时，应指定人员清除锈迹、焊渣和油脂等。校准试块也可能发生这种现象，持续使用试块的部位发生该现象的可能性较小，但是，隔夜静置的试块能形成锈膜，这种浮锈比较易于清理。

在项目初期，校准试块表面与待检测管道的表面看起来相同。但是，随着项目开展，校准试块表面会形成新的特征：与焊缝轴线平行的刻痕。与目标孔表面状态一样，这种变化非常重要，但是通常对该状态的关注较少。如果防磨钉高度始终维持0.1mm间隙，校准试块经上百次扫查之后，会在试块表面形成相同深度的槽口。这一情况的改变，会导致实际焊缝扫查比校准试块扫查的灵敏度低，因此，应定期对校准试块进行检查维护。

用于管道环焊缝全自动超声检测的校准试块是一种非常复杂的部件。它是整套系统校准和评判焊缝状态的基础。一块设计不合格的试块或试块上某个目标反射体加工精度不高都会导致缺陷的漏检或误判。

3. 全自动超声检测实施

（1）参考线和检测标识设定。

在焊接之前，应在管端表面标注一条平行于管端的参考线，参考线与坡口中心线的距离不宜小于40mm，参考线位置误差应为±0.5mm。

每道被检测焊接接头应有检测标识，在平焊位置应有起始标记和扫查方向标记。起始标记宜用"0"表示，扫查方向标记宜用箭头表示，并宜沿介质流动方向顺时针绘制，所有标记应对扫查结果无影响。

（2）轨道安装。

① 爱护轨道，不应用铁器件敲击轨道边缘；

② 安装轨道必须由分别位于管子两侧的两人同时进行；

③ 安装轨道时，调整轨道位置必须用铜锤或胶锤敲击轨道边缘；

④ 轨道边缘距焊缝中心线距离的位置误差应为±0.5mm；

⑤ 轨道锁紧处，根据现场情况可放在顺时针方向3点或9点位置左右；

⑥ 轨道安装完，必须由1人进行专职检查，看轨道边缘距焊缝中心线距离的位置误差是否满足±0.5mm。

（3）焊道表面处理。

探头移动区的宽度应按检测设备、坡口型式及被检焊接接头的厚度等确定，探头移动区的范围宜为焊接接头两侧各不小于150mm区域。探头移动区内的管子，其制管焊接接头内外表面应用机械方法打磨至与母材齐平，打磨后余高应为0~0.5mm，且应与母材圆滑过渡。探头移动区内不应有防腐涂层、飞溅、锈蚀、油垢及其他外部杂质。当被检测管道表面与对比试块表面粗糙度差别较大时应考虑耦合补偿。

（4）系统调试与焊缝检测。

根据焊接工艺及现场检测坡口情况进行参数设置，各个分区的参数设定完毕，在试块上的静态调试完成后在试块进行总体扫查调试，目的是为了验证分区设置和调试的结果是否满足要求。动态调试需要得到合格的校准图，系统在试块上动态调试完成后，应使用与试块相同的扫查速度对焊缝进行总体扫查，要求焊缝检测时覆盖长度不小于100mm。

4. 全自动超声检测常见问题分析

（1）根据被检测管径确定当前扫查器曲率调节是否合适，扫查器相应部位对应有不同管径的刻线，用于曲率调节。

（2）检查探头架导轨有无因生锈导致滑动不畅，检查当前导轨弹簧压紧是否合适，否则调整探头架与扫爬器之间的安装螺孔位置，根据需要选择合适位置。

（3）扫查试块时检测试块表面，若表面生锈严重需除锈；扫查环焊缝时确保扫查部位没有飞溅，砂轮机打磨达到检测要求条件；扫查环焊缝时需要安装导轨，导轨接头处位于管道中上部位便于操作，导轨一周保持与管道表面接触紧密，橡皮锤锤击辅助调整；导轨边沿距被测焊缝坡口中心线位置与扫查试块时距中心距离保持一致。

（4）确认探头与楔块之间黄油没有干涸，可通过校准试块来判断，同一块试块可根据经验判断当前增益与以前校准所用增益差别，即可判断黄油是否干涸；温度骤降，黄油易发生干涸，信号幅度急剧减小，需重新涂抹黄油。

（5）确认楔块防磨钉高度适合，太高影响信号幅值，太低容易磨损楔块；调整相控阵防磨钉需要保持调整后的探头平稳与被测表面接触。

（6）确认两侧楔块距离焊缝中心线距离，确保焊缝盖面区域不影响检测，即探头楔块与焊缝中心保持合适距离，不能覆盖到盖面，否则易发生数据丢失；为使检测计算方便，两侧探头楔块前沿距离焊缝中心线距离保持一致。

（7）扫爬器卡紧把手需要根据不同轨道调节，使卡紧力保持适中，不至于太紧，也不能过松；在检测环焊缝时候，需要保证在经过接头时扫爬器不至于从轨道脱落，如有必要可在检测环焊缝经过接头位置时候，用手拉住把手防止扫爬器从轨道脱落；如需推动扫爬器，打开电机主动轮侧把手，推动扫爬器。

（8）检测过程中，水泵水流量调节时需要注意检测试块与环焊缝检测时水流量不一致，保证在被检管道底部（6点方向），有足够水压保证耦合良好。

（9）扫查环焊缝时，注意电缆线的缠绕情况，防止检测过程中电缆出现打结情况。

第三节 渗透检测（PT）与磁粉检测（MT）

一、渗透检测

1. 渗透检测的原理

渗透检测的原理是把渗透力很强的渗透液施加到已清洗干净的试件表面，经过一定的渗透时间，待渗透液基于毛细管作用的机理渗入试件表面上的开口缺陷后，将试件表面上多余的渗透液清除干净，然后在试件表面上施加显像剂，显像剂能将已渗入缺陷的渗透液吸附到试件表面，反渗出来的渗透液将在试件表面开口缺陷的位置形成可供观察的迹痕，反映出缺陷的形状和大小。

根据采用的渗透液和显示方式的不同，渗透检测主要分为着色渗透检测和荧光渗透检测。着色渗透在白光下观察，而荧光渗透需要在紫外光辐照下观察，荧光渗透检测具有比着色渗透检测更高的灵敏度。渗透检测的基本过程如图 7-55 所示。

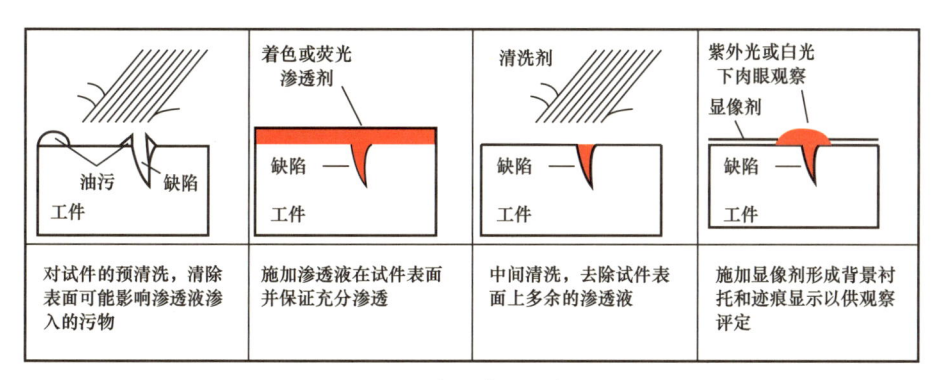

图 7-55　渗透检测基本流程

2. 渗透检测程序

1）着色渗透检测的基本程序

（1）试件表面的预清洗：试件表面可经过酸洗、碱洗、溶剂清洗等使试件表面清洁，防止表面污物遮蔽缺陷和形成不均匀的背景衬托造成判别困难，并且应尽可能地去除表面开口缺陷中的填充物，清洗后还需进行干燥，以保证渗透效果。预清洗工序中特别要注意采用的清洗介质不能影响所应用的渗透液的性能。

（2）渗透：着色渗透检测采用的着色渗透液一般是加入了红色染料的有机溶剂，并含有增强渗透能力的界面活性剂以及其他为保障渗透液性能的添加剂。也有一种着色渗透液属于反应型渗透液，它本身是无色透明的，但是遇到显像剂后将会发生化学反应而在白光下呈现红色。渗透液的施加通常可以采用特殊包装的喷罐进行喷涂，或者刷涂，适应于现场检测或者大型共建、构件的局部检测，对于生产线上或者批量小零件，则可以采用浸渍方式，使被检测的试件均匀敷设渗透液并在润湿状态下保持一段时间以保证充分渗透。

（3）清洗：渗透后清洗或称作中间清洗，根据渗透液种类的不同，有不同的清洗方法。对于溶剂型渗透液采用专门的溶剂型清洗液，对水洗型渗透液可直接采用清水。清洗工序的目的是通过擦拭或冲洗方式将试件表面上多余的渗透液清除干净，但应注意防止清洗时间过长或者清洗用的水压过大以致造成过清洗，但也不能欠清洗而导致试件表面残留较多的渗透液以至在施加显像剂时形成杂乱的背景干扰对检测迹痕的辨别。

（4）干燥：清洗后的试件还需经过一定时间的自然干燥或人工干燥。

（5）显像：着色渗透检测的显像剂一般采用白色粉末加入到有机溶剂中并含有一定的胶质，组成均匀的悬浮液。

显像剂的施加方法同样可以采取喷罐喷涂、刷涂，或者快速浸渍后立即提起垂挂滴干等方式，要点是能迅速地在试件表面敷设一层薄而均匀的显像剂覆盖在试件的被检测表面。施加显像剂后，视具体显像剂产品的要求，需要有一个显像时间能让缺陷中的渗透液反渗出来形成迹痕，这个时间一般很短。

（6）观察评定：在足够强的白光或自然光下用肉眼观察被检查的试件表面，并对显现的迹痕进行判断与评定。由于是依靠人眼对颜色对比进行辨别，因此除了对于观察用的光强有一定要求外，也对检测人员眼睛的视力和辨色能力有一定的要求。

（7）后清洗：经过着色渗透检测后的试件必须及时进行清洗，以防止渗透液、显像剂对试件产生腐蚀。

2）荧光渗透检测的基本程序

（1）自乳化型荧光渗透液的检测程序：

① 试件表面的预清洗与干燥：与着色渗透检测相同。

② 渗透：渗透液的施加方法与着色渗透检测相同。

③ 清洗：渗透后清洗或称作中间清洗，可直接用清水以受限制的水压和水温冲洗。

④ 干燥：与着色渗透检测相同。

⑤ 显像：荧光渗透检测最常用的是以干燥蓬松微细的氧化镁粉作为显像剂，其自身在紫外线辐照下无荧光产生，当把其均匀撒布在试件表面后，在有缺陷处将会把渗入缺陷内的渗透液吸附出来，渗透液在紫外线辐照下激发出荧光，从而显示出缺陷迹痕。

⑥ 观察评定：在暗室中用足够强的紫外光辐照被检试件，对显示的缺陷迹痕进行判断与评定。紫外光对人体皮肤，特别是眼睛有伤害作用，应注意防护。

⑦ 后清洗：经过荧光渗透检测后的试件也同样必须及时进行清洗，以防止渗透液、显像剂对试件产生腐蚀。

（2）后乳化型荧光渗透液的检测程序：

后乳化型荧光渗透检测过程与自乳化型类似，只是后乳化型荧光渗透液中不含乳化剂，需要在渗透后单独进行乳化处理，以改善水洗性，然后才能直接用清水清洗。后乳化型荧光渗透检测具有较高的检测灵敏度，渗透时间较短，缺陷重复性好，但是不适合用于检测表面较粗糙的试件。

3. 渗透检测的特点与应用

渗透检测适用于具有非吸收的光洁表面的金属、非金属，特别是无法采用磁性检测的材料，例如铝合金、镁合金、钛合金、铜合金、奥氏体钢等制品，可检测锻件、铸件、焊缝、陶瓷、玻璃、塑料以及机械零件等表面开口型缺陷。

渗透检测的优点是灵敏度较高，能检测开口宽度 $0.5\mu m$ 的裂缝，检测成本低，使用设备与材料简单，操作轻便简易，显示结果直观，其结果也容易判断和解释，检测效率较高。缺点是受试件表面状态影响很大并只能适用于检查表面开口型缺陷。

在渗透检测中，为了保证检测质量，相关的辅助设备器材包括渗透检测灵敏度试块、渗透液性能校验试块、荧光强度计、白光照度计、紫外线强度计等。

二、磁粉检测

1. 磁粉检测原理

铁磁性材料在磁场中被磁化时，材料表面和近表面的缺陷或组织状态变化会使局部导磁率发生变化，亦即磁阻增大，从而使磁路中的磁通相应发生畸变：一部分磁通直接穿越缺陷，一部分磁通在材料内部绕过缺陷，还有一部分磁通会离开材料表面，通过空气绕过缺陷再重新进入材料，因此在材料表面形成了漏磁场，如图7-56所示。一般来说，表面裂纹越深，漏磁通越出材料表面的幅度越高，它们之间基本上呈线性关系。

在漏磁场处，由于磁力线出入材料表面而在缺陷两侧形成两极（S、N极），若在此表面上喷洒细小的铁磁性粉末时，表面漏磁场处能吸附磁粉形成磁痕，显示出缺陷形状，此即磁粉检测的基本原理。

应当明确的是：由于有趋肤效应的存在，铁磁性材料中的磁通基本上集中在材料表面和近表面，因此磁粉检测技术只适用于检查铁磁性材料的表面和近表面缺陷。就一般情况而言，用交变磁场磁化的磁通有效检测深度为1～2mm，而直流磁化时则约为3～4mm，有资料介绍采用脉冲磁场磁化的最深不会超过5mm。

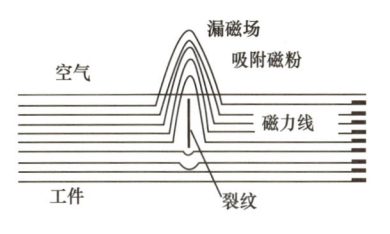

图7-56 漏磁场的形成

2. 磁粉检测工艺

磁粉检测的基本工艺程序如下：

（1）被检工件的表面制备：当被检工件表面粗糙或不清洁时，容易造成伪显示，干扰检测的正常进行，因此对进行磁粉检测的工件要求预先进行清洗。

（2）被检工件的磁化：被检工件的磁化方式有许多种，按磁场产生方式分类有：

① 直接通电法：使电流直接通过被检工件以形成磁场，所形成磁场的方向按电流方向以右手定则确定。直接通电法包括对工件整体通电（夹头法）和局部通电（支杆法），如图7-57所示。

② 线圈法：将被检工件放入通电线圈中，由线圈产生的磁场来磁化被检工件，工件内的磁场方向与通电线圈的磁场方向相反。线圈法包括固定线圈法和缠绕电缆法，此外，还有直电缆法，利用直电缆产生的磁场磁化紧邻的工件，如图7-57所示。

③ 磁轭法：利用电磁铁或永久磁铁的磁场对被检工件进行整体或局部磁化，如图7-58所示。

④ 感应磁化法：利用磁感应原理，在被检工件上产生感应磁场，或者产生感应电流后再由感应电流产生磁场。感应磁化法包括穿棒法和变压器法，如图7-58所示。

⑤ 复合磁化法：在磁粉检测中，只有缺陷的取向与磁力线方向垂直或者存在较大的夹角时，灵敏度才最高，上面所述的单一的磁化方法只适合检查某个方向的缺陷，为了检查出可能存在的各种方向的缺陷，因此往往要采取多次不同的磁化方式，使检测效率降低。而复合磁化法则能大大提高检测效率，复合磁化法是同时采用两种磁化方法对工件进行磁化，产生旋转或摆动的复合磁场，使工件待检测区域不同方向的缺陷都能被某一瞬间的垂直磁场磁化，从而高灵敏度地检测到，如图7-59所示。

根据用于磁化的电流类型，可以分类为：直流磁化、交流磁化、半波整流磁化。

根据磁粉检测的方法不同可分类为：连续法、剩磁法。

（3）施加磁性介质：工件被磁化后应施加磁性介质以检测漏磁场是否存在，根据被施加的磁性介质的状态，可以分类为：干粉法、湿法。湿法又分为水磁悬液和油磁悬液。一般来说湿法灵敏度高于干法，而在湿法检测中，水磁悬液相比油磁悬液有较高的灵敏度，但是容易导致工件发生锈蚀。

图 7-57 磁化方式示意图

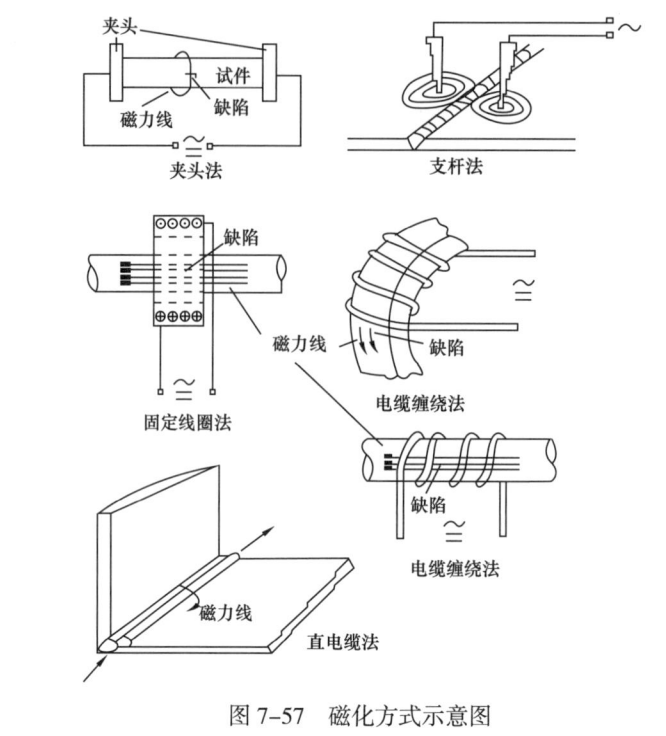

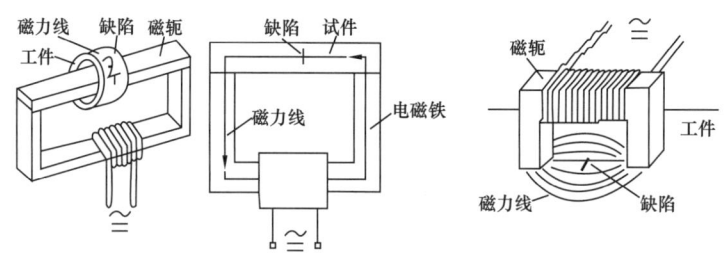

图 7-58 磁轭法磁化示意图

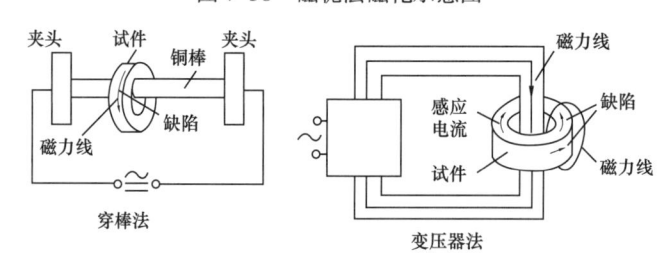

图 7-59 感应磁化法示意图

磁粉的功用是作为显示介质,其种类包括:黑磁粉、红磁粉、荧光磁粉、白磁粉。

(4)观察评定:不同类型的缺陷会显示出不同形态的磁痕,结合对被检工件的材料特性、加工工艺、使用情况等方面的了解,是比较容易根据磁痕的显示判断出缺陷的性质的,但是对于缺陷深度的评定则还是比较困难的。

(5)退磁:如果在经过磁粉检测后还要进行温度超过居里点的热处理或者热加工,这样的工件可以不必进行退磁处理。退磁的方法主要是采用交流线圈通电的远离法,或者不断变换线圈中直流电正负方向并逐步减弱电流大小至 0 的退磁法。

3.磁粉检测的特点与应用

磁粉检测的特点如下:

(1)适宜铁磁材料探伤,不能用于非铁磁性材料检测。

(2)可以检出表面和近表面的缺陷,不能用于检查内部缺陷,可检出缺陷埋藏深度与工件状况、缺陷状况以及工艺条件有关,对光洁表面一般可检出深度为 1~2mm 的近表面缺陷,采用强直流磁场可检出 3~5mm 近表面缺陷,但对焊缝检测来说,因为表面粗糙不平,背景噪声高,弱信号难以识别,近表面缺陷漏检的概率高。

(3)检测灵敏度很高,可以发现极小的裂纹以及其他缺陷,相关研究表明,磁粉检测可检出的最小裂纹尺寸约为:宽度 1μm,深度 101μm,长度 1mm,但实际现场应用时可检出的裂纹尺寸达不到这一水平。

(4)检测成本低,速度快。

(5)工件的形状和尺寸有时对检测有影响,因其难以磁化而无法检测。

第四节 金属磁记忆(MMM)检测技术

金属磁记忆检测是近年发展起来的一项新型无损检测技术。该技术借助于在地球磁场的作用下,金属内部各种微观缺陷和局部应力集中对地磁作用的特殊反应机制,能够对铁磁性金属构件进行早期诊断,在材料早期损伤的 NDT 中具有很大的发展潜力。但是到目前为止,虽然金属磁记忆效应由材料内部应力集中引起这一推断得到了学术界的认可,但是由于材料内部应力集中程度与磁导率的作用关系非常复杂,金属磁记忆信号不仅受到材料内部应力集中程度的影响,而且会受到材料所处环境和经历的加工过程的影响,这往往使反映应力集中特征的磁记忆信号淹没于背景信号之中,仅凭金属磁记忆检测仪检测的表观信号特征难以判断裂纹的存在及裂纹的位置和几何尺寸,因此有必要对焊接裂纹的金属磁记忆信号特征以及焊接裂纹的金属磁记忆定量化识别方法进行研究。

20 世纪 80 年代中期,苏联按照科学家 Doubov 的建议,对一系列电厂锅炉管子在使用中出现的磁化现象组织了工业试验。在俄罗斯,金属磁记忆检测技术经过几十年来的研究和开发,已发展成为较成熟的无损检测方法,并开发出了专门的检测仪器(如 TSC-1M-4),建立了相应的应力和应变集中区的判定准则和针对不同检测对象的 10 几个技术标准。在俄罗斯、乌克兰、保加利亚、波兰等国家已制定了对该方法和仪器的鉴定的国家标准,印度和澳大利亚等国正在推广应用该技术,用于锅炉、管道的可靠性诊断,以及油气罐、铁路桥梁等强度和寿命评估。国际焊接学会批准执行的《欧洲规划 ENRESS—应力和变形检测》中,已明确规定金属磁记忆法为切合实用的设备和结构应力变形状态检测方法。

1999 年在第七届全国无损检测学术年会暨国际学术研讨会上,Donbov 教授介绍了金属磁记忆检测的基本原理和它在管道、压力容器上的应用。同年,华北电力科学研究院购进第一台 TSC—M 应力检测仪,并在电站锅炉管道的检测上进行应用。此后,金属磁记忆检测技术在我国无损检测学界引起了巨大反响,天津大学与中国石油天然气管道科学研究院合作对于焊接裂纹的金属磁记忆信号特征和对于焊接裂纹的定量识别等方面进行了研究，北京有色金属研究总院与俄罗斯动力诊断公司在 2001 年组建了金属磁记忆方法培训中心；大庆石油学院开展了对带有预制焊接裂纹的球型容器、爆破试验后破裂的管件和带有焊接缺陷的管件进行了磁记忆检测实验研究，利用已知评价标准，准确找出了构件中的缺陷，充分验证了金属磁记忆方法的有效性；中国科学院上海精密机械研究所等单位开展的利用地磁场检测钢球表面裂纹的可行性研究，表明钢球被地磁场磁化后，从位于地磁场中的磁阻传感器采样得到的信号就能够分辨出钢球表面缺陷，为磁记忆技术在轴承检测中的应用提供了可行性方案。

一、金属磁记忆检测技术原理

由物理学可知，任何物质都具有磁性，磁性的根源在于电子的自旋磁矩、轨道磁矩和核磁矩，因此物质的磁性依赖于原子结构和原子间的相互作用，而后者又依赖于物质的结构和微结构。

研究表明，强磁性物质内部存在自发磁化。自发磁化是分区域进行的，在这个区域中，原子磁矩按同一方向排列，形成磁畴。磁畴内部的磁场强度等于其磁饱和值，磁化矢量的方向取决于磁结晶轴的方向。当外加机械应力较大时，会使材料中的晶格组织发生不可逆改变，产生位错等缺陷，在磁畴区发生具有磁致伸缩性质的磁畴组织定向的和不可逆的重新取向，出现附加磁极，产生磁荷集聚，形成磁场，使得材料对外显示磁性。这种磁状态的不可逆变化不仅在载荷消除以后还会保留，而且与最大作用应力（应力集中）有关，它可以记忆材料所经历的最大应力集中状态，故称为磁记忆效应。磁记忆效应的产生实际上是磁弹性和磁机械效应共同作用的结果。

二、金属磁记忆检测设备

1. 检测仪器

金属磁记忆检测设备的研制是与磁记忆技术本身的发展同步进行的，其检测实质就是记录在地磁场条件下，铁磁材料内部应力集中造成的漏磁场。

在提出金属磁记忆理论之后，最先由俄罗斯动力诊断公司研制成功 TSCM-2FM 型、TSC-1M-4 型等型号的金属磁记忆检测仪（图 7-60），并开发了相关的评价软件。

虽然各种金属磁记忆检测仪的型号和规格不同，但是他们一般都是由主机、传感器和其他辅助设备组成的。图 7-61 给出了典型金属磁记忆检测仪的原理框图，它包括：磁敏传感器、温度传感器、测速装置组成的探头，滤波器、放大器及 A/D 转换器等组成的信号处理电路，显示及键控装置，CPU 系统等。其中传感器是磁记忆检测仪器中相当重要的部件，传感器性能的好坏对检测结果的影响非常大。

2. 磁记忆信号采样方法

金属磁记忆检测仪在检测时，大都使用了空域等距采样的信号采集方法（图 7-62）。当检测小车运动时，距离传感器发出脉冲，经整形倍频后送主机作为控制主机采样的触发脉冲。小车运动速度快，则距离传感器发出的脉冲多，单位时间内主机的采样点数也多；反之，则采样点数减少。这样，尽管小车运动速度不均匀，但是采样点分布是均匀的，实现了空域等距采样，消除了由于小车运动速度不均匀而造成的采样点分布不均匀。

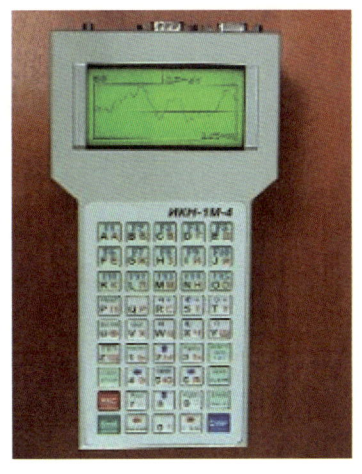

(a) 主机　　　　　　　　　　　　　　(b) 传感器

图 7-60　TSC-1M-4 型金属磁记忆检测仪

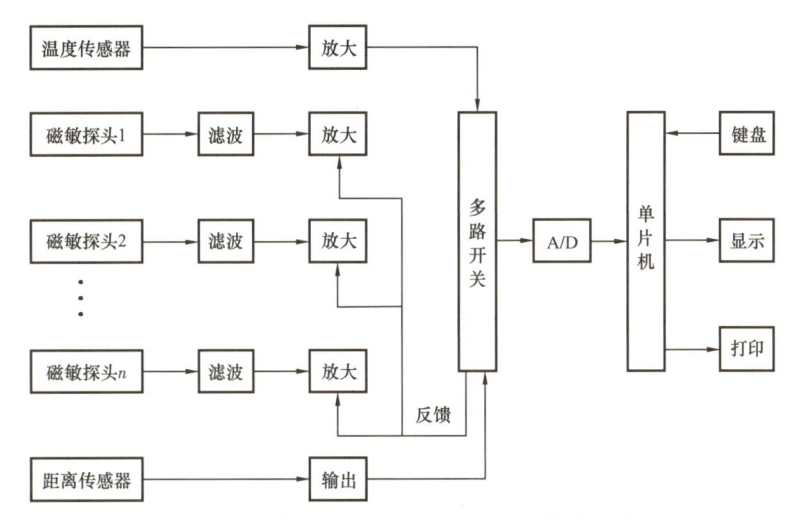

图 7-61　典型的金属磁记忆检测仪器原理图

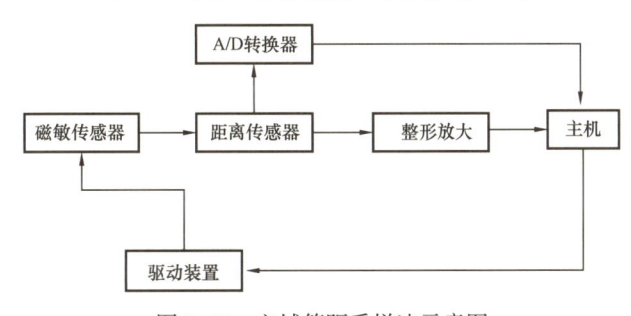

图 7-62　空域等距采样法示意图

3. 金属磁记忆检测技术特点

金属磁记忆检测技术与传统的其他无损检测方法相比具有一系列重要优点，主要表现在以下几个方面：

（1）既可检测出宏观缺陷，又可检测出微观缺陷，并能进行危险区域的早期诊断；

（2）不需要对被测结构表面进行特殊的预清理，可以减少工序，降低劳动强度，缩短检测工期；

（3）利用被测结构在地磁场中的自磁化现象进行检测，不需要专门的磁化装置，可以降低产品的质量成本，提高产品的竞争力；

（4）测试时探头与被检工件不接触，而且检测灵敏度高于其他磁性检测方法，特别适合现场使用；

（5）检测速度快，适用于大面积的普查，可以快速发现可能产生裂纹的区域；

（6）检测设备轻巧，操作简便，测试结果重复性和可靠性好，适于在线检测，易于微机联接，容易实现自动检测。

三、应用案例

2005年8月，中国石油天然气管道科学研究院对上海石油天然气有限公司石油储运分公司岱山油库1#、2#在役石油储罐进行了金属磁记忆检测，检测包括角焊缝、环焊缝、立焊缝、加强圈焊缝等油罐的特征部位（图7-63）。通过磁记忆检测，了解原油储罐可能存在的应力集中区域、程度以及是否存在微观缺陷，在此基础上对原油储罐的安全性进行了综合分析和评价，并提出检测评价报告，得到了用户认可。

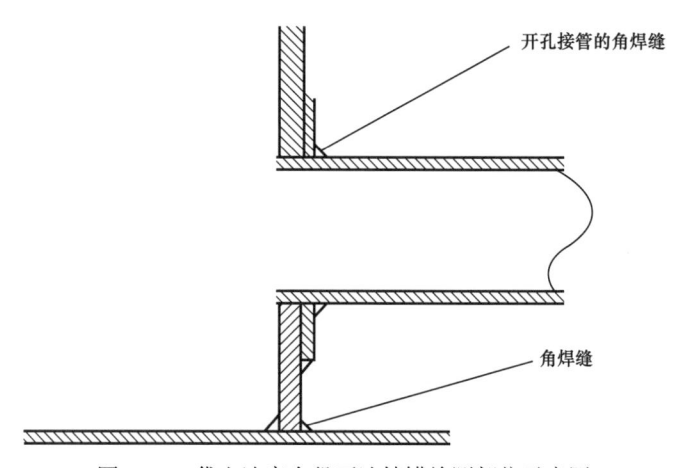

图7-63 岱山油库在役石油储罐检测部位示意图

1. 测试方案

（1）对在役油罐易产生应力集中区域，射线、超声等无损检测手段难以实施检测的部位（原油主管线开孔接管的角焊缝、第一圈板与罐底板的角焊缝）进行检测，以确认仪器和软件的检测能力。

（2）对原油主管线与弯头的对接环焊缝进行检测，该环焊缝与原油主管线的螺焊缝和弯头的两条纵直焊缝有3个交汇点。通过检测确定仪器和软件检测结果的重现性及定位精度。

2. 检测仪器相关参数

金属磁记忆检测仪相关参数见表7-10。

3. 检测结果分析

（1）2#储罐原油主管线开孔接管的角焊缝（逆时针）如图7-64所示，磁记忆检测结果见表7-11。

表 7-10 检测仪器相关参数设置

项目	参数	项目	参数
扫描步长，mm	1	型号	TSC-1M-4
漏磁场强度法向分量 Hp 值量程，A/m	±2000	相邻通道间距，mm	10～25
一次扫描最大长度（步长取 1mm 时），m	8（其文件长度为 80kB）	测量漏磁场法向分量 Hp 的通道数	4
材质及规格	大罐	16MnR	最大扫描速度（步长取 1mm 时），mm/s	0.25
	弯头	16MnR	板厚，mm	大罐	18
坡口形式	V 型		弯头	10

图 7-64 原油主管线开孔接管的角焊缝

表 7-11 2# 储罐原油主管线开孔接管的角焊缝磁记忆检测结果

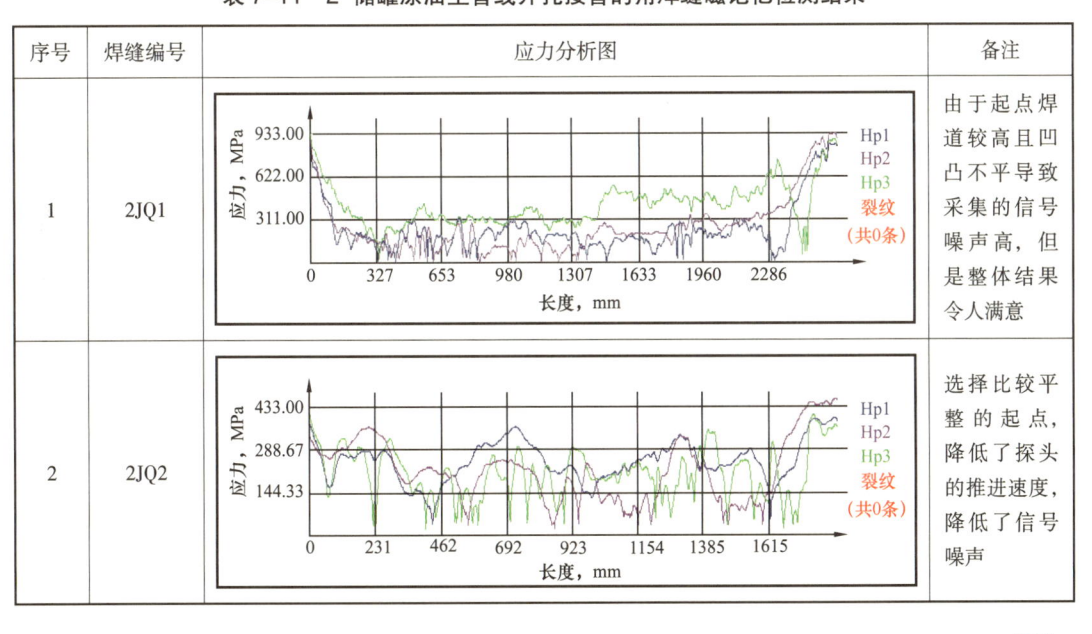

序号	焊缝编号	应力分析图	备注
1	2JQ1		由于起点焊道较高且凹凸不平导致采集的信号噪声高，但是整体结果令人满意
2	2JQ2		选择比较平整的起点，降低了探头的推进速度，降低了信号噪声

（2）2#储罐第一圈板与罐底板的角焊缝（逆时针）（图7-65）探伤长度为随即抽检的2000mm，记忆检测结果见表7-12。

图7-65 2#储罐第一圈板与罐底板的角焊缝

表7-12 2#储罐第一圈板与罐底板的角焊缝磁记忆检测结果

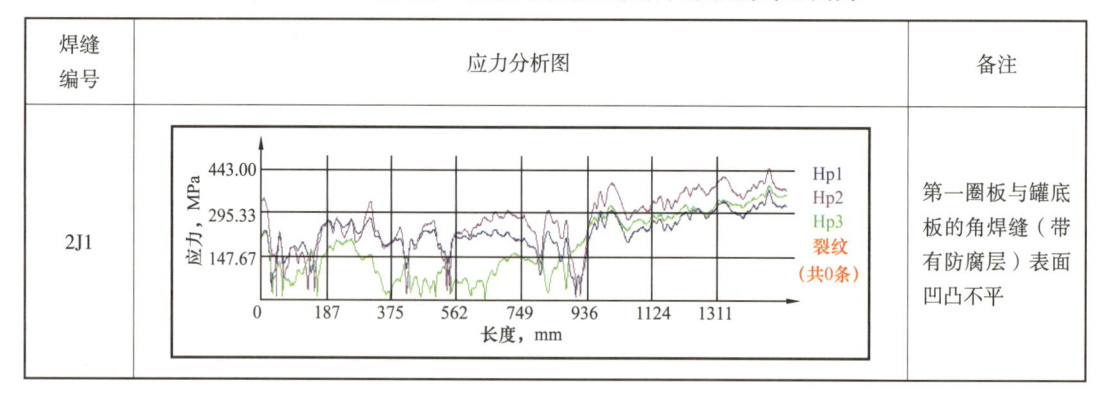

焊缝编号	应力分析图	备注
2J1	Hp1、Hp2、Hp3 应力曲线图（应力范围147.67~443.00MPa，长度0~1311mm）裂纹（共0条）	第一圈板与罐底板的角焊缝（带有防腐层）表面凹凸不平

（3）输油管与弯头对接环焊缝如图7-66所示，磁记忆检测结果见表7-13。

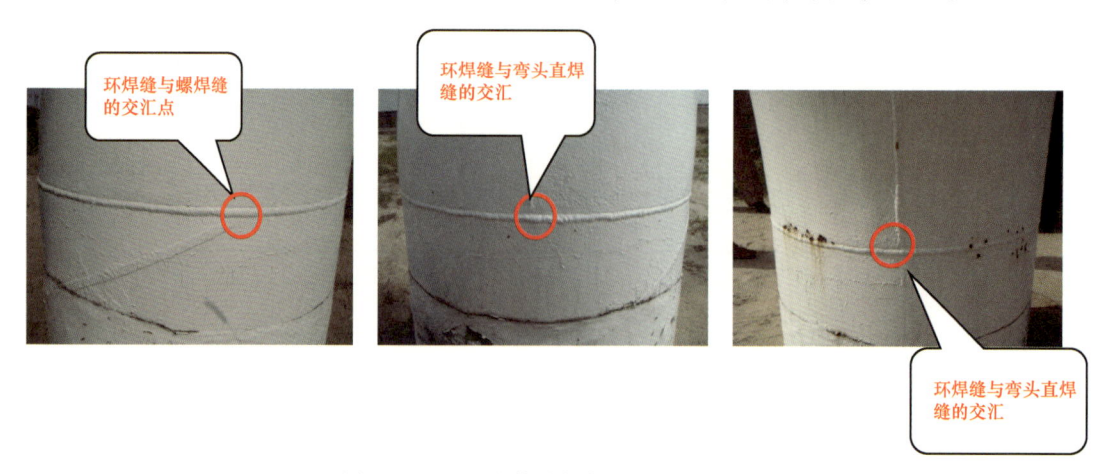

图7-66 原油主管线与弯头的对接环焊缝

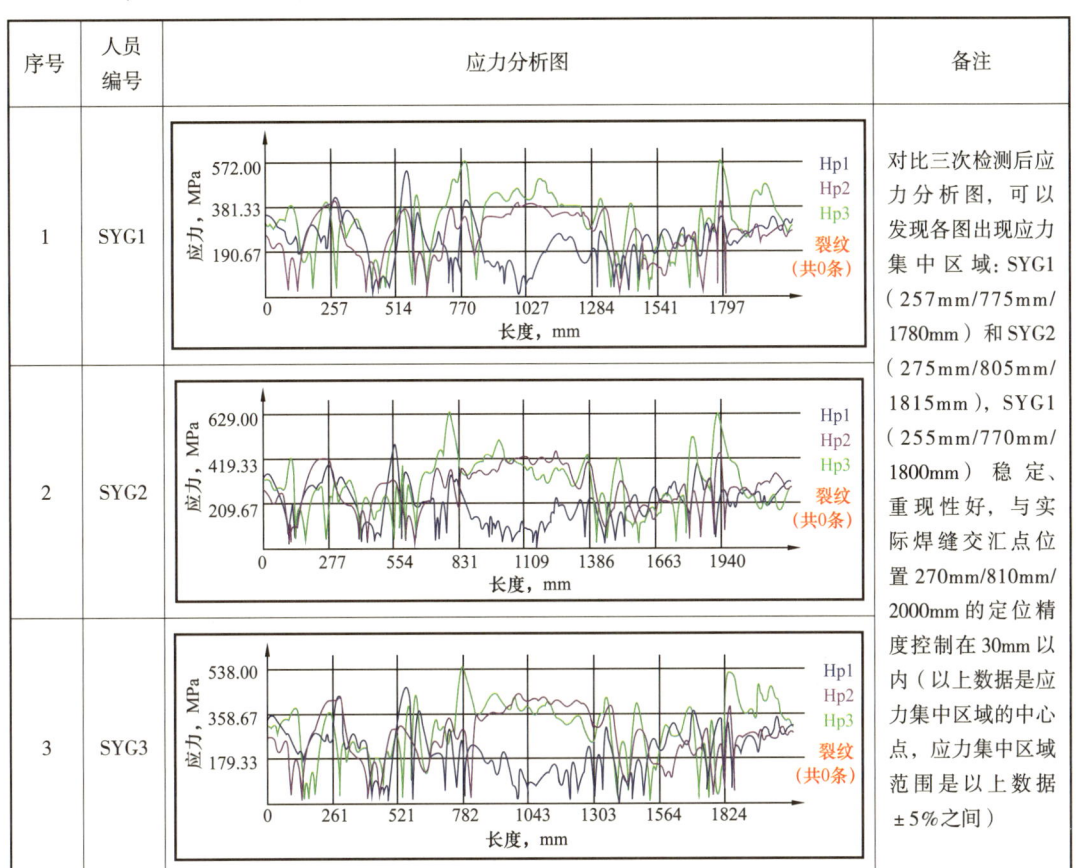

表 7-13 磁记忆检测结果（在同一环焊缝处由不同操作人员顺时针反复检测三遍）

序号	人员编号	应力分析图	备注
1	SYG1	（应力分析图，纵轴应力MPa：190.67/381.33/572.00，横轴长度mm：0-1797，Hp1/Hp2/Hp3，裂纹（共0条））	对比三次检测后应力分析图，可以发现各图出现应力集中区域：SYG1（257mm/775mm/1780mm）和SYG2（275mm/805mm/1815mm），SYG1（255mm/770mm/1800mm）稳定、重现性好，与实际焊缝交汇点位置270mm/810mm/2000mm的定位精度控制在30mm以内（以上数据是应力集中区域的中心点，应力集中区域范围是以上数据±5%之间）
2	SYG2	（应力分析图，纵轴应力MPa：209.67/419.33/629.00，横轴长度mm：0-1940，Hp1/Hp2/Hp3，裂纹（共0条））	
3	SYG3	（应力分析图，纵轴应力MPa：179.33/358.67/538.00，横轴长度mm：0-1824，Hp1/Hp2/Hp3，裂纹（共0条））	

第八章 天然气管道站场承压设备技术

随着中国管道总里程的延伸，中国管道建设和站场装备相关技术得到了长足的发展，逐渐缩短了与世界先进技术的差距，特别是高钢级管线钢相关技术已与世界先进水平比肩，而 X80 钢级管件更是处于国际领先水平，这些都为"十三五"的技术进步创造了有利条件。但我们也要看到，在很多方面我们与世界先进水平还存在很大的差距，如：干线压缩机制造国内才刚刚起步，高压大口径阀门还主要依赖进口，大口径快开盲板和绝缘接头刚刚研制成功，天然气处理设备的核心部件设计理论还亟待完善等。总体来看，中国长输管道站场装备的技术还落后于美国和欧洲发达国家，很多技术创新等待我们在"十三五"去攻克。

站场装备主要是指长输油气管道除管子以外的配套设备和部件。主要包括站内设备（输油泵/压缩机组、加热炉、锅炉、过滤器/过滤分离器/旋风分离器、收发球筒、防空火炬、站内罐类、空冷器等）、站内管件（三通、弯头、异径接头、管帽、汇气管、管座等）、线路管件（三通、弯头、弯管、异径接头、绝缘接头等）、阀门等。

第一节 天然气过滤分离设备

天然气过滤分离设备包括旋风分离器和过滤分离器，旋风分离器是利用离心力对天然气中的固液相杂质进行中度净化，过滤分离器是通过过滤聚结原理除掉天然气中携带的固体颗粒和液体微粒（图 8-1），使天然气达到高度净化，从而保护下游精密仪器、仪表和压缩机的正常运行。

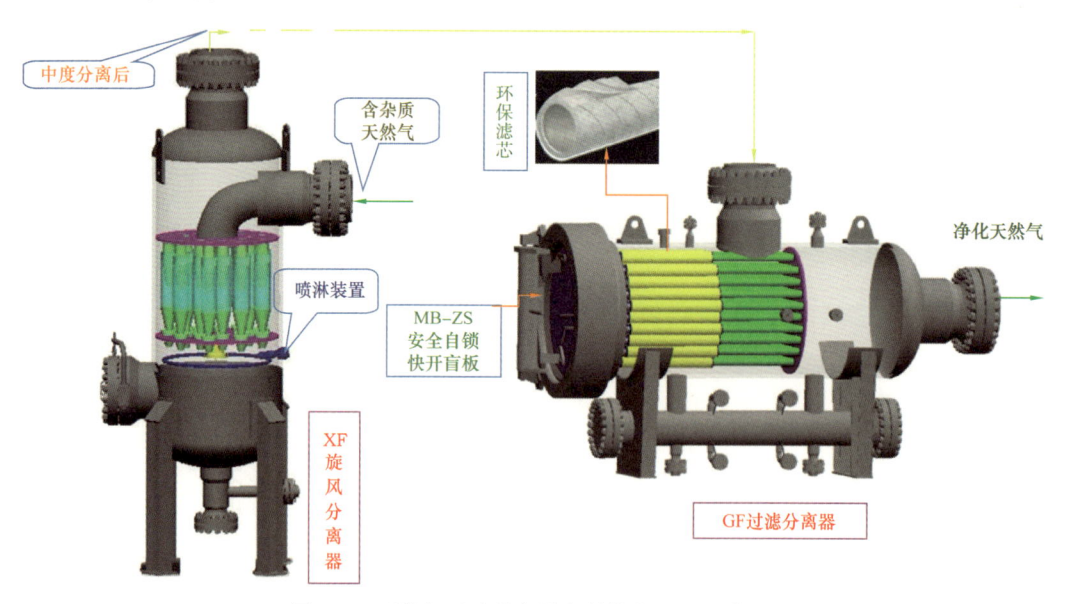

图 8-1 天然气过滤分离设备结构与原理示意图

"十一五"以来，为适应国内天然气管道建设向高压、大输量方向的快速发展，中国石油通过产学研联合的模式，在过滤分离设备的结构创新、优化设计方法、性能计算模型、性能可靠性和加工制造能力等方面取得了重要的进展，完全替代了进口产品，在国内天然气管道建设中发挥了重要作用，并出口到哈萨克斯坦、乌兹别克斯坦、伊拉克、缅甸、坦桑尼亚等国家。

一、结构创新设计

（1）创新设计出了双切向入口双锥体（图8-2）、轴流式双锥体（图8-3）、双入口蜗壳式（图8-4）等多种结构形式的旋风分离元件，公称直径包括DN50mm、DN100mm和DN150mm等多种规格适用于不同气量和不同含液量的旋风分离元件，可以通过优化组合形成DN400mm～DN1800mm的天然气旋风分离器，研制的旋风分离器具有压降低、气液气固分离效率高、能除尽10μm以上的固体颗粒和4μm以上的液滴。

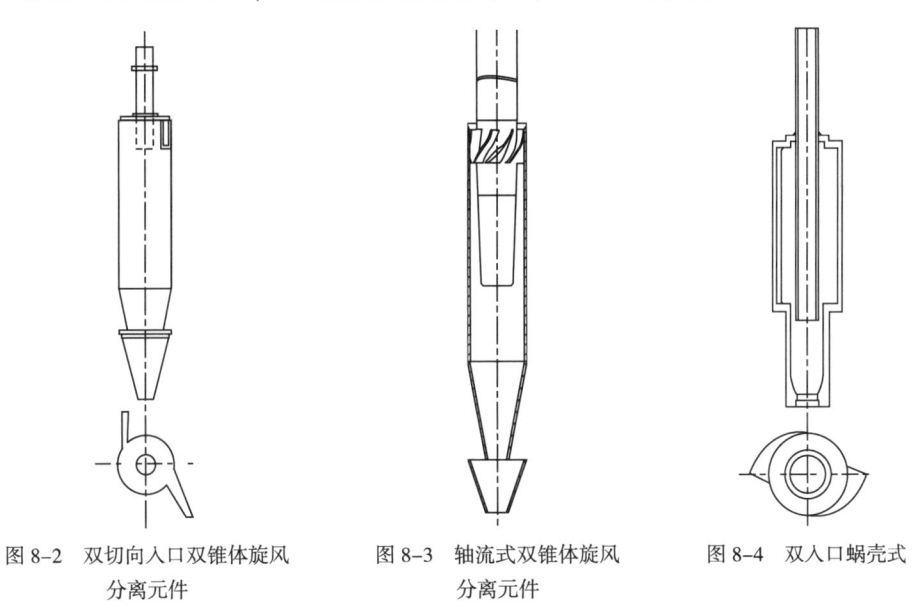

图8-2　双切向入口双锥体旋风分离元件　　图8-3　轴流式双锥体旋风分离元件　　图8-4　双入口蜗壳式

（2）创新设计出了一种新型高效叶片式气液分离装置，可以作为过滤分离器的第二级分离装置，采用了均匀孔板和复合阶梯式三角形波型叶片结构（图8-5），具有均布分散气流、叶片的间距可调整、气液分离效率高等特点。

图8-5　复合阶梯式三角形波型叶片结构示意图

二、优化设计方法

（1）采用数值模拟（CFD）方法，将热力学熵产理论应用于旋风分离器的优化设计，找到了影响旋风分离元件压降的关键部位（图8-6），将旋风分离元件芯管由直缝分流型优化为螺旋缝型（图8-7），使得旋风分离器总效率提高了2%以上、压降降低34%以上（表8-1），该技术达到国内领先、国际先进水平。

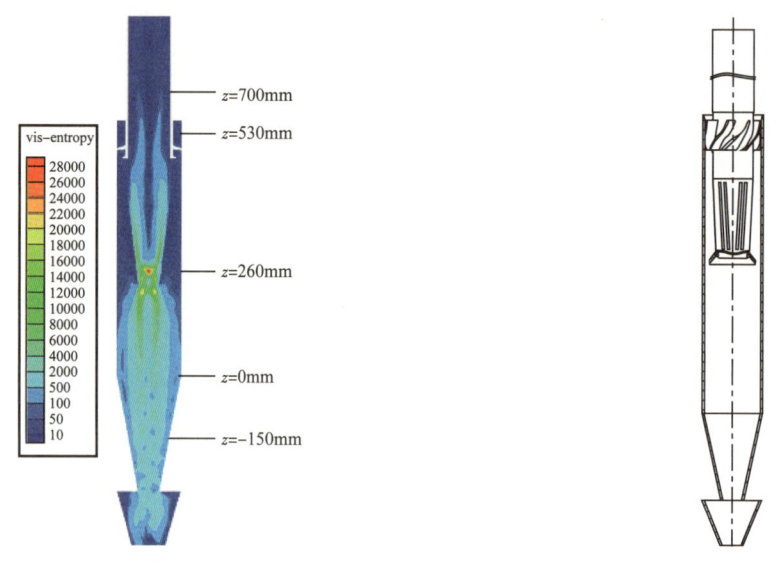

图8-6 轴向入口旋风分离元件熵产分布

图8-7 螺旋型分流芯管轴向入口型旋风分离元件

表8-1 旋风分离元件压降对比

不同芯管结构压降及压降下降百分率	速度，m/s			
	8	12	16	20
直缝型分流芯管压降，Pa	326	482	1130	1690
螺旋缝型分流芯管压降，Pa	159	316	659	1024
压降下降百分率，%	51.2	34.4	41.7	39.4

（2）采用有限元分析方法对内件结构进行应力应变计算，根据分析结果优化结构，得出了合理的结构和科学的尺寸（图8-8和图8-9）。

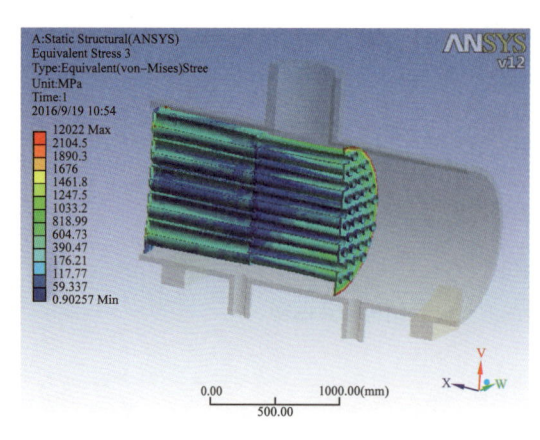

图8-8 过滤分离器内件应力云图

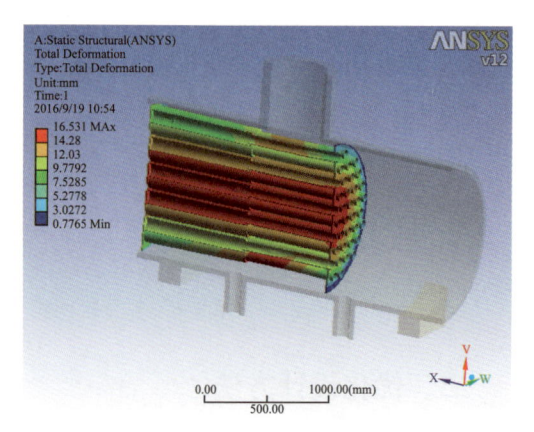

图8-9 过滤分离器内件应变云图

（3）采用CFD模拟计算和优化设计的新型高效气液分离叶片（图8-10和图8-11），8μm液滴分离效率≥99.9%，实现了二级过滤分离器核心内件的国产化。

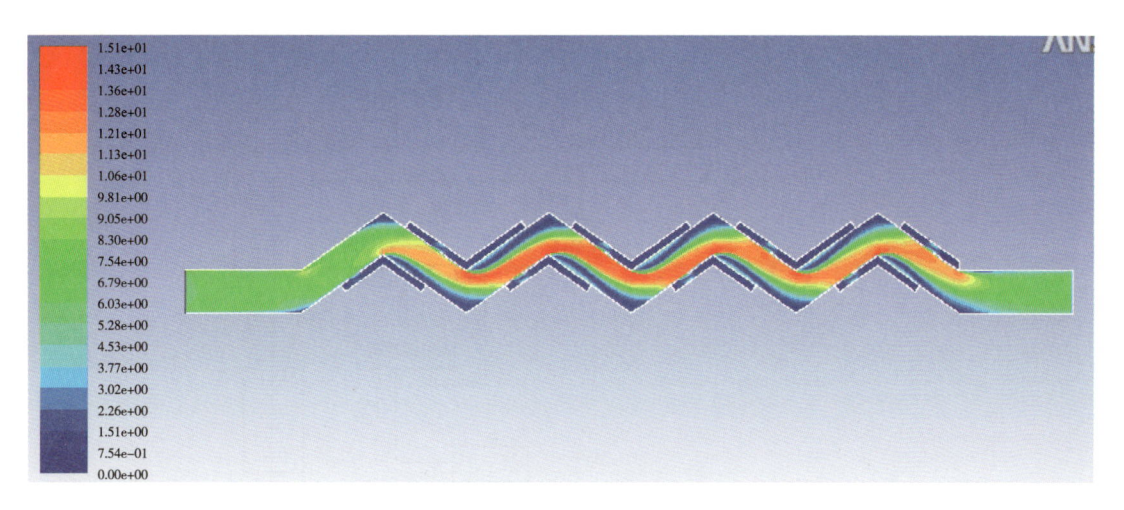

图8-10　新型分离叶片速度云图

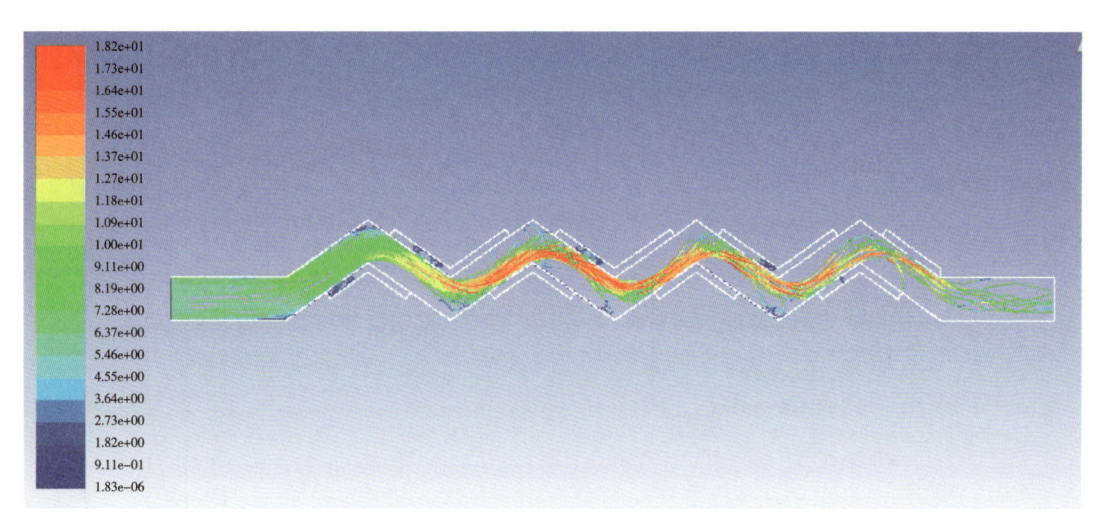

图8-11　新型分离叶片液体微粒轨迹云图

三、性能计算模型与测试

（1）建立了低浓度下单管和多管旋风分离器气固、气液分离性能计算模型，通过实验室对单管旋风分离元件的性能进行标定（图8-12和图8-13）、中试基地对常压下多管旋风分离器的分离性能进行标定和在天然气管道站场对高压下多管旋风分离器的分离性能进行测试验证（图8-14），得到了高压下多管旋风分离器的性能计算模型[1]。

（2）对过滤元件、聚结元件和气液分离叶片的性能进行了大量的理论、模拟和实验室研究，建立了实验室测定方法，得到了影响分离性能的因素[2]（图8-15）。

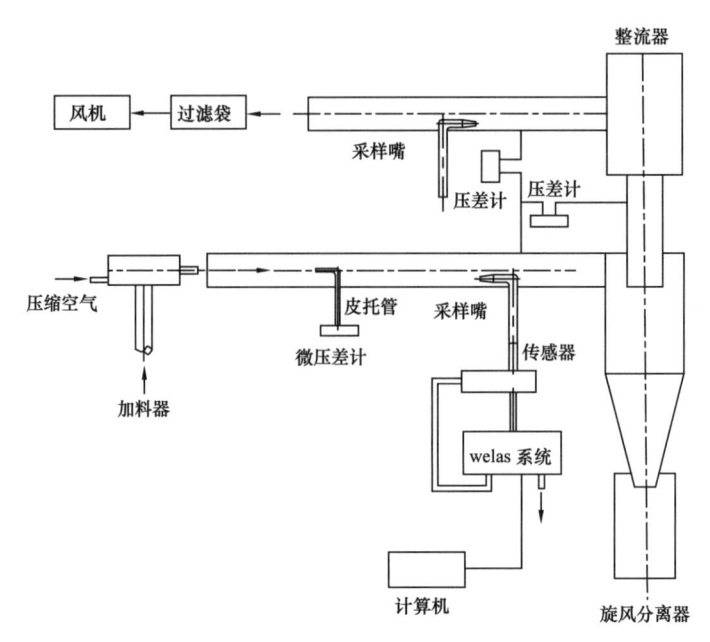

图 8-12　单管旋风分离器气固分离性能测试示意图

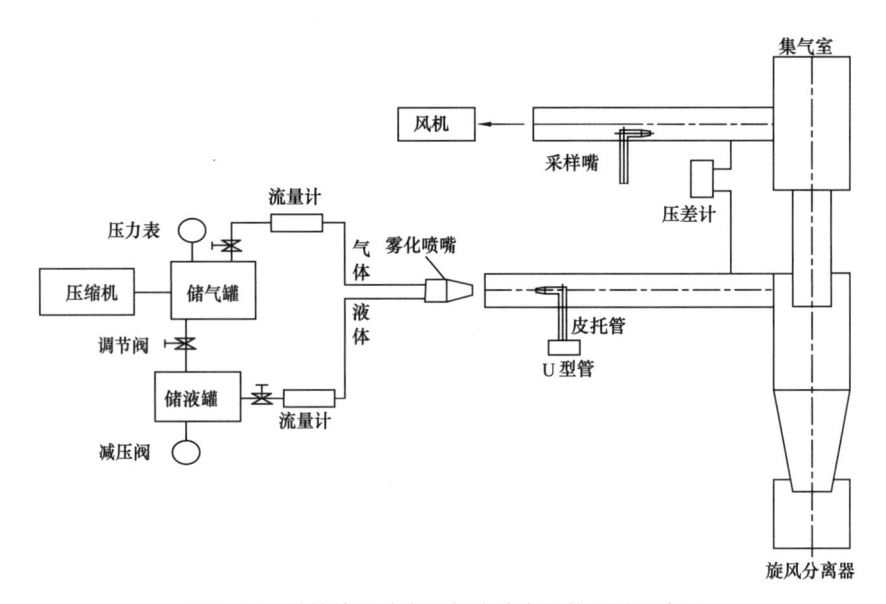

图 8-13　单管旋风分离器气液分离性能测试示意图

四、性能可靠性

（1）通过采用高强度钢、精密铸造与喷涂陶瓷工艺，将特殊工况下旋风分离元件的耐磨性能提高 6~12 倍，避免了旋风分离元件被磨损的难题；通过对多管旋风分离器的流道、排尘等结构进行优化设计，防止了堵塞并方便了维护；尝试将声学分析计算应用于旋风分离器在不同气体处理量下的噪声与共振分析，得到了实践验证。

（2）采用数值模拟（CFD）和有限元应力分析方法，优化设计了过滤分离器内部结构和壳体，提高高压过滤分离器的安全可靠性、有效除液性和操作维护便捷性。

图 8-14　常压下多管旋风分离器分离性能测试

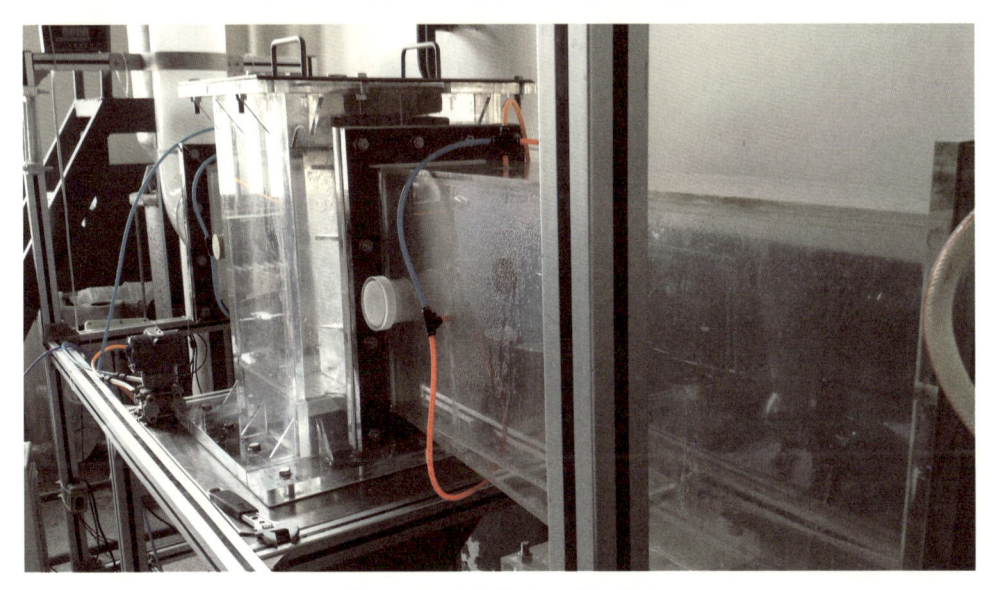

图 8-15　叶片性能实验室测试

五、在管道建设与运营中的应用

"十一五"开始,中国石油研制的高压天然气管道用高效节能过滤分离设备逐步实现工程应用并替代进口产品,成功应用于中国石油的忠武线、西气东输、陕京二线、陕京三线、西气东输二线、西气东输三线等重点工程,中国石化的川气东送、渝济线,中国海油的福建LNG站线工程和中联煤层气的山西沁水等工程,此外还批量应用于海外市场,如中亚天然气管道、缅泰天然气管道、坦桑尼亚天然气管道等工程,旋风分离器的设计压力范围 1.6~16MPa、公称直径 DN400mm~DN1600mm，市场占有率达到 70% 以上，过滤分离器的设计压力范围 1.6~12.6MPa、公称直径 DN400mm~DN1500mm，市场占有率达到 50% 以上，在天然气管道建设中发挥了重要作用。

第二节　天然气组合式分离器国产化

近年来，随着管道建设向高压、大输量方向发展，天然气过滤分离装备作为大型压缩机和阀门安全运行的保障，其核心技术和关键部件主要依赖进口，秦沈线、西二线东段、中缅、中贵和西三线西段累计进口过滤分离核心组件 300 多套和大型立式快开盲板 300 多套（图 8-16）。进口的过滤分离核心组件和快开盲板，操作维护困难、存在安全隐患。为此，2009 年中国石油管道局联合中国石油大学（北京）开始研发工作，研究成果首创了大型立式快开盲板开启与密封技术，优化创新了新一代高效节能旋风分离技术，集成创新了高压大输量过滤分离成套技术与装备并实现工业化，开发了过滤分离装备性能检测和优化运行技术，彻底打破了国外公司的技术垄断。

一、主要技术进展

（1）首创了大型立式快开盲板开启与密封技术。首次将电力驱动原理应用于快开盲板开启（图 8-17），通过低惯量、高力矩电机使得启动后可迅速达到峰值力矩，采用有限元分析优化快开盲板承压主体所受最大力矩时产生的应力，发明的阶梯轴传动、新型止回与回转结构和平稳导向与万向调整结构，实现了大型立式快开盲板的安全可靠和操作便捷，属国内外首创（核心专利：US9297196、ZL2011104250943、ZL2011205309441、ZL2011104251240）。

图 8-16　橇装式 XGF500-11/1500 组合式过滤分离器

图 8-17　电力驱动式快开盲板

（2）优化创新了高效节能旋风分离技术。发明的具有多切向入口和双锥体螺旋芯管结构的新一代旋风分离元件，实现了气固、气液的高效分离，将不可逆过程热力学熵产理论和分离单元理念用于旋风分离核心元件能耗分析（图 8-18），压降低于运行压力 0.4% 以上；利用均匀分布入口气流和切向提高离心力的原理，8μm 固体颗粒的分离效率达到 99%，4μm 以上液体微粒的效率达到 99.9%（核心专利：ZL201220151671.4）。

（3）集成创新了组合式过滤分离器。发明了集旋风分离、过滤分离和聚结过滤功能于一体的组合式过滤分离器（图 8-19），可通过选用不同规格和精度的分离和过滤元件来适应多种工况，在气体干净时可取出旋风组件，将聚结滤芯换为过滤滤芯，从而有效降低设备运行能耗和耗材成本。发明的过滤装备内气流分布器，被安装在过滤聚结组件上，彻底解决了气流短路的关键难题（核心专利：ZL201310101421.9）。发明的快开门式压力容器内件吊装机构，当快开盲板打开 90° 时吊点位于过滤分离装备轴心，结构紧凑、定位精确，实现了过滤组件的安全快速更换。

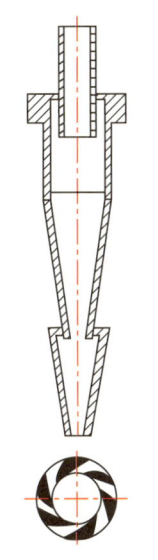

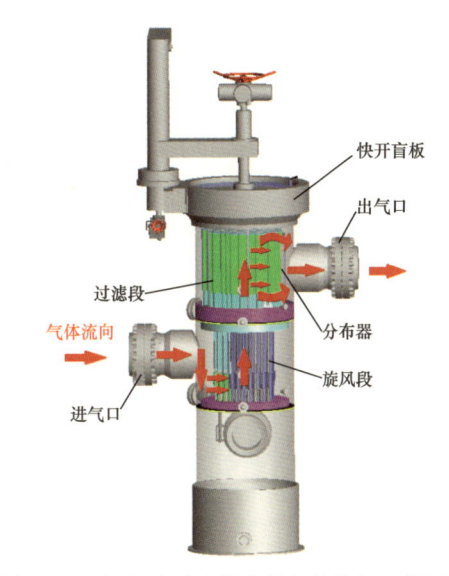

图 8-18　多切向入口旋风分离元件　　图 8-19　组合式过滤分离装备结构与工艺原理

（4）开发了过滤分离装备性能检测和优化运行技术。通过理论计算、CFD 模拟和实验验证的方式，建立了组合式过滤分离器性能计算模型，开发出了组合式过滤分离设备性能计算（软件著作权：2013SR062837）。

二、取得的成果

已获授权中国发明专利 5 项、中国外观设计专利 1 项、实用新型专利 7 项、软件著作权登记 1 项，形成企业标准 1 项，2014 年被认定为中国石油自主创新重要产品，2015 年获管道局技术发明一等奖，2016 年获中国石油天然气集团公司技术发明三等奖。

三、在管道建设与运营中的应用

研制的橇装式 DN1500mm PN11MPa 组合式过滤分离器填补了国内空白[3]，2012 年通过中国特种设备检测研究院的技术检测，不仅为用户提供了一种节省占地面积和工程建设成本的方案，而且解决了国际上知名供货商美国 Peerless、英国 Plengty 和澳大利亚 Jord 等公司组合式过滤分离器操作维护不方便的问题和配套英国 GD 公司快开盲板无提升和旋转机构、操作成本高、存在安全隐患的难题。2014 年被认定为中国石油自主创新重要产品，其核心技术和成果已成功应用于南疆利民工程、缅泰项目、山西沁水煤层气管道工程、新疆伦南—吐鲁番支干线增输、西三线东段、西气东输二线大铲岛改造等工程，取得了良好的经济效益和社会效益。

橇装式天然气组合式过滤分离器，其绿色理念顺应时代发展的需要，可以广泛应用于长输管道、天然气处理厂、储气库等，更是来气压力低的煤层气、页岩气等非常规气体净化处理的理想选择，应用前景异常广阔。

第三节　安全自锁型快开盲板

快开盲板是用于压力容器或压力管道的圆形开口上，具有安全连锁与报警功能，并能实现快速开启和关闭的一种机械装置。近年来，随着我国石油、天然气工业的迅猛发展，大口径高压快开盲板成为制约国内油气管道关键设备国产化的"瓶颈"，进口快开盲板价格高、周期长，严重影响工程进度。

"十一五"以来，中国石油管道局通过自主创新，先后研制出 ϕ1219mm 高压大口径管道配套安全自锁型快开盲板[4]和 ϕ1422mm 第三代大输量管道配套安全自锁型快开盲板[5]，通过了中国特种设备检测研究院的技术检测和中国机械工业联合会与中国石油科技管理部组织的新产品鉴定，填补了国内空白，产品整体技术达到国内领先、国际先进水平，整机低温性能试验为国内首创，在防止清管器撞击方面为国内外首创，电力驱动式快开盲板获美国和欧洲发明专利，被认定为中国石油自主创新重要产品，成功打破了欧美国家在该领域的长期技术垄断，形成一系列自主知识产权，建成了专业化生产组装线，形成了中国能源行业标准，产品成功应用于国内外 80 多个工程，2015 年，成功应用于西三线东段和云南成品油管道，标志着中国管道建设主干线用快开盲板全面实现了国产化，2016 年，陕京四线、中靖线和中俄二期工程建设快开盲板市场占有率为 100%（图 8-20 和图 8-21）。

图 8-20　MB-ZS 卧式安全自锁型快开盲板　　图 8-21　MB-ZS 立式安全自锁型快开盲板

一、主要技术进展

（1）创新设计了安全锁型快开盲板。创新设计的安全自锁型快开盲板，结构紧凑，锁紧结构将一般环锁型快开盲板的剪切力转化为压应力，受力良好，结构自锁，具有安全连锁与双重报警功能，开启便捷高效，如图8-22和图8-23（核心专利：ZL 201130484053.2）所示。

图8-22　安全自锁型结构　　　　图8-23　锥形自锁锁圈

（2）开发出了专用分析设计软件。采用有限元分析设计方法，对快开盲板的应力、变形和疲劳进行分析，建立了专用分析计算模型，并通过应力应变测试，验证了该类产品有限元计算模型的正确性和可靠性，将经验证有效的有限元计算模型开发形成了安全自锁型快开盲板有限元分析计算软件（软件著作权：2015SR232949），适用于符合压力容器设计标准、结构相同的各种不同规格快开盲板的分析与设计，可以自动生成有限元分析报告，使用便捷高效、结果正确可靠（图8-24～图8-27）。

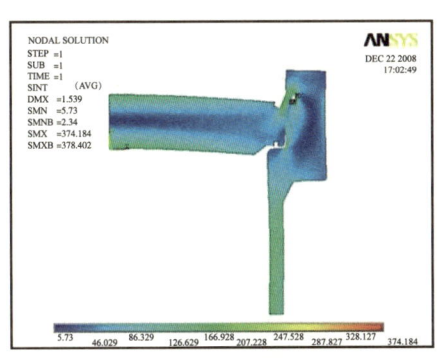

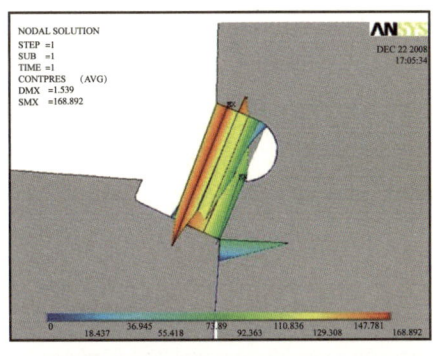

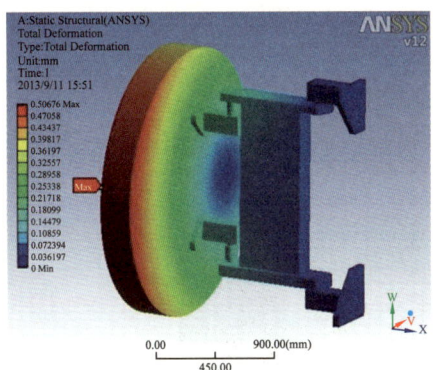

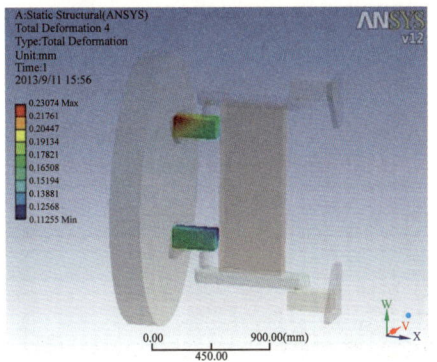

图8-24　有限元优化设计

图8-25 应力应变测试试验

图8-26 快开盲板分析设计输入

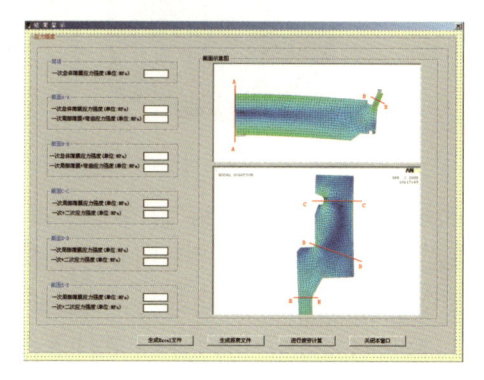

图8-27 快开盲板分析设计校核线

（3）首创了大型立式快开盲板开启与密封技术。首次将电力驱动原理应用于快开盲板开启，通过低惯量、高力矩电机使得启动后可迅速达到峰值力矩，采用有限元分析优化快开盲板承压主体所受最大力矩时产生的应力，发明的阶梯轴传动、新型止回与回转结构和平稳导向与万向调整结构，实现了大型立式快开盲板的自动化开启，安全可靠和操作便捷，属国内外首创（核心专利：US9297196、ZL2011104250943、ZL2011205309441、ZL2011104251240、ZL 200920158134.0）。

（4）发明了可靠的密封结构。发明的C型自紧密封结构和螺纹泄放双重密封结构，实现了复杂腐蚀以及高压工况下的密封可靠性（核心发明专利：ZL 201210068798.4、ZL 200920153881.5）。它能够承受1.5倍设计压力的耐压试验，无泄漏；能通过100次从设计压力至1MPa再至设计压力的情况下的压力循环（疲劳）试验，无泄漏；能通过在无压力至设计压力下的气密性试验，无泄漏；真空试验合格（图8-28～图8-31）。

图8-28 18MPa耐压与密封试验

图8-29 100次12.6MPa疲劳试验

图 8-30　水下进行 12.6MPa 气密性试验

图 8-31　快开盲板抽真空试验

（5）自主研发了快开盲板式压力容器内件吊装机构。自主研发的立式快开门式压力容器内件吊装机构（图 8-32），吊装机构与快开盲板连接，悬臂与盲板盖提升机构轴线成一定角度使得盲板盖在打开状态时，挂在悬臂上的防爆吊葫芦正好位居容器筒体的正中，便于吊起压力容器内的各组件，具有结构紧凑、定位精确、成本低的优点（核心专利：ZL 201320143414.0）。

（6）试验验证了快开盲板对低温环境的适应性。为解决盲板在低温环境下的适应性问题，除了选择具有良好低温性能的材质外，还将产品在 –42℃可调控式低温实验室进行实体试验，在

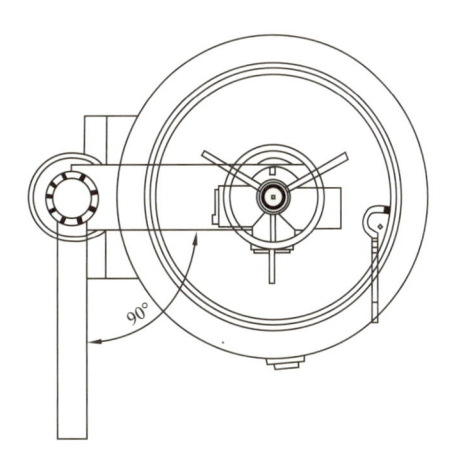

图 8-32　快开盲板式压力容器内件吊装机构

整个低温试验过程中快开盲板无任何渗漏，验证了快开盲板对低温环境的适应性，通过了中国特种设备检测研究院的技术检测（图 8-33 和图 8-34）。

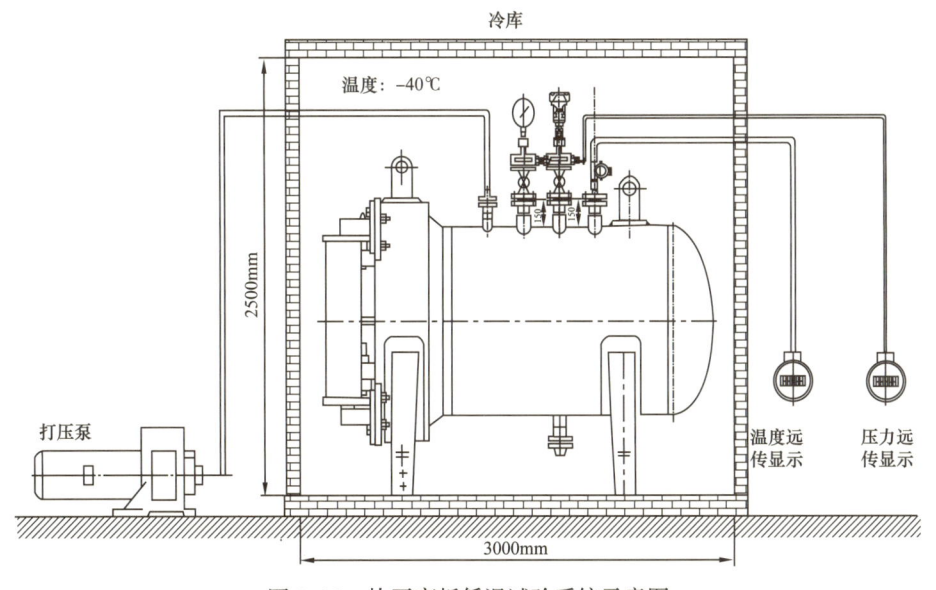

图 8-33　快开盲板低温试验系统示意图

图8-34 快开盲板低温试验结果检查

（7）建成了专业化生产组装线。生产组装线如图8-35所示。

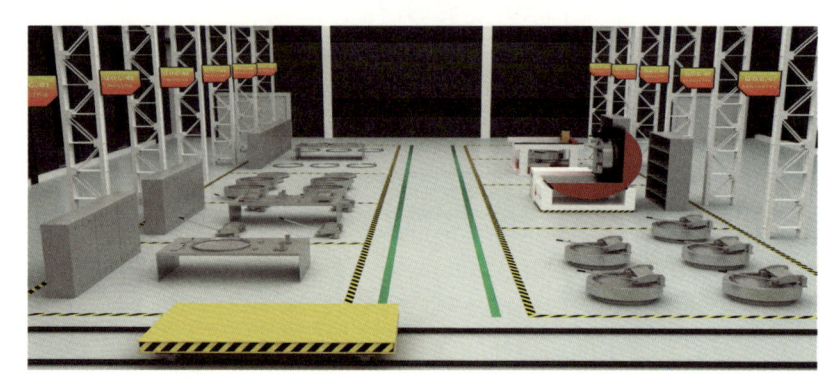

图8-35 安全自锁型快开盲板专业化生产组装线

（8）形成了能源行业标准。安全自锁型快开盲板的研发、生产和工业化应用，提升了快开盲板的设计制造水平，形成了能源行业标准NB/T 47053—2016《安全自锁型快开盲板》。

二、取得的成果

安全自锁型快开盲板具有完全自主知识产权，已获授权美国发明专利和欧洲发明专利各1项、中国发明专利5项，中国实用新型和外观设计专利7项，登记软件著作权1项，形成专有技术6项，形成能源行业标准1项，先后荣获中国石油天然气管道局科技进步一等奖、中国石油天然气集团公司科技进步奖、石油化工自动化应用协会科技进步一等奖和河北省科技进步三等奖，2011年被中国石油天然气集团公司认定为中国石油装备品牌和中国石油天然气集团公司自主创新重要产品，2014年被认定为中国石油石化装备制造企业名牌产品。

三、在管道建设与运营中的应用

拥有完全自主知识产权的安全自锁型快开盲板已成功应用于中俄原油管道、肯尼亚管道、江苏LNG外输管道、普光气田集输管道、山西沁水煤层气田、中海油惠州油田海上平台、伊拉克哈发亚地面工程（酸性湿气环境）、伦南至吐鲁番支干线等国内外80多个项目1000多台，应用直径DN200mm～DN1500mm，设计压力1.6～15MPa，2015年，成功应用于西三线东段和云南成品油管道，标志着中国管道建设主干线用快开盲板全面实现了国产化，2016年在陕京四线、中靖线和中俄二期工程建设中快开盲板市场占有率100%，成功打破了国外对该领域的技术垄断，平抑了国外同类产品价格，降低了成本，缩短供货周期40%以上，提升了企业的核心竞争力和品牌影响力，带动该行业实现跨越式发展，为第三代大输量管道工程中俄东线的建设做好了技术准备，应用前景异常广阔（图8-36、图8-37）。

图8-36 卧式安全自锁型快开盲板应用现场　　图8-37 立式安全自锁型快开盲板应用现场

第四节　清管器收发装置

清管器收发装置是长输油气管道站场和油气田集输站场的重要装备，为管道的扫线和检测提供安全保证。近年来，随着管道建设向高压、大口径方向发展和管道检测技术的发展，清管器收发装置的结构合理性、运行安全性和操作便捷性备受关注。"十一五"以来，中国石油管道局通过科技创新，有效提升了国内油气管道清管器收发装置的整体技术水平，形成了一系列完全自主知识产权，总体技术处于国内领先、国际先进水平。核心技术与成果已得到推广应用，在国内外油气管道建设中发挥了重要作用。

一、主要技术进展

发明的一种移动式清管操作装置（授权发明专利：ZL 201210105437.2、ZL 201210105374.0），采用电动液压原理，创新性的将磁力原理应用于发送清管器时反作用力的克服，解决了大型清管器发送时产生的巨大反作用力难题，研制的D1219管道配套大型移动式清管操作装置（图8-38），实现了大型清管器的长距离平稳移动和推车高度精确调整，效率高、劳动强度低。

发明的一种清管器接收缓冲器[6]（授权发明专利：ZL 201210215305.5），安装在快开盲板头盖的背面，采用液压缓冲、气压储能的原理，结构紧凑、体积小、重量轻，实现吸收清管器的惯性力，无回复力，安全可靠，解决了清管器进入收球筒时因惯性难以及时停止而对快开盲板造成冲击的难题（图8-39和图8-40）。

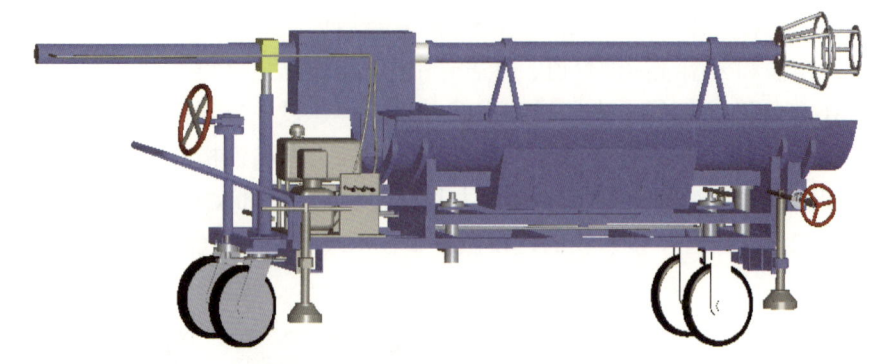

图 8-38　电动式清管辅助操作装置

图 8-39　清管器接收缓冲器　　　　图 8-40　清管器接收缓冲装置碰撞模型

图 8-41　万向清管器指示器

发明的一种万向清管器指示器，如图 8-41 所示（授权发明专利号：ZL 201210184130.6），采用万向触头、三重密封结构，应用磁力原理，性能可靠、安装方便、具有就地显示和远传功能，解决了单向或双向清管器指示器安装不当而产生失灵的问题，并实现了高压清管器指示器的国产化。

首次采用流体模拟技术（CFD）清管器接收过程进行仿真模拟计算研究（图 8-42），总结出了收发球筒长度确定原则和系列化尺寸，为收发球筒的设计选型提供了理论依据，形成了管道局企业标准《清管器收发装置》。

通过对遵循规范和选材进行系统研究，开发出了收发球筒专用计算软件（软件著作权：2013SR010487）。

二、取得的成果

已获授权中国发明专利 4 项、登记软件著作权 1 项，形成专有技术 1 项、形成企业标准 1 项，2016 年荣获管道局技术发明一等奖。

三、在管道建设与运营中的应用

清管器收发装置的创新与总体技术提升对该行业的技术进步具有重要的推动作用，科技成果已成功应用于缅泰、伊拉克、庆铁四线、哈沈线等国内外重点管道工程，科技创新

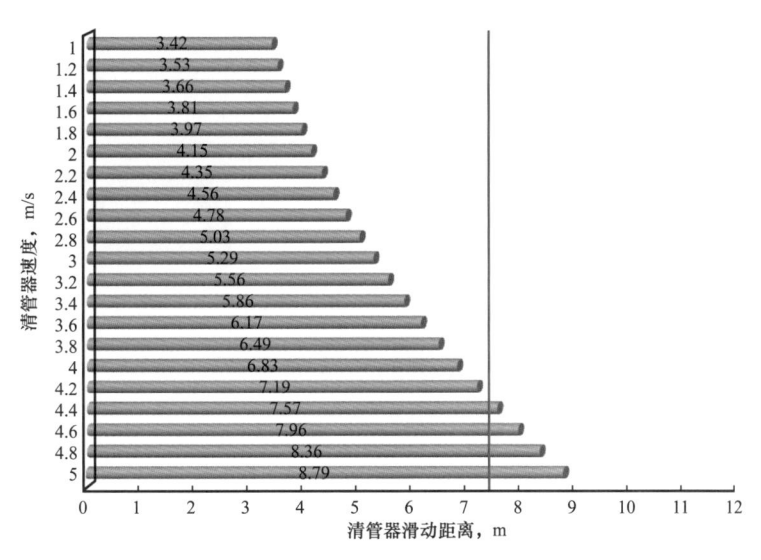

图 8-42　摩擦系数为 0.25 时清管器滑动距离与速度的关系图

工作的开展有力推动了该行业的技术进步，为国内外大输量和超大输量油气管道清管和检测器的接收提供了安全保证，为中国油气管道建设的增长和增量做出了重要贡献。

第五节　天然气放空装置

天然气放空装置作为天然气管道和集输站场安全设施的重要组成部分，是管道进行维抢修以及改扩建工程中必不可少的装置，是保障天然气安全生产和利用、泄放系统压力、减小事故后果、减少环境污染的一项重要措施[7]。

天然气放空装置主要包括放空立管和放空火炬。放空立管是将天然气直接排放到大气中，随着环境保护越来越严格，这种直接放空方式将渐渐不被采用。放空火炬是利用火炬头将排出的天然气进行燃烧处理，目前放空火炬已成为保障天然气安全生产的重要放空装置，同时也是天然气生产流程的重要组成部分之一。

目前常用的高架式放空火炬适宜于输气管道工程的放空操作和运行，主要由火炬筒体、火炬头、点火系统、燃料气橇块、仪表控制系统等组成。其工作原理为：燃料气经电磁阀 J 进入引火器由点火枪点燃，引火器再将长明灯点燃，长明灯常燃以应对放空气的间歇运行[8]，如图 8-43 所示。

"十一五"以来，为适应国家节能减排的政策和天然气管道的快速建设，以前大多采用长明灯的常燃方式，造成了燃料气的大量浪费，现场点火操作过程烦琐，现场工作量大。现今，对系统进行了优化，采用全自动点火方式、集成燃气橇块、优化高能点火器，从而大大提高了放空火炬的自动化程度，减少了燃料的浪费和现场的安装、运行难度。

一、主要技术进展

（1）优化自动点火工艺流程。原有的点火系统是将长明灯点燃后，一直燃烧，造成大量燃料的浪费。优化后的点火系统是通过应用设置在火炬水平管线上的压力变送器，自动检测排放气的压力，通过点火器将长明灯点燃，引燃火炬从而完成火炬的自动点火。此系

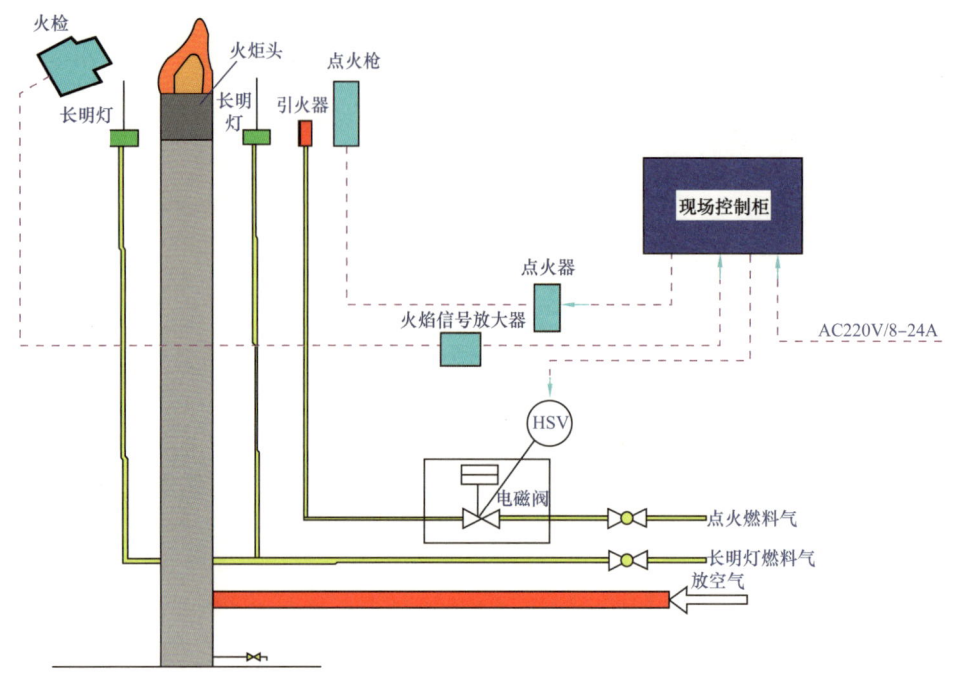

图 8-43 天然气放空装置工作原理图

统不需要单独配引火筒和其燃料气管线,并且不需要长明灯常燃,便可应对放空的各种状态,减少燃料气的浪费,延长长明灯的使用寿命。

天然气没有排放时,主火炬和长明灯熄灭,系统处于正常待命、自动监控状态。泄压排放紧急状态时,压力信号触发信号反馈给程控仪,火炬和长明灯将会点燃,火焰检测器检测到燃烧火焰后反馈给程控仪,关闭长明灯电磁阀,长明灯关闭,其工艺流程图如图 8-44 所示。

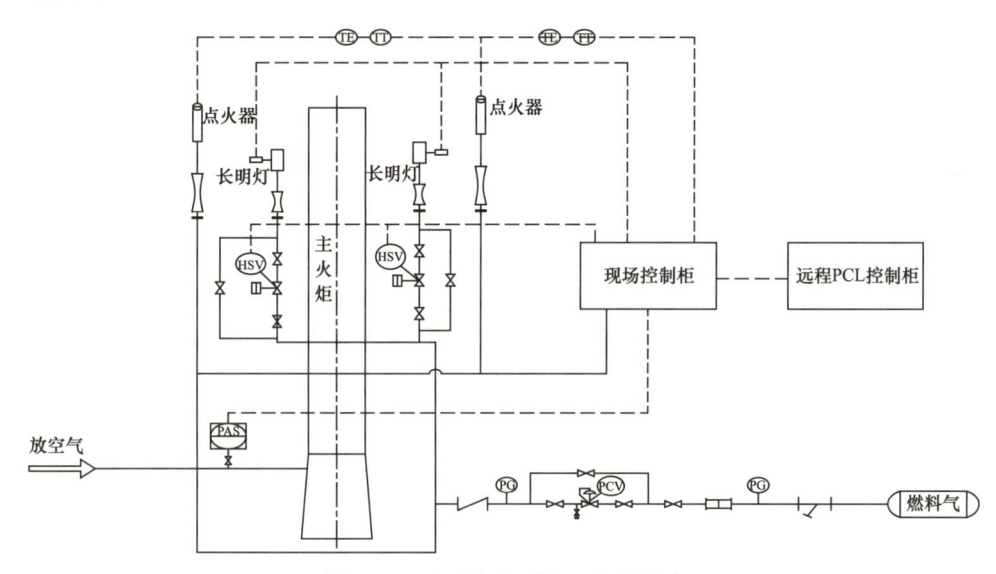

图 8-44 自动点火系统工艺流程图

(2)采用先进的 PLC 控制系统。为适应自动点火系统,使点火系统更合理、更安全、更可靠，采用 PLC 作为核心控制部件，具有无触点控制、自动点火、熄火及熄火保护、火焰信号处理和报警等功能。

系统接收排放气压力信号，信号传至中控室 PLC 控制柜，PLC 控制柜启动自动点火方式，温度检测没有点火时，自动开启电磁阀和点火器，点火成功后关闭长明灯电磁阀；点火不成功时，计数器工作，达到 3 次报警。自动点火控制原理图如图 8-45 所示。

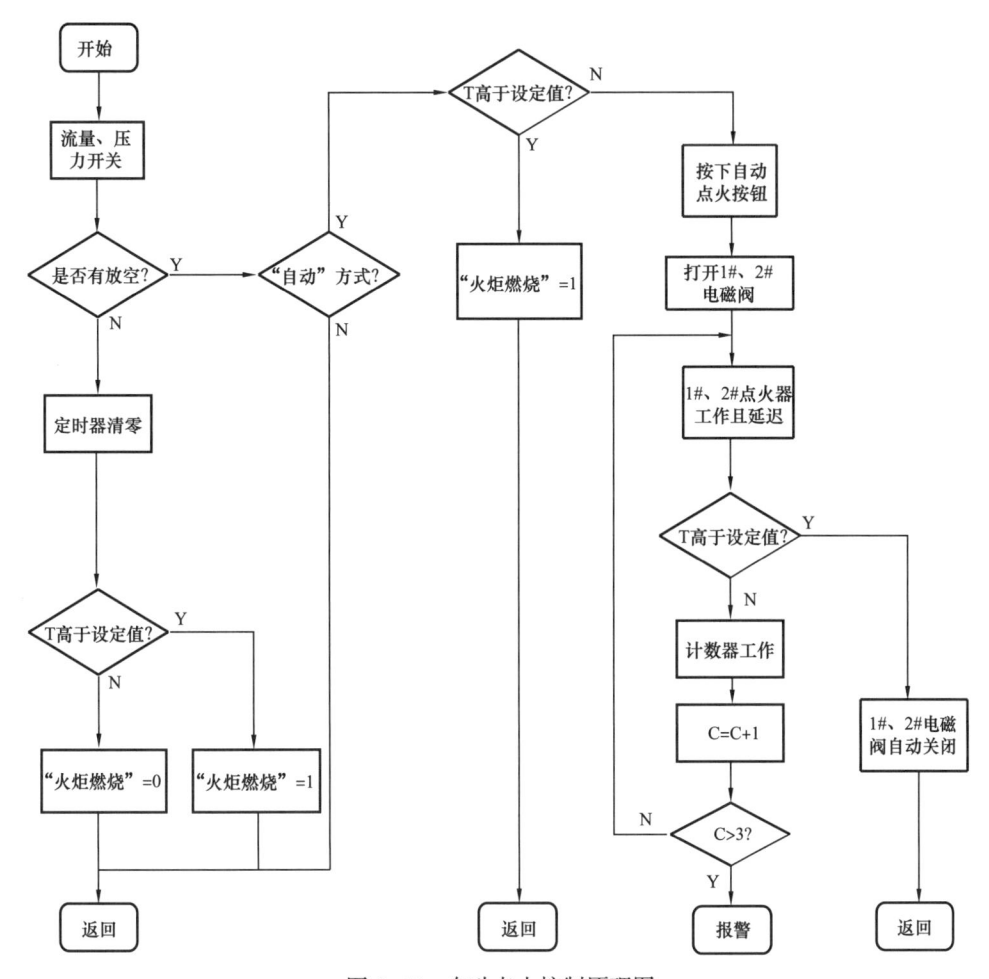

图 8-45 自动点火控制原理图

（3）集成化的燃气橇块。优化燃气系统组成燃气橇块，将过滤器、电磁阀、关断阀、调压阀、连接管线及现场仪表控制集成于一个整体橇块，将生产、组装以及仪表自控的调试均在公司内完成，减少现场的工作量以及可能出现的问题。与传统的现场安装的燃气系统相比，结构紧凑，便于安装，集成化的燃气橇块如图 8-46 所示。

（4）优化高空点火器。原采用高压间隙点火器，火花能量受到限制，触电故障多，易积碳和污染，寿命短，不能对点火实现精确控制。优化改进后的高能点火器，选用航空半导体高能点火器。此点火器采用低电压、大电流，借助特制的半导体材料放电，电弧能量高，且不受介质影响，能够在潮湿环境中正常点火，同时具有抗积碳自净能力，大大提高了自动点火的稳定性。

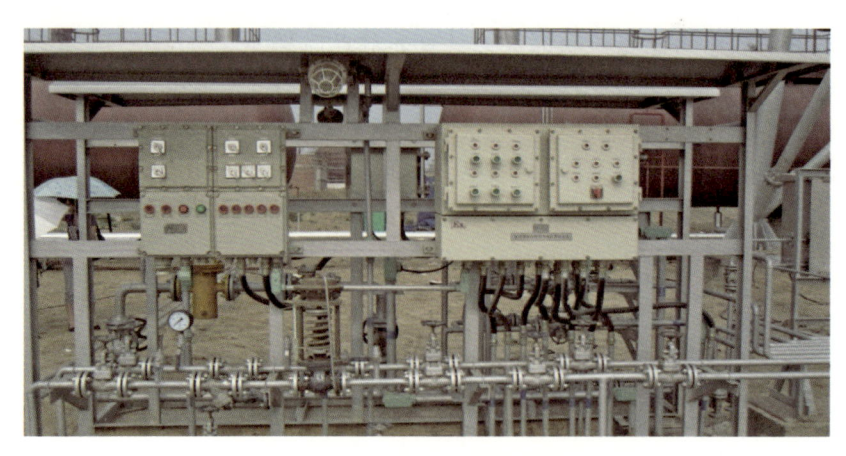

图 8-46　集成化的燃气橇块

二、在管道建设的应用

优化后的放空火炬成功应用于中缅天然气管道工程、西气东输金坛储气库、大庆油田天然气净化厂、川气东送管道工程等，如图 8-47 所示。

图 8-47　现场应用图

参 考 文 献

[1] 熊至宜, 吴小林, 杨云兰, 等. 高压下多管旋风分离器压降模型[J]. 化工学报, 2010, 61（9）: 2424-2429.

[2] 熊至宜, 姬忠礼, 冯亮, 等. 聚结型过滤元件过滤性能影响因素的测定与分析[J]. 化工学报, 2012, 63（6）: 1742-1748.

[3] 杨云兰, 姬忠礼, 邹峰, 等. 组合式过滤分离器[J]. 石油科技论坛, 2015, 34.

[4] 杨云兰, 邹峰, 李猛, 等. 安全自锁型快开盲板[J]. 石油科技论坛, 2012, 6: 64-73.

[5] 杨云兰, 邹峰, 黄冬, 等. 12.6MPa、DN1550 快开盲板的研制与应用[J]. 油气储运, 2016, 35（8）: 843-848.

[6] 李文勇, 杨云兰, 李猛, 等. DN1422 管道快开盲板用清管器缓冲装置的研制[J]. 油气储运, 2017, 36（2）: 231-235.

[7] 云成生, 等. 石油天然气工程设计防火规范[G]. 北京: 中国计划出版社, 2015.

[8] 李杰训, 等. 油田油气集输设计规范[G]. 北京: 中国计划出版社, 2015.

第九章　天然气管道压力管道元件技术

随着油气田的勘察与开发越来越向地理条件恶劣、偏远的荒漠地带延伸，为提高长输管道的经济效益，油气管道输送向着高压力、大管径、高钢级的方向发展。20世纪60年代的管道一般采用X52钢级，20世纪70年代普遍采用X60～X65钢级管道，20世纪90年代后期至21世纪前几年，采用了X70钢级管道，钢管直径达到1000mm，如西气东输一线、冀宁联络线、川气东送管线等都采用了X70钢级、ϕ1016mm钢管；近10年X80钢级管材的使用得到飞速发展，并得到普遍应用，如西气东输二线、三线、中亚管线、中俄跨境管线、陕京三线、四线都采用了X80钢级、ϕ1050mm/ϕ1200mm/ϕ1400mm钢管。

高压力、大口径、高钢级长距离输送管道的快速发展，也极大地促进了与之配套的管道用压力管道元件的研制和发展。现如今大口径压力管道元件的材质已达到了X80钢级，口径达到1400mm；国内大口径、高钢级热煨弯管、管件的制造水平已处于世界先进国家行列，工艺技术趋于完善，制造装备、弯管产品形成系列化、标准化，产品质量也得到全面提高和稳定。大口径、高钢级弯管、管件的发展和使用，在保证了管道安全运行的同时，也极大地提高了长输管道的经济效益。

第一节　高钢级弯管、管件

压力管道用热煨弯管是石油、天然气长输管道中的主要结构件之一，由于其在管道中所承受的荷载复杂，其质量的优劣直接影响着长输管道运行的安全。热煨弯管用于管道改变方向、管道清扫、通球、应力释放等作用，管件在管道系统中用于分流、管道清扫、通球、改变管道的走向等，弯管、管件是长输管道中不可或缺的主要结构件。

一、主要技术进展

从20世纪90年代开始，国内油气长输管线得到飞速发展，管线钢管道的敷设始于20世纪90年代中期，陕京一线作为国内首条管线钢管线，开创了中国管线钢管道建设的先河，弯管、管件用母材的钢级也从当初的X42、X52、X60发展到X65、X70、X80，现如今正研制X90/X100钢级产品，制造技术也完成了从原材料的选择，到成型过程中的加热技术，再到热压成型、热处理及高钢级管件焊缝对焊剂选用和焊接工艺技术的发展，一步步从探索到成熟，从成熟到日臻完善，形成了一系列、成套的生产关键技术。

1. 关键技术

（1）弯管、管件的原材料（母材）基本采用了控轧+控冷的生产工艺，化学成分采用了C+Mn+Mo体系配以微合金元素；由于采用了淬火+回火工艺技术，母材的化学成分及机械性能直接影响着淬火+回火后产品质量，尤其在微合金元素中Nb、V、Ti合金元素对控轧钢热加工的性能影响很大，所以，从钢的强度和韧性均衡考虑，就必须恰当确定含Nb量。低C含Nb钢存在一个最佳的加热范围，一般认为在850～1050℃。

在此温度范围内，必须调节不同钢级、不同厚度、不同管径钢管的化学成分及机械性能，才能够制订出具体适宜的加热温度、冷却速度、送进速度，生产出高质量的产品。

（2）早在19世纪人们就发现了电磁感应现象，知道导体在交变的磁场作用中会产生感应电流，而引起发热。但长期以来人们视这种发热为损耗，并为了保护电气设备和提高效率而千方百计地减少这种现象的发生。直到19世纪末期，人们才开始利用这种发热进行有目的加热，如熔炼、热处理和各种热压力加工的透热等。

将中、高频线圈绕在金属周围（图9-1），并通上交流电流i_1，在交变磁场的作用下，金属导体和变压器次级线圈一样，会产生感应电动势E和感应电流i_2，电流i_2亦称为蜗流。

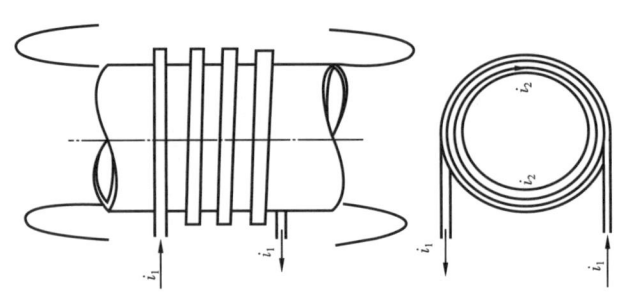

图9-1 感应加热基本原理

感应电流i_2使金属导体发热，其发热量为：

$$Q=i_2RT$$

中频感应加热弯管就是利用感应电流i_2所产生的热量，来给钢管管壁进行加热，即首先把曲率半径和弯曲角度按要求调整好，然后用中频感应加热线圈套在被加工钢管的周围进行中频感应加热，其加热的宽度按照金属锻压基本原理定为被加工钢管壁厚的1～2倍，使被加工钢管的加热部分达到其塑性变形温度范围内，尾座夹持着钢管，以一定的速度推动钢管前进，同时线圈喷冷却水冷却定型。钢管就会连续被加热、被冷却而定型，管体就可以连续弯曲成预定要求弯曲半径和角度的弯管。

感应加热弯曲技术具有加热速度迅速、加热时间短、冷却速度快、使用能源环保清洁、钢管各部分加热温度均匀，钢管变形小，加热温度容易控制、表面氧化皮少的特点，是热煨弯管的关键核心技术。

（3）管件热成型技术是将原材料加热到技术要求温度后，采用外力配合上下模具把管材或板材加工成半成品的一种较特殊的塑性加工方法。管件热成型方法包括热压、热挤、热扩等方法[1]。

首先采用热模拟技术对管件成型尺寸进行有限元分析，根据三通热模拟分析结果卷制钢管，压扁、加热、利用外力进行一次或多次压制，钢管局部金属在模具的控制下按要求形状进行流动，产生塑性变形，再通过多次拉拔扩径、定径，形成设计要求形状的三通管件。

管件坯料热挤压、热扩时的塑性变形温度以钢材具有较好的流动性，且不损害材料的机械性能为依据，高钢级管线钢热挤压、热扩时的变形温度通常选用850～1000℃。

（4）弯管管件的性能与原材料钢管的化学成分、轧制工艺、力学性能及弯管的弯制工艺参数有关，特别是作为控轧钢的高钢级管线钢，再次加热会使其控轧控冷效应受到不同程度的影响，目前高钢级管线钢均采用了微合金化加热处理工艺，并采取机械控制轧制控制冷却（TMCP）技术，且X80及以上钢级管线钢对碳当量进行了严格限制。高钢级管线钢弯管成型时的加热温度达到850℃以上，该温度可导致高钢级管线钢原有的细化晶粒及位错密度弱化，损失高钢级管线钢原有的强度和韧性，致使热成型后的高钢级管线钢弯管机械性能达不到标准的要求[2]。

弯管热处理技术就是通过一种或几种热处理方法以获得要求的机械性能[3]，该热处理方法从管线钢的固溶强化、沉淀强化及第二相析出强化入手，通过提高固溶强化、沉淀强化及第二相析出强化的作用，同时尽可能减小原细化晶粒及位错密度对强度的损失，即依据原材料不同的化学成分和机械性能，通过调节淬火处理＋回火处理时的加热温度、保温时间、冷却速度及方式等，在利用感应加热弯曲技术的基础上，使热处理后的产品性能达到标准的要求。

热处理工艺参数的制定以弯管用原材料的化学成分和机械性能为依托，是影响高钢级管线钢弯管质量的关键过程要素。

管件热处理技术就是采用成型后对管件整体热处理的方法，使高钢级管线钢管件达到高钢级管线钢要求的机械性能，该热处理方法从管线钢的各强化机制入手，通过分析各强化机制对管线钢强度及韧性贡献的不同机理，针对性地确定热处理工艺的方法和具体参数，找到一条依据原材料化学成分中各个元素对淬火后性能的贡献，通过提高固溶强化、沉淀强化及第二相析出强化的作用，同时尽可能减小原有细化晶粒、位错密度及晶扎作用对强度和韧性的损失[4]，即依据不同化学成分和机械性能的原材料，通过调节淬火处理＋回火处理时的加热温度、保温时间、冷却速度及方式等，进而促使热处理后的性能达到标准要求的强度和韧性。

（5）热煨弯管按结构分为前后直管段和弯曲段；热煨弯管分为全程加热和局部加热技术[5]，局部加热就是仅对弯曲段进行感应加热，全程加热就是从前直管段首端开始加热，直行到所需直管段长度后，开始弯制，达到预定的弯制角度后，结束弯制，母管继续加热到后直管段要求长度后，停止加热，切除多余管段，然后进入整形、后续的热处理及端部处理等工序。

整体加热时，整个热煨弯管在同一温度下加热成型，消除了"起弯区"和"终弯区"从"低温—高温"和"高温—低温"特殊加热区的性能"薄弱区"现象，减少了弯曲段和直管段的机械性能差异，使高钢级管线钢热煨弯管各部分的性能达到基本一致。

整体加热技术适合高钢级管线钢管（特别是焊缝）需要进行调质加工热处理的热煨弯管制造，是高钢级管线钢热煨弯管关键技术之一。

2. 性能指标

热煨弯管的机械性能是衡量弯管产品质量优劣的重要指标，是保证长输管道安全运行的关键因素，弯管产品的性能指标包括：力学性能、冲击韧性、金相组织、硬度、导向弯曲及表面质量和结构尺寸等。

弯管的力学性能反映了弯管产品材料抵抗外力的能力，检验指标包括：屈服强度、抗拉强度、屈强比、断后伸长率（表9-1），是弯管强度检验的重要性能指标。

表 9-1　高钢级管线钢弯管屈服、抗拉强度性能

钢级	管体母材			焊接接头
	屈服强度，MPa	抗拉强度，MPa	屈强比	抗拉强度，MPa
X60	415～525	520～760	0.93	520
X65	450～570	535～760	0.93	535
X70	485～605	570～760	0.93	570
X80	555～705	625～825	0.93	625

冲击韧性的试验通常采用夏比冲击试验，用于检验弯管产品材料抵抗冲击及振动荷载的能力。检验指标包括冲击功、剪切面积（表 9-2），是弯管在试验温度下韧性检验的重要性能指标。

表 9-2　弯管冲击韧性

位置	夏比冲击功，J	
	三个试样平均值	单个试样最小值
母材	≥90	≥60
焊缝、热影响区	≥75	≥50

金相组织检测是为了检验弯管材料微观组织的结构及大小，检验指标包括：组织类型、晶粒度级别，是鉴定材料内部微观组织的性能指标。

金相组织一般要求其原始奥氏体晶粒度应优于 ASTM E112 规定的 6 级或更细。

硬度指标是为了检验弯管材料抵抗硬物压入的能力，是衡量金属材料软硬程度的一种指标，检验指标为硬度值（表 9-3），它是检验材料内部硬度的性能指标。

表 9-3　弯管硬度

强度等级	维氏硬度值要求
IB555–PSL2	≤300HV10
IB485–PSL2	≤280HV10
IB450–PSL2	≤265HV10

导向弯曲试验是检验弯管焊缝承受规定弯曲程度的弯曲变形性能，从而评定其加工性能好坏。导向弯曲包括面弯曲和背弯曲，检验指标是试样拉伸面上出现的裂纹或焊接缺陷的尺寸和位置，是检验产品中焊接及加工成型后焊缝质量的性能指标。

管件的机械性能是衡量管件产品质量优劣的重要指标，是保证长输管道安全运行的关键因素，管件产品的性能指标包括：力学性能、冲击韧性、金相组织、硬度、导向弯曲及表面质量和结构尺寸等。

管件的力学性能反映了管件产品材料抵抗外力的能力，检验指标包括：屈服强度、抗拉强度、屈强比、断后伸长率（表9-4），是管件强度检验的重要性能指标。

表9-4　高钢级管线钢管件屈服、抗拉强度性能

钢级	管体母材			焊接接头
	屈服强度，MPa	抗拉强度，MPa	屈强比	抗拉强度，MPa
WPHY-60	415～525	520～760	0.93	520
WPHY-65	450～570	535～760	0.93	535
WPHY-70	485～605	570～760	0.93	570
WPHY-80	555～705	625～825	0.93	625

冲击韧性的试验方法通常采用夏比冲击试验，用于检验管件产品材料抵抗冲击及振动荷载的能力。检验指标包括冲击功、剪切面积（表9-5），是管件在试验温度下韧性检验的重要性能指标。

表9-5　管件冲击韧性

位置	夏比冲击功，J	
	三个试样平均值	单个试样最小值
母材	≥90	≥60
焊缝、热影响区	≥75	≥50

金相组织检测是为了检验管件材料微观组织的结构及大小，检验指标包括：组织类型、晶粒度级别，是鉴定材料内部微观组织的性能指标。金相组织一般要求其原始奥氏体晶粒度应优于ASTM E112规定的6级或更细。

导向弯曲试验是检验管件焊缝承受规定弯曲程度的弯曲变形性能，从而评定其加工性能好坏。导向弯曲包括面弯曲和背弯曲，检验指标是试样拉伸面上出现的裂纹或焊接缺陷的尺寸和位置，是检验管件产品中焊接及加工成型后焊缝质量的性能指标。

3. 三通的设计及壁厚选取

三通是管道中的主要构件，三通壁厚的设计及选取决定着管道的安全性能，通常情况下，三通的设计及壁厚选取按照GB50251—2015《输气管道工程设计规范》、GB50253—2014《输油管道工程设计规范》以及ASME B16.9、ASME B31.8中的计算方法进行，一般采用等面积补强法和设计验证试验法，采用等面积补强法时，设计的三通壁厚在开孔率小时偏向保守，开孔率大时，偏向冒进；设计验证试验法在试验时接管厚度对爆破压力有很大影响。

近年来，随着管道的设计压力和管道直径的不断增加，热压三通向着大开孔率（0.75～1.0）方向进展，对于大开孔率三通，原先的设计方法和壁厚选取与实际应用产生了较大的偏差，已经不能满足工程需要。近几年，随着计算机技术和有限元分析技术的飞速发展，在计算机上建立贴近工程实际的模型，并采用有限元分析技术进行管道模拟

运行，对运行中三通的应力（图9-2）和应变进行记录分析，根据分析结果寻找不匹配环节，进行结构优化，得出合理的结构和科学的尺寸。

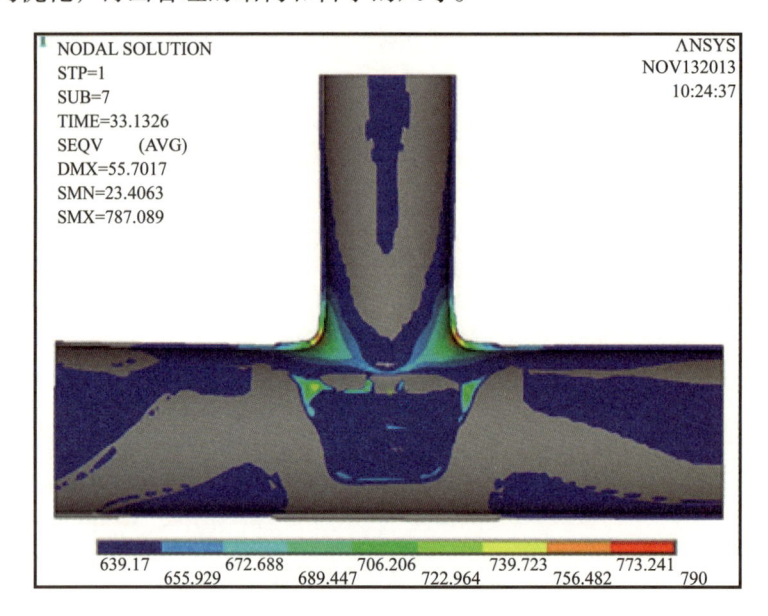

图9-2 工程模型中主管、支管和倒角部分的应力分布图

采用有限元仿真软件对工程模型中的三通进行技术分析，得出的三通壁厚值 T_0 与等面积补强法计算出的 T_0 对比详见表9-6。

表9-6 采用有限元分析技术与等面积补强法所需壁厚 T_0 值对比

三通规格	开孔率	工程模型 mm	纯三通模型 mm	软件分析误差 %	等面积补强法 mm	等面积补强法计算误差 %
DN1200–900	0.75	43.3	43.9	–1.3	46.4	–6.6
DN1500–1200	0.80	55.8	57.0	–2.0	58.7	–4.9
DN1000–900	0.90	39.3	40.8	–3.7	40.0	–1.9
DN1000–1000	1.00	41.8	42.8	–2.3	40.9	2.3

二、国产关键生产设备

长输管道用热煨弯管的生产设备按制造产品规格的不同进行分级，下面介绍大口径热煨弯管生产设备。

1. 热煨弯管主要生产设备

大口径热煨弯管主要生产设备见表9-7。

热煨弯管设备的加热系统采用当前先进的感应加热技术，采用运行速度稳定的链条推进系统或大推力的液压推进系统，中频输出电源采用国内技术领先的IGBT可变频电源，该类设备能够实现加热功率的无级调节，保证热煨时推进速度平稳，加热温度稳定，温差小，极大地提高了每件热煨弯管的整体质量和所有弯管性能的均一性、小偏差性。

表 9-7 弯管主要生产设备一览表

序号	设备名称	型号及规格	单位	数量	备注
1	813 热弯管机	$\phi 219 — \phi 813$	台	1	500~2000Hz 可调频率
	720AB 热弯管机	$\phi 219 — \phi 720$		1	
	1219 热弯管机	$\phi 457 — \phi 1219$		1	
	1250 热弯管机	$\phi 457 — \phi 1250$		1	
	1450 热弯管机	$\phi 426 - \phi 1450$		1	
	1620 热弯管机	$\phi 406 - \phi 1620$		1	
2	坡口机	$\phi 610 — \phi 1250$	台	4	PK-1250（用于管端坡口生产）
	坡口机	$\phi 813 — \phi 1620$		1	PK-1620（用于管端坡口生产）
3	回火炉	15000mm × 5500mm × 5400mm	台	2	用于产品热处理

2. 管件主要生产设备

管件包括三通、弯头、异径接头、管帽，其生产设备按制造产品类型不同分为管件、弯头、异径接头和管帽等成型设备，这里主要介绍热压管件、弯头成型设备。管件生产的主要设备详见表 9-8。

表 9-8 管件主要生产设备一览表

序号	设备名称	型号及规格	单位	数量	备注
1	压力机	4000T/1500T	台	1	
	锻压操作机	8T		1	
	淬火炉	3000mm × 4000mm × 2500mm		1	
	铣边坡口机	1400mm		1	
	内外弧焊机	1400mm		1	
2	坡口机	$\phi 610 — \phi 1250$	台	4	PK-1250（用于管端坡口生产）
	坡口机	$\phi 813 — \phi 1620$		1	PK-1620（用于管端坡口生产）
3	回火炉	15000mm × 5500mm × 5400mm	台	2	用于产品热处理

三、取得的成果

热煨弯管和热压管件具有完全自主知识产权，授权中国发明专利 2 项，实用新型专利 8 项，形成专有技术 12 项，参编行业标准 5 项，自 20 世纪 80 年代起曾获总公司优质产品、河北省优质产品称号，先后获管道局"十五"期间成果推广突出贡献奖、管道局技术创新一等奖、集团公司技术创新二等奖、西二线重大课题奖、2008年度管道局技术创新二等奖、2008年度集团公司先进工法、2009年度管道局技术革新活动优秀组织奖、2009年度管道科学奖科技进步二等奖、2010年管道局技术革新一等奖、2010年度中国石油和化工自动化行业科技进步奖一等奖、2011年度管道局科技进步一等奖、2012年度集团公司科学技术进步特等奖、2013年度管道局科技进步二等奖以及2015年度管道局科技进步二等奖。大口径热煨弯管和热压管件产品自2011年起被中国石油天然气集团公司认定为中国石油装备品牌和中国石油天然气集团公司自主创新重要产品。

四、工程应用

进入21世纪的十几年，国内大口径、高压、高钢级管道得到快速发展，配套的压力管道元件得到了大量的应用，高钢级、大口径弯管管件产品从西气东输一线初期完全依靠进口到中后期全部国产化，再到后来的西气东输二线、三线，以及陕京二线、三线、四线；冀宁联络线、川气东送管道、中亚管道、中俄管道等工程采用的X70、X80钢级热煨弯管全部实现国内生产，取得了良好的经济效益。

第二节　无缝热压封堵三通

不停输带压封堵作业是实现抢险维修，确保管道安全生产的重要手段，封堵三通是专门用于管道带压封堵作业的专用三通，封堵施工完成后将永远留在管线上。20世纪80年代，从国外引进带压封堵施工技术和封堵三通制造方法，在封堵工程中一直采用焊接式封堵三通，其主管和支管的相贯线焊缝，无法利用有效的探测手段对焊缝缺陷进行检测。通过技术研究，采用无缝热压封堵三通（图9-3）可使三通一体成型，省去相贯线焊缝，有效提高三通安全性能。

图9-3　热压封堵三通

一、主要技术进展

1. 结构创新设计

无缝热压封堵三通是模具热压拉拔加工，支管与主管连接处自然形成圆滑过渡，但封堵三通的结构需要此处的圆角接近90°，否则直接影响后续封堵作业的安全及密封效果。中国石油创新研制出过渡区小圆角的模具，及成形后加工直角的制造方法，达到了对支撑封堵器作业支点处 R 角的有效控制。无缝热压封堵三通与管道材料等强度、同材质，便于与管道的焊接，塞饼密封采用自紧密封和预紧密封的组合形式，达到双重保护。

2. 优化设计方法

（1）采用有限元分析方法对内件结构进行应力应变计算，根据分析结果优化结构，得出了合理的结构和科学的尺寸[6]（图9-4）。

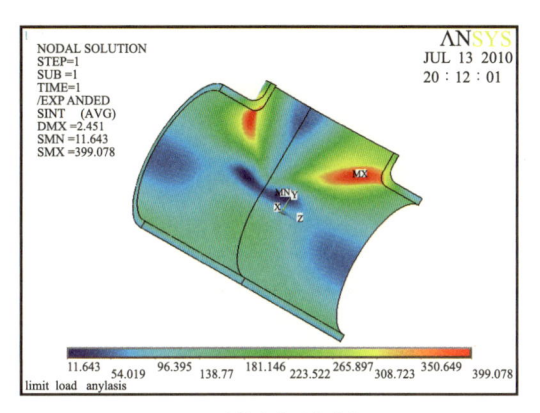

(a) 内壁应力强度分布

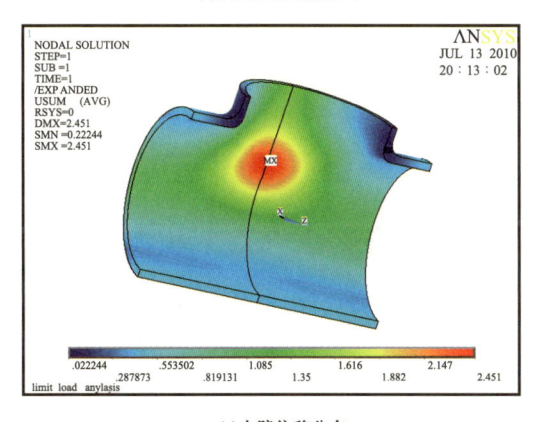

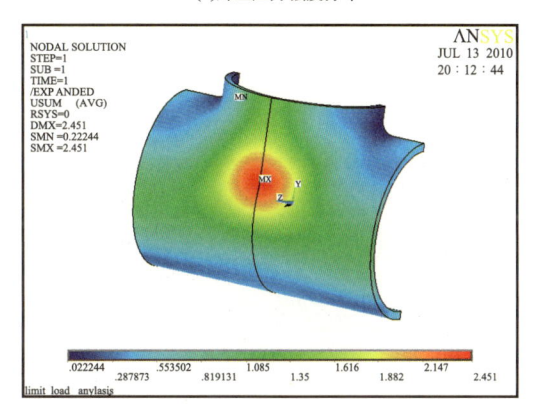

(b) 外壁应力强度分布

(c) 内壁位移分布

(d) 外壁应力强度分布

图 9-4　应力强度及位移分布

（2）封堵状态模拟分析：采用有限元仿真软件对封堵头在三通内的受力情况进行仿真分析，进而对其承载能力、封堵头主支架前端顶块对管道开孔断面的挤压力、断面处产生屈服变形的大小，进行模拟计算分析（图9-5）。优化设计了热压封堵三通内切削管道壁和封堵头连接销轴，避免作业中管道变形，确保密封可靠，提高了封堵效率。

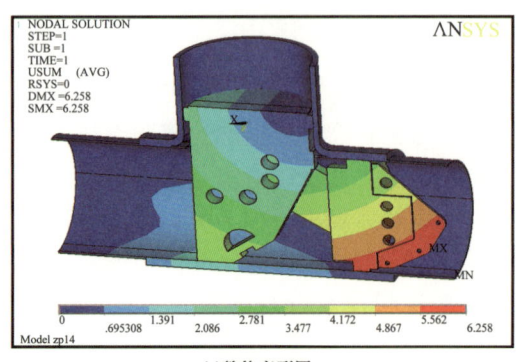

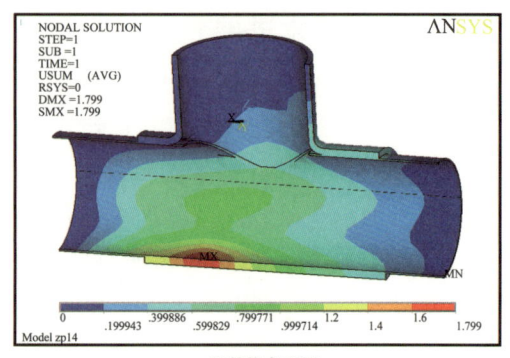

(a)整体变形图　　　　　　　　　　　　(b)管线变形图

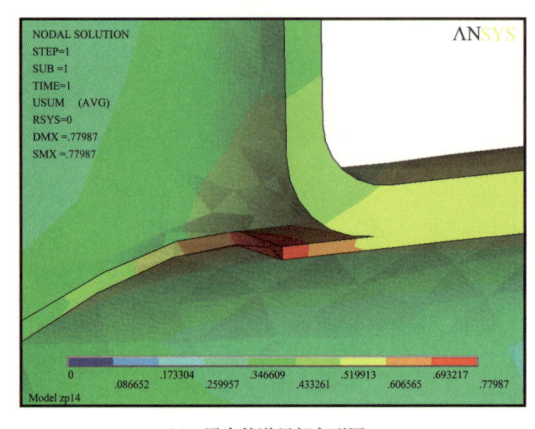

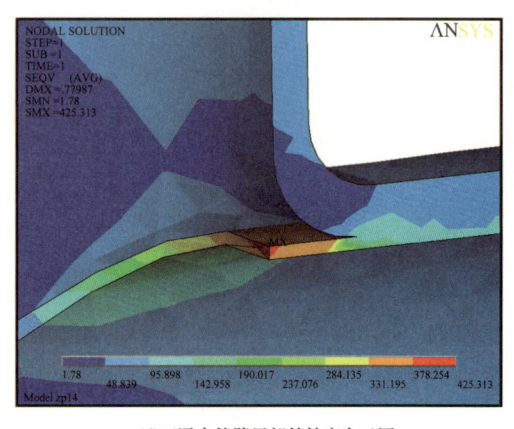

(c)三通内管道局部变形图　　　　　　　(d)三通内管壁局部等效应力云图

图 9-5　热压封堵三通在工况下仿真分析图

3. 加工制造能力

随着国内外油气管道向智慧化管网的发展，中国石油热压封堵三通的加工制造能力大幅提高。中油管道机械制造公司于 2006 年成立管件设计研究所，并建设了管件专业化生产车间，拥有强大的研究团队、完整的生产设备、精准的检测仪器（图 9-6）。

(a)三通在炉内加热　　　　　　　　　　(b)热压拉拔

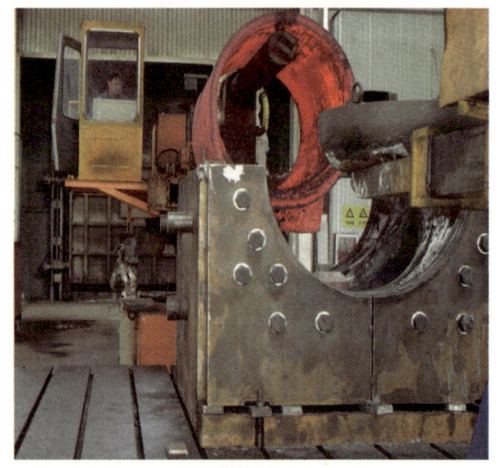

图 9-6　热压封堵三通成形过程

二、取得的成果

热压封堵三通已获授权中国外观设计专利 1 项，2012 年获管道局科技进步一等奖。

第三节 整体式绝缘接头

整体式绝缘接头（图 9-7）是用于油气管道站场，埋地或地上，用来把有阴极保护的管段和无阴极保护的管段隔离开的连接装置，是长输油气管道站场的关键设备。近年来，随着油气管道建设向高压、大口径方向发展，高压大口径绝缘接头成为制约国内油气管道关键设备国产化的"瓶颈"之一，进口产品价格高、供货周期长。

中国石油管道局先后于 2009 年和 2014 年成功研制出 $\phi1219mmX70$ 管道整体式绝缘接头[7]和 $\phi1422mmX80$ 管道整体式绝缘接头，填补了国内空白，并通过了中国特种设备检测研究院的技术检测和中国石油天然气集团公司的新产品鉴定，总体技术达到国内领先、国际先进水平。JYJT-U 整体式绝缘接头系列产品已成功应用于西二线东段、伦南—吐鲁番支线、西三线、中缅、中贵等管道工程 2000 多台，市场占有率达到 50% 以上，2013 年，在西三线主干线全面实现了国产化，成功打破了国外对该领域的垄断，为管道工程建设提供优质、性价比高的产品，为中俄东线管道建设做好了技术准备，应用前景广阔。

图 9-7 JYJT-U 整体式绝缘接头

一、主要技术进展

（1）创新设计了 U 型密封整体式绝缘接头。创新设计的 U 型对称密封整体式绝缘接头（核心专利：ZL200920277612.X），通过 1.5 倍水压试验、水压加弯矩试验（图 9-8）、40 次水压压力循环试验和 1 倍设计压力下的气密性试验，耐压、密封和电绝缘性能可靠，可以承受热力变化及地壳自然运动作用于管道上的巨大弯曲和挠曲应力。

（2）开发出了整体式绝缘接头专用计算与分析设计软件。通过力学原理分析，形成了整体式绝缘接头强度、应力、水压加弯矩载荷及应力和刚度评定的计算方法；采用有限

图9-8 整体式绝缘接头水压加弯矩试验

元分析设计方法，对整体式绝缘接头的应力（图9-9）、变形（图9-10）、疲劳载荷和水压加弯矩工况进行分析计算；并将两种计算方法所得结果进行对比分析和优化，从而形成了整体式绝缘接头的设计计算方法，开发出了《整体式绝缘接头强度与应力计算软件》（软件著作权：2015SR232940）和《整体式绝缘接头有限元分析计算软件》（软件著作权：2015SR232936），软件可以自动生成计算书或有限元分析报告，使用便捷高效、结果正确可靠。

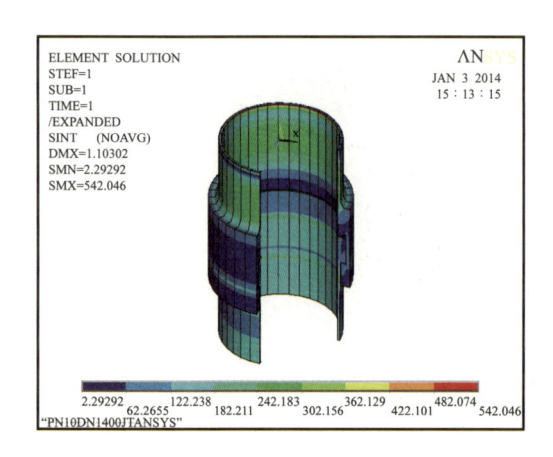

图9-9 绝缘接头有限元应力分析结果 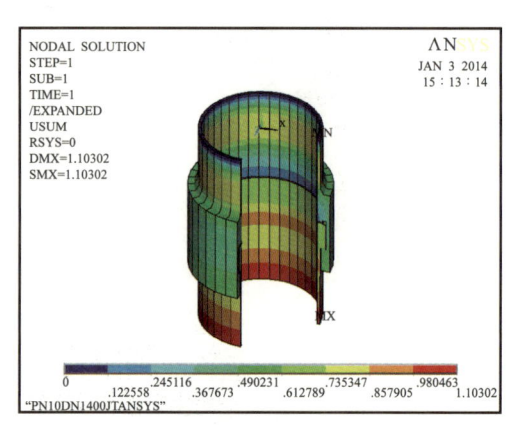　　　图9-10 绝缘接头有限元变形分析结果

（3）建成了专业化生产测试线（图9-11）。

（4）形成了能源行业标准。整体式绝缘接头的研发、生产和工业化应用，提升了管道绝缘接头的设计制造水平，形成了能源行业标准 NB/T 47054—2016《整体式绝缘接头》。

二、取得的成果

整体式绝缘接头具有完全自主知识产权，授权中国专利1项，登记软件著作权2项，形成专有技术4项、能源行业标准1项，先后获中国石油天然气管道科学一等奖、中国石油天然气集团公司科技进步三等奖，2011年被中国石油天然气集团公司认定为中国石油装备品牌和中国石油天然气集团公司自主创新重要产品。

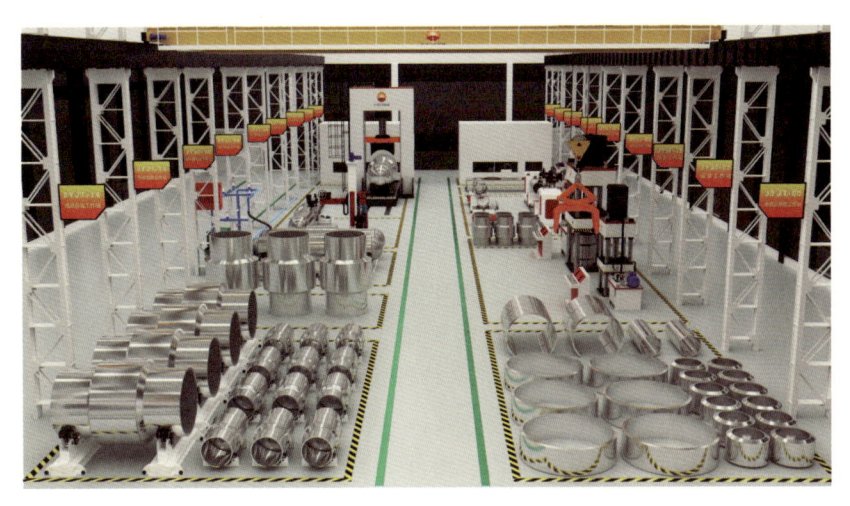

图 9-11　整体式绝缘接头专业化生产线

三、在管道建设与运营中的应用

自 2009 年以来，整体式绝缘接头已成功应用于西二线东段、伦南—吐鲁番支线、西三线、中缅、中贵等管道工程 2000 多台，市场占有率达到 50% 以上，2013 年，JYJT-12/1200 整体式绝缘接头在西气东输三线主干线全面实现了国产化，成功打破了国外对该领域的垄断，为管道工程建设提供优质、性价比高的产品，为中国石油管道建设做出了积极贡献，为中俄东线管道建设做好了技术储备。

参 考 文 献

[1] 张文生，王茂堂，苏丽珍，等．钢板制异径接头的成型新工艺[J]．石油工程建设，2009，35（1）：71-74.

[2] 田晨超，许飞，焦磊，等．加热温度对 X80 钢级热煨弯管组织性能的影响[J]．焊管，2014，6：11-16.

[3] 张文生，苏强，何莹，等．热处理工艺对 X52 热轧管线钢组织和性能的影响[J]．热加工工艺，2009，38（12）：142-144.

[4] 高惠临，等．管线钢—组织性能焊接行为[M]．西安：陕西科技出版社，1995：38-40.

[5] 郭有田，陈中均，陈轩，等．全程加热与局部加热对 X90 高强钢热煨弯管组织及性能的影响[J]．焊管，2016，6：10-17.

[6] 王瑞利，勾冬梅，夏国发，等．油气管道热压封堵三通的研制[J]．油气储运，2013，32（6）：620-622.

[7] 杨云兰，邹峰，等．JYJT-U 整体式绝缘接头[J]．石油科技论坛，2012，31（6）：62-63.

第十章 天然气管道自动控制技术

天然气管道自动控制系统即天然气管道 SCADA 系统，采集管道、油库等储运设施运行生产过程的压力、温度、流量、气体组分、设备运行状态等信息，并通过图形、动画、数据等形式将管道运行的完整状态展现给生产调度人员。调度人员通过 SCADA 系统操作站下发命令、设定运行参数，完成对管道运行状态的控制和生产流程的切换等操作。

管道自动控制系统引入我国已经长达 30 年，长期以来，中国管道人一直在对国外的管道自动控制系统进行使用和学习，经过近 20 年的消化吸收和自主研发，"十二五"期间我国管道自动控制技术获得了长足进步。

第一节 概　　述

天然气管道自动控制系统由检测仪表、控制设备、数据通信设备和数据展示处理软件构成，主要子系统包括 SCADA 系统、PLC 控制系统、工业控制通信网关和阀室远程监控系统等。

长输管道作为保证我国能源安全的重大基础设施，其安全性也越来越受到国家和中国石油的重视，而 SCADA 系统作为对长输管道进行高效调度和安全管控的唯一有效手段，其国产化也在"十二五"期间得到中国石油的有力推动。中国石油集团公司及管道专业各级公司，支持开展了管道 SCADA 系统软件、工业控制通信网关等主要子系统的国产化研发，研发成果均达到或超过了国际同类产品的技术水平，并实现在工业化应用中对国外产品的替代，不仅使国内相关技术发展达到了国际先进水平，而且从根本上保证了我国长输管道的调控安全。

管道 SCADA 系统软件 Epipeview 于 2013 年研发成功并实现工业化应用。国产化管道 SCADA 系统软件以集成服务平台为基础，引入面向服务的架构体系（SOA 架构）应用于实时监控系统中，实现了高效灵活的实时监控基础平台。采用基于库的部署和系统管理，可以实现在同一套系统中划分独立的处理单元（如一条管线），使系统在数据维护、工程开发、安装部署和升级维护等方面具备更好的灵活性、可配置性和隔离性。抽象并内置管道模型库，不仅工程开发过程简单化、标准化，而且实现实施经验积累的有形化。采用大型分布式 SCADA 系统中统一用户管理和分布式权限验证相结合的访问控制机制，严格保证油气储运控制安全。国产化管道 SCADA 系统软件实现了对跨平台的支持，系统容量、实时数据刷新速率等主要性能指标达到了国际先进水平，软件运行稳定。

工业控制通信网关是 SCADA 系统的数据接入接口，可通过有线、无线等方式接入现场设备、第三方系统等数据，可将数据进行缓存、分类打包等处理，并根据 SCADA 系统的需要，将数据按照规定规约进行上传，有效降低控制系统组网的复杂度，提高网络的开放性和可维护性，为管控一体化提供数据支撑。同时，基于虚拟通道和数据透传功能，可以实现现场设备和控制设备的远程状态监测、故障诊断和远程维护。工业控制通信网关于2011年完成研发，使用专用的嵌入式硬件和裁剪后的操作系统平台，搭载经过实践检验的安全、高效的应用软件程序，功能和性能全面达到国外同类产品水平，产品获得大范围应用。

PLC控制系统是SCADA系统逻辑控制的核心，在国内长输管道领域中，一直被国外的产品垄断，中国石油天然气与管道分公司于2015年组织研发了国产PLC控制系统STDC4000，该产品充分借鉴了国内在PLC研发和制造领域的成熟技术，结合长输管道大点数、高可靠性、复杂计算、高速通信等方面的需求，形成了系统容量大、网络开放、专用算法内置的大型管道站控PLC产品。

阀室远程监控系统是对阀室的流量、压力进行检测和对紧急截断阀门进行远程控制的独立系统，管道上每个RTU阀室都要配置。针对原有阀室远程监控系统数据采集器、通信传输设备、供电设备等都独立安装，不便于现场安装、维护，且投资较大的问题，2013年管道局组织开发了一体化阀室远程监控系统（RCS-OT），RCS-OT系统是基于光纤（或无线）传输方式的远程数据采集控制系统，集信号采集、控制、通信传输、供电于一体。具有性能可靠、功能全面、性价比高等优点。系统具有宽温特性及IP65防护能力，体积小，适用于偏远野外、荒漠等环境恶劣的安装环境。

通过"十二五"期间的国产化研发，天然气管道自动控制系统的相关技术均获得了突破，实现了国产化，产品已经实现了工业化应用，使我国天然气管道自动控制技术达到了国际先进水平。

第二节　管道SCADA系统软件国产化

Epipeview软件以集成服务平台为基础，引入面向服务的架构体系（SOA架构）应用于实时监控系统中，其灵活的扩展和模块化部署，能为不同规模的油气储运行业应用提供完整的监控与数据采集功能，实现了高效灵活的实时监控基础平台。

Epipeview软件具备以下特点：

（1）实现跨平台设计：支持Windows、Unix和Linux操作系统平台，同时支持在32位和64位操作系统下运行。

（2）面向服务的架构：采用面向服务的架构，系统功能实现即插即用，任何服务均可以部署在不同机器和不同平台上，基于服务的冗余管理，实现一主多备的冗余模式。

（3）基于角色的访问控制：统一用户管理和分布式权限验证相结合的访问控制机制基于RBAC（基于角色的访问控制）的安全管理机制。

（4）多实时库管理：系统可以同时运行和管理多个库。库是SCADA系统业务管理的逻辑划分（如管道），库的资源和运行实体是完全隔离的。在SCADA系统采用"库"管理使系统在数据维护、工程开发、访问控制、安装部署、升级维护提供良好的灵活性、可配置性和隔离性。

（5）基于时态的数据分析：根据实时数据基于时态的特点，即离散采样信号表征连续变化的特点，提供在时间轴上数据查询、统计和分析的技术。

（6）长距离多通道实时数据采集：以事务为单位，在同一个设备上并发执行多个请求应答的技术，有效提高采集效率。同时根据采集通道的带宽、设备优先级、命令优先、数据请求等因素动态优化采集的技术，提高数据采集性能和可靠性。

（7）强大的 HMI 集成开发环境：Epipeview 提供友好的 HMI 开发环境，可以在同一环境中编辑画面、图元、脚本、资源、模型、数据源等，并可直接运行调试，大大提高工程组态的效率。

（8）控制对象模型组态：以控制对象和工艺流程定义系统对象和模型，并支持对象数据绑定和对象行为绑定。

（9）免停机在线系统维护：软件为全在线系统，所有修改确定后即时生效。在系统开发阶段，支持所见即所得，提高了开发效率。在系统投入运行后，可以实现免停机的系统维护，提高系统的可用性。

（10）实时显示与历史重演：支持现场实时流程状态显示，并可在线重演历史任意时间的场景。为系统故障复现、故障分析提供强大的工具。

（11）灵活的多屏显示：既支持物理的多屏显示，也支持大屏任意划分逻辑多屏显示。既支持所有屏幕画面统一布局，也支持画面在屏幕间任意拖动。

（12）国际化支持：用户界面可以根据语言自动布局；独立的翻译工具和语言发行机制；时间显示、数据格式等本地化支持。

研发过程中，将最新计算机网络技术同油气储运自动化控制业务紧密结合，在实时集成服务总线、实时历史数据处理、实时数据采集、人机交互等方面取得技术突破，使软件在功能、性能上达到或超过了世界同类型软件，软件技术水平达到国际先进水平。

一、实时系统集成服务总线技术

1. 即插即用的高效构件实现机制

Epipeview 中针对管道 SCADA 系统的特点，自主研发了一套简化、高效实时、严谨的构件系统，称为 Comlite。Comlite 提供一种构件实现机制，定义了一个个物理的、可替换的系统组成模块，封装了实现体并且提供了一组接口的实现方法，并且明确定义接口、组件、对象类等概念。Comlite 技术应用使系统具有如下优点：

（1）稳定可靠。SCADA 系统软件必须具备工业级稳定性。在软件规模越来越大，复杂度越来越高，把众多的功能有效的组合起来，还要保证软件核心功能零缺陷，或缺陷快速定位。

（2）性能高效。SCADA 系统软件实时性的要求比一般软件高很多，保证运行体积开销最小，不仅适用大型中心高端服务器，同时可运行在站控的低端工作站。

（3）扩展重用。项目的人力和财力有限，系统必须具备可插入的、可重用的、可替换的功能，实现上采用分层次、分优先级逐步推进的策略，集中力量保证核心功能的实现，并逐步丰富和完善其他功能。

（4）松散耦合。解决中大型系统中常见的依赖问题：循环依赖、过度的连接时依赖、过多的编译时依赖、逻辑设计落实为物理设计等。项目可以支持多人并行开发，多个开发任务之间依赖性最小化，提高人员和时间的可互换性。

2. 实时分布式系统统一发现和访问技术

中心大型管道 SCADA 系统可能部署在若干台计算机节点上，涉及几十个或上百个进程相互通信。程序（功能模块）之间要实现彼此间的通信访问，首要需要解决的问题就是如何找到对方。多数小型 SCADA 系统可以让工程开发人员配置服务运行 IP 地址等信息，但如果运行功能模块多，配置工作复杂而且不易于调试，会给系统运行、维护和升级等工作带来极大的困难。

Epipeview 针对实时控制系统特点，采用面向服务架构体系思想，自主研发一套分布式系统发现和访问框架，如图 10-1 所示。

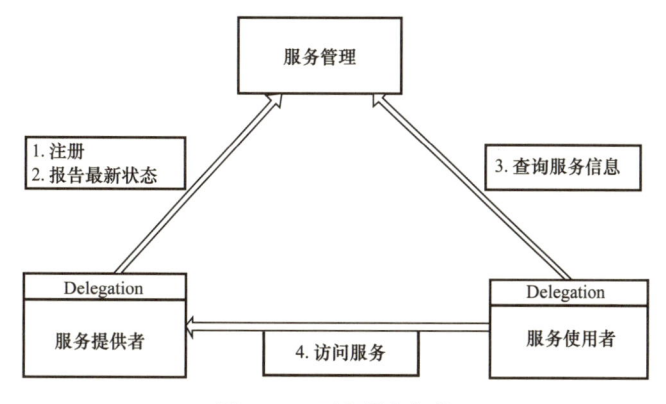

图 10-1 面向服务架构

在 Epipeview 软件的构成模块中，从概念上可分为 3 类角色：服务管理、服务提供者（服务）和服务使用者（客户端）。某些组件可能同时兼具服务和客户端 2 种角色。服务管理模块在系统中起到了枢纽的作用；服务需要向服务管理模块注册和报告最新状态；客户端需要首先向服务管理模块查询服务信息，才能连接到所要访问的服务。

服务管理是整个系统通信的核心，可以运行 1 个，也可以运行多个，多个服务管理之间实时同步数据，服务和客户端通过广播或多播定位服务管理。

通过该技术，完全实现整个系统运行的灵活部署，任何模块运行不需要配置任何系统部署信息，服务提供者把自己的类型和访问方式提交给服务管理，服务使用者根据需要获取需要调用服务和访问方式，对于工程人员或最终用户完全屏蔽了部署细节。

3.1+N 高可用性机制

计算机系统的可用性通常定义为系统保持正常运行时间的百分比，系统可用性用来描述和评测一个系统的可靠性和稳定性。对于 SCADA 系统来说，高可用性显得尤其重要。SCADA 系统通常采用冗余机制来保证系统的高可用性，即重复配置系统的一些关键部件，当系统发生故障时，冗余配置的部件介入并承担故障部件的工作，保证系统继续正常运行。

基于面向服务的架构体系，Epipeview 集成服务平台处理所有运行模块的冗余管理，同时可以把冗余的粒度细化为服务，而非整个计算机节点，实现了 1+N 高可用性冗余。相同功能的服务可以启动多个，并且向集成服务平台报告自己的状态，当发生故障节点，集成服务平台立刻感知，并且在已运行的同功能服务中挑选一个立刻接替工作。

1+N 高可用性冗余包含了 SCADA 系统中常用的 1+1 主备冗余，同时对于可靠性要求较高的场景，1+N 的服务冗余可以在相同的硬件数据量上，部署更多冗余部件工作，从而在不增加建设成本的基础上更好提高系统的可靠性。

二、实时历史数据处理技术

1. 面向任务内存管理技术

管道 SCADA 系统软件对容量、吞吐量、并发性和实时性等性能指标有苛刻的要求，同时内存管理是大型软件必须慎重考虑并解决的基础性问题。Epipeview 提出创新的内存管理技术，即"面向任务内存管理"，不仅大大提高在实时系统中内存使用的效率，提高程序运行效率，而且简化基于 C/C++ 语言开发程序中繁琐的内存管理，减少程序的缺陷。

工业控制系统基本流程处理大量是"实时性"和"快速性"的任务，例如处理一个信号采集点的一次数据更新，处理一个报警产生，处理一个计算逻辑，下发设备控制命令，发布一批实时数据更新，应答一次或多次网络调用，后台实时统计分析等。任务的执行时间比较短，大概在几十毫秒到几秒的数据量级，不会长时间占用过多的内存。

针对控制系统的这一特点，Epipeview 设计并研发非常轻量级的内存池，可极快速地创建和销毁一个内存池，存在的生命周期也比较短，不必过多考虑内存空间优化的问题，基本可以"只分配不释放"，因而可以采用比操作系统自身内存管理效率高的多的动态内存分配算法。SCADA 系统可以为"任务"创建一个内存池，在任务执行过程中使用，任务结束后一次性释放内存池。

采用该技术，不仅大大提高实时系统内存管理效率，而且使内存使用规范化、清晰化和简单化。作为该项目关键技术之一，进行了大量的实验和测试，并且作为核心技术固化到系统整个架构之中，经过测试，性能有明显的提升。在 Windows 系统中，单纯内存池分配内存速度比 C 运行库的速度快了近一个数量级，在模拟实时系统任务处理流程中，使整个处理效率提高 20% 以上。

2. 关系型实时数据库技术

实时数据库是整个 SCADA 系统的核心，功能包括：支持大容量信息的高效管理，支持多种数据类型；实现数据报警处理，越限报警、变化率报警、偏差报警、开关量报警和离散多值报警等；实时计算处理，可以高效处理用户自定义逻辑处理和计算；支持各种数据访问模式，快照的更新和读取，报警的读取和发布，配置信息读取和设置，各种数据（实时数据、配置、报警等）订阅及变化通知；下发控制命令处理；支持高可用性机制，包括冗余、数据在线备份等。

传统的 SCADA 工业实时数据库，其实并不具备"数据库"的特征，一般内部实现是内存块或高效的内存数据结构，这样实现简单，也具有较好的性能，但缺少结构化数据管理，也不具备事务处理的基本能力。

Epipeview 采用嵌入式关系数据引擎，在深入研究数据库理论基础上，针对工业控制系统特点，最大程度优化关系数据引擎，同时增加二级快速缓存，保证热点数据快速读写。

Epipeview 实现了全功能的基于关系模型的实时数据库系统，关系模型用二维表格表示实体集的结构化数据模型，数据结构简单清晰，具备强大的建模能力，用户无需关心数据的存储结构、访问技术等细节信息，基于数据模型的监控模式更符合自然人对工业活动的认知和实践过程；同时提供 ACID 的实时事务机制和故障恢复机制，在保证实时性的前提下，增强系统的安全性。对有严格持久性要求的数据实现完整的事务处理和故障恢复机制。

实践证明，Epipeview 采用关系型实时数据库技术，不仅具备高效大容量数据管理能力，而且保证控制系统的实时性和快速性，在保证系统稳定可靠的基础上，使单库容量超过 100×10^4 点，实时数据处理能力超过 20×10^4 点/秒。

该技术的成功应用，是 Epipeview 能够满足大规模管道控制系统的核心技术保证。

3. 实时数据的订阅、发布

实时模块处理完实时数据后，需要发布到监视器界面（或其他需要实时数据的模块）。SCADA 系统实时处理大量的数据，而监视器界面只是监视了少部分数据，为了提高监视数据的发送效率，减少服务器处理器、内存、网络带宽的负荷，减少非监视数据的传输，因此使用订阅—发布机制。

Epipeview 监视器界面打开某画面，遍历所有需要监视的数据点，提交到实时模块订阅。实时模块根据订阅列表将变化的实时数据立即发送给监视器。监视器模块内为了进一步提高数据性能，创建内部的订阅列表缓存和实时数据缓存。当不同画面中有同一个点的订阅时，监视器界面只需要向实时模块订阅一次即可。同样，监视器订阅缓存中具有延时处理功能，只有当所有画面都取消订阅某个数据点，且在一段时间内没有重复订阅，监视器界面才通知实时模块取消该数据点的订阅。而实时数据缓存可使新画面打开时立即显示数据。

4. 历史数据的压缩

工业监视数据有多种类型，如果所有监视数据不经压缩而全部存储的，则占用大量的存储空间。因此 SCADA 软件一般都提供数据压缩机制。压缩方式可分为无损压缩和有损压缩。

无损压缩又分为通用无损压缩和专用无损压缩。通用无损压缩例如 LZ77、LZ78、LZW 等，需要处理器进行大量的运算，且在数据存储和数据读取时都要进行运算，SCADA 软件中一般不使用。但针对特定数据类型，例如浮点数、整数，可以设定专用的无损压缩算法。

SCADA 中使用的有损压缩一般是牺牲一部分连续的数据点，使用部分点作代表，属于过滤算法。假设连续的多个点在时间和值组成的二维平面上恰好连成一条直线，那么只通过两端的两个点就可以计算出中间某时刻的点的值。基于这样的思想，如果我们容忍一定的误差，就可以将中间不完全在直线上的部分点抛弃，只保存两端的两个点，实现一定误差下的有损压缩。这样的压缩算法具有代表性的有死区压缩、旋转门压缩。另一种广泛使用的有损压缩算法为定时存储。

变化存储是一种基于过滤的压缩，将中间连续的相同值丢弃，只当与前一个保存值不同时再保存。当该数据为状态量时，属于无损压缩；当为模拟量时，属于有损压缩，因为拟合恢复时可能与原始采集值不同。但如果变化时保存拐点的值，则与阈值设为 0 的旋转门算法具有相同的结果。

Epipeview 软件提供死区压缩、旋转门压缩、定时存储、变化存储等多种压缩算法。用户可根据不同的数据类型、不同的变化频度、对精度的不同要求选择不同的压缩算法。

三、多任务实时数据采集技术

采集系统是管道 SCADA 系统的一个部分，是 SCADA 系统数据的主要来源。负责采集现场设备数据，同时响应来自实时数据库系统的数据下发指令，控制设备的动作。采集系统直接与外界 PLC、智能仪表等设备通信，通过标准的工业数据采集协议获取设备数据，并对数据进行协议转换，以 SCADA 系统可以识别的数据形式提交给实时数据库子系统处理。

1. 系统功能

Epipeview4 系统支持多种现场设备采集协议，如 Modbus/TCP、Modbus/RTU、IEC104、CIP、OPC 等。采集效率的高低对于整个 SCADA 系统性能的影响是很大的，如何提高系统的采集效率，是 SCADA 系统必须面对的问题。Epipeview4 系统专门针对 Modbus/TCP、CIP 协议的采集流程进行了优化，采用了多事务处理机制，大幅度地提高了数据采集系统的采集效率。

2. 系统特点

采集系统具有以下几个基本特点：灵活性高、容量大、可用性强、可扩展性强。

（1）灵活性高；

（2）容量大；

（3）可用性强；

（4）扩展性强。

3. 系统总体结构

采集系统使用先进的基于服务的系统架构，利用先进的计算机技术，实现分布式数据采集，并具有高容量、大吞吐量、高性能和高可用性的特性。

如图 10-2 所示，整个采集系统由一组相关的采集服务组成。采集系统支持 1+N 冗余机制模式，每个采集服务可配置 1 到多个冗余服务。采集服务由 Epipeview4 系统通过内部系统总线管理，采集服务直接接入设备网络与采集设备通信。

4. 采集服务模块划分

采集系统总体可划分为 4 大模块，调度模块、采集任务模块、设备驱动模块和链路模块，如图 10-3 所示。

1）调度模块

调度模块是采集系统的核心部分，主要负责任务的总体调度。运行中调度模块首先要对任务进行分解，安排任务的调度周期并对任务按优先级分组，然后按设定的策略执行任务。为了提高系统的性能，调度模块还会根据设备的特性并发执行多个任务。

2）任务模块

任务模块由调度模块调用，触发采集事务的执行。采集事务是一次完整的读或写设备

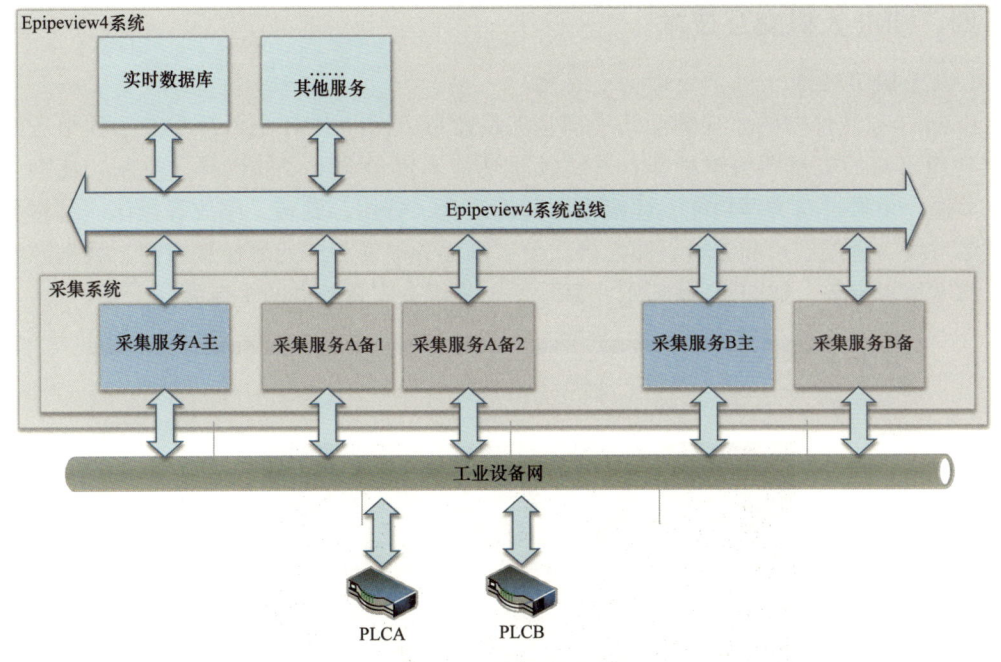

图 10-2　采集系统结构图

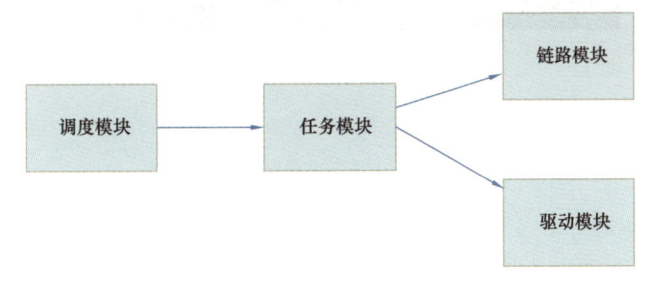

图 10-3　采集系统模块图

的动作。任务按类型可分为采集任务和命令任务，命令任务的优先级总是高于采集任务，所以会被优先执行。

3）驱动模块

驱动模块用于解释协议，由任务触发，完成协议数据包的解析或组包工作。目前管道应用较广泛的协议有以下几种：

（1）IEC 60870-5 系列协议，特别是 IEC 60870-5-104；

（2）GB/Z 19582.1—2008《基于 Modbus 协议的工业自动化网络规范　第 1 部分：Modbus 应用协议》；

（3）OPC 协议；

（4）CIP 协议。

4）链路模块

链路模块负责管理与设备的通信链路，完成读写设备数据的工作。目前管道系统中常用通信链路主要有基于以太网的 TCP/IP 链路和串口通信链路两种。

四、HMI 人机交互技术

1. 矢量图形编辑

Epipeview 软件中的监视画面几乎都是矢量图形，因此 HMI 子系统中的工程组态工具提供功能丰富的矢量图编辑功能。这些编辑功能不仅包含常规的选择、复制、粘贴、删除、后退、重做、对齐等功能，还提供图元的组合、分层、旋转、缩放等操作。编辑界面提供参考线、分层展示和编辑、图元层次窗、画面导航窗、图元属性编辑窗、数据源配置窗、脚本编辑窗等。如图 10-4 所示，显示了工程组态工具软件的主界面。

图 10-4　工程组态工具软件的主界面

如图 10-5 所示，展示了矢量图形正处于编辑状态的界面。

如图 10-6 所示，展示了图元的层次显示界面。图中所有图元分成了 4 个层，其中设备层和站场层处于隐藏状态，区域层和总览层处于显示状态，且只有总览层的图元可以编辑。

图 10-5　矢量图形编辑示意图　　　　图 10-6　图元层次示意图

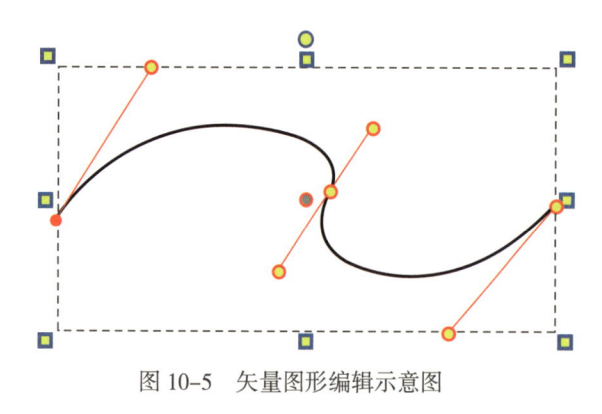

如图 10-7 所示，展示了图元属性编辑界面。该界面可针对当前选择的不同图元，动态显示其属性。

除了矢量图形，画面中可嵌入普通位图（如 bmp、gif、jpg、png 等格式）、帧动画图形（如 gif、mng 等）、简单窗口控件（如按钮、文本框等）、自定义窗口控件等。

2. 设备模型组态和重用

Epipeview 软件使用矢量图形展示现场设备。这些设备的矢量图形有确定的规范，如图 10-8 所示，展示了阀门设备和对应的矢量模型图。

每个设备模型都是由一个或多个基本的矢量图元组合而成的，其中子图元可以赋予不同的含义，可根据现场监视设备的信号数据而变化形态。

图 10-7　图元属性编辑窗示意图

图 10-8　阀门设备和对应的矢量模型图

(a)阀门设备

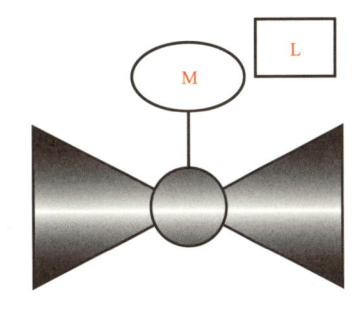

(b)阀门矢量模型

每个设备模型都可由用户自己组态定义，并保存成单独的模型文件。这些模型文件可被不同的组态工程使用，达到复用的目的。模型中的每个图元不仅保存各自的线条、颜色、填充背景等信息，还可以保存数据源、动画脚本等信息，带来复用的最大便利性。如图 10-9 所示，展示了显示在画面编辑界面中的可重用模型，这些模型可通过拖放操作在画面文件中创建出来。

不仅设备模型可以重用，画面文件也可以重用。例如某类设备具有相同的操作模式，就可以制作一个通用的控制面板文件，操作某个设备时，均打开该控制面板文件，中间通过编写少量脚本将设备信息传递到控制面板画面中，即可实现控制面板画面文件的复用。

3. 脚本

画面组态时，可使用脚本实现各类动画以及用户定义的动作。监视器界面打开画面文件进行监视时，自动运行其中的动画脚本，实现丰富的展示效果，可直观地了解到管道系统、设备的运行状态。另外可通过预先编写的键盘、鼠标事件处理脚本实现自定义的操作。例如设备的控制面板画面，可使用脚本完成特定设备的指令下发操作。

图 10-9　展示在图元工具窗中的图元模型

如图 10-10 所示，展示了脚本编辑窗界面，画面中右侧输入的脚本可在图元关联的采集点值发生改变时执行，根据值是否为 0，控制填充色为透明或红色。界面左侧列出脚本运行环境中可使用的对象和方法，并可显示解释信息，方便用户编写脚本。

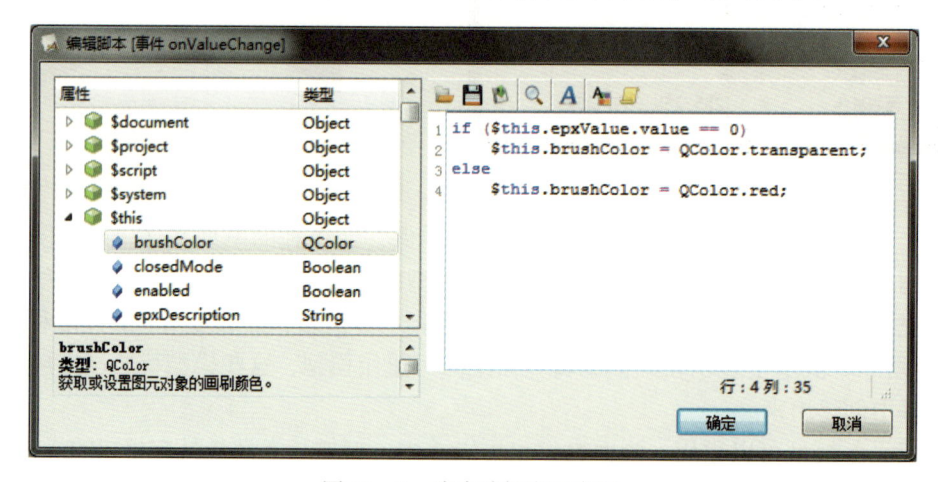

图 10-10　脚本编辑窗示意图

第三节　STDC 4000 PLC 控制系统

随着电子技术的发展，PLC 系统也向着分布式的冗余结构发展，而且实现了多处理器的多通道处理，不仅控制功能增强，而且功耗和体积减小、成本下降且可靠性提高，使 PLC 成为实现工业生产自动化的一大支柱。

在管道数字化和智能化的发展道路上，PLC 是最基本的控制设备，也是油气储运自动化系统的控制核心。所有的连锁控制逻辑、基本工艺参数采集与处理均在 PLC 系统中运行；部分管道还将流量计算机、可燃气体报警等多种附属设备的参数也都先传递到 PLC 中。作为管道控制关键设备的大型 PLC，目前国内采用的基本都是国外厂商提供的产品，并由国外承包商维护和服务，使我国在此领域形成了对国外产品和技术的严重依赖。大部分 PLC 设备使用施耐德公司、罗克韦尔（A-B 公司）、西门子、GE 等公司的产品，造成国外控制产品在国内管道行业的垄断。

管道 STDC 4000 PLC 产品是一套由中国石油天然气管道局主持研发的中国石油具有完全自主知识产权的根据管道控制要求进行主控器、输入输出、供电等设计，并保证硬件系统的安全性、可扩展性和可维护性的全分布式的可编程控制器系统。STDC 4000 PLC 核心指标为：

（1）系统容量 24576 点；
（2）CPU 最小扫描周期为 50ms；
（3）系统平均无故障工作时间 13×10^4h；
（4）CPU 切换时间小于 5ms；
（5）硬件平台通过 CE 认证；
（6）遵循 FF HSE 协议标准、IEC 61499 标准、IEC 61131-3 标准、FF H1 协议标准等标准规范。

本节重点介绍 STDC 4000 PLC 控制系统的技术架构和关键技术的实现方案，包括 STDC 4000 PLC 的整体设计、控制软件和硬件设计。

一、PLC 系统整体设计

根据管道自动化控制系统对 PLC 控制系统的整体要求，对 PLC 控制系统的硬件结构、I/O 等模板构成、网络架构与协议、供电、接线、安装、外壳模具、系统软件及功能软件架构等进行设计和研发，形成了完整的 PLC 控制系统设计和研发文档，掌握了 PLC 控制系统设计和研发中所涉及的核心技术。研制的 STDC4000 PLC 在基本技术选择和功能实现上，达到了国内领先的技术水平，实现了完整的功能和可靠的性能，且与管道中其他自动化设备能够充分的兼容；同时，产品整体具有高度的适用性、可维护性、可扩展性，便于产品的推广应用。

1.PLC 控制系统整体要求

通过分析 PLC 控制系统在管道自动化领域的应用场景和业务需求，对 PLC 控制系统提出如下的要求：

（1）冗余要求。

PLC 控制系统的 CPU、电源、通信模块均采用冗余热备的方式。其与上位机进行数据通信的接口也需要按冗余热备方式设置。

在主 PLC 意外发生故障时，从 PLC 自动切换为主机，冗余热备系统保证实现主备机之间平稳、无缝的切换。切换对于过程而言是透明的，系统对过程的监控不会中断。CPU 故障的检测时间不超过三个 CPU 的运行周期，CPU 的切换时间不大于 50ms。CPU 切换完成时，能够正常采集 I/O 数据，能够与上位机正常通信。

（2）环境要求。

PLC 系统的环境指标应满足：

① 工作温度：-10～55℃；

② 存储温度：-40～60℃；

③ 相对湿度：5%～85%，无凝结。

总体满足以下环境试验要求：

① 低温：GB/T 2423.1—2008《电工电子产品环境试验 第2部分：试验方法 试验A：低温》；

② 高温：GB/T 2423.2—2008《电工电子产品环境试验 第2部分：试验方法 试验B：高温》；

③ 恒定湿热：GB/T 2423.3—2016《环境试验 第2部分：试验方法 试验Cab：恒定湿热试验》；

④ 交变湿热：GB/T 2423.4—2008《环境试验 第2部分：试验方法 试验Db：交变湿热（12h+12h循环）》；

⑤ 温度变化：GB/T 2423.22—2012《环境试验 第2部分：试验方法 试验N：温度变化》；

⑥ 正弦振动：IEC 61131-2-2003。

（3）电磁兼容性要求。

PLC 产品应满足以下电磁兼容性要求：

① 静电放电：IEC61000-4-2；

② 射频场辐射抗扰度：IEC61000-4-3；

③ 快速瞬变脉冲群抗扰度：IEC61000-4-4；

④ 浪涌抗扰度：IEC61000-4-5；

⑤ 射频场传导抗扰度：IEC61000-4-6；

⑥ 工频磁场抗扰度：IEC61000-4-8；

⑦ 脉冲磁场抗扰度：IEC61000-4-9；

⑧ 电压暂降、短时中断和电压变化的抗扰度：IEC61000-4-11；

⑨ 震荡波抗扰度：IEC61000-4-12；

⑩ 谐波抗扰度：IEC61000-4-13；

⑪ 电磁兼容通用发射标准：IEC61000-6-4。

（4）供电要求。

PLC 如内置电源模块，模块供电电源应为标准的 5V/24V DC。模块能够在供电电源电压为 220V AC（-15%，+10%）的范围内正常工作。如电源产生波动，应保证波动不影响模块运行：供电电源为 5V 的模块能够在（5±5%）V 范围内应正常运行；供电电源为 24V 的模块在（24±10%）V，纹波<200mV 变化范围内应正常运行。系统应采用冗余电源为模块供电。电源容量不应限制机笼内 I/O 模块的配置，应保证在单电源供电情况下，最大实际负载不超过电源额定负载的 70%。

电源失电 20ms 内，系统不受影响。电源恢复后，系统自动恢复，不需要重新下装和配置系统。电源模块应提供电源故障（失电）报警信号。

（5）通信要求。

PLC 系统所采用的网络协议要开放、标准。至少具备同第三方系统进行 Modbus RTU/ASCII 和 Modbus TCP 的通信能力，与上位机通信能够支持 IEC 60870-5-104、Modbus TCP 和 OPC 通信协议。CPU 对外通信支持双以太网（系统有两个以太网口，每个网口均可设置独立 IP 和通信网关，即允许一个 PLC 的 CPU 运行在两个不同的网段上）。

PLC 支持的客户端访问数量不小于 8 个，即至少能够支持 8 个上位机或其他系统与 PLC 进行通信。CPU 与上位机通信接口的通信速率应在 100Mbit/s 及以上。

（6）I/O 网络与采集通信要求。

PLC 的 CPU 机架与 PLC 的 I/O 机架之间采用冗余的网络连接，该网络应符合国际标准，并且网络的速率不应因网络的节点和长度的变化而变化，通信速率不低于 5M。PLC 的 CPU 机架与上位机之间也应采用冗余的国际标准工业以太网进行通信连接。

CPU 机架与 I/O 机架之间的总线线缆支持的物理连接长度应不低于 20m，能够保证将 I/O 机架布置在 CPU 机架机柜之外的其他机柜内，总线仍然能够正常通信，不需要增加通信中继设备；CPU 能够采集 I/O 机架内 I/O 卡件和通道的设备状态，能够读取冗余网络的系统标志位；能够在 CPU 机架上通过增加网卡的方式扩展网络连接的数量。

PLC 系统具有支持 HART 协议的 I/O 模板，能够采集 HART 协议的传感器。

（7）板卡自诊断要求。

板卡及模块内通道均应具备自诊断的功能，自诊断的结果能够在 3 个 I/O 扫描周期内上传至 CPU。

（8）系统规模要求。

PLC 系统允许的最大 I/O 总点数不低于 15000 点；单个控制站最大应具有同时接入 10000 个开关信号和 5000 个模拟信号的能力（扫描周期 0.05s）的能力；支持的扩展远程机架数量应不小于 60 个，以保证 I/O 点数及裕量要求。

系统应能够运行 500 页功能逻辑页，且并不因为组态逻辑所使用的语言有所差异。并能够保证在最大负荷下，能够保证 40% 的 CPU 裕量。

2.STDC4000 PLC 控制系统概述

STDC4000 控制系统为分布式现场总线 PLC 控制系统，适用于中、大规模工业控制环境，提供过程控制、逻辑控制功能，可以广泛应用于油气管道、石油、化工、冶金、水泥、焦化、污水处理等行业。

STDC4000 控制系统具有如下特点：

（1）支持中、大规模控制系统应用，物理最大连接能力 24576 点；

（2）支持 FF、HART、MODBUS、Profibus DP 多种现场总线标准；

（3）支持控制器冗余、电源模块冗余、I/O 模块冗余等多种冗余方式；

（4）支持设备管理、诊断与维护功能；

（5）支持分布式组态、离线组态、仿真等多种功能；

（6）支持 IEC 61131-3 编程标准；

（7）开放的数据访问接口，支持 OPC 标准；

（8）集成先进过程控制技术。

二、PLC 系统控制软件

管道 PLC 系统控制软件是运行于 PLC 硬件之上的负责完成控制和通信任务的嵌入式系统软件，控制软件的设计重点在于控制规模和离散控制功能。在硬件层析上，控制软件采用增强的 FF HSE 协议栈作为主通信模块，能够完成协议访问、设备管理、模拟控制、离散控制及专业控制等功能，可以周期调度执行 IEC 61499 标准功能块；模块包括：FF H1 协议通信模块及其他现场总线协议模块，各种模拟量和数字量 I/O 模块等，各模块都应支持冗余功能；模块和主控制站之间通过自定义的接口进行数据交换。

1. 控制软件整体结构

根据管道 PLC 系统控制软件的功能需求，STDC 4000 PLC 系统控制软件的体系结构如图 10-11 所示，整个 STDC 4000 PLC 系统控制软件按照硬件的物理结构分为两大部分：主控制器软件和通信模块软件。

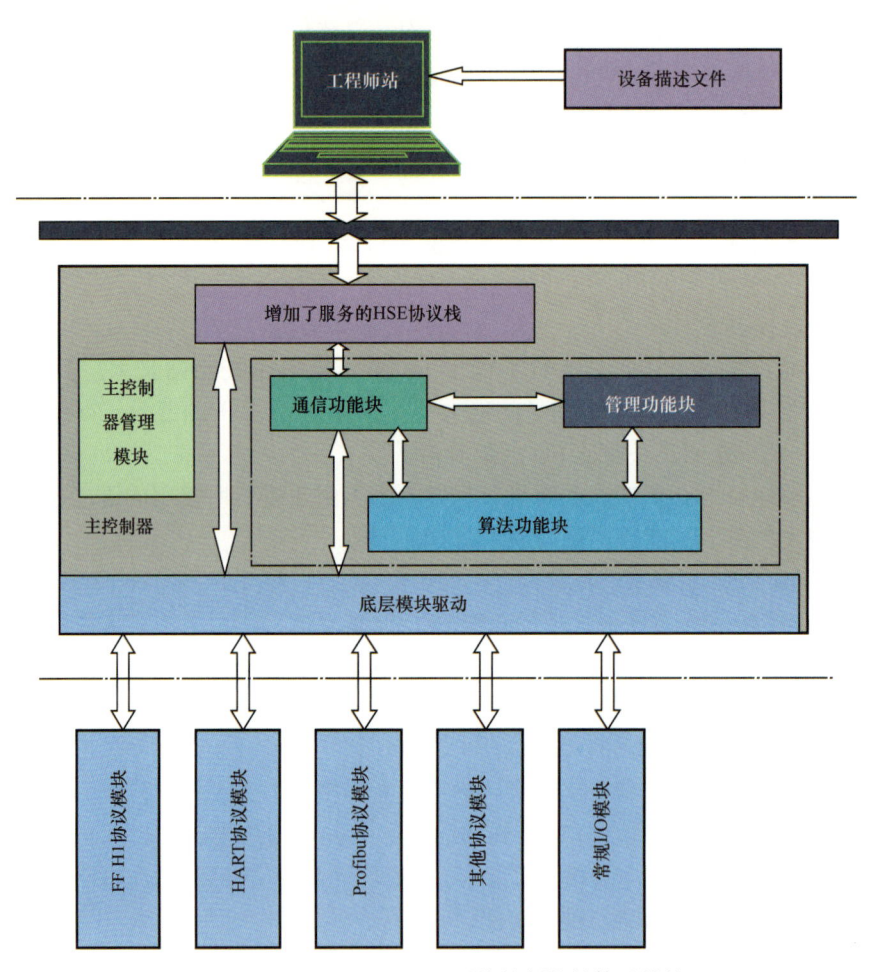

图 10-11　STDC 4000 PLC 系统控制软件体系结构

STDC 4000 PLC 系统控制软件整体上遵循 IEC 61499 标准的要求。IEC 61499 标准规定了工业测量和控制系统分布式应用的结构模型和功能块模型，并通过分布式网络将功能块联系起来。根据 IEC 61499 的思想，应用进程通过指定功能块或子应用进程之间的事件和数据流因果关系，来决定每个功能块的算法所指定操作的相关资源的调度和执行，如图 10-12 所示。

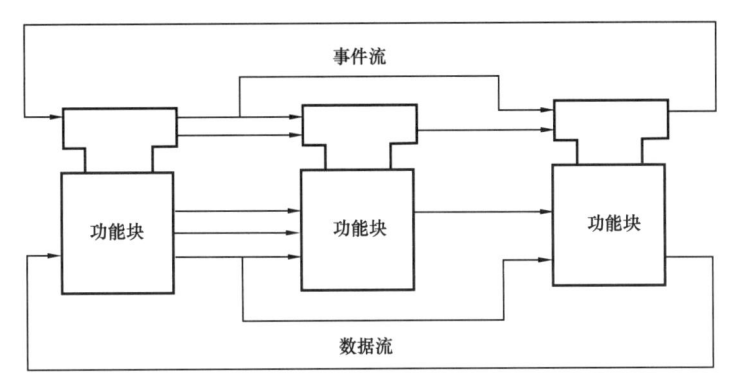

图 10-12　基于事件流和数据流的控制系统应用模型

STDC 4000 PLC 系统控制软件基于 IEC 61499 的控制系统结构模型。构造了控制站与上位机之间和控制站与控制站之间的通信模型，并建立了基于控制站的控制系统模型，如图 10-13 所示。

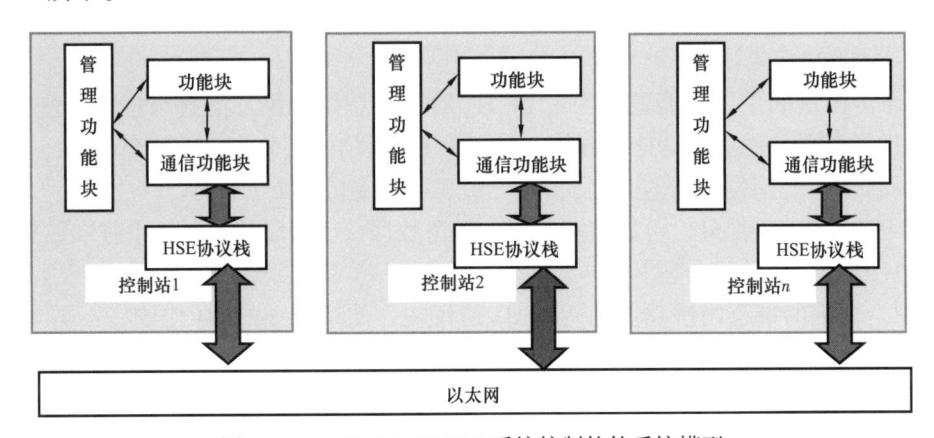

图 10-13　STDC 4000 PLC 系统控制软件系统模型

从用户应用的角度看，控制系统是由一些基本的功能块元素（如模拟输入模块 AI、模拟输出模块 AO、开关量输入模块 DI、开关量输出模块 DO、PID 控制运算模块等）通过以图形或者文本表达的逻辑链接关系进行组合，相互之间协调工作，共同完成控制任务。

2. 主控制器软件的设计

如前所述，STDC 4000 PLC 系统控制站软件分为主控制器软件和通信模块软件两个子系统，这两个子系统是相对独立的，通过主控制器软件中的底层模块驱动和加在各个模块中的与主控制器通信的程序来进行控制数据和服务数据的交换来实现两个子系统之间的通信，实现整个系统的各种功能。

根据需求分析，主控制器软件的主要功能有：

（1）执行上位机下载的功能块和功能块调度，这些功能块调度具有良好的执行过程控制和离散控制的能力，还具有与底层模块和其他控制器之间的数据互连功能，这些功能我们考虑用算法功能块、通信功能块和管理功能块来实现；

（2）主控制器软件还提供了上位机与控制器之间的，上位机与底层通信模块之间的和控制器与控制器之间的数据传输通道，这个通道我们考虑用增加了特定服务的 HSE 协议栈来实现；

（3）主控制器应该能够与所有控制站中的通信模块进行通信；

（4）主控制器还应该支持冗余、看门狗和异常处理等功能。

因此，我们把主控制器软件分为增加了服务的 HSE 协议栈、基于 IEC 61499 标准的功能块应用、与底层模块驱动等 3 个模块。

3. 通信模块的设计

在管道站控 PLC 系统中，通信模块软件的主要功能是对相应的现场总线协议或者远程 I/O 模块的数据进行处理，并传输到主控制器中，或者从主控制器中接收数据后将数据转发到相应的现场总线网段或者远程 I/O 模块上。

我们按照模块的硬件分类把通信模块软件划分为 FF H1 协议模块、HART 协议模块、Profibus DP 协议模块、其他现场总线协议模块和远程 I/O 模块等模块（目前，暂时不考虑除了 FF H1 模块以外的其他现场总线通信模块）。

协议通信模块运行于相应的底层通信模块硬件上，而 I/O 通信模块则运行在与主控制器相连接的 I/O 管理板卡上。

（1）H1 通信模块设计。

H1 通信模块的主要功能就是实现 FF H1 的现场总线协议并能够与控制器进行通信。根据对 H1 通信模块的主要功能的分析，我们将 H1 通信模块分为以下三个部分：

① 标准的带有网桥功能的 H1 协议栈，最多可以支持两个 H1 端口；

② 与控制器接口部分，可以向控制器中发送数据，也可以从控制器中收取数据；

③ H1 通信模块的冗余。

其中，标准的带有网桥功能的两口 H1 协议栈，使用现在的 H1 协议栈不需要做任何修改就完全可以达到要求。因此，这一部分的设计我们不考虑在内。

（2）与控制器接口部分设计。

与控制器中的底层模块驱动程序类似，H1 通信模块中与控制器的接口部分我们也是通过数据缓冲区和中断处理程序来实现的。我们在 H1 通信模块中建立一个 256B 的数据缓冲区，这个缓冲区用于存放从控制器传输过来的数据。存放在缓冲区的数据应该有如下格式：

① 存放的数据的类型（8bit 无符号类型），这个类型是指存放在缓冲区的数据是协议服务数据（用 0 表示），是 I/O 数据（用 1 表示），还是功能块数据（用 2 表示）；

② 存放的数据的长度（16bit 无符号类型）；

③ 存放的具体数据。

在控制器将数据放入缓冲区后，产生一个中断来通知数据的到达。因此我们在中断处理程序中完成对缓冲区中数据的处理。

在中断处理程序中，首先，判断存放的数据的类型，如果是协议服务数据，调用相应的 H1 协议栈提供的服务将协议服务数据发送到 H1 总线上。如果是功能块数据，则根据数据中的信息，构造一个 Information Report 服务数据包，然后调用 H1 协议栈提供的 Information Report 服务来把数据转发到 H1 总线上。

另外，这部分程序还提供了一个标准的函数来实现对控制器数据缓冲区的访问，H1 协议栈的协议服务数据和功能块数据都要调用这个函数来把数据发送到控制器相应的数据缓冲区中。

（3）H1 通信模块冗余设计。

H1 协议栈的冗余是通过插接两个 H1 通信模块来实现的，这两个 H1 通信模块只有一个模块正常工作，另一个模块作为主模块的备份模块。这两个模块之间的通信也是采用高速串口来实现的。

H1 通信模块的冗余和控制器的冗余从软件实现上来说是相同的，可以使用完全相同的实现方法。需要注意的是，H1 通信模块在切换过程中，有可能丢失 LAS 角色，在这种情况下，需要把该模块设置为主 LAS。

（4）I/O 通信模块设计。

I/O 通信模块是运行在与控制器相连接的 I/O 控制板卡中的，它的主要功能是与控制器进行通信，将 I/O 模块的状态信息和 I/O 模块的具体数据传输到控制器中，同时，它也从控制器取得输出的数据，根据这些数据输出到相应的 I/O 模块上。

（5）其他通信模块设计。

类似于 H1 通信模块，其他通信模块的软件也是由相应的现场总线通信协议与控制器的接口组成的。目前，我们暂时不对其他通信模块进行进一步设计。

（6）设备描述文件的设计。

设备描述文件是为实现设备互操作的目的而设计的，设备描述文件主要是给上位机使用的，包括了对设备和设备内的资源、功能块和功能块的参数描述。

由于管道站控 PLC 系统中控制器内部的资源和功能块只能通过管道站控 PLC 系统的上位机程序来进行访问，控制器中的所有信息对于上位机都是已知的，所以我们不需要开发控制器的设备描述文件以供上位机使用。

对于有标准设备描述的现场总线，我们使用该现场总线的标准来使用设备描述，对于没有设备描述标准的现场总线，我们采用定义好的设备描述来对现场设备进行描述以实现互操作功能。由于设备描述的开发并不影响整个系统的整体结构，这些设备描述的具体标准设计在目前阶段暂时不考虑。

三、PLC 系统硬件设计

1. 系统概述

管道站控 PLC 产品是中国石油具有完全自主知识产权的管道站控 PLC 产品，按照管道站控 PLC 要求，STDC4000 控制系统采用 FF HSE 现场总线作为控制网络，最多可以连接 32 个 STDC4000 控制站，挂接在 HSE 网络上的 STDC4000 控制站可以实时通信，组成控制回路，提供全分布的控制功能。

STDC4000 控制系统的核心部件是 STDC4000 控制站。STDC4000 控制站是一个实现现场数据采集、控制、网络通信、设备诊断和维护等功能的工业控制设备。

STDC4000 控制站由电源模块、控制器模块、I/O 子系统、背板及附属设备构成。

2. 系统总体结构

管道站控 PLC 是全分布式的可编程控制器系统，由工作站、控制站、现场设备以及控制网络组成，具体如图10-14所示。

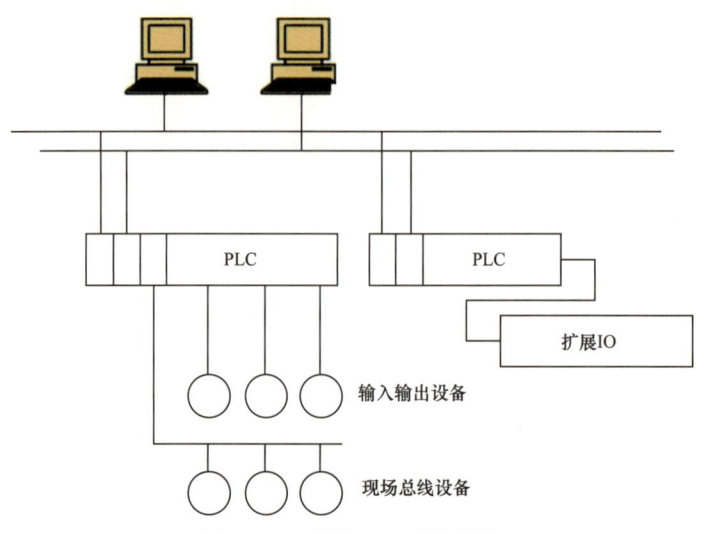

图10-14 管道PLC系统结构

多于1个的工作站，工作站可以是一台常规的工业控制计算机，也可以是一台普通计算机，用于提供上位系统功能、组态、监控、历史记录等。

多于1个的控制站PLC，负责现场数据采集、控制运算、网络通信等，PLC可连接普通的I/O设备，也可连接现场总线设备，PLC可通过扩展模块进行扩展。

多个PLC之间可以相互通信，多个PLC和工作站，以及相关的现场设备共同组成控制网络，PLC与上位系统的通信支持冗余。

3. 硬件组成

管道站控PLC主要由各种模块和背板构成，模块主要用于供电、主控制、I/O通信等功能，背板则用于不同模块之间的供电和通信。

模块可分为电源模块、控制器模块、各种I/O模块、通信模块等，其中，控制器模块又包括了主控制模块和I/O管理模块。所有模块都插在相应的背板上，模块的供电和通信都通过背板进行。

背板可分为电源背板、控制器背板和I/O背板，分别用于电源模块、控制器模块和I/O及通信模块的供电和通信，背板之间通过背板端子进行连接。

控制器模块和电源模块采用冗余方式进行设计，分为主电源/冗余电源，主控制器/冗余控制器，当主电源或主控制器出现故障，冗余电源或冗余控制器接管系统的供电或控制权。

此外还有用于终端匹配的终端匹配模块，以及背板延长器，用来进行I/O扩展，支持更大规模的现场控制和通信。

系统构成如图10-15所示。

4. 第三方认证

CPU模块STDC4000-CPU-0001通过欧盟CE认证。

电源模块STDC4000-POW-00D1通过欧盟CE认证。

STDC4000 PLC系统整体通过欧盟CE认证。

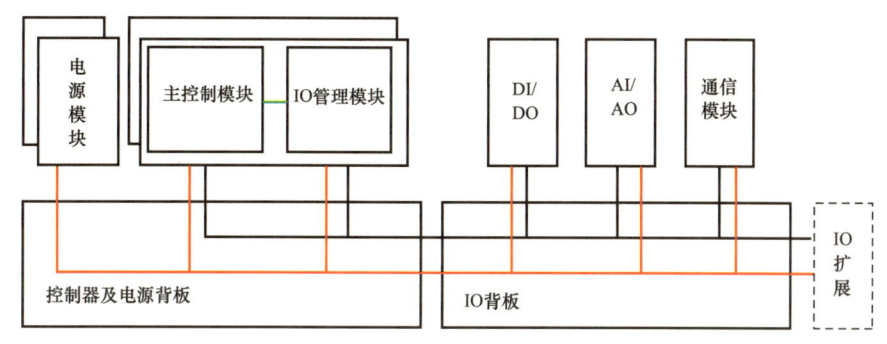

图 10-15　管道 PLC 硬件结构

第四节　工业控制通信网关系统

管道自动化控制项目中的设备种类繁多，导致系统联网中通信协议的多样化问题越来越突出，已严重影响到自动化系统的性能、工期、成本和稳定。为解决自动化系统通信协议的转换及通信标准化的问题，已有少数国外行业领先的工控软件厂商推出了协议转换相关产品，并已经应用于管道自动化工程中，取得了很好的效果。但是，此类产品通常作为整体方案中的一部分提供，并不单独使用，售价昂贵，而且存在技术壁垒。

工业控制通信网关作为一个通信服务平台接口，安装在独立的硬件设备上，部署于工业以太网中，用于连接 SCADA 系统与现场设备。它可以大大简化控制系统中异种协议的转换和系统组网过程，使异种协议可以轻松接入并转换为标准协议与其他系统互联，很好地解决了工控自动化中，软件系统、设备通信协议不一致，造成的系统通信连接和数据交换的困难。

工业控制通信网关的应用虽然增加了一些设备购置费用，但明显降低了系统施工和维护的难度，进而缩短了工期，也降低了系统维护成本，直接经济效益就很显著，很受业主欢迎，具有很好的市场前景，也代表了未来技术的发展方向。

一、系统特点

工业控制通信网关采用具备多串口多网口的高性能的嵌入式平台，并拥有完备的管道控制领域通信规约库，以及实时/历史数据库。利用工业控制通信网关，可以实现控制系统与智能设备之间跨协议、跨硬件接口的连接，进行数据采集与数据转发。

1. 系统架构

根据管道自动化控制使用需求进行模块划分，工业控制通信网关主要分为 4 个部分：应用管理器、数据采集管理器、数据转发管理器和数据管理器，如图 10-16 所示。

2. 系统功能

工业控制通信网关除具有协议转换基本功能外，还为现场设备的远程诊断维护提供了通道转换和通道透传功能及通信安全等方面的功能，具体功能如下所示：

（1）协议转换功能，支持的协议包括 Modbus TCP、Modbus RTU、CIP、IEC 60870-5-104，以及其他非标准协议，如 Modbus TCP-RTU 等；

（2）实时/历史数据存储功能；

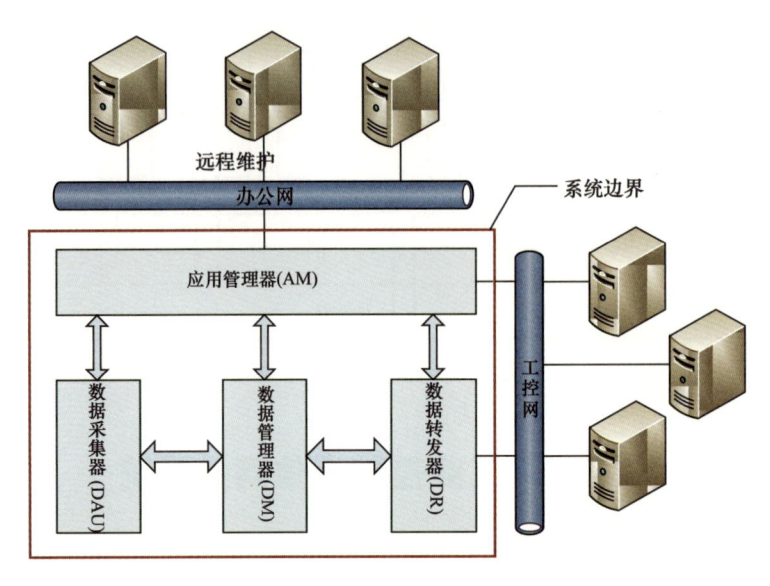

图 10-16　工业控制通信网关系统架构图

（3）通道转换和通道透传功能；

（4）双机冗余功能；

（5）远程组态功能；

（6）用户安全管理。

3. 系统特性

工业控制通信网关作为一个独立的通信服务平台接口，为满足控制系统和现场设备的联网需求，实现了以灵活为主的关键技术特点，包括设备通信参数的配置、数据点的采集转发参数的配置、采集转发协议的配置等，具体特性如下：

（1）标准硬件接口可灵活定制，10/100M 以太网，RJ-45 接口，RS-232/422/485 三合一 DB9 串口，内建 15kV ESD 全信号保护；

（2）高效的内嵌式实时数据库；

（3）多协议标准，支持常规标准协议和大量私有协议；

（4）异种协议转发任意组合，一转一、一转多、多转一、多转多；

（5）采用轮询和变化上传采集转发方式；

（6）无限点变量使用，输入、输出数据点数无限制；

（7）数据点采集转发可按位配置；

（8）支持多服务端、客户端机制。

二、技术特点

1. Linux 操作系统剪裁技术

结合工业控制通信网关的嵌入式硬件环境和业务需求，对操作系统存在着个性化的要求，因此定制符合自身特性的嵌入式系统，对工业控制通信网关在工控现场的易用性、稳定性、友好性以及产品的推广有着极其重要的意义。

对于嵌入式系统的特点，重新配置内核选项，去掉不必要的文件系统、外设驱动模块等，可以将内核降低到最小。剪裁编译 Linux 内核主要就是根据硬件特点进行的，因此在内核编译前，需要明确内核支持的硬件（例如网卡、串口等），支持多少种分区类型和文件系统，支持哪些网络协议等。去掉不必要的设备驱动和服务，不仅减小内核容量，使得系统容量大大降低，也进一步保证了系统安全稳定运行。

2. 异构设备数据实时访问引擎

由于现场的测控装置和智能设备种类繁多，导致通信协议和总线结构非常复杂。所以在现场和站控使用的工业以太网之间需要一种协议和介质转换装置——工业控制通信网关，而关键技术就是协议转换，又名异构设备数据实时访问引擎。

"异构设备"是指管道自动化系统部署于不同物理链路，使用不同控制协议的设备与 SCADA 系统。引擎实现对数据采集与转发的多协议支持，各种协议的驱动相互独立，互不影响。同时，引擎还应具有高效的调度算法，实现数据的实时读取，并发访问以及优先级控制等，如图 10-17 所示。

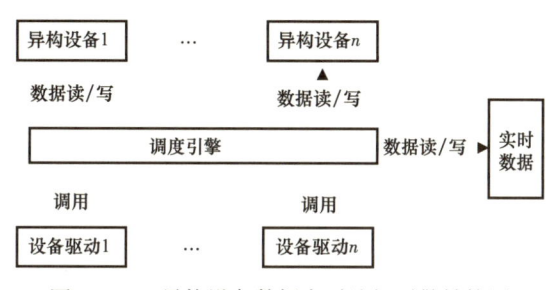

图 10-17　异构设备数据实时访问引擎结构图

由于管道自动化系统中包含不同的现场总线协议，它们在物理层、数据链路层上定义了不同的传输媒介与数据转发机制，因此针对现场总线的协议转换器应当工作在协议栈的最高层，即必须采用网关的方式。经过不断地打包数据、解包数据，由一类协议接收信息，经过翻译后送往另一类协议，从而实现异类现场总线协议间的转换。

多协议网关的作用是将一个现场总线设备的高层信息逐层向下传递，通过最下层的信道到达另一个现场总线设备，而后逐层上升，直到到达信息发送的对等层，信息被解释使用。

3. 多设备、多协议数据采集的高效调度算法

工业控制通信网关可以对采集到的实时数据进行缓存，支持控制系统由直接访问设备改为访问网关缓存，提高数据读/写响应速度。也可以对通信连接进行管理，动态的建立和结束与智能设备的连接；改变数据转发通道，在主系统网络与备用系统网络之间进行切换。

数据采集器负责使用通信协议对智能设备进行读写操作，同时负责多个协议、多个设备之间的协调调度工作，能够达到的技术指标如下：

（1）支持石油管道控制中常用设备的通信协议，包括 Modbus TCP、Modbus RTU、CIP、IEC 60870-5-104，以及其他非标准协议，如 Modbus TCP-RTU 等；

（2）设备接入方式支持串口、网口两种方式；

（3）支持同时从不同硬件接口接入多个协议设备；

（4）各个采集任务可以统一管理，能够动态启动和停止；

（5）支持块写入，也就是批量下置；

（6）支持写优先处理；

（7）动态协议扩展支持，只需开发，并加载新协议的支持模块，修改配置信息，即可实现对新协议的支持，无需修改原有代码和结构；

（8）支持采集设备冗余。

4. 通道转换透传技术

目前，现场智能设备的定期维护和故障诊断，通常都是厂家通过私有系统软件，到现场连接设备进行的。为了实现对现场设备的远程诊断维护，工业控制通信网关提供了通道转换和通道透传功能。

通道转换和透传功能，采用虚拟端口和信息透传技术，实现通道的转换和连接，透明地传导维护诊断端和设备端之间的交互信息，而不解析两者之间的通信内容。在这种情况下，维护诊断端和设备端的通信，就好像远程直接接到设备上一样。

通道转换和透传系统达到的指标如下：

（1）同时支持32个网络通道，包括串口和以太网；

（2）支持每个通道的动态建立和动态撤销；

（3）通道传输延迟<100ms；

（4）空通道状态持续5min后，通道自动关闭；

（5）网络主机的接入提供安全访问控制。

第五节 管道截断阀远程监控系统

在长距离输油、输气管道工程中，需要对大量的管道截断阀实施远程监控，其相关数据的及时采集和有效监控是保证管道安全、可靠、平稳、高效、经济运行的前提条件。目前为满足截断阀远控要求，均采用建设远程终端控制系统（Remote Terminal Unit，简称RTU）远传阀室的实施方式，传统的RTU远传阀室包含了RTU、通信、电源、接地、设备间等部分，若各部分独立建设，总体投资大、设计复杂、施工周期长。为了改善目前这种现状，使阀室远程监控系统投资少、建设周期短、安全可靠实用、适应更恶劣环境，形成适合管道安全运营要求的管道截断阀远程监控系统方案则显得非常重要。根据管道安全运行的实际情况，廊坊开发区中油龙慧自动化工程有限公司研发了"管道截断阀远程监控系统"，该系统是一套基于光纤传输方式的远程数据采集控制系统，集信号采集、控制、通信传输、供电于一体。

一、系统结构

基于光纤传输方式的远程数据采集控制系统，集信号采集、控制、通信传输、供电于一体，如图10-18所示，它主要由3部分组成：供电单元（太阳能电池板、电源控制模块、蓄电池）、控制单元（RTU采集控制模块）和通信单元（转换模块、通信模块）。现场仪表输出接RTU采集控制模块的输入，RTU采集控制模块的数字量输出接现场仪表，RTU采集控制模块的串口通过转换模块与通信模块连接，以太网接口直接与通信模块连接，通信模块的输出通过自身光接口连接至干线光纤，RTU 采集控制模块的串行接口至第三方通信接口，太阳能电池板和蓄电池接电源控制模块后与 RTU 采集控制模块、转换模块、通信模块连接，并通过串行接口与 RTU 采集控制模块连接。

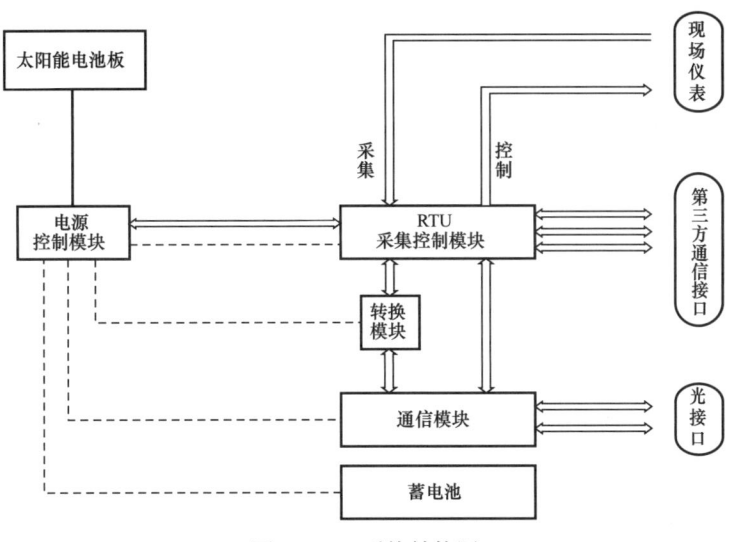

图 10-18 系统结构图

（1）供电：当有一定强度阳光照射条件下，电源控制模块根据电池温度调整电源系统对蓄电池的浮充电压为其充电，同时将经过稳压后的电源供给 RTU 采集控制模块、转换模块、通信模块；无阳光照射条件下蓄电池直接为以上 3 个模块供电；

（2）信号采集控制：RTU 采集控制模块完成数字量（DI）、模拟量（AI）的数据采集，同时完成数字量（DO）的输出控制及历史数据、报警事件记录的存储；电源控制模块完成相关供电系统的所有数据采集；RTU 通过串行接口与电源控制模块进行通信获取全部供电数据，并留有串行接口用于与第三方设备通信；

（3）通信：所有数据全部集中在 RTU 中，RTU 本身自带一个以太网接口，通过一块转换模块将一个串口转换成一个以太网接口，这样系统就能提供了两个以太网接口。这两个以太网接口接到通信模块上，经过通信模块中的以太网交换及光电转换后，转换成光信号，再通过系统对外的两个光口直接接入干线光纤，向上、下游两个方向进行数据传输，在传输介质上做到了冗余。

二、系统功能

（1）监视功能：对场站阀门状态、清管球信号、相关报警输入、系统自身电压、蓄电池状态、第三方设备通信状态等进行监视；

（2）测量功能：测量场站温度、压力、系统自身电压、系统负载电流；

（3）逻辑控制；

（4）报警功能：对报警参数进行存储及上传；

（5）与第三方设备通信功能：支持与第三方设备通信；

（6）接受并执行调度控制中心下达的命令；

（7）为调度控制中心提供数据；

（8）数据存储及处理、事件保存；

（9）通信及网络功能：基于以太网技术，与控制器、SCADA系统完美融合，数据流通过光纤向上下游站场两侧汇聚，实现双网络，确保数据传输的稳定性、可靠性、及时性，是目前数据传输的最佳方式。可实现远程自诊断，采用完备的安全机制直接纳入到SCADA系统中；

（10）扩展功能：I/O模块、通信接口扩展；

（11）供电功能：系统自带供电单元。

三、技术参数

（1）工作环境：温度范围 −40～70℃，湿度 5%～95% RH（不结露），箱体直接安装在户外，防护等级IP65；

（2）功耗及供电：功耗≤15W；

（3）接地要求：≤4Ω；

（4）电源防雷：

一级防雷：通流容量40kA，8/20μs，标称电压150V；

二级防雷：通流容量6.5kA，8/20μs，标称电压75V；

（5）箱体尺寸：460mm×550mm×260mm（高×宽×深）；

（6）通信接口：SFP模块提供2个LC光接口；

（7）与中心采用的通信协议：Modbus TCP；

（8）控制单元：

①提供多种符合IEC 61131标准的编程语言（SFC、FBD、LD、ST、IL五种标准编程语言）并支持嵌入式C编程；

②自诊断功能，能对内存模块、I/O模块、CPU模块、通信模块、电源模块等进行诊断，将有故障单元的信息发送至调度控制中心；

③提供12个DI、4个DO、8个AI，I/O点根据需要可以扩容。

（9）通信单元：

①直接引入干线光纤，无须增加其他设备，通信距离0～120km；

②数据无需站场处理，经站场路由直接传到中心，同时也可以传给相邻站场使用；

③设备管理通过串行接口、WEB界面、SNMP v1/v2等；

④具有诊断功能（电源、链路状态、数据、全双工、错误、冗余管理器），提供系统日志等；

⑤端口安全（基于MAC或IP），SNMP v3；

⑥站场之间数据隔离。

（10）供电单元：

①供电单元由太阳能电池板、太阳能控制器、蓄电池、安装支架组成；

②电压为+24V。

（11）控制箱集成：RTU、网关、交换机及所有辅助线路全部集成在防护等级为IP65的箱体中，高度集成节省了空间。

四、安装方式

太阳能电池板及控制箱采用抱杆安装方式，安装在一根镀锌杆上，可以有效节省空间，减少征地，无需建造专用房屋，如图 10-19 所示。

蓄电池的埋地安装可以解决蓄电池在防冻问题上的瓶颈：

（1）地埋箱通过地下密封处理，解决了防水问题；

（2）地埋箱通过穿线管延伸到抱杆底部穿线的同时，解决了透气问题；

（3）采用优质材料，特殊的栅栏式加强筋设计，保证了蓄电池箱的承压强度；

（4）通过保温层有效地解决蓄电池的保温。

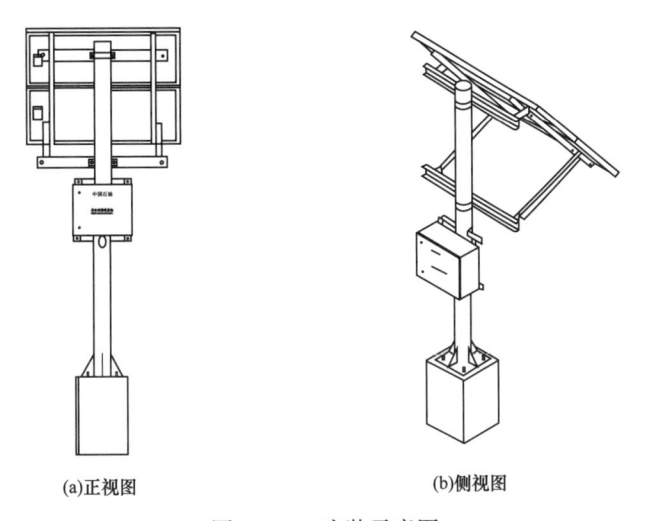

(a)正视图　　(b)侧视图

图 10-19　安装示意图

第十一章　海洋管道建设技术

海洋管道是海上油气田开发生产系统的主要组成部分。它是连续地输送大量油气最快捷、最安全和经济可靠的运输方式。海洋管道将海上油、气田，储油设施或陆上处理终端连接成一个有机的整体，使海上生产设施的各个环节通过管道形成相互关联、相互协调作业的生产系统，也使海上油气田和陆上石油工业系统联系起来。

近些年来，随着全球海上油气田开发的迅猛发展，海洋管道在海洋油气钻采、集中、处理、贮存及输送等环节中将发挥越来越重要的作用，管道输送工艺已被广泛应用于海洋石油工业。海洋管道建设技术的发展，无论是国内还是国际，其历史都不是很长。但随着科学技术的飞速发展，海洋管道的设计、施工、检测以及运行维护等技术也日趋完善。

第一节　海底管道关键设计技术

一、荷载抗力系数设计方法

1. 两种海底管道设计方法

目前国际上海底管道的设计标准有很多，包括 DNV OS F101、DNV1981、APIRP 1111、ASME 831.4 和 B31.8，以及 ABS PR Guide 等。它们从设计原理上可以分为两大类：一是工作应力设计法（WSD）；二是荷载抗力系数法（LRFD）。

WSD 设计方法通常以承受工作条件下的内压所需的管道承载能力为基础，相关的荷载、荷载效应和材料性能都被看作是确定性的量，并以环向应力和等效应力两个指标作为判据来考察管道是否屈服。虽然考虑到管道在制造和运行中的不确定性因素而规定了最小安全系数，但也存在一定的缺陷。从可靠性的角度看，传统安全系数偏大偏小的可能性都存在。另外，管道的设计安全系数应与管道的制造质量和几何尺寸的要求相联系。与早期制造的管道质量水平相比，目前的工业技术已使管道质量得到较大的提高。这些事实已使人们普遍意识到传统的确定性设计方法已经不适合当前管道发展的需要。

采用可靠度理论及分析方法，可以对管道在强度、承载能力及疲劳寿命和安全性等方面作出比用确定性方法更加合理确切的评估。采用基于可靠性的极限状态设计方法是当前管道设计的发展趋势。DNV-OS-F101 是当前世界上广泛采用的，以极限状态的可靠性设计为依据编写的海底管道设计规范。

2. 荷载抗力系数法的设计基础

荷载抗力系数的设计方法是建立在极限状态和分项安全系数基础上的。极限状态分为 4 种，分项安全系数则是基于流体分类、定位分区以及不同的安全等级基础之上，分述如下。

1）极限状态

依据极限状态描述的所有相关失效模式在设计时必须考虑，极限状态分为以下 4 种类型：

(1) 操作极限状态（SLS）：如果超过这种状态，管道不再适于正常运行；
(2) 极端极限状态（ULS）：如果超过这种状态，管道的完整性将遭到破坏；
(3) 疲劳极限状态（FLS）：考虑累积循环荷载效应的极端极限状态；
(4) 偶然极限状态（ALS）：由偶然荷载导致的极端极限状态。

2) 流体的分类

管道系统输送的流体应根据它们潜在的危害性来进行分类，分类见表11-1。对于表中没有具体说明的气体或液体，要按照具有相似的潜在危害的物质分类，如果分类不明确，则定为最高危害性。

表11-1 流体分类

类别	描述
A	典型的非可燃水基流体
B	易燃的和（或）有毒的物质，该物质在常温常压下是液体。典型的例子是石油产品。甲醇也是一种易燃的和有毒的液体
C	非易燃物质，该物质在常温常压下是无毒气体，典型的例子是氮气、二氧化碳、氢气和空气
D	无毒的，单相的天然气
E	易燃的和（或）有毒的液体，在常温常压下是气体，被作为气体或液体输送，典型的例子是氢气、天然气（不包括D类的）、乙烷、乙烯、液化石油气（如丙烯、丁烯）、天然气液体、氢和氯

3) 定位分区

管道系统应按其所处区域，划分为如下的两类：

1区：沿着管道没有经常性人类活动的区域；

2区：经常有人类活动的区域或平台附近区域。2区的范围要根据适当的风险分析确定。如果没有进行这样的分析，要采用至少500m的距离。

4) 安全等级分类

管道设计必须基于潜在的破坏后果，这集中体现在安全等级的分类中。安全等级可因管道所处阶段、位置以及流体类别的不同而不同，分为3类，见表11-2。

表11-2 安全等级的一般划分

安全等级	描述
低	破坏对人类伤害风险低，对经济和环境后果小，通常是管道安装阶段的级别
一般	对于临时条件，破坏对人类有伤害风险，对环境污染显著，有非常大的经济和政治影响，通常这是在平台外部区域进行操作的级别
高	对于操作条件，破坏对人类伤害风险高，对环境污染显著，有非常大的经济和政治影响，这通常是在2区进行操作的级别

通常情况下，管道所应用的安全等级见表11-3。

表11-3 安全等级的一般划分

阶段	位置分类			
	流体类别A、C		流体类别B、D和E	
	1区	2区	1区	2区
临时①	低	低	低	低
操作	低	一般②	一般	高

注：① 试投产前的安装阶段（即临时阶段）一般为低安全级别；对于试运行后的临时阶段，其安全等级的确定应基于对破坏后果的具体考虑；
② 立管为高的安全等级。

3. 荷载抗力系方法的基本原理

1）基本原理

分项安全系数设计方法的基本原理是：对任何可能的破坏模式，系数化的设计荷载不超过系数化的设计抗力。其中，系数化的设计荷载是通过特征荷载乘以荷载效应系数获得，系数化的抗力是通过特征抗力除以抗力系数获得。

如果设计荷载 L_d 不超过设计抗力 R_d，则认为满足规定的安全水平，即

$$L_d\left(L_F, L_E, L_A, \gamma_F, \gamma_A, \gamma_C\right) \leqslant R_d\left[R_k\left(f_k\right), \gamma_{sc}, \gamma_m\right] \quad (11-1)$$

式中 L_F，L_E，L_A——分别表示功能荷载、环境荷载以及偶然荷载的特征荷载效应；

γ_F，γ_A，γ_C——分别表示功能荷载系数、偶然荷载系数以及条件荷载系数（表11-4）；

γ_{sc}，γ_m——分别表示安全等级抗力系数和材料抗力系数。

2）荷载效应系数

管道系统的每个部分都要按表11-4给出的最不利荷载组合来校核，其中荷载组合a是一个系统检验，只有系统影响存在时才适用。条件荷载效应系数见表11-5。

表11-4 荷载效应系数和荷载组合

极限状态/荷载组合		功能荷载	环境荷载	干扰荷载	偶然荷载
		γ_F	γ_E	γ_F	γ_A
ULS	a	1.2	0.7	—	—
	b	1.1	1.3	1.1	—
FLS		1.0	1.0	1.0	—
ALS		1.0	1.0	1.0	1.0

表 11-5 条件荷载效应系数 γ_C

条件	γ_C
管道放置在不平坦的海床上	1.07
连续刚性支撑	0.82
系统压力试验	0.93
其他	1.00

注：(1) 不平坦的海床条件是相对于自由跨度管道而言，当管道在不平坦的海床上迂回铺设时要用到同样的因子；
(2) 连续的刚度支撑表示荷载的主要部分还是由位移条件控制的，比如管子在卷筒上时；
(3) 几个条件因子可能会同时作用，比如在不平坦的海床上进行的压力试验，则条件系数可以取 $1.07 \times 0.93 = 1.00$。

3）抗力系数

设计抗力 R_d 一般可以表示为如下形式：

$$R_d = \frac{R_k(f_k)}{\gamma_{sc}\gamma_m} \tag{11-2}$$

式中　f_k——特征材料强度。

材料抗力系数 γ_m 是由极限状态的种类决定的，见表 11-6。

表 11-6 材料抗力系数 γ_m

极限状态种类	SLS/ULS/ALS	FLS
γ_m	1.15	1.00

安全等级抗力因子 γ_{sc} 则与安全等级有关，见表 11-7。

表 11-7 安全等级抗力系数 γ_{sc} 与安全等级关系

项目	γ_{sc}		
安全等级	低	一般	高
压力控制	1.046	1.138	1.308
其他	1.04	1.14	1.26

(1) 对 1 区管道的某些位置，抗力安全等级一般时，γ_{sc} 取 1.138；
(2) 给出三位有效数字是为了与 ISO 使用因子一致。
(3) 低安全等级要求比偶然压力高 3% 的系统压力试验来控制。因此，对于低安全等级的运行期，抗力因子会提高 3%。
(4) 对于系统压力试验，材料强度系数取 1.00，因此所有材料的允许环向应力为 SMYS 的 96%。

二、海底管道全路由 3D 数值建模设计

相比于二维设计，海底管道三维数字化设计，可以更直观全面地进行管道路由评估选

择；在力学分析中，考虑管道空间变形及应力，计算结果更精确。同时，管道三维数字化设计，将为管道运维提供强大的数据支撑。海底管道三维数字化设计技术是海底管道设计发展的必然趋势。图11-1是海底管道全路由三维数字模拟设计效果图。

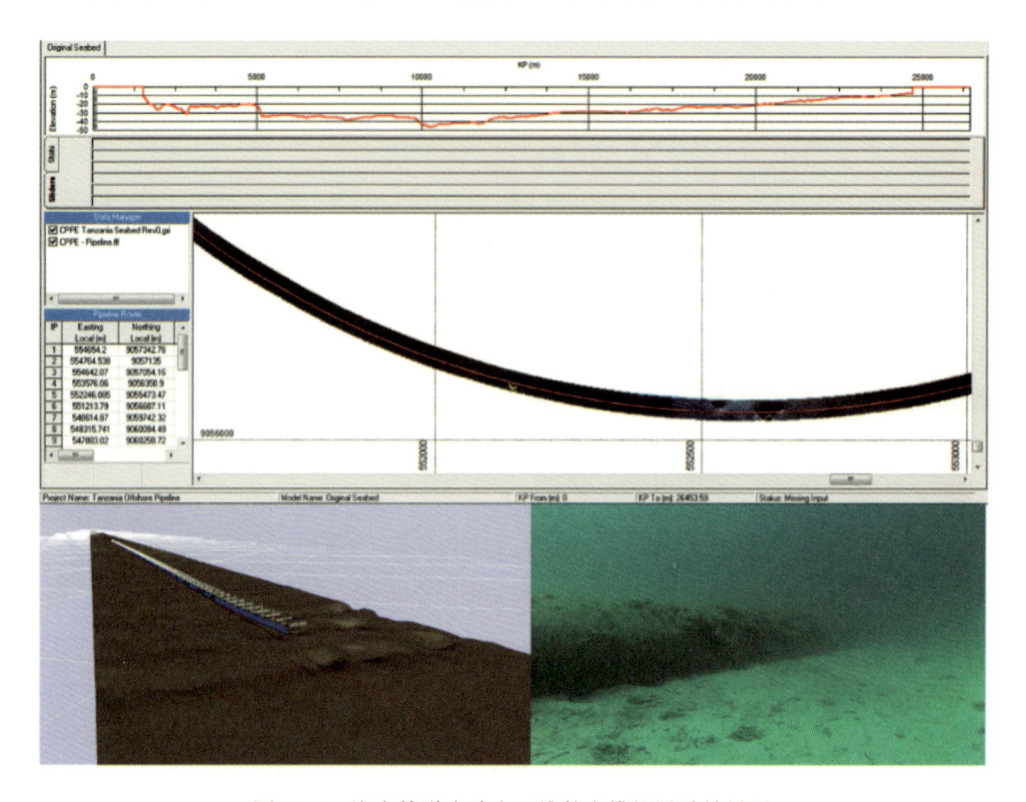

图 11-1 海底管道全路由三维数字模拟设计效果图

1. 海床 3D 数字化建模

1）原始海床建模

海床基于数字地面模型（DTM）进行三维建模。数字地面模型指的是通过数字的形式对地形表面进行描述，反映地形特征的空间分布，它是由地形表面采样数据而得，并按照特定的结构进行关联的一组由平面位置和属性特征构成的点以及对地形表面进行连续表示的算法组成。地面模型的 Z 值通常表示地形表面的属性特征，当 Z 作为高程信息用于表示地形起伏形态时，此时 DTM 可称为数字高程模型（DEM）。

在处理三维数字化海床的过程中，由于原始数据由专业调查公司完成。取得原始数据后，采用 Fledermaus 或 Sage Profile 3D 软件进行海床数字化建模，如图 11-2 所示。

2）海床处理后的重新模拟

为保证管道铺设安全，需要对海床进行预处理（清除或回填）、预挖沟、后挖沟，这些措施都会导致原始海床变化。要准确模拟处理后海床，需要设计定义海床处理范围及程度，对应修改海床三维数据，重新进行海床三维建模，如图 11-3 所示。

管道在不平整海床上铺设，最直接的后果是部分管段没有海床支撑，出现悬跨。悬跨超过允许悬跨长度时，则可能导致强度破坏或疲劳失效。因此，不平整海床海底管道的设计思路是确保管道的支撑，将管道悬跨长度控制在允许范围内。

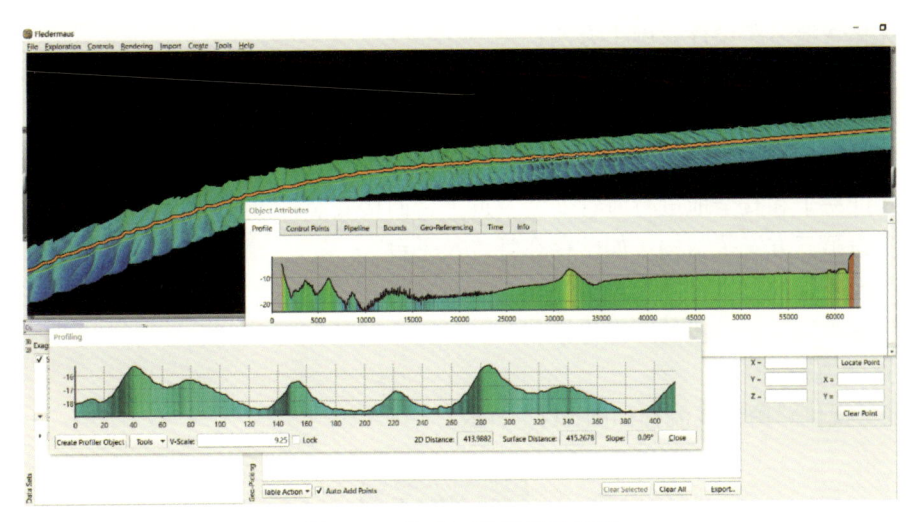

图 11-2　海床三维建模示意图

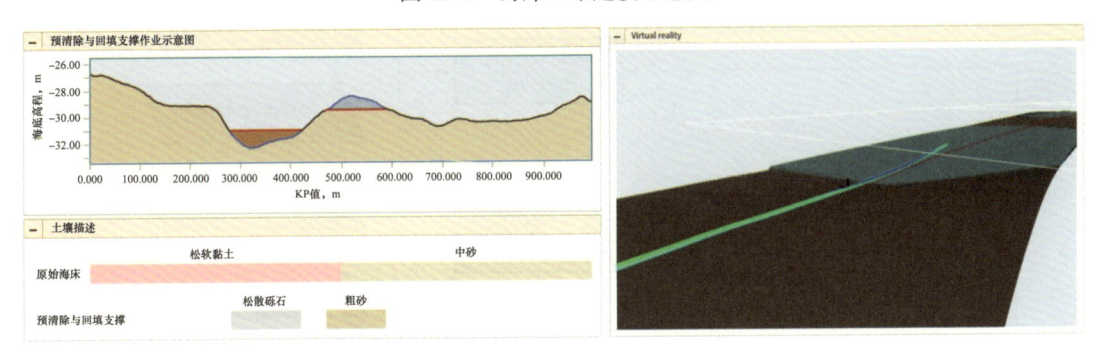

图 11-3　海床预清除和回填支撑

2. 海底管道全路由 3D 建模设计

1）三维可视化路由选线

（1）路由选择基本原则。

① 管道系统不宜靠近无关的构筑物、其他管道系统、沉船、漂砾等。确定其最小距离宜根据预期的位移、水动力效应和风险评估。当管道系统靠近其他构筑物、管道系统、沉船、漂砾等时，要做详细的路由研究，应考虑可能的位移、运动和其他风险以保证足够间隔和抗干扰的余地。

② 交叉的管道，宜保持分离，且采用至少 0.3 m 的垂直距离。

③ 管道应受到保护，防止由落物、渔具、船舶、抛锚引起的不能接受的损伤；且宜避免使管道位于平台的装载区内。可通过下列一种或联合措施实现保护：混凝土涂层、埋设、覆盖（如砂、石砾、垫子等）、其他机械保护。

海底管道在设计阶段，会尽量按照直线进行规划，以达到距离最短，材料最省和建造施工费用最少的目的，但往往在复杂地形条件下会在管道规划的直线路由上存在障碍等，需要改变直线路线，形成曲线路由，设计阶段一般需要考虑因素如下：

① 最小水平弯曲半径产生的弯曲应力满足强度要求；

② 使悬跨及跨越数量最少；

③ 避免洼地和海底障碍物引起的过大悬跨及额外弯曲；

④优化管道悬跨设计及施工方法；
⑤考虑管道路由地质特征及其变化；
⑥避免锚区（如存在）；
⑦避免可能的有害区域、麻区及水下障碍；
⑧保证易于和安全地进行海管安装及近平台回接安装；
⑨考虑第三方安装结构（如已存在管线及平台）；
⑩考虑安装的可实施性和经济性；
⑪考虑管道运行阶段的可操作性。

2）选线流程

三维可视化路由选线流程如图11-4所示。

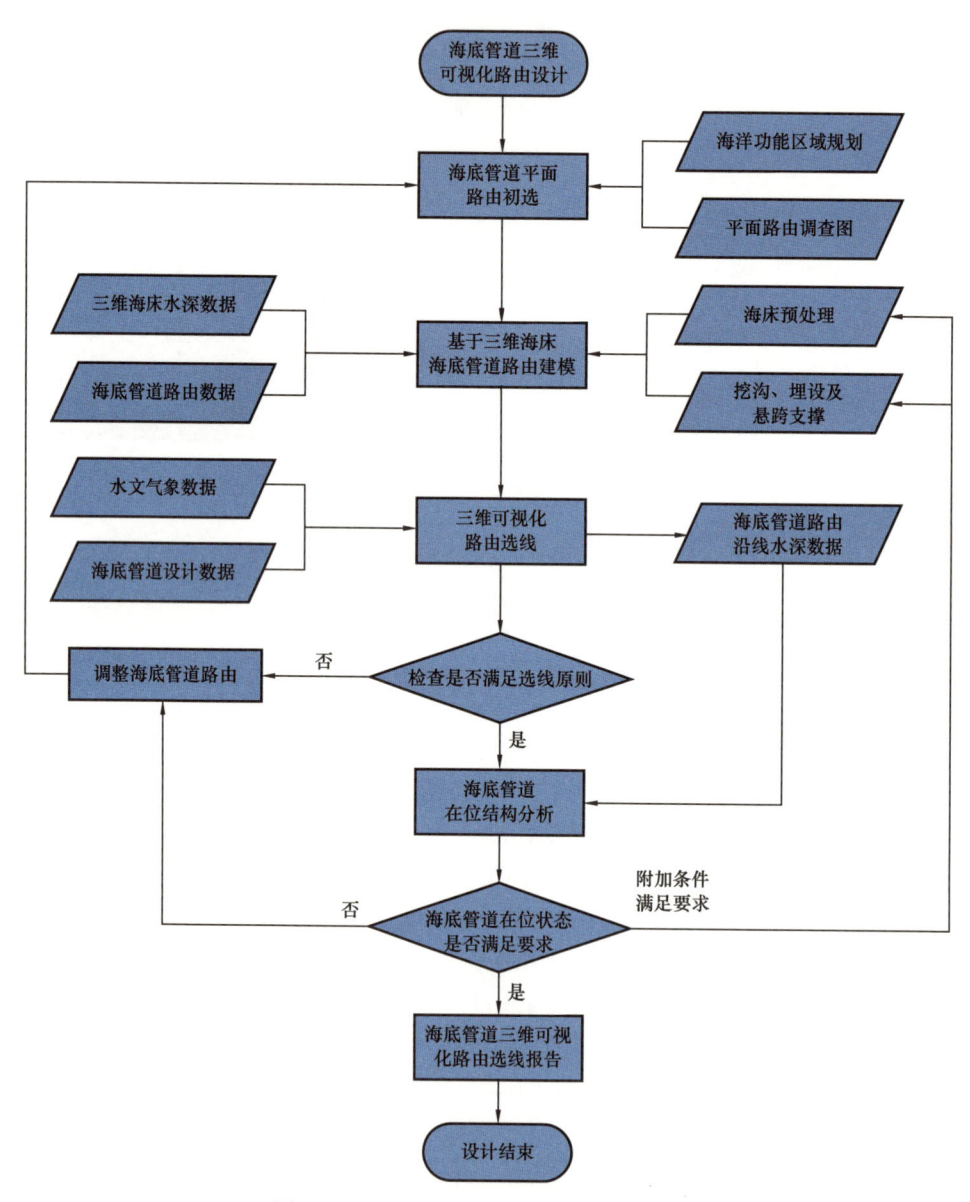

图11-4 基于三维海床管道路由设计流程

3. 海底管道全路由三维数值建模设计

1) 海床不平整度分析

海床不平整度分析,指通过对敷设在不平整海床上的海管进行建模,分析管道在该海床上铺设、试压、运行等系列荷载工况下的受力状态(包括应力应变、悬跨位置和长度、膨胀位移等),再依据规范要求,判断其是否满足要求。

经过分析,可以得到与管道里程对应的悬跨长度、高度、侧向位移、应力等数据,进而评判管道路由的优劣。

2) 判定依据

在海底管道不平整度分析的结果中,管道部分位置可能出现局部应力无法满足规范要求,简称"应力超标"。"应力超标"说明管道如果直接铺放在海床上,则可能直接发生强度破坏或屈曲失效,因此,必须在铺设前对这些位置的路由进行处理,即通常所说的路由预处理,或可以叫做路由预平整。应力的这个临界值主要由式(11-3)、式(11-4)的组合荷载准则决定(适用于 $15 \leqslant D/t_2 \leqslant 45$,$|S_{sd}|/S_p<0.4$):

内压大于外压,即 $p_i \geqslant p_e$ 时:

$$\left\{\gamma_m \cdot \gamma_{sc} \cdot \frac{|M_{Sd}|}{\alpha_c \cdot M_p(t_2)} + \left[\frac{\gamma_m \cdot \gamma_{sc} \cdot S_{Sd}(p_i)}{\alpha_c \cdot S_p(t_2)}\right]^2\right\}^2 + \left[\alpha_p \cdot \frac{p_i - p_e}{\alpha_c \cdot p_b(t_2)}\right]^2 \leqslant 1 \quad (11-3)$$

内压小于外压,即 $p_i < p_e$ 时:

$$\left\{\gamma_m \cdot \gamma_{sc} \cdot \frac{|M_{Sd}|}{\alpha_c \cdot M_p(t_2)} + \left[\frac{\gamma_m \cdot \gamma_{sc} \cdot S_{Sd}}{\alpha_c \cdot S_p(t_2)}\right]^2\right\}^2 + \left[\gamma_m \cdot \gamma_{sc} \cdot \frac{p_e - p_{min}}{p_b(t_2)}\right]^2 \leqslant 1 \quad (11-4)$$

式中 M_{Sd}——设计弯矩;

S_{Sd}——设计轴向力;

p_i——内压;

p_e——外压;

p_b——内压压裂压力;

p_c——外压压溃压力;

p_{min}——最小内压;

S_p,M_p——分别代表管道的塑性变形能力;

α_c——流动应力参数;

α_p——表征 D/t_2 的影响效应。

管道如果直接铺放在不经平整处理的海床上,可能使管道产生长度较大的悬跨,悬跨的形成对管道有两种不利影响:一是由于管道自重及波浪等因素会使悬跨段管道产生过大的弯矩,可能直接造成管道的破坏;二是海洋水动力的作用下,引起悬跨管道发生涡流激振造成疲劳损伤乃至破坏。因此结合以上两方面原因,可以分析得出管道的临界悬跨长度。部分管道可能出现的悬跨可能超出了允许悬跨长度,在这我们简称"悬跨超标"。"悬跨超标"主要考虑悬跨管道涡激振动的疲劳失效，这种失效需要疲劳损伤的积累，具有时间的累积效应，在短的时间内管道不可能发生失效。如果管道的一处悬跨超标，但应力不超标，则只要管道在铺设后再进行悬跨修正即可。当然，悬跨修正距离管道铺设的时间不能太长。悬跨管道存在强度失效和疲劳失效的两种可能，因此临界悬跨长度还需满足疲劳准则要求。

管道不发生疲劳破坏的评价依据描述见下式：

$$\eta \cdot T_{\text{life}} \geqslant T_{\text{exposure}} \tag{11-5}$$

$$T_{\text{life}} = \min\left(T_{\text{life}}^{\text{IL}}, T_{\text{life}}^{\text{CF}}\right) \tag{11-6}$$

式中　η——与安全等级相关的系数，根据不同规范的要求取不同的值，DNV-RP-F105 的推荐值；

T_{life}——悬跨的疲劳寿命；

$T_{\text{life}}^{\text{IL}}$——顺流向涡激振动的疲劳寿命；

$T_{\text{life}}^{\text{CF}}$——垂流向涡激振动的疲劳寿命；

T_{exposure}——管道裸露的时间。

3）分析流程

分析建模过程中，设计人员根据海底管道实际铺设建造和运行过程来设置海底管道海床不平整度分析工况，通常情况下，应依次包括下列工况：

（1）铺设工况；

（2）充水；

（3）水压实验；

（4）运行。

工况的设置需要注意前后顺序，因为前者的部分分析结果将作为后续工况的输入条件。例如，铺设工况的铺管张紧力将成为管道轴向上永久的轴向拉力，这将直接影响到管道的悬跨长度以及悬跨管道涡激振动响应幅值。

各工况下，管道都必须满足对应的临界应力和允许悬跨长度要求。任何一种工况不能满足要求，都说明海床仍不足够平整，需要进一步调整海床的处理范围或程度。通过采取平整处理方式，以新海床的模型再次进行不平整度分析，直到海底管道各点的应力和悬跨都能满足规范要求。由此便确定了海床的合理经济的处理范围。不平整度分析的流程如图11-5 所示，叙述如下：

（1）计算管道的应力、弯矩和位移等；

（2）对应力、弯矩、悬跨和位移进行规范校核；

（3）如果某段管道无法满足规范的准则要求，则需要进行海床处理，调整海床模型，重新计算。

（4）重复以上步骤，直到管道的应力、悬跨、位移等满足规范要求，分析停止。

4）分析结果与建议

基于不平整度分析结果，就可以确定管道的布置曲线，进而合理经济地确定海床的预处理方式。如图11-6所示，从不平整度分析软件中，可以直观地观察到管道出现悬空的位置及路由地形情况，进而确定经济合理的路由方案。

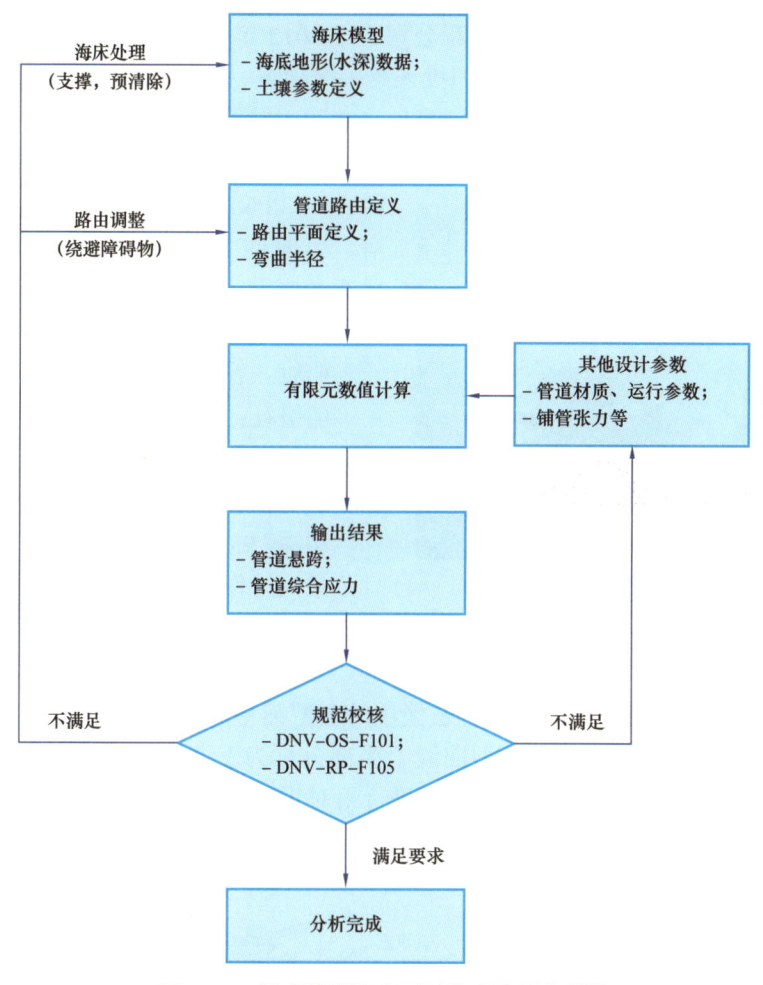

图 11-5 海底管道海床不平整度分析流程图

图 11-6 海床不平整度分析与海床处理设计

第二节　海洋管道施工技术

一、CPP601 铺管船

CPP601 铺管船隶属管道局第六工程公司，于 2012 年 11 月在江苏南通船厂开始建造，并于 2013 年 10 月底完成建造，并立即投入第一个项目——坦桑尼亚海底管道项目使用。CPP601 铺管船如图 11-7 所示，它是一艘非自航起重铺管船，既能够进行铺管作业，也可用于导管架平台等海上大型结构物的吊装，同时，CPP601 铺管船能够同时容纳 376 人住宿。目前 CPP601 铺管船已经成功完成坦桑尼亚海底管道项目和惠州大亚湾污水排海项目。CPP601 铺管船的相关信息如下：

船旗：香港船旗；
船级社：美国船级社（ABS）；
船长：121.2m；
船宽：36m；
型深：9.6m；
最大工作吃水：6.5m；
甲板承受能力：$20t/m^2$。

图 11-7　CPP601 铺管船

1. 铺管方式

CPP601 铺管船采用浅水铺管船普遍使用的 S 型铺管法（图 11-8），因管道下海输送过程中成 S 型曲线而得名。管线 S 型曲线上半部分称为上弯段，曲线下半部分称为下弯段。铺管过程中，管线在铺管船主作业线进行组对焊接，通过托管架、张紧器、AR 绞车等核心铺管设备来控制管线铺设应力，从而将管线安全铺设至海床。

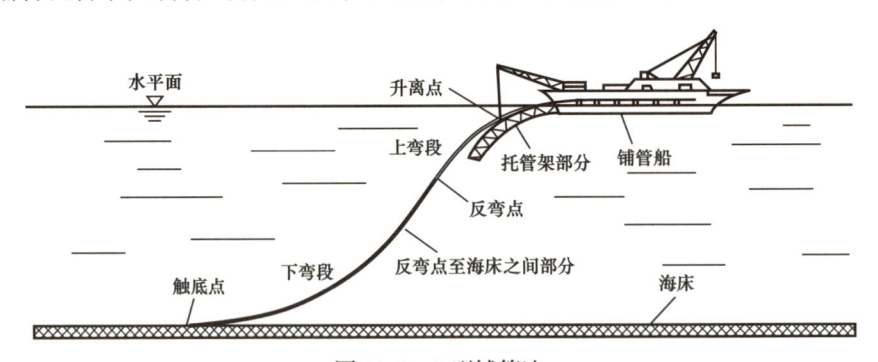

图 11-8　S 型铺管法

2. CPP601 铺管船甲板布置

CPP601 铺管船甲板布局如图 11-9 所示。

3. 主要铺管系统组成

（1）张紧器。CPP601 铺管船目前使用的是 2 台 60T 的液压张紧器，张紧器如图 11-10 所示。

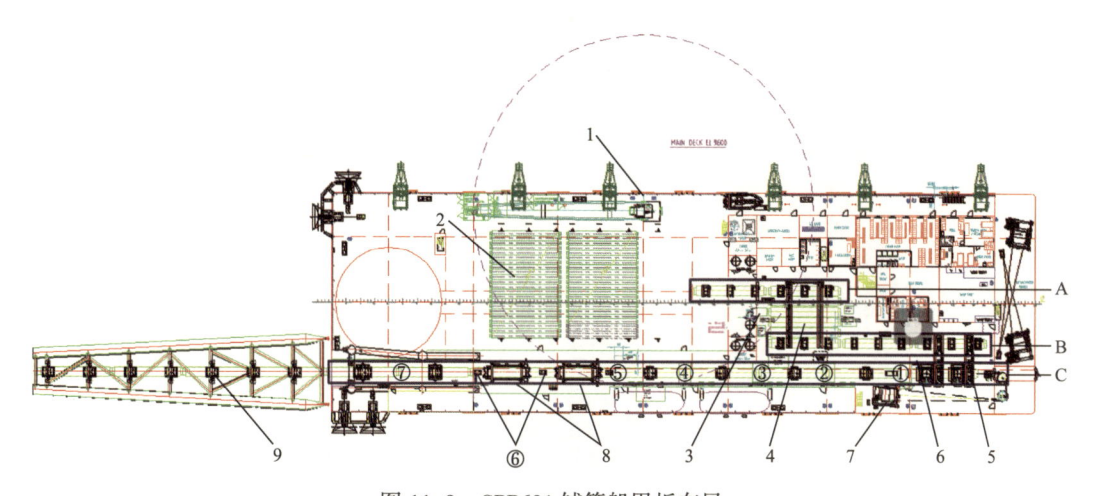

图 11-9 CPP601 铺管船甲板布局
A—纵向传送线一；B—纵向传送线二；C—主作业线；
①—工作站一；②—工作站二；③—工作站三；④—工作站四；⑤—工作站五；⑥—工作站六；
⑦—工作站七；
1—30T 克令吊；2—管线储存区；3—坡口机；4/5—横向传送线；6—焊前预热；7—120T AR 绞车；
8—2×60T 张紧器；9—托管架

图 11-10 液压张紧器

（2）A&R 绞车（120T）：A&R 绞车如图 11-11 所示，A&R 绞车是可以提供大张力，能够起到与张紧器同样作用给海管提供张力的绞车。在起始终止铺设和弃管回收时连接封头，为海管提供张力，代替张紧器，保证海管可以在作业线移动，平稳地将海管放置在海底或回收至作业线。为了能够收放管道，铺管船上的 A&R 绞车需要具有足够的牵引力，以满足管道在弃管和回收过程中的应力不超过许用范围。

（3）托管架（总长 72m）：CPP601 铺管船的托管架由 A、B 两段组成，如图 11-12 所示，B 段同船尾铰接。

（4）锚泊系统：在 CPP601 铺管船前后左右共布置有 8 台定位锚机，由于 CPP601 铺管船是一艘非自航铺管船，需要依靠拖轮为其进行拖航；依靠抛锚艇为其抛起锚，并通过其自身的这 8 台锚机的收放锚来实现铺管过程中的移船和定位。锚泊控制系统如图 11-13 所示。

- 397 -

图 11-11　A&R 绞车

图 11-12　托管架

图 11-13　锚泊系统

（5）舷吊系统（50T）：CPP601 铺管船左舷配有 6 座舷吊，其能够完成管道于船侧的起吊和下放作业，从而进行海管水面上的连头对接工作。舷吊工作过程如图 11-14 所示。

4. 吊机

CPP601 铺管船是一艘兼有起重能力的铺管船，自带 ZMPC 吊机，该吊机主钩最大起重能力可达 1600t（固定半径 28m），全回转最大可达 1200t（半径 31m）；同时吊机带有 300t 副钩（固定半径 75m）。吊机如图 11-15 所示。

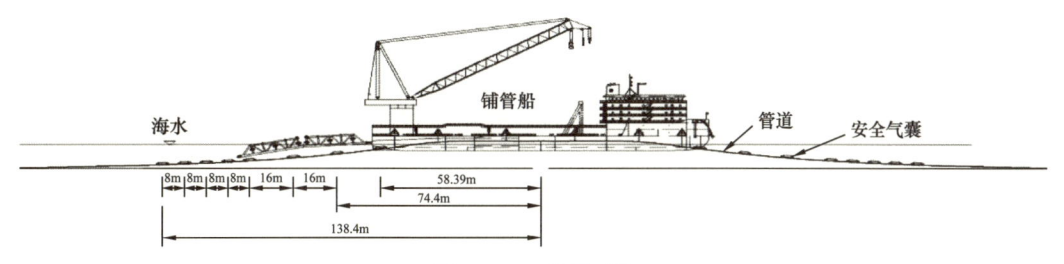

图 11-14　舷吊系统

图 11-15　吊机

5. 克令吊

CPP601 铺管船安装有 30t 克令吊，如图 11-16 所示，通过这个克令吊可以将运管驳船上的管材吊至 CPP601 铺管船甲板上的储管区，储管区面积为 407m^2（18.4m×12.2m+15m×12.2m）。

图 11-16　克令吊

二、后挖沟及原土回填设备

由于海底环境恶劣，且监控检测困难，与陆地油气管道相比，海底管道使用风险很大。海底管道时刻遭受到周期性波浪、海流、潮汐、腐蚀等作用，同时又面临船锚、平台或船舶掉落物、渔网等撞击拖挂危险，很容易发生失效或安全事故，而且这些人为因素造成的损失占绝大比例。因此，对于海底管道保护尤为重要。目前，对海底石油或电缆管道保护，除自身铠装防护之外，在施工技术方面主要采取开沟埋设、覆盖防护材料稳定和锚固这两种方式，其中开沟埋设效果最好。

海底管线埋设通常采用后开沟方式，只在极少数特殊情况采用预开沟方式。所谓后开沟埋设，就是首先将海底管线敷设至海底预定路由，再用水下挖沟机械在海管以下的海床上挖出一条满足管道保护要求的指定深度、指定形状的沟槽，并将海底管道埋藏在沟槽之中，以达到保护管道的目的。关于沟槽的保护效果、沟型及坡面稳定性等，国内外相关机构做了一系列研究。由于具体海域条件各异，目前还没有一种能够在任何水深、管径、海底土质下都能经济地进行施工作业的全能型海底挖沟机械。

目前广泛使用的挖沟机总体技术轮廓见表11-8。从行走方式上可以分为拖曳滑靴式、悬吊式、自行滑靴式和自行履带式，从开沟工具上可以分为喷射式、犁式、切割器式。喷射式开沟工具可以搭配3种行走方式，可以在软土情况下开沟；犁式开沟工具仅能搭配滑靴拖曳式，可以在各种土质和弱岩情况下开沟，但因为属于拖曳作业方式，牵引动力极大，控制难度高，对支持母船要求也高，整个系统较为庞大；切割式开沟工具能搭配履带自行式，可以在各种土质以及硬质岩石条件下开沟，所需动力远小于犁式开沟工具，而且易于操作，海底适应性强。由此可见，喷射式工具仅能在中软土质条件下开沟，对于硬质土和岩石环境，只能采用犁式或者切割方式。然而，从动力、操控以及母船配置综合比较，硬质土地质切割开沟方式优于犁式开沟。

表 11-8 海底管线埋设机技术轮廓

开沟工具及深水适应性	拖曳滑橇	悬吊循线	自行滑橇	自行履带	地质适应性, Pa	牵引力, tf
犁式	Plough	—	—	—	土：250×10^3	100～500
喷射式	Jetting Sled	非接触液化机	Jetting ROV	Jetting Trencher	土：100×10^3	1～20
机械切割式	Mechanical Sled	—	—	Mechanical Trencher	土：1×10^6 岩石：80×10^6	1～20
深水适应性	×	√	√	√		

三、铺管船法管道施工技术

目前，铺管船法是使用最为广泛的一种海底管道铺设方法，具有效率高、作业能力强、安全稳定等特点，常用的铺管船法分为S型（S-Lay）铺管法、J型（J-Lay）铺管法和卷管式铺管法。

就以上3种方法而言，由表11-9可以看出，S型铺管法拥有很长的工程应用历史，其技术最为成熟；J型铺管法则在特定环境下深水铺设时有良好的表现，有时甚至是唯一可行的方法；卷管式铺管法铺设速度极快，成本很低，但对管径的大小有比较严格的限制。通常情况下对于长距离管道的铺设而言，由于所涉及的海域较广，环境复杂，所以不能只用单一的铺设法，往往会综合使用多种铺管方法，这时需要论证经济性和可行性。

目前应用 S-Lay 和 J-Lay 两种铺管方式较多，但由于 J-Lay 方式的铺管速度较 S-Lay 方式慢，通过管线入水方式的调整和托管架的设计，S-Lay 方式逐渐在深水区域上也得到了良好的应用。AllseaS 公司曾经有过在 2000m 以上水深应用 S-Lay 铺管方式的工程经历。对于铺管来说，300m 水深介于深水和浅水之间，故采用 S-Lay 铺管方式，可以保证施工速度。

表 11-9 不同铺管方法比较

铺设方法	施工优缺点
S 型铺管法	（1）管道在浮式装置上适用单或双接头进行装配； （2）需要一个可达 100m 长的托管架，它可以具有单一的部件是刚性的，或者具有 2 个或 3 个铰接的部分； （3）技术成熟，对浅海和深海都有良好的适用性； （4）必须处理非常大的张力； （5）更大的水深时需要更长的托管架，同时也具有更严重的稳定性问题； （6）张力和风险都随着水深的增大而增大； （7）典型铺设速度约 3.5km/d
J 型铺管法	（1）焊接在浮式装置上进行，但由于只能在一个工作站进行，速度比较慢； （2）管道入水角度非常接近垂直，所以张力比较小； （3）有最小水深的限制，所以主要用于深水铺设； （4）不需要船尾托管架； （5）因为所有的操作都在垂直方向完成，稳定性是个难题； （6）典型铺设速度 1～1.5km/d
卷管式铺管法	（1）99.5% 的焊接工作可以在陆地可控环境中完成，然后连续地缠绕在浮式装置上直到完成或达到最大容量； （2）张力减少很多，因此与 S 型铺设相比能够更好地进行控制； （3）海上铺设时间短、效率高、成本低； （4）每段管道可以连续铺设，作业风险小； （5）对可处理的覆层类型有限制； （6）一般只适用于管径较小的管道，最大管径为 16in； （7）需要岸上基地的支持； （8）典型铺设速度可高达 1km/h，平均 600m/h

四、海洋管道焊接技术

海洋管道工程因其独有的特色持续追求焊接的高效性和焊接的设备可靠性。管道局 CPP601 铺管船目前主要采用 S 型铺管船法单管铺设。主要焊接技术有铜衬垫根焊技术、双焊炬自动焊接技术、内焊机根焊技术以及 TT 焊接技术，目前正在开发多焊炬（包括轨道式和龙门式）焊接技术、激光复合焊接等技术。

1. 铜衬垫根焊技术

海洋管道多采用铜衬垫根焊强制成型加自动外焊，该技术将铜衬垫固定于对口器上，通过伸缩机构将铜衬垫紧贴管道焊口内壁，焊接完成后将铜衬垫缩回。国外拥有带铜衬对口器根焊技术的公司有：美国的CRC-EVANS公司、DMI公司、CCI公司、英国的NOREAST公司等。目前管道局已掌握了该技术，研制了自己的铜衬垫内对口器，并配备了相关的焊接工艺，其技术达到了国际先进水平。

2. 双焊炬焊接技术

自Serimax于20世纪90年代首先将双焊炬应用到海洋管道以来，双焊炬已经成为海洋管道焊接的最普遍应用方式。双焊炬并不能成倍地提高熔敷率，提高40%～50%，可以减少焊接工作站、焊工以及侧置吊管机。

3. 轨道式多焊炬焊接技术

法国Dasa公司于2003年研制成功8焊头焊接系统，采用4个焊接小车同时工作，每个焊接小车焊接管子的1/4，适应管径36～48in。其中采用了可靠的焊缝跟踪系统，可以显著节省海洋铺管的时间，因为铺管船上焊接工作站的位置是固定的。韩国现代也研制了类似的焊接系统，可以装配6个双焊头的焊接小车，带有激光视觉传感器和电弧传感器。

4. 龙门式多焊炬焊接技术

2012年底，J.Ray Mcdermott公司完成了对JAWS第二代焊接系统的升级改造（图11-17）：增加到6个焊枪，每个焊枪均可采用单丝焊炬或Tandem双丝焊炬；具有激光传感技术；高度集成功能的处理器可以将焊接数据在各工作站间传输；定位和焊接很少需要操作手参与。接着，Mcdermott公司升级了海洋用6焊炬JAWS第三代系统（图11-18）。该系统应用于大口径海洋管道S型铺管，可以焊接X80及以下钢级，或者抗腐蚀合金（CRA）316 & 825。

图11-17　JAWS第二代焊接系统　　图11-18　JAWS第三代焊接系统

5. CRC激光视觉焊接和检测技术

美国CRC公司研制出一套新型的管道焊接系统，集成了激光视觉焊接和检测技术。该系统主要包括以下组件：在坡口加工站应用的坡口视觉检测设备，在焊接工作站应用的根焊道视觉检测设备，用来控制和监视清理舱室参数的视觉清渣设备，以及具有自适应焊接控制技术的视觉外焊机。前3种主要应用于海洋管道。

1）坡口视觉检测设备

在视觉系统工艺中，坡口检测是第一步。该智能设备可以在加工完坡口后，精确地测量尺寸。如果检测到不符合标准的坡口，可以立即进行坡口再加工，在进入施工场地前可及时发现问题（图 11-19）。

2）视觉清渣设备

当使用耐腐蚀合金的钢管时，背部清理是一个必需的工序，可以防止氧化并确保焊缝性能。该设备全自动化，可以实时控制和监视清理舱室内的参数，任何的重要参数超出限定值时会自动报警。这样就替代了以前必须移出清渣机，然后再塞入一个独立的检测工具（图 11-20）。

3）根焊道视觉检测设备

该设备集成到对口器上，当使用内焊机时可以对根焊道在线检测。它安装了一套激光传感器和高分辨率的彩色照相机，可以获取根焊道的轮廓和图像，并可以存储。因此发现的任何缺陷都可以在同一个工作站内进行修复，避免了更多焊道完成后再进行修复（图 11-21）。

图 11-19　坡口视觉检测设备

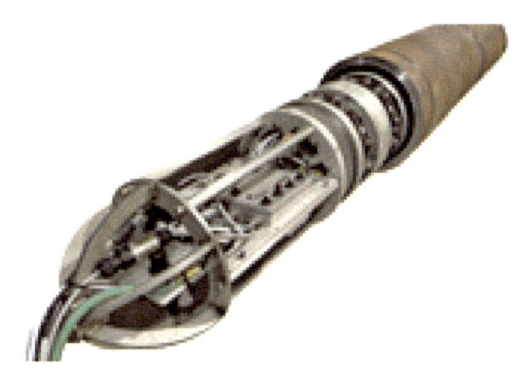

图 11-20　视觉清渣设备

图 11-21　根焊道视觉检测设备

6. Serimax 带自动焊接系统的外用夹具 Externax 07

Externax 07 是新开发的一种外焊用夹具，可高质量地完成 2G、5G（图 11-22）和 6G 焊接，该系统已应用于海洋管道预制场内。

图 11-22　Externax（5G）

Externax 焊接设备绕着一个配备了高精度数控液压卡紧系统的机械框架运动。具有独立的活塞，尽可能保证管端对齐，减少错边量；内置数把焊枪，可采用 STT 或 GMAW 焊接工艺，完成从根焊到盖帽的各道焊接程序，完成的高质量焊缝可以与 Saturnax 焊接系统相媲美。

7. 海底管道高压干式焊接

一般将水下焊接方法分为 3 大类，即湿法、干法及局部干法。水下干式高压焊接是海底管道维修的一种重要方法，尤其适用于不能在水面焊接且对焊缝质量要求高的情况，目前高压干式焊接应用于海洋管道维抢修和连头焊接，连头焊接施工深度已达到水下 110m。

国外浅水海底管道维修技术和装备已非常成熟，很多公司（如油气田营运商 BP、Shell、ENI、Statoil 等）组成深水海底管道维修联盟（管理大约 1.3×10^4 km 的海底管道），共同拥有一套深水海底管道维修系统（PRS），将因飓风或其他不可预测的情况造成管道损坏带来的损失降为最小。深水 PRS 及其所需的主要设备和工具由 Sonsub、Oceaneering、Oil States、Statoil 等极少数公司设计和制造，Statoil 公司还是深水海底管道维修联盟的管理者。

1）PRS 干式高压 TIG 焊接技术及过程

PRS 干式高压焊接适应管径为 203～1219mm，采用 U 形坡口、冷丝 TIG 自动对焊技术，由水面的潜水船进行遥控，焊接作业在高压舱内进行。高压舱内充入氦氧混合气，加压至略高于实际水深压力形成干式高压环境，其中氧气也可供辅助作业的 2 名潜水员呼吸之用。坡口采用湿法加工，由潜水员在海床上或焊接舱内完成。管子的提升和对口由水面遥控的 H 型提管架完成。高压舱安装完毕后，在潜水员的协助下，利用集成于高压舱内的对口器完成最后的管端对口。各管端内部的焊接气囊或类似设备能够将管内焊接区的水排空。海床上的 PRS 施工如图 11-23 所示，图 11-24 为现场施工中应用的高压舱。

在水面船舶的控制室内，由 1 名焊工和 1 名焊接工程师共同控制焊接过程。焊接过程监控是利用几台照相机拍摄焊接电弧和熔池的前后视图。焊接过程中，可在评定过的容许范围内对预先设定的焊接参数进行调整。焊接完成后，采用自动超声波检测设备检测焊缝质量。

图 11-23 海床上正处于维修作业中的 PRS 系统

图 11-24　海底管道现场施工用 PRS 高压舱

2）焊接工艺开发和评定

干式高压焊接工艺开发和评定主要由挪威科技工业研究所（SINTEF）的高压焊接实验室负责完成。为试验开发制造的高压焊接仓焊接容积 182L，设计压力 10MPa，试验管段是由实际使用的管线钢材料冷成型制成的，最大长度 300mm，最大管径 330mm。打开的高压试验仓如图 11-25 所示，其内部已安装试验段管。利用与海上焊接舱内相同的混合气将焊接仓加压至实际的水深压力。与全尺寸焊接相比，利用这种小容积焊接仓和小试验管段，成本效益非常明显，而且大量的成功案例证明，在高压焊接仓内开发的焊接工艺参数可直接应用于海底管道现场维修焊接中，无需进行再修改。

(a) 高压焊接仓　　(b) 试验管段坡口形式

图 11-25　海底管道焊接工艺开发和评定试验用的高压焊接仓及管道坡口形式

高压焊接仓内的焊接机头与 PRS 的相似，具有后者所有必要的机械功能，同时焊接控制系统和焊工交互软件也完全相似。因此，该系统模拟器也可用于对海底管道焊工和工程师进行培训和资格考试。

焊接坡口为U形，如图11-25（b）所示。标称钝边厚度为2.7mm，坡口角度为7°。保护气体为70%氦气+30%氩气的混合气。焊接最关键的是根焊道性能，根焊时需要妥善处理对口间隙和错边量的变化，最大容许的对口间隙和错边量分别限制为1.0mm和1.5mm。还需要综合考虑焊穿和未焊透的影响因素，并精确调整焊接工艺参数。每一种工艺适用的环境压力变化范围为−0.1～0.1MPa，即对应于−10～10m海水深。在浅水低压时最小电弧电压13V，当海水深360m时电弧电压为37～38V。

3）无潜水员协助下的超深水高压焊接工艺

（1）套筒焊接。

出于安全考虑，超过180m水深将不再使用潜水员。因此，为了满足超深水海底管道应急维修的迫切需求，Statoil公司开发设计一种可完全遥控的焊接维修系统（Remote PRS），适应水深1000m。该系统利用600mm长的外部套筒卡在管道维修处，套筒和管道的连接采用MIG角焊工艺，示意图如图11-26所示。

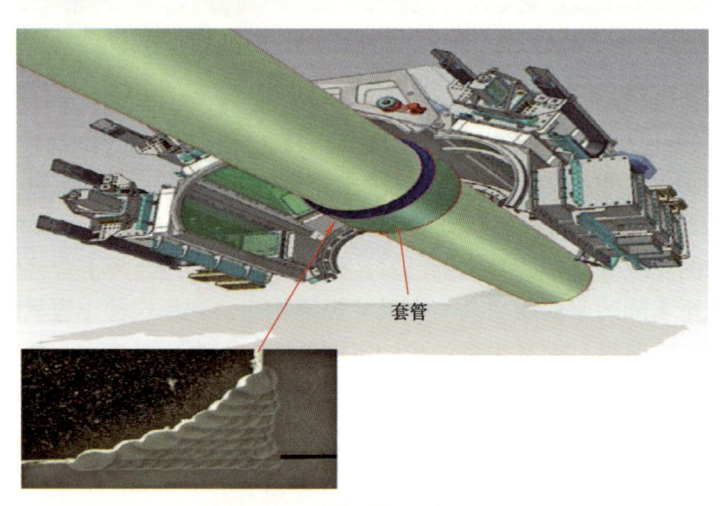

图11-26 套筒遥控焊接示意图

角焊缝需要在厚壁套筒和薄壁管道之间平滑过渡，从而避免在角焊缝的焊趾处形成过高的应力集中。由于角焊缝的焊根始终面临出现裂纹的风险，因此焊缝设计时需要考虑焊根缺陷和50年后出现裂纹扩展的情况。

① 传感器在800m以下失效；
② 成功完成的59个焊道焊前并未预热；
③ 在940m水深，预热温度和湿度记录仪量程由于缺乏稳定性很难达到要求；
④ 超深水时系统工作不可靠，几大问题尚需改善。

因此在证实该系统能够合格用于海上作业之前，还需要大量深入的研发工作。

（2）惰性气体保护（MIG）对焊。

根据克兰菲尔德大学（Cranfield University）的Richardson等人针对2500m水深进行的大量高压焊接研究工作，确定MIG焊是未来最适用于超深水的焊接方法。与TIG焊相比，MIG焊工艺不易受环境压力的影响，并可在较大的水深范围内保持恒定的焊接参数。然而，由于MIG焊固有的工艺特性，要像PRS采用的TIG焊那样在潜水员协助下实现完全焊透的根焊道，对于MIG焊来说太过困难。

五、海洋电缆施工技术

1. 海洋电缆施工方法

海洋电缆施工主要采用非自航船绞缆牵引式敷埋施工法。非自航船绞缆牵引式敷埋施工法就是即施工船上设置牵引卷扬机，施工时收绞预先敷设在路由轴线上的钢缆，牵引施工船前进，施工船同时牵引水下埋设机，海缆从缆舱经退扭架、溜槽、布缆机、导缆笼进入埋设机后，采用高压水力喷射破土成槽将海缆敷埋于海床上，敷埋施工过程中由拖轮和锚艇顶推调整船位。施工船前方500m，后方300m禁止通航，前后分别设置护航船舶进行警戒（图11-27）。

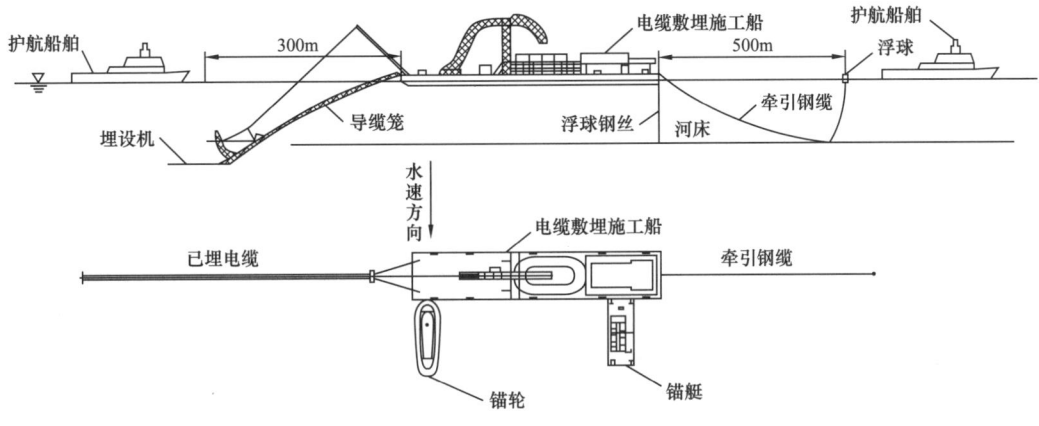

图 11-27 海缆施工示意图

2. 海洋电缆施工设备

海洋电缆施工设备主要包括1套以埋设犁、布缆机、T退扭架、电动卷扬机、高压潜水泵等为主部件的海缆施工专用设备和1套海缆埋设监控系统即"拖曳式潜水器综合监控系统"。

1）海缆施工专用设备

海缆施工专用设备主要包括埋设犁、布缆机、T退扭架、电动卷扬机、高压潜水泵等，如图11-28～图11-32所示。

图 11-28 海缆埋设犁

图 11-29　履带式布缆机　　　　　图 11-30　T 型退扭架和 25T 把杆

图 11-31　电动卷扬机　　　　　　图 11-32　高压水泵

海缆埋设犁主要由龙门桁架、水力犁耙、犁体调幅、泵压射水泵等主要部件组成，主要技术参数如下：

（1）工作方式：牵引水力机械切割土体成槽沟，导缆埋深；
（2）电缆敷埋直径：20～200mm；
（3）电缆敷埋入土深度：0.5～3m；
（4）电缆敷埋入土速度：3～12m/min；
（5）电缆敷埋入土作业水深：1.8～150m；
（6）电缆敷埋入土抗水流等级：6 节；
（7）电缆敷埋入土作业拖曳力：7～10tf；
（8）电缆敷埋入土持续工作能力：2000h；
（9）电缆敷埋入土最小回转半径：20m；
（10）潜水泵站总功率：350kW；
（11）主机重量：11t；
（12）外形尺寸：8m×5m×4m（长×宽×高）。

履带式布缆机主要用于输送海缆，将海缆从缆盘内通过退扭架牵引下来，控制一定的速度进行海缆的敷设，其能够夹持范围为 100～150mm 直径的海缆。

T 型退扭架主要用于海缆退扭，由 4 部分组成，高度为 16m，可根据海缆型号进行调节。25t 把杆主要用于起吊埋设犁，其总高度大 18m。

电动卷扬机主要包括20t（2台）、10t（1台）、5t（2台）、3t（3台）、1t（2台），其中20t牵引海缆敷设船前进，10t牵引埋设犁，5t配合把杆变幅。

高压水泵共2台，主要是为埋设犁提供稳定的水源，确保埋设犁射水开沟深度。

2）海缆监控设备

海缆埋设监控系统采用"拖曳式潜水器综合监控系统"，其主要包括传感器系统和监控导航软件两部分。

（1）埋缆机传感器包括水下传感器组与水面传感器组两部分组成。水下传感器组主要包括深度计、靴角传感器、拖缆张力传感器、触地传感器、漏水报警、姿态传感器、罗盘等组成。水面传感器组主要包括电缆张力传感器、计米器。

（2）"拖曳式潜水器综合监控系统"软件是拖曳式潜水器综合监控系统的核心软件，用于全面支持海底管线电缆埋设机水下埋管和埋缆及其他拖曳式潜水器作业。

六、海洋测量定位技术

传统的海洋测量主要在沿岸海域进行，选择天气好、风浪较小的时候进行测量，通常使用光学仪器，利用陆地目标定位，这与陆地测量定位有些相似，只是测量船受风力、水流等外界条件影响，海洋测量定位比陆地测量定位的精度低得多。现代微波测距、激光测距等先进仪器的使用，对提高海洋测量精度十分有利。随着海洋事业逐步向深海发展，使用光学仪器和陆地定标已经不能满足要求。因此，人们研制出多种测量定位技术，逐渐满足海洋测量定位的需求。

1. 海洋测量定位技术水上部分

海洋测量定位技术水上部分包括4项内容：基准站—移动站差分系统（RTK）、信标差分系统、星站差分系统、海洋施工船队抛锚定位系统。下面着重介绍后两项。

1）星站差分系统

星站差分技术通过在全球建立地面参考站、卫星传输网和全球网络控制中心，能够提供全年、每天24小时连续的、非常可靠的高精度全球定位服务。星站差分系统由5部分组成，分别是参考站、数据处理中心、注入站、地球同步卫星、用户站。

GPS系统具有以下主要误差源：卫星轨道误差、卫星时钟误差、电离层延迟误差、对流层误差、多路径效应、固体潮、接收机时钟误差、接收机跳变。消除误差的方式可以分为两大类，即差分GPS（DGPS）和全球星基增强系统。后者将每颗GPS卫星的误差源都作为独立变量解算。GPS卫星轨道误差和时钟误差通过遍布全球的双频接收机观测网来跟踪并解算，解算结果再使用卫星数据链直接发送到接收机用户，所以不需要地面基准站，对测量范围没限制，可以是全球任何位置。

然而当我们遇到海洋、沙漠等无法建设基准站，或者投入产出比过小的环境时，就需要更合理的增强方法，因此产生了星站差分系统，即利用卫星来代替RTK基准站。

星站差分结合了地面的差分增强与卫星广播，改正信号的覆盖范围更广，且无需用户对接收设备做出较大改变即可使用。但定位精度较地基增强系统稍低，受山地等环境影响较大，目前普遍应用于地形开阔、人迹稀少、对定位精度要求不是很高的场景。

目前，市场上已经得到广泛应用的星站差分系统有3家：Starfire、OmniStar、Veripos。下面详细介绍Veripos：

Veripos系统由Subsea7公司建立，在全球建立了超过80个参考站，并在英国Aberdeen和新加坡拥有2个控制中心，控制中心监控veripos通信系统的整体性能，也能为用户提供有关系统性能的实时信息，同时，具有开启和关闭Veripos增强系统的权限。

Veripos Apex：最新的全球高精度GNSS定位服务，能满足海上定位导航应用，Apex能提供分米级精度。Apex使用PPP技术（Precise Point Positioning，一种绝对定位技术），对所有GNSS误差源建模和校正，如GPS卫星轨道误差、钟差、电离层、对流层误差、多路径效应等。Veripos运营独有的轨道时钟确定系统，能通过独有算法实时校正所有在轨GPS卫星。Apex服务通过LD5、LD7接收机提供，Verify QC是随机软件。

Apex通过6颗高功率海事卫星（Inmarsat 25E，98W，109E，AORE，AORW，IOR）和1颗低功率卫星Inmarsat POR发布信息。Veripos采用7颗海事卫星进行信号广播（4颗高频的，3颗低频的），为用户提供另一个高精度的数据备份。

通过向海洋石油工程建设中引入高精度星站差分定位技术，可以实现水平坐标和垂直高程均达到分米级的精度控制。并在此基础上，可以研究出对大型设施或者船舶进行精密定向导航及姿态测量的技术及软件。

2）海洋施工船队抛锚定位系统

（1）技术说明：该系统为自主开发，拥有知识产权，应用于海洋工程施工船舶定位抛锚作业，为海上施工船舶提供高精度定位，可以在各施工船舶之间实时互通互显，实时传输抛锚作业指令，保证各施工船舶的高效协调作业，为施工主船舶提供直观的可视化定位及作业支持，如图11-33所示。还有其他一些功能，例如USBL。

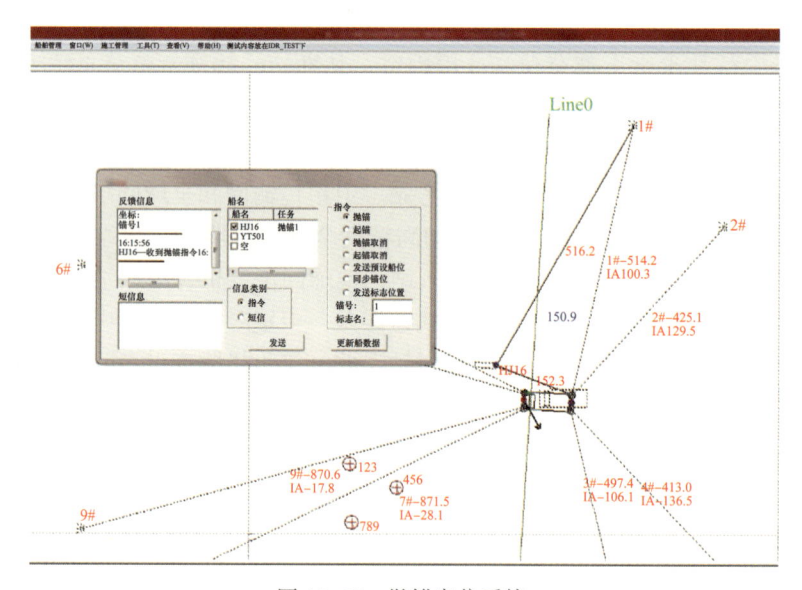

图11-33 抛锚定位系统

（2）性能指标：全球定位系统，适用于全球各个海域；定位精度达到分米级。特征：整机系统良好、稳定，定位精度高、数据链可靠、起抛锚作业效率高。

（3）应用条件及范围：用于海洋工程施工铺管、挖沟、敷缆等海上作业。

3）小结

海洋施工船队抛锚定位系统研究针对铺管施工船队定位数据链、抛锚定位软件进行系统研究，实现海底管道铺管船抛锚定位专有技术，形成海底管道铺管船抛锚定位技术研究报告，实现铺管船队抛锚定位技术应用到公司海底管道工程，可以更加高效安全地管理施工船舶群，而铺管、敷缆、后挖沟专业抛锚定位软件可以让大型的施工船舶完成精细的海上施工任务，中国石油天然气管道局第六工程公司已在惠州第二条污水排海管线工程中应用本系统成果，效果显著。

2. 海洋测量定位技术水下部分

海洋测量定位技术水下部分包括4项内容：多波束测深系统、浅层剖面仪、侧扫声呐、基线定位系统。

多波束测深系统、浅层剖面仪和侧扫声呐等海洋声学设备具有相似的工作原理：由安装在船底的换能器探头（有的设备悬挂在船弦），或安装在拖体上的换能器探头向探测水体发射声波，声波遇到海底或障碍物后产生反射和散射回波，换能器探头接收到回波信号后，处理单元根据回波振幅和相位计算声波旅行时间，再根据勘测水体的声速剖面计算声波的实际传播距离，然后根据发射开角，及运动传感器的姿态参数（探头载体的横摇、纵摇和摆动角度）计算回波信号的位置和水深值，同时也记录下回波的振幅和强度信息。

这几种海底探测设备（图11-34）的主要差异在于：由于探测目标的不同，换能器发射声波的频率和强度存在差异，一般高频用于探测中浅海水深或侧扫图像信息，低频用于探测深海水深或浅层剖面信息。高频能够提高分辨率，低频能够提高声波作用距离和穿透强度。目前很多设备采用双频探头，以提高探测能力，美国Klein公司和EdgeTech公司生产的侧扫设备也是采用多频率工作。

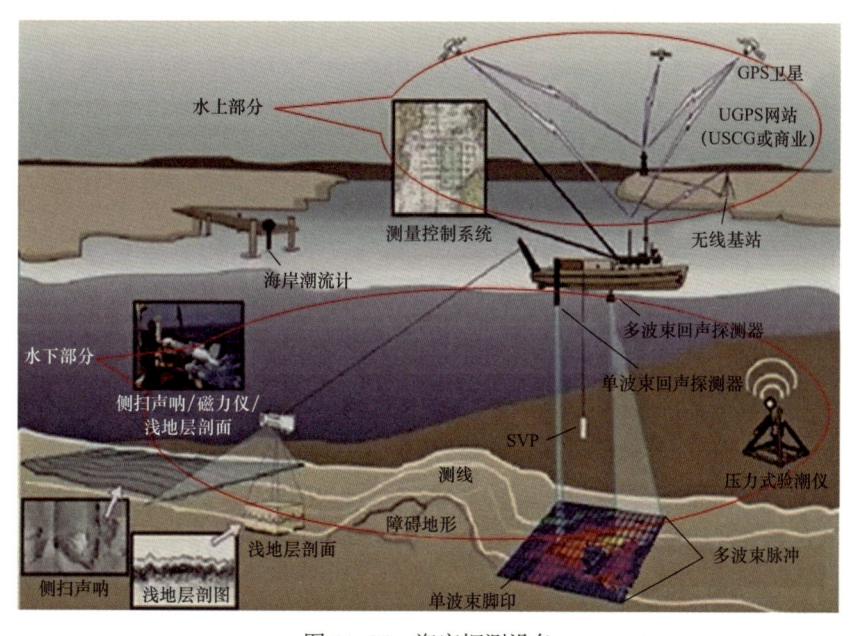

图11-34 海底探测设备

根据实际工作的不同要求，可能会有些差异，如多波束测深需要高精度的声速剖面，而浅剖和侧扫不一定需要，浅剖和侧扫探头一般安装在拖体上，而多波束探头安装在船底或用便携式探头悬挂在船弦。由于使用拖体，在高标准的海洋调查中还可能要求使用超短基线设备对拖体进行水下导航定位。

海底信息的探测是进行海底科学研究的基础,声波在海水中的传播优于电磁波和可见光,目前海底信息的快速获取还主要依赖于声探测设备。多波束测深、浅层剖面仪和侧扫声呐是近数十年快速发展起来的探测海底浅表层信息的高新设备,这些技术设备已经在当代海洋工程、海洋开发、海洋研究、海底资源环境调查中发挥极其重要的作用,从航道的疏浚,到沿海海洋工程的勘测和施工,从边缘海大陆架的勘测,到大洋多金属结核及富钴结壳资源的调查,均是这些海底声探测设备的用武之地。

七、海洋管道铺设应用案例

1. 西气东输二线广州—深圳支干线

西气东输二线管道项目中的广州—深圳支干线(海底管道路由图如图11-35所示),起于西气东输二线广州末站,经深圳求雨岭分输站,止于深圳市大铲岛,全长约263km(其中含约9km海底管道)。广州—深圳支干线的广州末站—深圳求雨岭分输站段管道直径为1016mm,长约201km,设计压力10MPa;深圳求雨岭分输站—大铲岛分输站段管道直径为914mm,长约62km,其中含约9km海底管道,设计压力10MPa。

深圳求雨岭—大铲岛段管道经深圳市宝安区,穿越宝安大道、宝源路后沿疏港专用通道敷设、穿越沿江高速公路下海,经约9km海底管道至大铲岛。

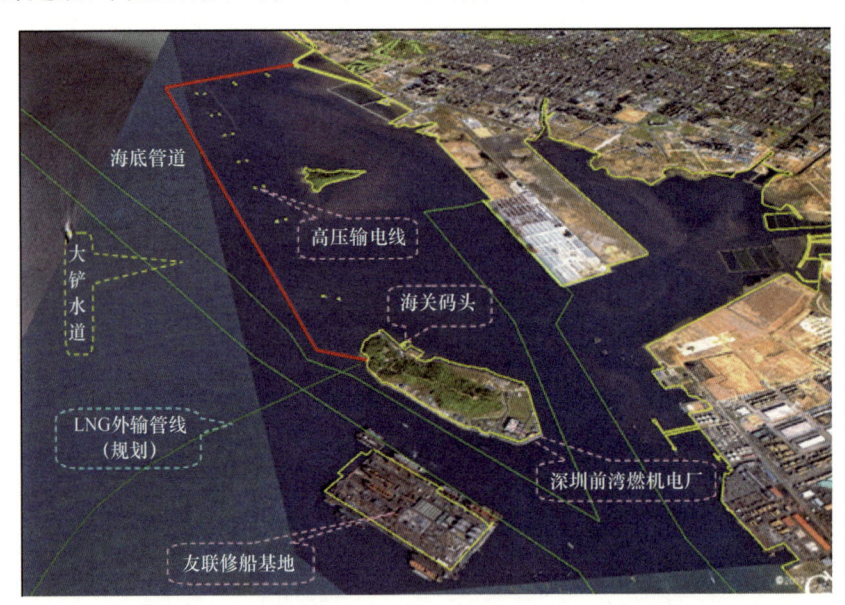

图11-35 西气东输二线广州—深圳支干线海底管道路由图

海底管道主要参数见表11-10。

表11-10 西气东输二线广州—深圳支干线海底管道主要参数

项目	规格
管道外径,mm	914
管线壁厚,mm	25.4

续表

项目	规格
管道内腐蚀裕量，mm	1.5
管材等级	API 5L X65 PSL2
钢材密度，kg/m³	7850
3LPE 防腐层厚度，mm	2.8
3LPE 防腐层密度，kg/m³	940
混凝土配重层厚度，mm	65
混凝土配重层密度，kg/m³	3040
输送介质	天然气
设计压力，MPa	10
设计温度，℃	32
安装温度，℃	17

2. 坦桑尼亚海底管道

坦桑尼亚的 SongoSongo 岛位于坦桑尼亚本土以东，拟建海底管道从 SongoSongo 岛首站出发，向西北方向敷设至 Somanga 联络站，分为陆上段管线及海底管道两部分。线路全长约为 28.9km，其中海上段 25.7km，陆上段 3.2km。海上铺设最大水深为 46.3m。而海底管线又分为 3 部分：Somanga 端的海管浮拖登陆段、铺管船铺设段和 SongoSongo 岛端的海管岸拖登陆段这三个部分。项目管线路由如图 11-36 所示。CPP601 铺管船于 2014 年 1 月 18 日开始抬管，标志着海管施工的正式开始，于 2014 年 4 月 15 日完成海上连头，主体工程顺利完成，2014 年 8 月 29 日后调查工程的验收结束，标志着坦桑尼亚海淀管道工程的圆满结束。

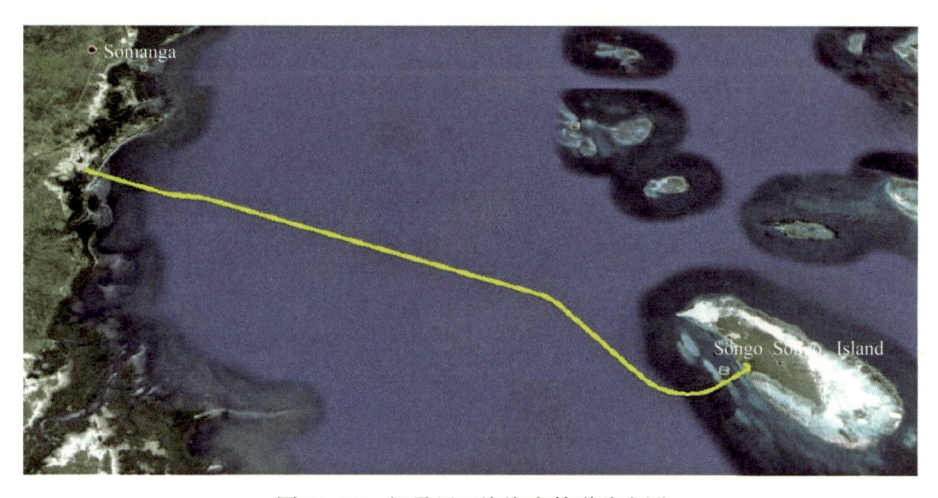

图 11-36 坦桑尼亚海海底管道路由图

海底管道主要参数见表11-11。

表11-11 坦桑尼亚海底管道主要参数

项目	规格
管线外径，mm	610
管线壁厚，mm	22.2
管材等级	API 5L X65 PSL2
钢材密度，kg/m³	7850
3LPE防腐层厚度，mm	3.2
混凝土配重层厚度，mm	95/85
混凝土配重层密度，kg/m³	3040
输送介质	天然气
设计压力，MPa	9.7

3.CPE 5km 海管项目

CPE 5km 海管项目位于坦桑尼亚姆特瓦拉市 MNAZI 海湾，距离市区 35km，距离 Somanga 8 号营地 350km，距离达市约 600km。管线路由东起 MNAZI 海湾东侧海滩登陆点，向西南延伸至西侧海湾登陆点，共计 4.748km。项目路由如图 11-37 所示。该项目近岸段采用管沟预挖，之后进行管线浮拖；海中段采用先让 CPP601 铺管船先行铺管，之后采用后挖沟的方法来完成。

图 11-37 CPE 5km 海管项目路由图

海底管道主要参数见表 11-12。

表 11-12 CPE 5km 海管项目管道主要参数

项目	规格
管线外径，mm	406
管线壁厚，mm	16
管材等级	API X52 PSL2
钢材密度，kg/m³	7850
3LPE 防腐层厚度，mm	3.2
混凝土配重层厚度，mm	80
混凝土配重层密度，kg/m³	3040
输送介质	天然气
最大设计压力，MPa	14

4. 惠州大亚湾污水排海管线

惠州大亚湾石化区第二条污水排海管线工程，是惠州炼化二期项目的重要配套工程。管道始于滨海大道南侧 2.0m，终于大亚湾自然保护区界外约 800m 的排污口。管道路由沿线水深 0~24.6m，总长约 37.55km，设计压力 1.6MPa，路由沿线设各种浮标 16 座，末端设扩散器 1 座，总长 135m（设计优化后）。管线采用无配重单臂螺旋缝埋弧焊钢管结构形式。CPP601 铺管船施工时间：2015 年 10 月 09 日—2016 年 1 月 23 日。

海底管道主要参数见表 11-13。

表 11-13 惠州项目海底管道主要参数

项目	规格
管线外径，mm	1016
管线壁厚，mm	15.9
管材等级	API 5L X 52
3LPE 防腐层厚度，mm	3.2
混凝土配重层厚度，mm	—
混凝土配重层密度，kg/m³	—
输送介质	污水
设计压力，MPa	1.6

第十二章 储气库建设技术

地下储气库是配套天然气长输管道储气调峰的一种有效方式，是在较深的地层，利用封闭的岩层构造储气，具有储气容量大、压力高、成本低的特点，是天然气长输管道经济、安全运行的重要组成部分。

通过借鉴吸收国外储气库建库技术，参考国内油气田地面工程设计相关经验，经过10余年的科技研发、试验、设计、建设及运行方面的不断探索与经验积累，目前已经形成了以站场布局、井口注采气、采出气处理、注气工艺等为主体的较为成熟的地面工艺技术。有效实现储气库低成本建设与经济运行并举，充分展示了中国石油在储气库地面建设技术领域的卓越实力，为中国石油储气库地面建设积累了成功的设计经验和相关技术储备。

第一节 概 述

伴随着天然气工业的快速发展，国内形成了以陕京线、西气东输为干线遍及全国的天然气管道网络。为保障城镇用户的稳定供气，长输管道必须配套建设储气调峰设施。天然气的主要调峰方式包括地面储罐调峰、管道调峰、液化调峰、气田调峰等，其中储罐调峰和管道调峰多用于满足日调峰需求，而地下储气库具有库容大、安全性好、储转费用相对较低等特点，是最经济、有效的调峰保供手段，目前已成为世界范围内天然气最主要的调峰方式。

一、地下储气库分类

地下储气库按照功能分为调峰型和战略储备型，其中调峰型地下储气库居主导地位。调峰型地下储气库分为季节调峰型和事故调峰型。季节调峰，是指地下储气库为缓解因各类用户对天然气需求量随季节变化带来的不均衡性而进行的调峰。事故调峰，是指当气源或上游输气系统发生故障或因系统检修使输气中断、无供气能力时，将地下储气库中储存的天然气应急采出，保证安全、可靠地供给用户。

地下储气库按照地质条件分为油气藏型、盐穴型、含水层型及废气矿坑型，其中油气藏型储气库建库比例最高，该类型储气库分为枯竭油气藏型及未枯竭油气藏型。

二、国内外发展现状

国外储气库的建设历经百年历史，据国际天然气联盟（IGU）数据显示，2015年全球正在运营的地下储气库约630座左右，有效储气量$3588 \times 10^8 m^3$，占天然气消费总量的10.3%左右。

我国储气库建设起步较晚，自2000年大张坨储气库建成投产，截至目前相继建成了大张坨等18座储气库，合计工作气量$176 \times 10^8 m^3$，详见表12—1。国内已建储气库以枯竭油气藏型为主，仅有 1 座盐穴型储气库，据统计，截至 2015 年形成的调峰能力不足 $30\times10^8m^3$，占天然气消费量的比例尚不足 3%。

表 12-1 国内已建成储气库概况表

储气库	地质条件类型	功能类型	库容 10^8m^3	工作气量 10^8m^3	注气能力 $10^4m^3/d$	采气能力 $10^4m^3/d$	配套管道	建成投产时间
大港库群	油气藏型	调峰型	69.6	30.3	1305	3400	陕京线	1999—2006 年
京 58 库群	油气藏型	调峰型	15.4	7.5	342	628	陕京线	2010 年
金坛	盐穴型	调峰型	26.4	17.1	900	1500	西气东输管道	2007 年
刘庄	油气藏型	调峰型	4.6	2.5	111	204	西气东输管道	2011 年
双 6	油气藏型	调峰型	41.3	16	1200	1500	秦沈线	2014 年
苏桥	油气藏型	调峰型	67.4	23.3	1300	2100	陕京线	2013 年
板南	油气藏型	调峰型	10.1	4.3	300	400	陕京线	2014 年
呼图壁	油气藏型		117	45.1	1550	2800	西二线	2013 年
相国寺	油气藏型	调峰型兼作战略储备	42.6	22.8	1400	2855	中卫—贵阳联络线	2013 年
陕 224	油气藏型	调峰型	10.4	5	227	417	陕京线	2014 年
文 96	油气藏型	调峰型	5.88	2.95	200	500	榆林—济南管道	2012 年

三、地下储气库地面工程概述

地下储气库的建设是一个系统工程，涉及地质、钻采及地面工程，其建设受产气区、储气区及用户的多重影响，建造、运行工况复杂，具有开停井频繁、运行参数变化范围宽、注气压缩机选型要求高等特点。典型的油气藏型储气库一般包括井场、集注站、井场至集注站间的集输管道、集注站至分输站双向输气管道，盐穴型储气库一般包括井场、卤水注采站、注采站（功能同集注站）、集配站、天然气集输管道、卤水管道、双向输气管道等。用气淡季将富裕天然气通过双向输气管道输送至集注站，在站内增压后通过集输管道输送至各井场后注入地下储存，用气高峰期将储存的天然气采出，经集输管道输送至集注站进行脱烃脱水处理后，通过双向输气管道输送至联络站汇入输气干线。

通过借鉴吸收国外储气库建库技术，参考国内油气田地面工程设计相关经验，经过10余年的科技研发、试验、设计、建设及运行方面的不断探索与经验积累，目前已经形成了较为成熟的地面工艺技术体系。

第二节 储气库规模确定及综合布站

一、储气库规模确定

储气库规模确定之前需由主管部门或建设单位明确储气库的供气服务范围和功能定位。在储气库实际建设及运行中，季节调峰型、应急调峰型、战略储备型无法截然分开，以承担季节、应急调峰功能为主的储气库也可同时承担着战略储备的作用；以承担战略储备功能为主的储气库在下游储气库调峰功能不能满足需求的情况下，将承担该库周边用户调峰用气的作用。

对于调峰型储气库，需预测出市场天然气需求量、天然气需求结构以及用户的不均匀性，再计算出市场需要的调峰量，最后根据储气库气藏特性分析拟选储气库是否满足市场需求，进而明确储气库的注采规模。国内已建调峰型储气库的注采规模一般根据储气库的有效工作气量，在均采均注基础上，考虑 1.1~1.2 倍的系数确定，该规定非硬性指标，因为根据大港已建储气库的运行经验，调峰系数会达到 1.6 以上，因此，储气库的注采规模宜在充分发挥储气库库容能力基础上，将储气库纳入管道系统进行系统分析综合确定。

对于战略储备型储气库，需预测出市场天然气需求量、天然气需求结构及可中断供气量、供气时长，计算出市场需要的战略储备量，战略储备气量取一定天数的不可中断供气量，而采气装置规模确定为日不可中断供气量。对于兼顾调峰需求的储气库，采气装置的设计规模要考虑较小调峰气量的处理要求，可采用多套装置并联，或大规模采气装置与小规模采气装置并联的建设模式。

二、储气库综合布站

受地质构造、地层结构、注采井井型、井眼轨道等的影响，地下储气库的地面井位复杂多变，井场、集注站、分输站的站址选择应遵循就近原则，以注采井地面井位为中心进行布置，即地面适应地下。

储气库地面站场的选择除常规原则外，尚应注意以下原则：

1. 井场站址选择

为减少占地面积，方便管理，注采井应尽可能集中布置，优先采用丛式井。在钻采部门提供的地面井位基础上，地面设计部门应结合井场布置、集输管线路径、长度等因素，与钻采部门协商，对地面井位进行再优化，实现地上服从地下，地下地上统筹协调的最优井位布置。对未来储气库达容分批次打井的需求，在站址及平面布置时需考虑留有余量。

对于布置分散的零散单井，宜集中设置一座注采阀组站，单井井场只设置采气树，井口设施均布置在注采阀组站。

2. 集注站站址选择

集注站的站址选择应根据地下储气库的总体发展规划，考虑"集群建设"，在地面条件允许的情况下多座储气库可"合一建设"。对于合一建库方案,一座集注站可配套多座井场,集注站的位置可靠近其中一座井场,也可位于多座井场中心,具体布站方案需根据工程所在地的地面设施现状,对各布站方式的站场建设投资、集输管道投资、施工作业难度等进行综合比较,确定最优方案。

集注站与井场之间需建设集输管道,集输管道的设计压力较高,为缩短高压管道的长度、提高操作运行安全性,集注站的选址应尽量靠近井场,在区域条件及地质条件允许的情况下优先考虑集注站与井场毗邻建设。

第三节　储气库地面工艺设计技术

一、注采集输技术

注采集输工艺系统涵盖从注采井口到集注站间的注气系统、采气系统及注采集输管道。储气库注气与采气不同期运行,采气气质、注采工况多变,注采系统操作压力高等特点直接影响注采集输系统的设计。

1. 采气井口防冻防凝

常用井口防冻防凝工艺包括加热节流工艺、不加热高压集输工艺、节流注防冻剂工艺。加热节流工艺适用于井口压力较高、温度较低的气井,优点是单井集输管道设计压力较低,管道投资费用较少,可同时解决水合物及结蜡问题,缺点是井口设施投资高,工艺流程复杂;不加热高压集输工艺适用于井口压力不太高,温度较高而且距集注站较近的气井。节流注防冻剂工艺适用于井口压力较高、温度较高的气井,常用抑制剂通常包括甲醇、乙二醇,从防冻效果看,乙二醇最低只能适应 -20℃,而甲醇最低能适应 -40℃。

储气库发生冻堵的特点是间歇性、短时性和不确定性,且井口参数随采气时间的推移不断变化,近年来凝析气藏型储气库采气单井井口均采用了间歇注防冻剂工艺来解决井口防冻问题,实践证明该技术具有操作简便、运行可靠、成本低等优点,适合地下储气库采气调峰工况。油藏型储气库井口采用加热节流工艺,同时井口预留注防冻剂接口,当储气库运行多个周期,采出的井流物中原油含量较少时,采用间歇注防冻剂工艺。

2. 井口注采调节

同一个注采区块内由于各单井的分布、层位等诸多因素不尽相同,各单井吸气能力、采气携液存在差异,造成注气时各单井注气量、携液量差异显著。根据大港储气库群所掌握的资料在不进行人工干预的情况下各单井的注气量相差可达 60 倍,此种情况对储气库的达容是极为不利的。

本着优化注采运行的原则,对井口调节方式进行改进,提出了注采双向调节思路(图 12-1),采用"可控球阀 + 角式节流阀"注采调节方法,通过"可控球阀"进行注气流量调节,采用"角式节流阀"进行采气压力调节。

3. 注采管道设置

井口注采管线有独立设置和合一设置两种方案,集输管线设置方案需要根据地质研究提供的井流物参数,从经济性及操作运行难易程度等方面综合对比分析。在对两种方案进

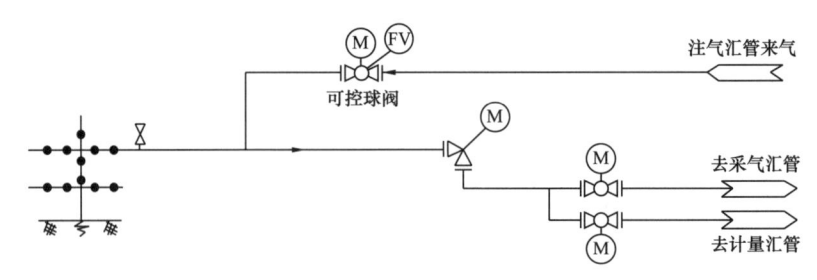

图12-1 双向调节流程示意图

行经济性分析时需综合考虑管材费、设备（阀门、绝缘接头等）费、施工措施费（管道焊接、管道敷设等）、征地费用等。对于凝析气藏或油藏型储气库，当井口采出井流物为油气水三相时，尤其当油品重组分含量高或含蜡时，优先考虑注采管线独立设置方案。对于干气藏型储气库，由于井口采出井流物主要为天然气和水，不含液态烃，优先考虑采用注采管线合一设置方案。

在注采管道管材选择上，采气开井初期，井口压力高而温度低，经节流后，井流物温度可低至 –30℃以下；注气期，尤其是注气末期，压缩机出口压力可高至30MPa以上且温度高。对于注采管线分开设置，注气管线主要满足注气期高压管道强度要求，采气管线主要满足开井初期井口节流后温度较低的工况，而注采管线合一设置时，集输管线材质应同时满足以上两种要求。

二、采出气处理技术

（1）地下储气库采气处理要求。

由于储气库地质构造不同，在采气期自地层采出的天然气大都含有水、重烃等组分，因而给天然气的输送造成困难，需要对采出气处理后外输。

储气库采出气具有气量及压力变化范围大的特点，为满足下游用户调峰气量的需求，同一采气周期内，采出气量变化范围可能达到20%～120%。采气初期，井口与外输管道之间存在一定的压力能可利用，随着采气时间及采气量的增加，井口压力降低，因此，需综合考虑储气库运行压力、采气量波动变化情况等因素，确定最适宜的采出气处理工艺。

储气库采出气处理工艺的选择主要遵循两大原则：①满足采出气流量的变化波动，适应输气管网的参数变化要求；②综合考虑采出气井口压力与外输压力变化情况，在充分利用地层压力能的前提下，提高采气装置的经济性。

（2）传统采出气处理工艺。

传统采出气处理工艺主要为低温分离法和溶剂吸收法。

低温分离法主要有J-T阀制冷降温和外部辅助制冷降温两种类型。前者依靠天然气自身压力能进行节流降温，装置能耗低，适用于井口压力较高的储气库（图12-2）；后者虽然不会损失压力能，但需要设置辅助制冷系统（一般采用丙烷辅助制冷），投资及运行成本较高（图12-3）。目前国内油气藏型储气库多采用两种类型的组合处理方式，即J-T阀节流制冷+丙烷辅助制冷剂工艺，采气初期，地层压力较高时，使用J-T阀节流制冷工艺，当后期压力能不足时，开启丙烷辅助制冷装置。低温分离法可同时脱水、脱烃，可用于油气藏型储气库。

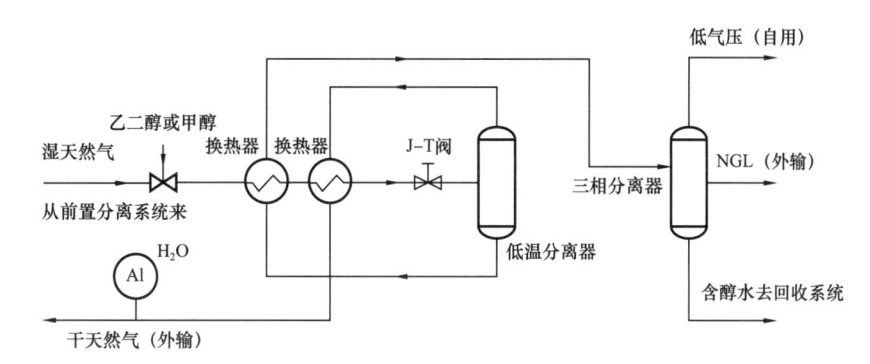

图 12-2　J-T 阀节流制冷脱水脱烃典型流程图

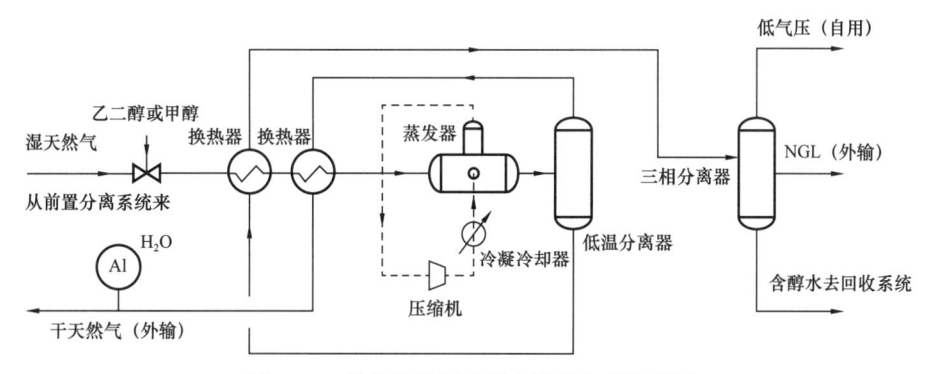

图 12-3　外部辅助制冷脱水脱烃典型流程图

溶剂吸收法是脱水较为普遍的一种作法，常用溶剂有二甘醇和三甘醇，三甘醇脱水典型流程如图 12-4 所示。由于溶剂吸收法仅可以用于脱水，因此，可用于干气藏型储气库及盐穴型储气库。

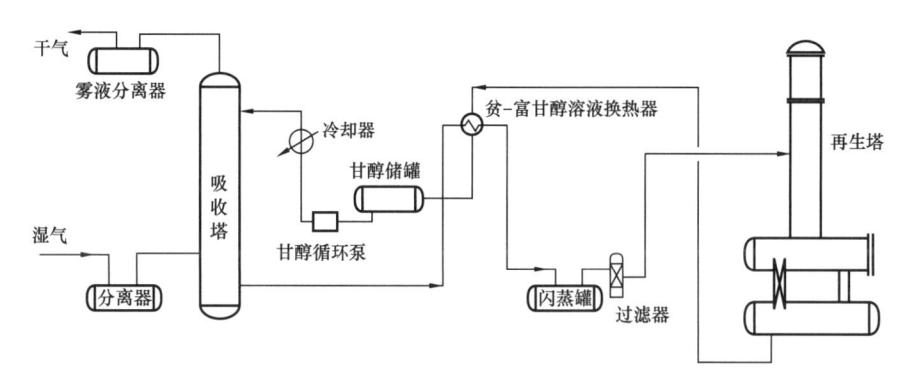

图 12-4　三甘醇脱水典型流程图

（3）新型采出气处理工艺。

针对国内储气库采气处理工艺实现大型化的瓶颈，在对国外储气库调研的基础上，提出将固体吸附法应用于储气库采气处理中，以简化工艺流程，提高建设和运行的经济性及可操作性。硅胶吸附具有生产压差小，脱烃、脱水深度高的特点，但是由于吸附再生时温度高，能耗较常规处理方法高，因此该工艺在地下储气库采出气处理装置中的应用可行性尚待进一步研究论证，具体项目采用何种采出气处理工艺需通过技术、经济对比确定。

三、注气压缩机选型配置技术

注气压缩机是地下储气库的核心设备。注气压缩机选型应根据地下储气库的库容及储气能力，又要结合长输管道供气能力、用户调峰需求。

注气压缩机组选型与匹配主要包括确定机组的参数、型式、驱动机型式及台数等。机组设计参数包括入口压力、入口流量以及出口压力等，各项参数需要综合气源参数、长输管道系统参数、用户系统参数及储气库注气期运行参数进行分析优化确定。压缩机出口压力和流量一般是根据储气库库容参数、注气周期和储气库工作压力区间确定，同时还需要考虑注气井井身结构、注气井深度等造成的注气沿程摩阻。压缩机入口压力范围的确定需根据长输管线注气期供气量、用户用气量以及长输管道配套的其他地下储气库的注气量进行平衡分析。

油气藏型地下储气库注气系统具有高出口压力、高压比、高流量及压缩机出口压力波动大的特点。往复式压缩机从适应性、运行上都更能适应出口压力高且波动范围大、入口条件相对不稳定的情况，在注气效率、操作灵活性、能耗、建设投资、交货期等方面具有突出优势。国内应用这种型式压缩机的经验较成熟，机组的大修可在国内进行。

从机组灵活性分析，机组台数越多，灵活性越好，但投资和备品备件费用相应增加，天然气发动机转速可以在 60%～100% 范围内变化，最适当的变化范围是 80%～100%。综合考虑气量平衡和各种工况出现的概率，只需保证偏离正常工况操作参数出现的概率达到最小，压缩机和发动机大部分工作时间处于较适当的工作范围，即可认为压缩机台数匹配是合理的。所以压缩机组台数匹配的基本原则即尽可能地选用大功率机组，同时兼顾小流量工况出现的概率；机组台数不宜少于 2 台；不设备用机组。

在需要设置采气增压流程时，注气压缩机应按照注气工况进行选型，同时兼顾适应采气增压工况。

四、储气库安全放空技术

储气库放空系统主要存在以下几个特点：（1）地面设施多，装置规模大，注采期放空气质复杂；（2）压力等级高，存在高、低压系统；（3）高压系统泄放初始压力高，瞬时泄放量远大于平均泄放量；（4）注采不同期运行，注气期与采气期泄放量差别大；（5）泄放前后压差大，泄放后气体温度低。

目前国内天然气行业站场放空系统设置原则及放空规模确定方面存在多样化现象，设计标准不统一。储气库地面设施放空工况主要为火灾工况、事故工况及装置检修、维护工况。

1.ESDV 系统分级设置

储气库 SDV 系统利用紧急关断阀（ESDV）来实现关断。根据事故产生的原因以及事故的严重程度，ESDV 系统可设置四级关断或三级关断，其中四级关断具体如下：

（1）一级关断：火灾关断，由手动关断按钮执行。此级将关断所有生产系统，打开 BDV，实施紧急放空泄压，发出厂区报警并启动消防系统，关断火灾区动力电源。

（2）二级关断：工艺系统关断，由手动控制或天然气泄漏、仪表风及电源发生故障时执行关断。此级生产系统关断，但不进行放空。

（3）三级关断：单元关断，由手动控制或单元系统故障产生。此级只是关断发生故障的单元系统，不影响其他系统。对于储气库来说，单元包括：注气系统、采气系统和排液系统等。

（4）四级关断：设备关断，由手动控制或设备故障产生的关断。此级只关断发生故障的设备，其他设备不受影响。

2. 放空系统设置原则

储气库上下游的设计压差大，上游运行压力超过下游管线试验压力，根据 EN12186 设置两级压力安全系统，两级压力安全系统包括非泄放系统（SDV）+ 非泄放系统（SSV 或 SDV）及非泄放系统（SSV 或 SDV）+ 泄放系统（PSV）。

1）井场

储气库井场内设施主要包括采气树、井口阀组、发球筒（阀）、注甲醇设施等，井场存在 2 个压力系统，压力分界点在采气管线上的角式节流阀，角式节流阀之前为高压系统（一般为 30MPa 以上），角式节流阀之后为低压系统（一般为 10MPa 左右）。为防止角式节流阀事故状态下下游管线超压，在角式节流阀前设置了紧急切断阀 ESDV1，ESDV1 截断信号为角式节流阀下游 PSHL。而且，每口注采井井下均设置一个紧急切断阀 ESDV2，切断信号由易熔塞触发，同时可由角式节流阀下游 PSHL 触发。

注采井设置了双重保护系统，当 ESDV1 失效时，ESDV2 可提供紧急切断功能，可有效防止角式节流阀下游管线超压。因此井场放空系统设计原则如下：虽然井场存在压力分界点，由于设置有双重保护系统，即井下及地面双切断，因此井场内一般不设置安全阀，不设放空筒（火炬）。

2）集注站

集注站截断和放空系统的设计遵循以下原则：

（1）集注站只设置 1 套放空（筒）火炬。

（2）集注站注气装置和采气装置进出站管线均设置紧急切断阀 ESDV。

（3）当集注站有多套采气装置或多套注气装置时，各装置按不同时放空考虑，在各装置间设置截断阀（ESDV），当一套装置发生事故时，只对该装置实施紧急切断并放空该装置内天然气，其他装置保压。

（4）若分装置放空量仍然很大，则可采用"分区放空 + 延时"理念，即不同操作单元按不同时放空考虑。

（5）高、低压放空采用同一个放空（筒）火炬，高、低压放空汇管是分开设置，只需考虑放空背压，当低压放空压力高于整个放空系统的背压时，高压放空汇管与低压放空汇管可共用 1 条；当低压系统泄放压力低于整个放空系统的背压时，高压放空汇管与低压放空汇管应独立设置，此时放空（筒）火炬应设置 2 个天然气进口，即 1 个为高压进口和另 1 个为低压进口。

（6）井场至集注站集输管道内气体放空，利用集注站放空（筒）火炬；

（7）集注站至分输站双向输气管道内气体放空，利用集注站或分输站内放空（筒）火炬。

第四节 储气库用关键设备设计及国产化技术

储气库用关键设备除压缩机依赖引进外，其余均为国产，本着优化简化地面设施、降低设备投资、减少采购周期的原则，简化国产设备、实现进口设备国产化一直是储气库地面装备研究的重点方向。

一、高效低温分离器设计

国内油气藏型储气库采出气处理均采用"J-T阀节流+注乙二醇法"脱烃脱水工艺，低温分离器是储气库采出气烃露点控制的关键设备，其分离效果直接关系到外输气露点是否达标外输。它的作用主要是对来自J-T阀节流后的天然气进行三相分离，分离出的富乙二醇水溶液去乙二醇再生系统再生，分离出的气体外输，其中分离器液相中设置加热盘管对液相进行加热，实现凝析油及乙二醇的直接分离。实际运行中发现外输管线积液严重，通过专题研究，确定管线积液的主要原因由外输天然气中携液量较大所致，目前新建储气库均采用"低温分离器+聚结过滤器"2台设备的组合模式，即在低温分离器后设置聚结过滤器，实现天然气的精过滤，有效地避免了外输管线积液现象。

二、进口往复式压缩机易损件国产化

压缩机的核心零部件由机身、曲轴、连杆、十字头、压缩缸等组成，其中压缩缸包括气阀、活塞环组、填料、刮油环4大易损件。

2010年中国石油第一批储气库集中采购了美国ARIEL公司压缩机49台，目前该批机组大部分投入生产。以大港油田板南储气库3台压缩机组为例，该3台机组从运行不到半年时间更换气阀50~60只。目前国内储气库已累计采购了近百台进口往复式注气压缩机，单台机组每年4大易损件更换费用约50万元。

中国石油集团济柴动力总厂成都压缩机厂（成压厂）开展了压缩机4大易损件国产化技术研究，按照现场工况针对性设计易损件，提高其使用寿命，减少由于易损件损坏引起的非计划停车，缩短供货周期，同时降低运行成本，目前已针对华北苏桥、西南相国寺储气库试制出易损件，下一步将在储气库开展试验测试工作。

三、往复式压缩机组国产化

目前国内往复式压缩机主要依赖进口。国内油气生产用高速往复式压缩机主要生产厂家有成压厂和中国石化江钻股份有限公司武汉压缩机分公司（三机厂），这两个压缩机生产厂家生产能力见表12-2。

表12-2 压缩机厂家生产能力

生产商	工况流量范围，m^3/h	出口压力，MPa	功率，kW
成压厂	2~80000	≤50	≤6000
三机厂	2~50000	≤35	≤3300

成压厂目前已具备大型往复式压缩机设计及制造能力，形成了多项大功率压缩机成橇技术，由 Propak 公司提供设计和部分部件，按照 Propak 公司制造规范与其合作生产的 6 台压缩机已成功投运；依托中国石油天然气集团公司西二线重大专项"3500kW 储气库压缩机组研制与现场试验"研制的 3500kW（出口 35MPa）的 6CFC 高速大功率往复活塞式压缩机已通过中石油天然气集团公司鉴定；依托集团公司 2012 年实施重大科技攻关现场试验项目"枯竭油气藏型储气库固井技术与压缩机组现场试验"研制的 6000kW 压缩机（出口 42MPa）也在华北油田兴 9 储气库开展现场试验。

第五节　储气库发展技术展望

一、采气装置的大型化

纵观国外已建地下储气库，储气库的地面设施正朝着大型化发展。如荷兰 Norg 储气库采气装置采用硅胶脱水工艺，设置三塔，处理能力达到 $2500\times10^4\mathrm{m}^3/\mathrm{d}$，而国内采气装置多采用节流+注防冻剂工艺，单套装置处理能力仅为 $750\times10^4\mathrm{m}^3/\mathrm{d}$ 左右，主要受到分离设备设计能力的限制。当采气量大时需多套装置并联，大大增加了装置投资及占地。

二、注气装置离心式压缩机的应用

我国地下储气库压缩机选型多采用燃气发动机往复式压缩机组（驱动功率最大：35MW，单机排量约 $90\times10^4\mathrm{m}^3/\mathrm{d}$）或电机驱动往复式压缩机（驱动功率最大：45MW，单机排量约 $200\times10^4\mathrm{m}^3/\mathrm{d}$）。而国外储气库有采用电驱大排量离心式压缩机的成功案例，机组功率 38MW，单机排量 $1250\times10^4\mathrm{m}^3/\mathrm{d}$，不设置备用。采用大排量离心式压缩机大幅减少了机组数量。

第十三章 天然气管道投产及验收技术

在天然气管道全生命周期完整性管理过程中，新建管道试运投产条件的确认、氮气置换与封存、天然气置换、升压以及 72h 试运行验收等是建立完整性的关键环节，通过管道投运前的检验检测、投产期间的事故风险识别与安全控制可为天然气管道投产的顺利完成提供保障。

第一节 概　　述

天然气管道投产包括试运投产方案编写、投产前条件确认检查、氮气置换与封存、天然气置换、升压技术以及 72h 试运行等过程。需要根据天然气管道初步设计、施工图以及工艺操作原理等相关设计资料、主要设备技术文件以及相关的文件、会议纪要与协议等，进行天然气管道投产方案的编制。内容包括但不限于总论、管道工程概况、投产试运组织机构、投产必备条件及准备、管道投产、投产 HSE 要求、应急预案和相关附件等。通过设置投产组织机构进行投产指挥和程序汇报，明确投产过程中上级部门、建设单位、控制中心、运行单位及上下游等相关单位职责及工作界面。实现管道工程线路、站场、仪表自动化系统、通信系统、电气系统、阴极保护系统以及消防、供热、给排水等相关系统的联调，从而建立天然气管道投产条件。

投产过程需要明确对管道工程、投产临时设施、人员准备、投产手续、合规性要求、相关协议、技术文件、投产所用介质、管线清洁程度、管线干燥达标、氮气置换空气指标、天然气置换氮气指标、注氮完成及物资等方面的要求，编制管道投产条件确认检查表，并符合 GB 50251—2015《输气管道工程规范》、GB 50369—2014《油气长输管道工程施工及验收规范》的相关要求。

天然气管道投产相关附件至少包括：
（1）站场、阀室工艺流程图及高程纵断面图；
（2）投产期间各系统调试时间安排表；
（3）投产期间人员通信联系表；
（4）投产所需主要物资、工器具、备品备件表；
（5）试运投产前条件确认检查表；
（6）现场检查问题的整改情况记录表；
（7）各段投产准备重要控制点大表；
（8）投产应急预案；
（9）单体设备及分系统试运调试方案；
（10）置换升压方案及 HSE 实施方案；
（11）压气站压缩机组投产方案；
（12）投产方案（控制中心部分）；

（13）投产方案审查意见及采纳情况。

天然气投产规范性引用文件包括：

（1）GB 50251—2015《输气管道工程设计规范》；
（2）GB 50369—2014《油气长输管道工程施工及验收规范》；
（3）SY/T 5922—2012《天然气管道运行规范》；
（4）SY/T 6069—2011《油气管道仪表及自动化系统运行技术规范》；
（5）SY/T 6325—2011《输油气管道电气设备管理规范》；
（6）SY/T 6470—2011《油气管道通用阀门操作维护检修规程》；
（7）Q/SY 1670.2—2014《投产方案编制导则 第2部分：天然气管道》；
（8）中国石油天然气股份公司.《油气田地面建设工程（项目）竣工验收手册（2017年修订版）》。

第二节　新建管道检测及评价技术

一、新建管道检测技术

管道投运前的检验检测包括防腐层检测、埋深检测以及地面装置检查、建构筑物调查等。

1. 防腐层检测

管道回填且回填土自然沉降密实后，对全线防腐层进行地面检漏，并符合防腐层质量要求。

目前应用较广泛的外检测技术有多频管中电流测试（PCM）、皮尔逊检测（Pearson）、直流电位梯度测试（DCVG）、密间隔电位测量（CIPS）等。

（1）PCM检测。

仪器的发送机给管线施加近似直流的4Hz电流和128Hz/640Hz的定位电流，便携式接收机能准确探测到这种经管线传送的特殊信号，并跟踪和采集该信号，输入计算机，便能测绘出管道上各处的电流强度。由于电流强度随着距离的增加而衰减，在管径、管材、土壤环境不变的情况下，管道的防腐层的绝缘性越好，施加在管道上的电流损失越少，衰减也越小。如果管道防腐层损坏，如老化、脱落，绝缘性就差，管道上电流损失就越严重，衰减就越大。通过这种对管线电流损失的分析，从而实现对管线防腐层不开挖检测评估。

检测时沿管线中发送机发送检测信号，在地面上沿管道记录各个检测点的电流值及管道埋深，用专门的分析软件，经过数据处理，便可以计算出防腐层的绝缘电阻 R_g 及图形结果。计算出的绝缘电阻 R_g 通过与行业标准对比即可判断沿管线各个管段防腐层的状态级别，得到的图形结果可以直接显示破损点的位置。

（2）Pearson检测。

当一个交流信号加在金属管道上时，在防护层破损点便会有电流泄漏入土壤中，这样在管道破损裸露点和土壤之间就会形成电位差，且在接近破损点的部位电位差最大，用仪器在埋设管道的地面上检测到这种电位异常，即可发现管道防腐层破损点，这种检测方法称为Pearson检测法。检测时，先将交变信号源连接到管道上，两位检测人员带上接收信号检测设备，相隔6~8m，在管道上方进行检测。

Pearson方法具有准确率高、适合油田集输管线以及城市管网防腐层漏点的检测等优点。但其抗干扰能力差；需要探管机及接收机配合使用，受发送功率的限制最多可检测5km；只能检测到管线的漏点，不能对防腐层进行评级；检测结果很难用图表形式表示，缺陷的发现需要熟练的操作技术。

（3）DCVG检测技术。

在施加了阴极保护的埋地管线上，电流经过土壤介质流入管道防腐层破损而裸露的钢管处，会在管道防腐层破损处的地面上形成一个电压梯度场。根据土壤电阻率的不同，电压梯度场的范围将在十几米到几十米的范围变化。对于较大的涂层缺陷，电流流动会产生200~500mV的电压梯度，缺陷较小时，一般50~200mV。电压梯度主要在离电场中心较近的0.9~18m区域。

DCVG检测技术通过两个接地电极和高灵敏度毫伏表，检测管道防腐层破损而产生的电压梯度，从而判断管道破损点的位置和大小。

管道防腐层缺陷面积的大小可通过IR降的计算获得，IR降越大，阴极保护的程度越低。因而，管道防腐层破损面积越大，IR降的值越大。

（4）CIPS密间隔电位测试。

在阴极保护运行过程中，由于多种因素都能引起阴极保护失效，如防腐层大面积破损引起保护电位低于标准规定值、杂散电流干扰引起的管道腐蚀加剧等。

密间隔电位测量是评价阴极保护系统是否达到有效保护的方法之一，原理是在有阴极保护系统的管道上通过测量管道的管地电位沿管道的变化（一般是每隔1~5m测量1个点）来分析判断防腐层的状况和阴极保护是否有效。

各种管道外检测方法比较见表13-1。

表13-1 管道外检测方法比较

工况	密间隔电位测试（CIPS）	直流电位梯度测试（DCVG）	Pearson检测	多频管中电流测试（PCM）	可能的影响
涂层缺陷	2	1, 2	2	1, 2	
裸管的阳极区	2	3	3	3	影响间接检测工具的使用
河流和水域的附近区域	2	3	3	2	河流的深度影响检测工具的使用性
冻土以下	3	3	3	1, 2	影响电流及外腐蚀检测方法的应用
杂散电流	2	1, 2	2	1, 2	
防腐隔离层	3	3	3	3	
邻近的金属结构	2	1, 2	3	1, 2	
平行管道的附近区域	2	1, 2	3	1, 2	

续表

工况	密间隔电位测试（CIPS）	直流电位梯度测试（DCVG）	Pearson检测	多频管中电流测试（PCM）	可能的影响
高压输电线的变流处	2	1，2	2	3	可能造成一些间接检测方法不能使用而失效
短套管	2	2	2	2	可能妨碍一些间接检测工具的使用
公路下面的管段	3	3	3	1，2	路面可能会影响间接检测工具的选择
不带套管的穿越管段	2	1，2	2	1，2	明显地限制了许多间接检测技术的应用
复壁管处	3	3	3	3	
深埋位置处	2	2	2	2	限制一些检测技术的使用
湿度（有一定限度的）	2	1，2	2	1，2	
岩石地区/岩礁区域/岩石的回填区域	3	3	3	2	可能造成间接检测工具的应用困难

注：（1）1代表的可应用的情况：小的涂层缺陷（孤立或者一般的面积小于600mm^2）和在正常的操作条件不会使阴极保护电流产生波动的工况条件；

（2）2代表的可应用的情况：大的涂层缺陷（孤立的或者连续的）或者在正常的操作条件会使阴极保护电流产生波动的工况条件；

（3）3代表的不可应用：这些工具不能应用，或者在不考虑其他条件的情况下这些工具不能应用。

2. 埋深检测

结合PCM检测，可确定天然气管道埋深，对不符合设计要求的管段进行整改。

PCM检测设备检测管道埋设深度可在测量点直接从接收机中读数，接收机中有2个水平放置的线圈，在管道正上方按下"深度"按钮，接收机内置系统通过2个水平线圈的信号差计算出管道埋深。其测试的埋设深度为管道中心线距地表的距离，管道实际埋设深度应在测试数据的基础上减去管道半径。

3. 地面装置检查

地面装置检查包括三桩等地面标识、管道外部保护设施、护坡堡坎、水工保护设施的检查等，不符合设计要求或者出现损毁垮塌的应进行整改。

4. 建构筑物调查

对管道保护范围内建构筑物进行调查，不符合项应进行整改。

二、新建管道评价技术

根据GDGS/CX 82.02《安全风险评价与控制管理程序》开展风险评价，采用GB/T 21246—2007《埋地钢质管道阴极保护参数测量方法》、GB/T 21448—2017《埋地钢质管道阴极保护技术规范》、NACE RP0169—2002《埋地或水下金属管线系统的外部腐蚀控制》进行阴极保护有效性评价，确定目标管线的阴极保护状况和有效性。

阴极保护系统有效性检测包括：

1. 测试桩处通电电位检测

通电电位的测试主要适用于施加阴极保护电流时，管道对电解质（土壤、水）电位的测量。本方法测得的电位是极化电位与回路中所有电压降的和，即含有除管道金属/电解质界面以外的所有电压降。其具体的测量步骤为：

测量前，应确认阴极保护运行正常，管道已充分极化。测量时，将硫酸铜电极放置在管顶正上方地表的潮湿土壤上，应保证硫酸铜电极底部与土壤接触良好。将电压表调至适宜的量程上，读取数据，作好管地电位值及极性记录，注明该电位值的名称。测试过程中，记录恒电位仪的输出数据，包括输出电压、输出电流和控制电位，如图13-1所示。

图13-1 检测示意图

2. 断电法检测

通电电位虽容易测量，但包含各种IR降。IR降是由参比电极和被测管道所在位置地电场不均匀性造成的，可用其间存在的电流和电阻乘积表示。在参比电极和被测量构件间流动的电流可能有3类，即电源电流（从保护系统阳极流出到达被保护构件）、二次电流（因被保护金属极化程度不同造成的二次反馈电流）、外界杂散电流。参比电极和测量管道回路电阻也可能有2类，即纯欧姆电阻和非欧姆电阻。虽然有人研究建立土壤IR降的计算机模型来校正电位测量值，但工程上更多推荐采用断电法消除这些误差。

3. 极化探头法测试

本方法适用于受杂散电流干扰区域管段或无法同步瞬间中断保护电流的管道，用极化探头测量埋设位置处管道极化电位。典型的极化探头由在测试位置处代表管道的金属试片和长效硫酸铜电极构成。试片应与管道有相同的材质及适当裸露的面积，为避免过量阴极保护电流的流失，裸露尺寸代表防腐层缺陷大小；硫酸铜电极通过探头内部合理结构与试片尽可能接近。极化探头埋深及回填状态与管道相同。在测量之前，应确认阴保系统运行正常，试片与管道连通，管道和试片充分极化。

测量中将极化探头与试片连接的测量电缆接数字万用表的正极，与硫酸铜电极连接的测量电缆接负极。测量并记录试片相对于硫酸铜电极的通电电位。

4. 牺牲阳极阴极保护测试

测量前，应断开牺牲阳极与管道的连接。测量中将数字万用表的正极与牺牲阳极连接，负极与硫酸铜电极连接。将硫酸铜电极放置在牺牲阳极埋设位置正上方的潮湿土壤上，应保证硫酸铜电极底部与土壤接触良好。将数字万用表调至适宜的量程上，读取数据，作好电位值及极性记录，注明该电位值的名称。测量完成后将牺牲阳极与管道恢复连通。

5. 阳极地床测试

所有阳极地床须测试接地电阻，同时测试恒电位仪与阳极地床之间导线或电缆的电阻值。阳极地床测试主要有长接地电阻测试和短接地电阻测试两种方式，测试阳极地床主要根据现场阳极地床的情况来选择。

阴极保护系统有效性判断标准为：

（1）管道阴极保护电位（即管/地界面极化电位）应为 –850mV（相对 CSE）或更负；

（2）阴极保护状态下管道的极限保护电位不能比 –1200mV（相对 CSE）更负；

（3）高强度钢（最小屈服强度大于 500MPa）和耐蚀合金钢，如马氏体不锈钢，双相不锈钢等，极限保护电位则要根据实际析氢电位来确定。其保护电位应比 –850mV（相对 CSE）稍正，但在 –650～–750mV 的电位范围内，管道处于高 pH 值 SCC 的敏感区，应予注意；

（4）在厌氧菌或 SRB 及其他有害菌土壤环境中，管道阴极保护电位应为 –950mV（相对 CSE）或更负；

（5）土壤电阻率在 100～1000Ω·m 环境中的管道，阴极保护电位宜负于 –750mV（相对 CSE）；在土壤电阻率 ρ 大于 1000Ω·m 的环境中的管道，阴极保护电位宜负于 –650mV（相对 CSE）；

（6）特殊考虑：如上述准则难以达到时，可采用阴极极化或去极化电位差大于 100mV 的判据。

第三节　天然气管道投产技术

为保证天然气管道投产的顺利完成，采用的投产技术主要为注氮、置换、升压、安全控制等。

一、注氮

天然气管道投产的注氮封存作业包括但不限于以下内容：

（1）确定注氮方式，注氮方式有液氮车注氮、制氮车注氮、氮气瓶注氮等，如采用液氮车注氮，液氮车应配有加热装置；

（2）明确注氮承包商资质要求；

（3）明确注氮完成时间要求；

（4）明确注氮点的选择，封存氮气的管段；

（5）明确注氮量的计算原则；

（6）明确注氮点的注入量、封存压力，在天然气进入管道前应再次检查所封存的氮气压力是否符合要求；

（7）明确注氮温度、流量、纯度的要求；

（8）明确注氮过程中的安全要求；

（9）注氮作业要求。

二、天然气管道置换技术

氮气置换（Nitrogen Displacement）是用管道内的空气进行置换的过程，天然气置换（Natural Gas Displacement）是用天然气将管道内的氮气进行置换的过程。

天然气管道置换包括但不限于以下内容：

（1）概述置换全过程；

（2）明确置换前的主要准备工作，如站场、阀室的流程设置、站场调压橇的导通、站场阀室气液联动阀的设置等；

（3）明确置换时站场、阀室的流程操作要求；

（4）明确置换速度控制方法，以置换期间天然气运行速度 5.0m/s 为依据计算投产相关数据；

（5）明确置换期间防止冰堵的措施；

（6）明确置换时的气体检测要求，包括项目、方法、频次、指标等；

（7）编制氮气、天然气到达各站场、阀室时间、压力、流量的预测及跟踪表，见表13-2；

（8）确定全线置换期间的引气放空点；

（9）确定剩余氮气的排放地点；

（10）确定置换期间站场和阀室天然气检漏的方法和频次；

（11）明确置换期间各分系统的调试内容；

（12）明确置换期间对保驾和维抢修的要求。

置换工艺计算和操作应符合 SY/T 5922—2012《天然气管道运行规范》和 SY/T 6470—2011《油气管道通用阀门操作维护检修规程》及其他相关要求。

表13-2 ××线××站投产时间预测及跟踪表

场站及阀室序号	总里程 km	间距 km	空气与氮气 实际到达时间 h	空气与氮气 理论计算时间 h	气头速度 m/s	空气氮气混气段长度 km	纯氮气头 实际到达时间 h	纯氮气头 理论计算时间 h	用时 h	气头速度 m/s	纯氮气段长度 km	场站及阀室序号	氮气与天然气混气 实际到达时间 h	氮气与天然气混气 理论计算时间 h	用时 h	气头速度 m/s	天然气氮气混气段长度 km	纯天然气 实际到达时间 h	纯天然气 理论计算时间 h	用时 h	气头速度 m/s	备注
1																						
2																						
…																						

三、天然气管道升压技术

天然气管道的升压工艺计算和操作应符合 SY/T 5922—2012《天然气管道运行规范》和 SY/T 6470—2011《油气管道通用阀门操作维护检修规程》及其他相关要求，为天然气管道72h试运行提供条件，包括但不限于以下内容：

（1）概述升压全过程；

（2）明确升压台阶、稳压要求及压力检测点要求；

（3）明确升压期间进气流量和总量；
（4）明确升压期间防止冰堵的措施；
（5）确定升压期间站场和阀室天然气检漏的方法和频次；
（6）明确升压期间各分系统的调试内容；
（7）明确升压期间对保驾和维抢修的要求。

四、天然气管道投产HSE要求

天然气管道投产HSE要求包括对进场人员的要求、投运过程的要求、应急响应的要求以及后勤保障的要求。

（1）对进场人员的要求包括但不限于以下内容：
① 对参与投产人员接受培训和资质的要求；
② 对投产方案模拟演练、投产应急演练等提出要求；
③ 对投产作业人员劳动防护的要求；
④ 对进场其他人员安全要求。

（2）对投运过程的要求包括但不限于以下内容：
① 对投产人员学习投产方案的要求；
② 对各站场配备防护设备、安全标识的要求；
③ 对投产时保护周边环境的HSE要求；
④ 对干线巡查的要求；
⑤ 对地貌恢复的要求。

（3）对应急响应的要求包括但不限于以下内容：
① 对流行性疾病防治的要求；
② 对投产期间医疗用品配置的要求；
③ 对现场投产人员紧急求护的培训要求；
④ 对现场依托医疗急救的要求；
⑤ 对通信、消防应急的要求；
⑥ 对所在地政府相关部门联动响应的要求。

（4）对后勤保障的要求包括但不限于以下内容：
① 对异常气候的应急准备；
② 对投产保驾机具的要求；
③ 对管道沿线通信保障的要求。

五、应急预案

1. 风险识别与控制

依据GDGS/CX 82.02《安全风险评价与控制管理程序》对投产期间存在的事故风险以及风险等级进行识别，制定事故风险消减措施、应急处置方案以及事后应对措施，包括：

（1）分析风险类别，并制定事故风险事前预控、事中控制以及事后应对措施；
（2）编制投产期间风险识别表，见表13-3。

表 13-3 投产期间事故风险识别表

事件类型	序号	风险	风险描述	风险等级	风险消减措施	应急处置方案	参考方案
突发事故、重大自然灾害事件	1	天然气燃烧、爆炸事故	由于设备故障、违反操作规程或其他原因造成天然气泄漏；由于明火或静电等引起的燃烧和爆炸，站场动火时因安全措施不到位而引起的燃烧或爆炸；由于各种自然因素或第三方人为破坏引起天然气燃烧或爆炸事故	高度风险	(1) 做好天然气泄漏预防措施； (2) 采用相应等级防爆设施； (3) 加强人员巡查工作； (4) 确保天然气泄漏报警装置完好； (5) 做好防雷接地监测	(1) 立即启动站场 ESD； (2) 不具备 ESD 功能的场站，应控挖操作迅速切断着火爆炸点上下游阀门； (3) 如果站场火势较大，无法站控切断事故点上下阀门，应迅速切断场站上下游段天然气 (或场站) 截断阀并放空事故段天然气	《投产工程环保驾方案》；《投产维抢修方案》
	2	管道干线破裂、断裂导致天然气泄漏	雨季、洪水、山体滑坡、地震、第三方破坏、管材同题、管道焊接缺陷等引起的干线管道破裂、断裂大量泄漏	高度风险	加强管道巡护、监测，企地联防，加强对第三方施工的监督、跟踪等措施	(1) 采取必要的流程操作，减少天然气逸出； (2) 对现场进行隔离、警戒等措施，防止危害和事态的扩大； (3) 迅速进行抢修	《投产工程环保驾方案》；《投产维抢修方案》
	3	穿越管道天然气泄漏事件	管道由于自然灾害、第三方破坏等引发的各类管道穿越破坏事故、破裂穿孔、破裂等导致天然气大量泄漏	高度风险	重点加强各类管道穿越点的巡查、看护	(1) 铁路、高速公路箱涵穿越铁路、高速公路基和管道同时遭到损毁时，可与铁路、高速公路主管部门协商由投产单位先铺设涵管，对方再抢修路基，然后在涵管内重建管道。铁路、高速公路穿越作业时采取在管道箱涵穿越的一侧挖作业坑，对侧挖掘更换箱涵内的破坏管道，通过公路穿越、无水河流的穿越直接挖出管道、换管或修补焊，在公路穿越需临时中断交通便临时便道； (2) 普通公路穿越、无水河流的穿越设置导流渠，挖漏作业开挖管或换管补焊等。如发生管道大量泄漏，按站外管道泄漏现场处置预案执行； (3) 水浅的小型河流穿越设置导流渠、围堰	《投产维抢修方案》

— 434 —

第十三章 天然气管道投产及验收技术

续表

事件类型	序号	风险	风险描述	风险等级	风险消减措施	应急处置方案	参考方案
突发事故、重大自然灾害事件	4	隧道内天然气管道泄漏事件	隧道内管道本体缺陷、管道焊接缺陷，遭受地震、山体滑坡等自然灾害，造成隧道内管道泄漏或管道断裂后天然气大量泄漏	高度风险	（1）封闭隧道进出口； （2）重点部位建议武警值守； （3）重点加强隧道管段的巡查和看护； （4）告知地方公安部门将此处作为保护重点部位	（1）穿越长度小于50m的，铺设临时旁通管道，恢复临时进气； （2）隧道主体未破坏的，换管作业； （3）破坏严重、无法铺设临时旁通管的，重建隧道和管道	《投产工程保驾方案》； 《投产维抢修方案》
	5	大中型跨越管道断裂、严重变形，山体滑坡管道移位、管道塌陷	由于跨越支撑设施质量、管道焊接缺陷，恐怖分子袭击或遭遇地震、泥石流等灾害造成断管、管道严重变形，致使天然气大量泄漏	高度风险	（1）做好地质灾害预防，加强支撑设施的检查； （2）及时了解洪水和做好预防措施； （3）加强巡护人员巡查； （4）告知地方公安部门将此处作为保护重点部位	（1）跨越长度小于50m的，采用斜拉或支撑方法铺设临时旁通管道，恢复临时进气； （2）跨越主体未破坏的，换管作业； （3）破坏严重无法修复，重建跨越支撑和管道	《投产维抢修方案》
	6	小型跨越断裂（长度小于30m）	由于跨越应力变形、管道焊接缺陷，恐怖分子袭击或地震、泥石流等自然灾害造成断管或管道严重变形，致使天然气大量泄漏	高度风险	（1）加强两侧支撑设施的检查； （2）及时了解洪水和做好预防措施； （3）加强巡护人员巡查； （4）告知地方公安部门将此处作为保护重点部位	（1）有水的采用锚式脚手架滚轮支架拖拽更换管重建； （2）没水的采用滚轮脚手架拖拽换管重建； （3）长度较小的也可采用吊装安装方法	《投产维抢修方案》
	7	水网沟渠管段破坏、穿孔、大量泄漏	水网沟渠管段由于第三方施工破坏或自然灾害造成天然气大量泄漏	高度风险	（1）做好水网穿越的水泥盖板保护，做好警示标志； （2）巡护人员加强试运升压期间巡查； （3）加强第三方施工监测与管理	（1）针对可能造成的危害，封闭、隔离或限制使用有关场所； （2）采取相应的流程操作以减少天然气逸出，并处置泄漏天然气，防止危害和事态的扩大； （3）围堰降水、换管重建	《投产工程保驾方案》； 《投产维抢修方案》

- 435 -

续表

事件类型	序号	风险	风险描述	风险等级	风险消减措施	应急处置方案	参考方案
突发事故、重大自然灾害事件	8	管道大跨度悬空	由于洪水、漂管、塌陷等造成的管道大跨度悬空	中度风险	加强管道巡护、监测，加强水工保护及治理	（1）采取必要的流程操作，防止抢险管段内压过大； （2）将长跨度悬空的管段尽量恢复到原位置； （3）管道恢复原位后，采用千斤顶或人字架将管道固定； （4）将管道分段填实； （5）回填管道悬空部分，并夯实； （6）恢复地貌	《投产工程保驾方案》
	9	漂管事件	（1）管道上方被取土形成大坑，当雨季来临，一旦坑内存水较深时，有可能造成漂管； （2）季节性河流，当汛期来临时，洪水冲击，主流改道，很容易冲出露管，当水流面较大并存水时，可能造成漂管甚至冲断管线	高度风险	加强汛期检查，加强管道巡护及监测，加强水工保护，加强企地联防，对无法整治的隐患及时进行计划性改造	（1）采用打桩、牵拉、压覆等措施防止管道继续漂移变形； （2）开挖导流渠，设置围堰，阻断漂管段水流，降低围堰内水位，采取措施使管道复位； （3）采用沙袋基在管道下部，防止长距离离空； （4）采用沙袋、石笼、U型块压覆管道，防止再次漂移； （5）如为河流内漂管，应在下游修筑临时拦沙坝等措施； （6）管道恢复原位后，采用千斤顶或人字架将管道固定； （7）将管道分段填实； （8）恢复地貌	《投产工程保驾方案》
	10	干线管道卡堵	施工过程中管道内遗留杂物，投产前管道干管吹扫不彻底，在管道转弯、低洼处、变径处造成卡堵	中度风险	（1）施工阶段干线管道应进行分段清管、测径试压、吹扫和干燥，符合相关要求；并于投产前进行一次回收、发球简间的通球扫线 （2）投产期间加强巡查工作，及早发现	（1）投产期间，严密监视沿线压力变化，发现异常及时反馈做出判断； （2）管道变形采用切除管段取出异物的方法； （3）冰堵采用降压，蒸汽加热，向管道注入甲醇等方法	《投产工程保驾方案》； 《投产维修抢修方案》

第十三章 天然气管道投产及验收技术

续表

事件类型	序号	风险	风险描述	风险等级	风险消减措施	应急处置方案	参考方案
突发事故、重大自然灾害事件	11	干线光缆断缆	由于洪水、泥石流、山体滑坡、地震、地质灾害等自然灾害，第三方破坏等原因造成干线光缆断缆事件	中度风险	（1）设置标石、警示牌，并定期维护，巡检和各项指标的测试；（2）加强巡检，对危险源、危险区域进行调查、登记、风险评估、治理；（3）制定光缆保护方案；（4）加强光缆保护的宣传，取得地方政府、企事业单位和属地群众的配合与支持	（1）开挖光缆，光缆开挖时，光缆断点两边需开挖出各10m；（2）在作业内坑内进行光缆接续工作；（3）光缆续接完成后，进行机房通信验证，确认通信畅通；（4）恢复地貌	《投产工程保驾方案》；《投产维抢修方案》
	12	打孔盗气引发的管道天然气泄漏	人为打孔盗气引发天然气泄漏，由于打孔盗气者打孔工具简陋、技术粗糙，安装的均为低压阀门，在钻孔和盗气时极易发生管线爆裂，引起火灾等恶性事故	中度风险	加强管道巡护，管道宣传，与当地公安机关形成联合机制，在关键点设卡建立职守点，加大打击力度	压过大；（1）采取必要的流程操作，防止抢险管段内压过大；（2）开挖盗气点；（3）用卡具或短节将盗气点封住；（4）现场可燃气体浓度监测；（5）卡具焊接；（6）管道防腐；（7）作业点回填；（7）恢复地貌	《投产维抢修方案》
	13	放空立管阻火器堵塞	管道内杂物过多造成场站放空管前的阻火器产生堵塞，使场站无法进行投产期间的放空作业	中度风险	（1）检查施工阶段清扫线是否符合要求；（2）投产期间不用或尽量少用中间场站进行引气放空，多用场站前后的阀室进行引气放空（或进行引气放空前场站）在大管径放空管线进入阻火器前，适当进行排污以减少进入大管径放空管的脏物，减小大管径放空管线的流速，以减小大管径放空管线将脏物带入阻火器的程度；（3）投产期间通过听声提前预判	一旦发生堵塞立即进行快速抢修	《投产工程保驾方案》

— 437 —

续表

事件类型	序号	风险	风险描述	风险等级	风险消减措施	应急处置方案	参考方案
突发事故、重大自然灾害事件	14	场站、阀室破坏失效	场站、阀室由于恐怖袭击或关键设备失效、局部设施遭到破坏,造成天然气泄漏、着火、爆炸等	高度风险	(1)做好场站、阀室安保措施; (2)做好设备检测工作; (3)站场值班人员加强运行压期间巡查; (4)确保监测报警信息准确; (5)与地方公安部门建立联动	(1)根据遭破坏区域情况,架设局部临时旁通管线; (2)站内管道损坏时,导通全越站流程,更换损坏设备和管道; (3)全越站区遭受损坏应架设临时全越站管线	《投产工程保驾方案》; 《投产维抢修方案》
	15	站内管道、设备发生泄漏	因地质变化、意外破坏、误操作、管道或设备自身质量问题等引发的天然气泄漏	中度风险	(1)投产前检查; (2)投产期间加强巡检,并准备充足的备件	(1)轻度泄漏应及时检修; (2)严重泄漏应立即启动ESD应急系统进行抢修	《投产工程保驾方案》; 《投产维抢修方案》
	16	站内卡堵事件	由于异物及冰堵造成场调压管、分离器、过滤器、弯头、阀门、流量计等处形成卡堵事件	中度风险	加强运行管理、加强排污,对调压管、分离器等重点设备进行监控。压管、注醇、蒸汽车保驾或采用备用回路等预防措施	(1)采取必要的流程操作,防止抢险管段内压过大; (2)拆卸故障设施进行清理或采取相应措施解除冰堵,如加热、放空等; (3)必要时注醇解堵或使用蒸汽车加热解堵	《投产维抢修方案》
	17	线路截断阀自动关闭事件	阀室截断阀因管道运行压力波动变化太或故障自行关闭,且远程控制失效不能进行开阀操作,管道压力持续升高	中度风险	加强巡查	(1)迅速打开旁通流程; (2)查找阀门关闭原因并对故障进行修复; (3)打开截断阀; (4)关闭旁通流程	《投产工程保驾方案》
	18	氮气、天然气引起窒息事故	置换放空期间、设备泄漏氮气或天然气泄漏,使操作人员因供氧不足而发生窒息,严重时导致人员死亡	高度风险	(1)置换过程测试人员要站在上风口进行检测; (2)合理选择放空点; (3)随时进行氮气或天然气的浓度检测	(1)在处理渗漏时要戴空气呼吸器; (2)迅速撤离危险地带,一旦有人发生窒息,拨打120,并及时将窒息者转移到空气流通处进行急救	《投产维抢修方案》

- 438 -

第十三章 天然气管道投产及验收技术

续表

事件类型	序号	风险	风险描述	风险等级	风险消减措施	应急处置方案	参考方案
突发重大事故、自然灾害事件	19	快开盲板密封圈泄漏	由于密封圈损坏，密封槽有杂质等造成的漏气	中度风险	投产前检查密封圈和其他密封件是否完好，并准备足够的配件；加强巡检，检漏；厂家保驾	更换密封圈，清理凹槽内杂质	《投产维修抢修方案》
	20	阀室、站场内法兰泄漏	管道法兰连接处漏气	中度风险	(1) 投产前检查；(2) 投产期间做好法兰检漏工作	不带压更换法兰垫片，严禁带压处理	《投产工程保驾方案》
	21	氮气注入量不足	氮气注入不足会导致置换过程中天然气与空气直接接触，达到天然气爆炸极限(5%~15%)，一旦天然气流速过快，带动管道中金属杂物与管壁摩擦产生火花，易发生爆炸	中度风险	(1) 氮气注入量应充足；(2) 置换气头检测期间应准确上报至调控中心实时计算纯氮气段长度，统一指挥；(3) 考虑氮气备用	使用备用氮气	《投产工程保驾方案》；《投产维修抢修方案》
	22	注氮温度过低	低温氮气会对管道造成损伤	低度风险	氮气换热/加热设施应保证完好或冗余备用。检查注氮管线上应安装温度表，由专人不间断监护注氮管道温度，注氮过程中严格禁止低于5℃的氮气进入天然气管道	一旦发现进入天然气管道的氮气降至5℃，应立即暂停注氮	《投产工程保驾方案》；《投产维修抢修方案》
	23	非作业人员进入现场	对非作业人员造成人身伤害，或操作设备对投产作业造成影响	中度风险	作业现场设置警戒；作业人员佩戴标志，严禁无关人员进入	无关人员进入场站，应验明身份，以及进站原因	《投产工程保驾方案》；《投产维修抢修方案》
	24	注氮流量过小	注氮期间流量过小会造成氮空气混合气量增加，注氮期间氮气在管道中的流速不应低于1m/s	低度风险	注氮前落实注氮设备是否有流量计，注氮期间要求监督注氮流量是否满足要求	在满足注氮温度的同时，加大注氮流量	《投产工程保驾方案》；《投产维修抢修方案》

- 439 -

续表

事件类型	序号	风险	风险描述	风险等级	风险消减措施	应急处置方案	参考方案
突发事故、重大自然灾害事件	25	站内埋地电缆意外损伤	由于施工、地面塌陷等原因造成埋地电缆损伤，无法电力供应	中度风险	加强施工监管，应有备用线路或备用发电机	(1)及时开挖查找损伤电缆；(2)对损伤处进行绝缘和防水处理；(3)对损伤严重的电缆进行更换；(4)短г无法恢复的采用临时电缆确保供电	《投产维抢修方案》
	26	电气火灾事件	线路短路和电气绝缘损坏，造成火灾；过负荷和接触不良引发火灾；雷击电气设备造成火灾	高度风险	加强线路和用电设备的定期检查，禁止超负荷用电	(1)迅速采取切断电源、停输等处理措施，防止事态扩大；(2)使用干粉灭火器灭火；(3)对站内电力系统进行检查、抢修；(4)抢修结束后，恢复供电	《投产工程保驾方案》；《投产维抢修方案》
	27	配电系统故障	电气设备故障、人员误操作、雷击等原因导致系统停电事故	中度风险	(1)加强设备维护；(2)加强供电部门沟通	(1)启用发电机进行供电；(2)修复损坏供电设备；(3)供电	《投产工程保驾方案》
	28	站场UPS电源故障中断供电	由于UPS故障无法给站控系统供电	中度风险	定期检查、维护	(1)将UPS供电方式转换为直接供电模式；(2)检查损坏部件及时更换；(3)维修完毕后切入UPS供电模式	《投产工程保驾方案》
	29	计量系统故障	计量系统故障引起天然气计量数据的误差	中度风险	加强运行管理，加强计量数据的监测，制定计量系统失效后的预案和措施	(1)采取必要的流程操作；(2)按照预案迅速进行故障处理	《投产工程保驾方案》
	30	仪表自动化系统故障	由于仪表自动化设备故障引起系统故障	中度风险	投产前检查、维护；准备充足的备件	(1)查找故障原因；(2)更换损坏部件；(3)测试投用	《投产工程保驾方案》
	31	通信系统故障	由于通信设备故障，影响安全生产	中度风险	加强网络管理，通信机房的检查等。投产前检查、维护；准备充足的备件	(1)查找故障原因；(2)更换损坏部件；(3)测试投用	《投产工程保驾方案》

续表

事件类型	序号	风险	风险描述	风险等级	风险消减措施	应急处置方案	参考方案
突发事故、重大自然灾害事件	32	交通事故	运投产期间行车监control手段不齐全；车况不好；行车路线风险过大；驾驶员违章行车等引起的交通事故	高度风险	（1）杜绝疲劳驾驶；（2）保障安全行车速度；（3）及时检查保养车辆；（4）进行安全培训	（1）司机发生交通事故，不论损失大小，必须立即停车，保护现场；（2）造成人身伤亡的，抢救受伤人员，并迅速报告执勤的交通警察或者公安机关交通管理部门；（3）拨打报警电话122，急救电话120；（4）应当按照规定开启危险报警闪光灯并在车后50~100m处设置警告标志	《投产工程保驾方案》；《投产维抢修方案》
	33	人员触电事故	由于不慎等原因接触到了带电设备或接触到了平常不带电、由于绝缘损坏而带电的设备的金属外壳发生触电事故	高度风险	制作警示标志；接地良好；验电；穿戴劳保用品；采用安全电压（12V、36V）；安装保护开关	首先要使触电者脱离电源；触电者处于高处，要采取预防措施；伤员脱离电源后要急救，未经医疗人员允许，不得给伤员喂药，随意摆弄伤者患处	投产单位
	34	人员高空坠落	由于不慎等原因员从高空跌落	中度风险	（1）制作警示标志；（2）穿戴劳保用品；（3）采取高空保护设施	（1）及时拨打120；（2）现场进行救护；（3）医护人员到达后交医护人员处理	投产单位
	35	群体性突发事件	由于个人利益等原因引起的群体性突发事件	高度风险	加强监督、沟通和不稳定信息跟踪等	与当地党委、政府、公安部门之间的预案对接，联动配合	投产单位
社会安全事件	36	软件设施突发事件	软件本身自带的缺陷，黑客入侵，操作者操作不当，计算机感染病毒，计算机硬件意外断电、计算机硬件更换造成的不兼容等引发的事故	中度风险	加强计算机软件管理，软件病毒库为最新等	及时赶赴现场，查找故障原因，采取有效措施及时恢复系统，确保生产信息安全传输	投产单位和保驾队伍
	37	硬件设施突发事件	突然断电、设备老化、病毒导致数据流量异常、设备被攻击等引起的事故	中度风险	加强网络硬件设施维护，强化网络数据流量管理	采取必要的流程操作，尽快恢复网络的畅通	投产单位和保驾队伍
	38	网络突发事件	由于局部网络中断、不良信息或网络病毒、黑客攻击等，发现不及时或机房长时间停电等引发的网络异常或中断	高度风险	加强信息网络硬件管理、软件维护、病毒防护及黑客入侵等	采取必要的流程操作，尽快恢复网络的畅通	投产单位和保驾队伍

续表

事件类型	序号	风险	风险描述	风险等级	风险消减措施	应急处置方案	参考方案
社会安全事件	39	新闻媒体事件	由于新闻发布不规范引起公众舆论事件	中度风险	（1）学习新闻发布规范；（2）正确进行发布	成立专门新闻发布机构，专人进行发布	保驾队伍，维抢修队，投产单位
	40	重大失密泄密事件	由于个人保密意识淡薄等原因造成失密泄密事件	高度风险	加强失密泄密事件的监管，签订保密责任书和承诺书等	将时间、地点、失泄密信息名称、涉及人员范围、事件发生经过、已造成或可能造成损失情况上报	保驾队伍，维抢修队，投产单位
	41	管道防恐突发事件	恐怖袭击的主要方式有：在管道及储运设施附近放置爆炸物，强行闯人袭击重要部位，潜人要害部位进行破坏，携带各种凶器或持枪支进行武装袭击等活动	高度风险	提高防范等级，加强安保措施，完善防范系统，加强管道巡护，管道宣传，与当地公安机关形成联合机制，在关键点设卡建立职守点，加大打击力度。做到早预防、早发现、早报告、早处置	（1）全力开展人员及财产救援和事态控制工作；（2）组织人员救援，疏散和现场封闭警戒；（3）配合国家及地方政府有关部门做好治安处置。说明：如破坏或恐怖袭击造成大面积漏气，处置方案见站外管道发生管道大面积漏气、泄漏现场处置预案	保驾队伍，维抢修队，投产单位
	42	人员食物中毒事故	由于突然发生或由自然灾害、事故灾难、社会安全等事件引起的人员食物中毒	中度风险	（1）食物检查；（2）正规饭店用餐；（3）储备应急药品	依托当地社会医疗卫生机构的企业，开展应急救援	保驾队伍，维抢修队，投产单位
公共卫生事件	43	群体性突发疾病	由于流行疾病或不预见性流行病引起试运投产人员突发疾病	中度风险	（1）注意个人卫生；（2）合理安排休息；（3）储备应急药品	依托当地社会医疗卫生机构的企业，开展应急救援	保驾队伍，维抢修队，投产单位
	44	突发性职业中毒事件	由于皮肤污染、外表接触毒物；吸入毒物（有毒气体）；食人毒物等引起的职业中毒事件	高度风险	定期对工作场所进行监测，对员工进行职业健康体检	（1）立即控制职业中毒事件危害源，防止危害事件的继续扩大，及时有效地采取救援措施，并向运行部相关部门报告；（2）停止导致重大职业中毒事件的作业，控制事件现场，在现场醒目位置设置警戒标识，把事件危害降到最低限度	保驾队伍，维抢修队，投产单位

- 442 -

2. 应急响应要求

应明确应急响应的原则、注意事项和组织机构。

3. 应急预案的编制

根据识别出的风险制定相应的应急处理措施。应急处理措施分为工程保驾和维抢修两部分，并制定出相应的投产工程保驾方案和投产维抢修方案。投产工程保驾方案由建设单位组织编制，投产维抢修方案由运行单位编制。

4. 应急信息报送流程

应根据投产组织机构编制应急信息报送流程。

5. 应急处理流程

应根据风险识别的结果和投产组织机构编制应急处理流程。

6. 应急处理预案

应描述投产期间应急现场处置参考模板清单和设备故障维修保障工作流程。

第十四章　天然气管道运行优化技术

天然气管网是具有多气源、多用户、多压气站、多支线的复杂网络系统，其特点是输量大、运距长、能耗大。天然气管网运行优化是指在满足用气需求和各种运行约束的前提下，制定合理的管网运行方案（管网流量分配、压气站出站压力、压缩机开机方案等），使管网在计划期内的工况达到决策者期望的最优状态。管网运行优化问题一般以能耗最低为优化目标，决策变量主要包括管网流量、压气站出站压力和压缩机开机方案，约束条件主要有2类——管网进销气计划和工艺限制条件。若管网压缩机组既有燃气轮机又有电驱动机，则应将消耗的燃气和电力按某一标准折算成统一的单位，通常将其折算为费用。

第一节　概　　述

随着经济的发展和人民生活水平的提高，天然气的需求量持续增大。而天然气在我国能源战略重要性的提高，促进了天然气相关方面技术不断完善。管道是天然气输送到市场的主要手段，是连接生产气田与用户的生命线。管道输送是最为经济有效、稳定可靠的运输方式，上接气源，下供用户，其安全稳定性保障着人们生活所需。天然气开发及使用规模的增大促使我国的天然气管网系统更加庞大，日常运行更加复杂，调运更加灵活，需要考虑的因素也越来越多。

随着西气东输二、三线、陕京三、四线等大型天然气管道工程建成以及陆续投产，新老天然气管道相互连接交织成网，我国天然气管道业务进入了快速发展的阶段。中国石油在2006年对全国的天然气管网实行统一调控，这使得天然气管网综合调运与运行优化成为亟需解决的问题。

稳态运行优化的前提是管网处于稳态或准稳态工况，由于天然气用户需求的不均匀性、阀门开关以及压缩机启停，天然气管网始终处于非稳态工况，但这并不意味着稳态运行优化没有实际意义。尽管天然气管道末段的工况随用气流量频繁波动，但从运行优化的角度出发，天然气管道末段上游的部分应尽可能维持稳态工况。只要靠近天然气管道末段有充足的储气容量，则季节性用气流量波动可以通过储气库来平衡，而日/时用气流量波动可以通过末段本身来平衡。基于这一认识，对上游没有大流量分输点的单条天然气管道而言，可以认为除末段外，管道其余部分处于准稳态工况，因而可以对其实施稳态优化运行方案。对于天然气管网，"末段"的界限不如单条天然气管道那么清晰，这是因为管网中某些管道分输点多、分输流量大，此时有可能整个管网都难以达到准稳态工况。但对于一个规划设计合理的主干管网，也应该尽可能借助于储气调峰设施使其中每条管道的工况尽可能稳定。对于大部分时间处于稳态工况的管道系统，"稳态运行优化＋动态在线调控"是比较合理的解决方案。在制定管网运行方案时应根据计划期的长短来确定是否考虑管网工况的非稳态特性。对于中长期运行方案（如月度运行方案），一般假定计划期内管网处于稳态工况，然后制定计划期内管网的稳态运行方案；对于短期运行方案（如24h的调峰方案），通常需要按非稳态考虑。

对于中国石油主干天然气管网，通常按照"月计划、周平衡、日指定"的原则来制定管网运行方案。"月计划"是管网运行方案编制人员依据下月的输送任务，假定管网处于稳态工况，制定该月的稳态运行方案；"周平衡"是管网运行方案编制人员依据该月输送任务、上周输送任务完成情况以及管网管存情况，对管网运行方案进行适当调整；"日指定"是管网调度人员依据前日输送任务完成情况、管网管存情况和当天给客户分配的日指定量，确定当日管网的运行方案。因此，稳态运行优化技术可用于优化天然气管网的月度运行方案，能够指导管网的生产运行。

天然气用户按类型可分为工业用户和民用用户，工业用户用气量稳定、峰谷差小，民用用户用气量波动、峰谷差大，如西气东输管道部分用户的峰谷用气量比值达到了 2 以上。可见，大型管网的结构及其输入和输出的边界条件十分复杂，稳态优化模型不能满足管网的实际运行情况。在天然气输送管道系统运行管理过程中，采用瞬态优化技术进行模拟与分析更加准确可靠。

天然气管道瞬态运行优化技术，是指当天然气管道的边界条件中参数处于不断变化的状态时，采用瞬态优化的方法针对相应的瞬态问题制定一段时间内压缩机站运行方案，包括出站压力、压缩机组开关机方案、气源供气流量等随时间变化的控制措施，从而使天然气管道在满足用户需求等一系列约束条件的前提下，实现用最低的运行成本完成输气任务的优化目标。实现天然气管网安全高效供气，从而达到节约能源、提高经济效益的目的。可见，开展天然气管道瞬态运行优化技术研究对实现天然气管道的安全高效运行，节能降耗具有重要的实际意义。

第二节　天然气管网稳态优化方法

天然气管网运行优化主要指在管网运行阶段根据压缩机状态、管道约束条件、压缩机运行的可行域和流量限定等一些限制条件，以能耗或运行成本最小为目标函数进行优化计算，给出压缩机运行组合方式和压缩机的操作压力。

参照优化目标个数，天然气管网运行优化技术可分为单目标运行优化技术和多目标运行优化技术两类，即单目标运行优化技术只包含一个优化目标（运行能耗最低、输气量最大、收益最高等），多目标运行优化包含一个以上优化目标。

到 20 世纪末，天然气长输管道或管网仿真模型和稳态优化运行技术已基本成熟，长输管道的非线性的稳态运行优化模型（含离散变量，目标函数为全线能耗最小）也已经基本得到了公认。国外研究人员只是从优化算法方面进行努力，以便更加快速和有效地求解天然气长输管道（管网）稳态运行优化模型。比如说，动态规划算法、序列线性规划、广义简约梯度法、智能优化方法、专家系统优化法、蚁群算法、遗传算法、神经网络算法等。

天然气管网优化运行的研究可以分为 2 个步骤，一是建立数学模型，将实际工程最优化问题用数学语言描述；二是对已建立的数学模型进行数学分析，选用合适的最优化方法，编写计算程序，求出实际问题的解。

一、稳态优化模型

优化问题的标准数学模型由目标函数和约束条件组成,优化变量包含在目标函数和约束条件中,如式(14-1)。

$$\begin{cases} \min f(x) \\ \text{s.t.} \begin{cases} h_i(x)=0(i=1,2,\cdots m) \\ g_i(x) \leqslant 0(i=1,2,\cdots,l) \end{cases} \end{cases} \quad (14-1)$$

式中 x——独立自变量;
$f(x)$——目标函数;
$h_i(x)$——等式约束条件;
$g_i(x)$——不等式约束条件;
m——等式约束条件个数;
l——不等式约束条件个数。

输气管道优化模型建立在标准优化模型的基础上,需要确定目标函数、约束条件和优化变量3个部分。典型的输气管道包括管道、气源、用户和压气站4部分。通常将管道和压气站称为元素,气源和用户称为节点,各元素通过节点相互连接,以此为基础建立输气管道运行优化模型。

(1)目标函数。评价一个方案是否最优的依据就是要切合目标函数。输气管道运行优化的目标函数主要有:最大收益目标函数、最大流量目标函数、最小能耗目标函数、混合目标函数。其中混合目标函数的产生是因为输气管道运行时会同时考虑天然气流量和收益等多个目标。

(2)约束条件。对输气管道运行优化时,需要考虑气源、压力变化以及管道设计条件等约束。输气管道运行优化的约束条件通常为:进(分)气流量、压力约束、管道压力降方程、压缩机运行区间、阀门方程等。

(3)优化变量。由目标函数和约束条件可以看出,优化模型的目标函数和约束条件与许多变量相关,比如流量、压缩机功率、各节点压力、压缩机转速等,都可以作为优化变量。输气管道压缩机组合方式也可作为优化变量,但它是整数型离散变量。

二、稳态优化算法

动态规划(Dynamic Programming,简称DP)是求解输气管道运行优化问题的最常用方法。由于管道自身的特点,其运行优化问题可以转化为多阶段决策问题,而DP正是求解多阶段决策问题的经典算法。DP原则上可以获得全局最优解,而且可以灵活地处理各种约束条件。1968年,Wong和Larson首次应用DP解决输气管道优化运行问题,为DP在输气管道(网)优化运行中的广泛应用奠定了基础。1998年,为有效求解给定流量下复杂输气管网的运行优化问题,Carter介绍了非序列动态规划(Non-sequential Dynamic Programming,简称NDP)的概念。NDP以管网局部结构划分决策阶段,通过局部结构的等价替换,最终可以将复杂管网转换为单个虚拟元件。2005年,Borraz-Sánchez等提出了输气管网运行优化的混合启发式算法,它是基于短期记忆禁忌搜索法和NDP的两级迭代算法，前者用于优化管网流量分配，后者用于在定流量下优化管网中各压气站的出站压力。2006 年，Ríos-Mercado 等从管网的内在结构入手，提出了简化管网（Reduced Network）的概念和以 NDP、流量修正方法为基础的两级迭代算法，简化管网由弧和节点组成，弧对应于压气站，节点对应于相邻压气站之间的管线。Ríos-Mercado 的两级迭代算法与 Borraz-Sánchez 的混合启发式算法的区别在于对流量优化的处理，Borraz-Sánchez 直接对管网流量进行整体优化，Ríos-Mercado 则逐个对管网环状结构进行流量优化。DP 法对油气管道优化运行的重要性在我国也获得了广泛认可，吴长春等基于 DP 开发了陕京输气管道和西气东输管道运行方案优化软件。

序列线性规划（Sequential Linear Programming，简称 SLP）是求解输气管网运行优化的常用方法。其基本思想是：在优化算法的初始点附近将管网运行优化模型线性化，然后用线性优化算法求得线性化模型的最优解，在这个解附近再次将原优化模型线性化，再次求解线性化模型。比较前后两个线性化模型的最优解，如果两者相差足够小，则认为收敛到原问题的近似最优解，迭代停止；否则继续迭代过程，直到前后两个线性化模型的最优解相差足够小为止。SLP 是基于线性规划的迭代算法，由于算法限制，优化模型中整数变量不宜过多。

广义简约梯度法（Generalized Reduced Gradient，简称 GRG）是求解一般非线性规划的最有效算法之一。GRG 是基于梯度的搜索方法，因此 GRG 不能保证得到全局最优解，离散变量的引入使算法更有可能收敛于局部最优解。

近年来有学者采用智能优化算法求解输气管道运行优化问题。1987 年，Goidberg 采用遗传算法（Genetic Algorithm，简称 GA）求解单条管道的稳态运行优化和管道末段的瞬态运行优化问题。2006 年，Botros 等将 GA 应用于大型天然气管网的运行优化中，并采用代理函数法（Surrogate Method）、并行计算等方法减少了优化计算的时间。1998 年，Wright 将模拟退火算法（Simulated Annealing，简称 SA）应用于输气管道运行优化中，并证明了 SA 优于混合整数非线性规划方法，Wright 估计基于 SA 的优化器每年能为 TETCO 和哥伦比亚海湾输气公司分别节省 300 万美元、400 万美元的费用。2009 年，Chebouba 等采用蚁群算法（Ant Colony Optimization，简称 ACO）求解单条管道的运行优化问题，ACO 与 DP 的结果非常接近，但 ACO 的计算时间远低于 DP。

专家系统是一个智能计算机程序系统，其内部含有某个领域专家的知识与经验，并以此进行推理和判断，模拟人类专家解决复杂问题的过程。专家系统适用于解决那些难以建立数学模型、但可以利用相关经验的问题。2000 年，Chi Ki Sun 等综合应用专家系统与优化技术开发了输气管道决策支持系统。该系统具有三个功能：（1）确定管道的管存状态并推荐控制策略；（2）确定相应操作需要的压缩机功率；（3）确定管道全线压缩机组的开机方案。其中前两个功能由专家系统实现，第三个功能由模糊优化技术实现。

Suming Wu 认为压气站特性的非凸性和不连续性（压缩机的启停）等因素是优化模型求解困难的主要原因，并根据管网稳态运行优化模型的内在结构提出了优化模型的松弛方法及配套的定下界策略（Lower Bounding Scheme）。定下界策略基于对优化模型的两种松弛处理：压缩机能耗函数的松弛和压缩机可行域的松弛，从而将非线性不连续模型转换为线性连续模型。定下界策略的实施较为烦琐。非凸问题最优目标值的一个较好下界可能与求解原问题难度相当。定下界策略人为地将压气站可行域扩大，这样很可能导致松弛问题的最优解不是可行解。然而，基于模型松弛与定下界策略的方法为解决输气管网稳态运行优化问题提供了有益的新思路。

国内针对优化模型与算法研究取得了大量成果，开发了相应的优化软件，并初步实现了区域管网半定量多目标优化，但应用性较差，还需深入攻关。最近10年，国内学者在优化方面做了大量研究工作，并取得了一定的成绩。例如：2002年，吴长春和杨廷胜采用动态规划法以能耗最低为目标编制了西气东输运行优化软件，降低了压缩机站运行费用。2004年，袁宗明和贺三采用禁忌搜索算法求解了以能耗最低为目标的天然气稳态运行优化模型。2006年，李长俊和杨毅介绍了4种求解天然气管网稳态优化问题，并分别用4种方法对川渝天然气管网进行了实例计算，优化了川渝管网日常运营。2010—2013年，李长俊和刘恩斌等对含压缩机天然气管道稳态运行优化模型采用动态规划法求解出了最低能耗运行方案，并联合北京油气调控中心，开发了优化运行软件，有效地指导了西气东输、陕京管道等大型输气管道的最优能耗预测。

三、稳态优化软件

国外在大型天然气管网运行优化技术研究领域较为成熟，美国、英国、俄罗斯等天然气工业发达国家形成了一些目标明确的天然气管道优化运行阶段理论与方法，并实现软件产品化。21世纪初，国外油气管道仿真或优化软件公司逐渐推出了以降低能耗为目标的单条天然气管道稳态运行优化软件产品，目前市场占有率较高的几款商业优化软件包括：DNV-GL公司的SynerGEE-Gas，ESI公司的Pipelineoptimizer，LIWACOM公司的Simone以及GREGG公司的Flowdesk。但主要以运行能耗最低和收益最大为单优化目标，并且多数针对国外具体管道情况设计，而且对于大型天然气管网运行优化问题没有相关资料和成功案例。由于国内外生产需求的差异，特别是国内天然气管网运行优化的侧重点不仅包括收益，还包括安全、高效等因素，所以这些优化软件虽然在国外管道公司广泛应用，但不能直接应用于国内。同时，这些优化软件价格比较昂贵，也制约着国外天然气管道优化软件在中国石油天然气管网运行优化问题中的应用。

国内石油院校在管道优化运行研究方面有一定经验，早期中国石油大学（北京）曾与西气东输、北京天然气等管道公司完成了几条管道稳态运行优化研究项目，以降低单条管道系统能耗作为唯一目标。西南石油大学也曾针对川气东送和川渝管网开展了稳态运行优化研究，主要目标也是降低系统能耗或提高管网收益或最大输送量。这些软件针对具体的管道、管网结构，当时对于管道运行优化发挥了巨大的作用，然而随着管道结构的变化，特别是不同管道连接成网后，上述软件由于扩展性不强难以适应，应用效果大打折扣。

为此，2007年中国石油启动油气管道仿真与优化软件（RealPipe）国产化工作，目前已经开发RealPipe3.0，其中包含优化模块GasOptimizer1.0，能够进行单/多管路运行优化方案制定。2010年—2013年，为了满足日常调度方案的节能降耗需求，北京油气调控中心联合西南石油大学李长俊、刘恩斌团队，针对北京油气调控中心所管辖的西气东输管道、陕京管道、涩宁兰管道等大型天然气管道，以降低管道运行能耗为目标，研究开发了管道能耗综合分析系统，并成功应用于西气东输、陕京管道等大型输气管道的优化运行及最优能耗预测，如图14-1、图14-2所示。

图 14-1　最优能耗预测软件

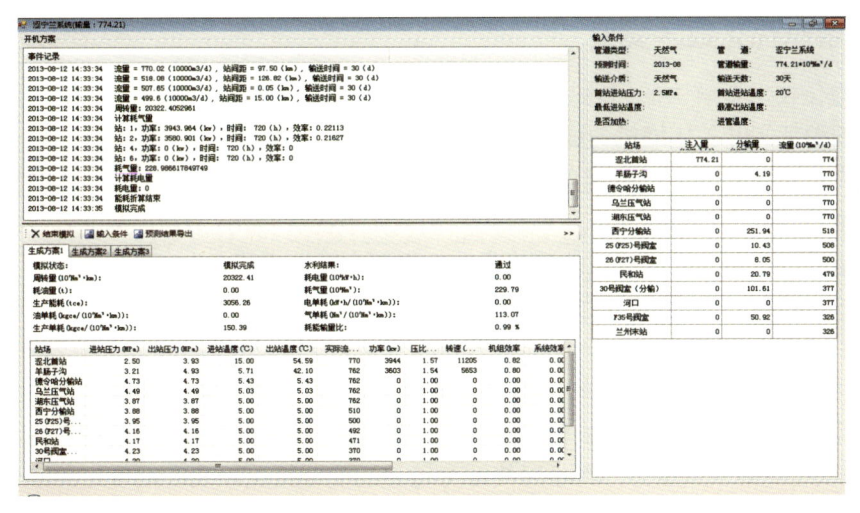

图 14-2　最优能耗预测软件

为进一步增强稳态运行优化技术应用效果，2013 年由中国石油北京油气调控中心牵头、联合规划总院、管道分公司、西南石油大学，开展大型天然气管网优化技术及应用研究，旨在开发一套能够全面满足中国石油天然气管网调控业务需求的综合优化平台，目前研究进展顺利，部分研究成果已经应用中国石油天然气管网控制中心日常工作。

第三节　天然气管网瞬态优化方法

在输气管道实际运行时，气源供气及用户用气都会对输送工况产生影响，其运行状态不断变化。此外，大型管网的结构及其输入和输出的边界条件十分复杂，稳态优化模型不能满足管网的实际运行情况。同时，管网的故障也会破坏管道的稳定运行状态。因此，在天然气输送管道系统运行管理过程中，采用瞬态优化技术进行模拟与分析更加准确可靠。

天然气管道瞬态运行优化技术，是指当天然气管道的边界条件参数处于不断变化的状态时，稳态优化方法不再适用，因此选择瞬态优化方法针对管道瞬态运行工况制定相应的随时间变化的压缩机站运行方案，包括压缩机出站压力、压缩机组开机台数、气源供气流量等，从而使管道输气过程在满足用户需要等一系列约束条件的前提下，实现用最低的运行费用完成天然气输送任务。

目前，国内大部分调度员在天然气管道的运行管理中都是凭借经验完成的。但是输气管道日常管理中的许多决策，如确定压缩机组组合、压气站的出口压力以及异常情况的处理等，调度员仅凭经验很难做出精确的判断，应该使用更加严谨、科学、可靠、合理的方法进行运行调度。可行的运行方案很多，但各个运行方案所产生的能耗差异巨大，需要通过优化计算方法得到一个最优运行方案，使其不仅可以使管道系统运行平稳安全，满足用户的正常生产和生活，还能节约大量的运行管理成本，大大提高天然气输送的经济效益。

因此，如何在既满足用户需求，压缩机又能高效运行的前提下，设置各个压缩机站的开机方案和出口压力，使天然气管道运行平稳且压缩机站工作的总能耗最低成为了一个亟待解决的研究课题。

一、瞬态优化数学模型

瞬态优化技术要解决的问题是在满足消费者需求的前提下，优化管网中气体的流动，使燃料气的消耗和开关压缩机的成本最小化。

（1）目标函数：通常以指定的优化时段（24h）内总运行费用最小为目标函数。大部分的模型中总运行费用只考虑了压缩机燃料消耗量或能耗费用，只有Mantri、刘恩斌等在确定目标函数时还考虑了压缩机的开关成本，更符合现场实际。

（2）约束条件：瞬态运行优化问题输送需求不同其约束条件也有所不同，Mantri等从压气站和单独的压缩机组两个层面设置约束条件：对于压气站，考虑输入和输出压力范围、最大出口温度；对于压缩机组，考虑压缩机的马力、转速和压缩比的范围；同时考虑每个离心式压缩机不会发生喘振和阻塞，每个往复式压缩机有足够的气缸容积。Wong考虑压缩机站入口压力、每小时终端分输量的变化情况以及终端规定的输送压力等，Rachford首次提出将输气管道瞬态过程的目标状态作为约束条件，Ehrhardt考虑管道、压缩机和阀门等管道连接件的流量和压力约束，同时考虑所优化时间段结束时的终端约束条件以避免管道压力过低造成不必要的燃料消耗。Kelling将一个管段作为一个空间步长，对于每个空间步长，采用压降方程代替动量方程。刘恩斌、李长俊将压缩机实际运行过程的启停时的最低开机时间以及最低关机时间纳入约束条件，使得优化模型更加符合现场实际。

（3）优化变量：根据前人的研究，大多数情况下优化变量为不同时间间隔内的压气站流量，或随时间变化的压气站出口压力。有学者将优化时段内管道入口流量和压气站过站流量作为优化变量，或以随时间变化的压缩机功率、压缩机和阀门的开关状态为优化变量。而Dupon等人对一条输气管道的最后724.2km（每隔120.7km有1座压气站，共5座压气站）进行研究，根据场站实际控制策略发现只有编号为1、3、5的压气站循环地开启和关闭，因此选择这3个压气站的开启时间和关闭时间作为模型的优化变量。综合这些研究，以随时间变化的压缩机开机方案、过流流量、进出站压力为优化变量更加符合天然气管道瞬态优化问题。

二、瞬态优化求解算法

瞬态运行优化问题主要有以下特点：
（1）目标函数与时间相关。
（2）决策变量随时间变化。
（3）管网中的约束条件，特别是管道流动方程必须采用偏微分方程组。

正是这些特点，使得瞬态运行优化模型中涉及的变量更多，求解更复杂。目前的求解方法大致可分为两类，第一类是基于层次控制的方法，第二类是基于数学规划的方法。

1. 层次控制法

天然气管网瞬态优化技术最早采用的是层次控制法，该方法将整个瞬态模型划分为若干个层次的优化问题，划分的方法有多种，可从系统层面、压缩机站层面进行优化，也可将一个大的管网划分为多个小的管网进行优化，其中每个小管网必须包含一个压缩机站。在对各个层次进行优化时，针对各层次数学模型的特点，需要寻找恰当的求解方法。在系统层面，成功应用的方法有线性化方法、广义简约梯度法等，压缩机站层面多采用动态规划法或序列二次规划法。

由于使用动态规划解决问题时，需要待解决问题能够分解为许多个子阶段的优化问题，再分别对每个子问题进行决策。而输气管道瞬态运行优化问题可以从时间上进行划分，因此采用动态规划更加合理。

Mantri 等人将动态规划法与广义简约梯度法相结合，对于液体输送管道同样适用，通过瞬态优化结果与稳态优化结果进行对比发现：当气体输量接近设计输量时，两种优化的结果相近；但随着流量的降低，管道运行方案出现更多的选择，瞬态优化节省的输送成本更多。因此，瞬态优化方法比稳态优化方法更有效。

Wong 等人将动态规划法应用到沿线只有一台压缩机的输气管道。由计算结果可知，终点压力尽可能接近规定的最低压力时管道运行状态最优。Goldberg 等人用遗传算法也计算得出了类似的结论。但他们都没有考虑压缩机和阀门的开关过程，近似程度较大，不符合现场实际。

Zhang 等人使用动态规划法，从终点向起点，将下游压缩机站和相邻的上游压缩机站及两站间的管段构成一个阶段。并且将瞬态问题转化为每个时间间隔内的稳态问题求解最低燃料消耗及各压缩机站的压力和流量值，采用缩小输出压力搜索区间以加快求解速度。采用此方法对前人研究过的案例进行计算，验证得到的最低燃料消耗仅比实际最优解高 6.2%。对长度为 1800km，共 8 座压气站的中国—中亚天然气管道分别进行 24h 和 168h 运行时间的计算，都能在 15min 内得到求解结果。但此方法需基于输出压力为常数的假设，这个假设只适用于用户要求随时间变化不大的情况，而不能用于瞬态变化剧烈的情况。由于压缩机的技术限制，还需考虑压缩机的最小运行时间和最小停机时间。

然而，随着天然气的需求量逐渐增多，多气源、多用户、长距离的发展趋势使得输气管道系统逐渐由单一管道向大型管网发展，其结构越来越复杂，给瞬态优化技术的研究增加了难度，因此需要基于实际情况对模型进行合理简化。

采用分层控制理论研究大型复杂输气管网系统的瞬态运行优化问题，可将管网系统拆分成若干个子系统，Larson等人根据此理论对管网结构进行空间上的拆分，拆分出的每个子系统只包含一座压气站且直接由该压气站供气，拆分后的子系统结构较简单，与实际情况相比，简化程度较大。采用Wong等得出的关于包含单个压气站的管道控制算法的结论，使整个管道系统达到最优运行状态，能耗最低。但其假定所有压缩机的进气压力都为一个定值，而实际进气压力是在一个范围内波动的而非定值，因此其计算结果不可靠。

Osiadacz等人也采用分层控制理论，针对枝状管网的瞬态优化问题开展研究，并对一部分英国国家管网（包含23个节点、13条管道、3个压气站、2个储气点和1个点源）进行优化计算，采用层次系统理论进行空间分层，以各压气站的输出压力组成控制向量，其他节点压力和各压气站流量组成状态向量，对目标函数采用线搜索法，用共轭梯度法确定搜索方向，通过反复地迭代，直到相邻2次迭代中控制向量或成本函数值之差达到一定精度时终止计算，最后得出优化时段内（0~24h）能耗最小时，状态向量中各分量对应的值，即为相应的优化方案。但计算时未将压气站内的压缩机组组合情况考虑在内。

因此，对于更复杂的子系统，应该与其他的算法联合求解。而且瞬态优化模型中大多是与时间相关的函数，可以考虑对模型进行时间上的分层控制。

2. 数学规划法

数学规划方法是根据整个优化模型的特点，研究有效的整体求解方法。

Rachford等人将梯度法与二次导数近似法相结合，采用牛顿法解决了瞬态输气管道运行优化问题，这种方法既适用于长期处于非稳态工况的输气管道，也适用于由非稳态过渡到稳态工况的输气管道。针对全长500.5km，沿线共设7座压缩机站的输气管道进行计算，以15min为时间间隔，对给定优化时间段（t为6h、8h、24h）制定瞬态优化运行方案，在满足用户的分输需求和约束条件的情况下，使输气管道从初始状态过渡到目标状态。根据计算结果对比得出，采用非线性规划法可以在较短的时间内完成过渡任务，且比人工经验控制节省了17%的燃料消耗。

Ehrhardt等人在空间和时间上对偏微分方程进行适当的离散，采用序列二次规划法对全长920km，沿线共3台压缩机，且由两个供应商给3个用户输送天然气的管网进行测试，证明了此算法的可行性，但只能计算出局部最优解，需要考虑对二次规划算法进行改进。

Furey等人针对英国国家输气管网进行研究，提出了一种新算法。首先采用连续增广拉格朗日乘子法处理不等式约束；然后，采用序列二次规划法处理等式约束将其转化为二次规划问题；最后采用共轭梯度法求解。将此优化算法分别应用到小型管网和大型管网上进行测试，并使用仿真软件验证其优化运行方案的正确性。但是这个方法只能处理线性方程约束条件。

Dupon等人针对一条输气管道最后724.2km的管段，通过调整选定压缩机的开启和关闭时间从而实现燃料消耗的最小化，结合拉格朗日乘数理论，采用下降类算法求解，所确定的压缩机开关时间方案比现场经验制定的方案节省至少8%的燃料消耗，验证了采用数值优化方法的可行性，但其只考虑了压力波动范围，未考虑其他（如压缩机的性能约束等）条件，而且这个算法属于计算密集型，CPU占用率高，影响求解速度。

Neise假设压缩机和阀门的状态已给定，也采用非线性方法来解决瞬态气体管网优化问题。另一个与之相似的模型，其非线性项采用平面来进行分步线性近似。与线性方法相比，非线性方法更接近实际情况，但计算耗时更长。

天然气管道瞬态运行优化模型是一个大型混合整数非线性规划模型，与稳态模型相比，非线性、组合性、随机性是瞬态优化模型的特点，模型中考虑时变因素，变量数目多、规模巨大，求解困难，需要更高效的算法。一般求解混合整数非线性规划主要有3种方法：

（1）非线性连续优化算法，如序列二次规划法和内点法。

Kelling 和 Sekirnjak 等采用序列线性规划处理瞬态气体管网优化问题。非线性项采用工作点的泰勒展开式和多边形进行近似。使用分段线性函数近似处理模型中的非线性项，而非凸函数采用线性约束条件进行近似。将该方法在两条实验管道系统上进行了测试，用混合整数公式得出结果并给出了瞬态优化求解器得到的计算结果，两者的结果非常吻合，验证了优化方案的可行性和准确性。

这些算法可在较短时间内找到较好的最优解，但一般不能高效地处理组合约束条件，而且只能保证解的局部最优性。

（2）空间分支算法。

该方法可以用求解器计算出全局最优解，如：BARON 采用分支缩减法，FilMINT、Bonmin 和 LaGO 可用作启发式求解器，其中 FilMINT 和 LaGO 采用基于线性与非线性规划相结合的分支切割算法求解，而 Bonmin 则是结合非线性规划、分支定界法和外逼近法进行求解。

然而，由于现有的求解器不能开发出针对非线性方程的特殊结构，并且缺乏更详细的信息使得搜索范围有限，因此直接使用这些求解器很难解决瞬态气体管网运行优化问题。

（3）混合整数线性规划法。

当所有非线性项都经过了线性化，同时引入二元变量描述开关过程，再结合适当的算法就可求解出混合整数线性规划的全局最优解。分支切割算法能较好地解决混合整数规划问题，德国 Martin 团队对此作了较为深入的研究。

Möller 基于分支切割法，采用 SOS 条件和分段线性函数近似处理非线性约束条件。但该研究中将瞬态过程看作由一系列"静态情况"构成，而每个"静态情况"都与时间无关，则此方法的关键在于每个"静态情况"之间时间间隔的选取，且选取的时步不同会影响计算的速度和精度。Martin 等人对此作了进一步研究，采用相同的方法对全长 11000 km，共 26 座压气站和数百个阀门的德国 E.ON Ruhrgas AG 输气管网系统进行计算，计算结果可以看出：当网格点数目增多时，运行时间有较小幅度的增加，优化结果更精确；但当网格点数目增加到一定程度后，运行时间会显著增加，而优化结果精度不会明显提升，因此在研究求解方法时需同时满足快速和精确两个要素，找到二者的平衡点。而对于现场实际情况，气体输送的瞬态过程不能简单看作"静态情况"的组合。

Mahlke 等人采用 SOS 方法进行线性近似，首次提出采用模拟退火算法求解瞬态运行优化问题，并对模拟退火算法作出适当改进，在较短的时间内得到分支切割算法的上下边界，进而采用分支切割算法进行求解。作者将这个方法应用到几个不同的管网中，得到了较为理想的优化运行方案，但随着管网复杂性增加，线性近似的精度对能否得到全局最优解有很大影响。而且此方法仍存在一定的局限：由于模型中包含很多非线性项，而且这些非线性项相互关联，因此改进的分支法仍不足以解决瞬态优化问题。

Martin团队将混合整数规划模型应用于瞬态气体管网和供水管网优化问题中，应用CPLEX软件实现分支切割算法，并对仅包含4条管道和3个压气站的小型输气管网进行测试，优化时段为4h，且找到了较为理想的全局最优解，求解速度快，证明了此方法是可行的。下一步需要考虑将其扩展到更大的管网及更多时步的问题中，提高此方法的适应性。

Domschke等人结合非线性优化技术和线性优化技术求解输气管道瞬态优化问题，提出了一个基于循环的组合算法，采用对称隐式箱式法、分段线性近似并结合优化求解器CPLEX所得的解，不断改进原来的混合整数非线性模型的近似精度，直到收敛。通过案例计算对组合优化算法的应用，验证了算法的可行性，并且组合算法得到的计算结果优于单独采用非线性优化技术或线性优化技术得到的结果。

Zuo等人受发电行业类似的机组组合问题启发，研究压缩机组的机组组合问题，已知压缩机入口压力、入口温度和出口压力，建立压缩机组能耗为流量的线性目标函数，考虑压缩机的最小运行时间和最小关机时间，建立了混合整数线性模型。采用CPLEX求出最优运行方案，即在各时步内压缩机对应的开启或关闭的状态，再重新模拟计算出目标函数值。分别对3个压缩机站进行测试，所得最优值比实际高0.22%~1.18%。与动态规划法比较得出，混合整数线性规划方法得到全局最优解的时间比动态规划法快0.49~64.95倍。

刘恩斌、李长俊、杨毅等针对西气东输一线，考虑气源、用气终端的进出气量随时间的变化，结合管道上下游压力、流量、分输量及最低进站压力、压缩机性能、压缩机启停操作的风险等约束条件，建立数学模型，采用分支切割算法，结合模拟退火算法、线性化处理法确定分支定界树的上下界，进行求解，编制瞬态优化程序的动态链接库。得到指定时段内西气东输一线的最优运行方案，能够较好地指导生产运行，且求解方法快速有效（采用普通PC机15min以内就可求解24h内的瞬态优化方案），计算实例如下。

针对西气东输一线管道，以一天的运行优化为例，计算从早上8点开始的24小时内，41个站场在每个时间层时的各项数据。针对全线的优化结果，得到全线压力变化曲线如图14-3所示，全线流量变化曲线如图14-4所示。从图14-3可以看出，由于用户用气量的不均匀性，全线运行压力处于小幅波动状态，西段由于用户较少，波动较小，东段用户较多，波动相对大一些。

从定远站压气站以后的管道运行状态来看，优化结果为：降低起点运行压力，提高终点运行压力，从图14-4可以看出，这时管道的管存较大，运行流量降低，能耗明显降低，但仍然能够满足用户的需求。

综上所述，国内外学者在系统分析瞬态运行优化模型和求解算法方面，总结出了很多非常宝贵的理论成果，建立了较完善的优化理论体系，但管道气体输送的瞬态运行过程所涉及的影响因素极为复杂，并且气体输送压力和过流流量一直处于不断变化之中，过程不易描述，加之模型中涉及变量数目多以及约束条件复杂使求解方法的研究更加困难。因此，需要针对智能算法的有机结合以及优化求解器的合理利用和改进作进一步的研究，从而开发出能够解决瞬态运行优化问题的通用软件。

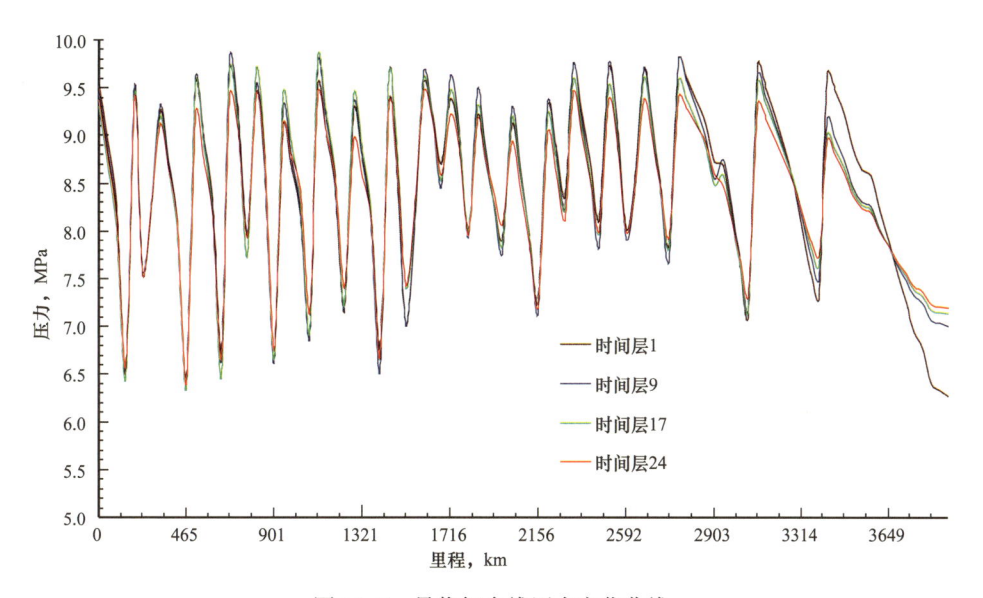

图 14-3　最优解全线压力变化曲线

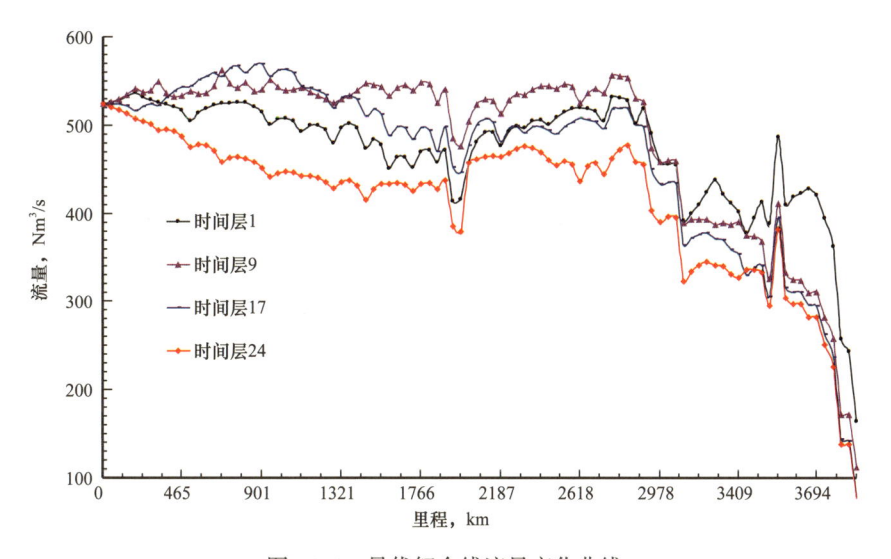

图 14-4　最优解全线流量变化曲线

第四节　天然气压缩机组优化运行

在运行维护费用中，用于气体压缩的能耗费用在很大程度上取决于管线的工艺运行方案，而其他费用与工艺运行方案的关系不是很密切，所以，作为天然气长输管道的重要组成部分——压缩机站，承担着为天然气运输提供能量的责任。在长距离输气管道运行费用中，压气站的运行费用所占比例较大，实际运行中，可使用优化方法来指导压缩机站运行方案，来降低该部分的费用，从而降低管输天然气的成本。

绝大部分压气站中并联的压缩机型号和驱动方式都是相同，因此，在运行优化方案中只需要知道某个压气站运行几台压缩机，不需要知道运行哪几台压缩机，而且此时运行压缩机的流量是平均分配的。然而，有些站场在设计时采用不同型号的压缩机并联，而且驱动方式也不一样，如泰安站采用2台GE和2台西门子压缩机并联，且GE是燃驱，西门子是电驱；随着压缩机国产化水平的提高，许多站场的备用压缩机开始采用国产机，如西二线乌鲁木齐站的备用压缩机采用的就是国内沈鼓生产的压缩机组。无论出于设计需要还是国产化的推广要求，相信这种同一个压气站内使用不同型号和驱动方式的情况会越来越多。对于压气站内并联的压缩机型号和驱动方式不同的情况，由于优化方案中流量不是平均分配，所以它的运行优化较为复杂，这类问题专门定义为站内优化。

一、压缩机组优化模型

为了对天然气管道压缩机组进行优化，首先要对压缩机性能进行准确描述。离心式压缩机是整个长输管网的"心脏"所在，其安全稳定运行对整个系统而言至关重要，压缩机在使用过程中主要围绕两个问题——防喘振控制和运行优化。由于大型离心机是多影响因素的复杂系统，其性能的准确计算一直是业界研究的重点。目前压缩机性能建模主要倾向于两种方法：一种是依据压缩机机理模型计算；另一种是依据压缩机的性能曲线进行计算，如图14-5所示。

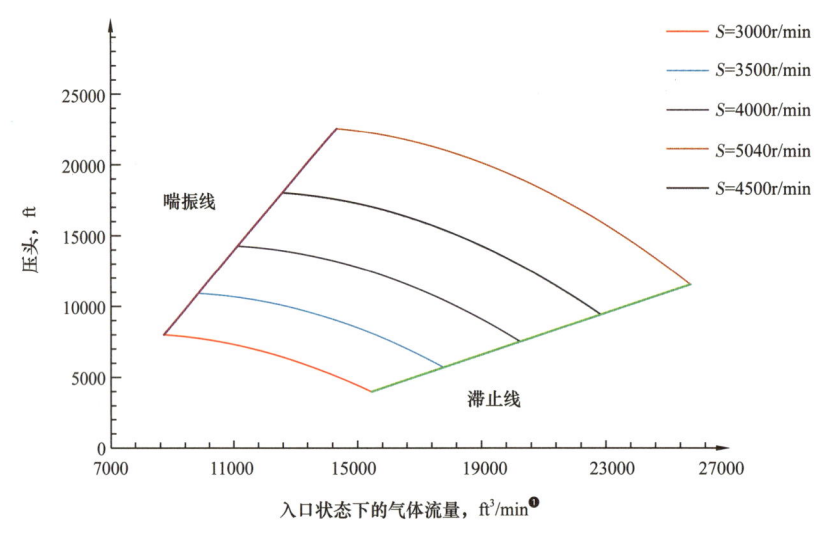

图14-5 压缩机压头特性曲线图

根据资料中的压缩机设计工况下性能曲线来求解实际工况下的特性方程，具体步骤为：先将压缩机设计工况下性能曲线数值化；之后运用相似换算原理将得到的设计工况下的特性参数转化为实际工况下参数；最后选用恰当的拟合方法将实际工况下的特性参数拟合为关于转速和流量的特性方程。

压缩机运行过程中存在最大的问题就是喘振，喘振造成的后果严重，一旦发生喘振，对压缩机自身和管道来说造成的损失是巨大的。因而有必要分析压缩机喘振的原因，确定喘振边界和对压缩机进行防喘振控制。

绝大部分压缩机站中并联的压缩机型号和驱动方式都是相同的，因此，在运行优化方

❶ 1ft=304.8mm

案中，只需要知道某个压缩机站运行几台压缩机，不需要知道运行哪几台压缩机，而且此时运行压缩机的流量是平均分配的。然而，有些站场在设计时采用不同型号的压缩机并联，而且驱动方式也不一样，如泰安站采用两台 GE 压缩机和两台西门子压缩机并联，且 GE 是燃驱，西门子是电驱；随着压缩机国产化水平的提高，许多站场的备用压缩机开始采用国产机，如西二线乌鲁木齐站的备用压缩机采用的就是国内沈鼓生产的压缩机组。无论出于设计需要还是国产化的推广要求，这种同一个压缩机站内使用不同型号和驱动方式的压缩机的情况会越来越多。对于压缩机站并联的压缩机型号和驱动方式不同的情况，由于优化方案中流量不是平均分配的，所以它的运行优化较为复杂，这类问题专门定义为站内优化。

（1）压缩机组优化运行的定义。

如图 14-6 所示，压缩机组优化是指在已知压缩机站进口温度 T_s、进口压力 p_s、总流量 Q_{total} 和出口压力 p_d 的情况下，确定整个压缩机站的最低运行能耗、压缩机组组合方式以及运行压缩机间的流量分配。

（2）压缩机组优化问题数学模型。

假设：压气站内配备 n 台离心式压缩机组；压缩机组之间并联运行；只考虑稳态工况。那么，压缩机组优化问题的数学模型为：

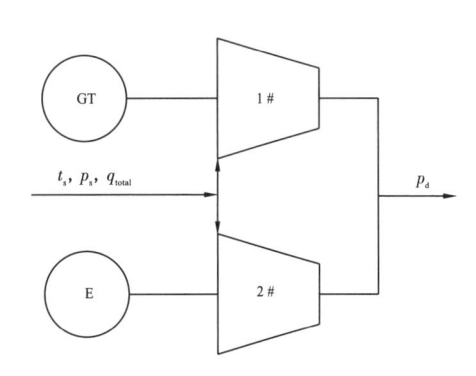

图 14-6 压缩机站并联压缩机示意图

GT——燃驱（Gas Turbine）；E——电驱（Electricity）

$$\begin{cases} \min F(\boldsymbol{Q}) = \sum_{i=1}^{n} f_i(Q_i) \\ s.t. \begin{cases} Q_{total} = \sum_{i=1}^{n} Q_i \\ y_i = 0, Q_i = 0 \:/\: y_i = 1, Q_{i\min} \leqslant Q_i \leqslant Q_{i\max}, i = 1, 2, \cdots, n \\ y_i = 0, \varepsilon_i = 0 \:/\: y_i = 1, \varepsilon_{i\min} \leqslant \varepsilon_i \leqslant \varepsilon_{i\max}, i = 1, 2, \cdots, n \\ p_s = p_{s,set}, T_s = T_{s,set}, p_d = p_{d,set} \end{cases} \end{cases} \quad (14\text{-}2)$$

式中 $\boldsymbol{Q}$——压缩机组流量向量；

$f_i(Q_i)$——第 i 台压缩机组能耗费用函数；

Q_i——第 i 台压缩机的流量，m³/h；

Q_{total}——压气站总流量，m³/h；

y_i——第 i 台压缩机的启停状态（0 为停机，1 为开机）；

$Q_{i\min}$——第 i 台压缩机的最小流量，m³/h；

$Q_{i\max}$——第 i 台压缩机的最大流量，m³/h；

ε_i——第 i 台压缩机的压比；

$\varepsilon_{i\min}$——第 i 台压缩机的最小压比；

$\varepsilon_{i\max}$——第 i 台压缩机的最大压比；

p_s——压气站进站压力，kPa；

$p_{s,set}$——压气站进站压力设定值，kPa；
p_d——压气站出站压力，kPa；
$p_{d,set}$——压气站出站压力设定值，kPa；
T_s——压气站进站温度，K；
$T_{s,set}$——压气站进站温度设定值，K。

在数学上，该模型是典型的混合整数非线性最优化模型（Mix-integer Nonlinear Programming，MINLP）。

二、压缩机组优化求解算法

在求解复杂压缩机配置情况下的站内优化问题时，研究者大都会做出一些简化或假设。Carter对比研究了3中不同的简化方法：一是，通过启发式规则确定开机方案及每台运行压缩机的流量；二是假设开机方案已经确定，只求解压缩机之间的流量分配问题；三是假设压缩机组的能耗与流量之间为线性关系，但是此假设与实际情况偏差较大，采用这种假设的研究越来越少，通常以更加复杂的函数关系式代替。

针对开机组合问题，可采用隐枚举法隐式地枚举出每个可能的开机组合；然后，针对隐枚举法给定的开机组合，利用罚函数法求解压缩机组之间的流量分配问题。这样，通过隐式地考虑每个可能的开机组合，再计算出开机组合给定情况下的最优流量分配，完成对压气站站内优化问题的求解。

对于压气站内某台压缩机，若用0代表压缩机停机，用1代表压缩机开机，那么，开机组合可以用一连串的0与1表示，而确定开机组合的问题就可认为是数字0与1的组合问题。对于该组合问题的搜索过程可用二元搜索树表示，假设搜索树的每一层对应一台压缩机组，节点的左分支代表1，右分支代表0。在隐枚举法中，使用深度优先原则指导搜索过程，决定搜索效率的关键是后退判决条件。在本算法中，利用了2条通用的后退判决条件：一是，在给定压缩机进口压力及温度的条件下，若开机组合的流量范围下限之和大于总流量，此时，认为搜索算法需要后退，由该节点发展出来的分支不用搜索；当开机组合的流量范围上限之和小于总流量，此时，跳过该节点的流量分配过程，继续进行搜索，因为该节点上不存在可行解。二是，在搜索过程中，若遇到某节点与某已搜索过的节点等价（节点等价是指由2个节点出发往下搜索所得到的每一组开机组合完全相同），则后退。

除了采用上述规则加速搜索过程外，还在已搜索过的开机方案中检查是否存在与当前节点对应开机方案相同的开机方案，若能够搜索到，那么该节点的流量分配过程就会被跳过。在确定开机方案后，需要确定各压缩机的流量。该问题的描述与站内优化类似，只是开机方案已经确定，代表压缩机启停的变量为定值，问题从非线性混合整数规划问题简化为非线性规划问题。由于该问题的目标函数不能够显式地写出来，因此，需要考虑非线性规划中的直接搜索算法。

求解站内优化模型的方法很多，由于MINLP问题的特点，目前没有一种方法能够解决所有问题。国外使用的求解方法包括启发式方法（Heuristic Method）、混合整数规划方法（Mix-integer Programming，MIP）和遗传算法（Genetic Algorithm，GA）。国内对压缩机组优化模型求解方法的研究较少，针对输气管道中压缩机组优化问题建立的混合整数线性规划模型，可通过两种方式求解：一是通过对目标函数进行分段线性插值和约束条件进行线性化处理，将该模型转化为混合整数线性规划问题，然后利用 MILP 求解器求解；二是将该模型转化为多阶段决策问题，用动态规划法求解。

动态规划法（Dynamic Programming）是求解多阶段决策过程优化问题的一种方法。多阶段决策方法过程可按如下定义：有些过程具有一定的特点，可以按照时段或者空间划分为一系列相互关联的子过程，在每个子过程中要做出特定的决策，并在整体过程中产生特定的效果。每个子过程的最优决策不能仅仅是单独考虑本过程所取得的结果而决定，必须考虑整体的每个子过程，要求各个子过程做出的决策能使整个过程的总结果达到最优。

将压缩机组优化中流量分配看作一个多级决策过程，正好符合动态规划的求解过程，其中：

状态变量：

$$s_k = Q_{\text{total}} - \sum_{i=1}^{k-1} Q_i \ (k=2,\cdots,n+1)$$
$$s_1 = Q_{\text{total}}$$

（14-3）

决策变量：

$$d_k = Q_k \ (k=1,\cdots,n)$$

（14-4）

状态转移函数：

$$s_{k+1} = s_k - d_k \ (k=1,\cdots,n)$$

（14-5）

指标函数：

$$C_k(d_k) = y_k f_k(Q_k)(k=1,\cdots,n)$$

（14-6）

优化指标函数：

$$V_{0,k}[s_k, p_{0,k}(s_k)] = \sum_{i=1}^{k} f_k(d_k)(k=1,\cdots,n)$$

（14-7）

三、压缩机组运行优化要点

在压缩机站布站方式和驱动方式确定的情况下，机组优化主要是利用仿真软件模拟计算不同输量下最优机组配置以及各机组配置下的管道最大输气能力，在满足输送任务的前提下对电驱、燃驱机组进行优选，或者对站内不同类型机组进行优选，并考虑机组运行工况具备一定调节空间，以应对相邻站场非计划性停输造成的影响。压缩机站的机组运行优化主要考虑压比、机组配置方式和机组出站温度等。

（1）选择合适的压比：压比即压气站出站压力与进站压力（绝对值）之比，它的选取将直接影响全线压缩机站运行数量、单站功率以及机组的配置方式，选择合适的压比是决定管道运行成本的重要因素。在输量一定的情况下，如果选择较大压比，则全线运行压缩机站数目相对较少，单站功率要求较大；反之，全线运行压缩机站数目相对较多，单站功率要求较小，这样导致管道运行时全线的能耗水平也不一样。

（2）压缩机站的机组配置：机组配置是管道输气系统的重要组成部分，合理的配置对管道安全、平稳、高效地运行起着重要作用。在正常运行机组失效时，保证管道系统正常输送通常有两种方式，一是机组备用，每个压缩机站都应配置主运行机组和备用运行机组,以保证运行机组出现故障时,可迅速切换至备用运行机组以保证管道平稳运行;二是功率备用,通常在设计时就会考虑单机功率具有一定的余量,以保证某站失效后,下游压缩机站可通过增加机组负荷来维持管道一定时间内的平稳运行。

结合生产实际经验,确保机组在高效区运行的相关措施有:

(1)各运行压缩机要具备一定的上、下调节能力,确保在单个机组出现故障的情况下,其上、下游压缩机还能有一定的调节余量,以减小机组失效对全线运行的影响。

(2)运行压缩机站要保持备机完好,在机组出现故障的情况下,能很快恢复本站运行,使全线工况能得到较快的恢复。

(3)利用仿真软件模拟,根据输量大小合理选择各站不同类型的运行机组,输量低时用小机芯机组,输量增大再切换为大机芯机组,确保运行机组工况在合理范围内。

(4)根据系统进出气量以及工艺和现场条件,优选启用电驱机组和燃驱机组。

(5)尽量确保机组在高效工作区运行,并具备一定的负荷余量,以应对突发异常工况造成的影响。

(6)针对压缩机站首站,在确保上游气田运行安全及净化处理需求得到满足的前提下,充分利用气源压力,降低管网能耗。

(7)尽量安排质保期内的新投产机组运行,以确保可能出现的故障得到及时解决,同时考虑同一站内机组中修需求,根据累计运行时间进行错时运行安排。

(8)实时监控各压缩机运行工况,通过分析机组运行综合效率,对机组运行效率低的工况及时做出调整。

第五节 天然气管廊运行分析方法

随着我国经济水平的提高,城镇化的大力推进,城市基础设施的供应压力日益增大,地下管线不断改建增容,造成许多城市出现"拉链路"。开展城市基础设施更新、升级,地下管线有效并适度超前规划、建设,以适应城市的高速发展,是我国城市建设亟需解决的难题。

所谓的市政综合管廊指的是在城市地下道路中统一进行规划、设计和施工的市政公用管线,它属于公用设施,一般建造于城市的地下,可以将多种市政公用管线容纳其中,同时为了确保其正常的运营和维护,会有相关的附属工程配套。市政公用管线包括的管线较多,比如热力、排水、信息、电力和给水等,但是一般不会将燃气管线纳入其中,因为在设计之初会考虑到火灾等安全性问题,所以它一般不会被纳入到综合管廊中。

天然气管道进入综合管廊在防止第三方破坏、方便管道外观检查及管道维护保养、降低杂散电流的腐蚀影响、避免道路开挖等方面都有好处。但综合管廊属密闭空间,天然气管道入廊后一旦泄漏后果严重,天然气管道安全、经济地入廊及入廊后的安全运行管理是目前天然气企业亟需解决的问题。

一、国内外天然气管道入廊情况

(1)国外天然气管道入廊情况。

1861年英国伦敦修建宽约3.66m,高约2.32m的半圆形综合管廊,其容纳了天然气、给水、污水管道及电力、通信电缆。

1890年德国在汉堡建成的长度为455m的综合管廊也容纳了天然气管道。

日本东京临海副都心地下综合管廊建于20世纪90年代，管廊总长16km，标准断面的主管沟宽19.2m，高5.2m，敷设的管线有给水管、中水管、污水管、电力及通信电缆、供热管、供冷管、天然气管（管径为DN 400mm）和垃圾真空输送管道。

俄罗斯的地下综合管廊也相当发达，莫斯科地下有130km长的综合管廊，除天然气管道外，各种管线均有，大部分采用预制拼装结构，有单舱和双舱。

（2）国内天然气管道入廊情况。

1994年上海市启动建设的浦东新区张杨路综合管廊，全长约11km，设计收纳给水、电力、通信和天然气等4种市政管线，但实际天然气舱已经调整为超高压电力电缆舱使用。2007年建成的上海世博园区长约6km的地下综合管廊，收纳了通信、电力、供水、供热、垃圾真空输送等管线，天然气和排水管道另行敷设。

苏州工业园区月亮湾综合管廊、广州大学城综合管廊、珠海横琴综合管廊均未纳入天然气管道。2006年北京建成的中关村综合管廊，主线长2km，支线长1km，纳入供水、供电、供冷、供热、供天然气、通信等市政管线。2008年建成的深圳大梅沙—盐田坳综合管廊也纳入了天然气管道。2015年建成的南宁佛子岭综合管廊以及目前在建的海口综合管廊均纳入了天然气管道。

因此，天然气管道是否应该纳入综合管廊从理论上讲并没有绝对的结论，它与城市地下空间利用的迫切性、技术的先进性、经济能力、风险承受程度息息相关。

二、天然气管道纳入综合管廊所需进行的相关设计

（1）独立舱室设计。根据《城市综合管廊工程技术规范》，天然气管道应在独立舱室内敷设。独立舱室的断面需满足安装、检修、维护作业所需空间；天然气舱室逃生口（1m×1m）间距不宜大于200m；天然气舱室应每隔200m采用耐火极限不低于3.0h的不燃性墙体进行防火分隔。防火分隔门应采用甲级防火门，管线穿越部位采用阻火包等措施密封；采用不发火花地坪等。

（2）管道设计。天然气管道设计中需明确管道的压力级制、口径、管材，选择合适的管道支墩形式、管道固定方式、焊接工艺、防腐方案、防差异沉降等。

（3）报警及监控系统设计。由于综合管廊内天然气管道处于一个相对封闭的舱室内，按照密闭空间处理，需设有燃气浓度检测报警紧急切断系统。燃气浓度检测报警器必须与紧急切断阀连锁，紧急切断阀应具有远程遥控功能。

（4）通风设计。由于天然气属于易燃易爆气体，其独立舱室内应采用防爆风机，且设置独立的送、排风系统。燃气紧急切断阀必须与独立的排风系统联动，排风系统不能正常工作时，燃气系统也不允许工作。

（5）供电设计。天然气管道舱内的电气设备、接地系统均应符合GB 50058—2014《爆炸危险环境电力装置设计规范》有关爆炸性气体环境2区的防爆规定，检修插座应满足防爆要求，且应在检修环境安全的状态下送电。

（6）照明设计。天然气管道舱内应选择防爆灯具，照明线路应采用低压流体输送用镀锌焊接钢管配线，并进行隔离密封防爆处理。

（7）消防设计。消防设计中除了之前提到的防火分隔、燃气泄漏探测及自动报警系统外，还需配置排烟系统及灭火器。排烟系统可以及时排出火灾产生的烟气，由于每个防火分隔内各设一个机械进风口和机械排风口，可将排风系统兼做火灾时的排烟系统。

（8）排水设计。天然气管道舱内应设置独立的集水坑。一般设置于检修人员出入口兼出廊口、进料口处低点等位置，每个集水坑内布置两台潜水泵（一用一备），主要收集结构渗漏水火灾时的消防积水等。

三、天然气管线入廊危险性分析及应对措施

天然气管道在地下综合管廊内发生泄漏爆炸的后果比直埋天然气管道泄漏爆炸的后果要严重。因此综合管廊内天然气管道的安全措施应从防止泄漏和防止爆炸为切入点，在设计阶段提高天然气管道本体安全和综合管廊及附属设施的安全；在运行管理阶段加强管道本体的检测。

（1）天然气管道本体安全性措施。

① 尽量减少天然气管道的接口。以分支少的天然气主干管为进入综合管廊的对象，减少管道分支连接。对于必须连接的部位宜采用焊接连接，并进行高标准焊缝检测。

② 阀门尽量设置在管廊外，如必须设置在管廊内，建议采用日本的方式——设阀门间隔离，减小其与管廊连通的空间，对阀门间进行重点监控，泄漏报警器采用误报率低的激光燃气泄漏报警器。阀门连接建议采用焊接。

③ 支线管道穿越出综合管廊部分的防水处理应充分重视，建议采用侧出式。穿墙套管内的分支管采用热收缩套防腐，套管内填充硫化橡胶。

④ 补偿器宜采用 π 型自然补偿器，并充分考虑施工的操作空间。

⑤ 管道如采用防腐漆防腐，建议采用船用的防腐漆，以更适应综合管廊潮湿的环境，并做好管道的防静电。

⑥ 在管道设计安装时应考虑运行期间采用超声导波检测管道所需的操作空间。

（2）综合管廊本体及附属设施的安全措施。

① 综合管廊的主体应具有抗震、防沉降、防水等功能，使天然气管道处在安全的环境中。综合管廊的附属设施严格按 GB 50838—2015《城市综合管廊工程技术规范》要求设置。

② 综合管廊的通风系统宜与各种监控传感器相连，实现自动启动，并可手动切换。风机应该在正常情况下常开，满足规范要求的换气次数。如果某区段泄漏报警时，该区段及相邻区段所有排风口对应的排风机全开以加强换气次数。

③ 在发生火灾时，中央监控系统能立刻转入火灾处理模式，关闭火灾发生区段及相邻防火分区的防火门，隔绝空气后，再启动相应区域的灭火设施。

④ 通信设施应为防爆型，保证信号的畅通。泄漏报警信号、阀门控制信号、工艺仪表信号除实时远传到管廊管理单位外，同时传输到天然气管道管理单位。

（3）运行管理的安全措施。

① 建立专门的综合管廊巡查队伍，配备专门的防爆型通信工具，并按有限空间的管理要求执行。委托专业第三方安全技术咨询公司进行综合管廊的专项风险评价后，编制各区段的应急处置预案。应急处置预案应包括应急组织机构、切断事故管道气源后影响区域

的气源保障、有限空间的抢修步骤、相邻舱体和防火分区的处置、管廊管理单位在通风和防火方面的处置。

② 理清管线管理单位与综合管廊管理单位的责与权，明确各自管理范围。

③ 管道的接口、阀门等连接处为检查重点，加密检查频次。

④ 管廊出入口、通风口处宜设置手提灭火器，以便在巡视过程中发现火灾及时处理。

⑤ 定期采用超声导波检测管道的内外壁腐蚀以及焊缝的危险性缺陷，建立管道全寿命档案，纳入天然气公司完整性管理系统。

四、天然气管廊优化运行模型

目前我国大型天然气管道入廊进展缓慢，但在中国石油天然气管网中以西气东输二线、三线和涩宁兰老线、复线联合运行为代表的多管路并联运行已初见雏形。与单管路结构相比，多管路结构中压气站间存在2条或多条平行铺设的管道，平行多条管路上可能没有压气站，但可能包含气源和用户，如图14-7所示；平行多条管路上也可能包含压气站，如图14-8所示。根据求解问题的难度，将第一种多管路上没有压气站的情况作为多管路优化问题，而将更复杂的第二种有压气站的情况作为管网优化问题，在第四节中作详细介绍。

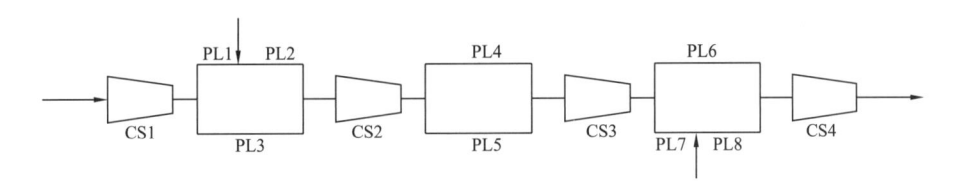

图 14-7 平行多条管路上没有压气站情况

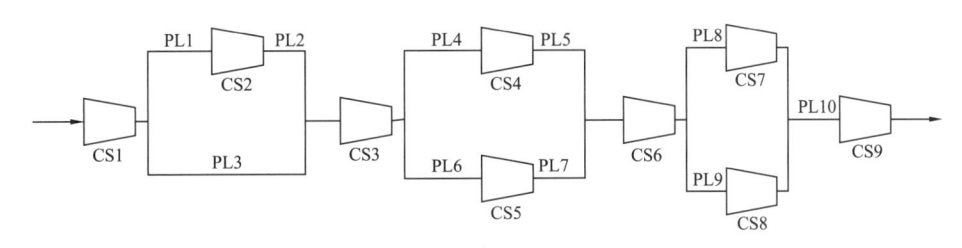

图 14-8 平行多条管路上有压气站情况

多管路优化数学模型继承了单管路优化数学模型中所有的目标函数、决策变量和约束条件，同时根据压气站间存在平行管道的结构特点，增加了平行管道间流量分配的问题。不失一般性假设2个压气站间有2条平行管路，如图14-9所示，流量分配问题要求合理分配两条管路的流量，使得气体在两路流动时，分别在节点1和节点4满足压力平衡。

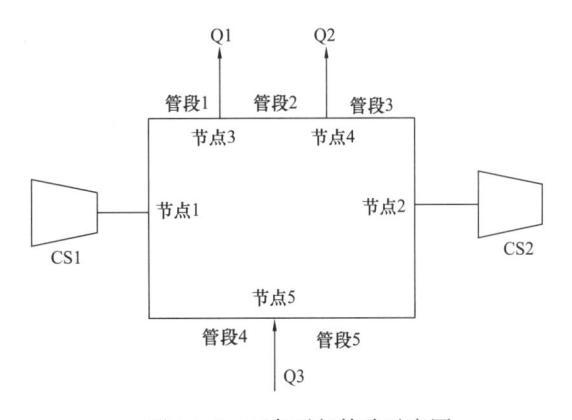

图 14-9 两条平行管路示意图

五、求解方法

类似单管路运行优化数学模型的求解，多管路优化数学模型求解也非常适合采用动态规划求解，其中压缩机仿真过程不变，只是在站间管道仿真时增加流量分配过程。多管路流量分配本身也是个优化问题，由于要求各条管路在站间起点和终点压力相同，可将目标函数取为多条管路在站间终点压力的差值，这将是一个一维单峰的连续优化问题，可以采用黄金分割、斐波那契法或二分法进行求解。图 14-10 简单给出了黄金分割法进行流量分配的流程。对于剩下的求解工作与单管路优化完全一样，这里不再赘述。而多管路优化计算结果与单管路优化计算结果形式基本一致，下面不再单独列举多管路运行优化算例。根据生产实际经验，完成相同输送任务，绝大多数工况下多管路运行模式更节能。

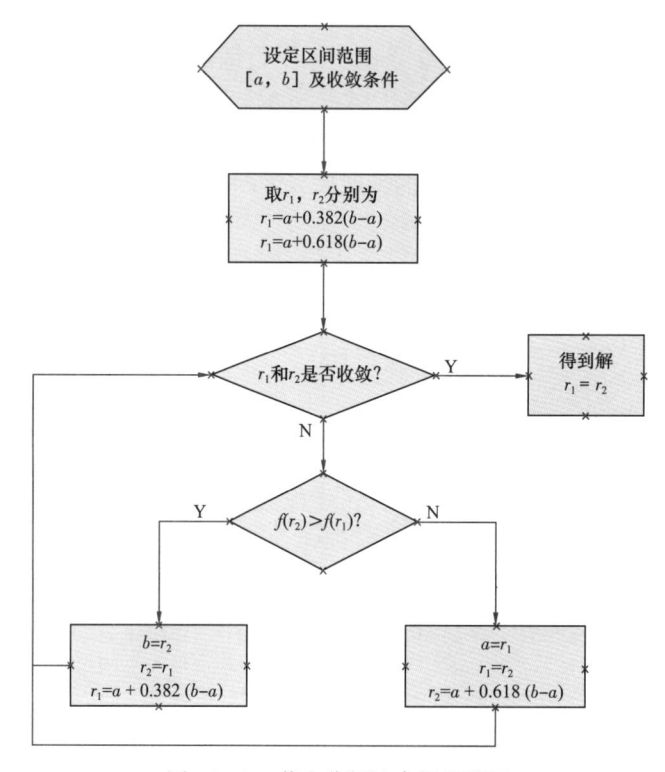

图 14-10 黄金分割法求解流程图

第六节 天然气管网运行控制方法

在管网的运行管理方面，随着天然气管网系统的不断复杂化、大型化以及高压化，管道的相关运营部门对管道的优化运行控制和管理的要求也在不断提高，然而，目前国内管网的管理和调控大多是凭经验，不易做到对整个管网准确高效地控制；在能耗方面，对于大型的天然气输气管网系统，其中压缩机一般消耗管道输气量的 3%～5% 用来补偿天然气在管道中由于摩阻等导致的压力损失，并且此部分能耗的费用在管网系统总运行成本中所占的比重较大，从而在一定程度上导致了天然气运输成本的增加；关于经济收益，管道系统的网络化、大型化促使其运行和管理成本不断提高，因此，它的运行优化能带来很可观的经济收益，使管网运营企业的盈利能力获得较大的提升；此外，企业大流量用气通常具有一定的随机性，因此，运营企业应当做到对输气管网系统工况的实时动态调整以保证用户的需求。同时，当管网发生意外情况时，运行管理部门应能及时采取有效措施以最大程度地确保管网的稳定运行。

因此，天然气管网运营企业应在满足用户需求、管网技术指标以及气源供给量等条件下，结合售气收入、运行成本等，制定出使企业收益最大且安全、稳定的管网优化运行方案。然而，目前的管网模型多数是通过对稳态方程线性化或者利用差分法对偏微分方程求解而得，主要用于管网设计，无法跟踪管网参数的时变影响，求解速度不能满足实时仿真的要求，并且优化运行方案的施行，需要引入控制理论的相关方法，而控制理论的实际应用离不开被控对象的数学模型。

一、天然气管网调控关键技术

1. 运行仿真技术

仿真技术是以相似理论、模糊理论、系统技术、控制论、信息技术以及仿真应用领域的相关专业技术为基础，以计算机系统和仿真专用设备为工具，利用模型对系统进行研究分析、评估、决策并参与系统运行的一门多学科综合技术。天然气管道运行仿真是以天然气管道为对象，以气体在管道内流动的稳态和动态相关方程及其求解方法为理论基础，基于已有的计算机仿真技术建立天然气管道仿真模型，通过对仿真模型的稳态和动态分析，实现实际管道运行工况分析、控制决策优化、未来风险预测等过程。在管道日渐复杂、控制难度增加、仿真技术应用需求紧迫感不断提升的推动下，随着 SPS、TGNET、Gregg、RealPipe、PNS 等多种国内外仿真技术实现了模块化发展，极大简化了管道建模、求解、过程控制、结果分析等环节，有效提高了仿真技术的应用效率和模拟精度，使普通的运行控制人员也能够运用仿真技术进行管道运行分析和工况预测。目前，运行仿真技术已应用到中国石油管道控制中心的各个环节。

2. 运行优化技术

优化技术是一种以某事或某物为优化对象，在一定的限制范围内，通过改变与该事物相关的变量或条件，提高或改善某项指标或目标的综合技术。天然气管网运行优化技术以管网运行为研究对象，在满足管网运行各种工艺条件的情况下，通过采取管网运行仿真或最优化技术，改善管网运行工况，降低管网输送能耗，提高管网的输送能力以及运行效益。天然气管网运行优化技术可以分为两种方式，一是利用天然气管道运行仿真技术，编制各条管道或各个区域管网在不同输量和不同开机方案下的运行方案库，对比各种方案的能耗率，优化管网气体流向以及管道开机方案，提高管道或管网的运行效益；二是采用最优化技术，以管道或管网运行能耗为优化目标，以管道或管网进出流量以及管道和压缩机站运行特性为约束条件，建立管道或管网稳态运行优化数学模型，再优选出合适的求解算法，进而直接获得一定条件下能耗最低的管道开机方案，提高管道或管网的运行效益。目前，运行优化技术已经应用至天然气管网调控运行之中，在计划方案编制、应急运行方案调整以及压缩机组实时调整等方面得到了较好的应用。同时，中国石油管道控制中心结合管道运行仿真、最优化、压缩机组性能分析等多项技术建立了三级优化控制管理模式和六大优化控制点，并在实际的调控运行中取得了显著效果。

3. 异常工况调控技术

中国石油管道控制中心除了要做好管道操作、运行优化和合理调配管道间气量等日常调控工作外,还需要在管道出现异常工况时能够及时处置,将管道在最短的时间内恢复至正常状态,以减小对气源、管道本身以及用户的影响。在异常工况发生后,如何调整管道,甚至多管道系统的联动调整,成为调控运行的重点与难点,也是中国石油管道控制中心重要调控技术之一。

天然气管网异常工况调控技术就是当天然气管道出现泄漏、堵塞、压缩机意外停机以及气质异常等情况后,调控人员所采取的既能确保管道设备本体安全,又能保障管网运行安全的应急调控技术。中国石油管道控制中心以风险管理为导向,通过对管道薄弱区和事故隐患进行风险识别,并运用相关调控技术及时处置异常工况,最大限度地降低管道运行风险。风险管理是将整个企业或项目单元的风险降低到可接受水平的业务流程,主要包括风险辨识、风险评估、执行决策、评定决策的有效性等。风险评估是对将要发生事故的时间、后果、影响及其发生概率,以及各种技术经济效果进行准确的量化分析,然后给出可接受的风险水平、风险控制方法和原则,并制定出减少系统风险的有效措施。

针对天然气管道泄漏、SCADA系统失效、压缩机故障等具体情况,需要制定出相应的调控技术要求,有效地指导天然气管网调控人员,以应对随时可能出现的各种异常运行工况,保障天然气管网安全、平稳和高效运行。

二、SCADA 系统

数据采集与监视控制系统——SCADA系统为长输气管线自动化的发展提供了方向。SCADA(Supervisory Control and Data Acquisition)系统,即数据采集与监视控制系统。SCADA系统是以计算机为基础的生产过程控制与调度自动化系统。它可以对现场的运行设备进行监视和控制,以实现数据采集、设备控制、测量、参数调节以及各类信号报警等各项功能。

SCADA系统的应用领域很广,它可以应用于电力系统、给水系统、石油、化工等领域的数据采集与监视控制以及过程控制等诸多领域。在电力系统以及电气化铁道上又称远动系统。由于各个应用领域对SCADA的要求不同,所以不同应用领域的SCADA系统发展也不完全相同。

在能源系统中,SCADA系统应用最为广泛,技术发展也最为成熟。它作为能量管理系统(EMS系统)的一个最主要的子系统,有着信息完整、提高效率、正确掌握系统运行状态、加快决策、能帮助快速诊断出系统故障状态等优势,它对提高石油天然气管网运行的可靠性、安全性与经济效益,减轻调度员的负担,实现石油天然气调度自动化与现代化,提高调度的效率和水平方面有着不可替代的作用。SCADA系统有着这么多的优点,现已成为石油天然气调度工作中必备的工具。

天然气输气管线一般具有管线长、距离远、控制点分散、控制工艺相对简单等特点。根据这些特点再综合性价比等因素宜采用SCADA系统。

三、异常工况调控操作

对于不同级别、不同类型风险导致的异常工况,其处置有不同的方法。根据异常工况导致的影响程度,也会对处置的过程提出不一样的要求。以下是针对各类异常工况调控操作的技术要求,主要侧重于调度人员的调控操作与业务协调。

1. SCADA 系统失效

(1)异常工况的发现。

当调度人员发现 SCADA 系统无法正常监控管道时,应及时通知自控及通信工程师查明原因。对于 SCADA 系统失效应急处置应由归口管理部门(自动化部门)牵头,调度等其他部门进行配合。

(2)故障处置要求。

如果主控中心 SCADA 系统服务器瘫痪、2 台核心交换机故障或者主备路由器故障导致 SCADA 系统失效,需在一定时间内把相应管道的控制权切换到备控中心服务器,使得控制中心调度员能对管道进行监控。

如果是管道站场设备故障导致 SCADA 系统故障,则由自动化部门督促管道站场进行恢复,并将处置进度向调度部门反馈。

当情况严重时,经自动化部门判断,需要向控制中心应急办公室申请启用备控中心。

(3)调度操作响应。

自动化通信小组人员在得到应急通知后,一定时间内应赶到自动化通信保障组组长指定地点集合,分析原因,确定故障点。

如果为地区公司所辖范围内自动化、通信设备出现的故障,自动化通信小组通知地区公司指定的专人进行处理,并加强信息沟通。

如果 SCADA 系统故障造成监控失效,则由自动化通信小组组织技术保障小组分析原因,并进行恢复工作,直至系统恢复正常工作状态。

如果由于通信系统故障或其他原因而导致通信完全中断,控制中心无法对管道运行状态及数据进行监测和控制,应立即请示中心应急办公室启用备控中心。调度部门根据控制中心统一安排前往备控中心值班,期间由主控中心或者备控中心运维人员对油气管道进行应急监视,停止一切远控操作和现场作业,控制权限切换至站场,启动应急联络电话。直到调度人员到达备控中心恢复正常值班,才能解除应急状态。

2. 气体泄漏

(1)异常工况的发现。

当巡线人员发现管道泄漏或破裂时,应及时报告控制中心,并采取相应的保护措施。

当运行调度人员发现运行参数异常时,通过分析初步判断可能为管道泄漏,在进行相应处理的同时,及时通知巡线人员认泄漏点。

如果现场泄漏后产生火灾或者爆炸,控制中心及管道公司需要立即启动应急预案。

(2)故障处置要求。

站内管道或设备发生泄漏,导致设备或部分区域管道停用的,控制中心值班调度应立即远程关断上下游 RTU 截断阀室、站场或通知地区公司基层站队人员关断事故点的上下游非 RTU 截断阀室、站场,隔离事故管段,进行放空操作,避免更大的破坏或次生灾害,并对整个管网运行方式进行调整。

当站场出现泄漏,着火或爆炸时,现场应立即启动 ESD 系统,如果站场不具备启动条件,中心值班调度应立即远程启动该站的 ESD 系统或组织站场切换至越站流程运行,隔离事故站场，进行放空操作，避免更大的破坏或次生灾害，并对整个管网运行方式进行调整。

（3）调度操作响应。

当站场发生大量泄漏、爆管、爆炸、火灾或系统瘫痪等导致断供的事故，即对不可中断省会级以上城市用户中断供气 6h，其他用户中断供气超过 24h，对上游资源产量造成影响持续 6h；在 1h 左右不能及时处理，且将对上下游生产造成严重影响的事故，出现以上情况的应立即启动应急预案。

3. 干线截断阀异常关闭

（1）异常工况的发现。

在天然气管道运行过程中，清管站、阀室等无人值守站场干线截断阀发生异常关断的情况。

（2）故障处置要求。

若清管站，阀室干线截断阀发生异常关断，地区公司所辖站场应在 1h 内赶到现场排查关断原因，打开旁通平压。

发现异常或者接到异常汇报后，中心调度需将有关情况向当班的值班调度长进行汇报，由值班调度长向上一级主管领导汇报。

地区公司人员应在 1h 内到达现场，首先确认线路截断阀是否实际动作，确认是否是误关断，并向中心调度汇报。值班调度同现场地区公司人员确认阀状态同主控室 HMI 画面一致（处于"开"状态），地区公司人员全面检查阀室相关设备，并查找异常关断的原因。

① 若确认线路截断阀没有实际动作，只是有关断报警，地区公司人员应查找控制系统产生异常报警的原因。

② 若确认线路截断阀是误关断，且现场无其他异常，现场人员需先打开旁通平压，再打开线路截断阀。

若地区公司人员不能在 1h 内到达现场或者由于线路截断阀关断位置对管道运行造成较大影响的，阀室无火灾气体和 ESD 报警；阀门关断前 30min 内前后压力及该阀室上下游的阀室压力无明显波动，当上述两类条件满足且关断阀室对整体运行、气源或重点用户有较大影响时，经值班调度长请示调度部门相关负责人同意并同地区公司生产部门沟通后，可以远程开阀。

（3）调度操作响应。

控制中心发现或通过运行情况判断清管站、阀室干线截断阀关断，应及时通知地区公司前往现场确认并处理。

中心调度根据管道运行压力趋势及可燃气体报警信息分析上下游压力波动是否满足阀门关断的特征，确认是否发生管线泄漏等异常工况；判断阀室对管道整体运行和上下游站场、用户的影响程度。中心调度密切监视异常关断点上下游场站的压力变化情况并适时调整管道整体运行，尤其是上下游机组的运行。

4. 压缩机组失效

（1）异常工况的发现。

首站压缩机组故障停机，影响上游气源进气，站场操作人员应根据停机的具体情况决定开启备用压缩机组。如备用机组允许启动，燃驱机组启动至加载运行时间应保证在 2h 之内，电驱机组启动至加载运行时间应保证在 2h 以内。

中间站压缩机组故障停机，影响管道输送能力，站场操作人员应根据停机的具体情况决定开启备用压缩机组。如备用压缩机组允许启动，燃驱机组启动至加载运行时间应保证在 4h 以内，电驱机组启动至加载运行时间应保证在 4h 以内。

（2）故障处置要求。

首站压缩机组故障停机，若对上游油田或下游站场运行有影响，需要相关站场进行运行调整的，在 2h 内能恢复的，视为一般故障；若不需要其他站场进行调整，可在 4h 内恢复。若 24h 内仍未恢复，升级为严重故障。

中间站压缩机组故障停机，若对上下有站场运行有影响的，需要相关站场进行运行调整的，在 2h 内能恢复的，视为一般故障；若不需要其他站场进行调整，可在 4h 内恢复。若有备用机组，8h 内仍未恢复的，升级为严重故障；若 24h 内未恢复的，升级为重大故障。若无备用机组，8h 内仍未恢复的，升级为严重故障；24h 内未恢复的，升级为重大故障。

（3）调度操作响应。

一般故障：站场操作人员应根据停机的具体情况决定开启备用压缩机组或全部机组停运，进行维护检查。调度对停机原因、恢复情况、运行影响进行跟踪，通知上游进气单位，向主管领导反映有关故障内容，要求相关单位应急处理，如需要，可对生产进行相应调整，降低故障影响。

严重故障：调度对停机原因、恢复情况、运行影响进行跟踪，要求站场在应急情况下启动备用机组运行，协调上游进气单位，降低进气量，向主管领导反映有关故障内容，要求相关单位应急处理，并对生产进行相应调整，保证销售满足要求，降低故障影响。

重大故障：调度对停机原因、恢复情况、运行影响进行跟踪，要求站场在应急情况下启动备用机组运行，协调上游进气单位降低进气量，向主管领导反映有关故障内容，要求相关单位应急处理，调整整体天然气管网运行，协调其他气源或转供口调整气量，保证销售满足要求，降低故障影响。

5. 气田、储气库或 LNG 气化站失效

（1）异常工况的发现。

天然气管道气源失效，气量大幅度减少，在短时间内不能恢复并无法通过其他气源或管存调整补充。储气库无法正常注采气。LNG 气化站无法按计划向管道输送天然气。

（2）故障处置要求。

应立即调整管网运行，避免局部管道压力超低引起干线阀门关断或无法保证下游销售，以及局部超压引起干线截断阀门关断或机组停机，并根据失效影响情况，对整个管网运行方式进行调整。

（3）调度操作响应。

值班调度联系有关管道公司、气源单位、销售公司，通报异常情况。

值班调度根据实际生产工况预判异常工况的影响并制定初步调整方案进行调整。

值班调度联系气田、储气库或者 LNG 气化站确认异常处理所需时间，以及其他气源所能提供的应急气量和调整时间。特殊的，如果储气库在注气期间发生异常，值班调度需要调整干线运行，以避免注气管道运行压力超压。

值班调度根据应急运行方案及时将管道运行调整到位。如需销售公司压减用户的日指定，值班调度应通知销售公司当日调整到位。

6. 冰堵、冻堵

（1）异常工况的发现。

当巡线人员发现管道、站场发生冰堵、冻堵时，及时报告控制中心，并视影响情况启动应急预案采取相应的保护措施。

当运行调度人员发现运行参数异常时，通过分析初步判断可能为管道发生冰堵时，在进行相应处理的同时，及时通知巡线人员确认冰堵位置。

（2）故障处置要求。

对于站场的调压阀、分离器、除液器等易产生冰堵部位加电伴热或出现冰堵时切换为备用路运行，要求现场采取注醇、电伴热加热或局部管段关闭前后阀门，对冰堵段进行放空等措施消除水合物。

7. 气质异常

（1）异常工况的发现。

国内各气源进气需要执行国内长输管道标准，国际管道需要按照合同和购气协议对气质进行控制。对分输用户而言，也需要执行购气合同对气质的要求。

（2）故障处置要求。

发现气源气质异常后，值班调度应立即通知气源企业，需要在6h内对超标指标进行恢复。

发现分输气质异常后，值班调度应立即组织管道公司查明气质超标原因，并根据具体情况进行调整。

（3）调度操作响应。

当发现气质指标超过国家标准要求时，值班调度应立即联系气源企业核实气质分析仪数据与监控数据是否一致，分析仪工作状态是否正常。如分析仪工作正常，值班调度应立即通知气源在6h内恢复正常气质；如果气质没有恢复，气源企业应向值班调度说明气质异常的气量及其影响等信息，值班调度将具体情况向主管领导反馈，根据气质异常的具体影响对管道运行进行调整。

对管道分输用户气质异常的，值班调度需联系管道公司，对相邻站场气质参数及上游各气源进气情况进行分析，以找到气质超标的原因，再根据超标原因制定相应调整和整改方案。

特别是当气质中水、烃露点超标时，值班调度应立即通知管道站场加强排污。

8. 突发自然灾害

（1）异常工况的发现。

当巡线人员发现管道、站场发生洪汛灾害、气象灾害、地震灾害、地质灾害时，应及时报告控制中心，并视影响情况启动应急预案并采取相应的保护措施。

（2）故障处置要求。

站场或管道发生洪汛灾害、气象灾害、地震灾害、地质灾害等自然灾害导致管道或站场漂管、断管等情况时，应及时降压运行或停用管段、站场，待灾情结束，尽快对损失站场或管道进行恢复。

（3）调度操作响应。

站场或管道发生洪汛灾害、气象灾害、地震灾害、地质灾害等自然灾害导致管道或站场漂管、断管等情况时，调度应第一时间启动应急预案，降压运行或隔离异常管段或站场，组织进行抢险和运行调整。

第七节　管网储气、调峰及调峰分析

我国天然气产业保持快速增长态势，天然气利用领域不断拓展，深入到城市燃气、工业燃料、发电、化工等各方面。安全平稳供气已成为关乎国计民生的重大问题。由于城市燃气用气不均衡，冬季用气大幅攀升，部分城市用气季节性峰谷差巨大，加之目前我国地下储气库建设相对滞后，调峰能力不足，冬季供气紧张局面时有发生。为了确保天然气安全平稳供应，可以借鉴国外天然气调峰经验，高度重视储气调峰设施建设，统筹考虑地下储气库、LNG 接收站、气田等调峰方式，优化储气调峰设施布局。

一、国外调峰方式

天然气的主要调峰方式包括地下储气库调峰、LNG 接收站调峰、气田调峰等。在地质条件允许的情况下，各国主要通过地下储气库完成季节调峰，LNG 调峰仅作为辅助方式在日调峰、小时调峰时使用；气田调峰则较多用于西北欧地区；LNG 调峰主要在日本等缺乏建库地质构造且主要依靠海上进口天然气的国家采用。

美国是最早发展地下储气库的国家，1916 年第一座地下储气库在美国纽约州建成投产，同时美国也是拥有天然气地下储气库数量最多的国家，主要依靠其进行季节调峰。据美国能源信息署（EIA）统计，2015 年美国天然气地下储气库的总工作气量为 $1357\times10^8m^3$，占年消费量的 17.4%，从地下储气库中采出的工作气量约占年消费量的 11.3%，足以满足当前消费的需要。

截至 2014 年底，美国共有 11 座 LNG 接收站，气化能力达 $1320\times10^8m^3$，每年从美国各地的内陆 LNG 接收站输出约为 $13\times10^8m^3$ 的 LNG 用于平衡"尖峰"或应急调峰，约占每年天然气消费总量的 0.2%。由于页岩气产业迅速发展，目前美国已停止新建 LNG 接收站项目，并开始逐步改造现有的 LNG 接收站，利用现有设施进行液化工艺改造，以实现将剩余的页岩气产能外输。

欧洲大部分国家和地区的天然气调峰方式以地下储气库为主；LNG 接收站调峰量占总量的比例很小，基本不承担季节调峰的功能，属于补充调峰方式；也有少量国家利用大气田调峰，例如荷兰就是利用格罗宁根大气田与地下储气库系统共同进行调峰，在供气不紧张时，将富余的天然气注入格罗宁根气田，将其作为调峰气田使用，在供气紧张时，格罗宁根气田大规模生产，保证安全供气。

欧洲 23 个国家（不含独联体）地下储气库总工作气量为 $1104\times10^8m^3$，约占 2015 年欧洲天然气总消费量（$4374\times10^8m^3$）的 25%。作为一个整体，欧洲地下储气库具有充足的存储能力，许多国家所拥有的存储容量大于他们的需要，可以通过互联的天然气网络向其他国家提供工作气量。德国、意大利、法国、奥地利和匈牙利是欧洲传统的地下储气库大国，其地下储气库工作气量占年消费量的比例分别为 30.7%、27.9%、32.7%、98.8% 和 72.9%。

截至 2014 年年底，欧洲已建 LNG 接收站 24 座，在建的 LNG 接收站 4 座。英国、法国和西班牙对LNG有着不同程度的依赖,英国作为欧洲最早拥有LNG接收站的国家,目前建有6座接收站;法国建有3座接收站;西班牙的天然气资源接近50%依靠进口LNG,拥有6座接收站。

从荷兰和英国的调峰现状来看,随着储层压力不断下降,气田产量持续递减。荷兰的格罗宁根大气田自1963年投产以来,随着储层压力的下降,气田产量已从$450×10^8m^3/a$逐渐减少到$270×10^8m^3/a$。受大陆架开采的影响,英国大气田的灵活性急剧降低,而英国本土地下储气库的储气量占消费量比例只有7.7%,迫切需要扩展储气能力,但受欧洲市场模式的限制却无法实现,只能依赖已处于递减阶段的挪威特洛尔气田进行调峰。

虽然俄罗斯天然气储量丰富,气田调峰能力也很强,但因建设地下气库的成本远远低于同等规模的新气田开发及管输成本,因此俄罗斯天然气调峰主要依赖地下储气库。2015年俄罗斯地下储气库工作气量占年天然气消费量的比例约为18%。总体来看,国外典型国家和地区采取了多种储气设施联合调峰的方式,但受地质条件等因素影响,各个国家选择的调峰方式略有差异。就功能而言,地下储气库主要用于季节调峰,而LNG作为辅助调峰方式,用于日调峰、小时调峰时使用。采用气田调峰的国家较少,主要分布在西北欧地区,例如英国和荷兰。

二、调峰方式分析

据中国石油规划总院预测,未来一段时间中国天然气市场仍将处于高速发展阶段,环渤海地区、长三角地区、东南地区和中南地区是主要消费区域,约占全国消费总量的63%。预计2020年环渤海地区天然气需求量达$680×10^8m^3$,占全国消费总量的19%,长三角地区、东南地区和中南地区紧随其后,分别占全国消费总量的16.7%、14.7%和12.8%。西南地区、西北地区和中西部地区天然气需求量居中,东北地区需求量较少,仅占全国消费总量的6.9%。

我国地域辽阔,南北方气温差异较大,用气波动的幅度有所不同。东北、西北、中西部和环渤海地区城市燃气的用气量波动大,尤其是环渤海地区,由于北京采暖用户用气量约占总用气量的60%,所以其用气量波动更为突出;西南和东南沿海地区城市燃气的用气量波动较小。预测2020年8大天然气消费区(环渤海地区、中西部地区、长三角地区、西北地区、东南沿海地区、东北地区、西南地区、中南地区)调峰需求量占年消费量比例将达11%,其中环渤海地区调峰需求量最大,调峰比例为20.1%;东北、中西部和西北地区调峰需求量较大,调峰比例分别是17.4%、13.6%和13.5%;西南和东南沿海地区调峰需求量较小,调峰比例分别为4.4%、1.5%;长三角和中南地区居中,调峰比例分别是6.5%和8.4%。

(1)地下储气库调峰。

天然气地下储气库以其储气压力高、容量大、成本低等特点,成为季节调峰及保障天然气供气安全的主要方式和手段,同时,作为天然气管道输送系统的重要组成部分,地下储气库可以优化天然气基础设施开发,提升管输效率。

另外,地下储气库也在优化气田生产方面发挥着重要作用,地下储气库的消峰填谷作用可以使气田相对平稳生产,避免因市场用气波动造成负荷因子加大,进而影响气田的开发效果。

除此之外，地下储气库还拥有市场所不能实现的政治价值，即在极端天气条件下以及供应遭到破坏的情况下，供应商可以保障持续供应；其次在天然气市场化程度较高的国家和地区，地下储气库可以从市场价格的变动中提取价值。

（2）LNG接收站调峰。

LNG接收站在有限的空间内天然气储存量大，动用周期短，能够快速应对天然气的供应短缺。但其投资大，规模小，液化/气化成本高，能耗高，且受制于LNG供应源。因此，这种调峰方式适用于地下储气库储备不足的沿海地区辅助调峰。

（3）气田调峰。

调峰气田除应具有一定的储量规模、地层能量充足、具有短期放产的能力以外，其对气田组分要求比较高，应为单一的纯天然气气藏，同时干线输气能力必须能满足调峰气量外输的要求。

但无论是备用产能还是放大压差调峰，都会对气田正常生产造成一定影响。备用产能调峰后需要适当降低周围气井的产量，来弥补备用产能调峰对气田整体生产能力的影响。而短时间内放大生产压差提高气田产量，很容易造成地层能量消耗过快、边底水入侵、气井出水、出砂，致使气井产能降低或水淹停产，导致气田整体生产能力下降，影响气田的最终开发效果。因此气田调峰对市场来说是不可持续的。

（4）高压储罐调峰。

利用球罐将用气低谷时的天然气通过压缩机将气体充入球罐中。其特点是要占用大量的场地以保证安全，由于使用了压缩机升压耗费大量的能源和人力以及维护成本，目前这种方式也逐渐被人们舍弃。

（5）管道储气调峰。

这种方式如今被越来越多的燃气公司和管网公司所接收和使用。其特点是利用长距离管道自身的管容储气使得场地费用节省、设备费用节省、建设费用节省、人力投入节省、维护费用节省。五种方式比较，管道储气是最经济实惠最可靠高效的方式。

通过对不同调峰方式功能及调峰成本进行比较，得出以下结论：

（1）地下储气库储气规模大、具有调峰和填谷的双重作用，仍然是不可替代的天然气季节调峰和储备方式。

（2）在低油价形势下，LNG现货调峰成本最低，在市场可完全消化长贸合同天然气的前提下，可利用国际市场上LNG现货进行临时调峰，但这种方式受国际LNG现货市场价格波动和供求关系影响的风险较大；在目前国际气价水平低、供过于求的现状下，仅从经济性上其调峰成本最低。

（3）针对目前地下储气库建设滞后的问题，应充分利用目前国际油价下跌的时机，在国际LNG价格较低的环境下，在沿海地区发挥LNG接收站的调峰作用。

第八节　天然气管道综合能耗分析技术

目前，我国正处于天然气管道业务大发展阶段，随着长输管网规模的逐渐扩大，传统的环比节能法不能满足当前管道优化运行、节能降耗的要求，已不能适应管道业务的飞速发展。油气长输管道能耗管理的总体目标是通过降低能耗，提高管道能源利用率和经济效益。

随着西气东输二线、西气东输三线、山东东北管道、中亚管道、中缅管道的建成投产，天然气管道的迅速发展，各管道相互连接转供，逐渐形成了日益庞大的天然气管网，各管道已不再独立，而是成为了相互之间的影响因素。管道在建设，沿线天然气市场在变化，国外天然气资源的引入等因素造成管网的输量和周转量都在以超出预期的速度迅速增长，管网的运行变得越来越重要，管网运行中的问题日渐凸显，其中如何对天然气长输管道及天然气管网能耗数据进行科学、有效地分析，如何建立起客观的能耗指标体系，为挖掘节能潜力提供有效的理论和技术支持，最终实现使用较少的能耗完成天然气输送任务，实现节能降耗，是目前亟待解决的问题。

一、国内外技术概况

根据综合能耗的构成性质，天然气管道能耗包括：（1）生产能耗：燃驱压缩机组耗气及其辅助系统耗电和电驱压缩机组耗电；（2）辅助能耗：包括压气能耗；（3）天然气损耗是天然气管道输入计量和管存变化之和与输出计量的差，包括计量输差和放空。

在国际能源供需关系日趋紧张的局势下，对于管道企业，如何降低天然气在运输过程中的能源消耗，各国企业更是投入了大量人力物力，形成了许多优化节能的先进技术。尤其在管道运行能耗分析方面，欧美发达国家以 SCADA 系统为基础，利用先进的计算机仿真手段，搭建了在线与离线仿真平台，配合先进的分析方法和软件，依仗先进的分析系统，实现了高效、科学、直观地反映能耗水平。国内的能耗分析和优化工作，主要以传统的单耗指标体系为基础，以历史能耗数据为依据，凭借工作经验以人工推演为基本方法，受技术、方法所限，能耗管理也较为粗犷。

为了进一步节能降耗，做好输气管道的节能挖潜工作，急需提出一套可操作性强的天然气管网能效分析、评价及节能潜力分析方法。

目前，我国在油气管道的运行管理方面尚缺乏经验，对油气管道能效分析和评价主要凭借调度人员和能源管理人员的工作经验，使用综合单耗、生产单耗、电单耗、气单耗等构成的指标体系，对管道能耗进行环比的对比分析和评价。效率低、科学性差、可靠性差，不足以直观全面地反映复杂管道的能耗水平，不便于进一步开展技术分析和节能挖潜。国内油气管道优化运行理论与方法尚处于摸索阶段，能耗分析与评价方法的研究还在起步阶段。国内能耗基准值的测算和节能量计算方法如下：

（1）能耗基准值测算方法。

① 模拟法。适用于任何时期天然气管道生产能耗中压缩机组耗能的测算。

② 趋势分析法。适用于输送工艺变化不大的天然气管道生产能耗中压缩机组耗能的测算。

③ 定额法。适用于辅助能耗、损耗和生产能耗中加热炉和压缩机组配套系统耗能的测算。

（2）节能量计算。

① 基准值法。通过报告期与基期的比较，计算出报告期节能量（折算为标煤）。

② 环比法。通过报告期与比较期的数据对比，计算出报告期节能量（折算为标煤）。

现有分析评价过程需要从纷繁复杂的历史数据中分析各相关能耗指标，依靠能耗分析师的经验判断某个能耗指标变化的原因。

除依赖人工经验的分析评价方法之外，当前已有部分管道开始尝试利用 SPS、ESI 等模拟软件进行管道能耗的分析、计算。但由于仿真模拟起步较晚，模型精度不高，缺少配套分析软件。搭建的仿真系统还不能达到精确计算、合理分析管道能耗的水平。

欧美等发达国家开展管道能效分析工作较早。国际上早期的能效分析主要基于工程师个人的经验。

20 世纪 80 年代，随着计算机技术和计算数学技术的发展，人工神经网络（Neural Network）、遗传算法（Genetic Algorithm）等数理分析理论被大量应用到管道运行能效分析与评价中，利用计算机编程进行数理分析，逐渐成为开展管道运行能效分析、节能挖潜的有效技术手段。

20 世纪 90 年代末，随着信息技术的迅猛发展，欧美等发达国家开始研究以数理分析程序为基础，开发管道运行能效分析软件系统，并将 SCADA 系统作为数据采集基础平台，利用计算机仿真与能效分析软件相结合的手段，初步实现了管道运行能效分析自动化。

经过 10 余年的发展和完善，目前欧美等发达国家已经形成了较完整的油气管道能效分析理论与评价方法，并以此基础形成了较完善的能效分析软件系统。其普遍特点为：

（1）软件系统化，分析功能自动化；
（2）采用开放的数据接口；
（3）配备专家分析系统；
（4）采用自学习人工智能。

国外经验表明，能耗分析可持续优化天然气管道的生产运行，可不同程度地降低天然气管道的运行能耗。

国内的天然气管道事业发展起步较北美及欧洲国家晚，目前国内使用的能耗分析方法也处于落后阶段，为了适应不断发展的天然气管道事业，天然气能耗评价方法也需要进一步提升。在现有的技术基础上，还需要从以下方面进一步提高：在原有天然气能耗指标体系的基础上，根据当前天然气管道的发展需要，针对不同层次的评价需求，增加新的评价指标，包括：站场、管道及管网的能源效率、电能利用率、热能利用率、能源转化率等。

在系统的天然气长输管道能耗分析方法体系的基础上，形成系统的天然气管网能耗评价指标体系，并开发出层次分明、便捷有效的能耗分析软件，降低能耗分析成本，为节能降耗工作的开展提供理论依据，辅助能耗分析师进行能耗水平的分析评价。

二、天然气管道能耗影响因素分析

（1）输量（周转量）对管道能耗的影响。

输量是影响长输管道能耗的主要因素之一，但是对于存在分输或者注入的管道，各管段输量分布不均匀，因此，使用周转量这个概念可以更好体现管道负荷率的大小。

（2）生产能耗对管道总体能耗的影响。

生产能耗属于能直观体现各管道能耗的数据，各部分的变化对总体能耗的影响也各不相同，所以比较有必要作为单独指标值被提出。

（3）压缩机运行情况（压缩机利用率）对管道能耗的影响。

各压缩机站单台运行压缩机的运行效率以及整个管道的压缩机组的配置，都直接影响站场及整个管道的能耗水平。

（4）各段管存对管道能耗的影响。

管存实际上反映了该管段压力的大小，直接影响压缩机运行和配比情况。对于末端管段，管存一方面反映了末段储气能力的大小，另一方面也反映了向用户供气的可靠性程度。

（5）管道运行平稳度对管道能耗的影响。

相同条件下，管道运行平稳度不同，则管道运行能耗不同。管道运行越平稳，则能耗相应越少。

（6）用户用气平稳性对管道能耗的影响。

用户用气平稳性不在管道运营的控制领域之内，无法采取具体的措施进行调整，只能根据用户用气需求调整供气方案，对能耗有间接影响。此外，用户用气平稳性可通过供气平稳性和压缩机配比情况、管存情况有所反映。

（7）温度对管道能耗的影响。

温度对能耗的影响是显而易见的。从温度本身的含义看，一方面，温度影响可指由于季节性温度变化导致的用户用气不均匀性，从而引起能耗变化，温度为间接影响因素。另一方面，温度影响可指由于地温、气温等变化，导致管道输送过程中能耗变化，此时温度为直接影响因素。无论何种情况，温度均属于不可控自然因素。若以邻近历史数据进行对比分析时，温度相差较小，其间接和直接影响甚微，因此可以忽略温度影响。但对于不同季节的对比分析，则需要将其纳入影响因素进行分析。

（8）首站进气压力对管道能耗的影响。

对于单点注气的管道系统，首站进站压力直接影响首站能耗。当首站进气压力增大，供气量增长时，沿线各站进站压力、出站压力均有所提高，输气管道通过能力大，水力坡降线将抬高，各管段管存增加。当首站进气压力减小，供气量下降时，趋势与之相反。

对于多点注气的管道系统，首站进气压力实质为各注气站的进气压力，其变化对管道系统的影响更为复杂。

（9）用户供气压力对管道能耗的影响。

用户供气压力大小与末段管存紧密相关，间接影响各站压缩机配置情况、管道管存情况。供气压力本身直接反映了向用户供气的可靠程度，供气压力实质上与管段末段储气（或末段管段充装率）相关联，其影响与管存一致，而管存已作为影响因素进行考虑。

三、天然气管道能效分析评价指标体系

一个问题的分析，指标的选取至关重要。为了对天然气管道的能效水平进行分析评价，就需要确定科学的评价指标体系，这样才能得到科学公正的综合评价结论。

目前我国对天然气管道（网）能耗数据分析和评价，主要凭借调度人员和能源管理人员的工作经验，使用综合单耗、生产单耗、电单耗、气单耗等构成的指标体系，对管道能耗进行同比、环比的对比分析和评价。但由于收集的历史数据不全，且采用的统计分析方

法比较粗糙，同时各指标的实用性差、效率低、科学性差、可靠性差，不足以直观全面地反映油气管道的能效水平，不便于进一步开展技术分析和节能挖潜。

1. 总体思路

天然气管道能效分析评价理论的目标是设计一套科学有效的、能够全面反映能效水平的指标参数体系，以及一套可操作性强的、能够对长输管道能效水平进行分析的方法，从而达到辅助能耗分析人员进行长输管道能效水平分析评价的目的。能效水平分析评价方法的具体目标包括：

（1）能够对能效水平优劣进行判断；

（2）能够对能耗变化原因进行解释；

（3）能够计算挖潜空间；

（4）能够对能耗进行定量预测。

2. 指标体系构建原则

能效指标体系的构建，应遵循综合评价指标体系构建的 5 条基本原则：目的性、全面性、可行性、稳定性以及与评价方法的协调性。遵照此基本原则，能效指标体系构造时，必须注意以下几方面：

（1）目的性原则：整个综合评价指标体系的构成，必须紧紧围绕着综合评价目的层层展开，使最后的评价结论反映评价意图。

（2）全面性原则：即评价指标体系必须反映被评价问题的各个侧面，绝对不能"扬长避短"，否则，评价结论将是不公平的。

（3）可操作性原则：一个综合评价方案的真正价值，只有付诸现实才能够体现出来。这就要求指标体系中的每一个指标都必须是可操作的，必须能够及时搜集到准确的数据。

（4）可比性原则：所构造的评价指标体系必须对每一个评价对象是公平的、可比的。指标体系中不能包括一些有明显倾向性的指标。

（5）科学性原则：整个综合评价指标体系从元素到构成，从每一个指标计算内容到方法，都必须科学、合理、准确。

（6）层次性原则：建立综合评价指标体系的层次结构，可为进一步的因素分析创造条件。

（7）与评价方法一致的原则：不同综合评价方法，对评价指标体系的要求存在一些差别。实际构造评价体系时，有时需先定方法再构建指标。

对于能效指标体系的建立，除遵循一般评价指标体系的构建原则外，对于现有的能效指标体系将予以保留，并根据长输管道、管网能源管理的需要、分析评价方法本身的要求，完善能效指标体系。

3. 天然气管道能耗指标体系

从长输管道的构成来看，站场是基本的单元，管道能耗系统构成也不例外，因此，以长输管道的组成为模式，构建长输管道能耗指标体系是很自然的选择。此外，从管道目前的能耗现状来分析，反映能耗的客观统计数据以及在此基础上计算处理得到的各种单耗等指标已经基本完备。因此，长输管道能耗指标体系的构建，应立足现行指标，借鉴层次分析法思想，将综合法、分析法、交叉法与指标属性分组法相结合，以便于能耗管理及分析评价为原则，分层构建长输管道能耗指标体系。以下分别按照管理层级、分析评价对象不同来对构建的指标体系进行说明。

（1）按照管理层级构建。

按照能耗数据在管道能耗管理层级的不同，能耗指标体系可划分为 T1、T2、T3 三个不同层级指标，详述如下：

① T1 层级指标。

反映管道输送能耗的客观数据，T1 层级指标作为基础的客观数据，为 T2 层级、T3 层级指标提供最基本的数据。具体涉及的能耗指标见表 14-1。

表 14-1　T1 层级能耗指标

序号	指标	序号	指标
1	周转量	4	耗电量
2	输量	5	耗气量
3	耗能量	6	耗油量

② T2 层级指标。

由 T1 层级指标经过简单计算得到的能耗指标数据，是反映管道能耗、能效的常规指标，见表 14-2。

③ T3 层级指标。

该层级属于反映管道能耗管理水平的指标。由 T1 层级指标和 T2 层级指标经过数学计算得到，用来判断管道能耗、能效优劣，为管道运营管理提供决策支持。

根据所采用的分析评价方法，最终设计见表 14-3。

表 14-2　T2 层级能耗指标

序号	分类	指标	
1	单耗型	单位周转量能耗	气单耗
2			电单耗
3			油单耗
4			生产单耗
5			综合单耗
6		单位输量能耗比	耗气输量比
7			耗油输量比
8			耗电输量比
9			耗能输量比
10		单位有用功耗能	管输单位有用功耗能
11		单位周转量消耗有用功	

续表

序号	分类	指标	
12	能源效率型	电能利用率	站场电能利用率
13			管道电能利用率
14		热能利用率	站场热能利用率
15			管道热能利用率
16		能源利用率	站场能源利用率
17			管道能源利用率
18	运行状况型	管道利用率	
19		节流损失率	
20	单位能耗费用型	单位周转量电费	
21		单位周转量气费	
22		单位周转量油费	
23		单位周转量生产费用	

表 14-3 T3 层级能耗指标

序号	名称	符号	分析评价方法	含义
1	能耗指数	α	工艺分析法	生产单耗所处区间水平
2	相对百分比偏差	β		实际生产单耗与平均生产单耗相对百分比偏差

（2）按照分析评价对象构建。

长输管道能耗分析评价的对象可以是管网、管道、站场、设备等不同对象，根据分析评价对象的不同，能耗指标体系可按表 14-4 构建。

表 14-4 按分析评价对象构建能耗指标

序号	分类	评价内容	指标
1	设备	输油泵	泵利用率
2			运行效率
3		加热炉	有效热负荷
4			炉利用率
5			耗油量
6		压缩机	压缩机利用率
7			运行效率

续表

序号	分类	评价内容	指标
1	站场	泵站、热站、减压站、压气站、储气库（带压缩机）等	能源利用率（即能源效率）
2			热能利用率
3			电能利用率
4			站节流量
5			耗电输量比
6			耗油输量比
7			耗气输量比
8			平稳性系数
1	管段	—	散热量
2		—	传热系数
1	管道及管网	—	耗能量
2		—	耗电量
3		—	耗油量
4		—	耗气量
5		—	能源利用率（即能源效率）
6		—	热能利用率
7		—	电能利用率
8		—	电单耗
9		—	油单耗
10		—	气单耗
11	管道及管网	—	生产单耗
12		—	综合单耗
13		—	平稳性系数
14		—	节流损失
15		—	节流损失率
16		—	管输单位有用功耗能
17		—	单位周转量消耗有用功
18		—	生产单效
19		—	综合单效

因此，在对不同的对象进行分析评价时，即可利用此指标体系完成各自的分析评价。

四、管道能耗水平工艺分析方法

工艺角度的能耗分析，主要采取对比分析的方法，将历史能耗数据进行收集、整理，利用回归方法确定能耗变化趋势对比分析；对比分析结果以图形方式直观显示，从中可直接看出管道的历史能耗趋势；并将这些能耗数据以环比或同比的方式进行对比，按照输量台阶进行分析，找出经济运行区间，以对管道能耗水平做出正确评价；在此基础上，通过结合管道的实际工况分析能耗变化的主要影响因素。

从长输管道（网）能耗构成来看，由于输量的变化对直接用于油气输送的能源消耗量有必然影响，与损耗量和辅助能耗（包括辅助生产系统、附属系统、生产管理等过程能源消耗量）没有必然联系。考虑辅助能耗和损耗与生产能耗相比量不大，所以不考虑辅助能耗，只需对管道生产能耗进行分析，从管道运行角度分析能耗水平和变化原因。

由于不同长输管道（网）输送过程差异较大，导致其输送过程中能源消耗也存在显著差异。即使从管道输送机理分析，也很难将不同管道的能耗直接进行对比。因此能耗分析应立足于同一条管道的纵向对比，在相同条件下对其进行分析对比。相同条件指管道物理结构、输送流体、工艺输送方案、输量或周转量和季节。

对比分析内容包括对比周期、对比范围、对比方式、对比对象、对比条件和对比基准。

（1）对比周期。对比分析周期主要包括周分析、月分析、季分析、年分析4类分析周期，其中周分析仅做环比分析，不做同期比较。月分析、季分析、年分析应包括同比和环比2种。

（2）对比范围。天然气管道对比范围为5条一级管道：西气东输天然气管道、陕京天然气管道（包括一线和二线）、涩宁兰天然气管道和兰银天然气管道。

（3）对比方式。包括横向对比和纵向对比。其中横向对比指不同管道之间能耗水平的对比；纵向对比指同一条管道历史能耗数据对比。不同天然气管道由于管径等基本物理参数不同，管道输气量存在较大差异，而线路走向不同，沿线温度也会不同。此外，目前天然气管道呈现网络化，天然气通过联络线互相调配。因此，不同天然气管道横向对比分析意义不大，从管网的角度对其进行分析更具实际意义。

（4）对比对象。对比对象主要为管道和管网两类。其中管道对象包括对比范围中所述管道。对比分析将以管道为重点，而管网分析则需视现状而定。天然气管道已呈网络化，可进行管网对比分析。

（5）对比条件。对比分析条件应遵循以同季节、同输量对比为原则（即相同条件下的对比）。

（6）对比基准。

① 按输量和输量台阶进行对比分析；

② 考虑环境温度和地温因素对管道能耗的影响。对于天然气管道，需考虑气温、压缩机配比情况，与相同条件（相同季节、相同输量、相同转供量）下历史最低耗能比较。

天然气管道生产单耗变化规律性较差，且除开机方案、输量等主要因素外，其他影响因素也比较多，如管存、季节、压比、电驱和燃驱压缩机使用比例等。而且目前天然气管道已连接成网，相互之间转供情况较为复杂，某条单一管道的运行工况变化可能会导致相邻管道运行工况及能耗发生变化，且气体可压缩性较强，变化规律有一定滞后性，进一步增加了分析难度。针对上述问题，在分析的过程采取以下措施：

（1）分析措施：尽可能多地考虑影响天然气管道能耗变化的因素，通过理论计算的分析方式。假定其他影响因素不变的情况下，对某个影响因素对能耗的影响进行定量分析。

（2）评价措施：对能耗进行评价，不光要对单一管道能耗水平进行评价，还需对整个天然气管网进行评价。

第十五章　天然气管道内检测技术与装备

石油和天然气管道输送在国民经济中有着极为重要的战略地位，长输管道已经成为现代工业和国民经济的命脉。截至目前，我国长输油气管道基本形成西北、东北、西南、海上四大油气战略通道，给国民生产和日常生活带来了极大的便利，同时我国大多数长输管道已进入中老年期。在役时间较长，经几十年的运行，腐蚀、磨损、意外损伤等原因导致的管线泄漏事故频发，而且日趋严重。管道内检测可为管道的安全运行评估提供基础数据，所以对油气管道进行管道内检测十分重要。

第一节　新建管道验收检测技术与装备

新建管道验收检测器（图15-1、图15-2）上搭载了惯性测量单元（IMU）系统和壁厚测量系统，在完成智能测径的同时，同步完成管道中心线坐标数据采集和管道连续壁厚检测。该设备的机械主体由筒体、皮碗、变形探头臂、里程轮及壁厚测量轮所组成，电气主体由记录仪、电池组、标记器、变形传感器、IMU单元及壁厚测量单元所组成。新建管道验收检测器主要依靠空压机作为动力源，在不建立背压的管内环境下运行，具备克服不稳定的运行状态造成的检测数据丢失、信号失真等问题。现场实际应用结果表明：该设备能够在管道投产前高效快捷地检测管道变形、管道中心线连续坐标以及管道连续壁厚数据，为管道的验收提供科学依据。某新建管道，长约42km，使用测径铝板清管器对管道进行测径验收，累计进行测径9次，测径板均发生变形，采用跟踪仪定位查找变形，找出了部分不满足验收要求的变形，但整改后再次测径，结果仍不合格。现场耗时近3个月也没能全部检测到不满足验收要求的变形，迟迟不能验收交付，极大地影响了管道建设工期。为了不影响管道的后续施工，保证工期要求，最终采用适用于投产前管道智能测径的检测设备对该管段进行了测径检测，仅用3天的时间，共检测出不小于2% OD的变形33处，依据数据分析量化结果，建设单位对7处不满足验收要求的变形进行了定位、开挖和整改。经现场开挖测量确定，所开挖变形的里程定位、周向定位及变形的尺寸均与检测结果相符。

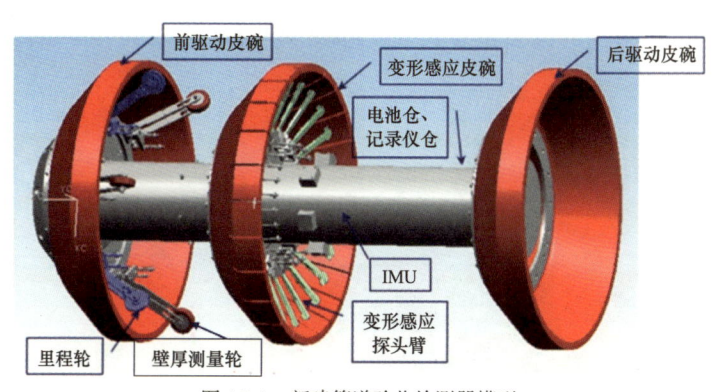

图15-1　新建管道验收检测器模型

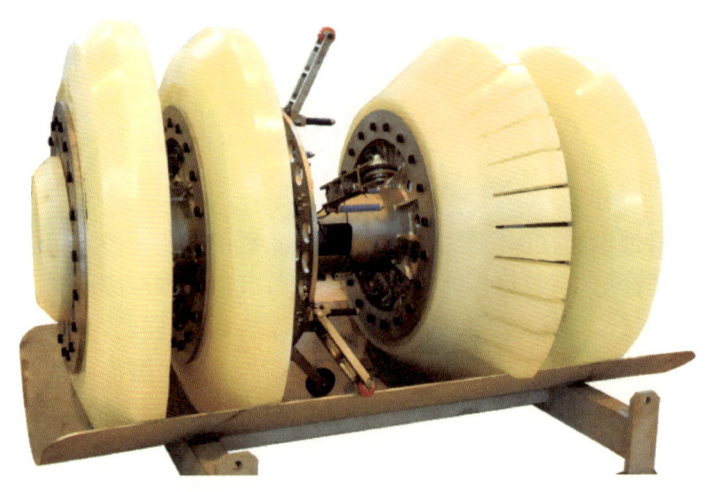

图15-2 新建管道验收检测器实物

第二节　天然气管道的清管技术与装备

油气管道中存在的粉尘、杂质、积液、积污、蜡等污物，严重影响管道输送效率及运行安全。通过管道清管，可以有效地清除管道中存在的污物及杂质，提高管道输送效率，确保管道安全运行。同时清管作业也是管道内检测工作前的准备工作，为检测器的运行提供一个清洁良好的管道内环境。通过清管也可初步了解管道变形情况以便采取相应措施，利于管道内检测工作的顺利进行。

根据不同的管道运行特点及实际工艺条件，研制出不同尺寸、不同类型的清管器（图15-3）。清管器类型包括：泡沫清管器；皮碗清管器；钢刷清管器；测径清管器；磁力清管器等。

泡沫清管器：对于长期未进行清管作业或情况较复杂的管道首次进行清管作业，采用该类清管器。

皮碗清管器：清除一般杂质，可加装测径板，初步判断管道的通行能力。

钢刷清管器：用来清除附着在管壁上的硬垢，如铁锈、沉积物等杂质。

磁力清管器：主要是将管道中影响漏磁检测的铁磁性杂质清除。

图15-3 清管器

第三节　天然气管道的漏磁内检测技术与装备

一、高清晰度漏磁腐蚀检测技术与装备

高清晰度漏磁腐蚀检测技术，是利用安装在检测器上的永久磁铁将被检测管壁饱和磁化，管壁上缺陷处有额外的磁场溢出，通过挂载在检测器上的高精度传感器拾取缺陷处的漏磁场，并将数据存储至海量存储器。完成管道内运行后，数据下载到数据分析系统，通过数据分析软件发现、标识与量化管道缺陷，从而实现管道缺陷检测的目的。长输管道在役检测是保障管道安全运营的主要技术手段之一。目前，成熟的长输管道在役检测技术以漏磁检测和压电超声检测技术为主。其中漏磁检测以适用性强、检测灵敏度高等特点被广泛应用。国内长输管道在役检测主要依靠漏磁检测技术。高清晰度管道检测系统包括由磁化器、磁路耦合器、驱动系统、承载系统、电子系统、传感器、里程计组成的高清晰度检测器，以及地面标记器、数据分析与缺陷评估系统组成。高清晰度管道漏磁检测技术树框图如图15-4所示。

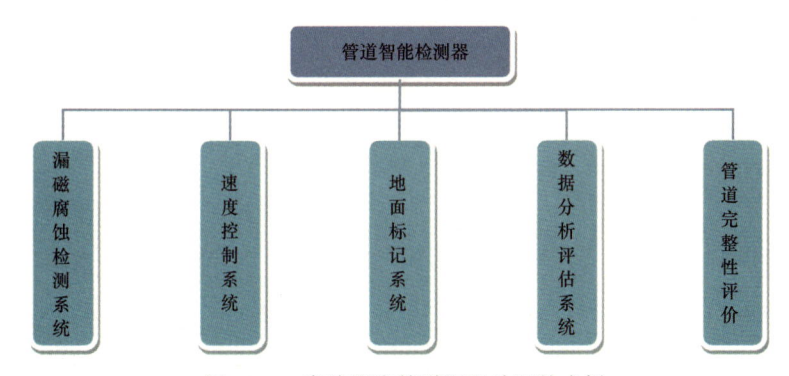

图15-4　高清晰度管道漏磁检测技术树

（1）缺陷量化精度指标见表15-1。

表15-1　高清晰度漏磁腐蚀检测器缺陷量化指标

检测阀值及精度类型	大面积缺陷 （4A×4A）	坑状缺陷 （2A×2A）	轴向凹槽 （4A×2A）	周向凹槽 （2A×4A）
检测阈值（90%检测概率）	10%t	10%t	10%t	10%t
深度精度（80%可信度）	±10%t	±10%t	±15%t	±15%t
长度精度（80%可信度）	±20mm	±20mm	±15mm	±15mm
宽度精度（80%可信度）	±20mm	±20mm	±20mm	±20mm

注：（1）t为管材的壁厚；
　　（2）A是与壁厚相关的几何参数，当壁厚小于10mm时，A为10mm；当壁厚大于等于10mm时，A为壁厚。

（2）高清腐蚀检测设备系列化及应用。

研制开发的ϕ168mm、ϕ219mm、ϕ273mm、ϕ355mm、ϕ426mm、ϕ508mm、ϕ559mm、 ϕ610mm、ϕ660mm、ϕ711mm、ϕ813mm 等系列化高清晰度漏磁腐蚀检测设备（图15-5～图15-8），已在新疆轮库线、港华燃气管道、东北抚营线、苏丹124区、苏丹37区等国内外油气管道上进行了工程应用，各工业现场腐蚀检测工作均顺利完成，机械载体完好无损，数据结果满意，得到了业主方的认可。并且实现了轴向采样距离3.3mm，周向探头间距6.9mm，最小缺陷深度10% t，（t为管子壁厚）长度测量精度±10mm，宽度测量精度±10mm，可信度达到90%的国际领先水平。

图15-5 ϕ168mm 高清晰度管道漏磁腐蚀检测器

图15-6 ϕ355mm 高清晰度管道漏磁腐蚀检测器

图15-7 ϕ660mm 高清晰度管道漏磁腐蚀检测器

图15-8 ϕ813mm 高清晰度管道漏磁腐蚀检测器

二、三轴高清漏磁腐蚀检测技术与装备

三轴（Dimension，也称为三维），即是管道的轴向、周向和径向。传统的高清漏磁腐蚀检测器仅在管道轴向布置4个传感器，而三轴高清漏磁腐蚀检测器在管道的轴向、周向和径向都布置有4个霍尔传感器，能记录3个独立方向的漏磁信号。根据检测信号分析和

开挖验证结果分析，发现三轴信号特征明显，显著增强了对缺陷尺寸判断的准确性，提高了检测精度，与开挖检测的结果吻合度较高。

（1）技术优势。

三轴高清漏磁腐蚀检测器比传统单轴高清检测器探头多采集了2个方向的信息，这样就能获取更多的缺陷处磁场分布特性，从而为缺陷的精确描述奠定基础，而且三轴探头能更灵敏地识别出横向沟槽和焊缝，获取更多信息能大大帮助分析和量化缺陷，使数据分析人员掌握更多的数据从而为业主提供更详细、精确的检测报告。

（2）缺陷量化精度指标。

三轴高清检测器缺陷量化指标较普通的高清晰度漏磁腐蚀检测器缺陷量化指标有明显提升，见表15-2。

表15-2　三轴高清漏磁腐蚀检测器缺陷量化指标

检测阈值及精度类型	大面积缺陷 （$4A \times 4A$）	坑状缺陷 （$2A \times 2A$）	轴向凹槽 （$4A \times 2A$）	周向凹槽 （$2A \times 4A$）
检测阈值（90%检测概率）	5%t	8%t	15%t	10%t
深度精度（80%可信度）	±10%t	±10%t	±15%t	±10%t
长度精度（80%可信度）	±10mm	±10mm	±15mm	±12mm
宽度精度（80%可信度）	±10mm	±10mm	±12mm	±15mm

注：（1）t为管材的壁厚；

（2）A是与壁厚相关的几何参数，当壁厚小于10mm时，A为10mm；当壁厚大于等于10mm时，A为壁厚。

（3）三轴设备功能集成。

三轴高清晰度漏磁腐蚀检测器在满足管道内外腐蚀检测及管件识别等基本功能的基础上，将目前一些主流技术进行集成和模块化。目前，三轴高清漏磁腐蚀检测器的有如下功能：

① 管道腐蚀检测；

② 内外腐蚀区分；

③ 速度控制单元；

④ 管道走向检测；

⑤ 腐蚀与变形复合检测；

⑥ 变径管道漏磁腐蚀检测技术。

（4）三轴高清腐蚀检测器设备系列化及应用。

已研制开发ϕ273mm～ϕ1219mm等10多套口径的三轴高清漏磁腐蚀检测器，实现了三轴高清晰度管道漏磁腐蚀检测器的系列化研制，如图15-9～15-14所示。并有多套腐蚀检测器在西气东输、西部管道、西南油气田等国内外油气管道上进行了工业现场应用，效果良好。三轴高清漏磁腐蚀检测器系列化研制的完成，标志着我国漏磁腐蚀内检测技术全面迈入三轴时代，大大提升了我国内检测技术水平，打破了国外检测公司对三轴漏磁腐蚀检测器的技术封锁，节约检测成本，其意义显著。

图 15-9　ϕ273mm 三轴高清腐蚀检测器

图 15-10　ϕ610mm 三轴高清腐蚀检测器

图 15-11　ϕ813mm 三轴高清腐蚀检测器

图 15-12　ϕ1016mm 三轴高清腐蚀检测器

图 15-13　ϕ1219mm 三轴高清腐蚀检测器

图 15-14　ϕ1016～ϕ1219mm 变径管道三轴高清腐蚀检测器

三、测绘检测技术与装备

国际管道业一种常用的测绘方法是在管道内检测器上加载惯性测量单元（IMU），在完成管道内检测的同时进行管道测绘。惯性测量单元采集的数据通过后处理软件进行计算，即可得出管道轨迹；再通过地面参考点的 GPS 坐标加以修正，即可精确计算出管道中心线坐标。利用管道测绘成果，能够计算出各种管道缺陷及管道特征的 GPS 坐标，为管道的完整性管理提供数据支持，同时为管道维修方案的制定与开挖定位提供便利。

惯性测量单元是一种通过高精度的陀螺和加速度计，测量运动载体的角速率和加速度信息，经积分运算得到运动载体的加速度、位置、姿态和航向等导航参数的自主式导航系统，IMU 原理示意图如图 15-15 所示。

研制的惯性测量单元采用航天级光纤陀螺仪，最大误差仅为 0.1°/h，采样频率达到 400Hz，主要记录时间、里程、角速率、加速度及温度等信息。

通过后处理软件对惯性测量单元采集的数据以及地面参考点的信息进行计算及分析，可以得出管道全线的精确坐标。将测绘结果与管道内检测数据结合，还可以进行弯曲应变分析以及弯头曲率半径、角度及走向的计算（图 15-16）。

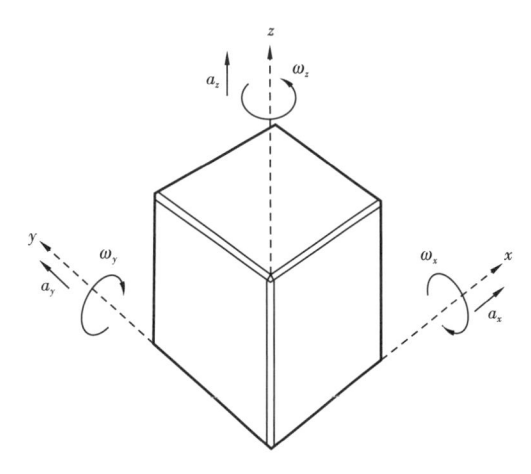

图 15-15　IMU 原理示意图

经后处理软件得到的测绘成果可以直接导入到谷歌地球或其他 GIS 系统中，便于管道业主进行完整性管理。

管道测绘系统已成功应用于 30 多个管道测绘项目（图 15-17），测绘里程超过 2000km。经过大量的项目应用及现场验证，测绘精度为：经度、纬度、高程误差均不大于 1m（每 1km 通过地面参考点 GPS 坐标进行修正），已达到国际先进水平。

四、数据分析与评估

管道内检测及完整性评价技术，已成为管道完整性管理不可或缺的重要环节，在保护管道安全运行、减少事故方面发挥着越来越重要的作用。管道内检测的成果就是管道体检报告，而与这份珍贵的体检报告密切相关的就是管道内检测数据分析软件。检测数据分析软件共包括：变形检测数据分析软件、腐蚀检测数据分析软件、含缺陷管道完整性评价软件。

现代化的数据分析工作依靠的是人工经验和数据分析软件的有机结合，数据分析软件（图 15-18）是分析处理检测数据的重要工具，具备使用方便、自动化程度高、适用性强等特点。

(a)走向图

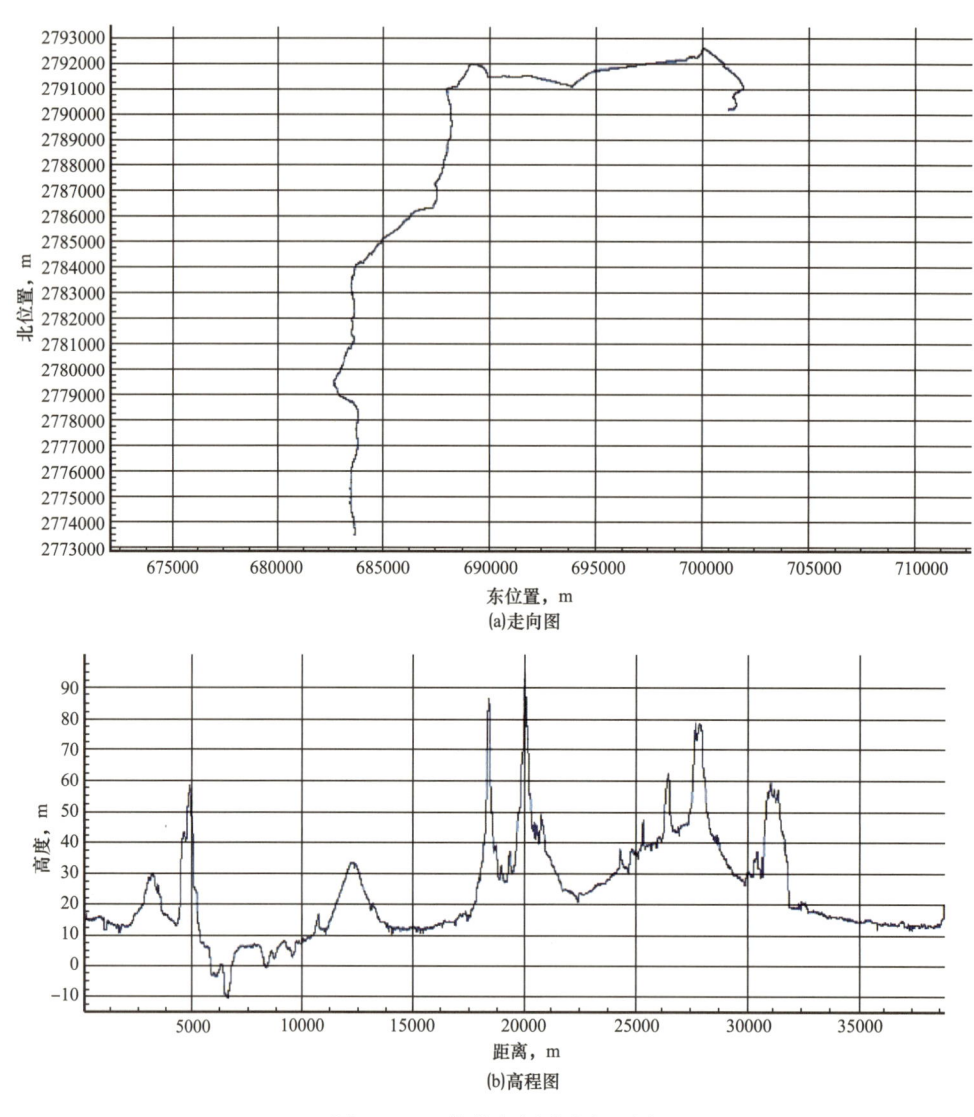

(b)高程图

图 15-16 管道走向图及高程图

图 15-17 测绘系统现场应用

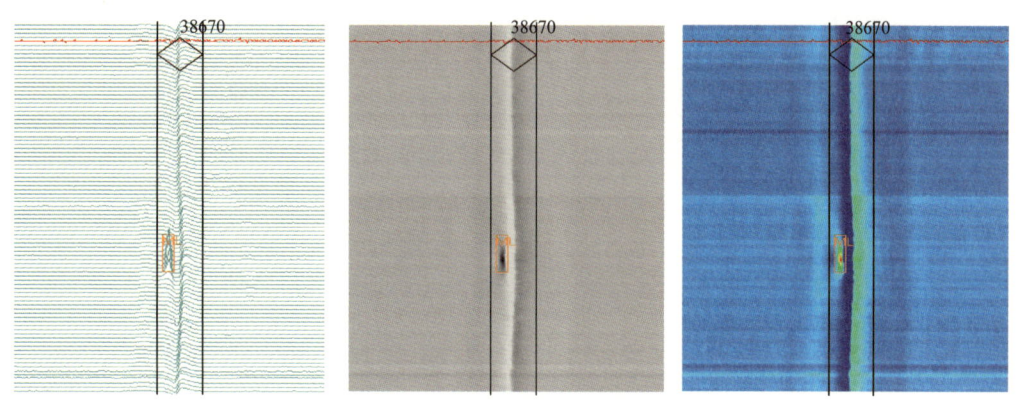

第十五章 天然气管道内检测技术与装备

环焊缝编号	检测里程 m	长 mm	宽 mm	深 %wt	分类	周向 h:min	壁厚 mm	内/外	ERF	距上游环焊缝距离 m	最近参考点名称	距最近参考点距离 m	经度 (°)	纬度 (°)	高程 m	备注

附表　金属损失列表

图 15-18　缺陷点详细信息

含缺陷管道的完整性评价软件能够满足管道运营公司完整性评价的需要，保证管道安全、可靠、经济的运行。

第四节　天然气管道的裂纹内检测技术与装备

电磁超声裂纹检测器样机（如图 15-19 所示，见表 15-3）作为裂纹检测系统的载体，通过在管道内的运行，实现对石油、天然气管道裂纹缺陷的检测。检测器本体根据外部结构分为 2 节，第 1 节为检测泄流节，第 2 节为仪表节，中间通过万向节连接。其中检测泄流节包括探头模块、皮碗驱动系统和支承系统及气体泄流速度控制单元等；仪表节包括支承系统、探头模块、电池组、记录仪、测绘系统及里程轮系统等。

图 15-19　ϕ1219mm 裂纹检测器样机

- 491 -

表 15-3　φ1219mm 裂纹检测器运行指标

项目		指标
设备长度，m		4.762
设备重量，kg		约为 4800
适用介质		液体和气体
检测里程，km		>300
速度范围，m/s		0.3~2
运行时间，h		>60
运行温度，℃		0~70
操作压力，MPa	液体	≤12
	天然气	0.7~12
最小缩径，mm		1098
最小局部凹陷，mm		1040
最小弯头曲率半径		3D
速度控制系统		是

电磁超声裂纹检测器要求通过直管段局部凹陷及弯头能力的要求，确定检测器分为 2 节，每节安装 8 个探头模块。探头必须与管内壁贴合，探头滑片须由耐磨的非磁性材料陶瓷片制成。检测器探头采用钢刷导磁方式，从而在管壁内形成适当的偏置磁场。皮碗确保能够和管道内壁始终接触达到密封效果，从而为检测器提供足够的驱动力。皮碗除了应具有足够的驱动力外，还必须具备足够的挠性，以便在检测器卡住时能够打翻（例如管线中的阀门部分关闭），管线中的介质流动将不会完全中断。

电磁超声裂纹检测器的数据回放软件，用于采集数据的显示处理。分析软件基于 Visual C++ 开发工具编制，数据处理流程首先将检测数据的主数据与辅助数据分离，对主数据进行滤波处理，再求出信号的包络以便后续处理。软件按照彩色图谱的概念设定相应的色阶，从而突出显示缺陷的形状、位置。图 15-20 是牵拉数据的部分彩色图谱。

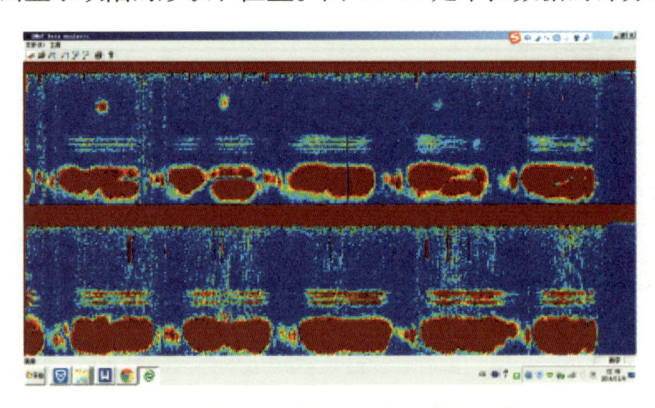

图 15-20　牵拉数据的部分彩色图谱

第十六章 天然气管道完整性管理技术

天然气管道完整性管理技术是实现安全与高效输送的根本需要，在天然气管道风险评价技术、完整性评价等关键技术方面国内外得到了快速发展与应用；站场管线与设备的完整性管理与评价技术主要包括静设备基于风险的检测评价技术（RBI）、动设备以可靠性为中心的维修维护管理（RCM）以及安全仪表控制系统完整性等级评价技术（SIL）等。随着地下储气库的建设与发展，开展设计、施工、运行、维护各环节的完整性管理能有效提高储气库的安全运行能力。

第一节 概 述

完整性管理 PIM（Pipeline Integrity Management）是天然气管道管理者为保证管道的完整性进行的一系列管理活动，具体表现为针对天然气管道全生命周期的完整性管理目标，不断进行风险因素识别与评价，通过采取有效的风险减缓措施，将天然气管道风险控制在合理、可接受的范围内，实现天然气管道完整性的建立与保持，最终达到减少和预防管道事故发生的目的[1-2]。

天然气管道完整性管理是对所有影响管道完整性的因素进行综合的、一体化的管理，是一个动态的过程，管道完整性的实质和内涵体现在以下4个方面：

（1）管道始终处于安全可靠的工作状态；

（2）管道在物理上和功能上是完整的；

（3）不断采取措施防止管道事故的发生；

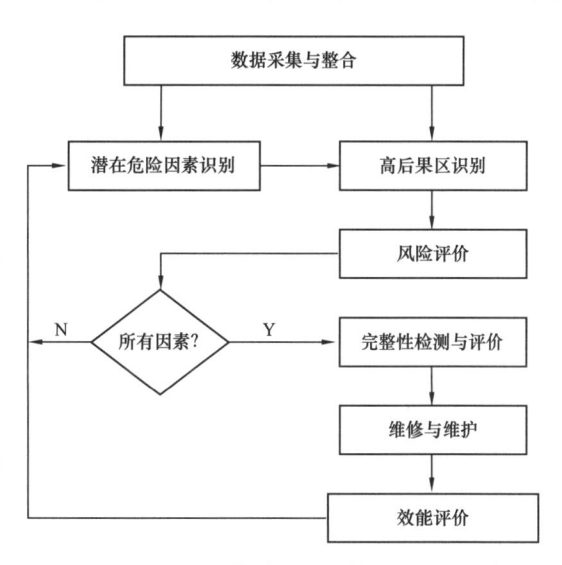

图 16-1 天然气管道完整性管理环节与内容

（4）完整性管理贯穿管道的设计、采办、预制、施工、运营、延寿、弃置等各阶段，通过完整性的传递与保持，实现天然气管道全生命周期的安全运行。

天然气管道完整性管理环节与内容如图 16-1 所示，主要包括数据采集与整合、高后果区识别、风险评价、完整性检测与评价、维修与维护以及效能评估等。

第二节 天然气管道风险评价技术

天然气管道的风险评价是指用系统分析方法来识别管道运行过程中潜在的危险、确定发生事故的概率和事故的后果。在天然气管道完整性管理中，风险分析和风险评价是进行完整性管理的必要步骤。其目标是对天然气管道完整性评估和事故减缓活动进行优先排序，通过事故减缓措施效果评价，确定对识别危险的有效减缓措施。

一、管道危险因素分类

国际管道研究委员会（PRCI）根据天然气管道事故统计将潜在危险划分为9种类型，并确定了相应的危险因素[3,4]，见表16-1。

表16-1 天然气管道危险因素

序号	特点	类型与因素	
1	与时间有关	内腐蚀、外腐蚀、应力腐蚀开裂	
2	稳定因素	制管因素	管体焊缝缺陷
			管体缺陷
		焊接/制造因素	管体环焊缝缺陷
			制造焊缝缺陷
			折皱弯头或屈曲
			变形/破损/接头损坏
		设备因素	"O"形垫片失效
			控制/泄压设备故障
			密封/泵填料失效
			其他原因
3	与时间无关	第三方/机械损坏	甲方、乙方或第三方造成的损坏（瞬间/立即性损坏）
			以前损伤管道（滞后性损坏）
			故意破坏
		误操作	操作程序不正确
		天气/外力因素	天气过冷
			雷击
			暴雨或洪水
			土体移动

潜在危险因素识别时应考虑同一管段上同时发生的多个危险，例如出现腐蚀的部位又受到第三方损坏。如果管道的运行方式改变，运行压力出现明显波动，还应将天然气管道

的疲劳破坏作为一个附加因素来考虑。

二、管道风险定义

管道风险可表示为事故发生的可能性（或概率）与事故后果的乘积。
对单个危险：

$$R_i = P_i \times C_i \tag{16-1}$$

管段总的风险：

$$R = \sum_{i=1}^{n} P_i \times C_i \tag{16-2}$$

式中 P_i——第 i 个危险的失效概率，包括内腐蚀、外腐蚀、应力腐蚀开裂、与制管相关的缺陷、焊接/制造缺陷、设备因素、第三方/机械损坏、误操作、天气/外力因素、疲劳破坏等危险；

C_i——第 i 个危险导致的管道失效后果，主要包括经济损失、人员伤亡、环境破坏等；

R_i——第 i 个危险的风险值；

R——管段总的风险值。

针对天然气泄漏失效模式，可按照小、中、大等不同泄漏孔径的失效概率 $P_{f,i}$ 与失效后果 C_i 计算相应的风险，此时 R 可表示为：

$$R = \sum P_{f,i} \cdot C_i \tag{16-3}$$

三、天然气管道风险评价方法

天然气管道可采用以下一种或几种符合完整性管理程序目标的风险评价方法。目前可采用的风险评价方法分为定性、半定量、定量3种，包括专家评估法、相对评价法、情景评价法和概率评价法等[5]。

（1）专家评估法。可利用相关的专家或顾问，结合从技术文献中获取的信息，对每种危险提出能说明事故可能性及后果的相对评价。可采用专家评估法分析每个管段，提出相对的可能性和后果评价结论，计算相对风险。

（2）相对评价法。这种评价方式依靠管道具体经验和较多的数据，以及针对历史上对管道运行造成影响的已知危险风险模型的研究。这种相对的或以数据为基础的方法所采用的模型，能识别与过去管道运行有关的重大危险和后果，并给以权重。由于是将风险结果与相同模型产生的结果相比较，所以把这种方法称之为相对风险法。它能为完整性管理决策过程提供风险排序。这种模型利用运算法则，为重大危险及其后果分配权重值，并提供足够的数据对它们进行评价。与专家风险评估法相比，相对评价法比较复杂，要求更具体的管道系统数据。

（3）情景评价法。这种风险评估方法所建立的模型，能描述系列事件中的一个事件和事件的风险等级，能说明这类事件的可能性和后果，这种方法通常需要构建事件树、决策树和事故树。

（4）概率评价法。这种方法最为复杂，数据需求量最大，与经认可的风险概率相对比得出风险评价的结论。

各种风险评价方法的特点如下。

（1）专家评估法的特点。

① 定性分析为主；

② 所需数据最少，以专家经验为主；

③ 对管段事故发生频率和结果分别按高低次序排序或分级，最后综合起来对管段的风险进行排序；

④ 可对管段风险筛选、排序；

⑤ 通过专家讨论、打分、排序来实施。

（2）相对评价法的特点。

① 半定量分析方法；

② 所需数据较少，以专家经验为主；

③ 对管段事故发生频率和结果分别按高低次序打分，分值代表了不同频率或后果发生的相对关系，最后综合起来得到管段相对的风险值；

④ 可对管段风险筛选、排序；

⑤ 通过专家打分，根据打分结果排序。

（3）情景评价法的特点。

① 定量分析为主；

② 通常用在成本分析和风险决策中；

③ 所需数据较多；

④ 设置特定的事件情景，然后确定该事件情景下的风险值。分析模式为"如果……，那么……"。

（4）概率评价法的特点。

① 定量评价方法；

② 根据管道历史数据分别计算管段事故发生的概率（或频率）、事故发生的后果大小（通常用伤亡率或经济损失率来表示），然后计算风险值，风险值通常用个人风险、社会风险或经济损失来表示；

③ 所需数据较多，计算复杂；

④ 可用于风险排序、确定检测周期。

四、管道风险评价流程

管道风险评价由管道风险因素识别、数据收集与综合、管道风险计算、风险排序、风险控制（管道风险减缓措施）组成，风险评价流程是一个不断反馈和循环迭代的过程，风险评价的流程说明了风险评价的主要流向，如图16-2所示。

1. 评价范围

（1）确定将开展风险评价管道的自然界限；

（2）现场调查与收集管道沿线人口、构筑物分布情况；

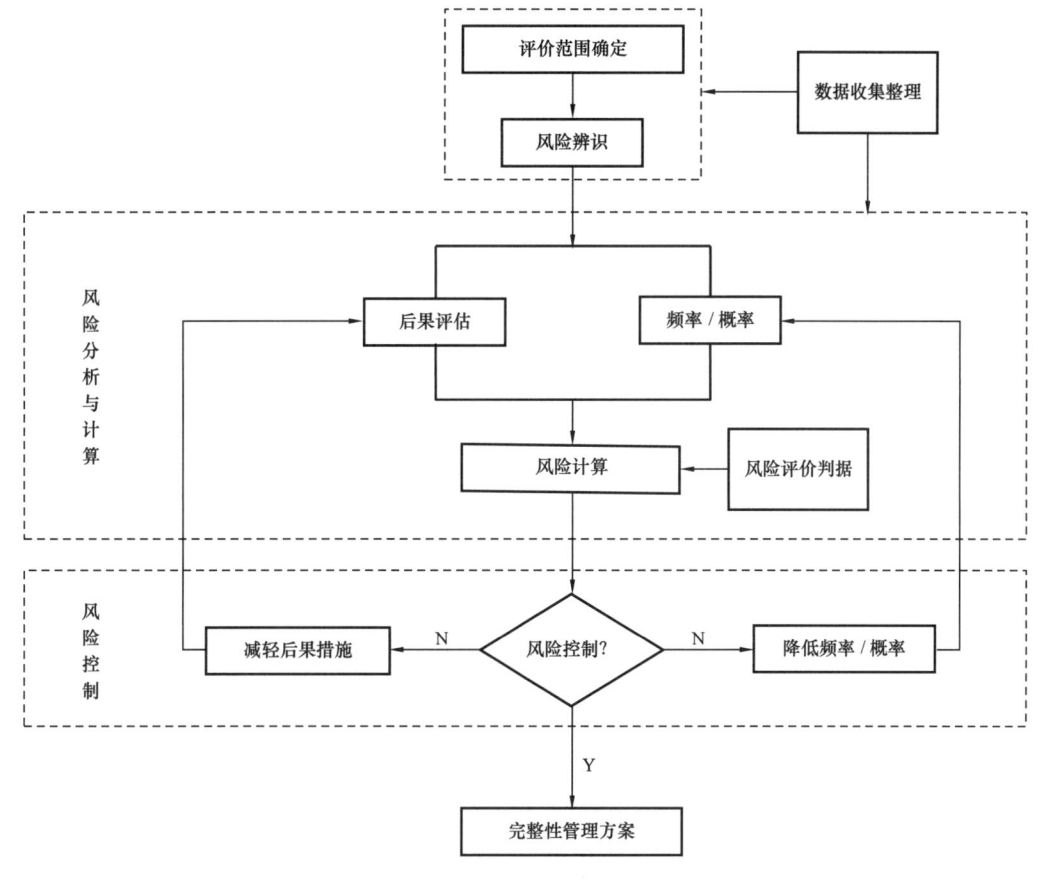

图 16-2 风险评价流程图

（3）按照介质组分、工况条件、进分气点位置、管道条件、环境条件进行管道分段。

2. 管段危险因素辨识

（1）辨识各管段的危险因素，如内腐蚀、外腐蚀、应力腐蚀开裂、与制管相关的缺陷、焊接/制造缺陷、设备因素、第三方/机械损坏、误操作、天气/外力因素、疲劳破坏等；

（2）各管段风险评价数据收集与分析，包括但不限于设计、施工、运行、检测、维护与管理等。

3. 概率/频率估计

（1）根据所收集的数据对管段可能发生事故的可能性进行计算，确定其发生频率；

（2）可以将概率/频率分为"高—中—低"或"高—中高—中—中低—低"等级；

（3）概率/频率估计可以使用专家估计、相对打分法，或使用历史事故数据、操作数据及行业内统计数据，也可使用逻辑推理的方法或事件树分析、故障树分析等可靠性分析方法。

4. 后果评估

（1）针对主要失效模式与危险因素，对评价管段可能发生事故的后果进行计算，确定发生后果大小；

（2）后果可分为"高—中—低"或"高—中高—中—中低—低"等级。

5. 风险值计算及评估

（1）计算特定管段上每个单个危险因素的风险值；
（2）单个危险因素的风险值等于频率/概率与后果的乘积；
（3）评价管段的风险值等于所有单个危险因素风险值之和；
（4）管段风险排序：将管段按照风险的高低进行排序。
（5）根据风险评价判据，确定需要降低风险的管段。

6. 风险控制

（1）根据风险计算结果采用相应的风险控制方法，降低管段风险值到可接受的程度；
（2）可以通过降低事故发生频率和降低事故发生后果达到降低管段风险值的目的；
（3）制定风险控制策略时应结合管道风险评价判据和管理目标进行风险成本分析。

天然气管道完成风险评价后，应当制定天然气管道完整性管理方案，进行完整性评价，合理确定检测方法及其时间间隔。

第三节　天然气管道完整性评价技术

天然气管道完整性评价包括内检测、试压评价、直接评估等。内检测评价通过采用管道内检测技术进行管道评价，基于管道内部和外部的腐蚀或损伤情况检测结果，确定管道中可能存在的缺陷或安全隐患，建立管道完整的基础数据库，评价管道完整性的状况，并对管道的安全运行与维护提出建议和维修决策；试压评价法针对不能应用内检测器实施检测的管道，通过采用强度试验和严密性试验确定某一时期管道安全运行的操作压力水平，可以有效检查管道建设、运行阶段管段材料缺陷、腐蚀缺陷等情况；直接评估法主要针对管道内、外腐蚀缺陷，一般采用预评估、间接检测、直接检测与再评估步骤，综合天然气管道的物理特征、运行历史情况直接评估管道的完整性情况。

根据天然气管道运行压力与应力水平确定完整性评价时间间隔，见表16-2。

表16-2　天然气管道完整性评价时间间隔

检测方法	时间间隔，年	管道应力>50%σ_s	30%σ_s≤管道应力≤50%σ_s	管道应力<30%σ_s
静水试压	5	TP～1.25MAOP	TP～1.39MAOP	TP～1.65MAOP
	10	TP～1.39MAOP	TP～1.65MAOP	TP～2.2MAOP
	15	不允许	TP～2.0MAOP	TP～2.75MAOP
	20	不允许	不允许	TP～3.33MAOP
管道内检测	5	P_F>1.25MAOP	P_F>1.39MAOP	P_F>1.65MAOP
	10	P_F>1.39MAOP	P_F>1.65MAOP	P_F>2.2MAOP
	15	不允许	P_F>2.0MAOP	P_F>2.8MAOP
	20	不允许	不允许	P_F>3.3MAOP

续表

检测方法	时间间隔，年	管道应力>50%σ_s	30%σ_s≤管道应力≤50%σ_s	管道应力<30%σ_s
直接评估	5	抽样检测危险迹象	抽样检测危险迹象	抽样检测危险迹象
	10	检测所有危险迹象	抽样检测危险迹象	抽样检测危险迹象
	15	不允许	检测所有危险迹象	检测所有危险迹象
	20	不允许	不允许	检测所有危险迹象

注：（1）时间间隔为最大时间，可低于该数值，这取决于管道修复与保护情况。另外，出现某一显著影响管道安全的威胁时，需要明显缩短检测周期。一旦发生与时间相关的失效，应立即重新确定检测时间间隔；

（2）σ_s 为管材最低屈服强度，MAOP 为最大许可操作压力，TP 为试验压力，p_F 为根据 ASME B31G 或等同规范确定的失效压力；

（3）抽样检测危险迹象的时间间隔取决于这些迹象的严重性和前期的检验结果。如果所有的危险迹象都进行了检验和修复，则管道运行应力高于 50%SMYS 时的再次检测时间为 5 年，如果管道运行应力低于 50%SMYS，则再次检测时间为 10 年。

一、内检测评价

管道内检测技术是将各种无损检测设备加载到清管器上，将非智能清管器改为有信息采集、处理、存储等功能的智能型管道缺陷检测器，以管道输送介质为行进动力，通过清管器在管道内的运行，对管道进行在线无损检测，达到连续检测管道缺陷的目的。

采用的内检测器按功能可分为：

（1）用于检测管道凹坑、椭圆度、内径等几何变形的测径仪；

（2）用于检测管道微小泄漏的泄漏检测仪；

（3）用于腐蚀缺陷检测的漏磁、超声波检测器；

（4）裂纹类平面型缺陷检测涡流检测仪、超声波检测仪以及以弹性剪切波为基础的裂纹检测设备等。

目前主要有漏磁检测（MFL）与超声波检测（UT）两种方式。

1. 漏磁检测（MFL）

漏磁检测器通过清管器上携带的永磁体磁化管壁并达到饱和，磁体的两极与被测物体形成封闭的磁场，如果被测物体内介质均匀分布，无空隙、无内外缺陷，理想状态下认为没有磁通从管壁外通过。若存在缺陷或其他特征物（焊缝、三通、弯头、阀门等）时，会使得附近的磁场发生畸变并有磁通泄漏出管壁（图 16-3），漏磁通被传感器测得并存储，通过泄漏磁场的强度及相关信息来判断缺陷的尺寸和位置。常见漏磁检测智能清管器结构如图 16-4 所示。

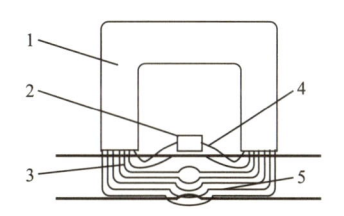

图 16-3 漏磁检测原理示意图
1—磁体；2—磁敏传感器；3—磁通；
4—漏磁通；5—缺陷

漏磁检测特点：

（1）间接测量，可以用复杂的解释手段来进行分析；

（2）用大量的传感器区分内部缺陷和外部缺陷；

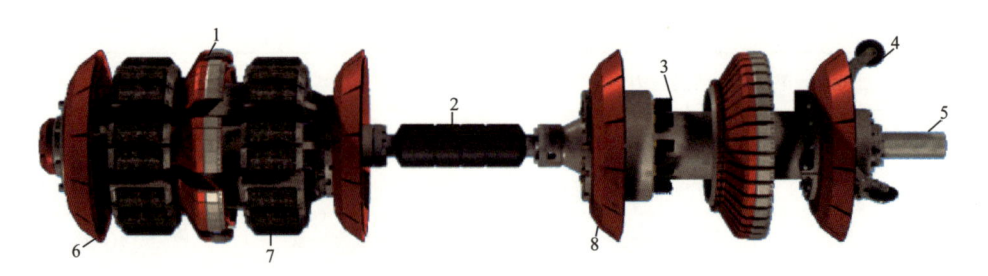

图 16-4 漏磁检测智能清管器结构示意图

1—主探头；2—万向节；3—计算机节；4—里程轮；5—低频通信；6—动力皮碗；7—钢刷；8—辅助探头

（3）测量的最大管壁厚度受限于磁饱和磁场要求；

（4）信号受缺陷长宽比的影响很大，轴向的细长不规则缺陷不容易被检出；

（5）检测结果受管道所使用钢材性能影响；

（6）检测结果受管壁应力影响；

（7）设备的检测性能不受管壁中运输物质的影响，既适用于气体运输管道，也适用于液体运输管道；

（8）需要进行适当的管道清管（相对于超声波检测设备必须干净）。

可检测缺陷类型：外部缺陷、内部缺陷、焊接缺陷、硬点、焊缝、冷加工缺陷、凹槽和变形、弯曲、三通、法兰、阀门、套管、钢衬块、支管、修复区、胀裂区域（金属腐蚀相关）以及管壁金属的加强区。

目前，国内已开发并应用三轴高清漏磁内检测器，三轴高清漏磁内检测器的基本工作原理与传统漏磁内检测器完全相同，主要区别是三轴漏磁检测器在一个探头中放置了3个方向的传感器，可以同时记录泄漏磁力线的三维分量，提高了对缺陷的识别和评定能力。根据体积型缺陷、类裂纹性缺陷表面的三维变化，折射后的磁力线偏离了原磁场方向，磁力线在原磁场方向的三维空间有对应的矢量强度分布变化，缺陷漏磁场折射后产生轴向、径向、切向磁场分量。根据霍尔效应，在缺陷处、泄漏处的磁力线可以通过霍尔传感器或感应线圈探测到，如图 16-5 所示。

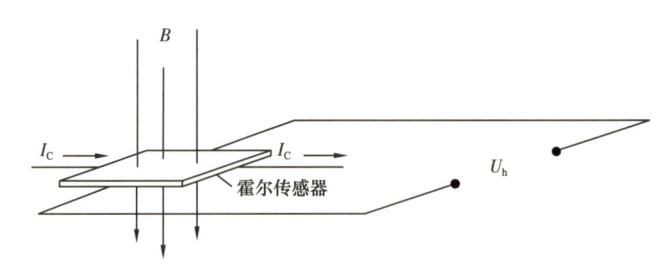

图 16-5 霍尔传感器工作原理

传统漏磁检测器只在轴向安装了传感器，因此只能测量出轴向分量 B_x，而三轴漏磁检测器则在同一位置按照三维方向分别固定了3个传感器，能够测量空间磁场的三维矢量。垂直于管道轴向的传感器测量的感应信号反映了轴向磁场强度变化，平行于管体表面的传感器测量的感应信号反映了径向的磁场强度变化，垂直于周向的传感器测量的感应信号反映了周向磁场强度变化。

由于传感器制造技术的进步，基于先进的三维传感器改进了传统漏磁检测器成为三轴漏磁检测器。三轴高清漏磁检测器在数据记录、数据存储、速度适应性、数据处理等方面都有了新的发展，提高了检测精度和置信度。

2. 超声波检测（UT）

超声波检测设备通过所带的传感器向垂直于管道表面的方向发送超声波信号。管壁内表面和外表面的超声反射信号也都被传感器接收，通过超声波在管道内外壁的传播时间差以及传播速度就可以确定管壁的厚度。传感器安装在一个支架上，它可以均匀地检测整个管壁。在超声波从传感器发出并从管壁反射返回的过程中，为了提高超声波传播效率，整个超声波检测过程需要使用液体来对传感器和管壁进行耦合。

超声波检测特点：

（1）采用直接线性测厚的方法，检测结果准确可靠；

（2）可以区分管道内壁、外壁以及中部的缺陷，特别适于裂纹缺陷的检测；

（3）对很多缺陷的检测都比漏磁法敏感；

（4）可检测的厚度最大值没有要求．可以检测很厚的管壁；

（5）有最小检测厚度的限制——管壁厚度太小则不能测量，因为超声脉冲要持续一定的时间；

（6）不受材料性能的影响；

（7）只能在均质液体中运行；

（8）通常超声波检测设备对管壁需要比漏磁检测设备更高的清洁度；

（9）检测结果准确，尤其是检测缺陷的深度和长度，得到的结果适于最大许用压力评价；

（10）检测结果易于解释和理解，因为它直接对管壁厚度进行测量。

可检测的缺陷类型：外部腐蚀、内部腐蚀、焊接缺陷、凹坑和变形、弯曲（冷弯曲、锻造弯曲、热弯曲）、焊接附加件和套筒、法兰、阀门、夹层、裂纹、气孔、夹杂物、纵向沟槽、无缝管道管壁厚度的变化等。

3. 几何尺寸测量

几何尺寸测量设备（有时也叫测径仪）利用机械臂或者电磁的方法测量管道的内径，寻找管壁上面的凹痕和其他变形以及环形焊缝和壁厚的变化。在一些形状中，它还可以测量管道的弯曲程度。具有在气体和液体管道中都可以稳定运行、对整个管道进行检查以及不受管道中小尺寸杂物的影响等特性。

4. XYZ 测绘

测绘设备的运行是基于惯性航行中所使用的 IMU 陀螺仪和加速计原理，通过 X、Y、Z 方向角度变化和速度变化来获取数据。

5. 检测方法选择

若管道缺陷以检测裂纹为主，则检测器考虑选择超声波检测器；以体积型腐蚀缺陷为主，则应考虑磁检测器，内检测方法选择见表 16-3。

表 16-3 内检测方法的选择

内检测目的	金属损失（体积型缺陷）检测器 漏磁检测（MFL） 标准分辨率（SR）MFL	金属损失（体积型缺陷）检测器 漏磁检测（MFL） 高分辨率（HR）MFL	超声波（激波）	裂纹检测器 超声波（横波）	裂纹检测器 横向（MFL）	测径	XYZ检测
金属损失（腐蚀）、外部腐蚀、内部腐蚀	A、B、C	A、B	A、B	A、B	A、B	—	—
狭长的轴向外部腐蚀	—	—	A、B	A、B	A、B	—	—
裂纹和类似裂纹的缺陷（轴向）、应力腐蚀裂纹、疲劳裂纹、纵向焊缝不完整性、未完全熔合、焊缝边缘裂纹	—	—	—	A、B	A、B	—	—
环形裂纹	—	D	D	D、E	—	—	—
凹痕锐边、凹痕起皱、弯曲皱纹	F	F	F	检测时，提供环形裂纹位置	检测时，提供环形裂纹位置	G	检测
表面切割口	A、B	A、B	A、B	A、B	A、B		—
夹层和夹杂物	有限检测	有限检测	B	B	有限检测	—	—
前期修复地点	钢管套和修复处的检测，其他只有二价铁物质	钢管套和修复处的检测，其他只有二价铁物质	只检测钢套管和管道的修复处焊缝	只检测钢套管和管道的修复处焊缝	钢管套和修复处的检测，其他只有二价铁物质	—	—
与钢管出厂有关的异常	有限检测	有限检测	检测	检测	有限检测	—	—
弯曲	—	—	—	—	—	H	检测测量尺寸
椭圆度						B	B、I
管道坐标						—	检测测定尺寸

注：A：最小可检测缺陷的深度、长度和宽度是有限的。　E：转换器旋转 90°。　F：凹痕的尺寸和形状可靠性降低。
　　B：专有精确尺寸信号分析软件工具定义。　　　　　G：取决于工具的形状。
　　C：内部直径（ID）和外部直径（OD）。　　　　　　H：由变形检测器配置。
　　D：对于致密的裂纹检测的简化概率（POD）。　　　I：为检查椭圆度配置。

二、试压评价

管道试压评价是一种可行的管道完整性验证方法。这种完整性评价方法包括强度试验和严密性试验两种。试验压力、试压持续时间和试验介质应满足相应要求[6],见表16-4。

表16-4 管道试验压力

地区等级	许用的试压流体	规定的试验压力 最小	规定的试验压力 最大	最大允许操作压力（取两者之间较低值）
1级1类	水	1.25 MOP	无	TP/1.25
1级2类	水	1.1 MOP	无	TP/1.1 或 DP
1级2类	空气	1.1 MOP	1.1 DP	TP/1.1 或 DP
2级地区	水	1.25 MOP	无	TP/1.25 或 DP
2级地区	空气	1.25 MOP	1.25 DP	TP/1.25 或 DP
3级和4级	水	1.5 MOP	无或DP	TP/1.5 或 DP
3级和4级（限定条件）	空气	1.1 MOP	1.1 MOP	TP/1.1 或 DP

注：（1）MOP 表示最大操作压力；
（2）DP 表示设计压力（Design Pressure）；
（3）TP 表示试验压力（Test Pressure）。

（1）位于1级1类地区的管线，如果最大操作压力下的环向应力大于0.72倍规定的最小屈服强度SMYS，应进行静水压试验，试验压力应达到设计压力的1.25倍。

（2）位于1级2类地区的管线，如果最大操作压力下的环向应力不超过72% SMYS，应用空气或气体试压，试验压力为最大操作压力的1.1倍；或进行静水压试验，试验压力至少为最大操作压力的1.1倍。

（3）位于2类地区内的干线，应采用空气试压至最大操作压力的1.25倍；或使用静水压试验，试验压力至少为最大操作压力的1.25倍。

（4）位于3类或4类地区内的干线，进行静水压试验，压力应不低于最大操作压力的1.5倍。如果管线是首次试压，存在下列情况时可用空气试压至最大操作压力的1.1倍。

① 管道埋深处的地温为0℃或更低，或完成静水压试验前将降至此温度；
② 质量合格的试压用水不足。

（5）具备全部下列各项条件，在3级或4级地区可使用空气试压：

① 对于3级地区，试压的最高环向应力小于50% σ_s；对于4级地区，试压的最高环向应力小于40% σ_s；
② 干线所要操作的最大压力不超过现场最大试验压力的80%；
③ 所试压的管道是新管道，纵向焊缝系数 E 为1.0。

（6）1级1类地区采用0.8强度设计系数管道的每个试验段，试验压力在低点处产生的环向应力不应大于管材标准规定的最小屈服强度的1.05倍；其他地区等级管线的每个试压段，试验压力在低点处产生的环向应力不应大于管材标准规定的最小屈服强度的

95%。水质应为无腐蚀性洁净水。试压宜在环境温度为5℃以上进行，低于5℃时应采取防冻措施。注水宜连续，并应采取措施排除管线内的气体。水试压合格后，应将管段内积水清扫干净。

（7）1级1类地区采用0.8强度设计系数的管道，强度试验结束后宜进行管道膨胀变形检测。对膨胀变形量超过1%管道外径的应进行开挖检查；对超过1.5%管道外径的应进行换管，换管长度不应小于1.5倍的管道外径。

（8）强度试验的稳压时间不应少于4h。

（9）严密性试验应在强度试验合格后进行，线路管道和阀室严密性试验可用水或气体作试验介质，宜与强度试验介质相同，输气站的严密性试验应采用空气或其他不易燃和无毒的气体作试验介质，严密性试验压力应以稳压24h不泄漏为合格。

三、直接评估

针对天然气输送管道的内外腐蚀缺陷可采用内腐蚀直接评估与外腐蚀直接评估（DG-ICDA、ECDA），确定无法开展在线检测（ILI）、水压试验管道的完整性水平，一般包括预评估、间接检测、详细检测、再评估等4个步骤与环节，如图16-6、图16-7所示。

1. 干气管道内腐蚀直接评估（DG-ICDA）

干气管道内腐蚀直接评估（DG-ICDA）的基础是对管道中最先积聚水或其他电解质溶液的管段进行详尽检查，并允许以此判断该部位下游一定长度管线的完整性。如果最可能出现积聚水的一段管道内没有发生腐蚀，那么在相同运行条件下，出现聚集水可能性较小的其他管段就不太可能发生腐蚀。DG-ICDA需要多种现场检查和管内评估数据，包括管道物理特征和运行历史参数。

1）预评估

收集与管线相关的基本历史和当前运行数据，确定DG-ICDA是否可行，并定义ICDA的区域。收集到的可用数据来自设计和建设资料、运行和维护历史、台账和腐蚀检查记录、气质分析报告及前期完整性评估或维护活动的检测报告等。

2）间接检测

包括多相流预测、管道海拔剖面的建立及识别内腐蚀可能出现的部位，关键参数的计算与分析包括管道沿线各节点的压力、天然气压缩因子、气体密度、管道倾角θ与临界倾角θ_c，见式（16-4）：

$$\theta_c = \arcsin\left(0.675\frac{\rho_g}{\rho_l-\rho_g}\cdot\frac{V_g^2}{gD}\right)^{1.091} \quad (16\text{-}4)$$

式中 θ_c——临界倾角，（°）；

ρ_g——天然气密度，kg/m³；

ρ_l——液体密度，kg/m³，水的密度为1×10^3kg/m³；

g——重力加速度，9.81m/s²；

D——管道内径，m；

V_g^2——表观流速，m/s。

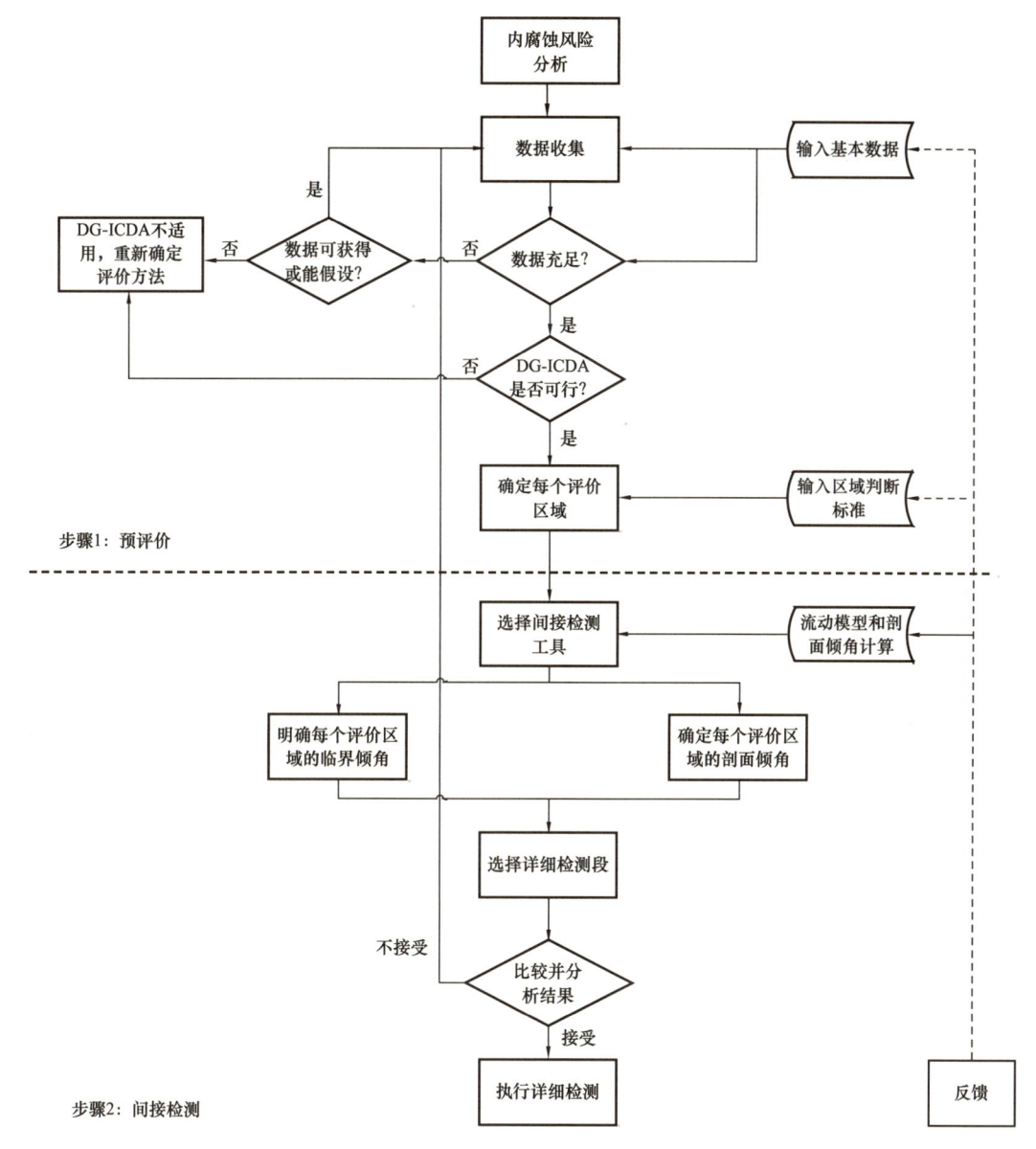

第十六章 天然气管道完整性管理技术

图 16-6 预评价与间接检测流程

3）直接检测

包括对内腐蚀发生管段的开挖、直接检测，评估管道是否存在金属损失和相应的腐蚀程度。

4）再评估

对 DG-ICDA 各评估阶段结果进行有效性分析，合理确定再评估的间隔周期。

2. 外腐蚀直接评估（ECDA）

结合天然气管道外检测方法，通过开展预评估、间接检测、直接检测与再评估确定天然气管道外腐蚀程度与完整性水平。

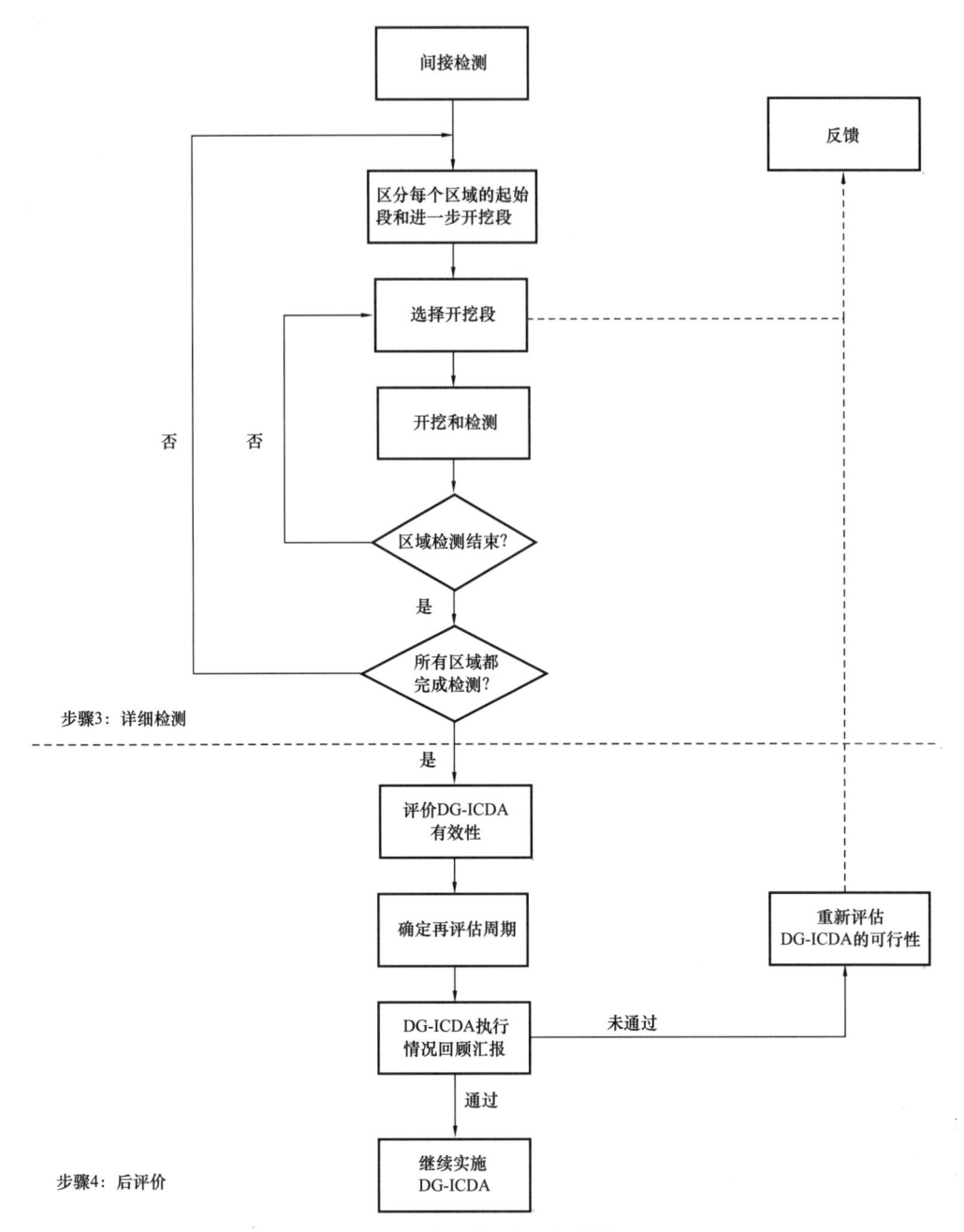

图 16-7 详细检测与后评估流程

1）预评估

基于完整性管理数据的收集与整合，预评估阶段确定天然气管道外腐蚀直接评估（ECDA）方法的可行性，并划分 ECDA 评估区域与管段。

2）间接检测

进行多频管中电流测试（PCM）、皮尔逊检测（Pearson）、直流电位梯度测试（DCVG）、密间隔电位测量（CIPS）等间接检测方法与设备的有效性分析，开展涂层缺陷/异常、管道外腐蚀已发生或可能区域的地表检测，当管道沿线环境变化明显时，常需要使用 2 种或以上的间接检测方法与设备。

3）直接检测

根据间接检测结果确定优先次序，在最有可能发生腐蚀的区域进行开挖和现场数据收集，对损伤涂层和腐蚀缺陷进行检测，评价天然气管道的剩余强度与严重性，分析外腐蚀形成的根本原因。

4）再评估

对天然气管道的外腐蚀直接评估方法的有效性进行评估，在此基础上确定再次开展外腐蚀直接评估的时间间隔。

第四节 天然气管道站场完整性评价技术

一、站场静设备基于风险的检测评价技术（RBI）

天然气站场大部分设备均属于静设备，包括压力容器、储罐、收发球筒、弯头、三通、分离器、管段、换热器、汇管以及工艺管道等。这些静设备目前通常采用常规的全面和定期检验方法来确保其本质安全。基于风险的检测评价技术（RBI）适用于天然气站场分离器、过滤器、储罐、工艺管道等各类静设备，主要评估 3 个参数：失效概率、失效后果以及失效概率和后果组合的风险（风险 = 失效概率 × 失效后果）。其中：根据选定分析系统中的具体设备和管道的材料及其工艺条件识别出所有可能的失效机理，根据不同失效机理分别计算其失效概率大小；失效后果主要评估失效时装置中毒性、易燃、易爆等流体物料泄漏所引起的对人员安全、设备损坏、环境破坏、生产中断等所带来的影响。在基于量化风险的静设备检测评价技术中，可将这些影响都转化为经济损失，折算成人员伤亡费用、设备修理费用、周边设备修复费用、环境及周边环境清理费用、停产损失等。

基于风险的检测评价方法对在役设备不采用常规的全面和定期检验方法，而是根据失效概率和失效后果，确定每个设备项的风险大小，根据风险大小对设备进行风险排序；根据风险可接受准则、风险的大小和未来的发展，确定检验的优先次序，检验日期和周期，对高风险设备进行重点检验。采用此方法，可提高静设备的可靠性并降低检修费用。基于量化风险的静设备检测评价实施流程如图 16-8 所示。

1. 失效概率定量计算方法

目前国内外已有通过引入设备修正系数 F_E 和管理修正系数 F_M 对同类失效概率进行修正的方法。同类失效频率是指通过对国内外天然气站场静设备失效数据进行大量收集与分类统计的基础上，获知同类静设备通常情形下会产生的失效概率，见表 16-5～表 16-8。

表 16-5 天然气站场管道与设备泄漏尺寸

泄漏情形	代表性的泄漏尺寸，mm	泄漏量，kg/s
小泄漏	6.4	0～1
中泄漏	25.4	1～25
大泄漏	101.6	25～250

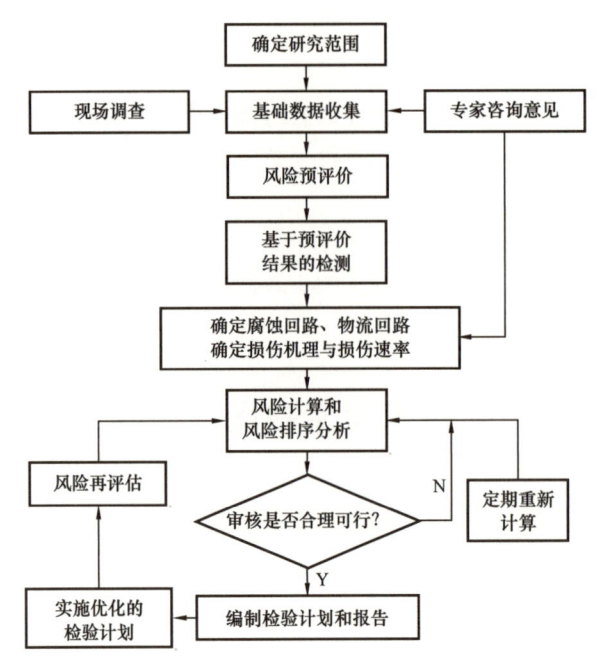

图 16-8　静设备基于量化风险的检测评价实施流程

表 16-6　设备的同类失效概率

设备类型	泄漏频率（a^{-1}，4 个孔尺寸）			
	6.4mm	25.4mm	101.6mm	破裂
分离器	4×10^{-5}	1×10^{-4}	1×10^{-5}	6×10^{-6}
过滤器	9×10^{-4}	1×10^{-4}	5×10^{-5}	1×10^{-5}
换热器，壳程	4×10^{-5}	1×10^{-4}	1×10^{-5}	6×10^{-5}
换热器，管程	4×10^{-5}	1×10^{-4}	1×10^{-5}	6×10^{-5}
汇管	4×10^{-5}	1×10^{-4}	1×10^{-5}	6×10^{-6}
收发球筒	4×10^{-5}	1×10^{-4}	1×10^{-5}	6×10^{-6}
往复泵	7×10^{-1}	1×10^{-2}	1×10^{-3}	1×10^{-3}
常压储罐	4×10^{-5}	1×10^{-4}	1×10^{-5}	2×10^{-5}
压力容器	4×10^{-5}	1×10^{-4}	1×10^{-5}	6×10^{-6}

表 16-7　管道的同类失效概率

管道规格，mm	泄漏频率（a^{-1}，4 个孔尺寸）			
	6.4mm	25.4mm	101.6mm	破裂
10（10.2）	1×10^{-5}			3×10^{-7}
13.5	1×10^{-5}			3×10^{-7}

续表

管道规格，mm	泄漏频率（a^{-1}，4个孔尺寸）			
	6.4mm	25.4mm	101.6mm	破裂
17（17.2）	1×10^{-5}			3×10^{-7}
21（21.3）	4.95×10^{-6}			5.5×10^{-7}
27（26.9）	4.95×10^{-6}			5.5×10^{-7}
34（33.7）	4.95×10^{-6}			5.5×10^{-7}
42（42.4）	1.71×10^{-6}	1.71×10^{-6}		1.8×10^{-7}
48（48.3）	1.71×10^{-6}	1.71×10^{-6}		1.8×10^{-7}
60（60.3）	1.71×10^{-6}	1.71×10^{-6}		1.8×10^{-7}
76（76.1）	1.71×10^{-6}	1.71×10^{-6}		1.8×10^{-7}
89（88.9）	9×10^{-7}	6×10^{-7}		7×10^{-8}
114（114.3）	9×10^{-7}	6×10^{-7}		7×10^{-8}
140（139.7）	4.18×10^{-7}	4.18×10^{-4}		4.4×10^{-6}
168（168.3）	3×10^{-7}	3×10^{-7}	8×10^{-8}	2×10^{-8}
219（219.1）	2×10^{-7}	3×10^{-7}	8×10^{-8}	2×10^{-8}
273	1×10^{-7}	3×10^{-7}	3×10^{-8}	2×10^{-8}
325（323.9）	1×10^{-7}	3×10^{-7}	3×10^{-8}	2×10^{-8}
356（355.6）	1×10^{-7}	3×10^{-7}	3×10^{-8}	2×10^{-8}
406（406.4）	1.03×10^{-7}	2×10^{-7}	2.21×10^{-8}	1.53×10^{-8}
>457	6×10^{-8}	2×10^{-7}	2×10^{-8}	1×10^{-8}

设备修正系数F_E用来辨别可能对设备失效概率有较重影响的特定情况，如设备的复杂程度、气候条件、维修保养等，由损伤因子、通用因子、机械因子、工艺因子等4个影响因子组成。在分析过这些影响因子后，将所有分项值相加，得到设备项的最终数值。该值可正可负，需换算才能得到所需的设备修正系数F_E，见表16-8。设备修正系数F_E取值0.1~20，若$F_E=1$则反映设备作业状况达到平均水平。

表16-8 设备修正系数F_E换算表

最终数值总和	F_E取值
<-1.0	最终数值总和绝对值的倒数
-1.0~1.0	1.0
>1.0	等于最终数值总和

1）损伤因子

损伤因子可以反映设备因金属劣化可能造成的失效程度。它受设备的通用失效概率、检测次数及检测的有效性影响较大。在评估设备损伤因子时，应综合考虑失效机理类型、破坏速率、操作压力、在线监测类型及服役时间等多种因素的影响。在确定损伤因子的过程中需要考虑多种失效类型，如腐蚀减薄、外部损伤、脆性断裂等。设备的总损伤因子即为所有潜在失效机理的损伤因子值的总和。

损伤因子即破坏等级出现的概率与受损情况导致的失效概率与通用失效概率比值的乘积，用公式表示如下：

$$DF = \frac{P_{理论失效频次} \times P_{状态发生的概率}}{P_{通用}} \tag{16-5}$$

式中　$P_{理论失效频次}$——设备在该失效机理下的理论失效频次；

$P_{状态发生的概率}$——某一种破坏状态出现的频次；

$P_{通用}$——通用失效频次。

损伤因子中的破坏状态分3种：一般、较严重、很严重。在风险分析中，认为这3种破坏状态可能会以不同的概率同时出现在一个设备中。出现的概率越低，破坏状态越严重。但这3种破坏状态出现的可能性非持续不变，出现可能性置信度受到其他因素的影响，尤其是通过不同的检测策略可以调整该破坏状态出现的置信度。检测有效性对反映一般破坏状态的置信度见表16-9。

表16-9　检验有效性定性分类表

定性检验有效性类别		检验方法
高度有效	检验方法几乎识别每一个案例中的预期破坏（90%）	全面内部目视，结合超声测厚
通常有效	检验方法大部分情况下能正确地识别实际破坏（70%）	部分内部目视，结合超声测厚
十分有效	检验方法大约一半概率能正确地识别实际破坏（50%）	外部超声测厚抽检
有效性差	检验方法提供很少的信息来识别实际破坏状态（40%）	锤击试验、指示孔
无效	检验方法没能正确地识别实际破坏状态的信息（33%）	外部目视检测

在API 581标准中给出了对各种检验方式在每次检测后正确地反映设备所处各种破坏状态的置信度，以内部腐蚀为例，见表16-10。

表16-10　全面腐蚀检验有效性置信度表

破坏状态	实际破坏率范围	检验有效性类别			
		差/无效	十分有效	通常有效	高度有效
1	实际速率与检测速率相同	0.33	0.5	0.7	0.9
2	实际速率为检测速率2倍	0.33	0.3	0.2	0.09
3	实际速率为检测速率4倍	0.33	0.2	0.1	0.01

检测有效性越高，检测出的数据反映设备的实际腐蚀速率的置信度越高。而设备每进行一次检验，其破坏状态为检测出的状态的置信度就会越高，如经过 5 次十分有效检测的设备破坏状态的置信度比经过只有 1 次十分有效检测后所得的破坏状态的置信度要高，通过贝叶斯定理统计方法来计算新的置信度。

2）通用因子

通用因子从天然气站场条件、天气状况、地震活动方面分析站场中所有运行装置的一般情况，具体数值的选取方法如下：

天然气站场评级具体情况见表 16-11。

表 16-11 站场条件评级分值表

装置条件	类别	分值
明显好于工业标准	A	-1.0
与工业标准大致相当	B	0.0
低于工业标准	C	1.5
明显低于工业标准	D	4.0

天气的影响通常也会给天然气站场运行带来额外的风险。冬季寒冷天气也可能对天然气站场中的设备产生直接影响，如小管线、仪表等的变形或断裂。寒冷天气影响可采取相应的办法降至最小，但不能被完全消除，见表 16-12。

表 16-12 天气影响补偿

冬季温度，℃	分值
>4.4	0.0
-6.7～4.4	1.0
-28.9～-6.7	2.0
<-28.9	3.0

尽管站场中的设备/装置等都已按照相应的标准进行了设计，但位于地震活动区的设备/装置比地震活动区域外的失效概率要更高。地震活动区域运行的设备/装置的补偿见表 16-13。

表 16-13 地震活动区域运行补偿

地震区域	分值
0 或 1	0.0
2 或 3	1.0
4	2.0

3）机械因子

机械因子主要从装置设计、制造等相关条件进行判断分析。机械因子由复杂度、建造规范、寿命周期、安全系数、震动5个要素组成，即这5项要素的总和为机械因子。

（1）设备复杂度。

设备复杂度系数见表16-14，对于设备复杂度的判断主要通过确定设备上的接管数得到。该方法简单有效且适用于所有类型的设备。

表16-14 设备接管数与复杂度系数的关系

设备	接管数			
	-1.0	0	1.0	2.0
泵、流量计和过滤器	—	2~4	>4	—
容器	<7	7~12	13~16	>16

（2）管系复杂度。

管系复杂度是通过对管系中的法兰接头、管系中三通、阀门的数量来确定。

① 法兰接头数。由于法兰连接泄漏概率较焊接接头高。因此管系中若有1个法兰连接则复杂度系数加10.0。

② 三通数。

三通的存在会增加管道的应力和疲劳从而增加失效概率，排液管、混合三通、泄压阀支管和测温压支管都包括在内，三通复杂度系数为3.0。

③ 阀门数。

阀门的存在也会增加失效概率，其复杂度系数为5.0。

管系的复杂度系数＝（法兰接头数×10）+（三通数×3）+（阀门数×5）。

复杂度系数以单位管段表示。确定管系复杂度后将该值除以管长来确定单位长度的管道复杂度系数。然后对每一管段进行赋值，见表16-15。

表16-15 单位管段复杂度系数

复杂度系数，m^{-1}	分值
<0.33	-3.0
0.33~1.64	-2.0
1.64~3.28	-1.0
3.28~6.56	0.0
6.56~11.48	1.0
11.48~19.69	2.0
19.69~32.81	3.0
>32.81	4.0

设备制造过程中依据的规范情况也会对失效概率造成影响，对于建造规范赋值见表16-16。

表16-16 建造规范赋值表

规范状况	类别	分值
设备满足最新版本的规范	A	0.0
自设备改造以来，该设备规范已作了重大修改	B	1.0
制造时这类设备没有正式规范，或未按现行规范制造	C	1.5

设备的失效概率随着服役年限接近设计寿命而增加。对于寿命周期影响的校正值通过使用年限与设计寿命的百分比给出，见表16-17。

表16-17 使用寿命与设计寿命比值

已使用寿命占设计寿命的百分比，%	分值
0～7	2.0
8～75	0.0
76～100	1.0
>100	4.0

在多数情况下天然气站场的运行温度都处于常温。所以此处安全系数主要由压力确定。设计压力与运行压力之比即为正常运行工况下的安全系数，安全系数的赋值见表16-18。

表16-18 运行压力安全系数

$P_{运行}/P_{设计}$	分值
>1.0	5.0
0.9～1.0	1.0
0.7～0.89	2.0
0.5～0.69	−1.0
<0.5	−2.0

对于天然气站场而言，振动监测因素主要针对压缩机等旋转设备，振动因素的赋值见表16-19。

表16-19 压缩机振动因素对应值

振动控制	压缩机
无振动监测	1.0
定期振动监测	0.0
在线振动监测	−2.0

天然气站场工艺因子主要由站场工艺稳定性及泄压阀因素组成。非平稳运行对设备的失效影响特别大。因此，需针对稳定性对通用失效概率进行调整。

不稳定的工艺导致的干扰较大,从而会增加失效概率。工艺稳定性评定应根据对以下内容的判断得出:

① 该工艺复杂程度,是否有异常高或低的温度或压力出现;
② 该工艺是否与任何重大事故有过牵连;
③ 该工艺是否包括未被天然气工业中普遍认可的工艺技术,管道或设备是否使用特殊建造材料;
④ 控制系统是否满足现行标准,是否具有相关安全特性的计算机控制,是否为控制系统提供了备用电源;
⑤ 站场操作工和值班人员对站场工艺是否有足够的培训和经验。

根据对上述问题的判断,对照工艺稳定性评定分值表进行评定,见表16-20。

表16-20 工艺稳定性评定分值表

稳定性评级	分值
比平均工艺更稳定	-1.0
工艺具有大致平均的稳定性	0.0
比平均工艺较不稳定	1.0
比平均工艺更不稳定	2.0

泄压阀的赋值通过评定其维护程序、污垢工况及腐蚀工况3个方面后确定。

① 泄压阀的维护程序。泄压阀须定期检验以确保其功能正常。因此,根据误期检验泄压阀相对泄压阀总数而确定泄压阀维护评分值,见表16-21。

表16-21 泄压阀维护分值

泄压阀维护状态	类别	分值
小于误期泄压阀的5%	A	-1.0
误期泄压阀的5%~15%	B	0.0
误期泄压阀的15%~25%	C	1.0
大于误期泄压阀的25%或缺少泄压阀维护或切断阀程序	D	2.0

② 污垢工况。对泄压阀周围的污垢工况评估见表16-22。

表16-22 泄压阀污垢工况分值

结垢趋势	类别	分值
无大量结垢	A	0.0
可能有一些聚合物体或其他结垢物质,也有在系统内部分堆积的可能	B	2.0
高度结垢,有在泄压阀或者系统的其他部件上频繁堆积的趋势	C	4.0

③腐蚀工况。对泄压阀腐蚀工况的评估见表16-23。

表16-23 腐蚀工况分值

腐蚀工况（有无耐腐蚀设计）	分值
是	3.0
否	0.0

4）管理系统修正系数

管理系统修正系数主要用于评价天然气站场的管理水平，对于站场中同一个装置内的设备项，其管理系数的数值相同，因此它不改变设备项的风险排序，但评价不同装置之间的风险水平时，管理系数对总的风险水平有显著影响。当对整个装置的风险水平进行比较或对不同装置或装置现场之间的类似设备项的风险值进行比较时，其影响相当大。

在管理系统评估中，总分为600分，100%的得分意味着总体单元的风险具有一个等级的降低，管理系统修正系数为0.1。得分为300分表示该装置的管理处于平均水平，管理修正系数取1。管理系统的评估见表16-24。

表16-24 管理系统评分

评估对象	评估分数
领导和管理	70
工艺安全信息	60
管理变更	60
安全工作规程	70
培训	100
预启动安全审查	60
应急响应	65
事故调查	75
管理系统审核	40

通过上表评估出管理系统分数，需要将其转换为管理系统修正系数 F_M，转换方法采用式（16-6）进行计算：

$$\lg F_M = 1 - \frac{S}{600} \tag{16-6}$$

式中 S——管理系统评估分数；

F_M——管理系统修正系数，如图16-9所示。

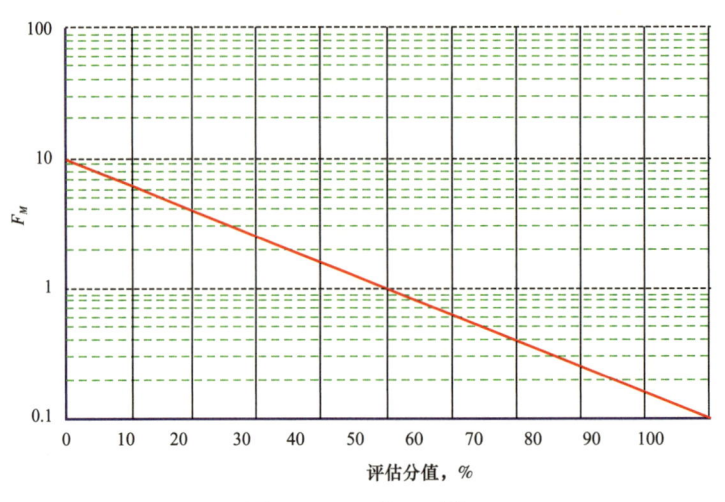

图 16-9 F_M 修正系数

2. 失效后果

经济损失评价是在获知失效后果的影响区域后，计算其失效后果的经济损失，从而得出以损失费用为表征的定量失效后果，包括设备损坏经济损失、营业中断损失和人员伤亡损失。

（1）设备破坏经济损失。

$$C_{equipment} = A_{equipment} r_{equipment} + \sum \frac{f_i}{LOF_{generic}} R_{equipment,i} m \quad (16-7)$$

$$A_{equipment} = \sum_{i=1}^{4} A_{e,i} \cdot \frac{f_i}{LOF_{generic}} \quad (16-8)$$

式中 $A_{equipment}$——总设备破坏面积，m^2；

$A_{e,i}$——泄漏孔径 i 的设备破坏面积；

f_i——泄漏孔径 i 的同类失效频率；

$LOF_{generic}$——设备 4 种泄漏孔失效频率之和，$LOF_{generic} = \sum_{i=1}^{4} f_i$；

$r_{equipment}$——设备单位面积修理成本，元$/m^2$；

$R_{equipment}$——孔径 i 泄漏时的设备破坏成本，元；

m——设备成本系数。

（2）营业中断损失。

$$C_{outage} = C_{outage} t_{outage} \quad (16-9)$$

$$t_{outage} = \sum_{i=1}^{4} t_i \cdot \frac{f_i}{LOF_{generic}} \quad (16-10)$$

式中 c_{outage}——每天营业中断损失；

t_{outage}——生产停工时间，d；

t_i——泄漏孔径 i 相应的设备估计停工时间，d。

（3）人员伤亡损失。

$$C_{injury} = A_{flammable} n c_{injury} \qquad (16-11)$$

$$A_{flammable} = \sum A_{f,i} \cdot \frac{f_i}{LOF_{generic}} \qquad (16-12)$$

式中 $A_{flammable}$——总致死面积，m^2；

$A_{f,i}$——泄漏孔径 i 的致死面积，m^2；

n——人口密度，人 /m^2；

c_{injury}——人员赔偿损失，元。

（4）总失效后果

$$C = \max[(C_{equipment} + C_{outage} + C_{injury}), 0.5(C_{equipment} + C_{outage} + C_{injury})^{1.05}] \qquad (16-13)$$

3. 风险评价

系统的总风险是指由各种形式、每一危害程度单一风险综合而成的系统整体风险，也即综合系统各单项风险就是系统总风险。在计算得到不同泄漏孔径失效概率与失效后果后，即可按下式量化计算静设备的总风险：

$$R = \sum P_{f,i} \cdot C_i \qquad (16-14)$$

$$C_i = \max[(C_{equipment,i} + C_{outage,i} + C_{injury,i}), 0.5(C_{equipment,i} + C_{outage,i} + C_{injury,i})^{1.05}] \qquad (16-15)$$

式中 R——静设备风险；

$P_{f,i}$——4 种泄漏孔的失效概率；

C_i——4 种泄漏孔事故的失效后果。

根据风险可接受准则理论、我国的法律法规和事故处理规章制度，运用 ALARP 原则等进行分析，从失效可能性、后果两方面建立了风险划分原则，形成了天然气站场风险可接受准则。

采用国际通行的 5×5 后果矩阵，确定风险评价矩阵如图 16-10 所示。天然气站场风险等级分为高、中高、中、低等四级。

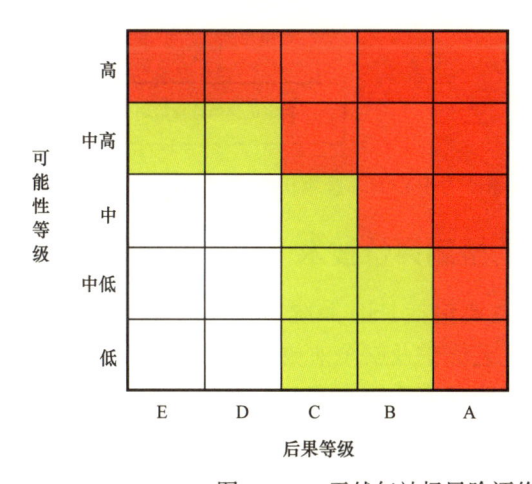

图 16-10 天然气站场风险评价矩阵

二、动设备以可靠性为中心的维修维护管理（RCM）

天然气站场动设备主要包括阀门、压缩机、泵、发电机等动设备。针对这些动设备的维修维护管理模式已从传统的事后维修或定期计划检维修发展到当今以可靠性为中心的维修维护管理（RCM）阶段，以避免动设备低风险部件"维护过剩"而高、中风险部件却"维护不足"情况的发生。

以可靠性为中心的维修维护管理是建立在风险和可靠性方法的基础上，并应用系统化的方法和原理，对天然气站场动设备的失效模式及后果进行系统分析和评估，确定出设备每一失效模式的风险和失效原因、辨识危险因素和失效后果，按照安全、环境保护、经济损失、维修成本等四个方面分别找出高、中、低风险的故障模式及其对应的部件，按照不同的专业管理制定出针对失效原因以及失效根本原因的、优化的降低风险的维修维护策略。针对动设备以可靠性为中心的维修维护管理实施流程如图16-11所示。

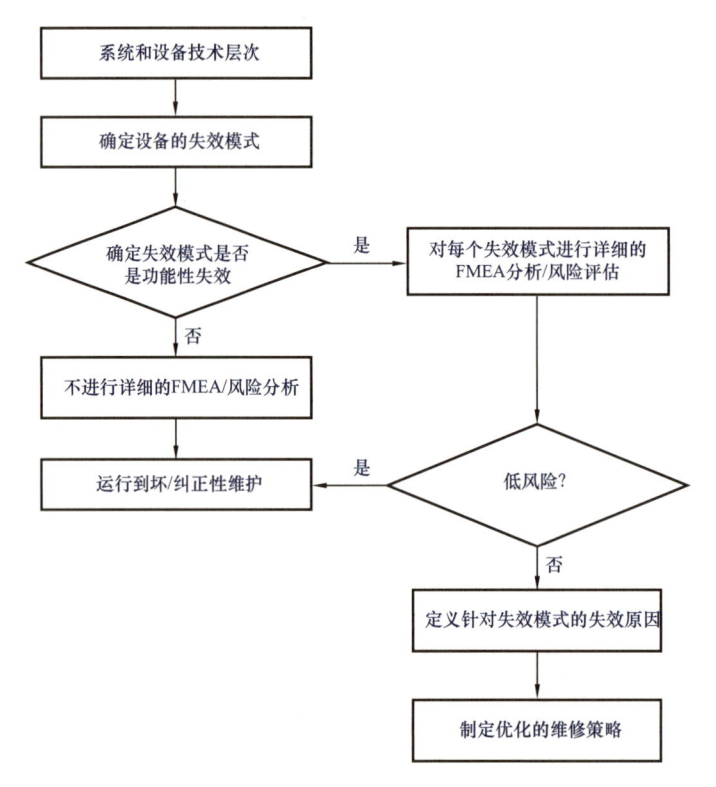

图16-11　以可靠性为中心的维修维护管理实施流程

三、站场静设备基于风险的检测评价技术（RBI）

天然气站场安全仪表控制系统主要包括ESD系统、火气系统等，所起作用主要包括工艺分段、火灾监测、气体监测、工艺保护及安全泄放等。但安全仪表系统由于其自身软硬件结构及周围环境等原因，使得安全仪表系统本身并不是绝对安全的。而这些关键安全仪表系统一旦在危险情况发生时不能动作即会导致人员伤亡、环境破坏等重大事故。据统计，容器设备（包括容器、管道等）的失效概率为 $10^{-6} \sim 10^{-8}$ 次/a，而安全仪表系统的失

效概率却高达 $10^{-2} \sim 10^{-3}$ 次/a，远远高于容器设备。

安全仪表系统（Safety Instrumented System，简称 SIS）功能安全评价的目的是确定天然气站场是否需要以及需要哪些安全仪表与功能（Safety Instrumented Functions，简称 SIF），并确保每一项安全仪表功能应满足的安全完整性等级要求，针对现有安全仪表系统的配置，定量计算其要求时平均失效概率大小，验证现有的配置是否能够满足所需安全完整性等级的要求，并对未满足所需安全完整性等级要求的安全仪表功能提出相应的改进方案，确定合理的测试维护计划。安全仪表系统安全功能评估流程如图 16-12 所示。

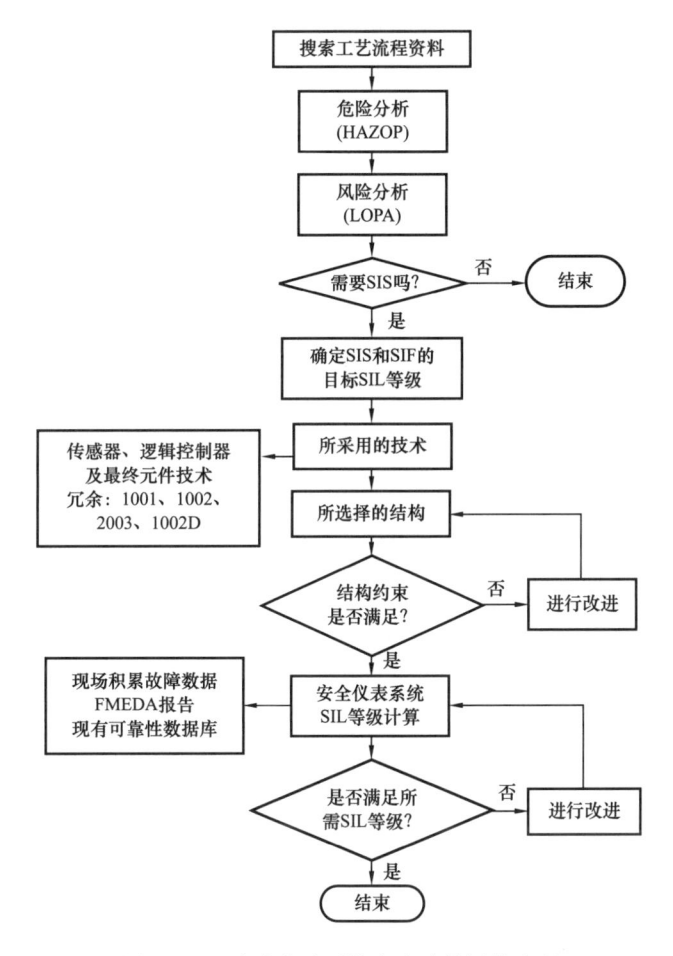

图 16-12 安全仪表系统安全功能评价流程

第五节 储气库完整性评价技术

地下储气库是天然气输配系统不可或缺的组成部分，储气库的储气量大、安全系数高、调峰应急能力强，可以有效缓解天然气生产、消费环节的季节不均衡性，同时在很大程度上弥补了天然气管网系统应急能力差的缺陷。随着天然气需求量的不断增长，地下储气库的需求也不断增长。

储气库完整性是指储气库井的功能始终处于安全可靠的服役状态,主要包括以下内涵:储气库井在物理上和功能上是完整的;储气库井处于受控状态;储气库运营商已经并仍将不断采取行动防止事故的发生。储气库完整性与储气库的设计、施工、运行、维护、检修和管理的各个过程密切相关。[7]

储气库地面设施完整性管理体系如图 16-13 所示。

储气库井完整性管理首先要依据储气库的运行特点,建立相应的完整性管理文件,以储气库井的风险识别,完整性监测、检测与评估为重点,风险识别包括采气树、井的风险识别,井筒监测包括温度、压力、流量监测,检测内容主要覆盖采气树和井口装置、套管/油管以及固井质量等,如图 16-14 所示。

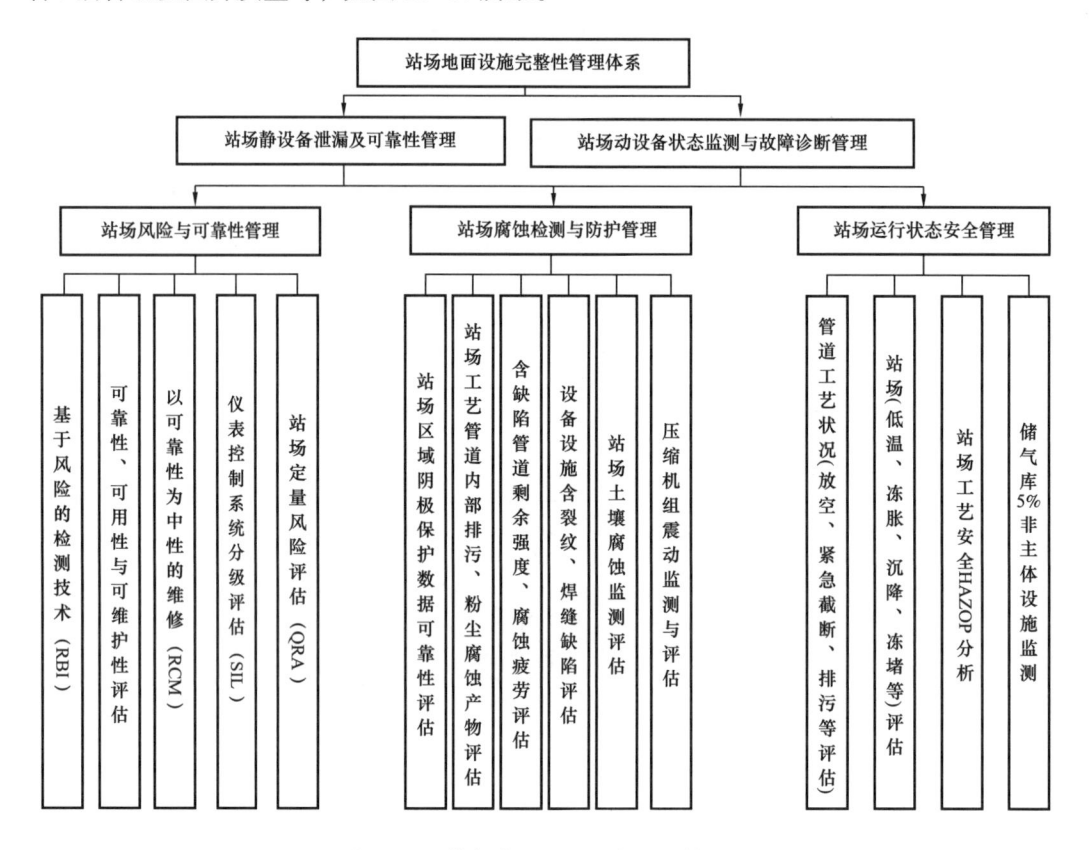

图 16-13 储气库地面设施完整性管理系统

一、储气库井风险识别

有效识别和评估储气库井口采气树和井筒的风险危害因素,包括注采井、老井、封堵井和观察井,分析失效可能性及其后果,进而有针对性地采取积极、有效的措施进行防范,可以有效保障储气库的运行安全和操作者的人身安全。

采气树:主要危害部件为平板阀、注脂口和法兰,其中,平板阀在注采气生产过程中,往往出现阀门内部易损件损坏、内外漏、冻堵等危害。

储气库井下设备:生产管柱由油管、油管短节、接头、伸缩接头、循环滑套、封隔器、筛管、毛细管传压筒、井下安全阀组成,套管系统由表层套管、技术套管和生产套管组成，此外还包括套管头和油管头等。

井下设备设施风险包括：腐蚀风险、泄漏风险、断脱风险、不正常开关风险、密封不严风险、堵塞风险、变形风险等。

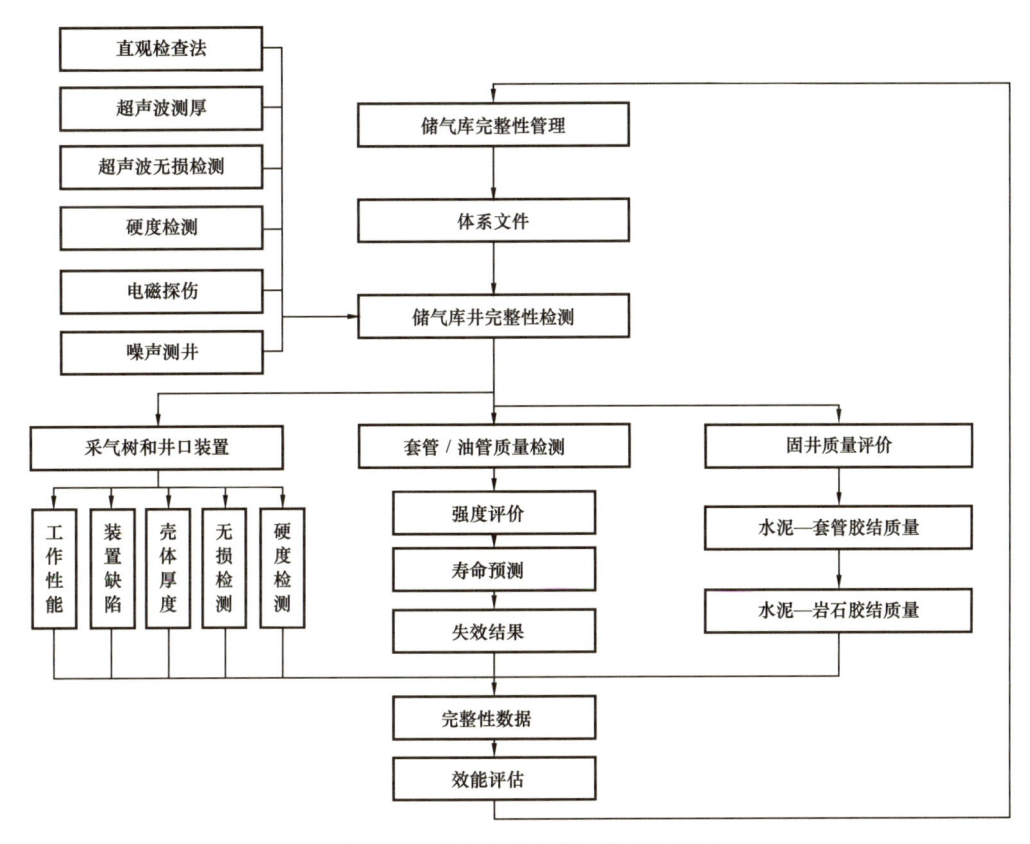

图 16-14 储气库井完整性管理流程图

二、储气库井完整性检测技术

储气库井是地下储气库的关键设备，是天然气注入、采出的必经通道，受生产条件与介质的影响，是储气库运行过程中最易受损的部件。储气库井根据用途的不同分为：

（1）生产井，包括注气井、采气井；

（2）特殊用途井，包括观察井、测压井、检查井、地球物理井及其他。完整性检测应涵盖上述所有类型的井，如图 16-15 所示。

采气树和井口装置的完整性检测包括以下内容：工作性能检查、装置缺陷检测、壳体厚度测量、无损检测、硬度检测、压力表准确度检验等。

套管柱技术状态检测通过油管（在天然气介质中）的地球物理测井方法进行。当发现套管柱缺陷、井壁不

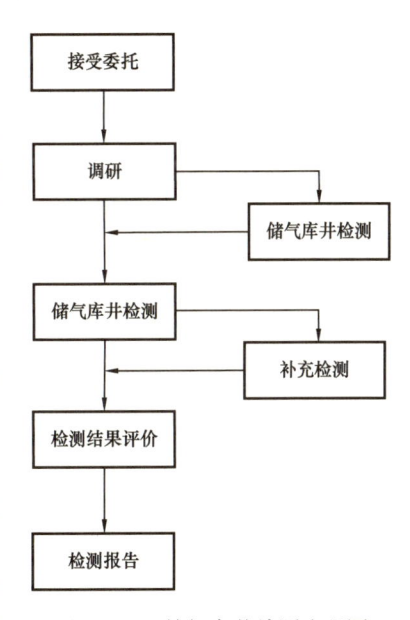

图 16-15 储气库井检测流程图

密封、地球物理测井资料解释结果不统一等现象，或进行大修时，在压井条件下（提升油管柱）进行更全面的地球物理综合研究。在进行套管、油管检测之前应确定井身结构和状况，包括表层套管、技术套管、生产套管、油管直径及下放深度，当前井底和射孔段的深度，以及关井时的油压、套压。

固井质量评价技术主要包括声波幅测井、声波变密度测井、扇区水泥胶结测井、伽马—伽马水泥密度测井以及固井质量综合评价检测（MAK-9&SGDT-100）等，其评价结果可以从不同侧面反映固井质量的好坏。根据水泥胶结程度，按照 SY/T 6592—2016《固井质量评价方法》的规定，可将固井质量分为良好、中等（或合格）和差（不合格）3 个等级。

对储气库井进行检测至少需要完成以上规定的检测内容，必要时，可以根据每口储气库井的运行状况增加检测内容。检测完成后，汇总整理检测结果，包括采气树和井口装置缺陷检测结果、壳体厚度检测结果、无损检测结果、金属硬度检测结果，以及套管、油管质量检测结果和固井质量评价结果。

参 考 文 献

[1] 赵新伟, 李鹤林, 罗金恒, 等. 油气管道完整性管理技术及其进展 [J]. 中国安全科学学报, 2006, 16（1）: 129-135.
[2] 董绍华. 管道完整性技术与管理 [M]. 北京: 中国石化出版社, 2007.
[3] ASME B31.8S—2010　Managing System Integrity of Gas Pipelines [S].
[4] SY/T 6621—2016　输气管道系统完整性管理规范 [S].
[5] Q/SY 1180—2009　管道完整性管理规范 [S].
[6] GB 50251—2015　输气管道工程设计规范 [S].
[7] 魏东吼, 董绍华, 梁伟. 地下储气库完整性管理体系及相关技术应用研究 [J]. 油气储运, 2015, 34（2）: 115-121.

第十七章　天然气管道维抢修技术与装备

随着石油天然气需求量的增加以及管道在设计施工技术水平上的提升，管道不断朝着高压力、大规模、大管径、高钢级方向发展。为确保大管径高钢级管道在役运行的安全性，避免因运行年限的增长，因管线／设备老化等原因发生突发事故，造成险情，需持续开拓创新、开展管道维抢修技术的研究，针对西气东输二线、陕京三线等高压、大管径、高钢级油气管道，开发出适用的成套开孔封堵作业装备及抢险技术和装备，为大管径管道的安全运营保驾护航。同时在装备和技术受限的情况下，针对海洋大口径长输管道进行维抢修技术及装备的研究创新，打破国外技术垄断，有效避免海洋环境污染及对下游终端用户的正常生产和生活造成的不利影响。

第一节　大管径高钢级管道在役维修技术与装备

大管径高钢级天然气管道在役维修技术是指天然气管道在不停止运行的情况下进行维修改造的技术。天然气管道在役维修技术包括在役焊接、开孔和封堵等。天然气管道在役维修装备包括：开孔机、封堵器、封堵头、夹板阀等。

一、大管径高钢级天然气管道在役焊接技术

在役焊接通常是指对输送原油、成品油或天然气等介质的管道在服役情况下进行的焊接操作。通常，在役焊接主要有两方面问题，一是要避免焊接电弧灼伤管壁造成破裂，即烧穿现象；二是避免产生氢致裂纹。因为管道内存在易燃易爆介质，在一定压力、一定流速情况下焊接，如果焊接工艺参数不当或者操作不规范，可能会直接引起管道烧穿，介质泄露，导致火灾或爆炸，造成人员伤亡和设备损失；同时，在管道内存在流动介质情况下焊接时，由于从管壁带走大量的热量，加剧焊缝的冷却速度，容易引起裂纹、未熔合等缺陷，给管道以后运行留下隐患。因此，在役管道的焊接，既要保证焊缝的安全性，又要在役管道具有可靠的适用性。这就要求在焊接施工中必须合理调整焊接参数，在保证不烧穿管道的情况下尽可能选择大的焊接参数以避免产生氢致裂纹。

同样，对于大口径高钢级天然气管道进行在役焊接时，也可能会面临以上两个问题。API 1104 附录 B 中指出，当在壁厚不小于 6.4mm 的运行管道上实施焊接时，只要采用低氢焊条（如 EXX18 型）焊接和进行正常的焊接操作，一般不会出现发生烧穿。由于大口径高钢级天然气管道的壁厚通常超过 6.4mm，因而，对其实施在役焊接时主要考虑的问题就是避免氢致裂纹的出现。

大口径高钢级天然气管道的特点是：管径大（如 1016～1422.4mm）、管道钢材等级高（X70、X80，甚至更高的 X90、X100），管内天然气运行压力大，进而对其进行在役维修焊接时要求焊接的管件材料等级、承压能力更高，管件厚度更大，对焊缝金属强度和韧性要求也更高。同时，管件厚度的增加不仅使得焊接应力变大，也加大了现场的焊接工作

量，增加现场维修时间。以上分析可见，对大口径高钢级天然气管道进行在役焊接时，出现氢致裂纹的可能性更大。

为了避免在役焊接过程出现氢致裂纹，焊接材料可选用低氢甚至超低氢焊条，减少焊缝中氢的摄入。整个焊接过程重视焊接材料的保温和储存，避免在潮湿环境中长时间暴露。焊接过程，按照焊接工艺规程的要求对焊缝位置进行预热和焊后保温，对于天然气管道预热难的问题，常推荐中频感应加热和氧丙烷火焰加热相结合的方法。大口径高钢级天然气管道进行在役焊接时，为了减缓焊缝冷却速度和降低焊缝硬度，采用回火焊道顺序，必要时采用分区分段焊接，并在焊接过程增加退火焊道。焊后需要对焊缝进行保温，通常用覆盖阻燃毯对焊缝区域保温，加速氢的扩散。在役焊接过程更加重视焊缝的质量检测，一般采用分层多次检测，根焊热焊、填充焊接50%和焊接完成后分别进行无损检测，对于焊后延迟检测时间会适当延长，可在焊接完成48h再次无损检测。为降低维修管件的焊接应力，焊接前可采用专门的卡具对维修管件（如套袖、开孔三通等）进行组对安装，如常用的U型卡具。

尽管在实际工程中，以上措施有效降低了大口径高钢级天然气管道在役焊接过程中氢致裂纹的产生，但是手工电弧焊的焊接工艺始终制约现场的维修效率。

二、大管径高钢级天然气管道在役开孔技术及装备

大管径高钢级天然气管道在役开孔技术是指通过焊接开孔三通或四通，安装阀门和开孔机，不停输带压开孔后拆除开孔机，然后安装支线或封堵器进行封堵等。该在役开孔技术主要用于加设分输支线，可以在开孔后安装挡条笼子，满足开孔后通球扫线的要求，对缩短施工作业时间、节支降耗具有重要意义。大管径高钢级天然气管道在役开孔所需的设备是大管径高压开孔机。

随着西气东输二线和陕京三线的建成投产，天然气管道的设计压力提高到12MPa。2012年以前，我国大管径高压力管道开孔设备的自主研发属于空白，应用的开孔设备仍需从国外引进，并且世界只有6台，国外公司对开孔设备技术封锁。开发拥有自主知识产权的大管径油气管道高压开孔设备，打破国外公司的技术垄断，并提高我国油气管道的维抢修能力，有着重大意义。

针对西气东输二线所用X80管线钢管、ϕ1219mm管径、输送压力12MPa的技术指标，开展管道维抢修技术研究，开发出适用于ϕ1219mm管径管道开孔封堵作业的成套设备，最终满足ϕ1219mm钢质管道维抢修作业的需要，为西气东输二线安全运营保驾护航。该项目的成功完成，使管道开孔设备的适用压力级别将由10MPa提高到12MPa，开孔管道直径由ϕ711mm提高到ϕ1219mm，封堵器的封堵作业能力由原来最大6.4MPa、ϕ711mm管径，提高到10MPa、ϕ1219mm，填补国内行业领域的技术空白，处于国际领先水平。

1. MERCO-1219型开孔机的研制

MERCO-1219型开孔机对比国内外开孔机有以下特点：（1）最大开孔管径确定在1524mm，达到了目前现有最先进设备的水平，同时充分满足了国内外干线高压油气管线的维抢修施工需要；可以与已有设备实现液压源设备通用，其他零部件兼容，从而大大降低使用和维护费用；（2）通过研发设计高效的压力平衡系统，可以使得设备的耐压能力提高到12MPa，结构布局得到大大优化；（3）采用先进的液控变速方案，大大减小设备体

积和重量，相比于机械式变速装置，结构更加紧凑，比同类采用机械变速的设备相比可减小总重约800kg；同时，优化设计的液控变速装置控制简单可靠，响应迅速精确，实现了全无级变速；（4）采用高性能低转速大扭矩液压电动机作为主动力装置，主电动机与进给电动机可同轴布置，扭矩可直接通过电动机内部的内花键传递到从动装置，而无须另外的机械传动装置，传动效率高，载荷分布均匀，不会产生附加径向载荷。两台电动机与主机同轴布置，结构布置紧凑。同类型大口径高压开孔机技术数据对比见表17-1。

表17-1 同类大口径高压开孔机技术数据对比表

开孔机型号	T.D.W-936型开孔机	T.D.W-2400型开孔机	FOMANETE-IP1524型开孔机	MERCO-1219型开孔机
开孔直径范围，mm	33.9~914	762~1524	762~1524	762~1524
最大工作压力，MPa	15	8.2	10.2	12
工作温度范围，℃	18~82	-46~93	-29~93	-29~93
主轴最大行程，mm	2743	3303	4572	3556
主轴轴径，mm	101.6	165.1	165.1	165.1
主轴转速，r/min	0~28	0~18	0~20	0~20
传动与进给方式	齿轮锥条传动，进给1挡变速，手动快速进给	液压传动，流量控制液压无级变速，电子自动控制	周转齿轮箱传助，进给4档变速，带自动和手动快速进给	液压传动，流量控制液压无级变速，手动液压/电子自动控制
自动进给速度，mm/r	机械调速：0.102	无级调速：0~3.2	机械4挡调速：0.076/0.127/0.203/0.292	无级调速：0~0.3
快速进给速度，mm/min	25（手动进给）	0~152	0~330	0~300
压力平衡系统	有	无	无	有
液压锁销系统	无	有	有	有

MERCO-1219维抢修开孔与封堵装备的成功研制将管道开孔设备的作业能力将由10MPa提高到12MPa的压力等级，开孔管道直径由ϕ711mm提高到ϕ1524mm、切削能力由X65的管道材质提高到X80，在高压大管径油气管道维抢修装备设计制造技术方面取得了突破性进展，实现了大型管道维抢修装备国产化，提升了高压大管径油气管道应急抢险保障能力。填补了国内空白，达到国际领先水平。该成果将在西二线管道封堵改造工程中得到推广应用，为国家能源动脉的安全运营保驾护航。MERCO-1219型开孔机获得的专利见表17-2。

表 17-2 MERCO-1219 型开孔机取得的专利

名称	知识产权类别	国（区）别	编号
大管径—高压（12MPa）—高钢级管道开孔机	发明专利	中国	20121026399.9
一种卡紧装置	实用新型专利	中国	201220108140.7
开孔机压力平衡装置	实用新型专利	中国	201320003395.1

2. MERCO-1219 型开孔机应用

MRECO-1219 型开孔机于 2014 年 7 月 19 日应用于西气东输二线 16# 阀室不停输换阀开孔封堵换阀工程中，共完成 2 处 ϕ1016mm 带压开孔，开孔压力 7MPa，管道材质 X70。该工程为国内首次高压、大管径标准不停输封堵工程，2014 年管道局重点工程。该开孔机的成功应用标志着我局维抢修技术水平再上新台阶。

2015 年 3 月，MRECO-1219 型开孔机先后成功应用于涪陵—王场输气管道工程与川气东送管道带压开孔连头工程（图 17-1）和川气东送与西气东输二线管道互联不停输开孔连头工程（图 17-2）。

图 17-1 2014 年 7 月西气东输二线 16# 阀室不停输换阀开孔封堵换阀工程

3. 应用前景

所研制的开孔机设备具有高效的压力平衡系统，正常工作压力达到 12MPa，将处于国际领先水平，填补技术空白；开孔管径覆盖 762~1524mm 范围，满足国内外干线高压油气管线的维抢修施工需要，同时设备价格相对进口产品更加低廉，使用和维护成本更低；实现在大管径高压管线开孔机研制领域的自主研发能力，拥有自主知识产权，同类设备的采购和生产将从此不再依赖进口；进一步树立和巩固中国石油管道局维抢修分公司在全国乃至全球的技术领先地位，为公司进一步拓展市场、取得更大经营效益提供必要技术保障；积累大管径高压开孔机研制的经验和数据，培养和锻炼研发队伍，提高工程设计及研制能力，为进一步开展开孔设备系列化奠定了良好基础。

MERCO-1219型开孔机将成为国内目前唯一的具备ϕ1219mm管道维抢修能力的设备，该研究成果将在西二线管道封堵改造工程中得到推广应用，为国家能源动脉的安全运营保驾护航。

三、大管径高钢级天然气管道在役封堵技术

管线封堵按封堵形式可以分为悬挂式封堵、筒式封堵和折叠式封堵等。

悬挂式封堵适用于各种介质、各种压力管道的停输或不停输封堵作业（最常用的封堵形式）。

筒式封堵适用于中、低压天然气输送管道的封堵作业，具有较好的效果，由

图17-2 2015年3月川气东送工程开孔现场

于开孔直径大于管内径，作业成本相对较高，且只适用于ϕ508mm以下管径的管道施工。

折叠式封堵：适用于超大管径、低压力的管道封堵，开孔直径一般仅为管径的2/3。

管线封堵按封堵工艺可以分为停输和不停输封堵。不停输封堵又可以分为标准不停输封堵和四点不停输封堵。

管线封堵按封堵方向可以分为垂直封堵、水平封堵和倾斜封堵。

不停输开孔封堵技术是指不降低管线压力，不停止正常输送介质，不影响管线正常运行的条件下对目标管道进行开孔封堵的技术，包括标准不停输封堵技术和长距离双侧双封技术。而针对更换管段较长，安装临时管线不经济或者不能停输的情况下，将需更换管段分为上游和下游段，先进行下游管段连头点的开孔、封堵、旁通管安装以及新老管线连头，再进行上游管段连头点的施工，最后上、下游连头点同时进行封堵拆除、旁路管和新管的运行置换等工作，实现管段上下游双侧双封工艺。

不停输封堵施工步骤：在管线上焊接封堵三通、旁通三通、下囊三通（或短节）和50.8mm平衡短节，安装夹板阀和开孔机，对管线开孔，安装旁通线，导通旁通线，进行管线封堵，排空介质，断管，然后管线改造或更换阀门等作业。

第二节 大管径高钢级管道抢险技术及装备

石油天然气管线随着运行年限的增长，因管线/设备老化、机械碰撞、自然灾害等原因，很容易发生管壁减薄、管线穿孔泄漏等突发事故，造成险情。针对突发事故如若抢险

措施不得当，容易引发二次事故，造成更严重后果。油气管线运行管理必须重视突发事故的抢险维修技术，特别是带气带压的抢险维修技术，以保证油气管线的安全稳定运行。以下结合抢险经验，介绍几种较实用的应对油气管道突发事故的抢险维修技术方法。

一、打磨修复

打磨修复是一种使用手工或机械方式，去除管道缺陷中包含的应力集中点、裂纹、变质的金属本体等，并与周边完好的表面形成过渡面的维修方法。

通常，打磨是一种普遍认可的管道永久性维修方法。打磨适用于外部机械损伤的管道，包括管壁的褶皱、凿痕、刮伤、挤出金属以及除腐蚀以外引起的金属损失。对于管道内部缺陷和制管缺陷，不应使用打磨方法进行修复。

二、补焊修复

补焊修复（以下简称"补焊"）是一种通过焊接金属熔敷、堆集来恢复管道本体强度的方法。

补焊可用于修复在役管道腐蚀造成的金属损失，包括单点缺陷和深度较小的体积型缺陷，且管道最小剩余壁厚不小于 3.2mm。当这些缺陷出现在下列管道上时，不能采用补焊进行修复：

（1）输送酸性流体的管道；
（2）凹坑、凿槽、环焊缝上缺陷的修复；
（3）管道内部缺陷（腐蚀、划痕和皱褶等）的修复。

补焊主要优点是操作简单、相对快速和费用较低；不会产生腐蚀问题，也不需要除焊接材料以外的其他材料。在某些特殊位置当安装全包式套袖和复合强化材料太困难或不现实时，补焊可以作为一种替代的维修方法。缺点是在服役管道上焊接时，焊穿的危险性大，有产生氢脆和冷裂的危险性。

1. 焊前准备

焊接前，有必要清除损坏区域内的腐蚀产物。如果需要，还应进行必要的打磨，直到外表面满足焊接要求。焊接部位不应存在氧化物、锈皮、涂层、水分和其他污染物。测量补焊位置的管道壁厚，确保管壁厚符合管道安全运行的要求，而且管道剩余壁厚应不小于 3.2 mm。检查管道剩余壁厚时，应采用合适的超声波检验设备和方法。

补焊修复的工艺和焊工应符合 API 1104《管道和相关设施的焊接》附录 B "在役管道焊接"规定的资格要求。API 1104 附录 B 为原油、石油制品或燃料气管道（管内物质可能受压和/或流动）的焊接推荐了一种工艺。符合 API 1104 附录 B 有关支管或套袖焊缝规定的焊接工艺适用于补焊修复，只要该工艺适合其实施焊接的剩余壁厚。在补焊前，应进行焊接工艺评定试验。

2. 补焊作业程序

（1）在沿需修复缺陷的外沿焊接 1 圈，确定焊缝的边界。初始边界焊缝规定了后续焊接不允许超过的周界。

（2）在圈内以直焊道熔敷第 1 层，使用焊接工艺规程规定的较小的热输入以防止熔穿。

（3）第 1 层焊接完成后，在初始边界焊道上进行打磨，使焊角距边界焊道焊趾距离

1~2mm（图17-3）。

（4）在进行第2层熔敷填充焊接前，先进行第2层边界焊缝的焊接。第2层及以后熔敷时可以使用较大的热输入，确保回火效果。

（5）持续堆焊到预定的维修厚度。

（6）打磨补焊区域最外沿焊道与管道本体保持平滑过渡，打磨深度不允许低于母材。

（7）补焊后应按照相关标准规范的要求对焊缝进行磁粉检测或超声波检测，表面应无裂纹、气孔、夹渣等焊接缺陷。

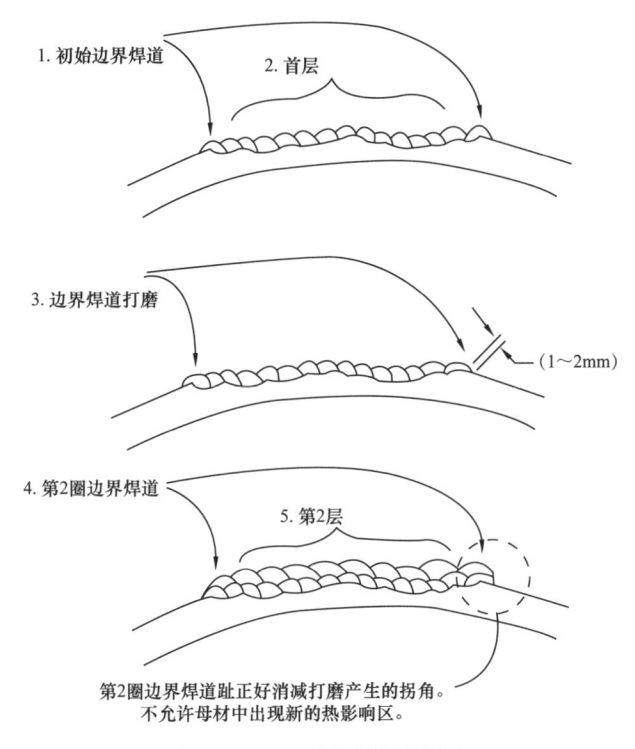

图 17-3　典型补焊顺序图示

3. 内部管壁腐蚀的外部维修

补焊用于修复管壁内部腐蚀时，补焊最大外圈应至少为超出内腐蚀边界1倍管道壁厚的位置。补焊时，首先焊接内腐蚀区域最大外圈的边界焊缝，然后对边界内进行连续平行的填充焊道焊接。紧接着是第2外圈焊道和第2层填充。如果此种方法没有使所有位置的壁厚恢复到公称壁厚值，则须在小于公称壁厚的区域超出1倍管道公称壁厚的位置采取同上的补焊工艺，直到所有区域的厚度均达到1倍公称壁厚及以上（图17-4）。

4. 其他

有下列情形之一的不应采用本方法：

（1）进行补焊的管道剩余壁厚小于3.2mm；

（2）金属损失区域轴向或环向长度超过外径的一半以上的；

（3）管道运行压力不小于40%额定最小屈服强度（SMYS）的输气管线；

（4）对于脆性断裂敏感的管线。

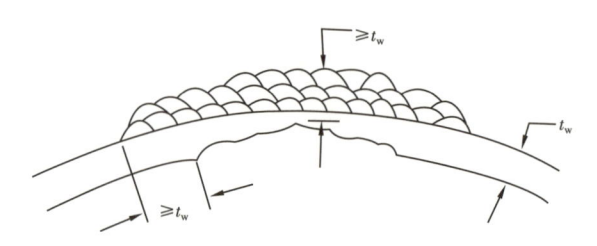

图 17-4　内部管壁腐蚀的外部维修的补焊顺序图示

三、补丁修复

补丁修复是一种通过角接焊缝在母材待修复区域覆盖一块补板的修复方法，补板包括：普通弧形补板、带引流的补板式抢修卡具、封头式抢修卡具、顶针式抢修卡具等。补丁修复主要适用于表面金属损失及至局部发生小泄漏缺陷的维修，焊缝缺陷不应采用补丁修复。

1. 普通弧形补板

普通弧形补板主要用于管道表面金属损失的修补修复，其应满足如下要求：

（1）弧板尺寸应覆盖金属损失区域外 50mm，弧板的内弧长度与轴线长度不应超过管道外径的一半；

（2）弧板的设计强度应不小于待修复管道的强度；

（3）弧板宜采用与母材相类似的材质，厚度可按式（17-1）计算：

$$\delta = \frac{p_o D_o}{2[\sigma]\phi + p_c} \quad （17-1）$$

式中　δ——弧板的厚度，mm；
　　　p_c——计算压力，MPa；
　　　D_o——弧板外直径，mm；
　　　$[\sigma]$——设计温度下护板材料的许用应力，MPa；
　　　ϕ——焊接接头系数，MPa。

（4）弧板形状应采用圆形或椭圆形。

2. 带引流的补板式抢修卡具

补板式抢修卡具相比普通弧形补板，主要是增加了引流功能，适用于腐蚀穿孔等管线泄漏的场合。

补板式抢修卡具由 50.8mm 的引流短节、抢修补板、密封压片、密封圈 4 部分组成（图 17-5）。

图 17-5　补板式抢修卡具结构

（1）50.8mm 引流短节：用于将泄漏的介质引流至安全区域。
（2）抢修补板：根据管线型号，选择抢修补板大小，对其贴合管线，进行焊接。
（3）密封压片：位于抢修补板内侧，用于固定密封圈。
（4）密封圈：被金属密封压片卡在抢修补板内部，起到密封作用。

3. 封头式抢修卡具

封头式抢修卡具适用于打孔盗油（气）、过球指示器泄漏、50.8mm 阀门和仪表接头泄露失效情况下的在线处理，也可用于腐蚀或穿孔的场合。

封头式抢修卡具由空腔式接管封头、50.8mm 引流短节、抢修补板、密封压片、密封圈 5 部分组成（图 17-6）。

图 17-6　封头式抢修卡具结构

（1）空腔式接管封头：密封作用，尤其针对特殊部位的泄漏，如对凸起的阀门部位进行堵漏作业。
（2）50.8mm 平衡短节：用于将泄漏的介质引流至安全区域。
（3）抢修补板：根据管线型号，选择抢修补板大小，对其贴合管线，进行焊接。
（4）密封压片：位于抢修补板内侧，用于固定密封圈。
（5）密封圈：被金属密封压片卡在抢修补板内部，起到密封作用。

4. 顶针式抢修卡具

顶针式抢修卡具是用于钢制油气管线发生腐蚀、机械损伤致使管线出现穿孔且穿孔直径不大于 $\phi 20mm$ 的情况。

顶针式抢修卡具由内丝杠、旋转手柄、外丝杠、承载体、盖帽、圆锥顶针、锁紧链条 7 部分组成（图 17-7）。

5. 补丁焊接

补丁修复焊接作业应满足如下要求：

（1）补板焊接前，应使用超声波检测仪检测将进行角焊接处的管体，确保该处管体不存在夹层等缺陷；
（2）组对过程中应使用链卡等机具，补丁板与管壁应贴合紧密，组对间隙应不大于 5mm；
（3）角焊缝位置贴合间隙大于 1.5mm 的，角焊缝尺寸应在设计尺寸的基础上增加 1 个实际间隙量；

图 17-7　顶针式抢修卡具结构

（4）焊接区域应将油污、锈蚀、涂层等杂物清理干净；

（5）焊接区域不应与原有管道焊道交叉；

（6）应依据经焊接工艺评定试验合格的焊接工艺进行补丁焊接；

（7）补丁焊接过程中应尽量减小应力集中；

（8）焊接完成后，应使用磁粉检测或渗透检测方法对角焊缝进行检测，表面应无裂纹、气孔、夹渣等焊接缺陷。

6.现场应用

现场应用如图17-8～图17-12所示

图17-8　安装带引流的补板式抢修卡具

图17-9　补丁焊接完成

图17-10　应用封头式抢修卡具对打孔盗气进行抢修

图 17-11　封头式抢修卡具的焊后保温处理 　　　　图 17-12　补板式抢修卡具和顶针式抢修卡具的焊接

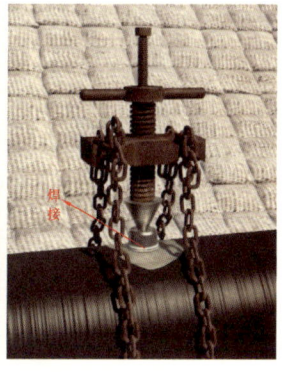

四、全包式抢修

全包式抢修分焊接和非焊接两大类，全包式焊接抢修一般采用对开的钢质套袖来实施，根据套袖在管道修复中的焊接情况不同，可分为 A 型加强型套袖和 B 型承压型套袖，全包式非焊接一般会采用柔性卡具或是纤维复合材料修复补强技术进行修复。

1. A 型套袖

A 型套袖是一种只需要安装在管道上但无需与修复的输送管道进行焊接的一类全包围套袖。这种套袖对修复管道的缺陷区域提供补强功能。由于 A 型套袖不能承受压力，只能用于非泄漏缺陷的修复。（图 17-13、图 17-14）

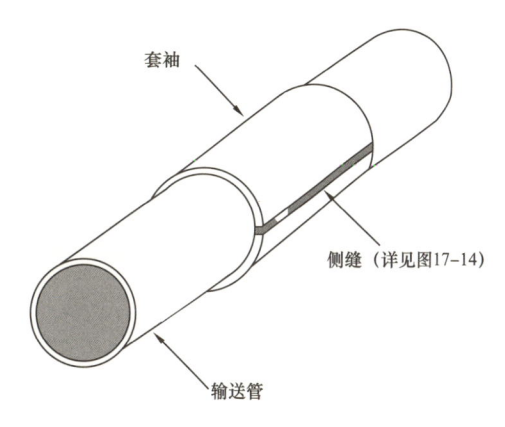

图 17-13　A 型套袖图示

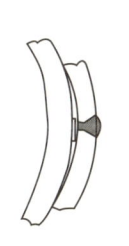

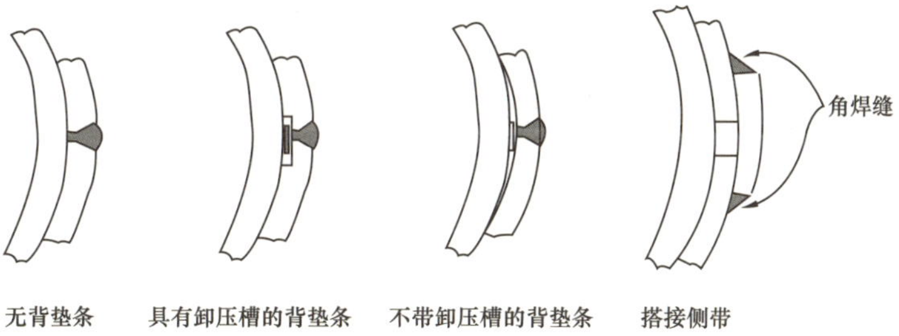

图 17-14　A 型套袖焊缝详图
前 3 种为可选用的单边 V 型对接焊缝

A 型套袖的主要优点是用于相对短的缺陷修复，安装简单，不需进行严格的无损检测；其主要缺点是不能用于修复环向缺陷和泄漏，并且由于套袖与管体间形成的环形区域难于进行阴极保护，可能产生潜在的腐蚀问题。

2. B 型套袖

B 型套袖（图 17-15）的典型结构一般由一段圆管的 2 个半圆部分构成，或以 A 型套袖相同的方式加工和定位的两块弧度合适的弧形板组成。B 型套袖与 A 型套袖明显的区别是，它不仅需要进行上下半瓦的焊接，它的 2 个端部均以角焊的方式和输送管道连接。B 型套袖可能需要承压和/或承载横向载荷给管道施加的较大轴向应力，套袖在加工时要求比较高，来保证其完整性。

套袖的纵向对接焊缝（简称"侧缝"）焊接时应全部焊透，侧缝位置内侧应预加垫板，防止焊到管壁上，B 型套袖施工如图 17-16 所示。

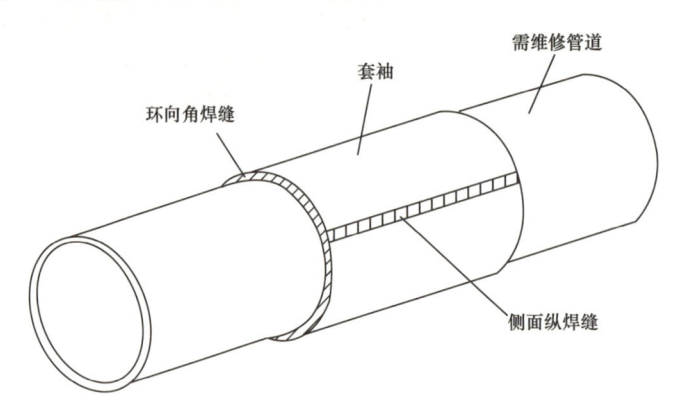

图 17-15　B 型套袖图示

图 17-16　B 型套袖焊接施工

3. 非焊接柔性卡具

柔性卡具技术是当运行中装置的设备发生流体介质泄漏，在不影响生产正常运行的情况下，迅速消除泄漏的技术手段。技术实施涉及不同的工况条件和复杂的泄漏部位，需要针对具体情况，通过工程力学、材料科学、传递技术、流变学等多学科知识的综合运用，才可充分发挥技术效能。

（1）结构如图 17-17 所示。

（2）应急型安装过程（图 17-18）。

①将事先组装好的卡具预装在泄漏点的附近，拧上螺栓。

图 17-17　柔性卡具结构

图 17-18　安装过程

② 将卡具橡胶垫推至泄漏的中心点上。
③ 使用扭矩扳手紧螺栓至 40N·m。
（3）长期型安装过程。
① 应急型安装完成后，安装树脂成型模具（图 17-19）。

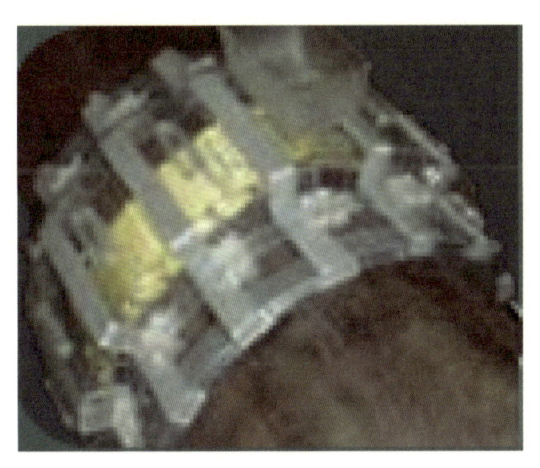

图 17-19　安装树脂成型模具

② 向模具中加入树脂（图 17-20）。
4. 非焊接纤维复合材料修复补强技术
纤维复合材料修复补强技术作为一种高效快捷的新型修复技术，已经在油气管道维护和大修中得到应用。其优点是免焊不动火，极大地降低了操作的风险性，并且在尚未有泄漏的补强中，可以带压修复，保障管道运行的不间断。目前国际国内市场上存在碳纤维复合材料和玻璃纤维复合材料2种纤维复合材料补强技术。碳纤维材料具有优异的拉伸强度和弹性模量，代表着纤维复合材料补强技术的发展趋势（图17-21）。

图17-20　向模具中加入树脂

1）优势

（1）免焊不动火；带压修复；施工工艺简单；适用温度范围广；施工方法灵活，可以环向、轴向或成一定倾角组合交错铺设。

（2）弹性模量（213GPa）与钢管接近（钢的弹性模量为207GPa），有利于补强层与钢管间的协同变形，以便应力达到均匀分布。

（3）整体补强层薄。

（4）在载荷作用下，碳纤维稳定性较好，在含水介质中，碳纤维复合材料性能稳定。

（5）除可使用于直管段补强，还可用于弯管、三通等不规则管道补强。

图17-21　碳纤维复合材料补强原理图

2）缺点

（1）对管道表面处理要求高；

（2）不适用于管道泄漏抢修；

（3）费用昂贵。

第三节　海底天然气管道维抢修技术及装备

随着国内大力发展海洋石油产业，海洋油气管道建设步伐加快，油气开采、管网建设技术逐步与国际水平靠近，而海洋管道的检测、维抢修等相关技术和设施则显得薄弱了许多。受传统运营管理理念影响，以及海底管道运行多年等历史原因（部分海底管道使用时间已超20年），我国海底管道的清管通球率、内检测率较低，清管通球比例约为50%，内检测比例仅有5%。清管检测率低、管理不够完善、第三方破坏等多方面因素，导致我国海底管道事故率相对较高。但由于缺乏相应的海底管道维抢修手段，往往不能及时处理各种事故。

一、海底管道维抢修主要技术

海底管道开孔封堵及维抢修领域是集多项关键技术于一身的复杂工程，海底管道维修方法因管道自身参数、损伤形式、所处环境条件不同，采取的方法和手段也不同。针对具体的海底管道损伤形式，可以采取抢修卡具堵漏、复合材料补强、管段更换（停产更换或不停产开孔封堵更换）3种主要手段。

根据不同作业水深，又可分为干式修复技术（水深小于10m）、潜水修复技术（水深小于120m）和水下机器人（ROV）修复技术（水深大于120m）。对于潜水作业，目前国际常规的方式有空气潜水、混合气体潜水和饱和潜水，一般潜水员常规下潜深度为120m。对于水深更深的饱和潜水（最深可达300余m），潜水员的作业时间和作业强度将大大降低，不适用于管道维抢修等复杂施工作业。所以国际上惯例在大于120m水深的管道维修作业一般采用ROV来完成。

1. 干式修复技术

干式修复技术利用干式舱或围堰形成干式环境，使用与陆地相同的设备与工艺，中国石油管道局在2011年华德石化海底管道封堵工程已有成功应用。

2. 潜水修复技术

潜水修复技术是指由潜水员操作具有水下作业性能的维抢修装备来完成水下管道修复的作业技术。因水下压力容器焊接技术国际上还处于研究阶段，所以目前水下抢修卡具、开孔三通等装备均采用液压机械安装，管段更换作业中新旧管道连接也同样采用机械连接。

潜水修复管道维抢修装备主要有：水下开孔封堵机械三通，水下开孔封堵设备、水下机械断管设备、水下抢修卡具，以及用于管段更换所使用的机械连接器等。水下作业时设备承受海水的自然压力，要求设备具备良好的严密性和海水承压及平衡能力，并且受水下作业的局限性，水下维抢修设备必须简化安装和控制方式以方便于潜水员水下操作。另外，水下装备还应具有耐海水侵蚀的专业防腐涂层。

3. ROV修复技术

ROV修复技术是指通过水面控制系统引导ROV来完成海底管道的水下修复作业的技术。ROV根据水面控制信号具有水下自行走能力，可以到达控制范围内的水下任何位置，以进行作业区域全范围的设备操作。

ROV修复技术所采用的维抢修装备与潜水修复装备一致，工作原理和主体架构也基本一致，此外增加了大量的液压控制系统，从而使设备的安装和操作控制更为简单，以适合于ROV操作。另外，ROV修复技术要求设备具有更好的密封和承压性能。

二、海底管道维抢修主要装备

1. 水下机器人（ROV）

ROV（Remotely Operated Vehicle）能在潜水员不能达到的深度和不安全的环境中作业，完成高强度、大负荷的工作。在海洋石油深水开发中，ROV正发挥着越来越重要的作用。

总体来说，ROV作业系统可分为水上控制平台、ROV和脐带缆三部分。水上控制平台的功能是监视和操作ROV，并向ROV提供所需的动力；ROV的功能则是执行水面的命令，产生需要的动作以完成给定的作业指令；脐带缆是水下通讯的桥梁，主要用来传递信息和输送动力，包括海底管道铺设ROV（图17-22）和海底电缆铺设ROV（图17-23）。

图17-22　海底管道铺设ROV

图17-23　海底电缆铺设ROV

2. 海底管道开挖装备

海底管道开挖采用专门的开挖设备，将管线暴露在海床上，管线底部形成悬空，保证作业空间（图17-24、图17-25）。

图17-24　海管开挖吹泥设备
（曾在华德石化海底管线封堵工程中使用）

图17-25　OCEANWORKS公司管沟开挖设备

3. 套管切割装备

海底管道套管切割可采用WACHS研发的轴向切割机，一次轴向切割长度可达3m（图17-26）。

4. 配重层、防腐层清理装备

海底管道混凝土配重层及防腐层清理可选用高压水射流设备（图17-27）和专门的防腐层清除设备（图17-28）。

图 17-26　轴向切割机

图 17-27　高压水射流设备

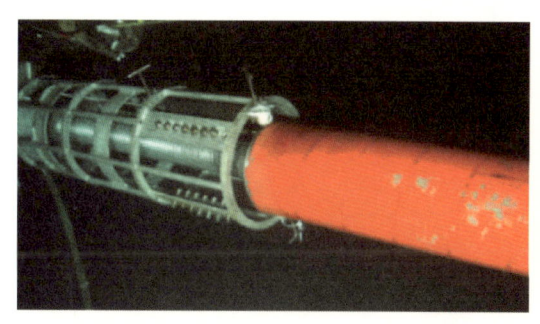

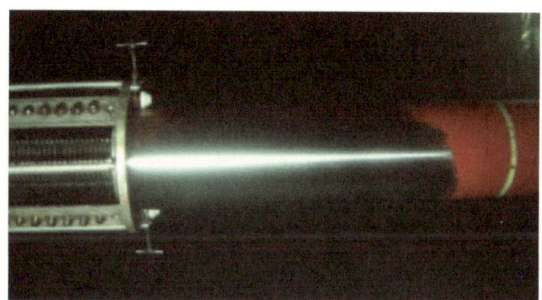

图 17-28　海管防腐层清除设备

5. 海底管道开孔封堵装备

不停输开孔封堵主要针对海底管道加装支线以及由于管道大面积腐蚀或管道损坏变形等需要更换管段的情况，采用这种方法的主要优点是油气田不需要停产即可实现管道的在线维修作业，并且施工作业方法成熟。

开孔设备选用带平衡装置的开孔机（图 17-29），平衡装置主要平衡齿轮箱内外的压力，润滑油采用无污染的植物油。常规开孔机经过设备外壳承压改造、内部油封结构改造、操作控制系统改造、喷涂耐腐蚀涂层等可实现海底管道水下开孔作业，开孔机安装如图 17-30 所示。

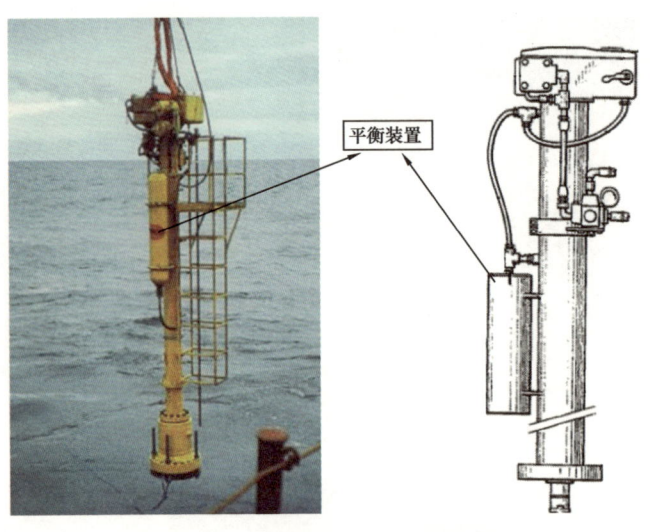

图 17-29　带平衡装置的水下开孔机

图 17-30　开孔机安装

封堵器可通过承压改造、喷涂耐腐蚀涂层等达到水下使用条件（图 17-31）。

图 17-31　潜水员操作开孔封堵设备

液压站通过电动机带动油泵产生液压驱动力，整套设备密封在箱体内并沉到海底使用，通过电缆为电动机供电，箱内注满液压油，并通过平衡装置平衡箱体内外的压力。

三通一般采用机械式三通（图 17-32），在水面上将开孔机、阀门及三通组装完毕后，整体入水完成三通与管道的组装固定。

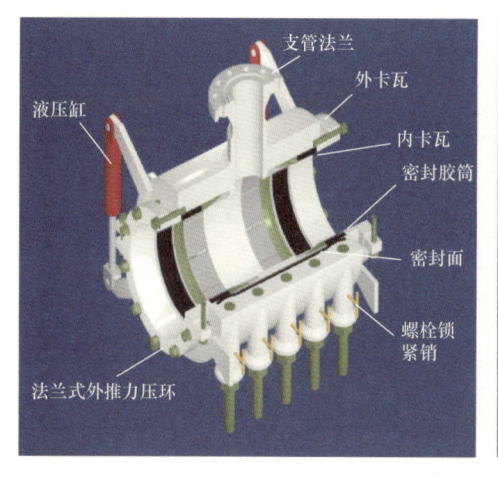

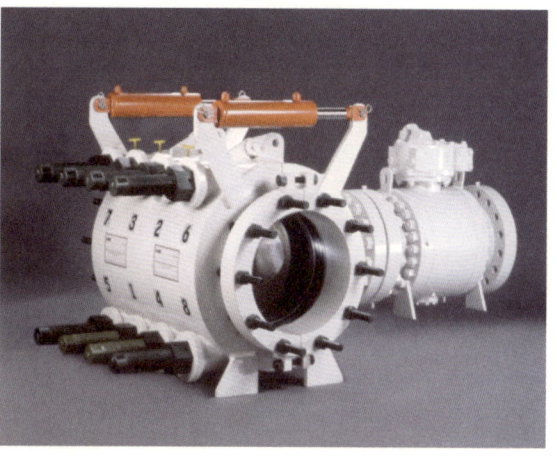

图 17-32 机械式三通

6. 海底管道断管装备

根据海底管道实际参数，可采用钻石线切割机、闸刀式管锯、分瓣式切割坡口机等多种方式。

钻石线切割机（图 17-33）可切割 101.6～2133.6mm 甚至更大的管道，目前 WACHS 公司 90% 以上的水下断管采用该型切割机。

闸刀式管锯用于管径范围 50.8～812.8mm 的海底管道切割，特点是自动夹持、自动进给，远程控制，可切割包括混凝土配重层及大多数合金材料，而且操作简单（图 17-34、图 17-35）。

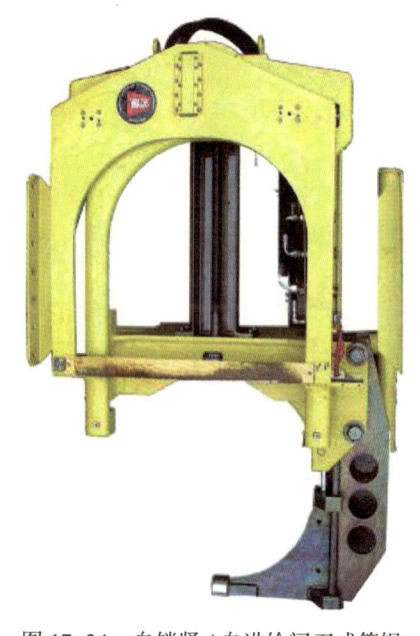

图 17-33　钻石线切割机　　　　图 17-34　自锁紧/自进给闸刀式管锯

深水组合切割系统由 ROV 安装及操作，最大作业水深达 3000m（图 17-36～图 17-38）。

- 541 -

图17-35 闸刀式管锯在海底进行管道切割

图17-36 ROV深水组合切割系统示意图

图17-37 深水组合切割系统实物

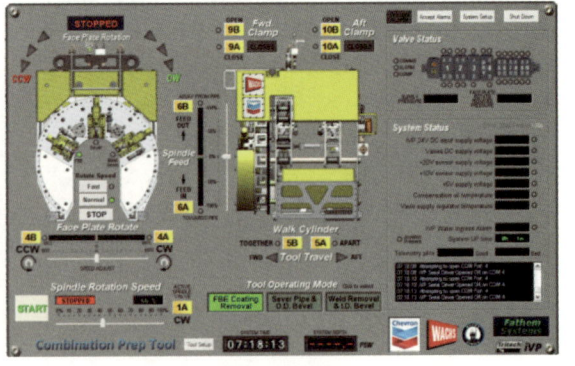

(a) 控制室　　(b) 控制面板

图17-38 深水切割系统水上控制室及控制面板

7. 海底管道换管装备

海底管道出现故障需要换管作业时，可应用海底管道换管装备能够相对快速地进行抢修。对于潜水操作，换管作业采用"机械连接器+球形法兰"作业方式；对于 ROV 操作，则需要采用深水管道修复系统来实现海底管道的更换安装作业。

（1）机械连接器+球形法兰（潜水员操作）。

机械连接器（图 17-39）可实现有缺陷或遭破坏管段的快速换管。它包括一系列管端固定和机械密封构件，适合于各类海区、水深的作业要求；不需要特种船舶和设备，维修便捷，并能提供足够的机械强度和可靠性。

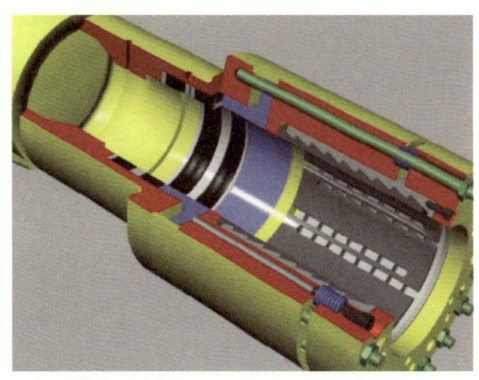

图 17-39　机械连接器

球形法兰（图 17-40）是海底管道破损后湿式维修的主要构件，内部采用金属与金属密封，法兰面可 360° 旋转，最大可实现 12.5° 偏差的管道连接，降低了管道在水下安装时对角度和方向以及对机械连接器端面与原管道轴线垂直度的要求（图 17-41）。

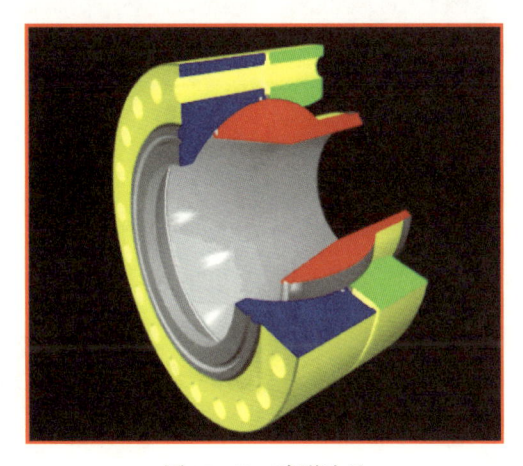

图 17-40　球形法兰

（2）深水管道修复系统（ROV 操作）（图 17-42）。

对于水深大于 120m 的海域作业，应利用深水管道修复系统来完成管道的换管施工。深水管道修复系统包括提升框架、对正框架、机械连接器等部分，完全由 ROV 完成操作。

8. 海底管道抢修卡具

卡具维修主要用于破损较小（如裂纹、腐蚀穿孔等）的管道，但要求管道变形应在卡具的精度允许范围之内。采用这种修复方法方便快捷，所用的船舶小、费用低。相对于陆上管道抢修卡具，增加了液压系统，减少了螺栓数量，能够在潜水员或 ROV 的引导下实现自动夹持和螺栓紧固（图 17-43）。

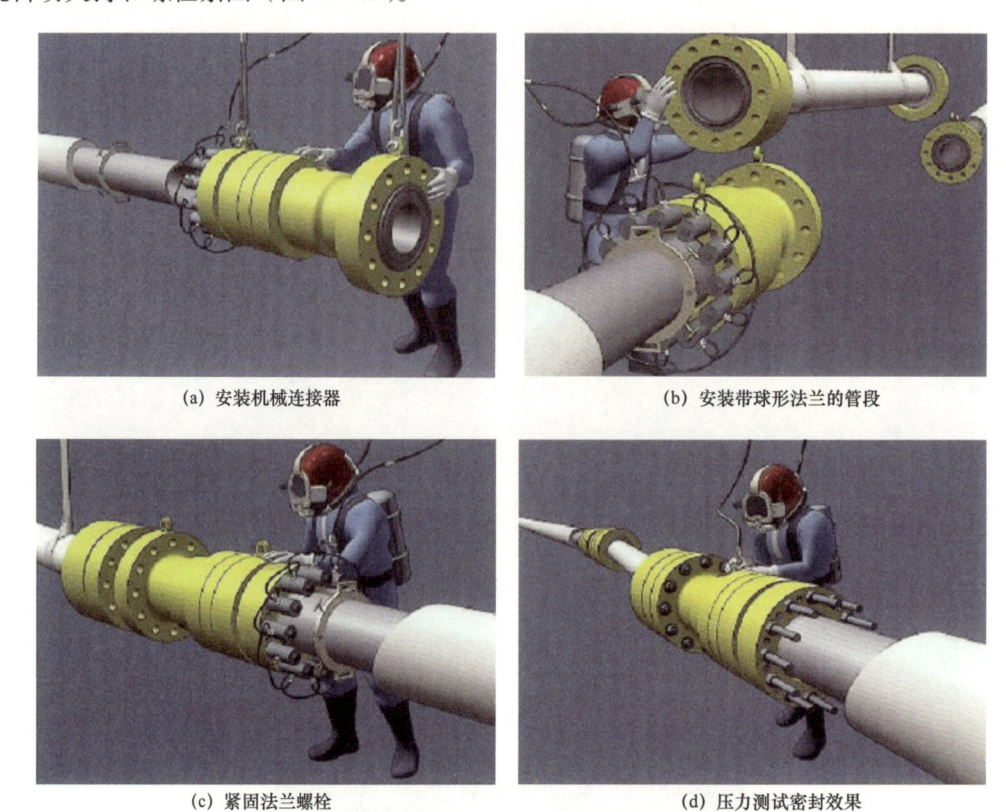

(a) 安装机械连接器

(b) 安装带球形法兰的管段

(c) 紧固法兰螺栓

(d) 压力测试密封效果

图 17-41 "机械连接器＋球形法兰"实现快速换管示意图

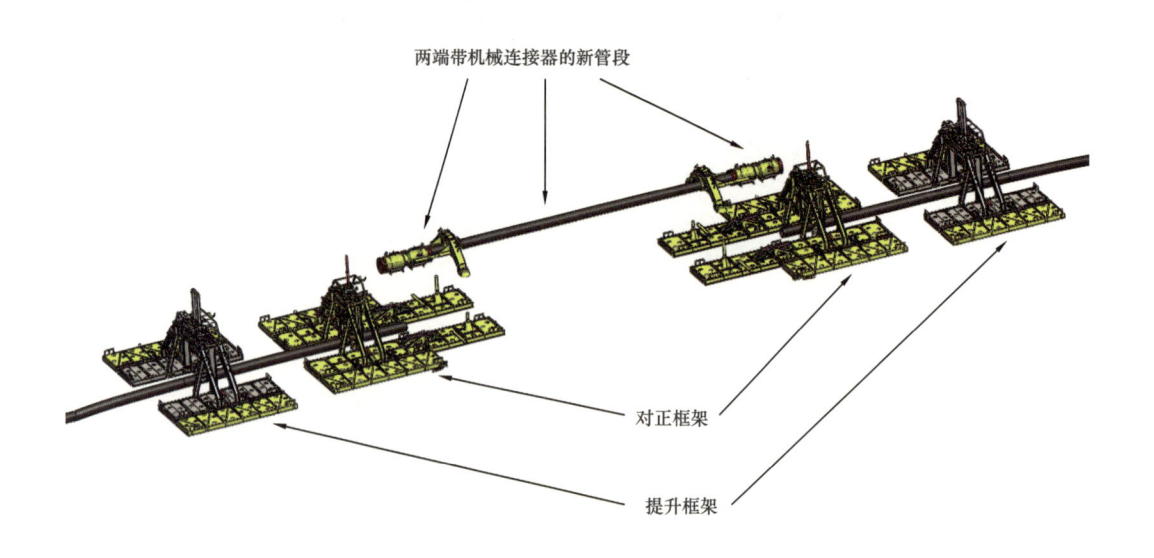

两端带机械连接器的新管段

对正框架

提升框架

图 17-42 深水管道修复系统

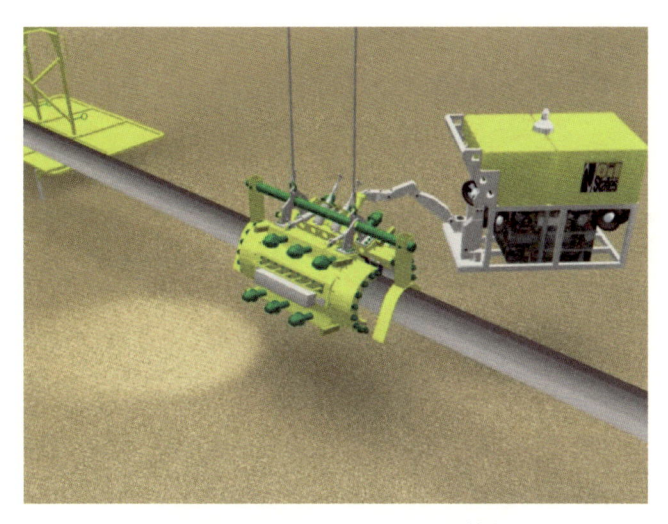

图 17-43 ROV 引导下的卡具修复

三、典型施工案例

对于永久性的修复施工作业案例，包括 2011 年中国石油管道局工程有限公司维抢修公司与中国海油工程有限公司合作完成的华德石化浅海管线干式舱内开孔封堵工程，番禺 30-1 气田破损海管修复工程，和崖城 13-1 气田海管第二阶段维修项目水下带压开孔工程等，使得中国石油熟练掌握浅海 30m 左右的管道干式修复技术和百米水下开孔技术，为中国石油海洋管道维抢修技术持续创新和业务拓展打下基础。

1. 华德石化浅海管线干式舱内开孔封堵工程

2011 年 5 月，为保证大亚湾石化工业区二期围海造陆工程顺利进行和华德原油管道的正常生产，需要对马广原油管道的 DN 800mm 海管进行 2.2km 改线，改线段包括 1.4km 的陆地管道和 0.8km 的海底管道。维抢修公司采用干式密封舱方式，成功完成大亚湾海底新旧管道对接工程，并掌握了浅海的管道干式修复技术，该技术填补了我国浅海管道抢险封堵技术的空白（图 17-44）。不同干式舱有不同的尺寸和重量规格，可参见表 17-3。

表 17-3 不同尺寸干式舱规格

干式舱	外形尺寸（无防沉板）	外形尺寸（有防沉板）	重量,t
近岸端干式舱	3m×3m×10.6m	8m×5m×10.6m	约 40
远岸端干式舱	3m×3m×10.6m	8m×5m×10.6m	约 40
中间干式舱	6m×7m×10.6m	11.4m×10.2m×10.6m	约 65

2. 番禺 30-1 气田破损海管修复工程

2011 年 12 月，番禺气田距珠海终端约 10km 处的海管，受到挖沙船抛锚导致 2 处泄漏，泄漏点的水深 2.3m。该管线设计压力 15MPa，运行压力将近 9MPa，紧急降压后，维抢修公司采用管卡工艺对泄漏点进行了临时修复，然后采用焊接隔离套筒对管道进行了永久修复（图 17-45）。

图17-44 华德石化浅海管线干式舱内开孔封堵工程现场施工照片

3. 崖城13-1气田海管第二阶段维修项目水下带压开孔工程

2013年10月8号,崖城13-1平台往香港的管线受船锚刮伤出现阀组微漏和管线悬跨问题,需尽快完成阀组和海管的更换。2016年4月29日,维抢修公司通过拥有自主知识产权的大行程水下高压开孔机,成功完成了中海油崖城13-1海底管道永久修复项目中KP694作业点的水下带压开孔作业,作业处水深30m,开孔直径ϕ630mm,带压开孔压力5.7MPa。

图 17-45　番禺 30-1 气田破损海管修复工程现场施工照片

该工程的顺利竣工标志着中国石油拥有国内第一台水下成功施工应用的开孔设备，解决了海洋管道开孔的技术难题，填补了中国境内海洋管道开孔领域技术空白（图 17-46）。

图 17-46　崖城 13-1 气田海管第二阶段维修项目水下带压开孔工程现场施工照片

第十八章 天然气管道节能环保技术

随着经济的发展和对环境保护要求的日益提高,近年来我国天然气需求发展势头迅猛,能源结构"气化"进程明显加快。2017 年,天然气国内产量 $1480.3 \times 10^8 m^3$,比上年增长 8.2%,天然气进口 $946.3 \times 10^8 m^3$,比上年增长 26.9%。

我国天然气需求的增大促使输气管道大规模建设,截至 2015 年底,我国输气管道总里程约 $11 \times 10^4 km$。与此同时,长输管道在输送天然气过程中消耗的能耗也随着管道里程的增加而表现的更加突出。以低碳、节能、降耗、高效为目标,提升在役和新建长输天然气管道增压站场的工艺运行系统技术水平,提高管道机组热能综合利用率,降低机组能耗水平,日益成为管道建设中关注的重点。

随着科技的快速发展,一些新的节能环保技术和节能材料也应用在天然气长输管道中,燃驱压缩机组余热利用技术、输气管道余压、余热利用技术、减阻剂材料的使用等节约了管输的耗能,站场管道降噪及放空回收等技术的应用,既保护了环境又节约了能源。

第一节 气质波动对压缩机设施和运营的影响

一、气质波动原因

气质波动原因有以下几种:
(1)天然气处理厂故障,处理能力失效,杂质会顺着管道输送至下游,导致气质波动;
(2)上游清管作业,会使得污水、污液、硫化物等杂质聚集,顺着管道行至下游站场;
(3)天然气烃露点过高导致凝析液析出;
(4)天然气水露点过高导致液态水析出;
(5)天然气固体颗粒增多,如果上游存在投产作业,或者分离器过滤器装置损坏、失效,会导致天然气含固体颗粒增多。

二、对压缩机设施造成的影响

(1)管线及设备冰堵。气质波动导致管线及设备出现冰堵,造成憋压,严重时会导致机组停机、全站放空及爆管等情况,同时设备冰堵,极有可能导致设备冻裂、密封失效等,这会严重影响设备的完好性及正常的输气生产。

(2)干气密封损坏。当压缩机处于运行状态时,异常气质进入压缩机组干气密封,引起静环与动环的密封面损坏,失去密封效果,且干气密封属于进口备件,采购及修复周期较长,使得机组长期处于不备用状态,严重影响了站场的安全平稳运行。

（3）燃气发生器燃烧室或喷嘴烧蚀。对于燃驱压缩机机组，燃气发生器燃烧室的供给燃料来自于工艺管线调压后的天然气，天然气含杂质过多，燃烧不充分，会在燃料气喷嘴处结焦，堵塞喷嘴流道，改变火焰方向，从而引起喷嘴或燃烧室烧蚀。

（4）偏离高效工况点，甚至站场失效。气质波动会造成压缩机机组偏离高效工作点，如果气质异常情况严重，会导致所有机组无法正常运行，天然气外输中断，全站处于失效状态。

第二节　燃气轮机热能综合利用技术

燃气轮机以管输天然气为燃料，燃机做功时从大气中吸入空气，并将空气压缩到一定压力后送往燃烧室与喷入的燃料混合、燃烧，形成超过1000℃高温、高压燃气，高温燃气膨胀做功，推动透平转子转动。在燃气轮机做功过程中，仅有约40%的热能转化为机械能得到了利用，高温燃气的热能经过第一级利用后，温度降至400～520℃排入大气。

经测算，排入大气的高温烟气热焓452～481kJ/m³，含有的热能较高。以西气东输二线为例，全线14座站场每年消耗天然气约14×10⁸Nm³，约占管道输量的5%。而燃机烟气排放的热能约为8×10^{12} kcal，约合1.1×10^6t标煤所含热量，折合约8.5×10^8Nm³天然气（按天然气折煤系数1.33kgce/Nm³计算），燃气轮机产生的烟气直接排空，形成较大的热能浪费。

目前国内在役天然气管道系统的设计与运行过程中，对于管道燃气的利用基本仍仅限于燃气轮机做功的简单循环，即通过燃气轮机内部进行的若干热力过程构成的简单循环来实现燃气热能转化为机械能的热能综合利用形式，剩余燃气热能随高温烟气排入大气，按照燃机烟气排放温度，其含有的热能属于高品位热能，此部分热能未能得到利用，造成了能量浪费。

在输气管道设计运行中，将输气管道燃气轮机高温烟气进行回收，对热能进行梯级利用，使热能尽可能转化为可利用的机械能、电能等能量形式，尽量减小最终排入大气的烟气与环境的温差，最大限度地提高能源利用率，可取得明显的经济效益，并具有重要的社会意义。

目前燃机热能综合利用主要有余热供热、余热制冷、余热发电及余热驱动管道压缩机组等几种方式。

一、余热供热

余热供热是通过余热锅炉回收燃气轮机排放的高温烟气余热，通过高温烟气与水换热产生95℃的热水，提供站场生活和生产用热。

此种热能综合利用方式的设备投资及占地相对较小，但热能综合利用率较低，仅有约1/40的余热热能得到了利用，其余热量仍随燃气烟气排放，经济效益相对较低。

二、余热制冷

余热制冷是利用燃机烟气余热与介质换热，介质驱动压缩式或吸收式制冷机制冷。此种热能综合利用方式投资较余热供热多，但大部分热能仍未得到利用，且需站场周边有需要冷能的用户，其应用受到较大限制。

三、余热发电

燃机余热发电是将燃机排出的高温烟气，通过换热器与介质进行换热，将烟气部分余热转化为介质的蒸汽热量，介质蒸汽进入蒸汽轮机或膨胀机做功，驱动发电机并网发电。

并网发电是指余热驱动的发电机组在正常运行状态下，与外部常规配电网在主回路上连接，电气连接包括电缆直接连接、经过变压器连接、经过逆变器连接等方式。并网发电运行按照电能功率交换方式可分为普通并网和并网不上网两种。普通并网时发电机组可以向外部电网输送多余电能功率，而并网不上网则严格禁止发电机组的电能功率外送，即连接点处功率流向只能是从外部电网流向电力用户。

站场燃机余热驱动的发电机要投入电网并联运行（并网运行），必须满足几个条件：（1）发电机的电压应与电网电压大小相等、相位相同；（2）发电机的频率应和电网频率相同；（3）发电机的相序应和电网相序一致。并网时需要电压差、相位差和频率差在一个允许的范围内即可发并网信号，使发电机组安全可靠并网。差越小，冲击电流越小，需要系统无功功率也最小，对外部常规配电网的影响亦越小。发电上网一般需要在电网侧增加许多电力调节设备，且一般作为调峰机组参与电网调峰，往往不能满负荷运行。

四、余热驱动管道机组

余热驱动管道压缩机组也是通过换热器与介质进行换热，将烟气余热转化为介质的蒸汽热量，介质蒸汽进入膨胀机做功，膨胀机驱动管道压缩机用于管道输气。

余热驱动管道压缩机组的余热回收方式与余热发电类似，其回收的余热用于驱动压缩机组，相对于余热发电等方式系统能量损耗较小，对热能综合利用率较高。且回收的热能驱动管道压缩机，用于管道自身输气，可以实现管道自身效益的最大化，且基本不受外部条件限制。

五、各方式对比

目前燃机热能综合利用几种主要方式的优缺点对比见表18-1。

表18-1 热能综合利用各方式对比表

热能综合利用方式	优点	缺点
余热发电	对余热利用率较高；投资回收期较短，约为7年；通过余热发电可减少煤发电燃烧排放	发电上网受电网等外部条件制约，经济效益受到影响；需消耗大量水；需设置水处理及较多电力系统，系统较复杂；管理较复杂，且需增加电力等系统运行人员
余热供热	不受外部条件影响	对余热利用率较低，一般仅为1/40
余热制冷	对余热利用率较余热供热高	受外部条件制约，需有外部冷能需求
余热驱动管道机组	对余热利用率较高；投资回收期最短，约为4年；节能减排效果最好；管理较简单，基本可不增加运行人员	系统较余热供热、余热制冷方式复杂

以上各热能综合利用方式中，余热发电与余热驱动管道机组方式对余热的利用率较高，可实现对燃机余热的较大幅度利用，具体对比这两种余热利用方式，余热驱动机组方案较余热发电方案有如下优势：

（1）不受外部条件制约，运行管理界面相对简单。余热驱动机组方式将燃机烟气余热用于驱动管道机组，用于管道输气，基本不受外部条件制约，对压气站外部条件适应能力强，运行管理界面相对简单，并可实现管输企业效益最大化。

（2）节能减排效果较好，可实现经济节能与环保减排的统一。目前，在能源的综合利用领域，如何在提高能源综合利用率的同时达到最大限度地减排，在获得经济效益的同时实现减排，变"事后治理"模式为经济节能与环保减排的有机统一已成为一个重要的研究课题。

第三节　天然气管道减阻新技术

减阻方法大致可归纳为：
（1）光滑减阻；
（2）高分子稀溶液减阻；
（3）弹性材料护面（柔顺边界）减阻；
（4）形体减阻。

理论分析表明，对内流（即管内流动）而言，光滑减阻的潜力是最大的。对管线而言，要达到其内壁面光滑的方法很多，目前从经济、实用的角度而言，内壁减阻涂层是有效方法之一。

很多涂料品种都可以用作管道内减阻涂料，包括环氧树脂涂料、环氧酚醛涂料、环氧聚氨酯涂料以及煤焦油环氧涂料等。目前，天然气长输管道内减阻涂层以溶剂型环氧涂料为主，缺点如下：首先，溶剂一般为苯类等有毒溶剂，操作人员长期接触会导致苯中毒；其次，高浓度有机挥发性溶剂的闪点非常低，如遇明火，极易发生爆炸，给施工安全带来极大隐患；第三，由于溶剂挥发，漆膜中往往存在较多的针孔，同时会有一定的有机溶剂残存在漆膜中，降低漆膜的耐磨性能和附着力等。

无溶剂型内减阻涂料由于不含有机溶剂，没有溶剂挥发，具有对人体无危害、安全及无环境污染的优点，避免了溶剂型内减阻涂料污染和浪费大量有机溶剂的问题，符合当前国家大力倡导的发展低碳环保型经济的政策。此外，无溶剂型内减阻涂料的耐磨性、附着力、抗剪切强度以及抗腐蚀介质浸泡的性能远远优于溶剂性内减阻涂料，可以有效解决溶剂型内减阻涂料存在的耐磨性能和抗化学介质浸泡性能低的问题。将无溶剂环氧涂料用于管道内减阻，可以较好地解决目前溶剂型内减阻涂料带来的卫生、安全和环境污染方面的问题。

第四节　站场降噪及放空（回收）技术

随着社会的飞速发展，噪声污染已经成为世界性的问题，它与大气污染、废气污染、水污染一起并称为当代世界的4大污染。噪声容易损害人们的身心健康，影响人们的日常生活。噪声污染的影响面积较大，有的国家甚至把噪声列为7大公害之首。

噪声与其他污染有所不同，它是一种物理污染，其特殊性表现为：首先，噪声直接作用于人的感官，具有即时性，没有后效，也不会逐渐累积，也就是说当噪声往外辐射时，在传播范围内的人一定会受到噪声的影响，而一旦停止噪声辐射，噪声污染也会及时停止。基于这个原因，噪声对人类产生的危害容易被人所忽视。其次，噪声污染是无形的，不会产生实质上的污染物，但是它对人的危害却是多方面的，并且与人们的日常生活息息相关。噪声过大会对人耳造成损伤，让人的心理感到不舒服，甚至会影响和干扰语言神经中枢。当噪声达到50dB时，人就会感到不舒服，出现精力不集中、难以思考等现象；当噪声达到80dB时，就会对人的身体健康造成危害；对于长时间暴露在高强度噪声下的人来说，有可能导致听力损伤甚至耳聋，产生某些疾病。

天然气集输站场在调压计量、分输时，由于管内介质流动状态产生变化，涡流扰动随之形成，伴随着与管道壁面之间的摩擦，最终产生了流体动力性噪声，即流噪声。天然气集输站场的噪声主要来源于钢质弯管、三通等部件以及汇管、调压阀、过滤分离器等设备。站场流噪声声源多位于管道内部，受其刚性封闭空间的限制，声波主要沿钢质管壁辐射，最终借由空气的振动作用向四周进行传播。虽然在传播过程中，由于传播距离的增加、介质材料的吸收、障碍物的屏蔽等使得噪声强度有所降低，但最终结果仍较为严重。

放空系统作为天然气集输站场的重要组成部分，越来越受到人们的关注。天然气直接放空时的速度很大，瞬时流速接近于声速，会发出很大的噪声，经测量产生的喷射噪声声压级高达90~105dB，已经严重超过了国家标准。

天然气集输站场噪声属于气动噪声的研究范畴，目前，国内外学者多侧重于研究噪声的传播规律及特性，而忽视了噪声的产生机理。而在石化行业，目前有针对压缩机、计量站、汇管、弯头等设施的噪声研究，但对于放空管噪声并未涉及。

一、降噪技术国内外研究现状

随着气动声学理论的日益完善，降噪技术也得到了相应的发展。噪声的传播有3个重要环节，即声源、传播介质和接收点，要阻断噪声，可以从这3个方面着手。最主要的手段是在声源上加装消声器，但安装消声器也有一定的弊端。消声器会在一定程度上阻塞气流，影响装置的空气动力性能，增加压力阻损，降低发动机的工作效率。因此，消声器既要有良好的消声效果，又要具有良好的空气动力性能和经济性。

对于消声器的研究方法大致分为4种，包括有限元法、四段网络法、有源消声法和边界元法。最早应用于消声器数值仿真模拟的是四段网络法，它的理论基础是平面波理论和声电类比原理。1922年Stewart第一次提出将电子滤波器和消声器关联起来，奠定了声滤波理论的基础，为消声器设计开创了新纪元。20世纪50年代，Davis等运用平面波理论，在忽略气流影响的基础上，得出了共振消声器和简单扩张室消声器的消声性能。之后，J.Igarashi等将等效电路理论运用于消声器上，得出了消声器的传递矩阵。福田基一对前人的消声器基础理论及设计方法进行了总结，出版了《噪声控制与消声器设计》，这本书为之后人们设计消声器提供了理论基础。而在20世纪70年代以前，在消声器的设计中忽略了气流和温度的影响。1970年，Sullivan开始考虑气流对于消声器设计的影响，并得到了新的传递矩阵。20世纪80年代中期，Munjal等综合考虑了温度和气流的影响，推导出刚性直观单元的传递矩阵。1988年，Davies计算推导了不同管道截面的传递矩阵。20世纪90年代中期，H.Luoetal和Chao-Nan Wang研究了穿孔插入管消声器的传递矩阵理论模型，并且Chao-Nan Wang还进一步计算了不同的插入方式、空气流量和不同穿孔率的消声器的传递损失。20世纪90年代末期，江苏理工大学的蔡超、西南林学院的杨维平和南通职业大学的张碧泉也发表了相关文献。2000年，合肥工业大学唐永琪等考虑气流和温度梯度的影响，推导了2种消声单元的声学传递矩阵，并采用三维图谱方法研究气流对消声器消声性能的影响。2004年，北京理工大学的张宏波等在考虑均匀流和线性温度梯度的因素下，利用计算机辅助技术推导出排气消声器的传递矩阵。2007年，华中科技大学的黄其柏对并联内插管消声器的传递矩阵进行了分析和研究，对此类消声器的插入损失进行了模拟计算。2009年，广西玉柴公司王利民等利用传递矩阵法对消声器插入损失进行了预测。2010年，重庆大学的李平根据一维平面波理论推导了消声器传递矩阵，并利用相关软件预测了摩托车消声器的声学性能。至此，传递矩阵法在消声器设计中得到了迅速发展。

但传递矩阵法存在很大的局限性，它要求声波必须为平面波，并且只能计算频率较低的噪声，消声器的截面尺寸也不能太大。为了更加精确地模拟消声器，人们又提出了有限元法（Finite Element Method，简称FEM）。20世纪70年代，Young和Crocker第一次将有限元法运用于消声器的计算中，得出了简单扩张室消声器的声学性能，并且其结果与实验结果类似。这为消声器的模拟计算开创了新纪元。此后，A.Craggs将有限元法运用于模拟结构和流动情况更为复杂的消声器上，并取得了一定成果。这使得有限元法得到了进一步发展。1981年，Ross将有限元法应用于带有小孔的消声器模拟上。1987年，Munjal出版了《Acoustics of Ducts and Muffler》，书中详细地阐述了有限元法的理论基础及应用。20世纪90年代末期，P.M.Radarich和A.Selamet、TesuoKaneda和MitsuakiOda等将有限元法的模拟结果与实验数据进行了详细对比，其结果基本吻合。

虽然有限元法能够较为准确地模拟消声器的消声效果，但其运用的网格数较多，计算量太大，为了节约计算成本，在20世纪70年代以后，边界元法（Boundary Element Method，简称BEM）开始受到人们的关注。它只需对需要求解的边界区域划分网格，这样极大地节约了计算资源，减少了工作量。但边界元法只能用于二维轴对称的情况。20世纪80年代末期，Seybert A. F.第一次将边界元法运用到消声器的计算中。1991年，Soenarko将边界元法运用于汽车降噪。20世纪90年代以来我国研究员刘晓玲、丁万龙、黎苏、季振林等均对边界元法进行了深入研究。而最新发展出来的有源消声法具有许多独特的优点，因此在国内也受到了一定的重视。

近几十年来，排气消声器的研究已经从单纯的声学数值研究扩展到考虑消声器声学性能与空气动力学性能相结合的综合领域。众所周知，空气动力性能是评价消声器综合性能的一个非常重要的指标。而对空气动力学的分析离不开流体力学。如今，计算流体动力学（Computational Fluid Dynamics，简称CFD）将传统的理论分析方法和实验测量方法进行有机的结合，它可以准确地分析消声器内部速度、温度和声压的分布情况，使得我们可以将声场和流场结合起来，综合分析消声器的声学性能和空气动力性能，从而组成了研究流体流动问题的完整体系，成为研究空气动力学问题理想而有效的方法。

20世纪70年代，日本学者Hirata发现了消声器中气流的存在会影响到消声性能。20

世纪80年代日本山口大学Fukuda研究了扩张腔室消声器气流再生噪声。20世纪90年代，印度学者Munjal和日本学者Isshiki研究了穿孔管消声器的静态压降。国内对于消声器的研究起步较晚，2002年，清华大学的李亨利用CFD数值方法，模拟并分析了消声器内部流场，并对消声器提出了改进设计。2003年，哈尔滨工程大学张新玉等人针对柴油机排气消声器，利用流体软件对消声器的阻力特性进行了数值模拟。2004年，山东科技大学的张东焕分析了阻性消声器的内部流场，研究了气流速度对其内部流场的影响，并运用Ansys软件进行了数值分析。2006年，哈尔滨工程大学黄继嗣对多种膨胀腔的内部流场进行了分析，得到了压力损失随结构参数变化的关系曲线，并在此基础上研究了一款复杂消声器的阻力特性，但是结论没有与真实的试验做对比，没有验证其结论的正确性。2007年，武汉理工大学的邹雄辉和吉林大学的王少康分别利用流体动力学软件Fluent和Fire对消声器内部流场进行了数值模拟，得到了消声器内部速度、压力及湍动能的分布矢量图，并且优化了消声器空气动力性能。2010年，合肥工业大学徐磊利用三维数值仿真方法研究了消声器基本消声结构的声学和阻力特性，重点讨论了结构参数对声学和阻力特性的影响，并且对某款轿车排气消声器进行了三维数值仿真计算，针对不足提出了改进措施。2014—2015年，刘恩斌、颜士堃、杨眺薇等采用流体动力学软件Fluent对天然气集输站场的弯头、阀门、放喷管道等噪声机理进行研究，并设计了适用的小孔消声器、扩张式消声器，具有一定的实际意义。

综上所述，针对消声器的研究技术已经日趋成熟，而数值模拟的可靠性也得到了普遍论证。在前人的理论基础上，可以进行不同工况下的消声器设计，合理改进消声器的结构参数，提高设计消声器的效率。

二、天然气站场消声器

消声器是一种既能允许气流通畅通过，又能有效衰减声能量的装置。设计合理的消声器最多可以实现降低管道噪声值20～40dB。需要注意的是，消声器只能减小经由消声器入口进入的声能量，而不能降低由气流扰动及由气流与壁面相互作用所产生的再生噪声。消声器的结构形势和种类有很多，根据其消声原理和结构的不同，大致可以分为阻性消声器、抗性消声器、微穿孔板消声器、扩散消声器和有源消声器5类。

1. 小孔喷注消声器

小孔喷注消声器是以众多的小孔径喷口来代替原有的大截面喷口。当介质流过小孔时，小孔内的介质流速远大于外界进行热交换的速度，同时可以忽略介质与小孔壁之间的摩擦损失。因此，小孔的流动可以视为等熵流动。

与其他消声装置相比，小孔喷注消声器的降噪技术的最大优势是小孔移频作用。喷注噪声的主要能量随喷口直径的减小而向高频端移动。随着喷口直径的减小，管内流噪声能量由低频向高频转移，进而低频噪声得到控制，相反高频噪声有所提高；随着喷口的继续减小，当喷口直径小到一定值时，小孔喷注噪声的声能量将会移到人耳不敏感的高频范围，值得注意的是，高频声波在空气中的传播衰减远大于中、低频声波。因此，在保证小孔通流面积前提下，可以实现对流噪声的有效控制。

西南石油大学刘恩斌、颜士堃等采用计算流体力学方法设计出了适用于集输站场的小孔消声器，它由法兰盘、圆管及前端封头三部分组成，如图18-1所示。图18-2为小孔消声器在汇管入口处的安装示意图。图18-3为安装消声器后声压等级的变化趋势图，可以看出消声器能够有效降低汇管内的流噪声声压级，降噪效果最高可达37.4 dB，平均降噪等级达到20.9 dB。通过模拟结果还可以发现，介质流经小孔消声器时所产生的压力损失极小，完全能够满足天然气集输站场的输送要求。

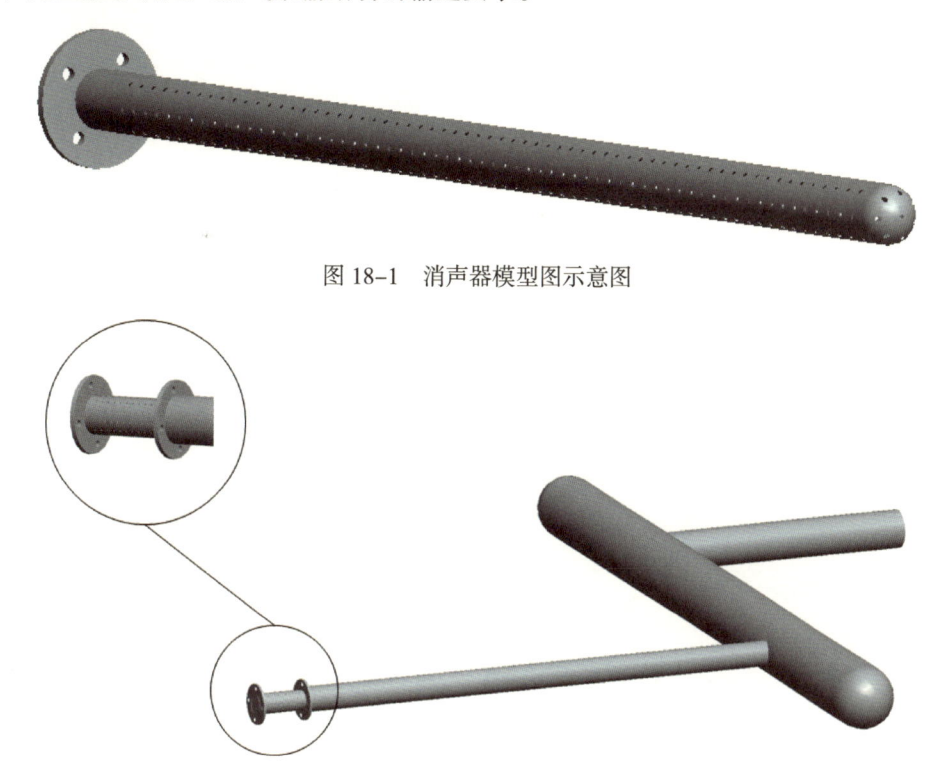

图18-1　消声器模型图示意图

图18-2　汇管消声器安装模型

2. 扩张室消声器

天然气站场的放空噪声属于低频噪声。通过监测发现放空立管15m以外的噪声的最大声压级达到了109.31dB。考虑到阻性消声器要采用吸声材料，而放空立管较高，不便于材料的定期更换与维护，因此不宜采用阻性消声器。而对于小孔消声器，考虑到放空管的气流速度较大，质量流量也较大，需要的小孔数目较多，且放空管出口温度较低，极易形成天然气水合物，容易造成小孔堵塞，不便于后期的保养维修。因此，西南石油大学刘恩斌、杨眺薇等设计了一种对于低频噪声有良好消声效果并且结构相对简单的抗性消声器，其结构如图18-4所示。

为了避免高速气流进入消声器后快速冲出影响消声效果，腔室的进出口位置相互错开，插管一与插管二的中心轴线在同一位置。两个腔室之间设置了挡板，为了承受高速气流的冲击，挡板应采用强度较好的材料。消声器内部的具体尺寸如图18-5所示。

从图18-6可以看出，该结构的扩张室消声器能有效降低放空管喷射的低频噪声，安装消声器前的最大声压级为109.97dB；安装消声器后最大值降为了90.14dB；安装消声器前各监测点的声压级平均值在70dB左右，安装消声器后普遍降到了60dB左右。消声器能够有效消除的声压级幅值0～40dB。这进一步证明了设计的扩张室消声器对低频噪声有良好的消声效果。

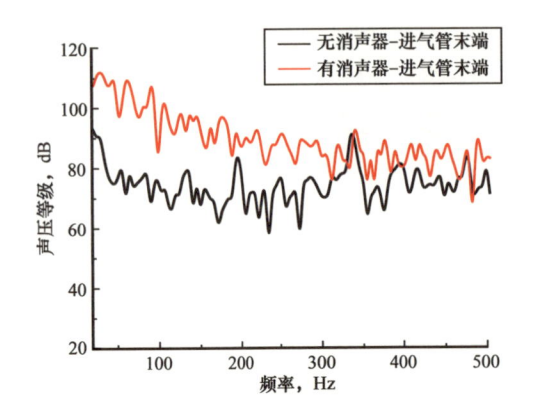

图 18-3　低频段汇管声压级变化趋势图

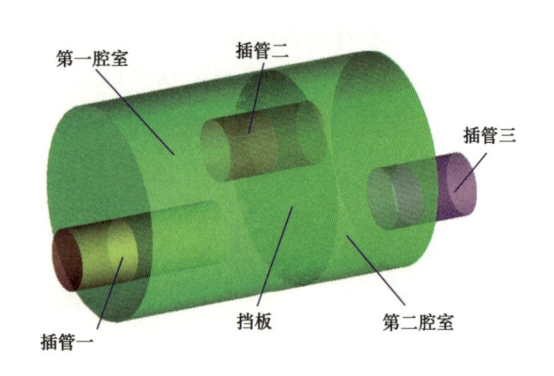

图 18-4　改良结构的扩张室消声器结构图

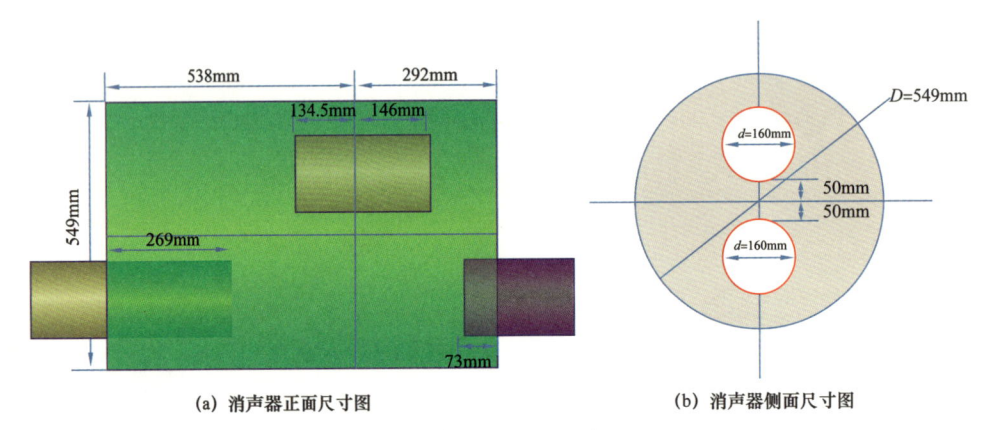

(a) 消声器正面尺寸图

(b) 消声器侧面尺寸图

图 18-5　消声器尺寸图

三、站场放空（回收）

天然气输气站场放空主要包括紧急抢修放空和计划性放空。紧急抢修放空具有随机性，而计划性放空主要包括过滤分离器排污放空、压缩机定期检修放空以及对线路阀室间段的放空。由于计划性放空具有一定的规律，而且放空量较大，以对线路段进行计划放空为例，按管径1016mm，运行压力10MPa，阀室间距32km计算，放空量近$200×10^4m^3$，具有良好的回收价值。对于事故抢修而产生的放空，具有不可预测、时间要求紧迫的特点，一般情况下不具备回收的条件。

虽然目前还没有针对站场放空气的回收工艺，但是可以借鉴油田伴生气的回收技术，新疆油田、长庆油田、大庆油田等都有相关案例，基本都是采用压缩机

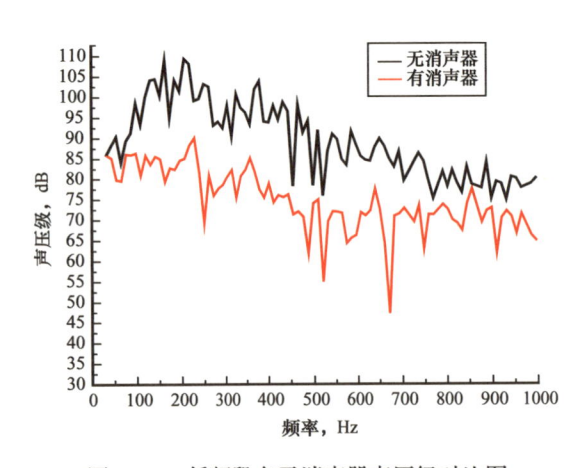

图 18-6　低频段有无消声器声压级对比图

为核心的压缩回收技术,既适合小量天然气压缩,也可以完全采用国产化的设备以节约成本。目前站场放空天然气回收系统主要包括节流和增压回注 2 个大部分,其核心设备是 1 台 CNG 压缩机。在站场放空管道上安装通径球阀,对放空天然气进行节流,节流天然气经 CNG 压缩机增压后,重新注入上游管道上、下游管道或分输管道,以达到回收的目的。压缩机可以采用固定式压缩机和移动式压缩机,其中移动式压缩机分为 3 个部分:(1)移动式压缩机主橇;(2)冷却器;(3)柴油发电机。移动式压缩机现场安装如图 18-7 所示。

图 18-7 移动式压缩机现场安装图

第五节 天然气管道余压利用技术

目前,天然气管网余压余能的回收利用主要是余压发电和余压制冷两大方面,其中余压发电主要方式有直接膨胀发电、联合循环发电;而余压制冷的应用主要包括:冷库、LNG 调峰、天然气脱水、空调系统、超低温粉碎橡胶、油田油气脱水装置、液化空气进行空气分离技术应用,与直接膨胀发电相比,增加了能源使用效率。

一、余压发电技术的应用

高压气体在降压过程中,因体积不断膨胀,会释放出大量的压力能,若降压过程在透平膨胀机中进行,则可对外做功,从而带动发电机发电。

目前国内比较有代表的方案是管道天然气压力能利用燃气—蒸汽联合循环系统,高压天然气经过膨胀机膨胀做功后形成低压低温天然气,把低压低温天然气送入进气冷却器,在进气冷却器中冷却进入压气机的空气,而后在进气冷却器中升温的天然气进入凝汽器,进一步吸收蒸汽轮机排气余热从而使温度进一步升高,再经过排烟余热回收器进一步吸热后使天然气温度进一步升高,升温后的天然气被送入燃烧室与空气实现混合燃烧,推动燃气轮机发电。

这种系统把天然气管道余压充分应用,并与燃气轮机、蒸汽轮机紧密结合,最大程度实现了系统化用能,有效地提高了能源的综合利用效率。

二、余压制冷原理及应用

高压天然气在降压过程中因放热导致温度降低,气体体积膨胀后产生的低温流体中蕴含着巨大的冷量,因而可以利用高压天然气的调压过程的压力能进行制冷,这就是利用天然气余压制冷的原理。

利用高压天然气压力能实现燃气调峰一直是天然气压力能利用的重点研究方向,高压管道天然气经过膨胀机做功后变成低温低压天然气,将这部分低温冷能用于天然气液化,将生成的LNG输入储罐,用于用气高峰时调峰使用。

第十九章　重大标志性管道工程建设运行案例

随着我国国民经济的持续快速发展，油气管道已经成为国家经济发展和民生改善的生命线，油气管道的建设也成为国家经济建设的重要组成部分。截止到 2015 年年底，油气管道总里程达到了 12×10^4km，其中天然气管道 7.2×10^4km，原油管道 2.5×10^4km（已扣减封存退役管道），成品油管道 2.3×10^4km。中国 4 大油气资源进口战略通道初步建成，基本形成连通海外、覆盖全国、横跨东西、纵贯南北、区域管网紧密跟进的油气骨干管网布局。管道建设逐步向数字化、信息化、智能化、效能化发展，随着这些油气管道的建成投产，我国的油气管道建设技术水平有了很大的提高。

第一节　西气东输二线天然气管道

一、工程简介

西气东输二线管道工程，西起新疆霍尔果斯口岸，东至浙江、上海，南至广东、广西，线路总长 9700km，设计年输量 300×10^8Nm³/a，是我国乃至世界上最长的天然气管道，在全国天然气管网布局中具有极其重要的战略意义。

西气东输二线管道工程由 1 干 8 支组成。干线以中卫为界分为东、西 2 段。霍尔果斯—中卫（西段）干线管道全长 2434km，管径 ϕ1219mm，设计压力 12MPa，管材 X80，共设 14 座压气站、1 座联络站；中卫—广州（东段）干线管道全长 2477km，管径 ϕ1219mm，设计压力 10MPa，管材 X80，共设 11 座压气站，并设置 12 座分输站和 3 座分输清管站；支干线设计压力为 10MPa，管径主要为 ϕ1016mm，管材 X70。

西气东输二线管道是我国有史以来规模最大的天然气管道项目，输量最大、距离最长、口径最大、压力最高、管道系统最为复杂，自动化水平高，干线管道全面采用 X80 管材，X80 级管材的使用量超过在建阶段全世界所有管线 X80 用量之和。工程中采用的基于应变的管道设计方法、等负荷率布站方法、GIS 平台的推广使用、多专业三维协同设计平台的应用等设计技术和设计手段均开创了我国管道建设的先河。无论是建设标准，还是技术水平，西二线干线管道都达到了当时世界先进水平。

项目实施各方情况如下：
（1）项目业主：中国石油天然气集团公司；
（2）项目建设组织单位：中国石油管道建设项目经理部；
（3）项目 EPC：中国石油天然气管道局等；
（4）设计单位：中国石油管道局工程有限公司设计分公司牵头，共 6 家设计单位参与。

工程成功实施极大提升了我国天然气管道的建设水平，缓解了中国天然气供应不足的局面，为中国的经济发展和环境保护起到了重要作用。

二、工程设计难点

（1）国家能源战略通道之一，安全性要求高。

西气东输二线工程作为我国天然气4大进口战略通道中的西北通道，在全国天然气管网布局中具有战略意义。该项目的建设不但将中亚天然气与我国经济发达的珠三角和长三角地区相连，同时实现了与西气东输一线、涩宁兰线、陕京二线、冀宁联络线等已建管道联网，并与规划中的西三线、中缅管道相连，形成我国主干天然气干线管道网络，保证安全平稳地向国内主要目标市场供气。西气东输二线的建设，对适应国内快速增长的天然气市场需求，对提高我国清洁能源利用水平、改善能源结构具有非常重要的意义。西二线总长度之长、技术要求之高都是史无前例，安全性和可靠性设计面临极大的挑战。

（2）建设工期紧、任务重。

从2007年10月初步设计正式启动，2009年西段投产，2011年全线贯通，工期之紧张可见一斑。在面对X80管材试产到量产面临诸多难题、路由规划报批面临层层阻力等不利因素的条件下，设计单位积极配合，采取各种措施，按时保质完成了各项设计工作，创造了世界管道建设史奇迹。

（3）地质条件迥异，设计难度大。

西气东输二线工程西起新疆霍尔果斯口岸，总体走向为由西向东、由北向南，东至浙江、上海，南至广东、广西，途经新疆、甘肃、宁夏、陕西、河南、湖北、江西、广东、广西、浙江、上海、湖南、江苏、山东14个省、市、自治区，各个地区社会环境、地理地址条件各不相同，管道面临环境敏感区域、水源地、水库淹没区、煤层采空区、江南水网、湿陷性黄土、复杂山区、高寒地区等多种地质条件和环境条件，工程还经过约300km强地震区和11条断裂带，并有25处断裂带与管道交叉，工程设计难度极大。

（4）合作单位多，技术协调难度大。

本工程设计集中了国内长输管道设计实力最强的6家专业设计勘察单位，组成西气东输二线管道工程设计联合体，在工期紧、任务重的条件下，由于各方设计理念和设计惯例的巨大差异，沟通、交流任务重，技术协调难度大。在整个设计过程中，本院设计人员本着高度的责任心和使命感，坚守国家利益最大化的原则，确保了整个设计高效运行，并保证了工程建设按照制订的时间节点有条不紊地进行。

（5）工艺系统设计难度大。

本工程包含1干8支，管道系统本身十分庞大，而且与已建西气东输管道系统、陕京管道系统、忠武线、涩宁兰管道等主要输气管道衔接，还要为中缅管道、西三线、西四线等管道做衔接预留，工艺系统空前复杂，压缩机站设置、机组配置、压缩机芯优化设置难度巨大。

（6）多项技术需要公关及推广应用。

在工期紧、任务重、协调难度大等困难条件下，还需要进行多项技术攻关，进行技术创新，主要如下：

① X80管材的大规模应用研究；

② 基于应变的管道设计技术；

③ 矿山采空区管道设计技术；

④ GIS 平台辅助设计技术的推广应用；

⑤ 并行管道敷设研究及应用；

⑥ 大断面长距离山岭隧道穿越设计技术；

⑦ 河流大中型穿越设计技术；

⑧ 等负荷率布站理念的应用；

⑨ 采用本质安全的站场设计技术。

三、工程设计先进性

本工程设计中采用了多项新工艺、新技术、新手段。

（1）X80 管材的大规模应用。

管道输气压力在 8～15MPa 时，X70 和 X80 是大口径输气管道用管比较理想的钢级，其中 X70 应用较为成熟，X80 应用尚不广泛。我国 X80 级管材在西二线上大量采用量，超过了当时全世界使用 X80 管材的总和。设计在 X80 管材的具体应用中，通过学习相关标准及研究成果，在设计中得出了一套 ϕ1219mm、X80 管线的设计参数，包括在不同地区等级采用钢管的管型、壁厚，正确划分地区等级，处理低的地区等级中个别敏感点管材的采用方法，不同管线壁厚段的衔接原则，阀室的合理分布与优化，试压的规定和分段原则等，并编制了适合 X80 管线的施工技术要求。

（2）基于应变设计方法的研究和应用。

西二线干线管道长度达 2434km，管道沿线地形、地貌复杂多变，多次穿越强震区以及地震断裂带区段。为了保证在强震区、地震断裂带区段等可能发生大变形的地段管道的安全运行，首次提出了基于应变设计方法，确保管道在遭遇到地震引起的管体大变形时仍能正常的运行。

为保证在管体变形时仍能正常运行，管道在拉伸状态下实际应变不超出管道本身的抗拉伸能力，对于截面塑性变形，由荷载引起的椭圆度不能影响管道正常清管作业。

为保证西二线输气管道的安全运行，基于应变的设计方法从以下 3 个方面开展了技术攻关和创新：

① 结合 X80 钢级普通和大变形钢管的性能建立和完善了通过逆断层地段管道应变计算模型；

② 结合 X80 钢管和焊接性能确定了西气东输二线工程用管的容许应变；

③ 根据不同的断层参数，结合管道的抗震措施形成基于应变的管道抗震设计方法。

经攻关，形成了以下 3 项创新成果：

① 西气东输二线管道工程基于应变的设计方法；

② X80 抗大变形钢管焊接工艺；西气东输二线管道基于应变设计的应用方法；

③ 西气东输二线管道工程强震区和活动断层区段埋地管道基于应变设计导则。

研究成果成功地指导了西气东输二线管道的设计和施工，为今后输气管道的安全运行奠定了基础。根据 X80 大变形钢管的性能参数，建立了有内压和无内压的断层位移作用下管道的应变计算模型，确定了容许应变，该项技术达到国际领先水平。

（3）GIS 平台辅助设计的推广应用。

西气东输二线辅助设计 GIS 平台以地理信息技术为核心，在地理信息平台上集成勘察、设计等专业知识，加上工程的各种评估资料，为管道设计提供路由优化、工作量统计等辅助设计功能。该系统以信息平台为基础，以多尺度、多种类的空间基础地理信息为支撑，充分利用计算机、现代测绘、现代网络、虚拟现实以及数字通信等高新技术，通过对管道设施、沿线环境、地质条件、经济、社会、文化等各方面的信息在三维地理坐标上的有机整合，构筑一个数字化管道，为管道管理部门提供一个现代化的管理、决策支持系统和生产运营管理工具，图19-1为在GIS平台上根据逼真的地形、地貌和三维效果优化线路图。

图19-1 在GIS平台上根据逼真的地形、地貌和三维效果优化线路

（4）并行管道敷设成果的应用。

为贯彻节约土地原则，符合地方规划，方便运营管理，在保证安全的条件下管道可以采用并行敷设方式。并行管道敷设技术是西气东输二线工程攻关课题之一。根据并行敷设课题研究成果并结合国外已建管道经验，形成了管道并行敷设的技术要求：与在役管道并行敷设的石方管沟施工要求、并行管道穿越地段间距要求、同隧道敷设管道的技术措施等。根据以上设计原则，完成了西气东输二线与已建的阿独线、西部管道、西一线和兰郑长管道并行段的设计，以及待建的西三线、西四线、浙江省天然气管网和广东省天然气管网并行段的设计。

（5）采用基于安全的设计方法，提高设计本质安全水平。

为保证设计的本质安全，第一次在设计过程中对典型站场（霍尔果斯首站、红柳联络压气站、中卫联络站、线路阀室）进行了HAZOP研究和SIL评级，聘请DNV、SCANDPOWER公司开展了典型站场的量化风险评价（QRA），并根据研究和评价成果对设计文件进行优化调整。安全评价示意图如图19-2所示。

（6）大断面长距离山岭隧道穿越设计技术。

西二线管道沿途翻越天山、江南丘陵等山区地带，地形地貌变化复杂、植被条件千差万别。为降低施工难度、减少对植被的破坏、避免诱发灾害地质、降低发生水土流失的概率，对坡度陡、高差大、植被茂密、基岩完整的山体，选择隧道通过。其中果子沟隧道位于北天山西段中山区，山体陡峻，沟谷深切，海拔约2990m。隧道最大埋深为700m，隧道全长 3080m。为满足同时安装西二线、西三线 2 条 D1219mm 的管道，隧道净断面设计为 4.2m×4.5m。该隧道打破了我国长输管道工程高寒地区大断面长距离山岭隧道穿越的记录，形成了山岭隧道内大口径、高温差、长距离管道安装设计技术。

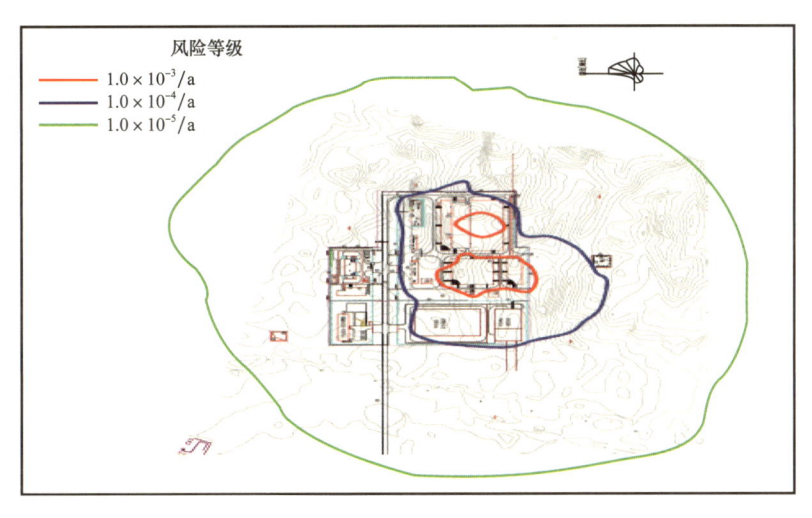

图 19-2　安全评价示意图

（7）河流大中型穿越设计技术的大范围应用。

西二线管道沿途穿越新疆内陆湖、长江、黄河、珠江 4 大流域，地形地貌变化复杂、水文、地质条件千差万别。大开挖、定向钻、水下钻爆隧道、顶管隧道和盾构隧道等穿越设计技术大范围应用于本工程。长江盾构隧道穿越如图 19-3 所示。

图 19-3　长江盾构隧道穿越

依托西二线，开展了《油气管道复杂地质定向钻穿越配套技术技术攻关》《大口径管道顶管技术适应性分析及业务发展研究》《盾构工程进出洞风险控制设计技术研究》等河流大中型穿越技术研究，并以西二线设计经验及研究成果，编制了河流穿越技术相关的国标、行标和 CDP 标准，其中主要有《油气输送管道穿越工程设计规范》（GB 50423—2013）、《油气管道并行敷设设计规定》（CDP-G-OGP-PL-001-2010-1）、《油气管道水域隧道技术规定》（CDP-G-OGP-CR-016-2011-1）、《油气管道水平定向钻穿越技术规定》（CDP-G-OGP-PL-009-2012-1）和《油气输送管道工程水平定向钻穿越设计规范》（SY/T 6968—2013）等。

（8）等负荷率布站技术的首次应用。

在西气东输二线管道工程中首次提出采用等负荷率布站，该布站方法考虑到管道的区域差异，充分利用了机组输出功率，确保机组的高效运行，避免管道出现大的瓶颈。

采用等负荷率工艺布站，西气东输二线管道压气站数量可减少1座，减少了3台30MW 等级机组数量，直接工程投资可节约5亿元以上；等负荷率工艺布站，使得各站机组均能在高效区工作，管道年自用气消耗量约减少 $2000 \times 10^4 m^3$，管道运行费用下降约3500万元/a，并使得各站机组的富裕能力相近，在输量出现变化或发生波动情况下，管道不会出现大的瓶颈。

（9）压缩机组适应性分析和性能模拟技术的推广应用。

压缩机组的适用性分析是将压缩机组供货商提供的压缩机和燃气轮机性能参数输入管道仿真模型，通过仿真软件将压缩机组特性参数拟合为曲线图谱，并进行不同输量的水力计算，找到管路特性曲线和压缩机特性曲线的平衡点，以保证不同输量工况下系统的工作点在曲线图谱中处于压缩机的高效区（图 19-4、图 19-5）。

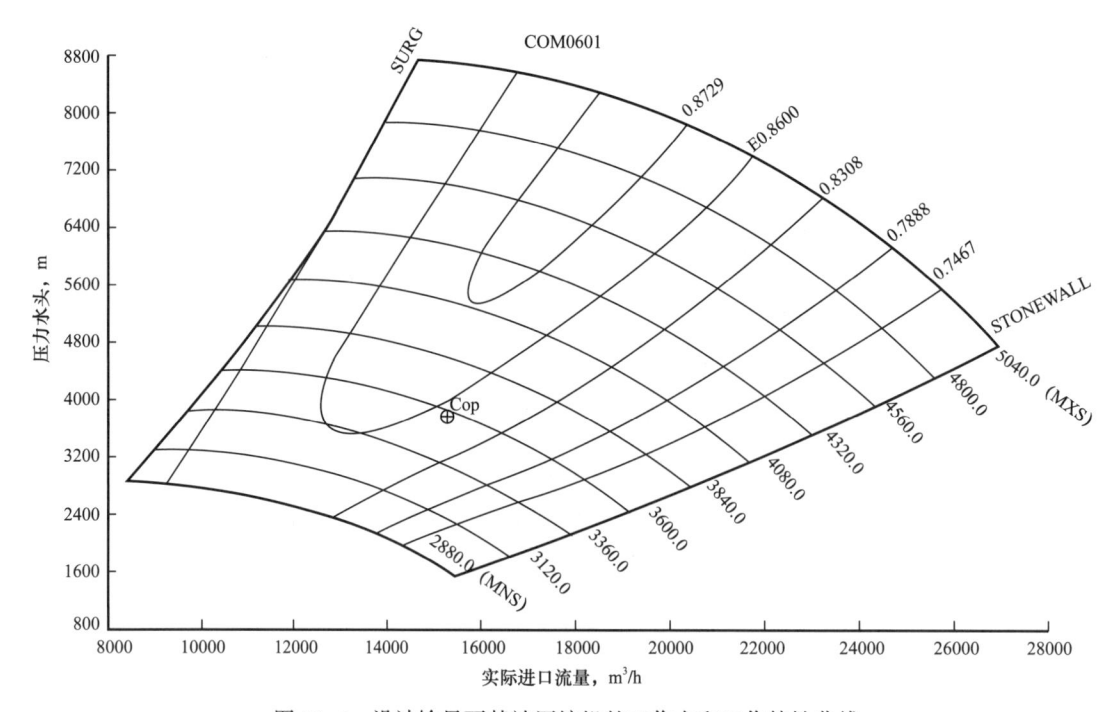

图 19-4 设计输量下某站压缩机的工作点和工作特性曲线

（10）压缩机驱动方案设计技术。

压缩机组驱动方案的优化利于保证管道的安全运行，能够最为有效地降低输气管道的运行费用。

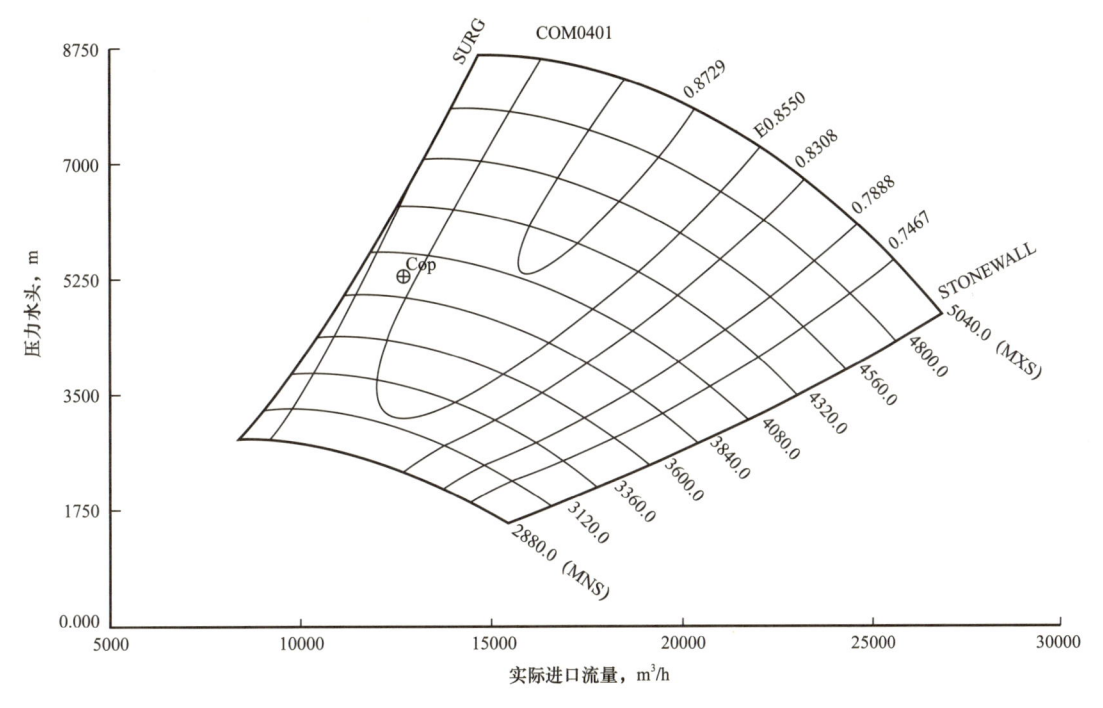

图 19-5　某年低输量下某站压缩机的工作点和工作特性曲线

西气东输二线的驱动方案，在详细调研论证的基础上，通过技术攻关，确定了关于驱动方案选择的基本原则：① 采用综合比选的方法确定；② 以经济比选为基础，充分考虑压气站的电源条件、供电环境以及对管道系统安全性的影响等方面；③ 经济比选采用费用现值法，涵盖建设投资、运行费用和维护费用等；④ 比选气价采用进口气价加上到各压气站的管输成本；⑤ 比选电价采用各站场所在地的现行实际电价。以上原则可以指导后续工程的相关设计，被业内广为认可，得到广泛的应用。

（11）进一步改进完善工艺流程和工艺设计方法。

① 开展了线路放空的定量扩散分析。

以往的管道工程，输气管道放空系统往往在满足《石油天然气工程设计防火规范》（GB 50183—2015）要求的情况下根据经验进行设置，缺乏定量的依据。为了准确分析放空对周围环境的影响，科学地确定放空的方式、放空立管直径、高度以及与阀室的间距，在西二线工程中提出了放空系统定量计算方法（图19-6），主要成果有：

a. 放空系统定量计算方法，用以确定放空系统的管径、高度及距阀室（站场）距离；

b. 线路截断阀室可通过立管直接放空，不需点火，并对直接放空后的可燃性气体扩散过程进行定量计算，证明采用直接放空是安全的；

c. 采用降压放空，即放空前，用压缩机对管道内气体抽空，并对抽空操作过程进行模拟，提出切实可行的措施；

d. 采用挪威船级社的PHAST软件对放空扩散过程进行模拟计算，给出了气体扩散后的影响区域；

e. 采用挪威船级社的PHAST软件对放空过程中气体被点燃后热影响强度和范围进行定量分析。

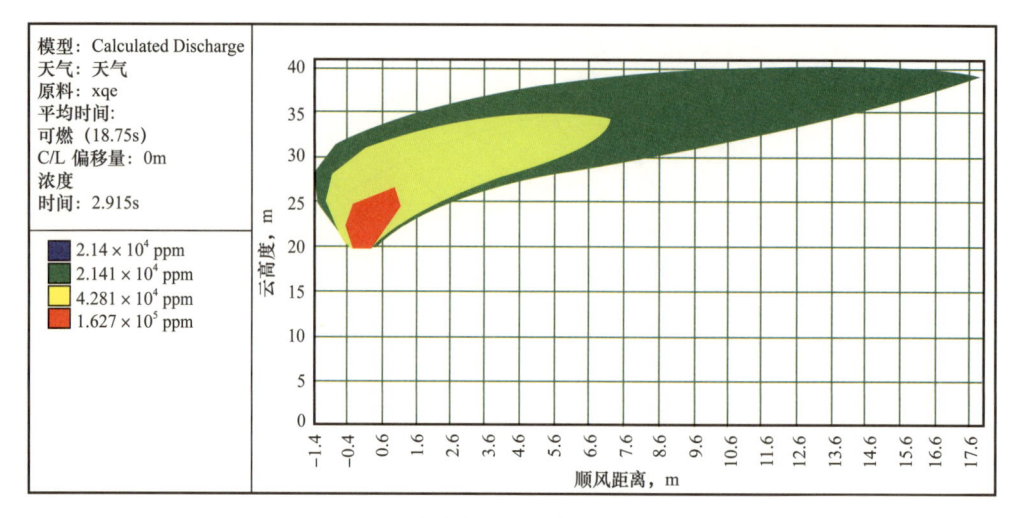

图 19-6 线路放空定量扩散分析示意图

② 优化天然气冷却流程、减少后冷器数量。

各压气站后空冷器采用集中布置方式，空冷器数量将比每台压缩机单独设置方式减少50％，每站减少5~7个构架，设备投资减少500~700万元，同时占地面积也明显减少。

③ 增设干气密封处理装置，提高压缩机组运行可靠性。

吸取西气东输一线管道经验，改进了压缩机组技术规格书技术要求，要求供货商增设干气密封处理装置，提高了干气密封气的压力和温度，大大降低了干气密封面产生液相的可能性，提高了干气密封和压缩机组运行的可靠性。

（12）首次采用多专业三维协同设计平台，提高站场设计效率和质量。

西二线站场的施工图设计采用了多专业三维协同设计平台，该平台使不同专业、不同设计人员，依托共同的设计数据库和设备材料编码规则，完成一座站场的设计任务，是一种新的设计手段。

三维协同设计平台立体感强，该平台可自动进行碰撞检查，减少了错、漏、碰、缺等错误的发生，提高了设计质量。在完成三维模型后，可自动生成平、立、剖图、ISO 图；可自动抽取材料和设备，提高了设计效率（图 19-7）。

（13）阴保系统设计采用世界最新的技术。

西二线防腐工程设计方案在以下4个方面进行了技术攻关：

① 站场防腐层的结构：在世界上首次采用在液态环氧防腐层的基础上，采用编织状聚丙烯胶带加强防腐，这种结构，既能保证防腐层结构的质量最佳化，充分将管道与地下腐蚀环境良好隔离，又不会造成防腐层的保护电流屏蔽。

② 区域阴极保护方案：目前世界上常用的保护方案为分布式阳极或深井阳极，这两种阳极形式都有难以克服的弊端，如不能消除构筑物之间的屏蔽、对包括干线在内的外界构筑物产生干扰，这些问题一直没法得到很好的解决。20世纪80年代，随着柔性阳极的出现，区域阴极保护技术有了新的转向，西二线设计中采用了柔性阳极方案。

③ 在干线阴极保护监测管理方面，在总结多年来已有技术和经验的基础上，在管道偏远地带以及阴极保护入场检测困难的地带，采用了 GPRS 无线电位检测单元。

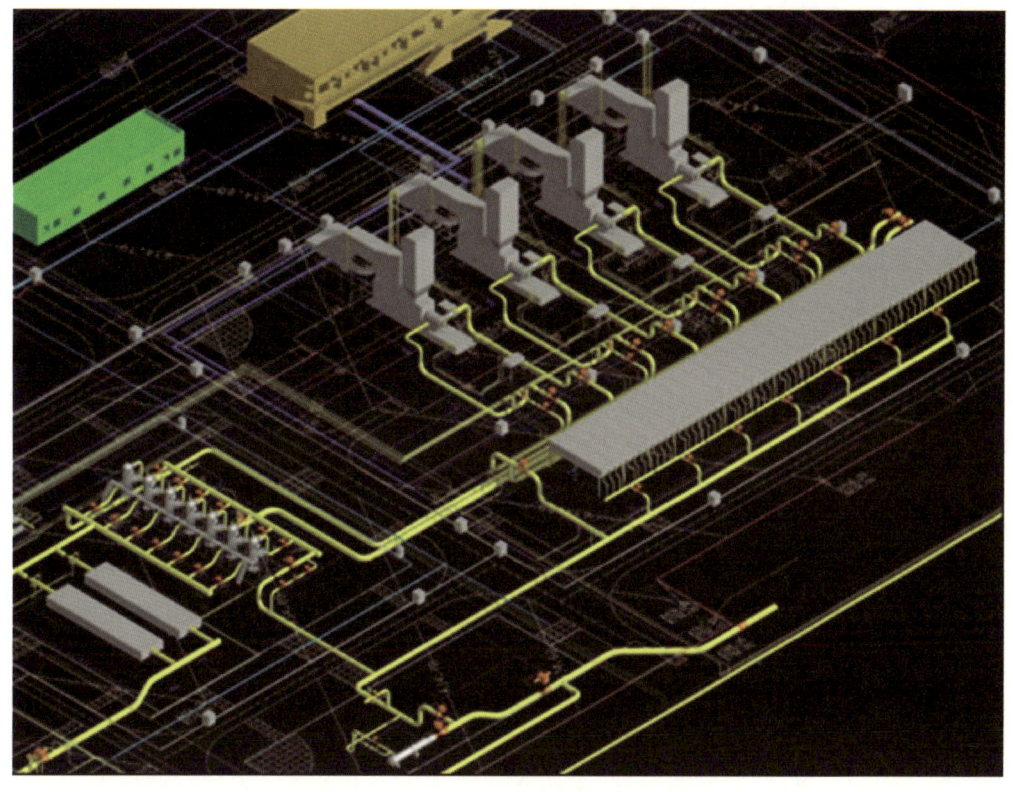

图 19-7　多专业三维协调设计成果图

④ 交直流干扰防护水平：首次提出在高压输电线路走廊内的管道建设过程中应采取的容性干扰防护理念与具体措施，也提出了感应干扰防护和阻性影响防护的具体措施。结合管道行业在这方面的多年科研成果，提出了在 RTU 阀室两端干线管道上通过去耦合器泄流的措施来防止 RTU 阀室电动执行机构遭受外界强电冲击。

四、项目经济社会效益

西气东输二线管道工程的建设构建了我国天然气资源进口的一条重要通道，西二线天然气资源的引进，有效缓解了下游用户用气需求供应紧张的局面，引进的中亚天然气资源有效缓解了国产气供应不足，同时也拉开了天然气资源大范围利用的序幕，掀起了天然气管道建设的一个高潮。天然气资源在工业和城市燃气领域的大范围使用，也大大降低了煤炭资源的消耗，减少了 CO_2、氮氧化物等温室气体的排放，有效地改善了大气质量，提高了人民的幸福感和满意度。

西二线工程中的技术创新带来的巨大的经济效益，不仅降低了西二线的工程投资，也为后续工程的实施提供了技术范例。西二线全线采用 X80 管材，仅此一项就比采用 X70 管材节约管材费 65.2 亿元。采用等负荷率工艺布站，减少压气站 1 座，直接工程投资节约 5.8 亿元，等负荷率工艺布站，使得各站机组均能在高效区工作，管道运行费用下降约 3500 万元/a。空冷器采用集中空冷，每座压气站节约投资 500~700 万元，全线共节约投资约 1.6 亿元。

西二线工程中采用的穿跨越设计技术、安全评估技术、管道并行敷设技术以及防腐技术等，极大地提高了西二线的整体安全水平，为管道的安全平稳运行奠定了良好的基础，也为后续工程的开展提供了宝贵的技术和工程经验。

第二节　中国—中亚 C 线天然气管道

一、工程简介

中国—中亚天然气管道 C 线工程横跨三国，分别接收土库曼斯坦（以下简称土国）、乌兹别克斯坦（以下简称乌国）和哈萨克斯坦（以下简称哈国）的天然气，与已建设完成的中国—中亚天然气管道 A/B 线并行敷设，起点位于土库曼斯坦与乌兹别克斯坦边境的格达伊姆，经过乌兹别克斯坦中部和哈萨克斯坦南部，终点位于中国新疆的霍尔果斯市，并在此处同国内建设的西气东输三线管道进行供气交接。全线长度为 1830km，其中乌兹别克斯坦境内线路长 526.6km，哈萨克斯坦境内 1298.4km，中国境内 5km。全线设计压力 9.81MPa。土乌边境至加兹里的干线管径为 1067mm，管材为 X70，加兹里至霍尔果斯的干线管径为 1219mm，管材为 X80。设计输量 $250 \times 10^8 m^3/a$。全线设压气站 12 座（乌国 4 座，哈国 8 座）、计量站 4 座用以实现跨国交接计量，清管站 12 座（乌国 4 座，哈国 8 座），阀室 87 座（乌国 23 座，哈国 64 座）。管道采用定向钻分别穿越锡尔河、伊犁河各 1 次（穿越长度 2000m）。全线设 3 座调控中心，分别位于乌国、哈国和中国石油管道局工程有限公司设计分公司，全线采用光通信为主，卫星通信为辅的通信方式，采用 SCADA 控制系统实现在调度控制中心对全线进行自动监控。

中亚 C 线管道项目由中国石油管道局工程有限公司设计分公司代表中国石油天然气集团公司，分别与哈萨克斯坦输气股份公司合资成立了中哈合资公司（Asia Gas Pipeline LLP），与乌兹别克斯坦国家控股公司合资成立了中乌合资公司（Asia Trans Gas Pipeline LLP）负责项目的融资、建设、运营和管理，监理单位为德国 ILF 工程公司，线路 EPC 总承包单位为中国石油管道局工程有限公司（CPPE），站场 EPC 总承包单位为中国石油天然气工程建设集团公司（CPECC）。项目于 2011 年 8 月正式启动，2012 年 9 月现场开工建设，2014 年 5 月干线一次性投产成功。

中国—中亚天然气管道 C 线工程是我国在中亚地区建设的首条以本质安全、系统可靠性、环保和以人为本的理念设计、建设的工程项目，实现了"远程控制，有人值守，无人操作"的大口径、高压力长输管道系统，达到了国际先进的建设水平。

二、工程设计难点

中国—中亚天然气管道 C 线工程作为国家能源大动脉。该管道与西气东输三线衔接，是我国西北能源通道的重要组成部分，同时也是一个互利多赢的国际友谊工程。全面提升中亚 C 线工程技术水平，将中亚 C 线打造成中国石油境外管道工程的标杆，是中国—中亚天然气管道 C 线工程的重要目标之一，因此在项目建设及设计过程中，需重点解决以下难点：

（1）管道线位受沿线地理环境制约严重：81% 管道沿线为草原、荒漠，14% 为沙漠。具有盐沼泽的地段分布在伊犁河西岸和扎尔肯特镇以南 17.5km，长度约 9.6km，这对管道施工和敷设提出了严峻的考验和挑战。

（2）中国管道史上跨越国家最多的管道之一：中国—中亚天然气管道 C 线工程横跨乌兹别克斯坦、哈萨克斯坦以及中国 3 个国家，各个国家的政治环境、社会环境和诉求各不相同，需要满足各个国家的设计习惯和设计标准，工程设计难度大。

（3）管道沿线地震烈度高、地震断裂带多：中国—中亚天然气管道 C 线沿线地震烈度高、地震断裂带多，共穿越地震烈度 9 度区 138km，8 度区 769km，7 度及以下 933km，穿越地震断裂带 6 条。

（4）本质安全设计要求：在中国—中亚天然气管道 C 线工程的设计过程中，要求以本质安全指导设计，转变设计理念，提高设计水平，在本质安全、系统可靠性、控制水平以及在环保和以人为本的设计上提出较高要求。

三、工程设计先进性

（1）首次采用阀室天然气转运技术。

当干线管道和设备出现漏气、损坏等情况时，维抢修前都会把出现问题管道上下游阀室的阀门截断，放空这段管道内的天然气，然后再进行维抢修作业。虽然放空天然气是为了保证维抢修作业的安全，避免发生燃烧、爆炸等事故，但这不仅造成了天然气的浪费，运营单位的经济损失，而且增加了环境污染。中国—中亚天然气管道 C 线工程首次采用了阀室天然气转运技术，在每个阀室内增加了天然气转运接口，通过移动式压缩机，能够把被截断的管道内的天然气转移到上下游安全的管道系统中（图 19-8）。该技术大大降低了天然气的放空量，在保证维抢修作业安全的同时，减少环境污染，在 30 年的运营期内，可降低约 3514 万元的经济损失。

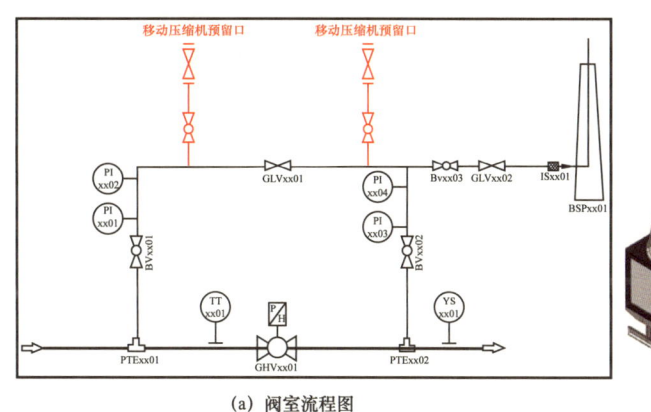

(a) 阀室流程图　　(b) 移动式压缩机

图 19-8　阀室流程图和移动式压缩机

（2）首次在中亚地区使用国产 X80 材质钢管。

根据中国—中亚天然气管道 C 线工程的输送距离、压力和介质以及管道沿线自然环境，X80 钢管具有明显的优异性能和经济价值。其优异性能体现在：① 具有良好的制管成型和可焊性；② 具有良好的热弯性。其经济价值体现在节约用钢量，以中亚 C 线哈国段为例，在同等条件下，采用 X80 钢管要比 X70 钢管节约用钢量约 6.7×10^4 t（表 19-1）。

表 19-1　X70 与 X80 钢管用钢量对比表

管径 mm	设计压力 MPa	钢型	管段等级	ISO 要求壁厚 mm	1m 管材重量 kg	管段长度 km	用钢量 10⁴t
1219	9.81	X70	Ⅰ	28.6	839.56	9.83	75.6
			Ⅱ	23.8	701.47	143.24	
			Ⅲ	19.1	565.16	1145.4	
1219	9.81	X80	Ⅰ	27	793.66	9.83	68.9
			Ⅱ	20.6	608.78	143.24	
			Ⅲ	17.5	518.51	1145.4	

在中国—中亚天然气管道项目之前，中亚地区的大部分管线为 20 世纪 60 年代及 20 世纪 70 年代建设的，采用的钢管基本上由俄罗斯、乌克兰、白俄罗斯的厂家生产，且仅有俄罗斯、乌克兰境内少数几个管厂生产过 K65 钢管（K65 为俄罗斯制管标准，与 X80 钢级相当）。相比 K65 钢管，中国生产的 X80 钢管韧性余量大，具有较低的脆性转变温度，同时中国的生产、运输成本要低于这些国家。因此，在中亚地区使用国产 X80 材质钢管，不仅打破了俄罗斯、乌克兰、白俄罗斯等国家对该地区管线用钢管的垄断，同时也突破了前苏联的制管标准体系。

（3）首次采用高分子材料的配重箱式管道配重技术。

中国—中亚天然气管道 C 线工程沿线地质条件复杂，穿越多处卵砾石（块石河）床河渠、上土下石河床河渠，以及部分山区河渠（冲沟），这些地段河床中存在较多的大粒径块石或卵砾石，对于穿越这些河渠管道的配重，如果采用平衡压袋，就地取材填充容易造成管道本体或防腐层损坏，如果筛土或外运土填充则成本过高，如果采用钢筋混凝土配重块，又存在养护时间长、水泥短缺、费用昂贵等问题。中国—中亚天然气管道 C 线工程首次采用配重箱式管道配重技术（图 19-9），并通过多种材料的比选，首次采用具有强度高、耐冲击、耐腐蚀的玻璃钢（FRP）作为箱体材料，弥补了传统的配重稳管型式的局限和不足，缩短了管道建设时间，降低了施工成本，达到了经济、安全、环保、节能的效果。

（4）首次采用 4 级 ESD 控制系统设计。

ESD（Emergency Shut Down）紧急停车系统（图 19-10）是对站场内设备可能发生的危险或不采取措施将继续恶化的状态进行响应和保护，使得站场内设备进行安全停车工况，从而使危险降低到可以接受的最低程度，以保证人员、设备的安全。由于天然气易燃易爆等特性，天然气管道站场发生 ESD 时，会将站内天然气放空，这就造成了天然气的浪费，运营单位的经济损失，而且增加了环境污染。在实际运营过程中，很多触发 ESD 的情况并不会造成天然气的燃烧、爆炸，造成的局部的事故也可能并不需要全站的放空。因此，为了更加合理、更加有利于站场的运营管理，进行了更加精细化的设计，中国—中亚天然气管道 C 线工程首次采用了 4 级 ESD 控制系统设计，通过对可能发生事故种类的细化，将 ESD 系统分为 4 级控制，分别是压缩机组保压 ESD、压缩机组放空 ESD、全站保压 ESD、全站放空 ESD。实现了更加准确的安全控制，并同时减少了天然气的放空量、减少了环境污染，可降低约 3360 万元的经济损失。

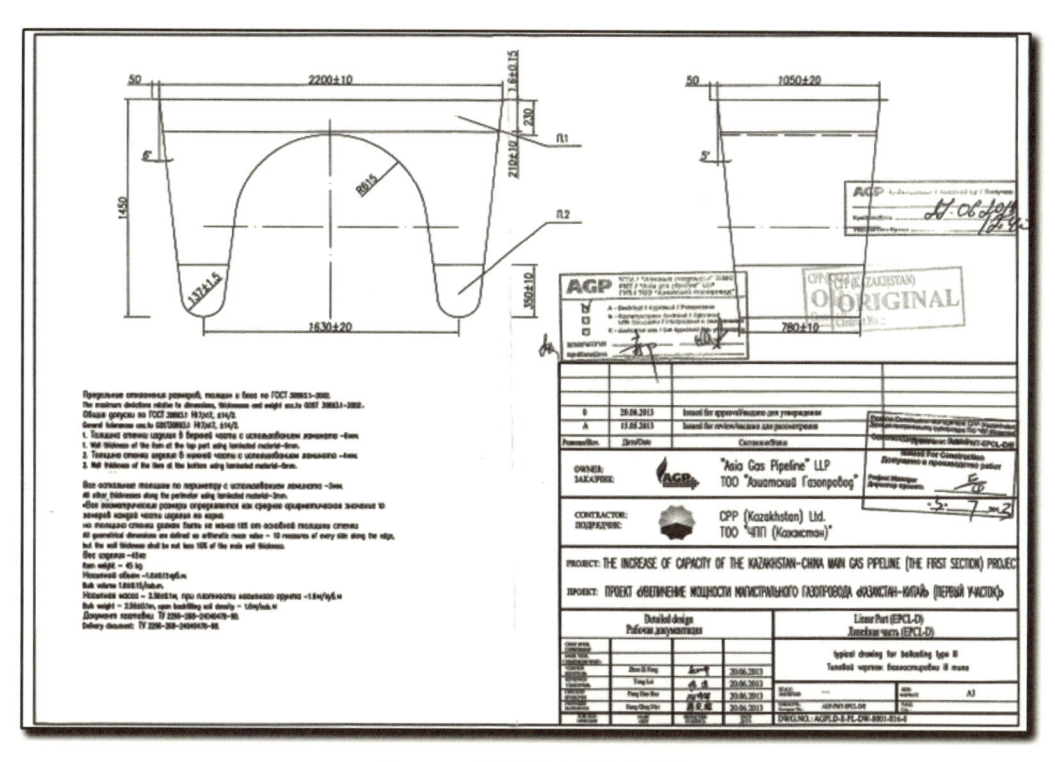

图 19-9　配重箱式管道配重图

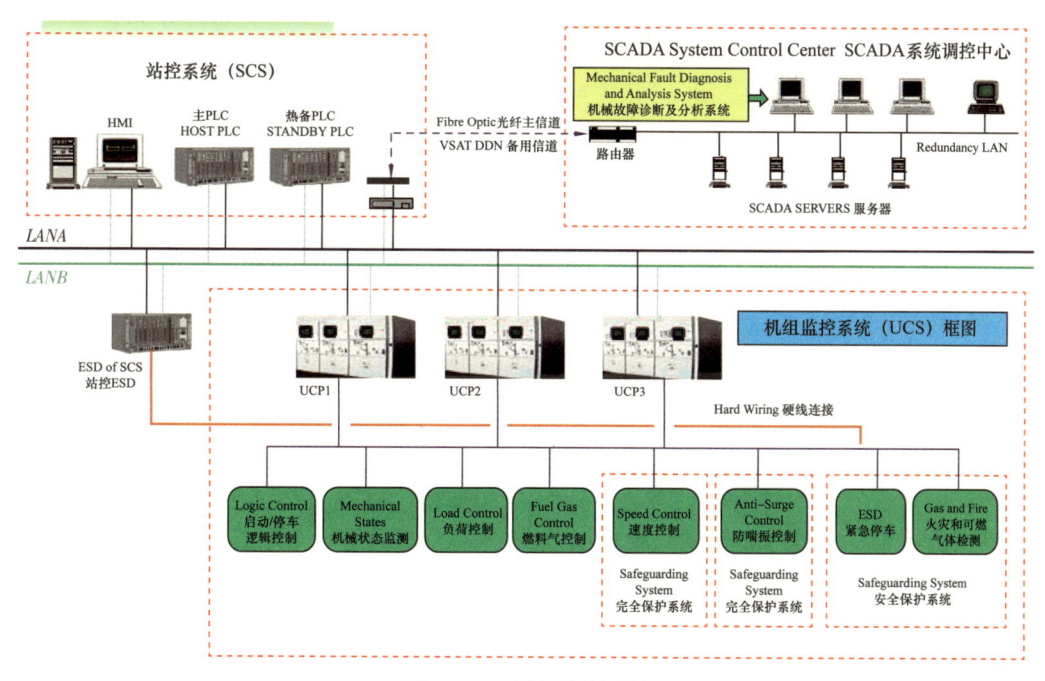

图 19-10　站场控制系统

（5）首次采用分区域放空系统设计。

中国—中亚天然气管道 C 线工程压气站由过滤区、压缩机区、空冷区以及辅助系统区域组成，传统的放空系统一般只分为进站低压放空和出站高压放空，无法进行分区域放空。为了进一步提高压气站各区域的安全运行，避免计划放空或事故放空时的相互干扰和影响。中国—中亚天然气管道C线工程首次在压气站采用分区域放空系统设计，分别对过滤区、压缩机区、空冷区进行单独的放空系统设计。由于压缩机组是天然气管道项目中最重要的设备，为了进一步提高压缩机组的本质安全，对压缩机区里的每台压缩机也单独进行了放空系统设计，设置了独立的放空管线和放空立管（图19-11）。分区域放空系统设计极大提高了各区域设备、各压缩机组的放空独立性和运行安全性，受到了运营单位的高度肯定，可为后续同类项目借鉴使用。

图 19-11　站场放空立管

（6）首次应用基于应力分析的管道柔性补偿设计方法。

中国—中亚天然气管道C线工程管径大，设计压力大，设计温度高，而冬天环境温度又极低，这些因素均加剧了管道变形和位移、应力集中、受力增大等问题，不利于管道相连设备的稳定运行，增加了站场的安全隐患。为了降低安全隐患，保证管道系统在全生命周期里的安全运行，本项目应用了基于应力分析的管道补偿设计方法，通过管道行业内公认的应力分析专业软件CAESAR Ⅱ的模拟和计算（图19-12），对清管站进出站管道、压缩机进出口汇管、空冷器进出口汇管进行了优化和改进，增加了S弯、π型弯等柔性补偿措施，降低了管道应力集中，减少了相连设备的受力，排除了安全隐患。

（7）首次应用过滤分离系统自动排污设计方案。

传统的过滤分离系统为手动排污设计，需要现场运营人员经常对过滤器积液包的液位进行查看，若液位达到了排放的要求，先关闭该过滤器进出口阀门，通过放空降低该过滤器内部气体压力后，再手动打开排污阀进行排污，操作复杂，工作量较多。针对该情况，中国—中亚天然气管道C线工程首次应用过滤分离系统自动排污设计方案，在原有的排污方案的基础上，增加了一路自动排污管线，并与液位计和过滤器进出口阀门进行连锁逻辑控制，实现了自动在线排污功能，提高了自动化水平，减少了现场运营人员的操作工作量，同时减少了设备排污操作时的天然气放空损失（图19-13）。

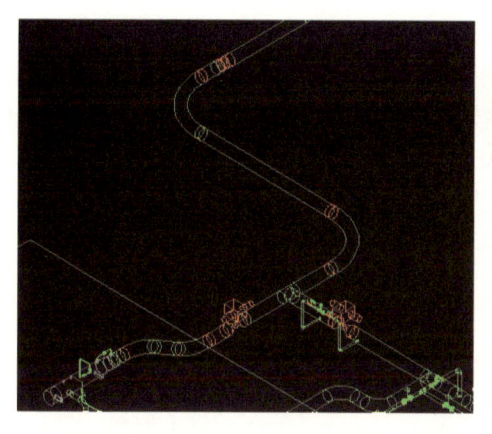

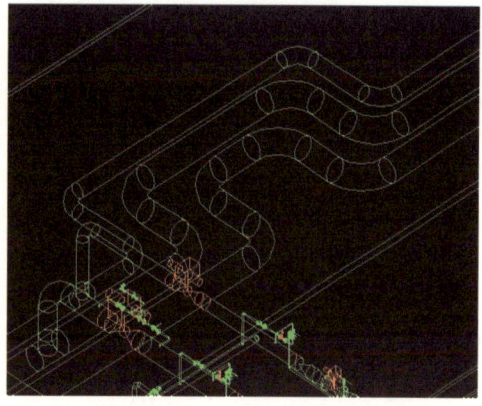

图 19-12　管道柔性补偿三维模型

图 19-13　站场旋风分离器和卧式过滤器

（8）首次在中亚地区引入限流孔板流量控制技术。

在输气管道站场正常的运行过程中，进行启站、启压缩机、排污、放空等操作时，需要对操作时的气体流量和压力进行控制，流量和压力过大会导致噪声和振动超标不满足要求，严重的可能会损坏设备。传统控制方式一般是通过调节阀对流速和流量进行自动或手动控制，但由于存在测量精度、阀门密封、操作人员经验等众多不确定因素，使得实际操作时，流量和压力不能维持在一个较好的范围内。针对该情况，中国—中亚天然气管道 C 线工程首次引入了限流孔板流量控制技术，通过在进站管线、压缩机进口管线、各路排污管线和各路放空管线上设置节流孔板，使得下游管道维持在一个较为稳定的流量和压力范围内，提高了控制稳定性和安全性，同时也大大降低了投资和维护费用。

（9）首次采用独立火气 PLC 控制技术。

火气系统是用于监控火灾和可燃气及毒气泄漏事故并具备报警和一定灭火功能的安全控制系统，常规设计中火气系统放入站控系统和 ESD 系统中，但由于火气系统需要联动的风机、消防泵、烟道阀等消防设备较多，IO 点数多达 400 点，这使得站控系统和 ESD 系统过于复杂和庞大，容易出现逻辑冲突、误报等情况。针对该情况，中国—中亚天然气管道 C 线工程首次采用独立火气 PLC 控制技术，将消防信号的采集、处理和逻辑判断从站控系统和 ESD 系统中分离出来，设置独立火气 PLC，使得消防系统更加安全和可靠，同时也降低了维护时间和费用（图 19-14、图 19-15）。

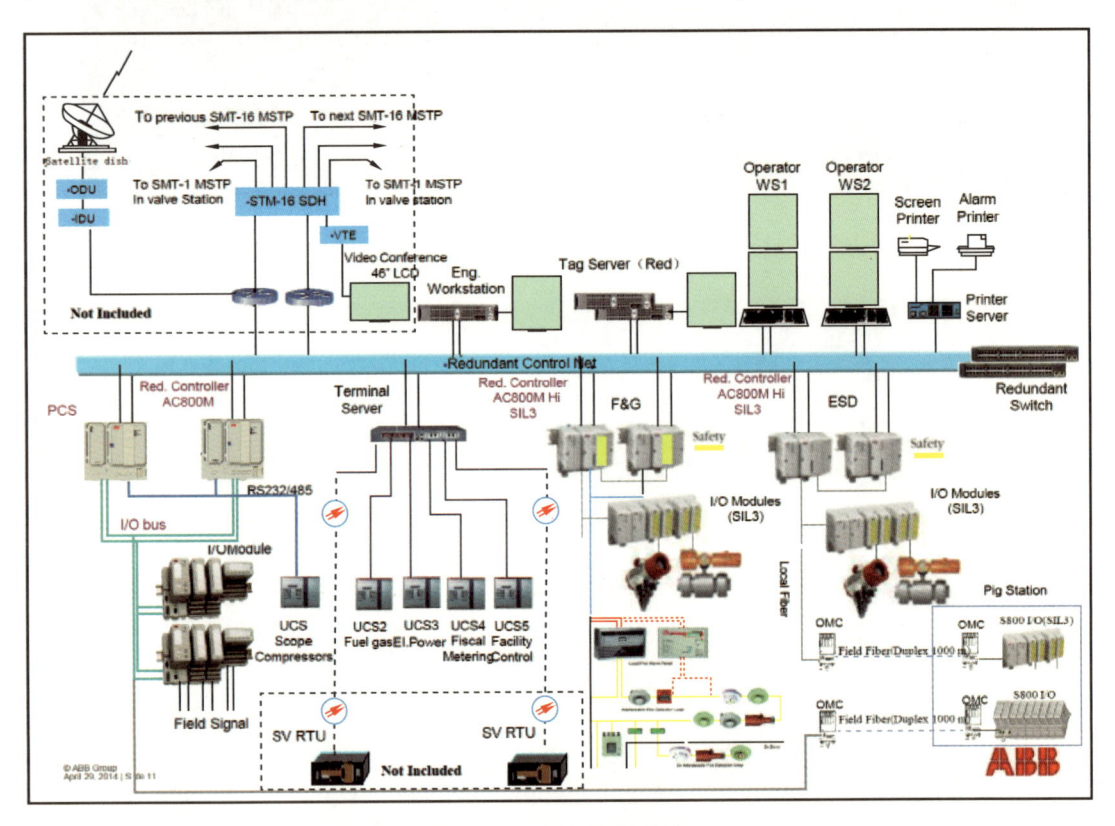

图 19-14　站场控制系统

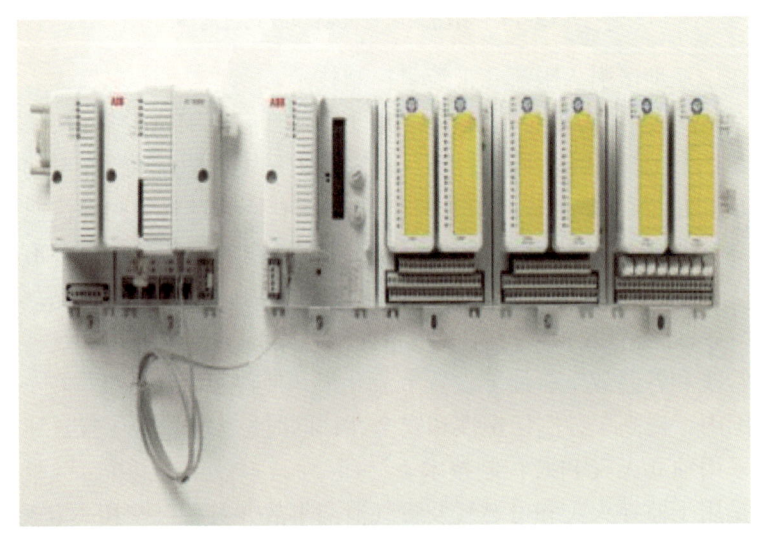

图 19-15　接线端

（10）首次采用多路运行过滤器精准自动判堵技术。

在输气管道过滤器设备的日常运行中，由于过滤器本身不能提供堵塞信号，因此主要采用检测过滤器前后压差的方法进行判断，对于多路过滤器同时运行的工况，当一路过滤器发生堵塞时，由于其他路过滤器不堵塞，过滤器前后压差变化不明显，起不到判堵的效果。中国—中亚天然气管道 C 线工程对输气管道多路运行过滤器判堵设计技术进行了革新，首次采用多路运行过滤器精准自动判堵设计技术，该技术主要包括：① 通过采用高精度靶式流量计和差压变送器检测过滤器堵塞情况；② 通过过滤器阀芯差压值、运行回路瞬时流量值和多路流量平均值等参数进行堵塞情况综合判断；③ 通过过程控制单元 PLC 进行逻辑算法编程，实现故障路自动截断和备用路自动投入。多路运行过滤器精准自动判堵技术提高了管道运行的自动化水平，减少了巡检、维护工作量（图 19-16）。

图 19-16　站场过滤器

（11）首次采用站内自用气橇装屋设计。

长输管道压气站站内自用气橇一般为露天安装，橇座内的各种设备需要较高的耐受气候条件的性能，对设备的可靠性要求较高。中国—中亚天然气管道 C 线工程对站内自用气橇座的设计进行了优化，根据中亚国家冬季严寒的特点，首次采用站内自用气橇装屋设计，解决了冬季极寒天气对仪表选型和使用的影响，增加了设备安全性和使用寿命。并将以前的 1 个橇座拆分为 1 个加热橇座和 2 个完全独立互为备用的计量调压橇座，增加了系统抵御突发事故的能力。同时，将气体预热由直接电加热方式优化为水浴加热方式，提高了系统的本质安全（图 19-17）。

图 19-17　站场自用气橇装屋

(12) 首次采用小型气象站技术。

中国—中亚天然气管道 C 线工程首次在长输管道设计中设置了小型气象站（图 19-18），该小型气象站可检测风速、风向、气温、气湿、气压、辐射量、蒸发量等气象参数。小型气象站采用橇装化设计，内部集成了风速/风向传感器、温/湿度传感器、辐射量、蒸发量传感器、太阳能供电系统、数据采集仪等设备，安装在现场非防爆区，通过 RS485 信号向站控系统传送相关数据。小型气象站能为 SCADA 系统提供实时、准确的气象数据，极大的提高了管道的运行管理水平。

(13) 首次采用电站管理系统（ECS）技术。

中国—中亚天然气管道 C 线工程首次采用电站管理系统（ECS）技术（图 19-19），将发电机组系统与低压配电系统有机结合，对压气站的发配电进行集中监控管理，可实现：① 对发电机、燃气机组辅助设备的自动控制；② 机组的负荷管理功能；③ 管理和控制发电机进出线柜开关，对低压开关柜上的所有断路器进行监视、控制；④ 显示所有的发电机组主要技术参数（电压、电流、频率、有功功率、无功功率、功率因数等）实时数据和实时趋势，并将技术参数存入数据库，展示历史趋势图，打印历史报表。⑤ 同站控系统进行通信，将需要的数据转发给站控系统，接受站控的指令执行操作。电站管理系统（ECS）技术的应用不但实现了压气站供配电系统的自动化水平，而且极大提高了供电系统可靠性，降低了全站停电风险。

图 19-18 小型气象站

(14) 首次采用综合告警系统技术。

为减少运维人员数量，提高运维效率；为解决中亚 C 线与已运行的中亚 A/B 线不同厂家设备间的兼容问题和统一管理问题，中国—中亚天然气管道 C 线工程首次创造性地提出综合告警系统（Integrated Alarm System，简称 IAS 系统）。作为一套综合网管系统，综合告警系统不但能管理中亚 C 线的华为、COMTECH、霍尼韦尔等厂家提供的 SDH 光传输设备、网络和话音系统设备、卫星通信系统设备，还可以将中亚 A/B 线的思科、阿尔卡特等常见提供的光传输设备、网络和话音设备纳入统一管理。通过一个平台，统一的管理界面实现各系统的统一综合管理，并可根据实际需求不断扩容管理的系统。一个运维人员通过综合告警系统，即可对以上各系统设备实现参数设置，运行数据查询，告警管理等操作，提高了工作效率，节省了人力成本，节约投资 220 万元。

(15) 首次采用 100% 覆盖的数字集群通信技术。

中亚地区公共网络设施基础薄弱，管道沿线大部分地区无移动信号覆盖，为保证管道安全运行，在突发事故发生时运维人员与管理人员能及时通话，同时也为巡线人员和站内人员提供更有效的通信手段，中国—中亚天然气管道 C 线工程首次采用数字集群通信系统，并 100% 覆盖管道全线（图 19-20）。数字集群通信系统具有频带利用率高、保密性好、功能丰富和全线覆盖等特点，大大提高了集群通信系统在天然气管道行业生产指挥调度作用。

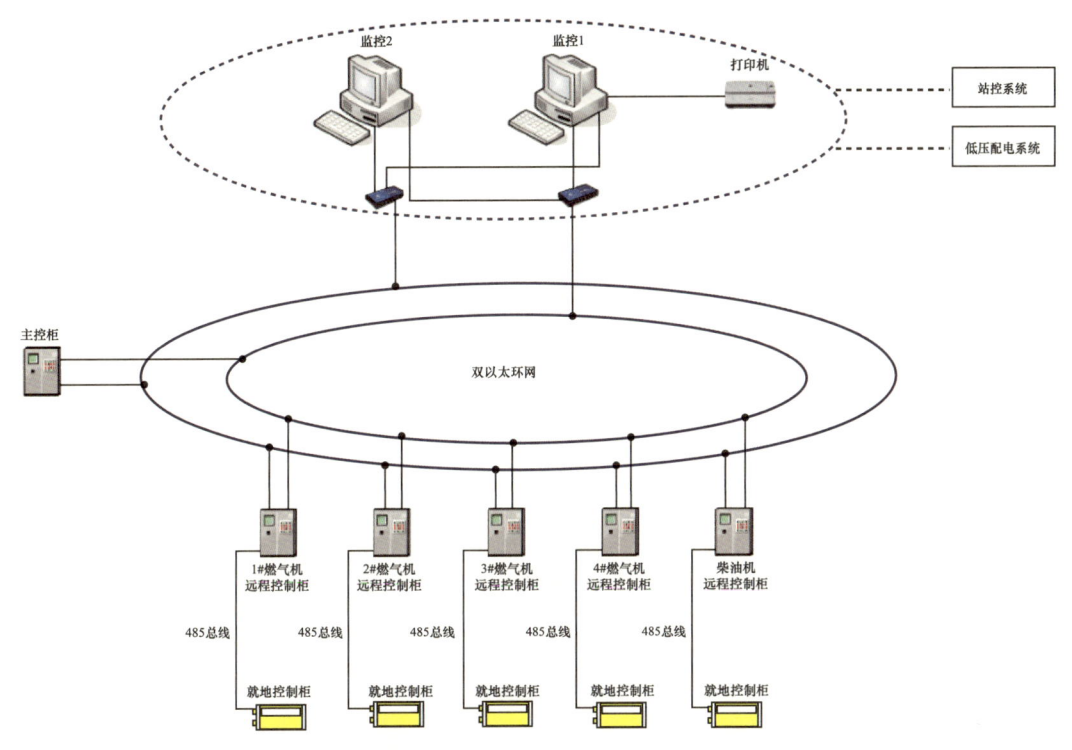

图 19-19　电站管理系统（ECS）

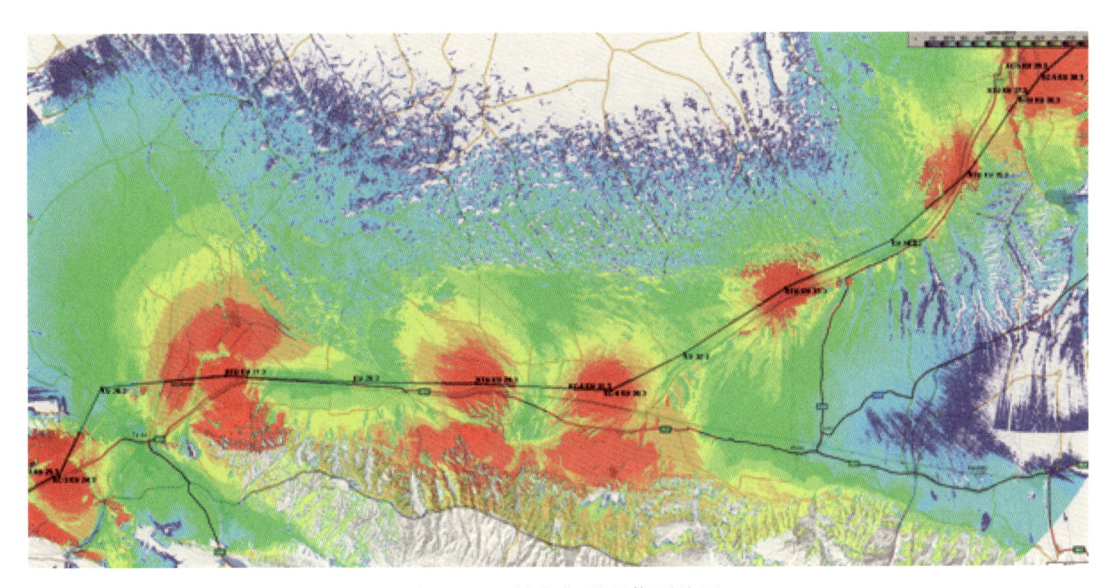

图 19-20　数字集群通信覆盖图

（16）首次采用卫星电视 IPTV 技术。

中国—中亚天然气管道 C 线工程首次采用卫星电视 IPTV 技术，将数据网、话音网和电视网3网合一。数据、话音和电视系统的中心设备以交换机为核心，依托综合布线系统超五类电缆作为传输通道，用户终端在同一接口不仅可以享受数据、话音服务，还可以享受电视视频服务，用户终端可以是PC，也可以是IP机顶盒+普通电视机。作为一种新兴的交互式网络电视系统，IPTV技术不仅将电视服务、互联网浏览、电子邮件及多种娱乐功能结合在一起，还可以让站场值班人员根据个人喜好进行视频点播、视频下载等，极大地丰富了现场值班人员的业余文化生活。

（17）首次在中亚地区室外生活热水管网采用PPR管材。

生活热水管网主要为站场运行人员提供日常24h淋浴用水和厨房用水，常规设计中室外热水管材多选用钢管、镀锌钢管等。中国—中亚天然气管道C线工程站场处于偏远地区，多采用地下水源，含盐量高，水质不佳，升温加热后易出现混浊、结垢等情况，影响使用。针对该情况，中国—中亚天然气管道C线工程首次在中亚地区采用PPR管材（图19-21）用于室外生活热水管网，保障生活热水管路不锈蚀、不结垢，避免用水二次污染，使得生活热水系统更加卫生和可靠。

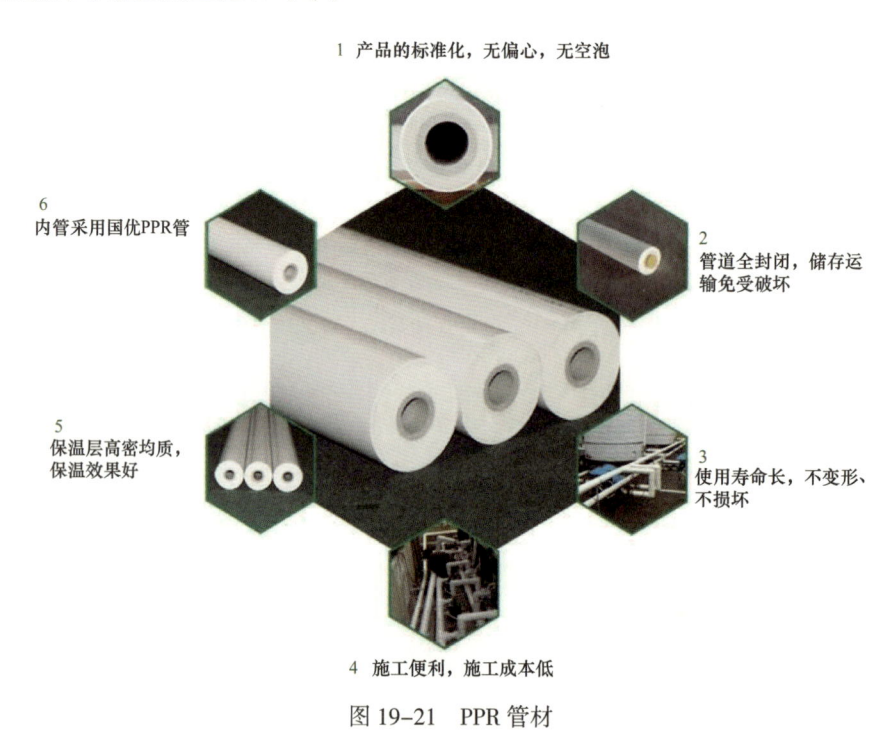

图19-21　PPR管材

（18）首次采用生活采暖和工艺加热相互独立供热系统方案。

长输管道站场供热系统主要承担了为站场提供冬季采暖和工艺（自用气）加热的功能，传统设计中工艺用热水常常与采暖热水共用同一个管网，彼此连通。由于站场自用气橇运行压力较高，加热过程中可能会出现高压天然气泄漏到采暖系统中，造成供热系统超压等情况。针对该情况，中国—中亚天然气管道C线工程首次采用生活采暖和工艺加热相互独立的供热方案，保障工艺用热水和采暖热水相互隔离，不再直接连通，使得站场供热系统更加安全和可靠。

（19）首次在中亚地区大幅度地提高自动化控制水平。

中国—中亚天然气管道C线工程首次在中亚地区大幅度地提高自动化控制水平，通过在全线阀室采用监控+监视方案，全线采用自动启站方案、自动注气方案、自动排污方案、过滤器等工艺设备自动切换方案，及在各辅助系统设独立的控制柜或盘，独立完成对整个辅助系统的自动监控和保护方案等，提高主系统和辅助系统的自动化水平，减少运营人员的人工操作，基本实现"远程控制，有人值守，无人操作"的自控水平（图19-22）。

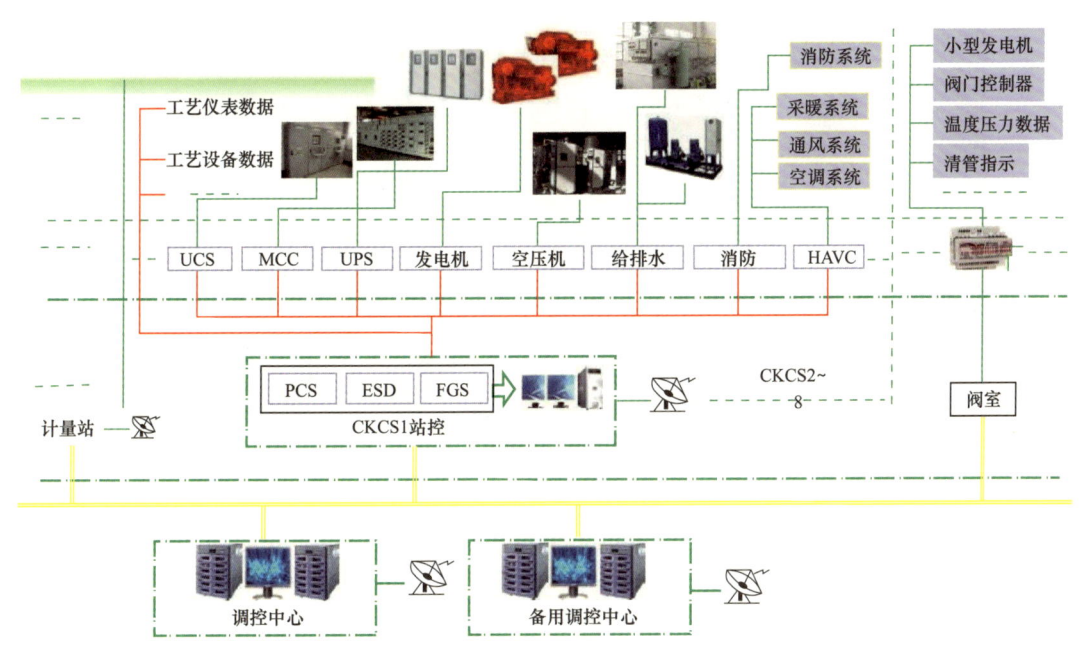

图 19-22 站场控制系统

（20）首次在中亚地区大幅度地提高本质安全和系统可靠性。

中国—中亚天然气管道C线工程通过提高主系统和辅助系统的自动化水平，减少运营人员的人工操作；站控室和调控中心增加对单体设备的上传信号，提高监视水平；增加大型河流穿越敷设备用管；根据沿线自然条件，对管道和站场设施增加安全保护措施；编制设备厂家资料审查深度规定，对厂家涉及到本质安全的设计必须通过设计审查批准后方可实施；乌哈两国设置备用调控中心；站控服务器采取冗余设计；沿线增设数字化集群通信；SIL分析评级达到国际同类工程评级（SIL2级）等措施，首次在中亚地区大幅度地提高了本质安全和系统可靠性，进一步保障了本项目在全生命周期内的稳定操作和安全运行。

（21）首次在中亚地区大幅度增加环保和以人为本的设计方案。

中国—中亚天然气管道C线工程在提高自动化控制水平、提高本质安全、保证系统安全可靠的基础上，以环保节能、以人为本的设计理念，对压气站内生产区、办公区和生活区总图布置建筑单体结构型式等进行优化。优化措施主要为：①优化压气站功能分区，采用将生产区和办公区用围墙隔离方案；②优化倒班村和生活设施方案；③优化放空和排污系统设计，减少放空量方案；④与中亚A/B线临建站场合建方案；⑤将同种性质的建筑单体进行合并方案；⑥优化当地传统的建筑结构型式方案，如对于大型生产性建筑，不再采用排架结构，改为门式钢架结构，对于办公楼、宿舍楼等生活类结构由轻钢结构改为砖混结构，以到达方便施工、节能环保、方便运营人员的操作和办公的目的（图19-23）。

图19-23　站场鸟瞰图

四、项目经济社会效益

中国—中亚天然气管道C线工程通过大量的技术创新和设计优化，节省了工程投资0.9亿多美元，节省运行费用超3.5亿美元。2014年5月，一次性投产成功，并分别由中亚天然气管道中乌合资公司（ATG）及中亚天然气管道中哈合资公司（AGP）最终验收，保证管道如期通气，确保供气协议的顺利实施。中国—中亚天然气管道C线年设计输送能力可达到$250\times10^8m^3$，可满足国内1/10以上的天然气消费需求，相当于每年替代0.33×10^8t煤炭，可分别减少二氧化碳和二氧化硫排放0.35×10^8t、55×10^4t。该管道的建设，为提高我国清洁能源利用水平、优化能源结构、促进节能减排、改善民生作出重大贡献，在国内具有非常显著的经济效益和社会效益。

中国—中亚天然气管道C线是一个互利多赢的国际友谊工程，气源来自土乌哈三国，亦被乌哈两国政府视为重点工程。中亚C线的建设使乌哈两国由管道过境国转变为天然气供应国，改变了两国对外天然气供应格局，实现了天然气出口多元化。同时，中亚C线的建设还为乌哈两国带去大规模投资，管道运行后能为两国政府上缴过亿美元税收，创造近千个就业岗位。该管道的建设，为中亚地区政治稳定与经济繁荣作出重大贡献，在国际上具有非常显著的经济效益和社会效益。

第三节　中缅天然气管道（缅甸段）

一、工程简介

中缅天然气管道工程（缅甸段）是中国"一带一路"标志性工程和具体体现，是中缅能源、经贸合作的平台和纽带。中缅天然气管道工程（缅甸段）起自缅甸西海岸兰里岛皎漂市的西南约6.7km的皎漂首站，经22km穿越卡拉巴海沟后在原油管道马德首站出站处与原油管道并行敷设，途经缅甸若开邦、马圭省、曼德勒省、掸邦，从南坎进入中国境内。缅甸境内线路全长792.5km，管径$\phi1016$mm，设计压力10MPa，钢管采用X70M螺旋埋弧焊钢管和直缝埋弧焊钢管，管道埋地敷设，外壁防腐采用三层PE，内壁涂减阻内涂层。管道全线河流大型穿越8处，河流中型穿越9处，中型跨越2处，采用定向钻方式穿越、桁架方式跨越、多跨梁式跨越、大开挖方式穿越、山岭隧道穿越、海底管道方式穿越等技术。

中缅天然气管道分两期建设：一期工程管道设计输量52×10^8m³/a，在缅甸分输（3～10）$\times10^8$m³/a，剩余管输天然气输入中国；二期工程管道设计输量120×10^8m³/a，在缅甸分输20×10^8m³/a，剩余管输天然气输入中国。在缅甸境内有4个天然气分输点，分别为皎漂、仁安羌、当达和曼德勒，一期分输天然气（3～10）$\times10^8$m³/a，二期分输天然气20×10^8m³/a。

管道沿线共设皎漂首站、仁安羌分输压气站、当达分输站、曼德勒分输站、眉缪压气站和南坎计量站共6座工艺站场。管道一期工程不设压缩机组，仅预留其用地。管道沿线共设有28座线路截断阀室，其中7座监控阀室、21座普通阀室。

中缅天然气管道工程（缅甸段）的自动控制系统采用SCADA系统。该管道的自动控制系统将达到由曼德勒调度控制中心对管道全线进行监控和管理，现场无人操作的水平。在管道的各个工艺站场分别设SCADA站控制系统，在监控阀室设置远程终端装置。SCADA系统具备将管道数据传至中国石油东南亚管道公司、北京调控中心的功能。

二、工程设计难点

中缅天然气管道工程（缅甸段）面临着缅甸政治、社会环境复杂、参建单位众多、地形地貌复杂多样、通行困难、社会依托条件差等工程难点。

（1）管道设计和建设期间，缅甸处于军政府与民主政府过渡期。境内种族冲突、地方武装冲突严重，政治社会环境复杂。管道途经的若开邦佛教徒和伊斯兰教徒积怨已久，种族矛盾时常激化，频繁爆发，对管道建设影响很大。

（2）中缅天然气管道工程（缅甸段）由中国石油、韩国大宇、印度石油、缅甸油气、韩国燃气、印度燃气4国6方出资建设，中国石油集团东南亚管道有限公司代表各投资方履行业主职能。工程采取EPC总承包模式，承建单位为管道局、印度旁吉劳德、川庆钻探、大港油建、大庆油建5家单位。由中油朗威工程项目管理有限公司负责监理总部及北段监理分部，北京兴油工程项目管理有限公司负责监理南段，以及中国石油天然气集团公司中心医院、中国石油安全环保技术研究院共同负责监理部分。德国ILF公司负责工程咨询。工程设计由中国石油天然气管道工程有限公司总负责。参建各方的工程理念和设计惯例存在巨大差异，设计交流任务艰巨，技术协调难度大。

（3）管道沿线经过沿海滩涂地段、若开山热带雨林、伊洛瓦底江平原种植区、掸邦高原林区等多种生态区（图19-24）。管道线路避开红树林保护区、佛教圣地、LINDE军事管理区、野生动物保护区和柚木林保护区。管道沿线地形起伏大，地质条件复杂，地质灾害严重，活动性断裂带多，潜在的地震灾害严重，山高谷深、地形破碎。管道沿线经过

"两沟一江两河"，河流众多，江河深切。中缅天然气管道工程被称为世界管道建设史上难度最大的工程之一。

图 19-24　中缅天然气管道沿线地形地貌

（4）缅甸境内公路发展现状整体较差。皎漂—马圭之间近 240km 仅有唯一的一条公路可以通行，该公路路面狭窄，较多地段的公路路面损毁严重。该公路通过的很多河、沟、渠采用的是木结构桥涵，经现场踏勘其数量达到近 100 座。这些桥涵的承载力一般不超过 13t，远不能满足管道施工设备和材料运输要求。

（5）管道沿线所经地区村镇稀疏，通信落后，物资匮乏，社会依托资源少。

三、工程设计先进性

中缅天然气管道工程（缅甸段）秉承国际一流设计理念，遵循国际规范，采用安全可靠、以人为本、绿色环保、智能高效的技术方案。重视生态环境，环保设施与主体工程同期设计、同期施工和同期投产。设计因地制宜，兼顾中缅两国风格，满足实用功能。

（1）首次应用大口径油气管道并行敷设技术。

本工程首次应用油气管道全线并行敷设技术。部分困难地段同沟敷设是制约该项目顺利实施的关键因素之一。本工程为大口径、高压力、高强度材质，是我国大口径油气管道并行敷设的首次应用，尤其是缅甸西部若开山约 60km 的山区，地形起伏剧烈，场地狭窄，覆盖原始森林，在横贯缅甸西海岸和中部平原的 200km 范围内，仅若开山的安—马圭一条通道，对 2 条大口径管道敷设带来很大困难。

管道设计院针对以上特殊地形地貌，对此开展了管道并行敷设的专项研究，结合西部管道爆破试验的成果，对油气管道并行、同沟敷设的施工布置、运行维护、阴极保护和防腐等方面进行了深入细致的研究，综合确定了 2 条管道并行和同沟敷设的间距及保护措施。2 条管道综合利用同一路由和作业带，共同实施水工保护和水土保持，节约了大量投资、降低了施工难度、方便运行管理。

（2）首次应用遥感技术优化管道路由选择。

本工程在缅甸境内所经地貌多样，地形极其复杂，在前期设计工作中可供参考的仅有20世纪30年代勘测的英制1∶250000地形图，对于如此复杂的工程来说，该资料远不能满足设计的需求，需要获取更新更丰富的人文自然信息来满足本工程的建设需要。因此，管道设计院在本项目的设计中首次应用遥感技术进行线路路由的优化，确保路由合理、可行，其应用主要体现在以下几个方面：

① 宏观路由分析。

采用中低分辨率的landsat7TM、ETM数据叠加SRTM DEM辅助开展线路宏观走向的确定。landsat7TM、ETM影像光谱信息丰富、空间分辨率（TM分辨率30m，ETM分辨率15m）适中，单幅影像覆盖面积大（达185km×185km），同时结合数字高程数据SRTM DEM的使用，以确定线路宏观走向。本工程先后使用了19景的SPOT2.5m数据资料，完成了复杂地段线路优化工作，缩短了整个决策阶段的周期。

② 重难点地段分析。

对若开山、南塘河等本工程重点难点地段利用相应的SPOT2.5m数据，进行局部方案比选，进一步优化线路：

a. 通过DEM（数字高程模型）叠加遥感影像，在遥感软件支持下重现山区段三维全方位景观，通过多范围、多角度观察，选择合适的山区段线路方案。

b. 结合SPOT遥感图和SRTM DEM所反映的人文地物、交通条件、山形地貌、高程等信息，利用DEM数据解析线路纵断面，解析计算了各比选方案的主要工程量，为线路比较提供参考。

c. SPOT2.5m数据具有相当于1∶10000地形图的详细度，道路、居民点、机场跑道等细微地物清晰可见，利用该数据，对靠近城市地段的天然气管道线路进行细部优化。

③ 穿跨越点的分析及选定。

在地形图初步选定的穿越范围基础上，通过DEM（数字高程模型）叠加SPOT影像，重现河流及两岸三维全方位景观，获取河流的水面宽度、河床及河堤情况，解析河流断面，为寻找合适的穿跨越位置和确定河流穿跨越方式及穿跨越工程量提供定性定量参考。

（3）控制性工程创新性地采用定向钻穿越、桁架跨越、开挖穿越、海底管道等多种穿越设计技术，创定向钻穿越深度记录。

本工程创新性地采用定向钻穿越卡拉巴海沟、耶冈春海沟、伊洛瓦底江等。其中卡拉巴海沟最大穿越深度78m，创定向钻穿越深度纪录。伊洛瓦底江主河道天然气备用管穿越创造了管道直径1016mm，砾砂、砂砾岩地层，穿越长度达1756m的国外定向钻穿越新纪录。米坦格河采用桁架跨越，克服了卵石粒径大、含量高的困难。瑞丽江采用同沟开挖并行敷设，长约5km的Fletcher hayers海沟采用海底管道方式穿越。

（4）多次定向钻穿越伊洛瓦底江，首次采用备用管方案保证穿越工程安全，为中国石油海外项目距离最长的管道穿越。

伊洛瓦底江为缅甸第一大河，是缅甸的母亲河，伊洛瓦底江穿越工程是中缅油气管道（缅甸段）的控制性工程。伊洛瓦底江两岸以及江心滩地势低洼，洪水淹没期超过60d，淹没期一旦发生断管，难以修复。为了保证管道安全，本工程天然气管道首次采用备用管道设计，主河道采用定向钻方式穿越，增加管道出土点与岸坡的距离，以达到保护管道安全的目的。岔河在入土点侧延长增加与冲蚀岸坡距离，江心滩同时考虑备用，施工完成后3段连成整体，但不与现有天然气管线连接，一旦发生破坏，仅考虑2处连头即可投入生产。

主河道备用管穿越长度为1756m，是中国石油海外项目中距离最长的管道穿越施工。该工程主要穿越地层为砾砂层、砂砾岩和砂岩，地质条件复杂，容易造成钻孔坍塌、钻井液外泄、钻杆断裂等事故。针对该穿越工程穿越次数多（先后穿越12次）、技术难度高、施工风险大等情况，管道设计院先后2次组织有关专家进行穿越技术研究，对工程的主要风险和应对措施逐一分析，制订了科学合理的技术方案。

（5）首次实现油气双管共用跨越工程，并首次采用自主研发的"桁架跨越施工应力应变实时监控技术"指导桁架牵引施工。

米坦格河跨越工程是本工程的控制性工程之一，该工程采用桁架跨越方式，采用3跨简支桁架梁结构，ϕ813mm原油管道和ϕ1016mm天然气管道并排布置于桁架下弦平面上，该工程为桁架跨越中首次实现油气双管共用跨越工程，因其跨度大、荷载重（单榀桁架重量达65t），使得施工难度极大。

管道设计院将自主研发的"桁架跨越施工应力应变实时监控技术"应用于中缅油气管道工程米坦格河跨越工程的桁架牵引施工中。施工过程中监测最大应力为121MPa，由于受到机械振动的影响，监测结果比理论计算结果大，但未超过设计阈值，施工顺利完成。该技术的应用使得跨越工程工期缩短20d，节约成本约165万元。

（6）首次运用油气并行敷设的高材质、大口径海底管道敷设技术。

本工程海底管道长5.56km，是制约项目能否按期投产的瓶颈之一。缅甸马德岛附近Fletcher hayers海峡地质情况复杂、环境工况条件恶劣，表层为承载力低的流塑状淤泥，设计最大表层流速为5.556km/h，因此该区域管道的敷设、施工以及运行对设计方案提出了严峻的考验。

管道设计院针对该海峡的复杂地形特点，开展了专项研究，为海底管道的敷设、施工以及在位稳定性提供了有力的技术保障，同时为今后解决大口径、高压力、淤泥质地质条件的海底管道的建设提供了技术指导和帮助。根据不同的地质环境条件，设计采用了不同的管沟形式和埋设方式，并提出了2条平行敷设海底管道需要的最小间距。该项技术是管道行业内首次应用于并行敷设的大口径海底管道，为今后类似工程提供了借鉴。

（7）应用新型坡面防护设计技术，降低工程投资。

若开山脉段沿线石料少，降雨大而集中，且地表覆盖茂密的竹和树林。管道扫线过程中对地表进行清理平整，由此产生大量的土石方。在管道施工完成后，这些土石方需要重新堆放到作业带上。由于重新回放的土方松散，且山体坡度较大，极易受雨水冲刷，造成水土流失污染环境。以往工程中，对于上述的坡面防护，一般采用浆砌石堡坎/挡土墙、干砌石堡坎等，沿坡面作业带修筑梯田式地坎，分段缩短坡面径流长度以稳定坡面。该方法造价高、材料运输难度大、施工速度较慢、需再次开挖基槽，而对于陡坡地段该方法材料运输和施工困难，砌体基础稳定性不高。

考虑上述情况，结合本工程地表植被覆盖率高的特点，设计中对地表坡面的防护采用了新型木桩篱笆护面的形式，利用作业带砍伐的竹林和树林编织而成，形成梯田式的坡面防护，与管沟内的截水墙有机结合，防止水土流失。该创新技术方案可以减少采用浆砌石防护方案所需石料的外运。

木桩篱笆作为一个新型的护面措施，可以有效地减少管道施工完成后的作业带水土流失，保护生态环境，并促进坡面植被的恢复，是一种新型的生态护面措施，在一定程度上可替代如浆砌石、混凝土或干砌石等刚性结构。且具有易于施工、就地取材、施工进度快、高可变形性、造价低等优点，适用于石料缺乏的山区地段的坡面防护。

木桩篱笆护面已经首次使用在中缅油气管道（缅甸段）工程中，成功处理了坡面水土流失的问题，保证了作业带地貌在雨季前及时恢复，节约了大量工期和投资。

（8）首次实施物流运输专项研究，规避项目建设风险。

本工程在缅甸境内经过了滩涂、海沟、山区、河流、峡谷等地貌，不仅给工程施工带来了极大困难，而且缅甸境内道路基础设施较差，也对本工程的物流保障提出了更高的要求，如：① 皎漂首站—若开山脉段管道约 50km 位于沿海滩涂地段，这些区域被多条海沟分割包围，目前没有道路可以到达，当地居民均采用渔船来往；② 缅甸境内已有公路的通行能力较差。除了道路的路面较窄外，其桥涵设施也很简陋。皎漂首站至马圭间近 240km 的线路段，目前仅有唯一的一条公路可以通行，该公路通过的河、沟、渠采用的是木结构桥涵，经现场踏勘其数量达到近 100 座。这些桥涵的承载力一般不超过 13t，远不能满足管道施工设备和材料运输要求。

针对本工程物资用量大，运输距离长，运输费用在项目总造价中比例大的情况。本工程如何利用缅甸境内公路、河运、铁路的现有条件满足工程物资的可靠运输，保证项目施工的需求，降低运输费用具有重要意义。

对此首次开展了物流运输的专项研究，重点调研缅甸境内公路、铁路、河道现状，运输设备车辆能力，综合对比各种运输方式所需时间和相应费用，最终确定采用中国—缅甸海运，缅甸境内河运和公路联合运输的方式。缅甸铁路运输频率低，能力较差，综合性价比低，故不采用铁路运输方式，仅作备用运输方式。另外，还针对沿线中转站设置位置、面积、人员配置、建设周期和费用进行了研究；对缅甸西海岸滩涂地段码头修筑位置和方式进行了研究；对沿线公路已建桥梁的加固、改造提出了处理方案。

通过上述物流方案的专项研究，规避了项目建设的风险，保证了本工程的顺利实施。

（9）采用国际先进自动化电源技术，首次实现输油泵站、天然气站场和油气计量站的集成统一供配电系统。

中缅天然气管道工程（缅甸段）供配电系统采用了节能环保高效的技术方案，达到了油气管道的高可靠性要求，并实现了运行方式灵活的特点。实现了全线电源系统自动运行，实现了曼德勒调控中心、站控、就地控制的多级自动控制。全线主要设备的运行参数和能耗数据均上传至站控和调控中心，可实时监测设备状态及能耗水平。

该项技术达到了国际先进水平，主要体现在以下几个方面：

① 采用当今先进的工控技术、网络技术、通信技术以及先进的系统设计理念，实现了多台天然气发电机和柴油发电机混合以及多模式运行的电源自动控制技术，大大减少了人为干预，降低了人力成本，提供了供电的可靠性。

② 优先选用当地电网作为主供电源，同时配以发电机系统（天然气/柴油）作为备用电源，并设置不间断电源系统作为应急供电电源，既保证了站场极高的供电可靠性，又达到了节能的目标。

③ 针对缅甸的电源质量差、不稳定的特点，采用了全自动的电压控制调节技术和补偿滤波技术，保证了站场各系统的正常运行。同时，市电系统、发电系统、不间断电源系统之间的全自动切换、复位控制技术实现了站场供电系统的稳定运行。

④ 本工程首次实现了输油泵站、天然气站场和油气计量站的集成统一供配电系统，既满足了油气不同的供电要求，又大幅度降低了运行维护成本，节约了大量工程投资。

⑤ 以天然气为燃料的独立电站系统和太阳能发电系统的综合应用，实现了中缅管道绿色、节能、环保的建设目标。

四、项目经济社会效益

在管道建设过程中，创造了直径1600mm钢套管挺进126m世界纪录，解决了伊洛瓦底江定向钻穿越世界性难题；利用大型桅杆空中吊装发送260t桁架，解决了米坦格河跨越无大型吊车难题；解决了大坡度、大落差1号断崖和南塘河大峡谷管道敷设难题……该工程获得中国建设工程鲁班奖（境外工程）。

中缅天然气管道工程（缅甸段）的建成标志着中国"四大能源通道"大格局已初步形成，拉近中缅两国距离，使缅甸资源变为中国能源储备，缓解中国西南地区的"气荒"，保障中国能源供应安全，对中国经济发展、缅甸乃至整个东南亚的经济基础和设施建设具有长远的战略意义。

第四节 中卫—贵阳联络线

一、工程简介

中卫—贵阳联络线工程干线起自宁夏中卫，经甘肃、陕西、四川、重庆，止于贵州贵阳，干线全长1613km，其中中卫—南部段903km，南部—贵阳段710km。本工程还配套建设陇西支线、陇南支线和天水支线3条，其中陇西支线全长142km，陇南支线全长85km，天水支线全长46.1km。

本工程设计输气能力$150 \times 10^8 m^3/a$，设计压力10MPa，管径1016mm，材质为X80，干线管内壁采用减阻内涂层的工艺输送方案。天然气主供川渝地区，并通过中缅天然气管道贵阳—南宁段、西气东输二线广东西干线进一步输送至广东市场，本工程同时还考虑沿途地方用气的需求，建设相应支线到达目标市场。

根据线路总体走向，输气管道干线第六标段在贵州省遵义市跨越乌江，根据中国石油项目总体规划，中缅原油管道也考虑在此位置跨越乌江，故双管共用乌江跨越悬索桥。乌江悬索跨越是中贵联络线的咽喉工程，总跨度480m，主跨跨径310m，是行业内难度最大的柔性管道跨越，也是国内跨度最大的柔性管桥之一，具有重要意义，如图19-25所示。

本项目自2009年9月开工建设，2013年9月30日投产并平稳运行至今。

二、工程设计难点

中卫—贵阳联络线工程第六标段（贵州段）黔北处于四川盆地向云贵高原爬升地带及大娄山区，以中山、沟谷地貌为主，尤其是习水县温水镇—仙源镇段，沿线地形地质条件复杂,山势陡峭,是贵州段的重难点段;黔南以低中山、丘陵和宽谷盆地为主,地形复杂。

图 19-25 乌江悬索跨越

(1)黔北山势陡峭、植被茂盛,黔南经济较好,规划较多,线路定线的合规、合法、合理是设计中的难点。

(2)岩溶地区分布面积广,消除岩溶塌陷、涌水等对线路管道、隧道、跨越、阀室和站场的影响是设计中的难点。

(3)贵州高原气候温湿,降雨量充沛,施工过程中的作业带扫线、管沟开挖易引发局部边坡失稳,山区段管道横坡敷设线路设计是难点。

(4)乌江悬索跨越总跨480m,主跨跨径310m,为国内油气管道同桥,悬索跨度最大的桥梁之一,全新的设计方法是设计中的难点。

(5)管道支座用钢量大且滚动效果差,解决施工中搬运困难、运营中维护困难等问题是设计中的难点。

(6)本工程线路管道大部分处于山区,交通不便,沿线隧道穿越、河流穿越、河流跨越、公路和铁路穿越较多,阴极保护的管理维护是设计中的难点。

(7)优化站场工艺装置、进出站管道,提升工艺系统的安全、维修简便是设计中的难点。

(8)贵州降雨量充沛,城镇发展较快,站场和阀室建筑物的防火、防爆、防水、通风、建筑保温是设计中的难点。

(9)中卫—贵阳联络线工程的目标是建成一条安全、平稳、高效、自动化的管道,在调度控制中心能够运行、调度、管理管道沿线的各工艺站场，先进的自动化控制方法是设计中的难点。

（10）优化电源部分的接线、切换方案和低压系统的完整性，提高运营维修的安全、高效是设计的难点。

乌江悬索跨越在设计中存在以下设计难点：

（1）总跨480m，主跨跨径310m，跨度大，为目前管道局设计和施工的最大跨越悬索管桥；双管同桥，荷载大，另外考虑地震、风振、清管、试压等计算工况复杂，设计难度大。

（2）地处乌江峡谷，风速大，基本风速24.9m/s，高度和地形修正后设计风速达到54m/s，复杂风环境给跨越工程设计带来重大影响，同时由于山区峡谷风的特殊性，给管道跨越的设计提出了新的问题，抗风设计是本项目的难点。

（3）高陡峡谷两岸卸荷和溶蚀裂隙影响大，对跨越的选址提出了调整，如何解决降低跨度、减少卸荷裂隙影响、提高结构安全、降低造价之间的矛盾成为本工程选址和设计挑战，如何选取合理的跨度、评估和解决卸荷裂隙影响、基础设计结构措施成为本工程的重要难点。

（4）跨越工程场区地质构造极其复杂，地质灾害频发，断层交错，给整个跨越工程的选址和工程设计提出了更高的要求，受到地质构造的影响，选址工作难度极大。

（5）设计精细化水平要求高。本工程首次采用PPWS工法、混凝土塔架、大体积混凝土浇筑等新的施工工艺，对设计文件的指导性要求高，对设计的精细化水平要求高，塔架如图19-26所示。

（6）新思路、新技术、新手段的各项工业化应用，要求设计进行多手段反复验证，对设计分析论证和设计质量要求高。

三、工程设计先进性

针对本项目工程设计中的难点，采用先进的设计方法和手段，为管道的按期安全投产保驾护航。先进性主要体现在以下方面：

（1）首批利用遥感技术优化线路路由。

本项目黔北（习水县、桐梓县等）山势陡峭、植被茂盛，黔南（贵阳市白云区、观山湖区、花溪区等）经济较好，规划较多，单依靠1:10000地形图很难在较短的时间确定合法、合规、合理的线路路由，利用先进的遥感技术手段辅助定线，可以达到事半功倍的效果。

① 通过DEM（数字高程模型）叠加遥感影像，在遥感软件支持下重现山区段三维全方位景观，通过多范围、多角度观察，选择合理的山区段线路方案。

图19-26 乌江跨越塔架图

② 结合 SPOT 遥感图和 SRTM DEM 所反映的人文地物，交通条件，山形地貌、高程等信息，利用 DEM 数据解析线路纵断面，解算各优化方案主要工程量，为线路优化提供参考。

③ SPOT 2.5m 数据具有相当于 1∶10000 地形图的详细度，道路、居民点等细微地物清晰可见，利用该数据，可以对城市段（贵阳市白云区、观山湖区、花溪区等）的线路进行细部优化，使线路路由合法、合规。

（2）首次利用有限元的分析方法，采取托底灌浆的技术解决大面积岩溶塌陷的问题。

本项目岩溶分布面积较广，矿产资源丰富，矿产大量开采改变了地下水位的径流方向，引发大面积的地面塌陷。管道经过该区域，特别是覆盖型岩溶，由于其具有隐蔽性，对管道的安全运营存在威胁。在山区段大范围的管道改线不仅增加施工难度，而且可能直接影响能源通道的按期投产；常规灌浆方法材料用量大，造价高，工期长，具有盲目性和不合理性。特别是在岩溶洞、裂隙较大区域灌浆，由于其连通性好，将使浆扩散过远，超过预定的充填范围，提出利用有限元的分析方法，采取托底灌浆的方法解决了习水县、汇川区等管道通过区域（长度 6km），如汇川区桩号 FC115-FC118 段，由于煤矿开采引发大面积岩溶塌陷的问题，节省工程投资达千余万元。

① 运用有限元的分析方法，建立模型，分析岩溶塌陷管道的应力变化。

② 采取托底灌浆的技术稳定岩溶塌陷地层，彻底消除塌陷对管道的影响。

（3）首批采用超前探测技术通过岩溶发育区，将施工监控量测技术纳入隧道设计施工中，运用有限元分析方法优化隧道支护结构。

本项目通过大娄山山区，地形地质条件复杂，采用了 10 个中长山岭隧道穿越方式通过。其中娄山关、尖山子、小寨坝等多个隧道通过岩溶发育地区，施工过程中首批采用超前探孔孔内成像探测技术，并结合超前注浆预支护技术手段，有效预判掌子面前方的溶洞暗河等不良地质情况，防止隧道塌方和突发涌水事故，确保了施工安全。

本项目采用有限元先进技术理论进行仿真模拟计算分析，并结合以往工程实践，将Ⅳ级围岩二衬钢筋混凝土支护优化为素混凝土，确保安全的前提下大大提高了经济性；将Ⅴ级围岩初期支护格栅断面采用喷射混凝土完全包裹钢架，钢筋净保护层厚度满足相关要求，使之完全发挥了钢架与喷射混凝土整体受力作用，提高了初期支护强度和现场施工安全度，充分实践"新奥法"的设计理念。

本项目首批将施工监控量测技术纳入隧道设计施工中，及时预警开挖后围岩和初期支护的变形速率，实时动态调整软弱围岩地段的支护参数，坑道稳定后再施作二衬有利于衬砌结构的长期稳定，从而大大提升施工安全性及管道运行期间隧道结构的安全性。

（4）首次将山区段管道横坡敷设施工工况纳入设计。

管道横坡敷设施工中的扫线和管沟开挖作业会改变原始稳定边坡的断面几何形状，并由此引发边坡失稳，严重时甚至会诱发滑坡、塌方等地质灾害，这样不仅提升了安全风险，增加了施工难度，增大了征地费用，而且可能造成施工无法进行，从而调整线路，造成人力、物力、财力上的较大损失。

本项目线路横坡敷设 20 处，主要集中在习水县和桐梓县，如桐梓县桩号 FB082-FB083 段，首次将山区段管道横坡敷设施工工况纳入设计，提出合理的设计方案，指导现场施工，节省工程投资达百余万元。

（5）采用先进的设计方法完成乌江悬索跨越设计。

① 首次采用PPWS法多束股成缆技术进行缆索的设计，解决大直径长距离主缆的运输和加工问题，主索分股如图19-27所示。

② 首次采用了稳定索进行干扰频率的方式解决了柔性索系风荷载作用下的振动问题，如图19-28所示。

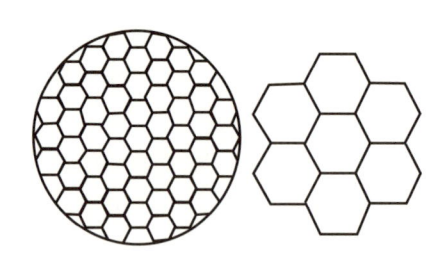

图19-27 主索分股图

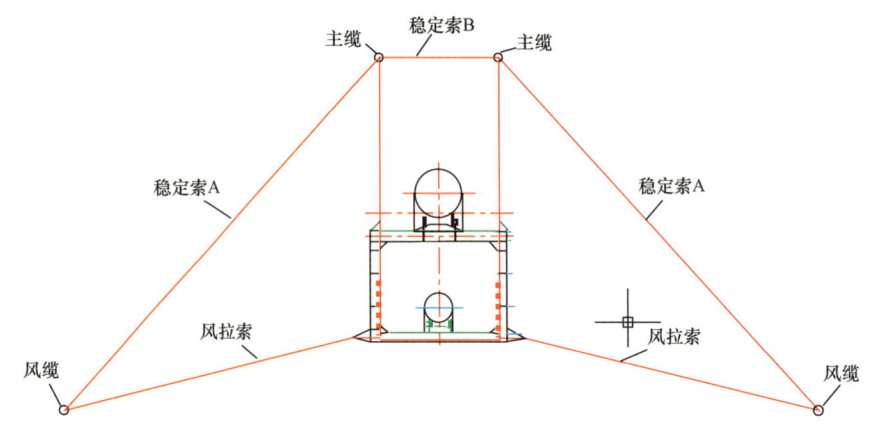

图19-28 稳定索连接图

③ 首次采用数值仿真模拟进行结构的抗风稳定性、抗震稳定性分析，多工况下的动力响应分析，管道和跨越在不同工况下的受力耦合分析，确保管道和跨越的安全；成功地将跨越课题中节段模型风洞试验的参数推荐结论进入数值分析，对结构抗风性能进行了优化，形成了针对管道悬索跨越工程特点的抗风设计方法，并形成了专有技术。

④ 首次采用数值仿真的方法对空缆状态、一级加载、二级加载等多种施工工况进行仿真分析，满足缆索整形和安装要求；同时对清管动荷载作用下的桥面变形和主缆受力进行分析，如图19-29所示。

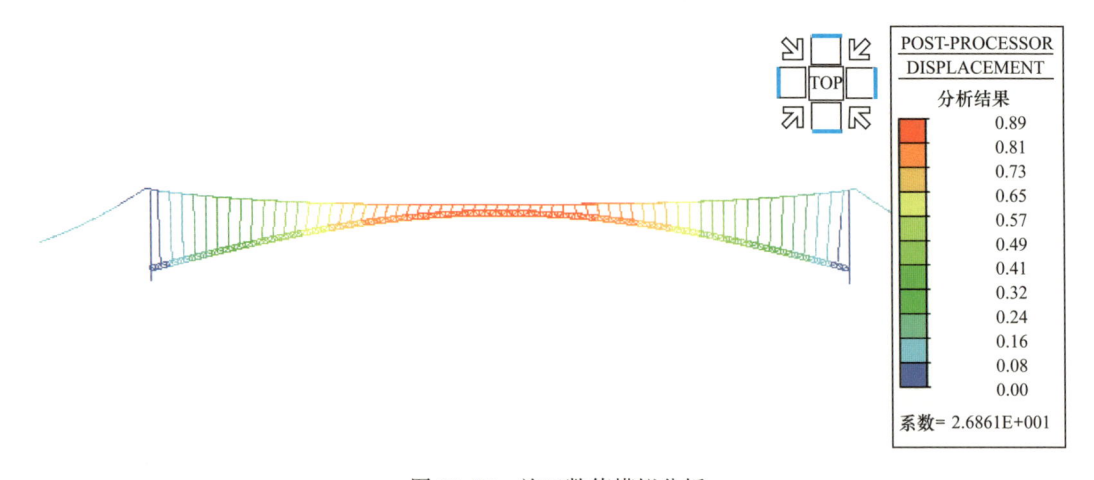

图19-29 施工数值模拟分析

⑤ 首次采用底部固结的混凝土主塔+塔顶滑动索鞍的形式进行主缆结构设计，解决了以往摆动式塔架柔性过大的问题。

⑥ 风缆采用双"U"型连接接头方式，解决了风缆不同受力条件下索型变化问题。

⑦ 以位置的合规性为基础，考虑卸荷裂隙影响因素，参照工程建设分公司跨越课题定量风险评价技术的方法进行评估和风险识别，通过定量的分析方法，直观反映出乌江悬索跨越的环境风险可接受程度，为位置选择和紧急预案制定提供参考，解决了降低跨度、卸荷裂隙影响、结构设计与安全之间的矛盾。

⑧ 管道支座采用可拆卸轴承+滚轴形式，解决以往支座用钢量大且滚动效果差、施工中搬运困难、运营中维护困难等问题，获得了国家专利，如图19-30所示。

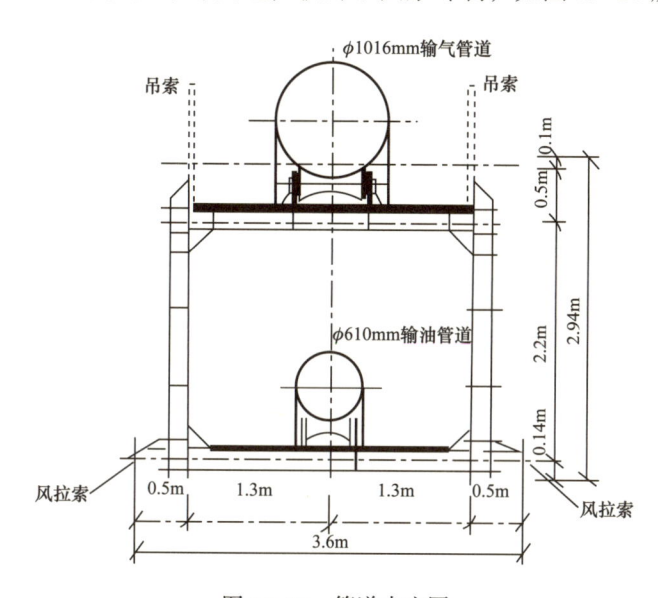

图 19-30 管道支座图

⑨ 引入了结构全生命周期的设计理念，施工中采用施工监测，运营中采用生命期内健康监测系统，保证跨越结构的安全运营；

⑩ 对跨越整体进行了美观造型设计，混凝土塔架采用曲线形式，造型优美。

（6）采用先进的阴极保护设计理念。

① 在山岭隧道和人员难于到达的地方，设置阴极保护智能电位采集仪，将采集到的阴极保护参数通过无线通信技术实时发送至管理处，以减轻运行管理单位的外业负担，提高阴极保护的自动化水平、管理水平和效率。

② 根据具体排流处的实际土壤腐蚀情况，首次引入排流接地极计算技术，合理确定裸铜线的用量，每处节约100~200m不等的裸铜线，经实际运行验证，达到了预期的排流效果。

（7）首次采用卧式组合式过滤器。

以往项目一般采用立式组合式过滤器，由于立式组合式过滤器高度较高，给运行人员的巡检、维修及更换滤芯带来不便。

遵义分输压气站等采用卧式组合式过滤器解决了以往项目立式组合式过滤器不便于巡检、维修及更换滤芯的问题。

（8）首次采用在组合式过滤器后设置威力巴流量计。

以往项目中采用每台组合式过滤器设置差压变送器来判断过滤器滤芯堵塞情况，但是由于过滤器是通过汇管连通的，无法测出具体哪个过滤器发生堵塞。

遵义分输压气站等采用在组合式过滤器后设置威力巴流量计，用于判断具体哪个过滤器滤芯堵塞需要更换，解决了以往项目中差压变送器无法测出具体哪个过滤器堵塞的问题。

（9）优化进出站管道的锚固墩。

以往项目中，进出站管道一般设置锚固墩，消除线路管道热位移对收发球筒产生的推力。通过应力分析计算，设置的锚固墩水平推力800t，进出站地形起伏大，现场施工难度较大。

遵义分输压气站等采用各站场在进出站管道增加清管弯管，收发球筒底座与基础之间采用滑道式设计，这样进出站管道不需要设置锚固墩便可将收发球筒的位移量降低至满足设计要求。

（10）采用可靠的建筑防火、防爆、通风、保温、防水设计方法。

① 各建筑单体每层划分为一个防火分区，在车库、供热间与其他房间之间设置防火隔墙等，有效防止火灾蔓延和保证人员疏散。

② 单体建筑的耐火等级为二级，其中站控室、机柜间、UPS间、发电机间耐火等级为一级。

③ 设备用房根据其火灾危险性确定火灾分类，综合设备间为丙类或丁戊类，阀室为甲类。

④ 控制室顶棚、地板材料燃烧性能均为A级。

⑤ 钢结构构架及钢支撑表面涂刷防火涂料，柱子满足2h，梁满足1.5h。

⑥ 平面布局中充分考虑非空调季节自然通风，综合值班室各层内走廊两端及中间露台上外窗设置尽可能大的可开启的门窗，增加有效通风面积，保障自然通风的线路畅通。

⑦ 采用高效的建筑节能保温材料玻璃棉复合板薄抹灰外保温层，有效控制建筑外墙传热系数在标准范围内，同时保温材料的防火性能满足公安部最新要求。

⑧ 建筑外墙及屋面采用多道防水保护措施，外墙采用先进的外墙防水涂料，提高外墙的防水性、防腐蚀性、耐候性等性能。屋面采用改性沥青防水卷材及防水涂膜2道防水，双重保护。

（11）采用先进的自动化控制方法。

本项目全线采用以计算机为核心的数据采集、监控系统（SCADA），由中国石油北京主调控中心和廊坊备用调控中心对全线进行控制和运行管理，控制中心可以通过光通信、卫星通信等多种通信途径完成全线进行数据采集、数据处理、设备操作、故障排除、安全保护等任务。

本项目的自动化控制系统的设计已经达到国内先进水平，主要体现在以下几方面：

① 采用当今先进的计算机技术、网络技术、通信技术以及先进的系统设计思想，建立了监控和数据采集系统。

② 站场所有第三方智能设备或子系统的信号通过SCS的通信服务器进行处理，保证了SCADA系统与其他系统或设备的通信连接顺利实施，减轻了生产过程控制设备和调度

控制中心设备的负担。同时，通信服务器需具备硬盘存储能力，能够实现将中断数据补传到调控中心的功能。

③ 压缩机组监视控制系统（UCS）与 SCADA 系统采用网间互连，机组 ESD 系统连锁信号采用硬线与 SCADA 系统连接，保证了机组数据传输的灵活性和可靠性。

④ 安全仪表系统分级设计，设置独立的安全仪表系统，并对独立设置的安全仪表系统进行了逻辑控制分级。根据不同的触发条件（危险程度的不同），执行不同的保护程序。

⑤ 改进 RTU 阀室数据传输方式。利用对光信道的配置，分别将数据传送到相邻的上、下游 2 座工艺站场的站控制系统中，再通过这 2 座工艺站场将数据上传到北京、廊坊主备调控中心。这种方式充分利用管道的主备通信信道，使 RTU 阀室的数据传输可靠性大大提高。同时，此种方式还有一个优点是某座站场的站控制系统画面中可以显示该站场所辖上下游 RTU 阀室的主要工艺参数和设备状态，这对日常运行管理人员来说是十分便捷的。

（12）优化电源部分接线、切换和低压系统方案。

本项目电源部分采用单电源、环网柜—单变压器接线方案，结构简单、运行维护方便。并配以自动化柴油发电机组，发电机与市电通过机械式 ATS 开关进行切换，安全而可靠，有效避免了以往项目由于选用塑壳式切换断路器造成的延时掉电现象。另外对于初设单位出具的一期、二期结合方案，方案中一期箱变内将低压侧进线与补偿柜纳入。此做法在二期投运时拆除箱变将造成较大浪费，二期变电所需增加新的出线低压柜，为此经过与初设单位沟通后，简化了箱变设计，尽可能保持低压系统完整性，减少了二期工程设备投资及改造工程量。

四、项目经济社会效益

中卫—贵阳联络线工程的建设，把进口中亚、塔里木、长庆和川渝等 4 大气源以及西气东输系统、陕京线系统、川渝管网及中缅等干线系统相连，增强管网调配的灵活性和供气的安全保障，并有力地缓解川渝地区天然气供需紧张的矛盾，带动西部地区的发展。乌江悬索跨越作为该项目的控制性工程，该跨越管桥的成功建设保证了中贵联络线的顺利投产，为解决贵州、四川地区供气紧张的问题，促进西部发展作出了重要贡献，取得了良好的经济效益和社会效益。

本工程通过采用多项新技术、新工艺，在保障管道安全的前提下，降低了工程的投资费用超过 560 万元。主要体现在以下 3 个方面：

（1）桥塔设计：以往管道悬索跨越工程中主缆均采用成品索，单纯的采用风拉索抵抗风荷载。乌江悬索跨越首次采用 PPWS 法多束股成缆技术进行缆索的设计，解决大直径长距离主缆的运输和加工问题；采用了稳定索进行干扰频率的方式解决了柔性索系风荷载作用下的振动问题；风缆采用双"U"型连接接头方式，解决了风缆不同受力条件下索型变化问题；风索转向节设计技术解决了施工困难难以定位的问题。其中风索转向节设计技术节约投资 40 余万元，稳定索设计技术节约投资约 120 万元。

（2）管道支座设计：首次采用组装式轴承滚动支座，解决以往支座用钢量大且滚动效果差、施工中搬运困难、运营中维护难等问题；本设计节约钢材 45t，比传统管道支座方案节约投资 40 万元。

（3）全生命周期设计：施工中采用施工监测技术，运营中采用生命期内健康监测系统，保证跨越结构和管道的施工质量和运营安全，其中施工监测技术节约工程造价约407万元。

第五节　江都—如东天然气管道

一、工程简介

江都—如东天然气管道是将如东LNG接收站天然气输往苏中地区，并实现与冀宁管道、西气东输连接的重要管道。该项目三期工程泰兴—芙蓉段北起泰兴分输站，南至芙蓉分输站，管径ϕ1016mm。根据线路总体走向，三期工程在江苏省靖江市与江阴市之间穿越长江，穿越断面位于长江下游，江苏省靖江市东兴镇和江阴市利港镇之间。北岸位于靖江市东兴镇上四村，南岸位于江阴市利港镇立新圩村。

江都—如东天然气管道项目泰兴—芙蓉段长江穿越（A线、B线）施工图设计，包括长江穿越段，旧堤穿越段及一般线路段。其中长江定向钻穿越段水平3279m，旧堤穿越段752m。管径ϕ711mm，设计压力10MPa，长江穿越实际长度3300m，施工完成时为定向钻穿越长度世界之最，目前也为同管径穿越长度的世界之最，定向钻管道发送现场如图19-31所示。设计在定向钻穿越领域首次应用定向钻钻杆稳定和钻具组合数值模拟仿真技术，为自主开发的新技术，目前已开发拥有自主知识产权的专有设计计算软件1套。

本项目自2012年6月开工建设，2013年11月投产并平稳运行至今。

图19-31　定向钻管道发送现场

二、工程设计难点

江都—如东天然气管道项目包含长江定向钻穿越控制性工程，长江是中国第一大河流，穿越位置地质主要以砂层为主，两岸大堤安全等级较高，长江水面宽广，工程管径较大，拟定长江穿越长度3287m，在当时，全世界采用定向钻需要穿越3287m同时管径超过711mm还没有先例。主要穿越难度如下：

（1）主河道穿越水平长度3279m，实际长度3310m，为当时世界上最长的定向钻穿越工程，无相近穿越长度工程设计经验可以借鉴。

（2）导向孔阶段钻杆轴向应力和扩孔阶段钻杆扭矩随着钻孔长度增长钻杆应力急剧增大，很难保证钻杆及钻具的稳定性和寿命，施工中发生钻杆断裂的风险非常高；钻具组合的选择也是定向钻能否成功的关键因素。

（3）管道穿越距离长，单穿技术在钻杆钻具方面已经无法达到施工要求，所以必须采用对接技术。在本工程实施以前世界上没有如此长距离定向钻的对接经验可以借鉴，采用何种外部引导磁场、对接区设置等都成了必须要解决的设计难点。

（4）回拖场地受限。如东长江穿越两岸经济发达，人口众多，建筑物复杂，道路交通繁忙，回拖场地严重受限，如何能够在保证工期又节省费用且对当地居民生活及环境产生较小影响成为又一个设计难题点。

（5）管道采用加强级3PE+定向钻专用热收缩套的外防腐层，在如此长距离的回拖过程中，如何保证防腐层不被划伤，热收缩套不起皱、不脱落成为设计的重中之重。

（6）管道施工成孔直径比管道直径大，管道穿越长江施工完成后，在管道周边留有空隙，有可能形成渗流通道，导致长江南、北侧堤防内管道上方土层中的渗流水力坡降远远超出该土层的允许渗透水力坡降，可能会造成孔洞坍塌，导致堤防沉降，对堤防的防洪安全有一定的影响。因此，对于如何保证堤防安全及稳定性成文本设计的又一个难点。

（7）本长江穿越所处位置航运繁忙，过往船只经过穿越位置很可能因为意外情况进行紧急抛锚，而抛锚对于管道安全的影响为设计的重要内容之一。

三、工程设计先进性

针对以上难点和特点，设计通过各种手段解决以上难点，先进性主要体现在：

（1）设计采用2根ϕ711mm管道代替1根ϕ1016mm管道，降低了施工风险，最终保证了定向钻一次穿越成功。

（2）本次长江穿越设计首次运用岩数值仿真技术，建立了钻柱—孔洞全孔模型，综合考虑钻柱服役环境、岩土对钻柱的摩擦碰撞及钻井液的浮力等作用，分别对导向孔钻进、扩孔钻进2种工况下的受力情况进行有限元分析，并针对不同钻具组合进行动力分析，对钻杆寿命进行了安全性评价，保证了施工中钻杆的安全性，相关技术列入"油气管道复杂地质定向钻穿越技术攻关"课题，最终获得集团公司科学技术进步奖，并申报专有技术1项，开发专有设计计算软件1套。

（3）首次采用在导向孔施工中采用全程人工磁场作为引导，在陆上布设小线圈，江中布设海缆的磁场布置方案，成功将两边钻头引导至对接区。

（4）长江两岸均有大片厂房和民房，常规的管道发送方案需要拆除多处房屋，且需要征用公路多处，对周围百姓生活和交通会造成重大影响，协调难度非常大，也会因此增加施工周期。经过多次实地调查和工作，结合当地自然地形，利用距离管道入土点附近的美人巷河作为主要发送沟，美人巷河流之前部分采用陆地发送沟，如图19–32所示，通过制作过路钢箱涵（箱涵里安装管道发送支架）穿越公路。管道通过河面桥梁时，在距离桥梁

10m处，设计设置套管固定索，在桥墩或桥台上设计防撞层，以防止管道及其防腐层遭到破坏。河道转角处，设置固定索，使管道能够顺河敷设。

图19-32 管道回拖利用美人巷河

（5）针对回拖过程管道外防腐层易被破坏，热收缩套容易起皱、脱落的问题，决定在外防腐层外侧增设保护层，如图19-33所示。如东长江定向钻穿越防腐防护层采用改性环氧玻璃钢保护层，环氧玻璃钢保护层结构为二布五胶，即环氧树脂（表干）+环氧树脂+玻璃布+环氧树脂+玻璃布+环氧树脂（表干）+环氧树脂，厚度≥1200μm，有效地保证了防腐层的完整性，管道设计寿命达到50年，开创了国内超长距离定向钻穿越防腐层防护的先河，形成一套改性环氧玻璃钢保护层技术性能指标，已列入《油气输送管道工程水平定向钻穿越设计规范》(SY/T 6968—2013)中。

（6）首次通过数值模拟对管道定向钻穿越段堤防进行抗滑稳定分析、渗流稳定分析和堤防沉降稳定分析，并根据以上分析结果进行了堤防灌浆设计，对渗流通道充填灌浆，进行加固处理措施，充填管道与管道孔间的空隙，消除堤防地基的渗流通道，有效地减小了堤防后期的沉降，保证了堤防的安全。

（7）首次通过计算船舶抛锚时锚的动能与动量及冲击力，对锚在河床的入土深度进行分析，在保证管道安全的基础上确定管道的合理埋深。

四、项目经济社会效益

江都—如东天然气管道项目是将如东LNG接收站天然气输往苏中地区，并实现与冀宁管道、西气东输连接的重要管道。长江定向钻穿越工程是江都—如东天然气管道项目的咽喉工程。自运营以来，生产正常，运行安全，取得了良好的经济和社会效益。

图 19-33 防护层制作

本工程通过采用多项新技术、新工艺,在保障管道安全的前提下,降低了工程的投资费用超过 8000 万元。主要体现在以下两个方面:

(1) 穿越方案:采用 2 根 ϕ711mm 管道定向钻穿越代替 1 根 ϕ1016mm 的盾构方案,共节约投资 7000 余万元。

(2) 回拖设计:设计人员经过多次实地调查和工作,结合当地自然地形,利用距离管道入土点附近美人港河作为主要发送沟,通过制作过路钢箱涵(箱涵里安装管道发送支架)穿越公路,在河面桥梁设置套管固定索,在桥墩或桥台上设计防撞层,河道转角处设置固定索,使管道能够顺河敷设并顺利回拖,减少了征地拆迁量和工期,共节省投资 1000 余万元。

第六节 坦桑尼亚海底天然气管道

一、工程简介

坦桑尼亚海底天然气管道工程是坦桑尼亚天然气管道工程的重要组成部分,是中国石油第一个国际海底管道 EPC 工程,也是管道局自主设计、首次采用自有铺管船 CPP601 独立施工的海底管道工程,如图 19-34 所示。

坦桑尼亚海底管道由 Songo Songo 岛首站下海,穿过海域后登陆与陆上 Somanga 联络站的管道相连。线路全长约 29km,最大水深约 46m,设计压力 9.7MPa,管道规格 ϕ610mm×22.23mm,材质 API 5L PSL2 X65 直缝埋弧焊钢管,三层 PE 防腐,混凝土配重层厚度 95mm 和 85mm,铝—锌—铟镯式牺牲阳极作阴极保护。

— 597 —

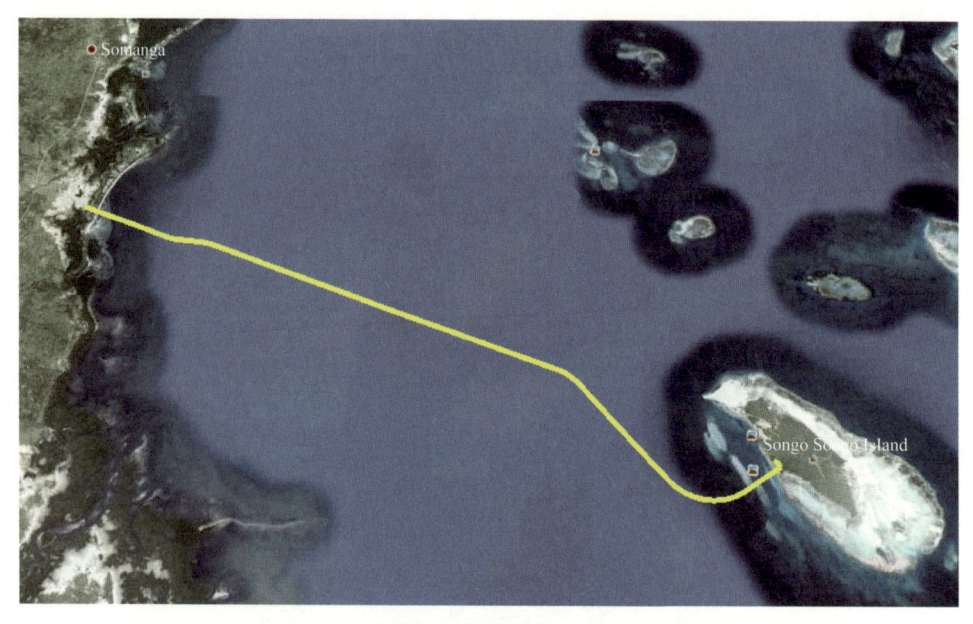

图19-34　坦桑尼亚海底天然气管道总布置图

本工程海洋管道路由沿线经过6种表层地质，5个斜坡，17处硬质障碍物，穿越珊瑚礁区域等生态敏感区，具有技术难度大、环保要求高和社会依托差等难点。设计中创新应用结构参数化数值模拟分析技术、海底管道全路由3D模型设计技术、管道裸置海床动态稳定性分析技术、基于有限元分析的管道屈曲分析技术、管底涡流冲刷评估技术、大口径长距离浮拖登陆技术等国际先进的海洋管道设计技术，攻克了工程海域水文地质条件复杂、生态环境敏感等系列工程难题，优化了管体结构和管道埋设方式，降低工程总投资约8000万元。

项目实施各方情况如下：

（1）项目业主：坦桑尼亚国家石油发展公司（TPDC）；

（2）项目PMC：沃利帕森南非（Worley Parsons South Africa）；

（3）项目EPC：中国石油天然气管道局坦桑尼亚管道工程EPC项目部；

（4）设计单位：中国石油管道局工程有限公司天津分公司；

（5）施工单位：中国石油管道局工程有限公司第六工程公司。

工程成功实施提升了管道局海洋管道设计和施工在海外的知名度，打破了西方国家长期对非洲国家海洋工程领域的业务垄断。项目成功实施极大地缓解坦桑尼亚电力能源紧张的局面，被坦桑尼亚政府誉为"第二条坦赞铁路"。

二、工程设计难点

本工程海域路由海床地质地貌复杂、水文气象条件复杂、社会依托条件差、施工资源受限，这些都给海底管道的设计带来了诸多难题。同时，海底管道需要穿越硬质礁灰岩、珊瑚礁、不稳定海床斜坡等复杂地段（6种表层地质、5个斜坡、17段硬质障碍物），设计难度大。具体表现在以下6个方面：

（1）穿越珊瑚等生态敏感区域，环保要求苛刻。本工程海底管道穿越珊瑚等生态敏感区域，根据当地政府环评要求，路由中段海底管道不能进行挖沟埋设。近岸浅水海域管道裸置海床，对设计人员是全新的技术问题。按照 DNV 规范要求，管道须承受 100 年一遇的风浪流荷载作用，保持 30 年生命期内在位稳定，不发生强度和疲劳破坏。为了保障工程海域的生态环境保护，最大程度地减小对海域生态环境的扰动，同时，确保本工程海底管道设计的本质安全，成为本工程的最大难点。

（2）海床不平整度分析与海床预处理。本工程海底管道路由途径超过 20km 珊瑚、硬质礁灰岩、斜坡等不良地质地段，管道直接敷设在不平整海床上，会产生悬跨，这给海底管道工程的安全带来了不确定性。而工程当地社会依托差，海床处理工程船舶动迁及租赁费用高昂，如何定量评估海床不平整度，减少海床处理量，是本工程设计面临的重要难题。

（3）海底管道方案优化设计。海上施工成本高，设计方案的优劣极大影响工程建设投资，包括管道配重、路由障碍物穿越、不稳定斜坡处理等。设计中，如何实现设计方案最优化，是项目建设效益最大化的基本前提。

（4）管道屈曲风险。裸置海床海底管道易发生侧向整体屈曲；路由上不稳定斜坡在外界诱导（地震、风暴潮等）下会产生滑坡、坍塌、冲击等地质灾害，可能导致管道局部屈曲。这些诱发管道屈曲的不稳定因素，对海底管道造成极大安全威胁。

（5）海底管道管底涡流冲刷。海底管道铺设在海床上后，会打破原有水下流场的平衡，引起局部水流速度加快，形成一定范围内的流速梯度集中区，并构成对海床的强剪切作用，导致冲刷现象的出现；同时，水流运动方向的改变，使之产生扰流和局部大比尺旋涡，更加速了管底的冲刷作用。局部冲刷侵蚀引起管道悬跨，威胁管道安全，这是裸置海床管道面临的难题。

（6）大口径长距离海洋管道拖拉登陆。萨曼加（Somanga）登陆段海床坡度平缓，受吃水限制，铺管船停靠位置距岸约 1970m，需要整体浮拖安装。混凝土配重管外径 800mm，沿岸流垂直管道，海流最大将近 7.408km/h，易导致管道较大侧向位移和变形，如此长距离、恶劣工况条件下的拖拉登陆施工国内尚无先例。

三、工程设计先进性

在本工程海底管道工程设计中，严格执行国际海底管道设计技术规范，攻克了不平整海床、恶劣地质条件、裸置海床管道长期在位稳定、大口径长距离浮拖安装等一系列设计难点和挑战，按照计划圆满完成工程设计工作，各项指标达到国际先进水平。

本工程海底管道设计的先进性体现在以下 6 个方面：

（1）首次采用海底管道全路由 3D 数值模拟设计技术，实现海管设计可视化，解决了珊瑚海域、软硬交替、不平整海床等管道敷设国际性难题。

国内首次进行了海底管道全路由三维数值模拟分析，实现海底管道可视化设计。应用大型有限元软件，对 29km 海底管道全路由进行整体三维建模、分析与设计，采用管道实体梁单元及土体弹簧单元，建立精度为 1m×1m 的有限元数值模型（图 19-35），全面考虑海洋复杂环境下管道的安装、充水、水压试验、运行等多种工况，模拟解析全路由各节点及模块的应力、应变、膨胀位移和悬跨信息，提出了预平整、回填、支撑等针对性处理措施，解决了坦桑尼亚海底管道穿越珊瑚海域苛刻环保要求、礁灰岩—淤泥软硬交替、不平整海床等技术难题。

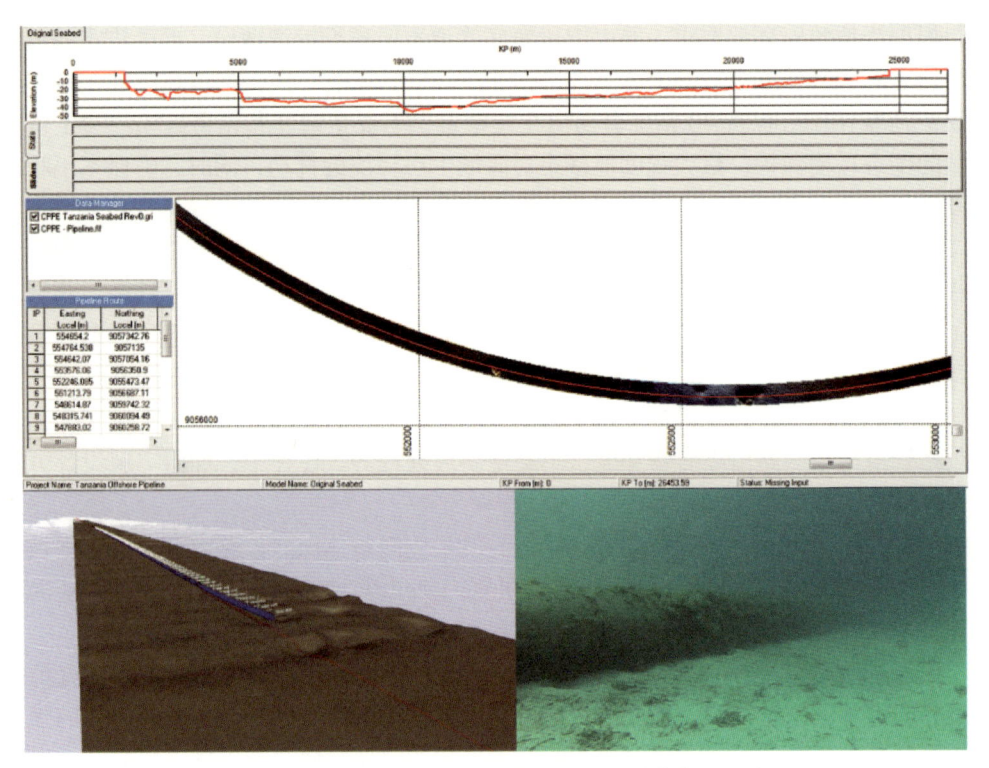

图19-35 坦桑尼亚海底管道全路由3D数值模拟设计

（2）引入JONESWAP波谱和Stokes二阶浅水波波浪理论，应用动态稳定性分析技术，精确模拟海底管道在风暴持续作用时间内管道裸置海床的在位稳定状态。

管道穿越珊瑚区域，要求管道裸置海床，减少挖沟对珊瑚的破坏及海域生态的影响，满足项目严苛的环评要求。管道在裸置在海床上，将承受持续30年（设计寿命）的风暴、巨浪、大潮等恶劣气候的考验，期间一旦发生漂移，则可能发生断管泄漏的风险。为消除管道发生偏移风险，确保海底管道万无一失，设计过程中，采用了国际上最先进的海底管道动态稳定性分析技术，利用PRCI-OBS Level 3软件，实时模拟海底管道在风暴持续作用时间内管道的侧向偏移和管垂向陷深，精确评估了管道裸置海床的在位稳定状态。

① 分析中采用SWAN浅水波浪预报模型，引入JONESWAP波谱和Stokes二阶浅水波波浪理论，克服了一阶线性波理论分析精度低的问题，使作用于海底管道的波浪荷载得到精确模拟。

② 在动态时域计算中，模拟加载了随机性组合的波浪海流环境荷载，更符合海洋环境实际状况。充分考虑波浪与管道夹角，引入8个波向，模拟了超过240多种工况组合，避免了常规设计采用最大波浪90°垂直作用管道的保守假设，最大程度地仿真模拟浅滩海管道和波流的实际海洋环境状况。

③ 为准确模拟管—土耦合作用，在管道陷深计算迭代过程中，持续修正水动力荷载折减因子；同时，允许管道发生0.5D的侧向偏移，取代了静态稳定性保守设计。

管道后调查结果（图19-36）表明，数值模拟计算值与实际值具有良好的一致性。管道运营至今，管道在位状态稳定。

（3）贯穿使用海管结构参数敏感性分析技术，实现设计方案最优化、项目建设效益最大化。

为使设计方案最优,实现项目建设效益最大化,引入参数敏感性分析技术,并贯穿整个海底管道设计,通过分析关键基础参数对设计值的敏感性评估,得出最优设计值,确定最优设计方案。

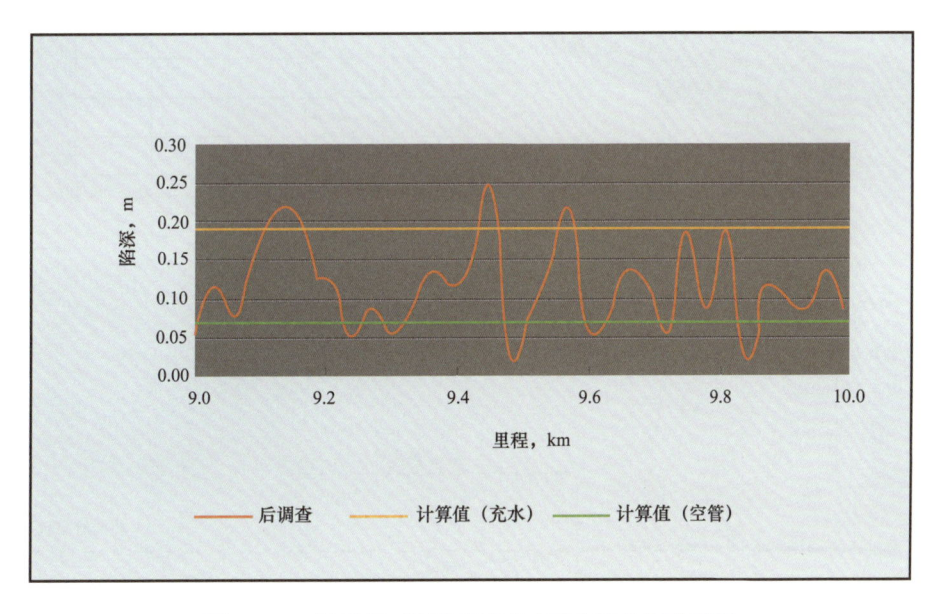

图 19-36　坦桑尼亚海底管道动态稳定性分析典型图

① 海底管道配重设计中,分析管道在位稳定所需水下重量对不同波浪和海流角度的敏感性,评估实际的波流方向变化,优化海底管道的混凝土配重层厚度。波流垂直作用海底管道时,所需配重层厚度为 115mm;优化后配重层为 95mm 或 85mm,即减小配重层厚度 20~30mm。

② 路由沿线存在硬质障碍物,针对障碍物高度开展敏感性分析,评价不同障碍物高度条件下管道悬跨长度及综合应力变化,在规范允许值范围内,使海床平整处理量最小,节省了工程投资,如图 19-37 所示。

③ 针对路由沿线存在不稳定斜坡的情况,通过有限元方法,分析不同外部荷载强度下滑坡的可能性,定量评估了坡体稳定性,以及极端情况下滑坡管道的安全性,如图 19-38 所示。

④ 以温度、压力,土壤剪切强度、约束条件等影响管道悬跨长度的关键参数为对象,分析其对悬跨长度影响敏感性,优化允许的最大悬跨长度,最大限度地减小了路由预处理工程量,如图 19-39 所示。

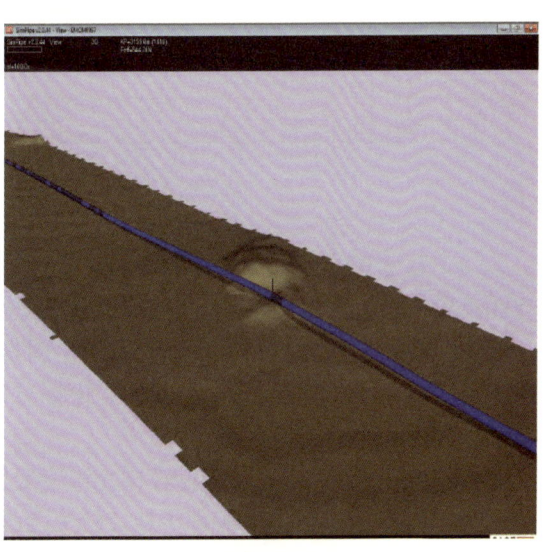

图 19-37　障碍物高度敏感性分析

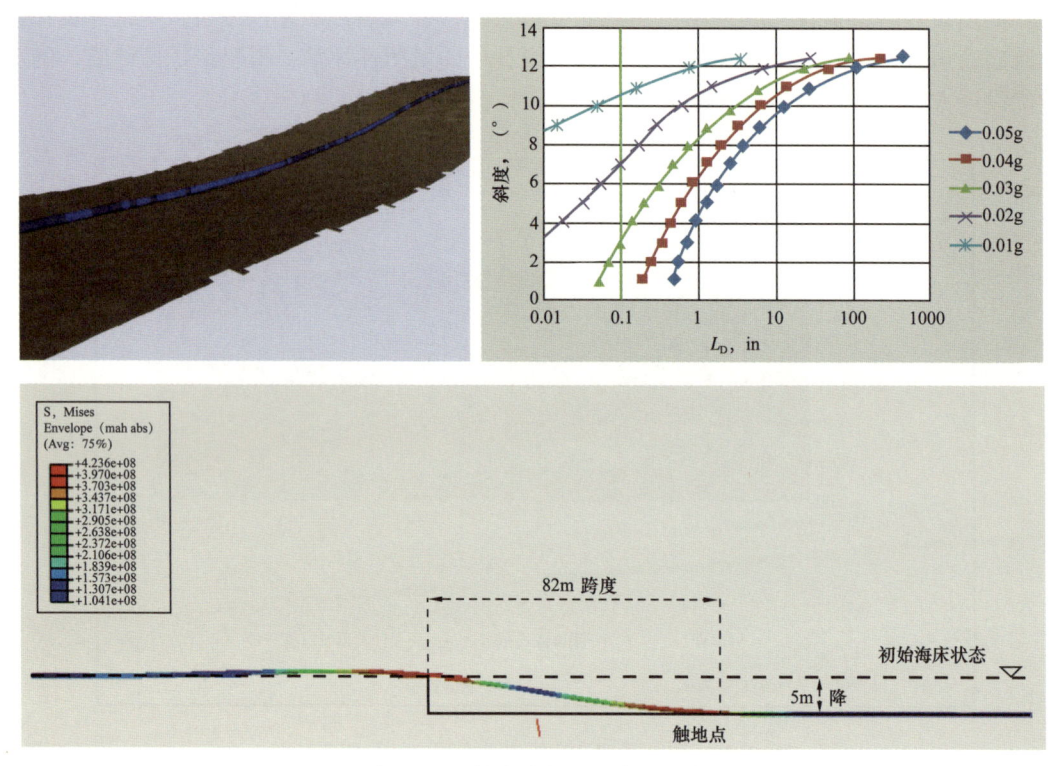

图 19-38　斜坡稳定性敏感性评估

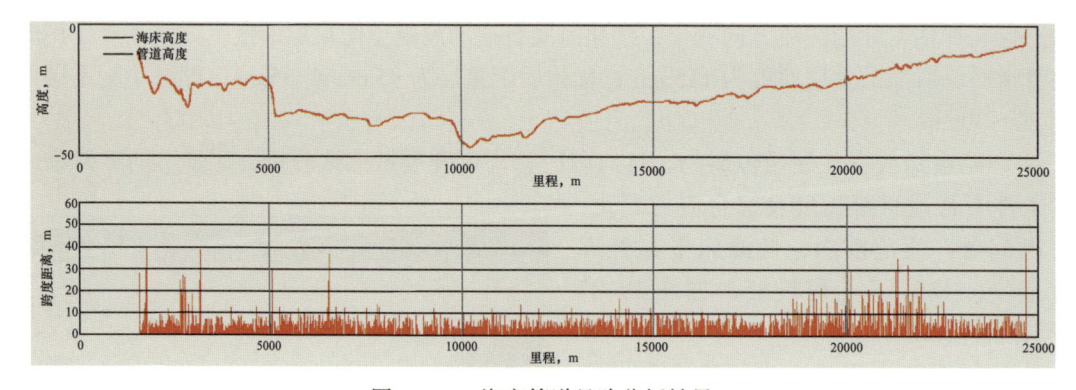

图 19-39　海底管道悬跨分析结果

（4）基于有限元分析软件的屈曲分析设计技术，模拟分析裸置海床管道整体屈曲的弹塑性变形，实现传统完全弹性应力设计到弹塑性应变设计的技术突破。

针对裸置海床海底管道受外界不稳定因素诱发屈曲的问题，引入非线性有限元分析方法，基于 ABAQUS 有限元分析软件，模拟分析不同工况下裸置海床管道整体屈曲的弹塑性变形问题。

根据最新 DNV 规范要求，管材允许应变提升至 0.4% 的弹塑性变形安全阀值，充分利用 X65 管材抗变形能力，实现了从传统完全弹性应力设计到弹塑性应变设计的技术突破。

分析中充分考虑海底管道混凝土配重对现场接头位置的应力/应变集中的影响，有限元分析中引入应力/应变集中系数，精准模拟了混凝土配重管道的应力及变形，保障了管道本质安全。

通过严格控制 X65 管材的技术条件要求，优化了裸置管道抗侧向整体屈曲和局部屈曲的措施，极大降低了施工难度，有效节省了工程投资。

（5）采用海底管道管底涡流冲刷评估技术，定量分析涡流冲刷状态，合理设置支撑约束形式和悬跨长度，攻克裸置海床海底管道涡流冲刷难题。

针对裸置海床海底管道不可避免的管底涡流冲刷问题，收集并采纳了国际海工行业关于涡流理论的最新研究成果，定量评估了工程海域管道沿线不同地质条件下的管底局部冲刷状态。

基于 ABAQUS 有限元软件，应用数值分析手段，考虑材料非线性变形能力，精确模拟涡流掏空后管道悬跨的应力；同时，基于 Miner 疲劳损伤线性累积理论和 S–N 曲线方法，评估了悬跨管道疲劳寿命。

依托科学计算结果，设计通过控制冲刷长度，合理设置支撑约束形式，解决了裸置海床海底管道的管底涡流冲刷风险，如图 19-40 所示。

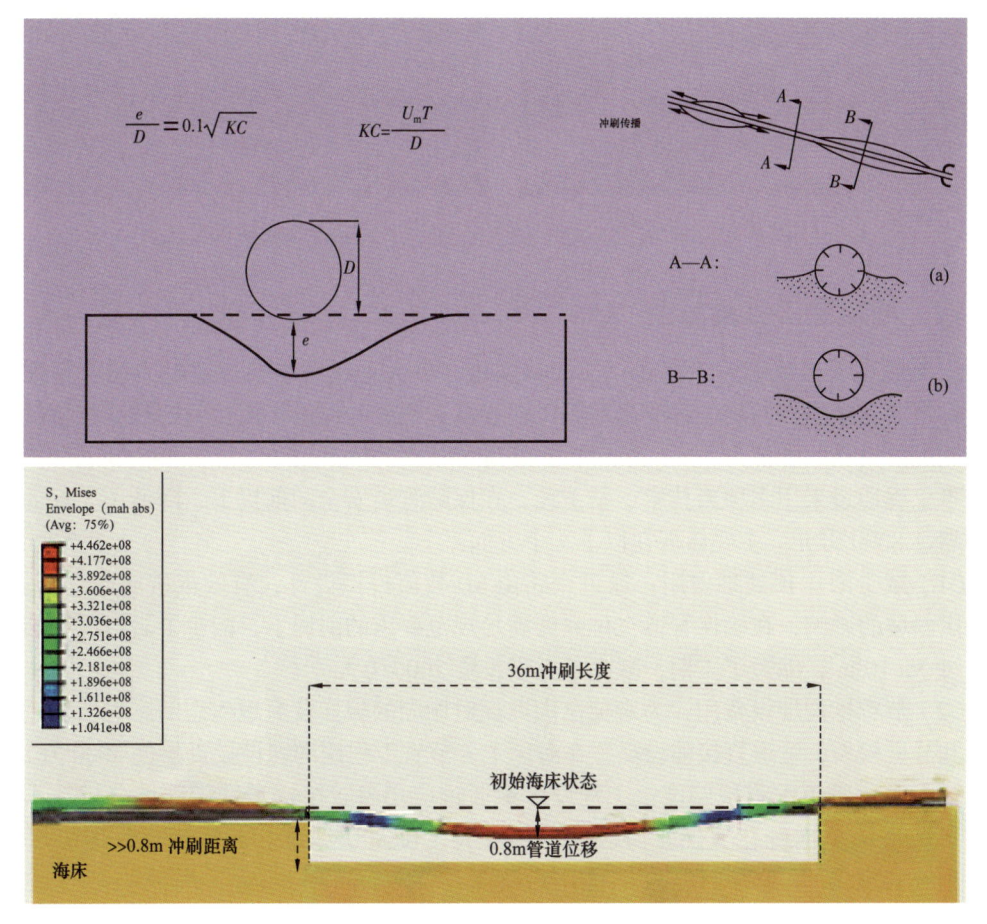

图 19-40 裸置海床管道管底涡流冲刷评估分析

（6）基于有限元数值模拟技术和三维势流理论，精确分析拖拉持续过程，科学制定管道拖拉技术方案，1970m 长距离大口径管道浮拖登陆一次性成功实施，国内领先。

坦桑尼亚海底管道项目Somanga登陆端长达1970m的拖拉登陆管道，管道外径（含配重）800mm，海流最大将近7.408km/h，管道受侧向流作用拖曳弯曲破坏风险极大，如此长距离、恶劣工况条件下的拖拉登陆施工国内尚无先例。

采用有限元数值模拟技术及三维势流理论，建立了管道拖拉施工力学计算耦合分析模型，模型考虑风、浪、流等海洋动力荷载，给出管道在拖拉过程中的整体变形、局部应力、位移等，确定浮筒配置、规格、数量及拖拉力，为制定施工方案提供理论基础。

基于非线性有限元方法，精确分析管道拖拉力。模型充分考虑管道部分沉浸于水面时海流阻力，避免采用莫里森公式的经验参数误差问题。

创新性地提出应用气囊式浮筒，有效减小了拖拉重量和侧向力，选择适宜窗口期一次性拖拉成功，如图19-41所示。

图19-41　萨曼加（Somanga）1970m海底管道浮拖登陆安装

四、项目经济社会效益

坦桑尼亚天然气管道工程建设的成功实施，极大地缓解坦桑尼亚电力能源紧张的局面，对带动当地经济发展、解决当地居民就业具有积极的促进作用，长期社会经济效益显著，被坦桑尼亚政府誉为"第二条坦赞铁路"。

本工程通过采用多项新技术、新工艺，在保障管道安全的前提下，降低了工程的投资费用超过8000万元。主要体现在以下3个方面：

（1）减少海床预处理费用：通过全路由3D数值模拟设计，有效规避珊瑚、礁灰岩、不稳定斜坡的影响，在确保管道在位强度满足规范要求的前提下，减少了岩石段处理工程量超过$5 \times 10^4 m^3$，缩短了工期，减少了工程投资2000万元。

（2）节省挖沟埋设费用：为避免挖沟埋设对珊瑚的破坏及海域生态的影响，通过精确模拟和分析校核，管道直接铺设裸置在海床上，节省工程挖沟埋设投资超过4000万元。

（3）优化管道配重层厚度：工程设计中通过应用海管结构参数敏感性分析技术，评估实际的波流方向变化，优化海底管道的混凝土配重层厚度。波流垂直作用海底管道时，所需配重层厚度为115mm；优化后配重层为95mm或85mm，即减小配重层厚度20~30mm，节省材料和海上安装费用超过2000万元。

第二十章 天然气管道建设及运行技术展望

新建陆上油气管道管径将更大、压力将更高，并且将继续向高山大泽、冰原冻土以及地质人文环境更加复杂的地区延伸，新的世界级技术难题将不断涌现；同时油气管道本身的技术发展，新材料、新设备和新工艺将大量应用，也要求管道科技水平不断更新提高；管道高效焊接、在役管道裂纹检测等关键技术亟需取得新的突破，深水海洋管道设计施工及维抢修与检测技术与国外先进水平尚有明显差距；大数据、云计算、互联网等信息新技术不断发展等，这些都对管道科技的发展带来了新的挑战。

管道工程建设技术方面。中俄东线等大输量天然气管道建设已经启动，且管道建设向多种复杂环境地区延伸，亟需提升管道建设技术水平，提高管道建设质量、效率与效益。需要攻克基于可靠性的全生命周期管道设计技术，全面掌握冻土、高寒、山区、水网等复杂地区的设计施工技术；研究开发特殊地区的高效焊接技术与配套施工装备、耐寒型防腐补口材料与装备；开展基于失效模式的管道站场设备全生命周期可靠性建造技术研究；掌握复杂地质条件下直接铺管法穿越与超长距离盾构施工关键技术；攻克基于可靠性的海底管道设计与施工技术，掌握300~1500m水深的海底管道建设技术。需要超前储备非金属与复合材料管道建设技术，为未来业务拓展奠定基础。

管道运行保障技术方面。随着我国油气管网系统规模不断扩大，管道周边环境日益复杂，老龄化管道逐年增多，管道泄漏风险增加，安全形势严峻，对油气管网运行保障技术提出了更高要求，急需开展油气管网优化运行设计技术研究，开发基于云技术的SCADA系统软件，提高管网运行效率；攻克横向励磁漏磁及压电超声在役管道缺陷检测技术，开发D1422高清晰漏磁腐蚀检测器，攻克管道地质灾害远程智能预警技术，构建管道安全综合预警监测平台，攻克300m水深的海底管道内检测与维抢修技术，有效保障油气管道安全运行。

智能管道技术方面。应用"端+云+大数据+物联网"信息技术，在深化智能管控的技术基础上，不断完善"智能管道"的理念、功能、标准，对老管线全部进行数字化恢复并进行智能化升级，新管线全部按照"智能管道"标准建设，实现智能化无人施工、远程智能管控运维，全面打造覆盖全国的"智慧管网"。突出"管道施工+人工智能"，推动机械化作业技术向智能化施工领域发展，实现"无人施工+智能控制+场外干预"，从而减少人为因素影响，提高施工质量与效率，降低人员劳动强度，杜绝人员作业风险。无人施工，即施工人员操作设备进场后，利用交互感知技术，设备自动识别工件特征及周边环境，按照预设操作程序自动开展作业；智能控制，即依托项目积累的海量历史数据，通过"深度学习"算法训练，实现焊接、补口、维抢修等作业过程中的质量实时智能分析判断与操作自动调整；场外干预，即施工人员通过设备的数据远传与可视系统，实现场外监控，遇特殊情况，进行人工遥控干预。

储气（油）库技术方面。国内储气（油）库建库条件复杂，涉足该领域建设起步晚，现有的工艺技术不能满足复杂条件下的储气（油）库建设运行要求，达容和建库成本较高，需要攻克枯竭油藏型、含水层型储气库建设技术，深化研究盐穴型储气库建设技术，攻克砂岩、泥岩及灰岩等不同地质条件下的水封储油洞库建设技术。全面形成油气藏型、盐穴型地下储气库地面工程技术体系，掌握储气库地面智能调峰技术，实现储气库地面站场无人化智能调峰，掌握储气库地面智能化远程控制技术，实现智能运行，全面提升储气库智能化水平。